PHYSIK

EIN LEHRBUCH

VON

WILHELM H. WESTPHAL

B. A. O. PROFESSOR DER PHYSIK AN DER TECHNISCHEN HOCHSCHULE BERLIN

SIEBENTE UND ACHTE AUFLAGE

MIT 634 ABBILDUNGEN

SPRINGER-VERLAG BERLIN HEIDELBERG GMBH 1941

ISBN 978-3-662-31926-0   ISBN 978-3-662-32753-1 (eBook)
DOI 10.1007/978-3-662-32753-1

Aus dem Vorwort zur vierten Auflage.

Ich möchte mit diesem Buch einen nützlichen Beitrag zur Heranbildung des deutschen Physikernachwuchses leisten, — eine Aufgabe, die für den Fortschritt unseres Vaterlandes heute dringlicher ist, denn je. Ich glaube, daß das nur so geschehen kann, daß man dem werdenden Physiker die Physik von Anfang an so darstellt, wie sie die gereifte Physikergeneration sieht. Nur so gewinnt der junge Physiker ein richtiges Bild von seiner künftigen Arbeit und Aufgabe. Ich halte es nicht für richtig, offene Fragen oder Meinungen, die noch hypothetisch sind, dem Leser grundsätzlich zu verschweigen, denn hier handelt es sich ja gerade um die Dinge, die im Brennpunkt der fortschreitenden Forschung stehen. Der junge Physiker soll wissen, daß es auch für ihn noch genug zu leisten und neues zu finden geben wird. Zu den erkenntniskritischen Problemen der Physik habe ich jetzt häufiger und entschiedener Stellung genommen als früher. Ich weiß wohl, daß die Meinungen in dieser Hinsicht noch geteilt sind. Ich halte diese Fragen aber für zu wichtig, um sie in einem Lehrbuch für Studenten ganz zu verschweigen.

Die Ansprüche an das mathematische Wissen der Leser gehen nicht über den Rahmen der Schulmathematik hinaus. Man kann aber unser physikalisches Tatsachenwissen in seiner Fülle weder zweckmäßig ordnen, noch es in einem Lehrbuch in erlernbarer Weise lehren, wenn man sich nicht in einem gewissen Umfange des einzigartigen Hilfsmittels der mathematischen Formulierung bedient. In einer Vorlesung über Experimentalphysik ist das schon weit eher möglich. Aber ein Lehrbuch und eine Vorlesung unterliegen vollkommen verschiedenen pädagogischen Gesetzen. Wer sich vor einfachen Differentialquotienten und Integralen fürchtet, wird in der Physik kaum über ein ziemlich elementares Wissen hinausgelangen oder jedenfalls nur sehr schwer zu einem tieferen Verständnis der großen inneren Zusammenhänge kommen.

Berlin, im Januar 1937.

WILHELM H. WESTPHAL.

Vorwort zur siebenten und achten Auflage.

Die wichtigste Änderung, die dieses Buch nunmehr erfahren hat, betrifft das 6. Kapitel (Magnetismus und Elektrodynamik), dessen größter Teil in fast neuer Gestalt erscheint. In konsequenterer Durchführung eines in diesem Buch schon immer vertretenen Standpunktes habe ich jetzt die Größe B als magnetische Feldstärke und die Größe H als magnetische Erregung bezeichnet. Obwohl das als eine mehr oder weniger formale Tatsache erscheinen könnte, bedingte er dennoch eine völlige Umarbeitung jenes Kapitels, von der ich glaube, daß sie eine wesentliche Verbesserung bedeutet.

Ferner bedingten die in jüngster Zeit erzielten Fortschritte in der Systematik der Atomkerne eine gründliche Neubearbeitung des Abschnittes III des 9. Kapitels. Weitere kleinere Verbesserungen finden sich in allen Teilen des Buches. Unter anderem wurde die für das Verständnis der Okulare wichtige Abbildung virtueller Gegenstände durch Linsen neu aufgenommen.

Wiederum habe ich Herrn Dr. WILHELM WALCHER in Kiel für mannigfache Hilfe bei den Vorarbeiten für diese Auflage zu danken, vor allem auch für die Neuberechnung der Konstantentabelle am Anfang des Buches. Dank schulde ich auch Herrn Dipl.-Ing. ROBERT WIEMANN in Berlin für zahlreiche mündliche Anregungen.

Berlin, im September 1941.

WILHELM H. WESTPHAL.

I. Massenskalen der Atomphysik.

Physikalische Massenskala (Massenwerte) bezogen auf das Isotop . . . . $^{16}O = 16,0000$
Chemische Massenskala (Atomgewichte) bezogen auf das Isotopengemisch $O = 16,0000$
Massenwert (physikalisch) $= 1,000275$ Atomgewicht (chemisch)
Chemische Atomgewichtseinheit $= 1,000275 \times$ physikalische Massenwerteinheit.

II. Atomkonstanten.

a) Von der Massenskala abhängige Konstanten.

	Chemische Skala	Physikalische Skala
LOSCHMIDTsche Zahl N	$6,022 \cdot 10^{23}$	$6,024 \cdot 10^{23}$
Allgemeine Gaskonstante R	$8,3144 \cdot 10^7$	$8,3166 \cdot 10^7$ erg $\cdot$ Grad^{-1}
Molvolumen der idealen Gase bei Normalbedingungen	$22414,5$	$22420,7$ cm^3
FARADAYsche Konstante F	$9649,4$	$9652,1$ emE $\cdot$ Mol^{-1}
	$= 96494$	96251 Coul $\cdot$ Mol^{-1}
	$= 2,8926 \cdot 10^{14}$	$2,8934 \cdot 10^{14}$ esE $\cdot$ Mol^{-1}
Atomgewicht und Massenwert des Elektrons	$5,4855 \cdot 10^{-4}$	$5,487 \cdot 10^{-4}$
Atomgewicht und Massenwert des Protons	$1,00731$	$1,00758$
Atomgewicht und Massenwert des Neutrons	$1,00866$	$1,00895$
Atomgewicht und Massenwert des Wasserstoffatoms ^{1}H	$1,00785$	$1,00813$

b) Von der Massenskala unabhängige Konstanten.

AVOGADROsche Zahl n	$2,686 \cdot 10^{19}$ cm^{-3}
Elektrisches Elementarquantum e	$4,803 \cdot 10^{-10}$ esE
	$= 1,602 \cdot 10^{-20}$ emE
	$= 1,602 \cdot 10^{-19}$ Coul
Spezifische Ladung des Elektrons	$5,273 \cdot 10^{17}$ esE $\cdot$ g^{-1}
	$= 1,759 \cdot 10^7$ emE $\cdot$ g^{-1}
	$= 1,759 \cdot 10^8$ Coul $\cdot$ g^{-1}
Spezifische Ladung des Protons	$2,6890 \cdot 10^{14}$ esE $\cdot$ g^{-1}
	$= 0,95738 \cdot 10^4$ emE $\cdot$ g^{-1}
	$= 95738$ Coul $\cdot$ g^{-1}
Protonmasse : Elektronenmasse	$1837,3$
Ruhmasse des Elektrons	$9,108 \cdot 10^{-28}$ g
Ruhmasse des Protons	$1,6727 \cdot 10^{-24}$ g
Ruhmasse des Neutrons	$1,6749 \cdot 10^{-24}$ g
Ruhmasse des Wasserstoffatoms ^{1}H	$1,6736 \cdot 10^{-24}$ g
Ruhmasse eines Atoms vom Atomgewicht A (chem.) .	$A \cdot 1,6606 \cdot 10^{-24}$ g
Ruhmasse eines Atoms vom Massenwert M (phys.) .	$M \cdot 1,6600 \cdot 10^{-24}$ g
Lichtgeschwindigkeit c	$2,99776 \cdot 10^{10}$ cm $\cdot$ sec^{-1}
Lichtgeschwindigkeitsquadrat c^2	$8,98657 \cdot 10^{20}$ cm^2 $\cdot$ sec^{-2}
BOLTZMANNsche Konstante $k = R/N$	$1,3807 \cdot 10^{-16}$ erg $\cdot$ Grad^{-1}
PLANCKsches Wirkungsquantum h	$6,626 \cdot 10^{-27}$ erg $\cdot$ sec
RYDBERG-Konstante R_∞	109737 cm^{-1}
Feinstrukturkonstante α	$7,296 \cdot 10^{-3} = 1/137,06$
COMPTON-Wellenlänge Λ	$0,2427 \cdot 10^{-9}$ cm
BOHRsches Magneton μ_B	$0,9275 \cdot 10^{-20}$ Gauß $\cdot$ cm^{-3}

III. Sonstige Konstanten.

Gravitationskonstante	$6,685 \cdot 10^{-8}$ dyn $\cdot$ cm^2 $\cdot$ g^{-2}
Schwerebeschleunigung in 45^0 Breite	$980,616$ cm $\cdot$ sec^{-2}

Absoluter Nullpunkt.	$-273,16^{\circ}$ C
Mechanisches Wärmeäquivalent	$4,1855 \cdot 10^7$ erg $\cdot$ cal^{-1}
	$= 0,42681$ mkg* $\cdot$ cal^{-1}

IV. Energieumrechnungstabelle.

Energie $kT/2$ eines Freiheitsgrades bei der Temperatur T	$T \cdot 0,6903 \cdot 10^{-16}$ erg
Energie eines durch U Volt beschleunigten Elektrons $= U$ eV	$U \cdot 1,601 \cdot 10^{-12}$ erg
Geschwindigkeit eines durch U Volt beschleunigten Elektrons	$\sqrt{U} \cdot 5,929 \cdot 10^7$ cm $\cdot$ sec^{-1}
Energie eines Lichtquants	$\nu \cdot 6,626 \cdot 10^{-27}$ erg
	$= N \cdot 1,986 \cdot 10^{-18}$ erg
Energieäquivalent $m\,c^2$ der Masse 1 g	$8,9910 \cdot 10^{20}$ erg
Energieäquivalent $m\,c^2$ des Elektrons	$0,8185 \cdot 10^{-6}$ erg
Energieäquivalent $m\,c^2$ des Protons	$1,5033 \cdot 10^{-3}$ erg
Masse eines Lichtquants	$\nu \cdot 0,7373 \cdot 10^{-47}$ g
	$= N \cdot 2,2103 \cdot 10^{-37}$ g
Massenäquivalent von 1 erg	$1,1122 \cdot 10^{-21}$ g
Massenäquivalent von 1 eV	$1,7816 \cdot 10^{-33}$ g
Energieäquivalent von $^1/_{1000}$ Massenwerteinheit (physikalische Skala).	$0,931$ MeV

Einleitung.

1. Die Physik im Rahmen der Naturwissenschaften. Das Wort Physik bedeutet allgemein Naturlehre oder Naturwissenschaft. In der Tat beansprucht die Physik eine Zuständigkeit auf allen Wissensgebieten, die man als die Naturwissenschaften bezeichnet. Die Aufteilung der Naturwissenschaft in die einzelnen Naturwissenschaften hat weitgehend äußere Gründe. Die einzelnen Zweige der Naturwissenschaft haben ein sehr verschiedenes Alter. So wurden z. B. Astronomie und Erdkunde schon im Altertum betrieben. Die Physik dagegen ist fast ganz ein Kind der Neuzeit. Sie beginnt, von wenigen Ansätzen in früherer Zeit abgesehen, erst um die Zeit GALILEIS (1564—1642), der als der eigentliche Schöpfer ihrer Methodik anzusehen ist. Als gegen Ende des 18. Jahrhunderts die Chemie bereits hoch entwickelt war, bildete nur die Mechanik ein theoretisch abgeschlossenes Gebiet der Physik. Infolge dieses sehr verschiedenen Entwicklungsstandes blieb der untrennbare Zusammenhang der Naturwissenschaften lange Zeit verborgen und wurde erst allmählich in vollem Umfange erkannt. Die auch heute noch bestehende Aufteilung der Naturwissenschaft in Teilgebiete hat vor allem praktische Gründe. Erstens ist eine wirkliche Beherrschung der gesamten Naturwissenschaft heute für einen einzelnen unmöglich. A. VON HUMBOLDT (1769—1859) war wohl einer der letzten, die noch den größten Teil des naturwissenschaftlichen Wissens ihrer Zeit in sich zu vereinigen vermochten. Zweitens aber zwingt die sehr verschiedene Arbeitsweise der Teilgebiete ganz von selbst eine Arbeitsteilung auf. Nicht minder als der Gegenstand der Forschung ist heute die Methode der Forschung ein Merkmal der einzelnen Teilgebiete der Naturwissenschaft. Die Erforschung der Atome und Moleküle — früher alleinige Aufgabe der Chemie — wurde in dem Augenblick auch zu einer der wichtigsten Aufgaben der Physik, in dem ihre Methoden erlaubten, sie erfolgreich anzugreifen.

Bezüglich ihrer Methodik kann man zwei Typen von Naturwissenschaften unterscheiden. Die ursprüngliche Methode beruht auf der *Beobachtung* der Vorgänge, wie sie sich in der Natur von selbst, ohne menschliches Zutun, abspielen. Ein Teil der Naturwissenschaften beruht auch heute noch auf dieser Grundlage, wie z. B. die Astronomie und die Meteorologie. Ihre Arbeitsstätte ist das *Observatorium*. Erst in einer späteren Phase begann man, Vorgänge zum Zweck ihrer Untersuchung künstlich hervorzurufen, um die Gesetzmäßigkeiten ihres Ablaufs zu untersuchen. Man erfand das *Experiment*, und so entstand das *Laboratorium*. Die eigentlichen Vertreter der *experimentellen Naturwissenschaften* sind die Physik und die Chemie. Das schließt nicht aus, daß auch in den anderen Naturwissenschaften, so z. B. in der Biologie, das Experiment eine ständig wachsende Bedeutung erhält. Es schließt andererseits nicht aus, daß sich die Physik auch der Ergebnisse der beobachtenden Wissenschaften zu ihrem Fortschritt bedient oder sich mit ihrer Deutung befaßt. Seitdem NEWTON den Blick des Physikers von der Erde zu den Sternen erhob, gehören die astronomischen Beobachtungen zu dem wichtigsten Tatsachenmaterial, auf das sich die Physik gründet.

Wegen dieser engen Verknüpfung der gesamten Naturwissenschaft mit der Physik und wegen der unbestreitbaren Zuständigkeit der Physik auf allen Gebieten der Naturwissenschaft ist für den Physiker ein gewisses Maß *allgemeiner naturwissenschaftlicher Bildung unerläßlich*. Er muß jeden Augenblick bereit sein, die Bedeutung eines Ergebnisses einer Nachbarwissenschaft für die Physik oder die Anwendbarkeit physikalischer Methoden auf eine der Physik bisher fremde Frage zu erkennen. Er muß hierzu fähig sein, obgleich die Breite der heutigen Physik ihn schon in seiner eigenen Wissenschaft zu einer gewissen Einseitigkeit zwingt. Gegen diesen Zwang bildet eine allgemeine naturwissenschaftliche Bildung ein sehr wirksames Gegengewicht.

Das experimentelle Tatsachenmaterial der Physik ist unübersehbar groß. Sein Wert für die Naturerkenntnis wäre äußerst beschränkt, wenn es nicht sinnvoll geordnet und in einen großen inneren Zusammenhang gestellt würde. Die Aufgabe, diese Ordnung zu vollziehen, die großen Zusammenhänge in Gestalt von mathematisch formulierten Theorien zu erkennen und zu gestalten, fällt der *theoretischen Physik* zu. Diese Theorien sind auch das wichtigste Mittel, um neue, bisher noch nicht beobachtete Tatsachen und Zusammenhänge vorherzusagen und damit zu neuen experimentellen Fragestellungen und neuen Erkenntnissen zu gelangen. Sie ermöglichen es der Physik, ihren Fortschritt planvoll zu gestalten. So besteht eine unentbehrliche Wechselwirkung zwischen der theoretischen und der experimentellen Physik; die eine ist ohne die andere nicht denkbar.

Die Wurzel der physikalischen Forschung ist der reine Erkenntnistrieb, also ein ganz idealistisches Motiv. Aus der *Anwendung* physikalischer Forschungsergebnisse aber entstand die *Technik*. Durch die Fülle der Fragestellungen, die seitdem von der Technik ständig neu aufgeworfen werden, erwächst der Physik eine außerordentliche Anregung und Förderung. Der *technische Physiker* hat die Aufgabe, die Erkenntnisse und Fortschritte der Physik für die Technik nutzbar zu machen. Seine wichtigsten Aufgaben liegen dort, wo neue physikalische Erfahrungen erst auf die Bedürfnisse der Technik zugeschnitten werden sollen, wo die Technik Vorstöße in Neuland zu machen versucht. Darum bedarf auch der technische Physiker eines umfassenden physikalischen Wissens, das ihn befähigt, sich jederzeit einer neuen Aufgabe zuzuwenden.

2. Ursache und Wirkung. Das menschliche Handeln, ja die gesamte Ordnung des menschlichen Daseins und der menschlichen Gesellschaft in ihren Beziehungen zu ihrer unbelebten Umwelt ist zum überwiegenden Teil durch die grundlegende Erfahrung bestimmt, daß *gleiche Ursachen gleiche Wirkungen haben*. So kann man die Physik — als die Wissenschaft von der unbelebten Natur — geradezu dadurch kennzeichnen, daß sie erstens nach den noch unbekannten Ursachen bekannter Wirkungen und nach den noch unbekannten Wirkungen bekannter Ursachen forscht, und daß sie zweitens die erkannten Wechselbeziehungen zwischen Ursachen und Wirkungen in ein möglichst umfassendes und zugleich möglichst einfaches Schema zu ordnen sucht. Ersteres ist in der Hauptsache Aufgabe der experimentellen, letzteres der theoretischen Physik. Die Behauptung, daß gleiche Ursachen gleiche Wirkungen haben, und daß umgekehrt gleichen Wirkungen auch gleiche Ursachen zugrunde liegen, heißt das *Kausalitätsprinzip*. Man kann es genauer so aussprechen: *Sind in irgend einem Augenblick sämtliche Zustandsgrößen aller an einem Naturvorgang beteiligten Dinge bekannt, so muß es grundsätzlich möglich sein, sowohl seinen weiteren, als auch seinen vorhergehenden Verlauf in allen Einzelheiten im voraus bzw. nachträglich zu berechnen.* Nach dieser Auffassung sind die Vorgänge in der unbelebten Natur *kausal bedingt (determiniert)*. Im Bereich unserer täglichen Erfahrung gibt es in der unbelebten Natur nichts, was dem widerspricht.

In der belebten Natur ist das nach unserer Erfahrung keineswegs immer der Fall. Die Lebenserscheinungen lassen sich in ihrer Allgemeinheit nicht nach dem Schema einer unabänderlichen Verknüpfung gleicher Ursachen mit gleichen Wirkungen beschreiben und verstehen (§ 354). Unbeschadet der außerordentlichen Bedeutung physikalischer Methoden in der Biologie können diese daher wohl sicher nie zu einer Erfassung des eigentlichen Lebensproblems führen.

Aber auch in der Physik findet das Kausalitätsprinzip eine Grenze, nämlich im Bereich der Elementarvorgänge an den einzelnen Atomen und Molekülen (§ 353). Mit diesen werden wir uns aber erst im 9. Kapitel beschäftigen. Solange es sich nicht um solche Elementarvorgänge, sondern um Vorgänge an Körpern, die aus sehr vielen Atomen bestehen, handelt, bildet das Kausalitätsprinzip für uns eine sichere und unentbehrliche Grundlage der Physik.

3. Physikalische Gesetze. Wie bereits gesagt, zieht die Physik ihre Erkenntnisse nur in seltenen Fällen aus der Beobachtung von Vorgängen, die sich in der Natur von selbst, ohne menschliches Zutun, abspielen. Meist sind diese Naturvorgänge zu verwickelt und durch mehrere verschiedene, oft schwer übersehbare Ursachen gleichzeitig bedingt, so daß die einfachen Gesetzmäßigkeiten nicht klar genug zutage treten. Im Experiment wird versucht, Bedingungen zu schaffen, bei denen die Wirkung einer in ihren Einzelheiten möglichst genau bekannten Ursache in möglichst klar beobachtbarer Form erscheint. Man hat das Experiment oft eine *„Frage an die Natur"* genannt, durch deren Beantwortung sie dem Menschen Einblick in ihre Gesetzmäßigkeiten gewährt.

Das Ergebnis eines Experiments ist die Feststellung von zahlenmäßigen Beziehungen zwischen physikalischen Größen, z. B. Längen, Zeiten, Temperaturen usw. Man stellt fest, welche Beträge die Maßzahl y einer in den Versuch eingehenden Größe nacheinander annimmt, wenn man einer zweiten, willkürlich veränderlichen Größe nacheinander bestimmte Beträge x verleiht. Aus diesen Messungen entsteht ein physikalisches Gesetz, wenn es gelingt, die so gefundene Zuordnung bestimmter Beträge y zu bestimmten Beträgen x in die Gestalt einer mathematischen Beziehung $y = f(x)$ zu kleiden. Ein physikalisches Gesetz kann also durchweg als Gleichung zwischen zwei oder mehreren Veränderlichen ausgesprochen werden. Will man z. B. die Gesetze des freien Falles untersuchen, so mißt man die Zeiten t, die ein Körper zum Durchfallen verschieden großer Strecken s benötigt. Man erhält so eine Reihe von je zwei einander zugeordneten Maßzahlen für s und t, und es ergibt sich in diesem Fall, daß das gesuchte Gesetz in der Gestalt $s = f(t) = a t^2$ ausgesprochen werden kann, d. h. daß die Fallstrecken s den Quadraten der Fallzeiten t proportional sind. Dabei ist a eine konstante Größe, deren *Bedeutung* man aus anderweitigen Überlegungen oder Versuchen erschließen muß, deren *Betrag* aber aus den durch das Experiment gewonnenen Zahlen berechnet werden kann. (Man gewöhne sich daran, physikalische Gesetze, soweit irgend möglich, auch in Gleichungsform auszusprechen, weil sie darin ihren kürzesten und meist ihren klarsten Ausdruck finden.)

Ein Gesetz, welches auf Grund zuverlässig beobachteter physikalischer Erscheinungen aufgestellt worden ist, kann grundsätzlich nie umgestoßen werden. Es kann aber geschehen, daß eine Verfeinerung der Beobachtungsmittel oder eine Ausdehnung des Beobachtungsbereiches in eine andere Größenordnung der in Frage stehenden Erscheinung zu der Erkenntnis führt, daß das betreffende Gesetz nur eine für den früheren Beobachtungsbereich mit sehr großer Annäherung ausreichende Geltung hat. Das vervollkommnete Gesetz aber muß immer das frühere Gesetz als Sonderfall in sich enthalten. Es handelt sich also in solchen Fällen stets um eine Erweiterung eines schon bekannten Gesetzes bzw. um eine Einschränkung seines Gültigkeitsbereiches.

Die fortschreitende Erfahrung hat gezeigt, daß die große Zahl von physikalischen Gesetzen, die sich zunächst aus der experimentellen Untersuchung der verschiedenen Naturerscheinungen ergeben, sich erheblich dadurch verringert, daß jeweils viele von ihnen Sonderfälle einer weit kleineren Zahl von sehr allgemeinen physikalischen Gesetzen sind. Es werden also die Vorgänge im *gesamten* unserer Beobachtung zugänglichen Weltall von einer verhältnismäßig kleinen Zahl von allgemeinen physikalischen Gesetzen beherrscht. Es unterliegt keinem Zweifel, daß die Entwicklung der Physik in dieser Richtung noch lange nicht abgeschlossen ist.

Eine Hypothese ist eine Deutung einer physikalischen Erfahrungstatsache, welche noch der endgültigen Bestätigung bedarf, welche aber vor dem Beweis des Gegenteils am meisten geeignet scheint, diese Erfahrungstatsache in das bestehende Schema der Physik einzuordnen. Der wissenschaftliche Wert der Hypothesen besteht darin, daß sie der Forschung Hinweise geben, welcher Art die Experimente sein müssen, die zu einem endgültigen Verständnis der noch nicht restlos geklärten, in Frage stehenden Erscheinung führen können. Im Laufe der Zeit kommt es stets dahin, daß eine Hypothese entweder verworfen werden muß, oder daß sie eine gesicherte physikalische Erkenntnis wird. So war z. B. lange Zeit die Behauptung, daß alle Stoffe aus Atomen aufgebaut seien, eine Hypothese. Heute ist sie eine unumstößliche physikalische Tatsache.

4. Physikalische Größen und Maßeinheiten. Der Anspruch der Physik auf absolute Strenge und Eindeutigkeit ihrer Aussagen erfordert eine entsprechende absolute Klarheit über die in ihren Gesetzen auftretenden *Größen*. Jedes physikalische Geschehen spielt sich für unser Bewußtsein in Raum und Zeit ab. Daher sind uns zwei physikalische Größen von der Natur unmittelbar diktiert: die *Länge* als räumliche Größe und die *Zeit*. Diese beiden *Grundgrößen* bedürfen als unmittelbar gegeben keiner *Definition* oder *Begriffsbestimmung*. Daneben besteht aber die Notwendigkeit zur Anwendung zahlreicher weiterer Größen, die wir teilweise auch im täglichen Leben anwenden, wie z. B. Geschwindigkeit, Kraft, Arbeit usw. Die Erfahrung zeigt, daß man — wenigstens im Bereich der Mechanik — mit einem System von Größen auskommt, die sich sämtlich durch entsprechende Definitionen von den Grundgrößen Länge und Zeit und einer dritten Grundgröße ableiten lassen *(abgeleitete Größen)*. Die Wahl der dritten Grundgröße ist an sich willkürlich, und man könnte als solche grundsätzlich jede beliebige mechanische Größe anwenden, sofern sie nur der Bedingung genügt, daß sie nicht schon durch Länge und Zeit allein definierbar ist, wie z. B. die Geschwindigkeit. In der Physik benutzt man als dritte Grundgröße die *Masse*, welche zu den Begriffen des Räumlichen und Zeitlichen den Begriff des Körperlichen als dritten Grundbegriff der Physik hinzufügt. Die Technik dagegen bedient sich aus praktischen Erwägungen als dritter Grundgröße der *Kraft* (§ 13).

Die abgeleiteten Größen werden durch ihre Definition sämtlich als Potenzprodukte von Grundgrößen dargestellt. So ist die Geschwindigkeit als der in der Zeiteinheit zurückgelegte Weg definiert, also als der Quotient von Weg (Länge) durch Zeit; Geschwindigkeit = Länge/Zeit oder Länge × Zeit^{-1}. Die Beschleunigung ist definiert als Geschwindigkeitsänderung in der Zeiteinheit, also als der Quotient der Geschwindigkeitsänderung (einer Geschwindigkeitsdifferenz) durch die Zeit, in der die Änderung erfolgte, demnach als Länge/Zeit^2 oder Länge × Zeit^{-2}. Die Kraft ist definiert als Masse × Beschleunigung oder Masse × Länge × Zeit^{-2} usw.

Jede Definition einer physikalischen Größe enthält zugleich eine *Meßvorschrift* für die Größe. Wenn z. B. die Dichte eines Stoffes als die in der Volumeinheit enthaltene Masse definiert ist, so bedeutet das, daß man eine Dichte — sei es unmittelbar oder mittelbar — auf keine andere Weise messen kann, als daß man sowohl die Masse wie das Volumen eines Körpers aus dem betreffenden Stoff ermittelt und die auf die Volumeinheit entfallende Masse als Quotient Masse/Volumen berechnet.

Physikalische Gesetze entstehen aus zunächst empirisch erkannten Zahlenbeziehungen zwischen physikalischen Größen (§ 3). Solche Zahlenbeziehungen sind deshalb möglich, weil man jeder individuellen physikalischen Größe eine *Maßzahl* zuordnen kann, welche angibt, wie oft eine bestimmte — der betreffenden Größe gemäß ihrer Definition dem Wesen nach gleiche — *Maßeinheit* in jener individuellen Größe enthalten ist. Jede Messung einer physikalischen Größe bedeutet daher einen *Vergleich dieser Größe mit ihrer Maßeinheit.*

Die Wahl der Maßeinheiten der einzelnen physikalischen Größen ist grundsätzlich willkürlich, und tatsächlich sind für manche Größen auch verschiedene Maßeinheiten nebeneinander im praktischen Gebrauch, z. B. das Meter und das Zentimeter. Auf den Inhalt eines physikalischen Gesetzes hat die Wahl der Maßeinheiten keinen Einfluß, sondern nur auf die Zahlenwerte der in ihm auftretenden Konstanten. Ein Wechsel der Maßeinheit führt auch einen Wechsel der Maßzahl herbei. Je größer die Maßeinheit ist, um so kleiner ist die Maßzahl (1 km = 1000 m = 100000 cm usw.). Die vollständige Beschreibung einer individuellen physikalischen Größe besteht also in der Angabe ihrer Maßzahl und der gewählten Maßeinheit.

Tatsächlich ist es nun aber weder erforderlich noch zweckmäßig, für jede einzelne physikalische Größe eine Maßeinheit willkürlich zu definieren. Es genügt, wenn die Maßeinheiten der Grundgrößen definiert werden. Dann ergeben sich für die abgeleiteten Größen auf Grund ihrer Definitionen durch die Grundgrößen ganz von selbst natürliche Maßeinheiten. Wenn z. B. die Kraft als das Produkt Masse × Beschleunigung = Masse × Länge × Zeit^{-2} definiert ist, so ergibt sich ihre Maßeinheit ganz natürlich als 1 Krafteinheit = 1 Masseneinheit × 1 Längeneinheit × 1 Zeiteinheit^{-2}. Wegen ihrer großen Bedeutung auch für das tägliche Leben sind die physikalischen Maßeinheiten auf Grund internationaler Vereinbarungen in allen Kulturstaaten gesetzlich festgelegt.

Häufig werden von den ursprünglichen Einheiten andere Einheiten abgeleitet. So bedeutet die Vorsilbe Kilo, abgekürzt k, das tausendfache der Einheit (1 kg = 1000 g), die Vorsilbe Milli, abgekürzt m, den tausendten Teil der Einheit (1 mg = $^1/_{1000}$ g). Die Vorsilbe Mega, abgekürzt M, bedeutet das millionenfache, die Vorsilbe Mikro, abgekürzt μ, den millionten Teil der Einheit (1 MVolt = 10^6 Volt, 1 μVolt = 10^{-6} Volt). In der Physik ist es aber oft zweckmäßiger, beim Auftreten von unbequem großen oder kleinen Maßzahlen keinen Wechsel der Maßeinheit vorzunehmen, sondern die ursprüngliche Maßeinheit zu benutzen und die Maßzahl als das Produkt einer der 1 nahen Zahl mit einer Zehnerpotenz zu schreiben, z. B. 1,53786 · 10^6 cm statt 15,3786 km oder 0,85 · 10^{-3} g statt 0,85 mg.

Näheres über Ausführung und Auswertung physikalischer Messungen s. WESTPHAL, „Physikalisches Praktikum", Einleitung § 5—15.

5. Die Einheiten der Länge, der Zeit und der Masse. 1. Die *Längeneinheit* der Physik ist 1 *Zentimeter* (cm), definiert als $^1/_{100}$ eines *Meters* (m). Das Meter wiederum ist ursprünglich definiert worden als der zehnmillionte Teil eines Erdquadranten, des Abstandes Pol—Äquator, gemessen auf einem Längengrad im Meeresniveau. Gesetzlich und international ist es aber definiert als der Abstand zweier Striche auf einem in Paris aufbewahrten Stab aus Platin-Iridium *(Urmeter)*, der jener ursprünglichen Definition so weitgehend entspricht, wie es zur Zeit seiner Herstellung möglich war. Zur Vermeidung unbequem großer oder kleiner Maßzahlen sind neben dem Zentimeter und dem Meter noch folgende abgeleitete Längeneinheiten in der Physik gebräuchlich:

$$1 \text{ Kilometer (km)} = 10^5 \text{ cm} \qquad 1 \text{ Ångström (Å)} = 10^{-8} \text{ cm}$$
$$1 \text{ Millimeter (mm)} = 10^{-1} \text{ cm} \qquad 1 \text{ Mikromikron } (\mu\mu) = 10^{-10} \text{ cm}$$
$$1 \text{ Mikron } (\mu) = 10^{-4} \text{ cm} \qquad 1 \text{ X-Einheit (X)} = 10^{-11} \text{ cm}$$
$$1 \text{ Millimikron } (m\mu) = 10^{-7} \text{ cm}$$

Astronomische Längeneinheiten sind 1 Lichtjahr und 1 parsec (Sternweite). 1 Lichtjahr ist die Strecke, die das Licht in 1 Jahr zurücklegt; es beträgt $0{,}94608 \cdot 10^{13}$ km. 1 parsec ist die Entfernung, aus der gesehen der Halbmesser der Erdbahn um die Sonne unter einem Winkel von $1''$ erscheint; es beträgt $3{,}06662 \cdot 10^{13}$ km $= 3{,}26$ Lichtjahre.

Neben der Länge spielt der *Winkel* eine wichtige Rolle als räumliche Größe. Er ist als ein Längenverhältnis definiert, als solches eine reine Zahl und von der Wahl der Längeneinheit unabhängig. Es sei s die Länge des Kreisbogens, den die Schenkel eines Winkels φ auf einem um seinen Scheitel beschriebenen Kreis vom Radius r begrenzen. Dann ist $\varphi = s/r$. Diese Definition führt zur *Einheit des Winkels im Bogenmaß*, die als 1 *Radiant* (rad) bezeichnet wird. Das ist derjenige Winkel, bei dem $s/r = 1$, der Bogen also gleich dem Radius ist. In dem in der Praxis gebräuchlichen *Gradmaß* (Einheit 1^0) ist $1 \text{ rad} = 360/2\pi = 57^0 17' 45''$. Will man die Maßzahl eines im Gradmaß gemessenen Winkels in das Bogenmaß umrechnen, so muß man sie mit dem Faktor $2\pi/360 = 0{,}017453$ multiplizieren.

Bei sehr kleinen Winkeln kann man oft mit Vorteil von der Tatsache Gebrauch machen, daß ihr sin und tg mit großer Annäherung ihrem im Bogenmaß gemessenen Betrage gleich sind, $\sin \psi \approx \psi$, $\operatorname{tg} \psi \approx \psi$. Ferner ist dann $\cos \psi \approx 1 - \psi^2/2 \approx 1$. Zum Beispiel ist $6° = 0{,}1047$, $\sin 6° = 0{,}1045$, $\operatorname{tg} 6° = 0{,}1051$, $\cos 6° = 0{,}9945$. Der Fehler ist also in vielen Fällen zu vernachlässigen.

Die Gesamtheit aller Strahlen, die einen Punkt im Raum mit allen Punkten der Berandung einer Fläche verbinden, schließen einen *räumlichen Winkel* ein. Ist F ein Stück einer Kugelfläche vom Radius r, so schließen alle Strahlen, die den Mittelpunkt der Kugel mit der Berandung von F verbinden, einen räumlichen Winkel Ω ein, dessen Größe durch die Gleichung

$$F = r^2 \Omega \qquad \text{bzw.} \qquad \Omega = \frac{F}{r^2}$$

gegeben ist. Da die Größe der gesamten Kugelfläche $F = 4\pi r^2$ beträgt, so ist ein „ganzer" räumlicher Winkel (analog zum ganzen ebenen Winkel, $360°$ oder 2π) gleich 4π. Nach obiger Gleichung ist ein räumlicher Winkel gleich der Einheit, $\Omega = 1$, wenn er aus einer um seinen Scheitel beschriebenen Kugelfläche vom Radius r eine Fläche von der Größe r^2 ausschneidet. Dabei ist die Gestalt dieser Fläche ganz beliebig. Gleich große räumliche Winkel können also eine sehr verschiedene Gestalt haben.

2. Die *Zeiteinheit* der Physik ist 1 *Sekunde* (sec). Sie ist so definiert, daß $60 \cdot 60 \cdot 24 \text{ sec} = 86400 \text{ sec}$ gleich einem *mittleren Sonnentage* (dem über ein Jahr genommenen Mittelwert zwischen den Zeiten je zweier aufeinanderfolgender Kulminationen der Sonne) sind. Vom Sonnentag ist der *Sterntag*, der sich aus zwei aufeinanderfolgenden Kulminationen eines Fixsternes ergibt, zu unterscheiden, weil die Erde bei einem vollen Umlauf um die Sonne bezüglich der Sonne scheinbar eine Umdrehung weniger um sich selbst macht als bezüglich des Fixsternhimmels. (Würde die Erde der Sonne immer die gleiche Seite zukehren, so würde sie sich bei einem vollen Umlauf um die Sonne gegenüber dem Fixsternhimmel einmal in einem Jahre ganz herumdrehen.) Die Dauer eines Sterntages beträgt genau $365{,}25/366{,}25$ eines Sonnentages oder 23 Stunden 56 Minuten $4{,}1$ sec mittlerer Sonnenzeit. Für genaue Zeitmessungen benutzt man Pendeluhren mit Gewichtsantrieb, für allergenaueste Quarzuhren (§ 145).

Der mittlere Sonnentag ist nicht völlig konstant. Aus astronomischen Beobachtungen geht hervor, daß seine Dauer sehr langsamen periodischen Schwankungen in der Größenordnung einiger Sekunden unterworfen ist. Messungen mit Quarzuhren zeigen auch schnellere Schwankungen in der Größenanordnung kleiner Bruchteile einer Sekunde an. Derartige Schwankungen sind zu erwarten, da jede Änderung des Trägheitsmomentes der Erde (§ 36), wie sie schon durch nordsüdliche Verlagerung von Eismassen eintreten kann, eine Änderung der Umdrehungsgeschwindigkeit der Erde zur Folge haben muß. Ferner muß angenommen werden, daß die Erdrotation infolge der ständigen Reibung der Flutwelle ganz allmählich abnimmt (§ 47).

3. Die *Masseneinheit* der Physik ist 1 *Gramm* (g). Die ursprüngliche Definition des Gramms lautete, daß 1 g die Masse von 1 ccm reinsten Wassers bei 4^0 C ist. (Wegen der Wahl dieser Temperatur vgl. § 102.) Gesetzlich und international hingegen ist 1 g definiert als $^1/_{1000}$ der Masse eines in Paris aufbewahrten Massennormals aus Platin-Iridium *(Urkilogramm)*, dessen Masse derjenigen von 1 l = 1000 cm³ Wasser von 4^0 C so genau entspricht, wie es zur Zeit seiner Herstellung möglich war. Tatsächlich beträgt die Masse von 1 cm³ Wasser in dieser Einheit 0,999973 g, ein Unterschied, der fast immer völlig belanglos ist.

Neben dem Gramm (g) und dem Kilogramm (kg) = 1000 g sind als abgeleitete Masseneinheiten noch in Gebrauch die Tonne = 10^3 kg = 10^6 g, das Milligramm (mg) = 10^{-3} und das Mikrogramm (μg) = 10^{-6} g, welches in der Chemie viel verwendet und von den Chemikern als 1 Gamma (γ) bezeichnet wird.

Kopien des Urmeters und des Urkilogramms (nationale Urmaße), deren — äußerst kleine — Abweichungen von den Originalen genau bekannt sind, befinden sich im Besitz aller Kulturstaaten, in Deutschland in der *Physikalisch-Technischen Reichsanstalt*, die bei uns für das Maß- und Gewichtswesen verantwortlich ist.

Das auf den Grundgrößen Länge, Masse und Zeit aufgebaute System physikalischer Größen und ihrer Einheiten heißt das *Zentimeter-Gramm-Sekunden-System* oder kurz *CGS-System* (vgl. § 13).

Erstes Kapitel.

Mechanik der Massenpunkte und der starren Körper.

Vorbemerkung zum Studium der Mechanik. Die Mechanik bildet nicht deshalb den Anfang der üblichen Lehrbücher, weil sie der am leichtesten verständliche Teil der Physik wäre, sondern weil sie eine allgemeine Grundlage der Physik darstellt, die in allen Teilgebieten der Physik Anwendung findet. Einzelne Teile der Mechanik bieten für den Anfänger nicht unbeträchtliche Schwierigkeiten. Es ist ihm daher zu empfehlen, diese Teile beim ersten Studium zunächst zu übergehen und sich nur mit denjenigen Teilen zu beschäftigen, die eine Kenntnis der elementaren Grundbegriffe und Gesetze der Mechanik vermitteln. Die weiteren Teile werden zweckmäßig jeweils dann eingehender studiert, wenn sich im weiteren Verlauf des Studiums dieses Buches eine Anwendung für sie ergibt, bzw. beim erneuten Durcharbeiten des Buches. Insbesondere betrifft dies die §§ 35 und 37—41. Durch die — vielleicht ungewohnte — ausgiebige Verwendung von Vektoren möge sich der Anfänger nicht abschrecken lassen, da er sehr schnell bemerken wird, daß sie ihm das Verständnis außerordentlich erleichtert, sobald er sich mit einigen sehr einfachen Grundbegriffen und Definitionen vertraut gemacht hat.

I. Bewegungslehre.

6. Massenpunkt. Starrer Körper. In diesem Kapitel behandeln wir das Verhalten idealisierter Körper. Erstens führen wir den Begriff des *Massenpunktes* ein. Wir verstehen darunter einen Körper von so geringen Abmessungen, daß wir ihn mit genügender Annäherung als punktförmig ansehen dürfen. Dadurch gewinnen wir den Vorteil, daß wir seine Lage im Raume auf die einfachste Weise, nämlich durch Angabe seiner drei Ortskoordinaten, beschreiben können. Bei einem ausgedehnten Körper ist das so einfach nicht möglich. Auch im täglichen Leben behandeln wir ja sogar recht ausgedehnte Körper oft stillschweigend wie Massenpunkte, z. B. bei der Angabe eines Schiffsortes in geographischer Länge und Breite. Es kommt nur darauf an, daß die Abmessungen des Körpers gegenüber denjenigen des in Frage kommenden Bereiches — beim Schiff der Meeresfläche — so klein sind, daß sie ihnen gegenüber vernachlässigt werden können.

Sofern wir aber berücksichtigen müssen, daß wir es in Wirklichkeit stets mit räumlich ausgedehnten Körpern zu tun haben, werden wir diese hier als *starre Körper* betrachten, indem wir ihnen eine durch äußere Einwirkungen nicht veränderliche Gestalt und Größe zuschreiben.

Wir beginnen mit der Behandlung von Massenpunkten. Den Übergang zu den räumlich ausgedehnten Körpern vollziehen wir, indem wir diese aus beliebig kleinen Teilen — *Massenelementen* — aufgebaut denken, die wir als Massenpunkte ansehen dürfen. In dem wir auf diese die für Massenpunkte gültigen Gesetze anwenden, ermitteln wir die für ausgedehnte Körper geltenden Gesetze durch Summation (Integration) über den ganzen Raumbereich der Körper.

7. Geradlinige Bewegung. Die Merkmale einer Bewegung sind die *Geschwindigkeit* und die *Beschleunigung* des bewegten Körpers. Wir bezeichnen seine Geschwindigkeit als um so größer, je größer die Strecke ist, die er in einer bestimmten Zeit zurücklegt, und seine Beschleunigung als um so größer, je größer seine Geschwindigkeitsänderung in einer bestimmten Zeit ist. Wir messen daher — vorbehaltlich einer strengeren Definition — die Geschwindigkeit als das Verhältnis des zurückgelegten Weges zu der dazu benötigten Zeit, die Beschleunigung als das Verhältnis der Geschwindigkeitsänderung zu der Zeitspanne, in der sie erfolgt.

Zur Einführung betrachten wir den einfachen Sonderfall einer *geradlinigen Bewegung* eines Massenpunktes. Den jeweiligen Ort des Massenpunktes auf der Geraden beschreiben wir durch seinen Abstand x von einem beliebig wählbaren Bezugspunkt $x = 0$ auf der Geraden. Bewegt sich der Massenpunkt längs der Geraden, so ist sein Ort x eine Funktion der Zeit t. Er befinde sich zur Zeit t im Punkte x, zur Zeit $t + \Delta t$, also um die endliche Zeitspanne Δt später, im Punkte $x + \Delta x$. Dann besitzt er eine um so größere *Geschwindigkeit*, je größer das Verhältnis der Strecke Δx zur Zeitspanne Δt ist, also je größer der Bruch $\Delta x/\Delta t$ ist. Im allgemeinen wird dieser Bruch nicht konstant sein, sondern einen mit Ort und Zeit veränderlichen Betrag haben. Er wird dann aber auch davon abhängen, wie groß man die Zeitspanne Δt wählt, an deren Anfang und Ende man den Ort des Massenpunktes feststellt. Demnach bildet der Bruch $\Delta x/\Delta t$ im allgemeinen noch kein eindeutiges Maß der Geschwindigkeit. Läßt man jedoch die Zeitspanne Δt und damit die Wegstrecke Δx unbeschränkt abnehmen, $\Delta t \to 0$, $\Delta x \to 0$, so daß Anfang und Ende der Zeitspanne und Anfang und Ende des Weges beliebig nahe zusammenfallen, — geht man also von den Weg- und Zeitdifferenzen Δx und Δt zu den entsprechenden Differentialen dx und dt über, so nähert sich der Bruch $\Delta x/\Delta t$ einem Grenzwert, dem Differentialquotienten dx/dt, der die Geschwindigkeit des Massenpunktes zur Zeit t am Orte x darstellt. Demnach ist die Geschwindigkeit eines geradlinig bewegten Massenpunktes definiert als der Grenzwert

$$v = \lim_{\Delta t \to 0} \frac{\Delta x}{\Delta t} = \frac{dx}{dt}. \tag{1}$$

Ist die Geschwindigkeit v zeitlich konstant, so bezeichnet man die Bewegung als *geradlinig und gleichförmig*. Ist aber v zeitlich veränderlich, also eine Funktion der Zeit, $v = v(t)$, so heißt die Bewegung *beschleunigt*, und zwar auch dann, wenn die Geschwindigkeit nicht zu-, sondern abnimmt. Ändert sich die Geschwindigkeit v in gleichen Zeitspannen Δt stets um gleiche und gleichgerichtete Beträge Δv, so ist die Bewegung *gleichförmig beschleunigt*. Je größer die Änderung Δv in der Zeitspanne Δt ist, um so größer ist die Beschleunigung, die daher durch den Bruch $\Delta v/\Delta t$ gemessen wird. Ist aber die Beschleunigung nicht konstant, die Bewegung also *ungleichförmig beschleunigt*, so hängt der Bruch $\Delta v/\Delta t$ von der Länge der gewählten Zeitspanne Δt ab. Man erhält dann, genau wie bei der Geschwindigkeit, einen Grenzwert für einen bestimmten Zeitpunkt t, wenn man die Zeitspanne Δt und damit die Geschwindigkeitsänderung Δv unbeschränkt abnehmen läßt, also von den endlichen Differenzen Δv und Δt zu den Differentialen dv und dt übergeht. Demnach wird allgemein die Beschleunigung b eines geradlinig bewegten Massenpunktes definiert als der Grenzwert

$$b = \lim_{\Delta t \to 0} \frac{\Delta v}{\Delta t} = \frac{dv}{dt} = \frac{d^2 x}{dt^2}. \tag{2}$$

Die physikalische Einheit der Geschwindigkeit ist $1\,\mathrm{cm} \cdot \mathrm{sec}^{-1}$, die der Beschleunigung $1\,\mathrm{cm} \cdot \mathrm{sec}^{-2}$. Die Technik bedient sich der Einheiten $1\,\mathrm{m} \cdot \mathrm{sec}^{-1}$ und $1\,\mathrm{m} \cdot \mathrm{sec}^{-2}$.

Es seien x_1 und x_2 die Ortskoordinaten eines Massenpunktes zu den Zeiten t_1 und t_2. Dann folgt durch Integration der Gl. (1)

$$\int\limits_{t_1}^{t_2} v\, dt = \int\limits_{x_1}^{x_2} d x = x_2 - x_1. \tag{3}$$

Der zurückgelegte Weg $x_2 - x_1$ ist also bei geradliniger Bewegung das zeitliche Integral der Geschwindigkeit. Ist die Bewegung gleichförmig, also v zeitlich konstant, so folgt aus Gl. (3)

$$v\,(t_2 - t_1) = x_2 - x_1 \quad \text{oder} \quad v = \frac{x_2 - x_1}{t_2 - t_1}. \tag{4}$$

In diesem Sonderfall ist also die Geschwindigkeit der Quotient aus dem in der endlichen Zeitspanne $t_2 - t_1$ zurückgelegten endlichen Wege $x_2 - x_1$ und dieser Zeitspanne.

Entsprechend folgt durch Integration der Gl. (2)

$$\int\limits_{t_1}^{t_2} b\, dt = \int\limits_{v_1}^{v_2} d v = v_2 - v_1. \tag{5}$$

Ist b konstant, also die Bewegung gleichförmig beschleunigt, so ergibt sich

$$b\,(t_2 - t_1) = v_2 - v_1 \quad \text{oder} \quad b = \frac{v_2 - v_1}{t_2 - t_1}. \tag{6}$$

In diesem Sonderfall ist also die Beschleunigung b der Quotient aus der in der endlichen Zeitspanne $t_2 - t_1$ erfolgten endlichen Geschwindigkeitsänderung $v_2 - v_1$ und dieser Zeitspanne.

Wir wollen unsere Zeitskala so wählen, daß $t_1 = 0$ ist, und t_2 mit t bezeichnen, so daß auch $t_2 - t_1 = t$ ist. Zur Zeit $t = 0$ befinde sich der Massenpunkt am Orte $x = x_0$ und habe die Geschwindigkeit $v = v_0$. Die Beschleunigung b sei zeitlich konstant. Dann ist die Geschwindigkeit des Massenpunktes zur Zeit t nach Gl. (6)

$$v = v_0 + bt. \tag{7}$$

Sein Ort x zur Zeit t ergibt sich aus Gl. (3) und (7) zu

$$x = x_0 + \int\limits_0^t v\, dt = x_0 + \int\limits_0^t (v_0 + bt)\, dt = x_0 + v_0 t + \tfrac{1}{2} bt^2. \tag{8}$$

Aus Gl. (7) und (8) können der Ort und die Geschwindigkeit eines geradlinig bewegten, gleichförmig beschleunigten Massenpunktes für jede Zeit t berechnet werden, wenn x_0, v_0 und b bekannt sind. Auch kann die Geschwindigkeit v in jedem Punkt x der Bahn berechnet werden, indem man die Zeit t aus den Gl. (7) und (8) eliminiert.

Ist die Beschleunigung der Richtung zunehmender Werte von x entgegengerichtet, so ist b mit negativem Vorzeichen zu versehen. Ebenso bedeutet ein negatives Vorzeichen der Geschwindigkeit v, daß die Bewegung der Richtung zunehmender Werte von x entgegen gerichtet ist.

In der Technik — z. B. bei der Federung von Kraftfahrzeugen — spielt manchmal auch die zeitliche Änderung $db/dt = d^3 x/dt^3$ der Beschleunigung eine wichtige Rolle. Starke momentane Änderungen der Beschleunigung liegen vor allem dann vor, wenn ein Körper durch einen heftigen Stoß in Bewegung gesetzt oder gebremst wird. Daher wird die zeitliche Änderung der Beschleunigung als *Ruck* bezeichnet.

8. Vektoren. Die physikalischen Größen gliedern sich in zwei Klassen, Skalare und Vektoren. *Skalare* sind Größen, die durch Angabe ihres Betrages, d. h. ihrer Maßzahl, und der gewählten Maßeinheit vollständig beschrieben sind, wie z. B. Rauminhalte, Massen, Temperaturen usw. *Vektoren* sind *gerichtete Größen*. Das heißt, daß zu ihrer vollständigen Beschreibung außer der Angabe ihres Betrages und der Maßeinheit noch die Angabe einer der betreffenden Größe eigentümlichen *Richtung* gehört, durch die sie sich von anderen Größen gleicher Art und von gleichem Betrage unterscheidet. Ein Beispiel ist die Geschwindigkeit, denn die Richtung ist ein wesentliches Merkmal einer Bewegung. Man kann zwei Geschwindigkeiten von gleichem Betrage, aber verschiedener Richtung nicht im eigentlichen Sinne als gleich bezeichnen, denn sie bewirken durchaus verschiedene Ortsänderungen der bewegten Körper. Die eine ist nicht durch die andere ersetzbar, und gleich sind nur solche Größen, von denen die eine durch die andere ersetzt werden kann, ohne daß das einen Unterschied in der Wirkung hervorbringt. Auch die Beschleunigung ist ein Vektor, denn es ist wesentlich, in welcher Richtung die Geschwindigkeitsänderung eines beschleunigten Körpers erfolgt. Vektoren sind auch die unendlich kleinen Bahnelemente, aus denen sich die Bahn eines bewegten Körpers zusammensetzt. Denn die Bahn eines Körpers hat in jedem Punkte eine bestimmte Richtung, nämlich diejenige der Geschwindigkeit des Körpers in jenem Punkt. Die Richtung eines Bahnelements und der zugehörigen Geschwindigkeit ist diejenige der in dem betreffenden Punkt an die Bahn gelegten Tangente. Bevor wir uns mit den Bewegungen im Raum beschäftigen, wollen wir uns mit den wichtigsten Eigenschaften der Vektoren vertraut machen.

Wir unterscheiden die Vektoren von den Skalaren dadurch, daß wir jene mit deutschen (Fraktur), diese mit lateinischen Buchstaben bezeichnen, z. B. eine Geschwindigkeit mit $\mathfrak{v}$, eine Beschleunigung mit $\mathfrak{b}$. Der *Betrag eines Vektors*, d. h. die bloße Angabe seiner Maßzahl und der gewählten Maßeinheit, ist ein Skalar. Deshalb bezeichnen wir ihn mit einem lateinischen Buchstaben, und zwar im allgemeinen mit demjenigen, der den betreffenden Vektor in Fraktur als Vektor bezeichnet. So ist v der Betrag einer Geschwindigkeit $\mathfrak{v}$, b der Betrag einer Beschleunigung $\mathfrak{b}$. Jedoch ist auch die Bezeichnungsweise $|\mathfrak{v}|$, $|\mathfrak{b}|$ für die Beträge von Vektoren in Gebrauch.

Einen Skalar kann man graphisch durch eine beliebig gerichtete Strecke darstellen, deren Länge gleich oder proportional der Maßzahl des Skalars ist. Das Symbol eines Vektors hingegen ist ein *Pfeil*, der in die dem Vektor eigentümliche Richtung weist, und dessen Länge dem Betrage des Vektors gleich oder proportional ist.

Die Summe zweier Skalare a und b ist ihre algebraische Summe $a + b$. Wir wollen jetzt untersuchen, welche Bedeutung wir der Summe *(Vektorsumme, Resultierende, Resultante)* $\mathfrak{a} + \mathfrak{b}$ zweier Vektoren $\mathfrak{a}$ und $\mathfrak{b}$ zuzuschreiben haben. Wir wählen als Beispiel zwei beliebig gerichtete Geschwindigkeiten $\mathfrak{v}_1$ und $\mathfrak{v}_2$. Man wird von der Summe zweier Geschwindigkeiten dann sprechen, wenn sie dem gleichen Körper gleichzeitig zukommen. Das ist natürlich so zu verstehen, daß sich einer Bewegung des Körpers mit der Geschwindigkeit $\mathfrak{v}_1$ eine zweite Bewegung mit der Geschwindigkeit $\mathfrak{v}_2$ überlagert, so daß eine aus diesen beiden Teilbewegungen zusammengesetzte Bewegung entsteht. Die Geschwindigkeit $\mathfrak{v}$, mit der diese Bewegung erfolgt, werden wir sinngemäß als die Summe $\mathfrak{v} = \mathfrak{v}_1 + \mathfrak{v}_2$ der beiden Teilgeschwindigkeiten $\mathfrak{v}_1$ und $\mathfrak{v}_2$ bezeichnen. Als Beispiel betrachten wir einen Körper, der sich auf einem mit der Geschwindigkeit $\mathfrak{v}_1$ gegenüber dem Wasser bewegten Schiff befindet, und der sich gleichzeitig auf dem Schiff in einer bestimmten Richtung mit der Geschwindigkeit $\mathfrak{v}_2$ bewegt. Der Körper befinde sich in einem bestimmten Augenblick im Punkte A (Abb. 1a). Dann befindet er sich infolge seiner Geschwindigkeit $\mathfrak{v} = \mathfrak{v}_1 + \mathfrak{v}_2$ nach Ablauf von 1 sec im Punkte B. Den gleichen Ort hätte er auch erreicht, wenn er sich zunächst während 1 sec mit der Geschwindigkeit $\mathfrak{v}_1$ von A nach C, dann während 1 sec mit der Geschwindigkeit $\mathfrak{v}_2$ von C nach B bewegt hätte. Die Verschiebung von A nach B kann als die Summe der Verschiebungen von A nach C

und von C nach B angesehen werden. Man kann demnach den Vektor $\mathfrak{v} = \mathfrak{v}_1 + \mathfrak{v}_2$ so konstruieren, daß man an die Spitze des Vektorpfeils $\mathfrak{v}_1$ den Schwanz des Vektorpfeils $\mathfrak{v}_2$ anlegt, — unter Beachtung der Richtungen der Vektoren —, und Anfang und Ende des so entstandenen Linienzuges durch einen von A nach B weisenden Pfeil, den Vektor $\mathfrak{v} = \mathfrak{v}_1 + \mathfrak{v}_2$, verbindet. Auf die Reihenfolge der beiden Vektoren kommt es dabei nicht an (Abb. 1a und b). Es ist $\mathfrak{v}_1 + \mathfrak{v}_2 = \mathfrak{v}_2 + \mathfrak{v}_1$. Bilden die Richtungen der Vektoren $\mathfrak{v}_1$, $\mathfrak{v}_2$ (Beträge v_1, v_2) miteinander

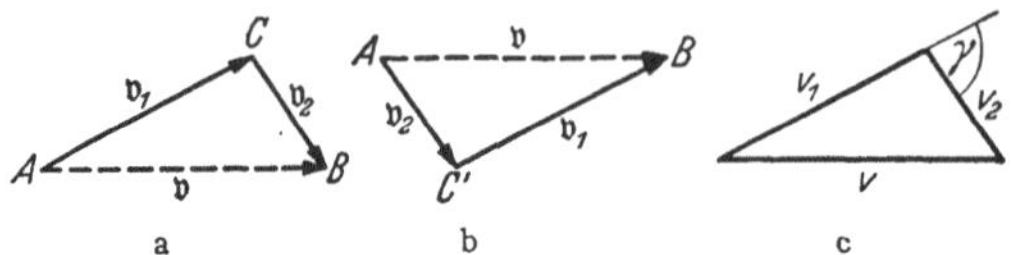

Abb. 1. Addition zweier Vektoren. a) $\mathfrak{v} = \mathfrak{v}_1 + \mathfrak{v}_2$, b) $\mathfrak{v} = \mathfrak{v}_2 + \mathfrak{v}_1$, c) $v = \sqrt{v_1^2 + v_2^2 + 2\,v_1\,v_2 \cos\gamma}$.

den Winkel γ (Abb. 1c), so folgt aus dem Kosinussatz, daß, wenn

$$\mathfrak{v} = \mathfrak{v}_1 + \mathfrak{v}_2, \quad \text{so} \quad v = \sqrt{v_1^2 + v_2^2 + 2\,v_1\,v_2 \cos\gamma}. \tag{9}$$

Die Konstruktion der Abb. 1 kann bei mehr als zwei zu addierenden Vektoren beliebig fortgesetzt werden (Abb. 2), indem man die Vektorpfeile $\mathfrak{a}$, $\mathfrak{b}$, $\mathfrak{c}$ usw. in beliebiger Reihenfolge aneinanderfügt und Anfang und Ende des entstandenen Linienzuges durch einen Vektorpfeil $\mathfrak{s} = \mathfrak{a} + \mathfrak{b} + \mathfrak{c} + \dots$ verbindet. Die

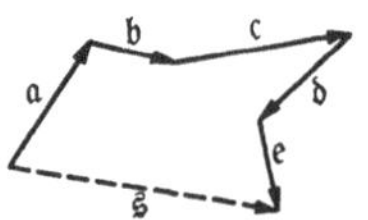

Abb. 2. Addition von mehr als zwei Vektoren, $\mathfrak{s} = \mathfrak{a} + \mathfrak{b} + \mathfrak{c} + \dots$

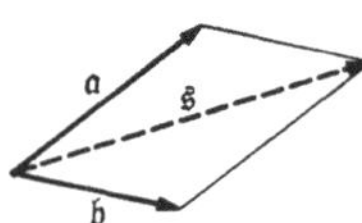

Abb. 3. Parallelogrammkonstruktion.

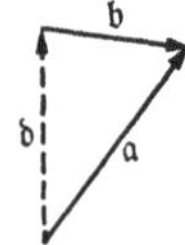

Abb. 4. Differenz zweier Vektoren, $\mathfrak{d} = \mathfrak{a} - \mathfrak{b}$.

Konstruktion gilt auch dann, wenn die einzelnen Vektorpfeile nicht in der gleichen Ebene liegen. (Man denke sich Abb. 2 in irgendeiner Weise als eine räumliche, perspektivisch gezeichnete Figur.)

Bei zwei Vektoren kann man, wie leicht ersichtlich, auch so verfahren, daß man die Vektorpfeile mit ihren Schwänzen aneinanderfügt und die Figur zu einem Parallelogramm ergänzt (Abb. 3). Die von den Schwänzen ausgehende Diagonale des Parallelogramms ist die Vektorsumme $\mathfrak{s} = \mathfrak{a} + \mathfrak{b}$ der Vektoren $\mathfrak{a}$ und $\mathfrak{b}$.

In Abb. 4 ist der Vektor $\mathfrak{a}$ die Summe der Vektoren $\mathfrak{b}$ und $\mathfrak{d}$, also $\mathfrak{a} = \mathfrak{b} + \mathfrak{d}$. Statt dessen können wir schreiben $\mathfrak{d} = \mathfrak{a} - \mathfrak{b}$. Der Vektor $\mathfrak{d}$ ist also die Differenz der Vektoren $\mathfrak{a}$ und $\mathfrak{b}$. Hieraus ergibt sich ohne weiteres die Konstruktion der Differenz zweier Vektoren.

Der Vektor $-\mathfrak{a}$ hat den gleichen Betrag, aber die entgegengesetzte Richtung wie der Vektor $\mathfrak{a}$. Denn es ist $\mathfrak{a} + (-\mathfrak{a}) = \mathfrak{a} - \mathfrak{a} = 0$. Das heißt, die beiden Vektoren heben sich gegenseitig auf, was offensichtlich dann der Fall ist, wenn sie gleichen Betrag und entgegengesetzte Richtung haben.

Während demnach dem Vorzeichen eines Vektors eine mit seiner Richtung zusammenhängende Bedeutung zukommt, rechnen wir die Beträge von Vektoren stets positiv. Es haben also z. B. die Vektoren $\mathfrak{a}$ und $-\mathfrak{a}$ den gleichen Betrag a.

Man kann jeden gegebenen Vektor als die Summe von beliebig gerichteten Vektoren auffassen, aus denen er zwar nicht durch Addition entstanden ist, wohl aber entstanden sein könnte. Wir wollen die Vektoren, aus denen wir uns einen Vektor auf diese Weise zusammengesetzt denken können, als *Komponenten* des Vektors bezeichnen. (In diesem Punkt herrscht keine einheitliche Übung. Oft bezeichnet man auch die skalaren Beträge dieser Vektoren als die

Komponenten des gegebenen Vektors.) Wir bezeichnen daher die Vektorkomponenten mit deutschen, ihre Beträge mit lateinischen Buchstaben. Abb. 5 zeigt das Verfahren zur Zerlegung eines Vektors $\mathfrak{a}$ in zwei Komponenten $\mathfrak{a}_1$, $\mathfrak{a}_2$ nach zwei vorgegebenen Richtungen. Man zieht durch den Schwanz von $\mathfrak{a}$ zwei Gerade in diesen Richtungen und ergänzt die Figur zu einem Parallelogramm mit der Diagonale $\mathfrak{a}$. Die vom Schwanz von $\mathfrak{a}$ ausgehenden Parallelogrammseiten $\mathfrak{a}_1$, $\mathfrak{a}_2$ sind die gesuchten Komponenten, denn nach Abb. 5 ist $\mathfrak{a} = \mathfrak{a}_1 + \mathfrak{a}_2$. Ihre Beträge hängen von der Wahl der Richtungen ab (Abb. 5a und b).

Besonders wichtig ist die Zerlegung eines Vektors $\mathfrak{a}$ in drei zueinander senkrechte Komponenten $\mathfrak{a}_x$, $\mathfrak{a}_y$, $\mathfrak{a}_z$ nach den drei Achsenrichtungen eines rechtwinkligen Koordinatensystems $(x\,y\,z)$ (Abb. 6). Man findet diese drei Komponenten, indem man von der Spitze des Pfeils $\mathfrak{a}$ die Lote auf die drei durch

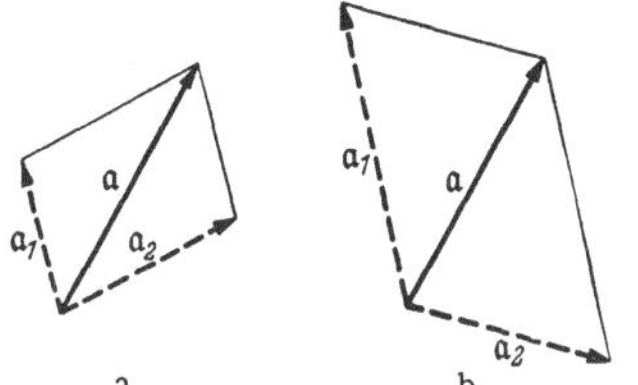
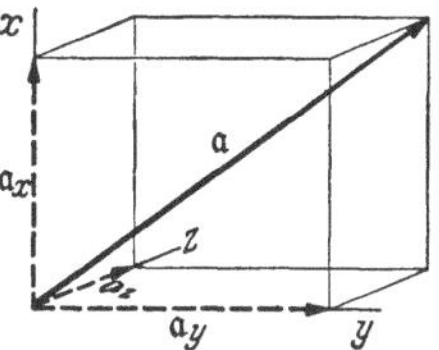

Abb. 5. Zerlegung eines Vektors in zwei Komponenten, $\mathfrak{a} = \mathfrak{a}_1 + \mathfrak{a}_2$.

Abb. 6. Zerlegung eines Vektors nach den Achsenrichtungen eines rechtwinkligen Koordinatensystems, $\mathfrak{a} = \mathfrak{a}_x + \mathfrak{a}_y + \mathfrak{a}_z$.

den Pfeilschwanz gehenden, zu den Koordinatenachsen parallelen Geraden fällt. Dann gelten für die Komponenten $\mathfrak{a}_x$, $\mathfrak{a}_y$, $\mathfrak{a}_z$ des Vektors $\mathfrak{a}$ und ihre Beträge a_x, a_y, a_z die Gleichungen

$$\mathfrak{a} = \mathfrak{a}_x + \mathfrak{a}_y + \mathfrak{a}_z \quad \text{und} \quad a = \sqrt{a_x^2 + a_y^2 + a_z^2}. \tag{10}$$

Gleichungen zwischen Vektoren haben eine weitergehende Bedeutung als solche zwischen Skalaren. Die Gleichung $\mathfrak{a} = \mathfrak{b}$ sagt ja nicht nur aus, daß die Vektoren $\mathfrak{a}$ und $\mathfrak{b}$ gleiche Beträge haben, sondern auch daß sie gleiche Richtung haben. Dann aber haben auch die je drei Komponenten von $\mathfrak{a}$ und $\mathfrak{b}$ in drei zueinander senkrechten Richtungen untereinander die gleichen Beträge. Die eine Vektorgleichung $\mathfrak{a} = \mathfrak{b}$ ist also den drei algebraischen Gleichungen $a_x = b_x$, $a_y = b_y$, $a_z = b_z$ gleichwertig. Bei Zahlenrechnungen muß im allgemeinen jede Vektorgleichung derart in algebraische Gleichungen zerlegt werden.

Das Produkt $a\,\mathfrak{b} = \mathfrak{c}$ eines Skalars a mit einem Vektor $\mathfrak{b}$ ist ein Vektor $\mathfrak{c}$, der die gleiche Richtung und den a-fachen Betrag hat wie der Vektor $\mathfrak{b}$. Über Produkte von Vektoren siehe § 10 und 21. Da das Verhältnis $\mathfrak{a}/a$ eines Vektors $\mathfrak{a}$ und seines Betrages a ein Vektor vom Betrage 1 ist, der die gleiche Richtung wie $\mathfrak{a}$ hat, so entsteht durch Multiplikation einer skalaren Größe c mit dem Vektor $\mathfrak{a}/a$ ein Vektor $\mathfrak{c} = \mathfrak{a}\,c/a$, der die gleiche Richtung wie $\mathfrak{a}$ hat, und dessen Betrag gleich c ist. Den Vektor $\mathfrak{a}/a$ nennt man den in der Richtung von $\mathfrak{a}$ liegenden *Einheitsvektor*.

9. Bewegung im Raume. Bei der vektoriellen Beschreibung der Bewegung eines Massenpunktes beziehen wir seine jeweilige Lage im Raum auf einen festen *Bezugspunkt O*, dessen Lage wir beliebig wählen können. Der jeweilige Ort des Massenpunktes wird dann eindeutig beschrieben durch Betrag (Länge) und Richtung des vom Bezugspunkt O nach dem Massenpunkt hin weisenden *Fahrstrahls* oder *Radiusvektors* $\mathfrak{r}$, seine Bewegung durch die Änderungen dieses Vektors nach Betrag und Richtung als Funktion der Zeit.

Ein Massenpunkt befinde sich zur Zeit t im Punkte A; der zugehörige Fahrstrahl sei $\mathfrak{r}$ (Abb. 7). In der endlichen Zeit Δt bewege er sich längs der Bahn s nach B, so daß er nach der Zeit Δt um die endliche, gerichtete Strecke $A \to B = \Delta\mathfrak{r}$ verschoben ist. Dabei hat sich der Fahrstrahl im allgemeinen sowohl nach Betrag wie nach Richtung geändert. Der zur Lage B gehörige Fahrstrahl ist die Vektorsumme des ursprünglichen Fahrstrahls $\mathfrak{r}$ und der Verschiebung $\Delta\mathfrak{r}$, also gleich $\mathfrak{r} + \Delta\mathfrak{r}$. Der Quotient $\Delta\mathfrak{r}/\Delta t$ ist — als Produkt des Vektors $\Delta\mathfrak{r}$ und des Skalars $1/\Delta t$ — ein dem Verschiebungsvektor $\Delta\mathfrak{r}$ gleichgerichteter Vektor. Sein Betrag und seine Richtung hängen im allgemeinen bei gegebenem Anfangsort A von der Wahl der Zeitspanne Δt ab. (Von der Lage des Bezugspunkts O ist er unabhängig.) Je kleiner wir aber Δt wählen, um so näher rückt der Punkt B an den Punkt A heran, und um so mehr nähert sich der Vektor $\Delta\mathfrak{r}$ der in A an die Bahn s gelegten Tangente, d. h. mit um so größerer An-

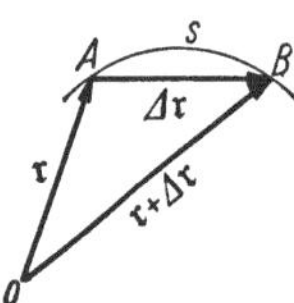

näherung wird der Vektor $\Delta\mathfrak{r}$ mit dem Stück AB der Bahn des Massenpunktes identisch. Gehen wir analog zu Gl. (1), zur Grenze $\Delta t \to 0$, also auch zur Grenze $\Delta\mathfrak{r} \to 0$, über, ersetzen wir also den Differenzenquotienten $\Delta\mathfrak{r}/\Delta t$ durch den Differentialquotienten $d\mathfrak{r}/dt$, so erhalten wir einen endlichen Grenzwert

Abb. 7. Verschiebung
eines Massenpunktes.

$$\mathfrak{v} = \lim_{\Delta t \to 0} \frac{\Delta\mathfrak{r}}{\Delta t} = \frac{d\mathfrak{r}}{dt}, \tag{11}$$

der analog zu Gl. (1) die *Geschwindigkeit* $\mathfrak{v}$ des Massenpunktes im Punkte A zur Zeit t darstellt. Die Geschwindigkeit $\mathfrak{v}$ ist ein Vektor, der die gleiche Richtung hat wie der Vektor $d\mathfrak{r}$. Die Vektoren $d\mathfrak{r}$ sind die *Bahnelemente* des Massenpunktes, d. h. die unendlich kleinen, gerichteten Strecken, aus denen sich die Bahn des Massenpunktes genau so zusammensetzt, wie der Linienzug der Abb. 2 aus Vektoren von endlichem Betrage.

Die (skalare) *Länge der Bahn* s zwischen zwei Punkten A und B ist die *algebraische Summe der Beträge* (Längen) der Bahnelemente $d\mathfrak{r}$. Hingegen ergibt die *Vektorsumme* der Bahnelemente $d\mathfrak{r}$, das Integral

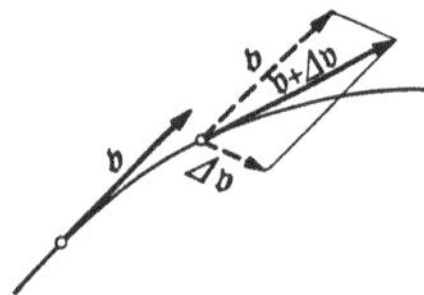

$$\int_{\mathfrak{r}}^{\mathfrak{r}+\Delta\mathfrak{r}} d\mathfrak{r} = \int_{t}^{t+\Delta t} \mathfrak{v}\, dt = (\mathfrak{r} + \Delta\mathfrak{r}) - \mathfrak{r} = \Delta\mathfrak{r}, \tag{12}$$

Abb. 8.
Geschwindigkeitsänderung
eines Massenpunktes.

die endliche *Verschiebung* $A \to B = \Delta\mathfrak{r}$ des Massenpunktes in der endlichen Zeit Δt, ohne Rücksicht auf die Gestalt der Bahn, welche der Massenpunkt zwischen A und B zurücklegt. Die endliche Verschiebung $\Delta\mathfrak{r}$ ergibt sich als Vektorsumme unendlich vieler unendlich kleiner Verschiebungen $d\mathfrak{r}$ ganz ebenso, wie der Vektor $\mathfrak{s}$ in Abb. 2 als Summe einer endlichen Zahl von endlichen Vektoren.

Ein Massenpunkt besitze zur Zeit t die Geschwindigkeit $\mathfrak{v}$. Im Laufe der endlichen Zeit Δt wird sich im allgemeinen sowohl ihr Betrag wie ihre Richtung ändern. Sie wird nach der Zeit Δt, also zur Zeit $t + \Delta t$ gleich $\mathfrak{v} + \Delta\mathfrak{v}$ sein. Die Geschwindigkeitsänderung $\Delta\mathfrak{v}$ wird im allgemeinen eine andere Richtung haben als die ursprüngliche Geschwindigkeit $\mathfrak{v}$, und daher hat im allgemeinen auch die neue Geschwindigkeit $\mathfrak{v} + \Delta\mathfrak{v}$ eine andere Richtung als diese (Abb. 8). Sie ist die Vektorsumme der ursprünglichen Geschwindigkeit $\mathfrak{v}$ und der Geschwindigkeitsänderung $\Delta\mathfrak{v}$. Wie bei der geradlinigen Bewegung bezeichnen wir jede Bewegung, deren Geschwindigkeit nicht konstant ist, als *beschleunigt*. Je größer die Geschwindigkeitsänderung in einer gegebenen Zeit ist, um so größer ist die Beschleunigung. Analog zu Gl. (2) definieren wir die *Beschleunigung*

$\mathfrak{b}$ eines Massenpunktes allgemein, indem wir zur Grenze $\varDelta t \rightarrow 0$ übergehen, durch die Gleichung

$$\mathfrak{b} = \lim_{\varDelta t \to 0} \frac{\varDelta \mathfrak{v}}{\varDelta t} = \frac{d\mathfrak{v}}{dt}. \tag{13}$$

Die Beschleunigung ist demnach ein Vektor, der die gleiche Richtung hat wie die jeweilige Geschwindigkeitsänderung $d\mathfrak{v}$. Die in einer endlichen Zeit $\varDelta t$ eingetretene Geschwindigkeitsänderung $\varDelta \mathfrak{v}$ erhalten wir, indem wir Gl. (13) integrieren,

$$\int_{t}^{t+\varDelta t} \mathfrak{b}\, dt = \int_{\mathfrak{v}}^{\mathfrak{v}+\varDelta \mathfrak{v}} d\mathfrak{v} = (\mathfrak{v} + \varDelta \mathfrak{v}) - \mathfrak{v} = \varDelta \mathfrak{v}. \tag{14}$$

Besonders einfache Sonderfälle sind die geradlinige Bewegung (§ 7), bei der die *Richtung* der Geschwindigkeit konstant ist, und die gleichförmige Kreisbewegung (§ 10), bei der der *Betrag* der Geschwindigkeit konstant ist, und ihre Richtung im Raume sich mit konstanter Drehgeschwindigkeit ändert.

Eine Bewegung heißt immer dann beschleunigt, wenn $\mathfrak{b}$ nicht verschwindet, also auch dann, wenn sich nur die Richtung, nicht der Betrag der Geschwindigkeit ändert, wie z. B. bei der gleichförmigen Kreisbewegung. Demnach ist *eine krummlinige Bewegung unter allen Umständen eine beschleunigte Bewegung.* Eine Änderung des Betrages der Geschwindigkeit findet nicht statt, wenn die Geschwindigkeitsänderungen $d\mathfrak{v}$, also auch die Beschleunigungen $\mathfrak{b} = d\mathfrak{v}/dt$, stets senkrecht zur jeweiligen Geschwindigkeit $\mathfrak{v}$ gerichtet sind (Abb. 9).

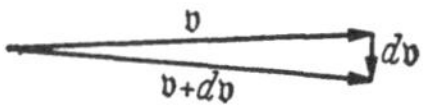

Abb. 9. Beschleunigte Bewegung mit konstantem Betrage der Geschwindigkeit.

Die Gl. (11) bis (14) sind von der Wahl des Bezugspunktes O, d. h. vom Fahrstrahl $\mathfrak{r}$, unabhängig. Der Bezugspunkt ist also beliebig wählbar. Denn in die Gleichungen gehen nur die Verschiebungen $\varDelta \mathfrak{r}$ bzw. die Bahnelemente $d\mathfrak{r}$ ein, und diese sind durch die Art der Bewegung, unabhängig von der Lage des Bezugspunktes, eindeutig gegeben.

Zur Einführung in das Wesen räumlicher Bewegungsvorgänge ist die vektorielle Darstellung ihrer Einfachheit und Anschaulichkeit wegen von großem Vorteil. Hingegen ist die zahlenmäßige Berechnung solcher Vorgänge nur auf Grund algebraischer Gleichungen möglich. Daher muß man zu diesem Zweck aus den obigen Vektorgleichungen die algebraischen Gleichungen zwischen den Beträgen der auftretenden Vektoren bzw. ihrer Komponenten ableiten. Am einfachsten geschieht dies, indem man die Vektoren nach den drei Achsenrichtungen eines rechtwinkeligen Koordinatensystems $(x\,y\,z)$ zerlegt. Dann zerfällt jede einzelne Vektorgleichung in drei algebraische Gleichungen zwischen den Beträgen der Vektorkomponenten in den drei Richtungen. Dabei sind auch die Bahnelemente $d\mathfrak{r}$ in drei vektorielle Komponenten $d\mathfrak{x}$, $d\mathfrak{y}$, $d\mathfrak{z}$ mit den Beträgen dx, dy, dz zu zerlegen. Es ist also

$$d\mathfrak{r} = d\mathfrak{x} + d\mathfrak{y} + d\mathfrak{z}, \tag{15}$$

$$\mathfrak{v} = \frac{d\mathfrak{r}}{dt} = \frac{d\mathfrak{x}}{dt} + \frac{d\mathfrak{y}}{dt} + \frac{d\mathfrak{z}}{dt} = \mathfrak{v}_x + \mathfrak{v}_y + \mathfrak{v}_z, \tag{16}$$

$$\mathfrak{b} = \frac{d\mathfrak{v}}{dt} = \frac{d\mathfrak{v}_x}{dt} + \frac{d\mathfrak{v}_y}{dt} + \frac{d\mathfrak{v}_z}{dt} = \mathfrak{b}_x + \mathfrak{b}_y + \mathfrak{b}_z. \tag{17}$$

Aus den Gl. (16) und (17) folgt für die Beträge v_x, v_y, v_z und b_x, b_y, b_z der Geschwindigkeits- und Beschleunigungskomponenten

$$v_x = \frac{dx}{dt}, \qquad v_y = \frac{dy}{dt}, \qquad v_z = \frac{dz}{dt}, \tag{18}$$

$$b_x = \frac{dv_x}{dt} = \frac{d^2x}{dt^2}, \qquad b_y = \frac{dv_y}{dt} = \frac{d^2y}{dt^2}, \qquad b_z = \frac{dv_z}{dt} = \frac{d^2z}{dt^2}. \tag{19}$$

Nach Gl. (10) ergibt sich ferner für die Beträge v und b der Geschwindigkeit und der Beschleunigung

$$v = \sqrt{v_x^2 + v_y^2 + v_z^2}, \qquad b = \sqrt{b_x^2 + b_y^2 + b_z^2}. \tag{20}$$

Die je drei Gl. (18) und (19) sind den für geradlinige Bewegungen gültigen Gl. (1) und (2) analog. Die vorgenommene Zerlegung entspricht ja auch einer Zerlegung einer beliebigen räumlichen Bewegung in drei geradlinige Bewegungen in Richtung der Koordinatenachsen. Die Gl. (18) und (19) können wie die Gl. (1) und (2) integriert werden, wenn b_x, b_y und b_z als Funktionen der Zeit t bekannt sind. Man erhält dann die Ortskoordinaten als Funktionen der Zeit, $x = x\,(t)$, $y = y\,(t)$, $z = z\,(t)$. Eliminiert man aus den so gewonnenen drei Gleichungen die Zeit t, so erhält man zwei Gleichungen zwischen den Koordinaten x, y, z, die zwei sich schneidende Flächen darstellen. Die Schnittlinie dieser Flächen ist die *Bahnkurve* des Massenpunktes.

Bei einer *ebenen Bewegung*, d. h. einer solchen, die innerhalb einer Ebene erfolgt, wie z. B. eine Kreisbewegung, genügt natürlich zur Beschreibung der Bewegung ein zweidimensionales, in der Ebene liegendes Koordinatensystem $(x\,y)$.

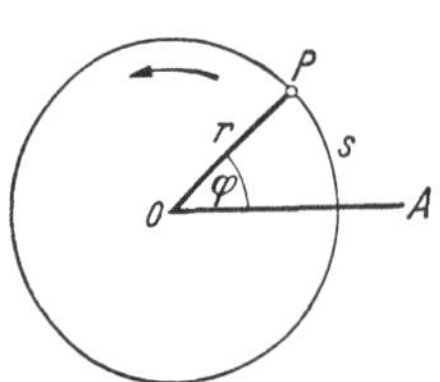

Abb. 10. Kreisbewegung eines Massenpunktes.

Bezeichnen wir die Beträge der einzelnen Bahnelemente $d\mathfrak{r}$ eines Massenpunktes mit ds, so ist $ds/dt = v$ der jeweilige Betrag der Geschwindigkeit $d\mathfrak{r}/dt = \mathfrak{v}$ des Massenpunktes. Wir nennen v die *Bahngeschwindigkeit* des Massenpunktes.

10. **Kreisbewegung.** Unter den krummlinigen Bewegungen spielt die *Kreisbewegung* oder *Rotation* eine besonders wichtige Rolle, also diejenige Bewegungsart, bei der sich ein Körper als Ganzes um eine Gerade, die *Drehachse* oder *Rotationsachse*, dreht. Dabei beschreibt jedes Massenelement des Körpers eine Kreisbahn in einer zur Achse senkrechten Ebene um den Durchstoßpunkt der Achse durch die Ebene, das *Drehzentrum O* (Abb. 10). Die Kreisbewegung ist also eine ebene Bewegung. Sie erlaubt durch Einführung des Begriffs der Winkelgeschwindigkeit eine besonders einfache Darstellung.

Wir wollen zunächst die Kreisbewegung eines Massenpunktes ohne Benutzung des Vektorbegriffs behandeln, ähnlich wie die geradlinige Bewegung in § 7, um dann zur vektoriellen Darstellung überzugehen.

Ein Massenpunkt bewege sich auf einem Kreise vom Radius r um den Punkt O (Abb. 10). Wir legen eine beliebige Gerade OA durch O fest und beschreiben den jeweiligen Ort P des Massenpunktes zunächst durch seine auf dem Kreise gemessene Entfernung s von dem Schnittpunkt von OA mit dem Kreise. Da aber $s = r\varphi$ ist (§ 5), wenn φ der im Bogenmaß gemessene Winkel zwischen der Geraden OA und dem von O nach P weisenden Radius r ist, so ist P auch durch Angabe von φ bestimmt. Legt der Massenpunkt in der Zeit dt das Bahnelement ds zurück, so beträgt seine *Bahngeschwindigkeit* (§ 9)

$$v = \frac{ds}{dt} = r\,\frac{d\varphi}{dt} = u\,r, \qquad \text{wobei} \qquad u = \frac{d\varphi}{dt}. \tag{21}$$

Die hier definierte Größe u heißt die *Winkelgeschwindigkeit* des Massenpunktes. Sie ist bei konstanter Bahngeschwindigkeit gleich der Änderung des Winkels φ in 1 sec. Da Winkel durch reine Zahlen ausgedrückt werden, so ist die Einheit der Winkelgeschwindigkeit 1 sec^{-1}.

Ist die Bahn- bzw. Winkelgeschwindigkeit des Massenpunktes nicht konstant, so beträgt die *Bahnbeschleunigung* des Massenpunktes

$$b_s = \frac{dv}{dt} = r\,\frac{du}{dt} = r\,\frac{d^2\varphi}{dt^2}. \tag{22}$$

Die Größe $du/dt = d^2\varphi/dt^2$ heißt die *Winkelbeschleunigung* des Massenpunktes. Ihre Einheit ist $1\ \mathrm{sec}^{-2}$.

Die Einführung der Winkelgeschwindigkeit und Winkelbeschleunigung vereinfacht die Behandlung von Drehbewegungen sehr, weil die einzelnen Massenelemente eines rotierenden starren Körpers zwar — je nach ihrem Abstande von der Achse — sehr verschiedene Geschwindigkeiten, aber alle die gleiche Winkelgeschwindigkeit und Winkelbeschleunigung haben.

Wir beschreiben jetzt die Kreisbewegung in einem rechtwinkeligen Koordinatensystem $(x\,y)$, dessen Ursprung im Kreismittelpunkt liegt, und rechnen die Winkel φ von der x-Achse ab (Abb. 11). Dann sind die Koordinaten des Massenpunktes

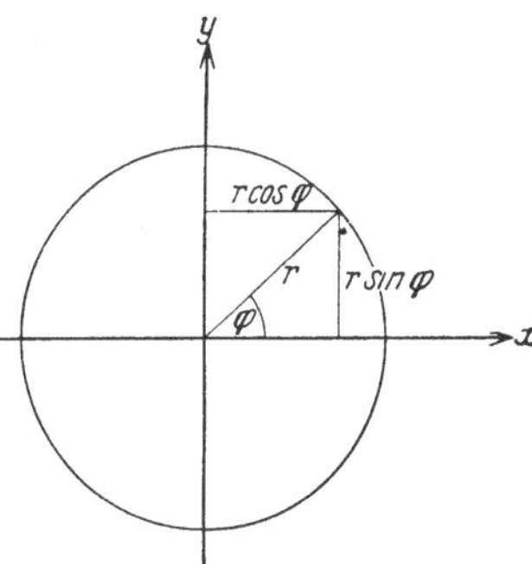

Abb. 11. Kreisbewegung eines Massenpunktes.

$$x = r\cos\varphi, \qquad y = r\sin\varphi. \tag{23}$$

Durch zweimaliges Differenzieren erhalten wir die Komponenten der Geschwindigkeit und der Beschleunigung in den Achsenrichtungen (mit $d\varphi/dt = u$),

$$v_x = \frac{dx}{dt} = -ur\sin\varphi, \qquad v_y = \frac{dy}{dt} = ur\cos\varphi, \tag{24}$$

$$b_x = \frac{dv_x}{dt} = -r\left(u^2\cos\varphi + \frac{du}{dt}\sin\varphi\right), \qquad b_y = \frac{dv_y}{dt} = -r\left(u^2\sin\varphi - \frac{du}{dt}\cos\varphi\right). \tag{25}$$

Da b_x und b_y aufeinander senkrecht stehen, so ergibt sich die Gesamtbeschleunigung b aus der Gleichung

$$b^2 = b_x^2 + b_y^2 = (u^2 r)^2 + \left(r\frac{du}{dt}\right)^2 = b_r^2 + b_s^2 \tag{26}$$

mit den beiden Anteilen

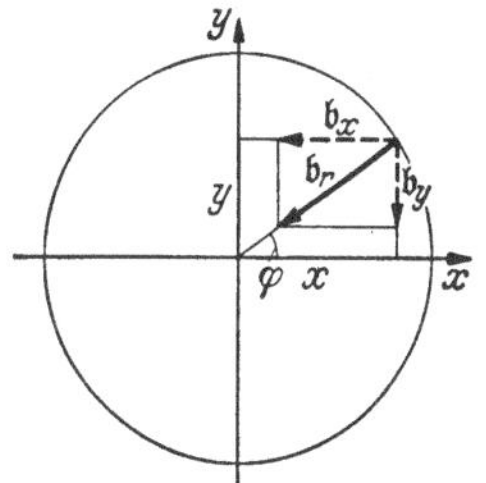

Abb. 12. Zentripetalbeschleunigung.

$$b_r = -u^2 r = -\frac{v^2}{r} \qquad \text{und} \qquad b_s = r\frac{du}{dt} \tag{27}$$

[Gl. (22)]. Ein rotierender Massenpunkt erfährt also nicht nur bei veränderlicher Bahn- bzw. Winkelgeschwindigkeit eine Beschleunigung. Auch bei konstanter Winkelgeschwindigkeit ($du/dt = 0$, also auch $b_s = 0$) erfährt er eine Beschleunigung $b_r = -u^2 r$. (Wegen des Vorzeichens s. u.) Das ist nach § 9 zu erwarten. Denn eine Drehbewegung ist eine krummlinige Bewegung und als solche immer beschleunigt. Für den Fall einer gleichförmigen Kreisbewegung, $u = \text{const}$, $du/dt = 0$, ist nach Gl. (25)

$$b_x = -u^2 r\cos\varphi = -u^2 x, \qquad b_y = -u^2 r\sin\varphi = -u^2 y, \tag{28}$$

also $b_x/b_y = x/y$. Demnach liest man aus Abb. 12 ab, daß b_r in Richtung des Radius r liegt, und zwar ist b_r, wie schon das Vorzeichen seiner Komponenten andeutet (und wie die vektorielle Betrachtung beweisen wird), auf das Drehzentrum hin gerichtet. (Daher das negative Vorzeichen von b_r.) Ein auf einer Kreisbahn rotierender Massenpunkt erfährt also — neben einer etwaigen Bahnbeschleunigung b_s — stets eine *Zentripetalbeschleunigung* oder *Normalbeschleunigung* b_r in Richtung auf das Drehzentrum. b_r und b_s stehen daher aufeinander senkrecht.

Ein mit konstanter Winkelgeschwindigkeit u rotierender Massenpunkt legt in der Zeit t den Weg $s = r\varphi = vt = urt$ zurück. Also ist $t = \varphi/u$. Für einen vollen Umlauf ($\varphi = 2\pi$) benötigt er die *Umlaufszeit*

$$\tau = \frac{2\pi}{u}\ \mathrm{sec}. \tag{29}$$

Er vollführt also in 1 sec

$$n = \frac{1}{\tau} = \frac{u}{2\pi}\ \sec^{-1} \tag{30}$$

volle Umläufe. n heißt die *Drehzahl* oder *Frequenz* des Massenpunktes.

Die vorstehende Darstellung der Kreisbewegung ist zwar durchaus richtig, aber nicht voll befriedigend. Sie liefert uns unmittelbar nur die Beträge der Geschwindigkeit und der Beschleunigung, ihre Richtungen aber nur mittelbar, indem wir sie aus dem Verhältnis der Beträge ihrer Komponenten für jeden Augenblick berechnen können. Da aber Geschwindigkeiten und Beschleunigungen Vektoren sind, so ist es erwünscht, daß das auch in der Schreibweise der Gleichungen zur Geltung komme. Es wird sich zeigen, daß sich dann die Ableitungen auch wesentlich einfacher und durchsichtiger gestalten.

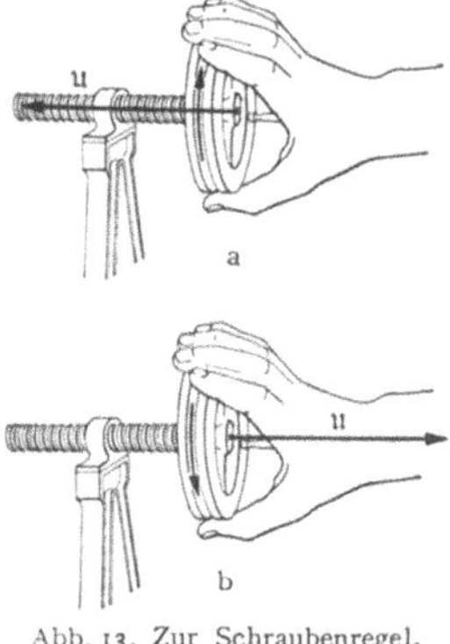

Abb. 13. Zur Schraubenregel.

Im Anschluß an § 9 wählen wir das Drehzentrum O als Bezugspunkt und betrachten den von dort nach dem rotierenden Massenpunkt weisenden Fahrstrahl als einen Vektor $\mathfrak{r}$ (Betrag r). Ferner beschreiben wir die Winkelgeschwindigkeit durch einen Vektor $\mathfrak{u}$ (Betrag u). Da die für eine Kreisbewegung charakteristische Richtung die Richtung der Drehachse ist, so legen wir den Vektor $\mathfrak{u}$ in die Richtung dieser Achse, so daß damit auch die Lage der Bahnebene bestimmt ist. Ferner muß noch der Umlaufsinn um die Achse bestimmt werden. Wir setzen daher fest, daß der Vektor $\mathfrak{u}$ in diejenige Richtung weisen soll, in der sich eine rechtsgängige Schraube (die meisten Schrauben, alle Bohrer, Korkzieher usw. sind rechtsgängig) bewegt, wenn man sie im Sinne der vorliegenden Rotation dreht. Wir wollen diese Regel, die uns noch sehr oft begegnen wird, kurz als die *Schraubenregel* bezeichnen. Sie erscheint zunächst kompliziert. Man gewöhnt sich aber sehr schnell daran, in Gedanken — oder auch wirklich — die betreffende Drehung mit der Hand auszuführen. Da derartige Schraubendrehungen jedermann geläufig sind, wird uns die Richtung des Vektors $\mathfrak{u}$ und anderer ähnlich definierter Vektoren sofort vollkommen deutlich (Abb. 13). Wird also der Kreis, von unserem Standpunkt aus betrachtet, im Sinne des Uhrzeigers umlaufen, so weist der Vektor $\mathfrak{u}$ von uns fort. Wird er entgegen dem Uhrzeigersinn umlaufen, so weist er auf uns zu. Da der Vektor $\mathfrak{u}$ eine Eigenschaft des rotierenden Massenpunktes bedeutet, so ist es oft zweckmäßig, den ihn darstellenden Vektorpfeil so zu zeichnen, daß er an dem Massenpunkt „angreift". (Vektoren von der Art der Winkelgeschwindigkeit darf man unter Innehaltung ihrer Richtung beliebig im Raume verschieben, auch senkrecht zu ihrer Richtung. Das gilt aber nicht für alle Arten von Vektoren; vgl. § 15.)

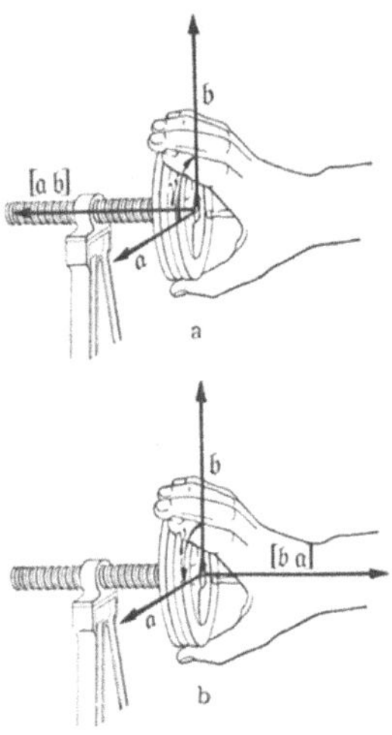

Abb. 14. Die Vektorprodukte [$\mathfrak{a}\,\mathfrak{b}$] und [$\mathfrak{b}\,\mathfrak{a}$].

Einschaltung über Vektorprodukte. Als *äußeres* oder *vektorielles Produkt* (kurz *Vektorprodukt*) zweier Vektoren $\mathfrak{a}$, $\mathfrak{b}$ (Beträge a, b), deren Richtungen miteinander den Winkel γ bilden, geschrieben [$\mathfrak{a}\,\mathfrak{b}$], bezeichnet man einen Vektor vom Betrage

$$|[\mathfrak{a}\,\mathfrak{b}]| = a\,b\sin\gamma, \tag{31}$$

der auf der durch die Vektoren $\mathfrak{a}$, $\mathfrak{b}$ gebildeten Ebene senkrecht steht (Abb. 14a). Für seine Richtung gilt die *Schraubenregel* derart, daß er in diejenige Richtung weisen soll, in der sich eine rechtsgängige Schraube bewegt, wenn man sie in dem Sinne dreht, der einer Drehung des Vektors $\mathfrak{a}$ in die Richtung des Vektors $\mathfrak{b}$ entspricht. Man erkennt die Richtung des Vektors also auch hier ohne weiteres durch eine in Gedanken oder wirklich ausgeführte Handbewegung. Bei Vertauschung der Vektoren $\mathfrak{a}$, $\mathfrak{b}$ kehrt sich der Drehsinn und damit die Richtung des Vektorproduktes um (Abb. 14b). Demnach ist nach § 8

$$[\mathfrak{b}\,\mathfrak{a}] = - [\mathfrak{a}\,\mathfrak{b}]. \tag{32}$$

Nach Gl. (31) verschwindet das Vektorprodukt $[\mathfrak{a}\,\mathfrak{b}]$, wenn $\sin\gamma = 0$, also $\gamma = 0°$ oder $180°$ ist, d. h. wenn die beiden Vektoren einander gleich- oder entgegengerichtet sind. Ist im besonderen $\mathfrak{b} \equiv \mathfrak{a}$, so folgt

$$[\mathfrak{a}\,\mathfrak{a}] = 0. \tag{33}$$

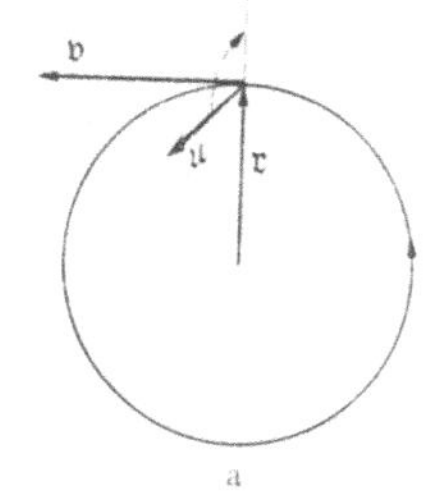

Der Betrag von $[\mathfrak{a}\,\mathfrak{b}]$ ist nach Gl. (31) gleich der Fläche des von den Vektoren $\mathfrak{a}$, $\mathfrak{b}$ als Seiten gebildeten Parallelogramms.

Vektorprodukte werden ebenso differenziert wie algebraische Produkte, z. B.

$$\frac{d}{dt}\,[\mathfrak{a}\,\mathfrak{b}] = \left[\frac{d\mathfrak{a}}{dt}\,\mathfrak{b}\right] + \left[\mathfrak{a}\,\frac{d\mathfrak{b}}{dt}\right]. \tag{34}$$

Dabei darf die Reihenfolge der Faktoren nicht vertauscht werden. Der Differentialquotient eines Vektorprodukts ist also die Summe von zwei — im allgemeinen verschieden gerichteten — Vektoren. Denn die Änderungen $d\mathfrak{a}$ und $d\mathfrak{b}$ von $\mathfrak{a}$ und $\mathfrak{b}$ werden im allgemeinen eine andere Richtung haben als die Vektoren $\mathfrak{a}$ und $\mathfrak{b}$ selbst.

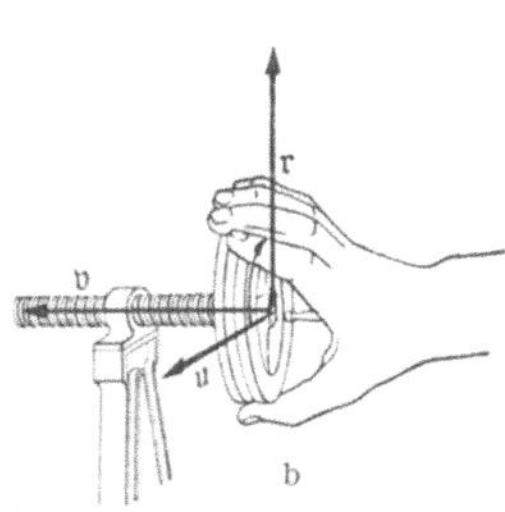

Abb. 15. Zur vektoriellen Darstellung der Kreisbewegung.

Auf Grund der vorstehenden Definition des Vektorprodukts läßt sich nunmehr zeigen, daß die Geschwindigkeit $\mathfrak{v} = d\mathfrak{r}/dt$ [Gl. (11)] eines rotierenden Massenpunktes mit dem Vektorprodukt $[\mathfrak{u}\,\mathfrak{r}]$ identisch ist,

$$\mathfrak{v} = [\mathfrak{u}\,\mathfrak{r}]. \tag{35}$$

Zunächst ist, da die Vektoren $\mathfrak{u}$ und $\mathfrak{r}$ aufeinander senkrecht stehen ($\sin\gamma = 1$), der Betrag von $[\mathfrak{u}\,\mathfrak{r}]$ nach Gl. (31) gleich $u\,r$, in Übereinstimmung mit Gl. (21). Ferner steht $\mathfrak{v}$ senkrecht auf den Richtungen von $\mathfrak{u}$ und $\mathfrak{r}$ (Abb. 15a; $\mathfrak{u}$ weist senkrecht nach vorn) und weist entsprechend der Schraubenregel in die Richtung, in der sich eine rechtsgängige Schraube bewegt, wenn man sie so dreht, wie es einer Drehung des Vektors $\mathfrak{u}$ in die Richtung des Vektors $\mathfrak{r}$ entspricht (Abb. 15b). Damit sind alle Bedingungen für die Richtigkeit der Gl. (35) erfüllt.

Nunmehr lassen sich die Gesetze der Kreisbewegung in wenigen Zeilen ableiten. Es sei $\mathfrak{b}$ (Betrag b) die Beschleunigung des Massenpunktes. Dann ist nach Gl. (11) und (34)

$$\mathfrak{b} = \frac{d\mathfrak{v}}{dt} = \frac{d}{dt}\,[\mathfrak{u}\,\mathfrak{r}] = \left[\frac{d\mathfrak{u}}{dt}\,\mathfrak{r}\right] + \left[\mathfrak{u}\,\frac{d\mathfrak{r}}{dt}\right] = \mathfrak{b}_s + \mathfrak{b}_r, \tag{36}$$

$$\mathfrak{b}_s = \left[\frac{d\mathfrak{u}}{dt}\,\mathfrak{r}\right], \qquad \mathfrak{b}_r = \left[\mathfrak{u}\,\frac{d\mathfrak{r}}{dt}\right] = [\mathfrak{u}\,\mathfrak{v}]. \tag{37}$$

Der Beschleunigungsvektor $\mathfrak{b}$ setzt sich also, in Übereinstimmung mit Gl. (26), aus zwei Teilvektoren zusammen, der tangentialen Bahnbeschleunigung $\mathfrak{b}_s$ und der radialen Zentripetalbeschleunigung $\mathfrak{b}_r$.

Da die Drehachse bei einer Kreisbewegung stets die gleiche Richtung im Raume hat, so hat auch der Vektor $\mathfrak{u}$ stets die gleiche Lage im Raum. Der Vektor $d\mathfrak{u}$, die Änderung der Winkelgeschwindigkeit $\mathfrak{u}$ in der Zeit dt, ist also dem Vektor $\mathfrak{u}$ stets entweder gleich- oder entgegengerichtet. Daher steht der Vektor $d\mathfrak{u}/dt$, die Winkelbeschleunigung, wie der Vektor $\mathfrak{u}$, senkrecht zur Bahnebene. Der Vektor $\mathfrak{b}_s$ hat also nach der Schraubenregel stets die gleiche oder die entgegengesetzte Richtung wie die Geschwindigkeit $\mathfrak{v}$, ist also tangential zur Kreisbahn gerichtet (Abb. 16a). Da $d\mathfrak{u}/dt$ und $\mathfrak{r}$ aufeinander senkrecht stehen, so ist der Betrag von $\mathfrak{b}_r$ gleich $r\,d\mathfrak{u}/dt$, in Übereinstimmung mit Gl. (27).

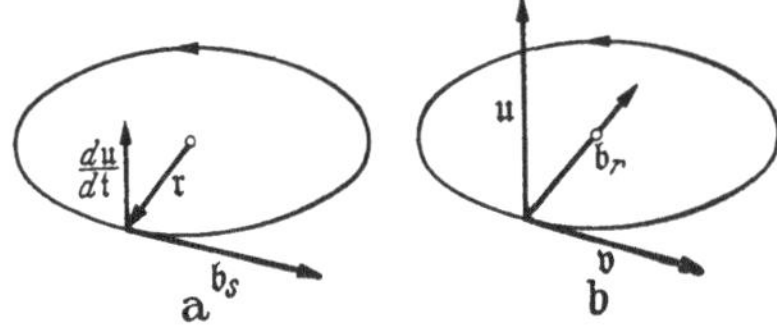

Abb. 16. Zur vektoriellen Darstellung der Kreisbewegung.

Da $\mathfrak{u}$ und $\mathfrak{v}$ aufeinander senkrecht stehen (Abb. 16b), so weist der Vektor $\mathfrak{b}_r = [\mathfrak{u}\,\mathfrak{v}]$ nach der Schraubenregel — unabhängig vom Drehsinn — stets radial auf das Drehzentrum hin. Der Betrag von $\mathfrak{v}$ ist nach Gl. (31) (mit $\sin\gamma = 1$) und Gl. (35) $v = ur$, der Betrag von $\mathfrak{b}_r$ gleich $b_r = u\,v = u^2\,r$, in Übereinstimmung mit Gl. (27) (aber als Betrag eines Vektors hier positiv gesetzt). $\mathfrak{b}_r$ ist

also die Zentripetalbeschleunigung des Massenpunktes. Da $\mathfrak{b}_r$ den Betrag $u^2 r$ hat und dem Fahrstrahl $\mathfrak{r}$ entgegengerichtet ist, so kann man statt Gl. (37) auch schreiben

$$\mathfrak{b}_r = -u^2\,\mathfrak{r}. \tag{38}$$

II. Die Lehre von den Kräften.

11. Kräfte als Ursache von Beschleunigungen. Trägheitssatz. Träge Masse.
Wir haben bisher von der Beschleunigung eines Körpers (Massenpunktes) gesprochen, ohne nach einer Ursache für sie zu fragen. Wir wiederholen, daß eine *Beschleunigung* eines Körpers nicht nur bei *jeder Änderung des Betrages*, sondern auch bei *jeder Änderung der Richtung seiner Geschwindigkeit* vorliegt. Wenn wir jetzt nach den *unmittelbar feststellbaren* Ursachen von Beschleunigungen fragen, so können wir nach dem unmittelbaren Augenschein immer nur feststellen, daß es sich dabei um Wechselwirkungen mit irgend welchen anderen Körpern handelt, die sich in der näheren oder weiteren Umgebung des beschleunigten Körpers befinden, sei es daß jene ihn unmittelbar berühren oder sonst unmittelbar mit ihm verbunden sind — z. B. durch eine gespannte Feder —, sei es daß sie aus einem mehr oder weniger großen Abstande auf ihn einwirken — wie z. B. bei der Beschleunigung, die ein Stück Eisen von einem entfernten Magneten erfährt. Wir können aber einen Körper auch durch Betätigung unsrer Muskeln beschleunigen, z. B. wenn wir einen Stein fortschleudern, ihn also aus der Ruhe in Bewegung versetzen. Wir sagen dann, daß wir auf den Körper eine *Kraft ausüben*. Unser Empfinden von der Größe der angewandten Kraft steht in einem unmittelbaren Zusammenhang mit dem Betrage der erzielten Beschleunigung. Diese ist um so größer, je größer die Kraft ist, die wir an dem Körper wirken lassen. Wir sehen daher in der von uns empfundenen Kraft die unmittelbare Ursache einer solchen Beschleunigung.

Es erleichtert nun die Beschreibung der Naturvorgänge außerordentlich, wenn wir den Begriff der Kraft derart verallgemeinern, daß er auf alle Naturvorgänge anwendbar ist, bei denen wir Beschleunigungen beobachten. Zwar sind nur die Lagebeziehungen eines beschleunigten Körpers zu den Körpern seiner Umwelt für uns unmittelbar erkennbare Ursachen seiner Beschleunigungen. Aber wir schalten zwischen diese Körper mit ihren Lagen und Eigenschaften und den beschleunigten Körper als ein vermittelndes Etwas eine Kraft ein, die von jenen Körpern ausgeht und auf diesen wirkt. Tatsächlich können wir von diesen Kräften nie auf anderem Wege etwas erfahren, als eben durch die hervorgerufenen Beschleunigungen. Sie sind aber ein unschätzbares Hilfsmittel, um die äußerst verschiedenen Ursachen von Beschleunigungen (Druck, Zug, Massenanziehung, elektrische und magnetische Anziehung und Abstoßung usw.) unter einen einheitlichen Begriff zusammenzufassen. Demnach beschreiben wir die unmittelbare Ursache jeder Beschleunigung, d. h. jeder Änderung einer Geschwindigkeit nach Betrag und Richtung, als eine an dem beschleunigten Körper angreifende Kraft. Es ist dann die Aufgabe weiterer Untersuchungen, die Größe und Richtung dieser Kraft aus den Lagebeziehungen des beschleunigten Körpers zu den Körpern seiner Umgebung und aus den Eigenschaften dieser Körper aufzuklären und zu berechnen, die Kräfte also wiederum als Wirkungen dieser Körper zu verstehen und zu beschreiben.

Es gilt also die folgende Festsetzung: *Wo immer wir eine Beschleunigung eines Körpers beobachten, betrachten wir als deren unmittelbare Ursache eine Kraft oder mehrere gleichzeitig wirkende Kräfte. Demnach kann ein Körper nur dann unbeschleunigt sein, d. h. in Ruhe oder geradliniger, gleichförmiger Bewegung verharren, wenn keine Kraft auf ihn wirkt, oder wenn mehrere gleichzeitig an ihm wirkende Kräfte sich in ihren Wirkungen genau aufheben.* Diese allgemeine Definition des Kraftbegriffs hat bereits GALILEI[1] gegeben. Sie bildet den Inhalt des ersten der drei sog. *Axiome*, die NEWTON (1643—1727) an die Spitze seiner Mechanik stellte. Man beachte, daß sie *kein an der Erfahrung prüfbares Gesetz* ist, sondern lediglich eine *Definition.*

Die Eigenschaft der Körper, ihren Bewegungszustand unverändert beizubehalten, sofern sie nicht unter der Wirkung einer Kraft, also nicht in Wechselwirkungen mit anderen Körpern stehen, bezeichnet man als *Trägheit,* daher das 1. NEWTONsche Axiom auch als den *Trägheitssatz.* Der Begriff der Trägheit wurde bereits von KEPLER (1571—1630) erkannt.

In unserer täglichen Erfahrung gibt es keinen Fall einer geradlinigen und gleichförmigen Bewegung, bei der nicht die ständige Wirkung einer Kraft erforderlich wäre, um diesen Bewegungszustand aufrecht zu erhalten. Darin liegt aber kein Widerspruch gegen den Trägheitssatz. Denn es gibt im Bereich unserer Erfahrung keine Körper, die ganz frei von Wechselwirkungen mit anderen Körpern sind, und ihre Bewegungen unterliegen stets hemmenden Kräften, insbesondere Reibungskräften (am Erdboden, im Wasser, in der Luft usw.). Diese Kräfte erzeugen eine der Bewegung entgegengerichtete Beschleunigung und bringen sie mehr oder weniger schnell zum Stillstand, wenn nicht eine ihnen entgegengerichtete, vorwärtstreibende Kraft wirkt, die sie aufhebt, wie z. B. bei einem Eisenbahnzug die Antriebskraft der Lokomotive. Je geringer die Reibung ist, um so langsamer nimmt die Geschwindigkeit eines bewegten, keiner sonstigen Kraft unterworfenen Körpers ab. Eine polierte Stahlkugel oder ein Stück Eis legt auf einer blanken Eisfläche sehr große Strecken mit nur sehr langsam abnehmender Geschwindigkeit zurück.

Während das 1. NEWTONsche Axiom nur allgemein aussagt, daß wir bei jeder Beschleunigung eine Kraft als Ursache annehmen, definiert das 2. NEWTON*sche Axiom* (schon 1632 von GALILEI ausgesprochen) den Zusammenhang zwischen Kraft und Beschleunigung genau. Es lautet:

Die Beschleunigung eines Körpers ist der auf ihn wirkenden Kraft proportional und erfolgt in derjenigen Richtung, in der die Kraft wirkt. Oder anders ausgedrückt: *Die Kraft ist ein Vektor, der die gleiche Richtung hat wie*

---

[1] GALILEI (1564—1642) ist als der Begründer der Physik im neuzeitlichen Sinne zu betrachten. Er war der erste neuzeitliche Mensch, der physikalische Gesetze mathematisch formulierte.

die von ihr bewirkte Beschleunigung, und dessen Betrag der Beschleunigung proportional ist.

Für den Kraftvektor $\mathfrak{k}$ und den Beschleunigungsvektor $\mathfrak{b}$ gilt also die fundamentale Definitionsgleichung

$$\mathfrak{k} = m\,\mathfrak{b} \qquad \text{oder} \qquad \mathfrak{b} = \frac{\mathfrak{k}}{m}. \tag{1}$$

Dabei ist m zunächst eine skalare Proportionalitätskonstante. Nun wissen wir, daß die gleiche Kraft verschiedenen Körpern verschieden große Beschleunigungen erteilt. m hängt also von der Art des beschleunigten Körpers ab. Lassen wir die gleiche Kraft, z. B. diejenige einer in bestimmter Weise gespannten Feder, einmal auf einen bestimmten Körper wirken, dann auf einen zweiten, der aus der doppelten Menge des gleichen Stoffes besteht, so ist die Beschleunigung im zweiten Falle halb so groß wie im ersten, m also im zweiten Fall doppelt so groß wie im ersten. Demnach ist m bei gegebener Stoffart der im Körper enthaltenen Stoffmenge proportional. Nach Gl. (1) müssen wir zwei beliebig beschaffenen Körpern dann den gleichen Betrag der Größe m zuschreiben, wenn sie durch die gleiche Kraft, — d. h. unter völlig gleichen äußeren Bedingungen, — die gleiche Beschleunigung erfahren. Man nennt die Körpereigenschaft m die *träge Masse* oder kurz die *Masse* und sieht in ihr die Ursache der Trägheit. Denn je kleiner die Masse eines Körpers ist, um so geringer ist sein Widerstand gegen Bewegungsänderungen. Man merke sich die wichtige Gl. (1) auch in Worten:

Kraft = Masse × Beschleunigung.

Die Maßeinheiten der Kraft und der Masse werden wir in § 13 besprechen. Auch das zweite NEWTONsche Axiom ist *kein Gesetz*, sondern nur eine genauere *Definition* des Kraftbegriffes. Es schreibt vor, daß die Kraft als eine der Beschleunigung proportionale Größe gemessen werden soll, und definiert zugleich den Begriff der Masse.

Bei der praktischen Anwendung der Gl. (1) ist es im allgemeinen, wie bei den Bewegungsgleichungen des § 9, nötig, sie nach den drei Achsenrichtungen eines rechtwinkeligen Koordinatensystems ($x\,y\,z$) zu zerlegen. Die Komponenten der Kraft in diesen drei Richtungen seien $\mathfrak{k}_x$, $\mathfrak{k}_y$, $\mathfrak{k}_z$, die Beträge der Kraft und ihrer Komponenten seien k, k_x, k_y, k_z. Die Komponenten der Beschleunigung $\mathfrak{b}$ (Betrag b) seien $\mathfrak{b}_x$, $\mathfrak{b}_y$, $\mathfrak{b}_z$ (Beträge b_x, b_y, b_z). Dann ist

$$\mathfrak{k} = \mathfrak{k}_x + \mathfrak{k}_y + \mathfrak{k}_z = m\,\mathfrak{b}_x + m\,\mathfrak{b}_y + m\,\mathfrak{b}_z, \tag{2}$$

$$\left. \begin{array}{l} k_x = m\,b_x = m\,\dfrac{d\,v_x}{d\,t} = m\,\dfrac{d^2\,x}{d\,t^2}, \qquad k_y = m\,b_y = m\,\dfrac{d\,v_y}{d\,t} = m\,\dfrac{d^2\,y}{d\,t^2}, \\[3mm] \qquad\quad k_z = m\,b_z = m\,\dfrac{d\,v_z}{d\,t} = m\,\dfrac{d^2\,z}{d\,t^2}, \end{array} \right\} \tag{3}$$

$$k = \sqrt{k_x^2 + k_y^2 + k_z^2} = m\,\sqrt{b_x^2 + b_y^2 + b_z^2}. \tag{4}$$

Sind die Beträge k_x, k_y, k_z, also auch die Beschleunigungskomponenten b_x, b_y, b_z als Funktionen von Ort und Zeit bekannt, so können die Geschwindigkeitskomponenten v_x, v_y, v_z und die Ortskoordinaten x, y, z eines Körpers als Funktionen der Zeit durch Integration der Gl. (3) berechnet werden, wenn ferner noch seine Ortskoordinaten und die drei Komponenten seiner Geschwindigkeit zu irgendeiner Zeit, z. B. für $t = 0$, gegeben sind. Denn diese gehen als Integrationskonstanten in die Lösungen der Gl. (3) ein. [Vgl. die Konstanten v_0 und x_0 in § 7, Gl. (8)].

12. Schwerkraft. Schwere Masse. Neben der Trägheit ist die sinnfälligste Eigenschaft der Körper ihre *Schwere*, die sich in der auf jeden Körper wirkenden *Schwerkraft* äußert. Diese ist bei frei beweglichen Körpern die Ursache ihres Fallens. Bei Verhinderung des Fallens macht sie sich durch einen Druck auf die Unterlage, einen Zug an der Aufhängung usw. bemerkbar. Die irdische Schwerkraft, die alle Körper nach unten zu treiben sucht — fast genau in Richtung auf den Erdmittelpunkt (§ 41) — ist ein Sonderfall der allgemeinen *Massenanziehung* oder *Gravitation* (III. Abschnitt dieses Kapitels).

Äußerst genaue Versuche haben ergeben, daß *alle Körper am gleichen Ort durch die Schwerkraft eine vollkommen gleiche Beschleunigung erfahren.* Sofern daher außer der Schwerkraft keine weiteren Kräfte wirksam sind, *fallen alle Körper gleich schnell,* wenn man sie am gleichen Orte herabfallen läßt (GALILEI 1590). Wenn dem z. B. beim gleichzeitigen Fallen eines Bleiklotzes und einer Feder der Augenschein zu widersprechen scheint, so liegt das nur an der Luftreibung, die auf so verschiedenartige Körper eine sehr verschieden große hemmende Kraft ausübt. Läßt man zwei Körper, bei denen der Einfluß der Luftreibung verhältnismäßig gering ist, z. B. einen Mauerstein und einen Bleiklotz, gleichzeitig aus gleicher Höhe herabfallen, so kommen sie fast genau gleichzeitig am Boden an. Beseitigt man aber die Luftreibung ganz, indem man die Körper in einem luftleeren Raum herabfallen läßt, so fällt eine Feder genau so schnell wie eine Bleikugel (Abb. 17).

Die senkrecht nach unten gerichtete Beschleunigung frei fallender Körper, die *Erdbeschleunigung*, bezeichnen wir mit $\mathfrak{g}$ (Betrag g). Sie hängt ein wenig von der geographischen Breite φ und der Höhe h über dem Meeresspiegel ab. Es ist

$$g = 978{,}049\,(1 + 5{,}288 \cdot 10^{-3}\sin^2\varphi - 5 \cdot 10^{-6}\sin^2 2\varphi - 3 \cdot 10^{-7}h)\,\mathrm{cm} \cdot \mathrm{sec}^{-2} \quad (5)$$

(h in m gemessen). Die Abhängigkeit von h beruht auf dem verschiedenen Abstand vom Erdmittelpunkt. Die Abhängigkeit von φ hat zwei Gründe. Erstens hängt der Abstand vom Erdmittelpunkt wegen der Abplattung der Erde ein wenig von der geographischen Breite ab. Zweitens ist aber in der Gl. (5) ein nicht von der Schwerkraft, sondern von der Erddrehung herrührender Anteil enthalten, der auch von der geographischen Breite abhängt (§ 41). In mittleren Breiten ($\varphi \approx 45°$) und in nicht zu großer Höhe genügt es meist, die Erdbeschleunigung in runder Zahl anzugeben, $g = 981\ \mathrm{cm} \cdot \mathrm{sec}^{-2} = 9{,}81\ \mathrm{m} \cdot \mathrm{sec}^{-2}$.

Abweichungen von der normalen Dichteverteilung in der Erdkruste bewirken örtliche Abweichungen der Erdbeschleunigung von dem aus Gl. (5) berechneten Betrage. Die Untersuchung solcher Abweichungen spielt eine wichtige Rolle in der Geologie und bei der Aufsuchung von Minerallagerstätten.

Da ein Körper von der Masse m durch die Schwerkraft die Beschleunigung $\mathfrak{b} = \mathfrak{g}$ erfährt, so ist die an ihm angreifende Schwerkraft nach Gl. (1) $\mathfrak{k} = m\,\mathfrak{g}$. Ihren Betrag

$$k = mg \quad (6)$$

nennt man das *Gewicht* des Körpers. Die Schwerkraft, die auf einen Körper wirkt, ist also seiner trägen Masse m proportional. Es ist zunächst nicht ersichtlich, daß die Schwerkraft, d. h. die Anziehung eines Körpers durch die Erde, etwas mit seiner Trägheit, seinem Widerstand gegen Bewegungsänderungen zu tun haben muß. Es wäre durchaus denkbar, daß das Verhältnis zwischen Trägheit und Schwere für verschieden beschaffene Körper verschieden wäre.

Abb. 17.
Gleich
schneller
Fall einer
Feder und
einer Bleiku-
gel im luft-
leeren Raum.

Daß dies nicht so ist, ist eine reine Erfahrungstatsache. Es ist daher berechtigt, wenn wir die Ursache der Schwerewirkungen in einer besonderen Eigenschaft der Körper suchen, deren Betrag aber für jeden Körper seiner trägen Masse proportional ist. Wir bezeichnen diese, für die Schwere verantwortliche Körpereigenschaft als die *schwere Masse*. Demnach besteht zwischen der trägen und der schweren Masse aller Körper das gleiche Verhältnis. Man ist daher übereingekommen, sie einander gleichzusetzen. *Es ist also die schwere Masse eines Körpers gleich seiner trägen Masse.* Wir verwenden für beide künftig in der Regel nur die kurze Bezeichnung Masse. Die genaueste Bestätigung der Gleichheit der trägen und der schweren Masse liefern Pendelversuche.

13. CGS-System und technisches Maßsystem. Im CGS-System ist die *Masse* eine der drei Grundgrößen, und die *Masseneinheit* ist das *Gramm (Grammasse)*, 1 g (§ 5). Die *Kraft* ist im CGS-System eine abgeleitete Größe, deren Einheit sich aus den Einheiten der Masse und der Beschleunigung nach Gl. (1) ergibt. *Einheit der Kraft* ist im CGS-System die Kraft, die der Masse 1 g die Beschleunigung 1 cm·sec^{-2} erteilt, 1 Krafteinheit $= 1$ g·1 cm·sec$^{-2} = 1$ g·cm·sec^{-2}. Sie hat den Namen 1 *dyn* und ist gleich dem Gewicht einer Masse von $1/981$ g, also ein wenig größer als das Gewicht der Masse 1 mg $= 10^{-3}$ g.

Im technischen Maßsystem ist die *Kraft* eine der drei Grundgrößen, und die *Einheit der Kraft* ist das *Kilogramm (Kilogrammgewicht, 1 kg*)*. Das Kilogramm (kg*) als Krafteinheit ist definiert als das Gewicht der (durch das Urkilogramm definierten, § 5) Masse 1 kg im Meeresniveau. Die *Masse* ist im technischen Maßsystem eine abgeleitete Größe, deren Einheit aus Gl. (1) folgt. Die technische *Masseneinheit* ist diejenige Masse, die durch die Kraft 1 kg* die Beschleunigung 1 m·sec^{-2} erfährt. Ein Körper von der Masse 1 kg erfährt durch die Kraft 1 kg*, also durch sein eigenes Gewicht, die Beschleunigung $9{,}81$ m·sec^{-2}. Die technische Masseneinheit ist also $9{,}81$mal träger als die Masse 1 kg, beträgt also $9{,}81$ kg. Ihre Einheitsbezeichnung ist 1 Krafteinheit/1 Beschleunigungseinheit $= 1$ kg*·sec^2·m^{-1}. Leider hat diese wichtige Einheit keinen besonderen Namen. Als Volumeinheit wird in der Technik oft nicht das m^3, sondern 1 Liter $= 10^3$ cm^3 benutzt.

Da Gramm und Kilogramm — je nach dem Maßsystem — Einheitsbezeichnungen sowohl für Massen wie für Kräfte sind, zwischen diesen beiden Bedeutungen aber streng unterschieden werden muß, so versehen wir die Einheitsbezeichnungen, wenn sie Kräfte bedeuten, stets mit einem Stern. So bedeutet 1 g bzw. 1 kg $= 1000$ g stets eine Masse, 1 kg* bzw. 1 g* $= 10^{-3}$ kg* stets eine Kraft. Die Physikalisch-Technische Reichsanstalt hat vor einiger Zeit für ihren inneren Dienstgebrauch statt der *Kraft*einheiten 1 Kilogramm (kg*) und 1 Gramm (g*) die neuen Bezeichnungen 1 *Kilopond* (kp) und 1 *Pond* (p) eingeführt. Da diese Bezeichnungen aber noch nicht gesetzlich eingeführt sind, so benutzen wir in diesem Buch noch die alten Bezeichnungen.

Wir stellen die Grundgrößen und ihre Einheiten sowie die Kraft bzw. die Masse noch einmal übersichtlich zusammen:

Tabelle 1. CGS-System und technisches Maßsystem.

CGS-System	*Grundgrößen*	Länge	Masse	Zeit
	Grundeinheiten	1 cm	1 g	1 sec
	Kraft, Einheit 1 g·cm·sec$^{-2} = 1$ dyn $= 1/981$ g*.			
Techn. Maßsystem	*Grundgrößen*	Länge	Kraft	Zeit
	Grundeinheiten	1 m	1 kg*	1 sec
	Masse, Einheit 1 kg*·sec^2·m$^{-1} = 9{,}81$ kg.			

Man beachte genau, daß der wesentliche Unterschied der beiden Maßsysteme nicht in der Wahl verschiedener Einheiten liegt, sondern in der verschiedenen Wahl der einen *Grundgröße* (Masse bzw. Kraft). In keinem der beiden Systeme ist die Maßzahl der Masse eines Körpers gleich der Maßzahl seines Gewichts. Im CGS-System muß das Gewicht, als eine Kraft, in dyn ausgedrückt werden. Nach Gl. (6) beträgt es $k = mg$ dyn $(g = 981$ cm $\cdot$ sec$^{-2})$. Seine Maßzahl ist also 981mal größer als die der betreffenden, in g ausgedrückten Masse. Im technischen Maßsystem ist, ebenfalls nach Gl. (6), die Masse eines Körpers vom Gewicht k gleich $m = k/g$ Masseneinheiten $(g = 9{,}81\ m \cdot$ sec$^{-2})$. Ihre Maßzahl ist also gleich 1/9,81 der Maßzahl des in kg* ausgedrückten Körpergewichts.

In der praktischen Physik wird das Gewicht eines Körpers nicht in dyn, sondern in g* gemessen. Dann sind die Maßzahlen der in g gemessenen Masse und des in g* gemessenen Gewichts einander gleich. Es ist

$$1\,g^* = 981\ \text{dyn}, \qquad 1\,\text{kg}^* = 981\,000\ \text{dyn} = 0{,}981 \cdot 10^6\ \text{dyn}.$$

Der Anfänger sei sich darüber klar, daß ein Werturteil für oder wider eines der beiden Maßsysteme nicht am Platze ist. Ein jedes hat an seiner Stelle seine volle Berechtigung. Für den Physiker ist eine Beherrschung beider Systeme und der Umrechnungsbeziehungen zwischen ihnen unerläßlich. Aber auch der Chemiker und der Ingenieur wird über diese Kenntnisse verfügen müssen, sobald er wünscht, die physikalischen Grundlagen der Technik wirklich kennen zu lernen. Die theoretische Physik bedient sich aus guten Gründen ausschließlich des CGS-Systems, und auch wir werden es in diesem Buch durchweg verwenden. Den Bedürfnissen der Technik ist das technische Maßsystem besser angepaßt. Der Vorzug des CGS-Systems, d. h. der Wahl der Masse und nicht der Kraft als Grundgröße, für die reine Physik liegt unter anderem darin, daß zweifellos die Masse eine weit fundamentalere Naturgröße ist als die Kraft.

Die genaue *Messung von Massen* geschieht stets durch *Wägung*, d. h. die Masse eines Körpers wird aus seinem in g* oder kg* gemessenen Gewicht ermittelt. Jedoch *schätzt* man im täglichen Leben Massen und damit ihre Gewichte oft auch aus ihrer *Trägheit*. Es ist z. B. jedermann geläufig, daß man das Gewicht eines Briefes abschätzt, indem man ihm mit der Hand ruckartige Beschleunigungen nach oben erteilt, also seinen der Masse proportionalen Trägheitswiderstand (§ 17) beurteilt.

14. Dichte. Spezifisches Volumen. Spezifisches Gewicht. Wir wollen für den späteren Gebrauch einige Stoffkonstanten definieren, die von den Begriffen Volumen, Masse und Gewicht abgeleitet sind.

Die *Dichte* ϱ eines homogenen Stoffes ist die *Masse der Volumeinheit*, also von 1 cm³ des Stoffes, gemessen in g $\cdot$ cm^{-3}. Es ergibt sich die gleiche Maßzahl, wenn man die Masse in kg und das Volumen in Litern mißt. Demnach beträgt die Dichte eines Stoffes, wenn V cm³ (oder Liter) die Masse m [g] oder [kg] haben [1],

$$\varrho = \frac{m}{V}\ [\text{g} \cdot \text{cm}^{-3}] \qquad \text{bzw.} \qquad [\text{kg} \cdot \text{Liter}^{-1}]. \tag{7}$$

Das *spezifische Volumen* V_s eines homogenen Stoffes ist das *Volumen der Masseneinheit*, also von 1 g, des Stoffes, gemessen in cm³ $\cdot$ g^{-1}. Auch hier ergibt

---

[1] Wir setzen die Einheitsbezeichnungen hier und künftig in [ ], wenn eine Verwechslung der Einheit g (Gramm) mit der Erdbeschleunigung g möglich ist.

die Messung in kg und Liter die gleiche Maßzahl. Das spezifische Volumen ist die zur Dichte reziproke Größe. Haben m [g] oder [kg] eines Stoffes das Volumen V cm³ (oder Liter), so ist

$$V_s = \frac{1}{\varrho} = \frac{V}{m} \ [\text{cm}^3 \cdot \text{g}^{-1}] \quad \text{bzw.} \quad [\text{Liter} \cdot \text{kg}^{-1}]. \tag{8}$$

Das *spezifische Gewicht* σ eines homogenen Stoffes ist das *Gewicht der Volumeinheit* des Stoffes, gemessen in g* · cm⁻³ bzw. kg* · Liter⁻¹. Wiegen V cm³ (bzw. Liter) eines Stoffes k [g*] bzw. [kg*], so beträgt sein spezifisches Gewicht

$$\sigma = \frac{k}{V} \ [\text{g*} \cdot \text{cm}^{-3}] \quad \text{bzw.} \quad [\text{kg*} \cdot \text{Liter}^{-1}]. \tag{9}$$

Nach den Gl. (7) und (9) haben die Dichte und das spezifische Gewicht die gleiche Maßzahl, aber verschiedene Einheitsbezeichnungen. Es ist daher zwischen ihnen wohl zu unterscheiden. Auch ist zu beachten, daß nicht das g*, sondern das dyn die Gewichts- (Kraft-) Einheit des CGS-Systems ist. Sofern es nötig ist, ein spezifisches Gewicht in diesem Maßsystem auszudrücken, muß es in dyn · cm⁻³ angegeben werden und hat dann eine 981mal größere Maßzahl als die Dichte ϱ. Es ist also im CGS-System

$$\sigma = \varrho g \ [\text{dyn} \cdot \text{cm}^{-3}] \quad (g = 981 \, \text{cm} \cdot \text{sec}^{-2}). \tag{10}$$

Aus diesen Definitionen ergeben sich die folgenden Beziehungen: Die *Masse* eines Körpers vom Volumen V cm³ und der Dichte ϱ [g · cm⁻³] beträgt

$$m = \varrho V \ [\text{g}]. \tag{11}$$

Das *Volumen* eines Körpers von der Masse m [g] und dem spezifischen Volumen V_s [cm³ · g⁻¹] beträgt

$$V = V_s m \ [\text{cm}^3]. \tag{12}$$

Das *Gewicht* eines Körpers vom Volumen V [cm³] und vom spezifischen Gewicht σ [g* · cm⁻³] beträgt

$$k = \sigma V \ [\text{g*}] \quad \text{bzw.} \quad k = \varrho V g \ [\text{dyn}] \ (g = 981 \, \text{cm} \cdot \text{sec}^{-2}). \tag{13}$$

Kennt man für einen Stoff eine der drei genannten Konstanten, so kann man die anderen ohne weiteres berechnen. Am unmittelbarsten läßt sich das spezifische Gewicht bestimmen, bei einfach geformten Körpern durch Wägung und Berechnung des Volumens aus den linearen Abmessungen. Ein auch für unregelmäßig geformte Körper brauchbares, sehr genaues Verfahren werden wir in § 58 kennen lernen. (Vgl. WESTPHAL, ,,Physikalisches Praktikum'', 2. Aufl., 1., 2. und 15. Aufgabe).

Da 1 cm³ Wasser von 4° C die Masse 1 g und das Gewicht 1 g* hat (§ 5), so hat Wasser von 4° C die Dichte 1 g · cm⁻³ und das spezifische Gewicht 1 g* · cm⁻³. Daher ist die *Maßzahl* der Dichte bzw. des spezifischen Gewichts eines Stoffes gleich dem Verhältnis der Masse bzw. des Gewichts einer bestimmten Menge des Stoffes zur Masse bzw. dem Gewicht einer Wassermenge von gleichem Volumen. Diese für die Maßzahlen gültige Beziehung wird gelegentlich auf die Größen selbst ausgedehnt, und es wird die Dichte oder das spezifische Gewicht als eine reine Verhältniszahl definiert. Das ist unrichtig und zu verwerfen.

In der folgenden Tabelle sind einige Beispiele von Dichten bzw. spezifischen Gewichten zusammengestellt. Sie gelten bei festen und flüssigen Stoffen für 0° C, bei Gasen für 0° C und einen Druck von 76 cm Hg.

Tabelle 2. Dichten in $g \cdot cm^{-3}$ bzw. spezifische Gewichte in $g^* \cdot cm^{-3}$.

Aluminium	2,7	Äther	0,717
Blei	11,3	Alkohol	0,791
Eisen	7,6—7,8	Wasser	0,9997
Gold	19,3	Wasserstoff	0,00008985
Kupfer	8,9	Stickstoff	0,0012507
Natrium	0,97	Sauerstoff	0,0014291
Platin	21,4	Luft	0,0012928
Glas	2,4—2,6	Kohlensäure	0,0019768
Quecksilber	13,5951	Helium	0,0001785

15. Zusammensetzung von Kräften. Kräfte im Gleichgewicht. Wirken an einem Körper gleichzeitig mehrere Kräfte, so kann man auf sie, da sie Vektoren sind, die Gesetze der Vektoraddition anwenden (§ 8). Daß dies zulässig ist, beruht auf der an sich nicht selbstverständlichen Tatsache, daß sich die Wirkungen mehrerer gleichzeitig wirkender Kräfte ungestört überlagern, daß also ihre gemeinsame Wirkung gleich der Summe der Wirkungen ist, die die Kräfte einzeln hervorgebracht haben würden. Dieses *Unabhängigkeitsprinzip* wurde schon von NEWTON erkannt.

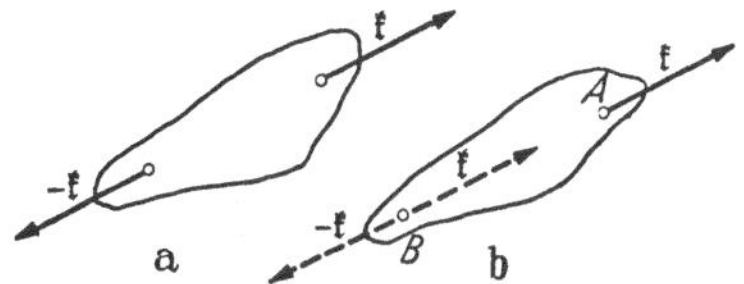

Abb. 18. a Zwei gleich große, entgegengesetzt gerichtete und in der gleichen Wirkungslinie liegende Kräfte heben sich auf. b Verschiebung eines Kraftvektors längs der Wirkungslinie.

Die Addition von Kräften, die im *gleichen Punkt* eines Körpers angreifen, ist daher nach den Vorschriften des § 8 ohne weiteres ausführbar. Im allgemeinen werden aber die einzelnen Kräfte an verschiedenen Punkten angreifen, nicht den gleichen *Angriffspunkt* haben. In diesem Fall findet der wichtige Satz Anwendung, *daß es bei starren Körpern zulässig ist, den Angriffspunkt einer Kraft längs der Wirkungslinie der Kraft beliebig zu verschieben.* Die Wirkungslinie einer Kraft ist die in der Kraftrichtung durch ihren Angriffspunkt gehende Gerade. Der Beweis geht davon aus, daß zwei am gleichen Körper angreifende gleich große und entgegengesetzt gerichtete Kräfte $\mathfrak{k}$ und $-\mathfrak{k}$ sich gegenseitig aufheben (Abb. 18a). Wir können uns deshalb an einem unter der Wirkung einer Kraft $\mathfrak{k}$ stehenden Körper zwei weitere Kräfte, die dieser Bedingung genügen, angreifend denken, ohne die Kraftverhältnisse zu ändern. Die Kraft $\mathfrak{k}$ greife im Punkte A an (Abb. 18b). Wir denken

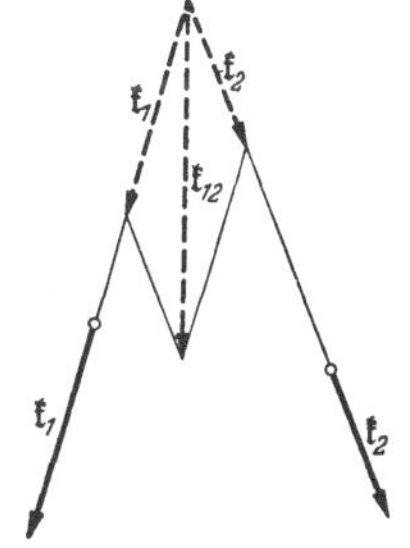

Abb. 19. Resultierende $\mathfrak{k}_{12}$ zweier Kräfte $\mathfrak{k}_1$, $\mathfrak{k}_2$, die nicht im gleichen Punkte angreifen.

uns nun in dem auf ihrer Wirkungslinie liegenden Punkte B zwei weitere Kräfte angreifend, die der Kraft $\mathfrak{k}$ gleiche und ihr gleichgerichtete Kraft $\mathfrak{k}$ und die ihr entgegengerichtete gleich große Kraft $-\mathfrak{k}$. Nunmehr fassen wir die ursprüngliche, in A angreifende Kraft $\mathfrak{k}$ und die in B angreifende Kraft $-\mathfrak{k}$ zusammen. Sie heben sich gegenseitig auf, und es bleibt nur die Wirkung der in B angreifenden Kraft $\mathfrak{k}$ übrig. Da wir durch die gedachte Hinzufügung der in B angreifenden Kräfte keine Änderung der Kraftverhältnisse herbeigeführt haben, so ersetzt die in B angreifende Kraft $\mathfrak{k}$ die in A angreifende Kraft $\mathfrak{k}$ in jeder Hinsicht. Wir dürfen uns also den Angriffspunkt der Kraft $\mathfrak{k}$ von A nach B oder irgendeinem anderen Punkt ihrer Wirkungslinie

verschoben denken. Für die Wirkung einer gegebenen Kraft kommt es bei
einem starren Körper demnach nur auf die Lage ihrer Wirkungslinie an, nicht
auf die besondere Lage ihres Angriffspunktes
auf dieser.

Unter Ausnutzung dieser Verschiebungs-
möglichkeit können zwei an einem Körper an-
greifende Kräfte $\mathfrak{k}_1$ und $\mathfrak{k}_2$ immer dann zu einer
Resultierenden $\mathfrak{k}_1 + \mathfrak{k}_2 = \mathfrak{k}_{12}$ vereinigt werden,
wenn ihre Wirkungslinien sich schneiden, also
in der gleichen Ebene liegen und nicht parallel
sind. Die Ausführung der Konstruktion gemäß
Abb. 4 (§ 8) zeigt Abb. 19. Wirken an einem
Körper mehr als zwei Kräfte, so kann man
die Konstruktion bis zu Ende, d. h. bis zur

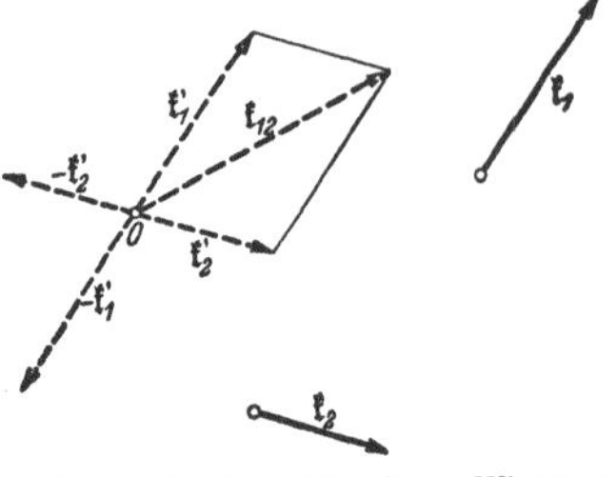

Abb. 20. Zwei Kräfte, deren Wirkungslinien sich nicht schneiden, ergeben eine
Einzelkraft und ein Kräftepaar.

Auffindung der Resultierenden aller angreifenden Kräfte durchführen, wenn
stets die Wirkungslinie der Resultierenden aller bereits vereinigten Kräfte
sich mit derjenigen einer der noch
übrigen Kräfte schneidet. Im allgemeinen ist das aber nicht der Fall,
und es bleiben zwei oder mehr resultierende Einzelkräfte übrig, die nicht
auf die geschilderte Weise vereinigt
werden können.

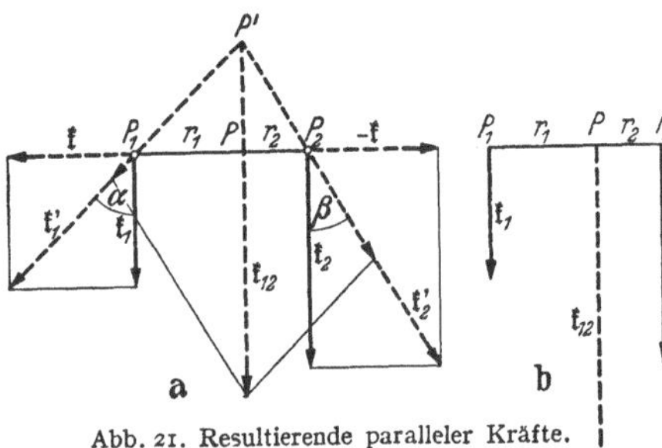

Abb. 21. Resultierende paralleler Kräfte.

Es seien $\mathfrak{k}_1$, $\mathfrak{k}_2$ (Abb. 20) zwei solche
Kräfte, deren Wirkungslinien sich nicht
schneiden. (Abb. 20 ist räumlich zu
denken. Die Vektoren $\mathfrak{k}_1$ und $\mathfrak{k}_2$ sollen
nicht in der gleichen Ebene liegen.)

Wir denken uns jetzt in einem beliebigen Punkte O je zwei sich gegenseitig auf-
hebende Kräfte $\mathfrak{k}_1' = \mathfrak{k}_1$, $-\mathfrak{k}_1' = -\mathfrak{k}_1$ und $\mathfrak{k}_2' = \mathfrak{k}_2$, $-\mathfrak{k}_2' = -\mathfrak{k}_2$ angreifend, die
den Kräften $\mathfrak{k}_1$ und $\mathfrak{k}_2$ den Beträ-
gen nach gleich und ihnen gleich-
bzw. entgegengerichtet sind. Hierdurch wird an den Kraftverhältnissen
nichts geändert. Nunmehr vereinigen
wir die in O angreifenden Kräfte $\mathfrak{k}_1'$
und $\mathfrak{k}_2'$ zur Resultierenden $\mathfrak{k}_{12} = \mathfrak{k}_1' + \mathfrak{k}_2'$
$= \mathfrak{k}_1 + \mathfrak{k}_2$. Es bleiben dann einerseits
die beiden gleich großen, entgegen-
gesetzt gerichteten (antiparallelen)
Kräfte $\mathfrak{k}_1$ und $-\mathfrak{k}_1' = -\mathfrak{k}_1$, andererseits die entsprechenden Kräfte $\mathfrak{k}_2$ und
$-\mathfrak{k}_2' = -\mathfrak{k}_2$ übrig, zwei sog. *Kräftepaare*. In § 28 wird bewiesen, daß man
beliebig viele Kräftepaare immer zu
einem einzigen resultierenden Kräftepaar vereinigen kann. Es folgt:

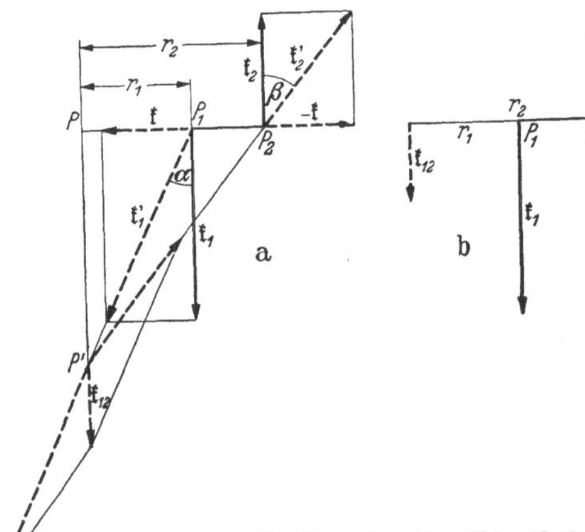

Abb. 22. Resultierende antiparalleler Kräfte.

*Beliebig viele an einem Körper angreifende Kräfte können immer auf eine
einzige resultierende Einzelkraft und ein einziges resultierendes Kräftepaar zurückgeführt werden.*

Die Konstruktion der Abb. 19 versagt zunächst, wenn es sich um zwei
parallele oder antiparallele Kräfte handelt, da ihre Wirkungslinien zwar in
einer Ebene liegen, sich aber nicht schneiden. Zur Vereinfachung denken

wir uns die beiden Kraftvektoren $\mathfrak{k}_1$ und $\mathfrak{k}_2$ so verschoben, daß die Verbindungslinie ihrer Angriffspunkte P_1 und P_2 auf ihren Wirkungslinien senkrecht steht (Abb. 21a u. 22a). Nunmehr denken wir uns die beiden beliebigen, aber gleich großen Kräfte $\mathfrak{k}$ und $-\mathfrak{k}$ hinzugefügt, deren Wirkungslinie die gedachte Verbindungslinie $P_1 P_2$ ist. Sie ändern an den Kräfteverhältnissen nichts. Wir vereinigen jetzt $\mathfrak{k}_1$ und $\mathfrak{k}$ zur Resultierenden $\mathfrak{k}_1'$, $\mathfrak{k}_2$ und $-\mathfrak{k}$ zur Resultierenden $\mathfrak{k}_2'$. Für diese beiden Resultierenden aber ist die Konstruktion der Abb. 19 ohne weiteres durchzuführen, und wir erhalten so die Resultierende $\mathfrak{k}_1 + \mathfrak{k}_2 = \mathfrak{k}_{12}$ der Kräfte $\mathfrak{k}_1$ und $\mathfrak{k}_2$. Ihre Wirkungslinie ist derjenigen der Kräfte $\mathfrak{k}_1$ und $\mathfrak{k}_2$ parallel. Bei parallelen Kräften weist sie in die gleiche Richtung wie diese (Abb. 21a), bei antiparallelen Kräften in Richtung der größeren Kraft (Abb. 22a).

Es seien k_1 und k_2 die Beträge der Kräfte $\mathfrak{k}_1$ und $\mathfrak{k}_2$. Dann ist der Betrag der Resultierenden

bei parallelen Kräften

$$k_{12} = k_1 + k_2, \qquad (14\,\mathrm{a})$$

bei antiparallelen Kräften

$$k_{12} = k_1 - k_2 \quad \text{bzw.} \quad k_2 - k_1, \qquad (14\,\mathrm{b})$$

je nachdem, welche der beiden Kräfte die größere ist. Das läßt sich ohne weiteres einsehen, wenn man die im gemeinsamen Angriffspunkt P' angreifend gedachten Kräfte $\mathfrak{k}_1'$ und $\mathfrak{k}_2'$ wieder in ihre ursprünglichen Komponenten zerlegt denkt. Die Komponenten $\mathfrak{k}$ und $-\mathfrak{k}$ heben sich auf, und es bleiben nur die Komponenten $\mathfrak{k}_1$ und $\mathfrak{k}_2$ übrig, deren Summe der Vektor $\mathfrak{k}_{12}$ ist.

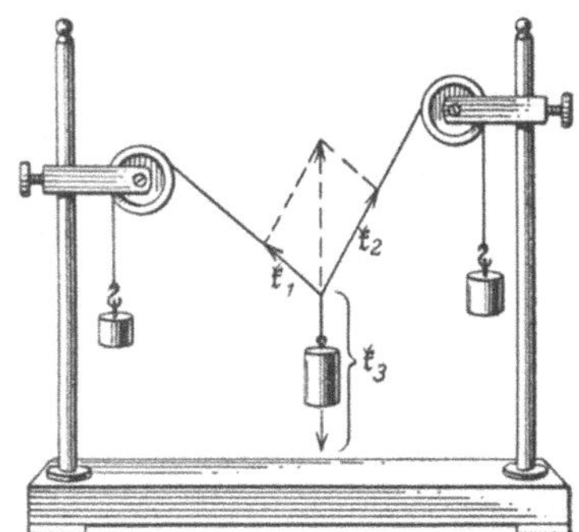

Abb. 23. Drei Kräfte im Gleichgewicht.

Es seien r_1 und r_2 die Abstände des Schnittpunktes P der Wirkungslinie der Resultierenden $\mathfrak{k}_{12}$ mit der Verbindungslinie der Angriffspunkte P_1 und P_2 von $\mathfrak{k}_1$ und $\mathfrak{k}_2$ von diesen Angriffspunkten. P heißt der *Mittelpunkt* der Kräfte $\mathfrak{k}_1$ und $\mathfrak{k}_2$ und teilt die Strecke $P_1 P_2$ im Falle paralleler Kräfte innen, im Falle antiparalleler Kräfte außen im Verhältnis $r_1:r_2$. Man entnimmt aus Abb. 21a u. 22a in gleicher Weise: $\mathrm{tg}\,\alpha = k/k_1$, $\mathrm{tg}\,\beta = k/k_2$, $\mathrm{tg}\,\alpha/\mathrm{tg}\,\beta = r_1/r_2 = k_2/k_1$ oder

$$r_1 k_1 = r_2 k_2 \quad \text{bzw.} \quad r_1:r_2 = k_2:k_1. \qquad (15)$$

Abb. 21b u. 22b zeigen das Ergebnis noch einmal in übersichtlicher Darstellung.

Bei parallelen Kräften führt die beschriebene Konstruktion stets zum Ziel, bei antiparallelen Kräften nur dann *nicht*, wenn sie gleiche Beträge haben, also ein *Kräftepaar* bilden. Denn in diesem Fall rückt der Mittelpunkt P ins Unendliche, und der Betrag der Resultierenden ist nach Gl. (14b) gleich Null. In der Tat ist ein Kräftepaar ein Kräftesystem, das eine durchaus andere Bedeutung hat als irgendein anderes (§ 28).

Zwei oder mehrere Kräfte halten sich das *Gleichgewicht*, d. h. sie heben sich in ihrer Wirkung gegenseitig auf, wenn ihre Summe (Resultierende) verschwindet,

$$\mathfrak{k}_1 + \mathfrak{k}_2 + \mathfrak{k}_3 + \ldots = \Sigma \mathfrak{k}_i = 0, \qquad (16)$$

und wenn bei ihrer Addition auch kein Kräftepaar übrig bleibt. Bei zwei Kräften ist das natürlich dann und nur dann der Fall, wenn sie gleiche Beträge und entgegengesetzte Richtung haben und in der gleichen Wirkungslinie liegen. Allgemein muß bei Gleichgewicht die Resultierende, die man aus einem beliebigen Teil der Einzelkräfte bildet, gleichen Betrag und entgegengesetzte Richtung haben und in der gleichen Wirkungslinie liegen, wie die Resultierende, die man aus den noch übrigen Kräften bildet.

An der in Abb. 23 dargestellten Vorrichtung greifen im Schnittpunkt der drei Schnüre drei Kräfte an, unter deren Wirkung das System eine Gleichgewichtslage einnimmt, die durch bestimmte Beträge der Winkel gekennzeichnet ist, die die Schnüre, also auch die Kraftrichtungen im Schnittpunkt miteinander bilden. In Abb. 24a ist gezeigt, daß die Resultierende $\mathfrak{k}_{12} = -\mathfrak{k}_3$ der Kräfte $\mathfrak{k}_1$ und $\mathfrak{k}_2$ der Kraft $\mathfrak{k}_3$ an Betrag gleich ist und ihr entgegengerichtet ist, sie also aufhebt. Das gleiche aber gilt entsprechend auch für die Resultierende $\mathfrak{k}_{13} = -\mathfrak{k}_2$ der Kräfte $\mathfrak{k}_1$ und $\mathfrak{k}_3$ (Abb. 24b) und die Resultierende $\mathfrak{k}_{23} = -\mathfrak{k}_1$

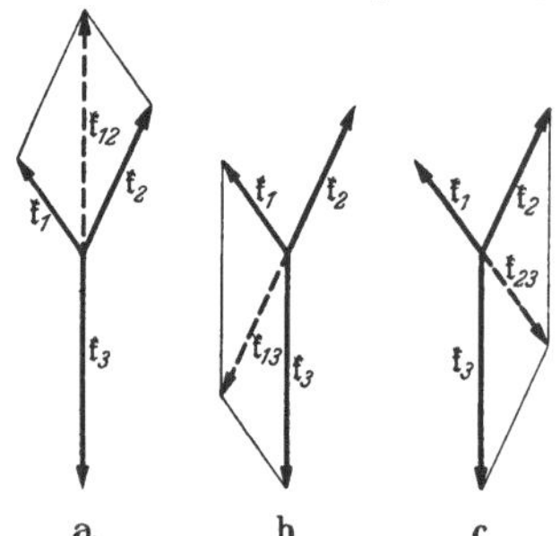

a   b   c

Abb. 24. Drei Kräfte im Gleichgewicht.

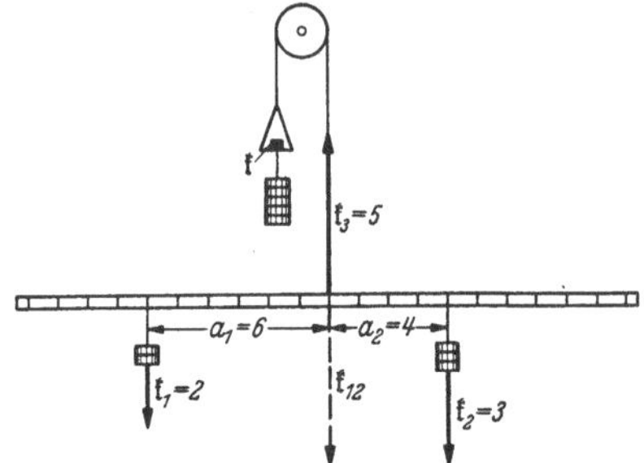

Abb. 25. Gleichgewicht paralleler Kräfte.

der Kräfte $\mathfrak{k}_2$ und $\mathfrak{k}_3$ (Abb. 24c). Man kann jede der drei Kräfte als diejenige ansehen, die den beiden anderen das Gleichgewicht hält.

In Abb. 25 ist eine leichte Stange dargestellt, die in ihrer Mitte mit einer Schnur über eine Rolle aufgehängt und deren Gewicht durch ein Gegengewicht $\mathfrak{k}$ aufgehoben ist. An der Stange, sowie am freien Schnurende hängen Massen, die durch ihr Gewicht Kräfte $\mathfrak{k}_1$, $\mathfrak{k}_2$, $\mathfrak{k}_3$ auf die Stange ausüben, $\mathfrak{k}_1$ und $\mathfrak{k}_2$ senkrecht nach unten, $\mathfrak{k}_3$ senkrecht nach oben. Damit Gleichgewicht herrscht, muß die Resultierende $\mathfrak{k}_{12}$ der Kräfte $\mathfrak{k}_1$ und $\mathfrak{k}_2$ gleichen Betrag und entgegengesetzte Richtung haben wie die Kraft $\mathfrak{k}_3$, also $\mathfrak{k}_1 + \mathfrak{k}_2 = \mathfrak{k}_{12} = -\mathfrak{k}_3$, $k_1 + k_2 = k_3$. Der Angriffspunkt der Kraft $\mathfrak{k}_3$ muß der Mittelpunkt der Kräfte $\mathfrak{k}_1$ und $\mathfrak{k}_2$ sein. Daher gilt für die Abstände r_1 und r_2 der Angriffspunkte von $\mathfrak{k}_1$ und $\mathfrak{k}_2$ von diesem Punkte die Gl. (15). (In Abb. 25 ist $2 \cdot 6 = 3 \cdot 4$ und $2 + 3 = 5$).

16. Das Wechselwirkungsgesetz. Zwangskräfte. Kraftwirkungen sind stets *Wechselwirkungen*. Erfährt ein Körper infolge der Anwesenheit eines zweiten Körpers in seiner Umgebung eine Kraft, so erfährt der zweite Körper infolge der Anwesenheit des ersten in seiner Umgebung ebenfalls eine Kraft. Für diese Kräfte gilt das *Wechselwirkungsgesetz (3. NEWTONsches Axiom):*

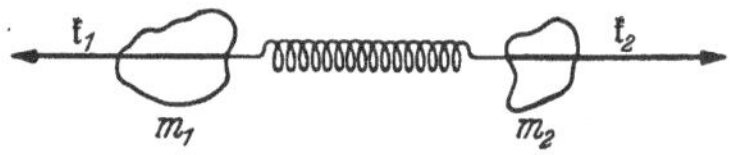

Abb. 26. Wechselwirkung bei zwei durch eine Feder verbundenen Massen.

Die von zwei Körpern aufeinander ausgeübten Kräfte (Wirkung und Gegenwirkung) haben gleiche Beträge und entgegengesetzte Richtungen.

Drückt ein ruhender Körper infolge seines Gewichts auf eine Unterlage, so drückt ihn diese mit gleicher Kraft nach oben. Die Anziehung der Körper durch die irdische Schwerkraft ist keine einseitige Wirkung der Erde, sondern die Körper ziehen auch die Erde ebenso stark an. Sind zwei Massen m_1, m_2 (Abb. 26) durch eine zusammengedrückte Feder verbunden, so ist die Kraft $\mathfrak{k}_1$, mit der die Masse m_1 nach der einen Seite gedrückt wird, ebenso groß, aber entgegengesetzt gerichtet wie die Kraft $\mathfrak{k}_2$, mit der die Masse m_2 nach der anderen Seite gedrückt wird, $\mathfrak{k}_2 = -\mathfrak{k}_1$. Das gleiche gilt, wenn die zwischen zwei Massen wirksamen Kräfte nicht durch ein stoffliches Mittel, sondern durch den Raum hindurch übertragen werden, wie bei der allgemeinen Massenanziehung

(Gravitation) oder bei der Anziehung und Abstoßung zwischen elektrischen Ladungen oder zwischen Magnetpolen.

Bilden die von einem Körper auf einen zweiten ausgeübten Kräfte ein Kräftepaar, so besteht auch die Gegenwirkung in einem Kräftepaar, und die von diesen Kräftepaaren auf die beiden Körper ausgeübten Drehmomente (§ 28) sind gleich groß, aber entgegengesetzt gerichtet, d. h. sie suchen die Körper in entgegengesetztem Sinne zu drehen.

Übt demnach ein Körper auf einen zweiten eine Kraft $\mathfrak{k}_1$ aus, so übt der zweite auf den ersten die Kraft $\mathfrak{k}_2 = -\mathfrak{k}_1$ aus. Es ist also $\mathfrak{k}_1 + \mathfrak{k}_2 = 0$. Handelt es sich um ein System von beliebig vielen Körpern, auf die nur gegenseitige, von den Körpern des Systems selbst ausgehende *innere Kräfte* $\mathfrak{k}_i$ wirken, so folgt, indem wir die Kraftsumme über alle beteiligten Körper bilden,

$$\sum \mathfrak{k}_i = 0. \tag{17}$$

Die Vektorsumme aller zwischen den Körpern eines Systems wirkenden inneren Kräfte ist gleich Null. Ebenso ist auch die Summe aller inneren Drehmomente gleich Null.

Das 3. NEWTONsche Axiom, das Wechselwirkungsgesetz, ist — im Gegensatz zum 1. und 2. Axiom — ein physikalisches *Gesetz* und als solches an der Erfahrung prüfbar. Den unmittelbarsten Beweis liefert die strenge Gültigkeit des Impulssatzes und des Schwerpunktsatzes (§ 20), die nur andere Formen des Wechselwirkungsgesetzes sind.

Während in manchen Fällen, z. B. bei der An-

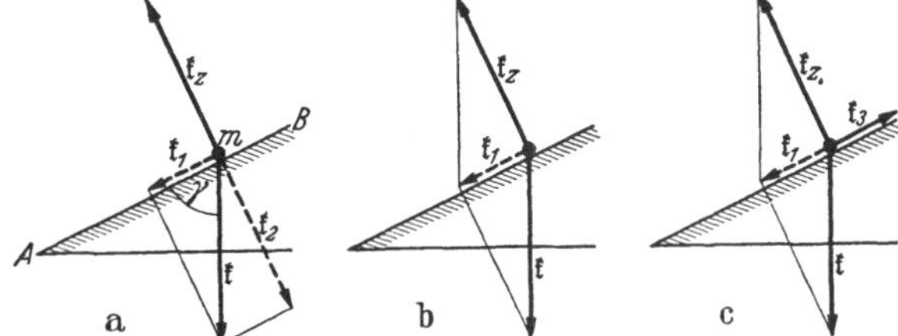

Abb. 27. Kräfte am Körper auf einer schiefen Ebene.

ziehung zweier Massen, der elektrischen und magnetischen Anziehung und Abstoßung, Wirkung und Gegenwirkung ganz gleichberechtigt nebeneinander stehen und ihre Unterscheidung willkürlich ist, wird in anderen Fällen die Gegenwirkung erst durch eine primäre Wirkung hervorgebracht. Wird z. B. ein Körper auf eine feste Unterlage gelegt, so ruft er im gleichen Augenblick durch sein Gewicht, durch den von ihm auf die Unterlage ausgeübten Druck, elastische Gestaltsänderungen (Zusammendrückungen, Verbiegungen) an ihr hervor, die einen Gegendruck gegen das Gewicht des Körpers erzeugen. Durch das Gewicht eines angehängten Körpers wird ein Faden oder Draht ein wenig gedehnt, und die dadurch hervorgerufenen inneren Spannungen erzeugen eine den Körper nach oben ziehende Kraft, die sein Gewicht genau aufhebt. Kräfte dieser Art, die sekundär als Gegenwirkung einer primären Kraft auftreten, heißen *Zwangskräfte*. Wir bezeichnen sie mit $\mathfrak{k}_z$ (Betrag k_z).

Erzeugt eine an einem Körper angreifende Kraft $\mathfrak{k}$ an einem zweiten Körper eine auf den ersten Körper zurückwirkende Zwangskraft $\mathfrak{k}_z$, so bildet die Resultierende $\mathfrak{k} + \mathfrak{k}_z$ der beiden Kräfte die auf den ersten Körper wirkende Gesamtkraft. Als Beispiel betrachten wir einen Körper (Massenpunkt) m, der auf einer *schiefen Ebene* liegt, d. h. auf einer unter einem Winkel γ gegen die Vertikale geneigten Ebene AB (Abb. 27a). Auf den Körper wirkt die Schwerkraft $\mathfrak{k} = m\mathfrak{g}$ (Betrag $k = mg$). Wir zerlegen sie in ihre Komponenten $\mathfrak{k}_1$ (Betrag $k \cos\gamma$) und $\mathfrak{k}_2$ (Betrag $k \sin\gamma$) parallel und senkrecht zur schiefen Ebene. Die zur Ebene parallele Komponente $\mathfrak{k}_1$ hat auf diese keine Wirkung. Die zur Ebene senkrechte Komponente $\mathfrak{k}_2$ erzeugt eine kleine elastische Gestaltsänderung der Ebene, durch die eine auf den Körper zurückwirkende, zur Ebene senkrechte

Zwangskraft $\mathfrak{k}_z$ hervorgerufen wird, welche die Kraft $\mathfrak{k}_2$ genau aufhebt, $\mathfrak{k}_z = -\mathfrak{k}_2$. Es wirken auf den Körper also tatsächlich die beiden Kräfte $\mathfrak{k}$ und $\mathfrak{k}_z$, und die natürliche Betrachtungsweise ist, daß man die Kraft $\mathfrak{k}_1$ als die Resultierende dieser beiden Kräfte ansieht, $\mathfrak{k}_1 = \mathfrak{k} + \mathfrak{k}_z$ (Abb. 27b). Die stets zur Ebene senkrechte Zwangskraft $\mathfrak{k}_z$ ist so groß, daß diese Resultierende zur Ebene parallel ist. Solange nämlich anfänglich die Zwangskraft $\mathfrak{k}_z$ noch kleiner ist als die zur Ebene senkrechte Kraftkomponente $\mathfrak{k}_2$, bewirkt der Überschuß von $\mathfrak{k}_2$ über $\mathfrak{k}_z$ eine weitere kleine Verschiebung des Körpers senkrecht zur Ebene, und damit eine weitere Steigerung der elastischen Änderungen in ihr und infolgedessen auch der Zwangskraft. Die Verschiebung hört erst auf, wenn die obige Bedingung erfüllt ist.

Ganz entsprechende Verhältnisse bestehen auch dann, wenn es sich nicht um die Schwerkraft handelt, sondern um eine beliebige Kraft vom Betrage k, die an einem auf einer festen Fläche befindlichen Körper angreift, und deren Richtung mit der Fläche einen Winkel γ bildet. Die Zwangskraft beträgt dann stets, wie in Abb. 27,

$$k_z = k \sin \gamma. \tag{18}$$

Soll der Körper auf der schiefen Ebene ins Gleichgewicht gebracht werden, so muß an ihm eine weitere Kraft $\mathfrak{k}_3 = -\mathfrak{k}_1$ angreifen, die der Kraft $\mathfrak{k}_1$ an Betrag gleich und ihr entgegengerichtet ist (Abb. 27c). Der Betrag dieser Kraft ist also $k_3 = k \cos \gamma$.

17. Bewegte Bezugssysteme. Wir haben bisher stillschweigend die Bewegung eines Massenpunktes auf ein Koordinatensystem oder einen Punkt im Raum bezogen, ohne die Wahl eines bestimmten *Bezugssystems* zu begründen oder zu erörtern. Diese Wahl ist aber durchaus willkürlich und in keinem Fall von vornherein selbstverständlich. Wir können uns denken, daß wir z. B. die Bewegungsgesetze von Körpern in einem fahrenden Laboratorium untersuchen. Dann tritt an uns die Frage heran, ob wir die Bewegungen etwa in einem Koordinatensystem beschreiben sollen, das sich mit dem Laboratorium bewegt, also relativ zu ihm ruht, oder in einem relativ zur Erde ruhenden Koordinatensystem. Es liegt kein Grund vor, das letztere zu bevorzugen, denn auch die Erde ist ja nicht in Ruhe. Sie dreht sich um sich selbst und bewegt sich um die Sonne. Diese wiederum bewegt sich mit ihrem gesamten Planetensystem relativ zum Schwerpunkt unserer Milchstraße. Die Beschreibung der Bewegung eines Massenpunktes fällt aber vollkommen verschieden aus, je nachdem wir sie auf ein mit dem fahrenden Laboratorium bewegtes Koordinatensystem beziehen oder auf ein mit der Erde oder mit der Sonne bewegtes Koordinatensystem. Z. B. bewegt sich ein Körper, den man in einem mit gleichförmiger Geschwindigkeit fahrenden Zuge frei herabfallen läßt, vom Zuge aus beurteilt, senkrecht abwärts. Von der Erde aus beurteilt, hat er zu Beginn der Bewegung eine der Zuggeschwindigkeit gleiche, horizontale Anfangsgeschwindigkeit; er bewegt sich also wie ein horizontal fortgeschleuderter Körper auf einer gekrümmten, parabolischen Bahn zu Boden. Die *Beschreibung bestimmter Bewegungsvorgänge* durch Angabe der Koordinaten bewegter Massenpunkte als Funktionen der Zeit hängt also von der Wahl des Bezugssystems entscheidend ab. Wir ermitteln aber die *allgemeinen Bewegungsgesetze* aus der messenden Verfolgung spezieller Bewegungsvorgänge, und· es erhebt sich die Frage, ob auch die so ermittelten Gesetze von der Wahl des Bezugssystems abhängen. Es wäre ja denkbar, daß man in der Lage wäre, ein bestimmtes Bezugssystem ausfindig zu machen, in dem diese Gesetze eine besonders einfache Gestalt annehmen. Dann wäre dieses Bezugssystem vor allen anderen ausgezeichnet und ihnen in der Regel vorzuziehen.

Wir wollen die Bewegung eines Massenpunktes auf zwei verschieden bewegte Bezugssysteme beziehen und wählen dazu das in § 8 angeführte Beispiel eines auf einem fahrenden Schiff bewegten Massenpunktes. Wir wollen seine Geschwindigkeit relativ zum Schiff hier mit $\mathfrak{v}'$ (früher $\mathfrak{v}_2$) bezeichnen, die Geschwindigkeit des Schiffes relativ zum Wasser mit $\mathfrak{v}_s$ (früher $\mathfrak{v}_1$), und annehmen, daß diese konstant, also geradlinig und gleichförmig ist. Die Geschwindigkeit des Massenpunktes relativ zum Wasser ist dann nach § 8 $\mathfrak{v} = \mathfrak{v}' + \mathfrak{v}_s$. Die Geschwindigkeit $\mathfrak{v}'$ des Massenpunktes relativ zum Schiff sei nicht konstant. Er erfahre relativ zu einem mit dem Schiff bewegten Koordinatensystem die Beschleunigung $\mathfrak{b}' = d\mathfrak{v}'/dt$. Seine Beschleunigung relativ zum Wasser, d. h. in einem relativ zum Wasser ruhenden Koordinatensystem, ist dann $\mathfrak{b} = d\mathfrak{v}/dt = d\mathfrak{v}'/dt + d\mathfrak{v}_s/dt = d\mathfrak{v}'/dt = \mathfrak{b}'$, da ja $\mathfrak{v}_s = \mathrm{const}$, also $d\mathfrak{v}_s/dt = 0$ ist. Der Massenpunkt erfährt also relativ zu den beiden mit konstanter Geschwindigkeit gegeneinander bewegten Bezugssystemen die gleiche Beschleunigung.

Definieren wir wieder die auf einen Körper von der Masse m wirkende Kraft nach Gl. (1) durch die Beschleunigung, die er erfährt, so folgt, daß in beiden Systemen auch die gleiche Kraft auf ihn wirkt. Untersuchen wir z. B. an dem Massenpunkt die Gesetze des freien Falles, so finden wir die gleiche Erdbeschleunigung und daher auch die gleiche Schwerkraft, ganz gleich ob wir unsere Messungen auf ein relativ zum Schiff ruhendes Koordinatensystem beziehen oder auf ein relativ zum Wasser ruhendes Koordinatensystem. Wir erhalten also in jedem Fall die gleichen Fallgesetze. Ein Unterschied besteht nur in der Beschreibung der Einzelvorgänge. Denn der Massenpunkt hat in den beiden Bezugssystemen verschiedene Anfangsgeschwindigkeiten.

Denken wir uns auf dem fahrenden Schiff einen von jeder Verbindung mit der Außenwelt abgeschnittenen Beobachter, so ist es für ihn grundsätzlich unmöglich, aus dem Ablauf irgendeines mechanischen Vorganges auf dem Schiff zu erkennen, mit welcher Geschwindigkeit sich das Schiff relativ zum Wasser bewegt, und ob es sich überhaupt bewegt. Ebensowenig ist es aber einem ebenso von der Außenwelt abgeschlossenen, relativ zum Wasser ruhenden Beobachter möglich, auf Grund mechanischer Untersuchungen irgend etwas über eine gleichförmige Bewegung des Wassers relativ zur Erde auszusagen. Denn jeder mechanische Versuch, den er etwa auf einem mit dem Wasser treibenden Schiff anstellt, verläuft nach den gleichen Gesetzen wie der entsprechende Versuch auf der Erde. In dieser Tatsache ist das *Relativitätsprinzip der Mechanik* enthalten. Wir werden später sehen (§ 326), daß es überhaupt für alle Naturvorgänge gilt. Es besagt, daß *alle unendlich vielen Bezugssysteme, die sich relativ zueinander unbeschleunigt, d. h. geradlinig und gleichförmig bewegen, physikalisch in jeder Hinsicht gleichberechtigt sind.*

Wir wollen jetzt einmal voraussetzen, es habe einen physikalischen Sinn, ein bestimmtes Bezugssystem als im Raume absolut ruhend anzusehen. Dann wären nach dem Relativitätsprinzip alle Bezugssysteme, die sich relativ zu ihm geradlinig und gleichförmig, also unbeschleunigt, bewegen, mit ihm und auch unter sich physikalisch vollkommen gleichberechtigt. Es gibt also grundsätzlich kein physikalisches Mittel, um festzustellen, welche absolute Geschwindigkeit dasjenige Bezugssystem hat, auf das man gerade seine Beobachtungen bezieht. Man kann also auch grundsätzlich nicht feststellen, welche Geschwindigkeit man selbst oder irgendein anderer Körper relativ zu jenem gedachten, absolut ruhenden System hat. Daher ist es auch grundsätzlich unmöglich, dieses vorausgesetzte, absolut ruhende Bezugssystem aus der Gesamtheit aller relativ zu ihm unbeschleunigt bewegten Bezugssysteme herauszufinden.

Der Begriff einer absoluten Bewegung hat in der Philosophie eine erhebliche Rolle gespielt. Aus den vorstehenden Ausführungen folgt, daß ihm eine Rolle in der Naturerkenntnis nicht zukommt. Aussagen, deren Prüfung als grundsätzlich unmöglich erkannt ist, die man also weder beweisen noch widerlegen kann, weil es dafür in der Natur keine denkbare Erkenntnisgrundlage gibt, sind im physikalischen Sinne „leere" Aussagen. Dem durch sie behaupteten Sachverhalt — im vorliegenden Fall der Behauptung von der Existenz eines absolut ruhenden Bezugssystems — entspricht keine physikalische Wirklichkeit. Im physikalischen Sinne sind alle Bezugssysteme, in denen die physikalischen Erscheinungen nach den gleichen Gesetzen ablaufen, wie in einem gedachten, absolut ruhenden Bezugssystem, vollkommen gleichberechtigt. Man nennt solche Bezugssysteme Inertialsysteme. *Jedes beliebige Inertialsystem kann mit gleichem Recht wie ein absolut ruhendes Bezugssystem betrachtet werden.*

18. Beschleunigte Bezugssysteme. Trägheitskräfte. Wir wollen jetzt, an das Beispiel des § 17 anknüpfend, voraussetzen, daß das Wasser, in dem sich das Schiff bewegt, ein Inertialsystem ist. Die Geschwindigkeit $\mathfrak{v}_s$ des Schiffes relativ zum Wasser sei aber nicht konstant; es erfahre eine Beschleunigung $\mathfrak{b}_s = d\mathfrak{v}_s/dt$ relativ zum Wasser. Ein mit dem Schiff bewegtes Bezugssystem ist demnach kein Inertialsystem, sondern ein *beschleunigtes Bezugssystem*. Ein Massenpunkt erfahre relativ zu diesem beschleunigten System eine Beschleunigung $\mathfrak{b}' = d\mathfrak{v}'/dt$ (Beispiel ein frei fallender Körper, beurteilt vom beschleunigten Schiff aus). Seine Beschleunigung relativ zum Inertialsystem ist $\mathfrak{b} = d\mathfrak{v}/dt$. Nun ist $\mathfrak{v} = \mathfrak{v}' + \mathfrak{v}_s$, also $\mathfrak{v}' = \mathfrak{v} - \mathfrak{v}_s$ und demnach $d\mathfrak{v}'/dt = d\mathfrak{v}/dt - d\mathfrak{v}_s/dt = \mathfrak{b} - \mathfrak{b}_s$. Der Massenpunkt erfährt also relativ zum beschleunigten Bezugssystem eine andere Beschleunigung als relativ zum Inertialsystem. Definieren wir wieder die auf einen beschleunigten Körper wirkende Kraft durch Gl. (1), so erfährt er im Inertialsystem eine Kraft $\mathfrak{f} = m\mathfrak{b}$, im beschleunigten System eine Kraft

$$\mathfrak{f}' = m\,\frac{d\mathfrak{v}'}{dt} = m\,\frac{d\mathfrak{v}}{dt} - m\,\frac{d\mathfrak{v}_s}{dt} = m\mathfrak{b} - m\mathfrak{b}_s. \tag{19}$$

Es ist also

$$\mathfrak{f}' = \mathfrak{f} - m\mathfrak{b}_s = \mathfrak{f} + \mathfrak{f}_t. \tag{20}$$

Demnach sind die Bewegungsgesetze des Massenpunktes im Inertialsystem und im beschleunigten Bezugssystem nicht identisch. Zu der Kraft $\mathfrak{f}$, die, vom Inertialsystem aus beurteilt, auf ihn wirkt, tritt im beschleunigten System eine weitere, dem Inertialsystem fremde, von der Beschleunigung des Systems herrührende Kraft

$$\mathfrak{f}_t = -m\mathfrak{b}_s \tag{21}$$

hinzu, die man die *Trägheitskraft* oder den *Trägheitswiderstand* des Körpers nennt. Beschleunigte Bezugssysteme unterscheiden sich demnach von Inertialsystemen durch das Auftreten von Trägheitskräften. Ihr Fehlen ist ein eindeutiges Merkmal aller Inertialsysteme. Demnach kann die Beschleunigung eines Bezugssystems aus den in ihm auftretenden Trägheitskräften ermittelt werden. Die *Geschwindigkeit* ist ein *relativer* Begriff, denn die Angabe einer Geschwindigkeit erhält erst einen Sinn, wenn das Inertialsystem bekannt ist, auf das sich die Angabe bezieht. Die *Beschleunigung* dagegen ist ein *absoluter* Begriff. Ihre Angabe hat einen ganz bestimmten und eindeutigen Sinn. Die Beschleunigung eines Massenpunktes ist in bezug auf jedes Inertialsystem die gleiche. Denn unsere Schlußfolgerungen ändern sich nicht, wenn wir dem oben gewählten Bezugssystem (dem Wasser) eine beliebige konstante Geschwindigkeit $\mathfrak{v}_0$ gegenüber irgendeinem anderen Inertialsystem zuschreiben und alle Bewegungen jetzt auf dieses beziehen. Die Geschwindigkeit $\mathfrak{v}_0$ addiert sich dann zu allen vorkommenden Geschwindigkeiten, geht aber, da $d\mathfrak{v}_0/dt = 0$, in die Beschleunigungen nicht ein.

Befindet sich ein Körper relativ zu einem beschleunigten Bezugssystem in Ruhe oder in geradliniger, gleichförmiger Bewegung, so erfährt er relativ zu jedem beliebigen Inertialsystem die gleiche Beschleunigung $\mathfrak{b} = \mathfrak{b}_s$ wie das beschleunigte System selbst. Nach Gl. (21) ist dann die an ihm auftretende

Trägheitskraft $\mathfrak{k}_t = -m\mathfrak{b}$, also der Kraft $\mathfrak{k} = +m\mathfrak{b}$, die ihm die Beschleunigung $\mathfrak{b}$ erteilt, an Betrag gleich, aber ihr entgegengerichtet. Vom beschleunigten System aus beurteilt halten sich also die beschleunigende Kraft und die Trägheitskraft das Gleichgewicht, entsprechend der Tatsache, daß der Körper in diesem System unbeschleunigt ist.

Ein einfaches Beispiel wird das deutlich machen. Man denke sich einen völlig frei beweglichen Körper auf einer reibungslosen Ebene, die parallel zu sich selbst eine Beschleunigung $\mathfrak{b}$ erfährt und das beschleunigte System darstellt. Der Körper befinde sich relativ zu einem Inertialsystem (der Zeichnungsebene) in Ruhe (Abb. 28a). Für einen mit der Ebene beschleunigten Beobachter, also in einem mit der Ebene beschleunigten Bezugssystem, bewegt er sich mit der Beschleunigung $-\mathfrak{b}$ rückwärts (Abb. 28b). (Für einen in einem anfahrenden Zuge befindlichen Beobachter bewegen sich die auf dem Bahnsteig stehenden Personen beschleunigt entgegen der Fahrtrichtung.)

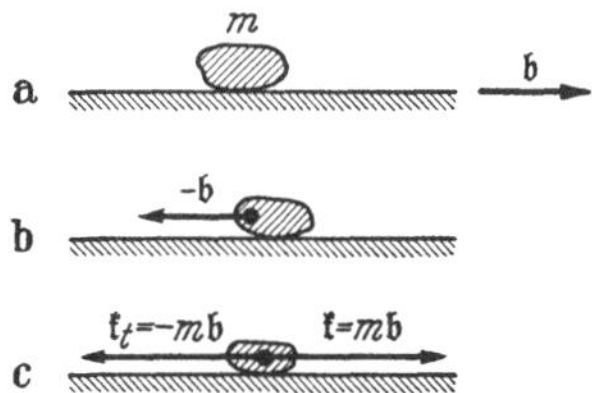

Abb. 28. Zur Trägheitskraft. a Die Masse m ruht, die Ebene bewegt sich beschleunigt unter ihr fort. b Die ruhende Masse m bewegt sich beschleunigt relativ zur beschleunigten Ebene. c Die die Masse m mit der Ebene beschleunigende Kraft $\mathfrak{k}$ hebt die Trägheitskraft $\mathfrak{k}_t$ auf.

Wenn nun der mit der Ebene bewegte Beobachter die beschleunigte Bewegung der Masse m relativ zu seinem Bezugssystem als die Wirkung einer Kraft auffaßt, die an dem Körper angreift, so handelt er ganz folgerichtig. Denn wenn diese Bewegung verhindert werden, der Körper also der Ebene folgen soll, so bedarf es dazu einer Kraft $\mathfrak{k} = m\mathfrak{b}$, die dem Körper die gleiche Beschleunigung $\mathfrak{b}$ erteilt, die die Ebene erfährt, die ihn also relativ zur Ebene in Ruhe verharren läßt. Will der Beobachter dies selbst bewirken, so muß er den Körper mit einer Kraft $m\mathfrak{b}$ festhalten, die ihn zwingt, der Bewegung der Ebene zu folgen (Abb. 28c).

Wird der Körper durch eine horizontale Feder mit der Ebene verbunden, so bleibt, wenn auf den Körper sonst keine Kraft wirkt, die Feder gespannt, solange die Beschleunigung der Ebene andauert. Die Trägheitskräfte haben also in beschleunigten Systemen durchaus den gleichen Charakter wie andere Kräfte und sind genau wie sie zu behandeln, z. B. zu anderen Kräften nach den Gesetzen der Vektoraddition zu addieren.

Wir wollen uns einen mit einem gleichförmig beschleunigten System bewegten Beobachter denken, der von der Außenwelt völlig abgeschlossen ist, so daß er von der Beschleunigung seines Systems durch deren unmittelbare Beobachtung keine Kenntnis erlangen kann. Er wird das Walten einer besonderen Kraft feststellen, die an allen Körpern seines Systems angreift, den Massen der Körper proportional und überall gleichgerichtet ist. Diese Kraft wird also für ihn einen ganz analogen Charakter haben, wie für uns die irdische Schwerkraft (§ 329).

Die Trägheitskräfte sind uns aus der Erfahrung sehr geläufig. Wenn wir einen sonst kräftefreien, etwa auf einer horizontalen Ebene befindlichen Körper mit unserer Hand in beschleunigte Bewegung versetzen, so spüren wir deutlich den Widerstand des Körpers gegen die beschleunigende Kraft. Er ist um so größer, je größer die Beschleunigung und je größer die Masse des Körpers ist. Dieser Widerstand ist die Trägheitskraft. Wir spüren sie in unserer Hand, die ja bei diesem Vorgang selbst eine beschleunigte Bewegung ausführt, und die das beschleunigte System ist, von dem aus wir das Verhalten des beschleunigten Körpers beurteilen.

Die Trägheitskräfte in einem beschleunigten Bezugssystem kann man z. B. in einem Personenaufzug leicht messend verfolgen. Stellt man sich im Aufzuge auf eine Federwaage, so zeigt diese bei der Fahrt mit konstanter Geschwindigkeit das wahre Körpergewicht an, beim Anfahren oder Bremsen an der unteren Station aber ein erhöhtes, beim Anfahren oder Bremsen an der oberen Station ein vermindertes

Gewicht. Im ersteren Fall erfährt der Aufzug eine Beschleunigung $\mathfrak{b}$ nach oben, entgegen der Schwerkraft, und dem entspricht eine der Schwerkraft $m\mathfrak{g}$ gleichgerichtete Trägheitskraft. Im zweiten Fall ist die Beschleunigung des Aufzuges abwärts, also die Trägheitskraft der Schwerkraft entgegengerichtet.

Wenn ein geschlossener Kasten frei im Schwerefeld der Erde fällt, so hat er eine Beschleunigung g, und an allen zu diesem beschleunigten System gehörenden Körpern tritt eine Trägheitskraft $-m\mathfrak{g}$ auf, die die Schwerkraft $+m\mathfrak{g}$ genau aufhebt. Die Körper sind also der Schwerkraft (scheinbar) entzogen. Eine Kerze kann in einem solchen Kasten nicht brennen. Sie bedarf der ständigen Zufuhr von Frischluft, und diese erfolgt nur durch den Auftrieb der heißen Verbrennungs-

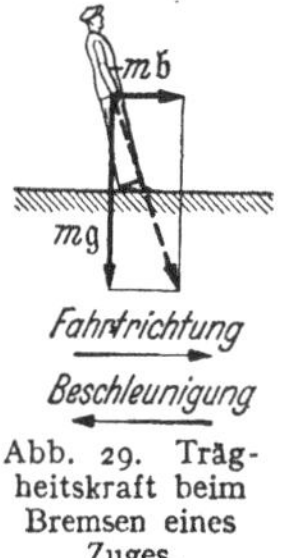

Abb. 29. Trägheitskraft beim Bremsen eines Zuges.

gase. Der Auftrieb ist aber eine Wirkung der Schwerkraft und tritt nicht ein, wenn die Schwerkraft aufgehoben ist. Die Kerze muß also in ihren eigenen Verbrennungsgasen ersticken. Dieser Versuch ist tatsächlich mit dem erwarteten Erfolg ausgeführt worden.

Da die Trägheitskraft der Beschleunigung proportional ist, so ist sie besonders groß bei Fahrzeugen, die beim Anfahren oder Bremsen große Beschleunigungen erfahren. Befinden wir uns in einem fahrenden Eisenbahnzuge, so sind wir in der Lage eines mit ihm bewegten und beschleunigten Beobachters. Schon am eigenen Körper beobachten wir die Trägheitskräfte beim Anfahren und beim Bremsen. Beim Bremsen strebt unser Körper, seine Geschwindigkeit beizubehalten, dem langsamer werdenden Zuge vorauszueilen. Wir können sowohl die Schwerkraft $m\mathfrak{g}$, wie die Trägheitskraft $-m\mathfrak{b}$ im Körperschwerpunkt angreifend denken (§ 22). Damit wir nicht umfallen, müssen wir uns so stellen, daß die Resultierende von Schwerkraft und Trägheitskraft in Richtung unserer Körperachse fällt (Abb. 29), uns also *gegen* die Fahrtrichtung neigen. Entsprechend müssen wir uns beim Anfahren *in* die Fahrtrichtung neigen. Ungeheuer groß sind die Trägheitskräfte und ihre Wirkungen bei so plötzlichen Geschwindigkeitsänderungen, wie sie bei Verkehrsunfällen vorkommen können. Der Tod

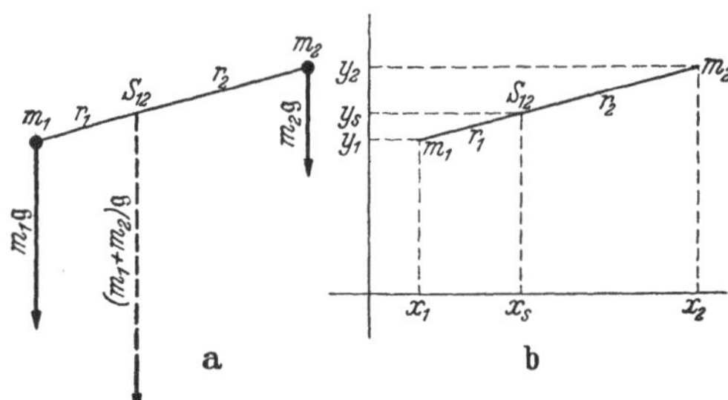

Abb. 30. Zur Berechnung des Schwerpunktes.

durch Verkehrsunfall ist in der Mehrzahl der Fälle ein Tod durch Trägheitskräfte. Man beachte wohl, daß wir mit den Trägheitskräften nicht im eigentlichen Sinne eine neue und besondere Art von Kraft eingeführt haben. Sie verschwinden ja, sobald man die Bewegungen auf ein Inertialsystem bezieht. Es ist aber sehr oft zweckmäßig, sie auf ein beschleunigtes Bezugssystem zu beziehen. Dann leistet der Begriff der Trägheitskraft sehr wertvolle Dienste und erleichtert und vereinfacht die Beschreibung der Vorgänge, wie sie sich einem mitbeschleunigten Beobachter darstellen. Sofern es nötig ist, kann man durch eine einfache Umformung stets zur Beschreibung in einem Inertialsystem übergehen und so die Trägheitskräfte zum Verschwinden bringen. Von besonderem Nutzen sind die Trägheitskräfte bei allen Überlegungen, die sich auf rotierende Systeme beziehen.

19. Der Schwerpunkt. Die auf einen Körper als Ganzes wirkende Schwerkraft ist die Summe der Schwerkräfte, die an seinen einzelnen Massenelementen (Massenpunkten) m_i angreifen, also die Resultierende einer sehr großen Zahl von parallelen Einzelkräften $\mathfrak{f}_i = m_i\mathfrak{g}$ ($\mathfrak{g}$ Erdbeschleunigung, Betrag g). Wir greifen zunächst aus einem Körper zwei beliebige Massenelemente m_1, m_2 heraus (Abb. 30a). Die an ihnen angreifenden Schwerkräfte sind $\mathfrak{f}_1 = m_1\mathfrak{g}$, $\mathfrak{f}_2 = m_2\mathfrak{g}$

(Beträge $k_1 = m_1 g$, $k_2 = m_2 g$). Dann teilt nach § 15 ihre Resultierende (Betrag $k_1 + k_2 = m_1 g + m_2 g$) die Verbindungslinie ihrer Angriffspunkte im Punkte S_{12}, für dessen Abstände r_1, r_2 von den Massenelementen die Gl. (15) gilt,

$$r_1 k_1 = r_2 k_2, \qquad r_1 m_1 g = r_2 m_2 g, \qquad \text{also} \qquad r_1 m_1 = r_2 m_2. \tag{22}$$

Der Betrag $(m_1 + m_2)g$ der Resultierenden ist die Summe der Gewichte der beiden Massenelemente. Denken wir uns die Massenelemente bei festgehaltenem Abstande $r_1 + r_2$ auf alle möglichen Weisen im Raum orientiert, den Körper also beliebig gedreht, so ändert sich die durch Gl. (22) gegebene Lage des Punktes S_{12} im Körper nicht. Die Wirkungslinie der resultierenden Schwerkraft geht stets durch S_{12}. Wir können uns also die Resultierende der Schwerkräfte der beiden Massenelemente m_1, m_2 stets in S_{12} angreifend denken, bzw. wir können uns die Massenelemente bezüglich aller Wirkungen der Schwerkraft durch einen in S_{12} befindlichen Massenpunkt $m_1 + m_2$ ersetzt denken. S_{12} heißt der *Schwerpunkt* oder *Massenmittelpunkt* der beiden Massenelemente.

Die beiden Massenelemente sollen in der xy-Ebene eines rechtwinkeligen Koordinatensystems liegen (Abb. 30b). Ihre Koordinaten seien x_1, y_1 und x_2, y_2, die ihres Schwerpunktes x_s, y_s. Dann liest man aus Abb. 30b ab:

$$(x_s - x_1):(x_2 - x_s) = (y_s - y_1):(y_2 - y_s) = r_1 : r_2 = m_2 : m_1 \tag{23}$$

[Gl. (22)]. Bei beliebiger Orientierung im Raume kommt noch eine dritte Gleichung für die z-Koordinaten hinzu $(z_s - z_1):(z_2 - z_s) = r_1 : r_2 = m_2 : m_1$. Aus diesen Gleichungen folgt

$$x_s = \frac{m_1 x_1 + m_2 x_2}{m_1 + m_2}, \qquad y_s = \frac{m_1 y_1 + m_2 y_2}{m_1 + m_2}, \qquad z_s = \frac{m_1 z_1 + m_2 z_2}{m_1 + m_2}. \tag{24}$$

Nunmehr denken wir uns die Massenelemente m_1, m_2 durch einen Massenpunkt von der Masse $m_1 + m_2$ am Orte ihres Schwerpunktes S_{12} ersetzt. Nehmen wir ein drittes Massenelement m_3 hinzu, so ergibt die Wiederholung des obigen Verfahrens für den Schwerpunkt der drei Massen

$$x_s = \frac{m_1 x_1 + m_2 x_2 + m_3 x_3}{m_1 + m_2 + m_3}, \qquad y_s = \frac{m_1 y_1 + m_2 y_2 + m_3 y_3}{m_1 + m_2 + m_3}, \\ z_s = \frac{m_1 z_1 + m_2 z_2 + m_3 z_3}{m_1 + m_2 + m_3}. \tag{25}$$

Allgemein ergibt sich für eine beliebige Zahl von Massenelementen m_i, also für einen aus ihnen zusammengesetzten Körper, die Lage des Schwerpunktes durch die Gleichungen

$$x_s = \frac{\sum m_i x_i}{m}, \qquad y_s = \frac{\sum m_i y_i}{m}, \qquad z_s = \frac{\sum m_i z_i}{m}. \tag{26}$$

Hierbei ist $m = \sum m_i$ die Gesamtmasse des Körpers.

Im allgemeinen wird man natürlich die Gl. (26) in Gestalt von Integralen schreiben, die über alle Massenelemente dm des Körpers zu erstrecken sind. Sind x, y, z die Koordinaten der einzelnen Massenelemente dm, so lauten die Gleichungen dann

$$x_s = \frac{1}{m} \int x\, dm, \qquad y_s = \frac{1}{m} \int y\, dm, \qquad z_s = \frac{1}{m} \int z\, dm. \tag{27a}$$

Die Koordinaten x, y, z können auch als die Beträge der Komponenten des Fahrstrahls $\mathfrak{r}$ angesehen werden, der vom Koordinatenursprung aus auf das betreffende Massenelement hinweist. Ist $\mathfrak{r}_s$ der auf den Schwerpunkt hinweisende Fahrstrahl, so können wir die drei Gl. (27a) auch durch die eine Vektorgleichung

$$\mathfrak{r}_s = \frac{1}{m} \int \mathfrak{r}\, dm \tag{27b}$$

ausdrücken. Denn diese eine Gleichung zerfällt nach § 8 in die drei Gl. (27a) für die Beträge der Komponenten von $\mathfrak{r}_s$.

Häufig ist es zweckmäßig, den Nullpunkt des Koordinatensystems in den Schwerpunkt des Körpers oder Körpersystems zu verlegen, $x_s = y_s = z_s = 0$. Dann folgt aus Gl. (26) und (27a und b)

$$\sum m_i x_i = 0, \qquad \sum m_i y_i = 0, \qquad \sum m_i z_i = 0, \qquad (28\,\mathrm{a})$$

bzw.
$$\int x \, dm = 0, \qquad \int y \, dm = 0, \qquad \int z \, dm = 0, \qquad (28\,\mathrm{b})$$

bzw.
$$\int \mathfrak{r} \, dm = 0. \qquad (28\,\mathrm{c})$$

Die abgeleiteten Gleichungen gelten nicht nur dann, wenn es sich um einen in sich zusammenhängenden Körper handelt, sondern auch für irgendein System von beliebig vielen Körpern. Im letzteren Falle spricht man auch von dem *gemeinsamen Schwerpunkt* der Körper des Systems, z. B. dem gemeinsamen Schwerpunkt von Erde und Mond oder des Sonnensystems. Es sei r der Abstand der Schwerpunkte zweier Massen m_1, m_2, und es seien r_1, r_2 die Abstände dieser beiden Schwerpunkte vom gemeinsamen Schwerpunkt. Dann ist $r = r_1 + r_2$, und es folgt mit Hilfe von Gl. (22)

$$r_1 = r \frac{m_2}{m_1 + m_2}, \qquad r_2 = r \frac{m_1}{m_1 + m_2}. \qquad (29)$$

Bei einfach geformten Körpern mit einfacher Dichteverteilung, insbesondere bei homogenen Körpern, d. h. solchen, die überall die gleiche Dichte haben, läßt sich die Lage des Schwerpunktes nach Gl. (27a) berechnen. Bei einer homogenen Voll- oder Hohlkugel ist es ihr Mittelpunkt, bei einem homogenen Ellipsoid der Schnittpunkt der Achsen, bei einem homogenen Parallelepiped der Schnittpunkt der Raumdiagonalen. Bei unregelmäßig geformten Körpern kann man ihn experimentell ermitteln als den Punkt, in dem sich die Verlängerungen des Aufhängefadens schneiden, wenn man den Körper an einem solchen in verschiedenen räumlichen Orientierungen frei herabhängen läßt. Denn der Schwerpunkt liegt in diesem Fall stets senkrecht unter dem Aufhängepunkt (§ 24).

Wird ein Körper drehungsfrei beschleunigt, so daß seine sämtlichen Massenelemente gleich große und gleich gerichtete Beschleunigungen $\mathfrak{b}$ erfahren, so sind die an den einzelnen Massenelementen dm auftretenden Trägheitskräfte $-\mathfrak{b}\,dm$, genau wie die Einzelschwerkräfte, unter sich parallel und den Massen dm proportional. Wir können daher die vorstehenden Überlegungen ohne weiteres auch auf die an einem Körper auftretenden Trägheitskräfte übertragen, indem wir an die Stelle der Schwerkraft $m\mathfrak{g}$ die Trägheitskraft $-m\mathfrak{b}$ setzen. (Wir müssen uns den Körper dann in Abb. 30a nach oben beschleunigt denken.) Ebenso wie $\mathfrak{g}$ geht auch $\mathfrak{b}$ nicht in die Endgleichungen ein. Daher ist der Schwerpunkt nicht nur der Angriffspunkt der Resultierenden der an einem Körper angreifenden Schwerkräfte, sondern auch der Resultierenden der bei drehungsfreier Beschleunigung an ihm auftretenden Trägheitskräfte.

Die Einführung des Schwerpunktes bietet unter anderem den großen Vorteil, daß man einen wirklichen, ausgedehnten Körper bezüglich der Wirkungen der irdischen Schwerkraft und der Trägheitswirkungen bei drehungsfreien Beschleunigungen durch einen ihm an Masse gleichen, am Ort seines Schwerpunktes befindlichen Massenpunkt ersetzt denken kann.

20. Impuls. Impulssatz. Schwerpunktsatz. Ist m die Masse, $\mathfrak{v}$ die Geschwindigkeit eines Körpers, so heißt das Produkt

$$\mathfrak{G} = m\mathfrak{v} \qquad (30)$$

der *Impuls* oder die *Bewegungsgröße* des Körpers. Der Impuls ist also ein *Vektor*, der die gleiche Richtung hat wie die Geschwindigkeit $\mathfrak{v}$. Ist deren Betrag v, so ist $G = mv$ der Betrag des Impulses. Die Maßeinheit des Impulses ist im CGS-System $1\,\mathrm{g} \cdot \mathrm{cm} \cdot \mathrm{sec}^{-1}$, im technischen Maßsystem $1\,\mathrm{kg}^* \cdot \mathrm{sec}$.

Wir können Gl. (1) (§ 11) nunmehr auch in folgender Gestalt schreiben

$$\mathfrak{k} = m\mathfrak{b} = m \frac{d\mathfrak{v}}{dt} = \frac{d(m\mathfrak{v})}{dt} = \frac{d\,\mathfrak{G}}{dt}. \qquad (31)$$

Das 2. NEWTONsche Axiom läßt sich also auch so aussprechen: *Die auf einen Körper wirkende Kraft ist gleich dem zeitlichen Differentialquotienten seines Impulses.* Durch Integration der Gl. (31) folgt

$$\mathfrak{G} = \mathfrak{G}_0 + \int_0^t \mathfrak{k}\, dt, \tag{32}$$

wobei $\mathfrak{G}_0$ den Impuls bedeutet, den der Körper zur Zeit $t = 0$ besitzt. *Die Impulsänderung $\mathfrak{G} - \mathfrak{G}_0$ ist also das zeitliche Integral der Kraft.*

Sind $\mathfrak{v}_x, \mathfrak{v}_y, \mathfrak{v}_z$ die Komponenten der Geschwindigkeit und $\mathfrak{G}_x, \mathfrak{G}_y, \mathfrak{G}_z$ diejenigen des Impulses nach den drei Achsenrichtungen eines rechtwinkeligen Koordinatensystems, so gilt gemäß § 8 für die Komponenten und ihre Beträge einzeln

$$\mathfrak{G}_x = m\,\mathfrak{v}_x, \quad \mathfrak{G}_y = m\,\mathfrak{v}_y, \quad \mathfrak{G}_z = m\,\mathfrak{v}_z \quad \text{und} \quad G_x = m v_x, \quad G_y = m v_y, \quad G_z = m v_z. \tag{33}$$

Wir betrachten jetzt ein aus beliebig vielen Einzelkörpern mit den Massen m_i bestehendes Körpersystem. Zwischen den Einzelkörpern sollen nicht nur innere Kräfte (§ 16) wirken, sondern es sollen auf sie auch *äußere* Kräfte wirken, die von außerhalb des Systems befindlichen Körpern ausgehen. Die auf eine Masse m_i wirkenden inneren bzw. äußeren Kräfte bezeichnen wir mit $\mathfrak{k}_i^i$ bzw. $\mathfrak{k}_i^a$, so daß die gesamte auf m_i wirkende Kraft $\mathfrak{k}_i^i + \mathfrak{k}_i^a$ ist. Ist $\mathfrak{v}_i$ die Geschwindigkeit der Masse m_i, so ist demnach $\mathfrak{k}_i^i + \mathfrak{k}_i^a = m_i\, d\mathfrak{v}_i/dt$. Nunmehr bilden wir die Vektorsumme über alle im Körpersystem wirkenden Kräfte. Dabei verschwindet nach Gl. (17) die Summe der inneren Kräfte, so daß $\sum (\mathfrak{k}_i^i + \mathfrak{k}_i^a) = \sum \mathfrak{k}_i^a = \mathfrak{k}_a$. Nach Gl. (31) ist daher

$$\mathfrak{k}_a = \sum \mathfrak{k}_i^a = \sum m_i \frac{d\mathfrak{v}_i}{dt} = \sum \frac{d\mathfrak{G}_i}{dt} = \frac{d}{dt} \sum \mathfrak{G}_i = \frac{d\mathfrak{G}}{dt}, \tag{34}$$

da $\mathfrak{G} = \sum \mathfrak{G}_i$ die Vektorsumme der Impulse der Einzelkörper des Systems, also der gesamte im System enthaltene Impuls ist. Gl. (34) ist der *Impulssatz.* Er besagt, daß der zeitliche Differentialquotient des Gesamtimpulses eines Körpersystems gleich der Summe der an dem System angreifenden äußeren Kräfte ist, und daß der Impuls von den inneren Kräften des Systems nicht beeinflußt wird.

Ist ein System von Körpern keinen äußeren Kräften unterworfen, $\mathfrak{k}_a = 0$, so ist auch $d\mathfrak{G}/dt = 0$, also $\mathfrak{G}$ zeitlich konstant. Das heißt: *Der Gesamtimpuls eines abgeschlossenen, also keinen äußeren Kräften unterworfenen Körpersystems ist konstant. Er kann durch die inneren Kräfte des Systems nicht geändert werden.*

Die Gesamtheit aller Körper im Weltall ist ein solches abgeschlossenes, keinen äußeren Kräften unterworfenes System. *Demnach ist der Gesamtimpuls des Weltalls zeitlich konstant.* Er kann weder zu- noch abnehmen. Es gilt also für den Impuls ein *Erhaltungssatz.* Tritt an einem Körper infolge einer Wechselwirkung mit anderen Körpern eine Impulsänderung ein, so müssen gleichzeitig an diesen anderen Körpern Impulsänderungen eintreten, deren Summe jener Impulsänderung dem Betrage nach gleich, aber entgegengesetzt gerichtet ist.

Man beachte wohl, daß der Impulssatz für die Vektorsumme der Impulse, nicht für die Summe der Impulsbeträge gilt. Wenn z. B. zwei Körper ein System bilden, in dem nur innere Kräfte wirken, etwa eine abstoßende Kraft zwischen den beiden Körpern, so bleibt die Vektorsumme ihrer Impulse konstant, weil die Änderung, die der Impuls des einen Körpers in einer bestimmten Zeit erfährt, gleichen Betrag, aber entgegengesetzte Richtung hat, wie die Impulsänderung des anderen Körpers in der gleichen Zeit. Dabei nehmen aber die entsprechenden Impulsbeträge gleichzeitig beide zu oder beide ab, und die Summe der Impulsbeträge (der aber keine physikalische Bedeutung zukommt) kann sich im Laufe der Zeit beliebig ändern.

Wir betrachten ein System von Einzelmassen m_i, die wir als Massenpunkte ansehen können, und die sich unter der Wirkung von inneren und äußeren

Kräften $\mathfrak{k}_i^i$ und $\mathfrak{k}_i^a$ im Raume bewegen. Da es sich um getrennte Massen handelt, schreiben wir Gl. (27b), die den jeweiligen Ort des Schwerpunktes des Systems angibt, hier in Summenform.

$$r_s = \frac{1}{m} \sum m_i\, r_i, \tag{35}$$

wobei $m = \sum m_i$ die Gesamtmasse des Körpersystems ist. Durch Differenzieren nach der Zeit erhalten wir die Geschwindigkeit $\mathfrak{v}_s$ des Schwerpunktes [§ 9, Gl. (11)],

$$\mathfrak{v}_s = \frac{d\, r_s}{d\, t} = \frac{1}{m} \sum m_i \frac{d\, r_i}{d\, t} = \frac{1}{m} \sum m_i\, \mathfrak{v}_i. \tag{36}$$

Indem wir nochmals nach der Zeit differenzieren, erhalten wir

$$m \frac{d\, \mathfrak{v}_s}{d\, t} = \sum m_i \frac{d\, \mathfrak{v}_i}{d\, t}. \tag{37}$$

Mit Hilfe von Gl. (34) folgt hieraus schließlich

$$m \frac{d\, \mathfrak{v}_s}{d\, t} = \sum \mathfrak{k}_i^a = \mathfrak{k}_a. \tag{38}$$

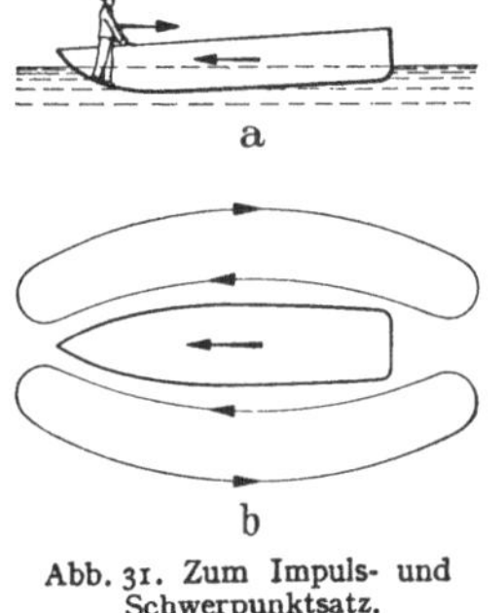

Abb. 31. Zum Impuls- und Schwerpunktsatz.

Es besteht also zwischen der Summe $\mathfrak{k}_a$ der am Körpersystem angreifenden äußeren Kräfte, der Gesamtmasse m des Körpersystems und der Schwerpunktsbeschleunigung $d\mathfrak{v}_s/dt$ eine der Gl. (1) (§ 11) vollkommen analoge Beziehung. Gl. (38) enthält den *Schwerpunktsatz: Der Schwerpunkt eines Körpersystems bewegt sich infolge der an den Einzelkörpern des Systems angreifenden äußeren Kräfte so, als sei die Gesamtmasse m des Körpersystems im Schwerpunkt vereinigt, und als griffen alle äußeren Kräfte im Schwerpunkt an.* Wirken auf das Körpersystem keine äußeren Kräfte, so folgt hieraus: *Der Schwerpunkt eines keinen äußeren Kräften unterworfenen Körpersystems bewegt sich wie ein kräftefreier Körper, also geradlinig und gleichförmig, unabhängig von den im System etwa wirksamen inneren Kräften.* Befindet sich insbesondere der Schwerpunkt eines solchen Systems zu irgendeiner Zeit in Ruhe, so verharrt er auch dauernd in Ruhe und kann durch innere Kräfte nicht in Bewegung versetzt werden. (Ein Mensch kann sich ohne äußere Hilfsmittel nicht an seinen eigenen Haaren in die Höhe ziehen, auch dann nicht, wenn er über beliebig große Kräfte verfügte.)

Impulssatz und Schwerpunktsatz sind nur verschiedene Gestalten des gleichen Gesetzes und im Prinzip mit dem Wechselwirkungsgesetz identisch, aus dem sie ohne zusätzliche Annahmen abgeleitet wurden.

Ein Beispiel für diese Sätze zeigt Abb. 31a. Bewegt sich ein Mensch in einem leichten Boot nach hinten, so bewegt sich das Boot vorwärts. Man kann das nach dem Impulssatz so erklären, daß das Boot einen Impuls nach vorn gewinnen muß, wenn der Mensch einen Impuls nach hinten gewinnt. Nach dem Schwerpunktsatz lautet die Erklärung, daß der Schwerpunkt des Systems Boot-Mensch bei der Bewegung des Menschen nur dann in Ruhe bleiben kann, wenn das Boot sich gleichzeitig in entgegengesetzter Richtung bewegt. Tatsächlich ist der Vorgang aber verwickelter. Denn mit der Bewegung des Bootes und der Verlagerung des Schwerpunktes in ihm ist auch eine Wasserbewegung verbunden, so daß tatsächlich das System Boot-Mensch-Wasser betrachtet werden muß. Auch spielt die Reibung des Bootes am Wasser eine Rolle. Wäre diese nicht vorhanden, so müßte das Boot sogleich wieder zum Stillstand kommen, sobald die Bewegung des Insassen aufhört. Tatsächlich aber bewegt es sich noch eine Zeitlang weiter, denn durch seine Bewegung ist eine Wasserströmung eingeleitet worden, wie sie Abb. 31 b schematisch zeigt. Infolge der Reibung an der Bootswand wird das Boot von der Strömung noch eine Weile mitgenommen, bis die Strömung durch innere Reibung im Wasser abgebremst ist. Bei der Bewegung des Bootes durch das Wasser findet, wenn der Insasse sich nicht bewegt, keine Verschiebung des Schwerpunktes des Systems Boot-Wasser statt, wie eine genauere Rechnung zeigt. In der geschilderten Fortdauer der Bewegung liegt also kein Widerspruch gegen den Schwerpunktsatz.

Sehr große und plötzliche Impulsänderungen finden beim Abschuß und der Detonation von Geschossen statt. Daher liefert die Ballistik besonders eindrucksvolle Beispiele für den Impuls- und Schwerpunktsatz. Ein Geschoß, das keine Luftreibung erfahren würde, beschreibt eine parabolische Bahn (§ 27). Wenn es im Fluge platzt (Schrapnell), so geschieht es durch innere Kräfte, die Druckkräfte der Explosionsgase. Daher erfolgt die weitere Bewegung des Schwerpunktes der auseinanderfliegenden Sprengstücke so, als wirke an ihm, genau wie beim unversehrten Geschoß, die Summe der Schwerkräfte sämtlicher Sprengstücke. Er beschreibt also seine alte Bahn weiter, als sei nichts geschehen. Wäre das Geschoß in der Ruhe geplatzt, so wären seine Sprengstücke im Durchschnitt gleichmäßig nach allen Richtungen geflogen. Dem überlagert sich beim Platzen des bewegten Geschosses die Bewegung des gemeinsamen Schwerpunktes. Die Sprengstücke werden daher in der Hauptsache in Gestalt einer die Schwerpunktsbahn einhüllenden Garbe fortgeschleudert. Infolge der Luftreibung liegen die Verhältnisse in Wirklichkeit ein wenig anders. Die Summe der an den Sprengstücken angreifenden Luftreibungskräfte ist größer als die Reibung am unversehrten Geschoß. Es treten also nach dem Platzen neue äußere Kräfte hinzu. Da wir uns die Reibungskräfte sämtlich im Schwerpunkt angreifend denken können, so bildet die Bahn des Schwerpunktes nach dem Platzen nicht die stetige Fortsetzung der ursprünglichen Geschoßbahn, sondern ist stärker nach unten gekrümmt, und die durchschnittliche Schußweite der Sprengstücke ist geringer als es die des unversehrten Geschosses gewesen wäre.

Das Abfeuern eines Geschosses erfolgt durch innere Kräfte im System Geschütz-Geschoß, nämlich wieder durch die Druckkräfte der Explosionsgase. Erhält das Geschoß einen Impuls $m_1 \mathfrak{v}_1$, so erhält das Geschütz einen entgegengesetzt gerichteten Impuls $m_2 \mathfrak{v}_2 = - m_1 \mathfrak{v}_1$ von gleichem Betrage, den jedem Gewehrschützen und jedem Artilleristen wohl bekannten *Rückstoß*. Er ist um so heftiger, je größer die Masse m_1 und die Geschwindigkeit $\mathfrak{v}_1$ des Geschosses ist.

Die Raketen erhalten ihren Antrieb durch den Rückstoß der an ihrer Rückseite austretenden Verbrennungsgase, die zwar keine sehr große Masse, aber infolge ihrer hohen Ausströmungsgeschwindigkeit doch einen beträchtlichen Impuls haben.

Die Hereinnahme der Masse m in den Differentialquotienten der Gl. (31) hat erheblich mehr als nur formale Bedeutung. Es gibt Fälle, in denen die Masse unter der Wirkung einer beschleunigenden Kraft nicht konstant bleibt, so daß allgemein

$$k = \frac{d \mathfrak{G}}{d t} = m \frac{d \mathfrak{v}}{d t} + \mathfrak{v} \frac{d m}{d t} . \tag{39}$$

Vor allem gilt dies für sehr große (mit der Lichtgeschwindigkeit vergleichbare) Geschwindigkeiten, bei denen die Masse eine Funktion der Geschwindigkeit ist (§ 327). Eine Kraft kann also nicht nur die Geschwindigkeit, sondern auch die Masse eines Körpers verändern. Das bedeutet eine grundlegende Erweiterung des Kraftbegriffes über seine ursprüngliche Definition hinaus.

21. Arbeit. Soll ein Körper, der unter der Wirkung irgendeiner Kraft steht, *mit konstanter Geschwindigkeit* in einer beliebigen Richtung *verschoben* werden, so ist es zunächst notwendig, daß diese Kraft durch eine zweite, ihr entgegengerichtete und in der gleichen Wirkungslinie liegende Kraft von gleichem Betrage aufgehoben wird, so daß die Resultierende der an dem Körper angreifenden

Kräfte verschwindet. Denn nur dann ist die Bewegung des Körpers beschleunigungsfrei. Dann genügt ein beliebig kleiner Anstoß in der gewünschten Richtung, um zu bewirken, daß der Körper sich in dieser Richtung in Bewegung setzt und die gewünschte Verschiebung eintritt. Dabei verhält sich der Körper genau wie ein kräftefreier Körper, der sich nach dem Trägheitssatz beschleunigungsfrei bewegt. Trotzdem besteht ein grundlegender physikalischer Unterschied zwischen der Verschiebung eines wirklich kräftefreien Körpers und derjenigen eines Körpers, an dem Kräfte angreifen, deren Resultierende verschwindet.

Wir denken uns einen Körper auf einer horizontalen Ebene befindlich, auf der er sich reibungslos verschieben läßt (Abb. 32a). Die an ihm angreifende Schwerkraft $m\mathfrak{g}$ wird durch die Zwangskraft $\mathfrak{k}_z = -m\mathfrak{g}$ in der Ebene aufgehoben, so daß die Summe der an ihm angreifenden Kräfte verschwindet. Wir können ihn in irgendeiner Richtung längs der Ebene verschieben, wenn wir ihm einen Anstoß in dieser Richtung geben, der beliebig schwach sein kann, da es uns hier nicht auf die Geschwindigkeit $\mathfrak{v}$ der Verschiebung ankommt, die wir uns also als beliebig langsam erfolgend denken können. In dieser Richtung bewegt sich der Körper nunmehr ohne jedes Zutun geradlinig und gleichförmig weiter. Wenn die gewünschte Verschiebung eingetreten ist, können wir ihn durch einen entsprechenden Gegenstoß wieder zur Ruhe bringen. Hier handelt es sich also um eine Verschiebung senkrecht zur Wirkungslinie der an dem Körper angreifenden Kräfte (Schwerkraft und Zwangskraft).

Nunmehr wollen wir einen Körper gegen die Richtung der Schwerkraft senkrecht heben. Zu diesem Zweck müssen wir zunächst eine weitere Kraft $\mathfrak{k} = -m\mathfrak{g}$ angreifen lassen, die die Schwerkraft genau aufhebt (Abb. 32b). Erteilen wir dem Körper dann, z. B. durch eine winzige momentane Vergrößerung der Kraft $\mathfrak{k}$, einen Anstoß nach oben, der wieder beliebig schwach sein kann, so bewegt er sich geradlinig und gleichförmig aufwärts. Er erfährt also eine Verschiebung gegen die Schwerkraft, die wir wieder am gewünschten Ort unterbrechen können.

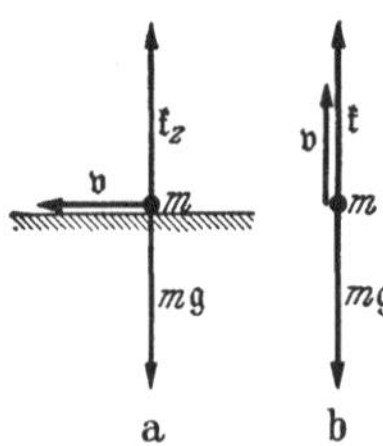

Abb. 32. Verschiebung eines Körpers, a senkrecht, b parallel zur Wirkungslinie zweier an ihm angreifender, sich gegenseitig aufhebender Kräfte.

Der Unterschied zwischen den beiden gedachten Vorgängen wird sofort deutlich, wenn wir uns vorstellen, daß wir die zur Aufhebung der Schwerkraft nötige Gegenkraft mit unseren Armen selbst liefern. Den ersten Fall ändern wir so ab, daß der Körper an einem sehr langen Faden hängen soll, so daß er sich bei der gedachten Horizontalverschiebung nicht merklich hebt, wenn unsere Hand, die den Faden hält, bei der Verschiebung an ihrem Ort bleibt. Es bedarf dann nur des kleinen Anstoßes, und im übrigen läuft der Vorgang ganz von selbst ab, ohne daß wir uns weiter daran zu beteiligen brauchten. Ob wir den Faden selbst halten, oder ob wir ihn irgendwo befestigen, spielt keine Rolle. Ganz anders im zweiten Fall. Bei der Hebung gegen die Schwerkraft, überhaupt bei der Verschiebung eines Körpers gegen die Richtung einer an ihm angreifenden Kraft, müssen wir während der ganzen Dauer der Verschiebung aktiv eingreifen, wir müssen *Arbeit leisten*. Das war im ersten Fall nicht nötig. Zu einer Verschiebung senkrecht zur Wirkungslinie der angreifenden Kräfte ist ebensowenig eine Arbeit erforderlich wie zur beschleunigungsfreien Verschiebung eines wirklich kräftefreien Körpers. Wird ein Körper unter Arbeitsleistung verschoben, so sagt man, daß die Arbeit *von* derjenigen Kraft geleistet wird, in deren Richtung die Verschiebung erfolgt, und daß die Arbeit *gegen* die andere Kraft erfolgt.

Zur senkrechten Hebung eines Körpers von der Masse $2m$ gegen die Schwerkraft $2m\mathfrak{g}$ um die Höhe s ist die doppelte Arbeit erforderlich, wie zur Hebung der Masse m gegen die Schwerkraft $m\mathfrak{g}$ um die gleiche Höhe. Denn wir können uns die Masse $2m$ in zwei Massen m geteilt denken, die wir einzeln um die Höhe s heben, und das erfordert offenbar die doppelte Arbeit wie die Hebung der Masse m um die Höhe s. Die gleiche Verschiebung s erfordert also, wenn sie *gegen* die doppelte Kraft, also auch *von* der doppelten Kraft geleistet wird, die doppelte Arbeit. *Die Arbeit ist der Kraft proportional,* von der bzw. gegen die sie geleistet wird.

Die senkrechte Hebung der Masse m um die Höhe $2s$ erfordert die doppelte Arbeit wie die Hebung der gleichen Masse um die Höhe s, denn sie setzt sich aus zwei Hebungen um je die Höhe s zusammen. *Die Arbeit ist also auch der Länge des Verschiebungsweges proportional.*

Wir messen daher die Arbeit unmittelbar durch das Produkt aus dem Betrage k der arbeitleistenden Kraft und dem Weg s, längs dessen die Kraft den Körper verschiebt:

$$\text{Arbeit} = \text{Kraft} \cdot \text{Weg}, \quad A = ks. \tag{40a}$$

Man beachte wiederum, daß Gl. (40a) *kein Gesetz,* sondern die *Definition* der Arbeit ist.

Sofern auf einen Körper außer anderen Kräften auch eine Zwangskraft wirkt, ist diese natürlich bei der Berechnung der geleisteten Arbeit mit zu berücksichtigen. Solche Zwangskräfte können immer auftreten, wenn die Bewegungsmöglichkeiten des Körpers durch irgendwelche äußeren Bedingungen eingeschränkt sind, z. B. wenn er sich nur längs einer bestimmten festen Fläche bewegen kann. An einem Körper, der sich nur längs einer Ebene bewegen kann (Abb. 33), greife eine unter dem Winkel γ gegen die Ebene gerichtete Kraft $\mathfrak{k}$ (Betrag k) an. Nach Gl. (18) (§ 16) ruft sie in der Ebene eine zu dieser senkrechte Zwangskraft $\mathfrak{k}_z$ vom Betrage $k_z = k \sin\gamma$ hervor,

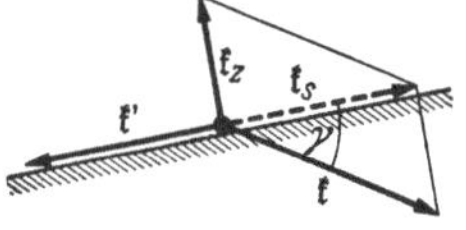

Abb. 33. Verschiebung bei gleichzeitiger Wirkung einer Zwangskraft.

die stets so beschaffen ist, daß die Resultierende $\mathfrak{k}_s$ von $\mathfrak{k}$ und $\mathfrak{k}_z$ zur Ebene parallel ist und den Betrag $k_s = k \cos\gamma$ hat. Sie kann den Körper längs der Ebene gegen eine gleich große, entgegengesetzt gerichtete Kraft $\mathfrak{k}' = -\mathfrak{k}_s$ verschieben (Abb. 33) und leistet dann längs eines Verschiebungsweges s die Arbeit

$$A = k_s s = k s \cos\gamma. \tag{40b}$$

Die Arbeit wird in diesem Falle tatsächlich von der Kraft $\mathfrak{k}_s$ geleistet. Da sie aber auch als die zur Ebene parallele Komponente der Kraft $\mathfrak{k}$ aufgefaßt werden kann, so bezeichnet man in der Regel die Kraft $\mathfrak{k}$ als die arbeitleistende Kraft. In diesem Sinne müssen wir die Arbeit genauer so definieren:

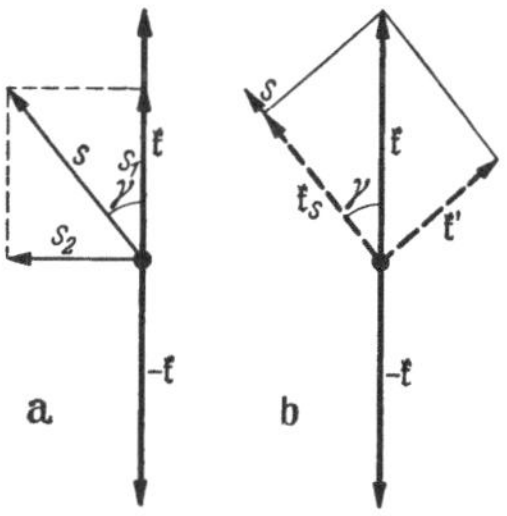

Arbeit = Kraftkomponente in der Verschiebungsrichtung · Verschiebung.

Abb. 34. Verschiebung, schräg zur Kraftrichtung.

Gemäß dieser Betrachtungsweise sagt man, daß eine Zwangskraft nie Arbeit leistet, da sie durch die zur Verschiebungsrichtung senkrechte, der Zwangskraft entgegengerichtete Komponente der arbeitleistenden Kraft $\mathfrak{k}$ aufgehoben wird, und da die Verschiebung stets senkrecht zu ihrer Richtung erfolgt. Betrachtet man aber die Kraft $\mathfrak{k}_s$ als die Resultierende von $\mathfrak{k}$ und $\mathfrak{k}_z$ — und das ist wohl die einfachere Betrachtungsweise —, so wird man sagen, daß die Zwangskraft $\mathfrak{k}_z$ an der Arbeitsleistung durchaus beteiligt ist.

Ein Körper stehe unter der Wirkung zweier sich aufhebender Kräfte $\mathfrak{k}$, $-\mathfrak{k}$ und erfahre eine Verschiebung vom Betrage s, deren Richtung mit der Kraft $\mathfrak{k}$ den spitzen Winkel γ bildet (Abb. 34a), indem ihm ein Anstoß in dieser Richtung gegeben wird. Wir können diese Verschiebung in zwei Verschiebungen von den Beträgen $s_1 = s \cos\gamma$ parallel zur Kraftrichtung und $s_2 = s \sin\gamma$ senkrecht zur

Kraftrichtung zerlegt denken. Die Verschiebung s_2 erfordert keine Arbeit. Für die Verschiebung s_1 ist die Arbeit $k s_1 = k s \cos\gamma$ erforderlich. Zu dem gleichen Ergebnis gelangen wir, wenn wir die Kraft $\mathfrak{k}$ in ihre Komponenten $\mathfrak{k}_s$, $\mathfrak{k}'$ parallel und senkrecht zur Verschiebung zerlegt denken (Abb. 34 b). Nur die erstere, deren Betrag $k_s = k \cos\gamma$ ist, trägt zur Verschiebungsarbeit bei, und diese beträgt daher $A = k s \cos\gamma$. Es gilt also auch hier Gl. (40 b). Man sieht, daß man auch sagen kann

Arbeit = Kraft · Verschiebungskomponente in der Kraftrichtung.

Gl. (40 b) definiert die Arbeit ganz allgemein bei beliebiger Richtung der Verschiebung gegenüber der verschiebenden Kraft.

Einschaltung über skalare Produkte. Die Arbeit ist eine skalare Größe. Sie ist durch ihren Betrag und ihre Maßzahl vollständig beschrieben. Wir haben sie in Gl. (40 b) durch die Beträge k und s von Kraft und Verschiebung und durch den von deren Richtungen eingeschlossenen Winkel γ ausgedrückt. Nun sind aber sowohl Kräfte wie Verschiebungen gerichtete Größen, Vektoren. Es ist daher erwünscht, eine Schreibweise der Gl. (40 b) einzuführen, bei der Kraft und Verschiebung, ihrem Wesen entsprechend als Vektoren $\mathfrak{k}$ und $\mathfrak{s}$ auftreten, und zwar so, daß der Winkel γ, der ja schon durch die Richtungen von $\mathfrak{k}$ und $\mathfrak{s}$ gegeben ist, nicht mehr auftritt. Zu diesem Zweck definieren wir das *skalare* oder *innere Produkt* zweier Vektoren. Unter dem skalaren Produkt zweier Vektoren $\mathfrak{a}$, $\mathfrak{b}$ mit den Beträgen a, b, deren Richtungen den Winkel γ einschließen, verstehen wir die skalare Größe $a b \cos\gamma$ und führen hierfür die Schreibweise

$$\mathfrak{a}\,\mathfrak{b} = a b \cos\gamma \qquad (41)$$

ein. Stehen $\mathfrak{a}$ und $\mathfrak{b}$ aufeinander senkrecht ($\cos\gamma = 0$), so ist $\mathfrak{a}\,\mathfrak{b} = 0$, sind sie gleichgerichtet ($\cos\gamma = 1$), so ist $\mathfrak{a}\,\mathfrak{b} = a b$. Ist insbesondere $\mathfrak{a} = \mathfrak{b}$, haben also $\mathfrak{a}$ und $\mathfrak{b}$ gleichen Betrag und gleiche Richtung, oder ist überhaupt $\mathfrak{b}$ mit $\mathfrak{a}$ identisch, so ist

$$\mathfrak{a}\,\mathfrak{a} = \mathfrak{a}^2 = a^2. \qquad (42)$$

Auf die Reihenfolge der Faktoren kommt es — im Gegensatz zum Vektorprodukt $[\mathfrak{a}\,\mathfrak{b}]$ — nicht an. Es ist also $\mathfrak{a}\,\mathfrak{b} = \mathfrak{b}\,\mathfrak{a}$.

Demnach ist nach Gl. (40 b) die Arbeit das skalare Produkt

$$A = k s \cos\gamma = \mathfrak{k}\,\mathfrak{s} \qquad (43)$$

des Kraftvektors $\mathfrak{k}$ und des Verschiebungsvektors $\mathfrak{s}$. Im allgemeinen wird sich längs der Bahn eines Körpers sowohl der Betrag wie die Richtung der an ihm angreifenden Kraft $\mathfrak{k}$, wie die Richtung seiner Verschiebung, also seiner Bahn, ändern. Dann gilt Gl. (43) für die einzelnen Bahnelemente $d\mathfrak{r}$ (§ 9),

$$d A = \mathfrak{k}\,d\mathfrak{r} = k \cos\gamma\,ds. \qquad (44\,\mathrm{a})$$

(ds ist der Betrag eines vektoriellen Bahnelements $d\mathfrak{r}$). Die längs eines endlichen Weges geleistete Arbeit ergibt sich durch Summierung der längs der einzelnen Bahnelemente geleisteten Arbeiten, also durch Integration der Gl. (44 a) über den ganzen Verschiebungsweg,

$$A = \int \mathfrak{k}\,d\mathfrak{r} = \int k \cos\gamma\,ds. \qquad (44\,\mathrm{b})$$

Das wesentliche Merkmal einer Arbeit ist, daß sie von einer Kraft geleistet wird, die an einem Körper angreift, der sich während der Dauer dieser Einwirkung *bewegt*. Bisher haben wir den Fall der reinen *Verschiebungsarbeit* behandelt, bei der diese Bewegung unter gleichzeitiger Wirkung einer der verschiebenden Kraft an Betrag gleichen, aber ihr entgegengerichteten Kraft geradlinig und gleichförmig erfolgt. Von der Seite der arbeitsleistenden Kraft her betrachtet besteht aber kein Unterschied, wenn sie an einem Körper angreift, an dem keine solche Gegenkraft besteht. Der Körper wird dann eine beschleunigte Bewegung ausführen, und wenn er einen bestimmten Weg zurückgelegt hat, so hat die Kraft — genau wie oben bei der reinen Verschiebung — längs dieses Weges an ihm gewirkt. Sie hat also genau das gleiche getan, wie bei einer Verschiebung gegen eine Gegenkraft. Nur ist hier ihre Wirkung auf Grund anderer Bedingungen eine andere. Man wird daher auch in diesem Falle sagen müssen, daß die Kraft an dem Körper Arbeit geleistet hat, und zwar, ihrer Wirkung entsprechend, *Beschleunigungsarbeit.* In der Tat bedarf es ja genau so gut einer Anstrengung, d. h. der Leistung einer Arbeit, wenn wir einen Körper, auf den keine entgegengerichtete Kraft wirkt, in beschleunigte Bewegung versetzen, wie wenn wir ihn gegen eine Kraft unbeschleunigt ver- schieben. Wenn wir einen Stein horizontal schleudern, so muß unsere Muskel- kraft längs eines bestimmten Weges an ihm angreifen. Unsere den Stein be- schleunigende Hand ist notwendig ein beschleunigtes Bezugssystem, und in diesem tritt an dem beschleunigten Körper eine der Beschleunigung, also auch der beschleunigenden Kraft entgegengerichtete Trägheitskraft auf (§ 18). In diesem Sinne ist eine Beschleunigungsarbeit das gleiche wie eine Verschiebungs- arbeit gegen die Trägheitskraft.

Bei einem frei beweglichen Körper wird im allgemeinen die Kraft $\mathfrak{k}$ nicht die gleiche Richtung haben wie die Verschiebung $d\mathfrak{r}$ (Abb. 35a), d. h. wie die momentane Geschwindigkeit $\mathfrak{v}$. Bewegt sich der Körper in der Zeit dt um die Strecke (das Bahnelement) $d\mathfrak{r}$, so ist nur die in der Richtung von $\mathfrak{v}$ liegende Komponente $\mathfrak{k}_s$ der Kraft $\mathfrak{k}$ arbeitleistend wirksam (Abb. 35b). Das gleiche gilt, wenn ein Körper, der sich nur längs einer festen Fläche bewegen kann, durch eine schräge zur Fläche gerichtete Kraft beschleunigt wird (Abb. 33). Die Gl. (43) bzw. (44a und b) gelten also auch im Falle der reinen Beschleu- nigungsarbeit. Da eine Kraft keine Arbeit leistet, wenn sie senkrecht zur Bewegung gerichtet ist, so leistet auch bei der Kreisbewegung, die stets radial nach innen gerichtete, also zur Kreisbahn senkrechte Zentripetalkraft (§ 33) keine Arbeit an dem rotierenden Körper.

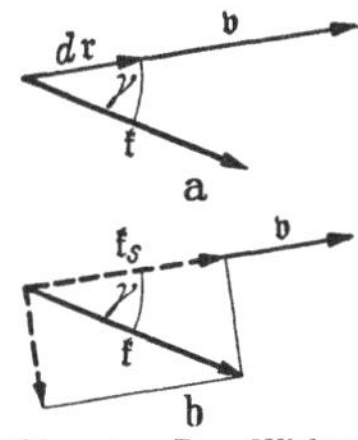

Abb. 35. Zur Wirkung einer Kraft auf einen frei beweglichen Körper.

Bewegt sich ein Körper so, daß Kraft und Geschwindig- keit einen stumpfen Winkel miteinander bilden [cos γ negativ, Gl. (43)], so ist auch die Arbeit negativ. Die Kraft leistet dann an dem Körper negative Beschleunigungsarbeit, d. h. sie verlangsamt seine Bewegung. Das ist z. B. der Fall, wenn ein geworfener Körper entgegen der Schwerkraft senkrecht nach oben steigt (cos $\gamma = -1$). Dann leistet die Schwerkraft an dem steigenden Körper negative Beschleunigungsarbeit. Man kann aber auch die der Schwerkraft entgegen, also nach oben gerichtete Trägheitskraft des Körpers als arbeitleistende Kraft auffassen, die an dem Körper positive Ver- schiebungs- (Hebungs-) Arbeit gegen die Schwerkraft leistet. Denn daß sich ein sonst kräftefreier, bewegter Körper entgegen der Schwerkraft zu bewegen vermag, ist ja ausschließlich eine Folge seiner Trägheit.

Auch die Reibung bewegter Körper an ihrer Umgebung hat natürlich einen Einfluß auf die an ihnen geleistete Arbeit. Sie liefert stets eine der Bewegung entgegengerichtete Kraft, gegen die Arbeit geleistet werden muß, wenn die Bewegung des Körpers andauern soll. In einer sehr großen Zahl von praktisch besonders wichtigen Fällen besteht die geleistete Arbeit sogar überwiegend in Verschiebungsarbeit gegen die Reibung. Sämtliche Transportmittel bedürften auf ebener Bahn eines Aufwandes an Arbeit nur beim Anfahren, also zu ihrer Beschleunigung, wenn sie keiner Reibung unterlägen. Beim Bremsen leistet die Reibung an den Bremsbacken negative Beschleunigungsarbeit gegen die Trägheitskraft. Es ist eines der wichtigsten technischen Probleme, die gegen Reibungskräfte zu leistende Arbeit stets so klein wie möglich zu halten.

Man beachte, daß der Begriff der Arbeit im physikalischen Sinne enger gefaßt ist als im täglichen Sprachgebrauch. Im physikalischen Sinne wird eine Arbeit nur dann geleistet, wenn ein Körper verschoben wird. Das unbewegte Tragen eines Körpers, das wir im täglichen Leben auch als eine Arbeit bezeichnen (und durchaus als eine solche empfinden), ist mit einer mechanischen Arbeitsleistung nicht verbunden. Daß wir es doch als eine Arbeitsleistung empfinden, beruht darauf, daß schon bei der dauernden Muskelanspannung, die das Tragen erfordert, im Körper physiologisch-chemische Vorgänge ablaufen, die mit einem Aufwand an chemischer Energie (§ 129) verbunden sind, und die von gleicher Art sind wie diejenigen, die bei mechanischer Arbeitsleistung der Muskeln ablaufen.

Nach Gl. (43) liegt die *Einheit der Arbeit* vor, wenn ein Körper durch die Krafteinheit um die Wegeinheit in der Kraftrichtung verschoben wird, im CGS-System also dann, wenn er durch die Kraft 1 dyn um 1 cm in der Kraftrichtung verschoben wird. (Auf die Masse des Körpers und auf die Geschwindigkeit der Verschiebung kommt es dabei nicht an.) Die CGS-Einheit der Arbeit ist also 1 dyn · 1 cm. Sie heißt 1 *erg*. Da 1 dyn = 1/981 g*, so ist die Arbeit 1 erg ein wenig größer als die Arbeit, die erforderlich ist, um die Masse 1 mg um 1 cm oder die Masse 1 g um $^1/_{100}$ mm gegen die Schwerkraft zu heben. Die Arbeit 1 erg ist also sehr klein gegen die im täglichen Leben vorkommenden Arbeitsbeträge. Ein Mensch, der in das nächsthöhere Stockwerk steigt, leistet z. B. eine Arbeit von der Größenordnung $3 \cdot 10^{10}$ erg. Im technischen Maßsystem liegt die Einheit der Arbeit dann vor, wenn die Kraft 1 kg* einen Körper um 1 m in ihrer Richtung verschiebt, z. B. bei der senkrechten Hebung der Masse 1 kg (Gewicht 1 kg*) um 1 m. Diese Einheit heißt 1 *Meterkilogramm* (mkg*). Da 1 kg* = $9{,}81 \cdot 10^5$ dyn, 1 m = 10^2 cm, so ist 1 mkg* = $9{,}81 \cdot 10^7$ erg. Vom erg abgeleitet ist die Arbeitseinheit 1 *Joule* oder *Wattsekunde* = 10^7 erg = 1/9,81 mkg*, ferner 1 *Kilowattstunde* = $1000 \cdot 60 \cdot 60$ Wattsekunden = $3{,}6 \cdot 10^{13}$ erg.

Wir haben bisher nur von der Arbeit gesprochen, die geleistet wird, wenn ein Körper als Ganzes beschleunigt oder gegen eine Kraft verschoben wird. Natürlich wird auch bei einer beschleunigten Drehbewegung eines Körpers Arbeit geleistet, deren Betrag sich als die Summe der an den einzelnen Massenelementen des Körpers geleisteten Arbeiten ergibt, indem man Gl. (44b) auf jedes Massenelement einzeln anwendet. Ferner wird Arbeit auch dann geleistet, wenn das Volumen eines Körpers, bei festen Körpern auch dann, wenn ihre Gestalt durch eine Kraft geändert wird. In diesen Fällen erfolgt die Arbeitsleistung gegen die elastischen Kräfte des Körpers. Stets ist mit einer solchen Arbeit eine Verschiebung der Massenelemente des Körpers gegeneinander verbunden, und man kann die geleistete Arbeit aus dieser Verschiebung und der dafür erforderlichen Kraft nach den Gl. (43) bzw. (44b) berechnen, die demnach die mechanische Arbeit ganz allgemein definieren.

22. Leistung. Wird an einem Körper in gleichen Zeiten ständig die gleiche Arbeit geleistet, also in der endlichen Zeit Δt die endliche Arbeit ΔA, so heißt der Quotient $L = \Delta A/\Delta t$ die *Leistung* der arbeitleistenden Kraft. Sie ist gleich der in 1 sec geleisteten Arbeit. Ist die in gleichen Zeiten geleistete Arbeit nicht konstant, so wird die *Momentanleistung* in einem bestimmten Zeitpunkt durch den Grenzwert (Differentialquotienten)

$$L = \lim_{\Delta t \to 0} \frac{\Delta A}{\Delta t} = \frac{dA}{dt} \tag{45}$$

definiert, den man erhält, wenn man die Zeitspanne Δt unbeschränkt abnehmen läßt. In der endlichen Zeitspanne t wird also die Arbeit

$$A = \int_0^t L \, dt \tag{46a}$$

geleistet. Die *mittlere* oder *durchschnittliche Leistung* während der Zeit t beträgt
dann

$$\bar{L} = \frac{1}{t} \int_0^t L\, dt = \frac{A}{t}. \tag{46b}$$

Wird ein Körper durch eine Kraft $\mathfrak{k}$ mit der Geschwindigkeit $\mathfrak{v} = d\mathfrak{r}/dt$
verschoben, so beträgt die Leistung nach Gl. (44b) und (45)

$$L = \frac{d}{dt} \int \mathfrak{k}\, d\mathfrak{r} = \frac{d}{dt} \int \mathfrak{k}\frac{d\mathfrak{r}}{dt}\, dt = \frac{d}{dt} \int \mathfrak{k}\mathfrak{v}\, dt = \mathfrak{k}\mathfrak{v} = k v \cos\gamma, \tag{47}$$

wenn die Richtungen von $\mathfrak{k}$ und $\mathfrak{v}$ den Winkel γ einschließen. Sind $\mathfrak{k}$ und $\mathfrak{v}$
gleich gerichtet, so ist $L = kv$.

Die Maßeinheit der Leistung im CGS-System ist 1 erg $\cdot$ sec^{-1}. Davon abgeleitet ist die Einheit 1 Joule $\cdot$ sec$^{-1} = 1$ *Watt* $= 10^7$ erg $\cdot$ sec^{-1}. Im technischen
Maßsystem ist die Einheit der Leistung 1 mkg* $\cdot$ sec^{-1}. Jedoch bedient sich
die Technik auch vielfach der Einheit 1 Kilowatt (kW) $= 10^3$ Watt. Es ist

$$1 \text{ mkg*} \cdot \text{sec}^{-1} = 9{,}81 \cdot 10^7 \text{ erg} \cdot \text{sec}^{-1} = 9{,}81 \text{ Watt}, \quad 1 \text{ kW} = 102 \text{ mkg*} \cdot \text{sec}^{-1}.$$

Die ältere technische Leistungseinheit 1 Pferdestärke (PS) $= 75$ mkg* $\cdot$ sec^{-1}
kommt heute mehr und mehr außer Gebrauch.

23. Energie. Das Energieprinzip. Ein Körper, an dem Arbeit geleistet wird,
erfährt durch diesen Vorgang eine Zustandsänderung, die ihn befähigt, seinerseits einen bestimmten Betrag an Arbeit zu leisten, d. h. unter Rückgängigmachung der Zustandsänderung eine Arbeitsleistung an anderen Körpern zu
verursachen. Ist z. B. an einem Körper durch Hebung von einem tieferen auf
ein höheres Niveau Verschiebungsarbeit gegen die Schwerkraft geleistet worden,
so kann er, während er selbst wieder herabsinkt, an einem anderen, in geeigneter
Weise mit ihm verbundenen Körper Hebungsarbeit gegen die Schwerkraft
leisten. Oder er kann, indem er frei herabfällt, durch Stoß gegen einen anderen
Körper an diesem Verschiebungs- oder Beschleunigungsarbeit oder irgendeine
andere Art von Arbeit (Gestaltsänderung, Zertrümmerung usw.) leisten. Das
durch die atmosphärischen Vorgänge in die Gebirgshöhen gehobene Wasser
kann beim Herabfließen zur Arbeitsleistung verwendet werden, indem es Mühlen,
Turbinen usw. treibt. Ebenso besitzt ein Körper, an dem Beschleunigungsarbeit
geleistet wurde, infolge der erlangten Geschwindigkeit die Fähigkeit, Arbeit zu
leisten, z. B. durch Stoß gegen einen anderen Körper, oder wie der Wind an
den Windrädern. In allen Fällen ist mit einer solchen Arbeitsleistung ein Verlust an der vorher durch Verschiebung oder Beschleunigung gewonnenen Arbeitsfähigkeit verbunden.

In einem Körper, an dem Verschiebungs- oder Beschleunigungsarbeit geleistet
wurde, ist also ein vom Betrage dieser Arbeit abhängiger Vorrat an Arbeitsfähigkeit aufgespeichert. Man nennt diesen Vorrat an Arbeitsfähigkeit die
Energie des Körpers. Je nachdem die Energie eines Körpers auf seiner Lage
oder seiner Geschwindigkeit beruht, bezeichnet man sie als *Energie der Lage
oder potentielle Energie* oder als *Energie der Bewegung oder kinetische Energie*.

Für den Vorrat an Arbeitsfähigkeit, d. h. für die Energie eines Körpers,
gilt — bei vorläufiger Beschränkung auf rein mechanische Vorgänge — ein
fundamentales Gesetz: *Ein Körper, an dem mechanische Arbeit geleistet wurde,
vermag infolge der an ihm eingetretenen Zustandsänderung, indem er wieder in
seinen früheren Zustand zurückkehrt, seinerseits den gleichen Betrag an Arbeit
zu leisten, wie er vorher an ihm geleistet wurde. Die Änderung der Energie eines
Körpers ist gleich der an ihm geleisteten Arbeit.* Die Energie eines Körpers, der
Arbeit leistet, nimmt um den Betrag der von ihm geleisteten Arbeit ab. *Demnach kann Energie nie vernichtet werden oder aus nichts entstehen, sondern nur*

von einem Körper auf einen anderen übergehen. Die Energiezunahme des einen Körpers ist gleich der Energieabnahme des anderen. Dieses Gesetz, eines der wichtigsten und allgemeinsten der ganzen Physik, heißt das *Energieprinzip* oder der *Satz von der Erhaltung der Energie oder Arbeit.* Seine Gültigkeit für rein mechanische Vorgänge wurde schon 1673 von HUYGENS erkannt.

Da Energie Arbeitsfähigkeit, also sozusagen latente, aufgespeicherte Arbeit ist, so messen wir sie in der gleichen Maßeinheit wie die Arbeit, also im CGS-System in erg, im technischen Maßsystem in mkg*. Man muß indessen zwischen Energie und Arbeit begrifflich unterscheiden. Energie ist ein Zustand, Arbeit ein zeitlich ablaufender Vorgang.

Man berechnet demnach die Energie eines Körpers in einem bestimmten Zustand aus der Arbeit, die notwendig ist, um ihn in diesen Zustand zu versetzen. Die kinetische Energie eines in dem benutzten Bezugssystem ruhenden Körpers wird man natürlich in diesem System gleich Null setzen. Für die potentielle Energie hingegen gibt es keinen solchen natürlichen Nullpunkt. Wir können ihn — wie z. B. den Nullpunkt der Ortskoordinaten eines Körpers — nach Belieben wählen und werden das jeweils nach Gründen der Zweckmäßigkeit tun. Kommt — wie sehr oft — die Schwerkraft als Ursache der potentiellen Energie in Frage, so kann man z. B. den Nullpunkt der potentiellen Energie in die Erdoberfläche oder das Meeresniveau verlegen, d. h. dem betreffenden Körper im gewählten Niveau die potentielle Energie Null zuschreiben. Oft ist es zweckmäßig, die potentielle Energie des Körpers im Ursprung des gewählten Koordinatensystems gleich Null zu setzen. Demnach kann die potentielle Energie eines Körpers sowohl positiv wie negativ sein, denn er kann ja z. B. unter dem Meeresniveau liegen. Die kinetische Energie hingegen ist stets positiv. Die Wahl des Nullniveaus der potentiellen Energie ist physikalisch belanglos, da in die Gleichungen, die die Naturvorgänge beschreiben, stets nur Änderungen der potentiellen Energie, also ihre Differenzen bei verschiedenen Zuständen, nie ihre absoluten Beträge eingehen.

Die *potentielle Energie P* eines Körpers ist hiernach durch Gl. (44b) definiert. Schreiben wir ihm, bevor an ihm die Verschiebungsarbeit $A = \int \mathfrak{k}\,d\mathfrak{r}$ geleistet wurde, die potentielle Energie P_0 zu, so besitzt er, nachdem diese Arbeit an ihm geleistet wurde, die potentielle Energie

$$P = P_0 + A = P_0 + \int \mathfrak{k}\,d\mathfrak{r}. \tag{48}$$

Wird z. B. ein Körper von der Masse m um die Höhe h gegen die Schwerkraft gehoben, so ist die dazu nötige Kraft gleich seinem Gewicht mg, und seine potentielle Energie in der Höhe h beträgt $P = P_0 + mgh$, oder wenn wir seine Anfangsenergie $P_0 = 0$ setzen, $P = mgh$.

Wir berechnen nunmehr die *kinetische Energie E* eines Körpers aus der Arbeit, die nötig ist, um ihm aus der Ruhe eine Geschwindigkeit $\mathfrak{v} = d\mathfrak{r}/dt$ (§ 9) zu erteilen. Zur Zeit $t = 0$ ruhe der Körper ($\mathfrak{v} = 0$). Nunmehr greife eine Kraft $\mathfrak{k}$ an ihm an und erteile ihm eine Beschleunigung $\mathfrak{b}$, so daß $\mathfrak{k} = m\mathfrak{b} = m\,d\mathfrak{v}/dt$. Wir beachten ferner, daß das Wegelement $d\mathfrak{r} = \mathfrak{v}\,dt$ ist. Dann ergibt sich für die kinetische Energie des Körpers bei der Geschwindigkeit $\mathfrak{v}$ (Betrag v)

$$E = A = \int \mathfrak{k}\,d\mathfrak{r} = m \int \frac{d\mathfrak{v}}{dt}\,d\mathfrak{r} = m \int \mathfrak{v}\,d\mathfrak{v} = \frac{1}{2}\,m\,\mathfrak{v}^2 = \frac{1}{2}\,m\,v^2 \tag{49}$$

[Gl. (42)].

Wie insbesondere ROBERT MAYER (1840), JOULE (1843) und HELMHOLTZ (1847) erkannten, ist das Energieprinzip nicht auf mechanische Vorgänge beschränkt. Ziehen wir auch andere Vorgänge mit in Betracht, z. B. solche, die mit einem Umsatz von Wärme verbunden sind, oder elektrische oder chemische Vorgänge, so kann mechanische Energie, d. h. potentielle und kinetische Energie von

Körpern, sehr wohl verschwinden oder neu entstehen. Es ist aber möglich, auf allen Erscheinungsgebieten der Physik Größen zu definieren, die der mechanischen Energie äquivalent sind. Das heißt, eine Aufspeicherung von Arbeitsfähigkeit ist nicht nur in Gestalt potentieller oder kinetischer Energie möglich, sondern auch auf verschiedene andere Arten, z. B. als in einem Körper enthaltene Wärme (Wärmeenergie), in Gestalt einer gewissen Verteilung elektrischer Ladungen (elektrische Energie) oder eines bestimmten chemischen Zustandes eines Körpers (chemische Energie) usw. Zieht man alle möglichen Energieformen in Betracht, so ergibt sich, daß das *Energieprinzip ein allgemein gültiges Naturgesetz ist*. Bei keinem Vorgang in der Natur geht Energie verloren oder wird Energie aus nichts erzeugt. Energie kann nur von einem Körper auf einen anderen übergehen. Dabei kann die Energie die verschiedensten Gestalten annehmen, sich aus der einen Form in die andere verwandeln, und zwar auch an ein und demselben Körper. Die Energie eines Systems von Körpern kann nur durch Zufuhr von Energie von außen (Arbeitsleistung *an* dem Körpersystem) oder durch Abgabe von Energie nach außen (Arbeitsleistung *durch* das Körpersystem) geändert werden. Daraus folgt, daß *der Gesamtvorrat des Weltalls an Energie unveränderlich ist*.

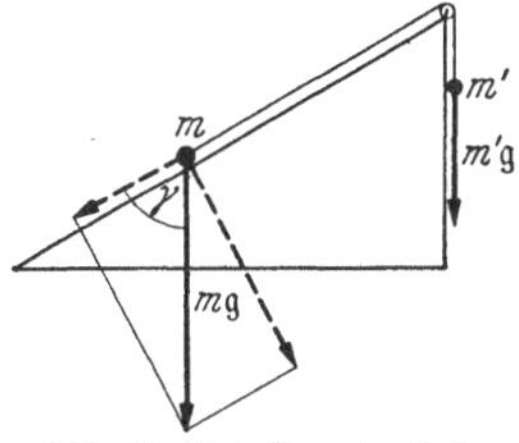

Abb. 36. Zum Energieprinzip.

Durch die im Energieprinzip niedergelegte und immer wieder bestätigte Erkenntnis ist ein uralter Traum der Menschheit gegenstandslos geworden, nämlich der Versuch, ein „*perpetuum mobile*" zu ersinnen. Unter einem solchen versteht man nicht, wie der Name eigentlich besagt, eine Vorrichtung, die ohne äußeren Antrieb in ständiger Bewegung bleibt. Das wäre bei völliger Ausschaltung der Reibung durchaus denkbar und kein Widerspruch gegen das Energieprinzip. Ein Beispiel ist die ständige Bewegung der Planeten um die Sonne. Man versteht unter einem perpetuum mobile vielmehr eine Vorrichtung, die ohne Energiezufuhr von außen, also ohne daß an ihr Arbeit geleistet wird, selbst dauernd Arbeit leistet, also Energie aus nichts erzeugt, Arbeit „umsonst" liefert. Das ist nach dem Energieprinzip nicht möglich, und die oft überaus kunstvollen Vorrichtungen, die zu diesem Zweck ersonnen wurden und von unbelehrbaren Erfindern auch heute noch ersonnen werden, sind völlig wertlos. Das Reichspatentamt nimmt Erfindungen, die ein angebliches perpetuum mobile betreffen, nicht an.

Da Energie ebensowenig wie Materie aus nichts erzeugt werden kann, so ist Energie, z. B. elektrische Energie, eine Ware, die wie ein körperlicher Gegenstand gehandelt wird, und zwar eine Ware, deren Bedeutung im Wirtschaftsleben in ständigem Wachsen begriffen ist.

Wir wollen noch zwei einfache mechanische Beispiele für das Energieprinzip geben. Auf einer schiefen Ebene (Abb. 36) befinde sich ein Körper von der Masse m, der durch eine Schnur über eine Rolle mit einer zweiten Masse m' verbunden ist, die vom oberen Ende der schiefen Ebene frei herabhängt. Die Massen sind so bemessen, daß Gleichgewicht besteht. Es ist also das Gewicht $m'g$ der Masse m' gleich der zur schiefen Ebene parallelen Komponente $mg \cos\gamma$ des Gewichtes der Masse m, und daher $m' = m \cos\gamma$. Nunmehr erhalte die Masse m' einen kleinen Anstoß nach unten und sinke um die Strecke $\varDelta s$. Dann verschiebt sich gleichzeitig die Masse m um die Strecke $\varDelta s$ längs der Ebene schräg nach oben. Die potentiellen Energien der Massen m und m' seien vor der Verschiebung P_0 und P_0'. Infolge der Verschiebung wird die potentielle Energie der Masse m' um den Betrag $m'g\,\varDelta s$ vermindert, beträgt also nur noch $P' = P_0' - m'g\,\varDelta s$. An der Masse m hat längs der Ebene die Kraft $m'g$ parallel zur Ebene gewirkt und sie um die Strecke $\varDelta s$ nach oben verschoben, also an ihr die Arbeit $m'g\,\Delta s$ geleistet. Demnach ist die potentielle Energie der Masse m gewachsen und beträgt nach der Verschiebung $P = P_0 + m'g\,\Delta s$. Der Zuwachs der potentiellen Energie der Masse m ist also gleich der Abnahme derjenigen der Masse m', und es ist $P + P' = P_0 + P'_0$. Die Summe der potentiellen Energien der beiden Körper ist also konstant geblieben.

Wir betrachten zweitens einen Körper, der aus der Höhe $x = h$ frei herabfällt. In der Höhe $x = 0$ wollen wir ihm die potentielle Energie $P = 0$ zuschreiben. In der Höhe x beträgt sie dann $P = m\,g\,x$. Zur Zeit $t = 0$ werde der Körper aus der Ruhe (Anfangsgeschwindigkeit $v = 0$) frei fallen gelassen, so daß er von der Schwerkraft die Beschleunigung $b = dv/dt = d^2x/dt^2 = -g$ erfährt. (g muß negatives Vorzeichen haben, da die Beschleunigung in Richtung abnehmender x-Werte gerichtet ist.) Dann ergibt sich durch Integration der Betrag der Geschwindigkeit $v = d\,x/dt = -g\,t$ zur Zeit t und durch nochmalige Integration die Höhe $x = h - g\,t^2/2 = h - v^2/2\,g$ zur Zeit t. Wir multiplizieren diese Gleichung mit mg (m Masse des Körpers) und erhalten dann

$$m\,g\,x = m\,g\,h - \tfrac{1}{2}\,m\,v^2 \qquad \text{oder} \qquad m\,g\,h = m\,g\,x + \tfrac{1}{2}\,m\,v^2.$$

$m\,g\,h$ ist die potentielle Energie des Körpers in der Höhe h. Seine kinetische Energie ist dort gleich Null. $m\,g\,x$ ist die potentielle, $m\,v^2/2$ die kinetische Energie des Körpers in der Höhe x. Demnach ist beim Fallen die Gesamtenergie des Körpers unverändert geblieben. Er hat nur auf Kosten seiner potentiellen Energie kinetische Energie gewonnen, es ist potentielle Energie in kinetische Energie von gleichem Betrage verwandelt worden.

Wenn wir den Körper mit einer Anfangsgeschwindigkeit vom Betrage v_0 aus dem Niveau $x = 0$ senkrecht nach oben werfen, so ergibt eine entsprechende Wiederholung der obigen Rechnung

$$\tfrac{1}{2}\,m\,v_0^2 = m\,g\,x + \tfrac{1}{2}\,m\,v^2.$$

In diesem Falle verwandelt sich beim Aufstieg des Körpers die anfängliche kinetische Energie $m\,v_0^2/2$ mehr und mehr in potentielle Energie $m\,g\,x$. In der Höhe $x = v_0^2/2\,g$ ist die kinetische Energie vollständig verschwunden ($v = 0$). Die Bewegung kehrt sich um und verläuft weiter so, wie oben beim freien Fall beschrieben. Die Summe der kinetischen und potentiellen Energie bleibt auch in diesem Fall konstant.

24. Gleichgewichtszustände von Körpern. Ein Körper kann nie im strengen Sinne kräftefrei sein, denn jeder Körper ist Kräften unterworfen, die von den ihn umgebenden anderen Körpern ausgehen. Irdische Körper sind unter allen Umständen der Schwerkraft ausgesetzt. Daher kann sich ein Körper nur dann in Ruhe befinden, wenn die Resultierende aller an ihm angreifenden Kräfte verschwindet. Ein solcher Zustand heißt ein *Gleichgewichtszustand*.

Im allgemeinen sind die an einem Körper angreifenden Kräfte Funktionen seiner Lage und ändern sich bei einer Lagenänderung des Körpers nach Betrag und Richtung. Daher wird ein bestehender Gleichgewichtszustand im allgemeinen gestört, wenn der Körper eine Verschiebung aus seiner Gleichgewichtslage erfährt. Die Resultierende der an ihm angreifenden Kräfte hat nunmehr einen endlichen Betrag, und sie sucht den Körper in einer bestimmten Richtung zu beschleunigen. Damit dies eintritt, genügt im allgemeinen schon eine beliebig kleine Verschiebung aus der Gleichgewichtslage. Ist die an einem ein wenig aus der Gleichgewichtslage verschobenen Körper auftretende resultierende Kraft so beschaffen, daß sie ihn wieder in die Gleichgewichtslage zurückzutreiben sucht, so heißt das Gleichgewicht *stabil*. Ist sie aber so beschaffen, daß sie ihn noch weiter von der Gleichgewichtslage zu entfernen sucht, so heißt das Gleichgewicht *labil*. In Sonderfällen kann es vorkommen, daß ein Körper sich auch bei einer Verschiebung aus der Gleichgewichtslage weiter im Gleichgewicht befindet, indem die Verschiebung keine Änderung der Kräfteverhältnisse hervorruft. Dann heißt das Gleichgewicht *indifferent*. Nur stabile Gleichgewichtslagen können Dauerzustände eines Körpers sein. Befindet sich ein Körper in einer labilen Gleichgewichtslage, so genügt die kleinste äußere Störung, um eine ihn aus dieser forttreibende Kraft zu erzeugen, die ihn dann vollends aus ihr entfernt und in Richtung auf eine stabile Gleichgewichtslage treibt. Auch eine indifferente Gleichgewichtslage kann im strengen Sinne kein Dauerzustand eines Körpers sein. Denn jeder noch so kleine, momentane Anstoß setzt ihn in Bewegung. Er wird dann, da Reibungskräfte nie ganz auszuschließen sind, in einer benachbarten indifferenten Gleichgewichtslage wieder zur Ruhe kommen. Bei einem in stabilem Gleichgewicht befindlichen Körper aber ruft jede durch eine kleine Störung verursachte Verschiebung eine Kraft hervor, die der Störung entgegenwirkt und den ursprünglichen Zustand wieder herzustellen sucht. Wir wollen einige Beispiele betrachten.

In Abb. 37a befinde sich ein Körper m unter der Wirkung zweier gedehnter Federn in einer Gleichgewichtslage. (Von der Schwerkraft ist abgesehen). Das Gleichgewicht ist stabil. Denkt man sich den Körper nur ein wenig nach oben verschoben (Abb. 37b), so wird dadurch die Richtung der beiden an ihm angreifenden Kräfte so geändert, daß sie nicht mehr in der gleichen Wirkungslinie liegen und eine endliche, nach unten gerichtete Resultierende haben, die den Körper wieder in seine ursprüngliche Lage zurückzutreiben sucht. Verschieben wir den Körper seitlich (Abb. 37c), so wird die Spannung der einen Feder und damit die von ihr ausgeübte Kraft vergrößert, die der anderen verkleinert, und es resultiert eine Kraft, die den Körper wiederum in seine ursprüngliche Lage zurückzutreiben sucht. Denken wir uns aber die Federn

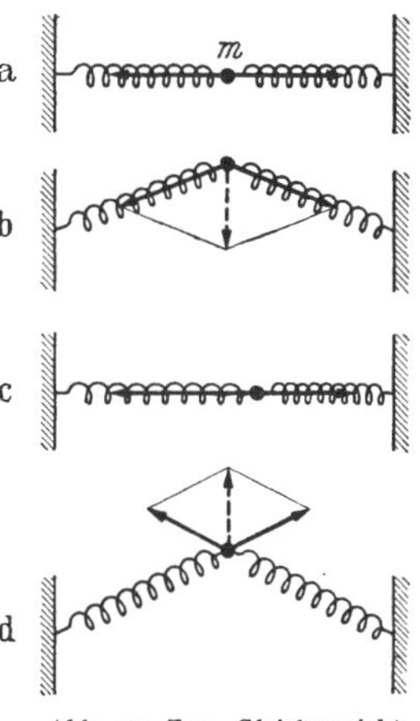

Abb. 37. Zum Gleichgewicht eines durch zwei Federn gehaltenen Körpers.

in Abb. 39a nicht gedehnt, sondern zusammengedrückt, so ist das Gleichgewicht des Körpers labil. Verschiebt man ihn auch nur ein wenig nach oben (Abb. 37d), so ändert sich die Richtung der an ihm angreifenden Kräfte so, daß ihre Resultierende nach oben weist und den Körper noch weiter aus seiner ursprünglichen Lage zu entfernen sucht.

Während in diesem Beispiel bei den gedachten Verschiebungen stets eine resultierende Einzelkraft auftritt, wird in anderen Fällen bei einer Lagenänderung eines im Gleichgewicht befindlichen Körpers ein Kräftepaar wirksam, das den Körper zu drehen sucht (§ 28), bei einer stabilen Gleichgewichtslage in diese zurück, bei einer labilen Gleichgewichtslage noch weiter aus ihr weg. Das ist oft dann der Fall, wenn zu den an dem Körper angreifenden und das Gleichgewicht bedingenden Kräften auch Zwangskräfte gehören, und wenn die Bewegungsmöglichkeiten des Körpers in Drehungen (Kippungen) bestehen. Ein rechteckiger Klotz befindet sich auf einer horizontalen Fläche unter der Wirkung der Schwerkraft $m\,\mathfrak{g}$ und der ihr entgegengerichteten, durch seinen Druck auf die Fläche hervorgerufenen Zwangskraft $\mathfrak{k}_z = -\,m\,\mathfrak{g}$ im stabilen Gleichgewicht (Abb. 38a). Drehen wir den Klotz ein wenig um eine seiner Kanten oder Ecken, so greift die Zwangskraft nunmehr an dieser Kante oder Ecke an und bildet mit der im Schwerpunkt S angreifenden Schwerkraft ein Kräftepaar, das den Körper in seine ursprüngliche Lage zurückzutreiben sucht. Hingegen ist ein auf seiner Spitze stehender Kegel im labilen Gleichgewicht (Abb. 38b). Denn bei jeder Drehung um seine Spitze bilden die Schwerkraft und die in der Spitze angreifende

Zwangskraft ein Kräftepaar, das den Kegel noch weiter aus der Gleichgewichtslage zu entfernen sucht. Eine auf einer ebenen horizontalen Fläche ruhende Kugel ist offensichtlich in indifferentem Gleichgewicht (Abb. 38c). Ein Körper, der in einem senkrecht über seinem Schwerpunkt S liegenden Punkte A drehbar aufgehängt ist, ist im stabilen Gleichgewicht (Abb. 39). Denn wenn er ein wenig um den Punkt A gedreht wird, sucht ihn das aus der Schwerkraft und der im Aufhängepunkt auftretenden Zwangskraft bestehende Kräftepaar wieder in seine alte Lage zurückzudrehen.

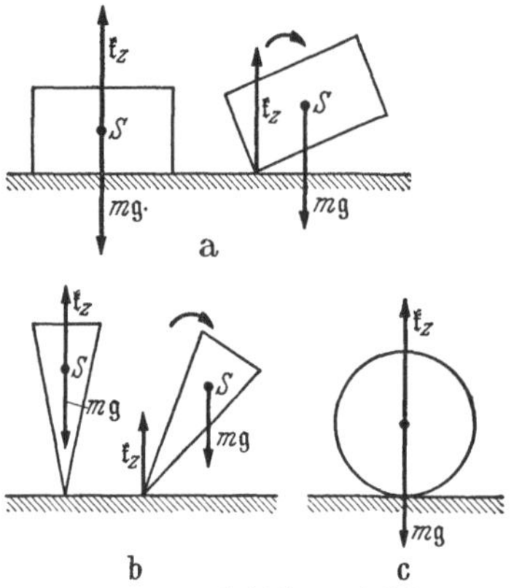

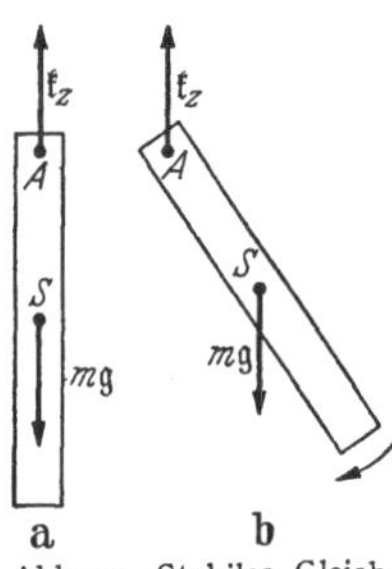

Abb. 38. a stabiles, b labiles, c indifferentes Gleichgewicht.

Da bei jeder Verschiebung eines Körpers aus einer stabilen Gleichgewichtslage eine zurücktreibende Kraft auftritt, so ist eine Verschiebungsarbeit gegen diese Kraft erforderlich, um eine solche Verschiebung zu bewirken. Wird aber an einem Körper Verschiebungsarbeit gegen eine Kraft geleistet, so wächst seine potentielle Energie um den Betrag dieser Arbeit. Eine *stabile Gleichgewichtslage* ist also vor allen ihr unmittelbar benachbarten Lagen dadurch ausgezeichnet, daß der Körper in ihr ein *Minimum der potentiellen Energie* besitzt. Ist ein Körper aus einer labilen Gleichgewichtslage ein wenig verschoben, so unterliegt er der Wirkung einer von ihr fort gerichteten Kraft. Es ist also Verschiebungsarbeit gegen diese Kraft erforderlich, um ihn wieder in die ursprüngliche Lage zurückzubringen. Dabei wächst die potentielle Energie des Körpers, d. h. sie ist um so größer, je näher er der labilen Gleichgewichtslage ist. Eine *labile Gleichgewichtslage* ist also vor allen ihr unmittelbar benachbarten Lagen dadurch ausgezeichnet, daß der Körper in ihr ein *Maximum der potentiellen Energie* besitzt. Bei einer *indifferenten Gleichgewichtslage*, z. B. bei einer homogenen Kugel auf einer horizontalen Ebene, ändern sich die Kräfteverhältnisse auch bei einer endlichen Verschiebung längs der Ebene nicht. Zu einer solchen Verschiebung bedarf es keiner Arbeit; die potentielle Energie ist in jeder Lage auf der Ebene die gleiche.

Abb. 39. Stabiles Gleichgewicht eines hängenden Körpers.

Die vorstehenden Gleichgewichtsbedingungen sind aus den Abb. 38 a, b u. c ohne weiteres abzulesen. Die stabile Gleichgewichtslage des Klotzes (Abb. 38 a) ist dadurch ausgezeichnet, daß in ihr der Schwerpunkt eine tiefere Lage hat als in jeder benachbarten Lage, in die der Klotz durch eine Drehung um eine Kante oder Ecke übergehen kann. Mit jeder möglichen Lagenänderung ist eine Hebung des Schwerpunktes, also eine Vermehrung der potentiellen Energie verbunden. Ebenso im Fall der Abb. 39. Im Fall des labilen Gleichgewichts der Abb. 38b aber ist mit jeder Drehung des Kegels um seine Spitze eine Senkung des Schwerpunktes, also eine Verminderung der potentiellen Energie verbunden. Bei der Kugel der Abb. 38c schließlich ändert der Schwerpunkt seine Höhenlage bei einer Rollbewegung nicht. Sofern es sich also um einen Körper handelt, der entgegen der Schwerkraft durch eine Zwangskraft ins Gleichgewicht gebracht ist, kann die Art des Gleichgewichts aus der Änderung der Höhenlage des Schwerpunkts ermittelt werden, die bei einer mit den vorgegebenen Bedingungen verträglichen Lagenänderung des Körpers eintritt. Das allgemeine, für alle Fälle gültige Gleichgewichtskennzeichen aber ist die Änderung der potentiellen

Energie P bei einer gedachten kleinen Lagenänderung. Da sie bei Gleichgewicht ein Extremum — ein Minimum oder ein Maximum — ist, so gilt, wenn ds eine unendlich kleine, mit den gegebenen Bedingungen verträgliche Verschiebung aus der Gleichgewichtslage ist, und wenn P eine stetige Funktion des Ortes ist, die bekannte Bedingung für einen Extremwert

$$\frac{dP}{ds} = 0. \tag{50}$$

In vielen Fällen hat ein Körper unter gegebenen Bedingungen mehrere stabile und labile Gleichgewichtslagen. Ein auf einer horizontalen Fläche befindlicher rechteckiger Klotz hat 6 stabile Gleichgewichtslagen, entsprechend der Zahl seiner Flächen, und $8 + 12 = 20$ labile Gleichgewichtslagen, entsprechend der Zahl seiner Ecken und Kanten. Ein Fadenpendel hat nur eine einzige stabile, keine labile Gleichgewichtslage, der hängende Körper der Abb. 39 außer seiner einen stabilen noch eine labile Gleichgewichtslage, bei der sein Schwerpunkt senkrecht über dem Aufhängepunkt liegt.

Ist bei einem in einer stabilen Gleichgewichtslage befindlichen Körper nur eine verhältnismäßig kleine Arbeit nötig, um ihn in eine nahe benachbarte labile Gleichgewichtslage zu überführen, so ist jene Lage einer labilen Lage ähnlich. Denn es genügt eine ziemlich kleine, aber endliche Störung, um den Körper in die wirklich labile Lage und über diese hinaus in eine andere, stabilere Gleichgewichtslage zu überführen. Ein Beispiel ist ein hochkant auf eine schmale Seite gestelltes Brett. Eine solche Gleichgewichtslage von geringer Stabilität nennt man auch *metastabil*. Die *Standfestigkeit* eines Körpers in einer stabilen Gleichgewichtslage ist um so größer, je mehr Arbeit aufgewendet werden muß, um ihn in die nächstbenachbarte labile Gleichgewichtslage zu überführen.

25. Stoßvorgänge. Ein besonders lehrreiches Beispiel für die Anwendung des Impulssatzes und des Energieprinzips bildet der Zusammenstoß zwischen zwei bewegten Körpern. Wirken auf diese keine äußeren Kräfte, so ist nach dem Impulssatz die Vektorsumme ihrer Impulse vor und nach dem Stoß die gleiche. Denn während des Stoßvorganges selbst sind nur innere Kräfte im System der beiden Körper wirksam. Das Energieprinzip schreibt vor, daß die Summe der kinetischen Energien der beiden Körper vor dem Stoß gleich der Summe der kinetischen Energien nach dem Stoß zuzüglich der beim Stoß in andere Energiearten umgewandelten Energie ist. Eine solche Umwandlung eines Teils der Energie in Wärme, Schall, Formänderungsarbeit usw. findet bei jedem Stoß in mehr oder weniger hohem Grade statt. Ist im idealen Grenzfall der umgewandelte Energiebetrag verschwindend klein, so heißt der Stoß *vollkommen elastisch*. Findet ein Maximum von Energieumwandlung statt, so heißt der Stoß *vollkommen unelastisch*. In diesem Fall bleiben die stoßenden Körper nach dem Stoß beieinander und setzen ihren Weg gemeinsam fort.

Es ist zweckmäßig, zunächst den Sonderfall zu betrachten, daß der gemeinsame Schwerpunkt der beiden Körper ruht, bzw. die Bewegung der Körper in einem mit dem Schwerpunkt bewegten Koordinatensystem zu beschreiben. In einem solchen Bezugssystem müssen, damit überhaupt ein Zusammenstoß erfolgt, die Schwerpunkte der beiden Körper, die wir uns als Kugeln denken wollen, einander auf parallelen Geraden entgegenlaufen, deren Abstand kleiner als die Summe der beiden Kugelradien ist. Fallen die beiden Geraden zusammen *(zentraler Stoß)*, so kehren die beiden Körper beim Stoß ihre Bewegungsrichtungen um, laufen also auf der gleichen Geraden zurück. Haben die beiden Geraden einen endlichen Abstand *(exzentrischer Stoß)*, so entfernen sie sich nach dem Stoß ebenfalls auf parallelen Geraden voneinander, die aber mit den ersteren Geraden einen — vom Grade der Exzentrizität des Stoßes abhängigen — Winkel bilden. In den folgenden Abbildungen aber denken wir uns der Einfachheit halber die stoßenden Körper zu Massenpunkten verkleinert, so daß die parallelen Geraden auch bei exzentrischem Stoß stets zusammenfallen. (Bei exzentrischem Stoß erhält jeder der beiden Körper tatsächlich auch noch einen Drehimpuls [§ 35] und es wäre auch noch der Satz von der Erhaltung des Drehimpulses zu berücksichtigen. Doch wollen wir davon hier absehen.) Die Körper stoßen dann in ihrem gemeinsamen Schwerpunkt zusammen und bewegen sich schließlich von ihm aus wieder auf einer Geraden, die nicht mit der ersten zusammenzufallen braucht, in entgegengesetzten Richtungen von ihm weg. Es seien m_1, m_2 die Massen der beiden Körper, $\mathfrak{v}_1$, $\mathfrak{v}_2$ ihre Geschwindigkeiten vor dem Stoß, $\mathfrak{v}_1'$, $\mathfrak{v}_2'$ nach dem Stoß, ε die beim Stoß in andere Energiearten umgewandelte Energie (Abb. 40). Der Impulssatz (§ 20) liefert dann, da bei ruhendem Schwerpunkt die Impulssumme verschwinden muß, die beiden Gleichungen

$$m_1\,\mathfrak{v}_1 + m_2\,\mathfrak{v}_2 = 0\,, \qquad m_1\,\mathfrak{v}_1' + m_2\,\mathfrak{v}_2' = 0\,. \quad (51)$$

Das Energieprinzip (§ 23) liefert die Gleichung

$$\tfrac{1}{2}\,m_1\,\mathfrak{v}_1^2 + \tfrac{1}{2}\,m_2\,\mathfrak{v}_2^2 = \tfrac{1}{2}\,m_1\,\mathfrak{v}_1'^2 + \tfrac{1}{2}\,m_2\,\mathfrak{v}_2'^2 + \varepsilon\,. \quad (52)$$

Aus diesen Gleichungen folgt

$$\left.\begin{aligned}
\mathfrak{v}_1'^2 &= \mathfrak{v}_1^2\left(1 - \frac{2\,\varepsilon}{m_1\,\mathfrak{v}_1^2 + m_2\,\mathfrak{v}_2^2}\right), \\[2mm]
\mathfrak{v}_2'^2 &= \mathfrak{v}_2^2\left(1 - \frac{2\,\varepsilon}{m_1\,\mathfrak{v}_1^2 + m_2\,\mathfrak{v}_2^2}\right).
\end{aligned}\right\} \quad (53)$$

Bezeichnen wir die Anfangsenergie $m_1\,\mathfrak{v}_1^2/2 + m_2\,\mathfrak{v}_2^2/2$ mit E, so können wir statt dessen auch schreiben

$$\mathfrak{v}_1'^2 = \mathfrak{v}_1^2\left(1 - \frac{\varepsilon}{E}\right), \qquad \mathfrak{v}_2'^2 = \mathfrak{v}_2^2\left(1 - \frac{\varepsilon}{E}\right). \quad (54)$$

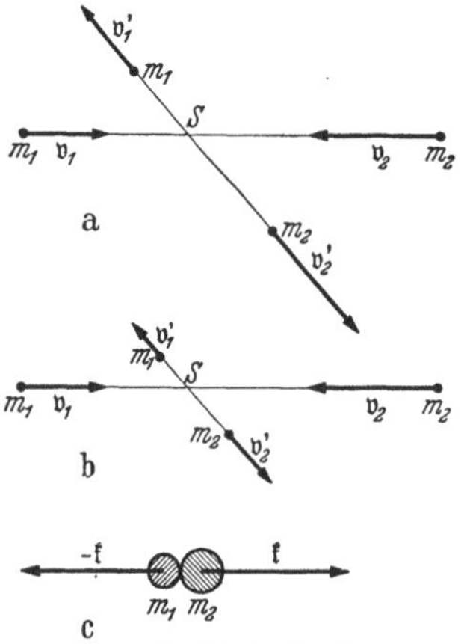

Abb. 40. Stoß bei ruhendem Schwerpunkt.

Diese Gleichungen liefern uns die Quadrate der Geschwindigkeiten relativ zum Schwerpunkt nach dem Stoß, also die skalaren Produkte $\mathfrak{v}_1\mathfrak{v}_1$ und $\mathfrak{v}_2\mathfrak{v}_2$, und diese hängen nur von den Beträgen, nicht von den Richtungen der betreffenden Vektoren ab (§ 21), sagen also nichts über ihre Richtung aus. Demnach liefert Gl. (53) bzw. (54) auch nur die Beträge v_1' und v_2' der Geschwindigkeiten nach dem Stoß,

$$v_1' = v_1\sqrt{1 - \frac{\varepsilon}{E}}\,, \qquad v_2' = v_2\sqrt{1 - \frac{\varepsilon}{E}}\,. \quad (55)$$

Über die Richtung erfahren wir nichts. Wir wissen nur, daß $\mathfrak{v}_1'$ und $\mathfrak{v}_2'$ entgegengesetzt gerichtet sein müssen, da nach Gl. (51) $\mathfrak{v}_2 = -\mathfrak{v}_1\,m_1/m_2$ ist. Die Unkenntnis der Richtung ist auch durchaus verständlich. Denn die Richtung nach dem Stoß muß von den Einzelheiten des Stoßvorganges (dem Grade der Exzentrizität) abhängen, über die wir hier nichts vorausgesetzt haben.

Nach Gl. (55) behalten die Geschwindigkeiten relativ zum Schwerpunktssystem beim vollkommen elastischen Stoß ($\varepsilon = 0$) ihre alten Beträge, ändern nur im allgemeinen ihre Richtung (Abb. 40a). Ist der Stoß nicht vollkommen elastisch, so nehmen die Geschwindigkeiten um die gleichen Bruchteile ihrer ursprünglichen Beträge ab (Abb. 40b), z. B. bei $\varepsilon/E = {}^3/_4$ um die Hälfte. Ist der Stoß vollkommen unelastisch, so ist — bei ruhendem Schwerpunkt — $\varepsilon = E$; die gesamte kinetische Energie wird in andere Energiearten umgewandelt. Es ist $v_1' = v_2' = 0$, und die Körper verharren nach dem Stoß in ihrem Schwerpunkt in Ruhe.

Nunmehr können wir leicht zur Betrachtung von Stößen übergehen, bei denen der gemeinsame Schwerpunkt der beiden Körper nicht ruht und die

Geschwindigkeiten einen beliebigen Winkel miteinander bilden. Da wir voraussetzen, daß auf die Körper keine äußeren Kräfte wirken, so bewegt sich der Schwerpunkt nach dem Schwerpunktsatz, unbeeinflußt durch den Stoß, bei dem nur innere Kräfte wirksam sind, nach dem Stoß geradlinig und gleichförmig mit der gleichen Geschwindigkeit v_s weiter, die er vor dem Stoß besaß. Wir brauchen also den beiden Körpern der Abb. 40 nur die gleiche zusätzliche Geschwindigkeit v_s zu erteilen, und zwar vor und nach dem Stoß, um zum Fall des bewegten Schwerpunktes überzugehen. Die wirkliche Geschwindigkeit

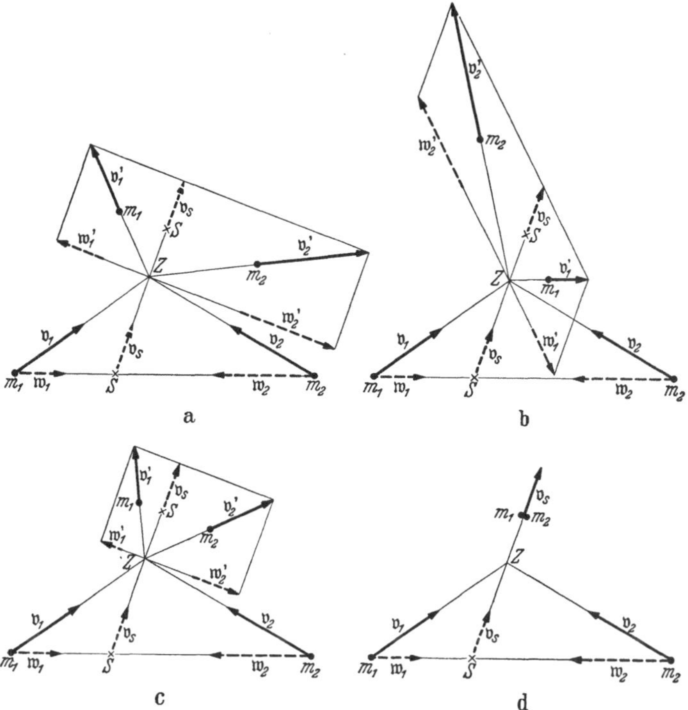

Abb. 41. a und b vollkommen elastischer, c unvollkommen elastischer, d vollkommen unelastischer Stoß bei bewegtem Schwerpunkt. $m_1 = m_2$.

der Körper ist dann die Vektorsumme v_1, v_2 bzw. v_1', v_2' ihrer Relativgeschwindigkeit w_1, w_2 bzw. w_1', w_2' gegenüber dem Schwerpunktssystem und der Schwerpunktsgeschwindigkeit v_s (Abb. 41). Wir verfahren dann so, daß wir, wie im Fall des ruhenden Schwerpunkts, im Stoßpunkt Z die neuen Relativgeschwindigkeiten w_1', w_2' gegenüber dem Schwerpunktssystem nach Richtung und Betrag antragen und die Resultierenden v_1', v_2' dieser Geschwindigkeiten und der unverändert gebliebenen Schwerpunktsgeschwindigkeit v_s bilden. Die neuen Geschwindigkeiten hängen jetzt natürlich davon ab, welchen Winkel die neuen Relativgeschwindigkeiten mit der Schwerpunktsgeschwindigkeit bilden. Abb. 41a u. b zeigt zwei verschiedene Fälle bei vollkommen elastischem Stoß zweier gleicher Massen und bei gleichen Anfangsbedingungen, bei denen aber der eigentliche Stoß unter verschiedenen Umständen erfolgt. Abb. 41c zeigt einen unvollkommen elastischen Stoß unter sonst gleichen Bedingungen wie in Abb. 41a. Es ist angenommen, daß die Relativgeschwindigkeiten w_1', w_2' gegenüber dem Schwerpunktssystem infolge des Stoßes auf $^3/_8$ der Beträge von w_1 und w_2 gesunken sind. Im Fall des vollkommen unelastischen Stoßes verschwinden nach dem Stoß die Relativgeschwindigkeiten gegenüber dem Schwerpunktssystem, und die beiden Körper bewegen sich mit der Schwerpunktsgeschwindigkeit $\mathfrak{v}_s$ gemeinsam weiter (Abb. 41d).

Wir wollen noch den besonderen Fall betrachten, daß sich zwei Körper auf der gleichen Geraden bewegen und auch nach dem Stoß auf ihr verbleiben, daß aber ihr Schwerpunkt nicht ruht, so daß auch die Impulssumme zwar konstant ist, aber nicht, wie in Gl. (51), verschwindet. An die Stelle der beiden Gl. (51) tritt dann die eine Gleichung

$$m_1 \mathfrak{v}_1 + m_2 \mathfrak{v}_2 = m_1 \mathfrak{v}_1' + m_2 \mathfrak{v}_2', \tag{56}$$

während die Energiegleichung Gl. (52) bestehen bleibt. Dann lautet die Lösung der Gl. (52) und (56)

$$\mathfrak{v}_1' = \frac{m_1 \mathfrak{v}_1 + m_2 \mathfrak{v}_2}{m_1 + m_2} - \frac{m_2 (\mathfrak{v}_1 - \mathfrak{v}_2)}{m_1 + m_2} \sqrt{1 - \frac{2 \varepsilon (m_1 + m_2)}{m_1 m_2 (\mathfrak{v}_1 - \mathfrak{v}_2)^2}}, \tag{57a}$$

$$\mathfrak{v}_2' = \frac{m_1 \mathfrak{v}_1 + m_2 \mathfrak{v}_2}{m_1 + m_2} - \frac{m_2 (\mathfrak{v}_2 - \mathfrak{v}_1)}{m_1 + m_2} \sqrt{1 - \frac{2 \varepsilon (m_1 + m_2)}{m_1 m_2 (\mathfrak{v}_1 - \mathfrak{v}_2)^2}}. \tag{57b}$$

Das den beiden Gleichungen gemeinsame erste Glied ist nach Gl. (36) die Schwerpunktsgeschwindigkeit $\mathfrak{v}_s$. Zu ihr addieren sich die durch die zweiten Glieder dargestellten Relativgeschwindigkeiten gegenüber dem Schwerpunkt. Beim *vollkommen elastischen Stoß* ($\varepsilon = 0$) ergibt sich

$$\mathfrak{v}_1' = \frac{(m_1 - m_2) \mathfrak{v}_1 + 2 m_2 \mathfrak{v}_2}{m_1 + m_2}, \qquad \mathfrak{v}_2' = \frac{(m_2 - m_1) \mathfrak{v}_2 + 2 m_1 \mathfrak{v}_1}{m_1 + m_2}. \tag{58}$$

Handelt es sich um zwei gleiche Massen, $m_1 = m_2$, so wird $\mathfrak{v}_1' = \mathfrak{v}_2$ und $\mathfrak{v}_2' = \mathfrak{v}_1$. Die Massen tauschen beim Stoß ihre Geschwindigkeiten aus. Ruhte die eine vor dem Stoß, so ruht nach dem Stoß die andere. Beim *vollkommen unelastischen Stoß* hat der Energieverlust ε seinen größten möglichen Betrag. Das ist dann der Fall, wenn die in den Gl. (57) auftretende Wurzel verschwindet, wenn also

$$\varepsilon = \frac{m_1 m_2}{2 (m_1 + m_2)} (\mathfrak{v}_1 - \mathfrak{v}_2)^2. \tag{59}$$

Die Geschwindigkeiten der beiden Massen sind dann nach dem Stoß gleich groß, und, wie schon bewiesen, gleich der Schwerpunktsgeschwindigkeit,

$$\mathfrak{v}_1' = \mathfrak{v}_2' = \mathfrak{v}_s = \frac{m_1 \mathfrak{v}_1 + m_2 \mathfrak{v}_2}{m_1 + m_2}. \tag{60}$$

Wir haben im vorstehenden den eigentlichen Stoßvorgang überhaupt nicht in Betracht gezogen, sondern nur auf Grund des Energieprinzips und des Impulssatzes sozusagen die Bilanz des Stoßvorganges gezogen. Wir wollen jetzt auch den Stoß selbst genauer betrachten. In dem Augenblick, in dem die erste Berührung der Körper erfolgt, beginnt an ihren Berührungsstellen eine ständig zunehmende Formänderung (Zusammendrückung). Dabei wird auf Kosten kinetischer Energie Formänderungsarbeit gegen die elastischen Kräfte der Körper geleistet, und es wird in ihnen elastische Energie aufgespeichert. Das dauert bei zentralem Stoß so lange an, bis sich die Geschwindigkeiten der beiden Körper ausgeglichen haben und sie sich momentan beide mit der Geschwindigkeit $\mathfrak{v}_s$ ihres Schwerpunktes bewegen. Nunmehr beginnen die durch die elastische Formänderung wachgerufenen Gegenkräfte, die die Gestalt der Körper wieder herzustellen suchen, die Körper wieder voneinander weg zu treiben (Abb. 40c). Sofern die aufgespeicherte elastische Energie nicht inzwischen ganz oder teilweise in andere Energieformen, insbesondere in Wärme, verwandelt worden ist, wird sie in der zweiten Phase des Stoßvorganges restlos wieder in kinetische Energie der Körper umgewandelt, und es liegt ein vollkommen elastischer Stoß vor. Ist die Energie aber schon restlos umgewandelt, wenn die Körper gleiche Geschwindigkeiten erlangt haben, so fällt die zweite Phase fort. Das ist der Fall beim vollkommen unelastischen Stoß.

Zur Untersuchung von Stoßvorgängen· kann das in Abb. 42 dargestellte Gerät dienen, an dem einige gute Stahlkugeln an Doppelschnüren (bifilar) aufgehängt sind. Hübsch ist unter anderem der folgende Versuch. Man bringt eine Anzahl von gleich großen Kugeln genau miteinander in Berührung, hebt auf der einen Seite eine oder mehrere Kugeln ab und läßt sie gegen die übrigen stoßen. Dann fliegen am anderen Ende ebenso viele Kugeln fort, und zwar mit der gleichen Geschwindigkeit, die vorher die stoßenden Kugeln besaßen, während diese zur Ruhe kommen. Dies folgt aus dem Energieprinzip und dem Impulssatz. Es sei n die Zahl, $\mathfrak{v}$ die Geschwindigkeit der stoßenden Kugeln, n' die Zahl, $\mathfrak{v}'$ die Geschwindigkeit der fortfliegenden Kugeln, m die Masse einer Kugel. Dann muß sein

$$n \tfrac{1}{2} m \mathfrak{v}^2 = n' \tfrac{1}{2} m \mathfrak{v}'^2 \quad \text{und} \quad n m \mathfrak{v} = n' m \mathfrak{v}'.$$

Hieraus folgt $n' = n$ und $\mathfrak{v}' = \mathfrak{v}$. Der vollkommen unelastische Stoß wird gut mit zwei Bleikugeln verwirklicht. Lehrreiche Beispiele für die Stoßgesetze liefert auch das Billardspiel.

26. Kraftfelder. Damit ein Körper auf einen anderen eine Kraft ausübt, ist es nicht immer nötig, daß sich die Körper unmittelbar berühren. In vielen Fällen besteht eine Wechselwirkung auch dann, wenn die Körper räumlich getrennt sind und der Raum zwischen ihnen völlig leer ist. Beispiele hierfür sind die allgemeine Massenanziehung (§ 45), die sich auch in der irdischen Schwerkraft

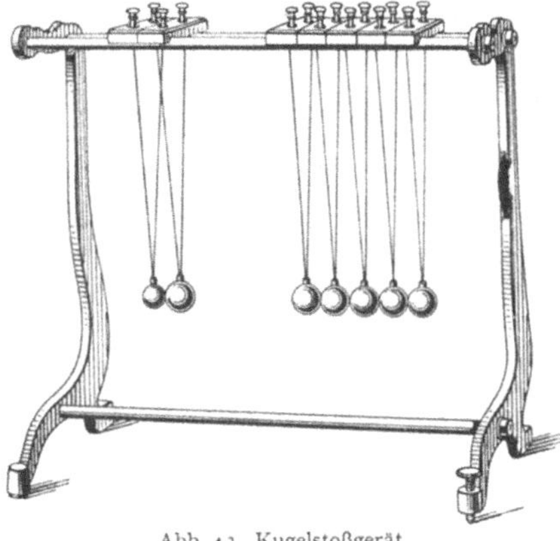

Abb. 42. Kugelstoßgerät.

äußert, und die Anziehung und Abstoßung zwischen elektrischen Ladungen oder zwischen Magnetpolen (§ 131 und 185). In diesen Fällen besteht also *wenigstens scheinbar* eine *Fernwirkung* zwischen den Körpern. Sie äußert sich darin, daß ein Körper, der sich irgendwo in der näheren oder weiteren Umgebung eines zweiten Körpers befindet, der Wirkung einer durch diesen hervorgerufenen Kraft unterliegt. Diese Kraft hängt im allgemeinen nach Betrag und Richtung von der gegenseitigen Lage der beiden Körper ab, ist also eine Funktion des Ortes. Jedoch ist die Annahme, daß es sich in solchen Fällen wirklich um eine unvermittelte Fernwirkung handelt, schon begrifflich unbefriedigend. Nun können wir aber auch in den meisten Fällen nachweisen, daß die Kraftwirkung sich nicht ·momentan, d. h. unendlich schnell ausbreitet, sondern daß stets eine endliche, vom Abstand der beiden Körper abhängige Zeit verstreicht, ehe eine am einen Körper neu auftretende krafterzeugende Ursache als Wirkung am anderen in die Erscheinung tritt. (Nur bei der Gravitation ist ein experimenteller Nachweis bisher nicht möglich gewesen. Die Tatsache unterliegt aber auch hier keinem Zweifel.) Aus diesem Sachverhalt zog zuerst FARADAY den Schluß, daß es wirkliche Fernwirkungen nicht gibt. Er schloß, daß die Kraftwirkungen durch den Raum und durch seine Vermittlung von einem Körper auf einen anderen übertragen werden, daß also die Anwesenheit eines Körpers in dem ihn umgebenden Raum; auch wenn er völlig leer ist, gewisse Veränderungen hervorruft, die von dem jeweiligen Zustand des Körpers abhängen. Diese Veränderungen erstrecken sich rings um den Körper — im allgemeinen mit der Entfernung abnehmend — durch den ganzen Raum. Die Wirkungen auf einen zweiten Körper werden hiernach durch die örtlichen Veränderungen hervorgerufen, die der Raum am

Ort des zweiten Körpers infolge der Anwesenheit des ersten erfahren hat. Diese Vorstellung setzt also an die Stelle einer unvermittelten Fernwirkung eine durch den Raum vermittelte *Nahewirkung* von Ort zu Ort des Raumes, und zwar durch den Raum als solchen, nicht durch etwa in ihm vorhandene Materie. Denn Wirkungen dieser Art bestehen zwischen Körpern auch im leeren Raum, z. B. zwischen den Himmelskörpern im leeren Weltraum. Sie können durch etwa im Raum vorhandene Materie beeinflußt werden, werden aber durch sie nicht bedingt.

Das bedeutet, daß der leere Raum fähig ist, in seinen einzelnen Punkten unterschiedliche physikalische Zustände anzunehmen. *Der Raum wird damit zum Träger physikalischer Eigenschaften.* Einen Raumbereich, in dem auf Körper Kräfte wirken, nennt man ein *Kraftfeld* oder kurz ein *Feld*, und die Nahewirkungstheorie heißt deshalb auch *Feldtheorie*.

Die Nahewirkungstheorie steht in einem engen Zusammenhange mit den Erhaltungssätzen der Energie und des Impulses. Leistet eine Kraft an einem Körper Arbeit, so ändern sich seine Energie und sein Impuls. Diese Änderungen müssen auf Kosten von Energie und Impuls desjenigen Körpers gehen, von dem die Kraftwirkung ausgeht. Nun haben wir bereits gesagt, daß bei endlichem Abstande zweier Körper eine endliche Zeit zwischen dem Auftreten der Ursache, also der Abgabe von Energie und Impuls durch den einen Körper, und der Wirkung, also ihrer Aufnahme durch den zweiten Körper, verstreicht. Während dieser Zeit befinden sich Energie und Impuls weder an dem einen noch an dem anderen Körper. Will man nicht annehmen, daß sie während dieser Zeit verschwunden sind, sondern die Erhaltungssätze streng aufrechterhalten, so muß man schließen, daß sie sich während dieser Zeit auf dem Wege von dem einen Körper nach dem anderen befinden. Es müssen sich also Energie und Impuls in irgendeiner Form mit endlicher Geschwindigkeit durch den Raum von dem einen Körper nach dem anderen bewegen, und während dieser Zeit muß der Raum Träger der Energie und des Impulses sein. Diese Vorstellung ist ganz analog zur Fortpflanzung von Energie und Impuls durch einen materiellen Stoff, z. B. in Gestalt einer in Wasser oder Luft verlaufenden Druck- oder Schallwelle.

Wenn wir auf diese Weise dem leeren Raum die Fähigkeit zuschreiben, gewisse Zustände anzunehmen, durch die sich die einzelnen Raumteile voneinander unterscheiden können, und Träger physikalischer Eigenschaften zu sein, insbesondere Energie und Impuls zu übertragen, so gewinnt er eine Bedeutung, die über seine rein geometrische Bedeutung als Inbegriff aller Orte im Weltall weit hinausgeht. Er wird zu einem wirklichen Gegenstand der physikalischen Forschung, der es obliegt, seine physikalischen Eigenschaften zu entdecken. Denn diese kann man nicht, wie es z. B. in der Geometrie des euklidischen Raumes geschieht, durch gewisse Axiome a priori definieren, sondern man kann sie nur auf Grund der experimentellen Erfahrung ermitteln. Der Raum tritt daher in die Reihe der physikalischen „Medien" neben die materiellen Stoffe oder Medien.

In den Anfängen der Nahewirkungstheorie und bis zum Beginn des 20. Jahrhunderts war man überzeugt, daß alle Vorgänge in der Natur mechanisch-anschaulich begreifbar sein müßten. Die Unmöglichkeit, sich ein nicht materielles Medium anschaulich vorzustellen, führte dazu, daß man als Träger der physikalischen Eigenschaften im Raum einen masselosen Stoff, den *Weltäther* oder *Äther*, annahm, der überall, auch im scheinbar leeren Raum, vorhanden sei und alle Körper durchdringe. Diese Vorstellung ist durch die experimentelle Erfahrung eindeutig widerlegt worden (§ 323). Wenn daher heute in der Physik das Wort Äther noch gebraucht wird, so ist darunter nichts anderes zu verstehen als der Raum selbst als Träger physikalischer Eigenschaften im Gegensatz zum rein geometrischen Raumbegriff.

Das in einem Raum herrschende Kraftfeld ist charakterisiert durch Betrag und Richtung der Kraft, die ein Körper in den einzelnen Raumpunkten des Feldes erfährt. Damit an einem Körper eine solche Kraft überhaupt auftritt, muß er Träger einer bestimmten, für die Art des betreffenden Kraftfeldes charakteristischen Eigenschaft sein. Diese Eigenschaft besteht z. B. in einem Schwerkraftfeld (Gravitationsfeld) in der (schweren) Masse, in einem elektrischen Feld in der elektrischen Ladung des Körpers usw. Wir wollen den Betrag, in dem ein Körper eine solche Eigenschaft besitzt, hier allgemein mit w bezeichnen. Je größer dieser Betrag ist, um so größer ist die im Kraftfelde auf den Körper wirkende Kraft,

$$\mathfrak{k} = w\,\mathfrak{F}. \tag{61}$$

Die Größe $\mathfrak{F}$ heißt die *Feldstärke* in dem betreffenden Raumpunkt. Sie ist ein der örtlichen Kraft $\mathfrak{k}$ gleichgerichteter Vektor und ihrem Betrage nach gleich der Kraft, die ein Körper im betrachteten Raumpunkt erfährt, wenn er die Eigenschaft w im Betrage 1 besitzt. Daher ist die Feldstärke in einem Schwerkraftfelde ihrem Betrage nach gleich der auf die Masse 1 g wirkenden Schwerkraft, in einem elektrischen Felde gleich der Kraft, die ein mit der elektrischen Ladungseinheit behafteter Körper erfährt usw. Ein Kraftfeld kann also durch Angabe des Betrages und der Richtung der Feldstärke in seinen einzelnen Raumpunkten beschrieben werden. Es ist vollständig bekannt, wenn die Feldstärke nach Betrag und Richtung als Funktion der Ortskoordinaten bekannt ist.

Wird ein Körper in einem Kraftfelde durch eine der Kraft $\mathfrak{k} = w\,\mathfrak{F}$ entgegengerichtete gleich große Kraft $-\,w\,\mathfrak{F}$ von einem Punkt A nach einem Punkt B verschoben, so ändert sich dabei seine potentielle Energie nach Gl. (48) um den Betrag

$$P = -\,w \int\limits_{A}^{B} \mathfrak{F}\,d\mathfrak{r} = w\,\varDelta U. \tag{62}$$

Die Größe $\varDelta U$ heißt die *Potentialdifferenz* (in manchen Fällen auch die *Spannung*) zwischen den Punkten A und B des Kraftfeldes. Sie ist gleich der Arbeit, die nötig ist, um einen Körper, der die Eigenschaft w im Betrage 1 besitzt, von A nach B zu verschieben. Potentialdifferenz und Feldstärke stehen also mit einander in der gleichen Beziehung wie Arbeit und Kraft. Nach § 22 ist die Wahl des Nullpunktes der potentiellen Energie willkürlich, und wir können ihr in irgendeinem Punkt O des Kraftfeldes den Betrag Null zuschreiben. Die Potentialdifferenz eines Raumpunktes A gegen den gewählten Bezugspunkt O heißt das *Potential* in jenem Raumpunkt. Wir bezeichnen nunmehr die auf den Punkt O bezogenen Potentiale in den einzelnen Raumpunkten A mit U. Dann ist nach Gl. (62)

$$-\,w \int\limits_{O}^{A} \mathfrak{F}\,d\mathfrak{r} = w\,U, \qquad U = -\int\limits_{O}^{A} \mathfrak{F}\,d\mathfrak{r}. \tag{63}$$

Das durch Gl. (63) definierte Potential ist nicht in allen Arten von Kraftfeldern eindeutig, d. h. vom Wege unabhängig, auf dem man sich die Verschiebung von O nach A vorgenommen denkt. Es ist dann eindeutig, wenn die Summe der Arbeiten, die geleistet werden, wenn man einen Körper auf geschlossener Bahn zum Ausgangspunkt zurückführt, unabhängig vom Wege gleich Null ist. Solche Felder heißen *wirbelfrei*. Ist das aber nicht der Fall, so ist das Potential nicht eindeutig, und es liegt ein *Wirbelfeld* vor. Ein wirbelfreies Feld kann also auch durch Angabe des Potentials in seinen einzelnen Raumpunkten beschrieben werden. Es ist vollständig bekannt, wenn das Potential als Funktion der Ortskoordinaten bekannt ist.

Im allgemeinen wechselt in einem Kraftfeld die Feldstärke von Ort zu Ort ihre Richtung und ihren Betrag. Ein *homogenes Feld* ist ein solches, in dem das nicht der Fall ist, indem also die Feldstärke überall gleiche Richtung und gleichen Betrag hat. Ein Feld, in dem die Feldstärke überall zeitlich konstant ist, heißt ein *stationäres Feld*, ein solches, in dem sich die Feldstärke überall periodisch ändert, ein *Wechselfeld*.

Wird ein Körper in einem Kraftfelde senkrecht zur jeweiligen Feldstärke, also senkrecht zur Kraftrichtung, verschoben, so ist dazu nach § 20 keine Arbeit erforderlich. Die potentielle Energie des Körpers ändert sich bei einer solchen Verschiebung nicht. In jeder zur Richtung der Feldstärke senkrechten Fläche *(Äquipotentialfläche, Niveaufläche)* besteht also überall das gleiche Potential. Die Äquipotentialflächen sind stets geschlossene Flächen. Die senkrecht zu den Äquipotentialflächen verlaufenden Kurven heißen *Kraftlinien* oder *Feldlinien*, denn sie (bzw. ihre Tangenten in den einzelnen Raumpunkten) geben überall die örtliche Richtung der Feldstärke, also auch der Kraft, an.

Die Feldstärke ist ein Vektor, das Potential — als skalares Produkt zweier Vektoren [Gl. (63)] — ein Skalar. Daher bezeichnet man ein Feld als Inbegriff der in seinen Raumpunkten herrschenden Feldstärken als ein *Vektorfeld*, als Inbegriff der entsprechenden Potentiale als ein *skalares Feld*. Die Beschreibung eines Feldes durch das Potential ist im allgemeinen einfacher, da das Potential zu seiner Beschreibung nur der Angabe des Betrages bedarf. Bei der Feldstärke kommt noch die Angabe der Richtung hinzu, bzw. es müssen die Beträge ihrer drei Komponenten angegeben werden.

Wir beschränken uns hier auf diese allgemeinen Definitionen und gehen auf Einzelheiten erst bei der Besprechung spezieller Kraftfelder ein.

27. Das Schwerkraftfeld an der Erdoberfläche. Ein Beispiel eines Kraftfeldes ist das Schwerkraftfeld an der Erdoberfläche. In ihm befindet sich jeder Körper überall unter der Wirkung der Erdanziehung. Das Schwerkraftfeld ist kein homogenes Feld, da seine Kraftlinien radial auf den Erdmittelpunkt hin gerichtet sind, und weil die Schwerkraft mit der Höhe abnimmt (§ 12). In ausreichend kleinen Bereichen können wir es aber wie ein homogenes Feld behandeln.

Die für das Schwerkraftfeld charakteristische Körpereigenschaft, die wir in § 26 allgemein mit w bezeichnet haben, ist die *schwere Masse*, die wir vorläufig, zum Unterschied von der trägen Masse m, mit m' bezeichnen wollen. Demnach ist die Feldstärke $\mathfrak{F}$ des Schwerkraftfeldes nach Gl. (61) durch die Gleichung

$$\mathfrak{k} = m'\,\mathfrak{F} \qquad (64)$$

definiert. Andererseits erfahren im Schwerkraftfelde alle Körper die gleiche Beschleunigung $\mathfrak{g}$ (§ 12), so daß für die Schwerkraft $\mathfrak{k}$ auch die Gleichung $\mathfrak{k} = m\,\mathfrak{g}$ gilt. Da wir aber in § 12 die träge Masse gleich der schweren Masse gesetzt haben, $m = m'$, so folgt

$$\mathfrak{F} = \mathfrak{g}, \qquad (65)$$

d. h. im Schwerkraftfelde ist die Feldstärke mit der Beschleunigung $\mathfrak{g}$ identisch. Dies ist eine besondere Eigenschaft des Schwerkraftfeldes und folgt *nur* aus der Gleichheit der schweren und der trägen Masse (vgl. § 12). In anderen Kraftfeldern sind Feldstärke und Beschleunigung keineswegs identisch.

Wird ein Körper von der Masse m um die Höhe h senkrecht gehoben, so beträgt die dabei aufzuwendende Arbeit $A = m\,g\,h$ (§ 22). Um den gleichen Betrag hat seine potentielle Energie zugenommen. Demnach beträgt das Potential in der Höhe h, d. h. die potentielle Energie der Masse 1 g, wenn wir es in der Höhe $h = 0$ gleich Null setzen,

$$U = g\,h. \qquad (66)$$

Die Einheit der Feldstärke im Schwerkraftfelde ist nach Gl. (64) und (65) $1\,\mathrm{dyn}\cdot\mathrm{g}^{-1} = 1\,\mathrm{cm}\cdot\mathrm{sec}^{-2}$ ($1\,\mathrm{dyn} = 1\,\mathrm{g}\cdot\mathrm{cm}\cdot\mathrm{sec}^{-2}$), die Einheit des Potentials nach Gl. (66) $1\,\mathrm{erg}\cdot\mathrm{g}^{-1} = 1\,\mathrm{cm}^2\cdot\mathrm{sec}^{-2}$ ($1\,\mathrm{erg} = 1\,\mathrm{g}\cdot\mathrm{cm}^2\cdot\mathrm{sec}^{-2}$). Die Äquipotentialflächen des Schwerkraftfeldes sind fast genau Kugelflächen.

Erteilt man einem Körper eine Geschwindigkeit $\mathfrak{v}_0$ (Betrag v_0) in einer unter dem Winkel φ gegen die Horizontale geneigten Richtung (Abb. 43), so wird seine weitere Bewegung durch die Schwerkraft beeinflußt, und er beschreibt eine nach unten gekrümmte Bahn. Wir zerlegen seine Geschwindigkeit in ihre horizontale und ihre vertikale Komponente, deren Beträge v_x und v_y im Augenblick des Starts $v_x^0 = v_0\cos\varphi$ und $v_y^0 = v_0\sin\varphi$ betragen, und behandeln die Bewegung als die Überlagerung zweier aufeinander senkrechter, geradliniger Bewegungen nach der Methode des § 7. In der horizontalen x-Richtung wirkt auf den Körper keine Kraft, und er bewegt sich in dieser Richtung mit konstanter Geschwindigkeit

$$v_x = \frac{dx}{dt} = v_0\cos\varphi. \tag{67}$$

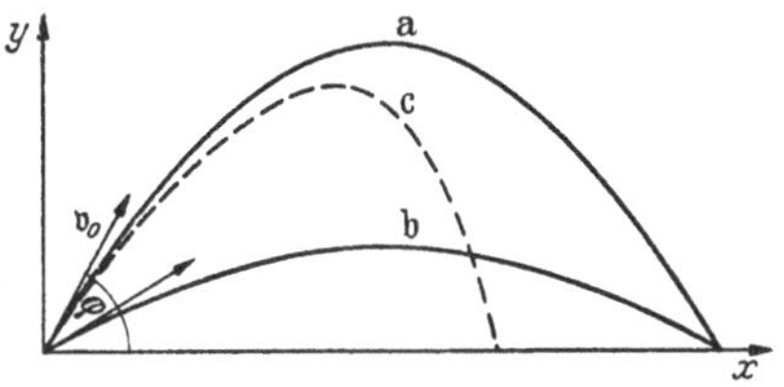

Im Startpunkt seien $x = 0$, $y = 0$ und $t = 0$. Dann folgt durch Integration der Gl. (67)

$$x = v_0\,t\cos\varphi. \tag{68}$$

Abb. 43. Schräger Wurf. a) $\varphi = 60°$, b) $\varphi = 30°$, c) ballistische Kurve.

In vertikaler Richtung erfährt der Körper durch die Schwerkraft eine nach unten, also gegen die positive y-Richtung gerichtete Beschleunigung vom Betrage g, so daß

$$\frac{d^2 y}{dt^2} = -g. \tag{69}$$

Durch zweimalige Integration erhalten wir, unter Berücksichtigung der Anfangsbedingungen,

$$\frac{dy}{dt} = v_y = v_0\sin\varphi - g\,t \quad\text{und}\quad y = v_0\,t\sin\varphi - \frac{1}{2}g\,t^2. \tag{70}$$

Indem wir aus den Gl. (68) und (70) die Zeit t eliminieren, erhalten wir die Gleichung der Bahnkurve des Körpers,

$$y = x\,\mathrm{tg}\,\varphi - \frac{g\,x^2}{2\,v_0^2\cos^2\varphi}. \tag{71}$$

Das ist die Gleichung einer Parabel, deren Scheitel im höchsten Punkt der Bahn liegt. In diesem Punkt ist $v_y = 0$, und wir erhalten aus Gl. (70) die Steigzeit t_h und die Steighöhe $y = h$,

$$t_h = \frac{v_0\sin\varphi}{g}, \qquad h = \frac{v_0^2\sin^2\varphi}{2g}. \tag{72}$$

Nach Gl. (71) wird das Ausgangsniveau $y = 0$ bei einer Wurfweite

$$x_m = \frac{v_0^2}{g}\,2\sin\varphi\cos\varphi = \frac{v_0^2}{g}\sin 2\varphi \tag{73}$$

zum zweitenmal erreicht. Nun ist $\sin 2\varphi = \sin(180° - 2\varphi) = \sin 2(90° - \varphi)$. Man erreicht also bei einem Anstellwinkel $90° - \varphi$ die gleiche Wurfweite, wie beim Anstellwinkel φ (Abb. 43a u. b). Der eine dieser Winkel ist also größer, der andere um ebenso viel kleiner als $45°$. Die beiden Fälle werden identisch bei $\varphi = 45°$. In diesem Fall wird die größte Wurfweite erreicht, die bei gegebener Anfangsgeschwindigkeit möglich ist, nämlich $x_m = v_0^2/g$. Die Steighöhe beträgt in diesem Fall $h = v_0^2/4\,g$, also ein Viertel der Wurfweite. Die Möglichkeit, bei gleicher Anfangsgeschwindigkeit die gleiche Wurfweite bei flachem und bei steilem Abschuß zu erzielen und damit auch einen flacheren oder steileren Einfall zu bewirken, spielt eine wichtige Rolle in der Ballistik. Die Artillerie unterscheidet ·einen Flachschuß und einen Steilschuß. Die größte Wurfhöhe wird bei senkrechtem Wurf erzielt und beträgt $h = v_0^2/2\,g$.

Wir haben bisher die unvermeidliche Luftreibung nicht berücksichtigt. Bei großen Geschwindigkeiten, wie sie bei den Geschossen der Infanterie und der Artillerie vorkommen, beeinflußt sie die Bewegung und die Bahnform beträchtlich. Die Wurfweite wird stark verringert. Der absteigende Ast der Bahn zeigt eine stärkere Krümmung nach unten als der aufsteigende Ast (*ballistische Kurve*, Abb. 43c).

Die Gesetze des senkrechten Wurfs nach oben ergeben sich als Sonderfall, wenn man in den obigen Gleichungen $\varphi = 90°$ setzt. Wird ein Körper zur Zeit $t = 0$ in der Höhe h mit der Anfangsgeschwindigkeit $v = 0$ frei fallen gelassen, so ergibt die Integration der Gl. (69)

$$v = \frac{d\,y}{d\,t} = -g\,t, \qquad y = h - \frac{1}{2}\,g\,t^2 \qquad \text{oder} \qquad h - y = \frac{1}{2}\,g\,t^2. \tag{74}$$

Die Fallgeschwindigkeit ist also der Zeit proportional, und die Fallstrecke $h - y$ wächst mit dem Quadrat der Fallzeit. Die nach Durchfallen der Höhe h erreichte Geschwindigkeit beträgt

$$v = \sqrt{2\,g\,h}. \tag{75}$$

Daß beim freien Wurf und Fall das Energieprinzip erfüllt ist, haben wir in § 22 nachgewiesen.

Beim freien Fall treten schon nach kurzer Zeit bzw. auf kurzen Strecken beträchtliche Geschwindigkeiten auf. Nach 1 sec sind fast 5 m, nach 2 sec schon fast 20 m durchfallen. Daher können die Gesetze die freien Falles mit einfachen Mitteln nur dann einigermaßen genau nachgewiesen werden, wenn beträchtliche Fallhöhen zur Verfügung stehen. GALILEI, der die Fallgesetze 1590 entdeckte und 1604 genauer formulierte, benutzte für seine Fallversuche die einzelnen Stockwerke des bekannten schiefen Turms in Pisa.

28. Statisches Moment einer Kraft. Kräftepaare. Es sei $\mathfrak{k}$ eine an einem Körper in A angreifende Kraft, P ein beliebiger Punkt im Raum, $\mathfrak{r}$ der von P nach dem Angriffspunkt A weisende Fahrstrahl (Abb. 44). Dann heißt das Vektorprodukt (§ 10)

$$\mathfrak{N} = [\mathfrak{r}\,\mathfrak{k}] \tag{76}$$

das *statische Moment* der Kraft $\mathfrak{k}$ bezüglich des Punktes P. Sein Betrag ist nach § 10, Gl. (31)

$$N = r\,k \sin\gamma = r_0\,k, \tag{77}$$

wenn die Richtungen von $\mathfrak{r}$ und $\mathfrak{k}$ den Winkel γ einschließen, und wenn r_0 (Betrag $r_0 = r \sin\gamma$) der von P senkrecht auf die Wirkungslinie von $\mathfrak{k}$ weisende Fahrstrahl ist. Wir können den Fahrstrahl $\mathfrak{r}$ in die Vektoren $\mathfrak{r}_0$ senkrecht und $\mathfrak{r}'$ parallel zur Richtung von $\mathfrak{k}$ zerlegen, so daß $\mathfrak{r} = \mathfrak{r}_0 + \mathfrak{r}'$. Dann ist $\mathfrak{N} = [(\mathfrak{r}_0 + \mathfrak{r}')\,\mathfrak{k}] = [\mathfrak{r}_0\,\mathfrak{k}] + [\mathfrak{r}'\,\mathfrak{k}] = [\mathfrak{r}_0\,\mathfrak{k}]$, da $[\mathfrak{r}'\,\mathfrak{k}] = 0$ als Vektorprodukt zweier gleichgerichteter Vektoren. Statt Gl. (76) können wir demnach auch schreiben

$$\mathfrak{N} = [\mathfrak{r}\,\mathfrak{k}] = [\mathfrak{r}_0\,\mathfrak{k}]. \tag{78}$$

Der Vektor $\mathfrak{r}_0$ heißt der *Arm* der Kraft $\mathfrak{k}$ bezüglich des Punktes P. Aus Gl. (78) folgt, daß sich das statische Moment von $\mathfrak{k}$ bezüglich P bei einer Verschiebung des Angriffspunktes A längs der Wirkungslinie von $\mathfrak{k}$ nicht ändert.

Gemäß der *Schraubenregel* (§ 10) ist das statische Moment ein Vektor, der auf der durch die Vektoren $\mathfrak{r}$ und $\mathfrak{k}$ gelegten Ebene senkrecht steht, und der in diejenige Richtung weist, in der sich eine rechtsgängige Schraube bewegt, wenn man sie in dem Sinne dreht, der einer Drehung des Vektors $\mathfrak{r}$ in diejenige des Vektors $\mathfrak{k}$ entspricht (Abb. 45). Im Fall der Abb. 44 würde diese Drehung im Uhrzeigersinne erfolgen, so daß der Vektor $\mathfrak{M}$ senkrecht zur Zeichnungsebene nach hinten weist. Diese Festsetzung hat folgende anschauliche Bedeutung.

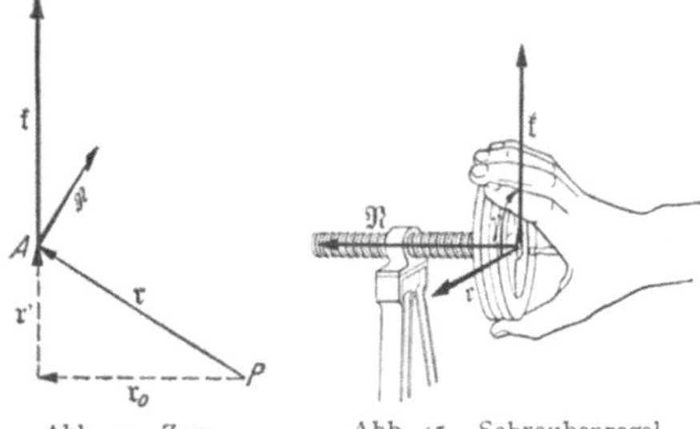

Abb. 44. Zum statischen Moment einer Kraft.

Abb. 45. Schraubenregel zum statischen Moment einer Kraft.

Die Kraft $\mathfrak{k}$ sucht ihren Angriffspunkt A in ihrer Richtung zu verschieben, und bei einer solchen Verschiebung dreht sich der vom festen Punkt P nach A weisende Fahrstrahl $\mathfrak{r}$ um eine durch P gehende Achse, die senkrecht zu der durch die Vektoren $\mathfrak{r}$ und $\mathfrak{k}$ gelegten Ebene ist. Je nach der Richtung von $\mathfrak{k}$ erfolgt die Drehung im einen oder anderen Sinne. Liegt P auf der Wirkungslinie von $\mathfrak{k}$, so findet bei einer Verschiebung des Angriffspunktes eine Drehung von $\mathfrak{r}$ nicht statt, und das statische Moment ist — Übereinstimmung mit Gl. (77) ($\sin \gamma = 0$, $r_0 = 0$) — gleich Null.

Die Bedeutung des statischen Moments für die Wirkung einer Kraft wird aus folgender Erfahrungstatsache deutlich. Abb. 46 zeigt einen um eine durch O gehende feste Achse drehbaren Körper. Es ist aus Symmetriegründen klar, daß Gleichgewicht besteht, wenn an ihm zwei gleich große, parallele Kräfte $\mathfrak{k}_1 = \mathfrak{k}_2$ in gleichen Abständen beiderseits von O angreifen. Nun zeigt ein einfacher Versuch, daß man die Kraft $\mathfrak{k}_1$ ohne Störung des Gleichgewichts durch eine ihr parallele Kraft $\mathfrak{k}_1/2$ ersetzen kann, die im Abstande $2\,\mathfrak{r}$ von O angreift, oder allgemein durch eine parallele Kraft $\mathfrak{k}_1/n$, die im Abstande $n\,\mathfrak{r}$ angreift. In allen diesen Fällen ist das statische Moment der Kraft bezüglich des Punktes O gleich groß und gleich $[\mathfrak{r}\,\mathfrak{k}_1]$.

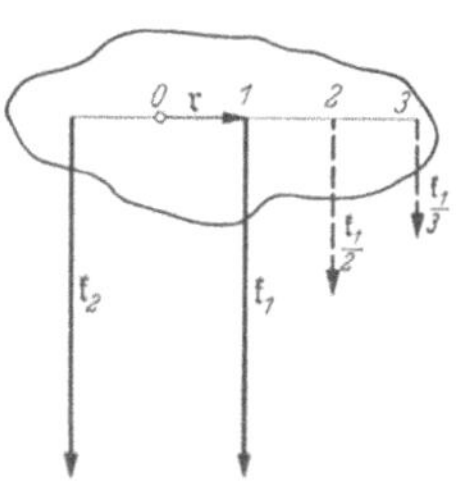

Abb. 46. Zur Bedeutung des statischen Moments einer Kraft.

Nunmehr betrachten wir ein *Kräftepaar* $\mathfrak{k}$, $-\mathfrak{k}$, also zwei gleich große, antiparallele Kräfte, deren Wirkungslinien nicht zusammenfallen (§ 15). Wie schon früher erwähnt, gibt es für ein solches keine resultierende Einzelkraft, und seine Wirkung ist von derjenigen einer Einzelkraft durchaus verschieden. Während eine Einzelkraft eine beschleunigte fortschreitende Bewegung (Translation) eines Körpers als Ganzes erzeugt, ruft ein an einem Körper angreifendes Kräftepaar eine beschleunigte Drehbewegung (Rotation) hervor. Es übt an ihm ein *Drehmoment* aus. Das Drehmoment eines Kräftepaares ist definiert als die Summe der statischen Momente der beiden Einzelkräfte des Kräftepaares. Es spielt bei beschleunigten Drehbewegungen die gleiche Rolle wie eine Einzelkraft bei der beschleunigten fortschreitenden Bewegung.

Es sei $\mathfrak{k}$, $-\mathfrak{k}$ (Abb. 47a) ein Kräftepaar, P ein beliebiger Punkt im Raum, der nicht in der Zeichnungsebene zu liegen braucht. $\mathfrak{r}_1$, $\mathfrak{r}_2$ seien die von P nach den Angriffspunkten von $\mathfrak{k}$, $-\mathfrak{k}$ weisenden Fahrstrahlen, $\mathfrak{r}$ der vom Angriffspunkt von $-\mathfrak{k}$ nach dem Angriffspunkt von $\mathfrak{k}$ weisende Fahrstrahl. Es ist $\mathfrak{r}_1 = \mathfrak{r}_2 + \mathfrak{r}$, also $\mathfrak{r} = \mathfrak{r}_1 - \mathfrak{r}_2$. Die statischen Momente der beiden Kräfte bezüglich P sind $\mathfrak{M}_1 = [\mathfrak{r}_1\,\mathfrak{k}]$ und $\mathfrak{M}_2 = [\mathfrak{r}_2\,(-\mathfrak{k})] = -[\mathfrak{r}_2\,\mathfrak{k}]$. Demnach beträgt ihre Vektorsumme, das Drehmoment des Kräftepaares,

$$\mathfrak{M} = [\mathfrak{r}_1\,\mathfrak{k}] - [\mathfrak{r}_2\,\mathfrak{k}] = [(\mathfrak{r}_1 - \mathfrak{r}_2)\,\mathfrak{k}] = [\mathfrak{r}\,\mathfrak{k}]. \tag{79a}$$

Demnach ist das Drehmoment des Kräftepaares gleich dem statischen Moment der Kraft $\mathfrak{k}$, bezogen auf den Angriffspunkt der Kraft $-\mathfrak{k}$, und unabhängig von der Lage des Bezugspunktes P. Ist $\mathfrak{r}_0$ der senkrechte Abstand der Wirkungslinien der beiden Kräfte (Abb. 47b), so ist entsprechend Gl. (78)

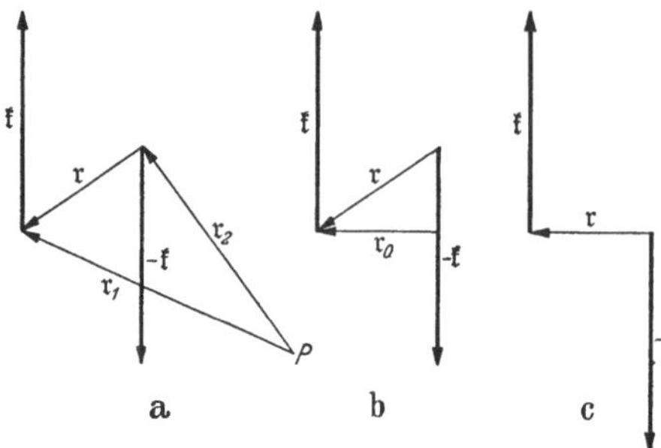

Abb. 47. Zum Drehmoment eines Kräftepaares.

$$\mathfrak{M} = [\mathfrak{r}\,\mathfrak{k}] = [\mathfrak{r}_0\,\mathfrak{k}]. \qquad (79\,\mathrm{b})$$

$\mathfrak{r}_0$ heißt der *Arm des Kräftepaares*. Da wir die Angriffspunkte der beiden Einzelkräfte des Kräftepaares längs ihrer Wirkungslinien beliebig verschoben denken können, ohne an der Wirkung der Kräfte etwas zu ändern, so können wir sie stets so zeichnen, daß $\mathfrak{r}$ senkrecht zu den Wirkungslinien steht, also $\mathfrak{r}$ mit $\mathfrak{r}_0$ identisch wird (Abb. 47c). Überhaupt können wir mit einem Kräftepaar jede Umformung vornehmen, die in einer Verschiebung des Angriffspunktes einer der beiden Kräfte oder beider Kräfte längs ihrer Wirkungslinien besteht (Abb. 48a u. b).

Die Maßeinheit des statischen Moments und des Drehmoments im CGS-System ist $1\ \mathrm{dyn}\cdot\mathrm{cm} = 1\ \mathrm{g}\cdot\mathrm{cm}^2\cdot\mathrm{sec}^{-2}$, im technischen Maßsystem $1\ \mathrm{kg}^*\cdot\mathrm{m}$.

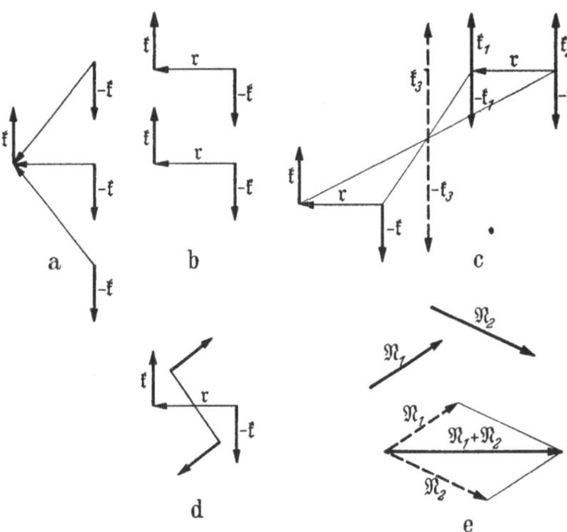

Abb. 48. Umformung, Drehung, Verschiebung und Addition von Kräftepaaren.

(Aber nicht etwa $1\ \mathrm{erg}$ bzw. $1\ \mathrm{mkg}^*$, wie es in der Technik manchmal geschieht. Denn dies sind Arbeitseinheiten. Die Arbeit ist das skalare, das statische und das Drehmoment aber das vektorielle Produkt einer gerichteten Strecke und einer Kraft. Es sind dies also ganz verschiedene physikalische Größen.)

Das Drehmoment ist wie das statische Moment ein Vektor, für den die Schraubenregel gilt. Es weist also in Abb. 47 senkrecht nach hinten, entsprechend der Drehung im Uhrzeigersinn, die das Kräftepaar zu erzeugen sucht.

Im folgenden benutzen wir den Kunstgriff, daß wir zu einem Kräftepaar zwei oder mehr Kräfte hinzugefügt denken, deren Wirkungen sich gegenseitig aufheben, so daß sie am gesamten Kräfteverhältnis nichts ändern (§ 15). Zwei gleich große, antiparallele Kräfte, die die gleiche Wirkungslinie haben, deren Drehmoment also $\mathfrak{M} = 0$ ist, wollen wir ein *Nullkräftepaar* nennen.

Zu einem Kräftepaar $\mathfrak{k}$, $-\mathfrak{k}$ (Abb. 48c) fügen wir an einer beliebigen Stelle im Raum (die Zeichnung ist räumlich zu denken) zwei Nullkräftepaare $\mathfrak{k}_1$, $-\mathfrak{k}_1$ und $\mathfrak{k}_2$, $-\mathfrak{k}_2$ hinzu, deren Wirkungslinien den gleichen Abstand haben wie diejenigen der Einzelkräfte des gegebenen Kräftepaares, und deren Kraftbeträge denen der Kräfte dieses Kräftepaares gleich sind. Nunmehr fassen wir die Kräfte $\mathfrak{k}$ und $\mathfrak{k}_2$ zur Einzelkraft $\mathfrak{k}_3 = 2\,\mathfrak{k}$ und die Kräfte $-\mathfrak{k}$ und $-\mathfrak{k}_1$ zur Einzelkraft $-\mathfrak{k}_3 = -2\,\mathfrak{k}$ zusammen. Diese bilden ein Nullkräftepaar und heben sich gegenseitig auf. Es bleiben also nur die Kräfte $\mathfrak{k}_1 = \mathfrak{k}$ und $-\mathfrak{k}_2 = -\mathfrak{k}$ wirksam, die ein dem ursprünglichen Kräftepaar völlig gleiches, aber ihm gegenüber parallel zu sich selbst verschobenes Kräftepaar bilden. Ein Kräftepaar darf also — im Gegensatz zu einer Einzelkraft — parallel zu sich selbst beliebig im Raum verschoben werden, ohne daß sich an seiner Wirkung etwas ändert.

Dreht man ein Kräftepaar in der durch die Wirkungslinien seiner Einzelkräfte gelegten Ebene um den Mittelpunkt seines Arms (Abb. 48d), so hat das offensichtlich auf Richtung und Betrag seines Drehmoments keinerlei Einfluß. Es ergibt sich also, daß man einem Kräftepaar jede beliebige Verschiebung und Drehung erteilen darf, bei der die durch die Wirkungslinien seiner Einzelkräfte gelegte Ebene ihre Richtung im Raum beibehält. Das heißt, für die Wirkung eines Kräftepaares kommt es einzig und allein auf den Betrag und die Richtung seines zu jener Ebene senkrechten Drehmomentvektors $\mathfrak{N}$ an. Wir dürfen diesen also unter Innehaltung seiner Richtung nicht nur, wie einen Kraftvektor, vorwärts und rückwärts verschoben denken, sondern auch parallel zu sich selbst. Die Freizügigkeit eines Drehmomentvektors ist also nur durch die Bedingung beschränkt, daß seine Richtung erhalten bleiben muß.

Hieraus folgt, daß man zwei oder mehrere Kräftepaare stets zu einem einzigen Kräftepaar addieren kann. Man braucht nur die ihre Drehmomente darstellenden und zuerst in beliebiger Lage gedachten Vektorpfeile $\mathfrak{N}_1$, $\mathfrak{N}_2$ (Abb. 48e) in einem beliebigen Raumpunkt unter Beibehaltung ihrer Richtungen mit ihren Schwanzenden zusammenzufügen und ihre Summe $\mathfrak{N}_1 + \mathfrak{N}_2$ nach den Gesetzen der Vektoraddition zu bilden.

Da es für die Wirkung eines Kräftepaares nur auf sein Drehmoment ankommt, so ist ein Kräftepaar mit den Einzelkräften $\mathfrak{k}$, $-\mathfrak{k}$ und dem Arm $\mathfrak{r}$ einem Kräftepaar mit den Einzelkräften $n\,\mathfrak{k}$, $-n\,\mathfrak{k}$ und dem Arm $\mathfrak{r}/n$ in jeder Hinsicht gleichwertig. Man kann also ein Kräftepaar ohne Änderung seiner Wirkung derart umformen, daß man seine Einzelkräfte im gleichen Verhältnis vergrößert oder verkleinert, wie man seinen Arm verkleinert oder vergrößert.

Nach § 21, Gl. (40b), ist die von einer Kraft k längs eines Weges ds geleistete Arbeit gleich $dA = k\,ds$. Handelt es sich um eine Kreisbewegung mit dem Radius r, so ist $ds = r\,d\varphi$ und $dA = r\,k\,d\varphi$. Da r und ds, also auch r und k aufeinander senkrecht stehen, so stellt $r\,k$ den Betrag eines Drehmoments N dar, und wir erhalten als Arbeit eines Drehmoments bei einer Drehung um den Winkel $d\varphi$

$$dA = N\,d\varphi = N\,u\,dt\,, \tag{80a}$$

wenn $u = d\varphi/dt$ die Winkelgeschwindigkeit ist. Die Leistung eines Drehmoments beträgt demnach

$$L = \frac{dA}{dt} = N\,u\,. \tag{80b}$$

Sind N und u nicht gleichgerichtet, so gilt allgemeiner $L = \mathfrak{N}\mathfrak{u}$. (Vgl. § 22.)

29. Feste Drehachse. Hebel. Ein Körper sei um eine in ihm und im Raum feste, senkrecht zur Zeichnungsebene durch A gehende Achse drehbar (Abb. 49), also um eine Achse, die eine feste Lage im Körper hat, und deren Lage im Raum durch feste Achsenlager bestimmt wird. An dem Körper greife eine Kraft $\mathfrak{k}$ an, deren Wirkungslinie in der Zeichnungsebene liegt und nicht durch A geht. Sie sucht den Körper in ihrer Richtung zu beschleunigen. Das aber wird durch die feste Lagerung der Achse verhindert. Sobald die Kraft zu wirken beginnt, ruft sie in der Achse eine Zwangskraft $\mathfrak{k}_z = -\mathfrak{k}$ hervor, die der Kraft $\mathfrak{k}$

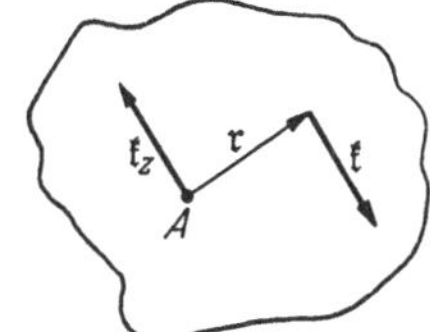

Abb. 49. Drehmoment bei fester Achse.

entgegen gerichtet und von gleichem Betrage wie diese ist, und deren Wirkungslinie durch A geht. Die Kräfte $\mathfrak{k}$ und $\mathfrak{k}_z$ bilden also ein Kräftepaar, das den Körper zu drehen sucht. Tatsächlich sind ja auch Drehungen um die Achse die einzigen Bewegungen, deren der Körper fähig ist. Sei $\mathfrak{r}$ der Arm der Kraft $\mathfrak{k}$ bezüglich A, so ist das von dem Kräftepaar erzeugte Drehmoment $\mathfrak{N}$ und sein Betrag N

$$\mathfrak{N} = [\mathfrak{r}\,\mathfrak{k}], \qquad N = r\,k, \tag{81}$$

da $\mathfrak{r}$ und $\mathfrak{k}$ aufeinander senkrecht stehen.

Abb. 49 ist ein Beispiel eines *Hebels*. Ein Hebel ist jeder Körper, der um eine Achse oder einen Punkt drehbar ist, dessen Lage durch äußere Bedingungen bestimmt ist. Es ist nicht nötig, daß ihre Lage im Hebel dauernd die gleiche sei. Sie kann sich auch bei einer Drehung des Hebels verändern. Man unterscheidet daher Hebel mit ortsfester und im Körper fester Achse und Hebel mit veränderlicher Achse. Ein Beispiel für das letztere ist das Brecheisen (Abb. 52), dessen Achse jeweils durch den Punkt geht, in dem sich Brecheisen und Unterlage berühren, und sich bei jeder Drehung verschiebt.

Wirkt an einem Hebel mit ortsfester Achse eine Kraft, deren Wirkungslinie nicht in einer zur Achse senkrechten Ebene liegt, so wird ihre zur Achse parallele Komponente durch Zwangskräfte in den Achsenlagern vollkommen aufgehoben. Es kommt also nur ihre Komponente zur Wirkung, die in einer zur Hebelachse senkrechten Ebene liegt.

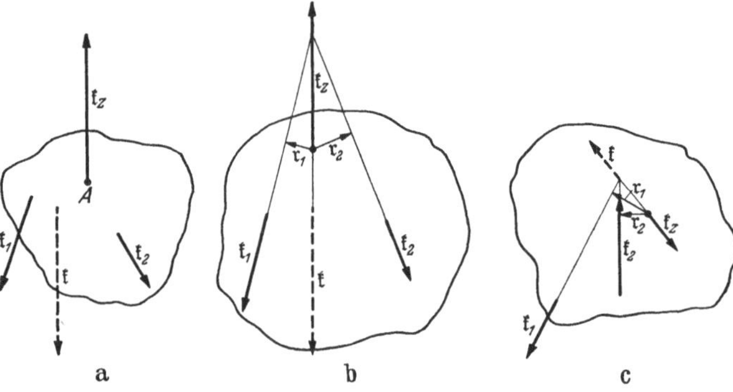

Abb. 50. Kräfte am Hebel.

Ein Hebel ist unter der Wirkung mehrerer an ihm angreifenden Kräfte $\mathfrak{k}_i$ nur dann im Gleichgewicht, wenn die Summe der Drehmomente $[\mathfrak{r}_i\,\mathfrak{k}_i]$, die sie zusammen mit den Zwangskräften an ihm erzeugen, verschwindet,

$$\Sigma\,\mathfrak{N}_i = \Sigma\,[\mathfrak{r}_i\,\mathfrak{k}_i] = 0. \tag{82}$$

Die Größen $[\mathfrak{r}_i\,\mathfrak{k}_i]$ sind die statischen Momente der angreifenden Kräfte bezüglich der Achse. Man kann daher die Gleichgewichtsbedingung auch so aussprechen: *Ein Hebel ist im Gleichgewicht, wenn die Summe der auf seine Achse bezogenen statischen Momente der an ihm angreifenden Kräfte verschwindet.*

Handelt es sich um zwei Kräfte $\mathfrak{k}_1$, $\mathfrak{k}_2$, deren Wirkungslinien in einer zur Achse senkrechten Ebene liegen, so besteht kein Gleichgewicht, wenn die Wirkungslinie ihrer Resultierenden $\mathfrak{k}$ nicht durch die Achse geht, sondern mit der Zwangskraft $\mathfrak{k}_z = -\mathfrak{k}$ ein Kräftepaar bildet (Abb. 50a). Nur wenn sie durch die Achse geht, wird sie durch die Zwangskraft vollkommen aufgehoben (Abb. 50b). Andernfalls besteht ein Drehmoment, das den Hebel zu drehen sucht. Im Falle des Gleichgewichts ist entsprechend Gl. (81)

$$\mathfrak{N}_1 = [\mathfrak{r}_1\,\mathfrak{k}_1] = -\,\mathfrak{N}_2 = -\,[\mathfrak{r}_2\,\mathfrak{k}_2] \tag{83a}$$

und für die Beträge der Drehmomente gilt

$$N_1 = r_1\,k_1 = N_2 = r_2\,k_2. \tag{83b}$$

Dieses Gesetz ist uns schon für den Sonderfall paralleler Kräfte aus § 15 (Abb. 25) bekannt.

Liegen bei einem Hebel, an dem zwei äußere Kräfte angreifen, die beiden Angriffspunkte auf verschiedenen Seiten der Wirkungslinie der Zwangskraft $\mathfrak{k}_z$, so nennt man den Hebel *zweiarmig* (Abb. 50b). Liegen sie auf der gleichen Seite, so heißt er *einarmig* (Abb. 50c).

30. Maschinen. Die Technik unterscheidet Kraftmaschinen und Arbeitsmaschinen. Die *Kraftmaschinen* wandeln die primär zur Verfügung stehende Energie in diejenige Energieform um, die für den jeweiligen Zweck benötigt wird. Hierhin gehören die Dampfmaschinen und alle sonstigen Motoren, die Generatoren für elektrische Energie usw. Die *Arbeitsmaschinen* setzen die ihnen von einer Kraftmaschine gelieferte Energie in die gewünschte Arbeit um, wie z. B. die Werkzeugmaschinen, Hebezeuge, Fahrräder, Nähmaschinen usw. Die der Kraftmaschine zugeführte primäre Energie kann potentielle Energie irgendwelcher Körper sein, insbesondere von Wasser, das innerhalb der Maschine von höherem zu tieferem Niveau sinkt und dabei potentielle Energie verliert. Sie kann auch kinetische Energie sein, z. B. von Wasser oder Luft (Wind). Bei den Dampfmaschinen ist die primäre Energie Wärmeenergie, die zunächst aus chemischer Energie von Brennstoffen gewonnen wird, bei den Elektromotoren elektrische Energie. Treibt ein Mensch oder ein Tier eine Maschine, so liefern die in seinem Körper ablaufenden chemischen Vorgänge die nötige Energie. Ein Mensch, der mit der Schreibmaschine schreibt oder auf dem Fahrrad fährt, wirkt als Kraftmaschine, die die Schreibmaschine oder das Fahrrad als Arbeitsmaschine betreibt.

Wir befassen uns hier nur mit den rein mechanischen Maschinen, also solchen, bei denen sowohl die zugeführte, wie die umgewandelte Energie bzw. die geleistete Arbeit, soweit sie nicht durch Reibung in Wärme verwandelt wird, rein mechanischer Natur ist. Ein besonderes Merkmal solcher Maschinen ist, daß sie bewegte (hin- und hergehende oder rotierende) Teile haben. Viele mechanische Maschinen dienen entweder der Änderung der potentiellen Energie (Hebung) oder der kinetischen Energie (Beschleunigung) von Körpern oder beidem zugleich. Andere dienen zur Überwindung aller möglichen Arten von Widerständen (z. B. Metall- und Holzbearbeitungsmaschinen). Jede Maschine muß gleichzeitig die nie vermeidbaren Reibungskräfte zwischen ihren bewegten Teilen und die Reibung am Außenmedium (Luft, Wasser) überwinden. Viele Maschinen dienen fast ausschließlich diesem Zweck, so die Maschinen der Fahrzeuge bei der Fahrt mit konstanter Geschwindigkeit auf horizontaler Bahn. Beim Anfahren leisten sie außerdem Beschleunigungsarbeit, auf ansteigender Bahn auch Hebungsarbeit.

Bei den mechanischen Maschinen tritt mechanische Energie an einer Stelle sozusagen ein und an einer anderen Stelle in verwandelter Gestalt wieder aus. Am Eingang leistet eine äußere Kraft *an der Maschine* Arbeit, am Ausgang wird *von der Maschine* eine Kraft ausgeübt, die an einem anderen Körper Arbeit leistet. So ist die Zuführung von Energie zur Maschine wie der Austritt von Energie aus ihr mit der Wirkung einer Kraft verknüpft. Die am Eingang auf die Maschine wirkende Kraft $\mathfrak{k}_1$ verschiebt einen Maschinenteil um den Weg $\Delta \mathfrak{r}_1$, und gleichzeitig verschiebt am Ausgang ein anderer Maschinenteil einen Körper mit einer Kraft $\mathfrak{k}_2$ um einen Weg $\Delta \mathfrak{r}_2$. Sofern innerhalb der Maschine keine mechanische Energie durch Reibung in Wärme verwandelt werden würde, müßte nach dem Energieprinzip die am Eingang *an* der Maschine geleistete Arbeit $\mathfrak{k}_1 \Delta \mathfrak{r}_1$ gleich der am Ausgang *von* der Maschine geleisteten Arbeit $\mathfrak{k}_2 \Delta \mathfrak{r}_2$ sein. Da aber Reibungsverluste unvermeidlich sind, so gilt

$$\mathfrak{k}_2 \, \Delta \mathfrak{r}_2 \leqq \mathfrak{k}_1 \, \Delta \mathfrak{r}_1 . \tag{84}$$

(Goldene Regel der Mechanik.) Wird durch die Maschine die primäre Kraft vergrößert, $\mathfrak{k}_2 > \mathfrak{k}_1$, so kann das nur durch einen entsprechenden Verlust an Verschiebungsweg, $\Delta \mathfrak{r}_2 < \Delta \mathfrak{r}_1$, erkauft werden. Wird z. B. eine Last mit einem Kran gehoben, an dem eine Kraft wirkt, die hundertmal kleiner ist als das Gewicht der Last, so muß — bei Ausschluß von Reibung — der Angriffspunkt der Kraft bei einer Hebung der Last um 1 m einen Weg von 100 m zurücklegen. Wegen der Reibungsverluste muß bei diesem Verhältnis der Wege die Kraft tatsächlich größer sein.

Die meisten Maschinen bezwecken eine *Änderung der Kraft*. Jedoch gehören zu den Maschinen auch Vorrichtungen, die eine *Änderung des Weges* bezwecken, z. B. die Uhrwerke, bei denen kleine Verschiebungen der treibenden Gewichte bzw. des Uhrfederendes in viel größere Wege des Uhrzeigerendes umgesetzt werden. Die beim Aufziehen aufgespeicherte und beim Ablaufen verschwindende mechanische Energie dient nur zur Überwindung von Reibungswiderständen.

Wegen der unvermeidlichen inneren Reibungsverluste ist das Verhältnis der von einer Maschine geleisteten Arbeit zu der für ihren Betrieb aufgewendeten Energie, ihr *Wirkungsgrad*, stets kleiner als 1 (100%). Je größer der Wirkungsgrad ist, um so wirtschaftlicher arbeitet die Maschine. Die Berechnung des Wirkungsgrades η einer Maschine geschieht also so, daß man die von ihr in 1 sec geleistete Arbeit, ihre Nutzleistung L_2 (§ 22), durch die ihr in 1 sec zugeführte Energie, die Primärleistung L_1, dividiert, $\eta = L_2/L_1$. Auf die Messung der Primärleistung, die je nach der Art der primären Energie auf sehr verschiedene Weisen ausgeführt wird, gehen wir hier nicht ein. Dagegen wollen wir zeigen, wie die mechanische Nutzleistung eines Motors mit dem PRONYschen *Zaum* gemessen wird. Auf die Achse des Motors werden zwei Bremsbacken gesetzt, die durch Schrauben mehr oder weniger fest angezogen werden können (Abb. 51). Mit den Backen ist eine Stange verbunden, an

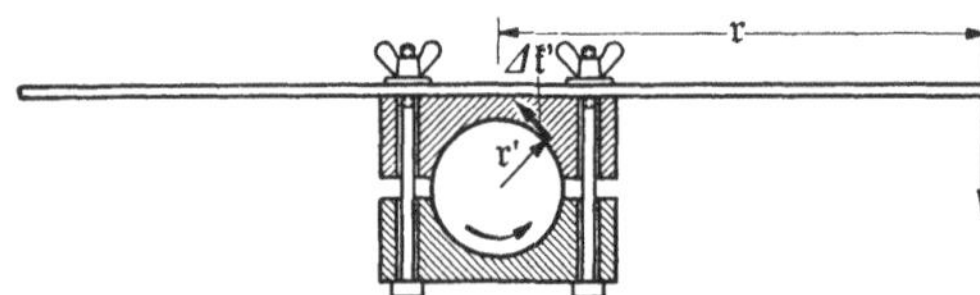

Abb. 51. Leistungsmessung mit dem PRONYschen Zaum.

deren Ende man eine Kraft $\mathfrak{k}$, z. B. ein bestimmtes Gewicht, wirken lassen kann, die ein Drehmoment $\mathfrak{N} = [\mathfrak{r}\,\mathfrak{k}]$ vom Betrage $N = r\,k$ um die Achse erzeugt. Der Motor wird in Drehung versetzt, und die Schrauben werden so angezogen, daß die Backen durch die Reibung an der Achse gerade nicht mitgenommen werden und der Zaum durch die Kraft $\mathfrak{k}$ gegen die Reibungskraft genau ins Gleichgewicht gebracht ist. An jedem Flächenelement der Backen wirkt eine Kraft $\varDelta\,\mathfrak{k}'$ am Arm $\mathfrak{r}'$ (Achsenradius) und erzeugt ein Drehmoment vom Betrage $\varDelta N' = r'\varDelta k'$. Da alle Reibungskräfte gleich große Arme haben, und da die von ihnen erzeugten Drehmomente sämtlich gleichgerichtet sind (ihre Drehmomentvektoren weisen in Abb. 51 sämtlich nach vorn), so beträgt das gesamte Drehmoment der Reibungskräfte $N' = \varSigma\,\varDelta N' = r'\varSigma\,\varDelta k'$. Bei Gleichgewicht müssen die beiden entgegengesetzten Drehmomente $\mathfrak{N}$ und $\mathfrak{N}'$ gleiche Beträge haben, $r\,k = r'\varSigma\,\varDelta k'$. Ist n die Drehzahl des Motors (§ 10), so legt jeder Punkt des Achsenumfangs in 1 sec den Weg $2\pi r'\,n$ zurück, und um den gleichen Betrag verschieben sich die Angriffspunkte aller Einzelkräfte $\varDelta k'$. Jede Einzelkraft leistet also in 1 sec die Arbeit $2\pi r'\,\varDelta k'\,n$, und die gesamte Nutzleistung des Motors gegen die Reibungskräfte beträgt also $L_2 = 2\pi r'\varSigma\,\varDelta k'\,n = 2\pi r\,k\,n$. Sie ist die gleiche, wenn der Motor bei gleicher Drehzahl nicht, wie bei der Messung, Arbeit gegen Reibungskräfte leistet, sondern gegen die im praktischen Betriebe tatsächlich zu überwindenden Kräfte.

Bei Maschinen mit großen hin- und hergehenden, also ständig beschleunigten Teilen treten an diesen große Trägheitskräfte auf, die die Fundamente stark beanspruchen, sofern dies nicht durch einen Kunstgriff, den *Massenausgleich*, verhindert wird. Man baut die Maschine derart, daß die Beschleunigungen ihrer einzelnen Teile einander entgegengerichtet und so bemessen sind, daß die einzelnen Trägheitskräfte sich gegenseitig aufheben.

31. Die einfachen Maschinen. Man kann die einzelnen Elemente, aus denen eine Maschine besteht, auf gewisse Grundtypen, die *einfachen Maschinen*, zurückführen, und zwar solche vom Typus des *Hebels* und solche vom Typus der *schiefen Ebene*.

Hebel finden wir in den mannigfachsten Anwendungsarten und Gestalten, sei es zur Hebung von Lasten oder zur Überwindung anderer Widerstände. Meistens dienen sie dazu, eine verfügbare Kraft, z. B. die menschliche Muskelkraft, zu vergrößern. In diesem Sinne finden wir sie verwendet bei den Pumpenschwengeln, den Steuerrudern der Schiffe, dem Lenkrad der Kraftfahrzeuge, den Pedalen und Bremsen der

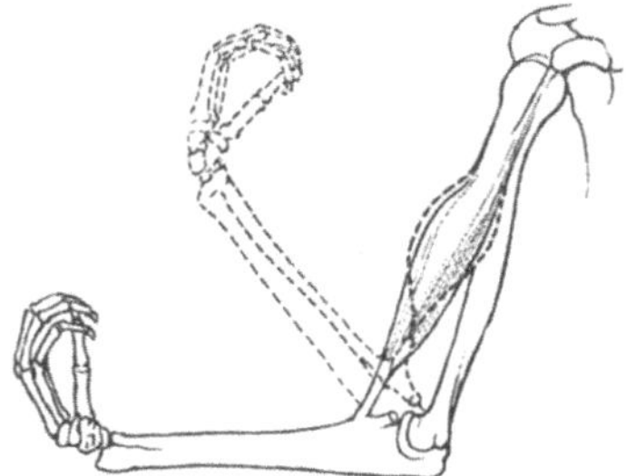

Abb. 52. Brecheisen.

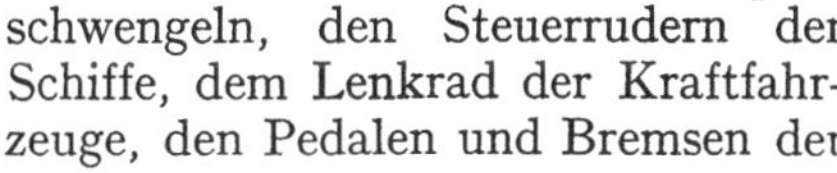

Abb. 53. Der menschliche Arm als Hebel.

Fahrräder, den Klaviaturen der Klaviere usw. Ein sehr einfacher Hebel ist das Brecheisen, dessen Wirkung aus Abb. 52 ohne weiteres ersichtlich ist. Sehr viele Werkzeuge des Handwerks sind ein- oder zweiarmige Hebel, so die Zangen und Scheren. Die Schubkarre ist ein einarmiger Hebel, dessen Drehpunkt in der Radachse liegt. Oft haben Hebel die Gestalt von Rädern, z. B. als Handgriffe zur Betätigung von Ventilen. Ein Hebel dieses Typus ist auch das Wellrad, wie man es z. B. an Brunnen findet. Hebel sind ferner die Glieder der menschlichen und tierischen Körper (Abb. 53).

Zu den Hebeln gehören auch die *Rollen*, die als feste und bewegliche Rollen vorkommen. Eine feste Rolle besteht aus einem um eine feste Achse drehbaren Rad, über dessen Kranz ein Seil, ein Riemen oder eine Kette läuft (Abb. 54). Sie ist im Gleichgewicht, wenn an den beiden Enden des Seils gleich große Kräfte $\mathfrak{k}_1$ und $\mathfrak{k}_2$ angreifen. Ihnen wird durch die in der Achse der Rolle auftretende Zwangskraft $\mathfrak{k}_z$ das Gleichgewicht gehalten. Feste Rollen dienen meist dazu, die Richtung einer Kraft (der Zugkraft im Seil) zu ändern oder drehende Bewegungen von einer Achse auf eine andere zu übertragen (Transmissionen). Eine Änderung des Betrages der Kraft bewirken sie nicht. Bewegliche Rollen bilden einen Bestandteil der Flaschenzüge. Abb. 55 zeigt einen einfachen Flaschenzug, der aus einer festen und einer beweglichen Rolle besteht. Bei Gleichgewicht ist das Seil in seiner ganzen Länge gleich stark gespannt, und es herrscht in ihm überall die gleiche Zugkraft. Wenn daher am freien Seilende eine Kraft $\mathfrak{k}$ wirkt, so wird die bewegliche Rolle mit der Kraft $-2\mathfrak{k}$ nach oben gezogen, und diese Kraft kann einer an der beweglichen Rolle nach unten wirkenden Kraft $2\mathfrak{k}$ das Gleichgewicht halten. (Das Gewicht der Rolle ist in die Kraft $2\mathfrak{k}$ einbegriffen; vom Gewicht des Seiles ist abgesehen.) Das Gleichgewicht des ganzen Flaschenzuges wird durch die im Aufhängepunkt der festen Rolle erzeugte Zwangskraft $-2\mathfrak{k}$ und durch die Zwangskraft $-\mathfrak{k}$ am befestigten Seilende bewirkt, die zusammen die Kräfte $\mathfrak{k}$ und $2\mathfrak{k}$ aufheben. (Die Seilspannungen sind nur innere Kräfte des Systems.) Mit Hilfe des einfachen Flaschenzuges

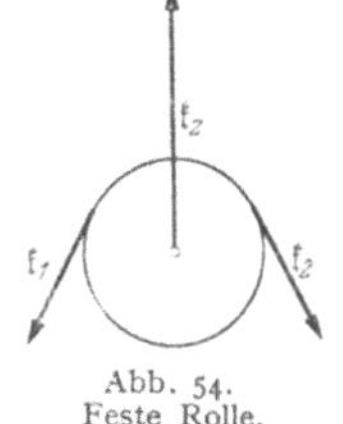

Abb. 54. Feste Rolle.

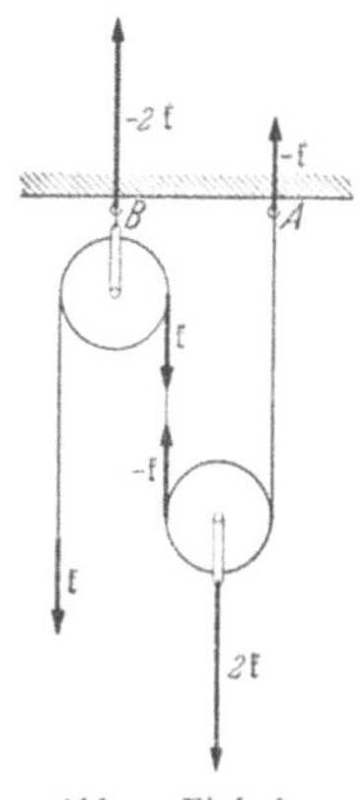

Abb. 55. Einfacher Flaschenzug.

vermag eine Kraft $\mathfrak{k}$ gegen die Kraft $2\mathfrak{k}$ Arbeit zu leisten, also z. B. eine Last vom Gewicht $2\mathfrak{k}$ zu heben. Wie man leicht sieht, beträgt die Hebung der Last nur die Hälfte der Senkung des Angriffspunktes von $\mathfrak{k}$.

Auch die Zahnräder gehören zum Hebeltypus. Das in Abb. 56 dargestellte Zahnradsystem ist unter den verzeichneten Kräfte- und Radienverhältnissen im Gleichgewicht. Die an der Kurbel am Arm 35 cm angreifende Kraft 15 kg* erzeugt am kleinen Zahnrad am Arm 5 cm eine Kraft von 105 kg* ($35 \cdot 15 = 5 \cdot 105$). Die auf das große Zahnrad am Arm 20 cm bei Z angreifende Kraft

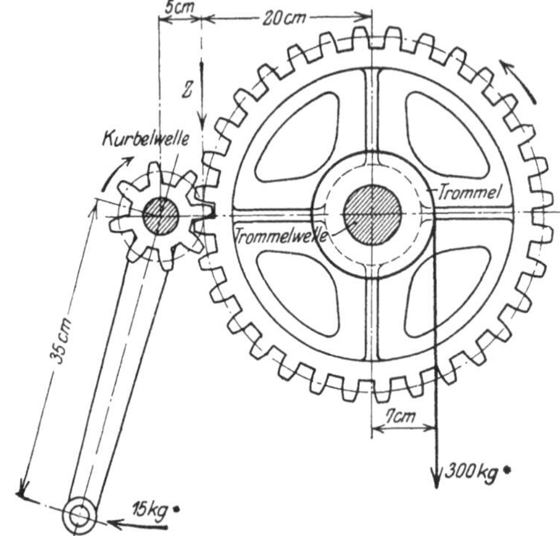

Abb. 56. Zahnräder als Hebel.

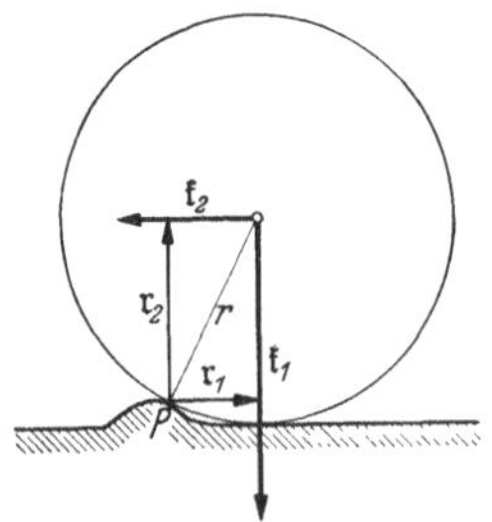

Abb. 57. Wirkung der Wagenräder.

105 kg* hält der an der Welle am Arm 7 cm angreifenden Kraft 300 kg* das Gleichgewicht ($20 \cdot 105 = 7 \cdot 300$). Man berechnet leicht, daß wenn der Angriffspunkt der Kraft 15 kg* durch Drehen der Kurbel in Richtung der Kraft um die Strecke s verschoben wird, der Angriffspunkt der 20mal größeren Kraft 300 kg* um die Strecke $s/20$ gehoben wird. Es ist also, dem Energieprinzip entsprechend, die *an* der Maschine geleistete Arbeit gleich der *von* ihr geleisteten Arbeit. (Dabei haben wir von Reibungswiderständen abgesehen.)

Ein Wagen überwindet die Unebenheiten eines Weges um so leichter, je größere Räder er hat. Damit sich in Abb. 57 der Wagen nach links bewegt, muß sich das Rad um den Punkt P drehen. Damit das möglich ist, muß die Zugkraft $\mathfrak{k}_2$ ein mindestens ebenso großes Drehmoment $\mathfrak{M}_2 = [\mathfrak{r}_2 \mathfrak{k}_2]$ (Betrag $r_2 k_2$) um den Punkt P erzeugen, wie das entgegengesetzt gerichtete Drehmoment $\mathfrak{M}_1 = [\mathfrak{r}_1 \mathfrak{k}_1]$ (Betrag $r_1 k_1$) der vom Wagengewicht herrührenden Kraft $\mathfrak{k}_1$. Es muß also mindestens $k_2 = r_1 k_1/r_2$ sein. Die Zugkraft kann also um so kleiner sein, je größer r_2, also je größer der Radius r des Rades ist. (Ein weiterer Vorzug großer Räder besteht darin, daß sie sich bei gleicher Fahrgeschwindigkeit langsamer drehen, so daß die Achsenreibung geringer ist.)

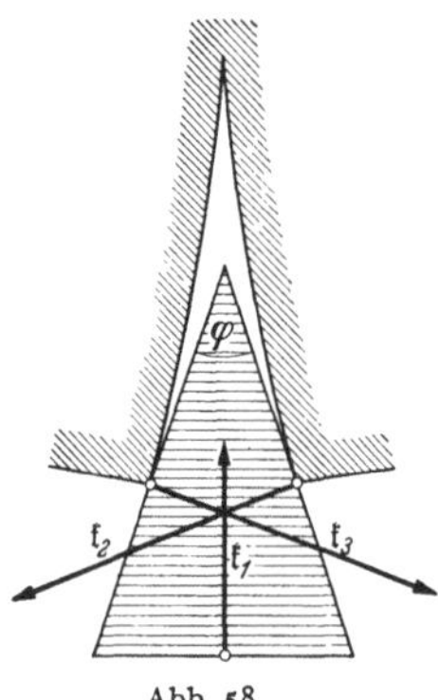

Abb. 58.
Schema der Keilwirkung.

Einfache Maschinen vom Typus der schiefen Ebene (im allgemeinen Sinne, § 16) sind der Keil und die Schraube. Beim Keil (Abb. 58) hält die treibende Kraft $\mathfrak{k}_1$ den am Hindernis hervorgerufenen Zwangskräften $\mathfrak{k}_2$, $\mathfrak{k}_3$ das Gleichgewicht. Man berechnet leicht, daß bei einem Keilwinkel φ $k_2 = k_3 = \frac{1}{2} k_1/\sin \varphi/2$ ist. Bei kleinem Keilwinkel können also mit einer gegebenen Kraft $\mathfrak{k}_1$ viel größere Gegenkräfte überwunden werden, als bei größerem Keilwinkel. Beim Holzspalten mit einer Axt besteht die Kraft $\mathfrak{k}_1$ in der Trägheitskraft der als Keil wirkenden bewegten Axt. Auf einer Keilwirkung beruht auch die schneidende Wirkung der Messer.

Eine Schraube ist eine wendelförmig aufgewickelte schiefe Ebene. Am Schraubenkopf wirke eine Kraft vom Betrage k_1 am Arm r. Die Ganghöhe der Schraube sei s, und sie arbeite gegen ein Hindernis, das eine Kraft vom Betrage k_2 gegen die Schraube ausübt. Bei einer vollen Umdrehung legt der Angriffspunkt der Kraft k_1 den Weg $2\pi r$ zurück. Die Kraft k_1 leistet also die Arbeit $2\pi r k_1$. Nach dem Energieprinzip muß dies gleich der gegen die Gegenkraft k_2 geleisteten Arbeit sein. Da sich deren Angriffspunkt um die Ganghöhe s verschoben hat, so beträgt diese Arbeit $k_2 s$. Demnach ist $k_2 = 2\pi r k_1/s$. Die Kraft k_1 überwindet daher an der Schraube eine um so größere Kraft k_2, je länger der Arm r ist, an dem sie angreift, und je kleiner die Ganghöhe s der Schraube ist.

32. Waagen. Die Waagen dienen dazu, die Masse von Körpern aus ihrem Gewicht zu bestimmen. Die meisten, insbesondere die genauen Waagen für wissenschaftliche Zwecke, beruhen auf dem Hebelprinzip. Wir wollen hier nur die in der Physik und Chemie meist gebrauchte Form, die chemische oder Analysenwaage, näher betrachten. Ihr Hauptteil ist der Waagebalken (Abb. 59). Er besitzt in seiner Mitte eine fein geschliffene Schneide aus Achat, mit der er bei Gebrauch auf einer horizontalen Platte aus Achat oder Stahl aufliegt, und die seine Drehachse bildet. Nach Gebrauch wird der Waagebalken zur Schonung der Schneide mit einer

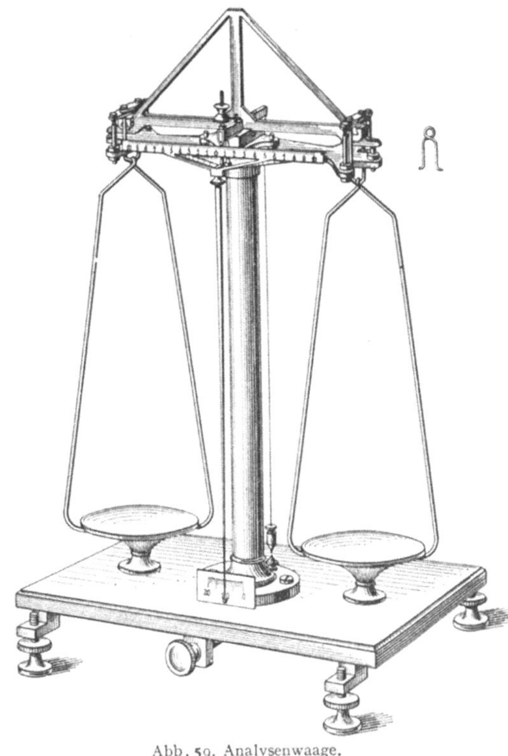

Abb. 59. Analysenwaage.

Arretiervorrichtung von der Unterlage abgehoben. In möglichst gleichen Abständen von der Schneide hängen an den beiden Enden des Waagebalkens — meist ebenfalls auf Schneiden — die beiden Waagschalen. Zur Ablesung der Stellung des Waagebalkens dient ein auf einer Skala spielender Zeiger. Der Waagebalken trägt ein vertikal verschiebbares Schräubchen, das dazu dient, seinen Schwerpunkt zur Regelung der Empfindlichkeit höher oder tiefer zu legen (s. u.), und ein horizontal verschiebbares Schräubchen zur horizontalen Verschiebung des Schwerpunktes.

Das Wägungsverfahren, auf dessen Einzelheiten wir nicht näher eingehen wollen, besteht darin, daß man nach Auflegen des zu wägenden Körpers auf die eine Waagschale den Waagebalken durch Auflegen von Massennormalen („Gewichten") auf die andere Schale möglichst genau wieder in die Stellung bringt, die er im unbelasteten Zustand einnahm. Massennormale von weniger als 10^{-2} g (1 cg) werden gewöhnlich nicht verwendet. Die Waage läßt aber eine erheblich genauere Massenmessung zu. Hierzu dient der Reiter (Abb. 59 oben), der auf die Teilstriche einer am Waagebalken angebrachten

Skala gesetzt werden kann, die die wirksame Hebellänge des Balkens in 10 gleiche Teile teilt. Die Masse des Reiters beträgt 10^{-2} g (1 cg). Befindet er sich auf dem 10. Teilstrich, also in der gleichen Entfernung von der Balkenmitte, wie die Aufhängung der Waagschale, so übt sein Gewicht das gleiche Drehmoment aus, als wenn 10^{-2} g = 10 mg auf der Waagschale lägen. Auf dem n. Teilstrich hat er die gleiche Wirkung wie n mg auf der Waagschale. Auf diese Weise kann die Masse auf 1 mg genau ermittelt werden. Aber eine gute Waage zeigt noch kleinere Unterschiede an. Man schließt deshalb die Masse des zu wägenden Körpers zwischen zwei Werte ein, die sich um 1 mg unterscheiden, liest die zugehörigen Zeigerausschläge ab und ermittelt die Bruchteile von 1 mg durch Interpolation. Genaue Wägungen werden stets bei schwingender Waage angestellt. Die Einstellung, die die Waage einnehmen würde, wenn sie zur Ruhe kommt, wird durch geeignete Mittelwertbildung aus den Umkehrpunkten des Zeigers berechnet.

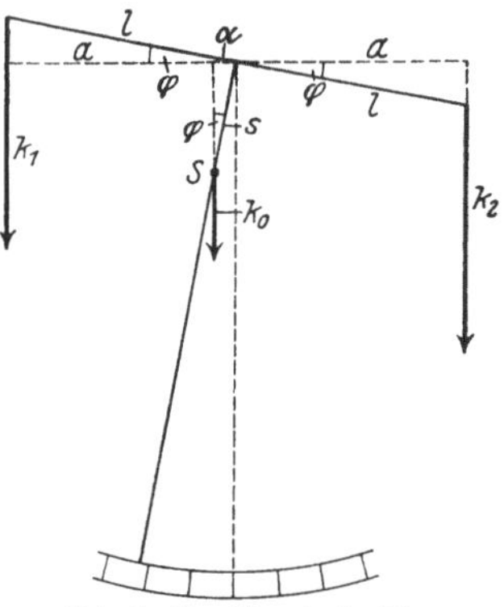

Abb. 60. Zur Theorie der Waage.

Die Waage ist ein *dreiarmiger Hebel*, denn außer der Zwangskraft in der Schneide greifen am Waagebalken drei Kräfte an und erzeugen drei Drehmomente, nämlich die beiden einander ganz oder nahezu gleichen, entgegengesetzt gerichteten Drehmomente, die die Gewichte der Waagschalen und der auf ihnen liegenden Körper erzeugen, und das vom Eigengewicht des Waagebalkens herrührende Drehmoment. Das Eigengewicht des Waagebalkens (nebst Zeiger) können wir uns in seinem Schwerpunkt angreifend denken. Dieser muß unterhalb der Schneide liegen, damit ein stabiles Gleichgewicht möglich ist. Das vom Gewicht des Waagebalkens herrührende Drehmoment verschwindet nur in der Nullstellung, d. h. wenn der Balkenschwerpunkt senkrecht unterhalb der Schneide liegt. Dann besteht (genaue Gleicharmigkeit der Waage vorausgesetzt) Gleichgewicht, wenn der Balken auf beiden Seiten gleich stark belastet ist.

Es sei l die Länge der wirksamen Hebelarme des Balkens, S sein Schwerpunkt, s dessen Abstand von der Mittelschneide (Abb. 60). Das im Schwerpunkt S angreifende Balkengewicht betrage k_0. Am linken Hebelarm wirke die eine belastete Waagschale mit einer Kraft vom Betrage k_1, am rechten Hebelarm die andere Schale mit der etwas größeren Kraft $k_2 = k_1 + \Delta k$. Die Waage steht dann unter einem Winkel φ gegen diejenige Lage ein, bei der $k_1 = k_2$, die Waage also auf beiden Seiten gleich belastet ist. Die Arme der Kräfte k_1 und k_2 betragen dann $a = l \cos \varphi$. Der Arm der Kraft k_0 beträgt $\alpha = s \sin \varphi$. Nach dem Hebelgesetz besteht Gleichgewicht, wenn

$$k_1 a + k_0 \alpha = k_2 a \quad \text{oder} \quad k_1 l \cos \varphi + k_0 s \sin \varphi = k_2 l \cos \varphi.$$

Hieraus folgt

$$\operatorname{tg} \varphi = \frac{k_2 - k_1}{k_0} \frac{l}{s} = \frac{\Delta k}{k_0} \frac{l}{s}.$$

Bei gegebener Differenz Δk der Gewichte k_1 und k_2 ist der Ausschlagswinkel φ um so größer, je größer die Balkenlänge l und je kleiner der Schwerpunktsabstand s ist, und um so größer ist dann die *Empfindlichkeit* der Waage. Denn je größer der Ausschlag ist, den eine bestimmte Gewichtsdifferenz erzeugt, um so kleinere Gewichtsdifferenzen werden von der Waage noch beobachtbar angezeigt.

Einer beliebigen Steigerung der Empfindlichkeit durch Vergrößerung von l und Verkleinerung von s, die hiernach möglich schiene, sind jedoch Grenzen gesetzt. Denn jede Änderung an der Waage, die ihre Empfindlichkeit steigert, vergrößert zwangsläufig ihre Schwingungsdauer und verringert ihre Stabilität. Dadurch wird nicht nur das Arbeiten mit der Waage schließlich allzu zeitraubend, sondern die Waage wird vor allem zu empfindlich gegen unvermeidliche Störungen (Erschütterungen usw.), die die Genauigkeit der Wägung beeinträchtigen. Neuere Waagen haben meist ziemlich kurze Balken.

Bei einer genauen *absoluten Wägung* darf niemals völlige Gleicharmigkeit des Balkens vorausgesetzt werden. Die beiden Balkenhälften können schon infolge kleiner Temperaturunterschiede ein wenig verschieden lang sein. Man trägt dem durch eine Doppelwägung Rechnung, d. h. man stellt zwei Wägungen an, bei denen der zu wägende Körper einmal auf der einen, dann auf der anderen Schale liegt, und nimmt das Mittel aus den beiden Ergebnissen. Ferner ist auch der Auftrieb, den der zu wägende Körper und die Gewichtsstücke in der Luft erleiden (§ 69), zu berücksichtigen, und der Fehler ist durch Rechnung zu beheben. (Vgl. WESTPHAL, Physikalisches Praktikum", 2. Aufl., 8. u. 9. Aufg.)

33. Zentripetalkraft und Zentrifugalkraft. Ein auf einer Kreisbahn rotierender Massenpunkt erfährt nach § 10 [Gl. (37) und (38)] eine dauernde *Zentripetalbeschleunigung* $\mathfrak{b}_r = [\mathfrak{u}\mathfrak{v}] = -\mathfrak{r}\,u^2$ in Richtung auf den Kreismittelpunkt. Um diese Beschleunigung zu bewirken, also die Kreisbewegung aufrechtzuerhalten, muß eine ebenfalls dauernd auf den Kreismittelpunkt hin gerichtete Kraft, eine *Zentripetalkraft*,

$$\mathfrak{f} = m\,\mathfrak{b}_r = m\,[\mathfrak{u}\,\mathfrak{v}] = -\,m\,\mathfrak{r}\,u^2 \tag{85}$$

an dem Massenpunkt angreifen, deren Betrag

$$k = m\,b_r = m\,r\,u^2 = \frac{m\,v^2}{r} \tag{86}$$

ist. Das kann die Zugkraft in einem Faden oder einer sonstigen festen Verbindung des Massenpunktes mit dem Kreismittelpunkt sein oder die Massenanziehung, wie bei der kreisenden Bewegung der Planeten um die Sonne, eine elektrische Anziehung usw.

Die Zentripetalkraft steht bei der Kreisbewegung, wie die Zentripetalbeschleunigung, senkrecht zur Richtung der Geschwindigkeit, also zu den einzelnen Bahnelementen $d\mathfrak{r}$. Demnach leistet die Zentripetalkraft an dem rotierenden Massenpunkt keine Arbeit (§ 21). Sie bewirkt keine Änderung seiner kinetischen Energie, sondern nur eine ständige Änderung der Richtung seiner Geschwindigkeit.

Der radial nach dem Drehungszentrum hin gerichteten, von ihm ausgehenden und am rotierenden Massenpunkt angreifenden Zentripetalkraft $-m\,\mathfrak{r}\,u^2$ entspricht nach dem Wechselwirkungsgesetz eine entgegengesetzt, also radial nach außen gerichtete, gleich große, vom Massenpunkt ausgehende und am Drehungszentrum angreifende Gegenkraft $\mathfrak{f}' = -\,\mathfrak{f} = -\,m\,\mathfrak{b}_r = +\,m\,\mathfrak{r}\,u^2$, die das Drehungszentrum radial nach außen zu ziehen sucht. Diese Kraft fühlt man deutlich, wenn man einen Körper an einer Schnur im Kreise herumschleudert. Sie erweckt den Eindruck, als strebe der rotierende Körper infolge einer an ihm angreifenden Kraft radial nach außen und heißt deshalb *Zentrifugalkraft*. Tatsächlich greift sie nicht am rotierenden Massenpunkt an, sondern geht von ihm aus und greift am Drehungszentrum an. Sobald die Zentripetalkraft zu wirken aufhört, verschwindet auch ihre Gegenkraft, die Zentrifugalkraft. Läßt man die Schnur los, die einen rotierenden Körper mit dem Drehungszentrum verbindet, so bewegt sich der Körper nicht etwa in Richtung der Zentrifugalkraft radial nach außen, sondern er fliegt auf Grund seiner Trägheit nunmehr tangential zu seiner bisherigen Bahn in derjenigen Richtung und mit der Geschwindigkeit weiter, die er im Augenblick des Verschwindens der Zentripetalkraft hatte.

Abb. 61 stellt die Kräfteverhältnisse bei der Rotation eines Massenpunktes m dar. Am Massenpunkt greift, vom Drehungszentrum A ausgehend, die radial nach innen gerichtete Zentripetalkraft $\mathfrak{k} = -m\,\mathfrak{r}\,u^2$ an, am Drehungszentrum, vom rotierenden Massenpunkt ausgehend, die Zentrifugalkraft $\mathfrak{k}' = -\mathfrak{k} = +m\,\mathfrak{r}\,u^2$.

Wird ein Körper in der Luft an einem Faden im Kreise herumgeschleudert, so muß zur Aufrechterhaltung der Bewegung Arbeit gegen die Luftreibung geleistet werden. Es muß also, außer der Zentripetalkraft, noch eine in Richtung der jeweiligen Geschwindigkeit am Körper angreifende, zur Kreisbahn tangentiale Kraftkomponente $\mathfrak{k}_s$ vorhanden sein. Dies wird durch die jedermann geläufige kreisende Handbewegung erreicht (Abb. 62). Der Faden liegt tangential zu dem von der Hand beschriebenen Kreise und überträgt auf den rotierenden Körper eine Kraft $\mathfrak{k}$, deren radiale Komponente die Zentripetalkraft $-m\,\mathfrak{r}\,u^2$ liefert, und deren tangentiale Komponente $\mathfrak{k}_s$ Verschiebungsarbeit gegen die Reibung leistet.

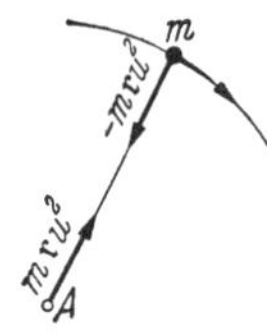

Abb. 61. Zentripetalkraft und Zentrifugalkraft.

Ist die rotierende Masse ein räumlich ausgedehnter Körper, so können die von seinen einzelnen Massenelementen ausgehenden Zentrifugalkräfte nach den Gesetzen der Vektoraddition zusammengefaßt werden. Im allgemeinen ergibt sich dann eine resultierende Einzelkraft und ein Kräftepaar (§ 13).

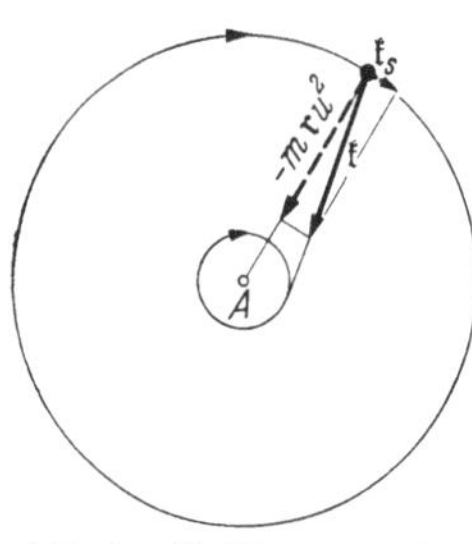

Abb. 62. Kreisbewegung im reibenden Medium.

Wir haben bisher die Kräfteverhältnisse bei der Kreisbewegung so dargestellt, wie sie einem Beobachter erscheinen, der sich außerhalb des rotierenden Systems in Ruhe befindet. Nunmehr wollen wir uns auf den Standpunkt eines Beobachters stellen, der selbst dem rotierenden System angehört und mit ihm rotiert. In dieser Lage befinden wir uns z. B. selbst bei der Beobachtung der Wirkung der Erddrehung auf irdische Körper. Eine Rotation ist eine beschleunigte Bewegung, und der Übergang vom Standpunkt des ruhenden Beobachters zu dem des mitrotierenden Beobachters bedeutet demnach den Übergang von einem Inertialsystem zu einem beschleunigten Bezugssystem (§ 18). Die neue Betrachtungsweise wird sich demnach von der obigen durch das Auftreten von *Trägheitskräften* an den Körpern des rotierenden Systems unterscheiden.

Der Einfachheit halber betrachten wir als rotierendes System eine ebene, in ihrer Ebene rotierende Scheibe, auf der Körper verteilt sind. Nehmen diese an der Rotation teil, so befinden sie sich für einen mitrotierenden Beobachter, in einem mitrotierenden Koordinatensystem, in Ruhe, wie für uns ein Haus auf der rotierenden Erde. Nun bemerkt aber dieser Beobachter sehr wohl, daß nur solche Körper sich in seinem Bezugssystem in Ruhe befinden, die durch eine Kraft festgehalten werden, die der Zentripetalkraft entspricht. Andernfalls führen sie relativ zu seinem Bezugssystem eine beschleunigte Bewegung aus (s. u.). Er stellt fest, daß die Wirkungslinien dieser Kräfte sich sämtlich in einem Punkt der Scheibe schneiden, und daß die Kräfte alle auf diesen Punkt hin gerichtet sein müssen, nämlich auf den Durchstoßpunkt der Drehachse durch die Scheibe. Für ihn ist dieser Punkt — sofern er ihn nicht durch Beobachtung der Außenwelt in diesem Sinne zu deuten vermag — einzig als Schnittpunkt dieser Wirkungslinien ausgezeichnet. Da jeder Körper, der nicht durch eine solche Kraft im rotierenden System in Ruhe gehalten wird, sich relativ zu dem System beschleunigt von jenem Punkt fortbewegt, so wird er dies der Wirkung einer Kraft $\mathfrak{k}'$ zuschreiben (Abb. 63), die an allen Körpern seines Systems angreift und sie, wie eine Abstoßungskraft, radial von jenem Punkte wegzutreiben sucht. Für ihn ist also die Zentrifugalkraft eine an den mitrotierenden Körpern selbst angreifende, vom Drehungszentrum weg gerichtete Kraft. Sollen die Körper trotzdem in seinem System in Ruhe verharren, so muß die Zentrifugalkraft $\mathfrak{k}'$ durch eine gleich große, entgegengesetzt gerichtete Zentripetalkraft $\mathfrak{k}$ aufgehoben werden. Die Zentrifugalkraft ist also eine den Körpern eines rotierenden Systems eigentümliche Trägheitskraft.

Der mitrotierende Beobachter wird ferner feststellen, daß die Zentrifugalkräfte erstens den Massen m der mitrotierenden Körper, zweitens ihren Abständen $\mathfrak{r}$ von jenem Zentrum proportional sind. Er findet also die Beziehung $\mathfrak{k}' = \text{const} \cdot m\,\mathfrak{r}$. Die Konstante ist tatsächlich das Quadrat u^2 der Winkelgeschwindigkeit seines Bezugssystems [Gl. (85)]. Dem mitrotierenden Beobachter erscheint sie wie eine seinem Bezugssystem eigentümliche Naturkonstante — etwa analog zur allgemeinen Gravitationskonstante (§ 45) —, für die er ohne eine Einsicht von der Rotation seines Bezugssystems eine nähere Erklärung nicht zu geben vermöchte.

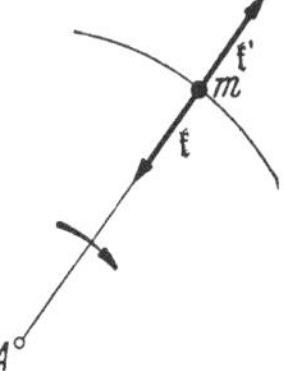

Abb. 63. Zentripetalkraft und Zentrifugalkraft im mitrotierenden System.

Wir wollen noch zeigen, daß im rotierenden System ein frei beweglicher, also nicht durch eine Zentripetalkraft festgehaltener Körper tatsächlich eine radiale Zentrifugalbeschleunigung vom Betrag $b_r = r\,u^2$, einer Zentrifugalkraft vom Betrage $m\,r\,u^2$ entsprechend, erfährt. Ein Körper befinde sich anfänglich im Abstande r vom Drehungszentrum relativ zum mitrotierenden Bezugssystem in Ruhe, indem er durch eine Zentripetalkraft festgehalten wird (Abb. 64). Zur Zeit $t = 0$ verschwinde die Zentripetalkraft. Da der Körper völlig frei beweglich sein soll, also vom rotierenden System aus keine Kräfte auf ihn übertragen werden, so bewegt er sich nunmehr, von einem ruhenden System aus beurteilt, in seiner momentanen Richtung mit der Geschwindigkeit $v = r\,u$ tangential zu seiner bisherigen Kreisbahn geradlinig und gleichförmig weiter. Dabei wächst sein Abstand vom Drehungszentrum, den wir mit r' bezeichnen. Nach der Zeit t hat er die Strecke vt zurückgelegt, und sein Abstand vom Drehungszentrum A beträgt jetzt $r' = \sqrt{r^2 + (vt)^2}$. Seine radiale Geschwindigkeit dr'/dt und Beschleunigung d^2r'/dt^2 im mitrotierenden System betragen also

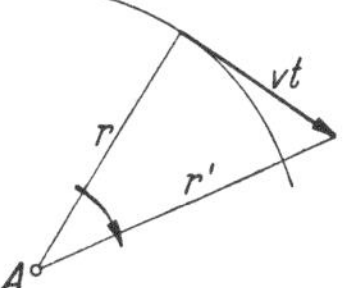

Abb. 64. Zur Zentrifugalbeschleunigung im mitrotierenden System.

$$\frac{dr'}{dt} = \frac{v^2 t}{(r^2 + v^2 t^2)^{1/2}}, \qquad \frac{d^2 r'}{dt^2} = \frac{r^2 v^2}{(r^2 + v^2 t^2)^{3/2}} = \frac{r^2 v^2}{r'^3}. \tag{87}$$

Für den Augenblick des Starts, $t = 0$, $r' = r$, folgt hieraus $d^2r'/dt^2 = v^2/r = r\,u^2$, also die dem Abstande r vom Zentrum entsprechende Zentrifugalbeschleunigung.

Man beachte, daß es sich bei den Standpunkten des ruhenden und des mitrotierenden Beobachters nur um verschiedene (und ohne weiteres in einander übersetzbare) Arten der Beschreibung der Naturvorgänge handelt, die beide gleich richtig und konsequent sind. Man wird in jedem Einzelfall denjenigen Standpunkt wählen, der dem vorliegenden Problem am besten angepaßt ist. Sehr häufig ist das der Standpunkt des mitrotierenden Beobachters.

Da jedes Bahnelement eines auf beliebig gekrümmter Bahn bewegten Körpers als unendlich kleines Stück eines die Bahn tangierenden Kreises angesehen werden kann, so besteht auch bei jeder gekrümmten Bahn in jedem Augenblick eine zur Bahn senkrechte Zentrifugalkraft, die man hier als *Normalkraft* zu bezeichnen pflegt, deren Betrag um so größer ist, je größer die Geschwindigkeit des Körpers und je kleiner der Krümmungsradius der Bahn an jener Stelle ist. Über weitere Kräfte in rotierenden Systemen s. § 41.

34. Beispiele zur Zentrifugalkraft. Bei der in Abb. 65 dargestellten Vorrichtung, die durch einen Motor in schnelle Drehung versetzt werden kann, liefert die von der Masse m_1 ausgehende Zentrifugalkraft die Zentripetalkraft für die mit ihr durch eine Schnur verbundene Masse m_2 und umgekehrt. Sind ihre Abstände von der Drehachse r_1 und r_2, und ist ihre Winkelgeschwindigkeit u, so halten sich die Zentrifugalkräfte das Gleichgewicht, wenn $m_1 r_1 u^2 = m_2 r_2 u^2$, also $r_1 : r_2 = m_2 : m_1$. Andernfalls werden die Massen nach der einen oder anderen Seite geschleudert.

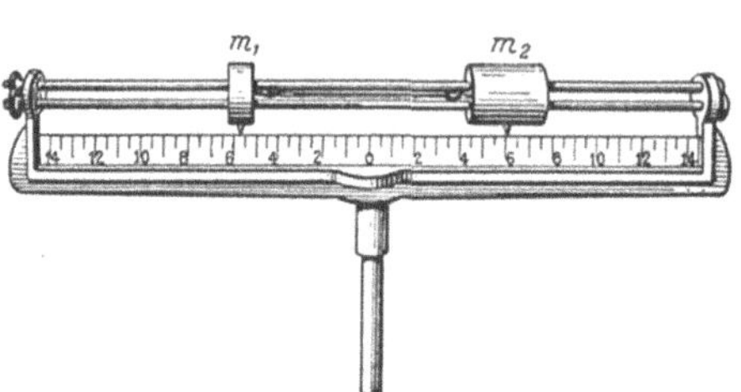

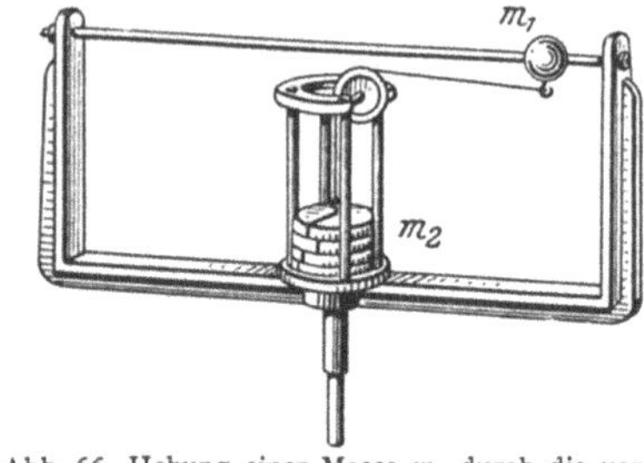

Abb. 65. Gleichgewicht zweier Zentrifugalkräfte.

Abb. 66. Hebung einer Masse m_2 durch die von der Masse m_1 ausgehende Zentrifugalkraft.

In Abb. 66 vermag die von der Masse m_1 ausgehende Zentrifugalkraft $m_1 r u^2$ die Masse m_2 zu heben, wenn sie größer ist als deren Gewicht $m_2 g$. Hebung erfolgt also, sobald $u^2 = m_2 g / m_1 r$. Die Masse m_1 schlägt dann an die seitliche Backe an und ihr Bahnradius ist nunmehr $r' > r$. Läßt man die Winkelgeschwindigkeit

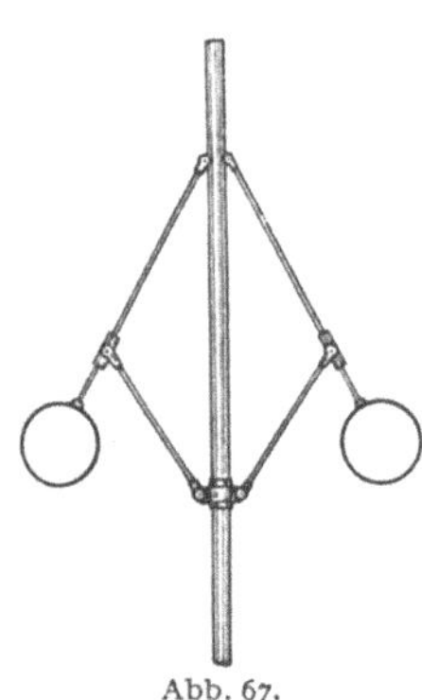

Abb. 67.
Zentrifugalregulator.

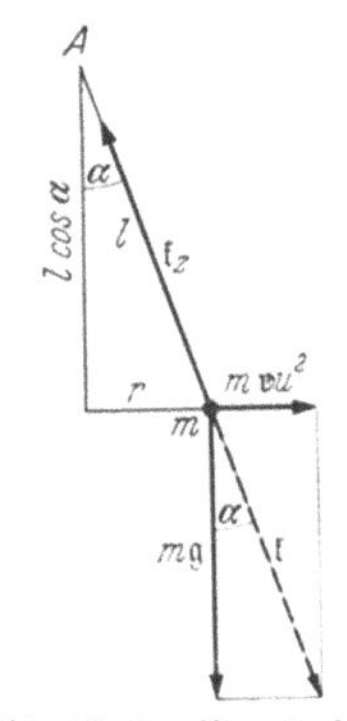

Abb. 68. Zur Theorie des
Zentrifugalregulators.

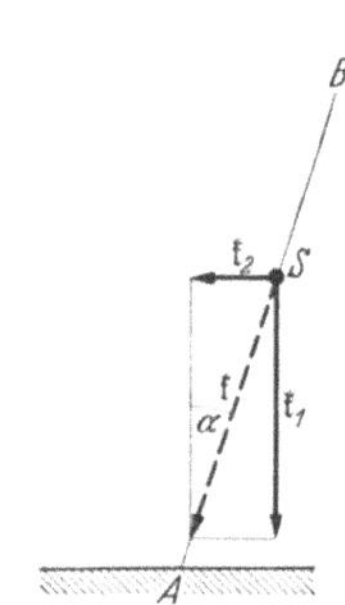

Abb. 69.
Zur Theorie des Radfahrens.

jetzt wieder abnehmen, so fällt die Masse m_2 erst wieder, wenn die Winkelgeschwindigkeit der Gleichung $u'^2 = m_2 g / m_1 r'$ entspricht. Es ist also $u' < u$.

Ein wichtiger Bestandteil der Dampfmaschinen ist der Zentrifugalregulator (Abb. 67). Je schneller er rotiert, um so höher heben sich die beiden Massen, die an den Enden zweier in einer vertikalen Ebene drehbarer Stangen befestigt sind. Wir stellen uns auf den Standpunkt eines mitrotierenden Beobachters. Befindet sich die Masse m im Abstande l vom Drehpunkt A der Stange (Abb. 68), so wirkt für diesen Beobachter auf die Masse m außer der Schwerkraft mg die Zentrifugalkraft $m r u^2$. Die Masse ist im Gleichgewicht, wenn sich die statischen Momente dieser Kräfte bezüglich des Punktes A aufheben. Diese statischen Momente betragen $N_1 = m g r$ und $N_2 = m r u^2 l \cos \alpha$, wenn α der Winkel ist, den die Stange mit der Drehachse bildet. Aus $N_1 = N_2$ folgt $\cos \alpha = g / l u^2$. Die Resultierende $\mathfrak{k}$ der beiden Kräfte liegt in Richtung der Stange und wird durch die in ihr hervorgerufene Zwangskraft $\mathfrak{k}_z$ aufgehoben, deren statisches Moment bezüglich A gleich Null ist. Der $\cos \alpha$ ist um so kleiner, α also um so größer, je größer die Winkelgeschwindigkeit u ist. Eine Hebung beginnt erst dann, wenn $u^2 > g/l$ ($\cos \alpha < 1$). Der Zentrifugalregulator dient zur Regelung des Ganges von Dampfmaschinen. Er drosselt durch ein mit ihm verbundenes Gestänge die Dampfzufuhr, wenn seine Drehzahl infolge zu schnellen Ganges der Maschine einen bestimmten Betrag überschreitet.

Die Kunst des Radfahrens beruht wesentlich auf einer geschickten Ausnutzung der Zentrifugalkraft. Bekanntlich genügt zum Fahren einer Kurve das Einschlagen des Vorderrades allein nicht. Es muß die für jede Kreisbewegung nötige Zentripetalkraft hinzukommen. Diese wird von der Schwerkraft geliefert und durch eine geeignete Neigung des Fahrrades hervorgerufen. Der Einfachheit halber denken wir uns das Fahrrad nebst Fahrer als einen Massenpunkt m im Schwerpunkt S des Systems Fahrrad-Fahrer (Abb. 69), das wir durch die unter dem Winkel α gegen die Vertikale geneigte Gerade $A\,B$ schematisieren. Wir betrachten die Verhältnisse vom Standpunkt des Fahrers, also eines mitbewegten Beobachters. In S greift erstens die Schwerkraft $\mathfrak{k}_1$ vom Betrage $k_1 = mg$ an, zweitens die Zentrifugalkraft $\mathfrak{k}_2$ vom Betrage $k_2 = mv^2/r$ (r Kurvenradius). Jede der beiden Kräfte erzeugt ein Drehmoment um den Fußpunkt A des Fahrrades, und je nachdem dasjenige der Schwerkraft oder der Zentrifugalkraft überwiegt, fällt das Fahrrad nach innen, oder der Schwerpunkt wird nach außen abgetrieben. Das Fahren der Kurve ist nur möglich, wenn das Drehmoment der Resultierenden $\mathfrak{k}$ von $\mathfrak{k}_1$ und $\mathfrak{k}_2$ verschwindet, ihre Wirkungslinie also durch den Fußpunkt A geht. Der Neigungswinkel des Fahrrades ergibt sich dann aus der Bedingung $\operatorname{tg} \alpha = k_2/k_1 = v^2/rg$.

Demnach ist es zum Fahren einer Kurve nötig, die dem Bahnradius r und der Geschwindigkeit v entsprechende Neigung α herzustellen. Der Kurvenradius wird durch die Stellung des Vorderrades zum Hinterrade bestimmt, indem die in der Fahrbahn an die beiden Räder gelegten Tangenten gleichzeitig Tangenten der Bahnkurve sind. Die richtige Neigung α wird durch Ausnutzung der Zentrifugalkraft erzeugt. Will man aus gerader Bahn z. B. in eine Kurve nach *rechts* einbiegen, so wird die dazu nötige Neigung nach rechts dadurch hervorgerufen, daß man zunächst dem Vorderrad einen kurzen Ruck nach *links* erteilt, also eine kleine Linkskurve fährt. Die dabei auftretende, nach rechts gerichtete Zentrifugalkraft treibt den Schwerpunkt nach rechts, erzeugt also eine Neigung dorthin. Wenn diese den richtigen Betrag erreicht hat, wird das Vorderrad in die Stellung umgeworfen, die dem Radius der zu fahrenden Kurve entspricht. Will man aus der Kurve wieder in die Gerade übergehen, so verfährt man umgekehrt. Man fährt momentan noch ein wenig stärker in die Kurve nach rechts, so daß die Zentrifugalkraft das Fahrrad aufrichtet, und stellt dann das Vorderrad auf gerade Fahrt. Entsprechend werden auch alle kleinen zufälligen fehlerhaften Neigungen während der Fahrt durch Fahren kleiner Kurven beseitigt.

Da die Zentrifugalkraft um so größer ist, je schneller man fährt, so genügen bei großer Geschwindigkeit viel kleinere Lenkstangenbewegungen, um Gleichgewicht zu halten, als bei kleiner Geschwindigkeit. Deshalb ist es für den Anfänger viel leichter, schnell zu fahren, als langsam. Die Vordergabel ist so gebaut, daß sich das Vorderrad bei kleinen Körperbewegungen des Fahrers ein wenig dreht. Bei nicht zu kleiner Geschwindigkeit genügen diese Bewegungen, um kleine zufällige Neigungen zu beseitigen. Darauf beruht das freihändige Fahren. Kreiselkräfte (§ 40) von merklicher Stärke treten beim Fahrrad wegen der geringen Masse der Räder nur bei beträchtlicher Geschwindigkeit mit einiger Stärke auf und spielen bei der Kunst des Radfahrens höchstens eine untergeordnete Rolle.

Damit ein schnell fahrendes Fahrzeug nicht infolge der Zentrifugalkraft in einer Kurve seitlich abgeleitet oder sich seitlich überschlägt, ist es erforderlich, daß die Resultierende von Schwerkraft und Zentrifugalkraft wenigstens ungefähr senkrecht zur Fahrbahn steht. Aus diesem Grunde werden die Kurven von Eisenbahnen, Rad- und Kraftfahrbahnen überhöht, d. h. so schräge gelegt, daß dieser Bedingung bei der durchschnittlich vorkommenden Geschwindigkeit genügt ist. Da die Neigung vom Kurvenradius abhängt, so ist sie bei breiten Bahnen an der Außenseite der Kurve geringer als an der Innenseite.

Auf der Zentrifugalkraft beruht ein bekanntes Zirkuskunststück, die Schleifenfahrt, bei der ein Radfahrer oder ein kleiner bemannter Wagen, aus größerer Höhe kommend, eine vertikale Schleife durchfährt. Man kann den Versuch im kleinen mit einer Kugel machen (Abb. 70). Es kommt natürlich

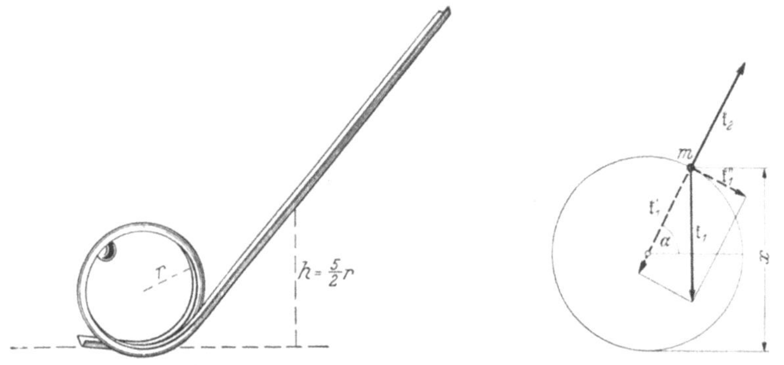

Abb. 70. Schleifenfahrt.   Abb. 71. Zur Theorie der Schleifenfahrt.

darauf an, daß die Zentrifugalkraft $\mathfrak{k}_2$ in jedem Augenblick groß genug ist, um die Schwerkraft aufzuheben. Wir zerlegen die an der Masse m angreifende Schwerkraft $\mathfrak{k}_1$ vom Betrage mg in ihre radiale Komponente $\mathfrak{k}_1'$ vom Betrage $mg \sin \alpha$ und ihre tangentiale Komponente $\mathfrak{k}_1''$ vom Betrage $mg \cos \alpha$ (Abb. 71). Die Zentrifugalkraft mv^2/r muß in jedem Bahnpunkt mindestens ebenso groß sein wie erstere. Befindet sich die Masse m in der Höhe x über dem tiefsten Punkt der Bahn, und ist sie aus der Höhe h über diesem gestartet, so beträgt ihre kinetische Energie $mv^2/2 = mg\,(h-x)$, also die Zentrifugalkraft $2\,mg\,(h-x)/r$. Nach Abb. 71 ist $\sin \alpha = (x-r)/r$. Es folgt

$$2\,m\,g\,\frac{h-x}{r} = m\,g\,\frac{x-r}{r} \quad \text{oder} \quad h = \frac{3\,x-r}{2}.$$

Damit dies auch im höchsten Punkt der Bahn erfüllt ist $(x = 2\,r)$, muß demnach die Abfahrthöhe mindestens $h = 5\,r/2$ betragen. (Wegen der Energieverluste durch Reibung tatsächlich noch mehr.) Andernfalls fällt der Körper aus der Höhe $x = (2\,h + r)/3$ herab.

Eine wichtige Anwendung findet die Zentrifugalkraft in der *Ultrazentrifuge* (SVEDBERG). Diese kann auf so hohe Winkelgeschwindigkeit gebracht werden, daß die Zentrifugalkraft bis zum 750 000fachen der Schwerkraft beträgt. Sie dient u. a. zur Trennung verschieden schwerer, sehr großer Moleküle (Makromoleküle).

35. Drehimpuls. Momentensatz. Flächensatz. Ein Massenpunkt bewege sich in einem beliebigen Kraftfelde. Er unterliegt an jedem Ort einer Kraft $\mathfrak{k}$, die im allgemeinen von Ort zu Ort ihren Betrag und ihre Richtung ändert, also eine Funktion der Ortskoordinaten ist. Es sei O ein beliebiger Punkt im Raum (Abb. 72a), $\mathfrak{r}$ sei der von O nach dem jeweiligen Ort des Massenpunktes weisende Fahrstrahl, $\mathfrak{v} = d\mathfrak{r}/dt$ die Geschwindigkeit des Massenpunktes (§ 9), also $d\mathfrak{v}/dt$ seine Beschleunigung. Dann ist $\mathfrak{k} = m\,d\mathfrak{v}/dt$ die auf ihn wirkende Kraft, und das statische Moment dieser Kraft bezüglich des Punktes O ist

$$\mathfrak{N} = [\mathfrak{r}\,\mathfrak{k}] = m\left[\mathfrak{r}\,\frac{d\mathfrak{v}}{dt}\right]. \tag{88}$$

Als *Drehimpuls*, *Drall* oder *Impulsmoment* q des Massenpunktes bezüglich des Punktes O definieren wir — ganz analog zum statischen Moment einer Kraft — das Vektorprodukt aus dem Fahrstrahl $\mathfrak{r}$ und dem Impuls $m\mathfrak{v} = m\,d\mathfrak{r}/dt$ des Massenpunktes (§ 20),

$$\mathfrak{q} = [\mathfrak{r} \cdot m\mathfrak{v}] = m\,[\mathfrak{r}\mathfrak{v}] = m\left[\mathfrak{r}\,\frac{d\mathfrak{r}}{dt}\right]. \tag{89}$$

Die Richtung des Vektors q folgt aus der Schraubenregel (§ 10). Er steht daher in Abb. 72a auf der Zeichnungsebene senkrecht und weist nach hinten, also in Richtung einer Achse, die auf der durch $\mathfrak{r}$ und $m\mathfrak{v}$ bzw. $d\mathfrak{r}$ definierten Ebene senkrecht steht (Abb. 73). Der Drehimpuls verschwindet gemäß § 10, Gl. (31), wenn $\mathfrak{r}$ und $d\mathfrak{r}$ gleich oder entgegengesetzt gerichtet sind (sin $\gamma = 0$), und hat seinen größten Betrag, $q = m\,rv$, wenn $\mathfrak{r}$ und $d\mathfrak{r}$ aufeinander senkrecht stehen (sin $\gamma = \pm\,1$), genau wie das statische Moment einer Kraft.

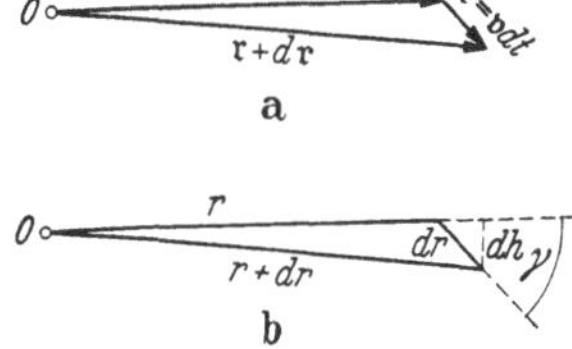

Abb. 72. Zum Momentensatz.

Wir wollen q nach der Zeit differenzieren. Dabei ist zu beachten, daß das Vektorprodukt $[d\mathfrak{r}/dt \cdot \mathfrak{v}] = [\mathfrak{v}\mathfrak{v}] = 0$ ist [§ 10, Gl. (33)]. Wir erhalten dann, unter Berücksichtigung von Gl. (88),

$$\frac{d\mathfrak{q}}{dt} = m\left[\mathfrak{r}\,\frac{d\mathfrak{v}}{dt}\right] + m\left[\frac{d\mathfrak{r}}{dt}\,\mathfrak{v}\right] = m\left[\mathfrak{r}\,\frac{d\mathfrak{v}}{dt}\right] = \mathfrak{N}. \tag{90}$$

Diese Gleichung spricht den *Momentensatz* aus: *Der zeitliche Differentialquotient des Drehimpulses eines Massenpunktes bezüglich irgendeines Punktes ist gleich dem statischen Moment der auf ihn wirkenden Kraft bezüglich des gleichen Punktes.* Man beachte, daß demnach Drehimpuls und statisches Moment in einer ganz analogen Beziehung zueinander stehen wie Impuls und Kraft [§ 20, Gl. (31)]. Der Momentensatz spielt unter anderem eine wichtige Rolle beim *Turnen*, vor allem bei den Schwungübungen.

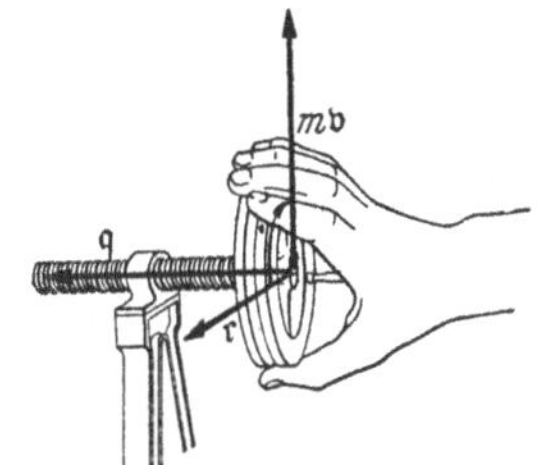

Abb. 73. Zur Definition des Drehimpulses.

In Abb. 72a ist die Änderung des Vektors $\mathfrak{r}$ in der Zeit dt dargestellt. Er erfährt in dieser Zeit einen Zuwachs $d\mathfrak{r} = \mathfrak{v}\,dt$, indem sich der Massenpunkt um die Strecke $d\mathfrak{r}$ bewegt, und er hat sich nach Ablauf der Zeit dt in den Vektor $\mathfrak{r} + d\mathfrak{r}$ verwandelt. Dabei hat der Fahrstrahl eine Fläche dF überstrichen, die durch die drei Vektoren $\mathfrak{r}$, $d\mathfrak{r}$ und $\mathfrak{r} + d\mathfrak{r}$ begrenzt wird. Die Fläche ist ein Dreieck vom Inhalt $dF = \frac{1}{2}\,r\,dh = \frac{1}{2}\,r\,dr \sin\gamma$, wenn r und dr die Beträge der Vektoren $\mathfrak{r}$ und $d\mathfrak{r}$ sind und γ der von ihren Richtungen eingeschlossene Winkel ist (Abb. 72b). Nun ist der Betrag des Drehimpulses q nach Gl. (89) und nach Gl. (31) (§ 10) $q = m\,r\sin\gamma\,dr/dt$, also $r\,dr\sin\gamma = q\,dt/m$. Es ergibt sich also

$$dF = \frac{1}{2}\,r\,dr\sin\gamma = \frac{1}{2m}\,q\,dt. \tag{91}$$

Die vom Fahrstrahl $\mathfrak{r}$ in der Zeit dt überstrichene Fläche dF ist dem Betrage q des Drehimpulses des Massenpunktes proportional. Dieser wichtige Satz heißt der *Flächensatz*.

Im allgemeinen wird sich der Drehimpuls unter der Wirkung der am Massenpunkt angreifenden Kraft im Laufe der Zeit ändern, und so wird sich im allgemeinen auch die Änderungsgeschwindigkeit dF/dt der überstrichenen Fläche ändern. Der Drehimpuls ist nur dann konstant, $d\mathfrak{q}/dt = 0$, q (und q) = const, wenn das statische Moment der Kraft $\mathfrak{N} = 0$ ist [Gl. (90)]. Das statische Moment der Kraft verschwindet dann und nur dann in jedem Augenblick, wenn die Kraft in jedem Raumpunkt stets auf den gleichen Punkt hin oder von ihm weg gerichtet ist, und wenn wir diesen Punkt als Bezugspunkt O wählen. Denn in diesem Fall ist $\mathfrak{M} = [\mathfrak{r}\,\mathfrak{k}] = 0$, weil $\mathfrak{r}$ und $\mathfrak{k}$ dann in gleicher oder entgegengesetzter Richtung liegen. Eine solche Kraft nennt man eine *Zentralkraft*, weil sie überall auf das gleiche Zentrum hin oder von ihm weg weist. Dann ist die in einer endlichen Zeit t vom Fahrstrahl überstrichene endliche Fläche nach Gl. (91) $F = qt/2\,m$, also der Zeit t proportional. In diesem Sonderfall lautet der Flächensatz: *Bewegt sich ein Massenpunkt unter der Wirkung einer Zentralkraft, so ist sein auf das Kraftzentrum bezogener Drehimpuls zeitlich konstant, und der vom Kraftzentrum auf den Massenpunkt hinweisende Fahrstrahl überstreicht in gleichen Zeiten gleiche Flächen.* Ein Beispiel hierfür ist das 2. KEPLERsche Gesetz (§ 46).

Die Einheit des Drehimpulses ist im CGS-System $1\,\mathrm{g} \cdot \mathrm{cm}^2 \cdot \mathrm{sec}^{-1}$, im technischen Maßsystem $1\,\mathrm{kg}^* \cdot \mathrm{m} \cdot \mathrm{sec}$.

36. Rotationsenergie. Trägheitsmoment. Ein Körper rotiere mit der Winkelgeschwindigkeit $\mathfrak{u}$ (Betrag u) um eine Achse. Die Geschwindigkeit $\mathfrak{v}$, mit der sich ein im senkrechten Abstande r von der Achse befindliches Massenelement dm des Körpers bewegt, hat dann den Betrag $v = ur$, und seine kinetische Energie beträgt $dE = dm\,v^2/2 = dm\,u^2r^2/2$. Die Winkelgeschwindigkeit ist für alle Massenelemente eines rotierenden Körpers die gleiche. Demnach ergibt sich die kinetische Energie des ganzen Körpers — seine *Rotationsenergie* —, indem man die Summe (das Integral) über alle Massenelemente des Körpers bildet,

$$E = \frac{u^2}{2} \int r^2 dm = \frac{1}{2} J u^2. \tag{92}$$

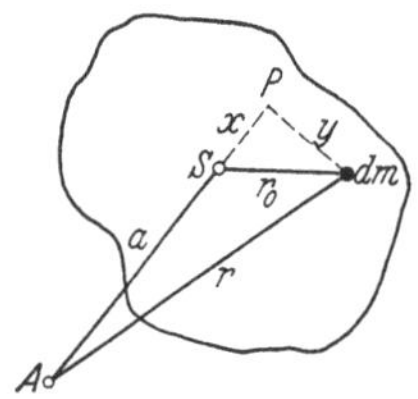

Abb. 74. Zum STEINERschen Satz.

Die hier eingeführte Größe

$$J = \int r^2 dm \tag{93}$$

heißt das *Trägheitsmoment* des Körpers bezüglich der betrachteten Achse. Es hängt von der Lage der Drehachse relativ zum Körper ab. Das Trägheitsmoment eines einzelnen Massenpunktes m im senkrechten Abstande r von der Drehachse beträgt $J = mr^2$. Die Einheit des Trägheitsmoments ist im CGS-System $1\,\mathrm{g} \cdot \mathrm{cm}^2$, im technischen Maßsystem $1\,\mathrm{kg}^* \cdot \mathrm{m} \cdot \mathrm{sec}^2$.

Definieren wir bei einem um eine Achse drehbaren Körper von der Masse m einen senkrechten Abstand r_t von dieser Achse durch die Gleichung

$$r_t^2 = \frac{1}{m} \int r^2 dm = \frac{J}{m}, \quad \text{so daß} \quad J = m\,r_t^2, \tag{94}$$

so können wir uns den Körper bezüglich seines Trägheitsmomentes durch einen um den *Trägheitsradius* r_t von der Achse entfernten Massenpunkt von der Masse m ersetzt denken.

In Abb. 74 sei A der Durchstoßpunkt einer zur Zeichnungsebene senkrechten Achse, S der Durchstoßpunkt einer zu ihr parallelen, durch den Schwerpunkt eines Körpers gehenden Achse *(Schwerpunktsachse)* und a der Abstand dieser beiden Achsen. Es sei ferner r der senkrechte Abstand eines Massenelements dm des Körpers von der ersten Achse, r_0 sein Abstand von der Schwerpunktsachse. Das von dm auf die Gerade AS gefällte Lot schneide die Gerade in P im Abstande $SP = x$ von S und habe die Länge y. Dann ist $r^2 = (a + x)^2 + y^2$, $r_0^2 = x^2 + y^2$. Das Trägheitsmoment des Körpers bezüglich der durch A gehenden Achse beträgt dann

$$J = \int r^2 dm = \int [(a + x)^2 + y^2]\,dm = a^2 \int dm + \int r_0^2 dm + 2a \int x\,dm.$$

Nun ist $\int dm = m$ die Masse des Körpers, $\int r_0^2\, dm = J_s$ das Trägheitsmoment des Körpers bezüglich der zur vorgegebenen Achse parallelen Schwerpunktsachse und $\int x\, dm = 0$ nach Gl. (28b) (§ 19). Demnach ist

$$J = J_s + m a^2 \tag{95}$$

(STEINERscher Satz). Das Trägheitsmoment J eines Körpers bezüglich einer beliebigen Achse ist gleich der Summe aus dem Trägheitsmoment des Körpers bezüglich der zur vorgegebenen Achse parallelen Schwerpunktsachse und dem Trägheitsmoment $m a^2$ eines dem Körper an Masse gleichen, im Körperschwerpunkt befindlichen Massenpunktes bezüglich der vorgegebenen Achse. Hiernach kann das Trägheitsmoment eines Körpers bezüglich jeder beliebigen Achse berechnet werden, wenn man seine Trägheitsmomente bezüglich aller Schwerpunktsachsen kennt. (Vgl. WESTPHAL, „Physikalisches Praktikum", 2. Aufl., 6. Aufg.)

Bei einfach geformten und homogenen Körpern läßt sich das Trägheitsmoment nach Gl. (93) leicht berechnen. Zum Beispiel beträgt es

für eine homogene Vollkugel mit dem Radius r für jede durch den Mittelpunkt gehende Achse $2\, m r^2/5$,

für einen homogenen Hohlzylinder mit den Radien r_1 und r_2 bezüglich seiner Körperachse $m\, (r_1^2 + r_2^2)/2$,

für einen homogenen Würfel von der Kantenlänge a bezüglich jeder durch seinen Mittelpunkt gehenden Achse $m a^2/12$.

Die verschiedenen Schwerpunktsachsen eines beliebig gestalteten Körpers unterscheiden sich durch die Beträge der zu ihnen gehörigen Trägheitsmomente. Jedoch lassen sich diese in einen einfachen Zusammenhang bringen, den wir mitteilen wollen, auf dessen Beweis wir aber verzichten müssen. Im allgemeinen hat ein Körper eine bestimmte Schwerpunktsachse, bezüglich derer sein Trägheitsmoment einen größeren Betrag hat als bezüglich aller anderen Schwerpunktsachsen, und eine zu ihr senkrechte Schwerpunktsachse, bezüglich derer sein Trägheitsmoment den geringsten Betrag hat. Diese beiden Schwerpunktsachsen größten und kleinsten Trägheitsmoments und die zu ihnen senkrechte dritte Schwerpunktsachse, der ein mittleres Trägheitsmoment entspricht, heißen die drei *Hauptträgheitsachsen* des Körpers, die zugehörigen Trägheitsmomente, die wir mit J_a, J_b, J_c bezeichnen wollen, seine *Hauptträgheitsmomente*. Es sei J das Trägheitsmoment des Körpers bezüglich einer beliebigen Schwerpunktsachse. Wir stellen jetzt die reziproken Werte der Wurzeln aus den genannten Trägheitsmomenten durch Strecken dar, die wir uns vom Schwerpunkt aus in Richtung der zugehörigen Achsen abgetragen denken,

$$\frac{1}{\sqrt{J}} = R, \qquad \frac{1}{\sqrt{J_a}} = a, \qquad \frac{1}{\sqrt{J_b}} = b, \qquad \frac{1}{\sqrt{J_c}} = c. \tag{96}$$

Die Endpunkte der zu allen möglichen Schwerpunktsachsen gehörigen Strecken R bedecken dann eine geschlossene, den Schwerpunkt einhüllende Fläche. Der Schwerpunkt liege im Ursprung eines rechtwinkeligen Koordinatensystems $(x\,y\,z)$, dessen Achsen mit den drei Hauptträgheitsachsen zusammenfallen, so daß x, y, z die Koordinaten der Endpunkte der Strecken R seien, und $R^2 = x^2 + y^2 + z^2$ ist. Dann läßt sich die Gültigkeit der folgenden Gleichung beweisen:

$$\frac{x^2}{a^2} + \frac{y^2}{b^2} + \frac{z^2}{c^2} = 1. \tag{97}$$

Die genannte Fläche bildet also ein Ellipsoid, das *Trägheitsellipsoid* des Körpers. Es hat die drei Halbachsen a, b, c und ist demnach bekannt, wenn die drei Hauptträgheitsmomente bekannt sind. Man findet die Strecke R und damit das Trägheitsmoment J für eine bestimmte Schwerpunktsachse, indem man vom Schwerpunkt aus eine Gerade in der betreffenden Richtung bis zur Fläche des Trägheitsellipsoids zieht. Demnach sind durch die drei Hauptträgheitsmomente auch die Trägheitsmomente für sämtliche Schwerpunktsachsen des Körpers bestimmt.

Bei homogenen, rotationssymmetrischen Körpern — wie sie auf der Drehbank entstehen — artet das Trägheitsellipsoid in ein Rotationsellipsoid, also ein Ellipsoid mit zwei gleichen Hauptachsen aus. In diesem Fall ist die geometrische Achse (Figurenachse) des Körpers stets eine Hauptträgheitsachse, und zwar eine Achse größten oder kleinsten Trägheitsmoments. Ersteres, wenn der Körper abgeplattet, letzteres wenn er länglich ist. Allen zur Figurenachse senkrechten Schwerpunktsachsen entspricht dann das gleiche Trägheitsmoment, und zwar bei einem abgeplatteten Körper das kleinste, bei einem länglichen Körper das größte. Zum Beispiel ist bei einem abgeplatteten Kreiszylinder (Kreisscheibe) die Figurenachse die Achse größten Trägheitsmoments, jede dazu senkrechte Schwerpunktsachse eine Achse kleinsten Trägheitsmoments. Bei einem länglichen Kreiszylinder ist es umgekehrt. Die beiden Fälle gehen ineinander über bei einem Zylinder, für dessen Höhe h und Radius r die Gleichung $h^2 = 3r^2$ gilt. In diesem Fall sind die drei Hauptträgheitsmomente einander gleich, das Trägheitsellipsoid ist demnach eine Kugel, und es sind überhaupt die Trägheitsmomente bezüglich aller Schwerpunktsachsen gleich groß. Körper dieser Art heißen daher auch *Kugelkreisel*. Zu ihnen gehört unter anderem auch die homogene Kugel und der homogene Würfel.

Man kann die Rotation eines Körpers um eine beliebige Schwerpunktsachse stets in drei gleichzeitige, unabhängige Rotationen um die drei Hauptträgheitsachsen zerlegen, entsprechend der Zerlegung einer beliebigen Bewegung in drei gleichzeitige, unabhängige Bewegungen in drei zueinander senkrechten Richtungen. (Bezüglich irgendwelcher anderer zueinander senkrechter Achsen besteht diese Möglichkeit nicht.) Es seien u_a, u_b, u_c die Beträge der Winkelgeschwindigkeiten dieser drei Rotationskomponenten. Dann kann man statt Gl. (92) auch schreiben

$$E = \tfrac{1}{2} J u^2 = \tfrac{1}{2} \left(J_a u_a^2 + J_b u_b^2 + J_c u_c^2 \right). \tag{98}$$

Ein auf einer Ebene rollender Körper vom Radius r führt gleichzeitig eine fortschreitende Bewegung mit der Geschwindigkeit v und eine Rotation mit der Winkelgeschwindigkeit $u = v/r$ aus. Daher beträgt seine kinetische Energie $E = mv^2/2 + Ju^2/2 = (m + J/r^2)v^2/2$. Bei einer Kugel ist $J = 2\,mr^2/5$. Ihre kinetische Energie beträgt daher beim Rollen $E = 7\,mv^2/10$, ist also um den Faktor $^7/_5$ größer als bei reiner fortschreitender Bewegung. Läßt man zwei äußerlich ganz gleich geformte Zylinder, von denen der eine ein Vollzylinder, der andere ein ihm an Masse gleicher Hohlzylinder aus schwererem Stoff ist, auf einer schiefen Ebene gleichzeitig abrollen, so läuft der Vollzylinder schneller. Beide gewinnen zwar beim Durchfallen gleicher Strecken die gleiche Energie. Von dieser aber entfällt beim Hohlzylinder, weil er das größere Trägheitsmoment hat, ein kleinerer Bruchteil auf die reine fortschreitende Bewegung als beim Vollzylinder.

37. Rotation eines Massenpunktes um eine feste Achse. Ein Massenpunkt m rotiere mit der Winkelgeschwindigkeit $\mathfrak{u}$ um eine feste Achse $A A'$ (Abb. 75). Sein senkrechter Abstand von der Achse sei $\mathfrak{r}_0$, seine Geschwindigkeit $\mathfrak{v}$. Sie weise in Abb. 75a momentan senkrecht nach hinten. Als Bezugspunkt seines Drehimpulses (§ 35) wählen wir einen beliebigen auf der Achse $A A'$ liegenden Punkt O. Der von O nach dem Massenpunkt weisende Fahrstrahl sei $\mathfrak{r}$. Dann ist nach Gl. (89) sein Drehimpuls bezüglich O

$$\mathfrak{q} = m\,[\mathfrak{r}\mathfrak{v}]. \tag{99}$$

Der Vektor q steht nach § 10 senkrecht auf der durch $\mathfrak{r}$ und $\mathfrak{v}$ gelegten Ebene, liegt also momentan in der Zeichnungsebene, weist gemäß der Schraubenregel schräge nach oben gegen die Achse und rotiert mit dem Massenpunkt um diese.

Wir zerlegen q in seine zur Achse parallele Komponente q_1 und seine zur Achse senkrechte Komponente q_2 (Abb. 75b). Der von O nach dem Fußpunkt von $\mathfrak{r}_0$ — dem Zentrum der Kreisbahn des Massenpunktes — weisende Strahl sei $\mathfrak{a}$, so daß $\mathfrak{r} = \mathfrak{r}_0 + \mathfrak{a}$ die Vektorsumme von $\mathfrak{r}_0$ und $\mathfrak{a}$ ist. Dann folgt aus Gl. (99)

$$q = m\,[(\mathfrak{r}_0 + \mathfrak{a})\,\mathfrak{v}] = m\,[\mathfrak{r}_0\,\mathfrak{v}] + m\,[\mathfrak{a}\,\mathfrak{v}] = q_1 + q_2, \qquad (100)$$

denn nach der Schraubenregel weist das Vektorprodukt $[\mathfrak{r}_0\mathfrak{v}]$ wie q_1 in Richtung der Achse, das Vektorprodukt $[\mathfrak{a}\mathfrak{v}]$ wie q_2 in der Zeichnungsebene senkrecht auf sie hin. q_1 ist von der Lage des Bezugspunktes O auf der Achse unabhängig, q_2 hingegen nicht. q_1 ist der Drehimpuls des Massenpunktes um die feste Achse. q_2 verschwindet, wenn man den Mittelpunkt des Bahnkreises des Massenpunktes als Bezugspunkt wählt, wenn also $\mathfrak{a} = 0$, $\mathfrak{r} = \mathfrak{r}_0$ ist.

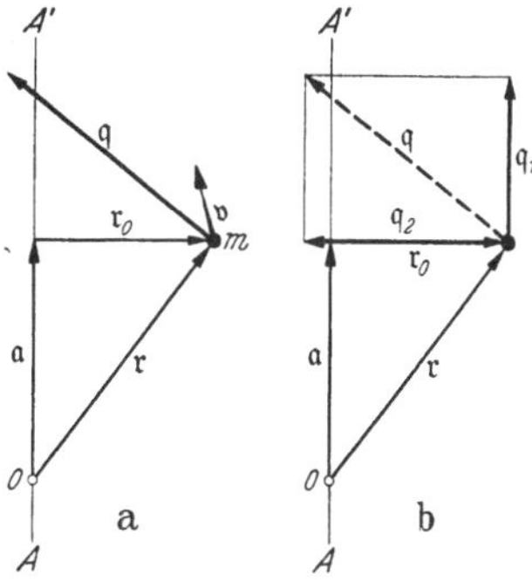

Da $\mathfrak{r}_0$ und $\mathfrak{v}$ aufeinander senkrecht stehen, so ist der Betrag von q_1 gleich $q_1 = m\,r_0\,v$ [§ 10, Gl. (31)] oder, wegen $v = u r_0$, $q_1 = m\,r_0^2 u = J u$, da $J = m\,r_0^2$ das Trägheitsmoment des Massenpunktes bezüglich der Achse AA' ist. Da die Vektoren q_1 und $\mathfrak{u}$ die gleiche Richtung, nämlich die der Achse haben, so gilt demnach auch die Vektorgleichung

$$q_1 = J\,\mathfrak{u}. \qquad (101)$$

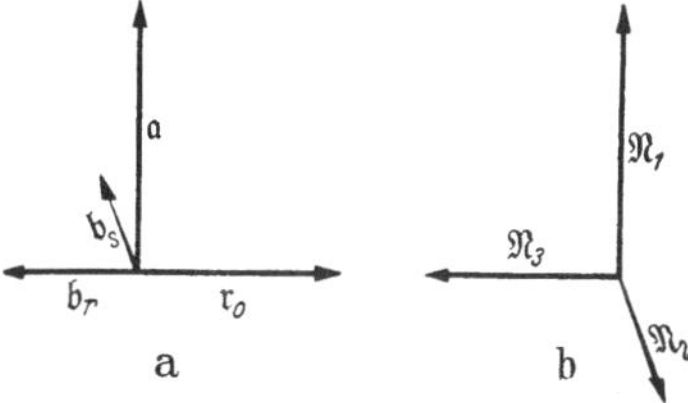

Abb. 75. Zum Drehimpuls eines rotierenden Massenpunktes.

Der Vektor $q_2 = m\,[\mathfrak{a}\mathfrak{v}]$ steht senkrecht zur Achse und liegt im Fall der Abb. 75 momentan in der Zeichnungsebene. Während aber die Komponente q_1 eine feste Richtung im Raum hat, rotiert die Richtung von q_2 mit dem Massenpunkt um die Achse. Demnach ist q_2 als ein Vektor, der ständig seine Richtung ändert, auch bei konstanter Winkelgeschwindigkeit $\mathfrak{u}$ zeitlich nicht konstant. Nur sein Betrag $q_2 = m\,a\,v = m\,a\,r\,u$ ist bei konstantem $\mathfrak{u}$ zeitlich konstant. Entsprechend ist auch der Vektor $q = q_1 + q_2$ zeitlich nicht konstant, $d\,q/dt$ hat einen endlichen Wert.

Abb. 76. a die Vektoren $\mathfrak{a}$, $\mathfrak{r}_0$, $\mathfrak{b}_s$, $\mathfrak{b}_r$, b die Komponenten des Vektors $\mathfrak{N}$ (zu Abb. 75).

Dann aber folgt aus Gl. (90), daß auf den Massenpunkt eine Kraft wirken muß, deren statisches Moment bezüglich des Punktes O gleich $\mathfrak{N} = d\,q/dt$ ist. Nach Gl. (90) ist

$$\mathfrak{N} = \frac{d\,q}{d\,t} = m\left[\mathfrak{r}\,\frac{d\,\mathfrak{v}}{d\,t}\right] = m\,[\mathfrak{r}\,\mathfrak{b}], \qquad (102)$$

wenn $\mathfrak{b} = d\,\mathfrak{v}/dt$ die Beschleunigung des Massenpunktes ist. Wir zerlegen wie oben $\mathfrak{r} = \mathfrak{r}_0 + \mathfrak{a}$ in seine beiden Komponenten und die Beschleunigung $d\,\mathfrak{v}/dt = \mathfrak{b} = \mathfrak{b}_s + \mathfrak{b}_r$ nach § 10 in die tangentiale Bahnbeschleunigung $\mathfrak{b}_s$ und die radiale Zentripetalbeschleunigung $\mathfrak{b}_r$ (Abb. 76a). Wir beachten ferner, daß $\mathfrak{r}_0$ und $\mathfrak{b}_r$ einander entgegengerichtet sind, so daß nach § 10, Gl. (31) $(\sin \gamma = 0)$, das Vektorprodukt $[\mathfrak{r}_0\,\mathfrak{b}_r] = 0$ ist. Dann folgt aus Gl. (102)

$$\mathfrak{N} = m\,[(\mathfrak{r}_0 + \mathfrak{a})(\mathfrak{b}_s + \mathfrak{b}_r)] = m\,[\mathfrak{r}_0\,\mathfrak{b}_s] + m\,[\mathfrak{a}\,\mathfrak{b}_r] + m\,[\mathfrak{a}\,\mathfrak{b}_s] = \mathfrak{N}_1 + \mathfrak{N}_2 + \mathfrak{N}_3. \quad (103)$$

Das statische Moment $\mathfrak{N}$ setzt sich also aus drei Komponenten zusammen, die aufeinander senkrecht stehen (Abb. 76b). Aus der Schraubenregel folgt, daß

6*

$\mathfrak{N}_1$ in Richtung der Achse weist, in Abb. 75 also senkrecht nach oben, und der Winkelgeschwindigkeit $\mathfrak{u}$ gleich (oder entgegen) gerichtet ist. Der Vektor $\mathfrak{N}_2$ weist in Abb. 75 momentan senkrecht nach vorn, der Vektor $\mathfrak{N}_3$ liegt momentan in der Zeichnungsebene und weist momentan nach links. Die Richtung von $\mathfrak{N}_1$ ist zeitlich konstant, die Richtungen von $\mathfrak{N}_2$ und $\mathfrak{N}_3$ rotieren mit dem Massenpunkt um die Achse. Durch Vergleich mit Gl. (100) erkennt man, daß $\mathfrak{N}_1$ mit der axialen Komponente $\mathfrak{q}_1$ des Drehimpulses, $\mathfrak{N}_2$ und $\mathfrak{N}_3$ mit seiner radialen Komponente $\mathfrak{q}_2$ zusammenhängen,

$$\mathfrak{N}_1 = \frac{d\,\mathfrak{q}_1}{d\,t} = m\,[\mathfrak{r}_0\,\mathfrak{b}_s], \qquad \mathfrak{N}_2 + \mathfrak{N}_3 = \frac{d\,\mathfrak{q}_2}{d\,t} = m\,[\mathfrak{a}\,\mathfrak{b}_r] + m\,[\mathfrak{a}\,\mathfrak{b}_s]. \tag{104}$$

Daher ergibt sich aus Gl. (101) für $\mathfrak{N}_1$ und seinen Betrag N_1

$$\mathfrak{N}_1 = \frac{d\,\mathfrak{q}_1}{d\,t} = J\,\frac{d\,\mathfrak{u}}{d\,t}, \qquad N_1 = J\,\frac{d\,u}{d\,t} = J\,\frac{d^2\varphi}{d\,t^2} \tag{105}$$

[§ 10, Gl. (22)], wenn φ der Drehwinkel des Massenpunktes, also $d\varphi/dt = u$ der Betrag seiner Winkelgeschwindigkeit ist. Ist $\mathfrak{N}_1 = 0$, so ist demnach der Drehimpuls $\mathfrak{q}_1$ um die Achse und die Winkelgeschwindigkeit $\mathfrak{u}$ konstant. Wirkt an dem Massenpunkt eine zur Achse und zum jeweiligen Fahrstrahl $\mathfrak{r}_0$ senkrechte, also seiner Geschwindigkeit $\mathfrak{v}$ gleich oder entgegen gerichtete Kraft, die bezüglich der Achse das statische Moment $\mathfrak{N}_1$ besitzt, so erfährt der Massenpunkt eine Winkelbeschleunigung $d^2\varphi/dt^2 = N_1/J$, die je nach der Richtung von $\mathfrak{N}_1$ — ob der Winkelgeschwindigkeit gleich- oder ihr entgegengerichtet — seine Winkelgeschwindigkeit vergrößert oder verkleinert.

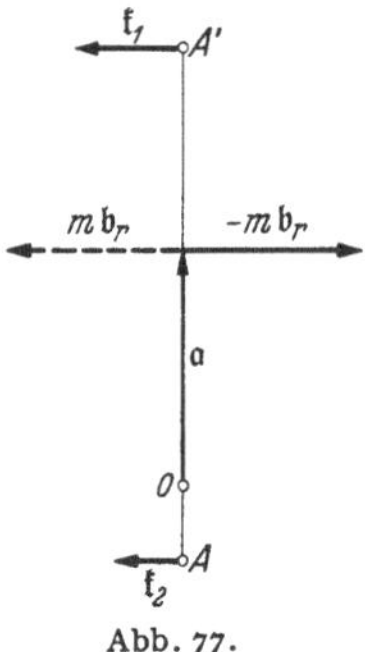

Abb. 77.
Statisches Moment der
Zentripetalkraft.

Damit der Massenpunkt eine Kreisbahn beschreibt, also die dazu nötige Zentripetalbeschleunigung $\mathfrak{b}_r$ erfährt, muß nach Gl. (85) eine Zentripetalkraft $m\,\mathfrak{b}_r$ entgegen der Richtung des Fahrstrahls $\mathfrak{r}_0$ (Abb. 75) an ihm angreifen. Das statische Moment dieser Zentripetalkraft bezüglich des Bezugspunktes O ist nach § 28 $[\mathfrak{a}\,m\,\mathfrak{b}_r] = m\,[\mathfrak{a}\,\mathfrak{b}_r]$, also gleich dem statischen Moment $\mathfrak{N}_2$ [Gl. (104)]. Dieses dient also zur Erzeugung der zur Aufrechterhaltung der Kreisbewegung erforderlichen Zentripetalkraft, die der Zentrifugalkraft $-m\,\mathfrak{b}_r$ entgegenwirkt (Abb. 77). Dieses statische Moment verschwindet, wenn man den Bezugspunkt O in den Mittelpunkt des Bahnkreises des Massenpunktes verlegt. Die Zentripetalkraft ist die Resultierende von Zwangskräften $\mathfrak{k}_1$, $\mathfrak{k}_2$, die in den Achsenlagern durch die von dem rotierenden Massenpunkt ausgehende Zentrifugalkraft wachgerufen werden.

Das statische Moment $\mathfrak{N}_3$ tritt nach Gl. (103) nur dann auf, wenn der Massenpunkt eine Bahnbeschleunigung $\mathfrak{b}_s$, also eine Änderung seiner Winkelgeschwindigkeit, erfährt, und fehlt bei konstanter Winkelgeschwindigkeit. Es beruht auf zusätzlichen Zwangskräften, die in den Achsenlagern unter der Wirkung einer Kraft auftreten, die eine Winkelbeschleunigung des Massenpunktes bewirkt, und die mit der Resultierenden dieser Zwangskräfte ein Kräftepaar bildet. Das statische Moment $\mathfrak{N}_3$ verschwindet, wenn man den Mittelpunkt des Bahnkreises als Bezugspunkt O wählt.

Die Wahl des Bezugspunktes O hat, wie wir gesehen haben, keinen Einfluß auf die axiale Drehimpulskomponente $\mathfrak{q}_1$ und die axiale Komponente $\mathfrak{N}_1$ des statischen Moments. Die radiale Drehimpulskomponente $\mathfrak{q}_2$ und die statischen Momente $\mathfrak{N}_2$ und $\mathfrak{N}_3$ hingegen hängen von der Wahl des Bezugspunktes ab und verschwinden, wenn man ihn in den Mittelpunkt des Bahnkreises verlegt. Die in den Achsenlagern auftretenden Zwangskräfte, auf die es neben den am Massenpunkt angreifenden äußeren Kräften für die Bewegung des Massenpunktes allein ankommt, sind natürlich von der Wahl des Bezugspunktes unabhängig. Demnach ist es physikalisch belanglos, welchen Punkt auf der Achse man als Bezugspunkt wählt. Im Falle eines rotierenden Massenpunktes ist es natürlich am einfachsten, wenn man den Mittelpunkt des Bahnkreises wählt.

Wir wollen dies jetzt tun, so daß $\mathfrak{N}_2 = \mathfrak{N}_3 = 0$. Eine äußere Kraft, die an dem Massenpunkt angreift, habe bezüglich des Bahnmittelpunktes das statische Moment $\mathfrak{N}_1 = \mathfrak{N}$, erzeuge also an dem Massenpunkt ein Drehmoment vom Betrage $N = J\,du/dt$ [Gl. (105)]. Da $d\varphi = u\,dt$, so ist das Integral

$$\int N\,d\varphi = J \int \frac{du}{dt}\,d\varphi = J \int \frac{du}{dt}\,u\,dt = J \int u\,du = \frac{1}{2}\,J u^2 \tag{106}$$

gleich der Rotationsenergie E des Massenpunktes [Gl. (92)], also auch gleich der Arbeit, die erforderlich ist, um ihm diese zu erteilen. Bei der Rotation besteht also, analog zur Beziehung Arbeit = Kraft × Weg, die Beziehung *Arbeit = Drehmoment × Drehung*. Auch besteht zwischen der kinetischen Energie $mv^2/2$ und der Rotationsenergie $Ju^2/2$ eine formale Analogie, indem sich J und m, sowie u und v entsprechen. Überhaupt bestehen nahe Analogien zwischen den Gesetzen der reinen fortschreitenden Bewegung und denen der Rotation von Massenpunkten. Sie werden deutlich, wenn man Geschwindigkeiten durch Winkelgeschwindigkeiten, Beschleunigungen durch Winkelbeschleunigungen, Massen durch Trägheitsmomente und Kräfte durch Drehmomente ersetzt. So entspricht auch der axiale Drehimpuls $q_1 = J\mathfrak{u}$ dem Impuls $\mathfrak{G} = m\mathfrak{v}$, die Gleichung $\mathfrak{N} = d\mathfrak{q}/dt$ der Gleichung $\mathfrak{k} = d\mathfrak{G}/dt$ (§ 20).

38. Rotation eines Körpers um eine feste Achse. Rotiert ein räumlich ausgedehnter Körper um eine feste Achse, so ist sein Drehimpuls $\mathfrak{q}$, — den wir wieder auf einen auf der Drehachse gelegenen Punkt beziehen — gleich der Vektorsumme der Einzeldrehimpulse $\mathfrak{q}_i$ seiner Massenelemente m_i. Indem wir diese gemäß § 37 in ihre zur Achse parallelen und senkrechten Komponenten $\mathfrak{q}_1^i$ und $\mathfrak{q}_2^i$ zerlegen, erhalten wir

$$\mathfrak{q} = \sum \mathfrak{q}_i = \sum \mathfrak{q}_1^i + \sum \mathfrak{q}_2^i = \mathfrak{q}_1 + \mathfrak{q}_2, \tag{107}$$

wobei $\mathfrak{q}_1$ und $\mathfrak{q}_2$ die entsprechenden Komponenten des gesamten Drehimpulses bedeuten.

Die Einzeldrehimpulse $\mathfrak{q}_1^i$ sind alle der Achse parallel, unter sich gleichgerichtet und nach Gl. (101) gleich $J_i\mathfrak{u}$. Demnach ist die axiale Komponente des Drehimpulses

$$\mathfrak{q}_1 = \mathfrak{u} \sum J_i = J\mathfrak{u}, \tag{108}$$

also analog zu Gl. (101), da das Trägheitsmoment J des Körpers gleich der Summe der Einzelträgheitsmomente seiner Massenelemente bezüglich der Drehachse ist. Der Drehimpuls senkrecht zur Achse ist nach Gl. (100)

$$\mathfrak{q}_2 = \sum \mathfrak{q}_2^i = \sum m_i\,[\mathfrak{a}_i\,\mathfrak{v}_i]. \tag{109}$$

Da die Einzeldrehimpulse $\mathfrak{q}_2^i$ verschiedene Richtungen haben, können wir dies hier nicht weiter vereinfachen.

Zwischen der axialen Drehimpulskomponente $\mathfrak{q}_1$ und einem axialen Drehmoment $\mathfrak{N}_1$ besteht nach Gl. (90) und (108) die Beziehung

$$\mathfrak{N}_1 = \frac{d\mathfrak{q}_1}{dt} = J\,\frac{d\mathfrak{u}}{dt}. \tag{110}$$

Demnach gilt auch für einen um eine Achse drehbaren Körper die Gl. (106).

Wir wollen den Drehimpuls eines rotierenden Körpers einmal auf einen Punkt O beziehen, dann auf einen Punkt O', der ihm gegenüber um die Strecke $\varDelta\mathfrak{r}$ verschoben ist. Die von O bzw. O' nach den einzelnen Massenelementen m_i

des Körpers weisenden Fahrstrahlen seien $\mathfrak{r}_i$ bzw. $\mathfrak{r}'_i = \mathfrak{r}_i - \varDelta\,\mathfrak{r}$ (Abb. 78). Die entsprechenden Drehimpulse sind dann nach Gl. (89)

$$\mathfrak{q} = \textstyle\sum m_i\,[\mathfrak{r}_i\,\mathfrak{v}_i]$$

und $\quad \mathfrak{q}' = \sum m_i\,[\mathfrak{r}'_i\,\mathfrak{v}_i] = \sum m_i\,[\mathfrak{r}_i\,\mathfrak{v}_i] - \sum m_i\,[\varDelta\,\mathfrak{r}\,\mathfrak{v}_i] = \mathfrak{q} - \sum m_i\,[\varDelta\,\mathfrak{r}\,\mathfrak{v}_i]\,.$

Da die Verschiebung $\varDelta\,\mathfrak{r}$ bezüglich aller Einzelmassen m_i die gleiche ist, so können wir für das letzte Glied auch schreiben $-[\varDelta\,\mathfrak{r}\sum m_i\mathfrak{v}_i]$. Nach Gl. (37) (§ 20) ist aber $\sum m_i\,\mathfrak{v}_i = m\,\mathfrak{v}_s$, wenn $m = \sum m_i$ die Gesamtmasse des Körpers und $\mathfrak{v}_s$ die Geschwindigkeit seines Schwerpunktes ist. Demnach ist

$$\mathfrak{q}' = \mathfrak{q} - m\,[\varDelta\,\mathfrak{r}\,\mathfrak{v}_s]\,. \tag{111}$$

Ruht der Schwerpunkt, ist also $\mathfrak{v}_s = 0$, so ist $\mathfrak{q}' = \mathfrak{q}$. Das ist bei einem rotierenden Körper dann und nur dann der Fall, wenn der Schwerpunkt auf der Drehachse liegt, diese also eine Schwerpunktsachse ist. In diesem Fall ist also der Drehimpuls des Körpers von der Wahl des Bezugspunktes unabhängig, und sowohl seine axiale Komponente $\mathfrak{q}_1$, wie auch seine radiale Komponente $\mathfrak{q}_2$ haben in jedem Augenblick einen ganz bestimmten Betrag und eine ganz bestimmte Richtung.

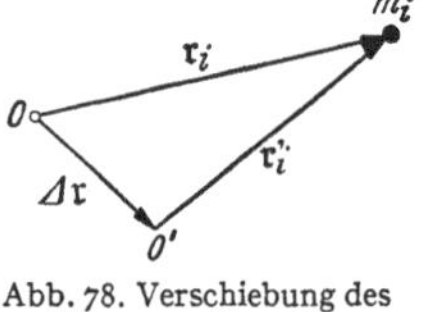

Abb. 78. Verschiebung des Bezugspunktes des Drehimpulses.

Die an den Massenelementen m_i eines Körpers auftretenden Zentrifugalkräfte $\mathfrak{k}_i$, die alle zur Achse senkrecht stehen, aber verschieden gerichtet sind und in verschiedenen parallelen Ebenen liegen, lassen sich nach § 15 stets zu einer resultierenden Einzelkraft $\mathfrak{k} = \sum \mathfrak{k}_i$ und einem resultierenden Kräftepaar vereinigen. Die Einzelkraft ist die Vektorsumme der einzelnen Zentrifugalkräfte $-m_i\,\mathfrak{b}_r^i = -m_i\,d\mathfrak{v}_i/dt$. Wenn wir beachten, daß — wie oben — $\sum m_i\,\mathfrak{v}_i = m\,\mathfrak{v}_s$, also $\sum m_i\,d\mathfrak{v}_i/dt = m\,d\mathfrak{v}_s/dt$ ist, so ergibt sich

$$\mathfrak{k} = -\sum m_i\,\frac{d\mathfrak{v}_i}{dt} = -m\,\frac{d\mathfrak{v}_s}{dt}\,. \tag{112}$$

Ist die Drehachse eine Schwerpunktsachse, so ruht der Schwerpunkt des rotierenden Körpers, so daß $\mathfrak{v}_s = 0$ und demnach auch $d\mathfrak{v}_s/dt = 0$ und $\mathfrak{k} = 0$. In diesem Fall ergeben die Zentrifugalkräfte also keine resultierende Einzelkraft. Ist die Achse aber keine Schwerpunktsachse, so besteht, wie beim rotierenden Massenpunkt, eine solche Einzelkraft, analog zur Kraft $-m\,\mathfrak{b}_r$ in Abb. 77, deren Richtung mit dem Körper um die Achse rotiert, in der festen Achse entsprechende Zwangskräfte als Zentripetalkräfte hervorruft und die Achse einseitig beansprucht.

Wenn aber auch — bei der Rotation um eine Schwerpunktsachse — die resultierende Einzelkraft verschwindet, so bedeutet das noch kein Verschwinden des resultierenden Kräftepaares. (Die Vektorsumme der Einzelkräfte eines solchen ist ja stets gleich Null). Im allgemeinen ergeben also bei der Rotation eines Körpers um eine Schwerpunktsachse die Zentrifugalkräfte ein Kräftepaar, das ein Drehmoment *(Zentrifugalmoment)* um eine zur Ebene des Kräftepaares senkrechte Achse ausübt. Dieses Drehmoment wird bei fester Achsenlagerung durch ein entgegengesetztes Drehmoment $\mathfrak{M}_2 = d\,\mathfrak{q}_2/dt$ aufgehoben, das durch Zwangskräfte in der Achse erzeugt wird *(Lagerreaktion)*. Das Drehmoment der Zentrifugalkräfte verschwindet nur dann, wenn die Drehachse nicht nur eine Schwerpunktsachse, sondern auch eine der Hauptträgheitsachsen ist. Wir wollen das hier nicht streng beweisen, sondern an einfachen Beispielen verständlich machen.

Ein länglicher, homogener Kreiszylinder (Abb. 79a) bzw. eine Kreisscheibe (Abb. 79d) rotiere um eine beliebige feste Schwerpunktsachse $A\,A'$. Die gleich großen, entgegengesetzt gerichteten Resultierenden der Zentrifugalkraft $\mathfrak{k}$, $-\mathfrak{k}$

an den beiden Körperhälften liegen im allgemeinen nicht in der gleichen Wirkungslinie, bilden also ein Kräftepaar, das den Körper um eine zur Achse AA' senkrechte Achse zu drehen, ihn also in die Lage der Abb. 79 c bzw. 79 e zu bringen sucht. Die Kräfte haben nur dann die gleiche Wirkungslinie, heben sich also auf und üben kein Drehmoment aus, wenn die Drehachse entweder mit der Figurenachse zusammenfällt (Abb. 79 b bzw. 79 e) oder wenn sie eine der dazu senkrechten Schwerpunktsachsen ist (Abb. 79 c bzw. 79 f). Dies aber sind nach § 36 Hauptträgheitsachsen der beiden Körper. Ist die Drehachse keine Hauptträgheitsachse (Abb. 79 a bzw. 79 d), so sucht das Drehmoment der Zentrifugalkräfte den Körper in diejenige Lage zu überführen, in der er um die Achse größten Trägheitsmoment rotiert (Abb. 79 c bzw. 79 e). Rotiert der Körper

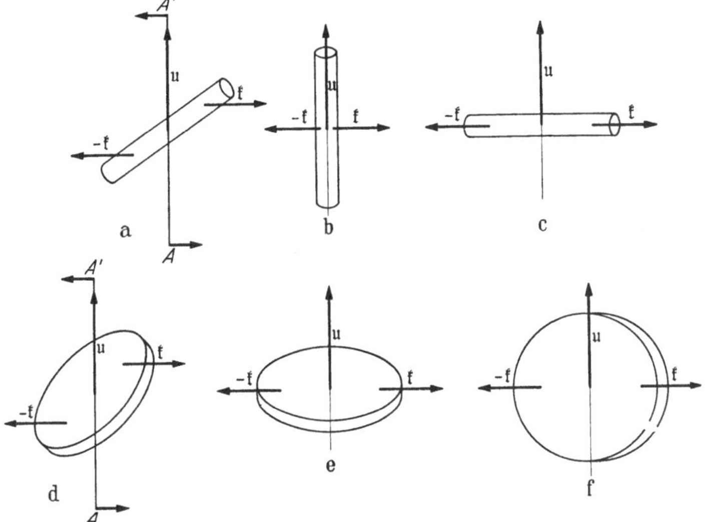

Abb. 79. Zentrifugalkräfte an rotierenden Körpern. a—c länglicher Kreiszylinder, d—f Kreisscheibe.

bereits um diese Achse und erleidet er eine kleine Störung, so tritt sofort ein Drehmoment auf, das den alten Zustand wieder herzustellen sucht. Rotiert aber der Körper um eine Achse kleinsten Trägheitsmoments (Abb. 79 b bzw. 79 f), so genügt die kleinste Störung, um ein Drehmoment wachzurufen, das den Zustand noch mehr zu ändern sucht. In Analogie zum stabilen und labilen Gleichgewicht kann man daher eine Rotation um eine Achse größten Trägheitsmoments als einen stabilen, eine Rotation um eine Achse kleinsten Trägheitsmoments als einen labilen Rotationszustand bezeichnen. Die Rotation eines Kugelkreisels (§ 36) um irgendeine Schwerpunktsachse ist dem indifferenten Gleichgewicht analog, denn bei ihm sind alle Schwerpunktsachsen gleichwertig.

Ein Körper, der um eine beliebige feste Schwerpunktsachse rotiert, unterliegt also — außer wenn diese eine Hauptträgheitsachse ist — einem Drehmoment $\mathfrak{M}_2$ der Zwangskräfte in der Achse, die von den Zentrifugalkräften erzeugt werden (Abb. 79 a bzw. 79 d). Er besitzt demnach im allgemeinen auch einen radialen Drehimpuls $\mathfrak{q}_2$, der mit dem Körper um die Achse rotiert. Rotiert er aber mit konstanter Winkelgeschwindigkeit um eine Hauptträgheitsachse, so ist $\mathfrak{M}_2 = d\mathfrak{q}_2/dt = 0$ und $\mathfrak{q}_2 = \text{const}$. Da nun $\mathfrak{q}_2$, wenn überhaupt vorhanden, wegen seiner ständigen Richtungsänderungen bei endlichem Betrage nicht konstant sein kann, so folgt $\mathfrak{q}_2 = 0$. Ein um eine Hauptträgheitsachse rotierender Körper besitzt demnach nur Drehimpuls um die Drehachse, und es ist $\mathfrak{q} = \mathfrak{q}_1$. Ist

J_a das zur betreffenden Hauptträgheitsachse gehörige Hauptträgheitsmoment, so können wir in diesem Fall nach Gl. (108) u. Gl. (110) auch schreiben

$$\mathfrak{q} = J_a \mathfrak{u} \quad \text{und} \quad \mathfrak{M} = J_a \frac{d\mathfrak{u}}{dt}. \tag{113}$$

Ein Körper rotiere um eine beliebige Schwerpunktsachse. Seine Hauptträgheitsmomente seien J_a, J_b, J_c, die Komponenten seiner Winkelgeschwindigkeit $\mathfrak{u}$ in Richtung der drei Hauptträgheitsachsen seien $\mathfrak{u}_a$, $\mathfrak{u}_b$, $\mathfrak{u}_c$, die Komponenten seines Drehimpulses $\mathfrak{q}$ in diesen Richtungen $\mathfrak{q}_a$, $\mathfrak{q}_b$, $\mathfrak{q}_c$. Dann kann man, wie in § 36 erwähnt, die Rotation in drei *unabhängige* Rotationen um diese drei Achsen zerlegt denken, und es ist

$$\mathfrak{q}_a = J_a \mathfrak{u}_a, \quad \mathfrak{q}_b = J_b \mathfrak{u}_b, \quad \mathfrak{q}_c = J_c \mathfrak{q}_c \tag{114}$$

und
$$\mathfrak{q} = \mathfrak{q}_a + \mathfrak{q}_b + \mathfrak{q}_c = J_a \mathfrak{u}_a + J_b \mathfrak{u}_b + J_c \mathfrak{u}_c. \tag{115}$$

Ist ein rotierender Körper keinem äußeren Drehmoment $\mathfrak{M}$, auch keinen Zwangskräften in einer Achse unterworfen, ist also $\mathfrak{M} = d\mathfrak{q}/dt = 0$, so ist $\mathfrak{q} =$ const, d. h. sein Drehimpuls hat konstanten Betrag und konstante Richtung. Erzeugt ein Körper durch von ihm ausgehende Kräfte an einem zweiten Körper ein Drehmoment $\mathfrak{M} = d\mathfrak{q}''/dt$, so erzeugt dieser an ihm nach dem Wechselwirkungsgesetz ein gleich großes, entgegengesetzt gerichtetes Drehmoment $-\mathfrak{M} = d\mathfrak{q}'/dt$. ($\mathfrak{q}'$, $\mathfrak{q}''$ Drehimpulse dés ersten und des zweiten Körpers). Es folgt

$$\frac{d\mathfrak{q}'}{dt} + \frac{d\mathfrak{q}''}{dt} = 0 \quad \text{und} \quad \mathfrak{q}' + \mathfrak{q}'' = \text{const}. \tag{116}$$

Die Vektorsumme der Drehimpulse der beiden Körper bleibt also bei allen zwischen ihnen auftretenden Wechselwirkungen konstant. Das entsprechende gilt bei Wechselwirkungen zwischen beliebig vielen Körpern. Die zwischen ihnen wirkenden inneren Kräfte vermögen die Vektorsumme ihrer Drehimpulse weder nach Betrag noch nach Richtung zu ändern. *Der Drehimpuls eines nur inneren Kräften unterworfenen Körpersystems ist unveränderlich.* Dieser *Erhaltungssatz des Drehimpulses* ist ganz analog zum Erhaltungssatz des Impulses (§ 20). Ändert sich der Drehimpuls eines Körpers, so kann das nur so geschehen, daß gleichzeitig andere Körper insgesamt eine gleich große, aber entgegengesetzt gerichtete Änderung ihres Drehimpulses erfahren. (Dabei kann die Summe der Beträge der Drehimpulse zu- oder abnehmen, ebenso wie wir das in § 20 für den Impuls gezeigt haben). Da die Gesamtheit der Körper im Weltall ein Körpersystem bildet, das nur inneren Kräften unterworfen ist, so folgt, daß der Vorrat des Weltalls an Drehimpuls unveränderlich ist.

Der Erhaltungssatz des Drehimpulses hängt mit dem Erhaltungssatz der Bewegungsgröße (*Impulssatz*, § 20) zusammen. Als weiteren Erhaltungssatz kennen wir das *Energieprinzip*. Diese beiden Erhaltungssätze sind die *einzigen Grundgesetze der Mechanik der Massenpunkte und der starren Körper.* Ihr gesamter Inhalt leitet sich — soweit er nicht aus Definitionen besteht — aus ihnen her.

Rotierende Körper bezeichnet man allgemein als *Kreisel*. Die vorstehenden Ausführungen enthalten die Grundlagen der *Kreiseltheorie*. Sie haben u. a. auch große technische Bedeutung für alle schweren, schnell rotierenden Maschinenteile. Diese dürfen natürlich — wenn möglich — ihre Achsen und Achsenlager nicht durch mit ihnen umlaufende Zentrifugalkräfte und Zentrifugalmomente beanspruchen. Sie müssen also tunlichst um eine Hauptträgheitsachse rotieren, und dies äußerst genau. Denn schon kleine Abweichungen können bei Maschinenteilen mit großem Trägheitsmoment oder bei sehr schneller Rotation sehr beträchtliche und auf die Dauer gefährliche Beanspruchungen der Maschine und des Gebäudes zur Folge haben.

39. Rotation um freie Achsen. Kräftefreier Kreisel. Wir gehen jetzt zur Betrachtung von Rotationen um freie Achsen über, d. h. um solche Achsen, deren Lage im Raum und im rotierenden Körper nicht durch irgendwelche Bedingungen festgelegt ist, die also ihre Lage im Raum und im Körper ändern können. Der wesentliche Unterschied gegenüber der Rotation um eine feste Achse besteht darin, daß die Zentrifugalmomente nicht mehr durch Zwangskräfte in der Achse aufgehoben werden. Ihre Wirkung führt im allgemeinen zu komplizierten Bewegungen, und daher ist die allgemeine Kreiseltheorie sehr verwickelt und schwierig. Wir beschränken uns hier auf einfachere Fälle, die auch praktisch die wichtigsten sind, nämlich auf *symmetrische Kreisel*. Unter einem solchen versteht man einen homogenen, rotationssymmetrischen Körper, — Kugeln, Kreiszylinder, Rotationsellipsoide, Kegel von kreisförmigem Querschnitt, Ringe usw. Ihre geometrische *Figurenachse* ist stets eine Hauptträgheitsachse, beim *abgeplatteten Kreisel*, z. B. einer Kreisscheibe, diejenige größten Trägheitsmoments, beim *verlängerten Kreisel*, z. B. einem länglichen Kreiszylinder, diejenige kleinsten Trägheitsmoments (Abb. 79). Die zur Figurenachse senkrechten Schwerpunktsachsen sind sämtlich gleichberechtigt und beim abgeplatteten Kreisel Achsen kleinsten, beim verlängerten Kreisel Achsen größten Trägheitsmoments. Demnach ist beim abgeplatteten Kreisel auch das Trägheitsellipsoid ein abgeplattetes, beim verlängerten Kreisel ein verlängertes Rotationsellipsoid.

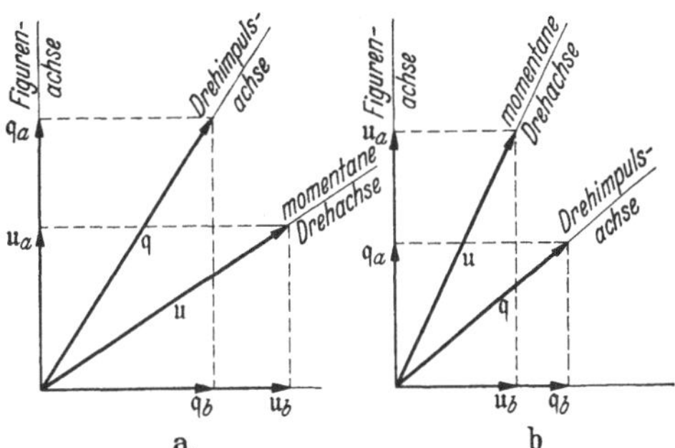

Abb. 80. Figurenachse, Drehimpulsachse und Drehachse, a beim abgeplatteten, b beim verlängerten Kreisel.

Ist ein Kreisel keinen äußeren Kräften unterworfen *(kräftefreier Kreisel)*, so muß nach § 19 sein Schwerpunkt unbeschleunigt sein, d. h. er nimmt an der Rotation nicht teil. Das ist nur möglich, wenn er auf der Drehachse liegt. *Es kann daher nur eine Schwerpunktsachse Drehachse eines kräftefreien Kreisels — eine freie Drehachse — sein.* Ist sie obendrein eine Hauptträgheitsachse, so verläuft die Kreiselbewegung besonders einfach, weil in diesem Fall nach § 38 die Zentrifugalmomente am Kreisel fehlen.

Da ein kräftefreier Kreisel keine äußeren Einwirkungen erfährt, so sind seine Rotationsenergie und sein Drehimpuls konstant, letzterer als ein Vektor sowohl bezüglich seines Betrages wie seiner Richtung im Raume. Bei einem kräftefreien Kreisel hat also die *Drehimpulsachse*, d. h. die durch den Kreiselschwerpunkt in Richtung des Drehimpulsvektors weisende Gerade, bei noch so komplizierten Kreiselbewegungen eine *unveränderliche Richtung*. Im allgemeinen fällt weder die *Figurenachse* noch die *momentane Drehachse*, die Richtung des Winkelgeschwindigkeitsvektors $\mathfrak{u}$, mit der Drehimpulsachse zusammen. Diese beiden Achsen führen also bei der Kreiselbewegung eine Bewegung um die raumfeste Drehimpulsachse aus.

Es sei $\mathfrak{u}$ die momentane Winkelgeschwindigkeit eines symmetrischen Kreisels (Abb. 80a u. b). In der gleichen Richtung liegt dann auch die momentane Drehachse. Wir zerlegen die Winkelgeschwindigkeit in ihre beiden zueinander senkrechten Komponenten $\mathfrak{u}_a$ in Richtung der Figurenachse und $\mathfrak{u}_b$ in der dazu senkrechten Richtung. Das entspricht der Zerlegung der Rotation in zwei unabhängige Rotationen um die entsprechenden Hauptträgheitsachsen. Das Trägheitsmoment bezüglich der Figurenachse sei J_a, dasjenige bezüglich aller zu ihr senkrechten gleichberechtigten Schwerpunktsachsen sei J_b. Nach Gl. (114) besitzt der Kreisel bezüglich der Figurenachse den Drehimpuls $q_a = J_a \mathfrak{u}_a$, bezüglich der dazu senkrechten Achse den Drehimpuls $q_b = J_b \mathfrak{u}_b$. (Die dritte Komponente entfällt, da $\mathfrak{u}$ momentan keine Komponente senkrecht zur Zeichnungsebene besitzt.) Der gesamte Drehimpuls ist also der Vektor $\mathfrak{q} = J_a \mathfrak{u}_a + J_b \mathfrak{u}_b$ [Gl. (115)]. Aus Abb. 80 ist ohne weiteres ersichtlich, daß die Drehimpulsachse — die Richtung des Vektors $\mathfrak{q}$ — im allgemeinen nicht mit der Richtung der momentanen Drehachse — der Richtung des Vektors $\mathfrak{u}$ — zusammenfällt. Ist $J_a > J_b$ (abgeplatteter Kreisel, Abb. 80a), so liegt die Drehimpulsachse zwischen Figurenachse und Drehachse. Ist $J_a < J_b$ (verlängerter Kreisel, Abb. 80b), so liegt die Drehachse zwischen Figurenachse und Drehimpulsachse. Jedoch liegen die drei Achsen beim symmetrischen Kreisel stets in der gleichen Ebene. Da sich der Kreisel in Abb. 80 *momentan* um die gezeichnete $\mathfrak{u}$-Achse dreht, also auch die Figurenachse momentan eine entsprechende Drehung um diese Achse ausführt, da die drei Achsen ferner stets in der gleichen Ebene liegen und die Winkel zwischen den drei Achsen durch die unveränderlichen Beträge von J_a, J_b, und $\mathfrak{q}_a$, $\mathfrak{q}_b$ fest gegeben sind, und da schließlich die Drehimpulsachse ihre Richtung im Raum nicht ändert, so folgt, daß die Figurenachse und die Drehachse eine kreisende Bewegung auf Kegelmänteln um die raumfeste Drehimpulsachse ausführen müssen. Dabei führt die Drehachse ihrerseits eine Drehung innerhalb des Kreisels um die Figurenachse aus. Die Bewegung der Figurenachse um die Drehimpulsachse heißt die *Präzession* des Kreisels. Sie kann als Wirkung der am Kreisel auftretenden Zentrifugalmomente angesehen werden.

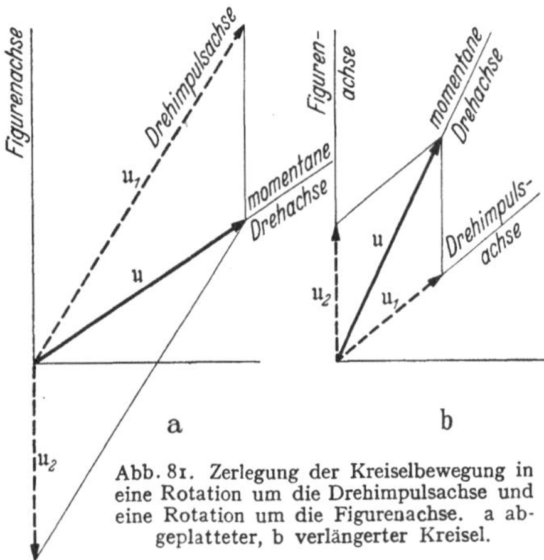

Abb. 81. Zerlegung der Kreiselbewegung in eine Rotation um die Drehimpulsachse und eine Rotation um die Figurenachse. a abgeplatteter, b verlängerter Kreisel.

Die Drehachse und die Drehimpulsachse fallen nur dann zusammen, wenn $\mathfrak{u}_a$ oder $\mathfrak{u}_b = 0$ ist, wenn also die Drehachse auch mit der Figurenachse oder einer zu ihr senkrechten Schwerpunktsachse zusammenfällt (Abb. 79b, c, e, f), wenn sie also eine Hauptträgheitsachse ist. (Das gilt auch beim nicht symmetrischen Kreisel). In diesen Fällen hat demnach auch die Figuren- und die Drehachse eine raumfeste Richtung. Die Drehachse fällt auch dann mit der Drehimpulsachse zusammen, wenn $J_a = J_b$ ist. Das ist bei den Kugelkreiseln der Fall, deren Trägheitsellipsoid eine Kugel ist (§ 38). In allen diesen Fällen gibt es also keine Präzession, und zwar deshalb, weil keine Zentrifugalmomente auftreten.

Wir können die Kreiselbewegung noch auf eine andere Weise verständlich machen. Wir zerlegen die Winkelgeschwindigkeit $\mathfrak{u}$ in zwei Komponenten, deren eine, $\mathfrak{u}_1$, in Richtung der Drehimpulsachse und deren andere, $\mathfrak{u}_2$, in Richtung der Figurenachse liegt. Das entspricht der Zerlegung der Kreiselbewegung in eine Rotation um die raumfeste Drehimpulsachse und eine Rotation um die nicht raumfeste Figurenachse. (Daß diese Rotationen nicht voneinander unabhängig sind, ist hier ohne Belang.) Es ergibt sich, daß ein abgeplatteter Kreisel (Abb. 81a) außer seiner Rotation um die Figurenachse ($\mathfrak{u}_2$) eine im wesentlichen gegenläufige Präzession um die Drehimpulsachse ($\mathfrak{u}_1$) ausführt. Hingegen erfolgen beim verlängerten Kreisel (Abb. 81b) die beiden Rotationen im wesentlichen gleichsinnig.

Zur Demonstration der Kreiselgesetze kann man einen Kreisel kräftefrei machen, indem man ihn in einer kardanischen Aufhängung (Abb. 86) so lagert, daß sein Schwerpunkt im Mittelpunkt der Aufhängung liegt, oder indem man ihn — wie beim KLEINschen Kreisel (Abb. 82) — unmittelbar in seinem Schwerpunkt unterstützt.

Bei der Bewegung eines symmetrischen Kreisels ist die jeweilige Lage und Bewegung der Figurenachse ohne weiteres sichtbar. Auch die Lage der raumfesten Drehimpulsachse ist als diejenige Gerade, um die die ganze Bewegung erfolgt, deutlich kenntlich, aber nicht die Lage der momentanen Drehachse und ihre Bewegung im Raum und innerhalb des Körpers. Man kann aber nach POHL auch diese sichtbar machen, wenn man eine zur Figurenachse senkrechte Ebene am Kreisel mit bedrucktem Papier beklebt. Dieses erscheint wegen der schnellen Drehung überall gleichmäßig grau. Nur im jeweiligen Durchstoßpunkt der Drehachse ist eine Struktur zu erkennen, deren Wanderung auf der Fläche die Wanderung der Drehachse im Körper anzeigt.

Abb. 82.
KLEINscher Kreisel. Nach MÜLLER-POUILLET, Lehrbuch der Physik.

40. Kreisel unter der Wirkung eines äußeren Drehmomentes. Wir wollen jetzt die Wirkung eines an einem Kreisel mit freier Drehachse angreifenden äußeren Drehmoments betrachten und dabei voraussetzen, daß der Kreisel um eine Hauptträgheitsachse rotiert. Er habe den Drehimpuls $\mathfrak{q}$. Wirkt jetzt während der Zeit dt an ihm ein Drehmoment $\mathfrak{M}$, so erzeugt es an ihm einen zusätzlichen Drehimpuls $d\mathfrak{q} = \mathfrak{M}\,dt$ [Gl. (90)], der sich vektoriell zum Drehimpuls $\mathfrak{q}$ addiert, so daß der Drehimpuls des Kreisels nunmehr $\mathfrak{q}' = \mathfrak{q} + d\mathfrak{q}$ ist (Abb. 83a). Wenn $d\mathfrak{q}$ nicht mit $\mathfrak{q}$ gleichgerichtet ist, so hat $\mathfrak{q}'$ eine Richtung, die von derjenigen von $\mathfrak{q}$ ein wenig abweicht. Der Betrag des Drehimpulses ändert sich nur dann nicht, wenn $d\mathfrak{q}$ senkrecht zu $\mathfrak{q}$ gerichtet ist. Dann ändert sich nur die Richtung von $\mathfrak{q}$. In Abb. 83b ist dies für eine endliche Richtungsänderung angedeutet. Die aneinander gereihten Pfeilchen bedeuten die aufeinanderfolgenden, zur jeweiligen $\mathfrak{q}$-Richtung senkrechten Drehimpulsänderungen $d\mathfrak{q}$.

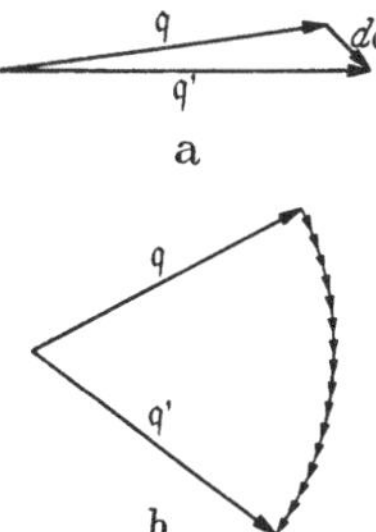

Abb. 83. Änderung des Drehimpulses beim Kreisel.

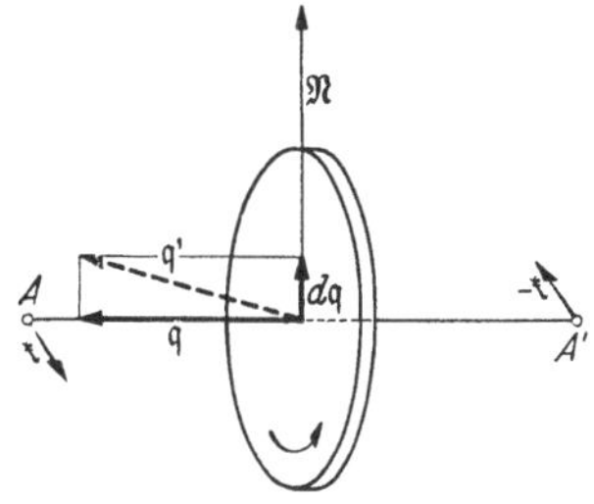

Abb. 84. Kreisel unter der Wirkung eines äußeren Drehmoments.

Abb. 84 stellt als Beispiel eines Kreisels eine um ihre Figurenachse rotierende Kreisscheibe dar, deren Achse AA' frei drehbar ist, aber eine feste Lage im Kreisel hat. Der Drehimpulsvektor $\mathfrak{q}$ weist in Richtung der Achse horizontal von rechts nach links (Schraubenregel). Nunmehr lassen wir während einer Zeit dt an der Achse ein Kräftepaar wirken, dessen Einzelkräfte $\mathfrak{k}$, $-\mathfrak{k}$ zur Zeichnungsebene senkrecht stehen, und das nach der Schraubenregel ein Drehmoment $\mathfrak{M}$ erzeugt, das senkrecht zur Achse in der Zeichnungsebene liegt, den Kreisel also um eine in der Zeichnungsebene liegende vertikale Achse zu drehen sucht. Die dadurch hervorgerufene Drehimpulsänderung $d\mathfrak{q} = \mathfrak{M}\,dt$ ist mit $\mathfrak{M}$ gleichgerichtet, weist also senkrecht nach oben. Der Drehimpuls $\mathfrak{q}$ verwandelt sich demnach in einen Drehimpuls $\mathfrak{q}' = \mathfrak{q} + d\mathfrak{q}$, der wieder in der Zeichnungsebene liegt, aber ein wenig gegen die Horizontale geneigt ist. Da der Kreisel nur um die in seiner Figurenachse festgelegte Achse rotieren kann, die Richtung seiner Figuren- und Drehachse also stets mit seiner Drehimpulsachse übereinstimmt, so folgt, daß sich der Kreisel ebenso gedreht hat wie der Drehimpulsvektor $\mathfrak{q}$. Man kann den Versuch leicht so verwirklichen, daß man einen Kreisel von der in Abb. 84 dargestellten Art an den beiden Enden seiner Achse anfaßt und ihm einen kurzen drehenden Ruck im Sinne des gedachten Kräftepaares erteilt. Das Ergebnis des Versuches ist immer wieder überraschend. Es gelingt nicht, den Kreisel im Sinne des angewandten Drehmoments zu drehen. *Ein Kreisel reagiert auf den Versuch, ihn um irgendeine zu seiner Drehachse senkrechte Achse zu drehen, mit einer heftigen Drehung um die zu dieser Achse und zur Drehachse senkrechte Achse.* Natürlich handelt es sich hier um die Wirkung von Trägheitskräften. Bei schneller Rotation und großem Trägheitsmoment sind diese *Kreiselkräfte*, mit denen sich ein Kreisel jeder Richtungsänderung seiner Drehachse in einem bestimmten Sinne widersetzt, sehr beträchtlich. Natürlich ist es möglich, jede gewünschte Richtungsänderung der Kreiselachse zu bewirken. Dann aber muß das Drehmoment, entgegen jeglicher Erfahrung an nicht rotierenden Körpern, genau senkrecht zu derjenigen Achse gerichtet sein, um die man den Kreisel zu drehen wünscht. Zu Versuchen ist das abmontierte Rad eines Fahrrades geeignet, dessen Bereifung durch einen Bleikranz ersetzt und dessen Achse durch Handgriffe verlängert ist. Man versetzt es durch Anziehen einer auf die verlängerte Achse gewickelten Schnur in schnelle Rotation.

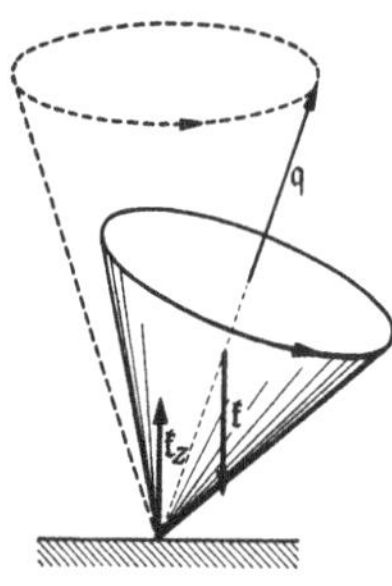

Abb. 85. Kinderkreisel.

Die Achsendrehung eines Kreisels, die durch ein äußeres Drehmoment hervorgerufen wird, bezeichnet man ebenso wie die vom Drehmoment der Zentrifugalkräfte hervorgerufene Drehbewegung (§ 39) als *Präzession*.

Ein Kinderkreisel, der mit genau lotrechter Figuren- und Drehachse läuft, verhält sich wie ein kräftefreier Kreisel. Kleine Kippungen sind aber unvermeidlich. Sobald eine solche eintritt, tritt am Kreisel ein Kräftepaar auf, das einerseits aus der in seinem Schwerpunkt S angreifenden Schwerkraft $\mathfrak{k}$ andererseits aus der entgegengesetzt gerichteten gleich großen Zwangskraft $\mathfrak{k}_z = -\mathfrak{k}$ an seiner Spitze besteht. Es sucht den Kreisel im Fall der Abb. 85 noch weiter nach rechts zu kippen, ihn also um eine durch seine Spitze gehende, zur Zeichnungsebene senkrechte, horizontale Achse zu drehen. Der Kreisel aber reagiert darauf mit einer Drehung seiner Achse um die dazu senkrechte, in der Zeichnungsebene liegende, vertikale Achse. Seine Achse dreht sich bei dem in Abb. 85 angenommenen Umlaufssinn des Kreisels nach hinten — also im gleichen Sinne wie die Kreiseldrehung — und setzt diese Bewegung, da das Drehmoment andauert und seine Richtung die Präzessionsbewegung mitmacht, entsprechend fort. Die

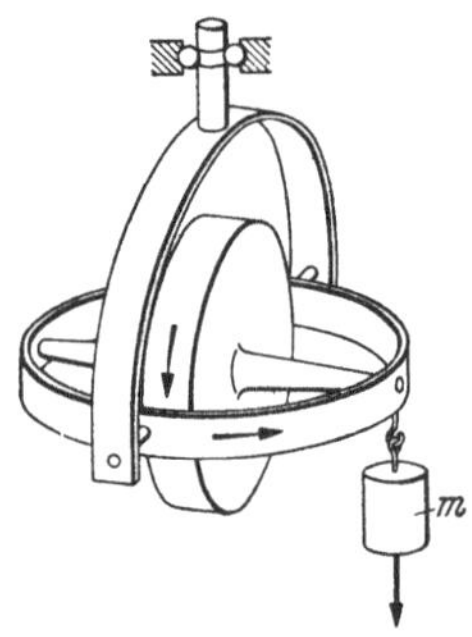

Abb. 86. Zur Präzession unter der Wirkung eines äußeren Drehmoments. Nach MÜLLER-POUILLET, Lehrbuch der Physik.

Kreiselachse dreht sich also in der bekannten Weise auf einem Kegelmantel um die Vertikale, gleichsinnig mit der Rotation des Kreisels. Die Winkelgeschwindigkeit und der Drehimpuls des Kreisels ändern dabei, sofern der Kreisel reibungslos läuft, nur ständig ihre Richtung, aber nicht ihren Betrag. Infolge des Energie- und Drehimpulsverlustes durch Reibung werden aber bei einem wirklichen Kreisel die Kreiselkräfte allmählich schwächer. Die Öffnung des Präzessionskegels wird ständig größer, so daß der Kreisel schließlich umfällt.

Abb. 86 stellt einen Kreisel dar, der mit horizontaler Achse kräftefrei in einer kardanischen Aufhängung gelagert ist, so daß seine Achse allseitig drehbar ist. Durch das Gewicht einer am Ende seiner Achse angebrachten Masse m kann ein Drehmoment wirksam gemacht werden, das ihn um die zu seiner Drehachse senkrechte horizontale Achse zu drehen sucht. Er antwortet darauf mit einer Präzessionsbewegung um die vertikale Achse, um die er sich mit merklicher

Geschwindigkeit dreht. Hängt man die Masse auf das andere Ende der Achse, so kehrt sich die Präzessionsbewegung um.

In der Technik müssen Kreiselkräfte überall in Betracht gezogen werden, wo die Richtung der Drehachsen schnell rotierender Maschinenteile sich schnell ändert, also insbesondere bei Fahrzeugen. Denn die Kreiselkräfte, die Trägheitswiderstände der rotierenden Teile gegen eine Änderung der Richtung ihrer Drehimpulse, können unter Umständen die Achsenlager stark beanspruchen und erhebliche Drehmomente auf das Fahrzeug ausüben. Zum Beispiel bewirken die Kreiselkräfte an den Rädern beim Fahren einer Kurve eine Vermehrung des Raddruckes an der Außenseite der Kurve, eine Verminderung an der Innenseite, erzeugen also eine zusätzliche, gleichsinnige Wirkung zur Zentrifugalkraft, die ebenfalls das Fahrzeug nach außen zu kippen sucht (§ 34). Eine einseitige Einbiegung der Schienen kann bei Eisenbahnwagen eine plötzliche Kippung und damit eine Drehung der Radachsen um eine in der Fahrtrichtung liegende horizontale Achse hervorrufen, die ihrerseits ein Drehmoment um eine vertikale Achse erzeugt und Entgleisungsgefahr herbeiführt. Bei Schiffen erzeugen die Stampf-, Gier- und Schlingerbewegungen Kreiselkräfte an den rotierenden Maschinenteilen, die zu gegenseitigen Verstärkungen dieser Bewegungen führen.

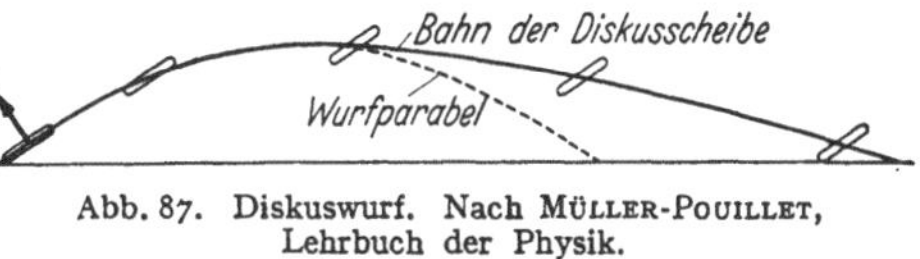

Abb. 87. Diskuswurf. Nach Müller-Pouillet, Lehrbuch der Physik.

Besonders wichtig sind die Kreiselkräfte an den Luftschrauben der Flugzeuge. Ihre Berücksichtigung und Beherrschung spielt bei der Kunst des Fliegens eine maßgebende Rolle.

Die Kreiselkräfte finden aber auch unmittelbare technische Anwendungen. Bei den Kollergängen der Mühlen rotieren die an der gleichen horizontalen Achse befestigten Mahlsteine gemeinsam um eine durch die Mitte der ersteren Achse gehende vertikale Achse und rollen dabei über das Mahlgut hinweg. Infolge der ständigen Richtungsänderung der ersten Achse treten an den Mahlsteinen Kreiselkräfte auf, durch die sie, wie die Räder an der Außenseite von Kurven, nach unten gedrückt werden. Der Mahldruck wird dadurch beträchtlich erhöht.

In der Ballistik werden die Kreiselkräfte, d. h. das Bestreben eines Kreisels, seine Achsenrichtung beizubehalten, ausgenutzt, um ein Überschlagen der Geschosse im Fluge zu verhindern. Sie erhalten durch die in den Rohrlauf eingeschnittenen schraubenförmigen „Züge" einen beträchtlichen Drehimpuls *(Geschoßdrall)*, durch den die Treffsicherheit außerordentlich erhöht wird. Beim Diskuswerfen erteilt man dem Diskus eine schnelle Rotation um seine Achse größten Trägheitsmoments. Infolgedessen stellt er sich im zweiten Teil seiner Bahn, wie die Tragfläche eines Flugzeuges, schräg gegen den Luftwiderstand an und erreicht eine erheblich größere Wurfweite, als wenn dies nicht der Fall wäre (Abb. 87).

Bei einem kräftefreien Kreisel sind die Winkel zwischen Figuren-, Drehimpuls- und Drehachse unveränderlich (§ 39), denn sie sind durch die unveränderliche Rotationsenergie und den nach Betrag und Richtung unveränderlichen Drehimpuls eindeutig bestimmt. Ist aber ein Kreisel äußeren Drehmomenten unterworfen, die seine Energie und seinen Drehimpuls ändern können, so können sich auch diese Winkel ändern. Das zeigt z. B. der folgende Versuch. An der vertikalen Achse A eines Elektromotors hängt eine Kreisscheibe an einem an ihrem Rande befestigten Faden (Abb. 88a). Wird die Scheibe in Drehung versetzt, so rotiert sie anfänglich um ihren Durchmesser, also um eine Achse kleinsten Trägheitsmoments. Jede unvermeidbare momentane Abweichung von dieser Achsenrichtung ruft aber, wie in § 38 besprochen, ein

Zentrifugalmoment wach, das die Scheibe so zu drehen sucht, daß sie um ihre Achse größten Trägheitsmoments, also um ihre Figurenachse rotiert. Beim kräftefreien Kreisel kann das nicht eintreten, weil damit eine Energie- und Drehimpulsänderung verbunden sein müßte. Der Scheibe aber, die durch den Motor auf konstanter Winkelgeschwindigkeit gehalten wird, kann der Motor Energie und Drehimpuls zuführen, so daß sie dem Zentrifugalmoment nach-zugeben vermag. Sie beginnt in schräger Lage zu wirbeln und stellt sich schließlich horizontal (Abb. 88b).

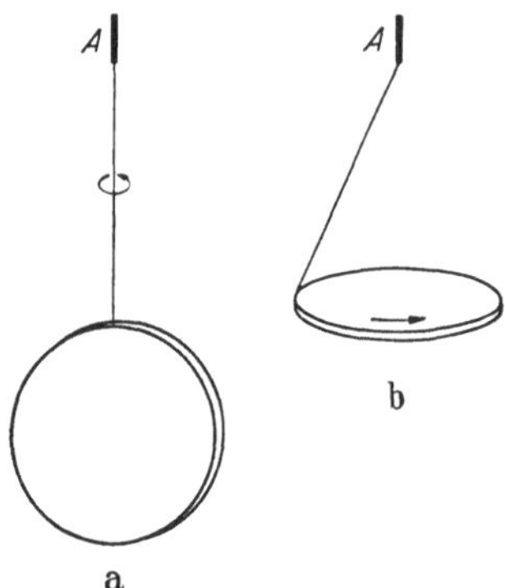

Abb. 88. Übergang der Rotation einer Scheibe von der Achse kleinsten Träg-heitsmoments zur Achse größten Trägheitsmoments.

41. Wirkung der Erddrehung. Corioliskräfte.

Jeder mit der Erde bewegte und auf ihr ruhende Körper beschreibt eine Kreisbahn mit der Winkelgeschwindigkeit der Erddrehung. Diese beträgt, da die Drehung auf den Fixsternhimmel, nicht auf die Sonne, bezogen werden muß, $360° = 2\pi$ in seinem Sterntag von 86164 sec (§ 5). Demnach beträgt die Winkelgeschwindigkeit der Erde $u = 2\pi/86164 = 0{,}7292 \cdot 10^{-4}$ sec^{-1}. Die für die Kreisbewegung der irdischen Körper nötige Zentripetalkraft liefert die Schwerkraft $\mathfrak{k}_1$, die alle Körper genau in Richtung auf den Erdmittelpunkt ziehen würde, wenn die Erde eine genaue Kugel wäre. Wenn wir dies, da es nahezu zutrifft, zunächst als streng richtig voraussetzen, so ist der Radius der Kreisbahn eines in der geographischen Breite φ auf der Erdoberfläche ruhenden Körpers $r = R\cos\varphi$, wenn R der Erdradius ist (Abb. 89a). Demnach wirkt, von der Erde aus beurteilt, auf jeden auf der Erde ruhenden Körper eine Zentrifugalkraft $\mathfrak{k}_2$ vom Betrage $k_2 = m R u^2 \cos\varphi$ senkrecht zur Erdachse. Ihre zur Erdoberfläche senkrechte Komponente ist der Schwerkraft entgegengerichtet und beträgt $k_2' = k_2 \cos\varphi = m R u^2 \cos^2\varphi$. Sie steht also zur Schwerkraft mg im Verhältnis $R u^2 \cos^2\varphi/g = 0{,}00341 \cos^2\varphi$ ($R = 6{,}370 \cdot 10^8$ cm). Sie nimmt vom Äquator nach den Polen hin ab, beträgt am Äquator rund $^1/_{300}$ der

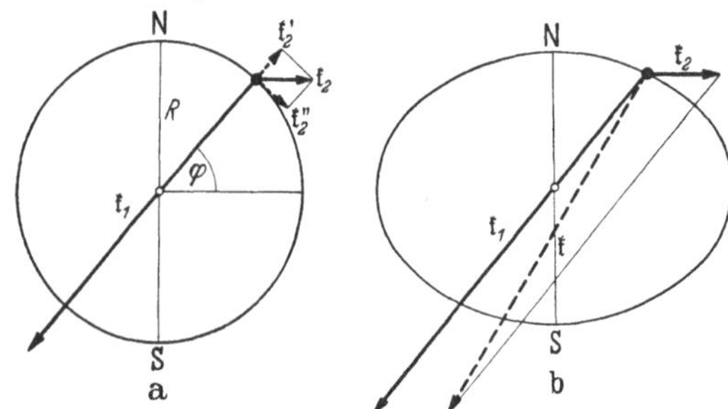

Abb. 89. Zentrifugalkraft auf der Erde und Abplattung der Erde.

Schwerkraft und verschwindet an den Polen. Die Vertikalkomponente der Zentrifugalkraft bewirkt also eine scheinbare Verminderung der irdischen Schwerkraft, deren Betrag von der geographischen Breite φ abhängt (§ 15), jedoch wegen der Abplattung der Erde in etwas anderer Weise als bei der oben vorausgesetzten Kugelgestalt.

Die zur Kugelfläche tangentiale Komponente der Zentrifugalkraft $\mathfrak{k}_2$ weist in Richtung der Längengrade auf den Äquator hin und hat den Betrag $k_2'' = k_2 \sin\varphi = m R u^2 \sin\varphi \cos\varphi$. Sie verschwindet am Äquator und an den Polen und hat ihren größten Betrag $m R u^2/2$ in der Breite $\varphi = 45°$. Sie sucht alle auf der Erde befindlichen Massen in Richtung auf den Äquator hin zu treiben. Dies ist die Ursache für die tatsächliche *Abplattung der Erde*. Das Erdinnere ist zähflüssig, also beweglich. Die auf ihm schwimmende Erdkruste bildet nur eine relativ dünne, biegsame Schicht. Die Gleichgewichtsfigur eines nicht rotierenden, flüssigen Himmelskörper wäre die Kugel, da dann die allein

vorhandene Schwerkraft überall senkrecht zur Oberfläche stehen würde und keine
Kraft vorhanden wäre, die die Massen parallel zur Oberfläche zu verschieben
sucht. Entsprechend muß ein rotierender Himmelskörper so gestaltet sein,
daß die Resultierende der Schwerkraft und der Zentrifugalkraft überall senkrecht
zur Oberfläche steht. Die dieser Bedingung entsprechende Gleichgewichtsfigur
ist nahezu ein abgeplattetes Rotationsellipsoid und heißt *Geoid*. Ein solches
ist die Erde (Abb. 89b). Die Zentrifugalkraft ist in Abb. 89
der Deutlichkeit halber sehr übertrieben groß gezeichnet,
und daher ist auch die Abplattung tatsächlich viel geringer,
als dort gezeichnet. Der Unterschied des polaren und des
äquatorialen Durchmessers der Erde beträgt nur rund $^1/_{300}$.
Die reine Gestalt des Geoides zeigt — von Gezeitenwirkungen abgesehen — die Oberfläche des Weltmeeres.

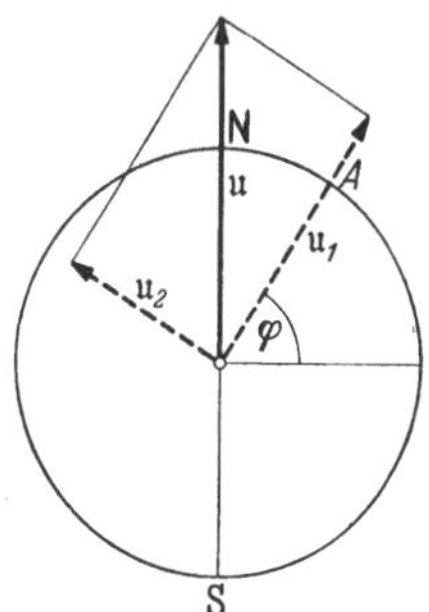

Abb. 90. Zerlegung der Erddrehung u in eine Azimutalkomponente u_1 und eine
Vertikalkomponente u_2.

Die Zentrifugalkraft hat für einen irdischen Beobachter,
d. h. in einem mit der Erde rotierenden Bezugssystem, den
Charakter einer an allen irdischen Körpern angreifenden
Kraft (§ 18). Wir betrachten nunmehr ein rotierendes
System, relativ zu dem sich ein Körper *bewegt*. Dieser
Fall liegt bei allen Körpern vor, die sich auf der Erde
bewegen, und die wir von der Erde aus beobachten. Wir
wollen daher als Beispiele für solche Erscheinungen Bewegungsvorgänge auf der rotierenden Erde wählen. An solchen relativ zu einem
rotierenden System bewegten Körpern treten, von ihm aus beurteilt, zusätzliche
Trägheitskräfte auf, die man *Corioliskräfte* nennt. Denn die bewegten Körper
erfahren relativ zum rotierenden System Beschleunigungen, die sie relativ zu
einem Inertialsystem (§ 18) nicht erfahren, und denen
im rotierenden System Trägheitskräfte entsprechen.
Wir wollen hier ohne Beweis anführen, daß die Corioliskraft, die in einem mit der Winkelgeschwindigkeit u
rotierenden System auf einen mit der Geschwindigkeit $\mathfrak{v}$ relativ zum System bewegten Körper wirkt,
gleich $2m\,[\mathfrak{v}\,\mathfrak{u}]$ ist.

Es ist bei der Betrachtung der Corioliskräfte zweckmäßig, die Winkelgeschwindigkeit u der Erde (Betrag u)
in zwei Komponenten zu zerlegen (Abb. 90). Die eine,
die Azimutalkomponente u_1, ist zur Erdoberfläche senkrecht gerichtet und hat in der Breite φ den Betrag
$u_1 = u \sin \varphi$. Die zweite, die Vertikalkomponente u_2,
steht auf ihr senkrecht und hat den Betrag $u_2 = u \cos \varphi$.

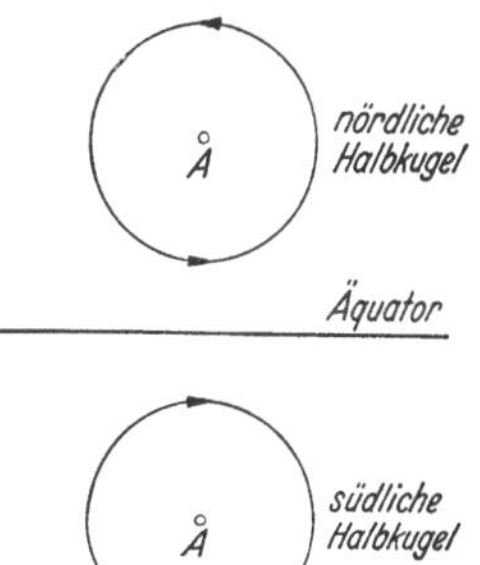

Abb. 91. Azimutaldrehung auf
der nördlichen und der südlichen
Halbkugel.

Dem entsprechend teilen wir die Corioliskräfte ein in
solche, die von der Azimutalkomponente herrühren, und solche, die von der
Vertikalkomponente der Erddrehung herrühren. Erstere sind am größten an
den Polen ($\sin \varphi = 1$) und verschwinden am Äquator ($\sin \varphi = 0$). Bei letzteren
ist es umgekehrt.

Die Azimutalkomponente entspricht einer Drehung einer bei A in der Breite φ
gelegenen horizontalen Fläche mit der Winkelgeschwindigkeit $u_1 = u \sin \varphi$ um
eine zur Fläche senkrechte Achse. Die Fläche dreht sich also in der Zeit dt
um den Winkel $u \sin \varphi \, dt$ um diese Achse. Die Drehung erfolgt, wie man an
Hand der Abb. 90 leicht feststellt (Schraubenregel), auf der nördlichen Halbkugel — von oben gesehen — gegen den Uhrzeigersinn, auf der südlichen im
Uhrzeigersinn (Abb. 91).

Auf der Azimutaldrehung beruht die zuerst 1661 von Viviani beobachtete,
1850 von Foucault neu entdeckte Drehung der Schwingungsebene eines ebenen

Pendels (FOUCAULTscher *Pendelversuch*). Wird einem senkrecht über dem Punkt A (Abb. 92) hängenden Pendel ein Anstoß in irgendeiner Richtung gegeben, so behält seine Schwingungsebene infolge der Trägheit ihre Richtung im Raume bei, nimmt also an der Azimutaldrehung der Umgebung nicht teil. Von dieser aus betrachtet dreht sich also die Schwingungsebene mit der Winkelgeschwindigkeit $u_1 = u \sin \varphi$, auf der nördlichen Halbkugel im Uhrzeigersinn, auf der südlichen ihm entgegen, in Berlin um rund 12° in einer Stunde. An den Polen beträgt die Drehung 360° in einem Sterntag, am Äquator findet keine Drehung statt. Wird, wie das bei der praktischen Ausführung meist der Fall ist, das Pendel nicht in seiner Ruhelage A angestoßen, sondern in B (Abb. 92) losgelassen, so bringt es, von A aus beurteilt, die dem Punkt B entsprechende Azimutaldrehung mit, und die Bewegung verläuft ein wenig anders. Die relative Winkelgeschwindigkeit ist dann, wie hier nicht bewiesen werden soll, um den Faktor $1 - a^2/3\,l^2$ kleiner, wenn a die Schwingungsweite und l die Länge des Pendels ist. Die Bahnkurve hat dann eine etwas andere Gestalt.

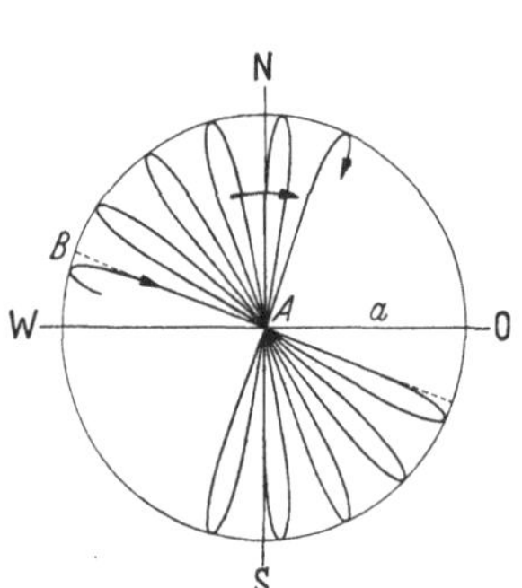

Abb. 92. Schema des FOUCAULTschen Pendelversuchs auf der nördlichen Halbkugel.

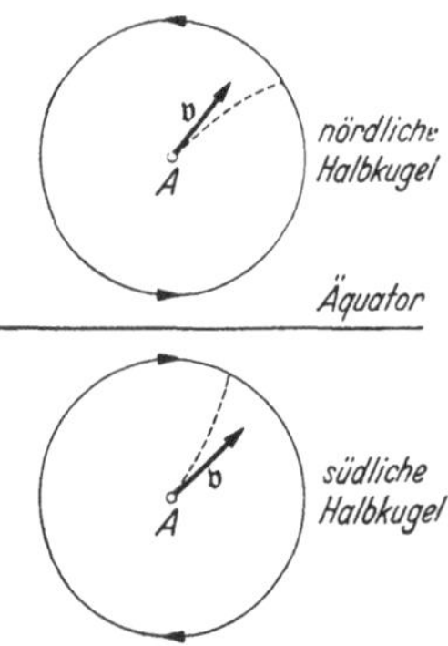

Abb. 93. Rechtsabweichung auf der nördlichen und Linksabweichung auf der südlichen Halbkugel.

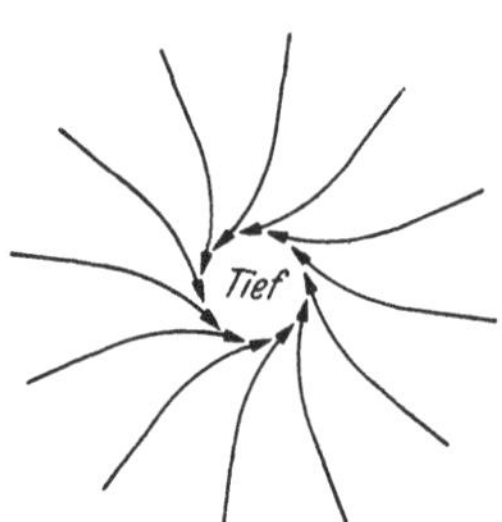

Abb. 94. Zyklone auf der nördlichen Halbkugel.

Besitzt ein Körper im Punkte A (Abb. 93) relativ zur Erde die Geschwindigkeit $\mathfrak{v}$ in horizontaler Richtung, so dreht sich die Erdoberfläche unter dem bewegten Körper mit der Winkelgeschwindigkeit $u \sin \varphi$. Der Körper beschreibt daher auf der nördlichen Halbkugel eine nach rechts, auf der südlichen Halbkugel eine nach links gekrümmte Bahn. Es wirkt auf ihn, von der rotierenden Erde aus beurteilt, eine ihn nach der betreffenden Seite treibende Corioliskraft. Sie bewirkt auf der nördlichen Halbkugel eine *Rechtsabweichung*, auf der südlichen Halbkugel eine *Linksabweichung der Geschosse*. Flüsse werden durch die Corioliskraft auf der nördlichen Halbkugel gegen ihr rechtes, auf der südlichen Halbkugel gegen ihr linkes Ufer gedrückt, und dieses Ufer zeigt eine stärkere Erosion als das andere (VON BAERsches *Gesetz*). Die Neigung von Flüssen, ein von Gebirgen umrandetes Becken auf der nördlichen Halbkugel in einem nach rechts, auf der südlichen in einem nach links ausladenden Bogen zu durchfließen, kann man auf der Landkarte an manchen Beispielen, z. B. bei der Donau, bestätigt finden.

Die in ein Gebiet niedrigen Luftdrucks von allen Seiten einströmenden Luftmassen erfahren eine entsprechende Ablenkung durch die Corioliskraft, die zur Folge hat, daß die Winde im Tief eine *Zyklone* bilden, die das Tief auf der nördlichen Halbkugel *gegen* den Sinn des Uhrzeigers umläuft (Abb. 94), auf der südlichen Halbkugel aber *im* Uhrzeigersinn (*Gesetz von* BUYS-BALLOT).

Die Vertikaldrehung erfolgt um eine zur örtlichen geographischen Südnordrichtung parallele Achse (Abb. 90). Sie bewirkt ein Sinken des Horizonts im

Osten und ein Steigen im Westen mit der Winkelgeschwindigkeit $u_2 = u \cos \varphi$. Die von der Vertikaldrehung herrührende Geschwindigkeit eines im Abstande R vom Erdmittelpunkt befindlichen Körpers beträgt $Ru \cos \varphi$, diejenige eines im Abstande $R + h$ befindlichen Körpers $(R + h) \cos \varphi$. (Das ist tatsächlich nichts anderes als die Umfangsgeschwindigkeit des Körpers.) Ein in der Höhe h über dem Erdboden befindlicher Körper hat also eine um den Betrag $hu \cos \varphi$ größere West-Ost-Geschwindigkeit als die Erdoberfläche. Läßt man ihn aus der Höhe h frei herabfallen, so eilt er der Erdoberfläche mit dieser Geschwindigkeit voraus, fällt also nicht lotrecht herab, sondern ein wenig schräg in östlicher Richtung.

Bewegt sich ein Körper mit der Geschwindigkeit v relativ zur Erde auf einem Breitengrad ostwärts, also gleichsinnig mit der Erddrehung, so besitzt er eine zusätzliche Winkelgeschwindigkeit $\Delta u = v/R \sin \varphi$ (R Erdradius, φ geographische Breite), und daher ist die der Schwerkraft entgegengerichtete Komponente seiner Zentrifugalkraft etwas größer als bei einem auf der Erde ruhenden Körper. Ein ostwärts bewegter Körper hat also

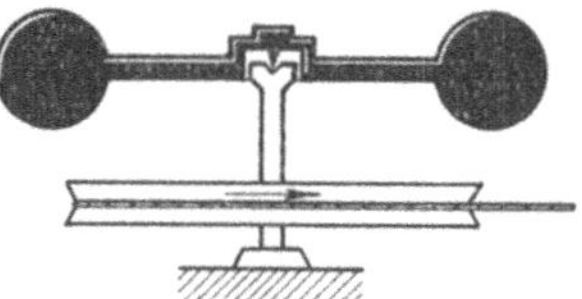

Abb. 95. Eötvös' Versuch zum Nachweis der Corioliskraft an bewegten Körpern. Aus Handbuch der Physik Bd. 5, nach Grammel.

scheinbar ein etwas kleineres, ein westwärts bewegter Körper ein etwas größeres Gewicht als ein ruhender Körper von gleicher Masse. So gering dieser Unterschied ist, so konnte er doch durch einen von Eötvös — neben vielen anderen schönen Versuchen zu diesem Thema — ausgeführten Versuch nachgewiesen werden. Abb. 95 stellt eine Art von Waage dar, die in schnelle Umdrehung versetzt werden kann. Von den beiden gleichen Massen ist stets die westwärts laufende scheinbar schwerer als die ostwärts laufende. Daher hat die Waage das Bestreben, nach der Seite jener Masse auszuschlagen, sich also mit ihrem jeweils nach Westen laufenden Arm zu neigen, mit ihrem nach Osten laufenden Arm zu heben. Das läßt sich

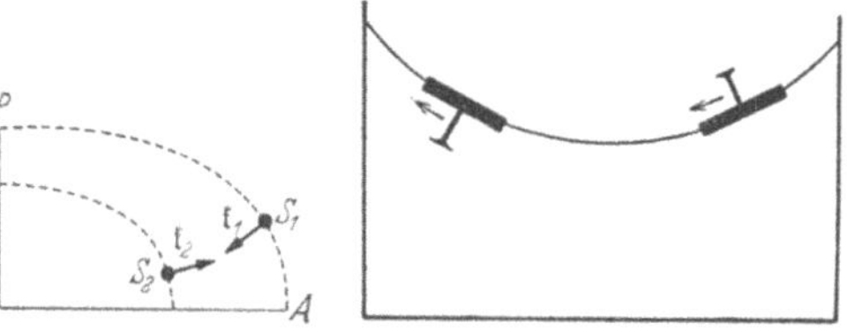

Abb. 96. a Zur Erklärung der Polfluchtkraft, b Demonstrationsversuch zur Polfluchtkraft, nach Lely.

in der Tat nachweisen, wenn man die Waage zur Verstärkung der Wirkung mit der Frequenz ihrer Eigenschwingung rotieren läßt.

Nach A. Wegener bewirkt die Abplattung der Erde und die Zentrifugalkraft eine fundamentale geologische Erscheinung, die *Polflucht der Kontinente*. Bei der Betrachtung eines Globus fällt auf, daß die Kontinente wesentlich um die äquatorialen und mittleren Breiten versammelt, an den Polen spärlich sind. Die Kontinente bilden Schollen, die auf dem zähflüssigen Magma des Erdinnern schwimmen und unter der Wirkung von ausreichend lange andauernden Kräften auf ihm verschieblich sind. Ihr Schwerpunkt S_1 liegt höher als der Schwerpunkt S_2 des von ihnen verdrängten Magmas (Abb. 96a). In ihrem Schwerpunkt greift die Resultierende $\mathfrak{k}_1$ von Schwerkraft und Zentrifugalkraft der Scholle an, während der Auftrieb $\mathfrak{k}_2$ der Scholle im Schwerpunkt des verdrängten Magmas angreift. Die Beträge der beiden Kräfte sind gleich groß, aber sie sind einander wegen der Abplattung der Erde nicht genau entgegengerichtet. Sie haben daher eine Resultierende, die in Richtung auf den Äquator hinweist. (In Abb. 96a sind die den beiden Schwerpunktslagen entsprechenden Niveauflächen gezeichnet, d. h. die Flächen, auf denen die Schwerkraft + Zentrifugalkraft senkrecht steht. Die Verhältnisse sind der Deutlichkeit halber sehr stark übertrieben.) Die genannte Resultierende ist die Polfluchtkraft, die die

Kontinentalschollen in Richtung auf den Äquator treibt. Läge der Schwerpunkt der Schollen tiefer als der Schwerpunkt des verdrängten Magmas, so wäre die Kraft umgekehrt gerichtet. Eine hübsche Analogie hierzu bildet der folgende Versuch (Abb. 96b). Ein zylindrisches Gefäß mit Wasser wird in schnelle Umdrehung versetzt und ein Kork mit einem Nagel hineingebracht. Steht der Nagel nach unten, so wird der Kork nach außen (vom Pol fort) getrieben, steht er nach oben, so bewegt er sich nach innen. Die Analogie des ersten Falles mit der Polflucht wird deutlich, wenn man den Luftraum über dem Wasser mit der rotierenden Erde identifiziert. Der linke Kork entspricht den Kontinentalschollen.

Die Erde ist ein Kreisel mit völlig freier Drehachse, aber sie ist nicht kräftefrei. Infolge ihrer Abplattung und der Schiefe der Ekliptik erzeugt ihre Anziehung durch Sonne und Mond zusammen mit der von der Drehung der Erde um die Sonne herrührenden Zentrifugalkraft an ihr ein Drehmoment. Das kommt auf folgende Weise zustande. Wir denken uns die Erde, das Geoid, als eine ideale Kugel mit einem darauf liegenden Wulst, der am Äquator am dicksten ist (in Abb. 97 sehr stark übertrieben) und betrachten zuerst die Wirkung der Sonne allein. Im Erdmittelpunkt, ihrem Schwerpunkt, ist die Anziehung durch die Sonne der vom Erdumlauf um die Sonne herrührenden Zentrifugalkraft genau gleich und ihr entgegengerichtet. Den Wulst teilen wir in seine der Sonne zu- und von ihr abgewandte Hälfte. Auf der der Sonne zugewandten Hälfte ist die Sonnenanziehung, des kleineren Abstandes wegen, größer als im Erd-

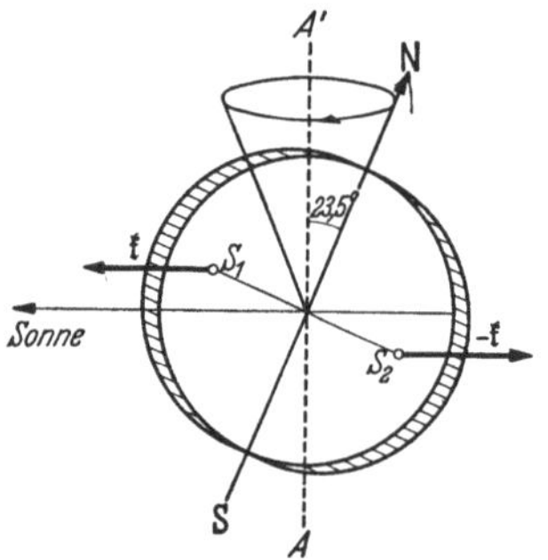

Abb. 97. Zur Präzession der Erdachse.

mittelpunkt, die Zentrifugalkraft aber aus dem gleichen Grunde kleiner, und im Schwerpunkt S_1 der Wulsthälfte resultiert eine auf die Sonne hin gerichtete Kraft $\mathfrak{k}$. Auf der von der Sonne abgewandten Seite ist es umgekehrt, und es resultiert hier im Wulstschwerpunkt S_2 eine von der Sonne weg gerichtete Kraft $-\mathfrak{k}$, die wegen der Schiefe der Ekliptik mit der ersteren ein Kräftepaar bildet, das die Erdachse um die zum·Erdbahnradius senkrechte, in der Ebene der Erdbahn liegende (also in Abb. 97 zur Zeichnungsebene senkrechte) Achse zu drehen sucht. Genau wie ein Kinderkreisel antwortet der Erdkreisel auf dieses Drehmoment mit einer Präzessionsbewegung seiner Dreh- und Figurenachse um die zur·Erdbahn senkrechte Achse. Im gleichen Sinne wirkt der Mond, und zwar noch stärker als die Sonne, weil die Kleinheit seiner Masse durch die Kleinheit seines Abstandes mehr als ausgeglichen wird. Die Erdachse läuft in rund 26000 Jahren einmal auf einem Kegelmantel um, dessen Öffnungswinkel gleich der doppelten Schiefe der Ekliptik ist, also 47° beträgt, verändert daher im Laufe der Jahrtausende ständig ihre Richtung. Der Polarstern, auf den sie heute ungefähr hinweist, wird im Laufe der Zeit das Recht, diesen Namen zu führen, an andere Sterne abtreten müssen. Mit der Präzession der Erdachse ist für jeden Ort der Erdoberfläche eine ständige, langsame Änderung im Bilde des gestirnten Himmels verbunden. Teile des Fixsternhimmels, die vorher nie über dem Horizont erschienen, werden sichtbar, andere verschwinden. Sterne, die vorher wegen ihres kleinen Abstandes vom Himmelspol nie unter den Horizont traten, tun dies nunmehr. Dies ist z. B. für Griechenland seit der Zeit HOMERs mit dem zum Großen Bär gehörenden Stern η ursae majoris eingetreten[1].

---

[1] Vgl. Odyssee, 5. Gesang, 274—276, und Ilias, 17. Gesang, 487—489: Οἴη δ'ἄμμορος ἐστὶ λοετρῶν Ὠκεανοῖο. Er allein ist des Bades im Ozean nicht teilhaftig.

Ein Kreisel mit freier Achse, z. B. in kardanischer Aufhängung, der auf der Erde rotiert, hat nach dem Drehimpulssatz das Bestreben, die Richtung seiner Drehimpulsachse im Raum unverändert beizubehalten. Daher wird diese relativ zur rotierenden Erde eine kreisende Bewegung um eine zur Erdachse parallele Achse ausführen. Die Richtung der Drehimpulsachse ändert sich nur dann relativ zur Erde nicht, wenn sie zur Erdachse parallel ist, also nach dem Himmelspol weist. Hierauf beruht der *Kreiselkompaß*. Er besteht aus dem Anker eines kardanisch aufgehängten Elektromotors. Wird eine kreisende Bewegung, die seine Achse anfänglich zeigt, durch Anblasen mit einem Luftstrom abgebremst, so richtet sich die Achse parallel zur Erdachse in die Süd-Nord-Richtung. Der Kreiselkompaß ist also von der Mißweisung des magnetischen Kompasses frei. Eine Mißweisung besteht bei ihm nur insofern, als er bei der Fahrt des Schiffes eine zusätzlich Winkelgeschwindigkeit besitzt, die sich vektoriell zur Winkelgeschwindigkeit der Erde addiert. Der resultierende Winkelgeschwindigkeitsvektor bildet im allgemeinen einen kleinen Winkel mit der Richtung der Erdachse, und die Kreiselachse zeigt eine entsprechende kleine Abweichung von der Süd-Nord-Richtung. Diese Mißweisung kann bei Kenntnis der Fahrtrichtung leicht korrigiert werden.

42. Richtkraft. Richtmoment. Schwingungsgleichung. Eine Masse (Massenpunkt) m, die längs einer in der x-Richtung liegenden Geraden beweglich ist, habe eine stabile Gleichgewichtslage im Punkte $x = 0$ (Abb. 98). Nach § 24 tritt dann bei einer Verschiebung aus dieser Lage eine Kraft auf, die sie in die Gleichgewichtslage zurückzutreiben sucht, und deren Betrag im allgemeinen eine Funktion des Betrages der Verschiebung ist, $k = k(x)$. Bei nicht zu großen Verschiebungen ist diese Kraft sehr häufig der Verschiebung proportional. Dann gilt die Gleichung

Abb. 98. Zur Richtkraft und zur Schwingungsgleichung.

$$k = m \frac{d^2 x}{d t^2} = - a x , \qquad (117)$$

$- a x$, weil $d^2 x/dt^2$ negativ, auf den Punkt $x = 0$ hin, gerichtet ist, wenn x positiv ist, und positiv, wenn x negativ ist. Die Größe a heißt die *Richtkraft* (Rückstellkraft, Direktionskraft) des Systems. Sie ist gleich der Kraft, die an der Masse auftritt, wenn sie um $x = 1$ cm aus ihrer Gleichgewichtslage verschoben ist. Ihre Einheit ist 1 dyn $\cdot$ cm^{-1} = 1 g $\cdot$ sec^{-2}. Die Lösung der Gl. (117) lautet, wie man durch Einsetzen leicht bestätigt,

$$x = x_0 \sin (\omega t + \alpha) , \qquad (118)$$

wobei
$$\omega = \sqrt{\frac{a}{m}}\, \mathrm{sec}^{-1} . \qquad (119)$$

x_0 und α sind Integrationskonstanten, die von den besonderen Bedingungen (Anfangsbedingungen) des Vorganges abhängen. Nach Gl. (118) führt der Massenpunkt eine periodische Bewegung, eine *harmonische Schwingung*, längs der x-Achse um den Punkt $x = 0$ zwischen den Grenzen $+ x_0$ und $- x_0$ aus (Abb. 99a).

x_0 ist die *Schwingungsweite* oder der *Scheitelwert* (auch Ausschlag oder Amplitude) der Schwingung, nämlich der größte Abstand von der Gleichgewichtslage $x = 0$, den der Massenpunkt im Laufe seiner Schwingungen — rechts und links — erreicht. Die irgendeinem Zeitpunkt t entsprechende Verschiebung x heißt der *Momentanwert* der Schwingung. Der Betrag, um den das Argument $\omega t + \alpha$ das nächst kleinere ganzzahlige Vielfache von 2π überschreitet, heißt die *Phase* der Schwingung. Bei einem Zuwachs des Arguments um 2π wird jeweils wieder die gleiche Phase und damit der gleiche Betrag von x erreicht. Die Größe α heißt die *Phasenkonstante*. Ihr Betrag hängt vom Anfangspunkt der gewählten Zeitskala ab. Wählt man sie so, daß zur Zeit $t = 0$ der Massenpunkt gerade seine Gleichgewichtslage $x = 0$ in der positiven x-Richtung durchläuft, so ist $\alpha = 0$, also $x = x_0 \sin \omega t$. Wählt man hingegen die Zeitskala so, daß der Massenpunkt sich zur Zeit $t = 0$ gerade in seinem Umkehrpunkt $x = + x_0$ befindet, so ist $\alpha = \pi/2$ und $x = x_0 \sin (\omega t + \pi/2) = x_0 \cos \omega t$. Diese Formen der Lösung, sowie weitere, die bei anderer Wahl der Zeitskala auftreten, sind also physikalisch vollkommen gleichwertig.

Die durch Gl. (119) definierte Größe ω heißt die *Kreisfrequenz* der Schwingung. Ihre Einheit ist $1 \text{ sec}^{-1} = 1$ Hertz (Hz). Wir können Gl. (118) auch in folgenden Formen schreiben (mit $\alpha = 0$):

$$x = x_0 \sin \omega t = x_0 \sin 2 \pi \nu t = x_0 \sin 2 \pi \frac{t}{\tau}, \tag{120}$$

$$\text{mit} \quad \omega = 2 \pi \nu = \frac{2\pi}{\tau}, \quad \tau = \frac{1}{\nu}. \tag{121}$$

τ ist die Zeit, nach der x wieder in die gleiche Phase zurückkehrt. Denn es ist
$$\sin 2 \pi \frac{t+\tau}{\tau} = \sin \left(2 \pi \frac{t}{\tau} + 2 \pi \right) = \sin 2 \pi \frac{t}{\tau}.$$
Demnach ist τ die Dauer einer vollen Hin- und Herschwingung, die *Schwingungszeit* oder *Schwingungsdauer* des Massenpunktes. Dann ist $\nu = 1/\tau$ die Zahl der in 1 sec vollführten Vollschwingungen, die *Schwingungszahl* oder *Frequenz* des Massenpunktes. Auch ihre Einheit ist $1 \text{ sec}^{-1} = 1$ Hz. Aus Gl. (119) und (121) folgt

$$\tau = 2 \pi \sqrt{\frac{m}{a}} \text{ sec}. \tag{122}$$

Diese Gleichung spricht die wichtige Tatsache aus, daß die Schwingungsdauer einer linearen harmonischen Schwingung nur von der Masse und der Richtkraft, aber nicht von der Schwingungsweite abhängt.

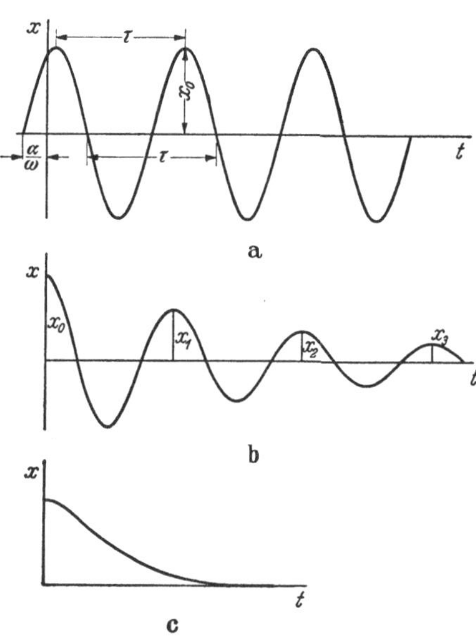

Abb. 99. a ungedämpfte, b gedämpfte harmonische Schwingung, c aperiodische Bewegung (Kriechbewegung).

Die momentane Geschwindigkeit des Massenpunktes beträgt (mit $\alpha = 0$)

$$v = \frac{dx}{dt} = x_0 \omega \cos \omega t, \tag{123}$$

und demnach seine kinetische Energie

$$E = \frac{1}{2} m v^2 = \frac{m}{2} x_0^2 \omega^2 \cos^2 \omega t = \frac{a x_0^2}{2} \cos^2 \omega t. \tag{124}$$

An jedem Ort besitzt er gegenüber der Gleichgewichtslage $x = 0$ eine bestimmte potentielle Energie. Diese ist gleich der Arbeit, die aufzuwenden ist, um ihn gegen die Kraft $- a x$, also durch eine Kraft $+ a x$ bis in den Abstand x zu verschieben. Sie beträgt also

$$P = \int_0^x a x \, dx = \frac{a x^2}{2} = \frac{a x_0^2}{2} \sin^2 \omega t. \tag{125}$$

Demnach beträgt die Gesamtenergie des schwingenden Massenpunktes

$$A = E + P = \frac{a x_0^2}{2}. \tag{126}$$

Sie ist also — in Übereinstimmung mit dem Energieprinzip — zeitlich konstant, da das System keinen äußeren Kräften unterliegt, und dem Quadrat der Schwingungsweite proportional. Die Energie A ändert periodisch ihre Form. Im Punkte $x = 0$ besitzt der Massenpunkt nur kinetische, in den Umkehrpunkten $+ x_0$ und $- x_0$ nur potentielle Energie. Zwischen diesen Punkten findet ein stetiger Übergang der einen Energieform in die andere statt. Die über die Schwingungsdauer τ genommenen zeitlichen Mittelwerte von $\sin^2 \omega t$ und $\cos^2 \omega t$ sind einander gleich und betragen $^1/_2$. Demnach sind die zeitlichen Mittelwerte der kinetischen und der potentiellen Energie einander gleich und betragen je $a x_0^2/4$, sind also dem Quadrat der Schwingungsweite proportional.

Gilt für den Massenpunkt noch eine der Gl. (117) entsprechende zweite Gleichung $m\, d^2 y/d t^2 = - a' y$ für die zur x-Richtung senkrechte y-Richtung mit einer anderen Richtkraft a', so folgt daraus die der Gl. (118) analoge Gleichung $y = y_0 \sin (\omega' t + \alpha')$ mit der Kreisfrequenz $\omega' = \sqrt{a'/m}$ und im allgemeinen mit einer anderen Phasenkonstanten α'. Die beiden zueinander senkrechten Bewegungen überlagern sich dann zu einer im allgemeinen sehr verwickelten

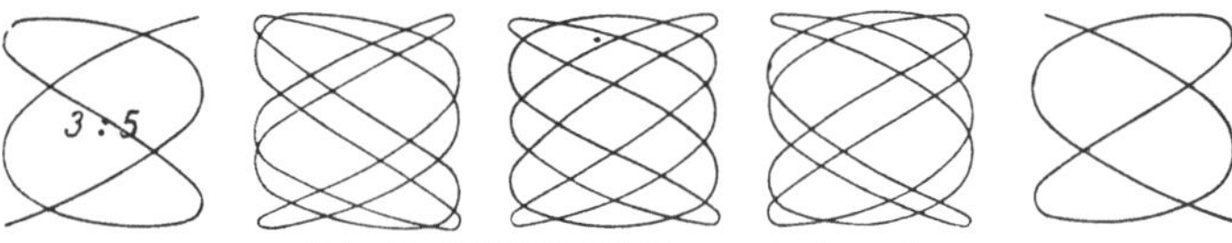

Abb. 100. LISSAJOUS-Figuren. $\omega : \omega' = 3:5$.

Bewegung in der $x y$-Ebene, und die Bahn bildet eine sog. LISSAJOUS-*Figur*, deren Gestalt bei gegebenem ω und ω' von der Differenz $\alpha - \alpha'$ der Phasenkonstanten und von den Schwingungsweiten x_0, y_0 abhängt. Sie ist nur dann eine geschlossene Kurve, wenn ω und ω' in einem rationalen Verhältnis zueinander stehen. Abb. 100 zeigt einige Beispiele für den Fall $\omega : \omega' = 3:5$ bei gleichen Schwingungsweiten und verschiedenen Beträgen von $\alpha - \alpha'$. Ist $a = a'$, also auch $\omega = \omega'$, so ist die Bahn eine Ellipse, die bei der Phasendifferenz 0 in eine Gerade, bei gleichen Schwingungsweiten und der Phasendifferenz $\pm \pi/2$ in einen Kreis ausartet.

Ein Körper sei um eine im Raum feste Achse drehbar, bezüglich derer er das Trägheitsmoment J besitzt, und habe bezüglich Drehungen um diese Achse eine bestimmte Gleichgewichtslage. Daher tritt an dem Körper, wenn er um einen Winkel φ aus dieser Gleichgewichtslage herausgedreht wird, ein ihn in diese zurücktreibendes Drehmoment auf. Bei nicht zu großen Drehungen ist meist der Betrag dieses Drehmoments dem Drehwinkel proportional, $N = - D \varphi$. Das ist z. B. dann der Fall, wenn ein Körper an einem Draht oder Faden aufgehängt ist, dessen Richtung die Drehachse bildet, oder wenn er an einer festen Achse befestigt ist, an der eine Spiralfeder angreift, wie bei der Unruhe einer Taschenuhr. Nach Gl. (110) und § 10 [Gl. (22)] gilt dann

$$N = J \frac{d u}{d t} = J \frac{d^2 \varphi}{d t^2} = - D \varphi. \qquad (127)$$

Diese Gleichung entspricht der Gl. (117) mathematisch vollkommen. Nur ist an die Stelle der Masse m das Trägheitsmoment J, an die Stelle der Beschleunigung $d^2 x/d t^2$ die Winkelbeschleunigung $d^2\varphi/d t^2$ getreten (vgl. den Schluß von § 37). Die an die Stelle der Richtkraft a getretene Größe D heißt das *Richtmoment* (Direktionsmoment) des Körpers. Seine Einheit ist 1 dyn · cm = 1 g · cm² · sec⁻². Die der Gl. (118) vollkommen analoge Lösung der Gl. (127) lautet

$$\varphi = \varphi_0 \sin (\omega t + \alpha), \qquad \text{wobei} \qquad \omega = \sqrt{\frac{D}{J}}\ \text{sec}^{-1}. \qquad (128)$$

Der Körper führt also eine *harmonische Drehschwingung* um seine Gleichgewichtslage mit der Schwingungsweite φ_0 aus. Ihre *Schwingungsdauer* beträgt

$$\tau = \frac{2\pi}{\omega} = 2\pi \sqrt{\frac{J}{D}} \ \text{sec}.$$ (129)

Sie hängt auch hier nicht von der Schwingungsweite φ_0 ab. (Vgl. WESTPHAL, „Physikalisches Praktikum", 2. Aufl., 6., 7. und 9. Aufgabe, sowie Anhang I).

Wir haben bisher angenommen, daß der Körper keinen Widerständen, z. B. der Reibung, unterliegt, durch die seine Schwingungsenergie allmählich aufgezehrt wird. Ist ein solcher vorhanden, so führt der Körper eine *gedämpfte Bewegung* aus. Im allgemeinen darf man annehmen, daß der dämpfende Widerstand der Geschwindigkeit dx/dt (bzw. der Winkelgeschwindigkeit $d\varphi/dt$) proportional ist. Da er ihr stets entgegengerichtet ist, so setzen wir ihn gleich $-\varrho\,dx/dt$, wobei ϱ eine von den äußeren Bedingungen abhängige Konstante ist. Auf den Körper von der Masse m wirken also jetzt zwei Kräfte: die ihn in die Gleichgewichtslage zurücktreibende Kraft $-ax$ und die bewegungshemmende Reibungskraft $-\varrho\,dx/dt$. Die Summe dieser beiden Kräfte muß gleich Masse $\times$ Beschleunigung sein. ·Wir erhalten demnach an Stelle von Gl. (117)

$$k = m\frac{d^2x}{dt^2} = -ax - \varrho\frac{dx}{dt}.$$ (130)

Wir führen zur Abkürzung $a/m = \omega_0^2$ und $\varrho/m = 2\beta$ ein und können dann nach Division durch m schreiben

$$\frac{d^2x}{dt^2} + 2\beta\frac{dx}{dt} + \omega_0^2 x = 0.$$ (131)

Die Lösung dieser Gleichung hat eine verschiedene Gestalt, je nachdem $\omega_0^2 - \beta^2$ größer oder kleiner als Null ist. Im Falle $\omega_0^2 - \beta^2 > 0$, also bei geringerem Betrage der Dämpfung, erhalten wir eine *gedämpfte harmonische Schwingung*, im Falle $\omega_0^2 - \beta^2 < 0$ eine *aperiodische Kriechbewegung*. Wir betrachten zuerst den ersten Fall und wählen unsere Zeitskala diesmal so, daß sich der Massenpunkt zur Zeit $t = 0$ gerade in dem Umkehrpunkt $x = +x_0$ befindet, so daß dann auch seine Geschwindigkeit $dx/dt = 0$ ist. Dann lautet, wie man durch Einsetzen bestätigt, die Lösung der Gl. (131)

$$x = x_0 e^{-\beta t}\left(\cos\omega t + \frac{\beta}{\omega}\sin\omega t\right), \quad \text{wobei} \quad \omega = \sqrt{\omega_0^2 - \beta^2}.$$ (132)

Die Bewegung des Massenpunktes ist also periodisch. Jedoch ist seine Kreisfrequenz ω kleiner, daher seine Schwingungsdauer τ größer als bei fehlender Dämpfung ($\beta = 0$, $\omega = \omega_0$). Der wesentliche Unterschied gegenüber der ungedämpften Schwingung liegt aber in dem Faktor $e^{-\beta t}$ (e Basis des natürlichen Logarithmensystems), der bewirkt, daß die Schwingungsweite, als die wir die Größe $x_0 e^{-\beta t}$ ansehen können, ständig abnimmt (Abb. 99b). β heißt die *Abklingkonstante*. Ist x_n der n-te Umkehrpunkt auf der positiven Seite, den also der Massenpunkt zur Zeit $n\tau$ erreicht, so kann man leicht zeigen daß $x_n = x_0 e^{-n\beta\tau} = x_0 e^{-\Lambda n}$. Die Größe $\Lambda = \beta\tau$ heißt das *logarithmische Dekrement* der Schwingung. Es ist gleich dem natürlichen Logarithmus des Verhältnisses zweier aufeinanderfolgender Schwingungsweiten auf der gleichen Seite, $\ln(x_n/x_{n+1}) = \Lambda$, das demnach konstant ist. Ersetzt man in Gl. (132) die Verschiebung x durch den Drehwinkel φ, so gilt sie in genau dem gleichen Sinne für die gedämpfte Drehschwingung.

Ist $\omega_0^2 - \beta^2 < 0$, so ist, wie wir hier nicht im einzelnen ausführen wollen, die Bewegung nicht periodisch, sondern der Körper kriecht von einem anfänglich vorhandenen Ausschlage x_0 aus in seine Gleichgewichtslage zurück, ohne sie je zu überschreiten (Abb. 99c). Als Beispiele für eine gedämpfte Schwingung und für eine aperiodische Kriechbewegung denke man sich ein Pendel, das sich einmal in Luft, ein anderes Mal in einer zähen Flüssigkeit bewegt. Im Grenzfall $\omega_0^2 - \beta^2 = 0$ *(aperiodischer Grenzfall)* lautet die Lösung der Gl. (131)

$$x = x_0 e^{-\beta t}(1 + \beta t),\tag{133}$$

und entsprechend, mit φ statt x, für Drehbewegungen. Letzteres ist wichtig bei den Galvanometern.

Eine ausführliche Behandlung der Schwingungen findet sich im VI. Abschnitt des 2. Kapitels. (Vgl. Westphal, „Physikalisches Praktikum", Anhang I.)

43. Das Pendel. Ein Pendel ist jeder Körper, der in einem festen Punkt oder in einer festen Achse drehbar aufgehängt ist, und der unter der Wirkung eines von der Schwerkraft an ihm erzeugten Richtmoments Schwingungen um eine stabile Gleichgewichtslage auszuführen vermag. Das ist diejenige Lage, in der seine potentielle Energie ihren kleinsten möglichen Betrag hat, d. h. diejenige, in der sein Schwerpunkt die tiefste mögliche Lage einnimmt (§ 24). Wird er aus ihr entfernt und wieder losgelassen, so treibt ihn die Schwerkraft wieder auf ihn hin. Da er aber auf diesem Wege durch die Schwerkraft beschleunigt wird, so führt ihn die gewonnene Geschwindigkeit über die Gleichgewichtslage hinaus, so daß er auf der anderen Seite wieder gehoben wird, bis seine kinetische Energie restlos in potentielle Energie verwandelt ist. Dann wiederholt sich das Spiel in umgekehrter Richtung. Das Pendel führt also eine periodische Schwingung um die Gleichgewichtslage aus.

Wir wollen hier nur den Fall betrachten, daß das Pendel in einer vertikalen Ebene schwingt (ebenes Pendel). Es sei m die Masse des Pendels, J sein Trägheitsmoment bezüglich der Achse, um die es schwingt, und die in Abb. 101 senkrecht zur Zeichnungsebene durch O gehe. Der Pendelschwerpunkt befinde

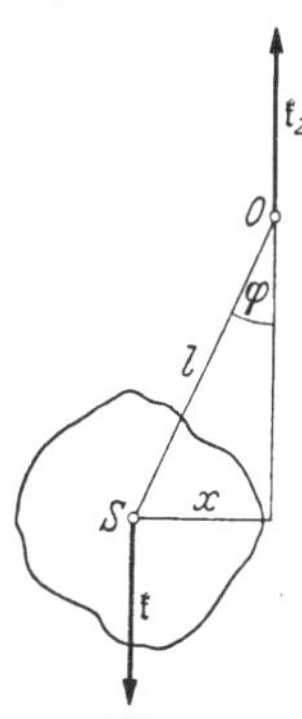

Abb. 101.
Zur Ableitung des Pendelgesetzes.

sich in S im Abstande l von der Achse, und das Pendel sei momentan um den Winkel φ aus seiner Gleichgewichtslage gedreht. Die in S angreifende Schwerkraft $\mathfrak{k} = m\,\mathfrak{g}$ vom Betrage mg ruft in O eine ihr entgegengerichtete, gleich große Zwangskraft $\mathfrak{k}_z = -\mathfrak{k}$ hervor, mit der zusammen sie ein Kräftepaar bildet. Dieses erzeugt am Pendel ein Drehmoment vom Betrage $mgx = mgl\sin\varphi$ (Abb. 101), wenn x der momentane Arm der Kraft $\mathfrak{k}$ bezüglich des Punktes O ist. Wir wollen nur so kleine Pendelausschläge betrachten, daß wir ohne merklichen Fehler $\sin\varphi \approx \varphi$ setzen können. Dann folgt aus Gl. (110) und (127)

$$J\frac{d^2\varphi}{dt^2} = -mgl\varphi = -D\varphi.\tag{134}$$

Es ist also $D = mgl$ das Richtmoment des Pendels, und aus Gl. (129) folgt für seine Schwingungsdauer

$$\tau = 2\pi\sqrt{\frac{J}{D}} = 2\pi\sqrt{\frac{J}{mgl}}\ \text{sec}.\tag{135}$$

Es sei J_s das Trägheitsmoment des Pendels bezüglich der zu seiner Schwingungsebene senkrechten Schwerpunktsachse (§ 36). Dann ist nach Gl. (95) sein Trägheitsmoment bezüglich seiner wirklichen, durch O gehenden Drehachse $J = J_s + ml^2$. Liegt O weit außerhalb des Körpers, so daß l groß gegen die Abmessungen des Körpers ist, so ist J_s klein gegen ml^2, und man kann mit geringem Fehler $J = ml^2$ setzen. Dann beträgt nach Gl. (134) die Schwingungsdauer

$$\tau = 2\pi\sqrt{\frac{l}{g}}\ \text{sec}\tag{136}$$

(GALILEI 1596). Dies würde streng gelten für einen Massenpunkt an einem masselosen Faden. Ein solches idealisiertes Pendel heißt im Gegensatz zum wirklichen *physikalischen* Pendel ein *mathematisches Pendel.* Es kann durch eine nicht zu große Kugel an einem ausreichend langen Faden sehr weitgehend angenähert werden. Ist z. B. der Kugelradius $r = 1$ cm, der Abstand des Kugelschwerpunktes vom Aufhängepunkt $l = 100$ cm, so ist $J_s = 2\,mr^2/5$ (§ 36) und $J = 1{,}00004\,ml^2$ (von dem sehr kleinen Einfluß des Fadens abgesehen), also fast genau gleich ml^2. Ein solches Pendel kann also, wenn es nicht auf äußerste Genauigkeit ankommt, wie ein mathematisches Pendel behandelt werden, dessen Pendelkörper ein im Kugelmittelpunkt befindlicher Massenpunkt ist.

Die Schwingungsdauer eines mathematischen Pendels hängt — außer von der Erdbeschleunigung g — nur von der Pendellänge l ab und ist von der Masse des Pendels unabhängig. Mit $g = 981$ cm · sec^{-2} findet man nach Gl. (136) für ein mathematisches Pendel von der Länge $l = 100$ cm fast genau $\tau = 2$ sec *(Sekundenpendel).*

Die Größe

$$\lambda = \frac{J}{m\,l} \tag{137}$$

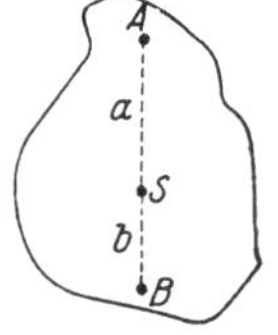

Abb. 102.
Zur Theorie des Reversionspendels.

heißt die *reduzierte Pendellänge* eines physikalischen Pendels. Aus Gl. (135) folgt für seine Schwingungsdauer

$$\tau = 2\pi\,\sqrt{\frac{\lambda}{g}}. \tag{138}$$

Sie ist also gleich der Schwingungsdauer eines mathematischen Pendels von der Länge λ. Da stets $J > ml^2$, so ist stets $\lambda > l$, d. h. der *Schwingungsmittelpunkt* des Pendels, der Punkt, in dem man sich einen Massenpunkt an Stelle des ausgedehnten Pendelkörpers denken kann, ist stets weiter vom Aufhängepunkt entfernt als der Pendelschwerpunkt.

Nach Gl. (138) kann man aus der Schwingungsdauer τ eines Pendels von bekannter reduzierter Pendellänge λ die Erdbeschleunigung g berechnen. Für weniger genaue Messungen genügt eine kleine, schwere Kugel an einem nicht zu kurzen Faden. Genauere Ergebnisse liefert das *Reversionspendel.* Ein Körper sei um eine im Abstande a von seinem Schwerpunkt S befindliche, durch A gehende horizontale Achse drehbar (Abb. 102). Sein Trägheitsmoment bezüglich dieser Achse ist dann $J = J_s + ma^2$ [Gl. (95)], seine reduzierte Pendellänge $\lambda = (J_s + ma^2)/ma$ [Gl. (137)]. Es gibt nun stets auf der Geraden AS jenseits von S im Abstande b einen Punkt B, der so gelegen ist, daß der Körper, wenn er um eine durch B gehende horizontale Achse schwingt, die gleiche Schwingungsdauer und daher die gleiche reduzierte Pendellänge hat, wie bei der Schwingung um die durch A gehende Achse. Solche Achsen heißen *korrespondierende Achsen.* Es muß demnach sein

$$\lambda = \frac{J_s + m\,a^2}{m\,a} = \frac{J_s + m\,b^2}{m\,b}. \tag{139}$$

Außer der trivialen Lösung $a = b$ (d. h. B fällt mit A zusammen) hat diese Gleichung die Lösung $b = J_s/ma$. Dann ist der Abstand $AB = a + b = a + J_s/ma = b + J_s/mb$, also gleich der reduzierten Pendellänge λ sowohl des um A, wie des um B schwingenden Pendels, die auf diese Weise ermittelt werden kann.

Abb. 103 zeigt eine Ausführungsform des Reversionspendels. Eine Stange ist mit zwei einander zugekehrten Stahlschneiden A, B versehen, die auf eine horizontale Stahlplatte gesetzt werden können, so daß das Pendel um die eine oder um die andere als Achse schwingen kann. Sofern das Pendel um beide Achsen gleich schnell schwingt, ist der Schneidenabstand AB seine reduzierte

Pendellänge λ. Dies wird durch Verschieben zweier Massen bewirkt, von denen die eine zwischen den Schneiden, die andere außerhalb sitzt.

Das Trägheitsmoment J eines Körpers ist bei gegebener Gestalt und Dichteverteilung seiner *trägen Masse*, die auf ihn wirkende Schwerkraft mg aber seiner *schweren Masse* proportional. Demnach enthält das in Gl. (135) eingehende Verhältnis J/mg im Grunde das Verhältnis der trägen zur schweren Masse des Pendels, das wir in § 12 gleich 1 gesetzt haben. Daher können Versuche mit Pendeln aus verschiedenen Stoffen, aber von sonst gleicher Beschaffenheit dazu dienen, die Berechtigung dieser strengen Gleichsetzung (bzw. Proportionalität) zu prüfen, d. h. zu untersuchen, ob das Verhältnis der trägen zur schweren Masse tatsächlich für verschiedene Stoffe das gleiche ist. Versuche, die bis zur äußersten Grenze der Genauigkeit durchgeführt wurden, haben dies vollkommen bestätigt.

Unter der hier gemachten Voraussetzung kleiner Schwingungsweiten hängt die Schwingungsdauer eines Pendels nicht von seiner Schwingungsweite ab. Hierauf beruht bekanntlich die Steuerung des Ganges der *Pendeluhren* (HUYGENS 1658). Bei den Taschenuhren wird das gleiche durch die Drehschwingungen eines Rädchens, der *Unruhe*, bewirkt, dessen Schwingungsdauer durch sein Trägheitsmoment und durch das Richtmoment bestimmt ist, das eine an seiner Achse angreifende Spiralfeder liefert. (Vgl. § 102).

Von der Schwingungsweite vollkommen unabhängig ist die Schwingungsdauer des *Zykloidenpendels*. Das ist ein Pendel, dessen Pendelkörper sich nicht auf einem Kreise bewegt, sondern auf einer Zykloide.

Abb. 103.
Einfaches
Reversionspendel.

44. Die Dimensionen und Einheiten der mechanischen Größen. Alle mechanischen Größen lassen sich, wie wir das in diesem Kapitel getan haben, auf die drei *Grundgrößen* des CGS-Systems, die Masse, die Länge und die Zeit zurückführen, und dementsprechend können ihre Einheiten als Potenzprodukte der drei *Grundeinheiten*, des g, des cm und der sec, ausgedrückt werden, z. B. die Einheit der Kraft als $1 \text{ g} \cdot \text{cm} \cdot \text{sec}^{-2}$. Unter der *Dimension* einer

Tabelle 2. Dimensionen und Einheiten der mechanischen Größen.

Dimension		Einheit	
		CGS-System	Techn. System
Masse	$\lvert m \rvert$	g	$\text{kg}^* \cdot \text{sec}^2 \cdot \text{m}^{-1}$
Länge	$\lvert l \rvert$	cm	m
Zeit	$\lvert t \rvert$	sec	sec
Geschwindigkeit	$\lvert l\, t^{-1} \rvert$	$\text{cm} \cdot \text{sec}^{-1}$	$\text{m} \cdot \text{sec}^{-1}$
Beschleunigung	$\lvert l\, t^{-2} \rvert$	$\text{cm} \cdot \text{sec}^{-2}$	$\text{m} \cdot \text{sec}^{-2}$
Kraft	$\lvert m\, l\, t^{-2} \rvert$	$\text{g} \cdot \text{cm} \cdot \text{sec}^{-2} = \text{dyn}$	kg^*
Druck[1]	$\lvert m\, l^{-1}\, t^{-2} \rvert$	$\text{g} \cdot \text{cm}^{-1} \cdot \text{sec}^{-2}$	$(\text{kg}^* \cdot \text{m}^{-2})$ s. u.
Impuls	$\lvert m\, l\, t^{-1} \rvert$	$\text{g} \cdot \text{cm} \cdot \text{sec}^{-1}$	$\text{kg}^* \cdot \text{sec}$
Energie, Arbeit	$\lvert m\, l^2\, t^{-2} \rvert$	$\text{g} \cdot \text{cm}^2 \cdot \text{sec}^{-2} = \text{erg}$	mkg^*
Leistung	$\lvert m\, l^2\, t^{-3} \rvert$	$\text{g} \cdot \text{cm}^2 \cdot \text{sec}^{-3} = \text{erg} \cdot \text{sec}^{-1}$	$\text{mkg}^* \cdot \text{sec}^{-1}$
Winkelgeschwindigkeit	$\lvert t^{-1} \rvert$	sec^{-1}	sec^{-1}
Winkelbeschleunigung	$\lvert t^{-2} \rvert$	sec^{-2}	sec^{-2}
Schwingungszahl	$\lvert t^{-1} \rvert$	$\text{sec}^{-1} = \text{Hz}$	$\text{sec}^{-1} = \text{Hz}$
Trägheitsmoment	$\lvert m\, l^2 \rvert$	$\text{g} \cdot \text{cm}^2$	$\text{kg}^* \cdot \text{m} \cdot \text{sec}^2$
Drehmoment	$\lvert m\, l^2\, t^{-2} \rvert$	$\text{g} \cdot \text{cm}^2 \cdot \text{sec}^{-2} = \text{dyn} \cdot \text{cm}$	$\text{kg}^* \cdot \text{m}$
Drehimpuls	$\lvert m\, l^2\, t^{-1} \rvert$	$\text{g} \cdot \text{cm}^2 \cdot \text{sec}^{-1}$	$\text{kg}^* \cdot \text{m} \cdot \text{sec}$
Richtkraft	$\lvert m\, t^{-2} \rvert$	$\text{g} \cdot \text{sec}^{-2} = \text{dyn} \cdot \text{cm}^{-1}$	$\text{kg}^* \cdot \text{m}^{-1}$
Richtmoment	$\lvert m\, l^2\, t^{-2} \rvert$	$\text{g} \cdot \text{cm}^2 \cdot \text{sec}^{-2} = \text{dyn} \cdot \text{cm}$	$\text{kg}^* \cdot \text{m}$

[1] Der Druck wird in der Technik meist in $\text{kg}^* \cdot \text{cm}^{-2}$ gemessen.

physikalischen Größe versteht man einen Ausdruck, der angibt, in welcher Potenz die drei Grundgrößen in sie eingehen, bzw. in welcher Potenz die drei Grundeinheiten in ihre Einheit eingehen. Die Dimensionen der drei Grundgrößen bezeichnen wir mit $|m|$ (Masse), $|l|$ (Länge), $|t|$ (Zeit). Dann kann die Dimension jeder von ihnen abgeleiteten Größe in der Form $|m^a\, l^b\, t^c|$ ausgedrückt werden, wobei a, b, c Zahlen sind, die positiv, negativ oder gleich Null sein können. Zum Beispiel ist die Dimension einer Geschwindigkeit, als des Verhältnisses einer Länge zu einer Zeit (Einheit cm · sec^{-1}), $|m^0\, l^1\, t^{-1}| = |l t^{-1}|$. Zahlenfaktoren, z. B. der Faktor $^1/_2$ der kinetischen Energie, sind dimensionslos und beeinflussen die Dimension einer physikalischen Größe nicht. Auch Winkel sind — als reine Zahlen — dimensionslos. Die Kenntnis der Dimension einer Größe ist in vielen Fällen nützlich. Natürlich kann man entsprechende Überlegungen auch für das technische Maßsystem durchführen, wobei an Stelle der Masse die Kraft als Grundgröße und das kg* als Grundeinheit auftritt.

In der Tabelle 2 sind die Dimensionen der wichtigsten mechanischen Größen, sowie die Einheiten des CGS-Systems und des technischen Maßsystems zusammengestellt.

III. Die allgemeine Gravitation.

45. Das Newtonsche Gravitationsgesetz. Die irdische Schwerkraft ist, wie NEWTON (1643—1727) erkannte, nur ein Sonderfall einer allgemeinen Eigenschaft jeglicher Materie, der *allgemeinen Massenanziehung* oder *Gravitation*. Sie ist die Gravitation zwischen dem Erdkörper und den auf ihm und in seiner Nähe befindlichen Körpern. NEWTON bewies, daß die Zentripetalkraft, die den Mond zwingt, die Erde auf einer Kreisbahn zu umlaufen, nichts anderes als die von der Erde auf den Mond ausgeübte Schwerkraft ist. Er schloß daraus, daß entsprechende Kräfte auch zwischen der Sonne und ihren Planeten und überhaupt zwischen allen Massen wirksam sind. NEWTON bewies, ferner daß die Kraft, mit der sich zwei Massen, m_1, m_2 anziehen, der Größe der Massen proportional und ihrem Abstande r umgekehrt proportional ist. Demnach ist der Betrag der anziehenden Kraft

$$k = G\,\frac{m_1 m_2}{r^2}\,\text{dyn}. \tag{1}$$

Dabei sind m_1, m_2 in g, r in cm gemessen. G ist eine universelle, von der Beschaffenheit der beiden Körper unabhängige Naturkonstante, die *Gravitationskonstante*, und beträgt $G = 6{,}685 \cdot 10^{-8}$ dyn · cm^2 · g^{-2} bzw. cm^3 · g^{-1} · sec^{-2}. Demnach ziehen sich z. B. zwei Massenpunkte von je 1 g im Abstande $r = 1$ cm mit der sehr kleinen Kraft von $6{,}685 \cdot 10^{-8}$ dyn an. Entsprechend dem Wechselwirkungsgesetz zieht die Masse m_1 die Masse m_2 mit der gleichen Kraft an, mit der die Masse m_2 die Masse m_1 anzieht.

Wir können das NEWTONsche Gravitationsgesetz auch vektoriell aussprechen. Es sei $\mathfrak{k}$ die Kraft, die die Masse m_2 von der Masse m_1 erfährt, $\mathfrak{r}$ der von der Masse m_1 in Richtung auf die Masse m_2 weisende Fahrstrahl (Betrag r). Dann ist $\mathfrak{r}/r$ ein in Richtung von $\mathfrak{r}$ weisender Vektor vom Betrage 1 (Einheitsvektor, § 8). Wir erhalten die NEWTONsche Anziehung in vektorieller Form, wenn wir die rechte Seite von Gl. (1) mit $-\mathfrak{r}/r$ multiplizieren. Dadurch wird ihr Betrag nicht geändert, sondern ihr lediglich eine Richtung zugeordnet, und zwar die dem Fahrstrahl $\mathfrak{r}$ entgegen, auf die Masse m_1 weisende Richtung. Es ist also

$$\mathfrak{k} = -\,G\,\frac{m_1 m_2}{r^3}\,\mathfrak{r}. \tag{2}$$

In dieser Gleichung ist also unter $\mathfrak{r}$ jeweils der Fahrstrahl zu verstehen, der von der anziehenden Masse auf die angezogene hinweist, also der von m_1 nach

m_2 weisende Fahrstrahl, wenn es sich um die Anziehung von m_2 durch m_1 handelt, und umgekehrt.

Strenggenommen gilt das obige Gesetz ohne weiteres nur für Massenpunkte. Bei ausgedehnten Körpern muß über die zwischen ihren sämtlichen Massenelementen wirkenden Kräfte integriert werden. Bei sehr großem Abstande der Körper, d. h. wenn ihre Abmessungen klein gegen ihren Abstand sind, kann man aber ohne ins Gewicht fallenden Fehler ihre Massen in ihrem Schwerpunkte vereinigt denken. Bei homogenen Kugelschalen und aus solchen zusammengesetzten Kugeln ist das sogar bei beliebigem Abstande streng richtig. Daher ist Gl. (1) auf die nahezu kugelförmigen Himmelskörper sowie auf die Erdanziehung fast immer ohne weiteres anwendbar. Befindet sich aber eine Masse m_2 *innerhalb* einer räumlich verteilten Masse m_1, so ist das durchaus nicht der Fall. Wenn sich z. B. ein Massenpunkt innerhalb einer homogenen Kugelschale von beliebiger Dicke befindet, so heben sich, wie man aus Gl. (1) ableiten kann, die Anziehungskräfte der einzelnen Massenelemente der Hohlkugel auf den Massenpunkt gegenseitig genau auf. Der Massenpunkt ist im Innern der Hohlkugel kräftefrei. Für einen

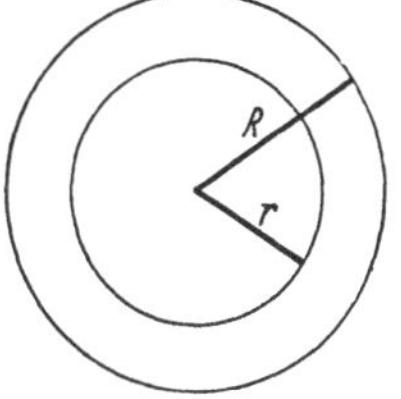

Abb. 104. Zur Schwerkraft im Erdinnern.

Massenpunkt m_2, der sich im Erdinnern, im Abstande r vom Erdmittelpunkt befindet, ist die Hohlkugel mit den Radien R (Erdradius) und r unwirksam (Abb. 104). Er unterliegt nur der Anziehung der Kugel vom Radius r. Ist deren Dichte ϱ, also ihre Masse $m_1 = 4\pi r^3 \varrho/3$ so wird der Massenpunkt m_2 mit der Kraft

$$k = G \frac{m_1 m_2}{r^2} = G \frac{4\pi}{3} \varrho m_2 r \qquad (3)$$

in Richtung auf den Erdmittelpunkt gezogen. Die Gravitation im Erdinnern ist — konstante Dichte ϱ vorausgesetzt —, dem Abstande r vom Erdmittelpunkt proportional, während sie außerhalb der Erdoberfläche $1/r^2$ proportional ist. Die

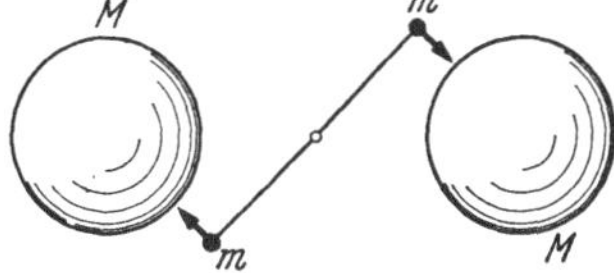

Abb. 105. CAVENDISHs Versuch zum Nachweis der Massenanziehung.

Anziehung der Erde nimmt also bei Annäherung an die Erde wie $1/r^2$ zu, um nach dem Durchgang durch die Erdoberfläche wie r wieder abzunehmen und im Erdmittelpunkt zu verschwinden.

Die Schwerkraft einer Masse m an der Erdoberfläche ergibt sich aus Gl. (1), wenn wir für r den Erdradius $R = 6370$ km $= 6,370 \cdot 10^8$ cm und für m_1 die Masse M der Erde einsetzen. Andrerseits beträgt die auf eine Masse m auf der Erdoberfläche wirkende Schwerkraft $k = mg$ ($g = 981$ cm $\cdot$ sec^{-2}). Demnach ist

$$G \frac{Mm}{R^2} = mg \qquad \text{oder} \qquad g = G \frac{M}{R^2}. \qquad (4)$$

Hieraus kann die Masse M der Erde berechnet werden. Sie ergibt sich zu rund $6 \cdot 10^{27}$ g $= 6 \cdot 10^{21}$ Tonnen, ihre mittlere Dichte zu 5,5 g $\cdot$ cm^{-3}. Das Erdinnere besteht also aus ziemlich schweren Stoffen, zum großen Teil vermutlich aus Eisen und Nickel.

Die Massenanziehung kann im Laboratorium mit einer empfindlichen Drehwaage nachgewiesen werden (CAVENDISH 1798), die aus zwei kleinen, an den Enden einer drehbaren Stange befestigten Bleikugeln m, m besteht (Abb. 105). Stellt man ihnen zwei große Bleikugeln M, M gegenüber, so werden jene von diesen angezogen, und die Waage dreht sich entsprechend. Eine der genauesten Messungen der Gravitationskonstante G lieferten RICHARZ und KRIGAR-MENZEL, indem sie das Gewicht von Körpern oberhalb und unterhalb von großen Bleimassen bestimmten.

46. Die Bewegung des Mondes und der Planeten. Keplersche Gesetze. Einen schlagenden Beweis für das Gravitationsgesetz lieferte Newton durch Berechnung der *Umlaufszeit des Mondes* um die Erde aus Gl. (1). Die Bahn des Mondes um die Erde ist nahezu kreisförmig. Ihr Mittelpunkt ist der gemeinsame Schwerpunkt Sp von Erde und Mond (Abb. 106). Auch die Erde vollführt um diesen in der gleichen Zeit wie der Mond einen vollen Umlauf. (Abb. 106 ist nur schematisch zu verstehen. M und m sind als Massenpunkte am Ort der Schwerpunkte von Erde und Mond gedacht. Auch liegt Sp dem Erdmittelpunkt tatsächlich sehr viel näher, s. u.). Erde und Mond drehen sich also mit gleicher Winkelgeschwindigkeit um ihren gemeinsamen Schwerpunkt, da dieser ja stets auf der Verbindungslinie von Erde und Mond liegt.

Es sei r der Abstand Erde—Mond, r_1 und r_2 seien die Abstände der Erde M und des Mondes m vom Schwerpunkt Sp, so daß $r = r_1 + r_2$. R sei der Erdradius. Es ist $r_2 \approx 81\,r_1$ und $r \approx 60\,R$. Dann ist nach § 19 $Mr_1 = mr_2$ oder $M/m = r_2/r_1 \approx 81$. Nach § 19, Gl. (29), ist $r_1 = rm/(M + m)$. Es folgt $r_1 \approx 60\,R/82$ oder rund $3R/4$. Der Schwerpunkt Sp des Systems Erde—Mond liegt also im Erdinnern, rund $^3/_4$ des Erdradius vom Erdmittelpunkt entfernt. Weiter ist $r_2 = rM/(M + m)$.

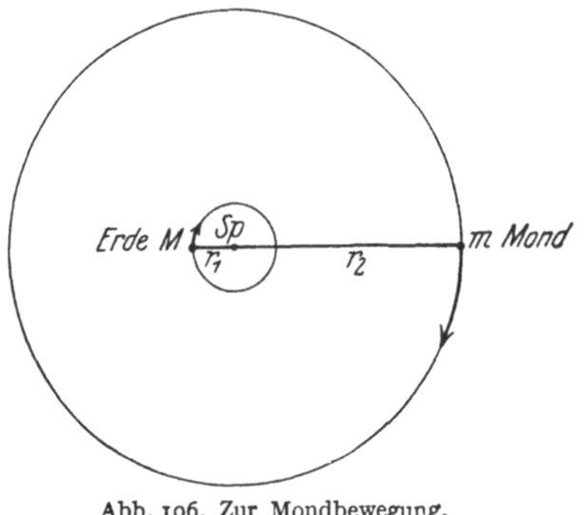

Abb. 106. Zur Mondbewegung.

Sowohl für die Erde wie für den Mond liefert die gegenseitige Anziehung die zum Umlauf auf ihrer Kreisbahn nötige Zentripetalkraft. Es ist demnach nach § 33 [Gl. (86)] und Gl. (1)

$$M\,r_1 u^2 = m\,r_2 u^2 = G\,\frac{M\,m}{r^2}. \tag{5}$$

Hieraus und aus Gl. (4) folgt

$$u^2 = \left(1 + \frac{m}{M}\right) g\,\frac{R^2}{r^3}\,\sec^{-2}. \tag{6}$$

Dann ergibt sich die Umlaufszeit $\tau = 2\pi/u$ [§ 10, Gl. (29)] mit $m/M = 1/81$, $R = 6{,}370 \cdot 10^8$ cm, $r/R = 60{,}267$ und $g = 981$ cm $\cdot$ sec^{-2} richtig zu $27^1/_3$ Tagen.

Auch die *Bewegungen der Planeten* lassen sich, wie Newton zeigen konnte, aus dem Gravitationsgesetz in Übereinstimmung mit den Gesetzen berechnen, die bereits Kepler (1609 und 1618) empirisch aus den astronomischen Beobachtungsdaten abgeleitet hatte. Die *Keplerschen Gesetze* lauten:

1. Die Planeten bewegen sich auf Ellipsen, in deren einem Brennpunkt die Sonne steht.

2. Der von der Sonne nach einem Planeten weisende Fahrstrahl überstreicht in gleichen Zeiten gleiche Flächen.

3. Die Quadrate der Umlaufszeiten der Planeten verhalten sich wie die 3. Potenzen der großen Halbachsen ihrer Bahnellipsen.

Die Exzentrizität der meisten Planetenbahnen ist gering. Sie ist am größten beim Merkur mit 0,20561, am kleinsten bei der Venus mit 0,00682 und beträgt bei der Erde 0,01675. Nach dem Schwerpunktsatz müßte das 1. Keplersche Gesetz streng so formuliert werden, daß der Schwerpunkt des ganzen Sonnensystems im Brennpunkt liegt. Die Sonnenmasse überwiegt aber die Planetenmassen so sehr, daß der Schwerpunkt des Sonnensystems fast genau in den Sonnenmittelpunkt fällt. (Die Sonnenmasse ist 1047mal größer als die Jupitermasse und diese wieder 750mal größer als die Masse aller übrigen Planeten zusammen.) Kleine, aber für die praktische Astronomie wichtige Abweichungen von den KEPLERschen Gesetzen, die *Störungen* der Planetenbahnen, beruhen auf der gegenseitigen Gravitation der Planeten. Die KEPLERschen Gesetze gelten grundsätzlich auch für die zum Sonnensystem gehörigen, periodisch wiederkehrenden Kometen. Ihre Bahnen besitzen aber eine große Exzentrizität, und sie unterliegen beträchtlichen Störungen durch die Planeten, in deren Nähe sie gelangen.

Das 2. KEPLERsche Gesetz ist der *Flächensatz* für den Fall einer Zentralkraft (§ 35), wie sie ja bei der Gravitation vorliegt. Abb. 107 veranschaulicht das Gesetz für eine stark exzentrische Planetenbahn. Man sieht, daß die Planetengeschwindigkeit im sonnennahen Teil der Bahn (Perihel) am größten, im sonnenfernen Teil (Aphel) am kleinsten ist. Das entspricht auch dem Energieprinzip. Die Gesamtenergie des kreisenden Planeten ist konstant. Im Perihel hat er die kleinste, im Aphel die größte potentielle Energie gegenüber der Sonne. Er muß also im Perihel die größte, im Aphel die kleinste kinetische Energie besitzen

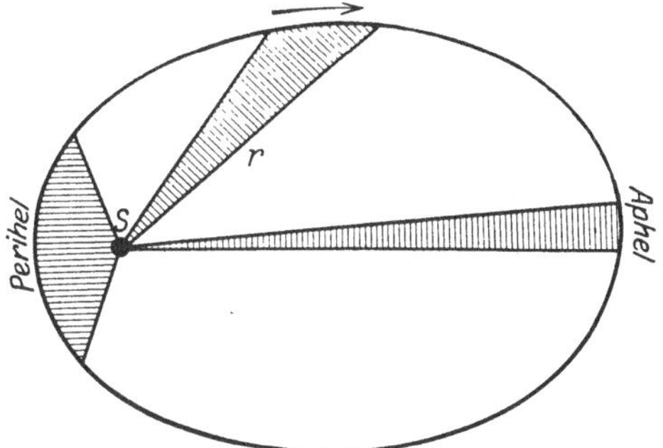

Abb. 107. Zum 2. KEPLERschen Gesetz.

Das 3. KEPLERsche Gesetz ist für den Sonderfall einer Kreisbahn schon in Gl. (6) enthalten. Denn da $u^2 \sim 1/r^3$ und $\tau = 2\pi/u$, so ist das Quadrat der Umlaufzeit $\tau^2 \sim r^3$.

Die Entstehung des Planetensystems der Sonne ist zweifellos einem in der Geschichte des Weltalls sehr seltenen Zufall zu verdanken, vielleicht einer sehr großen Annäherung eines andern Fixsternes an die Sonne, infolge derer Teile der Sonnenmaterie von ihr losgelöst wurden. Daher werden wahrscheinlich außer der Sonne höchstens sehr wenige Fixsterne ein Planetensystem besitzen; und daß sich unter diesen Planeten einer befindet, auf dem die Bedingungen der Entstehung organischen Lebens so günstig sind, wie auf der Erde, wird noch außerordentlich viel seltener vorkommen. Es ist daher so gut wie sicher, daß das Menschengeschlecht sein Dasein einem außerordentlich seltenen Zusammentreffen verschiedener Umstände verdankt.

Die KEPLERschen Gesetze gelten nicht nur bei der Gravitation, sondern überhaupt immer dann, wenn sich zwei Körper mit einer zu $1/r^2$ proportionalen Kraft anziehen. Das ist z. B. der Fall bei der Anziehung zweier entgegengesetzt elektrisch geladener Körper. Wir werden diesem Fall in der BOHRschen Atomtheorie begegnen. Wenn sich zwei Körper mit einer zu $1/r^2$ proportionalen Kraft abstoßen, so gilt das 2. KEPLERsche Gesetz ebenfalls und das 1. KEPLERsche Gesetz mit der Abänderung, daß die Bahn eine Hyperbel ist.

47. Die Gezeiten. Die Gezeiten, der regelmäßige Wechsel von *Ebbe* und *Flut*, beruhen, wie auch bereits NEWTON erkannte, auf der vereinigten Wirkung der Anziehung des Meerwassers durch Mond und Sonne und der Zentrifugalkraft, die auf das Meerwasser infolge der Rotation des Erdkörpers um den gemeinsamen Schwerpunkt von Erde und Mond wirkt (§ 46). Die Wirkung des Mondes ist etwa doppelt so groß wie die der Sonne. Wir wollen nur jene hier genauer betrachten. Doch sind die Gleichungen für beide — in erster Näherung — die gleichen.

Wir wollen uns das Problem dadurch vereinfachen, daß wir zunächst von der Achsendrehung der Erde im Raum absehen. Ferner wollen wir die Annahmen machen, daß die Erde streng kugelförmig ist, und daß die Mondbahn eine genaue Kreisbahn ist, deren Ebene in der Äquatorialebene der Erde liegt. Diese Annahmen treffen zwar nicht streng, aber für unsere Zwecke genügend genau zu.

Wenn wir von der Achsendrehung der Erde absehen, so bedeutet das, daß jede bezüglich der Erde feste Richtung auch ihre Richtung im Raum ständig beibehält. (Wäre das wirklich der Fall, so wären die Orte aller Fixsterne für jeden irdischen Beobachter unveränderlich; der Himmel würde sich nicht scheinbar drehen; die Sonne würde in einem Jahr nur einmal auf- und untergehen.) Diese Annahme bedeutet, daß die Erde *als Ganzes* eine reine Translation ausführt und hat die wichtige Folge, daß nicht nur der Erdmittelpunkt A auf einem Kreise vom Radius r_1 (der etwa gleich $^3/_4$ des Erdradius R ist, § 46)

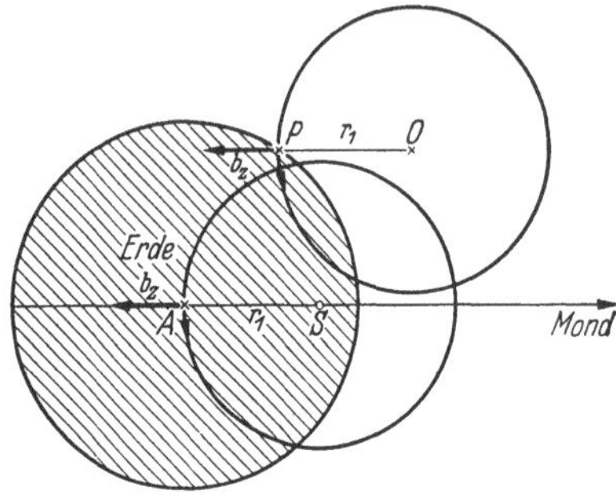

Abb. 108. Zur Theorie der Gezeiten.

um den gemeinsamen Schwerpunkt S von Erde und Mond umläuft, sondern daß auch *sämtliche Punkte P der Erde gleich große Kreise mit gleicher Phase* aber mit verschiedenen Mittelpunkten Q durchlaufen (Abb. 108). Daher erzeugt diese Rotation auch an allen Orten der Erde *gleich große und gleichgerichtete Zentrifugalbeschleunigungen* (§ 33). Wir können diese für den Erdmittelpunkt — in den wir uns die ganze Erde als Massenpunkt vereinigt denken können — leicht nach Gl. (5) berechnen, die die an der gesamten Erdmasse M auftretende Zentrifugalkraft darstellt. Dividieren wir durch M, so erhalten wir die Zentrifugalbeschleunigung $b_z = r_1 u^2$ oder

$$b_z = G\,\frac{m}{r^2},\tag{7}$$

wobei wieder m die Mondmasse und r der Abstand der Schwerpunkte von Erde und Mond ist. Diese Zentrifugalbeschleunigung ist vom Monde weg, also der Mondanziehung entgegengerichtet.

Ebenso groß und gleichgerichtet sind die Zentrifugalbeschleunigungen an allen Orten der Erde. Aber außerhalb des Erdmittelpunktes sind die Beträge

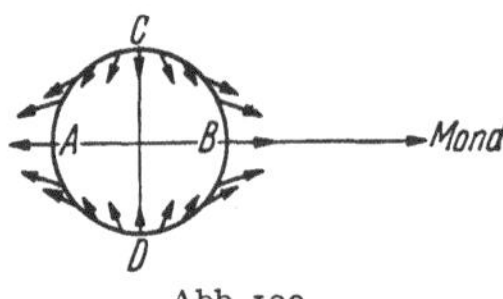

Abb. 109.
Verteilung der Gezeitenkräfte.

der Mondanziehung und der Zentrifugalkraft wegen des verschiedenen Abstandes vom Mond im allgemeinen nicht gleich groß, und sie liegen im allgemeinen auch nicht in der gleichen Wirkungslinie, sondern ihre Wirkungslinien sind um einen kleinen Winkel gegeneinander geneigt. Auf der mondnahen Halbkugel der Erde ist die Mondanziehung größer als die überall gleichgroße Zentrifugalkraft. Die Resultierende beider, die *fluterzeugende* oder *Gezeitenkraft*, bildet einen spitzen Winkel mit der Richtung Erde—Mond. Auf der mondfernen Halbkugel dagegen ist die Zentrifugalkraft größer als die Mondanziehung, und die Gezeitenkraft bildet einen stumpfen Winkel mit der Richtung Erde—Mond. Abb. 109 zeigt dies für einen Erdquerschnitt, in dessen Ebene auch der Schwerpunkt des Mondes liegt.

Wir wollen hier die Gezeitenkräfte nicht berechnen, sondern die Verhältnisse nur an Hand der Abb. 109 betrachten. Denken wir uns die Gezeitenkraft in eine zur Erdoberfläche parallele und eine zur Erdoberfläche senkrechte Komponente zerlegt, so erkennt man, daß für die Entstehung der Gezeiten die erstere verantwortlich ist, weil sie das Meerwasser parallel zur Erdoberfläche verschiebt, während die zweite nur eine — äußerst kleine — scheinbare Änderung der örtlichen Schwerkraft hervorruft. Wie man aus Abb. 109 ohne weiteres erkennt, ist die erstere Komponente am mondfernsten Punkt A und mondnächsten Punkt B gleich Null, ebenso aber auch an den beiden um 90° von diesen

Punkten entfernten Punkten C und D. Mitten zwischen je zwei solchen Minima hat sie ein Maximum. Die Gezeitenkräfte und die durch sie hervorgerufenen Beschleunigungen sind, wie die Rechnung ergibt, in homologen Punkten der beiden Halbkugeln in erster Näherung gleich groß. Der Zustand auf der mondfernen Halbkugel ist also ein Spiegelbild des Zustandes auf der mondnahen Halbkugel.

Diese Verteilung der Gezeitenkräfte hat zur Folge, daß das Meerwasser auf der mondnahen Halbkugel dem Monde zu, auf der mondfernen Halbkugel vom Monde weg getrieben wird; es wird auf die Punkte A und B hin getrieben und erzeugt dort höchste Flut. Von den Punkten C und D wird es fortgetrieben, und dort herrscht tiefste Ebbe. Denken wir uns Abb. 109 als einen die Erdachse (CD) enthaltenden Schnitt, so erkennen wir, daß an den Polen ständig Ebbe herrscht. Denken wir uns dagegen Abb. 109 als einen äquatorialen Schnitt durch die Erde, so erkennt man, daß am Äquator — und entsprechend längs jedes Breitengrades — die Maxima und Minima der Gezeiten einander in Winkelabständen von je 90° folgen. Wenn die Erde tatsächlich — wie bisher angenommen — eine feste Orientierung im Raume hätte, so würden diese Maxima und Minima während der Dauer eines Mondumlaufes, also in $27^1/_3$ Tagen = 656 Stunden die Erde einmal umlaufen, d. h. es würde alle 328 Stunden Flut bzw. Ebbe sein. In Wirklichkeit dreht sich jedoch die Erde in fast genau 24 Stunden einmal um sich selbst, und dies für sich allein erzeugt einen Umlauf der Maxima und Minima um die Erde in der gleichen Zeit. Da Erddrehung und Mondumlauf gleichsinnig erfolgen, so erfolgt der Umlauf der Maxima und Minima um die Erde tatsächlich ein wenig langsamer als einmal in 24 Stunden, nämlich in rund $24^3/_4$ Stunden, wie man leicht berechnen kann.

Für die zur Erdoberfläche parallele Beschleunigung b_g, die die Gezeitenkraft am Meerwasser erzeugt, ergibt die Theorie den Betrag

$$b_g = \frac{3}{2} b_z \frac{R}{r} \sin 2\varphi = \frac{3}{2} G m \frac{R}{r^3} \sin 2\varphi \tag{8}$$

(Gl. 7), wenn φ das Azimut bezüglich der Verbindungslinie des Erd- und Mondschwerpunktes ist, mit den Maxima des Betrages der Beschleunigung unter den Azimuten $\varphi = 45°$, $135°$, $225°$ und $315°$, wie wir es oben aus Abb. 109 abgelesen hatten. Diese Beschleunigung ist außerordentlich klein gegenüber der Erdbeschleunigung g [§ 45, Gl. (4)]. Ihr Betrag ist in den Maxima ($\sin 2\varphi = +1$)

$$b_g = \frac{3}{2} \frac{m}{M} \left(\frac{R}{r}\right)^3 g. \tag{9}$$

Mit $m/M \approx 1/81$ und $R/r \approx 1/60$ (§ 46) ergibt sich $b_g = 8{,}5 \cdot 10^{-8} \cdot g$. Obgleich also die Gezeitenkräfte äußerst klein gegen die Schwerkraft sind, vermögen sie doch — wegen der leichten Beweglichkeit des Wassers — die gewaltigen Wirkungen zu zeitigen, die wir in den Gezeiten beobachten.

Den vom Monde herrührenden Gezeiten überlagern sich — mit einer etwas anderen Umlaufzeit — die von der Sonne herrührenden Gezeiten, die etwa von halber Stärke sind ($b_g = 3{,}8 \cdot 10^{-8} \cdot g$). Je nach der gegenseitigen Lage von Mond und Sonne relativ zur Erde verstärken oder schwächen sich die Mond- und Sonnengezeiten (Springflut und Nippflut).

Die hier dargestellten Verhältnisse nehmen keine Rücksicht auf das Vorhandensein der Kontinente, durch die natürlich die durch die Gezeiten hervorgerufenen Strömungen in hohem Grade beeinflußt werden.

Die obigen Darlegungen sind natürlich nicht so zu verstehen, als wälzten sich zwei körperliche Flutberge in rund 24 Stunden je einmal rund um die Erde. Diese Aussage gilt nur für die Maxima und Minima des Wasserstandes. Die in den Gezeiten bewegten Wassermassen strömen nur periodisch auf die Maxima hin und wieder von ihnen fort. Die Gezeiten bestehen also tatsächlich in einer ungeheuren, den ganzen Erdball umfassenden *Schwingung des Weltmeeres*, die bei strenger Rechnung in mehrere verschieden starke Komponenten von verschiedener Frequenz, die sog. *Tiden*, zerfällt. Mit dieser Schwingung des Weltmeeres ist eine ständige Verschiebung ungeheurer Wassermengen verbunden, die zum Auftreten sehr großer Reibungswirkungen im Wasser und letzten Endes zur Erzeugung von Wärme führen muß. Die so als Wärme neu auftretende Energie (§ 101) kann nur auf Kosten der Erddrehung gehen, die ja ganz überwiegend für die Geschwindigkeit, mit der die Verschiebung erfolgt, verantwortlich ist. Demnach ist zu erwarten, daß die Erddrehung durch die Gezeiten eine ständige Bremsung erfahren muß. Die Winkelgeschwindigkeit der Erde muß ständig abnehmen, also die Tageslänge zunehmen. Doch ist dieser Einfluß so gering, daß er sich bisher nicht hat nachweisen lassen. Der Endzustand müßte aber derart sein, daß die Dauer einer Erdumdrehung mit der Dauer eines Mondumlaufs um die Erde identisch wird und die Erde dem Monde stets die gleiche Seite zukehrt. Denn dann hätte die Verschiebung des Wassers relativ zur Erde ein Ende gefunden. Beim Monde trifft es aber tatsächlich zu, daß er der Erde stets die gleiche Seite zukehrt; seine Umdrehungszeit im Raum ist identisch mit seiner Umlaufzeit um die Erde. Das läßt nur die Deutung zu, daß seine Umdrehung bereits bis zu diesem Grade durch Gezeitenwirkungen in seiner Substanz abgebremst wurde, als er noch nicht bis zu seinem heutigen Zustande erstarrt war.

Auch auf der Erde wirken die Gezeitenkräfte natürlich nicht nur auf das Meerwasser, sondern auch auf das zähflüssige Magma des Erdinnern. Das hat sehr schwache, aber mit empfindlichen Meßgeräten doch deutlich nachweisbare, periodische Verformungen des Erdkörpers zur Folge. Auch diese Verformungen müssen mit Reibungsvorgängen einhergehen und zur Bremsung der Erddrehung beitragen.

48. Das Gravitationsfeld. Die Anwesenheit eines Massenpunktes m_1 im Raume hat nach dem Gravitationsgesetz zur Folge, daß auf jede andere Masse m_2 in seiner Umgebung eine von ihm ausgehende anziehende Kraft wirkt. Der Massenpunkt erzeugt also in dem ihn umgebenden Raume ein Kraftfeld, ein *Gravitationsfeld*. Ebenso wie im Sonderfall des irdischen Schwerefeldes ist die für das Gravitationsfeld charakteristische Körpereigenschaft, die wir in § 26 allgemein mit w bezeichnet haben, die Masse. Wir erhalten also nach Gl. (67) (§ 26) die *Gravitationsfeldstärke* $\mathfrak{F}$ in einem Raumpunkt in der Umgebung einer Masse m, wenn wir die Kraft ermitteln, die ein Massenpunkt von der Masse 1 g in jenem Punkt erfährt. Wir setzen demnach in Gl. (1) $m_1 = m$ und $m_2 = 1$ g. Dann ergibt sich der Betrag F der Gravitationsfeldstärke $\mathfrak{F}$ im Felde eines einzelnen Massenpunktes zu

$$F = G \frac{m}{r^2} \, \text{dyn} \cdot \text{g}^{-1} \quad \text{bzw.} \quad \text{cm} \cdot \text{sec}^{-2}, \tag{10}$$

wenn r der Abstand des betrachteten Raumpunktes vom Schwerpunkt der Masse m ist. Die Richtung der Feldstärke weist überall auf m hin, das Feld ist ein *Zentralfeld*. Wie wir schon im Falle des irdischen Schwerefeldes bewiesen haben, ist auch in einem beliebigen Gravitationsfeld die Feldstärke in jedem Raumpunkt identisch mit der Beschleunigung, die irgendeine zweite dorthin gebrachte Masse erfährt. Der Tatsache, daß im irdischen Schwerefelde alle Massen die gleiche Beschleunigung erfahren, entspricht hier, daß alle Körper, unabhängig von ihren Massen, am gleichen Ort eines Gravitationsfeldes die gleiche und gleichgerichtete Beschleunigung $\mathfrak{b} = \mathfrak{F}$ erfahren.

Bei Zentralfeldern ist es üblich, den Nullpunkt des Potentials (§ 26) in die Entfernung $r = \infty$ vom Kraftzentrum zu legen, d. h. einem Körper, der sich unendlich fern von diesem befindet, die potentielle Energie Null zuzuschreiben. Wir finden dann das *Gravitationspotential* U im Abstande r von einem Massenpunkt m, wenn wir die Arbeit berechnen, die geleistet wird, wenn ein Körper von der Masse 1 g aus der Entfernung $r = \infty$ bis in den endlichen Abstand r von der Masse m verschoben wird. Da diese Verschiebung in Richtung der anziehenden Kraft erfolgt, so ist dazu keine Arbeit aufzuwenden, sondern es wird Arbeit gewonnen. Demnach sinkt dabei die potentielle Energie des Körpers. Das Potential ist — infolge der Wahl des Nullpunktes des Potentials — im ganzen Gravitationsfeld negativ. Die auf die Masse 1 g wirkende Kraft ist durch Gl. (10) gegeben. Demnach beträgt die Arbeit bei der Verschiebung der Masse 1 g von $r = \infty$ bis in den endlichen Abstand r vom Kraftzentrum, also das Gravitationspotential in diesem Abstande,

$$U = \int_{\infty}^{r} F \, dr = G m \int_{\infty}^{r} \frac{dr}{r^2} = -G \frac{m}{r} \ \text{erg} \cdot \text{g}^{-1} \ \text{bzw.} \ \text{cm}^2 \cdot \text{sec}^{-2}. \tag{11}$$

Nach Gl. (11) herrscht in allen Punkten, die gleichen Abstand r von einem einzelnen Massenpunkt m haben, das gleiche Gravitationspotential. Die *Flächen gleichen Potentials (Äquipotentialflächen, Niveauflächen)* im Gravitationsfelde eines einzelnen Massenpunktes sind also Kugelflächen um den Massenpunkt.

Wie wir bereits erwähnt haben, können homogene Kugelschalen und aus solchen zusammengesetzte Kugeln bezüglich ihrer Gravitationswirkungen durch einen in ihrem Schwerpunkt befindlichen Massenpunkt ersetzt gedacht werden. Das Gravitationsfeld einer solchen Kugel ist dann das gleiche wie dasjenige dieses Massenpunktes. Doch gilt dies nur für den Raum außerhalb der Kugel. Im Innenraum liegen die Verhältnisse anders (§ 45).

Zweites Kapitel

Mechanik der nichtstarren Körper.

I. Die Materie.

49. Erscheinungsformen der Materie. Nach dem Widerstand, den die Körper einer Änderung ihrer Gestalt und ihres Volumens entgegensetzen, kann man drei Erscheinungsformen (*Aggregatzustände*) der Stoffe unterscheiden: den festen, den flüssigen und den gasförmigen Zustand. Das verschiedene Verhalten fester, flüssiger und gasförmiger Körper gegenüber Kräften, die ihre Gestalt oder ihr Volumen zu ändern suchen, beruht auf der sehr verschiedenen Größe der Kräfte, durch die ihre elementaren Bausteine aneinander gebunden sind und in ihren augenblicklichen Lagen festgehalten werden. Nach ihrem allgemeinen Verhalten gegenüber äußeren Kräften kann man sie nach den folgenden Gesichtspunkten unterscheiden:

Feste Körper setzen sowohl einer Änderung ihrer Gestalt wie einer Änderung ihres Volumens einen großen Widerstand entgegen. Aus diesem Grunde ist es in vielen Fällen möglich, die an ihnen wirklich eintretenden Änderungen zu vernachlässigen und sie als starre Körper zu idealisieren.

Flüssigkeiten setzen einer Änderung ihres Volumens einen Widerstand entgegen, der zwar im allgemeinen kleiner als bei den festen Körpern, aber doch noch sehr beträchtlich ist. Hingegen ist ihre Gestalt äußerst leicht zu verändern. Deshalb passen sie sich auch der Gestalt jedes von ihnen erfüllten Raumes ohne weiteres an.

Gase sind sehr viel leichter zusammendrückbar als Flüssigkeiten. Einer Volumvergrößerung und einer Gestaltsänderung setzen sie überhaupt keinen Widerstand entgegen, sondern sie füllen von selbst jeden ihnen dargebotenen Raum aus.

Während die Grenze zwischen den Gasen und den Flüssigkeiten unter gewöhnlichen Umständen sehr scharf ist, so daß kein Zweifel besteht, ob man einen bestimmten Stoff als Gas oder als Flüssigkeit zu bezeichnen hat, ist das bei den Flüssigkeiten und den festen Stoffen nicht immer der Fall. Nur die *kristallinischen* Stoffe gehen unter sprunghafter Änderung ihrer Eigenschaften bei einer bestimmten Temperatur in den flüssigen Zustand über, wie z. B. Eis, die Metalle usw. Die *amorphen* festen Stoffe dagegen zeigen bei Erwärmung einen stetigen Übergang vom festen zum flüssigen Zustand, z. B. Wachs, Siegellack, Paraffin, die Gläser usw. Wenn sie vom flüssigen Zustande ausgehend abgekühlt werden, so nimmt ihre Zähigkeit mehr und mehr zu und wird schließlich so groß, daß sie sich wie ein fester Stoff verhalten, sofern nicht sehr lange andauernde Kräfte auf sie wirken. Unterliegen sie aber genügend lange Zeit gestaltsändernden Kräften, so zeigt sich ihr Unterschied gegenüber den kristallinischen Stoffen deutlich in ihrer größeren Plastizität. Zum Beispiel drückt sich eine Münze im Laufe einiger Zeit in kaltem Siegellack ab.

Ein Körper, der in allen seinen Teilen von gleicher Beschaffenheit ist, heißt *homogen*, andernfalls *inhomogen*. Ein Körper, der sich in allen Richtungen gleich verhält, heißt *isotrop*. Er heißt *anisotrop*, wenn seine Eigenschaften und sein Verhalten von der Richtung in ihm abhängen. Gase und Flüssigkeiten sind in ihrem natürlichen Zustande stets isotrop, ebenso die amorphen festen Körper. Dagegen sind alle Kristalle anisotrop.

Bei vielen Vorgängen sehen wir, daß sich die physikalische Beschaffenheit eines Stoffes grundlegend ändert oder daß er gar zu verschwinden scheint, so beim Verdampfen, beim Lösen in einer Flüssigkeit, bei chemischen Umsetzungen. Man kann aber in allen diesen Fällen den Nachweis führen, daß der Stoff tatsächlich nicht verschwindet, sondern nur seine Erscheinungsform ändert. Man bezeichnet diese Erfahrungstatsache als den *Satz von der Erhaltung der Materie.*

Wir wissen allerdings heute, daß dieser Satz nicht ausnahmslos gilt. In der Physik der Elementarvorgänge sind Erscheinungen bekannt, bei denen sich Strahlung von ausreichend hoher Energie in Materie (Elektronen, Positronen, § 358) verwandelt und umgekehrt. Andererseits wissen wir aber auch, daß zwischen der Masse und der Energie eine Äquivalenz besteht (§ 328). Daher kann der Satz von der Erhaltung der Materie als ein Sonderfall des *Energieprinzips* (§ 23) aufgefaßt werden, der immer dann gilt, wenn keine Verwandlung von Materie in Strahlungsenergie und umgekehrt erfolgt.

50. Vorläufiges über den Aufbau der Materie. Zerlegt man einen einheitlichen (homogenen) festen, flüssigen oder gasförmigen Körper in einzelne Teile, so erhält man zunächst immer wieder Gebilde, die sich von dem ursprünglichen Ganzen lediglich durch Größe und Form unterscheiden, aber nicht durch ihr physikalisches Verhalten. Zum Vergleich denke man sich eine sehr große Menschenmenge in Gruppen und diese immer wieder in kleinere Gruppen eingeteilt. Diese Gruppen und Untergruppen werden sich in ihrem allgemeinen Verhalten von der ursprünglichen Gesamtmenge nicht unterscheiden. Aber ebenso, wie man mit einer solchen Einteilung einer Menschenmenge in Gruppen schließlich an eine Grenze kommt, wenn man sie nämlich so weit aufgeteilt hat, daß jede Gruppe nur noch aus einem einzigen Menschen besteht, *so gibt es auch eine Grenze der Unterteilung der Körper, die ohne ein tieferes Eingreifen in die Natur des betreffenden Stoffes nicht unterschritten werden kann.* Was bei der Menschenmenge die einzelnen Menschen sind, sind bei den physikalischen Körpern die Moleküle und Atome, die man als die Bausteine der Körper bezeichnen kann. Die einzelnen Stoffarten unterscheiden sich dadurch, daß sie aus verschiedenartigen Molekülen und Atomen aufgebaut sind. Jeder unserer Beobachtung zugängliche Körper besteht aus einer ungeheuer großen Zahl von Molekülen. In einem Kubikzentimeter der uns umgebenden Luft befinden sich rund 27 Trillionen ($27 \cdot 10^{18}$) Moleküle, in 1 g Wasser $3{,}37 \cdot 10^{22}$ Moleküle. Die Masse eines Moleküles des Gases Wasserstoff beträgt nur rund $3{,}3 \cdot 10^{-24}$ g, also die Masse einer Quatrillion (Billion Billionen) Wasserstoffmoleküle nur etwa 3,3 g (§ 62).

Die einzelnen Erscheinungsformen der Materie unterscheiden sich durch die Art der Anordnung ihrer elementaren Bausteine und deren gegenseitige Abstände. In den *festen Stoffen* liegen diese sehr dicht beieinander und werden durch Kräfte, welche zwischen ihnen wirken, an Gleichgewichtslagen gebunden, aus denen sie sich in der Regel nicht entfernen können. Ihre einzige Bewegungsmöglichkeit besteht in Schwingungen um diese Gleichgewichtsanlagen. Bei den festen Stoffen muß man wieder streng zwischen den *Kristallen* und den *amorphen Stoffen* unterscheiden. Bei den Kristallen sind die elementaren Bausteine in ganz regelmäßigen, sich ständig wiederholenden Folgen angeordnet und bilden ein sog. *Raumgitter* (§ 312, 368). Bei den amorphen Stoffen und ebenso bei den *Flüssigkeiten* besteht keine so strenge Ordnung, doch sind die Molekülabstände noch von gleicher Größenordnung wie bei den Kristallen, wie die gleiche Größenordnung der Dichten beweist. In den flüssigen und den amorphen festen Stoffen fehlt es aber nicht völlig an einer gewissen Ordnung, wenigstens in kleineren Raumbereichen. Ihre Untersuchung mit Röntgenstrahlen hat ergeben, daß in ihnen Molekülabstände von zum mindesten ungefähr gleicher Größe immer wiederkehren, und man deutet das so, daß es sich um ein mehr oder minder stark verwackeltes Raumgitter handelt, das auch den Molekülen den hohen Grad von Freizügigkeit gewährleistet, durch den sich die Flüssigkeiten von den festen Stoffen unterscheiden. Den scharfen Übergang vom festen zum flüssigen Zustand, den man bei denjenigen Stoffen beobachtet, die einen wohldefinierten Schmelzpunkt haben, erklärt man so, daß die zwischen dem Raumgitterzustand des Kristalls und dem verwackelten Zustand der Flüssigkeit liegenden Übergangszustände nicht stabil sind, so daß kein stetiger, sondern ein sprunghafter Übergang von dem einen in den andern Zustand erfolgt. Die amorphen festen Stoffe haben keinen wohldefinierten Schmelzpunkt, sondern erweichen bzw. erstarren bei steigender bzw. fallender Temperatur stetig. Man kann sie als Flüssigkeiten betrachten, die sich, statt spontan zu erstarren, sehr stark unterkühlen lassen und mit sinkender Temperatur schließlich so zäh werden, daß sie sehr weitgehend die mechanischen Eigenschaften der festen Stoffe annehmen. Bei den *Gasen* sind die Abstände der Moleküle viel größer als bei den festen und flüssigen Stoffen. Die Moleküle bewegen sich mit großen Geschwindigkeiten frei in Raum (§ 62) und treten nur bei Zusammenstößen miteinander in Wechselwirkung. Eine regelmäßige Anordnung fehlt auch in kleinsten Bereichen völlig. Man hat recht treffend eine Flüssigkeit mit einem Kasten voll Ameisen, ein Gas mit einem in einen Kasten eingeschlossenen Mückenschwarm verglichen.

II. Die Elastizität der festen Stoffe.

51. Begriff der Elastizität und allgemeine Tatsachen. Die Gestalt und das Volumen der festen Körper sind durch die Kräfte bestimmt, die zwischen ihren molekularen Bausteinen wirken. Im natürlichen Zustande eines Körpers sind diese miteinander im Gleichgewicht. Jede Änderung der gegenseitigen Lagen dieser Bausteine durch eine mit dem Körper vorgenommene Gestalt- oder Volumänderung stört dieses innere Gleichgewicht und bewirkt das Auftreten von Zwangskräften im Innern des Körpers, die der von außen an dem Körper angreifenden Kraft entgegenwirken und ein neues Gleichgewicht herzustellen suchen.

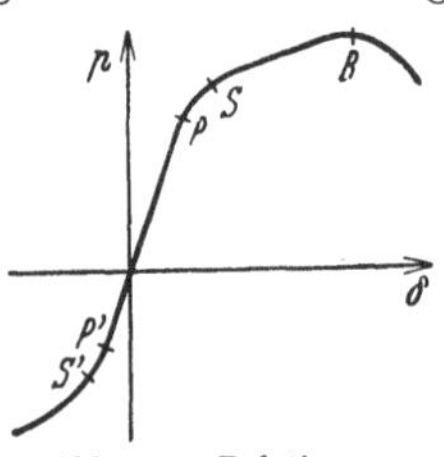

Abb. 110. Relative Längenänderung und innere Spannung bei Flußstahl.

Wir wollen zunächst einen zylindrischen, homogenen und isotropen Körper betrachten, der einer Dehnung oder Zusammendrückung in Richtung seiner Achse unterworfen wird. Die einzelnen festen Stoffe verhalten sich bei einer solchen Einwirkung im einzelnen recht verschieden, aber gewisse allgemeine Züge sind ihrem Verhalten gemeinsam. Wenn ein zylindrischer Körper vom Querschnitt q durch eine äußere Kraft k gedehnt oder zusammengedrückt wird, so entfällt auf die Flächeneinheit jedes senkrechten Querschnitts, den wir uns durch den Körper gelegt denken können, eine Kraft k/q, die wir als die am Körper wirkende *äußere Spannung* (Zug- oder Druckspannung) bezeichnen wollen. Diese äußere Spannung, die den Körper dehnt oder zusammendrückt, weckt in ihm in jedem Querschnitt eine Zwangskraft k_z, die die Dehnung oder Zusammendrückung rückgängig zu machen sucht. Den auf die Flächeneinheit jedes Querschnitts q entfallenden Anteil dieser Zwangskraft

$$p = \frac{k_z}{q}, \tag{1}$$

bezeichnen wir als die *innere Spannung* (wieder Zug- oder Druckspannung) in dem gedehnten oder zusammengedrückten Körper. Die Größe der inneren Spannung hängt von der Änderung der zwischen den Molekülen wirkenden

Kräfte ab, die durch die Änderungen ihrer Abstände hervorgerufen wird. Nimmt die innere Spannung mit wachsender Längenänderung zu, so kann sie der äußeren Kraft das Gleichgewicht halten. Nimmt sie aber ab, wird also der innere Zusammenhalt des Körpers durch die Längenänderung nicht verstärkt, sondern geschwächt, so kann ein solches Gleichgewicht nicht eintreten.

Es sei l die natürliche Länge eines zylindrischen Körpers, Δl seine erzwungene Längenänderung. Wir bezeichnen dann mit $\delta = \Delta l / l$ seine relative Längenänderung, die bei Dehnung positiv, bei Zusammendrückung negativ ist. Entsprechend rechnen wir auch die innere Spannung bei einer Dehnung positiv, bei einer Zusammendrückung negativ. Abb. 110 zeigt den Zusammenhang zwischen der relativen Längenänderung und der inneren Spannung für den Fall des Gußstahls. Solange δ einen gewissen Betrag, die *Proportionalitätsgrenze* P bzw. P', nicht überschreitet, ist die innere Spannung der relativen Längenänderung proportional. Bei stärkerer Längenänderung wächst die innere Spannung langsamer, ein Zeichen dafür, daß der Widerstand des Stoffes gegen die Längenänderung abzunehmen beginnt. Von einem Punkt S bzw. S' an, der *Streck-* oder *Fließgrenze*, beginnt der Stoff deutlich plastisch zu werden. Bei weiterer Dehnung treten am Körper Einschnürungen auf, und er zerreißt schließlich. Bei manchen Stoffen, z. B. bei dem in Abb. 110 dargestellten Flußstahl, nimmt die innere Spannung vor dem Zerreißen vom Punkte B an wieder ab. Unmittelbar vor B kann die innere Spannung der äußeren Spannung noch das Gleichgewicht halten. Vergrößert man aber die äußere Spannung so, daß der Punkt B überschritten wird, so ist die sinkende innere Spannung dazu nicht mehr fähig; die Dehnung schreitet immer weiter fort, und der Körper erfährt bei konstanter äußerer Kraft eine sehr beträchtliche Längenänderung, ehe er zerreißt. Man kann dies mit einem Eisendraht leicht zeigen. Auf der Plastizität, die nach Überschreitung der Streckgrenze eintritt, beruht die Bearbeitung der Metalle durch Hämmern, Walzen, Ziehen usw.

Bei nicht zu großen Längenänderungen stellt sich unter der Wirkung der inneren Spannungen die ursprüngliche Gestalt des Körpers nach Verschwinden der äußeren Spannung sofort und vollkommen her. Wird aber diese *Elastizitätsgrenze* überschritten, so erfolgt die Rückbildung, wenn überhaupt, erst im Laufe einer mehr oder weniger langen Zeit (*elastische Nachwirkung*). Die Elastizitätsgrenze liegt meist in der Nähe der Proportionalitätsgrenze, darf aber mit ihr nicht verwechselt werden. Ganz entsprechende Verhältnisse bestehen bei Zusammendrückung (Abb. 110).

Besonders interessante Erscheinungen zeigen Einkristalldrähte. Das sind Drähte, die nicht, wie sonst die Metalle, aus sehr vielen Mikrokristallen bestehen, sondern einen einzigen, einheitlichen Kristall bilden. Solche Drähte besitzen fast immer eine außerordentliche Dehnbarkeit, so daß man sie oft schon mit den Händen auf das Doppelte und mehr ihrer Länge ausziehen kann Dabei erhält ihre Oberfläche ein schuppiges Aussehen. Die Erscheinung beruht darauf, daß sich die einzelnen Bereiche des Kristalls bei der Dehnung längs Kristallgitterebenen gegeneinander verschieben, aufeinander gleiten (§ 369).

Mit jeder Längenänderung eines Körpers ist stets auch eine Änderung seiner Querabmessungen verbunden. Der Querschnitt wird bei Dehnung kleiner, bei Zusammendrückung größer, das Volumen des Körpers bei Dehnung größer, bei Zusammendrückung kleiner. Das Verhältnis

$$m = \frac{\text{relative Längsdehnung}}{\text{relative Querverkürzung}} \qquad (2)$$

heißt die POISSON*sche Zahl*, ihr Kehrwert $v = 1/m$ die *Querzahl* des betreffenden Stoffes. Ihr Zahlenwert beträgt bei den Metallen $m = 2$ bis 5.

In einem gewissen Zusammenhang mit der Elastizität steht die *Härte*, die allerdings schwer streng zu definieren ist, aber eine große technische Bedeutung besitzt. Man nennt einen Körper härter als einen andern, wenn man diesen mit jenem ritzen kann. Die Härte wird durch Druck- oder Schlagproben gemessen. Manche Stoffe, z. B. Stahl, können durch besondere Verfahren gehärtet werden. Auch geringe Zusätze von Fremdstoffen, z. B. von Beryllium, können die Härte eines Metalls außerordentlich erhöhen. Darauf beruht zum großen Teil die Möglichkeit der Verwendung der an sich weichen Leichtmetalle, z. B. des Aluminiums, als Werkstoffe an Stelle von Eisen. Der härteste bekannte Stoff ist der Diamant.

52. Kleine Längenänderungen. Biegung. Besteht an einem gedehnten Körper Gleichgewicht, so heben die inneren Zwangskräfte k_z die äußere dehnende Kraft k auf, haben also den gleichen Betrag wie diese, $k = k_z = pq$. Innerhalb des Proportionalitätsbereichs ist die innere Spannung p der relativen Längenänderung $\delta = \Delta l/l$ proportional, also ist

$$p = E\,\delta \quad \text{und daher} \quad \frac{\Delta l}{l} = \frac{k}{qE}. \tag{3}$$

Dies ist das HOOKEsche *Gesetz* für kleine Längenänderungen. Es gilt sowohl für Dehnungen wie für Zusammendrückungen innerhalb der Proportionalitätsgrenzen. Die Größe E ist eine Materialkonstante, der *Elastizitätsmodul*. $1/E$ heißt die *Elastizitätszahl*. Je größer E ist, um so kleiner ist unter sonst gleichen Verhältnissen die relative Längenänderung. Daher hat z. B. Stahl einen sehr großen, Kautschuk einen sehr kleinen Elastizitätsmodul. Da $\Delta l/l$ eine reine Zahl ist, so hat E die gleiche Dimension wie k/q, wird also im CGS-System in der Einheit 1 dyn · cm^{-2} gemessen. In der Technik wird E in der Einheit 1 kg* · mm^{-2} oder 1 kg* · cm^{-2} gemessen. Tabelle 3 gibt einige Zahlenbeispiele

Tabelle 3. Elastizitätsmoduln in kg* · mm^{-2}.

Aluminium	6300— 7200	Iridium	53000
Blei	1500— 1700	Kupfer	10000—13000
Schmiedeeisen und Stahl	20000—22000	Messing	8000—10000
Gußeisen	7500—13000	Holzfaser	500— 1200

Bei einer *Biegung* wird ein Körper auf der nach außen gekrümmten Seite gedehnt, auf der nach innen gekrümmten Seite zusammengedrückt. Die Grenzfläche zwischen diesen beiden Bereichen, die *neutrale Zone*, erfährt keine Längenänderung. Bei einem Stab oder Brett liegt sie in der Mitte zwischen den Seitenflächen. Für eine Biegung gilt innerhalb der Proportionalitätsgrenzen das HOOKEsche Gesetz. Aus ihm läßt sich der Winkel φ berechnen, um den das Ende eines einseitig eingespannten

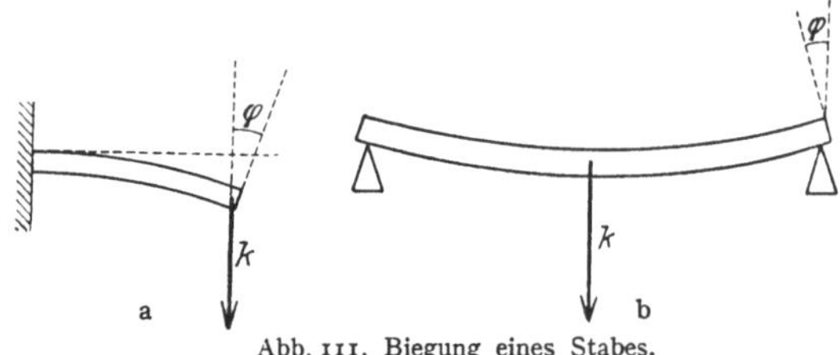
Abb. 111. Biegung eines Stabes.

Stabes von der Länge l, der Breite b und der Dicke a durch eine am Stabende angreifende Kraft k gedreht wird (Abb. 111a). Es ergibt sich tg $\varphi = 6\,l^2 k/a^3 bE$. Für einen an beiden Enden aufliegenden Stab ergibt sich bei Angriff der Kraft k in der Mitte (Abb. 111b) tg $\varphi = 3\,l^2 k/4\,a^2 bE$. Der Elastizitätsmodul kann also sowohl durch Dehnungs-, wie durch Biegungsversuche gemessen werden. (Vgl. WESTPHAL, ,,Physikalisches Praktikum'', 2. Aufl., 3. und 16. Aufgabe).

53. Scherung. Eine von einer Dehnung oder Zusammendrückung ganz verschiedene elastische Zustandsänderung ist die in Abb. 112 dargestellte *Scherung*, auch *Schub* genannt. Der anfänglich rechteckige Körper wird an seiner unteren

Fläche festgehalten, an seiner oberen Fläche greifen, parallel zu ihr und über sie gleichmäßig verteilt, Kräfte an, die diese Fläche in ihrer eigenen Ebene zu verschieben suchen. Unter der Wirkung dieser scherenden Kräfte drehen sich die Seitenflächen um einen Winkel α. Dieser ist bei nicht zu großer Gestaltsänderung proportional der Summe der auf 1 cm² der oberen Fläche entfallenden scherenden Kräfte, also proportional k/F, wenn die Summe der auf die Fläche F entfallenden Kräfte den Betrag k hat. Es ist also

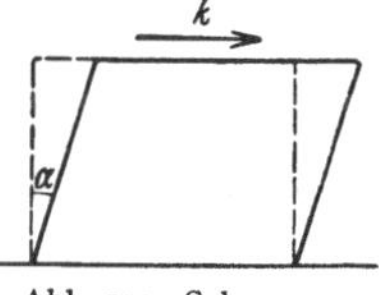

Abb. 112. Scherung.

$$\alpha = \frac{k}{FG}, \qquad (4)$$

wobei G eine neue elastische Materialkonstante ist, der *Scherungs-*, *Schub-* oder *Torsionsmodul* des betreffenden Stoffes. Da α eine dimensionslose Größe ist, so hat G die gleiche Dimension wie k/F, wird also, genau wie der Elastizitätsmodul, in der Einheit 1 dyn · cm⁻² bzw. 1 kg* · mm⁻² oder 1 kg* · cm⁻² gemessen. Zwischen dem Elastizitätsmodul E, dem Scherungsmodul und der Querzahl $\nu = 1/m$ eines Stoffes besteht die Beziehung

$$G = \frac{E}{2(1+\nu)}. \qquad (5)$$

Das elastische Verhalten des Stoffes ist also durch zwei von diesen drei Konstanten vollständig bestimmt.

Wird ein Körper, z. B. ein zylindrischer Stab oder Draht tordiert, indem sein eines Ende festgehalten, sein anderes Ende um den Winkel φ gedreht wird, so erfährt jedes zur Torsionsachse parallele Volumelement des Körpers eine reine Scherung. Ist l die Länge, r der Radius eines kreiszylindrischen Stabes oder Drahtes, N der Betrag des an seinem Ende wirkenden tordierenden Drehmoments, so ist

$$N = \frac{\pi r^4 G}{2l} \varphi. \qquad (6)$$

Nach § 42 besitzt also der Stab ein Richtmoment vom Betrage $D = \pi r^4 G/2l$. Wird am unteren Ende eines oben befestigten Drahtes ein Körper vom Trägheitsmoment J angebracht und aus seiner natürlichen Ruhelage gedreht, so führt er, wieder sich selbst überlassen, Drehschwingungen von der Schwingungsdauer $\tau = 2\pi \sqrt{J/D}$ aus. Auf diese Weise kann D und damit der Scherungsmodul G des Drahtes bestimmt werden. (Vgl. WESTPHAL, „Physikalisches Praktikum", 2. Aufl., 7. Aufgabe.)

Wird ein langer Draht zu einer schraubenförmigen Feder (Wendel) aufgewickelt, so verhält sich diese als Ganzes bei Längenänderungen in weiten Grenzen wie ein dem HOOKEschen Gesetz gehorchender Körper. Die wirkliche Zustandsänderung des Drahtes bei einer Dehnung oder Zusammendrückung der Feder besteht aber in einer Torsion. Eine aus einem flachen Stahlband gewickelte Spiralfeder, kann als Ganzes tordiert werden, wie z. B. eine Uhrfeder beim Aufziehen, und verhält sich dann wie eine tordierte Scheibe. Die wirkliche Zustandsänderung des Stahlbandes besteht aber in einer Biegung.

54. Druckkraft. Druck. Der tägliche Sprachgebrauch macht keinen scharfen Unterschied zwischen den Begriffen *Kraft* und *Druck*. In der Physik muß zwischen ihnen genau unterschieden werden. Man sagt, daß auf eine Fläche eine *Druckkraft* wirkt, wenn senkrecht zur Fläche eine so große Zahl von kleinen Einzelkräften wirken, daß wir uns diese stetig über die Fläche verteilt denken können. Die Druckkraft ist die Resultierende dieser Einzelkräfte. Als *Druck* p auf eine Fläche F bezeichnet man die auf 1 cm² der Fläche entfallende Druckkraft. Es ist also Druck = Druckkraft/cm²,

$$p = \frac{k}{F}. \qquad (7)$$

Demnach wird der Druck im CGS-System in der Einheit 1 dyn $\cdot$ cm$^{-2} = 1$ *bar* gemessen. In der Technik wird er meist in der Einheit 1 kg* $\cdot$ cm^{-2} gemessen. Weiteres über Druckeinheiten siehe § 70.

55. Elastische Energie. Wird ein Körper durch eine Kraft gedehnt, so leistet sie Arbeit gegen die inneren molekularen Kräfte des Körpers. Wir wollen die bereits eingetretene Dehnung mit $\Delta l = x$ bezeichnen. Wird die Dehnung durch die Kraft $k = q\,E\,x/l$ auf den Betrag $x + dx$ vergrößert, also der Angriffspunkt der Kraft um dx verschoben, so leistet sie die Arbeit $dA = k\,dx = q\,E\,x\,dx/l$. Zur Erzeugung einer endlichen Dehnung Δl ist also die Arbeit

$$A = \frac{q\,E}{l} \int\limits_{0}^{\Delta l} x\,dx = \frac{q\,E}{2\,l}\,(\Delta l)^2 \tag{8}$$

erforderlich. Sie steckt nunmehr als potentielle, *elastische Energie* in dem gedehnten Körper, und das gleiche gilt für eine Zusammendrückung, da ja A nicht vom Vorzeichen von Δl abhängt. In elastisch gedehnten oder zusammengedrückten und ebenso auch in tordierten Körpern ist also Energie aufgespeichert, die bei der Rückbildung der elastischen Gestalts- und Volumänderung wieder frei wird und sich in mechanische Arbeit verwandeln kann. Aus diesem Grunde können auch gespannte Federn als Energiespeicher dienen und zum Betriebe von Uhren und anderen mechanischen Vorrichtungen verwendet werden. Die Federung von Fahrzeugen beruht darauf, daß die Federn die an ihnen von unten her geleistete Zusammendrückungs- oder Dehnungsarbeit zunächst als elastische Energie aufspeichern und dadurch die Fortleitung des Stoßes nach oben zum mindesten verlangsamen oder ihn dadurch schwächen, daß sie einen erheblichen Teil ihrer Energie bei einem schnell folgenden, umgekehrt gerichteten Stoß wieder nach unten abgeben.

Wird ein rechteckiger Körper mit den Seiten a, b, c einem allseitigen Druck p unterworfen, so daß auf seine Flächen die Druckkräfte $p\,ab$, $p\,ac$, $p\,bc$ wirken, so ändern sich die Seitenlängen um Beträge Δa, Δb, Δc, die wir als sehr klein gegen a, b, c annehmen wollen. Dann beträgt die bei dieser Zusammendrückung geleistete Arbeit

$$\Delta A = -p\,(ab\,\Delta c + ac\,\Delta b + bc\,\Delta a) = -p\,\Delta\,(abc) = -p\,\Delta V. \tag{9}$$

Dabei sind natürlich Δa, Δb, Δc und ΔV negativ, die Arbeit ΔA also positiv.

III. Mechanik ruhender Flüssigkeiten.

56. Hydrostatischer Druck. Eine Flüssigkeit, die wir uns vorläufig der Schwerkraft nicht unterworfen und nicht zusammendrückbar denken, befinde sich in einem beliebig geformten Gefäß mit zwei verschiebbaren Stempeln S_1, S_2 mit den Querschnitten q_1, q_2 (Abb. 113). Vom Stempel S_1 her wirke auf die Flüssigkeit eine Kraft $\mathfrak{k}_1$ (Betrag k_1), so daß die Flüssigkeit einen Druck $p = k_1/q_1$ erfährt. Ebenso groß ist nach dem Wechselwirkungsgesetz (§ 16) der Druck, den die Flüssigkeit gegen S_1 ausübt. Der Stempel S_1 werde durch die Kraft $\mathfrak{k}_1$ um die Strecke a_1 verschoben. Die dabei geleistete Arbeit beträgt $k_1\,a_1 = p\,q_1 a_1 = p\,\Delta V$, wenn $q_1 a_1 = \Delta V$ das bei der Verschiebung verdrängte Flüssigkeitsvolumen bedeutet. Infolge der Verschiebung des Stempels S_1 nach innen muß sich der Stempel S_2 um eine Strecke a_2 nach außen verschieben, und zwar unter der Wirkung einer von der Flüssigkeit auf den Querschnitt q_2 ausgeübten Druckkraft $\mathfrak{k}_2$ (Betrag k_2). Die dabei geleistete Verschiebungsarbeit beträgt $k_2\,a_2$ und muß gleich der vom Stempel S_1 gegen die Flüssigkeit geleisteten Arbeit sein. (Wir setzen dabei voraus, daß die Verschiebung der Flüssigkeit reibungslos, d. h. ohne Energieverlust, stattfindet.) Es ist also $k_2\,a_2 = k_1\,a_1$. Es sei p' der

Druck, den die Flüssigkeit gegen S_2 ausübt, also $k_2 = p' q_2$. Dann ist $p' a_2 q_2 = p a_1 q_1$. Nun ist aber das bei S_2 neu auftretende Flüssigkeitsvolumen $a_2 q_2$ gleich dem bei S_1 verdrängten Volumen $a_1 q_1 = \Delta V$. Es folgt $p' = p$, d. h. der Druck, den die Flüssigkeit gegen S_2 ausübt, ist ebenso groß wie der Druck, den sie gegen S_1 ausübt. Was für die beiden beweglichen Teile der Gefäßwand gilt, das gilt natürlich auch für jeden anderen Teil derselben. Demnach übt eine der Schwerkraft nicht unterworfene Flüssigkeit auf die Wandung eines sie einschließenden Gefäßes überall den gleichen Druck aus.

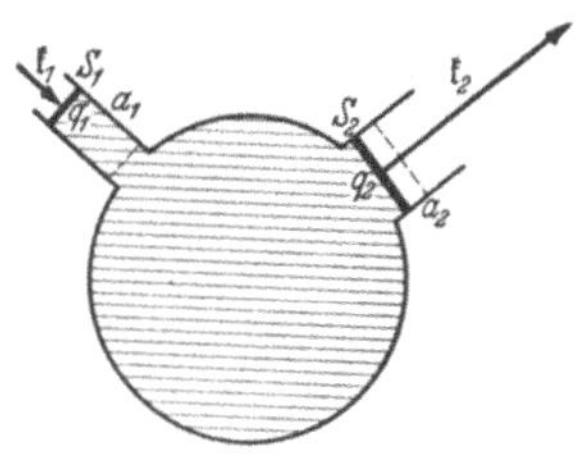

Abb. 113. Druck in einer der Schwerkraft nicht unterworfenen Flüssigkeit.

Nun kann man sich innerhalb der Flüssigkeit beliebig Körper befindlich denken, deren Oberflächen auch Grenzflächen der Flüssigkeit wären. Auch diese würden den gleichen Druck erfahren, wie die äußeren Begrenzungen der Flüssigkeit. In diesem Sinne spricht man von dem *Druck im Innern einer Flüssigkeit.* Demnach gilt der Satz: *Im Innern und an den Grenzflächen einer der Schwere nicht unterworfenen ruhenden Flüssigkeit herrscht überall der gleiche Druck.* Diesen Druck nennt man den *hydrostatischen Druck. Die hydrostatische Druckkraft einer Flüssigkeit ist stets senkrecht zu den Begrenzungen der Flüssigkeit gerichtet.*

Aus den obigen Ausführungen folgt

$$p = \frac{k_1}{q_1} = \frac{k_2}{q_2} \quad \text{oder} \quad k_1 : k_2 = q_1 : q_2, \tag{1}$$

d. h. die von einer Flüssigkeit auf ein Stück der Gefäßwandung ausgeübte Druckkraft ist der Größe der Fläche proportional. Diese Tatsache findet Anwendung bei der hydraulischen Presse (Abb. 114), bei der mittels einer an einem Stempel S_1 von kleinem Querschnitt wirkenden Kraft $\mathfrak{k}_1$ eine viel größere Kraft $\mathfrak{k}_2$ an einem zweiten Stempel S_2 von entsprechend größerem Querschnitt ausgeübt wird. Die hydraulische Presse unterscheidet sich von der Abb. 113 grundsätzlich nur dadurch, daß S_1 als Pumpe ausgebildet ist, so daß der Arbeitsvorgang zur Erzielung größerer Wirkung oft wiederholt und der Stempel S_2 um größere Strecken verschoben werden kann.

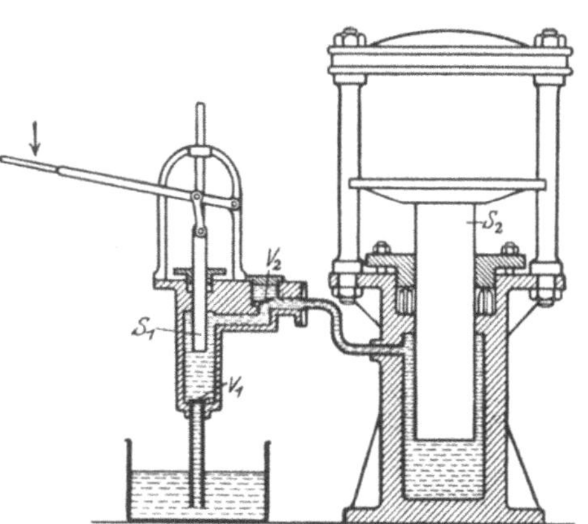

Abb. 114. Hydraulische Presse.

Ist eine Flüssigkeit der Schwerkraft unterworfen, so rührt der Druck in ihrem Innern nicht nur von den Druckkräften her, die von ihren Wandungen ausgehen oder vom Luftdruck auf sie ausgeübt werden, sondern auch vom Gewicht der höheren Flüssigkeitsschichten. Es sei $A\,B$ (Abb. 115) ein horizontaler Querschnitt in der Tiefe x durch eine Flüssigkeit vom spezifischen Gewicht σ bzw. der Dichte ϱ. Auf jedem Flächenelement dieses Querschnittes wirkt als Druckkraft das Gewicht $\sigma q x\, g^*$ bzw. $\varrho g q x$ dyn der darüber befindlichen Flüssigkeit und liefert einen Druck

$$p = \sigma x \ [\text{g}^* \cdot \text{cm}^{-2}] \quad \text{bzw.} \quad p = \varrho g x \ [\text{dyn} \cdot \text{cm}^{-2}]. \tag{2a}$$

Es ist also

$$\frac{dp}{dx} = \sigma \ [\text{g}^* \cdot \text{cm}^{-3}] \quad \text{bzw.} \quad \frac{dp}{dx} = \varrho g \ [\text{dyn} \cdot \text{cm}^{-3}]. \tag{2b}$$

Dabei setzen wir wieder hier und im folgenden — in äußerst weitgehender Übereinstimmung mit der Wirklichkeit — voraus, daß die Flüssigkeit nicht zusammendrückbar (inkompressibel), ihre Dichte also nicht vom Druck abhängig ist. Demnach nimmt der hydrostatische Druck infolge der Schwerkraft proportional der Tiefe x zu. Zu dem vom Gewicht der Flüssigkeit selbst herrührenden Druck kommt noch der etwa von außen auf die Flüssigkeit wirkende Druck p_0, z. B. der Luftdruck, hinzu, so daß der Gesamtdruck in der Tiefe x gleich $p_0 + \sigma x$ ist. Ist h die gesamte Höhe der Flüssigkeit, so beträgt der *Bodendruck* $p_0 + \sigma h$ g*.

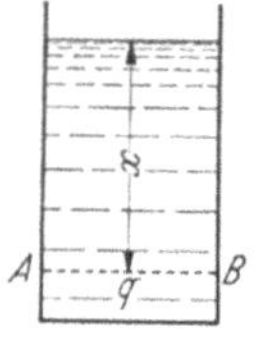

Abb. 115.
Druckzunahme
mit der Tiefe.

Der Bodendruck in einem mit Flüssigkeit gefüllten Gefäß ist von der Gestalt des Gefäßes unabhängig, die Druckkraft gegen einen horizontalen Boden also nur von der Flüssigkeitshöhe und der Größe der Bodenfläche abhängig. Abb. 116 zeigt eine Vorrichtung, bei der der gleiche Boden mit stets gleicher Kraft gegen verschieden geformte Gefäße gedrückt werden kann. Diese können sämtlich bis zur gleichen Höhe mit Wasser gefüllt werden, ohne daß es unten ausfließt (hydrostatisches Paradoxon, PASCAL 1660). Diese Tatsache, die besonders bei dem sich nach oben verjüngenden Gefäß zunächst überrascht, erklärt sich auf folgende Weise. Man denke sich in ein sich nach oben erweiterndes gefülltes Gefäß einen Zylinder mit unendlich dünnen Wänden lose eingesetzt (Abb. 117a). Dadurch wird an den Druckverhältnissen in der Flüssigkeit, also auch am Bodendruck, nichts geändert. Es wird aber auch dann nichts geändert, wenn

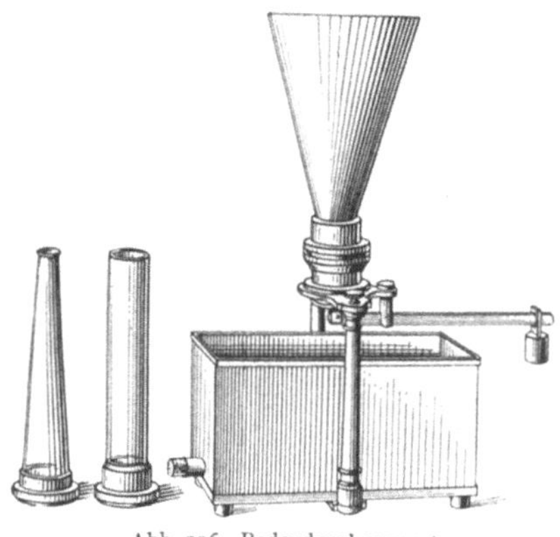

Abb. 116. Bodendruckapparat.

wir uns jetzt das zylindrische Gefäß mit dem Boden wasserdicht verbunden denken, so daß alle etwaigen Druckwirkungen der außerhalb befindlichen Flüssigkeit auf den Boden ausgeschaltet werden. Der Druck auf den Boden des

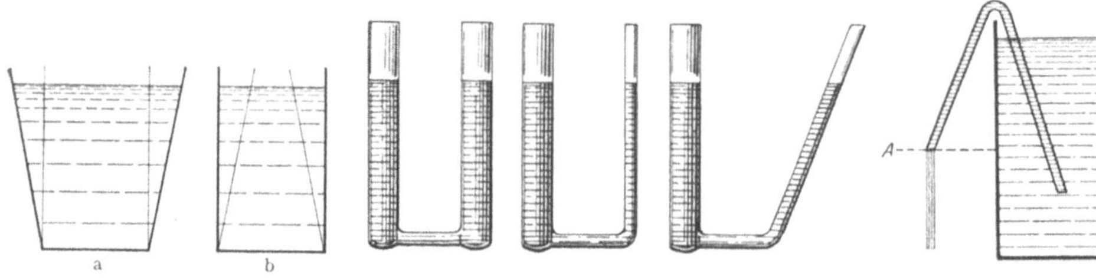

<table>
<tr><td>Abb. 117. Zum hydrostatischen
Paradoxon.</td><td>Abb. 118. Zusammenhängende Flüssigkeitsräume.</td><td>Abb. 119.
Flüssigkeitsheber.</td></tr>
</table>

zylindrischen Gefäßes ist also ebenso groß wie vorher der Druck auf den Boden des sich nach oben erweiternden Gefäßes. Wir denken uns zweitens in ein zylindrisches gefülltes Gefäß ein sich nach oben verjüngendes Gefäß mit unendlich dünnen Wänden zunächst lose eingesetzt, dann mit dem Boden wasserdicht verbunden (Abb. 117b). Eine Wiederholung der obigen Überlegungen ergibt, daß auch dies ohne Einfluß auf den Bodendruck bleiben muß. Dieser ist also in dem sich nach oben verjüngenden Gefäß ebenso groß, wie im zylindrischen Gefäß.

Demnach hat überhaupt die Gestalt der Flüssigkeit keinen Einfluß auf ihren Druck, der nur von der Tiefe, d. h. von dem senkrechten Abstand von der Oberfläche, abhängt. Hängen zwei mit der gleichen Flüssigkeit gefüllte Räume zusammen (kommunizierende Röhren, Abb. 118), so muß bei Gleichgewicht der Druck, den jede der beiden Flüssigkeitsvolumina in irgendeinem horizontalen Querschnitt ihrer Verbindung erzeugt, der gleiche sein. Demnach muß auch die Flüssigkeit in beiden Räumen gleich hoch stehen. Das gleiche gilt für beliebig viele zusammenhängende Räume. Diese Tatsache ist von großer Bedeutung bei den Wasserleitungsnetzen und in der Natur bei den Bodenwässern (Grundwasser, Quellen).

Die Wirkung des Flüssigkeitshebers (Abb. 119) beruht darauf, daß im Niveau AB im Innern der Flüssigkeit ein höherer Druck herrscht, als an der Ausflußöffnung des Hebers. Hier herrscht der äußere Luftdruck, dort kommt zum Luftdruck noch der hydrostatische Druck der Flüssigkeitssäule hinzu. Es besteht also kein Gleichgewicht, sondern der höhere innere Druck treibt die Flüssigkeit gegen den kleineren äußeren Druck heraus, und zwar so lange, bis durch Senken des Flüssigkeitsspiegels bis in das Niveau AB Druckgleichheit in diesem Niveau hergestellt ist. Um den Heber in Betrieb zu setzen, muß er zunächst durch Ansaugen mit Flüssigkeit gefüllt werden.

57. Freie Flüssigkeitsoberflächen. Die Massenteilchen einer Flüssigkeit setzen einer verschiebenden Kraft keinen dauernden Widerstand entgegen, verschieben sich also unter der Wirkung einer an ihnen angreifenden Kraft. Daher müssen sich die Kräfte an den einzelnen Massenelementen einer im Gleichgewicht befindlichen Flüssigkeit gegenseitig aufheben. Auf ein an der freien Oberfläche einer ruhenden Flüssigkeit befindliches Masseteilchen wirkt die Schwerkraft senkrecht nach unten und ruft in der Flüssigkeit eine auf das Teilchen gerichtete Zwangskraft hervor, die zur Flüssigkeitsoberfläche senkrecht gerichtet ist. Damit diese beiden Kräfte entgegengesetzt gerichtet sind, also Gleichgewicht besteht, muß die freie Flüssigkeitsoberfläche horizontal liegen. Andernfalls besäße die Schwerkraft eine zur Oberfläche parallele Komponente, die die Flüssigkeitsteilchen so lange verschieben würde, bis dieser Zustand erreicht ist.

Wirken außer der Schwerkraft noch weitere Kräfte auf die Flüssigkeit, so muß die freie Oberfläche senkrecht zur Resultierenden sämtlicher Kräfte stehen. Rotiert eine Flüssigkeit in einem vertikalen zylindrischen Gefäß um dessen Achse, so wirkt auf jedes Flüssigkeitsteilchen an der Oberfläche erstens die Schwerkraft $m\mathfrak{g}$ in vertikaler Richtung, zweitens in radialer Richtung die Zentrifugalkraft $m\,r\,u^2$ (Abb. 120). Ihre Resultierende R muß zur Oberfläche senkrecht stehen. Daher gilt für den Neigungswinkel φ der Oberfläche gegen die Horizontale $\operatorname{tg}\varphi = m\,r\,u^2/m\mathfrak{g} = r u^2/g$. Es läßt sich leicht zeigen, daß hiernach die Flüssigkeitsoberfläche ein Rotationsparaboloid ist, dessen Scheitel um den Betrag $u^2\,r_0^2/4\,g$ unterhalb des Niveaus der nicht rotierenden Flüssigkeit liegt, wenn r_0

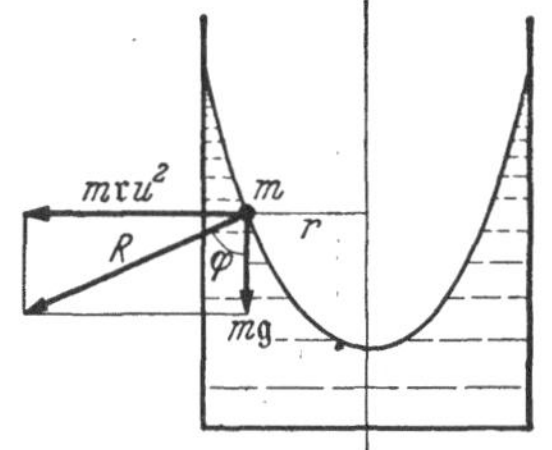

Abb. 120. Oberfläche einer rotierenden Flüssigkeit.

der Radius des Gefäßes ist. Auf dieser Erscheinung beruht ein Gerät zur Messung von Drehzahlen.

58. Auftrieb. Schwimmen. Wir denken uns innerhalb einer der Schwerkraft unterworfenen, im Gleichgewicht befindlichen Flüssigkeit ein beliebiges Volumen derselben abgegrenzt (Abb. 121a). Das Gleichgewicht wird nicht gestört, wenn wir uns dieses Flüssigkeitsvolumen unter Erhaltung seiner Dichte erstarrt, also als einen festen Körper, denken. Die Kräfte, die das Gleichgewicht bedingen, sind einmal die an dem Körper angreifende Schwerkraft $\mathfrak{f}$, sein Gewicht, ferner die überall senkrecht zu seiner Oberfläche gerichteten Druckkräfte der umgebenden Flüssigkeit. Ist σ_f das spezifische Gewicht, ϱ_f die Dichte der Flüssig-

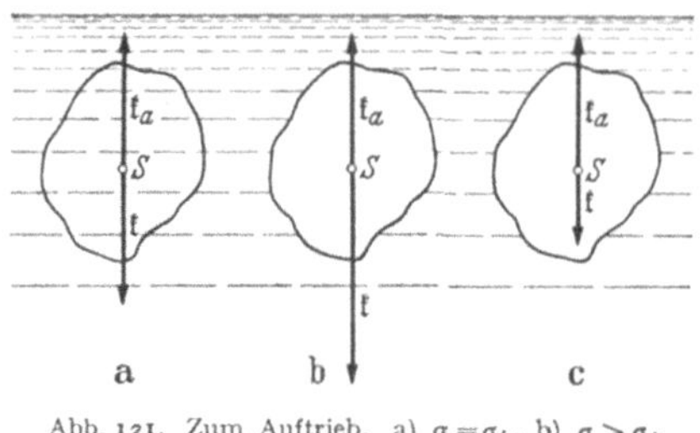

keit, also auch des erstarrt gedachten Teils derselben, V das abgegrenzte Volumen, g die Erdbeschleunigung, so beträgt das Gewicht des Körpers $k = \sigma_f V \,[\mathrm{g^*}] = \varrho_f V g \,[\mathrm{dyn}]$ (§ 14). Die Druckkräfte zerlegen wir in ihre horizontalen und ihre vertikalen Komponenten. Da Gleichgewicht besteht, so müssen sich die horizontalen Druckkraftkomponenten gegenseitig aufheben, und zweitens muß die Schwerkraft k durch die Summe der vertikalen Druck-

Abb. 121. Zum Auftrieb. a) $\sigma = \sigma_f$, b) $\sigma > \sigma_f$, c) $\sigma < \sigma_f$.

kraftkomponenten aufgehoben werden. Letztere ist also senkrecht nach oben gerichtet, $\mathfrak{k}_a = -\,\mathfrak{k}$, und hat den Betrag

$$k_a = \varrho_f V g \,[\mathrm{dyn}] = \sigma_f V \,[\mathrm{g^*}]. \tag{3}$$

Die Vertikalkomponente $\mathfrak{k}_a$ der hydrostatischen Druckkraft heißt der *Auftrieb*.

Nunmehr ersetzen wir die als erstarrt gedachte Flüssigkeitsmenge durch einen beliebig beschaffenen festen, in die Flüssigkeit getauchten Körper von gleicher Gestalt. An den Druckkräften der Flüssigkeit wird dadurch nichts geändert, also bleibt auch der Auftrieb der gleiche. Daher befindet sich ein solcher Körper im allgemeinen in der Flüssigkeit nicht im Gleichgewicht. Ist sein spezifisches Gewicht σ größer als das der Flüssigkeit, so überwiegt sein Gewicht $k = \sigma V$ den Auftrieb $\sigma_f V$, und er sinkt zu Boden (Abb. 121b). Ist aber sein spezifisches Gewicht kleiner als das der Flüssigkeit, so überwiegt der Auftrieb sein Gewicht, und er steigt in der Flüssigkeit in die Höhe (Abb. 121c). Die gesamte auf den Körper wirkende Kraft beträgt

$$k' = k - k_a = \sigma V - \sigma_f V = (\sigma - \sigma_f)\, V \,[\mathrm{g^*}]. \tag{4}$$

Der Körper erleidet also in einer Flüssigkeit einen *scheinbaren Gewichtsverlust* um den Betrag des Auftriebes k_a. Dieser hängt nur vom Volumen des eingetauchten Körpers und dem spezifischen Gewicht der Flüssigkeit ab, nicht von der besonderen Gestalt und Beschaffenheit des Körpers. Er ist gleich dem Gewicht einer dem Körper an Volumen gleichen Flüssigkeitsmenge (der sog. verdrängten Flüssigkeitsmenge, *Archimedisches Prinzip*, nach dem angeblichen Entdecker benannt, um 250 v. Chr.).

Der Auftrieb beruht auf der Zunahme des Drucks mit der Tiefe in einer der Schwere unterworfenen Flüssigkeit. Denn durch diese Druckzunahme wird bewirkt, daß die Druckkraft an der Unterseite eines eingetauchten Körpers größer

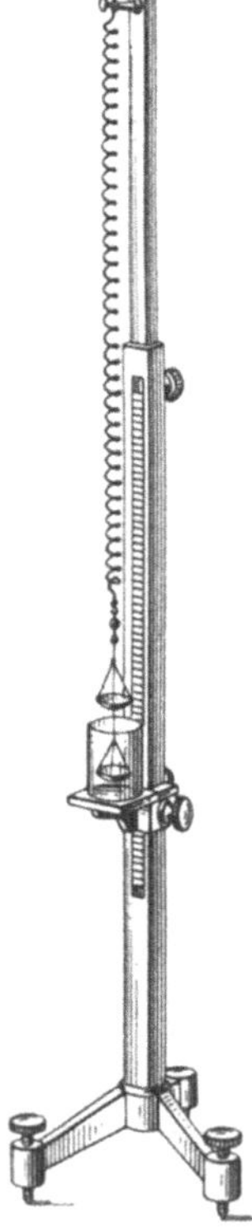

Abb. 122. Jollysche Federwaage.

ist als an seiner Oberseite. In einer der Schwerkraft entzogenen Flüssigkeit würde es keinen Auftrieb geben.

Da der Auftrieb die Schwerkraft des oben als erstarrt gedachten Flüssigkeitsvolumens aufhebt und mit ihr kein Kräftepaar bildet, da ja Gleichgewicht besteht, so liegen an diesem Volumen Auftrieb und Schwerkraft in der gleichen Wirkungslinie, die also durch den Schwerpunkt des Flüssigkeitsvolumens geht.

Am Auftrieb ändert sich nichts, wenn wir das erstarrt gedachte Flüssigkeitsvolumen durch einen anderen Körper ersetzt denken. In allen Fällen geht die Wirkungslinie des Auftriebs durch den Schwerpunkt der verdrängten Flüssigkeitsmenge. Der Auftrieb kann also stets in diesem Schwerpunkt angreifend gedacht werden. Ist der eingetauchte Körper, wie die Flüssigkeit, homogen, so fällt sein Schwerpunkt mit dem der verdrängten Flüssigkeit zusammen (Abb. 121b u. c). Ist er aber nicht homogen, so ist das im allgemeinen nicht der Fall. Dann können Auftrieb und Schwerkraft, außer einer resultierenden Einzelkraft, ein Kräftepaar erzeugen, das den Körper beim Steigen oder Sinken dreht.

Der Auftrieb bietet nach Gl. (3) ein bequemes Mittel zur Bestimmung des Volumens $V = k_a/\sigma_f$ bei unregelmäßig geformten Körpern, bei denen eine geometrische Volumbestimmung nicht möglich ist. Der Auftrieb kann als die Differenz $k - k'$ des wirklichen Gewichts k und des scheinbaren Gewichts k' in der Flüssigkeit leicht gemessen werden. Das spezifische Gewicht des Körpers ist dann

$$\sigma = \frac{k}{V} = \sigma_f \frac{k}{k_a} = \sigma_f \frac{k}{k - k'} \; [\mathrm{g}^* \cdot \mathrm{cm}^{-3}]. \quad (5)$$

Besonders einfach verhält es sich bei Benutzung von Wasser. Da sein spezifisches Gewicht die Maßzahl 1 hat, so ist die Maßzahl des in g* gemessenen Auftriebes eines Körpers in ihm unmittelbar gleich der Maßzahl seines in cm³ gemessenen Volumens. Die *Maßzahl* des spezifischen Gewichts des Körpers ist dann einfach der Quotient Gewicht/Auftrieb, $|\sigma| = |k/(k - k')|$. (Vgl. WESTPHAL, „Physikalisches Praktikum", 1. und 2. Aufgabe.)

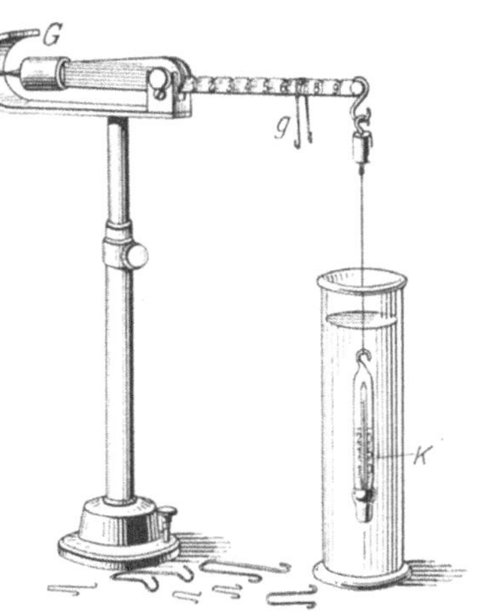

Abb. 123. MOHRsche Waage.

Abb. 122 zeigt ein einfaches Gerät zur Messung spezifischer Gewichte (JOLLYsche Federwaage). Der Körper befindet sich einmal auf der oberen Schale in Luft, dann auf der unteren Schale in Wasser. Die entsprechenden Verlängerungen λ_1 und λ_2 der Feder sind seinem wahren Gewicht k bzw. seinem scheinbaren Gewicht k' in Wasser proportional. Daher berechnet sich die Maßzahl des spezifischen Gewichts des Körpers nach Gl. (5) (mit $\sigma_f = 1$) zu $\lambda_1/(\lambda_1 - \lambda_2)$.

Die Auftriebe des gleichen Körpers in zwei verschiedenen Flüssigkeiten verhalten sich nach Gl. (3) wie deren spezifische Gewichte. Bei der MOHRschen Waage (Abb. 123) ist der Schwimmkörper, wenn er sich in Luft befindet, durch ein Gegengewicht G genau ins Gleichgewicht gebracht. Sein Auftrieb in irgendeiner Flüssigkeit kann gemessen werden, indem man ihn durch Aufsetzen von Reitergewichten auf den Waagebalken kompensiert, deren Einheit so bemessen ist, daß sie den Auftrieb des Schwimmkörpers in Wasser von 4°C genau kompensiert.

Ein Körper *schwimmt* an der Oberfläche einer Flüssigkeit, wenn sein Auftrieb bei voller Eintauchung größer ist, als sein Gewicht (Abb. 121c). Beim Schwimmen ragt ein Teil des Körpers aus der Flüssigkeit, so daß das für die Größe des Auftriebs maßgebliche verdrängte Flüssigkeitsvolumen V' kleiner ist, als das Volumen V des Körpers. Bei Gleichgewicht ist der Auftrieb $V'\sigma_f$ gleich dem Gewicht $V\sigma$ des Körpers, also $V'/V = \sigma/\sigma_f$. Hiernach kann ein homogener Körper nur dann schwimmen, wenn sein spezifisches Gewicht kleiner ist, als das der Flüssigkeit. Bei geeigneter Formgebung können aber auch Körper schwimmen, deren Material ein höheres spezifisches Gewicht hat, als die Flüssigkeit, z. B. eiserne Schiffe in Wasser.

Unter allen denkbaren Lagen, die der Bedingung $V'/V = \sigma/\sigma_f$ entsprechen, sind aber nur einige, oft nur eine einzige, *stabile Schwimmlagen*, denen eine oder mehrere labile Schwimmlagen gegenüberstehen. Das Gleichgewicht wird ja nicht nur durch gleichen Betrag und entgegengesetzte Richtung von Schwerkraft und Auftrieb bedingt. Es kommt hinzu, daß diese beiden Kräfte auch kein Drehmoment erzeugen, also kein Kräftepaar bilden dürfen, ihre Wirkungslinien also zusammenfallen müssen. Für die stabilen und labilen Schwimmlagen eines Körpers gelten natürlich auch die Gleichgewichtsbedingungen des § 24.

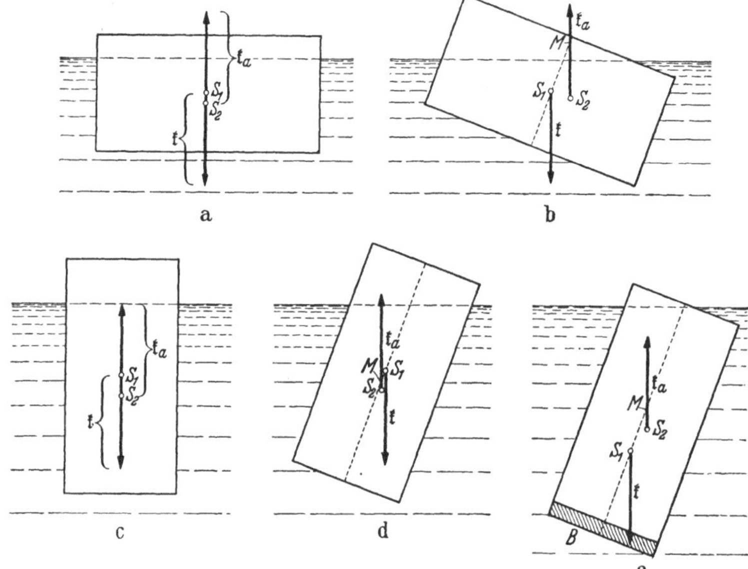

Abb. 124. Schwimmlagen eines rechteckigen Klotzes.

Eine stabile Schwimmlage ist äußerlich dadurch gekennzeichnet, daß der Körper, wenn er ein wenig aus ihr entfernt wird, durch ein an ihm auftretendes Drehmoment wieder in sie zurückgetrieben wird, während er bei der Entfernung aus einer labilen Schwimmlage noch weiter von ihr fortgetrieben wird. Ein schwimmender Körper, der aus einer stabilen in eine labile Schwimmlage überführt wird, kann über diese hinaus in eine andere stabile Schwimmlage übergehen. Er kann *kentern*. Allgemein sind stabile Schwimmlagen dadurch ausgezeichnet, daß bei ihnen das System Flüssigkeit + Körper ein Minimum der potentiellen Energie besitzt, sein Schwerpunkt also tiefer liegt, als bei jeder unmittelbar benachbarten Schwimmlage. Bei labilen Schwimmlagen ist es umgekehrt. Es gibt auch indifferente Schwimmlagen, aber nur bei gewissen Körpern von besonders einfacher Gestalt. Zum Beispiel kann eine homogene Kugel in jeder beliebigen Lage schwimmen.

Der in Abb. 124a dargestellte rechteckige, homogene Klotz befindet sich in einer stabilen Schwimmlage. Bei einer kleinen Verdrehung (Abb. 124b) verlagert sich der Schwerpunkt S_2 der verdrängten Flüssigkeit, also der Angriffspunkt des Auftriebes, bei einer Rechtsdrehung nach rechts, bei einer Linksdrehung nach links, liegt also nicht mehr auf der Mittelachse des Körpers. Gewicht $\mathfrak{k}$ und Auftrieb $\mathfrak{k}_a = -\mathfrak{k}$ bilden nunmehr ein Kräftepaar, das den Körper in seine stabile Schwimmlage zurückzudrehen sucht. Den Schnittpunkt M

der Wirkungslinie des Auftriebes mit der in der betrachteten Gleichgewichtslage vertikalen Mittelachse des Körpers nennt man bei Schiffen das *Metazentrum.* Eine Schwimmlage ist stabil, wenn das Metazentrum oberhalb des Schwerpunkts S_1 des schwimmenden Körpers liegt, andernfalls labil. Abb. 124c zeigt eine labile Schwimmlage des Klotzes. Wird er aus dieser ein wenig verdreht, so verschiebt sich der Schwerpunkt S_2 der verdrängten Flüssigkeit derart, daß Gewicht und Auftrieb ein Drehmoment erzeugen, das den Körper noch weiter von der labilen Schwimmlage zu entfernen sucht. Das Metazentrum M liegt jetzt unterhalb des Körperschwerpunkts S_1. Ein homogener, rechteckiger Klotz mit den Seiten $a > b > c$ hat zwei stabile und vier labile Schwimmlagen. Die

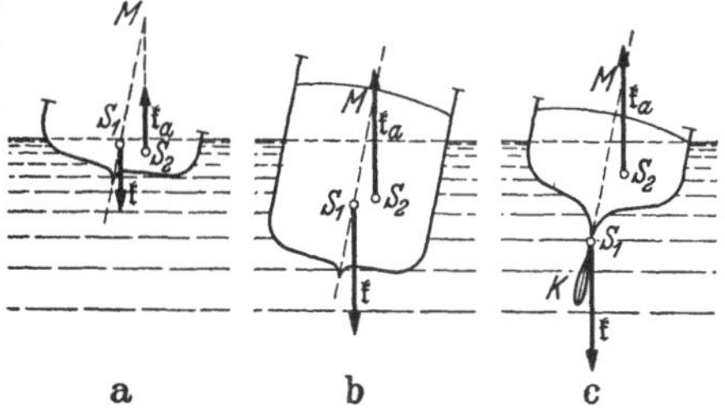

Abb. 125. Verschiedene Schiffstypen, a flache Jolle, b Seeschiff, c Rennjacht.

Schwimmlage ist stabil, wenn die Seitenflächen $a b$ horizontal liegen, labil wenn die Seitenflächen ac oder bc horizontal liegen.

Die Stabilität der Schwimmlage eines Körpers, z. B. eines Schiffes, ist um so größer, je tiefer sein Schwerpunkt liegt. Je höher er liegt, je kopflastiger ein Schiff ist, um so leichter kann es zum Kentern gebracht werden. Die Lage des Metazentrums hängt von der Neigung gegen die Gleichgewichtslage ab. Je größer die Neigung ist, um so näher rückt es dem Körperschwerpunkt. Je tiefer also der Schiffsschwerpunkt liegt, eine um so größere Neigung verträgt das Schiff, ohne zu kentern. Die labile Schwimmlage des Klotzes in Abb. 124c kann in eine stabile verwandelt werden, wenn man, z. B. durch Anbringung eines Stückes Blei B, den Körperschwerpunkt S_1 so tief legt, daß das Metazentrum nunmehr über ihm liegt (Abb. 124e). Je nach Gestalt und Schwerpunktslage ist die Stabilität eines Schiffes mehr durch jene oder diese bestimmt. Bei einer flachen Jolle (Abb. 125a) rührt sie im wesentlichen von ihrer Gestalt her, da sich schon bei einer kleinen Drehung aus der stabilen Schwimmlage der Angriffspunkt des Auftriebes sehr stark verschiebt, so daß ein großes Drehmoment auftritt. Die Stabilität von Seeschiffen (Abb. 125b) hingegen beruht in der Hauptsache auf der durch die in ihren unteren Teilen befindlichen Maschinen und ihre Ladung bedingten tiefen Lage des Schwerpunktes. In höchstem Grade ist dies bei Rennjachten mit bleibeschwertem Kiel (Abb. 125c) der Fall. Ihr Schwerpunkt liegt so tief, daß das Metazentrum überhaupt nicht unter ihn rücken kann. Ein solches Schiff hat nur eine einzige stabile Schwimmlage. Erst bei einer Drehung um 180° wird die Schwimmlage labil. Es kann daher überhaupt nicht kentern.

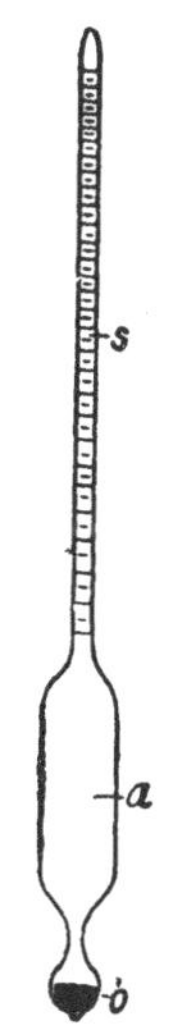

Abb. 126. Senkspindel (Aräometer).

Die Eintauchtiefe eines schwimmenden Körpers ist um so größer, je kleiner das spezifische Gewicht der Flüssigkeit ist. Dies wird bei der Senkspindel (Aräometer, Abb. 126) benutzt, um das spezifische Gewicht von Flüssigkeiten zu messen. Schiffe tauchen in das spezifisch schwerere Meerwasser etwas weniger tief ein als in das leichtere Süßwasser.

59. Die Elastizität der Flüssigkeiten. Eine Flüssigkeit befinde sich in einem zylindrischen Gefäß von der Länge l und dem Querschnitt q, also vom Volumen $V = lq$. Das Gefäß sei durch einen beweglichen Stempel verschlossen. Wird dieser durch eine Kraft vom Betrage k um die Strecke Δl nach innen verschoben, so verkleinert sich das Volumen der Flüssigkeit um den Betrag

$\Delta V = -q\,\Delta l$. Die Kraft k erzeugt in der Flüssigkeit einen Druck $p = k/q$. Die durch ihn verursachte relative Volumänderung $\Delta V/V$ ist dem Druck proportional, also

$$\frac{\Delta V}{V} = -\frac{\Delta l}{l} = \frac{p}{\chi} = \frac{k}{q\,\chi}.\tag{6}$$

Diese Gleichung ist grundsätzlich identisch mit dem HOOKEschen Gesetz für feste Körper (§ 53). Die Konstante χ, der *Kompressionsmodul*, spielt bei den Flüssigkeiten die gleiche Rolle, wie bei den festen Körpern der Elastizitätsmodul E. (Das negative Vorzeichen in Gl. (6) rührt davon her, daß wir χ aus der Zusammendrückung definieren, während wir E aus der Dehnung definierten.)

Bei der Messung von Kompressionsmoduln muß Sorge getragen werden, daß der auf die Flüssigkeit wirkende Druck nicht auch das Volumen des Gefäßes

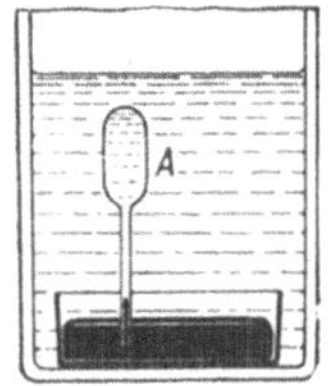

Abb. 127. Piezometer zur Messung des Kompressionsmoduls von Flüssigkeiten.

vergrößert. Bei dem OERSTEDschen Piezometer (Abb. 127) wirkt auf das die Flüssigkeit enthaltende Gefäß A von außen und innen der gleiche Druck. Es befindet sich in Wasser und ist unten durch Quecksilber abgeschlossen. Wird die ganze Vorrichtung unter erhöhten Druck gebracht, so kann die Zusammendrückung der in A befindlichen Flüssigkeit am Stande des Quecksilbers im Steigrohr abgelesen werden.

Die Flüssigkeiten sind der Größenordnung nach rund zehnmal so stark zusammendrückbar wie die festen Körper.

60. Oberflächenspannung. Eine freie Flüssigkeitsoberfläche erweckt den Eindruck einer dünnen, gespannten Haut. Diese *Oberflächenspannung* beruht darauf, daß zwischen den Molekülen einer Flüssigkeit stets anziehende, sog. VAN DER WAALSsche *Kräfte* wirken. Das Vorhandensein solcher Kräfte wird schon durch die Tatsache bewiesen, daß das Volumen einer Flüssigkeit, also der Abstand ihrer Moleküle, auch durch beträchtliche Kräfte nur sehr wenig vergrößert werden kann. Die Kräfte, die auf ein im Innern einer Flüssigkeit befindliches Molekül von den es rings umgebenden Nachbarmolekülen ausgeübt werden, heben sich im Durchschnitt gegenseitig auf. Ein an der Oberfläche befindliches Molekül aber ist nur auf der einen Seite von Molekülen umgeben, und die von diesen ausgehenden Anziehungskräfte haben eine senkrecht in das Innere der Flüssigkeit weisende Resultierende $\mathfrak{k}$ (Abb. 128). Um Moleküle an die Oberfläche einer Flüssigkeit zu schaffen, ist demnach Arbeit gegen diese Kraft zu leisten, analog zur Hebungsarbeit gegen die Schwerkraft. Daher besitzt ein an der Oberfläche befindliches Molekül eine größere potentielle

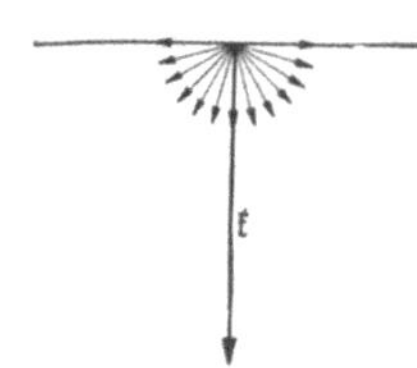

Abb. 128. Zur Erklärung der Oberflächenspannung.

Energie, als die Moleküle im Innern der Flüssigkeit. Bei stabilem Gleichgewicht der ganzen Flüssigkeit ist ihre potentielle Energie, zu der auch die Oberflächenenergie hinzuzurechnen ist, ein Minimum (§ 24). Ziehen wir diese allein in Betracht, so ist das dann der Fall, wenn sich möglichst wenige Moleküle an der Oberfläche befinden, wenn diese also möglichst klein ist (Minimalfläche). Aus diesem Grunde sind frei schwebende Tropfen kugelförmig, denn dann haben sie bei gegebenem Volumen die kleinste Oberfläche. Ist die Minimalbedingung nicht erfüllt, so wandern solange Moleküle von der Oberfläche in das Innere, bis dieser Zustand erreicht ist.

In einem rechteckigen Drahtrahmen, dessen eine Seite (a) beweglich ist, sei eine Flüssigkeitslamelle gespannt (Abb. 129). Sie wird sich verkleinern und die Seite a mitnehmen, wenn dies nicht durch eine an dieser Seite angreifende Kraft vom Betrage k verhindert wird. Wir denken uns nun die Seite a durch diese Kraft um die Strecke dx verschoben. Da dabei *beide* Oberflächen der Lamelle wachsen, so erfährt ihre Oberfläche einen Zuwachs $dF = 2\,a\,dx$. Die potentielle Energie eines einzelnen Oberflächenmoleküls betrage ε. Wenn sich n Moleküle auf jedem Quadratzentimeter der Oberfläche befinden, so entfällt auf je 1 cm² derselben die potentielle Energie $n\varepsilon = \vartheta$. Mit dem Zuwachs der Oberfläche ist also eine Vermehrung ihrer potentiellen Energie im Betrage

$$dA = \vartheta\, dF = \vartheta\, 2\, a\, dx \text{ erg}$$

verbunden. Die hierzu, d. h. zur Beförderung der Moleküle aus dem Innern an die Oberfläche nötige Arbeit wird von der Kraft k längs des Weges dx geleistet. Es ist demnach auch $dA = k\, dx$ und

$$k = 2\, a\, \vartheta \text{ dyn} . \qquad (7)$$

Von dieser Kraft entfällt auf jedes Zentimeter der an die Seite a angrenzenden Flüssigkeit (wieder beide Seiten der Lamelle) der Betrag $k/2a = \vartheta$. Die durch Gl. (7) gegebene Kraft ist diejenige, die die Lamelle gegen die Wirkung der Oberflächenspannung im Gleichgewicht hält, demnach auch die Kraft, mit der sich die Lamelle zusammenzuziehen sucht. Die Lamelle greift also mit der Kraft $k = 2\, a\, \vartheta$ dyn an der Seite a an, bzw. an jedem Zentimeter der Berandung ihrer Oberflächen mit der Kraft ϑ. Gemäß Gl. (7) ist es üblich, die *Konstante der Oberflächenspannung* $\vartheta = n\varepsilon$ in der Einheit 1 dyn · cm⁻¹ anzugeben. Ihrer eigentlichen Bedeutung nach als Energie/Flächeneinheit wäre sie in der Einheit 1 erg · cm⁻² auszudrücken. Das ist aber dimensionsmäßig das gleiche, da 1 erg = 1 dyn · 1 cm, und ergibt die gleiche Maßzahl. ϑ beträgt bei Wasser 72,8, bei Äthyläther 17,0, bei Quecksilber 500 dyn · cm⁻¹.

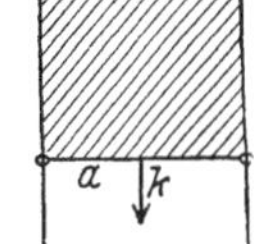

Abb. 129. Zur Theorie der Oberflächenspannung.

An stark gekrümmten Oberflächen ist die Oberflächenspannung kleiner als an ebenen Flächen, weil dann die Zahl der Moleküle, welche ein Oberflächenmolekül nach innen ziehen, kleiner ist, und daher eine geringere Arbeit nötig ist, um neue Oberflächenmoleküle zu schaffen. Das gilt insbesondere für sehr kleine Tröpfchen.

Eine Seifenblase ist im Gleichgewicht, wenn ihr innerer Überdruck Δp (die Differenz zwischen innerem und äußerem Druck) der zusammenziehenden Kraft der Oberflächenspannung das Gleichgewicht hält. Die gesamte innere und äußere Oberfläche einer (gegen ihren Radius r stets sehr dünnen) Seifenblase beträgt $8\pi r^2$, die vom Überdruck Δp herrührende, auf die Innenfläche $4\pi r^2$ wirkende Druckkraft $4\pi r^2 \Delta p$. Wenn diese Druckkraft den Blasenradius um dr vergrößert, so leistet sie die Arbeit $4\pi r^2 \Delta p\, dr$. Diese Arbeit dient dazu, die bei der Aufblähung nötige Zahl von neuen Molekülen an die Oberflächen zu schaffen. Der Oberflächenzuwachs beträgt $dF = d(8\pi r^2) = 16\pi r\, dr$, die dazu nötige Energie $16\pi r\, dr\, \vartheta$. Es ist also $16\pi r\, dr\, \vartheta = 4\pi r^2 \Delta p\, dr$ oder

$$r\, \Delta p = 4\vartheta .$$

Es folgt also das zunächst überraschende Ergebnis, daß der Überdruck Δp in einer Seifenblase um so kleiner ist, je größer der Radius der Blase ist. Wenn man eine Seifenblase aufbläst, so vergrößert man tatsächlich ihren inneren Druck nicht, sondern er wird kleiner. Man sorgt nur für die nötige Luftzufuhr, und der innere Druck sinkt. Sind zwei anfänglich verschieden große Seifenblasen durch ein Rohr verbunden (Abb. 130), so kann kein Gleichgewicht bestehen, weil die

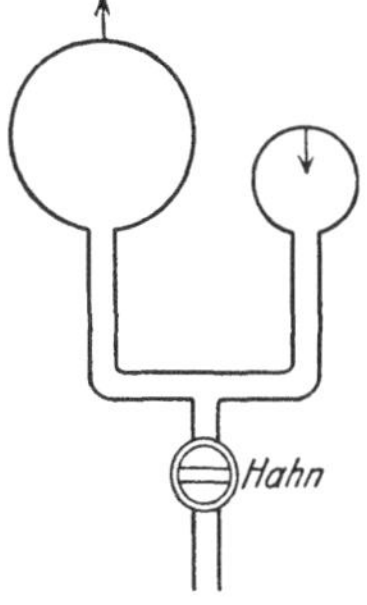

Abb. 130. Eine große Seifenblase wächst auf Kosten einer kleineren.

verschieden großen Radien einen verschieden großen inneren Druck erfordern. Die größere Seifenblase wächst auf Kosten der kleineren, bis diese nur noch eine Kuppe bildet, deren Radius gleich demjenigen der großen Blase ist. (Wären beide Blasen gleich groß, so würde ein labiles Gleichgewicht vorliegen.)

61. Kapillarität. Grenzt eine Flüssigkeit an irgendeinen anderen Stoff, so bestehen auch zwischen ihren Molekülen und denen des Stoffes anziehende Kräfte, deren Größe von der Art der beiden Stoffe abhängt. Hierauf beruhen die *Kapillarerscheinungen* an der Grenze fester und flüssiger oder zweier flüssiger Körper. Auf die in der Grenzfläche befindlichen Flüssigkeitsmoleküle wirkt erstens die Anziehung $\mathfrak{k}_1$ der Moleküle im Inneren der Flüssigkeit, zweitens die Anziehung $\mathfrak{k}_2$ der Moleküle der festen Wand (Abb. 131). Von der Schwerkraft, die stets klein gegen diese Kräfte ist, können wir hier absehen. Wir betrachten insbesondere die Stelle, wo die freie Flüssigkeitsoberfläche in die Grenzfläche übergeht. Je nach dem Verhältnis jener beiden Kräfte weist ihre Resultierende $\mathfrak{k}$ in Richtung auf die Wand (Abb. 131a) oder in das Innere der Flüssigkeit (Abb. 131b). Da sie bei Gleichgewicht auf der freien Oberfläche

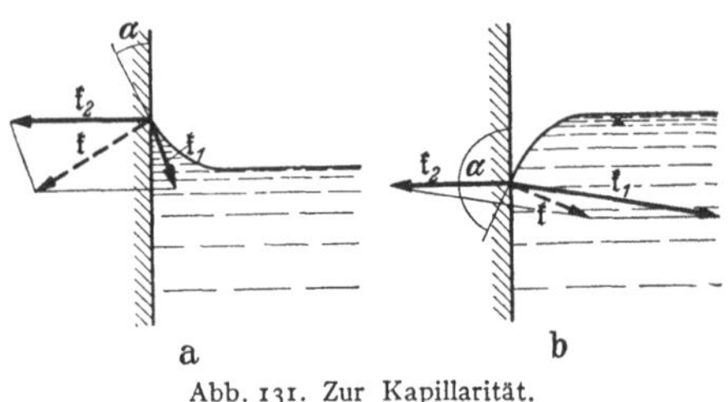

a   b

Abb. 131. Zur Kapillarität.

senkrecht stehen muß (§ 57), so bildet diese mit der Wand einen vom Kräfteverhältnis abhängigen *Randwinkel* α. Dieser ist gleich 0°, wenn $\mathfrak{k}_1$ gegenüber $\mathfrak{k}_2$ verschwindet, und gleich 180°, wenn $\mathfrak{k}_2$ gegenüber $\mathfrak{k}_1$ verschwindet. Im ersteren Fall, z. B. bei Wasser und fettfreiem Glas, breitet sich die Flüssigkeit unter der Wirkung der Kraft $\mathfrak{k}_2$ auf der festen Fläche als dünne, fest haftende Haut aus, es tritt *vollständige Benetzung* ein. Im zweiten Fall, z. B. bei Quecksilber und Glas, bildet die Flüssigkeit auf der festen Fläche Tropfen, die nicht an ihr haften. Bei vollständiger Benetzung sucht also die Flüssigkeit eine möglichst große, bei vollständiger Nichtbenetzung eine möglichst kleine Berührungsfläche mit der festen Fläche zu bilden. Aus diesem Grunde steigt Wasser in einer eingetauchten engen Glasröhre (Kapillare), deren Wandung vorher gut benetzt wurde, über den äußeren Wasserspiegel in die Höhe (Kapillaraszension, Abb. 132a; LEONARDO DA VINCI 1500). Quecksilber dagegen wird in einer solchen Röhre herabgedrückt (Kapillardepression, Abb. 132b). Die freie Flüssigkeitsoberfläche bildet — weil die Krümmung der freien Flüssigkeitsoberfläche immer stetig sein muß — in der Kapillaren einen *Meniskus*, der im ersten Fall nach unten, im zweiten nach oben gekrümmt ist.

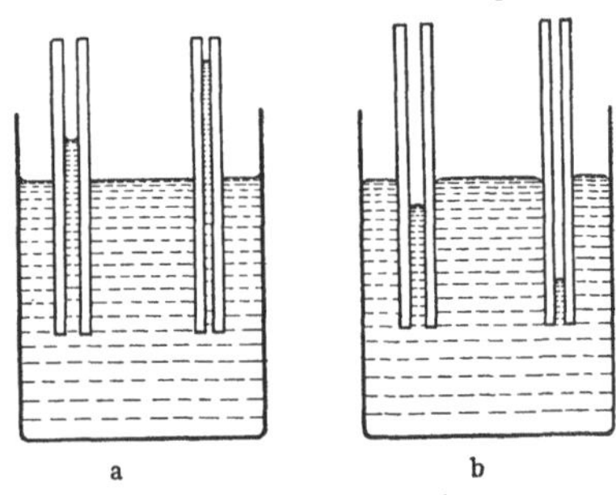

a   b

Abb. 132. a Kapillaraszension, b Kapillardepression.

Wird eine Kapillare vom Radius r in eine Flüssigkeit getaucht, mit der ihre innere Wandung bereits vollkommen benetzt ist, so wird die Flüssigkeit im ersten Augenblick innen und außen gleich hoch stehen und alsdann zu steigen beginnen. Die Dichte der Flüssigkeit sei ϱ. Steht sie in der Höhe h über dem äußeren Spiegel (Abb. 133), so ist die Arbeit bei ihrem weiteren Anstieg um eine Höhe dh gleich derjenigen, die bei der Hebung eines Flüssigkeitsvolumens $\pi r^2\, dh$ von der Masse $dm = \varrho\, \pi r^2\, dh$ um die Höhe h geleistet werden würde. Sie beträgt also $dm\, g\, h = \varrho\, \pi r^2\, dh\, g\, h$. Andererseits verschwindet ein Stück der benetzenden Flüssigkeitshaut mit der freien Oberfläche $2\,\pi r\, dh$, es wird also die Oberflächenenergie $\vartheta \cdot 2\,\pi r\, dh$ frei. Anfänglich ist diese frei werdende Energie viel größer als die entsprechende Hebungsarbeit. Der Überschuß wird zur Überwindung der inneren Reibung (§ 76) beim Aufstieg der Flüssigkeit verbraucht. Mit wachsender Steighöhe h wird aber die Hebungsarbeit immer

größer. Bei einer bestimmten Steighöhe genügt die freiwerdende Oberflächenenergie gerade noch, um die Hebungsarbeit zu leisten, bei größerer Steighöhe
aber nicht mehr. Höher kann also die Flüssigkeit nicht steigen. Demnach ist
die maximale Steighöhe durch die Bedingung $\varrho\,\pi\,r^2\,g\,h\,dh = 2\,\pi\,r\,\vartheta\,dh$ gegeben
und beträgt

$$h = \frac{2\,\vartheta}{\varrho\,r\,g}. \tag{8}$$

Bei nicht vollständiger Benetzung gilt allgemein

$$h = \frac{2\,\vartheta}{\varrho\,r\,g}\cos\alpha, \tag{9}$$

wenn α der Randwinkel ist. Bei vollständiger Nichtbenetzung ($\cos\alpha = -1$)
ergibt sich $h = -2\vartheta/\varrho\,rg$. Wegen ihres Zusammenhanges mit den Kapillarerscheinungen heißt ϑ auch die *Kapillaritätskonstante*. (Vgl. Westphal, „Physikalisches Praktikum“, 4. Aufgabe).

　　Öl breitet sich auf Wasser infolge der zwischen den Molekülen
des Öls und des Wassers wirkenden Molekularkräfte zu einer
sehr dünnen Schicht aus. Eine gegebene Ölmenge kann aber
nicht eine beliebig große Wasserfläche bedecken. Die Ausbrei-
tungsfähigkeit des Öls hat eine Grenze. Es liegt nahe, anzunehmen, daß diese dann erreicht ist, wenn die Ölschicht nur noch
aus einer einzigen Lage von Molekülen besteht, so daß die
Schichtdicke von der Größenordnung der Moleküldurchmesser
ist. Die Schichtdicke kann aus der Größe des Ölflecks und der

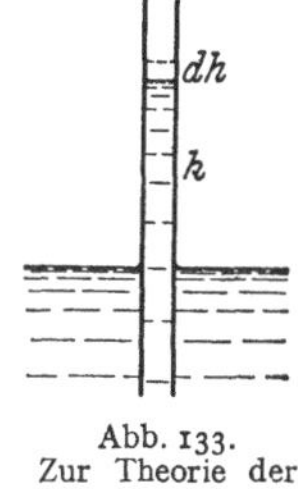

Abb. 133.
Zur Theorie der
Kapillaritat.

Ölmenge berechnet werden. Auf diese Weise haben Rayleigh,
Perrin u. a. gefunden, daß die Größenordnung der Moleküldurchmesser
jedenfalls kleiner als 10^{-6} cm ist. Ähnliche Schlüsse kann man aus der Dicke
des schwarzen Flecks von Seifenblasen ziehen (§ 288).

　　Kapillarkräfte sind, neben osmotischen Kräften (§ 120), beim Aufsteigen der
Pflanzensäfte wirksam. Auf ihnen beruht auch die Aufsaugung von Flüssigkeiten
durch feinporige und schwammige Körper.

　　Molekularkräfte ähnlicher Art können auch zwischen den Molekülen verschiedener fester Stoffe und denen von festen Stoffen und Gasen auftreten.
Hierauf beruht die *Adhäsion*, z. B. das Haften von Staub an festen Flächen,
von Kreide an einer Tafel, ferner die *Adsorption* von Gasen an festen Flächen
(§ 121).

IV. Mechanik ruhender Gase.

62. Grundlagen der Gastheorie. Schon vor zwei Jahrhunderten wurde, insbesondere von Daniel Bernoulli, erkannt, daß man die wichtigsten Eigenschaften
der Gase verstehen kann, wenn man annimmt, daß sich die einzelnen Moleküle
der Gase in einer ständigen Bewegung befinden. Bei dieser Bewegung erleiden
die Moleküle ständig Zusammenstöße untereinander und mit den das Gas
begrenzenden festen Wänden. Die Zusammenstöße der Moleküle erfolgen nach
den Gesetzen des elastischen Stoßes (§ 25), d. h. es bleibt die Summe ihrer
Energien und ihrer Impulse erhalten, aber die Geschwindigkeiten der einzelnen
Moleküle ändern sich durch den Austausch von Energie und Impuls bei jedem
Stoß nach Betrag und Richtung. Ein einzelnes Molekül bewegt sich also unter
ständigen, sprunghaften Änderungen seiner Geschwindigkeit auf einer Zickzackbahn. Bei den Zusammenstößen mit einer Wand, die die gleiche Temperatur
hat wie das Gas, wird sich im allgemeinen Energie und Impuls des einzelnen
Moleküls ändern. Aber durchschnittlich wird von der Wand an die Moleküle
ebenso viel Energie abgegeben, wie sie von den Molekülen aufnimmt, so daß

infolge dieser Zusammenstöße eine Änderung der gesamten Molekularenergie des Gases nicht eintritt.

Der Zustand eines Gases ändert sich also „mikroskopisch", d. h. wenn wir die jeweiligen Zustände seiner einzelnen Moleküle, gekennzeichnet durch ihre Orte und ihre Geschwindigkeiten, betrachten, fortgesetzt. Betrachten wir aber eine größere Gasmenge „makroskopisch", d. h. bezüglich ihrer unmittelbar beobachtbaren Wechselwirkungen mit ihrer Umgebung, so bemerken wir von diesen ständigen molekularen Zustandsänderungen nichts. Das liegt daran, daß die makroskopischen *Zustandsgrößen* eines Gases, sein Volumen, sein Druck und seine Temperatur, lediglich durch die *Mittelwerte* der mikroskopischen Zustandsgrößen der Moleküle, insbesondere ihrer räumlichen Dichte und ihrer kinetischen Energie, bestimmt werden. Sind diese Mittelwerte zeitlich konstant, befindet sich das Gas in *dynamischem Gleichgewicht*, so bleibt sein makroskopischer Zustand unverändert. Er ändert sich nur, wenn sich diese Mittelwerte ändern. Denn bei einer makroskopisch beobachtbaren Gasmenge handelt es sich, wie wir noch sehen werden, stets um eine ungeheuer große Zahl von Molekülen. Wäre es möglich, die molekularen Zustandsänderungen in einem in dynamischem Gleichgewicht befindlichen Gase in allen Einzelheiten zu beobachten, so würde man feststellen, daß jeder Zustandsänderung, die in irgendeinem Augenblick an einem der Moleküle vor sich geht, praktisch am gleichen Ort und im gleichen Augenblick eine entgegengesetzte Zustandsänderung an einem anderen Molekül entspricht, die die Wirkung jener Zustandsänderung auf den makroskopischen Zustand praktisch genau aufhebt. Oder noch richtiger: Es besteht bei der ungeheuer großen Zahl der Moleküle eine an Gewißheit grenzende *Wahrscheinlichkeit* dafür, daß dies stets der Fall ist. Wir wollen diese wichtige Tatsache als *Ersatzprinzip* bezeichnen.

Die damit zwischen den Zustandsänderungen der einzelnen Moleküle hergestellte Beziehung ist nun von ganz anderer Art als diejenigen, die wir bisher bei physikalischen Gebilden betrachtet haben. Bisher handelte es sich immer um *kausale* Beziehungen, d. h. um solche, bei denen ein ursächlicher Zusammenhang zwischen den Erscheinungen besteht. Davon ist hier keine Rede. Die Zustandsänderung eines Moleküls durch einen Zusammenstoß und die entgegengesetzte Zustandsänderung eines zweiten durch einen beliebigen anderen Zusammenstoß stehen in keinerlei ursächlichem Zusammenhang, sind zwei völlig unabhängige Ereignisse. Daß wir sie in Beziehung zueinander setzen, ist lediglich durch die an Gewißheit grenzende *Wahrscheinlichkeit* gerechtfertigt, daß bei der ungeheuer großen Zahl von Molekülen und der großen Häufigkeit ihrer Zusammenstöße sich unter ihnen stets je zwei finden lassen, deren Zustandsänderungen in der gedachten Weise miteinander korrespondieren.

Ein in dynamischem Gleichgewicht befindliches Gas läßt sich mit einer Bevölkerung vergleichen, die unter völlig gleichbleibenden Bedingungen lebt. Die „mikroskopische" Betrachtung einer solchen zeigt uns das bunte, ständig wechselnde Schicksal der einzelnen Menschen, Geburt und Tod, Krankheit, Wohnungswechsel usw. Betrachten wir aber die Bevölkerung „makroskopisch", also nach der Methode der *Statistik*, so zeigen die Tabellen Jahr für Jahr das gleiche Bild, sofern sich der Zustand der Bevölkerung als Ganzes nicht ändert. Jeder Geburt entspricht im Durchschnitt ein Todesfall, Jahr für Jahr erkranken durchschnittlich gleich viele Menschen an Masern, Tuberkulose usw. Welche Einzelpersonen gerade von solchem Schicksal, von solcher Zustandsänderung, betroffen werden, ist für den Statistiker ohne jedes Interesse. Die Einzelperson geht ihn nur ganz anonym und in sofern an, als sie zu irgendeiner Tabelle eine Einheit hinzufügt.

Eine solche statistische Betrachtungsweise ist natürlich nur dann sinnvoll, wenn es sich um eine beträchtliche Zahl von Individuen handelt. Auf die

Bevölkerung eines Einfamilienhauses wäre sie nicht sinnvoll anzuwenden, weil hier die Zufälligkeiten der Einzelschicksale weniger Personen allzu große *Schwankungen* hervorrufen würden. Solche Schwankungen weist auch die Tabelle des Statistikers natürlich stets auf. Sie sind aber, verglichen mit den Gesamtzahlen, um so kleiner, je größer die Zahl der beteiligten Personen ist. Denn eine um so größere Wahrscheinlichkeit besteht dafür, daß sie sich ausgleichen.

Da es sich bei makroskopisch beobachtbaren Gasmengen stets um eine ungeheuer große Zahl von Molekülen handelt — z. B. bei 1 cm^3 der atmosphärischen Luft um rund das 10^9-fache der Bevölkerungszahl der Erde — zudem bei einem einheitlichen Gase um lauter völlig gleiche Individuen, so ist die Vorbedingung für die Anwendung der statistischen Betrachtungsweise hier in idealer Weise gegeben (MAXWELL, BOLTZMANN). In der Tat führen die auf die Wahrscheinlichkeitsrechnung und auf Mittelwertbildungen gegründeten Methoden der Statistik, angewandt auf die Gase, zu Aussagen über ihr Verhalten, die ihrem wirklichen Verhalten vollkommen entsprechen, also den Charakter *streng gültiger Gesetze* haben und sich in ihrer Gültigkeit in nichts von kausal begründeten Gesetzen unterscheiden. Die *strenge Kausalität* einerseits, das Walten einer *absoluten Zufälligkeit,* der Zustand *idealer Unordnung* andererseits bilden die beiden Grenzfälle, bei denen die Aufstellung streng gültiger makroskopischer Gesetze allein möglich ist.

Die statistische Betrachtungsweise ist also insbesondere dadurch gekennzeichnet, daß sie sich nur mit den *Mittelwerten der mikroskopischen Zustandsgrößen* der einzelnen Moleküle beschäftigt. Dabei handelt es sich entweder um den Mittelwert für ein bestimmtes Molekül, genommen über eine längere Zeit *(zeitliches Mittel),* oder um den Mittelwert der gleichzeitigen Zustände aller vorhandenen Moleküle *(räumliches Mittel).*

Die Gesetze, die man auf diese Weise ableiten kann, haben eine besonders einfache Gestalt, wenn man die Moleküle als Massenpunkte betrachtet, und wenn man die Tatsache vernachlässigt, daß zwischen ihnen stets anziehende Kräfte, die VAN DER WAALS*schen Kräfte* (§ 60), wirksam sind. Bei vielen Gasen, z. B. den Edelgasen, der Luft, den elementaren Gasen Wasserstoff, Sauerstoff, Stickstoff usw., ist das tatsächlich sehr weitgehend zulässig. Ein Gas, bei dem diese Voraussetzung streng erfüllt wäre, nennt man ein *ideales Gas.* Für ein solches liefert die *kinetische Gastheorie* die folgenden grundlegenden Gesetze:

1. Der räumliche und der zeitliche Mittelwert der kinetischen Energie $\mu \overline{v^2}/2$ der Moleküle eines Gases von einheitlicher Temperatur ist gleich groß, d. h. sämtliche Moleküle haben in einem bestimmten Augenblick durchschnittlich die gleiche kinetische Energie, wie sie ein einzelnes Molekül im Durchschnitt während einer längeren Zeit hat. Dieser Mittelwert ist für alle idealen Gase bei gleicher Temperatur der gleiche und vom Druck unabhängig. Die Schreibweise $\overline{v^2}$ bedeutet, daß es sich um das *mittlere Geschwindigkeitsquadrat,* den Mittelwert der Einzelbeträge v^2, handelt. Unter μ verstehen wir künftig stets die Masse einzelner molekularer oder atomarer Gebilde, im Gegensatz zur Masse m eines ausgedehnten Körpers. Haben die Moleküle zweier verschiedener Gase die Massen μ_1 und μ_2, so ist demnach $\overline{v_1^2} : \overline{v_2^2} = \mu_2 : \mu_1$. D. h. je kleiner die Masse der Moleküle eines Gases ist, um so größer ist bei gegebener Temperatur ihr mittleres Geschwindigkeitsquadrat und damit ihre mittlere Geschwindigkeit.

2. Die Geschwindigkeiten der Moleküle sind bei dynamischem Gleichgewicht in einem als Ganzes ruhenden Gase über alle räumlichen Richtungen gleichmäßig verteilt; es ist keine Richtung vor der anderen bevorzugt.

3. Infolge ihrer völlig zufälligen Bewegungen füllen die Gasmoleküle, sofern sie keinen äußeren Einwirkungen unterliegen, den ihnen dargebotenen Raum

im Durchschnitt gleichmäßig aus, so daß sich in gleichen Raumteilen gleich viele Moleküle befinden. Man vergleiche hiermit die allmähliche Verteilung einer größeren Menschenmenge, die sich anfänglich in einer Ecke eines großen Raumes befindet, über den ganzen Raum, sobald sie beginnt, sich ganz zwanglos in ihm zu bewegen, und sofern kein Grund vorliegt, eine bestimmte Gegend im Raum zu bevorzugen.

4. Die durchschnittliche kinetische Energie der Moleküle hängt nur von der Temperatur, nicht vom Druck ab (§ 100).

5. Die Zahl n der Moleküle in 1 cm³ eines idealen Gases, die *Moleküldichte*, hängt nur von Temperatur und Druck, nicht von der Art des Gases ab. Sie ist also für alle idealen Gase bei gleichem Druck und gleicher Temperatur gleich groß (*Gesetz von* AVOGADRO, 1803, Beweis § 66). Sie beträgt bei *Normalbedingungen*

$$n = 2,688 \cdot 10^{19} \text{ oder rund 27 Trillionen}$$

(AVOGADRO*sche Zahl*). Unter Normalbedingungen versteht man eine Temperatur von 0° C und einen Druck von 76 cm Hg. Es ist üblich, die Konstanten der Gase in Tabellen auf Normalbedingungen zu beziehen.

Ist μ die Masse eines Moleküls, n die Zahl der Moleküle eines Gases in 1 cm³ unter den jeweils herrschenden Temperatur- und Druckbedingungen, so ist die Dichte des Gases

$$\varrho = n\,\mu\,. \tag{1}$$

Demnach gilt für *verschiedene* ideale Gase unter *gleichen* Bedingungen (gleiches n)

$$\frac{\varrho}{\mu} = n = \text{const}, \tag{2}$$

d. h. die Dichten der idealen Gase verhalten sich wie die Massen ihrer Moleküle. Für das *gleiche* Gas gilt aber unter *verschiedenen* Bedingungen

$$\frac{\varrho}{n} = \mu = \text{const}, \tag{3}$$

d. h. die Dichte eines Gases, ist, wie selbstverständlich, der Zahl der in 1 cm³ enthaltenen Moleküle proportional.

Wir werden mehrfach in die Lage kommen, räumliche und zeitliche Mittelwerte zu bilden. In einem Volumen seien n Moleküle enthalten, von denen n_1 eine Eigenschaft ψ im Betrage ψ_1, n_2 im Betrage ψ_2, allgemein n_i im Betrage ψ_i besitzen. Dann ist der räumliche Mittelwert $\overline{\psi}$ von ψ derjenige Betrag dieser Eigenschaft, der sämtlichen n Molekülen gleichmäßig zukommen müßte, damit sie insgesamt in dem Volumen in dem gleichen Betrage vorhanden wäre, wie sie es tatsächlich ist. Es muß daher $n\,\overline{\psi} = \sum n_i\psi_i$ sein oder

$$\overline{\psi} = \frac{1}{n} \sum n_i\psi_i\,. \tag{4a}$$

Handelt es sich um eine sehr große Zahl von Molekülen, über die die einzelnen Beträge von ψ praktisch stetig verteilt sind, so teilen wir die möglichen Beträge von ψ in unendlich kleine Bereiche $d\psi$ ein. Ist dn die Zahl der Moleküle, die die Eigenschaft ψ in einem zwischen ψ und $\psi + d\psi$ liegenden Betrage besitzen, so ergibt sich, indem wir die Summe der Gl. (4a) durch ein Integral ersetzen, der räumliche Mittelwert von ψ zu

$$\overline{\psi} = \frac{1}{n} \int_0^n \psi\,dn\,. \tag{4b}$$

Besitzt ein einzelnes Molekül eine Eigenschaft ψ während einer Zeit t_1 im Betrage ψ_1, während einer Zeit t_2 im Betrage ψ_2, allgemein während einer Zeit

t_i im Betrage ψ_i, so ist der zeitliche Mittelwert $\overline{\psi}$ von ψ derjenige Betrag, den man der Eigenschaft ψ während der ganzen Zeit $t = \sum t_i$ zuschreiben müßte, damit das Produkt $t\overline{\psi}$ gleich der Summe der Produkte $t_i\psi_i$ ist. Es ist also

$$\overline{\psi} = \frac{1}{t}\sum t_i\psi_i. \tag{5a}$$

Ändert sich aber die Eigenschaft ψ nicht sprunghaft, sondern stetig, so müssen wir zur Grenze $t_i \to 0$ übergehen, also die Summe durch ein Integral über die Zeit t ersetzen, und erhalten dann statt Gl. (5a)

$$\overline{\psi} = \frac{1}{t}\int\limits_0^t \psi\,dt \tag{5b}$$

als zeitlichen Mittelwert der Größe ψ.

Nicht nur für die kinetische Energie, sondern für alle molekularen Zustandsgrößen gilt, daß ihr räumlicher Mittelwert gleich ihrem zeitlichen Mittelwert ist. Das entspricht der einleuchtenden Tatsache, daß sich in den gleichzeitigen Zuständen aller in einem Raum vorhandenen Moleküle stets mit überaus großer Genauigkeit sämtliche Zustände vorfinden, die ein einzelnes Molekül im Laufe einer längeren Zeit durchläuft, und zwar mit einer ihrer Dauer proportionalen Häufigkeit. So ist ja auch eine große Zahl von Menschen aller Altersklassen ein im Durchschnitt getreues Abbild der Entwicklungsphasen, die ein einzelner Mensch im Laufe seines Lebens durchläuft.

63. Molekulargewicht und Atomgewicht. Mol und Grammatom. Die Massen der Atome und Moleküle sind sehr klein, am kleinsten beim Wasserstoffatom mit $1{,}6734 \cdot 10^{-24}$ g. Daher ist es oft unbequem, sie in der Einheit 1 g auszudrücken. In der Chemie ist es seit langem üblich, als molekulare und atomare Masseneinheit eine Masse von $1/_{16}$ der Masse des Sauerstoffatoms zu benutzen, was nahezu, aber nicht genau, gleich der Masse eines Wasserstoffatoms ist. Weil die Massenbestimmung durch Wägung erfolgt, ist es üblich, vom *Molekulargewicht* und *Atomgewicht* der Stoffe zu sprechen. Bei der Anwendung handelt es sich aber durchweg um die betreffenden *Massen*, und es wäre daher richtiger, von der *Molekülmasse* und der *Atommasse* zu sprechen. Das ist aber nicht üblich. Wir werden deshalb künftig unter dem Molekular- und Atomgewicht stets die betreffenden Massen verstehen, ohne uns wegen der begrifflichen Unsauberkeit dieser Ausdrucksweise jedesmal zu rechtfertigen. In der molekularen Masseneinheit gemessene Molekulargewichte bezeichnen wir zum Unterschied von den in Gramm gemessenen Molekülmassen μ mit M.

Die gebräuchlichste Methode der Atomgewichtsbestimmung beruht auf der Messung des chemischen Verbindungsgewichts. Wir werden aber auch Verfahren kennen lernen, durch die die Massen einzelner Atome unmittelbar gemessen werden können (Massenspektroskopie, § 357). Zur Messung von Molekulargewichten gibt es zahlreiche physikalische Verfahren. Zum Beispiel kann, da sich die Molekulargewichte M zweier Stoffe wie die Massen μ ihrer Moleküle verhalten, das Molekulargewicht eines unbekannten Stoffes mit dem eines bekannten nach Gl. (2) verglichen werden, sofern man beide Stoffe in den idealen Gaszustand versetzen kann (§ 112). Ein anderes Verfahren siehe z. B. § 119.

Wir wollen das Verhältnis der Masseneinheit 1 g zur oben definierten molekularen Masseneinheit mit N bezeichnen. Dann ist 1 g gleich N molekularen Masseneinheiten. N ist also eine universelle Konstante. Ist μ die Masse eines Moleküls in Gramm, so ist

$$\frac{M}{\mu} = N \quad \text{und} \quad M = N\mu \tag{6}$$

die in der Molekulargewichtseinheit gemessene Molekülmasse.

Wir definieren nun 1 *Mol* oder *Grammolekül* als diejenige Menge eines Stoffes, die so viel Gramm desselben enthält, wie sein Molekulargewicht angibt, z. B. 32,0000 g Sauerstoffgas oder 2,0163 g Wasserstoffgas. In diesem Sinne kann dann M auch als die in Gramm gemessene *Masse von* 1 *Mol* des betreffenden Stoffes betrachtet werden. Da μ die in Gramm gemessene Masse eines einzelnen Moleküls ist, so ist nach Gl. (6) die Zahl N auch die Zahl der in 1 Mol enthaltenen Moleküle. Da sie aber gemäß ihrer obigen Definition eine universelle Konstante ist, so folgt, daß in 1 Mol eines beliebigen Stoffes, unabhängig von seiner Beschaffenheit und den Bedingungen, unter denen er sich befindet, stets die gleiche Zahl N von Molekülen enthalten ist. In dieser Tatsache liegt die große Bedeutung des Molbegriffs für die Chemie und Physik. Die Abwägung von 1 Mol eines Stoffes ist gleichbedeutend mit der Abzählung einer unter allen Umständen gleich großen Zahl von Molekülen. N heißt die LOSCHMIDTsche *Zahl*. Es gibt mehrere Verfahren, um sie zu messen, die zu sehr gut übereinstimmenden Ergebnissen geführt haben. Ihr Zahlenwert beträgt

$$N = 6{,}0244 \cdot 10^{23}.$$

Man beachte, daß N, im Gegensatz zu der auf Normalbedingungen bezogenen und nur für ideale Gase gültigen AVOGADROschen Zahl, vom Zustand des betreffenden Stoffes vollkommen unabhängig ist.

Analog zum Mol ist ein *Grammatom* eines Stoffes definiert als diejenige Menge desselben, die soviel Gramm enthält, wie sein Atomgewicht angibt. Die gleiche Überlegung wie oben ergibt, daß auch die Zahl der Atome in 1 Grammatom stets gleich der LOSCHMIDTschen Zahl. N ist.

Die Kenntnis der LOSCHMIDTschen Zahl erlaubt die Berechnung der Molekül- und Atommassen in Gramm, da nach Gl. (6) $\mu = M/N$ ist. Zum Beispiel beträgt das Molekulargewicht des Sauerstoffs 32,00, also die Masse eines Sauerstoffmoleküls O_2 $\mu = (32{,}00/6{,}0244) \cdot 10^{-23} = 5{,}312 \cdot 10^{-23}$ g. Entsprechend ergibt sich die Masse eines Wasserstoffatoms zu $(1{,}00813/6{,}0244) \cdot 10^{-23} = 1{,}6734 \cdot 10^{-24}$ g. (Vgl. die Tabelle vor der Einleitung dieses Buches.)

Da 1 Mol eines Stoffes stets die gleiche Zahl von Molekülen enthält, so hat es bei allen idealen Gasen nach dem Gesetz von AVOGADRO *unter gleichen Bedingungen*, unabhängig von der Art des Stoffes, stets das gleiche Volumen (*Molvolumen* V_m). Zum Beispiel beträgt die Dichte des Heliums bei Normalbedingungen 0,0001785 g $\cdot$ cm^{-3}, sein Molekulargewicht 4,00389. Sein Molvolumen beträgt daher unter den gleichen Bedingungen $4{,}00389/0{,}0001785 = 22431$ cm^3 (*normales Molvolumen*). Für andere dem idealen Gaszustand ausreichend nahe Gase ergibt sich die gleiche Zahl. Ist n die Zahl der Moleküle in 1 cm^3, so enthält 1 Mol $N = n \cdot V_m$ Moleküle. Demnach gilt für das Molvolumen

$$V_m = \frac{N}{n}.$$

64. Das MAXWELLsche Verteilungsgesetz. In einem auf konstanter Temperatur gehaltenen Gase ist, wie schon gesagt, sowohl der räumliche wie der zeitliche Mittelwert der kinetischen Molekularenergie $m\overline{v^2}/2$ konstant. Zwar wechselt der Bewegungszustand jedes einzelnen Moleküls bei jedem Zusammenstoß in völlig zufälliger Weise. Die Gesamtenergie des Gases aber ändert sich nicht. Besitzen in einem bestimmten Augenblick von den Molekülen in 1 cm^3 des Gases n_1 die Geschwindigkeit v_1, n_2 die Geschwindigkeit v_2, allgemein n_i die Geschwindigkeit v_i, und ist $n = \sum n_i$ die gesamte Molekülzahl in 1 cm^3, so ist die mittlere kinetische Energie der Moleküle durch die Gleichung $n\mu\overline{v^2}/2 = \sum n_i \mu v_i^2/2$ gegeben (§ 62). Der Mittelwert $\overline{v^2}$, das *mittlere Geschwindigkeitsquadrat*, spielt in der Gastheorie eine sehr wichtige Rolle. Betrachten wir nun das Gas in einem späteren Augen-

blick, so werden zwar die einzelnen Moleküle ihren Bewegungszustand sämtlich
geändert haben. Es werden aber wieder gleich viele Moleküle n_i eine bestimmte
Geschwindigkeit v_i haben, da ja der Zustand des Gases als Ganzes, d. h. ohne
Rücksicht auf die Individualität der einzelnen Moleküle, sich nicht geändert
hat. Da die möglichen Geschwindigkeiten der Moleküle eine stetige Folge bilden,
so teilen wir sie in unendlich kleine Geschwindigkeitsbereiche dv ein und fragen
nach der Zahl dn_v der Moleküle, deren Geschwindigkeit zwischen den Beträgen
v und $v + dv$ liegt. Diese Zahl wird um so größer sein, je häufiger sich infolge
eines Zusammenstoßes gerade eine solche Geschwindigkeit ergibt, je *wahr-
scheinlicher* also eine solche Geschwindigkeit ist. Diese Wahrscheinlichkeit ist
von MAXWELL berechnet worden. Man kann schon von vornherein sagen, daß
sehr große und sehr kleine, d. h. vom Mittelwert sehr stark abweichende Geschwindigkeiten sehr selten vorkommen werden, und daß die Verteilungskurve
ein Maximum in der Gegend dieses Mittelwertes haben muß. Wir wollen die
diesem Maximum entsprechende, also die *wahrscheinlichste Geschwindigkeit* mit v_0
bezeichnen. Dann lautet das MAXWELLsche *Verteilungsgesetz*

$$\frac{dn_v}{n} = \frac{4}{\sqrt{\pi}} \frac{v^2}{v_0^2} e^{-\frac{v^2}{v_0^2}} d\left(\frac{v}{v_0}\right). \tag{7}$$

Das Gesetz enthält die Masse μ der Moleküle nicht, ist also von der Art des
Gases unabhängig und demnach für alle idealen Gase in gleicher Form gültig. In
Abb. 134 ist die Abhängigkeit der zu dn_v/n, also zur relativen Häufigkeit der

Geschwindigkeiten v proportionalen Funktion $\frac{v^2}{v^2} e^{-\frac{v^2}{v_0^2}}$ dargestellt. Die Kurve
liegt nicht symmetrisch zum Maximum, das der wahrscheinlichsten Geschwindig-
keit v_0 entspricht. Man sieht, daß die Zahl der Moleküle, die eine größere Geschwindigkeit als v_0 haben, größer ist als diejenige der Moleküle mit kleinerer
Geschwindigkeit. Demnach ist der Mittelwert der Geschwindigkeitsbeträge v,
die *mittlere Geschwindigkeit* $\bar{v}$, nicht identisch mit der wahrscheinlichsten Geschwindigkeit. Sie kann nach Gl. (4b) aus Gl. (7) berechnet werden. Es ergibt
sich

$$\bar{v} = \frac{1}{n} \int_{v=0}^{v=\infty} v \, dn_v = \frac{2}{\sqrt{\pi}} v_0 = 1{,}128 \, v_0. \tag{8}$$

Entsprechend ergibt sich das *mittlere Geschwindigkeitsquadrat* zu

$$\overline{v^2} = \frac{1}{n} \int_{v=0}^{v=\infty} v^2 \, dn_v = \frac{3}{2} v_0^2 \tag{9}$$

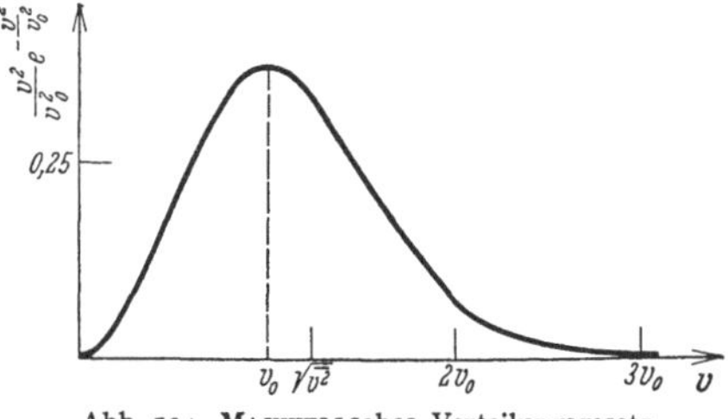

und daraus die *Wurzel aus dem mittleren
Geschwindigkeitsquadrat* zu $\sqrt{\overline{v^2}} = 1{,}224 \, v_0$.
Es ist also

$$\overline{v^2} = \frac{3\pi}{8} \bar{v}^2 = \frac{3}{2} v_0^2. \tag{10}$$

Abb. 134. MAXWELLsches Verteilungsgesetz.

Es sei noch einmal betont, daß zwischen der mittleren, der wahrscheinlichsten
Geschwindigkeit und der Wurzel aus dem mittleren Geschwindigkeitsquadrat
streng unterschieden werden muß. In vielen Fällen ist es zulässig, so zu rechnen,
als käme allen Molekülen die gleiche Geschwindigkeit zu. In diesen Fällen handelt
es sich fast stets um die Wurzel aus dem mittleren Geschwindigkeitsquadrat.

65. Diffusion. Eine unmittelbare Folge der Molekularbewegung ist die
Diffusion, der Ausgleich von Dichteunterschieden infolge des ganz zufälligen

und unregelmäßigen Charakters dieser Bewegung. Man pflegt die freie Diffusion und die Diffusion durch poröse Wände zu unterscheiden. Doch besteht zwischen ihnen kein grundsätzlicher Unterschied. Die Diffusion ist nichts weiter als eine Folge des Bestrebens der Moleküle, sich über den ganzen verfügbaren Raum gleichmäßig zu verteilen. Ist dieser Raum in zwei Bereiche durch eine Wand getrennt, durch die die Moleküle hindurchtreten können, so wird natürlich eine Diffusion auch durch diese hindurch stattfinden.

Befindet sich innerhalb eines Gases, z. B. in der Luft, an irgend einer Stelle ein fremdes Gas, so breitet es sich, indem es den verfügbaren Raum gleichmäßig zu erfüllen, sich also mit jenem Gas gleichmäßig zu vermischen strebt, allmählich im Raume aus. Besonders deutlich ist diese Diffusion bei stark riechenden Stoffen, wie Tabaksqualm, und vor allem bei vielen Duftstoffen, bei denen schon eine äußerst geringe Menge genügt, um ihre Anwesenheit bemerkbar zu machen. Die Diffusion wird natürlich um so schneller erfolgen, je größer die Molekulargeschwindigkeit des diffundierenden Gases ist, und je ungestörter sich die Moleküle bewegen können, also je größer die mittlere freie Weglänge (§ 68) in dem Gase ist, in welchem das Fremdgas diffundiert.

Abb. 135 stellt einen unglasierten Tonzylinder T dar, der mit einem Wassermanometer verbunden ist. Der Zylinder ist für Gase durchlässig und anfänglich mit Luft gefüllt. Nunmehr wird über ihn ein Becherglas B gestülpt und unter dieses Wasserstoff geleitet. Dann zeigt das Manometer im ersten Augenblick einen starken Überdruck an, der schnell wieder verschwindet. Die Molekulargeschwindigkeit des Wasserstoffs ist nämlich viel größer als die der Luft, und deshalb diffundiert der Wasserstoff viel schneller in den Zylinder hinein, als die Luft aus ihm heraus. Erst allmählich folgt die Luft, und es stellt sich dann ein Zustand ein, bei dem Luft und Wasserstoff innen und außen in gleichem Verhältnis gemischt sind, und bei dem innen und außen der gleiche Druck herrscht. Entfernt man dann das Becherglas wieder, so zeigt das Manometer im ersten Augenblick einen starken Unterdruck im Zylinder an, weil der Wasserstoff viel schneller aus ihm heraus diffundiert, als die Luft in ihn hinein. Nach kurzer Zeit stellt sich auch jetzt die Druckgleichheit wieder her.

Auch in Flüssigkeiten finden entsprechende Diffusionsvorgänge überall statt, wo Konzentrationsunterschiede vorhanden sind. Bringt man zwei mischbare Flüssigkeiten, z. B. Wasser und Alkohol, in das gleiche Gefäß, so stellt sich allmählich durch freie Diffusion eine gleichmäßige Mischung her — von gewissen durch das verschiedene spezifische Gewicht der Flüssigkeiten bedingten Einflüssen abgesehen. Natürlich erfolgt die Diffusion sehr viel langsamer als in einem Gase, weil die freie Weglänge in der Flüssigkeit viel kleiner ist. Die Moleküle (bzw. Ionen) gelöster Stoffe und kleine schwebende Teilchen diffundieren in einer Flüssigkeit genau wie ein Gas in einem andern, äußerst dichten Gase und suchen den ganzen verfügbaren Raum, in diesem Falle das ganze Volumen der Flüssigkeit, gleichmäßig zu erfüllen. Überschichtet man eine Kupfersulfatlösung vorsichtig mit reinem Wasser, so erhält man anfänglich eine ganz scharfe Trennungsfläche. Im Laufe der Zeit wird diese allmählich verwaschen, das Kupfersulfat breitet sich durch Diffusion nach oben hin aus. Nach Ablauf einiger Monate ist das Gefäß mit gleichmäßig blau gefärbter Flüssigkeit erfüllt.

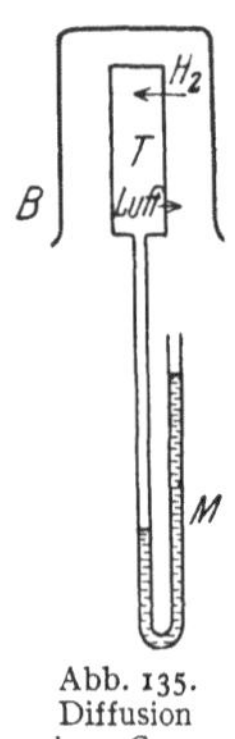

Abb. 135.
Diffusion
eines Gases.

66. Der Druck der Gase. Die Druckkraft, die ein Gas auf eine begrenzende Wand ausübt, beruht auf den Stößen der Gasmoleküle gegen sie, ist also nur makroskopisch eine statische, in Wirklichkeit eine dynamische Größe. Man kann sie mit der Druckkraft vergleichen, die auftritt, wenn viele Menschen mit ihren

Fäusten sehr schnell gegen eine Wand trommeln, oder mit der Druckkraft, die fallende Regentropfen ausüben. Die Moleküle werden an der Wand reflektiert. Dieser Vorgang hat im allgemeinen nicht den Charakter eines elastischen Zusammenstoßes eines sehr kleinen Körpers mit einer ebenen Wand von sehr viel größerer Masse. Denn erstens ist eine im makroskopischen Sinne ebene Wand im molekularen Sinne stets uneben. Zweitens erfährt im Einzelfall ein Molekül bei der Reflexion in der Regel eine Änderung des Betrages seiner Geschwindigkeit, es gewinnt oder verliert kinetische Energie. Hier erlaubt nun das Ersatzprinzip eine sehr vereinfachte Betrachtungs-weise. Bei der großen Zahl der Moleküle wird es zu einem Molekül, das mit einer bestimmten Geschwindigkeit und in einer bestimmten Richtung gegen die Wand stößt, stets einen Partner geben, der die Wand im gleichen Augenblick verläßt, und dessen Geschwindigkeit nach dem Stoß von gleichem Betrage ist wie diejenige des ersten Moleküls vor dem Stoß und mit dem an der Stoßstelle errichteten Lot (Einfallslot) den gleichen Winkel α bildet, wie die Geschwindigkeit des ersten Moleküls vor dem Stoß. Indem wir das Ersatzprinzip paarweise auf die einzelnen Moleküle anwenden, können wir

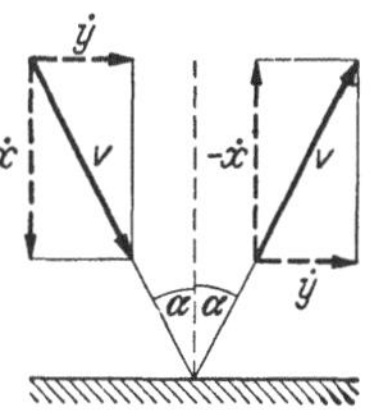

Abb. 136. Reguläre Reflexion eines Gasmoleküls.

so rechnen, als ob jedes einzelne Molekül ohne Energieverlust an der Wand reflektiert würde, und zwar unter dem gleichen Winkel gegen das Einfallslot, unter dem es auf die Wand traf (reguläre Reflexion, Abb. 136).

Die Geschwindigkeit eines Moleküls betrage v. Die Wand liege senkrecht zur x-Richtung, so daß die zur Wand senkrechte Geschwindigkeitskomponente des Moleküls $v_x = \dot{x} = v\cos\alpha$ beträgt, wenn α der Einfallswinkel des Moleküls ist. Die zur Wand senkrechte Impulskomponente des Moleküls beträgt dann vor dem Stoß $\mu\dot{x}$, nach dem Stoß $-\mu\dot{x}$. Sie erfährt also infolge des Stoßes eine Änderung um den Betrag $2\mu\dot{x}$. Die zur Wand parallele Impulskomponente hingegen bleibt unverändert.

Wir betrachten ein ebenes Wandstück von der Fläche q (Abb. 137). Auf dieses treffen Moleküle aus allen möglichen Richtungen und mit allen möglichen Geschwindigkeiten. Wir greifen von diesen diejenigen heraus, die eine bestimmte Geschwindigkeit v haben und unter einem bestimmten Einfallswinkel α auf die Wand fallen. Diese Moleküle bewegen sich also innerhalb eines schrägen Zylinders auf die Wand hin. Wir fragen nunmehr nach der Impulsänderung, die sich an diesen Molekülen innerhalb einer Zeit dt an der Wand vollzieht. Da die Moleküle in der Zeit dt die Strecke $v\,dt$ zurücklegen, so gelangen in dieser Zeit so viele Moleküle an die Wand, wie sich in dem Raum vom Querschnitt q und der Höhe $v\,dt\cos\alpha = \dot{x}\,dt$ befinden. Das Volumen dieses Raumes beträgt also $\dot{x}\,q\,dt$. Enthält 1 cm³ des Gases n_i Moleküle der betrachteten Art, so wird die Wand in der Zeit dt von $n_i\dot{x}\,q\,dt$ solchen Molekülen erreicht, und da jedes Mole-kül eine Impulsänderung $2\mu\dot{x}$ erfährt, so beträgt die gesamte Impulsänderung in der Zeit dt, die wir mit dG_x bezeichnen wollen, $dG_x = n_i\,\dot{x}\,q\,dt\,2\mu\,\dot{x} = 2\,n_i\,\mu\,\dot{x}^2\,q\,dt$. Die Ursache dieser Impulsänderung ist eine von der Wand auf die Moleküle aus-geübte Kraft. Wegen der sehr großen Molekülzahl können wir die Impulsänderung wie einen stetig verlaufenden Vorgang betrachten und daher die von der Wand ausgehende Kraft —

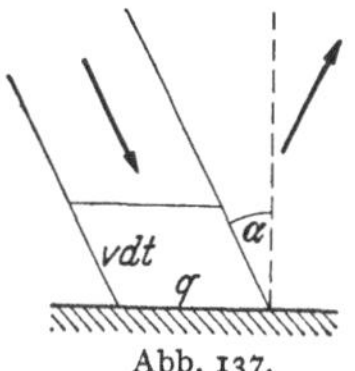

Abb. 137. Zur Ableitung des Gasdrucks.

um deren zeitlichen Mittelwert es sich, molekular betrachtet, handelt — als zeitlich konstant ansehen. Nach dem Wechsel-wirkungsgesetz (§ 16) ist die von den Molekülen auf die Wand ausgeübte Druck-kraft k_i von gleichem Betrage, wie die Kraft, die die Wand auf die Moleküle ausübt. Nach § 20 beträgt diese Kraft $k_i = dG_x/dt$, und wir erhalten daher

$$k_i = 2\,n_i\,\mu\,\dot{x}^2\,q.$$

Die gesamte, auf die Wand ausgeübte Druckkraft k erhalten wir, indem wir über alle in Betracht kommenden Moleküle summieren,

$$k = 2\,\mu\,q\,\sum n_i\,\dot{x}^2. \tag{11}$$

Ist n die Gesamtzahl der Moleküle in $1\ \mathrm{cm}^3$ des Gases, so kommt von ihnen nur der Teil in Betracht, der sich auf die Wand hin bewegt. Wegen der gleichmäßigen Verteilung der Geschwindigkeiten auf alle Richtungen ist das die Hälfte, also $n/2$. Bezeichnen wir mit $\overline{\dot{x}^2}$ den über $n/2$ Moleküle genommenen Mittelwert von $\dot{x}^2$, so ist nach Gl. (4a) $\dfrac{n}{2}\,\overline{\dot{x}^2} = \sum n_i\,\dot{x}^2$. Mithin folgt aus Gl. (11)

$$k = n\,\mu\,\overline{\dot{x}^2}\,q. \tag{12}$$

Indem wir durch die Fläche q dividieren, erhalten wir dann für den Druck des Gases auf die Wand, d. h. für die Druckkraft je Flächeneinheit,

$$p = n\,\mu\,\overline{\dot{x}^2}. \tag{13}$$

Für jedes einzelne Molekül gilt $v^2 = \dot{x}^2 + \dot{y}^2 + \dot{z}^2$. Demnach ist auch der Mittelwert von v^2, das mittlere Geschwindigkeitsquadrat, gleich $\overline{v^2} = \overline{\dot{x}^2} + \overline{\dot{y}^2} + \overline{\dot{z}^2}$. Da nun alle Richtungen gleichberechtigt sind, so ist $\overline{\dot{x}^2} = \overline{\dot{y}^2} = \overline{\dot{z}^2} = \overline{v^2}/3$, und wir erhalten schließlich

$$p = \tfrac{1}{3}\,n\,\mu\,\overline{v^2}. \tag{14}$$

Diese wichtige Gleichung wurde bereits 1738 von Daniel Bernoulli abgeleitet.

Nach Gl. (1) ist $n\,\mu = \varrho$ die Dichte des Gases. Daher können wir auch schreiben

$$p = \tfrac{1}{3}\,\varrho\,\overline{v^2}. \tag{15}$$

Hieraus ergibt sich die bemerkenswerte Möglichkeit, die molekulare Größe $\overline{v^2}$ aus den makroskopischen Größen p und ϱ zu berechnen. Zum Beispiel ist für Luft bei Normalbedingungen $p = 1{,}0133 \cdot 10^6\ \mathrm{dyn} \cdot \mathrm{cm}^{-2}$ und $\varrho = 1{,}2928\ \mathrm{g} \cdot \mathrm{cm}^{-3}$. Es folgt $\sqrt{\overline{v^2}} = 4{,}84 \cdot 10^4\ \mathrm{cm} \cdot \mathrm{sec}^{-1}$ oder $484\ \mathrm{m} \cdot \mathrm{sec}^{-1}$. Für Wasserstoff ergibt sich entsprechend $1837\ \mathrm{m} \cdot \mathrm{sec}^{-1}$. Aus $\overline{v^2}$ kann dann nach Gl. (9) auch die mittlere Geschwindigkeit $\overline{v}$ und die wahrscheinlichste Geschwindigkeit v_0 berechnet werden.

Besteht ein Gas aus einer Mischung mehrerer idealer Gase, so übt jedes von ihnen für sich den gleichen Druck aus, den es ausüben würde, wenn es allein anwesend wäre. Der Gesamtdruck ist also gleich der Summe der *Partialdrucke* der einzelnen Bestandteile,

$$p = p_1 + p_2 + \cdots \tag{16}$$

(Daltonsches Gesetz).

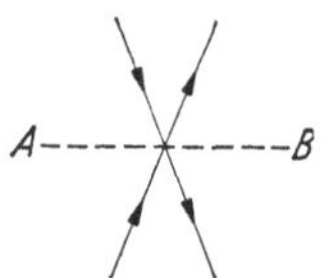

Abb. 138. Zum Druck im Innern eines Gases.

Da die mittlere kinetische Energie der einzelnen Moleküle gleich $\mu\overline{v^2}/2$ ist, so ist $u = n\,\mu\overline{v^2}/2$ die in $1\ \mathrm{cm}^3$ des Gases enthaltene kinetische Energie, die kinetische *Energiedichte* des Gases. Aus Gl. (14) folgt

$$p = \tfrac{2}{3}\,u. \tag{17}$$

Wir denken uns innerhalb eines Gases einen Querschnitt AB (Abb. 138). Durch diesen treten ständig Moleküle von beiden Seiten hindurch. Nach dem Ersatzprinzip gibt es nun zu jedem Molekül, das von der einen Seite her durch den Querschnitt tritt, einen Partner, der gleichzeitig von der andern Seite her durch ihn hindurchtritt, und zwar so, als werde das erste Molekül an der Fläche AB reflektiert. Lassen wir demgemäß je zwei Moleküle an der Fläche AB ihre Rollen tauschen und denken uns, daß die Moleküle wirklich so reflektiert werden, so würde auf beide Seiten der Fläche ein Druck gemäß Gl. (14) wirken. Diesen Druck bezeichnet man als den *Druck im Innern des Gases*. Bei einem idealen Gase ist er gleich dem Druck, den eine an den Ort des gedachten Querschnitts gebrachte feste Fläche erfahren würde. Bei den wirklichen Gasen aber ist der molekulare Zustand des Gases in der nächsten Nähe einer Begrenzung ein wenig anders als im freien Gasraum, und daher ist auch der wie vorstehend definierte Druck im Innern des Gases ein wenig verschieden von dem unmittelbar meßbaren Druck p an der Begrenzung. Man muß daher zwischen ihnen grundsätzlich unterscheiden. Bei den wirklichen Gasen gelten Gl. (14) und (17) streng nur für den Druck im Innern.

Da die Größe $\mu \overline{v^2}$, die doppelte kinetische Energie der Gasmoleküle, durch die Temperatur des Gases eindeutig bestimmt wird (§ 62), so kann Gl. (14) auch in folgender Form ausgesprochen werden. *Bei gegebener Temperatur ist der Druck aller idealen Gase, die in 1 cm³ gleich viele Moleküle enthalten, gleich groß.* Das ist aber nur eine andere Fassung des AVOGADRO*schen Gesetzes*, das also hiermit bewiesen ist, und dessen eigentliche Bedeutung erst durch diese Fassung klar wird.

67. Isotherme Zustandsänderungen von Gasen. Führt man in Gl. (15) das spezifische Volumen $V_s = 1/\varrho$ ein, so ergibt sich

$$p V_s = \tfrac{1}{3} \overline{v^2}. \tag{18}$$

Wird bei Zustandsänderungen des Gases seine Temperatur, also auch $\overline{v^2}$, konstant gehalten, handelt es sich also um *isotherme Zustandsänderungen*, so folgt

$$p V_s = \text{const}. \tag{19}$$

Ist m die Masse einer Gasmenge vom Volumen V, also $V = m V_s$, so folgt aus Gl. (19) das allgemeinere Gesetz $p V = m \overline{v^2}/3$ oder

$$p V = \text{const}. \tag{20}$$

Gl. (19) und (20) sind verschiedene Formen der *isothermen Zustandsgleichung der idealen Gase*. Sie wird meist BOYLE (1660) und MARIOTTE (1676) zugeschrieben, wurde aber schon früher von TOWNLEY erkannt, natürlich nicht auf Grund der molekularen Betrachtungsweise, sondern rein empirisch.

Ein ideales Gas sei in ein zylindrisches Gefäß vom Querschnitt q eingeschlossen, dessen eine Endfläche durch einen beweglichen, dicht schließenden Stempel gebildet wird (Abb. 139). Auf den Stempel wirke eine Kraft vom Betrage k, die im Gase einen Druck $p = k/q$ aufrecht erhält. Wir wollen mit diesem Gase eine isotherme Zustandsänderung vornehmen, die der Dehnung eines Drahtes, wie wir sie in § 53 behandelt haben, analog ist. Zu diesem Zweck lassen wir auf den Stempel eine zusätzliche, der Kraft k entgegengerichtete Kraft dk wirken. Es stellt sich dann bei verändertem Druck und Volumen ein neues Gleichgewicht her, bei dem der Druck nunmehr $p + dp = (k - dk)/q$

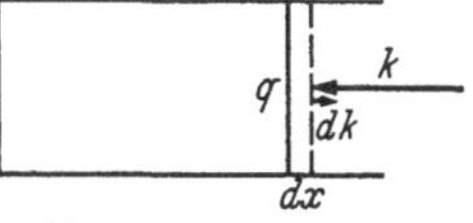

Abb. 139. Zur Elastizität der Gase.

beträgt, so daß die eingetretene Druckänderung $dp = -dk/q$ ist. Nach Gl. (20) ist nun $p \, dV + V \, dp = 0$, also $dp = -p \, dV/V$. Es folgt

$$\frac{dV}{V} = \frac{dk}{q \, p}. \tag{21}$$

Diese Gleichung entspricht völlig dem HOOKEschen Gesetz [§ 52, Gl. (2)]. Denn da der Querschnitt des Gasvolumens unverändert geblieben ist, ist die relative Volumänderung dV/V gleich der relativen Längenänderung, die wir beim Draht mit $\Delta l/l$ bezeichnet haben. Die zusätzliche Kraft dk entspricht der dortigen dehnenden Kraft k, während wir hier mit k die Kraft bezeichnet haben, die den Zusammenhalt des Gases sichert, was bei einem festen Körper die inneren molekularen Kräfte von selbst besorgen. Demnach spielt bei einer isothermen Volumänderung eines Gases der Druck p die Rolle, die bei einem festen Körper der *Elastizitätsmodul E* spielt. Da Gl. (21) auch für Zusammendrückungen gilt, ist es üblich, wie bei den Flüssigkeiten von dem *Kompressionsmodul* zu sprechen (§ 60). Der isotherme Kompressionsmodul eines Gases ist also identisch mit seinem Druck (vgl. hierzu § 108).

Bei der Volumvergrößerung dV leistet das Gas infolge der Verschiebung des Stempels um die Strecke dx *äußere Arbeit* gegen die Kraft k im Betrage $dA = k\,dx = pq\,dx$ oder, da $q\,dx = dV$,

$$dA = p\,dV \tag{22}$$

[vgl. § 56, Gl. (7)]. Dieser Betrag an äußerer Arbeit wird also bei der Volumvergrößerung gewonnen. Umgekehrt muß der gleiche Betrag an Arbeit gegen die Druckkraft des Gases geleistet werden, wenn das Volumen des Gases um den Betrag dV verkleinert wird. Gl. (22) gilt allgemein, auch für nicht isotherme Volumänderungen und für nicht ideale Gase, da sie unmittelbar aus der Definition des Arbeitsbegriffs folgt.

68. Freie Weglänge. Wirkungsquerschnitt. Stoßzahl. Die Moleküle der nicht idealen Gase, also aller wirklichen Gase haben ein endliches Volumen und erleiden Zusammenstöße untereinander. Wir wollen sie als Kugeln vom Radius r annehmen. Wir betrachten eine Schar von sehr vielen Gasmolekülen, die sich in der gleichen Richtung bewegen (Abb. 140). Zur Zeit $t = 0$ sei ihr Ort auf der in ihrer Bewegungsrichtung liegenden Koordinate $x = 0$, ihre Anzahl z_0. In jeder von der Schar durchlaufenen Gasschicht wird eine Anzahl dz der Moleküle einen Zusammenstoß erleiden und dadurch aus der Schar ausscheiden. Die Zahl der Moleküle in der Schar nimmt also ständig ab. Sie betrage in der Entfernung x vom Ursprung noch z. Der Querschnitt der Schar sei F, also $F\,dx$ das Volumen einer von ihr durchlaufenen Gasschicht von der Dicke dx. Ist n die Zahl der Moleküle in $1\ \mathrm{cm}^3$, so enthält die Schicht $n\,F\,dx$ Moleküle. Diese wollen wir uns zunächst als ruhend denken. Man sieht dann sofort ein, daß es

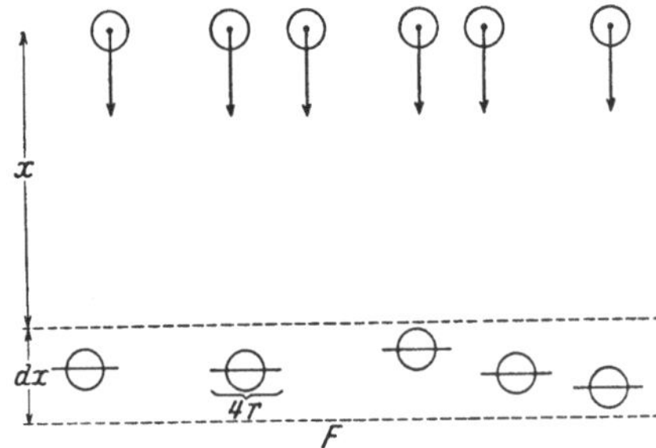

Abb. 140. Zur Berechnung der freien Weglänge.

für die Zahl der Zusammenstöße in der Schicht nichts ausmacht, wenn wir uns die Moleküle der Schar punktförmig und dafür die Moleküle der Schicht durch Kreisscheiben vom Radius $2r$ ersetzt denken, die zur Bewegungsrichtung der Schar senkrecht stehen. Die Schicht sei so dünn, daß diese Scheiben sich nicht gegenseitig überdecken. Sie stellen dann der Schar eine auffangende Fläche von der Größe $4\pi r^2 n F\,dx$ entgegen, so daß von den in die Schicht gelangenden Molekülen der Bruchteil $4\pi r^2 n F\,dx/F = 4\pi r^2 n\,dx$ in ihr abgefangen wird. Die relative Änderung der Molekülzahl der Schar in der Schicht beträgt also

$$\frac{dz}{z} = -4\pi\,n\,r^2\,dx.$$

Die Lösung dieser Gleichung lautet

$$\ln \frac{z}{z_0} = -4\,\pi\,n\,r^2\,x \quad \text{oder} \quad z = z_0 e^{-4\pi n r^2 x} = z_0 e^{-\frac{x}{\lambda}}. \tag{23}$$

Dabei haben wir $4\,\pi\,n\,r^2 = 1/\lambda$ gesetzt. Nach Gl. (4b) erhalten wir als Mittelwert der von den einzelnen Molekülen frei zurückgelegten Wege x

$$\bar{x} = \frac{1}{z_0} \int_0^{z_0} x\,d\,z.$$

Indem wir in diese Gleichung den aus Gl. (23) berechneten Wert von $x\,dz$ einsetzen, und $x/\lambda = y$ setzen, ergibt sich durch partielle Integration leicht

$$\bar{x} = \lambda \int_0^\infty y\,e^{-y}\,d y = \lambda. \tag{24}$$

Man bezeichnet daher λ als die *mittlere freie Weglänge* oder kurz als *freie Weglänge* der Gasmoleküle. Läßt man die Vernachlässigung fallen, daß die Moleküle in den durchlaufenen Schichten ruhen, so ergibt sich für die freie Weglänge ein um den Faktor $^3/_4$ kleinerer Wert.

Wir haben hier die freie Weglänge als Mittelwert über eine größere Zahl von Molekülen, also als räumliches Mittel berechnet. Das zeitliche Mittel für ein einzelnes Molekül ist dann aber ebenso groß, und λ ist daher auch der Mittelwert der Wege, die ein einzelnes Molekül zwischen zwei Zusammenstößen frei zurücklegt.

Die mittlere freie Weglänge ist der Zahl n der Moleküle in 1 cm³, also der Dichte des Gases, und bei kugelförmigen Molekülen ihrem Querschnitt $\pi\,r^2$ umgekehrt proportional. Bei anders gestalteten Molekülen tritt an die Stelle von $\pi\,r^2$ eine Größe, die man als den *Wirkungsquerschnitt* der Moleküle bezeichnet.

Die freie Weglänge kann z. B. aus der inneren Reibung der Gase berechnet werden (§ 76). Sie ist natürlich bei den einzelnen Gasen verschieden groß. Bei einem Druck von 76 cm Hg ist sie von der Größenordnung 10^{-5} cm, bei einem Druck von 0,01 cm Hg ganz rund gerechnet gleich 0,01 cm, was man sich leicht merken kann. Der Wirkungsquerschnitt der Moleküle berechnet sich daraus in der Größenordnung 10^{-16} cm²; ihr Radius in der Größenordnung 10^{-8} cm. Die Summe der Wirkungsquerschnitte der Moleküle in 1 cm³ ist bei einem Druck von 76 cm Hg von der Größenordnung 1 bis 3 m².

Aus der freien Weglänge und der mittleren Molekulargeschwindigkeit $\bar{v}$ kann die durchschnittliche Zeit zwischen zwei Zusammenstößen, $\bar{t} = \lambda/\bar{v}$ berechnet werden. Die Größe $1/\bar{t} = \bar{v}/\lambda$ ist die *Stoßzahl* in 1 sec. Sie ist bei Normalbedingungen von der Größenordnung 10^9 bis 10^{10} sec^{-1}, also außerordentlich groß.

Man beachte folgende wichtige Tatsache. Wenn ein Molekül bereits eine gewisse Strecke frei durchlaufen hat, so ist die Wahrscheinlichkeit, daß es nunmehr auf einem bestimmten Stück seines weiteren Weges einen Zusammenstoß erleiden wird, um nichts größer, sondern genau so groß wie in jedem andern Punkt seines Weges. Die Tatsache, daß es bereits einen mehr oder weniger langen Weg frei durchlaufen hat, ist ohne jeden Einfluß auf sein weiteres Schicksal. Denn es handelt sich hier nicht um kausale Zusammenhänge, sondern um statistische Beziehungen. Wir haben uns ja auch bei der obigen Ableitung gar nicht darum gekümmert, ob die Moleküle unserer Schar, die wir am Orte $x = 0$ zu betrachten begannen, dort bereits mehr oder weniger große Wege zurückgelegt hatten. Man vergleiche hiermit folgendes. Wenn man gewöhnt ist, einen bestimmten Menschen *rein zufällig* durchschnittlich etwa in bestimmten Zeitabständen zu treffen, so berechtigt die Tatsache, daß man ihn *zufällig* einmal ungewöhnlich lange nicht getroffen hat, in keiner Weise zu der Erwartung, daß man ihn *deswegen* nun unbedingt bald treffen müsse. Diese allgemeine Tatsache wird oft übersehen. Auf ihrer Verkennung beruhen viele Versuche, bei Glücksspielen Gewinnsysteme zu ersinnen, indem von der Annahme ausgegangen wird, daß die vorhergegangenen Spielausfälle die kommenden irgendwie beeinflussen. Bei einem echten, also dem unbedingten Zufall unterworfenen Glücksspiel ist das nicht der Fall. Selbst wenn ich bereits 100mal mit einem einwandfreien Würfel keine 6 geworfen habe, ist die Wahrscheinlichkeit, daß ich beim nächsten Wurf eine 6 werfe, noch immer genau ebenso groß wie zu Beginn des Spiels, nämlich $1/_6$. Die sehr geringe Wahrscheinlichkeit für 100 aufeinanderfolgende Würfe ohne 6 ändert daran nichts.

69. Gase unter der Wirkung der Schwerkraft. Jedes auf der Erde befindliche Gas unterliegt zwei Wirkungen von entgegengesetzter Tendenz. Unter der Wirkung der *Molekularbewegung* sucht das Gas sich gleichmäßig über den ganzen verfügbaren Raum zu verteilen. Dem wirkt die *Schwerkraft* entgegen, die die Moleküle nach unten zieht, also das Gas in der tiefsten möglichen Lage zu verdichten sucht. Unter der gemeinsamen Wirkung dieser beiden Ursachen stellt sich bei dynamischem Gleichgewicht ein Zustand ein, bei dem der Gasdruck und die Gasdichte nach oben hin abnehmen. Nach § 62 ist die mittlere Geschwindigkeit der Moleküle um so größer, je kleiner ihre Masse, je kleiner also das Molekulargewicht des Gases ist. Bei einem Gase von kleinem Molekulargewicht ist also die zerstreuende Wirkung der Molekularbewegung größer als bei einem Gase von größerem Molekulargewicht. Die Schwerkraft hingegen erteilt jedem Molekül, unabhängig von seiner Masse, die gleiche Beschleunigung g nach unten. Die Moleküle eines Gases verteilen sich also, entgegen der Schwerkraft, um so gleichmäßiger in alle Höhen, je kleiner das Molekulargewicht ist; um so langsamer nimmt also auch die Dichte des Gases nach oben hin ab.

Wir greifen aus einem Gase eine horizontale Schicht von der sehr geringen Dicke $\varDelta x$ und dem Querschnitt q heraus (Abb. 141). Bezüglich dieser Schicht stellen wir die gleiche Überlegung an, wie in § 66 bei der Definition des Drucks im Innern eines Gases. Wir lassen an den Grenzen der Schicht jeweils zwei Moleküle ihre Rollen tauschen und verfahren so, als ob alle gegen diese Grenzen anlaufenden Moleküle an ihr reflektiert werden. Es ändert dann nichts, wenn wir uns die Schicht mit festen, masselosen Wänden umgeben denken, so daß sie sich wie ein in das Gas eingebetteter fester Körper verhält, der in dem Gase schwebt, also im Gleichgewicht ist. Die Summe der an der Schicht angreifenden Kräfte muß dann gleich Null sein. Die Schicht befinde sich in der Höhe x über einem Niveau $x = 0$. Beträgt der Druck an der unteren Fläche p, so beträgt er nach dem TAYLORschen Satz an der oberen Fläche $p + \varDelta x\, dp/dx$. Ist ϱ die Dichte des Gases in der Schicht, so ist ihr Gewicht $\varrho\, g\, q\, \varDelta x$. Die auf die untere Fläche wirkende Druckkraft muß gleich der Summe aus diesem Gewicht und der auf die obere Fläche wirkenden Druckkraft sein, also $p\,q = (p + \varDelta x\, dp/dx)\, q + \varrho\, g\, q\, \varDelta x$ oder

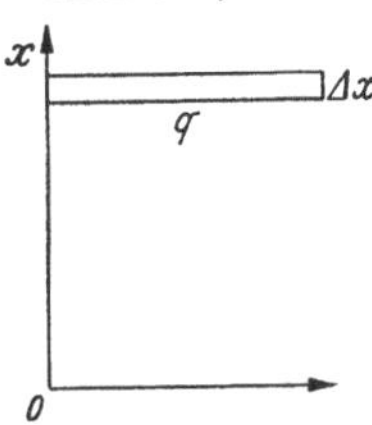

Abb. 141. Zur Ableitung der barometrischen Höhenformel.

$$\frac{dp}{dx} = -\varrho\, g. \tag{25}$$

Nun ist nach Gl. (15) p/ϱ in einem Gase von überall gleicher Temperatur konstant. Ist p_0 der Druck, ϱ_0 die Dichte im Niveau $x = 0$, so ist demnach $p/\varrho = p_0/\varrho_0$ oder $\varrho = \varrho_0\, p/p_0$. Dann folgt

$$\frac{dp}{p} = -\frac{\varrho_0\, g}{p_0}\, dx.$$

Die Lösung dieser Gleichung lautet

$$x = \frac{p_0}{\varrho_0\, g} \ln \frac{p_0}{p} \qquad \text{bzw.} \qquad p = p_0\, e^{-\frac{\varrho_0\, g}{p_0}\, x} \tag{26a u. b}$$

(barometrische Höhenformel). Da nach Gl. (3) und (15) $p/p_0 = \varrho/\varrho_0 = n/n_0$, so gilt ferner auch

$$\varrho = \varrho_0 e^{-\frac{\varrho_0 g}{p_0} x} \qquad \text{und} \qquad n = n_0 e^{-\frac{\varrho_0 g}{p_0} x}. \qquad (26\text{c u. d})$$

Ersetzen wir in den Exponenten der Gl. (26) die Dichte ϱ_0 und den Druck p_0 durch die in Gl. (1) und (14) gegebenen Ausdrücke, so erhält der Exponent den Wert $3\,gx/\overline{v^2}$. Druck, Dichte und Molekülzahl nehmen also mit der Höhe um so schneller ab, je kleiner $\overline{v^2}$ ist, also nach § 62 je größer die Masse der Moleküle ist. Das entspricht der oben angestellten allgemeinen Überlegung.

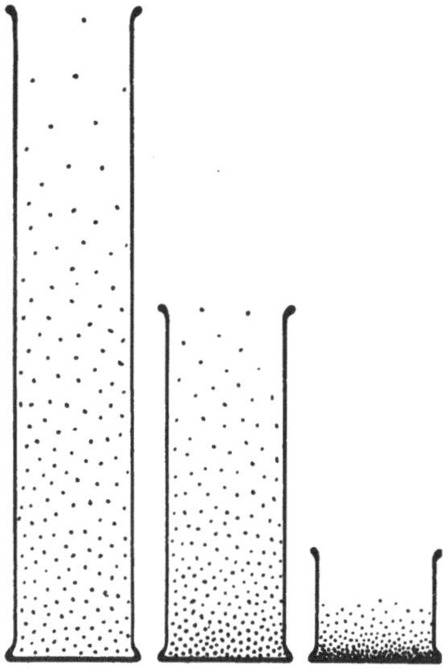

Nach Gl. (25) wächst der Druck, wenn die Höhe um den Betrag dx abnimmt, um den Betrag $\varrho\,g\,dx$, d. h. um den Betrag des Gewichtes einer Gasmenge von der Höhe dx und dem Querschnitt $1\ \mathrm{cm^2}$. In einem nach oben hin unbegrenzten Gase, wie der Erdatmosphäre, ist daher der Druck in einem Niveau gleich dem Gewicht einer über diesem Niveau befindlichen Gassäule von $1\ \mathrm{cm^2}$ Querschnitt.

Handelt es sich um so kleine Höhenunterschiede h, daß man in ihrem Bereich die Dichte ϱ als konstant ansehen kann, so folgt aus Gl. (25)

$$p = p_0 - \varrho\,g\,h \quad \text{oder} \quad p_0 - p = \varrho\,g\,h. \qquad (26\text{e})$$

Die Gleichung ist dann mit derjenigen für den hydrostatischen Druck einer Flüssigkeit identisch (§ 56).

Abb. 142. In einem Gase schwebende Teilchen.

Füllt man ein geschlossenes Gefäß mit einem Gase, so wiegt es um so viel mehr als das gasleere Gefäß, wie das Gewicht des eingeschlossenen Gases beträgt. Diese Tatsache ist nicht so trivial, wie sie zunächst zu sein scheint. Denn man bedenke, daß in jedem Augenblick nur der winzige Bruchteil aller Moleküle eine Wirkung auf die Waage ausübt, der sich gerade in einem Zusammenstoß mit einer Gefäßwand befindet, aber nicht die übrigen Moleküle, die sich frei im Raum bewegen. Die Waage zeigt in Wirklichkeit die Differenz der nach oben und der nach unten gerichteten Druckkräfte an. Wie eine einfache Rechnung zeigt, ist diese Differenz in der Tat streng gleich dem Gewicht des eingeschlossenen Gases.

Kleine Teilchen, die in einem Gase schweben, auch solche, die bereits mit dem bloßen Auge sichtbar sind, verhalten sich grundsätzlich wie Gasmoleküle. Auch sie führen eine ständige Bewegung, die sog. BROWNsche *Bewegung* (§ 101), aus, und ihre mittlere kinetische Energie $m\overline{v^2}/2$ ist gleich derjenigen der Moleküle des umgebenden Gases. Infolge ihrer großen Masse ist aber bei ihnen die Größe $\overline{v^2}$ sehr viel kleiner als bei den Gasmolekülen, und ihre Anzahl nimmt mit der Höhe sehr viel schneller ab. Abb. 142 zeigt dies für verschiedene Teilchenmassen. Abb. 143 zeigt mikrophotographische Aufnahmen schwebender Teilchen aus Mastix von $1\ \mu$ Durchmesser, die gewonnen wurden, indem das Aufnahmemikroskop auf verschiedene horizontale Niveaus eingestellt wurde, deren Abstand je $12\ \mu$ betrug. Durch Auszählung der Teilchen kann die Größe $\varrho_0 g/p_0 = 3g/\overline{v^2}$ bestimmt und die Gültigkeit der Gl. (26d) für die Teilchen nachgewiesen werden. Ähnlich verhalten sich schwebende Teilchen in einer Flüssigkeit.

Jeder in einem Gase befindliche Körper erfährt in ihm, genau wie in einer Flüssigkeit, einen *Auftrieb* gemäß dem archimedischen Prinzip. Der Auftrieb ist also gleich dem Gewicht der von dem Körper verdrängten Gasmenge. Die Ursache dieses Auftriebes ist leicht zu verstehen. Er beruht auf der Abnahme der Molekülzahl und damit des Druckes mit der Höhe. Infolgedessen erfährt der Körper von oben her eine geringere Druckkraft als von unten her, und die Differenz dieser Druckkräfte ist, analog zu dem oben behandelten Fall der Wägung eines Gases, streng gleich dem Gewicht derjenigen Gasmenge, die durch die Anwesenheit des Körpers verdrängt wurde.

Natürlich ist der Auftrieb in einem Gase, verglichen mit demjenigen in einer Flüssigkeit, gering. Bei genauen absoluten Wägungen muß aber berücksichtigt werden, daß der zu wägende Körper und die Gewichtsstücke, sofern sie nicht zufällig das gleiche Volumen haben, einen verschieden großen Auftrieb in der Luft erleiden. Da der Auftrieb eines Körpers vom Volumen $1 \mathrm{~cm}^3$ in Luft von der Größenordnung von $1 \mathrm{~mg}^*$ ist, so macht sich seine Wirkung an einer empfindlichen Waage durchaus bemerkbar. Bereits OTTO VON GUERICKE wies den Auftrieb in der Luft auf folgende Weise nach. Er brachte an den beiden Balkenenden einer kleinen Waage eine Metallkugel und eine erheblich größere hohle Glaskugel an, die so bemessen waren, daß an der Waage in Luft Gleichgewicht bestand. Da die Glaskugel einen größeren Auftrieb erfährt als die kleinere Metallkugel, ist also erstere in Wirklichkeit schwerer als letztere. Wenn man nun die Waage in ein Gefäß bringt, aus dem man die Luft entfernen kann, so wird der Auftrieb beseitigt, und die Waage senkt sich nach der Seite der Glaskugel.

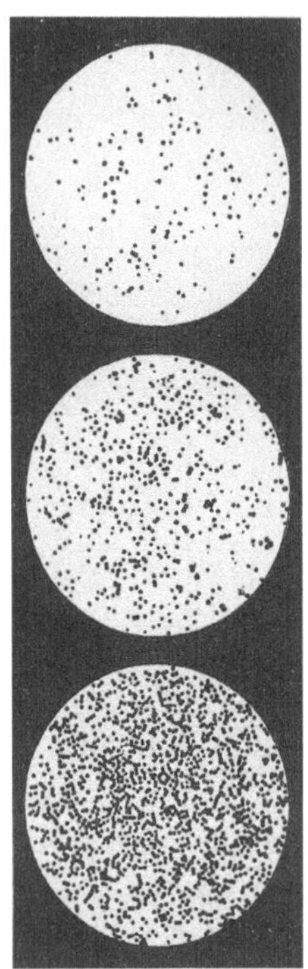

Abb. 143.
Dichte schwebender Teilchen in verschiedenen Höhen. (Nach PERRIN.)
(Es handelt sich um drei *parallele* Schichten, die in je 12μ Abstand *über*einander liegen.)

Auf dem Auftrieb in der Luft beruhen die Luftballone. Diese steigen in der Luft bis in diejenige Höhe, in der die Luftdichte so gering ist, daß das Gewicht des Ballons genau gleich dem Gewicht der von ihm verdrängten Luftmenge ist, so daß der Ballon sich im Gleichgewicht befindet.

Befindet sich an irgendeiner Stelle eines Gases eine Gasmenge von abweichender Dichte, sei es daß es sich um ein fremdes Gas von anderem Molekulargewicht oder um eine auf anderer Temperatur befindliche Menge des gleichen Gases handelt, so ist das Druckgleichgewicht an jener Stelle gestört. Eine spezifisch schwerere Gasmenge sinkt in einem spezifisch leichteren Gase zu Boden, eine spezifisch leichtere steigt in einem spezifisch schwereren Gase in die Höhe. Daher rührt z. B. das Aufsteigen der erhitzten Luft über einem Feuer. Auf derartigen Auf- und Abstiegsbewegungen verschieden warmer Luftmassen beruhen in erster Linie die Witterungserscheinungen.

70. Der Luftdruck. Die atmosphärische Luft ist der einzige Fall, in dem wir die Änderungen von Druck und Dichte über einen sehr großen Höhenbereich verfolgen können. Bei der Temperatur $0°\mathrm{C}$ ist für die Luft $\varrho_0\, g/p_0 = 1{,}25 \cdot 10^{-6} \mathrm{~cm}^{-1}$. Messen wir die Höhe x in m, so beträgt der Exponent der Gl. (23 b) $-1{,}25 \cdot 10^{-4} x = -x/8000$. Beträgt die Temperatur $t°\mathrm{C}$, so ist noch durch $1 + \alpha t$ zu dividieren. Die Konstante α ist gleich $1/273$ (§ 103). Für die Luft lautet demnach die Gl. (26 b)

$$p = p_0\, e^{-\frac{x}{8000\,(1+\alpha t)}}. \tag{27}$$

Die folgende Tabelle gibt einige Zahlenbeispiele für die Abnahme des Luftdrucks mit der Höhe über dem Meeresspiegel. Bei Benutzung BRIGGscher Logarithmen ergibt sich aus Gl. (27), wenn wieder x in m gemessen wird,

$$x = 18\,400\,(1+\alpha t) \log \frac{p_0}{p}. \tag{28}$$

Hiernach kann also die Höhe über dem Meeresniveau aus dem Luftdruck berechnet werden.

Tabelle 4. Luftdruck in verschiedenen Höhen bei 0° C.

Höhe in m	Druck in mm Hg
0 (Meeresniveau)	760
500	714
1000	671
2000	592
4000	461

Das Wesen des Luftdrucks ist zuerst 1643 von VIVIANI, etwa um die gleiche Zeit auch von OTTO VON GUERICKE, richtig erkannt worden. Jener erklärte dadurch die Tatsache, daß eine Saugpumpe Wasser nicht höher als 10 m heben kann. Denn eine Wassersäule von 10 m Höhe erzeugt einen dem Luftdruck gleichen Bodendruck. Daher kann der Luftdruck dem Gewicht einer höheren Wassersäule nicht das Gleichgewicht halten. Indem TORRICELLI eine entsprechende Überlegung für Quecksilber anstellte, kam er im gleichen Jahre zur ersten genauen Messung des Luftdrucks. Im Jahre 1648 wies PASCAL die Abnahme des Luftdrucks mit der Höhe nach. Auch die mit der Wetterlage zusammenhängenden Luftdruckschwankungen wurden bereits damals erkannt.

TORRICELLI benutzte eine Vorrichtung, die im Prinzip ein Quecksilberbarometer ist (Abb. 144). Eine zunächst vollständig mit Quecksilber gefüllte, unten mit dem Finger verschlossene Glasröhre von 80—100 cm Länge wird in eine mit Quecksilber gefüllte Wanne gestellt und geöffnet. Dann strömt ein Teil des Quecksilbers aus, und oben in der Röhre entsteht ein luftleerer Raum, ein *Vakuum*. Die Quecksilbersäule stellt sich so ein, daß der Druck, den sie in der Höhe des äußeren Quecksilberniveaus erzeugt, gleich dem auf diesem lastenden Luftdruck ist. Denn bei Gleichgewicht muß im Quecksilber in dieser Höhe in der Röhre und außerhalb derselben der gleiche Druck herrschen. Da der Druck nur von der vertikalen Flüssigkeitshöhe abhängt, so bleibt diese auch bei einer Neigung der Glasröhre die gleiche. Sie beträgt im Meeresniveau im Durchschnitt 76 cm.

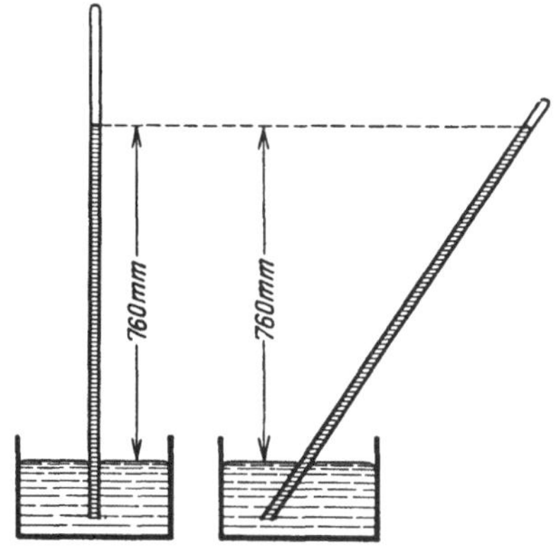

Abb. 144. Messung des Luftdrucks nach TORRICELLI.

Da Quecksilber bei 0° C das spezifische Gewicht 13,5951 hat, so wiegt eine Quecksilbersäule vom Querschnitt 1 cm² und 76 cm Höhe bei 0° C $13{,}5951 \cdot 76 = 1033{,}23$ g*, erzeugt also einen Druck von $1033{,}23$ g* $\cdot$ cm$^{-2} = 1{,}01325 \cdot 10^6$ dyn $\cdot$ cm^{-2}. Dieser Druck heißt 1 *Atmosphäre* (at). Der Luftdruck wird aber oft durch die Länge der entsprechenden Quecksilbersäule, in cm Hg, angegeben und beträgt demnach in dieser Einheit im Meeresniveau durchschnittlich 76 cm Hg. Ein Druck von 1 dyn $\cdot$ cm^{-2} heißt 1 *bar*, 10^6 bar heißen 1 *Megabar*. Daneben sind noch andere Druckeinheiten und Bezeichnungen im Gebrauch. So bedient sich heute die Wetterkunde statt der früher benutzten Einheit 1 mm Hg zwar der obigen Einheit 1 Megabar, bezeichnet diese aber als 1 *Bar* und gibt den Luftdruck in der Einheit 1 *Millibar* (mb) = 10^{-3} Bar = 10^3 dyn·cm^{-2} (bar) an. 1000 mb sind fast genau gleich 75 cm Hg.

In einem Gemisch mehrerer Gase gelten die Gl. (26) für jedes dieser Gase einzeln. Unter p und p_0 sind dann die Partialdrucke der einzelnen Bestandteile zu verstehen. Demnach muß sich in einem Gasgemisch bei Gleichgewicht das Mischungsverhältnis der Bestandteile mit der Höhe zugunsten der Bestandteile von kleinerem Molekulargewicht ändern. Die Erdatmosphäre ist ein Gasgemisch. Sie besteht (in Volumprozenten) aus rund 78% Stickstoff, 21% Sauerstoff und 1% Argon, nebst Spuren anderer Gase. Sie ist aber nicht im Gleichgewicht. Infolge der vertikalen Luftströmungen findet in ihr eine ständige Durchmischung ihrer Bestandteile statt, so daß sich ihr Mischungsverhältnis bis in sehr große Höhen nicht merklich ändert.

Bereits OTTO VON GUERICKE hat in der Mitte des 17. Jahrhunderts, anknüpfend an seine Erfindung der Luftpumpe, eine Reihe von schönen Versuchen über den Luftdruck angestellt und auch das Gewicht der irdischen Lufthülle berechnet. Besonders bekannt sind die *Magdeburger Halbkugeln*, die er 1654 auf dem Reichstag in Regensburg vorführte. Es sind dies zwei große Halbkugeln aus Kupfer, die dicht aufeinander schließen, und die mit einer Luftpumpe luftleer gemacht werden können. Sie werden dann durch den äußeren Luftdruck so fest aufeinander gedrückt, daß sie durch je 8 Pferde, die auf beiden Seiten an ihnen angespannt waren, nicht auseinandergerissen werden konnten.

Das spezifische Gewicht des Leuchtgases ist sehr viel kleiner als das der Luft. Daher nimmt der Druck in einer Gasleitung mit der Höhe viel weniger ab, als in der Luft. Aus diesem Grunde ist der Überdruck des Leuchtgases über den Luftdruck in höheren Stockwerken, im Gegensatz zu dem Druck in Wasserleitungen, größer, als in den tiefer gelegenen.

Einen äußerst empfindlichen Nachweis für die Druckänderung mit der Höhe liefert die BEHNsche Röhre (Abb. 145). Man läßt in sie Leuchtgas einströmen,

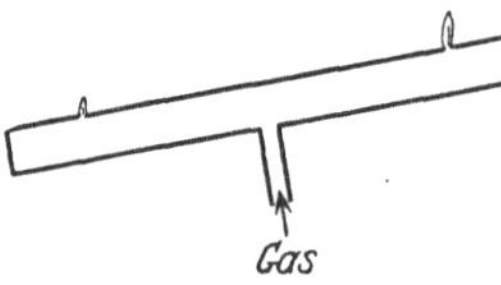

Abb. 145. BEHNsche Röhre.

das man so stark abdrosselt, daß es an den beiden oberen Öffnungen der Röhre nur einen ganz geringen Überdruck über den Luftdruck hat, wenn die Röhre horizontal steht. Zündet man das Gas dort an, so brennt es an beiden Öffnungen gleich hoch. Es genügt aber eine ganz geringe Neigung der Röhre, um den Überdruck an der höher liegenden Öffnung merklich zu verstärken, an der tiefer liegenden zu schwächen, so daß die beiden Flammen sehr verschieden hoch brennen. (Vorsicht vor Explosionen! Flammen vor dem Schließen des Hahnes auslöschen.)

Der Zug im Kamin eines Ofens entsteht dadurch, daß sich der Druck der in ihm befindlichen erhitzten Luft mit der Höhe langsamer ändert, als in der kälteren, also dichteren Außenluft. An der weiten oberen Kaminöffnung ist der Druck gleich dem äußeren Luftdruck, und daher muß im Ofen an der engen unteren Ofenöffnung ein geringerer Druck herrschen, als der dortige Luftdruck. Infolgedessen besteht an dieser Öffnung ein starkes Druckgefälle von außen nach innen, durch das dem Brennstoff ständig Frischluft zugeführt wird. Die Luftzufuhr wird durch die verstellbare Ofentür so geregelt, daß gerade diejenige Luftmenge zuströmt, die zur Aufrechterhaltung der gewünschten Stärke des Feuers nötig ist. Ein zwischen Ofen und Kamin angebrachter regelbarer Absperrschieber sorgt dafür, daß die Luft den Ofen nicht zu schnell durchströmt. So wird erreicht, daß nicht mehr Warmluft in den Kamin entweicht, als zur Aufrechterhaltung der Verbrennung und des Zuges erforderlich ist. Werden Ofentür und Absperrschieber zu weit geöffnet, so brennt der Ofen zwar, aber er arbeitet unwirtschaftlich, weil ein zu großer Teil der erzeugten Wärme nutzlos durch den Kamin entweicht.

Auf einer Wirkung des Luftdrucks beruht die Pipette (Abb. 146). Taucht man sie in eine Flüssigkeit und verschließt sie oben mit dem Finger, so strömt beim Herausheben zunächst ein wenig von der Flüssigkeit aus. Dadurch dehnt sich die Luft in der Pipette aus und ihr Druck sinkt soweit, daß sie zusammen mit dem Druck der Flüssigkeit in der Pipette an der unteren Öffnung einen dem äußeren Luftdruck gleichen Druck erzeugt. Die Flüssigkeit wird dann vom äußeren Luftdruck getragen und strömt erst aus, wenn man die Pipette oben öffnet. Der Versuch gelingt aber nur, wenn die Flüssigkeit die Pipettenwandung benetzt; andernfalls dringt längs der Wandung Luft ein, und die Flüssigkeit strömt aus. Der Versuch von TORRICELLI könnte ohne Wanne angestellt werden, wenn Quecksilber Glas benetzte.

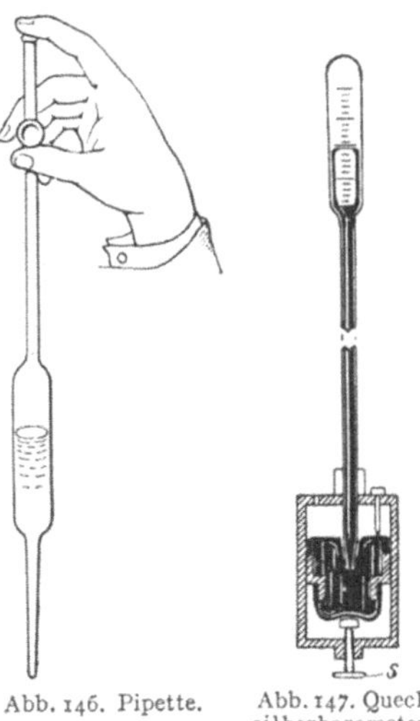

Abb. 146. Pipette.   Abb. 147. Quecksilberbarometer.

Geräte zur Messung des Luftdrucks heißen *Barometer*. Am häufigsten wird das Quecksilberbarometer benutzt, das im Prinzip der einfachen Vorrichtung von TORRICELLI entspricht, und von dem Abb. 147 eine Ausführungsform zeigt. Für weniger genaue Messungen dient das Aneroidbarometer (Abb. 148). Es besteht im wesentlichen aus einer luftdicht verschlossenen Metalldose, deren biegsame Membran M sich je nach der Differenz zwischen dem inneren und dem äußeren Luftdruck mehr oder weniger wölbt, und deren Bewegungen auf einen Zeiger übertragen werden. Auch aus der Siedetemperatur des Wassers kann der Luftdruck berechnet werden (§ 113).

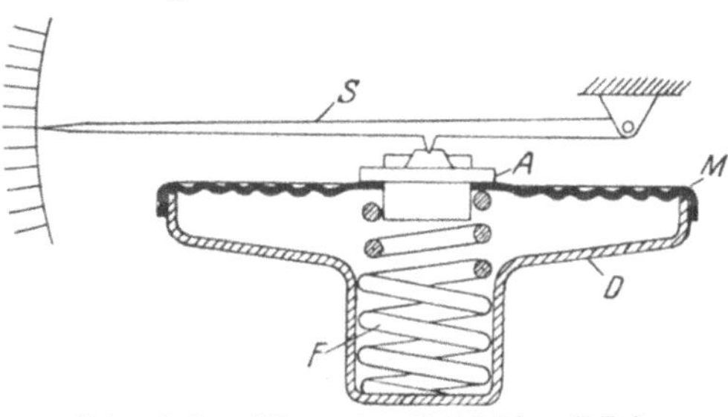

Abb. 148. Aneroidbarometer. D Metalldose, F Feder, M Membran, A Lager, S Zeiger.

71. Vakuumtechnik. Für die Messung von Gasdrucken unterhalb von 76 cm bis herab zu höchstens 0,1 cm Hg benutzt man Quecksilberbarometer, die an den mit dem Gase gefüllten Raum angeschlossen sind. Abb. 149 zeigt ein abgekürztes Barometer für kleine Drucke, das am einen Ende (rechts) mit dem Gasraum in Verbindung steht. Für Drucke unterhalb von etwa 0,1 cm Hg benutzt man das Manometer von MACLEOD (Abb. 150). Es ist durch das Rohr C mit dem Raum verbunden, in dem der Gasdruck gemessen werden soll. Zunächst wird das Vorratsgefäß B, das durch einen dickwandigen Schlauch mit dem etwa 80 cm langen (unterbrochen gezeichneten) Rohr A verbunden ist, soweit gesenkt, daß das in dem Apparat enthaltene Quecksilber unterhalb der Abzweigung des Rohres C vom Rohr A steht, so daß das Gefäß D und der Ansatz E mit Gas von dem zu messenden Druck gefüllt ist. Dann wird durch Heben von B das in D und E enthaltene Gas abgesperrt und bis auf $^1/_{100}$, $^1/_{1000}$

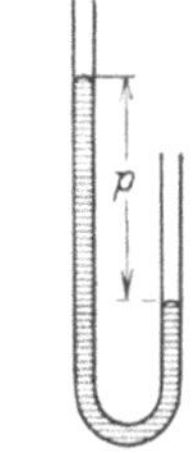

Abb. 149. Abgekürztes Quecksilberbarometer zur Messung kleinerer Gasdrucke.

oder $^1/_{10000}$ seines Volumens zusammengedrückt. Dabei steigt sein Druck auf das 100-, 1000- oder 10000fache an und kann nunmehr aus der Höhendifferenz b des Quecksilbers in den Röhren E und C abgelesen werden. Der Gasdruck in C wird bei der Kalibrierung von E berücksichtigt. Er kann nunmehr berechnet werden. Natürlich kann dieses Verfahren nur auf nahezu ideale Gase angewendet werden, weil der Berechnung ja die Beziehung $pV = $ const zugrunde liegt, die nur für solche Gase gilt. Sehr niedrige Drucke können z. B. auch aus der Dämpfung eines im Gase schwingenden Quarzfädchens oder aus der Wärmeleitfähigkeit des Gases ermittelt werden.

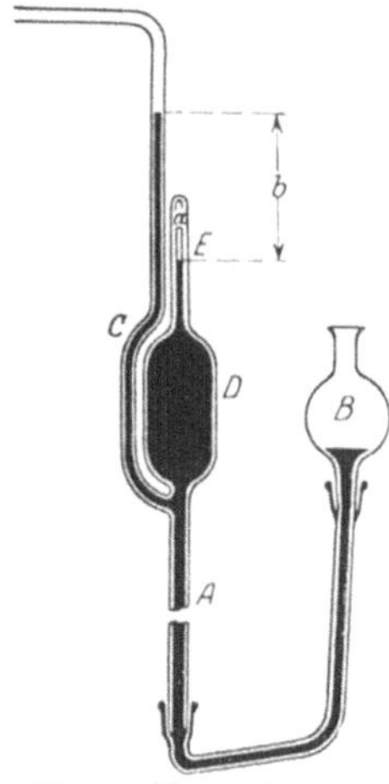

Abb. 150. Manometer nach MacLeod.

Einen Raum völlig gasfrei zu machen, ein absolutes *Vakuum* herzustellen, ist praktisch unmöglich. Unter einem Vakuum versteht der physikalische Sprachgebrauch daher auch nur einen Raum, in dem ein Druck herrscht, der sehr viel kleiner ist als der Druck der Atmosphäre. Man spricht von einem Hochvakuum, wenn der Druck von der Größenordnung 10^{-6} bis 10^{-7} cm Hg ist, bei noch geringeren Drucken von einem Extremvakuum. Es ist möglich, Drucke von 10^{-11} cm Hg und sogar noch weniger zu erzeugen. Daß es sich selbst bei einem Druck von 10^{-11} cm Hg noch keineswegs um einen von Materie im wesentlichen freien Raum handelt, erkennt man leicht. Mit Hilfe der Avogadroschen Zahl (§ 62) berechnet man, daß die Zahl der Moleküle in 1 cm³ bei Normalbedingungen dann immer noch einige Millionen beträgt.

Zur Erzeugung eines Vakuums, also zur Verdünnung von Gasen, dienen die Vakuumpumpen. Die erste Luftpumpe wurde im 17. Jahrhundert von Otto von Guericke erfunden. Sie war eine sog. Stiefelpumpe. In der heutigen Physik spielt die *Vakuumtechnik* eine ganz überragende Rolle. Ihrer Entwicklung, die sich insbesondere an den Namen Gaede knüpft, ist der ungeheure Fortschritt der Physik in den letzten Jahrzehnten zum großen Teil mit zu verdanken. Pumpen für höhere Vakua können nicht gegen den äußeren Luftdruck arbeiten, sondern erfordern ein Vorvakuum, das durch eine Vorpumpe hergestellt wird. Das Gas wird also aus dem zu entleerenden Raum zunächst in das Vorvakuum befördert und aus diesem durch die Vorpumpe entfernt.

Von den zahllosen verschiedenen Pumpenkonstruktionen können wir hier nur einige besonders wichtige erwähnen. Eine sehr bequeme Form der

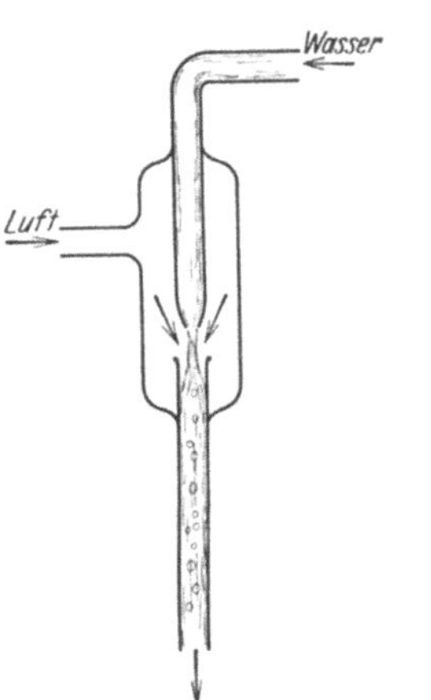

Abb. 151. Wasserstrahlpumpe.

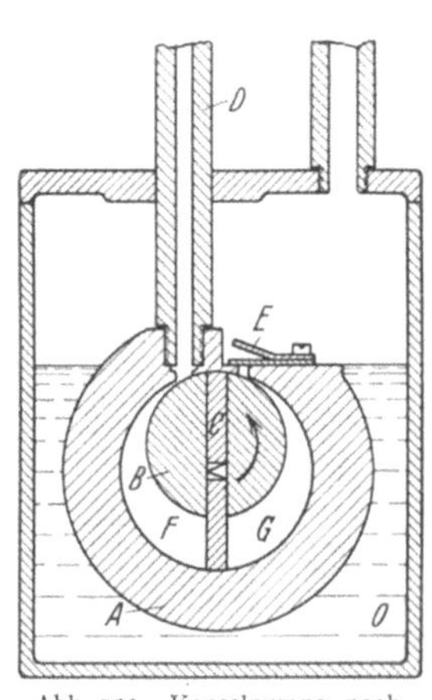

Abb. 152. Kapselpumpe nach Gaede (Schema).

Vorpumpe ist die Wasserstrahlpumpe von Bunsen (Abb. 151). Aus der Wasserleitung strömt Wasser unter Druck in ein sich konisch verengendes Rohr, aus dessen Düse es in kurzem Strahl in ein weiteres Rohr übergeht, an dessen unterem Ende es austritt. Infolge der Querschnittsverengerung in der Düse und auch infolge der Einschnürung im freien Strahl hat das Wasser im Strahl eine große Geschwindigkeit und daher einen niedrigen Druck (§ 73). Daher reißt es das umgebende Gas an sich und befördert es ins Freie. Der zu evakuierende Raum ist an die Pumpe angeschlossen. Da der Raum in der Pumpe stets gesättigten Wasserdampf enthält, so kann mit der Wasserstrahlpumpe ein geringerer Druck als der Sättigungsdruck des Wassers (bei Zimmertemperatur 1—2 cm Hg) nicht erreicht werden.

Einen Druck bis etwa 0,02 cm Hg erreicht man mit der Kapselpumpe von GAEDE (Abb. 152). Sie arbeitet nach dem gleichen allgemeinen Prinzip wie die alte Stiefelpumpe. Der das zu verdünnende Gas enthaltende Raum wird künstlich vergrößert und dadurch der Gasdruck verkleinert. Dann wird ein Teil des Raumes abgesperrt und nach außen entleert. Die Kapselpumpe besteht aus einem zur Dichtung in Öl gebetteten Metallzylinder A, innerhalb dessen sich exzentrisch ein drehbarer Zylinder B befindet. Dieser besitzt zwei Schieber, die durch Federn gasdicht gegen die Wandung von A gepreßt werden, so daß der freie Innenraum in zwei Abteile F und G getrennt ist. E ist ein nach außen führendes Ventil. Der zu evakuierende Raum ist bei D angeschlossen. Rotiert der innere Zylinder im Sinne des Pfeils, so vergrößert sich der in Verbindung mit D stehende Raum F zunächst und wird schließlich mit dem in ihn geströmten Gase durch den Schieber C von D abgetrennt. Dann tauscht er mit dem Raum G die Rollen und verkleinert sich wieder. Dabei wird das in ihm befindliche Gas durch das Ventil E nach außen gedrückt. Auf diese Weise entsteht in dem an D angeschlossenen Raum ziemlich schnell ein niedriger Druck.

Recht niedrige Drucke erzielt man schon mit der Quecksilberdampfstrahlpumpe, die nach dem gleichen Prinzip arbeitet, wie die Wasserstrahlpumpe. An die Stelle des Wassers tritt hier ein Strahl von Quecksilberdampf, der von siedendem Quecksilber ausgeht. Der Dampf wird, nachdem er das Gas aus dem zu evakuierenden Raume in das Vorvakuum mitgerissen hat, durch Kühlwasser wieder kondensiert und fließt in das Siedegefäß zurück. Als Vorpumpe kann eine der vorstehend beschriebenen Pumpen dienen.

Zur Erzielung von Hochvakua werden vor allem die Quecksilberdiffusionspumpen benutzt (Abb. 153). Diese Pumpen beruhen darauf, daß das Gas aus dem zu evakuierenden Raum in strömenden Quecksilberdampf hineindiffundiert und von ihm in das Vorvakuum mitgenommen wird. Eine Kühlvorrichtung sorgt dafür, daß kein Quecksilberdampf in das Vakuum gelangt, und daß das Quecksilber im Vorvakuum wieder kondensiert wird, worauf es wieder in das Siedegefäß zurückfließt. Bei dem hier dargestellten Modell ist das zu evakuierende Gefäß bei F angeschlossen. Das Rohr V führt zu einem größeren Gefäß, in dem ein Vorvakuum aufrechterhalten wird. Der Quecksilberdampf steigt in Richtung des Pfeiles hoch und nimmt bei dem Diaphragma S das aus dem Rohr F kommende Gas mit. Am Kühler C wird der Dampf kondensiert, ebenso der etwa in das Diaphragma eintretende Dampf bei H. Das flüssige Quecksilber fließt an der Wand des mit fließendem Wasser gekühlten Kühlers herab und gelangt durch das Rohr D wieder in das Siedegefäß.

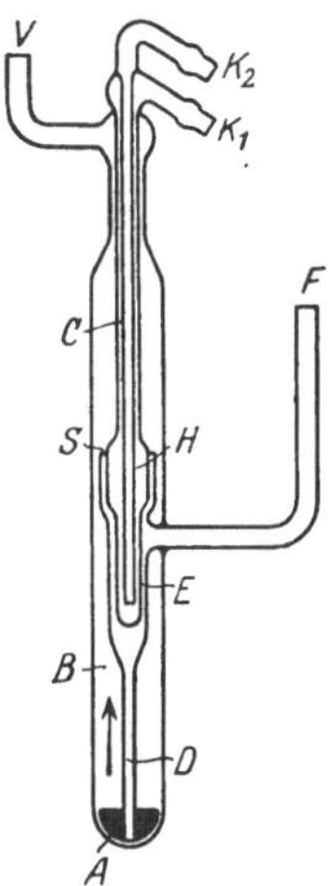

Abb. 153. Quecksilber-Diffusionspumpe.

Die niedrigsten Drucke werden dadurch erzielt, daß man die nach Erzeugung eines Hochvakuums mittels Pumpen noch vorhandenen Gasreste durch besondere Kohlearten absorbieren läßt, die mit flüssiger Luft, für allertiefste Drucke auch mit flüssigem Wasserstoff oder Helium, gekühlt werden (§ 121).

V. Mechanik bewegter Flüssigkeiten und Gase.

72. Allgemeines über strömende Flüssigkeiten und Gase. Die Gesetze strömender Flüssigkeiten und Gase können unter einem einheitlichen Gesichtspunkt behandelt werden, solange die auftretenden Volumänderungen so klein sind, daß man sie vernachlässigen kann. Bei den Flüssigkeiten ist das wegen ihrer geringen Zusammendrückbarkeit stets der Fall. Läßt man bei den Gasen Volumänderungen bis zu 1% zu, ohne sie zu berücksichtigen, so gelten z. B. für atmosphärische Luft die gleichen Gesetze wie für Flüssigkeiten, solange die Strömungsgeschwindigkeiten den Betrag von etwa $50 \text{ m} \cdot \text{sec}^{-1}$ und die vorkommenden Höhenunterschiede den Betrag von etwa 100 m nicht überschreiten. Das trifft in den meisten Fällen zu. Wir werden daher unter dem Begriff „Flüssigkeit" auch die Gase mit verstehen.

Man bezeichnet die Lehre von den strömenden Flüssigkeiten als *Hydrodynamik*, in der Anwendung auf Gase auch als *Aerodynamik*. Bei eindimensionalen Problemen, wie bei der Strömung durch Röhren, spricht man auch von *Hydraulik*. Wir wollen uns im folgenden auf den Fall *stationärer Strömungen* beschränken, d. h. solcher Strömungen, bei denen die Richtung und Geschwindigkeit der strömenden Teilchen an jedem festen Ort innerhalb der Strömung zeitlich konstant ist.

Unter den *Stromlinien* in einer Flüssigkeit verstehen wir Linien, die überall in Richtung der örtlichen Strömung verlaufen. Eine Stromlinie ist also bei stationärer Strömung das Bild der Bahn eines bewegten Flüssigkeitsteilchens. Die durch alle Punkte einer kleinen geschlossenen Kurve verlaufenden Stromlinien bilden eine *Stromröhre*. Die innerhalb der Stromröhre bewegte Flüssigkeit nennt man einen *Stromfaden*. Da nirgends aus einer Stromröhre seitlich Flüssigkeit austritt und sich nirgends ständig Flüssigkeit anhäuft, so fließt in der Zeiteinheit durch jeden Querschnitt einer Stromröhre die gleiche Flüssigkeitsmenge *(Kontinuitätsbedingung)*.

Demnach kann eine Stromröhre nirgends innerhalb eines von einer stationären Strömung erfüllten Raumes Anfang oder Ende haben. Entweder beginnt sie an der Begrenzung der Flüssigkeit und verläuft nach einer anderen Stelle der Begrenzung, oder sie ist in sich geschlossen, sie bildet einen *Wirbel*. Man unterscheidet danach *wirbelfreie Strömungsfelder* und *Wirbelfelder*.

Die in der Zeiteinheit durch jeden Querschnitt q strömende Flüssigkeitsmenge ist dem Querschnitt und der Geschwindigkeit v in diesem proportional. Also ist nach der Kontinuitätsbedingung innerhalb einer Stromröhre

$$q\,v = \text{const}. \tag{1}$$

Dem entspricht die einfache Tatsache, daß in einem Rohr die Flüssigkeit an den engsten Stellen am schnellsten strömt.

Alle Flüssigkeiten zeigen eine *innere Reibung* (§ 76), die die Strömungsverhältnisse mehr oder weniger stark beeinflußt. In vielen Fällen ist dieser Einfluß gering, und man kann von ihm absehen, indem man die Fiktion einer reibungsfreien, *idealen Flüssigkeit* macht. Die wirklichen Flüssigkeiten bezeichnet man demgegenüber als *zähe Flüssigkeiten*. Wir behandeln zunächst die idealen Flüssigkeiten.

73. Die Bernoullische Gleichung. Wir betrachten ein Element einer Stromröhre von der sehr kleinen Länge $\varDelta s$. Ihr senkrechter Querschnitt an der Eintrittsstelle sei q, an der Austrittsstelle q' und von q nur sehr wenig verschieden (Abb. 154). Die Koordinate der Stromlinien sei s, und die Röhre sei um den Winkel α gegen die Vertikale geneigt. h sei die Höhe, gemessen von einer beliebigen Horizontalebene; der Höhenunterschied zwischen q und q' betrage $\varDelta h$. In q herrsche der hydrostatische Druck p, in q' der von p nur wenig verschiedene Druck p'. Die Dichte der Flüssigkeit sei ϱ, und daher die in dem Element enthaltene Masse $\Delta m = \varrho q\, \Delta s$. Auf die Masse Δm wirkt in der Richtung von s infolge des auf ihre Enden wirkenden Druckes die Kraft $pq - p'q'$, ferner die Komponente $-\Delta m\, g \cos \alpha$ der Schwerkraft, oder wegen $\cos \alpha = \Delta h/\Delta s = dh/ds$ die Kraft $-\Delta m\, g\, dh/ds$. Da sich $p'q'$ von pq nur äußerst wenig unterscheidet, so können wir nach dem TAYLORschen Satz schreiben $p'q' = pq + \Delta s\, d(pq)/ds$. Die gesamte auf die Masse Δm wirkende Kraft ist gleich $\Delta m\, dv/dt$ ($v =$ Strömungsgeschwindigkeit), so daß wir schließlich erhalten

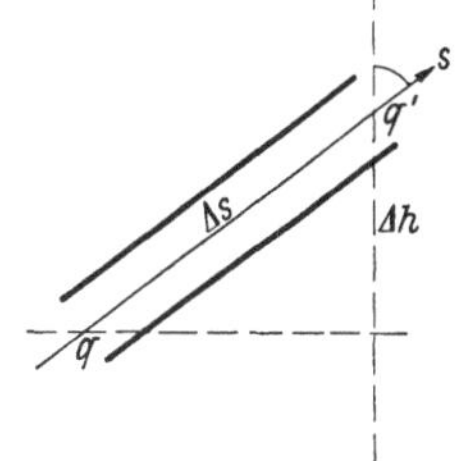

$$\Delta m \frac{dv}{dt} = - \Delta s\, \frac{d(pq)}{ds} - \Delta m\, g\, \frac{dh}{ds}.$$

Setzen wir noch $dv/dt = dv/ds \cdot ds/dt = v\, dv/ds$ und multiplizieren mit ds, so folgt

$$\Delta m \cdot v\, dv + \Delta s \cdot d(pq) + \Delta m \cdot g\, dh = 0.$$

Die Integration dieser Gleichung ergibt

$$\tfrac{1}{2} \Delta m\, v^2 + \Delta s\, pq + \Delta m\, gh = \text{const},$$

oder nach Division durch $\Delta s \cdot q = \Delta m/\varrho$

$$\tfrac{1}{2}\varrho v^2 + p + \varrho\, gh = \text{const} \qquad (2)$$

Abb. 154. Zur Ableitung der BERNOULLIschen Gleichung.

($\varrho =$ Dichte der Flüssigkeit). Dies ist die *BERNOULLIsche Gleichung* (1738). Sie gibt die gegenseitige Abhängigkeit der Geschwindigkeit, des Drucks und der Höhe innerhalb einer Flüssigkeit an.

Dividieren wir die Gl. (2) noch durch ϱg, so folgt

$$\frac{v^2}{2g} + \frac{p}{\varrho g} + h = \text{const}. \qquad (3)$$

Die drei Glieder dieser Gleichung haben je die Dimension einer Länge (Höhe). Man nennt $v^2/2g$ die *Geschwindigkeitshöhe*. Sie ist gleich der Höhe aus der die Flüssigkeit frei herabgefallen sein müßte, um die Geschwindigkeit v zu erlangen [§ 27, Gl. (75)]. $p/\varrho g$ heißt die *Druckhöhe*, denn sie ist gleich der Höhe einer ruhenden Flüssigkeitssäule, die den hydrostatischen Druck vom Betrage p hervorruft [§ 57, Gl. (2a)]. h heißt die *Ortshöhe*. Demnach ist die Summe dieser drei Höhen innerhalb einer strömenden Flüssigkeit *längs eines Stromfadens* konstant. Für $v = 0$ sind Gl. (2) und (3) mit dem Gesetz des hydrostatischen Drucks identisch.

Die BERNOULLIsche Gleichung spielt u. a. eine wichtige Rolle in allen Fällen, wo sich im Wege einer Strömung, sei es eines Gases oder einer Flüssigkeit, ein festes Hindernis befindet, das die Strömung in irgendeiner Weise beeinflußt. Dabei kommt es lediglich darauf an, daß sich Gas oder Flüssigkeit und Hindernis relativ zueinander bewegen, und es ist für die auftretenden Druckkräfte ganz gleichgültig, ob das Hindernis in einer Strömung ruht oder ob es sich durch ein ruhendes

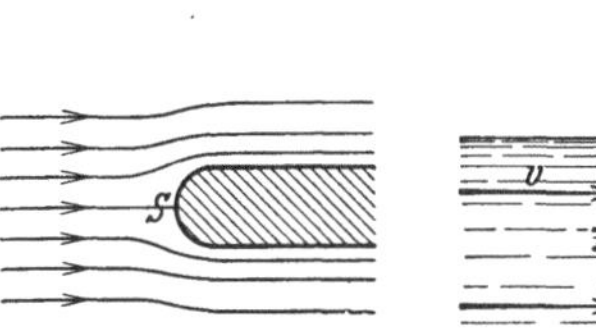

Abb. 155. Zum Staudruck. (Nach PRANDTL.)

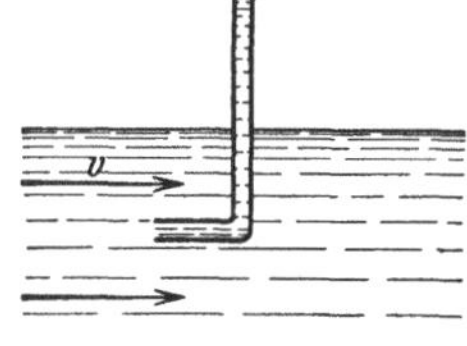

Abb. 156. PITOT-Rohr.

Medium hindurchbewegt. Die Theorie des in strömender Luft schwebenden Drachens und die des durch die Luft hindurchbewegten Flugzeugs ist grundsätzlich die gleiche. Die Modellversuche des Luftfahrzeugbaus werden in der Mehrzahl der Fälle mit ruhenden Modellen in strömender Luft angestellt, die des Schiffbaus dagegen in Kanälen, in denen die Modelle durch ruhendes Wasser geschleppt werden.

Befindet sich in einer strömenden Flüssigkeit ein Hindernis, so wird es von ihr umströmt, und die Flüssigkeit staut sich an der Front des Hindernisses. Wo die Strömung sich nach beiden Seiten teilt, im *Staupunkt S*, ist die Strömungsgeschwindigkeit $v = 0$ (Abb. 155). Die Strömungsgeschwindigkeit und der Druck in der strömenden Flüssigkeit im Niveau des Staupunktes (gleiche Ortshöhe h) in größerer Entfernung vom Hindernis seien v_0 und p_0, der Druck im Staupunkt sei p. Dann folgt aus Gl. (2)

$$p_0 + \tfrac{1}{2} \varrho\, v_0^2 = p \qquad \text{oder} \qquad p - p_0 = \tfrac{1}{2} \varrho\, v_0^2. \tag{4}$$

Die Größe $p - p_0$ heißt der *Staudruck* oder der *hydrodynamische Druck* der Flüssigkeit. Der *Gesamtdruck* p der Flüssigkeit im Staupunkt kann also als die Summe des hydrostatischen Druckes p_0 und des hydrodynamischen Druckes $\varrho v_0^2/2$ dargestellt werden. Die Gl. (4) bildet ein wichtiges Mittel, um die Strömungsgeschwindigkeit in beliebigen Punkten einer Strömung z. B. in Flüssen, aus den Werten von p_0 und p zu bestimmen. Der Staudruck kann mit dem PITOT-Rohr (Abb. 156) gemessen werden. Es besteht im einfachsten Fall aus einem gebogenen Rohr, das der Strömung entgegengerichtet wird und als Hindernis dient. Das Wasser steigt im Rohr über das äußere Flüssigkeitsniveau um einen Betrag, der dem Staudruck entspricht. PRANDTL hat ein kombiniertes Gerät angegeben, das p_0 und p gleichzeitig zu messen gestattet.

Wir wollen die Anwendung der BERNOULLIschen Gleichung noch an einigen weiteren Beispielen betrachten. Ein mit einer Flüssigkeit von der Dichte ϱ gefüllter Behälter habe h cm unterhalb der Flüssigkeitsoberfläche eine Ausflußöffnung, aus der die Flüssigkeit ausströmt (Abb. 157a). Im oberen Flüssigkeitsspiegel und an der Öffnung herrscht der äußere Luftdruck $p = p_b$. Die Ortshöhe der Öffnung sei $x = 0$, diejenige des oberen Flüssigkeitsspiegels also $x = h$. Der Behälter sei so weit, daß die Flüssigkeit in ihm beim Ausströmen nur sehr langsam absinkt, so daß wir im Flüssigkeitsspiegel $v = 0$ setzen dürfen. Dann folgt aus der Gl. (3)

$$\frac{p_b}{\varrho g} + h = \frac{p_b}{\varrho g} + \frac{v^2}{2g}$$

oder

$$v = \sqrt{2 g h}. \tag{5}$$

Dies ist das *Theorem* von TORRICELLI (1646, aber bereits HERO von Alexandrien um 100 n. d. Zeitwende bekannt). Die Ausflußgeschwindigkeit ist so groß, als habe die strömende Flüssigkeit die ganze Höhe h frei durchfallen. Die Geschwindigkeitshöhe beim Ausfluß ist gleich der Ortshöhe im oberen Niveau. Wird das Ausflußrohr senkrecht nach oben geführt,

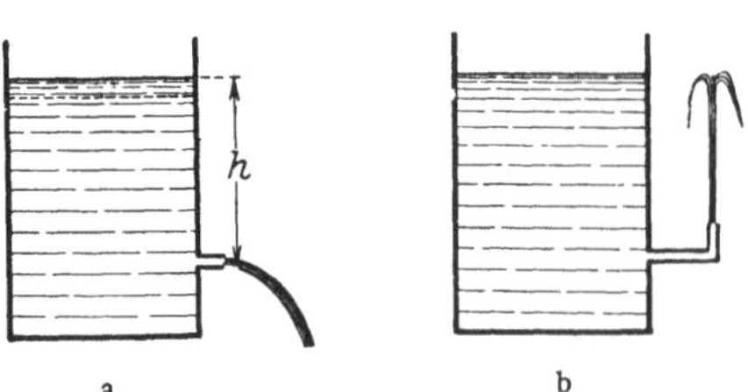

Abb. 157. Zum Theorem von TORRICELLI.

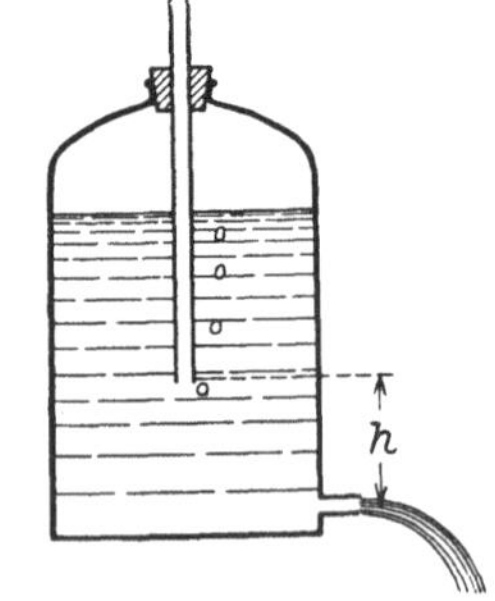

Abb. 158. MARIOTTEsche Flasche.

so müßte die Flüssigkeit wieder bis in die Höhe h steigen (Abb. 157b). In Wirklichkeit steigt sie wegen der Reibung und wegen der zurückfallenden Tropfen nicht ganz so hoch. Mit sinkendem Flüssigkeitsspiegel sinkt auch die Ausflußgeschwindigkeit. Konstante Ausflußgeschwindigkeit erhält man mit der

MARIOTTE*schen Flasche* (Abb. 158). In die verschlossene Flasche ragt ein offenes Rohr, dessen untere Öffnung sich in der Flüssigkeit h cm über der Ausflußöffnung befindet. Infolgedessen herrscht in diesem Niveau stets Atmosphärendruck. (Der Luftdruck oberhalb der Flüssigkeit ist um den Druck der h überragenden Flüssigkeitsschicht geringer als der Atmosphärendruck, und beim Ausströmen perlt Luft durch das Rohr.) Die Anwendung der Gl. (3) auf das Niveau des unteren Röhrenendes und auf die Ausflußöffnung ergibt wieder die Gl. (5) mit der veränderten Bedeutung von h. Wegen der Konstanz von h ist jetzt auch v konstant.

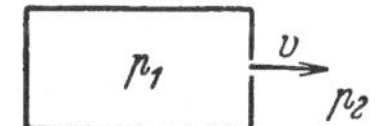

Abb. 159. Zum BUNSENschen Ausströmungsgesetz.

In einem Behälter, der eine enge Öffnung besitzt, befinde sich ein Gas unter dem Druck p_1. Im Außenraum herrsche der kleinere Druck p_2. Im Innern ruht das Gas, an der Öffnung ströme es mit der Geschwindigkeit v aus (Abb. 159). Die beiden Drucke und ihre Differenz seien so groß, daß wir von etwaigen Unterschieden der Ortshöhe h absehen können (bei nicht horizontaler Ausströmung). Dann folgt aus Gl. (2)

$$p_1 = p_2 + \frac{1}{2}\,\varrho\,v^2 \quad \text{und} \quad v = \sqrt{\frac{2\,(p_1 - p_2)}{\varrho}}\,. \tag{6}$$

Bei gleicher Druckdifferenz $p_1 - p_2$ ist also die Ausströmungsgeschwindigkeit verschiedener Gase den Wurzeln aus ihren Dichten umgekehrt proportional *(Ausströmungsgesetz von* BUNSEN*)*. Hierauf beruht eine Methode zur Bestimmung der Dichte von Gasen.

Sind die Ortshöhenunterschiede in einer Strömung so klein, daß wir sie vernachlässigen dürfen, so nimmt die Gl. (2) die einfachere Form an

$$\tfrac{1}{2}\,\varrho\,v^2 + p = \text{const.} \tag{7}$$

Aus dieser Gleichung folgt, daß dann der Druck in einer strömenden Flüssigkeit um so kleiner ist, je größer die Geschwindigkeit ist. In einem horizontalen Rohr ist also der Druck an den engeren Stellen kleiner als an den weiteren. Das gleiche gilt auch für die Stromfäden in einer ausgedehnteren Strömung. Auf dieser Tatsache beruht z. B. der Flüssigkeitszerstäuber. Im Wege eines aus einer engen Öffnung austretenden Luftstrahls steht senkrecht zum Strahl ein in die zu zerstäubende Flüssigkeit tauchendes Rohr, das oben auch eine feine Öffnung hat. Infolge des Umströmens der Rohrspitze ist die Strömungsgeschwindigkeit der Luft in der Umgebung der Spitze größer als in weiterer Entfernung, wo Atmosphärendruck herrscht, der Druck also geringer als dieser. Infolgedessen drückt der auf dem Flüssigkeitsniveau lastende Atmosphärendruck die Flüssig

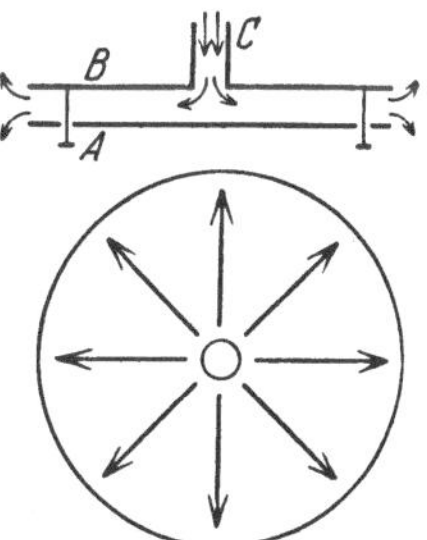

Abb. 160. Zum Nachweis des hydrodynamischen Drucks in einem Gasstrahl.

keit im Rohr in die Höhe, und sie wird in feinen Tröpfchen vom Luftstrahl mitgenommen. Eine weitere Anwendung der Gl. (7) ist die Wasserstrahlpumpe (Abb. 151, § 71). Aus dem gleichen Grunde, der die Saugwirkung beim Zerstäuber hervorbringt, ziehen Schornsteine bei stetigem Wind besser als bei ruhiger Luft.

Einer mit einem Rohr C versehenen Platte B (Abb. 160) steht in kleinem Abstande eine zweite, bewegliche Platte A gegenüber. Bläst man durch C einen Luftstrom, so wird A nicht etwa abgestoßen, sondern angezogen (aerodynamisches Paradoxon). Es herrscht nämlich an den Außenflächen und am Rande der Platten Atmosphärendruck. Da der Querschnitt des Luftstroms in der Mitte der Platten kleiner ist als am Rande, die Geschwindigkeit also von der Mitte zum Rande abnimmt, so ist der Druck zwischen den Platten kleiner als der äußere Druck, und dieser drückt die Platte A gegen B. Im Augenblick der Berührung wird der Luftstrom gedrosselt, die Platte fällt ab, und das Spiel wiederholt sich. Die Platte A tanzt periodisch auf und ab. Auf derartigen periodischen Bewegungen des Gaumensegels beruht auch das Schnarchen. Damit der soeben beschriebene Versuch gelingt, darf der Plattenabstand eine gewisse Größe nicht überschreiten, da sonst der Druckunterschied zu gering wird.

Man forme eine Papiertüte mit verschlossener Spitze so, daß sie genau in einen Glastrichter hineinpaßt, und lege sie lose in ihn hinein. Bläst man durch das Rohr des Trichters, so wird die Tüte gegen den Luftstrom an die Trichterwand gedrückt. Die Erklärung ist die gleiche wie bei Abb. 160.

Auf der BERNOULLISchen Gleichung beruht auch der MAGNUS-*Effekt* (1850). Seine strenge Theorie, die eine Berücksichtigung der Reibung erfordert, können wir hier nicht wiedergeben. Wir beschränken uns deshalb auf das Grundsätzliche. Der MAGNUS-Effekt besteht darin, daß ein in einer strömenden Flüssigkeit rotierender Zylinder, dessen Achse zur Flüssigkeitsströmung senkrecht steht, eine zur Strömungsrichtung und zu seiner Achse senkrechte Kraft erfährt. Abb. 161 zeigt die Aufnahme eines Modellversuchs in strömendem Wasser. Man sieht, daß unter der Wirkung der Rotation des Zylinders die Stromlinien der Flüssigkeit rechts zusammengedrängt sind, so daß die Flüssigkeit rechts schneller strömt als links. Infolgedessen ist der Druck der Flüssigkeit rechts kleiner als links [Gl. (7)], und der Zylinder wird nach rechts gedrückt. Dieser Effekt wird beim FLETTNER-Rotor zum Schiffsantrieb benutzt, wobei ein rotierender Zylinder im Winde dem MAGNUS-Effekt unterliegt und wie ein Segel wirkt.

Der MAGNUS-Effekt spielt eine Rolle in der Ballistik, indem die Geschosse infolge ihres Rechtsdralls bei ihrer Bewegung durch die Luft eine seitliche Ablenkung erleiden. Geschnittene, also stark rotierende Tennisbälle beschreiben in der Luft gekrümmte Bahnen.

Abb. 161. Strömung um einen rotierenden Zylinder. (Nach PRANDTL.)

74. Trennungsflächen. Wirbel. Stehen zwei Strömungen von verschiedener Geschwindigkeit miteinander in Berührung, so daß sie parallel zueinander verlaufen, so herrscht zwar auf beiden Seiten der Trennungsfläche der gleiche Druck, aber es besteht eine Unstetigkeit in der Geschwindigkeit. Dieser Zustand ist mit der Gl. (2) nicht vereinbar und deshalb auch nicht beständig. Vielmehr bilden sich längs der Trennungsfläche *Wirbel* aus, die von der Strömung mitgenommen werden, und die beiden Strömungen gleiten

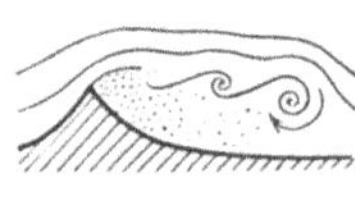

Abb. 162. Ausbildung eines Wirbelsystems an einer scharfen Kante. (Nach PRANDTL.)

sozusagen wie auf Rollen aneinander vorbei, indem die Wirbel in dem Sinne rotieren, daß ihre Rotation auf der Seite der größeren Geschwindigkeit *in* Richtung der Strömung, auf der anderen Seite *gegen* diese Richtung erfolgt. (Man kann die Erscheinung ganz grob mit der Wirkung eines Kugellagers vergleichen.)

Überhaupt besteht die Neigung zur Wirbelbildung an allen Unstetigkeitsstellen der Strömung oder ihrer Begrenzung. Abb. 162 zeigt die allmähliche Ausbildung eines Wirbelsystems an einer scharfen Kante. In der Bucht hinter der Kante bildet sich ein Totwasser, das gegen die Strömung durch eine Schicht von Wirbeln abgegrenzt ist.

Strömt eine Flüssigkeit oder ein Gas schnell durch eine scharfkantige Öffnung, so bildet sich an dieser ein ringförmig geschlossener Wirbel (Abb. 163). Diese Erscheinung läßt sich mit einem Kasten mit elastischer Rückwand, der vorn eine Öffnung hat, sehr hübsch zeigen, wenn man der Luft im Kasten ein wenig Rauch beimischt. Schlägt man kurz gegen die Rückwand, so bildet sich ein Wirbel und fliegt mit erheblicher Geschwindigkeit mehrere Meter fort, ehe er sich durch Reibung auflöst. Infolge des beigemischten Rauches ist er sichtbar. Die Heftigkeit der Luftzirkulation im Wirbel zeigt die Tatsache, daß eine brennende Kerze, die von dem Wirbel getroffen wird, mit heftigem Zucken erlischt, ausgeblasen wird. Wie man sieht, sind derartige

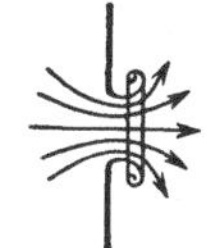

Abb. 163. Wirbelbildung an einer Ausströmungsöffnung. (Nach PRANDTL.)

Ringe sehr beständig. Sie werden nur durch Reibung zerstört, und in einer idealen Flüssigkeit wäre ein einmal gebildeter Wirbel überhaupt unzerstörbar. Allerdings gäbe es dann auch kein Mittel, um einen Wirbel zu erzeugen.

75. Tragflächen. Von der technisch überaus wichtigen Theorie der Tragflächen können wir hier nur das Grundsätzliche anführen. Bewegt sich die Tragfläche eines Flugzeuges durch die Luft oder strömt die Luft an der ruhenden Tragfläche vorbei, wie das bei Modellversuchen geschieht, so bildet sich um die

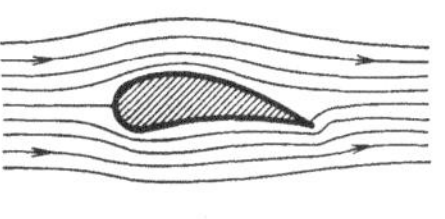 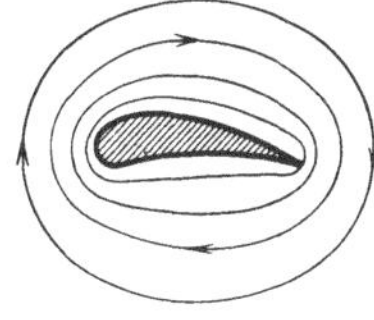 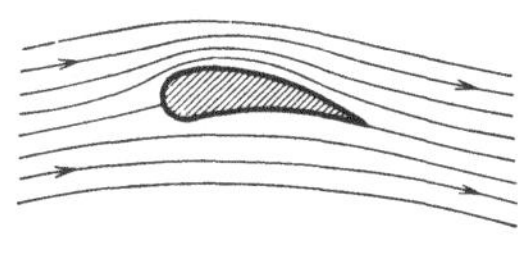

a   b   c

Abb. 164. Zur Theorie der Tragflügel. (Nach PRANDTL.) a Potentialströmung, b Zirkulation, c kombinierte Strömung.

Tragfläche eine Strömung aus, die man als die Überlagerung einer sog. *reinen Potentialströmung* (Abb. 164a) und einer *Zirkulation* (Abb. 164b) ansehen kann, so daß die in Abb. 164c dargestellte Strömung entsteht. In dieser sind die Stromlinien oberhalb der Tragfläche zusammengedrängt, unterhalb der Fläche viel weniger dicht, und daher ist der Luftdruck über dem Flügel nach Gl. (2) geringer als unter dem Flügel. Dieser erfährt also eine nach oben gerichtete Kraft, die man auch als Auftrieb bezeichnet, und die das Flugzeug zum Fliegen befähigt. Das Steigen der Drachen erklärt sich ebenso, auch die treibende Wirkung von Schiffs- und Luftschrauben und die Drehung von Windrädern. Ferner beruht auf der gleichen Ursache die Wirkung der Schiffssegel, der Steuerruder von Luft- und Wasserfahrzeugen und die Tragwirkung der Vogelschwingen beim Segelflug.

Die die Tragfläche ringförmig umströmende Luft (Abb. 164b) besitzt einen Drehimpuls, und dieser kann nach § 35 nicht entstehen, ohne daß gleichzeitig der gleiche Betrag

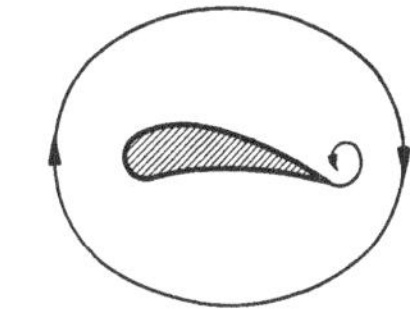

Abb. 165. Anfahrwirbel.

an Drehimpuls von entgegengesetztem Drehsinn auftritt, so daß die Vektorsumme der beiden Drehimpulse verschwindet. Tatsächlich bildet sich beim Anfahren eines Flugzeuges an der Hinterkante des Tragflügels ein *Anfahrwirbel* aus, dessen Drehsinn demjenigen der Zirkulation entgegengerichtet ist (Abb. 165).

76. Zähe Flüssigkeiten. Innere Reibung. Wie bereits gesagt, ist die Voraussetzung völliger Reibungsfreiheit eine Idealisierung, die bei den wirklichen Flüssigkeiten und Gasen nie streng zutrifft. Sie besitzen alle eine *Zähigkeit* oder *Viskosität*, die das Auftreten von *innerer Reibung* in einer strömenden Flüssigkeit bzw. einem Gase zur Folge hat (NEWTON 1687). Die innere Reibung äußert sich darin, daß in einer Flüssigkeit (bzw. einem Gase), in der senkrecht zur Strömungsrichtung ein Geschwindigkeitsgefälle besteht, in der also benachbarte Stromröhren eine verschiedene Geschwindigkeit haben, zwischen diesen Stromröhren eine Kraft wirkt, die den schnelleren Stromfaden verzögert, den langsameren beschleunigt, also einen Ausgleich der Geschwindigkeiten herbeizuführen versucht. Diese Kraft ist erstens der Fläche, in der sich die beiden Stromröhren berühren, proportional. Zweitens ist sie um so größer, je schneller sich die Geschwindigkeit senkrecht zur Strömungsrichtung von Ort zu Ort ändert, je größer also das Geschwindigkeitsgefälle in der zur Grenzfläche senkrechten Richtung ist. Bezeichnen wir die in dieser Richtung liegende Koordinate mit x, so ist das Geschwindigkeitsgefälle gleich dv/dx. Zwischen zwei Strömungen, die sich in der Fläche F berühren, besteht also eine Kraft

$$k = \eta F \frac{dv}{dx} \text{ dyn.} \tag{8}$$

η ist eine für die betreffende Flüssigkeit oder das Gas charakteristische Konstante, der *Koeffizient der inneren Reibung* oder die *Viskosität* oder *Zähigkeit* schlechthin. Ihre Einheit ist 1 *Poise* = 1 dyn · cm^{-2} · sec. Das Verhältnis η/ϱ der Zähigkeit zur Dichte ϱ bezeichnet man als *kinematische Zähigkeit*. In einem Zusammenhang mit der Zähigkeit steht die *Klebrigkeit*, die aber außerdem auch von der Oberflächenspannung abhängt.

Bei den Gasen kann man das Wesen der inneren Reibung in allen Einzelheiten auf Grund der kinetischen Gastheorie verstehen. Sie hat mit der Reibung zwischen festen Flächen nichts als den Namen gemein. In einem ruhenden, gleichmäßig temperierten Gase haben alle Moleküle im Durchschnitt die gleiche Geschwindigkeit, und die Geschwindigkeiten sind über alle Richtungen gleichmäßig verteilt. In einem mit der Geschwindigkeit v strömenden Gase aber überlagert sich der ungeordneten Molekularbewegung die einseitig gerichtete Strömungsgeschwindigkeit. Die Moleküle haben also eine zusätzliche Geschwindigkeit in der Strömungsrichtung. Infolge ihrer ungeordneten Molekularbewegung wechseln nun die Moleküle dauernd zwischen den einzelnen Stromröhren des strömenden Gases hin und her und gelangen dabei aus einer schneller strömenden Röhre in eine langsamer strömende und umgekehrt. Auf diese Weise wird Bewegungsgröße (Impuls) von einer Stromröhre auf die andere übertragen. Die schneller bewegten Stromröhren verlieren durch Abgabe von schnelleren und Aufnahme langsamerer Moleküle Impuls, und umgekehrt erfahren die langsamer bewegten Stromröhren einen Zuwachs an Impuls. Die Geschwindigkeitsunterschiede im strömenden Gase müssen sich also allmählich ausgleichen, wenn nicht von außen her für Aufrechterhaltung des ursprünglichen Zustandes gesorgt wird. Der Übergang des Impulses eines Moleküls auf eine Stromröhre wird dann als vollzogen anzusehen sein, wenn das Molekül mit einem Molekül der betreffenden Stromröhre zusammenstößt. Das stoßende Molekül wird dabei aus einem Bereich kommen, dessen Entfernung von der Stromröhre von der Größenordnung der mittleren freien Weglänge ist. Je größer diese ist, um so größer ist der Unterschied der Geschwindigkeiten. Sei sie in dem Bereich, von dem das Molekül ausgeht, gleich v und in dem um die freie Weglänge λ entfernten Bereich v', so ist nach dem TAYLORschen Satz $v' - v = \lambda dv/dx$, und dieser Größe ist demnach der von dem einen Bereich auf den anderen übertragene Impuls proportional. Jeder

Impulsänderung aber entspricht eine Kraft (§ 20). Es erfahren also die einzelnen Stromröhren eines strömenden Gases beschleunigende oder verzögernde Kräfte, die ebenfalls $\lambda\, dv/dx$ proportional sind. Durch Vergleich mit Gl. (8) erkennt man, daß die innere Reibung η eines Gases seiner freien Weglänge λ proportional sein muß. Ist n die Zahl der Moleküle im Kubikzentimeter, μ die Masse eines Moleküls, also $n\,\mu = \varrho$ die Dichte des Gases, und $\bar{v}$ die mittlere thermische Geschwindigkeit der Gasmoleküle, so ergibt die Theorie, daß

$$\eta = \tfrac{1}{3}\, n\, \mu\, \bar{v}\, \lambda = \tfrac{1}{3}\, \varrho\, \bar{v}\, \lambda \; \text{dyn} \cdot \text{cm}^{-2} \cdot \text{sec.} \tag{9}$$

Diese Gleichung liefert das beste Mittel, um die freien Weglängen in Gasen zu bestimmen. Da nach § 68 die freie Weglänge λ der Dichte ϱ umgekehrt proportional ist, so ist die innere Reibung eines idealen Gases von seiner Dichte unabhängig. Da sie der mittleren Molekulargeschwindigkeit proportional ist, so nimmt sie wie die Wurzel aus der absoluten Temperatur zu (§ 62 und 101).

Die innere Reibung der Flüssigkeiten beruht auf völlig anderen Ursachen. Sie steht in Zusammenhang mit den sehr kleinen Schubkräften, die es auch bei den Flüssigkeiten gibt, die aber — im Gegensatz zu den festen Stoffen — bei ihnen stets in einer sehr kurzen Zeit abklingen. Die innere Reibung der Flüssigkeiten nimmt mit der Temperatur ab. (Vgl. das Verhalten von Schmierölen bei verschiedenen Temperaturen; Winter- und Sommeröl der Kraftwagen.)

Unter den Erscheinungen, bei denen die Zähigkeit eine wesentliche Rolle spielt, sind die Strömungen durch enge Röhren von besonderer Wichtigkeit. Wir betrachten eine Strömung in einer kreiszylindrischen Röhre vom Radius r und in dieser einen axialen zylindrischen Stromfaden vom Radius x (Abb. 166). Am Anfang der Röhre herrsche der Druck p_1, an ihrem Ende der Druck p_2, wobei $p_1 > p_2$. Auf den Stromfaden wirkt infolgedessen in der Strömungsrichtung die Kraft $(p_1 - p_2)\,\pi x^2$. Zweitens wirkt nach Gl. (8) in der Mantelfläche $F = 2\,\pi x l$ der Stromröhre die Kraft $\eta \cdot 2\,\pi x l\, dv/dx$. Da bei einer stationären Strömung bei konstantem Rohrquerschnitt eine Beschleunigung der Flüssigkeit nicht erfolgt, so muß die Summe dieser Kräfte gleich Null sein, also

$$(p_1 - p_2)\,\pi x^2 + \eta \cdot 2\,\pi x l\, \frac{dv}{dx} = 0 \qquad \text{oder} \qquad \frac{dv}{dx} = -\,\frac{p_1 - p_2}{2\,\eta\, l}\, x\,.$$

Bei der Integration dieser Gleichung ist zu beachten, daß die der Rohrwandung anliegende Flüssigkeit *stets an der Wand haftet*, also die Geschwindigkeit $v = 0$ hat. Dann folgt

$$v = \frac{p_1 - p_2}{4\,\eta\, l}\, (r^2 - x^2) \; \text{cm} \cdot \text{sec}^{-1}. \tag{9}$$

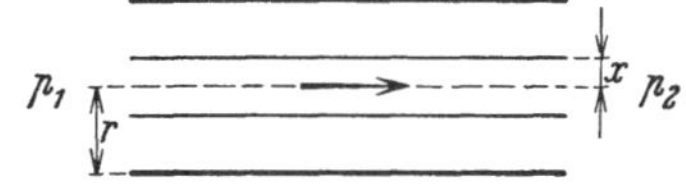

Abb. 166. Zur Ableitung des POISEUILLEschen Gesetzes.

Durch eine weitere Integration findet man hieraus leicht das in der Zeit dt durch jeden Rohrquerschnitt fließende Flüssigkeitsvolumen,

$$dV = \frac{\pi\, r^4}{8\,\eta\, l}\, (p_1 - p_2)\, dt \; \text{cm}^3. \tag{10}$$

Dies Gesetz wurde 1839 von HAGEN, bald danach unabhängig von POISEUILLE gefunden und wird daher als das HAGEN-POISEUILLEsche *Gesetz* bezeichnet. (Vgl. WESTPHAL, „Physikalisches Praktikum", 5. Aufgabe).

Die Verteilung der Geschwindigkeiten in einer engen Röhre ist in Abb. 167 dargestellt. Die Geschwindigkeit nimmt vom Rande nach der Mitte zu. Doch gelten die vorstehenden Gleichungen nur in engen, nicht in weiten Röhren. Aus Gl. (10) folgt, daß die in 1 sec durch die Röhre fließende Flüssigkeitsmenge der längs der Röhre herrschenden Druckdifferenz proportional ist. Das Druckgefälle in einer Röhre zeigt der in Abb. 168 dargestellte, leicht verständliche Versuch. Der Druck ist am linken Ende der Röhre bereits kleiner als der hydrostatische Druck der Flüssigkeit im Gefäß, weil sich der Querschnitt der Strömung schon *im Gefäß* bei Annäherung an dieses Ende verkleinert, so daß die Strömungsgeschwindigkeit v zunimmt und daher der Druck p nach Gl. (2) (mit $h \approx$ const) abnimmt.

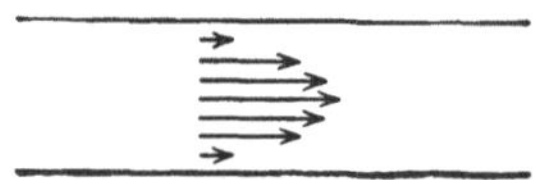

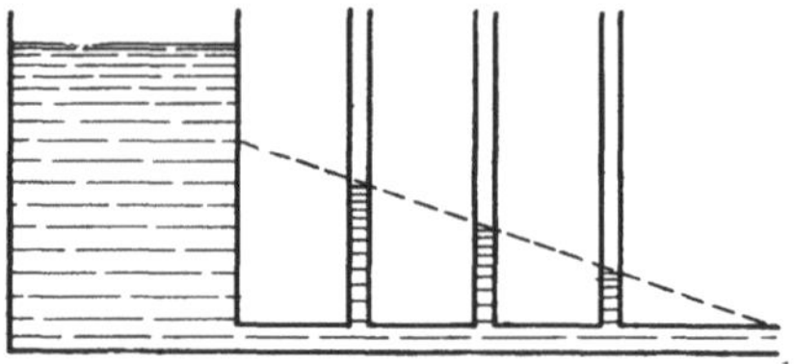

Abb. 167. Strömung einer Flüssigkeit durch ein enges Rohr. Die Pfeile bedeuten die Strömungsgeschwindigkeiten.

Abb. 168. Druckgefälle in einer Röhre.

Das HAGEN-POISEUILLEsche Gesetz gilt aber nur, wenn die Strömung in der Röhre den von uns vorausgesetzten glatten Verlauf hat, eine sog. *laminare* Strömung ist. Bei nicht zu hoher Geschwindigkeit und nicht zu großem Rohrquerschnitt ist das auch der Fall. Sonst aber tritt in der Röhre *Wirbelbildung* ein; die laminare Strömung schlägt in eine *turbulente* Strömung um, auf die unsere obigen Überlegungen nicht zutreffen. Der Strömungswiderstand der Röhre steigt beträchtlich, und die in 1 sec durch die Röhre strömende Flüssigkeitsmenge ist nunmehr nur etwa der Wurzel aus $p_1 - p_2$ proportional.

Jeder Körper, der sich durch eine Flüssigkeit oder ein Gas bewegt, erfährt eine hemmende Kraft. Diese rührt nicht von einer unmittelbaren Reibung des Körpers am umgebenden Medium her. Denn die unmittelbar an den Körper grenzende Schicht haftet, wie wir schon gesagt haben, an ihm, und der auftretende Widerstand rührt von innerer Reibung im umgebenden Medium her. Er hängt, außer von der Art des Mediums, von der Geschwindigkeit und der Gestalt des bewegten Körpers ab. Für eine mit der Geschwindigkeit v bewegte Kugel vom Radius r gilt unter gewissen Bedingungen in einer Flüssigkeit oder einem Gase von der Viskosität η das STOKESsche *Gesetz*, nach dem die Größe des Widerstandes

$$k = 6\pi\eta v r \text{ dyn} \tag{11}$$

beträgt. An dieser Gleichung ist bei Gasen noch eine Korrektion anzubringen, wenn es sich um Kugeln handelt, deren Radius so klein ist, daß er mit der freien Weglänge im Gase vergleichbar wird. (Vgl. WESTPHAL, „Physikalisches Praktikum", 5. Aufgabe).

Allgemein gilt bei nicht zu großer Geschwindigkeit, daß die hemmende Kraft

$$k = \alpha v \text{ dyn,} \tag{12}$$

also der Geschwindigkeit v proportional ist, wobei α eine von der Art der Flüssigkeit oder des Gases und der Gestalt des Körpers abhängige Größe ist. Fällt ein Körper in einem reibenden Medium, so bewirkt im Anfang der Bewegung die Schwerkraft mg, vermindert um den Auftrieb k_a, eine Beschleunigung, also ein Wachsen der Fallgeschwindigkeit, und daher auch ein Anwachsen des Reibungswiderstandes. Es stellt sich aber sehr schnell ein Gleichgewichtszustand derart her, daß die um den Auftrieb verminderte Schwerkraft, $mg - k_a = k'$, durch den Reibungswiderstand kompensiert wird, so daß der Körper nunmehr mit konstanter Geschwindigkeit weiter fällt. Dann ist

$$k = k' = \alpha v \quad \text{oder} \quad v = \frac{k'}{\alpha}.$$

Bei gleichgeformten Körpern wachsen Gewicht mg und Auftrieb k_a, also auch die Kraft k', mit der 3. Potenz ihrer Abmessungen, der Reibungswiderstand

aber nur mit einer kleineren Potenz [s. als Beispiel Gl. (11)]. Darum fallen
kleine Körper langsamer als gleichgeformte größere Körper aus dem gleichen
Stoff. Das Schweben sehr kleiner Teilchen, wie Staub, Tröpfchen usw.,
ist ein sehr langsames Fallen unter der Wirkung der obengenannten Kräfte.

77. Flüssigkeits- und Gasstrahlen. Eine
turbulente Strömung liegt auch vor, wenn
eine Flüssigkeit oder ein Gas mit einer
gewissen Geschwindigkeit aus einer engen
Öffnung in einen weiteren, mit dem gleichen
Stoff erfüllten Raum eintritt. Es bildet sich
dann ein von der Öffnung ausgehender *Strahl*.
Dabei werden die angrenzenden Schichten
von dem Strahl mitgerissen und in den
Strahl mit einbezogen (Abb. 169). Der
Strahl verbreitert sich also, und zwar
nimmt sein Querschnitt proportional der

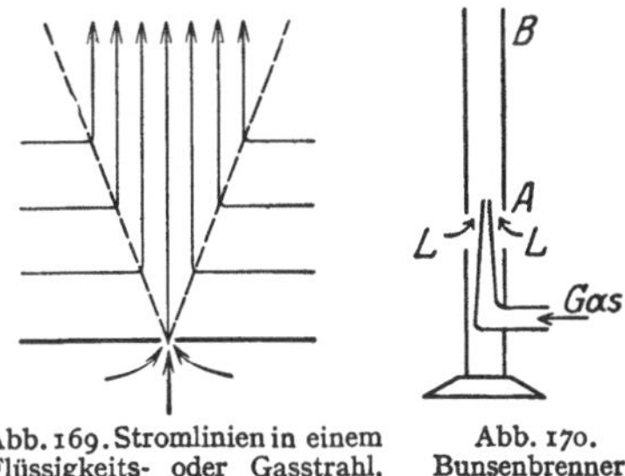

Abb. 169. Stromlinien in einem
Flüssigkeits- oder Gasstrahl.
(Nach Prandtl.)

Abb. 170.
Bunsenbrenner.

Entfernung von der Öffnung zu. Dadurch wächst die Masse m des im Strahl
bewegten Stoffes, und da nach dem Impulssatz (§ 20) die Bewegungsgröße
mv des Strahls erhalten bleibt, so nimmt gleichzeitig die Strahlgeschwindig-
keit v um so mehr ab, je weiter der Strahl sich von der Öffnung entfernt, und
wird in großer Entfernung gleich Null. Der umgebende Stoff wird von den Seiten
in den Strahl hineingerissen, strömt also von allen Seiten her auf ihn zu. Auf
dieser Tatsache beruht das Schweben leichter Körper, z. B. eines Zelluloid-
balles, in einem Luftstrahl. Wird der Ball in den Strahl gebracht, so wird er
durch den Druck des Strahles getragen und durch die allseits zuströmende
Luft am seitlichen Entweichen gehindert. Der Versuch gelingt nicht nur bei
senkrecht aufsteigendem Strahl, sondern auch noch bei einer nicht zu großen
Neigung. In diesem Fall führt der Ball eine Drehbewegung aus, weil er
wegen seiner Schwere ein wenig unterhalb der Strahlachse liegt und seine obere
Hälfte sich in einem Bereich größerer Strömungsgeschwindigkeit befindet als
seine untere Hälfte. (Das bekannte Tanzen eines Balles auf einem Wasser-
strahl erklärt sich ganz anders als die vorstehende Erscheinung.)

Auf der geschilderten Art der Strahlbildung beruht auch der Bunsenbrenner
(Abb. 170). Das aus der Düse A ausströmende Gas reißt von den Seiten her
Luft mit sich und mischt sich mit ihr im Rohr B.

VI. Schwingungen und Wellen. Schall.

78. Schwingungen von Massenpunkten. Wir haben die Schwingungen eines
einzelnen Massenpunktes schon in § 42 behandelt. Da wir im folgenden mit
x, y, z die Ortskoordinaten der Gleichgewichtslage eines schwingenden Massenpunktes bezeichnen wollen, so bezeichnen wir künftig den Momentanwert
der geradlinigen Schwingung eines Massenpunktes, also seine momentane Entfernung von dieser Gleichgewichtslage, mit ξ, seine Schwingungsweite mit
ξ_0. Wir schreiben also nunmehr die Gl. (118) (§ 42) einer ungedämpften, linearen
harmonischen Schwingung in der Gestalt

$$\xi = \xi_0 \sin(\omega t + \alpha) = \xi_0 \sin(2\pi v t + \alpha) = \xi_0 \sin\left(2\pi\frac{t}{\tau} + \alpha\right). \qquad (1)$$

Dabei bedeutet wieder ω die *Kreisfrequenz*, $v = \omega/2\pi$ die *Schwingungszahl*
oder *Frequenz*, $\tau = 1/v$ die *Schwingungsdauer* und α die von der Wahl des Nullpunktes der Zeitskala abhängige *Phasenkonstante*.

Die Schwingung eines Massenpunktes erfolgt aber nur dann nach der einfachen Gl. (1), wenn er unter der Wirkung einer konstanten Richtkraft steht

(§ 42), d. h. wenn die den Massenpunkt in seine Gleichgewichtslage zurücktreibende Kraft seinem jeweiligen Abstande ξ von ihr proportional ist. Es
gibt Fälle, in denen diese Kraft in anderer Weise vom Abstande ξ abhängt.
Auch dann kann eine Schwingung erfolgen, d. h. der Massenpunkt kann eine
periodische Bewegung ausführen, bei der er in gleichen Zeitabständen immer
wieder die gleichen Orte mit gleich großer und gleich gerichteter Geschwindigkeit durchläuft. Es läßt sich beweisen, daß dann die Schwingung als eine Summe
aus — im allgemeinen Fall unendlich vielen — harmonischen *Teilschwingungen*
oder *Partialschwingungen* dargestellt werden kann, deren jede für sich der
Gl. (1) gehorcht. Der Momentanwert ξ läßt sich also dann als eine, im allgemeinen unendliche, FOURIERsche Reihe schreiben,

$$\left. \begin{aligned} \xi = \xi_1 + \xi_2 + \xi_3 + \ldots &= \xi_1^0 \sin(\omega t + \alpha_1) + \xi_2^0 \sin(2\,\omega t + \alpha_2) + \\ + \xi_3^0 \sin(3\,\omega t + \alpha_3) + \ldots &= \sum_{n=1}^{\infty} \xi_n^0 (n\,\omega t + \alpha_n). \end{aligned} \right\} \quad (2)$$

Dabei bedeuten die laufenden *Ordnungszahlen* n die Reihe der positiven ganzen
Zahlen. Die 1. Teilschwingung ($n = 1$) mit der Kreisfrequenz ω, also der
Schwingungszahl $\nu_1 = \omega/2\pi$, heißt die *Grundschwingung*, die weiteren Teil-
schwingungen mit den Kreisfrequenzen 2ω, 3ω, ... sind die *Oberschwingungen*.
Die n-te Teilschwingung ist also identisch mit der $(n-1)$-ten Oberschwingung.
Die Schwingungszahlen $\nu_n = n\,\nu_1 = n\,\omega/2\pi$ sind ganzzahlige Vielfache der
Grundschwingungszahl ν_1. Im übrigen unterscheiden sich die einzelnen Teilschwingungen erstens durch ihre Phasenkonstanten α_n, zweitens durch ihre
Schwingungsweiten ξ_n^0. In den meisten praktischen Fällen nehmen letztere
mit wachsender Ordnungszahl n schnell ab, so daß man die Reihe der Gl. (2)
meist nach wenigen Gliedern abbrechen kann, ohne einen ins Gewicht fallenden
Fehler zu begehen. Abb. 171 stellt eine Schwingung dar, die aus einer Grundschwingung und den beiden ersten Oberschwingungen besteht. Es ist an-
genommen $\xi_1^0 : \xi_2^0 : \xi_3^0 = 6:3:2$. Die beiden dargestellten Fälle unterscheiden sich
durch die Phasenkonstanten. In Abb. 171a ist $\alpha_1 = \alpha_2 = \alpha_3 = 0$, in Abb. 171b
ist $\alpha_1 = 0$, $\alpha_2 = -\pi/2$, $\alpha_3 = +\pi/2$.

79. Fortpflanzung von Störungen. Wellen. Wird ein Massenelement eines
festen, flüssigen oder gasförmigen Stoffes momentan ein wenig aus seiner
natürlichen Ruhelage entfernt, so
wird an jener Stelle das elastische
Gleichgewicht innerhalb des Stoffes gestört. Indem die zwischen
den einzelnen Massenelementen
bestehenden elastischen Kräfte
das Gleichgewicht wieder herzustellen suchen, überträgt sich die
Störung auf die dem verschobenen
Massenelement unmittelbar benachbarten Massenelemente, die
sich ebenfalls aus ihren Ruhelagen
entfernen. Indem diese ihrerseits
die ihnen benachbarten Massenelemente beeinflussen, pflanzt sich
die Störung vom Störungszentrum
aus durch den Stoff fort. Handelt
es sich um eine einmalige, mo-

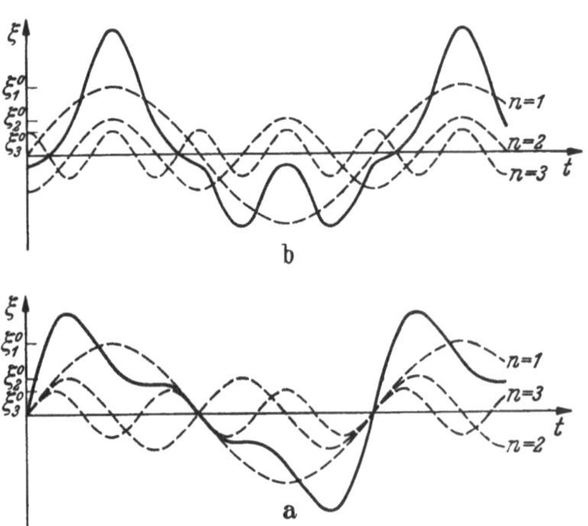

Abb. 171. FOURIER-Zerlegung von Schwingungen.

mentane Störung, so stellt sich das innere Gleichgewicht des Stoffes auf diese
Weise zuerst im Störungszentrum, dann von Ort zu Ort wieder her. Dauert

die Störung im Zentrum an, indem die dort befindlichen Massenelemente in dauernder Bewegung um ihre natürliche Ruhelage gehalten werden, so ergreift sie allmählich den ganzen Stoff. Die Störung durchläuft den Stoff mit einer von seiner Beschaffenheit abhängigen Geschwindigkeit. Eine solche Störung, die sich in einem Stoff ausbreitet, heißt eine *Welle*, der von einer Welle betroffene Bereich ein *Wellenfeld*.

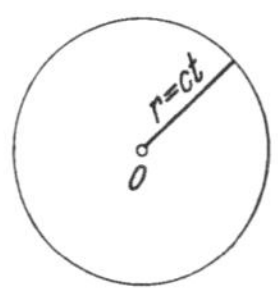

Abb. 172.
Ausbreitung einer
Kugelwelle.

Innerhalb eines homogenen und isotropen Stoffes breitet sich eine Welle nach allen Richtungen vom Störungszentrum mit gleicher *Fortpflanzungsgeschwindigkeit c* aus. Eine in einem bestimmten Zeitpunkt vom Zentrum ausgehende Störung hat also nach der Zeit t die Oberfläche einer Kugel vom Radius $r = ct$ erreicht (Abb. 172). Der zeitliche Verlauf der Störung im Störungszentrum werde durch die Gleichung $\xi = f(t)$ als Funktion der Zeit t dargestellt. Dann treten die einzelnen Zustände, die jeweils durch die einzelnen Phasen der primären Störung im Zentrum bedingt werden, in den Punkten einer solchen Kugelfläche um die Zeit r/c später ein als im Zentrum. Es entspricht also der jeweilige Zustand in den Punkten der Kugelfläche vom Radius r im Zeitpunkt t dem Zustand im Störungszentrum O im Zeitpunkt $t - r/c$. Demnach wird der Zustand im Abstande r vom Zentrum durch die Gleichung

$$\xi = \gamma \cdot f\left(t - \frac{r}{c}\right) \tag{3}$$

dargestellt. Der Faktor γ trägt dem Umstande Rechnung, daß der Betrag der Störung vom Abstande vom Zentrum abhängt und außerdem in verschiedenen Richtungen verschieden sein kann.

Demnach sind die Zustände in den einzelnen Punkten eines Wellenfeldes zeitlich verschobene (und in ihrem Betrage verkleinerte) Abbilder der Zustände im Störungszentrum. Greifen wir im Wellenfelde eine Gesamtheit von Punkten heraus, deren momentane Zustandsphasen durch die gleiche — einem bestimmten Zeitpunkt angehörige — Phase der Störung im Zentrum bedingt werden, so sind diese Punkte unter sich alle in gleicher Störungsphase. In einem homogenen Stoff liegen sie auf einer geschlossenen Fläche um das Zentrum. Eine solche Fläche, in der überall gleiche Störungsphase besteht, heißt eine *Wellenfläche*. In einem homogenen und isotropen Stoff sind es Kugelflächen, und man spricht in diesem Falle von *Kugelwellen*. Durch geeignete Reflexion einer Kugelwelle kann man ihre Wellenflächen in Ebenen verwandeln. Eine solche Welle mit ebenen Wellenflächen heißt eine *ebene Welle*. Ebenso wie man die in Wirklichkeit gekrümmte Oberfläche eines kleinen Gewässers auf der Erde meist mit ausreichender Genauigkeit als eben ansehen kann, so kann man oft auch einen kleinen Ausschnitt aus einer Kugelwelle mit kleinem Öffnungswinkel wie eine ebene Welle betrachten (Abb. 173). Das ist insbesondere dann der Fall, wenn es sich um einen kleinen

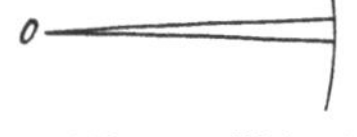

Abb. 173. Kleiner
Ausschnitt aus einer
Kugelwelle als ebene
Welle.

Raumbereich eines Wellenfeldes in großer Entfernung vom Zentrum handelt. Die zu den Wellenflächen senkrechten Kurven heißen *Wellennormalen*. Bei einer Kugelwelle sind sie Radien der Kugel, bei ebenen Wellen parallele Gerade.

Zur Verursachung der Störung im Zentrum müssen die dort befindlichen Massenelemente durch eine an ihnen angreifende Kraft gegen die ihr Gleichgewicht bedingenden Kräfte aus ihrer Ruhelage entfernt werden. Es muß also an ihnen Verschiebungsarbeit gegen diese elastischen Kräfte geleistet werden, durch die die potentielle Energie der Massenelemente erhöht wird. Diese Energie geht mit dem Fortschreiten der Störung auf die benachbarten

Massenelemente über und überträgt sich so von Ort zu Ort durch den Stoff. Mit der Ausbreitung der Störung ist also ein Wandern von Energie durch den Stoff verbunden. In jedem Wellenfelde besteht ein vom Störungszentrum ausgehender *Energiestrom*. Auf diese Weise kann die vom Störungszentrum ausgehende Energie an entfernten Orten wirksam werden. So kann eine von einem schwingenden Körper ausgehende Schallwelle unser Trommelfell in Bewegung versetzen. Bei ausreichender Stärke können Störungswellen sogar sehr starke Wirkungen bis in große Entfernungen ausüben (Explosionswellen, Erdbebenwellen).

Geht innerhalb der Zeit dt und innerhalb eines räumlichen Winkels Ω vom Zentrum die Energie $dE = \Phi \Omega \, dt/4\pi$ aus, so ist $\Phi \Omega/4\pi$ die in 1 sec innerhalb dieses Winkels ausgesandte Energie und heißt die *Energiestromstärke* im Winkel Ω. Der Winkel Ω begrenzt auf einer mit dem Radius r um das Zentrum beschriebenen Kugelfläche eine Fläche $F = r^2 \Omega$ (§ 5). Durch jedes cm² dieser Fläche tritt also bei geradliniger Ausbreitung in 1 sec die Energie

$$ j = \frac{\Phi \Omega}{4 \pi F} = \frac{\Phi}{4 \pi r^2} \, . \tag{4} $$

j heißt die *Energiestromdichte* in der Fläche F. Sie ist dem Quadrat des Abstandes vom Zentrum umgekehrt proportional *(Entfernungsgesetz)*. Ist Φ von der Richtung unabhängig, sendet also das Zentrum Energie nach allen Richtungen in gleicher Stärke aus, so ist Φ die gesamte vom Zentrum in 1 sec ausgesandte Energie, da $4 \pi r^2$ die gesamte Oberfläche der Kugel ist.

Wir haben bisher angenommen, daß die Störungsenergie auf ihrem Wege durch den Stoff keine Änderungen erfährt. Meist aber findet eine allmähliche Umwandlung der Energie in andere Energieformen längs ihres Weges statt, insbesondere in Wärme. Dieser Vorgang heißt *Absorption*. Er bewirkt eine Abnahme der Energiestromstärke mit der Entfernung vom Zentrum. In vielen Fällen, besonders bei rein harmonischen Wellen in homogenen Stoffen, gehorcht die Absorption einem einfachen Gesetz: Die Abnahme $d\Phi$ der Größe Φ längs eines Weges dx ist dem örtlichen Betrage von Φ und der Weglänge dx proportional,

$$ d\Phi = -\beta \Phi \, dx. \tag{5} $$

Ist im Punkte $x = 0$ $\Phi = \Phi_0$, so lautet die Lösung dieser Gleichung

$$ \Phi = \Phi_0 \, e^{-\beta x}. \tag{6} $$

β heißt der *Absorptionskoeffizient* des Stoffes für die betreffende Störung.

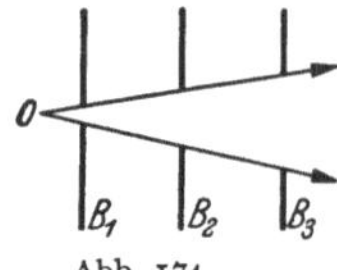

Abb. 174.
Zur Definition der Bahn der Energie in einer Welle.

80. Strahlen. Wir greifen aus einer Kugelwelle einen Kegel von sehr kleinem Öffnungswinkel heraus (Abb. 174). Lassen wir die Größe dieses Öffnungswinkels unbeschränkt abnehmen, so schrumpft der Kegel mehr und mehr in eine Gerade zusammen, die der Wellennormalen in jenem Bereich entspricht. Ein solches gedachtes Wellengebilde von unendlich kleinem Öffnungswinkel heißt ein *Strahl*. Eine Welle von endlichem Öffnungswinkel kann aus unendlich vielen Strahlen zusammengesetzt gedacht werden. Die Gesamtheit der einen Kegel von endlichem Öffnungswinkel erfüllenden Strahlen heißt ein *Strahlenbüschel,* eine Gesamtheit von parallelen Strahlen ein *Strahlenbündel*. Eine ebene Welle kann als aus Strahlenbündeln zusammengesetzt gedacht werden.

Obgleich man die einzelnen Energieanteile, die sich von einem Zentrum aus innerhalb eines Mediums ausbreiten, nicht identifizieren, d. h. nicht nach einiger Zeit individuell wiedererkennen kann, wie es bei materiellen Körpern der Fall wäre, und obgleich man demnach den Weg, den die Energie in einem

Wellenfelde nimmt, nicht von Ort zu Ort verfolgen kann, so kann man doch der Aussage, daß sich die Energie längs bestimmter Wege ausbreitet, einen vernünftigen Sinn beilegen. Blendet man aus einer Welle durch eine Blende B_1 (Abb. 174) einen Kegel aus, so kann man die Begrenzung des Wellenfeldes im weiteren Verlauf durch Anbringung weiterer Blenden B_2, B_3 usw., die die Ausbreitung der Welle gerade nicht mehr stören, ermitteln. In homogenen Medien ergibt sich dann, daß eine Ausbreitung nur innerhalb des durch das Zentrum und die erste Blende definierten Kegels stattfindet. (Von Beugungserscheinungen sehen wir hier ab.) Indem wir die erste Blende beliebig verkleinert denken, schrumpft der Kegel zum Strahl zusammen. Wir dürfen daher so verfahren, als breite sich die Energie auch innerhalb einer Welle von endlichem Öffnungswinkel längs der Strahlen aus, aus denen wir die Welle zusammengesetzt denken können.

Hiernach findet in homogenen Medien eine *geradlinige Fortpflanzung* der Energie in einer Welle statt, und zwar in Richtung der mit den Wellennormalen identischen Strahlen. In inhomogenen Medien, deren Beschaffenheit sich von Ort zu Ort ändert, sind die Strahlen im allgemeinen gekrümmt. Bei sprunghafter Änderung der Beschaffenheit, an der Grenze zweier verschiedener Medien, findet auch eine sprunghafte Richtungsänderung der Strahlen statt (Reflexion, Brechung). In anisotropen Stoffen fallen die als Bahnen der Energie definierten Strahlen im allgemeinen nicht mit den Wellennormalen zusammen.

Der Begriff des Strahles findet seine wichtigste Anwendung bei den Lichtwellen, die mit den hier betrachteten mechanischen Wellen nur in einem formalen Zusammenhang stehen. Aber auch bei den mechanischen Wellen ist seine Anwendung oft nützlich. Zum Beispiel findet bei den Schallwellen der Begriff des *Schallstrahls* im obigen Sinne häufig Verwendung.

81. Oberflächenwellen. Unter den verschiedenen Wellenarten beanspruchen die *periodischen Wellen* ein besonderes Interesse. Das sind Wellen, die durch eine periodische, d. h. in gleichen Zeitabständen sich ständig wiederholende Störung verursacht werden.

Der allgemeine Begriff der Welle ist von den *Wasserwellen* bzw. den *Oberflächenwellen* von Flüssigkeiten überhaupt abgeleitet. Da an ihnen gewisse grundlegende Begriffe besonders anschaulich verständlich werden, so wollen wir mit ihrer Behandlung beginnen. Die Wasserbewegung in einer Wasserwelle besteht in einer kreisenden Bewegung der Wasserteilchen in der Nähe der Wasseroberfläche. Betrachten wir den Zustand in einer Welle in einem bestimmten Augenblick, so sind die in Richtung der Wellenfortpflanzung auf-

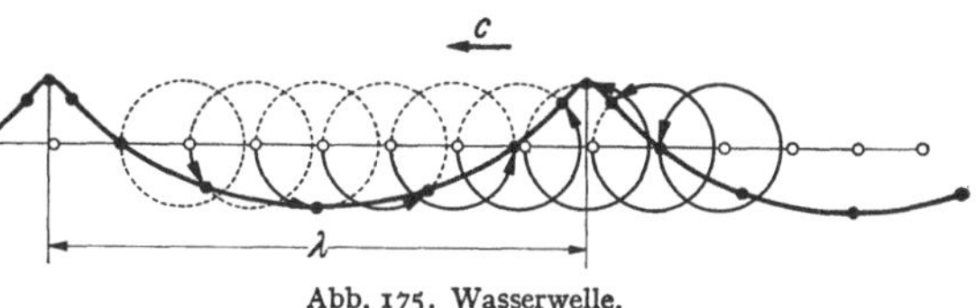

Abb. 175. Wasserwelle.

einanderfolgenden Teilchen in ihrer Kreisbewegung um so weiter fortgeschritten, je näher sie dem Ursprung der Welle sind. Denn um so eher werden sie ja von jeder Störungsphase erfaßt (Abb. 175). Auf den Wellenbergen bewegen sich die Wasserteilchen in Richtung der *Wellengeschwindigkeit c*, in den Wellentälern ihr entgegen. Der Abstand zweier aufeinanderfolgender Wellenberge oder Wellentäler, überhaupt zweier aufeinanderfolgender Punkte, in denen sich die Wasserteilchen im gleichen Schwingungszustand befinden, also ihre Phasen sich um 2π unterscheiden, heißt die *Wellenlänge* λ. Die Winkelgeschwindigkeit der Wasserteilchen beträgt u, also ihre Umlaufszeit auf dem Kreise $\tau = 2\pi/u$. Diese ist gleich der Zeit, in der sich ein Wellenberg um eine Wellenlänge fortbewegt. Es ist also $\tau = \lambda/c$ und demnach

$$\lambda = \frac{2\pi c}{u}. \tag{7}$$

Es ist zweckmäßig, den Zustand in der Welle in einem Koordinatensystem zu betrachten, das sich mit der Fortpflanzungsgeschwindigkeit c der Welle in der Wellenrichtung bewegt. In diesem System ruhen die Wellenberge und Wellentäler an ihren Orten, und die — in einem ruhenden Koordinatensystem als Ganzes ruhende — Flüssigkeit strömt in ihm als Ganzes mit der Geschwindigkeit $-c$. In einem relativ zur Flüssigkeit ruhenden System ist die Bahngeschwindigkeit eines rotierenden Flüssigkeitsteilchens ru, wenn r sein Bahnradius ist, oder nach Gl. (7) gleich $2\pi rc/\lambda$. Im bewegten System beträgt sie daher

$$\begin{aligned} \text{auf den Wellenbergen } \quad v_1 &= -c + \frac{2\pi r c}{\lambda}, \\ \text{in den Wellentälern } \quad v_2 &= -c - \frac{2\pi r c}{\lambda}. \end{aligned} \tag{8}$$

Da die Flüssigkeit im bewegten System ihre Gestalt an allen Orten unverändert beibehält, besteht in ihm eine stationäre Flüssigkeitsströmung, deren Stromfäden von den kreisenden Flüssigkeitsteilchen gebildet werden, und auf die wir die BERNOULLIsche Gleichung [§ 72, Gl. (2)] anwenden können. Der Druck p ist auf den Wellenbergen und in den Wellentälern, überhaupt auf der ganzen Oberfläche, der gleiche, nämlich der Luftdruck. Die Höhe h wollen wir vom ungestörten Wasserniveau ab rechnen. Sie beträgt dann im Wellental $-r$, auf dem Wellenberg $+r$, wenn r der Bahnradius der Oberflächenteilchen ist. Dann ergibt die auf diese Stellen angewandte BERNOULLIsche Gleichung

$$\tfrac{1}{2}\varrho\, v_1^2 + p + \varrho\, g\, r = \tfrac{1}{2}\varrho\, v_2^2 + p - \varrho\, g\, r$$

oder mit Rücksicht auf Gl. (8)

$$v_1^2 - v_2^2 = 4\, g\, r = \frac{8\pi r c^2}{\lambda}.$$

Hieraus und aus Gl. (7) folgt

$$c = \sqrt{\frac{g\lambda}{2\pi}} = \frac{g}{u}\ \text{cm}\cdot\text{sec}^{-1} \quad \text{oder} \quad \lambda = \frac{2\pi c^2}{g} = \frac{2\pi g}{u^2}\ \text{cm}. \tag{9}$$

Es hängt von der Art der Erregung der Welle ab, ob wir die Geschwindigkeit c oder die Kreisfrequenz u als primär gegeben anzusehen haben. Die gewöhnlichen. Wasserwellen sind durch hinüberstreichenden Wind erregt, und ihre Geschwindigkeit ist durch die Windgeschwindigkeit bestimmt. In diesem Fall sind also λ und u Funktionen von c gemäß Gl. (9). Wird hingegen die Welle durch eine der Oberfläche an irgendeiner Stelle aufgezwungene Schwingung von der Frequenz v, also der Kreisfrequenz $2\pi v$ erregt (§ 42), so ist $u = 2\pi v$ primär gegeben, und c und λ ergeben sich aus Gl. (9) als Funktionen von u bzw. v. Wird eine Welle durch einen in die Flüssigkeit geworfenen Körper erregt, so ist ebenfalls die Frequenz primär gegeben. Sie ist gleich der Frequenz, mit der die durch den Körper hervorgerufene Eindellung der Oberfläche wieder in den normalen Oberflächenzustand einschwingt, und im wesentlichen durch die Abmessungen des Körpers bestimmt. An den Gl. (9) ist bemerkenswert, daß sie weder von der Art der Flüssigkeit (z. B. von ihrer Dichte) noch von der Wellenhöhe abhängen. (Bei sehr großer Wellenhöhe trifft allerdings die vorstehende einfache Theorie nicht zu, und die Geschwindigkeit wird dann auch von der· Höhe abhängig.)

Wellen der vorstehenden Art, für deren Zustandekommen die Schwerkraft maßgebend ist, heißen *Schwerewellen*. Der Einfluß der Schwerkraft besteht darin, daß sie die gestörte Flüssigkeitsoberfläche wieder horizontal zu stellen sucht, also die Richtkraft für die Schwingung der Flüssigkeitsteilchen liefert. Im gleichen Sinne wirkt aber auch die Oberflächenspannung (§ 60). Wird auch sie berücksichtigt, so tritt an die Stelle der Gl. (9) die Gleichung

$$c = \sqrt{\frac{g\lambda}{2\pi} + \vartheta\,\frac{2\pi}{\varrho\lambda}}\ \mathrm{cm}\cdot\mathrm{sec}^{-1},\tag{10}$$

wobei ϑ die Kapillaritätskonstante der Flüssigkeit ist. Bei langen Wellen überwiegt das der Gl. (9) entsprechende erste Glied weitaus, bei kurzen Wellen aber das zweite. Für diese *Kräusel-* oder *Kapillarwellen* geht daher die Gl. (10) in die Gleichung

$$c = \sqrt{\frac{2\pi\vartheta}{\varrho\lambda}}\ \mathrm{cm}\cdot\mathrm{sec}^{-1}\tag{11}$$

über. Das sind die kleinen Wellen, die man auf Wasserflächen bei ganz schwachen Winden oder beim leichten Anstoßen eines Wasserglases beobachtet. Nach Gl. (10) hat die Wellengeschwindigkeit ein Minimum bei der Wellenlänge $\lambda = 2\pi\sqrt{\vartheta/\varrho g}$. Ihr entsprechender kleinster möglicher Wert beträgt $c = \sqrt[4]{4\vartheta g/\varrho}$ Diese *kritische Geschwindigkeit* beträgt z. B. beim Wasser rund $23\ \mathrm{cm}\cdot\mathrm{sec}^{-1}$ die entsprechende Wellenlänge 1,7 cm.

Die Wellenbewegung erstreckt sich bis in eine gewisse, von der Wellenhöhe abhängige Tiefe unter der Oberfläche. In flachem Wasser kann sie bis auf den Grund reichen. Ist das der Fall, so erfahren die Wasserteilchen in den Wellentälern am Grunde eine Hemmung, und das Fortschreiten der Welle wird an ihrer Basis verzögert, während die Wellenberge noch ungestört fortschreiten. Sie beginnen daher, die Wellentäler zu überholen und überschlagen sich schließlich. Hierauf beruht die *Brandung* im flachen Wasser.

Schwerewellen treten auch an der Grenze zweier Luftschichten von verschiedener Temperatur auf, wenn sie übereinander hinweggleiten (HELMHOLTZ-*sche Luftwogen*). Sie sind oft an den gerippten Wolkengebilden kenntlich, von denen sie begleitet sind.

82. Räumliche periodische Wellen. Bei der Betrachtung räumlicher Wellen beschränken wir uns auf ebene Wellen. Die Übertragung auf Wellen mit gekrümmten Wellenflächen kann immer leicht vollzogen werden. Wir greifen einen Punkt im Felde einer in der positiven x-Richtung fortschreitenden ebenen, harmonischen Welle heraus und bezeichnen seine Koordinate mit $x = 0$. Unsere Zeitskala wählen wir so, daß hier die Phasenkonstante α verschwindet und die Schwingung durch die Gleichung $\xi = \xi_0 \sin\omega t = \xi_0 \sin 2\pi\nu t$ dargestellt wird. In einem um die Strecke x von diesem Punkt entfernten zweiten Punkt wird daher die Schwingung nach Gl. (3) durch die Gleichung

$$\xi = \xi_0 \sin\omega\left(t - \frac{x}{c}\right) = \xi_0 \sin 2\pi\nu\left(t - \frac{x}{c}\right)\tag{12}$$

dargestellt. (Wir nehmen an, daß keine Absorption der Welle stattfindet, und daß daher die Schwingungsweite ξ_0 vom Orte x unabhängig ist.) Zwei Punkte mit den Koordinaten x_1 und x_2 (Abb. 176) befinden sich dann *zu jeder Zeit t* im gleichen Schwingungszustand, wenn ihre Phasendifferenz ein ganzzahliges Vielfaches von 2π also gleich $2n\pi$ ist (n positive oder negative ganze Zahl), d. h. wenn $2\pi\nu\,(t - x_1/c) - 2\pi\nu\,(t - x_2/c) = 2n\pi$ oder $x_2 - x_1 = nc/\nu$ ist. Demnach haben zwei aufeinander folgende Punkte von gleichem Schwingungszustand, z. B. zwei benachbarte Maxima $+\xi_0$ oder Minima $-\xi_0$ den Abstand $x_2 - x_1 = c/\nu$. Dieser Abstand

$$\lambda = \frac{c}{\nu} = 2\pi\,\frac{c}{\omega} = c\,\tau\ \mathrm{cm}\tag{13}$$

heißt die *Wellenlänge* der Welle, wie der Abstand zweier Wellenberge bei einer Oberflächenwelle. Sie ist bei gegebener Wellengeschwindigkeit c um so kleiner, je größer die Schwingungszahl ν ist. Längs einer Wellenlänge kommen alle möglichen Schwingungszustände einmal vor. (Alle einzelnen Beträge des Momentanwertes kommen zweimal vor. Diese Punkte werden aber momentan jeweils in entgegengesetzter Richtung durchlaufen.)

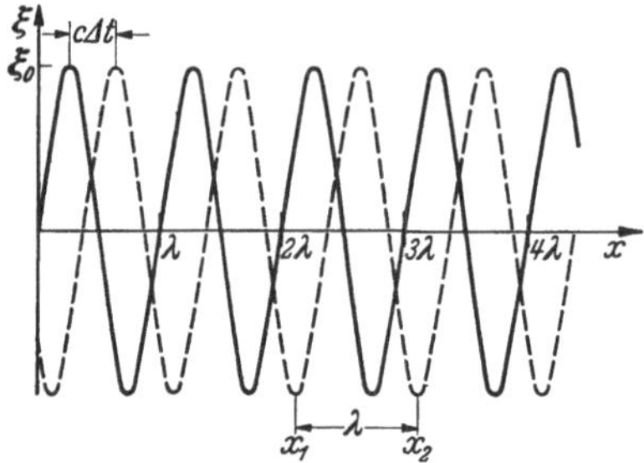

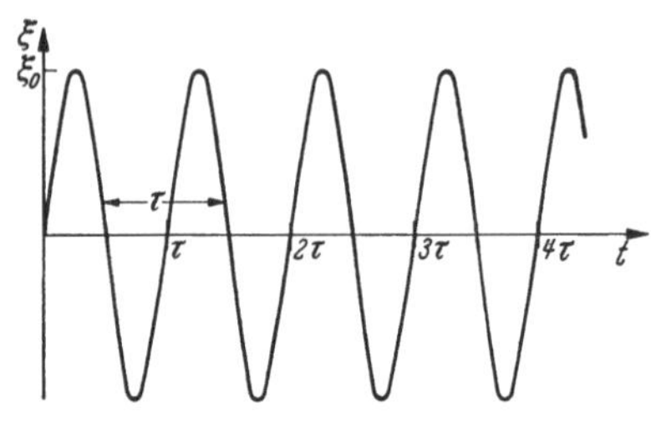

Abb. 176. Momentanwerte der Schwingungen in einer Welle als Funktion des Ortes in einem bestimmten Zeitpunkt t und zur Zeit $t + \Delta t$.

Abb. 177. Momentanwerte der Schwingungen in einer Welle als Funktion der Zeit t an einem bestimmten Ort.

Abb. 176 gibt eine graphische Darstellung der Momentanwerte ξ in einer Welle als Funktion des Ortes x in einem bestimmten Zeitpunkt t (ausgezogen) und in einem um die Zeit Δt späteren Zeitpunkt $t + \Delta t$ (gestrichelt). Während der Zeit Δt hat sich die Welle um die Strecke $c\Delta t$ in der x-Richtung verschoben. Abb. 177 zeigt die Welle als Funktion der Zeit t in einem bestimmten Punkte x. (Abb. 177 ist mit Abb. 99a identisch, da auch sie eine ungedämpfte Schwingung eines Massenpunktes darstellt.) Die beiden Kurven gleichen einander vollkommen. Dies ist ein Beispiel für den häufig vorkommenden Fall, daß ein gleichzeitiges räumliches Nebeneinander ein getreues Abbild des zeitlichen Nacheinander ist. In Abb. 176 ist der Abstand zweier benachbarter Punkte von gleichem Schwingungszustand die Wellenlänge λ, in Abb. 177 die Schwingungsdauer τ.

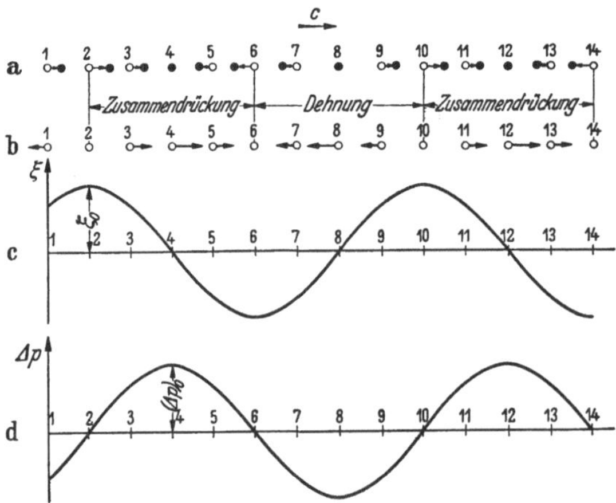

Abb. 178. a momentane Verschiebung, b momentane Geschwindigkeit der Massenteilchen in einer longitudinalen Welle, c graphische Darstellung der momentanen Verschiebung, d der momentanen Druckänderung.

83. Longitudinale Wellen.

Man hat zwei verschiedene Arten von Wellen zu unterscheiden, je nach der Richtung, in der die Massenteilchen gegenüber der Fortpflanzungsrichtung der Welle schwingen. Bei den *longitudinalen Wellen* führen die Massenteilchen Hin- und Herschwingungen *in Richtung* der Wellenfortpflanzung aus, bei den *transversalen Wellen senkrecht* zu ihr. Bei den longitudinalen Wellen liegt also die Verschiebung ξ in der Wellennormalen. In Abb. 178a sind die momentanen Verschiebungen ξ äquidistanter Massenteilchen aus ihrer Gleichgewichtslage in einer longitudinalen Welle dargestellt. Man sieht, daß der Stoff, in dem die Welle verläuft, in gewissen Bereichen, deren Breite gleich einer halben Wellenlänge ist, zusammengedrückt und in gleich breiten Bereichen gedehnt ist. In Abb. 178b sind die momentanen Geschwindigkeiten $v = d\xi/dt = \xi_0 \omega \cos \omega (t - x/c)$ durch Pfeile angedeutet. In den zusammengedrückten Bereichen bewegen sich die Massenteilchen in Richtung der Wellenfortpflanzung, in den gedehnten Bereichen ihr entgegen. In ersteren herrscht ein erhöhter, in letzteren ein erniedrigter Druck. Die Druckänderungen Δp sind gegenüber den Verschiebungen ξ um $\pi/2$ in Phase verschoben, wie ein Vergleich der Abb. 178c und d zeigt.

Zur Berechnung der Geschwindigkeit c, mit der sich eine longitudinale Welle in einem Stoff vom Elastizitätsmodul E und der Dichte ϱ ausbreitet, betrachten wir in Abb. 179 einen nach rechts beliebig ausgedehnten Stab vom Querschnitt q. Zur Zeit $t = 0$ beginne an seiner linken Endfläche eine konstante Kraft k zu wirken. Nach der Zeit t hat sich die Endfläche um eine Strecke $\Delta l = vt$ nach rechts verschoben, wenn v die Geschwindigkeit ihrer Verschiebung ist. Gleichzeitig hat sich im Stab eine Verdichtungswelle fortgepflanzt,

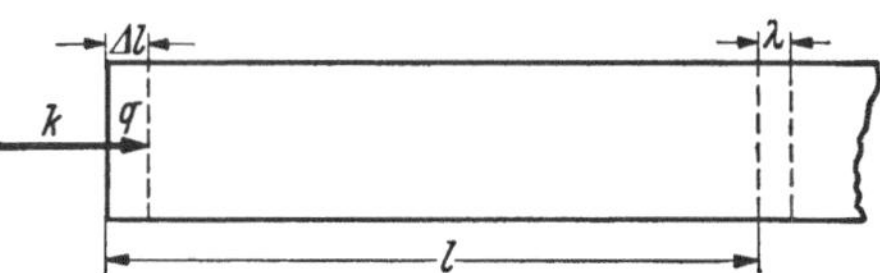

Abb. 179. Zur Ableitung der Newtonschen Gleichung.

deren Kopf sich zur Zeit t in der Entfernung $l = ct$ vom Ausgang befindet. Das ganze Stabstück von der Länge l ist jetzt von der Zusammendrückung erfaßt und bewegt sich mit der Geschwindigkeit v nach rechts, während der Rest des Stabes von der Zusammendrückung und Bewegung noch nicht erfaßt ist. Dabei setzen wir voraus, daß $v < c$ ist.

Durch die Kraft k ist das Stabstück von der Länge l um die Strecke Δl verkürzt worden. Nach dem Hookeschen Gesetz, § 52, Gl. (2), gilt daher

$$k = qE \frac{\Delta l}{l} = qE \frac{v}{c}. \tag{14a}$$

In der auf den Zeitpunkt t folgenden Zeit τ wandert der Wellenkopf um die Strecke $\lambda = c\tau$ weiter, und es wird eine zusätzliche Masse $m = \varrho q \lambda = \varrho q c \tau$ auf die Geschwindigkeit v beschleunigt. Die Beschleunigung beträgt also $b = v/\tau$. Die bereits vorher bewegten Teile des Stabes erfahren keine weitere Beschleunigung. Daher ist ferner

$$k = mb = \varrho q c \tau \frac{v}{\tau} = \varrho q c v. \tag{14b}$$

Durch Gleichsetzung von Gl. (14a) u. (14b) ergibt sich $E/c = \varrho c$ oder

$$c = \sqrt{\frac{E}{\varrho}} \ \mathrm{cm \cdot sec^{-1}} \tag{15a}$$

(Newtonsche Gleichung).

Diese Gleichung gilt grundsätzlich für alle Stoffe, unabhängig von ihrem Aggregatzustand. Bei den Flüssigkeiten tritt an die Stelle von E der Kompressionsmodul χ (§ 59). Bei den Gasen könnte man nach § 67 vermuten, daß der Druck p an die Stelle des Elastizitätsmoduls E zu treten hätte. Tatsächlich ist, wie wir in § 108 begründen werden, an Stelle von E das Produkt $p\varkappa$ aus dem Druck p und der Größe $\varkappa = c_p/c_v$ zu setzen, das für einatomige ideale Gase 1,67, für zweiatomige 1,40 und für drei- und mehratomige 1,33 beträgt. Bei den Gasen ist also

$$c = \sqrt{\frac{p\varkappa}{\varrho}} \ \mathrm{cm \cdot sec^{-1}}. \tag{15b}$$

Statt p/ϱ können wie bei einem idealen Gase nach § 103 auch schreiben $p/\varrho = p V_s = R T/M$ (V_s spezifisches Volumen, T absolute Temperatur, M Molekulargewicht, R universelle Gaskonstante). Dann folgt

$$c = \sqrt{\frac{RT}{M}\,\varkappa}\;\; \text{cm} \cdot \text{sec}^{-1}. \tag{15c}$$

Die Wellengeschwindigkeit hängt also in einem idealen Gase nur von der Temperatur, nicht vom Druck ab. Führen wir statt T die Celsiustemperatur t ein, $T = t + 273°$ (§ 100), und ist c_0 die Geschwindigkeit bei 0° C, so ergibt eine einfache Umrechnung

$$c = c_0 \sqrt{1 + \frac{t}{273}}\;\; \text{cm} \cdot \text{sec}^{-1}. \tag{16}$$

Da auch der Schall ein Wellenvorgang ist, dessen Geschwindigkeit durch die

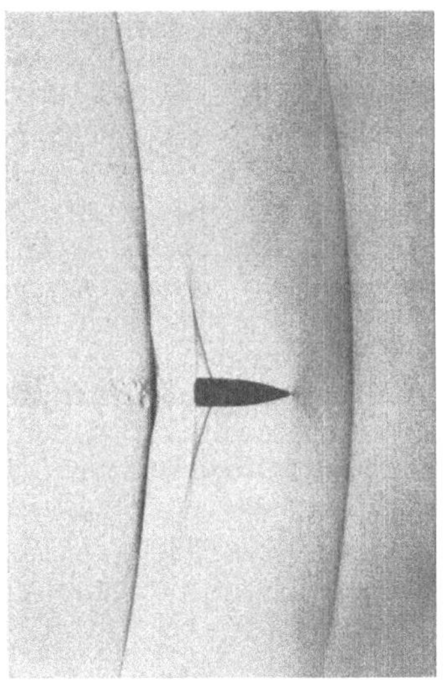

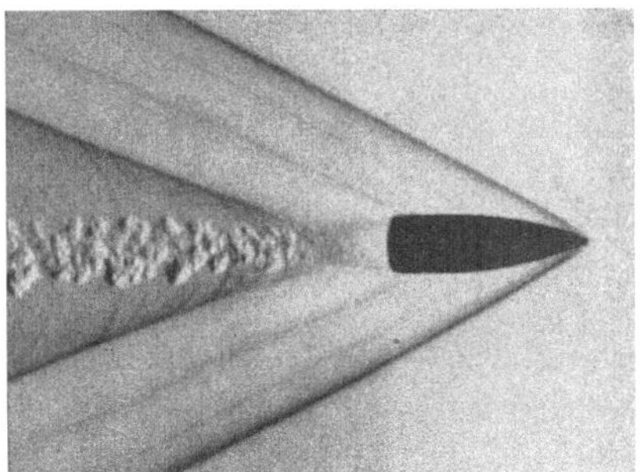

Abb. 180. Kopfknallwelle eines Geschosses. (Nach CRANZ.)

Abb. 181. Ablösung der Knallwelle vom Geschoß. (Nach CRANZ.)

obigen Gleichungen gegeben ist, so bezeichnet man die longitudinale Wellengeschwindigkeit c oft auch als die *Schallgeschwindigkeit*. Bei $t = 0°$ C beträgt sie in Luft 33150 cm · sec^{-1}, bei 20° C rund 34000 cm · sec^{-1}. (Vgl. WESTPHAL, „Physikalisches Praktikum", 2. Aufl., 16. Aufgabe.)

Longitudinale Wellen können in allen Arten von Stoffen auftreten. Man kann sie in der Luft und andern Gasen mit der *Schlierenmethode* (TÖPLER, CRANZ) sichtbar machen. Diese beruht darauf, daß die Verdichtungen und Verdünnungen in der Welle Inhomogenitäten des Gases und damit örtliche Änderungen des optischen Brechungsindex hervorrufen. Abb. 180 zeigt eine nach diesem Verfahren hergestellte Aufnahme der Kopfknallwelle eines Infanteriegeschosses, d. h. der von der Bewegung der Geschoßspitze erzeugten Druckwelle. Am Geschoßschwanz entsteht ein luftverdünnter Raum, an den sich wiederum eine Verdünnungswelle anschließt. Wenn die Geschoßgeschwindigkeit durch Luftreibung kleiner als die Schallgeschwindigkeit geworden ist, lösen sich beide Wellen vom Geschoß ab (Abb. 181). Bei sehr großer Knallstärke treten Abweichungen von der Gl. (15c) ein.

84. Transversale Wellen. Polarisation. Wellen bei denen die Massenteilchen senkrecht zur Wellenfortpflanzung schwingen, heißen *transversale Wellen*. Im einfachsten Falle bewegen sich dabei die Teilchen innerhalb eines Strahls auf parallelen, zur Fortpflanzungsrichtung senkrechten *Geraden*, also in der gleichen Ebene. Eine solche Welle heißt *linear polarisiert* (Abb. 182b). Erfolgt die Bewegung der einzelnen Teilchen aber in einer zur Fortpflanzungsrichtung senkrechten *Ebene,* so kann man die Welle in zwei senkrecht zueinander linear polarisierte Wellen zerlegen, die sich in isotropen Stoffen mit gleicher, in anisotropen Stoffen mit verschiedener Geschwindigkeit fortpflanzen. Im allgemeinsten Falle wird bei einer einfach harmonischen transversalen Welle der jeweilige Ort eines Massenteilchens durch einen von seiner natürlichen Ruhelage ausgehenden Fahrstrahl $\mathfrak{r}$ dargestellt, der mit konstanter Winkelgeschwindigkeit u, also mit der Kreisfrequenz $\omega = u$, in der zur Fortpflanzungsrichtung der Welle senkrechten Ebene umläuft und dabei periodisch seine Länge ändert, so daß sein Endpunkt, der Ort des Teilchens, eine Ellipse beschreibt (Abb. 182a). Eine solche Welle heißt *elliptisch polarisiert.* Die Momentanwerte der Schwingungskomponenten in Richtung der beiden Halbachsen der Ellipse haben die Phasendifferenz $\pi/2$ und werden daher (bei entsprechender Wahl der Phasenkonstanten) durch die Gleichungen

$$\eta = \eta_0 \sin \omega t \quad \text{und} \quad \zeta = \zeta_0 \cos \omega t \quad (17)$$

dargestellt. η_0 und ζ_0 sind die beiden Halbachsen der Teilchenbahn, und es ist $\eta^2/\eta_0^2 + \zeta^2/\zeta_0^2 = 1$. Wird die eine Halbachse, z. B. ζ_0 gleich 0, so ist die Welle *linear polarisiert* (Abb. 182b). Ist $\eta_0 = \zeta_0$, so ist die Bahn ein Kreis, die Welle ist *zirkular polarisiert* (Abb. 182c).

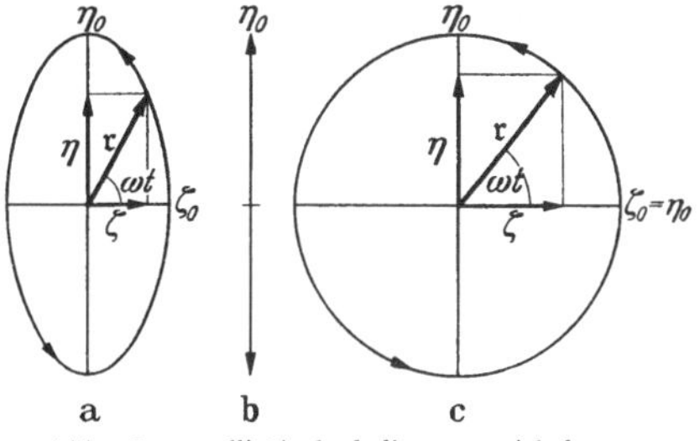

Abb. 182. a elliptisch, b linear, c zirkular polarisierte Schwingung.

Durch die Polarisationserscheinungen unterscheiden sich die transversalen Wellen grundsätzlich von den longitudinalen Wellen. Im Zweifelsfalle kann die Möglichkeit, eine Welle linear zu polarisieren, zur Entscheidung über ihren longitudinalen oder transversalen Charakter führen, wie das beim Licht der Fall gewesen ist. Längs eines gespannten Seiles können sowohl longitudinale wie transversale Wellen verlaufen. Führt man das Seil durch einen Schlitz, so können longitudinale Seilwellen durch den Schlitz bei jeder Orientierung desselben stets ungestört hindurchtreten. Von einer transversalen Seilwelle kann aber nur die in der Schlitzrichtung gelegene linear polarisierte Komponente hindurchtreten. Ist die Welle schon linear polarisiert, so geht sie nur dann ungestört durch den Schlitz hindurch, wenn die durch die Schwingungsrichtung des Seils und die Fortpflanzungsrichtung der Welle bestimmte Ebene, die *Polarisationsebene,* in der Schlitzrichtung liegt. Liegt sie senkrecht dazu, so kann die Welle durch den Schlitz überhaupt nicht hindurchtreten. *Es ist ein Kennzeichen transversaler Wellen, daß sie polarisiert, insbesondere linear polarisiert sein können, und daß geeignete, in ihren Weg gestellte Gebilde sie dann bei einer Drehung um die Fortpflanzungsrichtung als Achse je nach ihrer Stellung ungestört hindurchlassen oder zum Teil oder ganz aufhalten.*

In Abb. 183a sind die momentanen Verschiebungen äquidistanter Teilchen in einer linear polarisierten, einfach harmonischen transversalen Welle dargestellt. Die durch die Phasenunterschiede der Schwingungen hervorgerufenen gegenseitigen Verschiebungen der einzelnen Teilchen sind mit Biegungen und Scherungen des Mediums verknüpft (Abb. 183b). Die Richtkräfte, die die natürliche Ruhelage der Teilchen gegen die durch die Welle übertragenen Kräfte wieder herzustellen suchen, sind biegende und scherende Kräfte. Solche gibt es aber nur in festen Stoffen, und daher sind *transversale Wellen nur in festen Stoffen möglich.* Die Fortpflanzungsgeschwindigkeit ist kleiner als diejenige der longitudinalen Wellen und hängt außer vom Elastizitätsmodul auch vom Scherungsmodul ab.

Man erkennt aus Abb. 183 b, daß die Biegungen in den Maxima, die die Scherungen in den Minima der Schwingungen am größten sind. Die Scherungsmaxima sind also — wie die Druckmaxima in einer longitudinalen Welle —, gegen die Verschiebungsmaxima um $\pi/2$ in Phase verschoben, und das gleiche gilt für die entsprechenden Minima.

Von den Erdbebenherden gehen im Erdkörper longitudinale und transversale Wellen und drittens Oberflächenwellen aus, die von dem senkrecht über dem Herd liegenden Punkt der Erdoberfläche ausgehen. Die drei Wellen

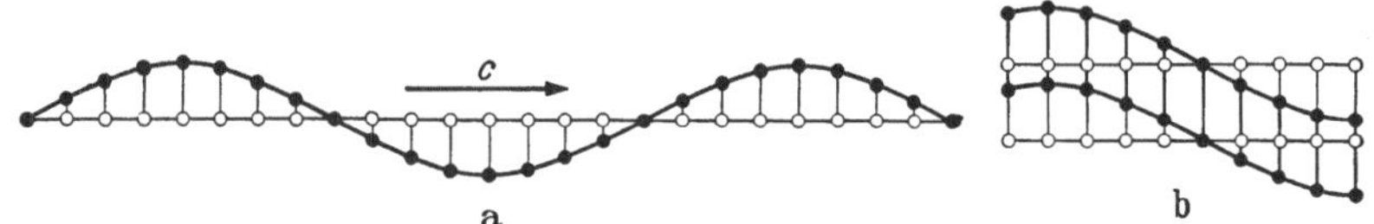

Abb. 183. a momentane Verschiebungen in einer transversalen Welle, b Biegung und Scherung des Mediums.

haben verschiedene Geschwindigkeiten und daher verschieden lange Laufzeiten nach entfernteren Orten. Aus den Differenzen dieser Laufzeiten kann auf Grund der Aufzeichnungen der Seismographen der Erdbebenwarten die ungefähre Lage des Erdbebenherdes berechnet werden.

85. DOPPLER-Effekt. Eine allgemein bekannte Erscheinung ist der DOPPLER-*Effekt,* z. B. das plötzliche Sinken der Tonhöhe eines Lokomotivpfiffs im Augenblick des Vorbeifahrens. Das gleiche beobachtet man auch, wenn man in einem Zuge an einem in Betrieb befindlichen Läutewerk vorbeifährt, sowie überhaupt immer dann, wenn sich ein Beobachter und eine Schallquelle aneinander vorbeibewegen.

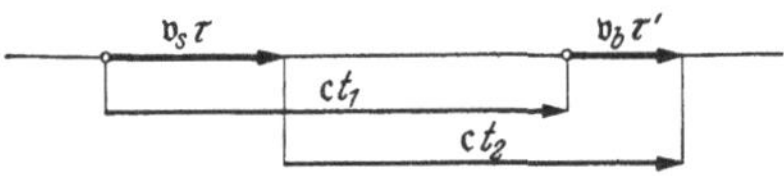

Abb. 184. Zum DOPPLER-Effekt.

Der DOPPLER-Effekt beruht darauf, daß durch eine gegenseitige Bewegung von Schallquelle und Beobachter die Schwingungszahl des empfangenen Schalles verändert wird.

Wir wollen nur die Fälle betrachten, in denen sich Beobachter und Schallquelle längs der gleichen Geraden bewegen (Abb. 184). Die Geschwindigkeit der Schallquelle sei $\mathfrak{v}_s$ (Betrag v_s), die des Beobachters $\mathfrak{v}_b$ (Betrag v_b), die Schallgeschwindigkeit c (Betrag c). Die Frequenz der Schallquelle sei ν, also ihre Schwingungszeit $\tau = 1/\nu$. Zur Zeit $t = 0$ sende sie einen Scheitelwert ihrer Schwingung aus, also zur Zeit τ den nächstfolgenden Scheitelwert. Wir fragen nach der Zeit τ', die zwischen dem Eintreffen des ersten und des zweiten Scheitelwertes beim Beobachter verstreicht, und nach der Frequenz $\nu' = 1/\tau'$ des von ihm empfangenen Tones. In der Zeit τ, also während der Dauer einer Vollschwingung, legt die Schallquelle den Weg $\mathfrak{v}_s\tau$ zurück. Der Beobachter aber legt während des Empfanges der gleichen Vollschwingung den Weg $\mathfrak{v}_b\tau'$ zurück (Abb. 184). Die Laufzeit des ersten Scheitelwertes bis zum Beobachter sei t_1, die des zweiten t_2. Dann ist $t_1 + \tau' = \tau + t_2$, also $t_2 - t_1 = \tau' - \tau$. Der erste Scheitelwert legt den Weg $c\,t_1$, der zweite den Weg $c\,t_2$ zurück. Aus der Abb. 184 liest man ab:

$$\mathfrak{v}_s\,\tau + c\,t_2 = \mathfrak{v}_b\,\tau' + c\,t_1 \tag{18}$$

oder

$$\tau'\,(c + \mathfrak{v}_b) = \tau\,(c + \mathfrak{v}_s). \tag{19}$$

Wir haben nunmehr 4 Fälle zu unterscheiden, von denen in Abb. 184 nur einer gezeichnet ist, die aber alle der Gl. (19) gehorchen. Es kann nämlich sowohl $\mathfrak{v}_s$

wie $\mathfrak{v}_b$ die gleiche oder die entgegengesetzte Richtung haben wie c. Dabei wollen wir die Richtung von c, also von der Schallquelle zum Beobachter, stets positiv rechnen. Aus Gl. (19) ergibt sich dann das folgende Schema:

$$
\left.
\begin{aligned}
&1.\quad \mathfrak{v}_b \uparrow\uparrow c, \quad \mathfrak{v}_s \uparrow\uparrow c; \qquad \tau' = \tau\,\frac{c+v_s}{c+v_b} \\[2mm]
&2.\quad \mathfrak{v}_b \uparrow\uparrow c, \quad \mathfrak{v}_s \downarrow\uparrow c; \qquad \tau' = \tau\,\frac{c-v_s}{c+v_b} \\[2mm]
&3.\quad \mathfrak{v}_b \downarrow\uparrow c, \quad \mathfrak{v}_s \uparrow\uparrow c; \qquad \tau' = \tau\,\frac{c+v_s}{c-v_b} \\[2mm]
&4.\quad \mathfrak{v}_b \downarrow\uparrow c, \quad \mathfrak{v}_s \downarrow\uparrow c; \qquad \tau' = \tau\,\frac{c-v_s}{c-v_b}
\end{aligned}
\right\} \qquad (20)
$$

Im 2. Fall ist stets $\tau' < \tau$, im 3. Fall stets $\tau' > \tau$. Im 1. Fall ist $\tau' \gtrless \tau$, je nachdem $v_s \gtrless v_b$. Umgekehrt ist im 4. Fall $\tau' \gtrless \tau$, je nachdem $v_s \lessgtr v_b$. Allgemein ist, wie man leicht sieht, $\tau' > \tau$, wenn sich der Abstand zwischen Beobachter und Schallquelle vergrößert, andernfalls $\tau' < \tau$. Demnach ist bei wachsendem Abstand $v' < v$, d. h. der Beobachter empfängt einen Ton, dessen Schwingungszahl v' kleiner ist als derjenige der Schallquelle. Bei abnehmendem Abstand dagegen ist die empfangene Schwingungszahl v' größer.

Wir können nunmehr leicht die einfachen Fälle behandeln, in denen entweder der Beobachter ruht ($v_b = 0$) oder die Schallquelle ruht ($v_s = 0$), und die in diesen Fällen vom Beobachter empfangene Schwingungszahl $v' = 1/\tau'$ berechnen. Bei ruhendem Beobachter werden natürlich der 1. und der 3. Fall sowie der 2. und der 4. Fall, bei ruhender Schallquelle der 1. und der 2. Fall sowie der 3. und der 4. Fall identisch. Es ergibt sich dann das folgende Schema:

	Ruhender Beobachter $v_b = 0$	Ruhende Schallquelle $v_s = 0$
Abstand nimmt ab...	$v' = \dfrac{v}{1 - \dfrac{v_s}{c}}$	$v' = v\left(1 + \dfrac{v_b}{c}\right)$
Abstand nimmt zu ...	$v' = \dfrac{v}{1 + \dfrac{v_s}{c}}$	$v' = v\left(1 - \dfrac{v_b}{c}\right)$

$$(21)$$

Beim Durchgang der Schallquelle bzw. des Beobachters durch den Ort des ruhenden Beobachters bzw. der ruhenden Schallquelle springt jeweils der obere Fall in den unteren um. Bei einer Lokomotive, die mit einer Geschwindigkeit von $30\,\mathrm{m\cdot sec^{-1}}$ (108 km in der Stunde) vorbeifährt, ist, mit $c = 340\,\mathrm{m\cdot sec^{-1}}$, das Verhältnis der Schwingungszahlen beim Nähern und Entfernen etwa gleich $6:5$. Der Ton springt also etwa um eine kleine Terz.

Im allgemeinen ist $v_s/c \ll 1$, so daß $v/(1 \pm v_s/c) \approx v\,(1 \mp v_s/c)$. Es macht also praktisch meist nur einen sehr kleinen Unterschied, ob sich der Abstand durch Bewegung der Schallquelle oder des Beobachters ändert. Es kommt fast nur auf die relative Geschwindigkeit beider an.

86. Reflexion von Wellen. Trifft eine Welle auf die Grenze zweier verschieden beschaffener Medien, so wird sie in verschiedener Hinsicht beeinflußt. Ein Teil der Wellenenergie — u. U. sogar die ganze Wellenenergie — wird *reflektiert*, d. h. in das erste Medium zurückgeworfen. Der andere Teil tritt in das zweite Medium ein und erfährt dort — sofern er nicht in unmittelbarer Nähe der Oberfläche absorbiert wird —, eine Richtungsänderung *(Brechung)*. Das Verhältnis der beiden Anteile kann je nach den Umständen sehr verschieden sein, es kann der eine den andern sehr stark überwiegen.

Am einfachsten liegen die Verhältnisse bei einer glatten Grenzfläche. Eine solche ist als glatt zu bezeichnen, wenn sie keine Unregelmäßigkeiten besitzt, deren Abmessungen in die Größenordnung der Wellenlänge fallen. An einer solchen Grenzfläche tritt *reguläre Reflexion (Spiegelung)* ein, bei der die Wellenflächen auf breiter Front ihren Charakter als zusammenhängende Flächen behalten. Ist aber die Grenzfläche im obigen Sinne rauh, so zerfallen die Wellenflächen an den verschieden orientierten Elementarflächen der Grenzfläche. Die Welle spaltet in eine sehr große Zahl von Elementarwellen (Strahlen) auf, die sich von der Grenzfläche aus nach allen möglichen Richtungen ausbreiten *(diffuse Reflexion)*.

Bei der regulären Reflexion an einer ebenen Fläche liegen die Wellenflächen nach der Reflexion in jedem Augenblick spiegelbildlich zu derjenigen Lage, die sie ohne das Vorhandensein der Grenzfläche gehabt hätten (Abb. 185). Ein Stück $A_1 B_1$ einer ebenen Wellenfläche, das sich ohne Anwesenheit der

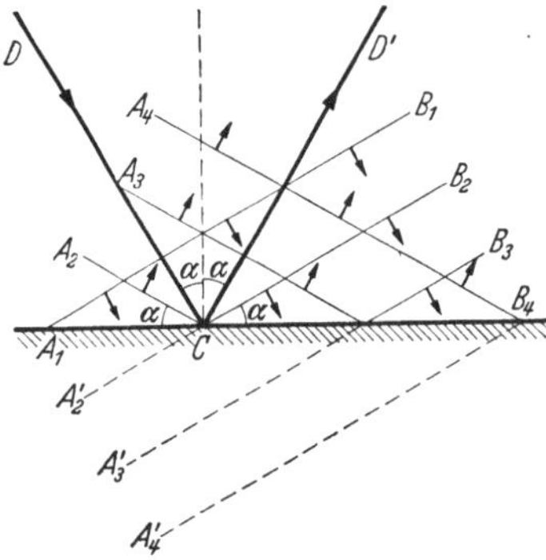

Abb. 185. Zur Reflexion einer Welle.

Grenzfläche nach einer gewissen Zeit nach $A_2 B_2$ verschoben hätte, erscheint infolge der Reflexion in C geknickt. Der Teil $A_2 C$ läuft bereits in das erste Medium zurück, während der Teil $C B_2$ sich noch auf die Grenzfläche hin bewegt.

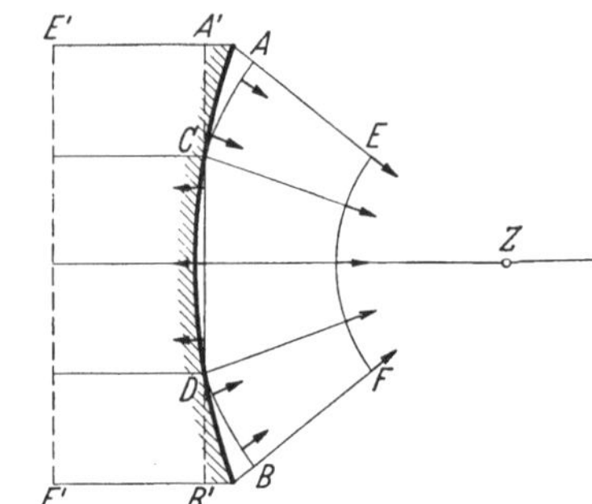

Abb. 186. Reflexion einer ebenen Welle an einer Kugelfläche.

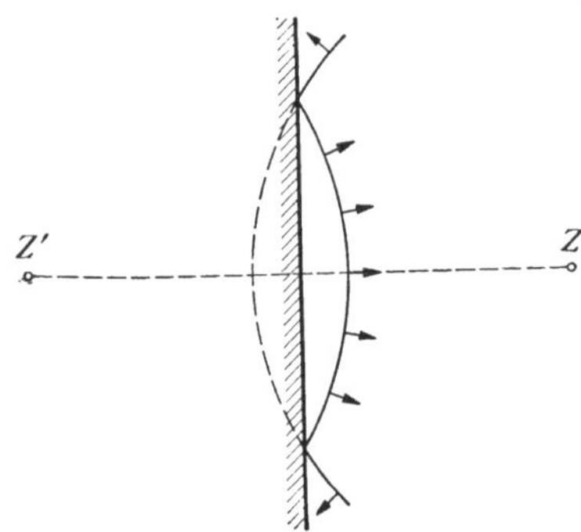

Abb. 187. Reflexion einer Kugelwelle an einer Ebene.

Nach einiger Zeit ist der betrachtete Teil der Wellenfläche vollständig reflektiert $(A_4 B_4)$. Die Ebenen $A_2 C$ und $A_2' C$ liegen symmetrisch zur Grenzfläche, bilden also mit ihr den gleichen Winkel α *(Einfallswinkel)*. Im allgemeinen bezieht man sich beim *Reflexionsgesetz* nicht auf die Wellenflächen, sondern auf die Wellennormalen $(DC$ bzw. $CD')$, also auf die mit diesen zusammenfallenden Strahlen. Errichten wir z. B. in C Lote auf der einfallenden und der schon reflektierten Wellenfläche, so sind diese identisch mit dem in C einfallenden und dort wieder reflektierten Strahl. Aus Abb. 185 folgt ohne weiteres, daß der einfallende und der reflektierte Strahl mit dem in C auf der Grenzfläche errichteten Lot CE *(Einfallslot)* gleiche Winkel — und zwar den Einfallswinkel α — bilden, und daß sie mit dem Einfallslot in der gleichen Ebene liegen. Das gilt auch dann, wenn die einfallende Welle nicht eben ist, sondern ihre Wellenflächen gekrümmt sind.

Die Reflexion einer Welle an einer gekrümmten Fläche erfolgt so, als werde jeder ihrer Strahlen an einer in seinem Auftreffpunkt an die Fläche gelegten Tangentialebene reflektiert. Die Gestalt der Wellenflächen erfährt bei der Reflexion an einer gekrümmten Fläche eine Änderung. Abb. 186 zeigt die Reflexion einer ebenen Welle an einer konkaven Kugelfläche. Die von rechts her eingefallene ebene Wellenfläche, die ohne Vorhandensein der reflektierenden Fläche bis $E'F'$ fortgeschritten wäre, bildet infolge der Reflexion die Wellenfläche EF. Sie ist in ihrem mittleren Teil näherungsweise eine Kugelfläche, deren Mittelpunkt Z um den halben Radius der reflektierenden Fläche von dieser entfernt liegt (*Brennpunkt*, vgl. § 268). Die Wellenfläche, die ohne Reflexion bis $A'B'$ gelangt wäre, ist erst mit den Teilen AC und BD reflektiert. Bei der Reflexion an einer Ebene bleibt die Gestalt der Wellenflächen unverändert. Kugelwellen werden als Kugelwellen reflektiert (Abb. 187). Der Mittelpunkt Z' der reflektierten Welle liegt symmetrisch zum Mittelpunkt (Ausgangspunkt) Z der einfallenden Welle. Die reflektierte Welle scheint also von Z', dem Spiegelbild von Z, herzukommen (vgl. § 267).

Die reguläre Reflexion von Wasserwellen kann man leicht an steilen Ufermauern in nicht zu flachem Wasser beobachten. Allerdings wird die Erscheinung durch Interferenz der einfallenden und der reflektierten Welle kompliziert (§ 87, vgl. auch Abb. 207). Diffuse Reflexion von Wasserwellen kann man an zerklüfteten Steilküsten beobachten.

Besonders sinnfällig sind die Reflexionserscheinungen bei den Schallwellen. Sie werden an ebenen Wänden regulär, an Waldrändern u. dgl. mehr oder weniger diffus reflektiert. Darauf beruhen die Erscheinungen des *Echos* und des *Nachhalls*. Die *Hörsamkeit von Räumen (Raumakustik)* hängt außer von der geometrischen Gestalt des Raumes entscheidend von den Reflexionsverhältnissen an den Begrenzungsflächen des Raumes ab. Teppiche, Vorhänge, Wandbekleidungen, versammeltes Publikum absorbieren (dämpfen) den größten Teil des auffallenden Schalles, so daß nur ein geringer Bruchteil reflektiert wird. Sie vermindern also den von ein- oder mehrmaligen Reflexionen herrührenden Nachhall. Dieser ist in größeren Räumen deshalb so überaus störend, weil in ihnen die Laufzeiten des Schalles beträchtlich sind. Schon eine Laufzeitdifferenz von 0,1 sec (Wegdifferenz von rund 30 m) zwischen dem direkten und dem reflektierten Schall genügt, damit sie sich in sehr störender Weise überlagern und Gesprochenes mehr oder weniger unverständlich, der Eindruck musikalischer Darbietungen beeinträchtigt wird. Besonders störend ist der lange andauernde Nachhall infolge mehrfacher Schallreflexion an den nackten Wänden von Kirchen und ähnlichen Räumen. Er ist zwar ein nicht unwesentliches Moment für den feierlichen Eindruck, den solche Räume erwecken, stellt aber an die Kunst des Redners große Anforderungen. Auch Interferenzen zwischen dem direkten und dem reflektierten Schall können sich unangenehm bemerkbar machen. Die Raumakustik ist ein wichtiges und schwieriges architektonisch-physikalisches Problem, dessen befriedigende Lösung oft nicht vorausgesagt werden kann und auf ziemlich allgemeinen Erfahrungen beruht. Bestimmte Raumformen erzeugen oft eigentümliche Reflexionsverhältnisse. Geht Schall von dem einen Brennpunkt einer Ellipse aus, so läuft er auf Grund der geometrischen Eigenschaften der Ellipse im zweiten Brennpunkt wieder zusammen. Darauf beruhen die früher beliebten Flüstergewölbe.

Beim *Echolot* dient die Reflexion des Schalles am Meeresboden zur Messung der Meerestiefe aus der Laufzeit des Schalles vom Schiff über den Meeresboden zum Schiff zurück. Die Schallgeschwindigkeit beträgt im Wasser rund $1450 \text{ m} \cdot \text{sec}^{-1}$. Zur Messung einer Wassertiefe von 9000 m bedarf es also nur einer Zeit von etwa 12 sec.

Abb. 188 ist ein nach der Schlierenmethode (§ 83) aufgenommenes Bild der Reflexion der Knallwelle eines Geschosses und zeigt die Wellenflächen der am Geschoßkopf gebildeten Verdichtungswelle. Man erkennt, daß die einfallende und die reflektierte Wellenfläche mit der reflektierenden Fläche gleiche Winkel bilden.

Eine eigentümliche Art der Reflexion von Knallwellen findet an Grenzschichten zweier Stoffe statt, wenn der Einfall unter dem Grenzwinkel der Totalreflexion (§ 270) erfolgt. Auf dieser Grundlage erklärt man unter anderem die Hörbarkeit starker Knallwellen (Explosionen, Geschützdonner) in sehr großen Entfernungen, in die der Schall auf unmittelbarem Wege nicht gelangen

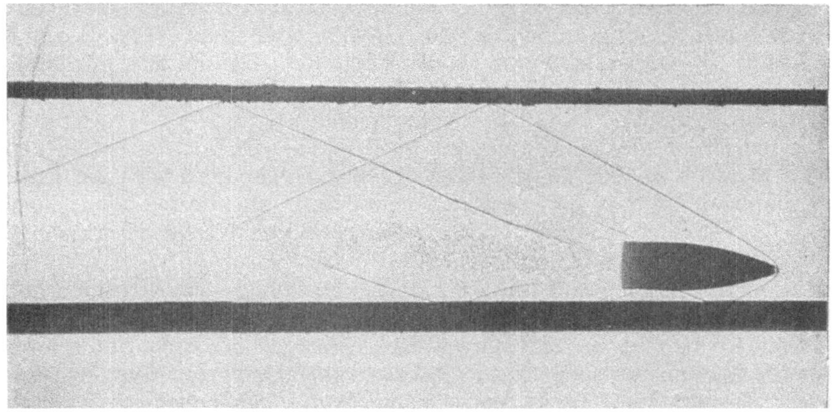

Abb. 188. Reflexion von Geschoßknallwellen. (Nach CRANZ.)

kann. Die Wellen werden wahrscheinlich an einer Grenzfläche zwischen zwei verschieden beschaffenen Atmosphärenschichten in einer Höhe von 40—80 km reflektiert und gelangen in einer Entfernung von 150 km und mehr wieder zum Erdboden. Zwischen dem Bereich der unmittelbaren Hörbarkeit und jenem entfernten Hörbarkeitsbereich liegt in einer Breite von 100—150 km die „Zone des Schweigens", in der der Knall nicht hörbar ist.

87. Interferenz. Stehende Wellen. Eine Welle von der Kreisfrequenz ω erzeuge an einem Orte eine Schwingung nach der Gleichung $\xi_1 = \xi_0 \sin \omega t$. Ihr überlagere sich eine zweite Welle von gleicher Schwingungsweite und gleicher Kreisfrequenz, die für sich allein am gleichen Orte eine gleichgerichtete Schwingung nach der Gleichung $\xi_2 = \xi_0 \sin (\omega t + \alpha)$ erzeugen würde. Die beiden Schwingungen ξ_1 und ξ_2 addieren sich zu einer Schwingung nach der Gleichung

$$\xi = \xi_1 + \xi_2 = \xi_0 \sin \omega t + \xi_0 \sin (\omega t + \alpha) = 2\xi_0 \cos \frac{\alpha}{2} \sin \left(\omega t + \frac{\alpha}{2} \right). \quad (22)$$

Da α zeitlich konstant ist, so ist $2\xi_0 \cos \alpha/2$ die Schwingungsweite der Gesamtschwingung am betrachteten Ort. Ist die Phasendifferenz α der beiden Teilschwingungen ein ganzzahliges Vielfaches (n-faches) von 2π, $\alpha = 2n\pi$, also $\cos \alpha/2 = \pm 1$, so hat die Schwingungsweite ihren größten möglichen Betrag $2\xi_0$. Die Schwingungen sind „in Phase" und *verstärken* sich maximal. Ist aber $\alpha = (2n + 1)\pi$, also $\cos \alpha/2 = 0$, so findet zu jeder Zeit vollständige gegenseitige *Auslöschung* der beiden Schwingungen statt. Zwischen diesen beiden Grenzfällen liegen alle möglichen Übergänge. Abb. 189 zeigt diese Erscheinung für zwei Wellen mit den Phasendifferenzen $\pi/4$, $\pi/2$, $3\pi/4$ und π. *Wirken also in einem Raumpunkt zwei Wellen von gleicher Kreisfrequenz (also auch*

*gleicher Schwingungszahl) und gleicher Schwingungsweite (gleicher Intensität)
gleichzeitig, so hängt es von ihrer Phasendifferenz in jenem Punkte ab, ob sie sich
dort in ihrer Wirkung gegenseitig verstärken oder schwächen oder gar gegenseitig*

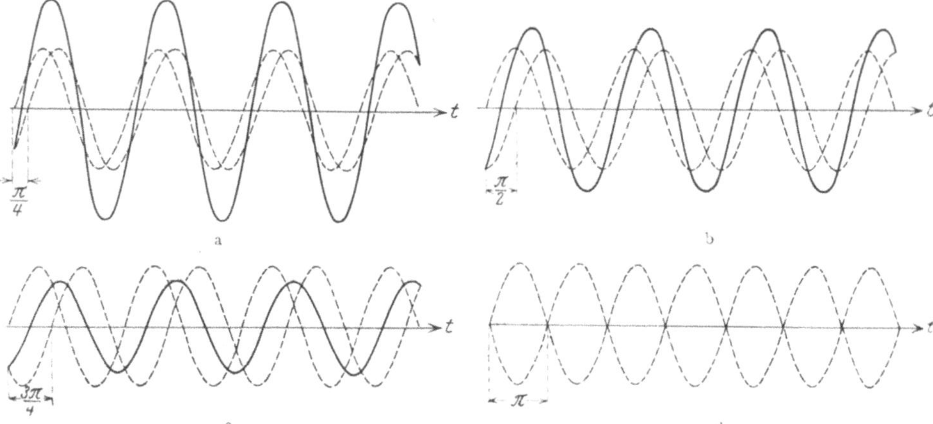

Abb. 189. Interferenz zweier Wellen bei verschiedenen Phasendifferenzen.

aufheben. Die Überlagerung zweier Wellen heißt *Interferenz. Der Nachweis
der Interferenzfähigkeit ist ein zwingender Beweis dafür, daß es sich um eine
Wellenerscheinung handelt.*

Sind die Schwingungsweiten der beiden Teilwellen nicht gleich, also die
Wellen verschieden stark, so kann natürlich keine vollständige gegenseitige

Abb. 190. Interferenz von Wasserwellen nach Grimsehl, b Teilvergrößerung von a.

Auslöschung eintreten. Sind die Schwingungen ξ_1 und ξ_2 nicht gleichgerichtet,
so muß man sie in gleichgerichtete Komponenten zerlegen und deren Interferenz einzeln untersuchen.

Abb. 190 zeigt die Interferenz zweier Systeme von Wasserwellen, die durch
zwei gleichzeitig periodisch im Wasser auf und ab bewegte Körper erregt werden.
Längs gewisser Kurven löschen sich die Wellen gegenseitig vollkommen aus.

Man kann auch Wellenzüge, die in verschiedenen Richtungen von der gleichen
Quelle ausgehen, zur Interferenz bringen, indem man sie durch geeignete

Maßnahmen, z. B. Reflexionen, wieder am gleichen Ort zusammenführt. Haben sie bis zu diesem Ort im gleichen Stoff verschieden lange Wege s_1 und s_2 von der Quelle zurückgelegt, besitzen sie also einen *Gangunterschied* $s_1 - s_2$, so sind sie an jenem Ort nicht in gleicher Phase. Die eine Welle wird am betrachteten Ort durch die Gleichung $\xi_1 = \xi_0 \sin \omega (t - s_1/c)$ dargestellt, die andere durch die Gleichung $\xi_2 = \xi_0 \sin \omega (t - s_2/c)$. Ihre Phasendifferenz beträgt also $\omega (s_1 - s_2)/c$. Ist sie ein ganzzahliges Vielfaches $2 n\pi$ von 2π, so findet maximale Verstärkung statt. In diesem Fall ist $s_1 - s_2 = 2 n \pi c/\omega = n \lambda$ [Gl. (13)]. Maximale Verstärkung

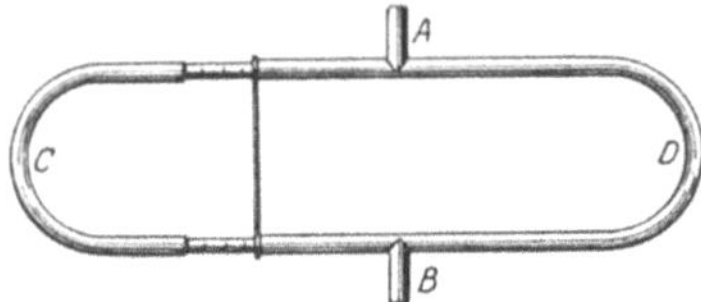

Abb. 191. QUINCKEsches Interferenzrohr.

der beiden Wellenzüge findet also statt, wenn ihr Gangunterschied ein ganzzahliges Vielfaches der Wellenlänge λ ist. Ist aber der Gangunterschied ein ungeradzahliges Vielfaches der halben Wellenlänge, $s_1 - s_2 = (2 n + 1) \lambda/2$, so ist die Phasendifferenz gleich $(2 n + 1) \pi$, und es findet vollständige gegenseitige Auslöschung statt.

Hierauf beruht ein Verfahren, um die Wellenlänge von Schallwellen zu messen. In das QUINCKEsche Interferenzrohr (Abb. 191) tritt bei A eine Schallwelle ein und wird bei B abgehört. Sie verläuft in den beiden Zweigen C und D des Rohres, deren einer (C) posaunenartig ausziehbar ist, so daß die beiden

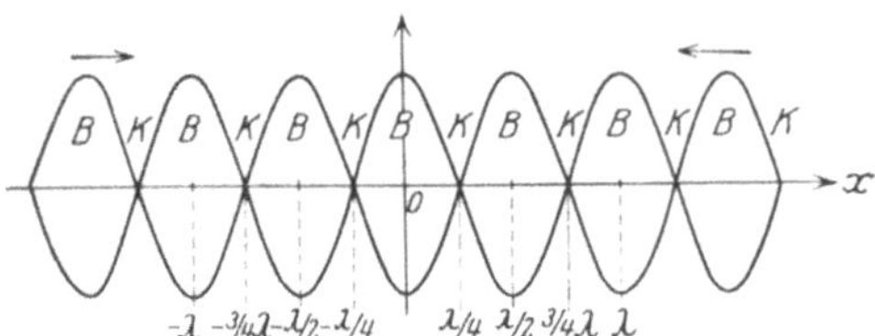

Abb. 192. Stehende Welle. Die beiden Sinuskurven bezeichnen die Grenzen, zwischen denen die Momentanwerte der Schwingung in den einzelnen Punkten x der Welle hin und her schwanken.

Teilwellen einen Gangunterschied erhalten können. Der Auszug wird nacheinander auf zwei aufeinanderfolgende Tonminima eingestellt. Das entspricht einer Verlängerung des Weges durch C um eine ganze Wellenlänge, die auf diese Weise gemessen werden kann.

Wir wollen jetzt den Sonderfall betrachten, daß zwei ebene Wellen von gleicher Schwingungsweite und

Kreisfrequenz *in entgegengesetzter Richtung* längs der x-Achse eines Koordinatensystems verlaufen. Ihre Phasendifferenz wird sich dann von Punkt zu Punkt stetig ändern. Im Punkte $x = 0$ sollen sie die Phasendifferenz 0 haben, und die von jeder von ihnen allein dort erzeugte Schwingung soll durch die Gleichung $\xi_1 = \xi_2 = \xi_0 \sin \omega t$ dargestellt werden. Wir betrachten jetzt den Schwingungszustand in einem Punkte in der Entfernung x von jenem Punkt. Hier wird die von der in der positiven x-Richtung verlaufenden Welle erregte Schwingung durch die Gleichung $\xi_1 = \xi_0 \sin \omega (t - x/c)$ dargestellt, die von der in der negativen x-Richtung laufenden Welle erregte Schwingung durch die Gleichung $\xi_2 = \xi_0 \sin \omega (t + x/c)$. Denn die letzteren Schwingungen gehen ja den entsprechenden Schwingungen im Punkte $x = 0$ um die Zeit x/c voraus. Die beiden Wellen interferieren, und ihre Überlagerung ergibt als Momentanwert der Gesamtschwingung im Punkte x

$$\xi = \xi_1 + \xi_2 = \xi_0 \sin \omega \left(t - \frac{x}{c}\right) + \xi_0 \sin \omega \left(t + \frac{x}{c}\right) = 2 \xi_0 \cos \omega \frac{x}{c} \sin \omega t. \tag{23}$$

Die Schwingungsweite im Punkte x beträgt also $2 \xi_0 \cos \omega x/c$ und ist vom Ort abhängig. Ist $x = n \pi c/\omega$ (n ganze Zahl), also $\cos \omega x/c = \pm 1$, so hat sie ihren größten möglichen Betrag $2 \xi_0$. Die Schwingungen verstärken sich maximal, in x ist ein *Schwingungsbauch*. Ist aber $x = (2 n + 1) \pi c/2 \omega$, also $\cos \omega x/c = 0$, so löschen sich die beiden Wellen in ihrer Wirkung im Punkte x zu jeder Zeit vollkommen aus, in x ist ein *Schwingungsknoten*. Für zwei aufeinanderfolgende Bäuche oder Knoten ist $\omega x_1/c - \omega x_2/c = \pi$ oder $x_1 - x_2 = \pi c/\omega = \lambda/2$ [Gl. (13)], wenn λ die Wellenlänge ist. Der Abstand je zweier aufeinanderfolgender Knoten (K) oder Bäuche (B) beträgt also eine halbe Wellenlänge (Abb. 192). Die Knoten liegen in der Mitte zwischen den Bäuchen. Diese Erscheinung heißt eine *stehende Welle*.

Handelt es sich um eine longitudinale stehende Welle, z. B. um eine Schallwelle in Luft, so haben die Momentanwerte der Druckschwankungen nach § 83 gegenüber denen der Schwingung eine Phasendifferenz $\pi/2$. Bei Durchführung einer der obigen entsprechenden Rechnung für die Druckschwankungen tritt daher überall an die Stelle des sin der cos und umgekehrt. Das hat, wie man sofort einsieht, zur Folge, daß an den Orten der Schwingungsbäuche *Druckknoten* (Orte konstanten Drucks) und an den Orten der Schwingungsknoten *Druckbäuche* (Orte maximaler Druckschwankung) auftreten. Das

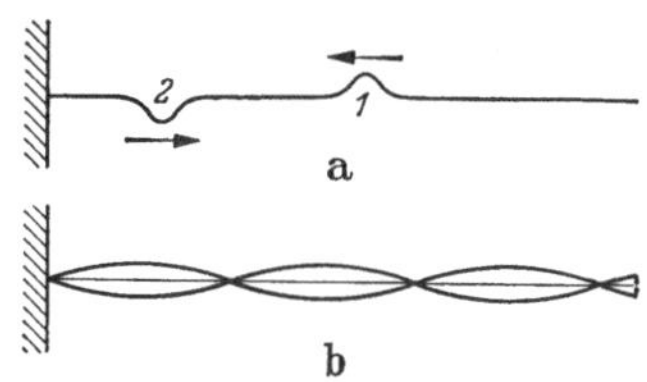

Abb. 193. Reflexion einer Seilwelle an einem festen Ende.

ist auch leicht daraus verständlich, daß in der unmittelbaren Umgebung der Schwingungsbäuche die Massenteilchen gleichsinnig schwingen, also keine Abstandsänderungen erfahren. Zu beiden Seiten eines Schwingungsknotens jedoch schwingen sie gegensinnig, erzeugen also im Knoten abwechselnde Zusammendrückungen und Dehnungen. Entsprechend verhält es sich mit den Bäuchen und Knoten der Schwingungen in einer stehenden transversalen Welle.

Eine stehende Welle läßt sich z. B. durch Reflexion einer ebenen Welle an einer festen Wand erzeugen, indem sich dann die einfallende und die reflektierte Welle im Raume vor der Wand überlagern und miteinander interferieren. In diesem Fall muß notwendig an der reflektierenden Wand ein Schwingungsknoten liegen, da die Anwesenheit der Wand Schwingungen der ihr anliegenden Massenteilchen unmöglich macht. Das kann nur durch Interferenz der einfallenden und der reflektierten Welle geschehen, die demnach an der Wand die Phasendifferenz π haben müssen. Es folgt daraus, daß die einfallende Welle an der Wand einen *Phasensprung* vom Betrage π, einem Gangunterschied von einer halben Wellenlänge entsprechend, erleidet. Die weiteren Schwingungsknoten haben also von der Wand die Abstände $n\lambda/2$ (n ganze Zahl). Dem Schwingungsknoten an der Wand entspricht ein

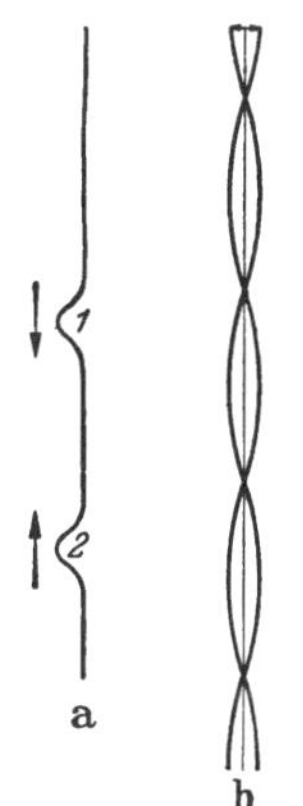

Abb. 194. Reflexion einer Seilwelle an einem freien Ende.

Druckbauch an der gleichen Stelle. Das ist leicht verständlich, da die Massenteilchen in der Nähe der Wand hin und her schwingen, an der Wand selbst aber ruhen, so daß dort Maxima und Minima der Druckschwankung auftreten müssen.

Daß eine Welle bei der Reflexion an einem festen Hindernis einen Phasensprung π, also eine sprunghafte Umkehr ihres Momentanwertes erleidet, kann man

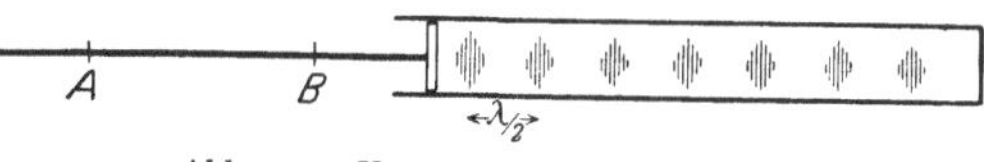

Abb. 195. Kundtsche Staubfiguren.

leicht auch bei Wellen erkennen, die längs eines gespannten Seils verlaufen. Erzeugt man an ihm durch einen kurzen Schlag eine Ausbiegung, so läuft diese am Seil entlang (Abb. 193a, 1). Bei der Reflexion am festen Ende schlägt sie nach der entgegengesetzten Seite um und läuft so am Seil zurück (Abb. 193a, 2) Läßt man aber ein Seil frei herabhängen und wiederholt den gleichen Versuch, so findet am freien Seilende ein solcher Sprung nicht statt. Die Welle wird auch am freien Ende reflektiert, aber die Ausbiegung ändert dabei ihre Richtung nicht (Abb. 194a). Daß bei einer stehenden Seilwelle am festen Seilende stets ein Schwingungsknoten, an einem freien Seilende stets ein Schwingungsbauch ist, erkennt man leicht, wenn man durch periodisches Hin- und Herbewegen des anderen Seilendes in ihm eine solche erzeugt (Abb. 193b und 194b, vgl. § 92 und 93).

Durch Messung der Abstände der Knoten oder Bäuche in einer stehenden Welle kann man die Wellenlänge λ und daraus bei bekannter Schwingungszahl ν die Wellengeschwindigkeit (Schallgeschwindigkeit) $c = \lambda \nu$ [Gl. (13)] in dem betreffenden Stoff ermitteln. Bei Gasen kann man nach KUNDT so verfahren, daß man den von einem eingespannten, geriebenen und dadurch zu longitudinalen Schwingungen angeregten Metallstab ausgehenden Schall auf das Innere einer mit dem Gase gefüllten, einseitig geschlossenen Röhre überträgt (Abb. 195). Ist der Stab in $^1/_4$ und $^3/_4$ seiner Länge eingespannt, so gerät er in longitudinale Schwingungen, deren Wellenlänge im Stab gleich der Stablänge ist (§ 92). In der Röhre befindet sich feines Korkpulver. Dieses wird, wenn sich in der Röhre eine stehende Welle ausbildet, von den Schwingungsbäuchen fortgeschleudert und sammelt sich in den Schwingungsknoten (KUNDT*sche Staubfiguren*). So kann deren Abstand und damit die Wellenlänge im Gase gemessen werden. Die Schwingungszahl ist im Gas und im Metallstab die gleiche. Daher verhalten sich nach Gl. (13) die Schallgeschwindigkeiten im Gas und im Metall wie die entsprechenden Wellenlängen. Für den Metallstab kann sie nach Gl. (14) berechnet werden. Das Verfahren kann z. B. dazu dienen, um bei Gasen die Größe $c_p/c_v = \varkappa$ aus der Schallgeschwindigkeit zu berechnen [Gl. (15)]. (Vgl. WESTPHAL, ,,Physikalisches Praktikum'', 2. Aufl., 16. Aufgabe).

88. Schwebungen. Kombinationstöne. Steht ein Punkt im Raum unter der gleichzeitigen Wirkung von zwei Wellen mit den Schwingungszahlen ν_1 und ν_2 und gleicher Schwingungsweite ξ_0, so überlagern sich die dort von den beiden Wellen erregten Schwingungen zu einer Schwingung nach der Gleichung

$$\xi = \xi_1 + \xi_2 = \xi_0 \sin 2\pi\nu_1 t + \xi_0 \sin 2\pi\nu_2 t = 2\xi_0 \cos 2\pi \frac{\nu_1 - \nu_2}{2} t \sin 2\pi \frac{\nu_1 + \nu_2}{2} t. \quad (24)$$

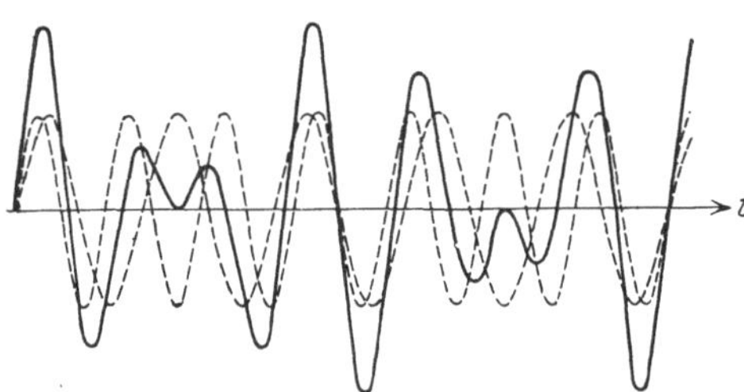
Abb. 196. Schwebung. $\nu_1 : \nu_2 = 6 : 5$.

(Allgemein wären noch Phasenkonstanten hinzuzufügen. Da solche zwar die momentane Schwingungsform beeinflussen, aber auf unsere weiteren Überlegungen keinen Einfluß haben, so lassen wir sie der Einfachheit halber fort). Sind ν_1 und ν_2 voneinander nur wenig verschieden, so ist $(\nu_1 - \nu_2)/2$ klein gegen $(\nu_1 + \nu_2)/2$, und daher ändert sich dann der Faktor $\cos 2\pi \, (\nu_1 - \nu_2) \, t/2$ sehr viel langsamer als der Faktor $\sin 2\pi \, (\nu_1 + \nu_2)/2$. Letzterer entspricht einer Schwingung mit der Frequenz $(\nu_1 + \nu_2)/2$, die von den Frequenzen ν_1 und ν_2 selbst nur wenig verschieden ist, wenn diese sich selbst nur wenig unterscheiden. Wir können deshalb die Gl. (24) so deuten, daß es sich um eine Schwingung von der Frequenz $(\nu_1 + \nu_2)/2$ handelt, deren Schwingungsweite gleich $2\xi_0 \cos 2\pi \, (\nu_1 - \nu_2) t/2$ und demnach periodisch veränderlich ist. Die Überlagerung der beiden Wellen erzeugt also im betrachteten Raumpunkt eine Schwingung mit der Frequenz $(\nu_1 + \nu_2)/2$, deren Stärke periodisch zu- und abnimmt. Ein solcher Vorgang heißt eine *Schwebung*.

Die Schwingungsweite schwankt zwischen den absoluten Beträgen $2\xi_0$ und 0. Die *Schwebungsdauer T*, d. h. die Zeit zwischen zwei aufeinanderfolgenden Maxima der Intensität, ist also diejenige, in der sich $\cos 2\pi \, (\nu_1 - \nu_2) t/2$ von $+1$ in -1 verwandelt, sein Argument also von $n\pi$ auf $(n + 1)\pi$, d. h. um den Betrag π wächst. Hieraus berechnet man leicht $T = 1/(\nu_1 - \nu_2) = 1/\nu_s$. Die *Schwebungsfrequenz* ν_s, die Zahl der Schwebungen in 1 sec, beträgt also $1/T = \nu_s = \nu_1 - \nu_2 \ \text{sec}^{-1}$.

Abb. 196 zeigt die Schwebung zweier Wellen, deren Frequenzen sich wie 6 : 5 verhalten. Man sieht, daß während der Dauer von 6 bzw. 5 Schwingungen der beiden Komponenten zwei Maxima der Schwingungsweite auftreten. Abb. 197 zeigt eine oszillographische Aufnahme der Schwebung zweier Wellen vom Frequenzverhältnis $\nu_1 : \nu_2 = 11 : 10$.

Schwebungen können sehr gut bei Schallwellen beobachtet werden. Ertönen gleichzeitig zwei nur wenig voneinander verschiedene Töne, z. B. von zwei gleichen Stimmgabeln, deren eine durch ein angeklebtes Wachsstückchen verstimmt ist, so hört man deutlich ein regelmäßiges An- und Abschwellen der Tonstärke, ebenso beim Einstimmen zweier gleicher Seiten einer Mandoline. Je besser die Übereinstimmung der beiden Töne ist, um so langsamer sind die Schwebungen. Sie bilden daher ein Mittel zur Gleichstimmung, das dem rein musikalischen Tonunterscheidungsvermögen der meisten Menschen überlegen ist.

Der Mensch kann nur etwa 16 bis 20 gleiche Einzelvorgänge in 1 sec getrennt wahrnehmen. Ist ihre Zahl größer, so vermag er sie nicht zu trennen. Daher vermag auch das menschliche Ohr mehr als 16 bis 20 Schwebungen in 1 sec nicht einzeln aufzufassen. Ist also die Frequenzdifferenz zweier Töne kleiner als 16 bis

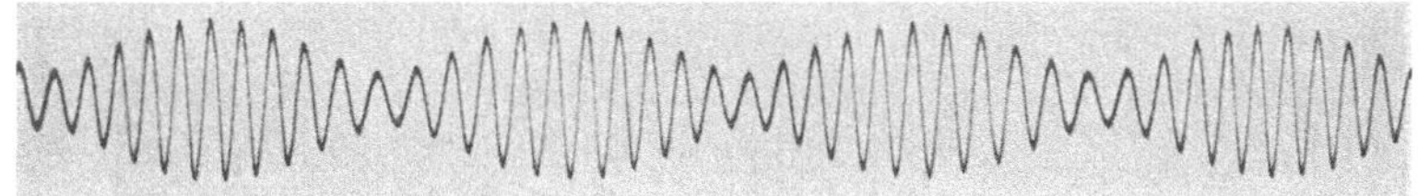

Abb. 197. Oszillographische Schwebungsaufnahme nach Waetzmann. (Aus Müller-Pouillet: Lehrbuch der Physik, Bd. 1, 3. Teil)

20 sec⁻¹, so verschmelzen die beiden Töne zu *einem* Ton, und es treten hörbare Schwebungen auf. Ist sie aber größer, so werden sie einzeln gehört, als ein Zweiklang empfunden, und Schwebungen sind nicht mehr hörbar. Statt dessen kann man aber nunmehr bei aufmerksamer Beobachtung einen *Differenzton* von der Frequenz $\nu_1 - \nu_2$ hören. Eine Schwingung von dieser Frequenz ist allerdings in der Schallwelle objektiv nicht enthalten, denn ihre Fourier-Zerlegung ergibt nur die beiden Summenglieder der Gl. (24) mit den Frequenzen ν_1 und ν_2. Der Differenzton entsteht erst im Trommelfell des Ohres. Es setzt Ein- und Ausbiegungen nicht den gleichen elastischen Widerstand entgegen, und daher entsprechen seine Schwingungen nicht genau der Gl. (24). Aus diesem Grunde erregt eine Welle mit den Frequenzen ν_1 und ν_2 in ihm nicht nur eine Schwingung mit diesen Frequenzen, sondern auch Schwingungen mit den Frequenzen $m\nu_1 \pm n\nu_2$ (m, n ganze Zahlen). Die dadurch erzeugten Töne heißen allgemein *Kombinationstöne*, im besonderen Summations- und Differenztöne (Sorge 1744, fälschlich auch Tartinische Töne genannt). Am stärksten tritt der 1. Differenzton $\nu_1 - \nu_2$ auf. Zum Beispiel hört man am Klavier bei gleichzeitigem Anschlagen der Töne c^2 ($\nu = 517{,}3$ Hz in temperierter Stimmung) und g^2 ($\nu = 775{,}0$ Hz) fast genau die zu c^2 nächsttiefere Oktave c^1 ($\nu = 775{,}0 - 517{,}3 = 257{,}7$ Hz statt $258{,}7$ Hz), beim Anschlagen der Töne c^2 und fis² ($\nu = 731{,}4$ Hz) den Ton 214,1 Hz, der dem Ton a^0 ($\nu = 217{,}5$ Hz) nahe liegt.

89. Brechung. Trifft eine Welle auf die Grenze zweier Medien, in denen ihre Fortpflanzungsgeschwindigkeit verschieden groß ist, so erleidet sie eine Richtungsänderung. Wie diese zustande kommt, zeigt Abb. 198 für die beiden Fälle $c_1 > c_2$ und $c_1 < c_2$ (c_1, c_2 Geschwindigkeit im ersten und im zweiten Medium). Sobald eine Wellenfläche bei ihrem Fortschreiten aus dem ersten in das zweite Medium übertritt, erleidet sie in diesem eine Verkleinerung (Abb. 198a) bzw. Vergrößerung (Abb. 198b) ihrer Geschwindigkeit im Verhältnis c_2/c_1. Während die Wellenfläche im ersten Medium in der Zeit t die Strecke $c_1 t$ zurücklegt,

legt sie im zweiten die Strecke $c_2 t$ zurück. Das hat eine Änderung ihres Neigungswinkels gegen die Grenzfläche der beiden Medien zur Folge. Daher erfahren die Wellennormalen, also die Richtung der Strahlen, beim Eintritt in das zweite Medium ebenfalls eine Richtungsänderung, die man als *Brechung* oder *Refraktion* bezeichnet (Abb. 199).

Es seien α_1 und α_2 die Neigungswinkel der Wellenflächen gegen die Grenzfläche, also auch die Winkel, die der einfallende bzw. der gebrochene Strahl

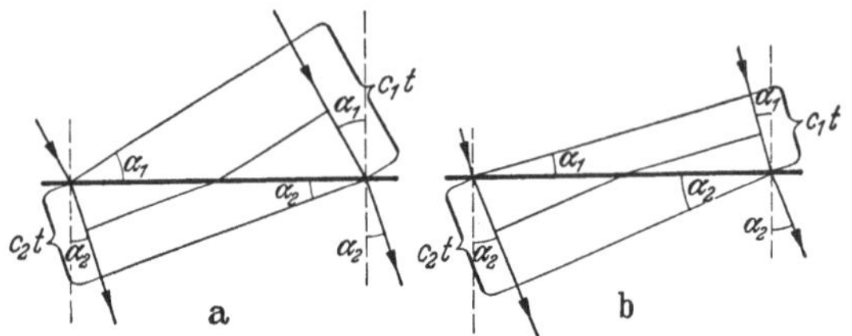

Abb. 198. Zum Brechungsgesetz. a) $c_1 > c_2$, b) $c_1 < c_2$.

mit dem auf der Grenzfläche errichteten Einfallslot bildet. Aus Abb. 198 folgt $\sin \alpha_1 : \sin \alpha_2 = c_1 t : c_2 t$. Daraus ergibt sich das *Brechungsgesetz*,

$$\frac{\sin \alpha_1}{\sin \alpha_2} = \frac{c_1}{c_2} = n_{21} = 1/n_{12}. \quad (25)$$

Das Verhältnis des sin des Einfallswinkels α_1 zum sin des Brechungswinkels α_2 ist also konstant. Die Größe $n_{21} = c_1/c_2$ heißt der *Brechungsindex* oder *Brechungskoeffizient* des zweiten Mediums gegen das erste, die Größe $n_{12} = c_2/c_1$ der des ersten gegen das zweite. Der einfallende und der gebrochene Strahl liegen mit

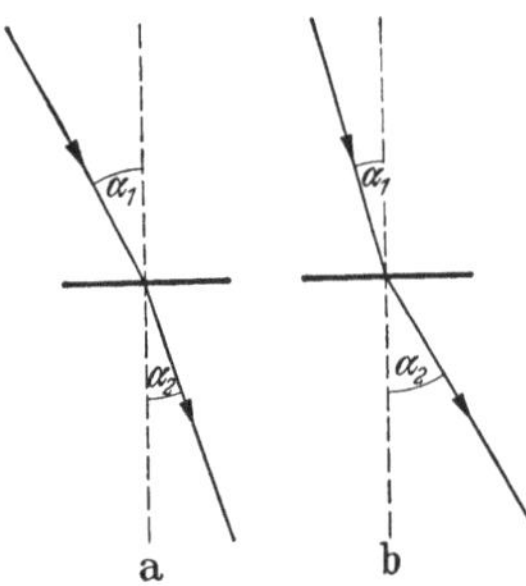

Abb. 199. Zum Brechungsgesetz.
a) $c_1 > c_2$, b) $c_1 < c_2$.

dem Einfallslot in der gleichen Ebene. Ist $c_1 > c_2$, so wird der Strahl zum Einfallslot hin gebrochen, ist $c_1 < c_2$, so wird er vom Einfallslot weg gebrochen. Der Brechungsindex kann von der Wellenlänge abhängen, und zwar dann, wenn die Geschwindigkeit in einem der Medien oder in beiden von der Wellenlänge abhängt. In diesem Falle wird eine Welle, die aus Teilwellen von verschiedener Wellenlänge besteht, bei der Brechung in Teilwellen aufgespalten, die sich im zweiten Medium nach verschiedenen Richtungen fortpflanzen. Es tritt eine *Dispersion* ein (§ 285). Es muß ausdrücklich betont werden, daß das Brechungsgesetz in der obigen einfachen Form ohne weiteres nur in isotropen Medien gilt, in denen sich eine Welle in allen Richtungen mit gleicher Geschwindigkeit fortpflanzt (§ 300).

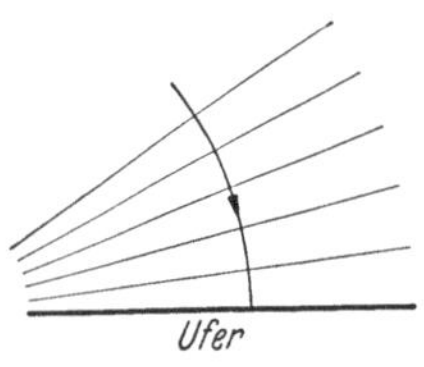

Abb. 200. Stetige Brechung von Wasserwellen.

Die Brechung bei einer Änderung der Wellengeschwindigkeit läßt sich leicht bei Wasserwellen beobachten. Bei der Annäherung an ein Ufer suchen sich die Wellenfronten dem Ufer parallel zu stellen. Man kann das als eine Brechung ansehen, die darauf beruht, daß die Wellengeschwindigkeit bei der Annäherung an das Ufer wegen der abnehmenden Wassertiefe ständig abnimmt, so daß die Wellennormalen eine stetige Krümmung auf das Einfallslot hin erfahren (Abb. 200, vgl. § 269).

Die Brechung von Schallstrahlen läßt sich — besonders bei kurzwelligem Schall — mittels Linsen und Prismen aus geeigneten Stoffen in der gleichen Weise nachweisen wie die Brechung von Lichtstrahlen (§ 271 und 272). Ändert sich die Beschaffenheit eines Stoffes und daher auch die Wellengeschwindigkeit in ihm stetig, so findet in ihm auch von Schicht zu Schicht eine stetige Brechung statt, analog zum obigen Beispiel der Wasserwellen.

90. Das FERMATsche Prinzip. Wir betrachten einen Strahl, der auf seinem Wege beliebige Richtungsänderungen durch Reflexionen und Brechungen erfährt, und greifen zwei beliebige Punkte dieses Weges heraus. Das FERMATsche

Prinzip besagt, daß der Strahlenweg zwischen zwei solchen Punkten stets so beschaffen ist, daß zu seiner Zurücklegung ein Minimum oder ein Maximum an Zeit erforderlich ist. Das heißt, unter allen denkbaren, die Punkte verbindenden Strahlenwegen ist der tatsächlich befolgte derjenige, auf dem die Welle, der der Strahl angehört, in der kürzesten oder in der längsten möglichen Zeit von dem einen nach dem anderen Punkt gelangt. Im allgemeinen ist das erstere der Fall.

Wir wollen als Beispiel die Brechung betrachten. Es sei AB ein an der Grenzfläche zweier Medien gebrochener Strahl (Abb. 201). Unter allen möglichen Wegen, die von A nach B führen, greifen wir einen beliebigen Weg $AC + CB$ heraus. Durch die Wahl der Punkte A und B sind die von ihnen auf die Grenzfläche gefällten Lote $AD = a$ und $BE = b$, sowie der Abstand $DE = d$ der Fußpunkte fest gegeben. Offen bleibt zunächst nur das Verhältnis der Strecken z und $d - z$, in die C die Strecke DE teilt, bzw. der Einfallswinkel α_1

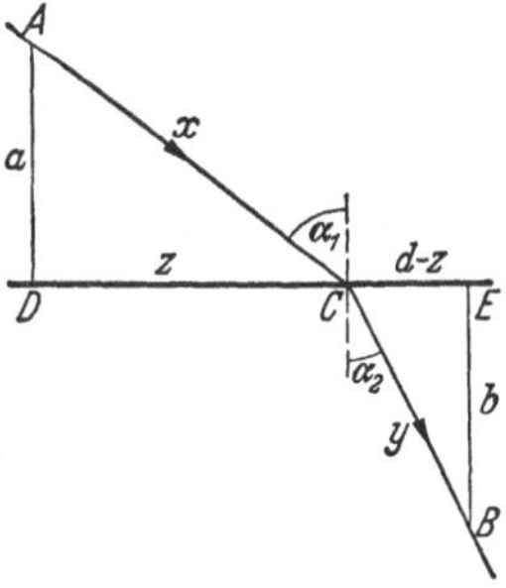

Abb. 201.
Ableitung des Brechungsgesetzes
aus dem Fermatschen Prinzip.

und damit der Brechungswinkel α_2. Es sei $AC = x$, $CB = y$. Die Wellengeschwindigkeiten im ersten und zweiten Medium seien c_1 und c_2. Dann benötigt die Welle zur Zurücklegung des Weges von A über C nach B die Zeit

$$t = \frac{x}{c_1} + \frac{y}{c_2} = \frac{\sqrt{z^2 + a^2}}{c_1} + \frac{\sqrt{(d - z)^2 + b^2}}{c_2}.$$

Nach dem Fermatschen Prinzip muß t ein Extremwert sein, es muß also $dt/dz = 0$ sein. Wir erhalten dann

$$\frac{dt}{dz} = \frac{z}{c_1 \sqrt{z^2 + a^2}} - \frac{d - z}{c_2 \sqrt{(d - z)^2 + b^2}} = \frac{z}{c_1 x} - \frac{d - z}{c_2 y} = \frac{\sin \alpha_1}{c_1} - \frac{\sin \alpha_2}{c_2} = 0, \quad (26)$$

in Übereinstimmung mit dem Brechungsgesetz [Gl. (25)], das damit auch aus dem Fermatschen Prinzip abgeleitet ist.

91. Das Huygenssche Prinzip. Beugung. Wie wir gesehen haben, führen die einzelnen im Zuge einer Welle liegenden Massenteilchen unter ihrer Wirkung Schwingungen aus. Auch die primäre Ursache für das Auftreten einer Welle ist die durch irgendeine äußere Ursache erregte Schwingung der am Ursprungsort der Welle befindlichen Massenteilchen. Es besteht demnach zwischen den hier primär erregten Massenteilchen und denjenigen, die sekundär durch die Welle zu Schwingungen erregt werden, kein grundsätzlicher Unterschied. Diese werden, genau wie jene, durch an ihnen angreifende Kräfte in Schwingungen versetzt. Aus diesem Grunde sind auch die Wirkungen, die die Schwingungen der im Zuge der Welle sekundär erregten Teilchen in ihrer Umgebung hervorrufen, grundsätzlich die gleichen wie diejenigen der schwingenden Teilchen, die die ganze Welle hervorrufen. Es ist hiernach selbstverständlich, daß wir jedes im Zuge einer Welle liegende und von ihr ergriffene Massenteilchen als Zentrum einer neuen von ihm ausgehenden Welle *(Elementarwelle)* ansehen müssen. Jedes Massenteilchen entzieht der über es hinwegstreichenden Welle Energie und gibt gleichzeitig Energie in Gestalt einer Elementarwelle ab, so daß seine Schwingungsenergie konstant bleibt, sofern die Intensität der erregenden Welle konstant ist. Dies ist der Inhalt des Huygens*schen Prinzips* (1690).

So einleuchtend aber auch die vorstehende Überlegung ist, so scheint ihr Ergebnis doch zunächst der Erfahrung, insbesondere der geradlinigen Ausbreitung der Energie in homogenen Medien, zu widersprechen. Denn es könnte scheinen, als müsse hiernach die Wellenenergie von jedem Punkt in der Welle nach allen Richtungen zerstreut werden. Das wäre auch richtig, wenn die Schwingungen der einzelnen Massenteilchen voneinander ganz unabhängig wären, wenn zwischen ihnen keine *Phasenbeziehungen* beständen. Solche sind aber tatsächlich vorhanden. Greifen wir z. B. im Wirkungsbereich einer von O ausgehenden Kugelwelle irgendwelche zwei Punkte P_1, P_2 heraus (Abb. 202), so besteht zwischen den dort hervorgerufenen Schwingungen nach Gl. (3) eine

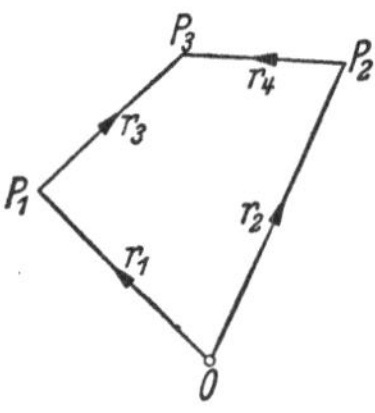

Abb. 202. Zum
HUYGENSschen Prinzip.

durch die Größe $-r/c$ gegebene Phasenbeziehung. Sind r_1 und r_2 die Abstände der beiden Punkte von O, so besteht zwischen den Schwingungen in ihnen eine Phasendifferenz $\omega\,(r_1 - r_2)/c$. Betrachten wir nun einen dritten Punkt P_3, der von den Elementarwellen getroffen wird, die von P_1 und P_2 ausgehen, so wird ihre Wirkung in diesem Punkt erstens von ihren Intensitäten und zweitens von der Art abhängen, wie sie in P_3 interferieren, also von ihrer Phasendifferenz in P_3. Diese ist aber erstens abhängig von der Phasendifferenz in P_1 und P_2, zweitens von den Abständen r_3 und r_4 von P_1 und P_2, wieder gemäß Gl. (3). Um demnach die Gesamtwirkung in irgendeinem Raumpunkt zu ermitteln, müssen wir die Summe der Wirkungen bilden, die die gesamten Elementarwellen dort hervorrufen, die

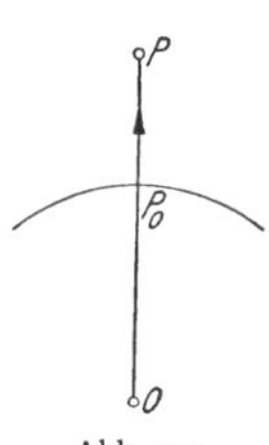

Abb. 203.
Zur geradlinigen
Fortpflanzung nach
dem HUYGENSschen
Prinzip.

von einer beliebigen, den Wellenursprung umschließenden Fläche, z. B. einer Wellenfläche, ausgehen. Die Gesamtwirkung wird dann davon abhängen, in welchem Grade sich die Elementarwellen dort durch Interferenz gegenseitig verstärken oder schwächen.

Die Durchführung dieser Rechnung (FRESNEL 1819) geht über den Rahmen dieses Buches hinaus. Wir müssen uns mit den folgenden einfachen Darlegungen begnügen. Berechnet man die Wirkung, die in einem Punkt P in jedem Augenblick durch die Gesamtheit der Elementarwellen hervorgerufen wird, die ihren Ursprung in den einzelnen Punkten einer um das Zentrum O der primären Welle beschriebenen Wellenfläche haben (Abb. 203), so ergibt sich, daß sich diese Elementarwellen in P in sämtlichen Richtungen gegenseitig durch Interferenz auslöschen, außer in der Richtung $O\,P$, die der geradlinigen Ausbreitung von O her über P_0 entspricht. Die geradlinige Fortpflanzung ist also mit dem HUYGENSschen Prinzip in Einklang.

Ist $A\,B$ (Abb. 204) ein Ausschnitt aus einer Wellenfläche einer Kugelwelle, so gehen von ihren sämtlichen Punkten Elementarwellen aus, die sich mit der Geschwindigkeit c ausbreiten. Die Lage der Wellenfläche nach der Zeit t findet

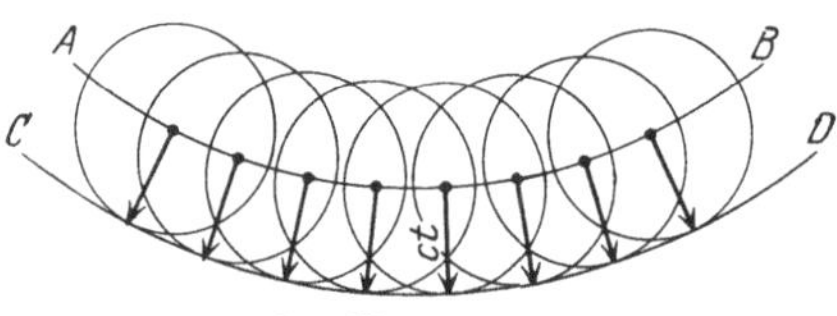

Abb. 204. Zum HUYGENSschen Prinzip.

man, indem man um jeden Punkt der Wellenfläche $A\,B$ eine Kugelfläche mit dem Radius ct beschreibt. Die nunmehrige Wellenfläche $C\,D$ ist die äußere Einhüllende dieser Gesamtheit von Kugelflächen, also selbst wieder eine Kugelfläche, deren Radius um den Betrag ct größer ist, als derjenige der Wellenfläche $A\,B$.

Bei der Durchführung der Rechnung ergibt sich nun, daß die Wellenwirkung im Punkte P (Abb. 203) fast ausschließlich von einer sehr eng begrenzten Zone in der Umgebung des auf der Geraden $O\,P$ liegenden Punktes P_0 herrührt. Der Radius dieser Zone ist von der Größenordnung der Wellenlänge. Nur die von dieser Zone ausgehenden Elementarwellen liefern, indem sie sich gegenseitig verstärken, einen merklichen Beitrag zu der in P auftretenden und sich dort in der Richtung OP geradlinig fortpflanzenden Energie. Die Elementarwellen, die von Bereichen außerhalb dieser Zone herrühren, liefern dazu infolge gegenseitiger Schwächung durch Interferenz nur überaus geringe Beiträge, die um so kleiner sind, je weiter die Bereiche von P_0 entfernt sind. Es macht daher für die Wirkung in P sehr wenig oder nichts aus, wenn man aus der Welle durch eine bei P_0 angebrachte Blende BB einen Kegel ausblendet, vorausgesetzt, daß die Blendenöffnung so groß ist, daß die Elementarwellen jener inneren Zone in P ungestört zur Wirkung kommen können (Abb. 205). Die linearen Abmessungen der Blendenöffnung müssen also größer sein als die Größenordnung der Wellenlänge. In diesem Fall wird die geradlinige Fortpflanzung von O nach P nicht gestört.

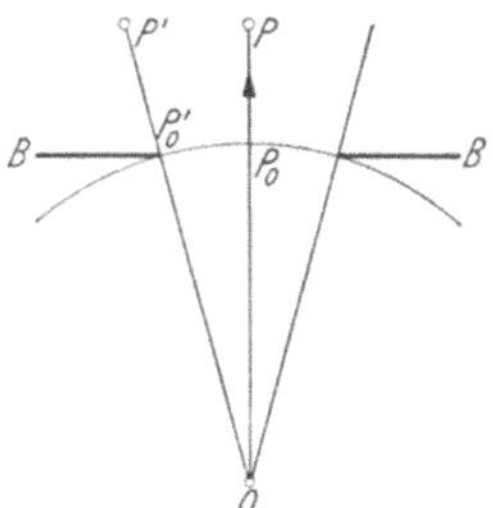

Abb. 205. Ausblendung eines Teils einer Kugelwelle.

Hingegen ist die geradlinige Fortpflanzung in den Randbezirken des ausgeblendeten Kegels, z. B. in der Richtung OP', gestört. Denn durch den Blendenrand wird ein Teil der Elementarwellen abgeblendet, die von der Zone um P_0' ausgehen, und deren Wirkung für eine ungestörte Wellenwirkung in P' erforderlich ist. Derartige Störungen der geradlinigen Fortpflanzung, die durch irgendwelche in den Weg einer Welle gebrachte Hindernisse hervorgerufen werden, heißen *Beugung* oder *Diffraktion*. Abb. 206 zeigt das Zustandekommen der Beugung an der scharfen Kante B eines Schirmes AB. Die Elementarwelle, die sich unter der Wirkung einer von O kommenden Welle von B aus hinter dem Schirm ausbreitet, kann dort nur mit den Elementarwellen desjenigen Teils der um B liegenden Zone interferieren, der nicht durch den Schirm abgeblendet ist. Die Rechnung ergibt, daß sich die Welle dann auch in bestimmten Richtungen BP hinter dem Schirm ausbreitet, die nicht der geradlinigen Fort-

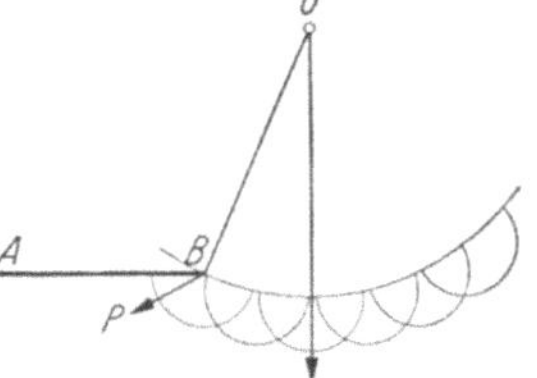

Abb. 206. Beugung an einer Kante.

pflanzung in der Richtung OB entsprechen. Besonders deutlich sind die Beugungserscheinungen beim Durchgang einer Welle durch eine enge Öffnung, deren Abmessungen von der Größenordnung der Wellenlänge oder kleiner sind. Wir werden diese Verhältnisse eingehender bei der Beugung des Lichtes besprechen (§ 291).

Wird in den Weg einer Welle ein Hindernis gebracht, das einen Teil der Welle *abblendet*, so ist die Beugungserscheinung hinter diesem Hindernis identisch mit derjenigen hinter der Öffnung in einem Schirm, die einen gleichen Teil aus einer Welle *ausblendet* (BABINETsches *Theorem*).

Abb. 207. Beugung von Wasserwellen an einem Loch. (Nach GRIMSEHL.)

Für Oberflächenwellen gilt entsprechendes wie für die hier besprochenen räumlichen Wellen. Abb. 207 zeigt die Beugung von Wasserwellen an einem engen Loch. Dieses ist klein gegenüber der Wellenlänge. Es wirkt daher nahezu wie ein einzelner Punkt, von dem aus sich gemäß dem HUYGENSschen Prinzip eine kreisförmige Elementarwelle hinter dem Schirm ausbreitet. (Man beachte auch die stehende Welle, die sich rechts von dem Schirm infolge von Interferenz der einfallenden und der reflektierten Welle ausbildet).

Eine ganz alltägliche Erscheinung ist die Beugung der Schallwellen. Es ist jedermann geläufig, daß der Schall „um die Ecke geht", also an den Kanten von Hindernissen gebeugt wird.

Sobald Beugungserscheinungen in Frage kommen, ist bei der Anwendung des Strahlbegriffs mit Vorsicht zu verfahren. Insbesondere ist zu beachten, daß dort, wo Beugung auftritt, jeder Strahl in viele Strahlen aufspaltet, die sich in verschiedenen Richtungen fortpflanzen.

92. Schwingungen von Saiten, Stäben und Platten. Findet in irgendeinem Punkt eines Körpers eine periodische Störung statt, so pflanzt sie sich in ihm als Welle fort. Wird diese an den Begrenzungen des Körpers reflektiert, so kann sich unter geeigneten Bedingungen durch die Interferenz der hin- und rücklaufenden Welle eine stehende Welle zwischen den Begrenzungen des Körpers ausbilden (§ 87). Sofern hierbei der Welle keine Energie entzogen wird, entsteht eine stationäre ungedämpfte *Schwingung* des Körpers, d. h. seiner einzelnen Teile gegeneinander. Die hier definierte *Schwingung eines Körpers* ist wohl zu unterscheiden von der *Schwingung eines Massenpunktes* oder der *Schwingung eines Körpers als Ganzes*. Bei letzterer bewegt sich der Schwerpunkt des Körpers periodisch hin und her. Bei der hier definierten Schwingung eines Körpers bleibt

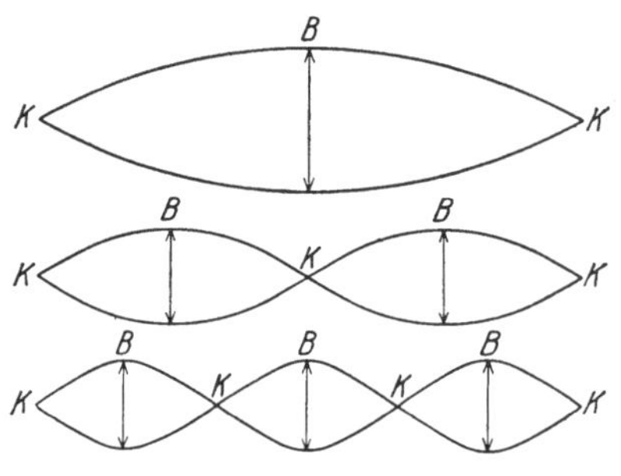

Abb. 208. Saitenschwingungen.

aber der Schwerpunkt eines frei schwingenden, also nicht von außen festgehaltenen Körpers in Ruhe. Nur die einzelnen Massenelemente des Körpers führen Schwingungen um ihre Ruhelagen aus. Eine solche Körperschwingung besteht also aus der Gesamtheit der Schwingungen der Massenelemente des Körpers, zwischen denen, je nach ihrem Ort im Körper, bestimmte Intensitäts- und Phasenbeziehungen nach den Gesetzen der stehenden Wellen bestehen.

Die einfachsten Verhältnisse liegen bei solchen Körpern vor, die man als annähernd lineare Gebilde ansehen kann, deren Abmessungen also in einer bestimmten Richtung erheblich größer sind als in den dazu senkrechten Richtungen. Ein sehr einfaches Beispiel sind die Transversalschwingungen eines an seinen beiden Enden eingespannten Seils oder einer gespannten Saite. Einer stehenden Welle sind in diesem Fall durch die feste Einspannung an den Enden gewisse Bedingungen auferlegt. Sie muß in diesen Punkten, in denen das Seil oder die Saite am Schwingen verhindert ist, Schwingungsknoten haben. Daher sind nur solche stehende Wellen möglich, bei denen die Saitenlänge l ein ganzzahliges Vielfaches (n-faches) der halben Wellenlänge ist, $l = n\,\lambda_n/2$ (Abb. 208). In der Saite treten also nur solche stationären Schwingungen auf, deren Wellenlänge

$$\lambda_n = \frac{2\,l}{n} \tag{27}$$

beträgt. Mit $n = 1$, also $\lambda_1 = 2l$, erhält man die *Grundschwingung* der Saite, bei der sie nur einen Schwingungsbauch in ihrer Mitte besitzt. Die weiteren nach Gl. (27) möglichen Schwingungen heißen *Oberschwingungen*. Grund- und Oberschwingungen heißen allgemein *Teil-* oder *Partialschwingungen*. Bei der 1. Oberschwingung ($n = 2$) treten drei Knoten und zwei Bäuche auf, allgemein bei der p-ten Oberschwingung $p + 2$ Knoten und $p + 1$ Bäuche. Im allgemeinen besteht die Schwingung einer Saite in einer Überlagerung ihrer Grundschwingung mit ihren Oberschwingungen.

Wird eine Saite oder ein Seil vom Querschnitt q und der Dichte ϱ mit der Kraft k dyn gespannt, so beträgt die Wellengeschwindigkeit in der Saite bzw. dem Seil

$$c = \sqrt{\frac{k}{q\varrho}}\ \mathrm{cm \cdot sec^{-1}}. \tag{28}$$

Die Schwingungszahlen der Teilschwingungen betragen nach Gl. (12) $v_n = c/\lambda_n$, also

$$v_n = \frac{n}{2\,l}\sqrt{\frac{k}{q\varrho}} = n\,v_1\ \mathrm{Hz}. \tag{29}$$

Die Oberschwingungen sind also zur Grundschwingung *harmonisch*, d. h. ihre Schwingungszahlen v_n sind ganzzahlige Vielfache derjenigen der Grundschwingung v_1.

Wird ein von einem Punkt frei herabhängendes Seil in Schwingungen versetzt (Abb. 209), so besitzt es an seinem freien Ende stets einen Schwingungsbauch. Es sind in ihm also alle Schwingungen möglich, bei denen die Seillänge l ein $(n + \tfrac{1}{2})$-faches der halben Wellenlänge λ ist, so daß

$$\lambda_n = \frac{4\,l}{2\,n + 1}. \tag{30}$$

Dabei kann n alle ganzzahligen Werte, von 0 aufwärts, annehmen. Die Wellenlänge der Grundschwingung $(n = 0)$ beträgt $4l$, ihre Schwingungszahl $c/4l$. Die Wellenlänge der 1. Oberschwingung $(n = 1)$ beträgt $4l/3$, die der 2. Oberschwingung $(n = 2)$ $4l/5$, und die betreffenden Schwingungszahlen betragen $3c/4l$ bzw. $5c/4l$. Bei dem einseitig freien Seil treten also nicht alle harmonischen Oberschwingungen auf, wie bei beiderseitiger Einspannung, sondern nur ungerade harmonische Oberschwingungen, deren Schwingungszahlen das 3-, 5-, 7fache usw. der Schwingungszahl der Grundschwingung betragen.

Bei Saiten und Seilen handelt es sich um Transversalschwingungen. In analoger Weise kann man die Longitudinalschwingungen behandeln, in die ein Stab z. B. durch Reiben mit einem feuchten Tuch versetzt werden kann. Ist der Stab an beiden Enden fest eingespannt, so muß er hier stets Schwingungsknoten haben. In seiner Grundschwingung besitzt er nur diese Knoten und in seiner Mitte einen Schwingungsbauch. Die Wellenlänge seiner Grundschwingung ist also gleich der doppelten Stablänge $2l$, ihre Schwingungszahl $v_1 = c/2l$. Wie bei der gespannten Saite können alle harmonischen Oberschwingungen vorkommen. Ihre Wellenlängen betragen $2l/n$, ihre Schwingungszahlen $v_n = nc/2l = nv_1$. Die Fortpflanzungsgeschwindigkeit c kann nach Gl. (14) berechnet werden. Wird ein Stab in $^1/_4$ und $^3/_4$ seiner Länge eingespannt, wie in Abb. 195, so besitzt er an diesen Stellen stets Schwingungsknoten und an seinen freien Enden und in seiner Mitte stets Schwingungsbäuche. In diesem Fall ist die Wellenlänge seiner Grundschwingung also gleich der Stablänge. Auch hier kommen alle harmonischen Oberschwingungen vor. Ein einseitig eingespannter Stab verhält sich wie ein Seil mit einem freien Ende. Die Wellenlänge seiner Grundschwingung ist gleich der vierfachen Stablänge, und es treten nur ungeradzahlige harmonische Oberschwingungen auf.

Sehr viel verwickelter sind die Schwingungen anderer Körper, z. B. von ebenen oder gebogenen Platten, Glocken usw. Ihre Oberschwingungen sind nicht harmonisch. An Stelle von Knotenpunkten treten bei ihnen *Knotenlinien* auf. Abb. 210 zeigt die Knotenlinien einer in ihrer Mitte befestigten quadratischen Platte bei verschiedenen Schwingungsformen (CHLADNI*sche*

Klangfiguren). Sie sind durch aufgestreuten Sand sichtbar gemacht, der bei der Schwingung von den Bäuchen weggeschleudert wird und sich in den ruhenden Knotenlinien sammelt. Die verschiedenen Schwingungsformen treten auf, indem man die Platte in einem Punkt oder mehreren Punkten A mit dem Finger berührt, dadurch dort das Auftreten von Knoten erzwingt und in verschiedenen Punkten B mit einem Geigenbogen anstreicht, so daß dort ein

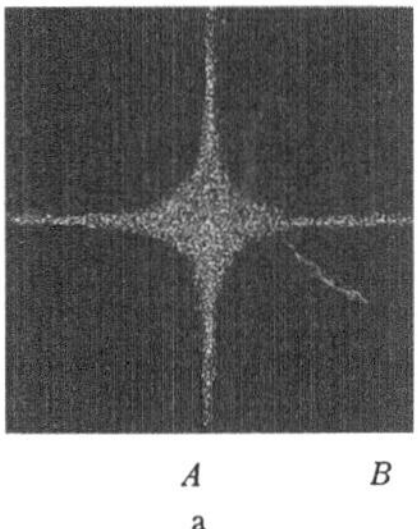
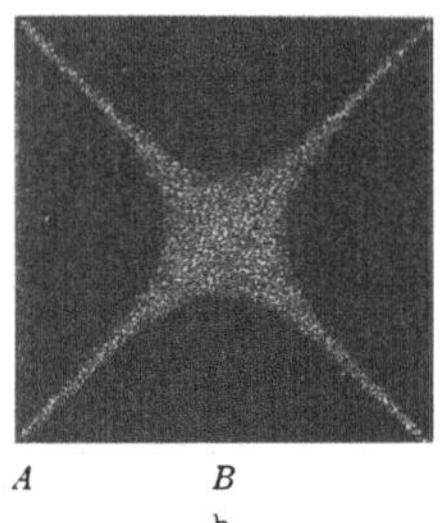
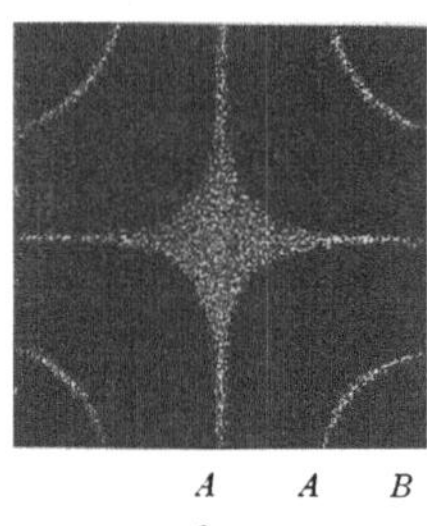

Abb. 210. Knotenlinien von quadratischen Platten. (Nach MÜLLER-POUILLET: Lehrbuch der Physik, Bd. 1, 3. Teil.)

Schwingungsbauch entsteht. An homologen Stellen bilden sich dann von selbst weitere Knoten und Bäuche.

Eine Stimmgabel (Abb. 211) kann als ein gebogener Stab betrachtet werden, der eine transversale Schwingung ausführt. Bei ihrer Schwingung bilden sich beiderseits ihres unteren Endes Schwingungsknoten, an den freien Enden und in der Mitte Schwingungsbäuche (Abb. 212). Das untere Ende der Stimmgabel bewegt sich also ein wenig auf und ab und kann so die Schwingung auf andere Körper, z. B. auf einen unter ihr angebrachten Resonanzkasten, übertragen.

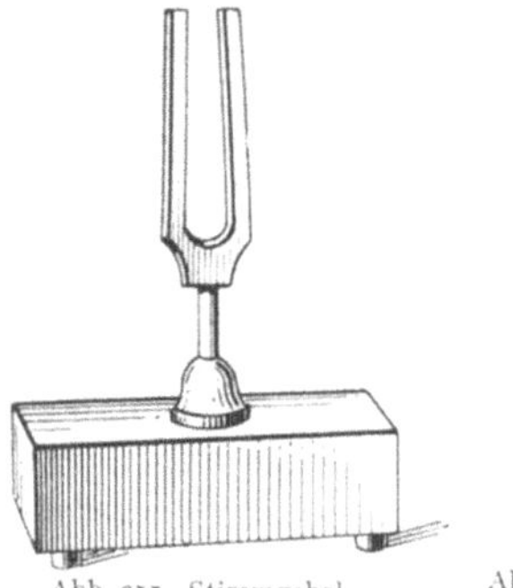

Abb. 211. Stimmgabel.

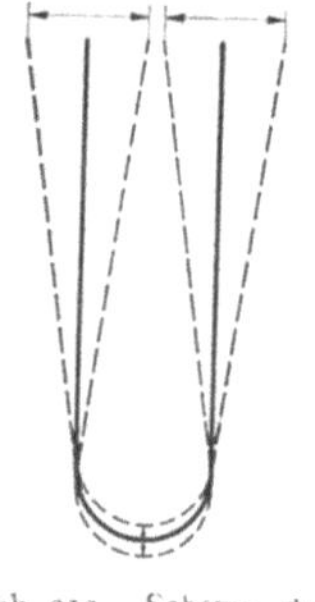

Abb. 212. Schema der Stimmgabelschwingung.

Die verschiedenen Schwingungszahlen, die an einem schwingungsfähigen Gebilde auftreten können, nennt man seine *Eigenfrequenzen*.

93. Schwingungen von Luftsäulen.

Die — natürlich stets longitudinalen — Schwingungen von Luftsäulen können wir analog zu den longitudinalen Stabschwingungen behandeln. Wir beschränken uns dabei auf Luftsäulen, die sich in länglichen Röhren von überall gleichem Querschnitt befinden. Ist die Röhre beiderseitig geschlossen, so können in ihr nur solche stehenden Wellen auftreten, die an den Röhrenenden Schwingungsknoten haben, da dies ja durch die feste Wand bedingt wird (§ 87). Die Schwingungen der in der Röhre enthaltenen Luft — es kann auch ein anderes Gas sein — entsprechen also denjenigen eines an seinen beiden Enden eingeklemmten Stabes. Die Wellenlänge der Grundschwingung ist gleich der doppelten Rohrlänge, $\lambda_1 = 2l$. Ihre Schwingungszahl beträgt $\nu_1 = c/2l$. Die Fortpflanzungsgeschwindigkeit c kann nach Gl. (15 b) oder (15 c) berechnet werden. Es können sämtliche harmonischen Oberschwingungen auftreten, und die möglichen Schwingungszahlen betragen demnach

$$\nu_n = n\,\frac{c}{2\,l} = \frac{n}{2\,l}\sqrt{\frac{p\,\varkappa}{\varrho}} = \frac{n}{2\,l}\sqrt{\frac{R\,T}{M}}\,\varkappa \ \text{Hz.} \tag{31}$$

Abb. 213a zeigt für die Grundschwingung ($n = 1$) die Schwingungsweiten der Luftteilchen in den einzelnen Teilen der Röhre unmittelbar, Abb. 213b in graphischer Darstellung. Abb. 213c zeigt graphisch die maximalen Druckschwankungen im Rohr. Die Knoten der Druckschwankungen liegen nach § 87 in den Bäuchen der Luftschwingung und umgekehrt.

Bei einer beiderseits offenen Röhre liegen die Verhältnisse genau umgekehrt. An einem offenen Ende (genauer gesagt, in seiner nächsten Umgebung) herrscht der konstante äußere Luftdruck. Infolgedessen muß hier stets ein Druckknoten, also auch ein Schwingungsbauch liegen (Abb. 214). Ein offenes Rohrende entspricht also einem freien Stabende. Die Wellenlängen und Schwingungszahlen einer beiderseits offenen Luftsäule sind also die gleichen wie die einer gleich langen beiderseits geschlossenen Luftsäule [Gl. (31)]. Eine einseitig offene Luftsäule entspricht einem einseitig eingeklemmten Stab (Abb. 214).

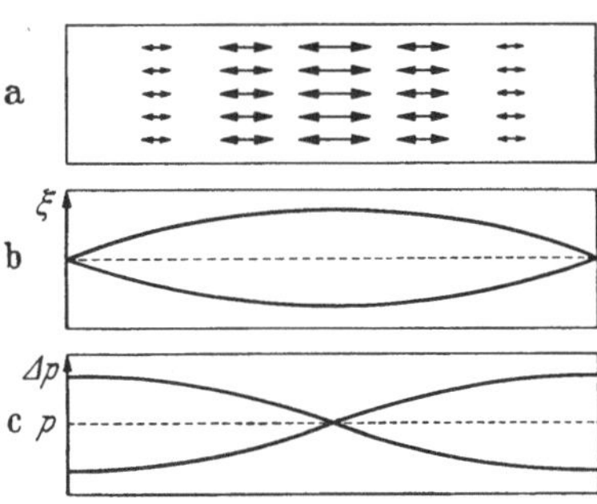

Abb. 213. Grundschwingung einer beiderseits geschlossenen Luftsäule. a Schema der Schwingungsweiten, b graphische Darstellung der Schwingungsweiten, c graphische Darstellung der maximalen Druckschwankungen.

Die Wellenlänge ihrer Grundschwingung beträgt das Vierfache der Rohrlänge l, und es treten nur ungeradzahlige Oberschwingungen auf,

$$\nu_n = \frac{(2\,n + 1)\,c}{4\,l} = (2\,n + 1)\,\nu_1 \; \text{Hz}. \tag{32}$$

Verschließt man das eine Ende einer beiderseits offenen Röhre durch einen Schlag mit der Hand, so gibt sie einen Ton, der der Grundschwingung der

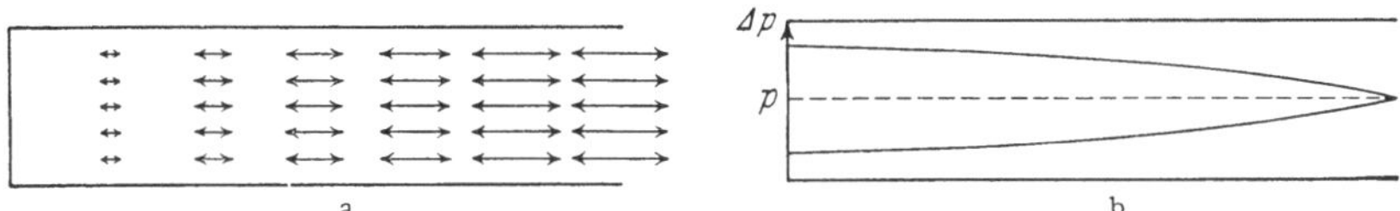

Abb. 214. Schwingungen einer einseitig geschlossenen Luftsaule. a Schwingungsweiten der Luftteilchen, b Druckschwankungen.

einseitig offenen Luftsäule in ihr entspricht. Hebt man aber die Hand momentan wieder ab — so schnell, daß das Rohrende wieder frei ist, wenn die Druckwelle einmal im Rohr hin und her gelaufen ist —, so schwingt sie mit zwei offenen Enden und gibt einen um 1 Oktave höheren Ton. Durch geschicktes Anblasen einer Röhre kann man ihre Grundschwingung, unter Umständen auch ihre Oberschwingungen erregen (Pfeifen auf einem Schlüssel).

Auf der Schwingung von Luftsäulen beruhen die *Orgelpfeifen*. Die *Lippenpfeifen* (Abb. 215a) werden durch ihren Fuß h mit einem Luftstrom angeblasen. Dieser tritt durch die Luftkammer K und wird durch einen schmalen Spalt SS als Luftband gegen eine an der seitlichen Öffnung (Mund oder Maul) der Pfeife angebrachte Schneide gelenkt. An dieser beginnt das Luftband hin und her zu pendeln. Auf diese Weise erzeugt es in der Luftsäule innerhalb der Pfeife Druckschwankungen, durch die die Luftsäule zu ihren Eigenschwingungen, insbesondere zu ihrer Grundschwingung erregt wird. Die Periodizität dieser Schwingungen überträgt sich wiederum auf die Bewegungen des Luftbandes. Auf diese Weise schaukelt sich die Pfeife zu einer kräftigen stationären Schwingung auf. Die durch Schallausstrahlung verlorene Energie wird ständig aus der

Strömungsenergie des Luftbandes ersetzt. Der Pfeifenmund bildet ein offenes Ende, da hier maximale Schwingungsweiten der Luftteilchen bestehen. Ist also die Pfeife oben offen (offene Pfeife), so schwingt sie mit zwei offenen Enden. Ihre Grundschwingung (Grundton) ist $v_1 = c/2l$ Hz, und es können sämtliche harmonischen Oberschwingungen (Obertöne) auftreten. Ist die Pfeife aber oben geschlossen (gedackte Pfeife), so schwingt die Luftsäule mit einem offenen und einem geschlossenen Ende. Ihre Grundschwingung ist $v_1 = c/4l$, und ihr Grundton liegt um eine Oktave tiefer als bei einer gleich langen offenen Pfeife. Es kommen nur ungeradzahlige harmonische Oberschwingungen vor. Daher rührt die verschiedene Klangfarbe der beiden Pfeifentypen.

Eine Lippenpfeife gibt bei nicht zu starkem Anblasen am stärksten ihren Grundton, daneben viel schwächer und mit der Ordnungszahl n schnell abnehmend, die Obertöne. Durch geeignetes, insbesondere durch starkes Anblasen, das sog. *Überblasen*, können aber auch bestimmte Oberschwingungen maximal erregt werden.

Die *Zungenpfeifen* beruhen auf den Eigenschwingungen eines Metallblattes, der Zunge Z (Abb. 215b). Diese liegt auf einem Schlitz in einem Rohr r den sie nahezu verschließt. Die Schwingungen der Zunge werden durch einen Luftstrom erregt, der durch den Fuß h in die Luftkammer K tritt, und dem die Zungenschwingungen den Durchgang durch den Schlitz mit der Frequenz der Eigenschwingung der Zunge periodisch öffnen und verschließen. Der aufgesetzte Trichter dient dazu, eine bestimmte Partialschwingung der Zunge, auf die er abgestimmt ist, durch Resonanz (§ 94) besonders zu verstärken.

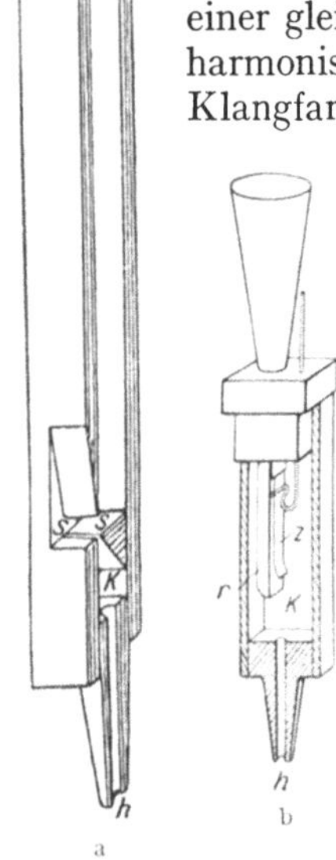

Abb. 215. Querschnitt durch a Lippenpfeife, b Zungenpfeife.

94. Erzwungene Schwingungen. Resonanz. Wirkt auf einen schwingungsfähigen Körper von der Eigenfrequenz v_0 eine periodische Kraft, z. B. eine Welle, von der Frequenz v, so gerät er — nach Durchlaufen eines *Einschwingvorganges*, bei dem auch seine Eigenfrequenz auftritt — in eine *erzwungene Schwingung* mit der Frequenz v der Welle. Voraussetzung für das Auftreten einer stationären erzwungenen Schwingung ist, daß der Körper eine — wenn auch geringe — Dämpfung besitzt (§ 42), die seine Eigenschwingung zum Abklingen bringt. Andernfalls dauert der nichtstationäre Einschwingvorgang unendlich lange. Wie wir hier ohne Beweis mitteilen wollen, beträgt der Momentanwert der stationären Schwingung bei nicht sehr großer Dämpfung

$$\xi = \frac{a}{\sqrt{(\omega_0^2 - \omega^2)^2 + 4\,\beta^2\,\omega^2}} \sin(\omega t - \varphi) = \xi_0 \sin(\omega t - \varphi) \text{ mit } \operatorname{tg}\varphi = \frac{2\,\beta\,\omega}{\omega_0^2 - \omega^2}, \quad (33)$$

wenn $a \sin \omega t$ der Momentanwert der erregenden Schwingung, $\omega_0 = 2\pi v_0$ und $\omega = 2\pi v$ ist. β ist ein Maß für die Dämpfung (§ 42), φ die Phasendifferenz der erzwungenen Schwingung gegenüber der erregenden Kraft. Aus Gl. (33) erkennt man folgende Tatsachen. Die Schwingungsweite ξ_0 der erzwungenen Schwingung — der Faktor von $\sin(\omega t - \varphi)$ — ist am größten für eine bestimmte erregende Frequenz v, die bei kleiner Dämpfung β fast genau mit der Eigenfrequenz v_0 übereinstimmt ($\omega \approx \omega_0$). Diesen Fall maximaler Mitschwingungsweite bezeichnet man als *Resonanz*. Die Schwingungsweite hängt außerdem von der Dämpfung ab. Bei kleiner Dämpfung ist sie zwar im Resonanzfalle groß, fällt aber schon bei geringer Abweichung von der Resonanz schnell ab. Ein merkliches Mitschwingen erfolgt also nur in einem schmalen Bereich von Schwingungszahlen v, die von v_0 nur wenig verschieden sind (Abb. 216a). Die *Resonanzbreite* oder *Halbwertbreite*, die als die Breite der Resonanzkurve in ihrer halben Höhe definiert ist, ist in diesem Fall gering. Bei größerer Dämpfung ist die Schwingungsweite bei Resonanz geringer, aber die Resonanzbreite ist größer (Abb. 216b). Gl. (33) besagt ferner, daß zwischen der erregenden Welle und der erzwungenen Schwingung eine Phasendifferenz φ besteht. Ist $v < v_0$, so ist tg $\varphi > 0$, also auch $\varphi > 0$, und die erzwungene Schwingung eilt der erregenden Welle in Phase nach. Ist $v > v_0$, so eilt sie ihr in Phase vor. Die Phasendifferenz hat ihren größten Betrag, nämlich $\pm\, \pi/2$, wenn $v = v_0$, also im Fall der Resonanz. (Eine Schaukel muß man in ihrem Umkehrpunkt anstoßen!)

Bei großer Differenz $v_0 - v$ nähert sich φ dem Betrage o. Ist also v sehr verschieden von v_0, so ist die erzwungene Schwingung mit der Welle in gleicher Phase.

Nicht nur die Grundschwingung, sondern auch alle Oberschwingungen eines Körpers können zum Mitschwingen und zur Resonanz erregt werden. Für jede dieser Schwingungen besteht eine der Abb. 216 entsprechende Resonanzkurve.

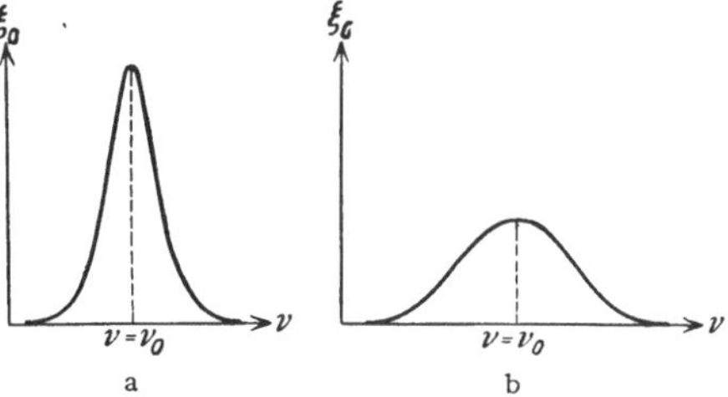

Abb. 216. Schwingungsweite ξ_0 erzwungener Schwingungen, a bei kleiner, b bei größerer Dämpfung.

Die Abhängigkeit der Resonanzbreite von der Dämpfung kann man sich leicht an einem Pendel veranschaulichen. Schwingt es in Luft, ist also seine Dämpfung gering, so kann man es leicht in starke Schwingungen versetzen, wenn man es wenigstens nahezu mit der Frequenz seiner Eigenschwingung anstößt, aber auch nur dann (Kinderschaukel). Befindet sich aber das Pendel in einem zäheren, also stärker dämpfenden Stoff, z. B. in Wasser, so kann man es viel leichter mit jeder beliebigen anderen Frequenz hin und her bewegen. Aber seine Schwingungsweiten sind dann bei gleicher wirkender Kraft kleiner, als in Luft in der Nähe der Resonanz. Die größeren hemmenden Kräfte bewirken nämlich, daß nunmehr das für die schwach gedämpfte Schwingung fast allein maßgebende Richtmoment mehr in den Hintergrund tritt und seine frequenzbestimmende Wirkung kaum noch auszuüben vermag.

Bei sehr geringer Dämpfung kann die Schwingungsweite in der Nähe der Resonanz sehr beträchtlich sein. Bei Maschinen muß darauf geachtet werden, daß ihre Drehzahlen nicht mit den Eigenfrequenzen von schwingungsfähigen Gebäudeteilen übereinstimmen, da sonst das Gebäude gefährdet sein kann. Oft ist das Überschreiten von Brücken im Marschtritt verboten, weil dadurch eine Eigenfrequenz der Brücke erregt werden könnte.

Singt man in ein geöffnetes Klavier bei abgehobenem Pedal einen Ton, so klingt er infolge von Resonanz der betreffenden Seite wieder aus ihm heraus. Schwingungsfähige Gegenstände klirren, wenn der ihrer Eigenfrequenz entsprechende Ton erklingt. Eine wichtige Anwendung findet das Mitschwingen schwingungsfähiger Luftkörper bei den Resonanzkästen der Streichinstrumete. Stimmgabeln werden auf Resonanzkästen gesetzt (Abb. 211), deren Luftraum auf die Eigenschwingung der Stimmgabel abgestimmt ist. Der mitschwingende Luftraum entzieht der Stimmgabel Schallenergie und gibt sie viel besser an die umgebende Luft ab, als es die Stimmgabel allein tun würde. Oder man setzt den Fuß der Stimmgabel, um sie besser zu hören, auf eine Tischplatte oder auf den Resonanzkasten eines Streichinstruments, die dadurch in Mitschwingen geraten und den Schall an die Luft abgeben. (Dies entspricht der Ausstrahlung elektrischer Wellen durch eine mit einem elektrischen Schwingungskreis gekoppelte Antenne, § 255).

Ändert man in der in Abb. 217 dargestellten Vorrichtung die Länge der in der einen Röhre enthaltenen Luftsäule durch Heben oder Senken des Wasserspiegels, während sich eine schwingende Stimmgabel über der Röhre befindet, so hört man deren Ton infolge Resonanz am lautesten, wenn die Länge der Luftsäule gleich $^1/_4$, $^3/_4$, $^5/_4$ usw. der Wellenlänge des ausgesandten Schalles ist (einseitig offenes Rohr, § 93). Auf diese Weise kann die Wellenlänge gemessen werden. Bei geeigneter Mundstellung beobachtet man eine Resonanz der Mundhöhle mit einer vor den Mund gehaltenen Stimmgabel von der Schwingungszahl 400—500 Hz. HELMHOLTZ benutzte die Resonanz von Luftkörpern zur *Klanganalyse,* d. h. zur Ermittelung der in einem Klange enthaltenen reinen Teiltöne (§ 95). Er bediente sich dabei eines Satzes von abgestimmten *Resonatoren* (Abb. 218), unter denen er diejenigen ermittelte, die beim Ertönen des Klanges in Resonanz geraten.

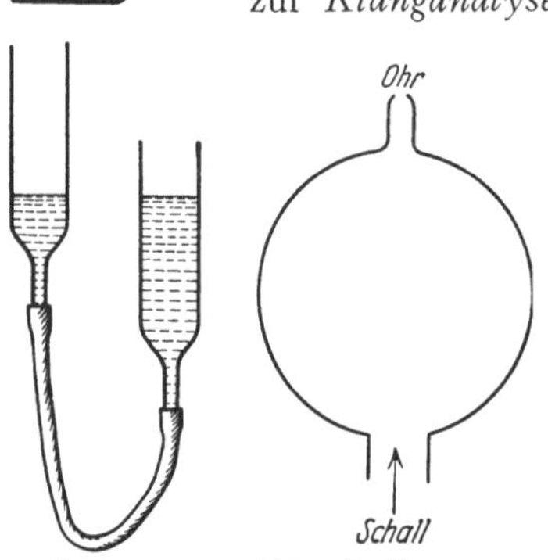

Abb. 217.
Resonanz einer
Luftsäule.

Abb. 218. HELMHOLTZ-
scher Resonator.

95. Geräusche. Klänge. Töne. Der Schall, die Ursache unserer Gehörempfindungen, beruht auf Wellen, die durch die Luft in unser Ohr gelangen. Ist die Schallwelle rein harmonisch, ist also in ihr nur eine einzige Schwingungszahl enthalten, so vernehmen wir einen *reinen (einfachen) Ton.* Ein *Klang* ist ein Gemisch reiner Töne, das aus einem reinen Ton von (meistens) überwiegender Stärke *(Grundton)* und einer mehr oder weniger großen Zahl von schwächeren Obertönen von größerer Schwingungszahl besteht. Bei der Schwingung von schwingungsfähigen Körpern entsteht fast ausnahmslos kein reiner Ton, sondern ein Klang, da sie meist nicht nur mit ihrer Grundfrequenz schwingen, sondern — wenn auch meist schwächer — auch mit ihren höheren Frequenzen (Oberschwingungen). Sie besitzen ein *Frequenzspektrum,* in dem neben ihrer Grundschwingung die einzelnen Oberschwingungen in verschiedener Stärke vertreten sind. Abb. 219 zeigt das Schema des Frequenzspektrums der leeren Saiten einer Geige. Das Intensitätsverhältnis der einzelnen Obertöne relativ zum Grundton bestimmt die *Klangfarbe* eines Klanges, während der Eindruck der *Tonhöhe* des Klanges allein durch den Grundton bestimmt ist. Die charakteristische Verschiedenheit des Klanges der verschiedenen Musikinstrumente beruht auf solchen Intensitätsunterschieden ihrer Obertöne. Ein reiner Ton klingt leer und langweilig. Erst die Beimischung von Obertönen gibt ihm Klangreiz. Das gleichzeitige Erklingen mehrerer etwa gleich starker Töne oder Klänge heißt ein *Akkord,* wenn ihre Schwingungszahlen in einem einfachen rationalen Zahlenverhältnis zueinander stehen. Der psychologische Eindruck der *Tonhöhe* eines Akkords wird durch die Tonhöhe des *höchsten* in ihm enthaltenen Klanges bestimmt. Ein *Geräusch* ist ein Tongemisch, dem entweder ein mehr oder weniger kontinuierliches Schallspektrum entspricht, oder das sich aus sehr vielen Einzeltönen zusammensetzt, deren Frequenzen und Schwingungsweiten sich auch zeitlich ändern können.

Zwei Klänge, die die gleichen Grundtöne und die gleichen Obertöne in gleicher Stärke enthalten, können sich physikalisch noch durch die Phasenbeziehungen ihrer Teiltöne unterscheiden, so daß die graphische Darstellung der Schallschwingung noch sehr verschiedene Gestalten haben kann (vgl. Abb. 171).

Das Ohr empfindet zwischen ihnen aber keinerlei Unterschied. Für den akustischen Eindruck eines Klanges kommt es also nur auf die Tonhöhe und die relative Intensität seiner Teiltöne an, nicht auf ihre Phasenbeziehungen (OHM*sches Gesetz*).

Der tiefste Ton, den das menschliche Ohr noch als Ton, nicht als Brummen empfindet, ist das Subkontra-c (c^{-3}) mit $v \approx 16$ Hz und einer Wellenlänge in Luft von etwa 20 m. Junge Menschen vermögen Töne bis etwa zur Schwingungszahl $v = 20000$ Hz (Wellenlänge rund 1,7 cm) zu hören. Doch sinkt die obere Hörgrenze meist schon in mittlerem Alter beträchtlich herab. In der Musik werden im allgemeinen nur Töne zwischen 16 und 4000 Hz verwendet.

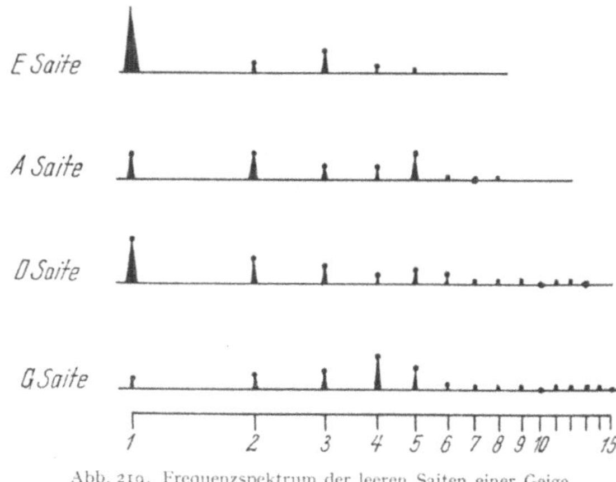

Abb. 219. Frequenzspektrum der leeren Saiten einer Geige nach MILLER. (Aus Handbuch der Physik, Bd. 8.)

Zur Messung von Schallschwingungszahlen kann u. a. die *Sirene* dienen (Abb. 220). Sie besteht aus einer Scheibe mit kreisförmigen Lochreihen, die in Drehung versetzt werden kann. Wird eine Lochreihe durch eine Düse mit einem Luftstrahl angeblasen, so entstehen an der Lochreihe periodische Druckschwankungen, die eine Schallwelle erzeugen. Ihre Grundfrequenz ist gleich der Zahl der Löcher, die in 1 sec an der Düse vorbeilaufen, und kann aus der Umdrehungsgeschwindigkeit der Scheibe berechnet werden.

96. Ultraschall. Im Jahre 1918 ist es zuerst LANGEVIN gelungen, den Bereich der experimentell zugänglichen Schallwellen über den Hörbereich hinaus in Richtung auf die kürzeren Wellen außerordentlich — um etwa 10 Oktaven — zu erweitern. Das Mittel liefert der durch elektrische Schwingungen zu seinen elastischen Eigenschwingungen erregte *Schwingquarz* (§ 146).

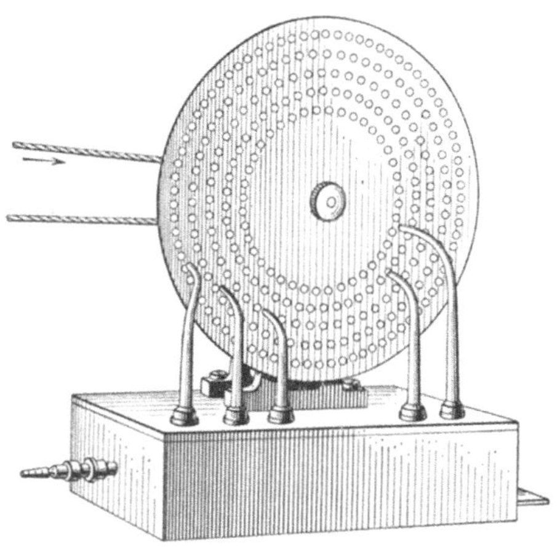
Abb. 220. Lochsirene.

Erfolgt die Erregung mit einer Frequenz v, der eine elektrische Wellenlänge $\lambda_e = c_0/v$ entspricht ($c_0 = 3 \cdot 10^{10}$ cm·sec^{-1}, Lichtgeschwindigkeit), so hat der erzeugte Schall die gleiche Frequenz v und die Wellenlänge $\lambda = c/v$ (c Schallgeschwindigkeit, in Luft $c \approx 3 \cdot 10^4$ cm·sec^{-1}). Es ist also $\lambda = \lambda_e \, c/c_0$ oder in Luft $\lambda \approx \lambda_e \cdot 10^{-6}$. Erfolgt z. B. die elektrische Erregung mit Kurzwellen von $\lambda_e = 10$ m $= 10^3$ cm, so erhält man in Luft einen Schall von der Wellenlänge $\lambda \approx 10^{-3}$ cm. Es ist bereits gelungen, Schallwellen bis zu einer Wellenlänge in Luft von $1,5 \cdot 10^{-4}$ cm zu erzeugen, was einer Frequenz von rund $2 \cdot 10^8$ Hz entspricht. Diese Wellenlänge ist nur wenig größer als diejenige des langwelligsten sichtbaren Lichtes ($\lambda \approx 0,8 \cdot 10^{-4}$ cm). Man bezeichnet solchen hochfrequenten und kurzwelligen Schall als *Ultraschall*.

Ein Schwingquarz vermag sehr große Schallenergien — bis zu 10 Watt·cm⁻² — abzustrahlen; das ist das 10^{10}fache der Abstrahlung von 1 cm² eines Zimmerlautsprechers. Man kann infolgedessen mit Ultraschall sehr starke mechanische Wirkungen auf sehr kleinem Raum in den durchstrahlten Stoffen erzielen. Zum Beispiel kann man mit Ultraschall sehr fein verteilte Emulsionen herstellen, auch aus nicht mischbaren Stoffen, wie Wasser und Quecksilber. Man kann ferner mit ihm sehr feinkörnige photographische Emulsionen erzeugen. In andern Fällen findet im Gegenteil eine schnelle Zusammenballung (Koagulation) sehr kleiner Teilchen zu größeren statt. Hochpolymere Stoffe können zerlegt werden, z. B. Stärke in Dextrin. Schmelzen von Metallen können entgast und Werkstücke auf innere Fehler untersucht werden. Organismen, z. B. Bakterien, auch kleinere höhere Tiere, werden durch Ultraschall vernichtet oder geschädigt; rote Blutkörper werden zerstört.

In einem von Ultraschall durchstrahlten Stoff bestehen sehr starke Verdichtungen und Verdünnungen, die in Abständen von einer halben Wellenlänge

Abb. 221. Beugung von Licht an Ultraschallwellen in Xylol. Nach BERGMANN „Naturwissenschaften" 1937).

aufeinander folgen (Abb. 178), und in denen sich der optische Brechungsindex des Stoffes von Ort zu Ort periodisch ändert. In diesem Zustand wirkt der Stoff auf Licht, das ihn senkrecht zur Schallwelle durchsetzt, genau wie ein optisches Beugungsgitter (§ 292); am Licht treten Beugungserscheinungen bis zu hoher Ordnung auf (Abb. 221). Aus diesen kann man die „Gitterkonstante" — den Abstand je zweier Verdichtungs- oder Verdünnungsmaxima — und daraus die Wellenlänge des Schalles berechnen. Auf eine ähnliche Weise kann man auch die Brechung des Ultraschalls beim Übergang von einem Stoff in einen andern sichtbar machen und untersuchen.

Untersuchungen dieser Art haben bereits viele wertvolle Aufschlüsse physikalischer und chemischer Art gegeben. So kann man z. B. aus der ermittelten Schallgeschwindigkeit die elastischen Konstanten von festen und flüssigen Stoffen ermitteln und ihre spezifische Wärme bei konstantem Volumen berechnen, während kalorimetrische Messungen die spezifische Wärme bei konstantem Druck ergeben (§ 106). So bildet der Ultraschall in Wissenschaft und Technik heute ein besonders wichtiges und aussichtsreiches Forschungsgebiet.

97. Konsonanz und Dissonanz. Die Tonleiter. Erfahrungsgemäß ergibt sich bei gleichzeitigem Erklingen zweier Töne ein um so höherer Grad von Wohlklang *(Konsonanz)*, je einfacher das Zahlenverhältnis ist, in dem ihre Schwingungszahlen stehen. Dieses Zahlenverhältnis heißt das *Intervall* der beiden Töne. Das einfachste Intervall ist $^2/_1$, die Oktave. Zwei reine Töne, die dieses Intervall besitzen, $v_2 : v_1 = 2 : 1$, unterscheiden sich für das Ohr lediglich durch die Eigenschaft, die man als *Tonhöhe* bezeichnet. Im übrigen werden sie als gleichwertig empfunden. Man bezeichnet einen Ton als um so höher, je größer seine Schwingungszahl ist. Nächst der Oktave ist das einfachste Intervall die Quint $^3/_2$. Wenn wir zunächst im Bereich einer Oktave bleiben, so folgen die Quart $^4/_3$, die große Sexte $^5/_3$, die große Terz $^5/_4$ und die kleine Terz $^6/_5$. Die nun folgenden Intervalle, in denen die Zahl 7 auftritt, werden bemerkenswerterweise durchaus als *Dissonanzen* empfunden und finden in der praktischen Musik keine Verwendung. Das gleiche gilt für die Zahlen 11, 13, 14. Als gute Konsonanz wird noch die kleine Sexte $^8/_5$ empfunden. Bilden wir mit Hilfe der Zahlen 1 bis 16 alle zwischen 1 und 2, also innerhalb einer Oktave liegenden Intervalle, unter Auslassung der obigen vier Zahlen, so kommen zu den schon genannten Intervallen noch die folgenden hinzu: die kleine Septime $^9/_5$, der große Ganzton (Sekunde) $^9/_8$, der kleine Ganzton $^{10}/_9$, die große Septime $^{15}/_8$ und der kleine

Halbton $^{16}/_{15}$. Die fünf letzten Intervalle werden beim Zusammenklang bereits als mehr oder weniger starke Dissonanzen empfunden, spielen aber in der praktischen Musik eine wichtige Rolle. Je nach dem Grade der Konsonanz, d. h. der Einfachheit des durch das Intervall ausgedrückten Schwingungszahlverhältnisses, spricht man von einer mehr oder weniger nahen *Tonverwandtschaft* zweier Töne.

Die Ursache für die Konsonanz oder Dissonanz zweier Töne liegt in der Anzahl der harmonischen Obertöne, in denen sie übereinstimmen. Diese erklingen nicht nur fast immer gleichzeitig mit dem Grundton, sondern sie entstehen — aus dem gleichen Grunde wie die Differenztöne (§ 88) — auch beim Erklingen eines reinen Tones im Trommelfell. Hierbei kommen vor allem die ersten Obertöne in Frage, da die höheren Obertöne meist sehr viel schwächer sind. In je mehr Obertönen ihres Grundtones zwei Klänge übereinstimmen, um so besser ist ihre Konsonanz. Hieraus läßt sich der Grad der Tonverwandtschaft für die einzelnen Intervalle sowie die Sonderstellung der vier oben genannten Zahlen leicht ableiten.

Die Gesamtheit der auf die obige Weise auf einen gegebenen Ton aufgebauten Intervalle, einschließlich der gleichen Intervalle in den höheren und tieferen Oktaven, heißt die zu dem betreffenden Ton gehörige *Tonleiter*. Dieser Ton heißt der *Grundton* der Tonleiter. Jedoch hat man in der neuzeitlichen europäischen Musik für jeden Grundton zwei *Tonarten* zu unterscheiden, die *Durtonart* und die *Molltonart*, bei denen jeweils nur ein Teil der obigen Intervalle Verwendung findet. Zur Durtonart gehören außer dem Grundton selbst der große Ganzton, die große Terz, die Quart, die Quint, die große Sexte, die große Septime und die Oktave. In der Molltonart treten an die Stelle der großen Terz, Sexte und Septime die kleine Terz, Sexte und Septime. Die Folgen der diesen Intervallen entsprechenden Töne heißen die *natürlich-harmonische Dur-* bzw. *Molltonleiter*. Gehen wir z. B. von dem Grundton c aus, so besteht demnach die c-dur-Tonleiter innerhalb einer Oktave aus den in der nebenstehenden Tabelle verzeichneten Tönen.

Es kommen also in der Durtonleiter — ebenso in der Molltonleiter — zwischen aufeinanderfolgenden Tönen drei verschiedene Tonschritte vor, der große Ganztonschritt $^9/_8$, der kleine Ganztonschritt $^{10}/_9$ und der Halbtonschritt $^{16}/_{15}$.

	Intervall zum Grundton	Intervall der Tonschritte
Grundton c . . .	$^1/_1$	
Sekunde d	$^9/_8$	$^9/_8$
Große Terz e . . .	$^5/_4$	$^{10}/_9$
Quart f	$^4/_3$	$^{16}/_{15}$
Quint g	$^3/_2$	$^9/_8$
Große Sexte a . .	$^5/_3$	$^{10}/_9$
Große Septime h .	$^{15}/_8$	$^9/_8$
Oktave c^1	$^2/_1$	$^{16}/_{15}$

Die Tonleiter mit den obigen einfachen Intervallen entspricht der absolut reinen, der *rein-harmonischen Stimmung*, wie sie ein musikalisches Ohr an sich verlangt. Sie kann bei den Streichinstrumenten, bei denen nur die leeren Saiten fest gestimmt sind, weitgehend verwirklicht werden, aber nicht bei denjenigen Instrumenten, deren Töne sämtlich eine feste Stimmung haben, wie bei dem Klavier und der Orgel. Zwar ist es möglich, sie für eine bestimmte Tonart rein zu stimmen, z. B. so, daß die c-dur-Tonleiter und die c-moll-Tonleiter auf ihnen rein gespielt werden können. Aber die praktische Musik erfordert die Möglichkeit der *Modulation*, d. h. des Übergangs von einer Tonart in eine andere. Deshalb müssen auch die zu weiteren, auf andere Grundtöne aufgebauten Tonleitern gehörigen Töne vorhanden sein. Betrachten wir z. B. die auf die Quint g $(^3/_2)$ von c aufgebaute g-dur-Tonleiter, so stellt man leicht fest, daß deren große Terz h, Quart c^1, Quint d^1 und Sexte e^1 in der reinen c-dur-Tonleiter (die dann über die obige Tabelle hinaus zu verlängern ist, indem man die entsprechende Intervalle zur Oktave c^1 bildet) rein enthalten sind. Es fehlt aber erstens die große Septime fis^1 ($^3/_2 \cdot {}^{15}/_8 = {}^{45}/_{16} = 2 \cdot {}^{45}/_{32}$) zu g, die zwischen f^1 und g^1 liegt. Zweitens liegt zwar die Sekunde zu g ($^3/_2 \cdot {}^9/_8 = {}^{27}/_{16}$) sehr nahe am a ($^5/_3$) der c-dur-Tonleiter, ist aber um das Intervall $^{81}/_{80}$, das *Pythagoräische Komma*, höher als dieses. Je geringer die Tonverwandtschaft zweier Töne ist, um so größer ist die Zahl dieser Tonunterschiede in den auf ihnen aufgebauten Tonleitern.

Ein fest gestimmtes Instrument, das alle hiernach nötigen Töne in reiner Stimmung enthielte, ist schon wegen seiner Kompliziertheit für die praktische Musik nicht brauchbar. Überdies würde bei jeder Modulation eine sprunghafte Änderung gewisser Töne um ein Pythagoräisches Komma nötig sein, was aus ästhetischen Gründen unmöglich ist. Die Musik der Neuzeit erfordert, daß man bei fest gestimmten Instrumenten mit verhältnismäßig wenigen Tönen im Bereich einer Oktave auskommt, und daß mit diesen die Dur- und Molltonleiter zu jedem vorhandenen Ton als Grundton gespielt werden kann. Das ist nur durch ein Kompromiß auf Kosten der rein harmonischen Stimmung möglich. In der heute allgemein üblichen *temperierten Stimmung* (STIFEL 1544, WERCKMEISTER 1700) wird es dadurch geschaffen, daß der Bereich einer Oktave — da diese aus 5 (großen und kleinen) Ganztonschritten und 2 Halbtonschritten besteht — in 12 gleiche Intervalle geteilt wird, die an die Stelle der reinen Halbtonschritte treten. Bezeichnen wir dieses Intervall mit δ, so muß man durch 12 Tonschritte δ vom Grundton (1) zur Oktave (2) kommen. Es muß also $\delta^{12} = 2$ oder $\delta = \sqrt[12]{2} = 1{,}059$ sein. Der Unterschied zwischen dem großen und kleinen Ganzton verschwindet. Sie werden durch einen doppelten Halbtonschritt ersetzt, der $1{,}059^2 = 1{,}121$ beträgt und zwischen dem großen Ganzton ($^9/_8 = 1{,}125$) und dem kleinen Ganzton ($^{10}/_9 = 1{,}111$) liegt. Sämtliche Intervalle, außer den Oktaven, sind gegenüber den reinen Intervallen ein wenig verstimmt, aber so wenig, daß es, auch infolge von Gewöhnung, im allgemeinen nicht empfunden wird. Auf diese Weise unterscheidet sich keine der möglichen Tonleitern vor der anderen in der Reinheit ihrer Stimmung. Die Folge der Halbtonschritte in der temperierten Stimmung heißt die *chromatische* Tonleiter.

Die gesetzliche Grundlage der heutigen musikalischen Stimmung ist der Ton a^1 mit der Schwingungszahl 435 Hz *(Kammerton)*.

Es ist eine sehr wichtige Tatsache, daß der musikalische Charakter des Intervalls zweier Töne nicht durch die Differenz, sondern durch das *Verhältnis ihrer Schwingungszahlen* bestimmt wird. Zwei Tonschritte in verschiedenen Tonhöhen werden also dann als gleichwertig empfunden, wenn sie nicht der gleichen absoluten, sondern der gleichen *relativen* Änderung der Schwingungszahl (Tonhöhe) entsprechen. Einem bestimmten Intervall v_2/v_1 entspricht ein bestimmter Betrag des $\log v_2/v_1$, also der Differenz $\log v_2 - \log v_1$, z. B. für eine Quint ($^3/_2$), unabhängig von ihrer Tonhöhe, in BRIGGschen Logarithmen die Differenz 0,1761. Bei einer graphischen Darstellung der Tonskala ist es daher zweckmäßig, nicht die Schwingungszahlen selbst, sondern ihre Logarithmen aufzutragen. Dann entsprechen in allen Lagen gleichen Intervallen gleiche Strecken. Die einzelnen Oktaven sind lediglich gegeneinander verschoben, nehmen aber gleiche Bereiche ein (Abb. 222).

In gewissem Grade wird die Konsonanz zweier Töne außer von ihrem Intervall auch von der Differenz ihrer Schwingungszahlen beeinflußt. Zum Beispiel wird die große Terz, die in den mittleren und hohen Lagen des Klaviers eine sehr gute Konsonanz ergibt, in den tiefen Lagen mehr und mehr als Dissonanz empfunden. Das beruht auf den Schwebungen (§ 88). Ist nämlich — in den tieferen Lagen — die Differenz der Schwingungszahlen der beiden Töne so klein, daß hörbare Schwebungen auftreten, so tönt ihr Zusammenklang rauh. Setzen wir z. B. die wohlklingende Terz c^3—e^3 mit den (temperierten) Schwingungszahlen 1034,61 und 1303,53 Hz um vier Oktaven tiefer, so ergibt die Terz c^{-1}—e^{-1} mit den Schwingungszahlen 64,66 und 81,47 Hz einen recht unangenehmen Zusammenklang.

Das OHMsche Gesetz (§ 95) gilt natürlich nicht nur für die Teiltöne eines Klanges, sondern auch für den Zusammenklang mehrerer etwa gleich starker Töne. Der musikalische Charakter des Zusammenklangs, z. B. eines Akkords, ist unabhängig von den Phasenbeziehungen zwischen den einzelnen Tönen. Wäre das nicht

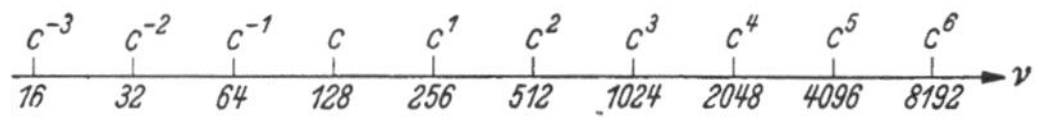

Abb. 222. Der musikalisch verwendete Tonbereich in logarithmischer Darstellung (rein harmonische Stimmung).

der Fall, so wäre eine polyphone Musik im heutigen Sinne undenkbar, da es praktisch wohl kaum möglich wäre, zwischen mehreren Musikinstrumenten bestimmte Phasenbeziehungen herzustellen.

98. Musikinstrumente. Über die Musikinstrumente kann hier nur einiges Grundsätzliche gesagt werden. In der Mehrzahl gehören sie zwei Gruppen an. Die Saiteninstrumente beruhen auf den Klängen gespannter Saiten, die Blasinstrumente und die Orgel auf den Klängen schwingender Luftsäulen. Andere Instrumente beruhen auf den Klängen tönender Stäbe, Platten oder Membrane (Xylophon, Glocke, Gong, Becken, Triangel, Trommel, Pauke).

Die *Saiteninstrumente* haben Saiten aus Darm, drahtumwickeltem Darm oder Stahldraht, die durch Streichen mit einem Bogen, durch Anschlagen oder Zupfen erregt werden. Ihre Klangfarbe (Tonspektrum) ist von Art und Ort der Erregung stark abhängig. Am günstigsten ist eine Erregung in $^1/_7$ bis $^1/_9$ der Saitenlänge, weil dann die dissonanten Obertöne am wenigsten angeregt werden. Zu den Streichinstrumenten gehören die Geige, die Bratsche, das Violoncello und der Kontrabaß, ferner die in der modernen Musik nicht mehr verwendeten verschiedenen Formen der Violen oder Gamben. Die gewünschten Töne, außer denen der leeren Saiten, werden bei ihnen dadurch erzeugt, daß die Saiten mit dem Finger gegen das Griffbrett gedrückt und dadurch verkürzt werden. Legt man den Finger lose auf einen Schwingungsknoten einer Oberschwingung der leeren Saite, der kein Knoten einer tieferen Oberschwingung ist, so können ihre tieferen Teiltöne nicht auftreten, und der betreffende Oberton der Saite erklingt als Grundton des erzeugten Klanges (Flageolettöne). Das Zupfen der Saite heißt Pizzicato. Die Saitenschwingungen werden durch den Steg auf den Resonanzkasten übertragen und von ihm an die Luft weitergegeben. Die Beschaffenheit des Resonanzkastens ist für die Klangschönheit des Instruments von größter Bedeutung. Denn er soll in allen vorkommenden Tonhöhen möglichst gleich stark mitschwingen. Seine traditionelle Form genügt dieser Bedingung in einer bisher nicht übertroffenen und in ihrer Ursache noch keineswegs klar erkannten Weise. Der Spürsinn der großen italienischen Geigenbauer, die diese Form rein empirisch entwickelten, verdient höchste Bewunderung.

Beim Flügel werden die Saiten mit befilzten Hämmern angeschlagen. Zahlreiche, besonders der volkstümlichen Musik dienende Saiteninstrumente werden durch Zupfen erregt (z. B. Laute, Gitarre, Mandoline, Zither), ferner die Harfe. Zu den Saiteninstrumenten gehören ferner die Vorläufer des Hammerklaviers, das Klavichord (Kielflügel) und das Klavicembalo.

Bei allen diesen Instrumenten erfüllt die Saite gleichzeitig zwei völlig verschiedene Aufgaben. Erstens bestimmt sie durch ihre Beschaffenheit und Spannung die Tonhöhe, zweitens hat sie die zur Schallerzeugung nötige Energie zu liefern. Zwischen diesen beiden Erfordernissen besteht kein befriedigender Einklang. Man ist daher dazu übergegangen, der Saite nur die erste Aufgabe zu überlassen, die Schallenergie aber aus anderer Quelle zu beziehen. Hierauf beruhen verschiedene *elektrische Musikinstrumente*. Bei diesen Instrumenten steuert die Saite durch ihre Schwingungen die elektrische Spannung des Gitters einer Verstärkerröhre, deren Anodenstrom dadurch mit der Frequenz der Schwingungen verstärkt und geschwächt wird (§ 257). Der Anodenstrom wird nach Art der Rundfunkgeräte weiter verstärkt und auf einen Lautsprecher übertragen. Ein Resonanzkörper ist nicht vorhanden, da der Saite ja möglichst wenig Energie entzogen werden soll. Auf diese Weise wird ihre Schwingung auch nur sehr wenig durch Dämpfung beeinträchtigt. Andere elektrische Musikinstrumente erzeugen auch schon die ursprüngliche Schwingung auf elektrischem Wege. Alle diese Instrumente ergeben die Möglichkeit zu völlig neuen Klangwirkungen, haben aber in der praktischen Musik bisher leider erst wenig Verwendung gefunden.

Bei den *Blasinstrumenten* werden die Schwingungen von Luftsäulen durch Blasen mit dem Munde erregt. Man teilt sie nach ihrem Material in Holz- und Blechblasinstrumente ein. Mit Ausnahme der Flöte, die eine Lippenpfeife ist, sind sie sämtlich vom Typus der Zungenpfeife. Zu den Holzblasinstrumenten gehören Flöte und Blockflöte, Oboe, Fagott, Klarinette und Schalmei. Die Grundschwingung der Zunge liegt viel tiefer als die zu erzeugenden Töne, die hohen Oberschwingungen der Zunge entsprechen. Diese liegen sehr dicht beieinander, und es befindet sich unter ihnen die lückenlose Folge aller gewünschten Töne. Welcher von ihnen zum Ansprechen (Resonanz) gebracht wird, hängt von der wirksamen Länge der im Rohr des Instruments befindlichen Luftsäule ab. Um diese verändern zu können, haben die Holzblasinstrumente seitliche Löcher, die mit den Fingern oder durch Klappen verschlossen werden können. Wird eines von ihnen geöffnet, so entsteht dort ein offenes Rohrende, und der Ton wird mehr oder weniger erhöht. Weitere höhere Töne werden durch Überblasen erzeugt (§ 93). Spieltechnisch gehört zu den Holzblasinstrumenten auch das meist aus Blech hergestellte Saxophon, das der Klarinette nahe verwandt ist. Zu den Blechblasinstrumenten gehören Trompete, Horn, Posaune und Tuba. Bei ihnen wird die Zunge durch die in das trichterförmige Mundstück des Instruments gepreßten Lippen des Bläsers gebildet. Bei der Posaune und gewissen Trompeten wird die Länge der Luftsäule durch einen Auszug verändert. Beim Waldhorn werden die verschiedenen Töne nur durch Überblasen erzeugt. Seine Tonskala ist daher lückenhaft. Die Tonhöhe kann ferner durch Einführung der Hand in den Schallbecher (Stopfen) und die Art des Anblasens in geringem Umfange geändert werden. Die übrigen Blechblasinstrumente haben Ventile, mittels derer Seitenkanäle in den Luftweg eingeschaltet und der direkte Luftweg versperrt werden kann, wodurch die Länge der wirksamen Luftsäule verändert wird. Bei den Blechblasinstrumenten findet das Überblasen eine viel ausgedehntere Anwendung als bei den Holzblasinstrumenten.

Die *Orgel* besitzt eine sehr große Zahl von Lippen- und Zungenpfeifen. Bei sehr großen Orgeln reicht der Tonumfang vom Subkontra-c (c^{-3}, 16,165 Hz) bis zum c^5 (4138,440 Hz), also über acht Oktaven. Jeder Ton ist durch mehrere, verschieden geformte, offene und gedackte Pfeifen von verschiedener Klangfarbe vertreten. Schon hierdurch und durch die verschiedene Klangfarbe der offenen und der gedackten Pfeifen und der Zungenpfeifen erlaubt die Orgel, Musik in sehr verschiedenen Klangfarben wiederzugeben. Diese Möglichkeit wird aber durch die *Register* außerordentlich erweitert, eine Vorrichtung, mittels derer es möglich ist, zu den einzelnen Tönen weitere Töne, die gewissen Obertönen derselben entsprechen, leise mitklingen zu lassen und dadurch Klänge von den verschiedensten Klangfarben zu erzeugen. Durch die Mannigfaltigkeit dieser Möglichkeiten und durch die Schönheit und Größe ihres Klanges erhält die Orgel ihre einzigartige Stellung unter den Musikinstrumenten. Das Harmonium ist eine kleine Orgel, die nur Zungenpfeifen hat. Auch die Hand- und die Mundharmonika haben Zungenpfeifen.

99. Gehör und Sprache. Das Ohr besteht aus drei Teilen, dem äußeren Ohr, dem Mittelohr und dem inneren Ohr oder Labyrinth (Abb. 223 a). Das *äußere Ohr* wird durch die zum besseren Auffangen des Schalles dienende Ohrmuschel und den im Felsenbein *F* liegenden Gehörgang *G* gebildet und ist hinten durch das Trommelfell *T*, eine häutige Membran, abgeschlossen. Das *Mittelohr* beginnt hinter dem Trommelfell und ist, zum Ausgleich des Luftdrucks, durch

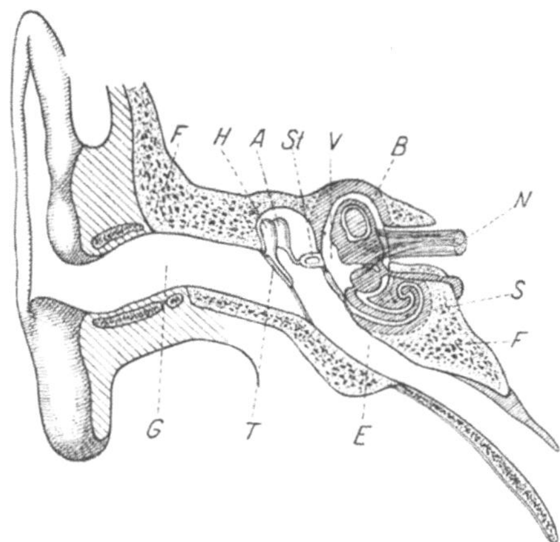

Abb. 223. Schema des menschlichen Ohres. a Schematischer Querschnitt, b Querschnitt durch das CORTIsche Organ.

die Eustachische Röhre *E* mit dem Nasen-Rachenraum verbunden. Es enthält ein System von Knöcheln, Hammer *H*, Amboß *A* und Steigbügel *St*. Diese bilden ein Hebelwerk, durch das die Schwingungen des Trommelfells auf das ovale Fenster des inneren Ohres übertragen werden. Dabei werden die Schwingungen des Trommelfells, die zwar eine verhältnismäßig große Schwingungsweite haben, aber wenig kräftig sind, in kräftigere Schwingungen des ovalen Fensters von kleinerer Schwingungsweite verwandelt. Das ist deshalb nötig, weil das innere Ohr mit einer Flüssigkeit, dem Labyrinthwasser, gefüllt ist, die weit weniger zusammendrückbar ist als die Luft. Das *innere Ohr* oder *Labyrinth* bildet einen Hohlraum im Felsenbein. Es besteht aus dem Vorhof *V*, den drei Bogengängen *B*, den Ampullen und der Schnecke *S*. Die Bogengänge haben wahrscheinlich (abgesehen von einer Mitwirkung beim Erkennen der Richtung, aus der ein Schall kommt) mit dem Gehör nichts zu tun, sondern bilden das menschliche Gleichgewichtsorgan. Dieses ist auch bei vielen Tieren mit dem Gehörorgan verbunden. Die Ampullen sind wahrscheinlich das Organ für die Wahrnehmung von Geräuschen, während die Schnecke das ton- und klangempfindliche Organ ist. Sie besteht aus $2^1/_2$ Windungen und wird durch ein knöchernes Spiralblatt in zwei Hälften geteilt. Sie endet in einem zweiten, dem runden Fenster, das sie gegen das Mittelohr abschließt. Längs der Schneckenwindungen erstreckt sich die Basilarmembran mit dem CORTIschen Organ. Dieses besteht aus einer sehr großen Zahl von Fasern (Abb. 223 b), die auf die Töne des menschlichen Hörbereichs abgestimmt sind, und die daher in Mitschwingungen geraten, wenn das Ohr von ihrem Eigenton getroffen wird (*Resonanztheorie des Hörens*, HELMHOLTZ 1867). Jeder Faser steht ein Nervenende gegenüber, das mechanisch gereizt wird, wenn die Faser in Schwingung gerät. Diese Reize werden durch die Nerven *N* auf das Hörzentrum im Hirn übertragen, wo die Tonempfindung entsteht.

Man kann die Richtung, aus der ein Schall kommt, im freien Gelände sehr genau erkennen. Besonders scharf wird die Richtung bei einem scharfen Knall empfunden. Jeder Kriegsteilnehmer weiß, daß man die Richtung nach einem feuernden Geschütz oder dem Ort eines Einschlags nach dem Gehöreindruck erstaunlich genau bezeichnen kann. Dieses *Richtunghören* beruht in der Hauptsache darauf, daß der Schall am Ort der beiden Ohren, die etwa 25 cm Abstand voneinander haben, eine von der Schallrichtung abhängige Phasendifferenz hat. Durch künstliche Vergrößerung des Ohrenabstandes kann die Richtungsempfindlichkeit vergrößert werden. Das kann so geschehen, daß man zwei in größerem Abstande voneinander befindliche Schalltrichter benutzt, die durch Schläuche mit den beiden Ohren verbunden sind (Horchgeräte).

Die Vokale der menschlichen Sprache verdanken ihren eigentümlichen Klangcharakter der Tatsache, daß in ihrem Klange stets gewisse Tonbereiche von ziemlich genau bestimmter *absoluter* Tonhöhe enthalten sind, die man die *Formanten* des betreffenden Vokals nennt (WILLIS, WHEATSTONE, HELMHOLTZ). Die Erzeugung eines bestimmten Vokals beruht auf einer bestimmten Einstellung der Mundhöhle und des Nasen-Rachenraums, und die Formanten sind Eigenfrequenzen des auf diese Weise abgegrenzten Luftkörpers. Sie haben eine erheblich größere Tonhöhe als der Stimmton, mit dem der Vokal gesprochen wird, und sind in ihm als höhere Obertöne enthalten. Durch die jeweilige Mundstellung werden diese Obertöne infolge von Resonanz besonders verstärkt und geben dem Vokal sein eigentümliches Gepräge. Spricht man bei abgehobenem Pedal einen Vokal in ein geöffnetes Klavier, so klingt er aus ihm wieder heraus, weil die Formanten die betreffenden Saiten zur Resonanz erregen. Läßt man eine besprochene Schallplatte mit merklich falscher Geschwindigkeit laufen, so verändern die Vokale wegen der Änderung der Schwingungszahl der Formanten ihren Charakter. Spricht man nach vorheriger Einatmung von Wasserstoff (Vorsicht!), so klingen die gewohnheitsmäßig gebildeten Vokale verkehrt. Die Wellenlängen λ der Formanten sind durch die Abmessungen der Mundhöhle gegeben, die natürlich in der gewohnten Weise geformt wird. Da die Schallgeschwindigkeit c in Wasserstoff sehr viel größer ist als in Luft, so sind die Schwingungszahlen $\nu = c/\lambda$ merklich zu groß.

Drittes Kapitel.

Wärmelehre.

I. Das Wesen der Wärme. Zustandsgleichungen. Wärmeenergie.

100. Temperatur. Der Begriff Temperatur ist ursprünglich von den Gefühlen warm und kalt abgeleitet, die wir beim Berühren von Körpern empfinden. Jedoch liefert unser Temperatursinn, der in der Haut und einzelnen, aber nicht allen inneren Körperteilen beheimatet ist, kein objektives und zuverlässiges Maß für die Temperatur der Körper. Für die Temperaturempfindung, die die Berührung mit einem Körper bei uns auslöst, sind außer der Temperatur selbst noch verschiedene andere Umstände mit maßgebend. So erscheint uns die Luft eines Zimmers warm oder kalt, je nachdem wir aus einer wärmeren oder kälteren Umgebung kommen. Auch die Wärmeleitfähigkeit und die Wärmekapazität des betreffenden Körpers spielen eine Rolle. Ein Metall von $100°$ können wir nicht anfassen, Watte von $100°$ ohne weiteres. Auch vermag unser Wärmesinn eine sehr hohe Temperatur von einer sehr tiefen meist nicht zu unterscheiden. Die Temperatur kann daher nur mit objektiv anzeigenden Instrumenten (Thermometern) richtig gemessen werden.

Die Erfahrung zeigt, daß Körper, die miteinander in Wechselwirkung treten können, ihre Temperaturen im Laufe der Zeit ausgleichen und schließlich die gleiche Temperatur annehmen (§ 125). Man mißt daher Temperaturen im allgemeinen so, daß man einen Körper, aus dessen Zustand man seine Temperatur ohne weiteres ersehen kann — z. B. bei einem Quecksilberthermometer aus der Länge des Quecksilberfadens — mit dem zu untersuchenden Körper in Berührung bringt.

Man bezeichnet die Temperatur des bei einem Druck von 76 cm Hg schmelzenden reinen Eises als die Temperatur $0°$, die Temperatur des bei einem Druck von 76 cm Hg siedenden reinen Wassers als die Temperatur $100°$. Dies sind die *Fundamentalpunkte der Celsiusskala*, die im Deutschen Reich und den meisten anderen Ländern als gesetzliche Temperaturskala festgelegt ist. Die Einteilung des Intervalls zwischen $0°$ und $100°$ beruht ursprünglich auf der Ausdehnung der idealen Gase mit der Temperatur. Ihr Volumen nimmt bei der Erwärmung von $0°$ auf $100°$ um $^{100}/_{273}$ ihres Volumens bei $0°$ zu (§ 103). Ein Schritt von $1°$ ist dann diejenige Temperaturerhöhung, bei der das Volumen eines idealen Gases um $^1/_{273}$ seines Volumens bei $0°$ zunimmt. Hiernach kann die Skala auch unter $0°$ und über $100°$ ohne weiteres fortgesetzt werden. Nach neuerer gesetzlicher Vorschrift geschieht dies heute jedoch nicht mehr unter Bezugnahme auf ein ideales Gas *(gasthermometrische Skala)*, sondern auf gewisse Kreisprozesse (§ 127). Diese *thermodynamische Skala* hat den Vorzug, bei ihrer Verwirklichung von allen Eigenschaften der verwendeten Stoffe unabhängig zu sein, was bei der Verwirklichung der gasthermometrischen Skala, mangels eines wirklich idealen Gases, nicht der Fall ist. Im einzelnen können wir hier nicht näher darauf eingehen. In der Thermometrie finden außer den beiden Fundamentalpunkten folgende, besonders genau bestimmte Siedepunkte bei 76 cm Hg Verwendung: Sauerstoff $-182,97°$, Schwefel $444,60°$, ferner die Schmelzpunkte: Silber $960,5°$, Gold $1063°$.

Aus Gründen, die bald ersichtlich sein werden, ist es bei theoretischen Überlegungen meist zweckmäßiger, an Stelle der Celsiusskala die von Lord KELVIN (W. THOMSON, 1851) eingeführte *absolute oder Kelvinskala* zu benutzen. Sie unterscheidet sich von der Celsiusskala nur dadurch, daß ihr Nullpunkt bei $-273°$ C liegt. Es ist üblich, in der Celsiusskala gemessene Temperaturen mit t, in der absoluten Skala gemessene mit T zu bezeichnen und bei Zahlenangaben die beiden Skalen wenn nötig durch die Einheitsbezeichnung °C bzw. °K zu unterscheiden. Es besteht also zwischen den in den beiden Skalen gemessenen Temperaturen die Beziehung

$$T = 273 + t. \tag{1}$$

101. Mechanische Wärmetheorie. Wir haben schon früher mehrfach darauf hingewiesen, daß die Bewegungsenergie der Moleküle von der Temperatur abhängt. Tatsächlich unterscheiden sich zwei sonst gleiche Körper von verschiedener Temperatur nur dadurch, daß die Moleküle des wärmeren Körpers eine höhere Energie haben als die des kälteren. *In dieser Tatsache beruht das Wesen der Wärme. Einen Körper erwärmen heißt, daß man die Bewegungsenergie seiner Moleküle erhöht.* Diese Vorstellung findet sich zuerst bei BACON (1620) angedeutet und wurde durch DAVY und RUMFORD (1812) fester begründet. Ihren Ausbau zur *mechanischen Theorie der Wärme* vollendeten insbesondere KRÖNIG (1856), CLAUSIUS (1857), MAXWELL (1860) und BOLTZMANN (1866—1877).

Ein Molekül kann drei Arten von Bewegungsenergie besitzen. Erstens eine auf seiner Geschwindigkeit beruhende *kinetische Energie* (§ 23). Zweitens kann es rotieren, also *Rotationsenergie* (§ 36) besitzen. Drittens können die Bestandteile (Atome) des Moleküls Schwingungen gegeneinander ausführen, also *Schwingungsenergie* (§ 42) besitzen. Jede dieser Energiearten nimmt mit steigender Temperatur zu. Der Betrag der auf jede von ihnen bei gegebener Temperatur entfallenden Energie hängt von der Zahl der *Freiheitsgrade* ab, die das Molekül bezüglich der betreffenden Bewegungsart hat. Ein Körper, der sich in allen Richtungen des dreidimensionalen Raumes frei zu bewegen vermag, hat drei Freiheitsgrade der kinetischen Energie. Ist seine Bewegung auf eine bestimmte Fläche beschränkt, so hat er deren zwei. Kann er sich nur längs einer bestimmten Kurve bewegen, so hat er nur einen Freiheitsgrad der kinetischen Energie. Beispiele für diese drei Fälle sind der im Raum bewegliche Freiballon, das an die Meeresoberfläche gebundene Schiff und der an das Gleis gebundene Eisenbahnzug. Die Moleküle eines Gases haben demnach drei Freiheitsgrade der kinetischen Energie.

Entsprechendes gilt grundsätzlich für die Rotation. Da es sich bei den Molekülen nur um freie Drehachsen handeln kann, so kommen nur solche Achsen in Betracht, die durch den Schwerpunkt des Moleküls gehen (§ 39). Unterliegt im übrigen die Lage dieser Achse im Molekül keinen Beschränkungen, kann also das Molekül um jede beliebige Schwerpunktsachse rotieren, so hat es drei Freiheitsgrade der Rotation. Ist aber die Lage der Rotationsachse auf eine Ebene im Molekül beschränkt, so hat es deren nur zwei. Bei den mehratomigen Molekülen kommen noch Freiheitsgrade der Schwingungen der Atome im Molekül hinzu.

Das Grundgesetz der mechanischen Wärmetheorie, der *Gleichverteilungssatz* (Äquipartitionsprinzip), lautet: *Auf jeden Freiheitsgrad der Moleküle eines Körpers entfällt bei der absoluten Temperatur T im zeitlichen und räumlichen Durchschnitt die gleiche Energie E.* Und zwar ist

$$E = \tfrac{1}{2} k T \text{ erg.} \tag{2}$$

k ist die BOLTZMANN*sche Konstante*; sie beträgt $1{,}3801 \cdot 10^{-16}$ erg · Grad^{-1}. *Die auf jeden Freiheitsgrad entfallende mittlere Energie ist also der absoluten Temperatur* *proportional.* (Über Abweichungen vom Gleichverteilungssatz bei sehr tiefen Temperaturen s. § 351.)

Hierdurch erhält die Einführung der absoluten Temperaturskala ihre Begründung. Der absolute Nullpunkt, $T = 0$, ist die Temperatur, bei der die Energie E verschwindet. Da man den Molekülen eines Körpers von der Temperatur $T = 0$ hiernach keine weitere Bewegungsenergie entziehen, die Temperatur also nicht weiter herabsetzen kann, so ist dies die tiefste überhaupt denkbare Temperatur.

Da die Moleküle der Gase drei Freiheitsgrade der kinetischen Energie haben, so beträgt ihre mittlere kinetische Energie nach Gl. (2)

$$\tfrac{1}{2}\,\mu\,\overline{v^2} = \tfrac{3}{2}\,k\,T. \tag{3}$$

Es ist also das mittlere Geschwindigkeitsquadrat $\overline{v^2} = 3\,kT/\mu$ und das Quadrat der wahrscheinlichsten Geschwindigkeit $v_0^2 = 2\,kT/\mu$ (§ 64, Gl. [9]). STERN hat die Geschwindigkeit von Molekülen auf folgende Weise unmittelbar gemessen. In Abb. 224 ist A ein zur Zeichnungsebene senkrecht ausgespannter, elektrisch geglühter Silberdraht. Ihn umgeben zwei Kupferzylinder, deren innerer einen schmalen, dem Draht parallelen Spalt B hat. Der ganze Raum wird auf einen niedrigen Druck evakuiert, so daß die Strecke $A\,C$ erheblich kleiner ist, als die freie Weglänge im Gase. Die beiden, miteinander fest verbundenen Zylinder können in schnelle Rotation versetzt werden. Von dem glühenden Draht gehen einatomige Silbermoleküle aus, deren mittlere kinetische Energie durch Gl. (3) gegeben ist, wenn T die absolute Temperatur des Drahtes ist. Wenn die Zylinder

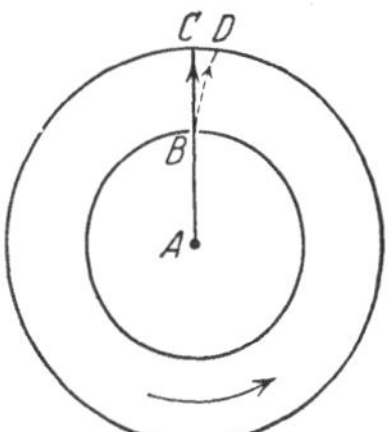

Abb. 224. Messung der Molekulargeschwindigkeit nach STERN.

nicht rotieren, so treten die Silbermoleküle durch den Spalt B und schlagen sich bei C als schmaler Silberstreifen nieder. Wenn aber die Zylinder rotieren, so legt der äußere Zylinder den Weg $C\,D$ zurück, während sich die Moleküle durch ihren Zwischenraum bewegen, schlagen sich also bei D nieder. (Die gestrichelte Linie stellt die Bahn der Moleküle relativ zu den rotierenden Zylindern dar). Der Niederschlag erfolgt also jetzt an einer anderen Stelle D. Er ist verwaschener als der Niederschlag bei C, weil die Moleküle ja nach dem MAXWELLschen Gesetz (§ 64) verschiedene Geschwindigkeiten haben. Sein Maximum liegt, wie die Theorie ergibt, bei der Geschwindigkeit $v_0 \sqrt{4/3}$ ($v_0 =$ wahrscheinlichste Geschwindigkeit). Ist v die Umfangsgeschwindigkeit des äußeren Zylinders, so ist $B\,C : C\,D = v_0 \sqrt{4/3} : v$. Hiernach kann die wahrscheinlichste Geschwindigkeit und daraus die BOLTZMANNsche Konstante k berechnet werden. Letztere ergab sich in guter Übereinstimmung mit anderweitigen Berechnungen.

Es sei sehr nachdrücklich darauf hingewiesen, daß man nicht etwa einem *einzelnen, als Ganzes bewegten Körper* gemäß Gl. (3) eine bestimmte Temperatur zuschreiben darf, indem man für $\overline{v^2}$ einfach das Quadrat v^2 seiner Geschwindigkeit einsetzt. Der Begriff der Temperatur hat überhaupt nur einen Sinn für eine sehr große Gesamtheit von Molekülen, die sich in völlig ungeordneter Bewegung befinden, und bezieht sich nur auf diese ungeordnete Bewegung. Setzt man einen Körper als Ganzes in Bewegung, addiert man also zu der ungeordneten Bewegung seiner sämtlichen Moleküle die gleiche und gleichgerichtete Geschwindigkeit, so trägt dieser geordnete Geschwindigkeitsanteil zur Temperatur des Körpers nichts bei.

Wir betrachten nunmehr die Freiheitsgrade der Rotation. Wie wir in § 37 erwähnt haben, kann man jede Rotation eines Körpers in drei unabhängige

Rotationen um seine drei Hauptträgheitsachsen zerlegen. Aus Gründen, die durch die Quantentheorie geklärt werden (§ 351), kommen aber bei Molekülen Rotationen um solche Hauptträgheitsachsen nicht vor, bezüglich derer das Trägheitsmoment des Moleküls sehr klein ist. Da die Masse der Atome fast ganz in ihren Kernen konzentriert ist (§ 336), und da die Abmessungen der Kerne überaus klein sind (10^{-12} bis 10^{-13} cm), so ist auch das Trägheitsmoment einatomiger Moleküle äußerst klein. Rotationen treten also bei ihnen nicht auf, die Freiheitsgrade der Rotation treten bei ihnen nicht in die Erscheinung. Bei den zweiatomigen Molekülen gilt das gleiche bezüglich derjenigen Hauptträgheitsachse, die die beiden Atome des Moleküls verbindet. Hingegen kann ein zweiatomiges Molekül um jede Achse rotieren, die in der zur ersten senkrechten, durch den Schwerpunkt des Moleküls gehenden Ebene liegt. Bei den zweiatomigen Molekülen treten also zwei Freiheitsgrade der Rotation in die Erscheinung. Bei den drei- und mehratomigen Molekülen gibt es in der Regel keine Achse mit extrem kleinem Trägheitsmoment. Es kommen alle möglichen Achsenrichtungen vor. Bei diesen Molekülen treten also alle drei Freiheitsgrade der Rotation in die Erscheinung.

Aus Gründen, die ebenfalls durch die Quantentheorie geklärt werden (§ 351), kommen Freiheitsgrade der inneren Molekülschwingungen bei den folgenden Überlegungen im allgemeinen nicht in Betracht. Da die Moleküle der Gase, wie schon gesagt, stets drei Freiheitsgrade der kinetischen Energie haben, so beträgt die Zahl ihrer wirksamen Freiheitsgrade insgesamt

bei einatomigen Gasen $\quad 3 + 0 = 3$ Freiheitsgrade,
bei zweiatomigen Gasen $\quad 3 + 2 = 5$ Freiheitsgrade,
bei den übrigen Gasen $\quad 3 + 3 = 6$ Freiheitsgrade.

Eine Sonderstellung nehmen unter den drei- und mehratomigen Molekülen diejenigen ein, bei denen die Atome auf einer Geraden angeordnet sind (Fadenmoleküle). Ein Beispiel hierfür ist das Molekül der Kohlensäure CO_2 (O—C—O). Diese Moleküle verhalten sich bezüglich der Rotationen wie zweiatomige Moleküle. In manchen Fällen, so bei der Kohlensäure, kommen aber bei solchen Molekülen auch schon Freiheitsgrade der Atomschwingungen mit in Betracht, so daß sich die Zahl der Freiheitsgrade erhöht.

Wohl die eindruckvollste Bestätigung der mechanischen Wärmetheorie ist die BROWNsche Bewegung. Beobachtet man eine verdünnte Lösung von chinesischer Tusche oder eine kolloidale Goldlösung bei starker Vergrößerung unter dem Mikroskop, so sieht man in der Tusche die Kohleteilchen, in der Goldlösung die Goldteilchen in einer heftigen, vollkommen ungeordneten Zickzackbewegung (Abb. 225). Das gleiche sieht man besonders schön an den festen Teilchen in Tabaksrauch, wenn man diesen in einer geeigneten Kammer unter ein Mikroskop bringt. Diese Erscheinung ist bereits 1827 von dem englischen Botaniker BROWN an organischen Flüssigkeiten beobachtet worden, aber erst viel später richtig gedeutet und gebührend beachtet worden.

Man denke sich einen großen, frei beweglichen Körper, an den rings herum eine große Zahl von Menschen in ganz ungeordneter Weise fortwährend stößt. Der Körper wird sich dabei nur sehr wenig hin und her bewegen, weil sich bei der großen Zahl von Stößen, die Unregelmäßigkeiten mit denen die einzelnen Stöße erfolgen, ausgleichen. Jetzt denke man sich den Körper wesentlich kleiner, die Dichte der Menschen, die gegen ihn stoßen, aber ebenso groß, so daß jetzt die Zahl der Stöße, wegen seiner kleineren Oberfläche, weit kleiner wird. Bei dieser kleinen Zahl von Stößen werden sich die Unregelmäßigkeiten nicht mehr in dem Maße ausgleichen wie vorher. Der Körper wird bald ein wenig mehr nach der einen, bald ein wenig mehr nach der anderen Seite getrieben werden, er wird eine Zickzackbewegung ausführen, und zwar um so lebhafter, je kleiner und leichter er ist. (Man vergleiche etwa die Bewegungen eines Fußballs während einer längeren Zeit und stelle sich auch das Verhalten eines Fußballs vor, der bei gleicher mittlerer Dichte ein zehnmal größeres Volumen hätte als üblich.)

Die Teilchen, die wir bei der BROWNschen Bewegung im Mikroskop beobachten, entsprechen einem solchen Körper, die Moleküle des Stoffes, in dem das Teilchen schwebt, den stoßenden Menschen. Die Teilchen sind so klein, daß die Zahl der Stöße, die sie erleiden, schon merklichen Schwankungen unterliegt. Und diese Unregelmäßigkeit der von den bewegten Molekülen

herrührenden Stöße ist es, die die Zickzackbewegung der Teilchen hervorruft. Daß die Heftigkeit der Bewegung mit abnehmender Teilchengröße zunehmen muß, hat weiter seinen Grund darin, daß bei gleicher Gestalt die Masse des Teilchens mit der 3. Potenz, seine Oberfläche und damit die Zahl der ihn treffenden Stöße aber nur mit der 2. Potenz seiner Abmessungen (z. B. bei einer Kugel ihres Radius) abnimmt.

Abb. 225 zeigt eine im Mikroskop beobachtete BROWNsche Bewegung eines Teilchens. (Die eingezeichneten Knickpunkte sind die Orte, an denen

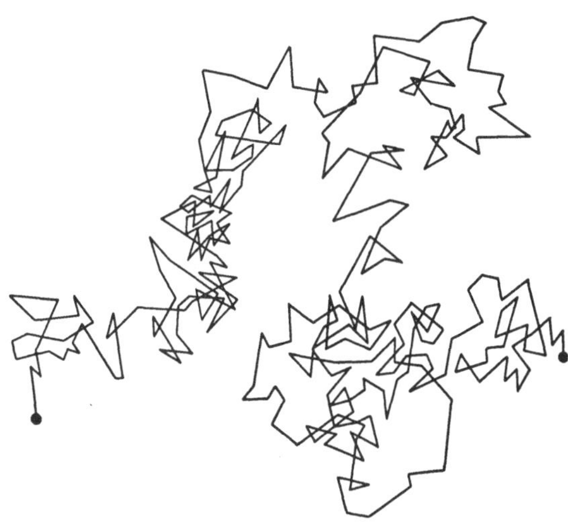

Abb. 225. BROWNsche Bewegung.

sich das Teilchen in gleichen Zeitabständen befand; die wirkliche Bewegung ist noch viel unregelmäßiger). Diese Bewegung ist natürlich rein zufällig und sieht in jedem einzelnen Falle wieder anders aus. Aber, wie in § 62 auseinandergesetzt, liefert die Beobachtung gehäufter Zufälligkeiten bei großer Zahl von Beobachtungen wieder Gesetzmäßigkeiten, die um so strenger gelten, je größer die Zahl der beteiligten Individuen oder der einzelnen Beobachtungen ist.

Die sichtbaren Teilchen, welche eine BROWNsche Bewegung ausführen, verhalten sich genau wie Moleküle von außerordentlich großer Masse. Auch für sie gilt, daß auf jeden ihrer Freiheitsgrade (fortschreitende Bewegung und Rotation) im Durchschnitt der Energiebetrag $\frac{1}{2}kT$ entfällt. Die mittlere kinetische Energie ihrer fortschreitenden Bewegung ist also $\frac{1}{2}m\overline{v^2} = \frac{3}{2}kT$. Je höher die Temperatur T, desto heftiger ist ihre Bewegung.

Stellt man den Ort eines der BROWNschen Bewegung unterliegenden Teilchens in gleichen Zeitabständen τ fest, so erfährt das Teilchen in jedem Zeitintervall τ eine Verschiebung Δx von ständig wechselnder Größe. Für den Mittelwert der einzelnen Beträge der Quadrate $(\Delta x)^2$, das *mittlere Verschiebungsquadrat* $\overline{(\Delta x)^2}$, ergibt die von EINSTEIN aufgestellte Theorie einen ganz bestimmten Wert, und zwar für kugelförmige Teilchen

$$\overline{\Delta x^2} = \frac{kT\tau}{3\pi\eta r}, \tag{4}$$

wenn k die BOLTZMANNsche Konstante, T die absolute Temperatur, η der Koeffizient der inneren Reibung des Gases oder der Flüssigkeit, r der Radius der Teilchen ist. Der Mittelwert $\overline{\Delta x^2}$ kann aus einer genügend großen Zahl von Messungen sehr genau ermittelt werden. Auch der Radius von nicht zu kleinen Teilchen kann bestimmt werden. Demnach kann nach Gl. (4) die wichtige Konstante k berechnet werden. Wir wollen schon hier bemerken, daß die leicht meßbare universelle Gaskonstante R (§ 103), die LOSCHMIDTsche Zahl N (§ 63) und die BOLTZMANNsche Konstante k miteinander in der Beziehung $R = Nk$ stehen. Mithin kann bei Kenntnis von k auch die Zahl N berechnet werden. Hierin liegt die große Wichtigkeit der Gl. (4).

Die BROWNsche Bewegung ist ein typisches Beispiel einer *Schwankungserscheinung*. Man versteht darunter Abweichungen vom statistischen Mittelwert, die dann eintreten, wenn die Zahl der beteiligten Individuen klein ist. (Man vergleiche hierzu wieder die Statistik der Bevölkerung eines einzelnen Hauses und einer großen Stadt). Je kleiner die Oberfläche eines Teilchens ist, um so kleiner ist auch die Zahl der Moleküle, die in einer bestimmten Zeit, z. B. in 1 sec, gegen das Teilchen stoßen. Um so größer werden dann die relativen Schwankungen ihrer Zahl und des Betrages und der Richtung ihrer Geschwindigkeiten sein.

Es ist klar, daß in sehr kleinen Volumelementen eines Gases oder einer Flüssigkeit auch die Zahl der in ihnen enthaltenen Moleküle solchen Schwankungen unterliegen muß. Daher führt auch die Dichte sehr kleiner Volumelemente unregelmäßige Schwankungen aus. Auf solchen Dichteschwankungen in der atmosphärischen Luft beruht die blaue Farbe des Himmelslichts (§ 293). Die Theorie der Schwankungen ist zuerst von VON SMOLUCHOWSKI entwickelt worden.

Bei drehbar aufgehängten Gebilden besteht die BROWNsche Bewegung in unregelmäßig schwankenden Drehbewegungen. Es gibt Vorrichtungen (z. B. Spiegelablesung), um sehr kleine Drehbewegungen beobachtbar zu machen. Von solchen macht man unter anderem bei der Messung von elektrischen Strömen Gebrauch. Es wird etwa die Drehung einer Magnetnadel unter der Wirkung eines elektrischen Stromes beobachtet. Auch die Magnetnadel führt unter der Wirkung des umgebenden Gases eine allerdings überaus schwache drehende BROWNsche Bewegung aus. Dies führt zu einer unteren Grenze für die Beobachtbarkeit elektrischer Ströme, die dann erreicht ist, wenn die unregelmäßigen Ausschläge, die die Nadel infolge BROWNscher Bewegung ausführt, von der gleichen Größenordnung sind, wie die Ausschläge unter der Wirkung des Stromes. Aber auch dann, wenn man die Magnetnadel in ein vollkommenes Vakuum brächte, würde diese Grenze nicht unterschritten werden können, weil auch ein elektrischer Strom Schwankungen ausführt, die von einer BROWNschen Bewegung der Elektrizitätsträger herrühren.

102. Ausdehnung fester und flüssiger Körper durch die Wärme. Bei Erwärmung dehnen sich die festen und flüssigen Körper aus, ihre Abmessungen nehmen mit der Temperatur zu. Das ist leicht verständlich, wenn man bedenkt, daß durch die thermische Bewegung der Moleküle natürlich der innere Zusammenhalt eines Körpers um so mehr gelockert wird, je heftiger sie ist (vgl. § 109). Ist l die Länge eines festen Körpers bei der Temperatur t, $l + \Delta l$ bei der Temperatur $t + \Delta t$, so ist

$$l + \Delta l = l\,(1 + \alpha \Delta t) \quad \text{oder} \quad \frac{\Delta l}{l} = \alpha \Delta t. \tag{5}$$

Die Größe α ist der *lineare Ausdehnungskoeffizient* des Stoffes, aus dem der Körper besteht (Tabelle 5). Innerhalb nicht zu großer Temperaturbereiche ist er meist nahezu konstant, die relative Längenänderung $\Delta l/l$ also der Temperaturänderung Δt proportional. α ist bei festen Stoffen von der Größenordnung 10^{-5} Grad^{-1}, bei manchen Stoffen, z. B. Diamant und Quarzglas, erheblich kleiner. Man kann daher ein Stück glühendes Quarzglas

Tabelle 5.

Ausdehnungskoeffizienten einiger fester und flüssiger Stoffe in Grad^{-1}.

linear		kubisch
Blei 0,0000292	Diamant 0,0000013	Alkohol 0,00110
Eisen 120	Graphit 080	Äther 163
Kupfer 165	Glas 081	Olivenöl 072
Platin 090	Bergkristall ⊥ Achse 144	Quecksilber 018
Invar (64 Fe + 36 Ni) 016	,, ‖ ,, 080	Wasser 018
	Quarzglas . . . 005	

in Wasser tauchen, ohne daß es wie Glas springt; denn seine plötzliche Zusammenziehung ist viel kleiner als die des Glases, dessen Gefüge einer solchen Beanspruchung nicht gewachsen ist. Nur bei isotropen Stoffen ist α für alle Richtungen gleich groß, bei den meisten anisotropen Stoffen nicht (vgl. den Bergkristall, Tabelle 5). Das Volumen eines isotropen rechteckigen Körpers, das bei der Temperatur t gleich $V = abc$ sei, beträgt bei der Temperatur $t + \Delta t$

$$V + \Delta V = abc\,(1 + \alpha\,\Delta t)^3 \approx V\,(1 + 3\,\alpha\,\Delta t), \qquad (6)$$

da $\alpha\,\Delta t \ll 1$. Demnach ist die relative Volumänderung $\Delta V/V = 3\,\alpha\,\Delta t$. Der *kubische Ausdehnungskoeffizient* beträgt also 3α.

Eisenträger in Gebäuden müssen stets eine gewisse Bewegungsfreiheit haben, damit sie bei einem Brande nicht infolge ihrer Ausdehnung das Mauerwerk sprengen. Eisenbahnschienen haben kleine Abstände, um Raum für die Ausdehnung im Sommer zu lassen. Brückenträger legt man aus dem gleichen (und auch aus anderem) Grunde auf Walzen. Eisenreifen von Rädern und Eisenringe auf Achsen werden in heißem Zustande an ihren Ort gebracht, damit sie sich nach Abkühlung fest andrücken.

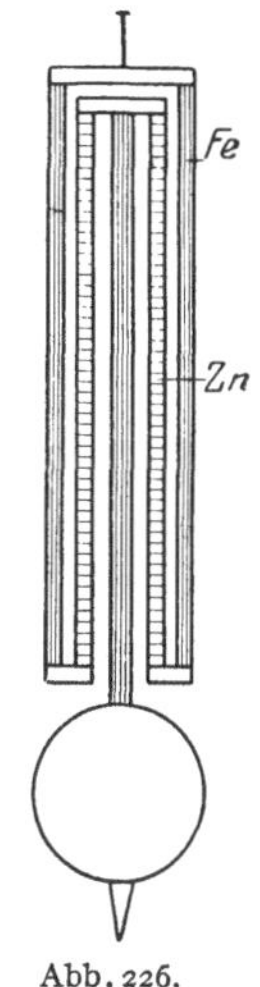

Abb. 226.
Rostpendel.

Die Rostpendel der Pendeluhren (Abb. 226) bestehen aus Stäben aus zwei verschiedenen Metallen, z. B. Eisen (Fe) und Zink (Zn), die so bemessen sind, daß $l_{Fe}\,(1 + \alpha_{Fe}\,\Delta t) = l_{Zn}\,(1 + \alpha_{Zn}\,\Delta t)$. Da eine Verlängerung der Eisenstäbe eine Senkung, die der Zinkstäbe eine Hebung der Pendellinse bewirkt, so bleibt die Pendellänge bei Temperaturänderungen unverändert.

Lötet man zwei Metallstreifen von verschiedenem Ausdehnungskoeffizienten ihrer Länge nach zusammen, so krümmt sich der Streifen bei einer Temperaturänderung (BREGUETsche Spirale). Dies wird bei manchen Temperaturmeßgeräten und Temperaturreglern benutzt. Auch die Unruhen der Taschenuhren (Abb. 227) bestehen aus einem solchen doppelten Metallring. Bei einer Temperaturerhöhung dehnt sich zwar die Unruhe als Ganzes aus, aber ihre freien Enden bei a und b biegen sich nach innen. Die Verhältnisse sind so bemessen, daß sich dann das Trägheitsmoment der Unruhe nicht ändert, ihre Schwingungsdauer also nicht von der Temperatur abhängt.

Bei den Flüssigkeiten spricht man nur von ihrem kubischen Ausdehnungskoeffizienten. Er ist von der Größenordnung 10^{-3} bis 10^{-4} Grad^{-1}, also erheblich

größer als bei den festen Stoffen (Tabelle 5). Bringt man ein Gefäß mit Steigrohr, in dem sich eine Flüssigkeit befindet, in heißes Wasser, so beobachtet
man zuerst ein schwaches Sinken und erst dann ein Steigen der Flüssigkeit,
ebenso auch bei dem Quecksilberfaden von Thermometern. Denn zuerst wird
nur das Gefäß erwärmt, erst allmählich die in ihm enthaltene Flüssigkeit.

Einer der wenigen Stoffe, die sich in einem kleinen Temperaturbereich bei
Erwärmung nicht ausdehnen, sondern zusammenziehen, ist das *Wasser* (Anomalie des Wassers). Bei Erwärmung von 0° bis 4° zieht es sich zusammen,
seine Dichte nimmt also in diesem Bereich mit der Temperatur zu (Tabelle 6).
Dieses Verhalten hängt mit molekularen Veränderungen des Wassers in
diesem Bereich zusammen. Die Wahl von Wasser von 4° zur Definition des
Gramms (§ 5) geschah deshalb, weil sich die Dichte des Wassers in der
Nähe des bei 4° liegenden Dichtemaximums
mit der Temperatur sehr viel weniger ändert, als bei irgendeiner anderen Temperatur, so daß Wasser von der betreffenden
Dichte mit besonders großer Genauigkeit
herzustellen ist.

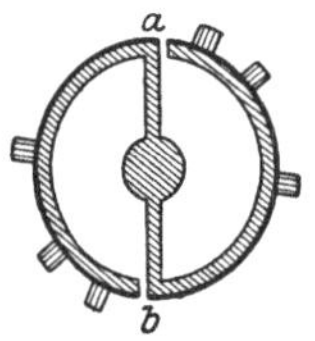

Tabelle 6. Dichte des Wassers.

0°	0,99987 g·cm⁻³
2°	0,99997
4°	1,00000
6°	0,99997
8°	0,99988
10°	0,99973

Abb. 227. Unruhe.

**103. Die allgemeine Zustandsgleichung
der idealen Gase.** Der Zustand eines Gases
ist allgemein durch seinen *Druck* p, sein
Volumen V und seine *Temperatur* T bestimmt. Bei einer gegebenen Gasmenge
können zwei von diesen Zustandsgrößen unabhängig voneinander geändert werden.
Die dritte ist dann durch die beiden anderen bestimmt. Demnach besteht zwischen
diesen drei Größen eine funktionelle Beziehung von der allgemeinen Gestalt
$f(p, V, T) = $ const. Diese Funktion können wir bei einem idealen Gase leicht
angeben. Nach § 66, Gl. (14), ist $p = n\,\mu\,\overline{v^2}/3$, und nach § 101 beträgt die mittlere
kinetische Energie der Gasmoleküle $\mu\,\overline{v^2}/2 = 3\,k\,T/2$. Demnach ist

$$p = nkT, \tag{7}$$

wobei n die Zahl der Moleküle in 1 cm³ bedeutet. Durch Gl. (7) ist wiederum das
AVOGADROsche *Gesetz* (§ 62) bewiesen. Denn die Zahl der Moleküle in 1 cm³,
$n = p/kT$, ist für alle idealen Gase bei gleichem p und T gleich groß. Ist ϱ die
Dichte, $V_s = 1/\varrho$ das spezifische Volumen des Gases, so ist nach § 62, Gl. (1),
$\varrho = n\,\mu = 1/V_s$ und daher

$$p\,V_s = \frac{k\,T}{\mu}. \tag{8}$$

Wir erweitern die rechte Seite mit der LOSCHMIDTschen Zahl N und beachten,
daß nach § 63, Gl. (6), $N\mu = M$ das Molekulargewicht des Gases ist. Wir
setzen ferner $Nk = R$. Dann folgt aus Gl. (8)

$$p\,V_s = \frac{R\,T}{M}. \tag{9}$$

Da 1 g des Gases das Volumen V_s hat, so ist $V_m = M V_s$ das Volumen von
$M[g]$, also von 1 Mol, das Molvolumen des Gases. Es gilt also auch

$$p\,V_m = R\,T. \tag{10}$$

Eine Gasmenge von der Masse m hat das Volumen $V = m V_s$. Demnach ergibt
sich für eine beliebige Gasmenge aus Gl. (9)

$$p\,V = m\,\frac{R\,T}{M}. \tag{11}$$

Da für eine bestimmte Gasmenge $mR/M = $ const ist, so kann man statt dessen auch schreiben

$$\frac{pV}{T} = \text{const} \quad \text{oder} \quad pV = \text{const } T. \tag{12}$$

Mißt man die Temperatur in der Celsiusskala, so lautet die Gl. (11) $pV = mR\,(t + 273)/M$ oder $pV = $ const $(1 + \alpha t)$, wobei $\alpha = 1/273$ ist. Ist $(pV)_0$ der Betrag des Produktes pV bei $t = 0°$ C, so folgt

$$pV = (pV)_0\,(1 + \alpha t). \tag{13}$$

Die Gl. (9) bis (13) sind verschiedene Formen der *allgemeinen Zustandsgleichung* der idealen Gase, der von GAY LUSSAC (1802) angegebenen Erweiterung des BOYLE-MARIOTTEschen Gesetzes (§ 67) auf den Fall veränderlicher Temperaturen. (Vgl. WESTPHAL, „Physikalisches Praktikum", 2. Aufl., 13. u. 14. Aufg.).

Die Größe $R = Nk$ ist, wie N und k, eine universelle, also für alle Stoffe gleiche Konstante, die *universelle Gaskonstante.* Ihr Zahlenwert beträgt $R = 0{,}83144 \cdot 10^8$ erg $\cdot$ Grad^{-1} = $1{,}9864$ cal $\cdot$ Grad^{-1} (wegen cal = Kalorie vgl. § 106). Die Größe R/M wird in der Technik als die *individuelle Gaskonstante* des betreffenden Gases bezeichnet. Im allgemeinen werden sich bei einer beliebigen Zustandsänderung eines Gases Druck, Volumen und Temperatur gleichzeitig ändern. In Sonderfällen kann aber eine von diesen Größen konstant bleiben. Es sind drei Fälle möglich. Bei einer *isothermen* Zustandsänderung

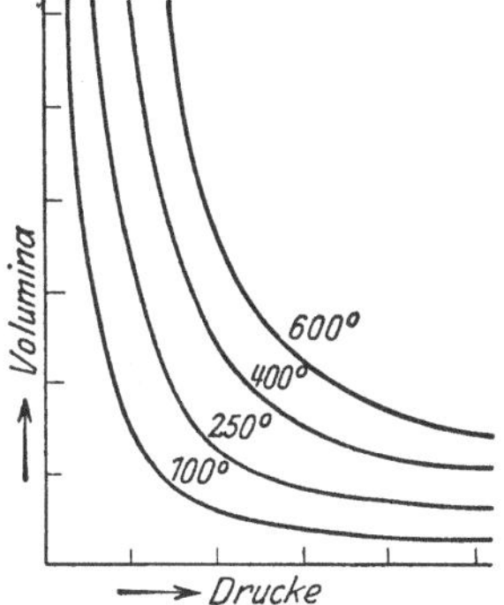

Abb. 228. Isothermen eines idealen Gases.

bleibt die Temperatur T konstant. Dann folgt aus Gl. (11) bzw. (13) $pV = $ const, in Übereinstimmung mit § 67, Gl. (20). Bei einer *isobaren* Zuständsänderung wird der Druck p konstant gehalten. Dann nimmt Gl. (13) die Gestalt

$$V = V_0\,(1 + \alpha t) \tag{14}$$

an, wobei V_0 das Volumen des Gases bei $t = 0°$ C bedeutet. In diesem Fall ist also α identisch mit dem kubischen *Ausdehnungskoeffizienten* der idealen Gase. Bei einer Temperaturänderung um $1°$ ändert sich das Volumen um den Betrag $\alpha V_0 = V_0/273$, also unabhängig von der Temperatur stets um den gleichen Betrag, um $1/273$ des Volumens, das das Gas bei $0°$ C einnimmt. Bei einer *isopyknen* oder *isochoren* Zustandsänderung wird das Volumen V (also auch die Dichte ϱ) des Gases konstant gehalten. Dann leitet man entsprechend aus Gl. (13) ab

$$p = p_0\,(1 + \alpha t), \tag{15}$$

wobei p_0 den Druck des Gases bei $0°$ C bedeutet. In diesem Sinne ist α der *Druck-* oder *Spannungskoeffizient* der idealen Gase. Wie das Volumen bei konstantem Druck, so nimmt also auch der Druck bei konstantem Volumen linear mit der Temperatur zu, und zwar für je $1°$ Temperaturerhöhung um $1/273$ des Druckes p_0 bei $0°$ C.

In Abb. 228 sind die Kurven $pV = $ const, die *Isothermen* eines idealen Gases, für verschiedene Temperaturen dargestellt. Diese Kurven sind Hyperbeläste.

Wie ersichtlich, hängt der Wert von α mit der Lage des absoluten Nullpunkts in der Celsiusskala zusammen. Nach den neuesten Messungen liegt er bei $-273{,}16°$ C, so daß $\alpha = 0{,}003660$ ist. Je näher ein wirkliches Gas dem

idealen Gaszustand ist, um so besser muß sein Ausdehnungs- bzw. Druck-
koeffizient diesem Wert entsprechen. Tabelle 7 gibt die Werte der Druck-
koeffizienten einiger Gase. Man erkennt, wie weit die Übereinstimmung bei vielen Gasen geht. Größere Abweichungen zeigen diejenigen Gase, die sich, wie Kohlensäure und Ammoniak, schon bei Zimmertemperatur verhältnismäßig leicht verflüssigen lassen (§ 115).

Tabelle 7. Druckkoeffizienten einiger Gase.

Ideales Gas theoretisch 1/273,16	0,003660
Wasserstoff	3663 Grad^{-1}
Helium	3660
Stickstoff	3675
Sauerstoff	3674
Kohlenoxyd	3667
Kohlensäure	3726
Ammoniak	3802

104. Die Zustandsgleichung von VAN DER WAALS. Die in § 103 abgeleitete Zustandsgleichung gilt nur für ideale Gase streng. Die wirklichen Gase zeigen alle mehr oder weniger große Abweichungen von ihr. Das ist ganz verständlich; denn wir haben bei der Definition der idealen Gase zwei Umstände vernachlässigt: die anziehenden sog. VAN DER WAALSschen *Kräfte* zwischen den Molekülen und das endliche *Eigenvolumen* der Moleküle. VAN DER WAALS ist es 1873 gelungen, eine allgemeinere Zustandsgleichung zu finden, die diese Umstände berücksichtigt und die Verhältnisse bei den wirklichen Gasen richtig darstellt. Darüber hinaus aber hat sie auch Gültigkeit für den flüssigen Zustand. Unter p wollen wir stets den Druck verstehen, den das Gas auf seine Begrenzung ausübt. Wir haben den Druck p in § 103 auf die Weise in die Zustandsgleichung eingeführt, daß wir $p = n \mu \overline{v^2}/3$ setzten. Bei den wirklichen Gasen gilt aber diese Gleichung nicht streng, denn die Geschwindigkeit der Gasmoleküle ist in der Nähe einer Begrenzung kleiner als im freien Gasraum. Das hat einen ganz analogen Grund wie die Oberflächenspannung (§ 60, Abb. 128). Moleküle, die sich der Grenze des Gases nähern, werden durch die von den weiter entfernten Molekülen ausgehenden VAN DER WAALSschen Kräfte verlangsamt und haben an der Wand eine etwas kleinere kinetische Energie, als im freien Gasraum. Der Druck p gegen die Wand wird dadurch verkleinert, und es ist die kinetische Energie im freien Gasraum $\mu \overline{v^2}/2 > 3p/2n$. Um sie richtig zu erhalten, muß zu p ein additives Glied hinzugefügt werden. Die Theorie ergibt, daß an Stelle von p zu setzen ist $p + a/V_m^2$, wobei a eine von der Größe der VAN DER WAALSschen Kräfte des Gases abhängige Konstante, V_m das Molvolumen des Gases ist. Das endliche Volumen der Moleküle wirkt wie eine Verkleinerung des Raumes, der jedem einzelnen Molekül zur Verfügung steht. Darum ist an Stelle von V_m zu setzen $V_m - b$. Die Konstante b ist nach der Theorie gleich dem vierfachen Kovolumen des Gases. Das ist dasjenige Volumen, das 1 Mol des Gases einnehmen würde, wenn seine Moleküle in der dichtesten möglichen Packung beieinander lägen. Demnach lautet die VAN DER WAALSsche *Gleichung*

$$\left(p + \frac{a}{V_m^2} \right) \cdot (V_m - b) = RT. \tag{16}$$

Hiernach wird ein wirkliches Gas dem idealen Gaszustand um so näher sein, je besser die folgenden Bedingungen erfüllt sind: $V_m^2 \gg a/p$ und $V_m \gg b$. Das Molvolumen ist um so größer, je kleiner die Dichte des Gases ist. Aus beiden Bedingungen folgt daher, daß sich ein Gas bei gegebener Temperatur mit abnehmender Dichte dem idealen Gaszustand mehr und mehr annähert. Bei gegebener Dichte ist ferner der Druck p um so größer, je höher die Temperatur des Gases ist. Daher wird die erste Bedingung bei gegebener Dichte um so besser erfüllt sein, je höher die Temperatur des Gases ist. *Ein Gas ist also dem idealen Gaszustand um so näher, je geringer seine Dichte und je höher seine Temperatur ist.* Wir werden die VAN DER WAALSsche Gleichung in § 115 noch einmal eingehend besprechen und dort auch eine Darstellung in Kurvenform geben.

105. Temperaturmessung. Geräte zur Temperaturmessung heißen Thermometer, sofern es sich um Geräte handelt, welche mit dem betreffenden Körper in unmittelbare Berührung gebracht werden und dann die gleiche Temperatur annehmen wie dieser.

Die gebräuchlichsten Thermometer sind die Quecksilberthermometer, bei denen die Wärmeausdehnung des Quecksilbers zur Messung der Temperatur benutzt wird. Die Quecksilberthermometer haben die allbekannte Form: ein kugelförmiges oder zylindrisches Glasgefäß· mit einer angesetzten feinen Kapillare, welches bis auf einen Teil der Kapillare mit Quecksilber gefüllt ist. Das von Quecksilber freie Ende ist möglichst gut luftleer gemacht. Erwärmt sich das Quecksilber, so steigt es in der Kapillare empor. Die Eichung von Thermometern erfolgt so, daß man sie in Bäder von genau bekannter Temperatur eintaucht. Nachdem auf der Skala des Thermometers diejenigen Punkte festgelegt sind, auf die das Ende des Quecksilberfadens sich bei 0° und bei 100° einstellt, wird das Zwischenstück in 100 gleiche Teile geteilt, und diese Skala gegebenenfalls noch über die beiden Fixpunkte hinaus verlängert. Dabei wird stillschweigend die Vorraussetzung gemacht, daß sich das Quecksilber und das Glas in diesem ganzen Temperaturbereich gleichmäßig ausdehnen. Tatsächlich ist dies nicht genau der Fall. Weder der Ausdehnungskoeffizient des Quecksilbers noch der des Glases ist zwischen 0° und 100° streng konstant. Der Fehler kann zwischen 0° und 100° an einzelnen Stellen den Betrag von 0,1° ein wenig überschreiten. Das Glas der Thermometer zeigt eine der elastischen Nachwirkung analoge thermische Nachwirkung, d. h. es zieht sich nach erfolgter Erwärmung bei Abkühlung nicht sofort vollständig wieder auf sein früheres Volumen zusammen, sondern erst nach einiger Zeit. Bringt man ein vorher auf höhere Temperatur, etwa 100°, erwärmtes Thermometer sofort in schmelzendes Eis, so zeigt es daher anfänglich nicht auf 0°, sondern etwas tiefer (sog. Depression des Nullpunktes). Diese Nachwirkungserscheinungen sind bei frisch hergestelltem Glase besonders stark und verschwinden zum Teil, wenn man das Glas häufigen aufeinanderfolgenden Erwärmungen und Abkühlungen aussetzt (künstliche Alterung von Thermometern).

Der Meßbereich eines gewöhnlichen Quecksilberthermometers ist nach unten durch die Temperatur begrenzt, bei der das Quecksilber erstarrt, —38,87°. Die obere Grenze seiner Verwendbarkeit liegt bei etwa 150°, weil oberhalb dieser Temperatur bereits eine merkliche Verdampfung des Quecksilbers in den gasleeren Raum der Kapillare eintritt. Diese wird weitgehend eingeschränkt, wenn man die Kapillare mit einem Gase, meist Stickstoff, füllt. Mit Hilfe einer Stickstoffüllung von hohem Druck (30—50 Atm) kann man auch das Sieden des Quecksilbers bei höheren Temperaturen verhindern (§ 113). Derartige Thermometer aus besonderem Glase sind bis etwa 660°, solche aus Quarz bis etwa 750° benutzbar (Stickstoffthermometer). Für tiefe Temperaturen benutzt man statt des Quecksilbers Flüssigkeiten, die einen niedrigen Gefrierpunkt haben, z. B. Alkohol (Weingeistthermometer), Pentan oder Petroläther.

Für sehr genaue Messungen, namentlich zur Eichung anderer Thermometer, benutzt man ein Gas, welches dem idealen Zustand möglichst nahe ist, meist Wasserstoff, Stickstoff oder Helium, in einem Gefäß aus Platinrhodium. Man kann zur Bestimmung der Temperatur entweder die Volumänderung bei konstantem Druck $[V = V_0\,(1 + \alpha t)]$ oder die Druckänderung bei konstantem Volumen $[p = p_0\,(1 + \alpha t)]$ benutzen (§ 103). Meist geschieht das letztere.

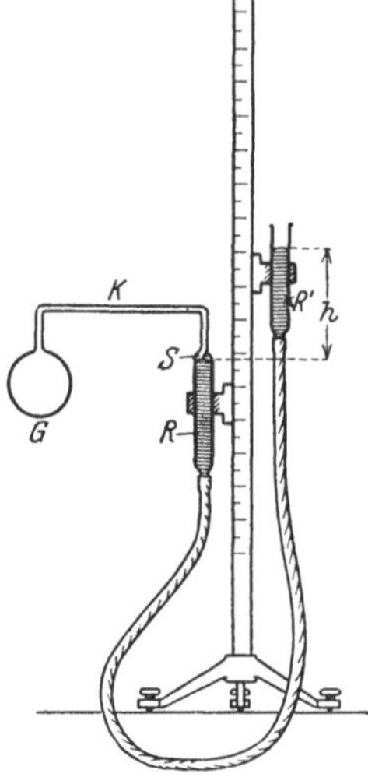

Abb. 229. Gasthermometer.

In Abb. 229 ist ein einfaches Gasthermometer für konstantes Volumen dargestellt. Das Gas befindet sich im Gefäß G, das der zu messenden Temperatur ausgesetzt wird, und in der anschließenden Kapillare K. Der Raum ist durch Quecksilber abgeschlossen. Durch Regulieren des Quecksilberstandes wird dafür gesorgt, daß das Quecksilber genau eine feine Spitze S berührt, so daß das Volumen stets das gleiche ist. Der Druck des Gases ist gleich der Summe aus dem äußeren Luftdruck und dem der Höhendifferenz h entsprechenden Quecksilberdruck. (Vgl. WESTPHAL, Physikalisches Praktikum", 2. Aufl., 14. Aufgabe).

Außer den hier beschriebenen, auf der thermischen Volumänderung beruhenden Verfahren gibt es noch andere Arten der Temperaturmessung, welche auf dem thermoelektrischen Effekt (Thermoelemente), dem Einfluß der Temperatur auf den elektrischen Widerstand (Widerstandsthermometer) oder auf der Strahlung der Körper (Strahlungspyrometer) beruhen. Für sehr hohe Temperaturen kommt letzteres allein in Betracht.

106. Wärmemenge. Wärmekapazität. Spezifische Wärme. Atomwärme. Nach § 101 beruht die Temperatur eines Körpers auf seiner molekularen Energie. Es ist üblich, Energie, die als in einem Körper enthaltene Wärmeenergie auftritt, als eine *Wärmemenge* zu bezeichnen. Als praktische Einheit der Wärmemenge dient die *Kalorie* (cal). Das ist diejenige Wärmemenge, die man 1 g Wasser zuführen muß, um es um 1°, und zwar von 14,5° auf 15,5° zu erwärmen. (Die Angabe der Temperatur ist nötig, da die zur Temperaturerhöhung von Wasser um 1° nötige Wärmemenge, wenn auch nur sehr wenig, von der Temperatur abhängt.) In der Technik verwendet man als Einheit die große oder Kilokalorie, 1 kcal = 1000 cal. Als ein Energiebetrag kann die Wärmemenge 1 cal auch in den Energieeinheiten der Mechanik ausgedrückt werden (vgl. § 122).

Unter der *spezifischen Wärme* c eines einheitlichen Stoffes versteht man die Wärmemenge, die man 1 g des Stoffes zuführen muß, um ihn um 1° zu erwärmen. Für eine Temperaturänderung von t_1^0 auf t_2^0 ist daher für m [g] die Wärmemenge $Q = c\,m\,(t_2 - t_1)$ cal, für eine solche um die Temperatur dt bzw. $dT\ (= dt)$ die Wärmemenge $dQ = c\,m\,dt = c\,m\,dT$ cal erforderlich. Demnach kann die spezifische Wärme auch als der Differentialquotient

$$c = \frac{1}{m}\frac{dQ}{dt} = \frac{1}{m}\frac{dQ}{dT} \tag{17}$$

definiert werden. Die Einheit der spezifischen Wärme ist demnach 1 cal $\cdot$ g^{-1} $\cdot$ grad^{-1}. Um einen Körper von der Masse m [g] und der spezifischen Wärme c um 1° zu erwärmen, ist also die Wärmemenge $Q = mc = K$ cal erforderlich. Die Größe

$$K = mc \tag{18}$$

heißt die *Wärmekapazität* des Körpers. Sie ist gleich der Wärmemenge, die man dem Körper zuführen muß, um ihn um $1°$ zu erwärmen. Die Einheit der Wärmekapazität ist $1 \, \text{cal} \cdot \text{grad}^{-1}$. Die Tabelle 8 gibt einige Zahlenwerte spezifischer Wärmen.

Wie man sieht, ist die spezifische Wärme des Wassers besonders groß. Diese Tatsache spielt im Wärmehaushalt der Natur eine sehr wichtige Rolle. Wasser muß eine große Wärmemenge aufnehmen oder abgeben, um seine Temperatur merklich zu ändern. Daher bleibt das Meerwasser im Frühjahr verhältnismäßig lange kühl, aber auch im Herbst verhältnismäßig lange warm. Es bewirkt daher in den Küstengegenden einen gewissen Ausgleich der jährlichen Temperaturschwankungen. Hierin liegt ein wesentlicher Grund für den typischen Unterschied zwischen dem Küstenklima und dem Kontinentalklima.

Unter der *Atomwärme* eines Elements versteht man die Wärmekapazität von 1 Grammatom desselben, unter der *Molwärme* diejenige von 1 Mol (§ 63). Ist α das Atomgewicht des Stoffes, so beträgt also die Atomwärme $c\alpha$. Aus der Tabelle 8 erkennt man, daß diese für die Metalle Beträge in der Nähe von 6 hat (Gesetz von DULONG-PETIT, 1819). Die Erklärung ist folgende. Die Metalle sind aus Kristalliten zusammengesetzt (§ 369). Diese bestehen aus raumgitterartig angeordneten Atomen, welche drei Freiheitsgrade besitzen, und deren mittlere kinetische Energie daher $3 \, kT/2$ beträgt. Die Atome sind an Gleichgewichtslagen gebunden, und ihre thermische Bewegung besteht in Schwingungen um diese. Nach § 42 beträgt daher ihre mittlere potentielle Energie ebenfalls $3 \, kT/2$ und demnach ihre Gesamtenergie $3 \, kT$. Da 1 Grammatom nach § 63 N Atome enthält, so beträgt sein Wärmeinhalt $3 \, NkT = 3 \, RT$ cal ($R = Nk$, § 103) und die für eine Temperaturerhöhung um $1°$ nötige Wärmemenge $3 \, R = 5,94$ cal ($R = 1,98$). Daß diese Beziehung nicht streng erfüllt ist, beruht darauf, daß die Verhältnisse in Wirklichkeit verwickelter sind, als wir hier angenommen haben. Immerhin ist sie recht gut erfüllt. Bei sehr tiefen Temperaturen treten ganz abweichende Verhältnisse ein (vgl. § 351).

Geräte zur Messung von Wärmemengen heißen *Kalorimeter*. Die einfachste Form eines solchen ist das Wasserkalorimeter. Es besteht aus einem Metallgefäß, welches mit Wasser gefüllt wird. Zur Vermeidung von Wärmeverlusten wird es mit einer für Wärme möglichst wenig durchlässigen Hülle (Watte, Luftmantel) umgeben.

Es sei m die Masse eines Körpers aus dem Stoff, dessen spezifische Wärme c man bestimmen will, also mc seine Wärmekapazität. m' sei die Masse, $c' = 1$ die spezifische Wärme des Wassers im Kalorimeter, m'' die Masse des Kalorimetergefäßes und c'' dessen spezifische Wärme, seine Wärmekapazität (sog. Wasserwert) also $c''m''$. Die Anfangstemperatur des Wassers und des Gefäßes sei t_1. Der zu untersuchende Körper werde zunächst auf die Temperatur t_2 gebracht, z. B. indem man ihn in ein durch Wasserdampf von $100°$ erwärmtes

Tabelle 8. Spezifische Wärme einiger Stoffe.

	Spez. Wärme c in $\text{cal} \cdot \text{grad}^{-1} \cdot \text{g}^{-1}$	Atomgewicht α	Atomwärme $c\alpha$
Aluminium	0,214	27,1	5,80
Eisen	0,111	55,84	6,29
Nickel	0,106	58,68	6,22
Kupfer	0,091	63,57	5,78
Silber	0,055	107,88	5,93
Antimon	0,050	120,2	6,00
Platin	0,032	195,2	6,25
Gold	0,031	197,2	6,12
Blei	0,031	207,2	6,42
Glas	0,19	—	—
Quarzglas	0,174	—	—
Diamant	0,12	—	—
Wasser	1,00	—	—
Äthyläther	0,56	—	—
Äthylalkohol . . .	0,58	—	—
Schwefelkohlenstoff	0,24	—	—

Gefäß bringt, so daß $t_2 = 100°$. Bringt man jetzt den Körper in das Wasser, so gleichen sich die Temperaturen aus, und die „Mischungstemperatur" (Endtemperatur) sei t. Das Wasser und das Gefäß haben sich also um $(t-t_1)°$ erwärmt, der Körper hat sich um $(t_2-t)°$ abgekühlt. Erstere haben dabei die Wärmemenge $(c'm' + c''m'') \cdot (t-t_1)$ aufgenommen, letzterer hat die Wärmemenge $cm \cdot (t_2-t)$ abgegeben. Nach dem Energieprinzip (erster Hauptsatz, § 122) muß jene Wärmemenge gleich dieser sein, also

$$c\,m \cdot (t_2 - t) = (c'\,m' + c''\,m'')\,(t - t_1)$$

oder

$$c = \frac{c'\,m' + c''\,m''}{m}\,\frac{t - t_1}{t_2 - t}.$$

Die spezifische Wärme von Flüssigkeiten kann man mit dem gleichen Kalorimeter messen, indem man das Wasser durch die Flüssigkeit ersetzt und einen Körper von bekannter Wärmekapazität (Thermophor) benutzt. In diesem Falle ist dann c' die zu bestimmende unbekannte Größe. Eine andere Kalorimeterform, das Eiskalorimeter, s. § 111. (Vgl. WESTPHAL, „Physikalisches Praktikum", 2. Aufl., 11. Aufgabe.)

NERNST hat mehrere Kalorimeter angegeben, welche besonders zur Messung spezifischer Wärmen bei sehr tiefen Temperaturen dienen, und bei denen dem zu untersuchenden Körper eine bestimmte Wärmemenge durch elektrische Heizung zugeführt und dann seine Temperaturänderung gemessen wird.

107. Die spezifische Wärme der Gase. Wird die Temperatur eines Gases um $1°$ erhöht, so hängt die hierbei zugeführte Wärmemenge noch von den gleichzeitigen Änderungen des Druckes p und des Volumens V ab. Von besonderer Wichtigkeit sind die beiden Fälle, bei denen entweder das Volumen oder der Druck konstant gehalten wird. Wir denken uns zunächst 1 g eines idealen Gases in ein Gefäß von unveränderlichem Volumen eingeschlossen. Seine Temperatur betrage $T°K$. Haben seine Moleküle z Freiheitsgrade und ist n die Zahl der Moleküle in 1 g, so beträgt die in dem Gase enthaltene Wärmeenergie nach § 100 $nzkT/2$ oder mit $n = N/M$ und $Nk = R$ (§ 63 und 103) $zRT/2M$. Bei einer Temperaturerhöhung um $1°$ muß also die Wärmemenge

$$c_v = \frac{z}{2}\,\frac{R}{M} \tag{19a}$$

zugeführt werden. c_v ist die *spezifische Wärme des Gases bei konstantem Volumen*. Handelt es sich nicht um 1 g, sondern um 1 Mol des Gases, also um Mg, so ist die M-fache Wärmemenge nötig. Demnach beträgt die *Molwärme des Gases bei konstantem Volumen*

$$C_v = M\,c_v = \frac{z}{2}\,R. \tag{19b}$$

Es gilt also mit $R = 1{,}98\ \mathrm{cal} \cdot \mathrm{grad}^{-1}$ für

$$\text{einatomige Gase} \quad (z = 3) \quad c_v = \frac{3}{2}\,\frac{R}{M}, \quad C_v = 2{,}97 \approx 3$$

$$\text{zweiatomige Gase} \quad (z = 5) \quad c_v = \frac{5}{2}\,\frac{R}{M}, \quad C_v = 4{,}95 \approx 5$$

$$\text{alle andern Gase} \quad (z = 6) \quad c_v = 3\,\frac{R}{M}, \quad C_v = 5{,}94 \approx 6.$$

Nunmehr betrachten wir 1 g eines idealen Gases, das in ein Gefäß mit einem dicht schließenden, verschiebbaren Stempel eingeschlossen ist. Sein Volumen (spezifisches Volumen) betrage V_s. Auf den Stempel wirke eine konstante Kraft, die im Gase einen konstanten Druck p aufrechterhält. Wird das Gas um $\Delta T°$ erwärmt, so ändert sich sein Volumen nach § 103, Gl. (9), um den Betrag $\Delta V_s = R\Delta T/Mp$, und das Gas leistet dabei nach § 67 die Arbeit $p\Delta V_s = R\Delta T/M$ gegen den Stempel, bei einer Temperaturerhöhung um $\Delta T = 1°$ also die Arbeit R/M. Die hierzu nötige Energie muß dem Gase — zusätzlich zur reinen Molekularenergie — in Form von Wärme zugeführt werden. Die *spezifische Wärme des Gases bei konstantem Druck* beträgt also

$$c_p = c_v + \frac{R}{M} \qquad (20\,a)$$

und seine *Molwärme bei konstantem Druck*

$$C_p = C_v + R. \qquad (20\,b)$$

Es gilt also für

Tabelle 9.
Molwärmen einiger Gase.

	c_p	c_v	$c_p - c_v$	c_p/c_v
He	5,00	3,02	1,98	1,66
A	4,99	3,01	1,98	1,66
H_2	6,83	4,85	1,98	1,41
N_2	6,98	4,99	1,99	1,40
O_2	6,97	4,99	1,98	1,40
Cl_2	8,50	6,25	2,25	1,36
CO_2	8,89	6,84	2,05	1,30
CH_4	8,64	6,60	2,04	1,31

einatomige Gase $c_p = \dfrac{5}{2}\dfrac{R}{M}$, $C_p = 4,95 \approx 5$, $C_p/C_v = \dfrac{5}{3} = 1,67$

zweiatomige Gase $c_p = \dfrac{7}{2}\dfrac{R}{M}$, $C_p = 6,93 \approx 7$, $C_p/C_v = \dfrac{7}{5} = 1,40$

alle andern Gase $c_p = 4\dfrac{R}{M}$, $C_p = 7,96 \approx 8$, $C_p/C_v = \dfrac{4}{3} = 1,33$.

Natürlich ist eine gute Übereinstimmung hiermit nur bei solchen Gasen zu erwarten, die sich nahezu im idealen Gaszustand befinden. Tabelle 9 gibt einige Beispiele.

Man erkennt, daß die Annäherung an den idealen Gaszustand besonders gut bei den Edelgasen (He, A) ist. Auch bei den Gasen H_2, N_2, O_2 ist die Übereinstimmung noch recht gut, bei den anderen angeführten Gasen erheblich schlechter. Die ungefähre Übereinstimmung von C_p/C_v bei der Kohlensäure mit dem theoretischen Wert 1,33 ist ein Zufall. Die Kohlensäure CO_2 ist unter gewöhnlichen Bedingungen vom idealen Gaszustand weit entfernt. Ihre Atome sind auf einer Geraden angeordnet, $O-C-O$, so daß sie sich wie ein zweiatomiges Gas ($C_p/C_v = 1,40$) verhalten sollte, wenn sie ein ideales Gas wäre (§ 101).

Im allgemeinen bildet aber die Bestimmung von c_p/c_v bzw. des ebenso großen Wertes von $C_p/C_v = \varkappa$ bei nahezu idealen Gasen ein Mittel, um festzustellen, ob ein Gas ein-, zwei- oder mehratomig ist. (Vgl. die Methode der KUNDTschen Staubfiguren, § 87, die zu diesem Zweck ersonnen wurde.)

108. Adiabatische Zustandsänderungen von Gasen. Wird m [g] eines Gases, das in ein Gefäß mit einem verschiebbaren Stempel eingeschlossen ist, die Wärmemenge dQ zugeführt, so ändert sich dabei im allgemeinen seine innere molekulare Energie U, sein Druck p und sein Volumen V. Beträgt die Volumänderung dV, so leistet das Gas an dem Stempel äußere Arbeit pdV, die ihm in Gestalt von Wärme zugeführt werden muß. Demnach ist

$$dQ = dU + pdV. \qquad (21)$$

Die zugeführte Wärme verteilt sich auf den Zuwachs dU der inneren Energie und die äußere Arbeit pdV. Nach § 107 ist $dU = mc_v dT$. Dabei verstehen wir unter U hier stets nur die kinetische Energie der Translation und der Rotation der Moleküle.

Eine *adiabatische Zustandsänderung* ist eine solche, bei der *keine Energie in Form von Wärme* mit der Umgebung ausgetauscht wird, also

$$dQ = m\,c_v\,dT + p\,dV = 0 \qquad (22)$$

ist. Da nach § 103, Gl. (11), $p = mRT/MV$ ist, so folgt

$$m\,c_v\,dT + m\,\frac{RT}{M}\,\frac{dV}{V} = 0 \qquad \text{bzw.} \qquad c_v\,\frac{dT}{T} + \frac{R}{M}\,\frac{dV}{V} = 0. \tag{23}$$

Die Integration dieser Gleichung liefert

$$c_v \ln T + \frac{R}{M} \ln V = \text{const}, \qquad \text{oder} \qquad \ln T + (\varkappa - 1) \ln V = \text{const},$$

wenn wir noch $R/M = c_p - c_v$ und $c_p/c_v = \varkappa$ setzen. Statt dessen kann man schreiben

$$T \cdot V^{\varkappa - 1} = \text{const}. \tag{24}$$

Indem wir noch $T = p \cdot V \cdot M/mR$ setzen und den konstanten Faktor mR/M in const einbeziehen, erhalten wir das POISSON*sche Gesetz*

$$p V^{\varkappa} = \text{const} = p_0 V_0^{\varkappa}. \tag{25}$$

Diese Gleichung tritt also bei adiabatischen Zustandsänderungen an Stelle des für isotherme Änderungen gültigen Gesetzes von BOYLE-MARIOTTE (§ 67).

Aus Gl. (24) liest man ab, daß bei einer unter Arbeitsleistung erfolgenden adiabatischen Volumverminderung bzw. Druckerhöhung eines abgeschlossenen Gasvolumens die Temperatur des Gases steigt, im umgekehrten Falle sinkt. Man kann also Gase durch adiabatisches Zusammendrücken erwärmen, durch adiabatische Volumvergrößerung abkühlen. Die adiabatische Erwärmung der Luft kann man z. B. beim Aufpumpen von Fahrradreifen beobachten, denn sie vor allem bewirkt die oft beträchtliche Erwärmung der Pumpe.

Von der Ursache der Temperaturänderung bei einer unter Arbeitsleistung erfolgenden adiabatischen Volumänderung eines idealen Gases kann man sich eine ganz anschauliche Vorstellung machen. Bei einer solchen Volumänderung muß immer ein Teil der Wandung des Gefäßes, in dem sich das Gas befindet, *bewegt* werden. Wenn nun Moleküle des Gases gegen diese bewegte Wand stoßen, so werden sie nicht, wie von einer ruhenden Wand, mit unveränderter Geschwindigkeit zurückgeworfen. Dies wird an dem Beispiel eines gegen eine bewegte Wand geworfenen Balles klar. Bewegt sich die Wand gegen die Richtung, in der der Ball geworfen wird, so fliegt dieser mit einer größeren Geschwindigkeit wieder zurück, als er vorher hatte (Zurückschlagen eines Balles mit einem Tennisschläger). Weicht aber die Wand vor dem Ball zurück, so verliert er bei der Reflexion an Geschwindigkeit. Im ersten Falle ist er von der bewegten Wand beschleunigt worden, im zweiten hat er auf Kosten seiner Bewegungsenergie die Wand beschleunigt. Ebenso werden die Gasmoleküle von einer in das Gas hinein bewegten Wand, also bei Volumverkleinerung, beschleunigt. Die durchschnittliche Molekularenergie im Gase nimmt zu, seine Temperatur steigt. Im umgekehrten Falle werden die gegen die zurückweichende Wand stoßenden Moleküle verlangsamt, so daß die Temperatur des Gases sinkt.

Eine isotherme Volumänderung, die durch Verschieben eines Stempels nach außen erfolgt, ist daher nicht ohne Wärmeaustausch mit der Umgebung möglich. Bei einer solchen isothermen Volumvergrößerung muß zur Konstanthaltung der Temperatur Wärme von außen zugeführt werden, um dem Gase die durch Arbeitsleistung gegen den Stempel entzogene Energie zu ersetzen. Bei einer entsprechenden Volumverkleinerung hingegen muß dem Gase die Energie durch Wärmeabgabe wieder entzogen werden, die ihm durch Arbeitsleistung des Stempels am Gase zugeführt wurde.

Findet jedoch die Volumänderung nicht unter Bewegung einer begrenzenden Wand statt, sondern dadurch, daß dem Gase etwa durch Öffnen eines Hahns Zutritt zu einem bisher leeren Raum gestattet wird, so geschieht diese Volumänderung bei einem idealen Gase ohne Arbeitsleistung, die Moleküle strömen (diffundieren) einfach mit gleichbleibender Geschwindigkeit in den bisher leeren Raum, es findet dabei also auch keine Temperaturänderung statt (GAY LUSSAC).

Bei den wirklichen Gasen, für die die Zustandsgleichung von VAN DER WAALS (§ 104) gilt, ist dies jedoch in mehr oder weniger hohem Maße der Fall, denn es muß auf Kosten der kinetischen Molekularenergie Arbeit gegen die zwischen den einzelnen Molekülen wirksamen VAN DER WAALSschen Kräfte geleistet werden, wenn sich die Moleküle weiter voneinander entfernen. Dies ist von JOULE und THOMSON durch folgenden Versuch zuerst nachgewiesen worden. Sie trieben ein Gas durch einen schwer durchlässigen Pfropf P in einem gegen Wärmeaustausch mit der Umgebung gut geschützten Rohr (Abb. 230), in dem auf der einen Seite des Pfropfs der Druck p_1 und auf der anderen der niedrigere Druck p_2 aufrechterhalten wurde. Es zeigt sich dann eine Abkühlung der durch den Pfropf getriebenen Luft. Wäre die Luft ein ideales Gas, so würde eine solche nicht eintreten, und es wäre $p_1 V_1 = p_2 V_2$. Nun bewirken aber die VAN DER WAALSschen Kräfte, daß die Luft stärker zusammendrückbar ist, als ein ideales Gas. Denn je dichter die Moleküle einander durch eine Verkleinerung des Volumens kommen, um so stärker treten die anziehenden Kräfte in die Erscheinung und

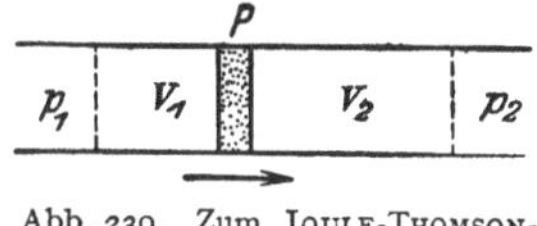

Abb. 230. Zum JOULE-THOMSON-Effekt.

unterstützen die Wirkung der volumenvermindernden äußeren Kraft. Entsprechend dehnt sich aber auch die Luft bei einer Druckverkleinerung stärker aus als ein ideales Gas. Daher ist im Falle des JOULE-THOMSONschen Versuchs das Volumen V_2 größer, als es bei einem idealen Gase wäre, und daher $p_2 V_2 > p_1 V_1$. Nun ist aber (da das Volumen V_1 verschwindet, und das Volumen V_2 neu entsteht) nach § 67 $p_1 V_1$ die zum Durchdrücken des Gases durch den Pfropf aufzuwendende äußere Arbeit, $p_2 V_2$ die auf der anderen Seite neu gewonnene äußere Arbeit. Es wird also äußere Arbeit bei diesem Prozeß gewonnen. Dies kann nur auf Kosten der inneren Energie des Gases, also seiner Molekulargeschwindigkeit, geschehen. Das Gas kühlt sich durch Leistung äußerer Arbeit ab. Es kühlt sich aber ferner auch durch Leistung innerer Arbeit ab, weil die Gasmoleküle sich bei der Expansion weiter voneinander entfernen, ihre gegenseitige potentielle Energie also vermehrt wird, was wieder nur auf Kosten ihrer kinetischen Energie geschehen kann.

Der beschriebene Abkühlungseffekt tritt bei einem Gase aber erst unterhalb seiner *Inversionstemperatur* ein, die mit den Konstanten a und b der VAN DER WAALSschen Gleichung (§ 104) und der Gaskonstanten R in der Beziehung $T = 2a/Rb$ steht. Diese Temperatur ist bei manchen Gasen ziemlich niedrig, bei den Edelgasen deshalb, weil bei ihnen die VAN DER WAALSschen Kräfte sehr klein sind, und deshalb a sehr klein ist. Beim Wasserstoff dagegen ist das Kovolumen, also auch b, besonders groß. Daher ist auch seine Inversionstemperatur niedrig; sie liegt bei $-80°$ C.

Wir wollen die Überlegung, die wir in § 67 bezüglich der isothermen Kompressibilität der idealen Gase ausgeführt haben, hier für eine adiabatische Zustandsänderung wiederholen. Aus Gl. (25) folgt durch Differenzieren $\varkappa\, p V^{\varkappa-1} dV + V^{\varkappa} dp = 0$ oder

$$\frac{dV}{V} = -\frac{dp}{\varkappa p}. \tag{26}$$

Wird die Volumänderung dV durch eine an einen beweglichen Stempel von der Fläche q wirkende Kraft $dk = -q\, dp$ bewirkt, so daß $dV/V = dk/q\varkappa p$, so erkennt man durch Vergleich mit Gl. (21), § 68, daß bei einer adiabatischen Volumänderung das Produkt $\varkappa p$ die gleiche Rolle spielt, wie der Druck p bei einer isothermen Volumänderung. Demnach ist $\varkappa p$ der *adiabatische Kompressionsmodul* des idealen Gases. Er ist größer als der isotherme Kompressionsmodul.

Denn da sich das Gas bei einer adiabatischen Zusammendrückung erwärmt, so ist sein Widerstand gegen eine solche Volumänderung größer als bei einer isothermen Volumänderung.

Die Tatsache, daß in der Formel für die Schallgeschwindigkeit in Gasen [Gl. (15), § 83] als „Elastizitätsmodul" nicht der Druck p, sondern die Größe $p\varkappa$ auftritt, erklärt sich daraus, daß die Druckänderungen und die damit verbundenen Temperaturänderungen in einer Schallwelle so schnell verlaufen, daß ein Ausgleich der Temperaturen zwischen den momentan erwärmten und den momentan abgekühlten Bereichen nicht stattfinden kann, die Änderungen also adiabatisch sind, so daß nicht das BOYLE-MARIOTTEsche, sondern das POISSONsche Gesetz [Gl. (25)] gilt.

II. Änderungen des Aggregatzustandes. Lösungen.

109. Änderungen des Aggregatzustandes. Erwärmt man einen (kristallinischen) festen Stoff, so geht er bei einer bestimmten Temperatur in den flüssigen Zustand über, sofern nicht schon vorher chemische oder sonstige Veränderungen (Verbrennung u. dgl.) mit ihm vorgehen. Der Stoff schmilzt. Kühlen wir ihn jetzt von höherer Temperatur wieder ab, so wird er bei der gleichen Temperatur wieder fest. Diese Temperatur heißt die *Schmelztemperatur* oder der *Schmelzpunkt* des Stoffes. Da der Stoff bei Abkühlung bei der gleichen Temperatur fest wird, erstarrt, so nennt man sie auch *Erstarrungstemperatur*. Bei Stoffen, die bei gewöhnlichen Temperaturen flüssig sind, wie insbesondere das Wasser und wässerige Lösungen, ist im allgemeinen der Ausdruck *Gefrierpunkt* gebräuchlich.

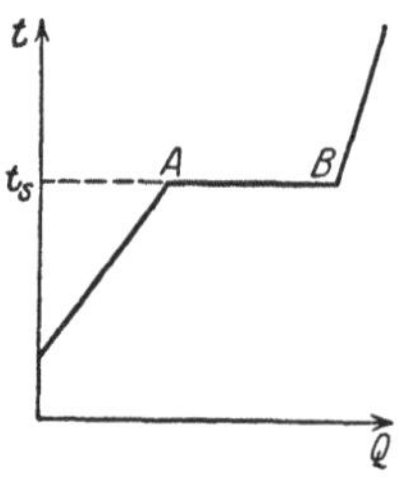

Abb. 231. Temperaturverlauf beim Schmelzen und beim Sieden. t Temperatur, Q zugeführte Wärmemenge, t_s Schmelz- bzw. Siedetemperatur. Stellt auch allgemein den Temperaturverlauf beim Durchschreiten einer Umwandlungstemperatur dar.

Flüssige Stoffe gehen im allgemeinen bei jeder Temperatur allmählich in den gasförmigen Zustand über, sie *verdampfen*, und zwar um so schneller, je höher die Temperatur ist. Steigert man die Temperatur, so tritt schließlich ein Verdampfungsvorgang besonderer Art ein, indem die ganze Flüssigkeit unter heftiger Blasenbildung in ihrem Inneren schnell vollkommen in den gasförmigen Zustand übergeht. Die Flüssigkeit *siedet*. Die betreffende Temperatur heißt die *Siedetemperatur* oder der *Siedepunkt*. Der dem Verdampfen entgegengesetzte Vorgang heißt *Kondensation*. Es gibt auch einen der Verdampfung entsprechenden Übergang vom festen unmittelbar in den gasförmigen Zustand und umgekehrt. Dieser Vorgang heißt *Sublimation*.

Der Verlauf der Temperatur t eines Stoffes beim Schmelzen oder Sieden bei gleichmäßiger Zufuhr von Wärme Q ist in Abb. 231 schematisch dargestellt. Vor Erreichung des Schmelz- bzw. Siedepunktes t_s steigt die Temperatur des Stoffes gleichmäßig an. In dem Augenblick, wo diese Temperatur erreicht ist (A), hört der Anstieg auf, und die Temperatur bleibt, trotz dauernder Zufuhr von Wärme, so lange konstant, bis der Schmelz- bzw. Siedevorgang vollständig beendet ist (B). Alsdann steigt sie wieder an. Diese Temperatur läßt sich also sehr scharf bestimmen. Beim Erstarren bzw. Kondensieren verläuft der Vorgang in der gleichen Weise rückwärts.

Einen bestimmten Schmelzpunkt haben aber nur die eigentlichen festen, also die kristallinischen, aber nicht die amorphen Stoffe. Diese erweichen vielmehr bei steigender Temperatur allmählich, werden zunächst zähflüssig und schließlich dünnflüssig (Glas, Siegellack, Pech). Bei ihnen gibt es also keine scharfe Grenze zwischen fest und flüssig. Dieses verschiedene Verhalten der kristallinischen und der amorphen Stoffe beruht darauf, daß jene eine Raumgitterstruktur haben (§ 312 und 365), diese aber nicht.

Die drei Formen, in denen ein Stoff entsprechend den drei Aggregatzuständen auftreten kann, nennt man seine *Phasen* und spricht demnach von der festen, flüssigen und gasförmigen Phase. Ein Stoff kann bei gegebenem äußerem Druck nur bei einer ganz bestimmten Temperatur, nämlich der Schmelztemperatur, dauernd gleichzeitig in festem und flüssigem Zustande anwesend sein. Oberhalb des (vom Druck abhängigen, § 111) Schmelzpunktes ist er stets flüssig, unterhalb desselben fest. Oberhalb des (ebenfalls vom Druck abhängigen, § 113) Siedepunktes ist ein Stoff nur gasförmig, aber unterhalb des Siedepunktes, nicht nur beim Siedepunkt, kann er im flüssigen und gasförmigen Zustand gleichzeitig anwesend sein, ist dies sogar im Gleichgewichtszustand immer (§ 112). Auch unterhalb des Schmelzpunktes sind die feste und die gasförmige Phase eines Stoffes nebeneinander beständig. In allen drei Phasen kann ein Stoff nur bei einem ganz bestimmten Druck der gasförmigen Phase und einer ganz bestimmten Temperatur, beim sog. *Tripelpunkt,* dauernd gleichzeitig anwesend sein. Beim Wasser entspricht dieser Punkt einem Druck $p = 0,46$ cm Hg und einer Temperatur $t = + 0,0098°$. Es gilt also folgendes Schema:

Unterhalb des Schmelzpunktes: fest und gasförmig;
im Tripelpunkt: fest, flüssig und gasförmig;
zwischen Schmelzpunkt und Siedepunkt: flüssig und gasförmig;
oberhalb des Siedepunktes: gasförmig.

Bei sehr vorsichtiger Behandlung einer Flüssigkeit läßt sie sich um einige Grade unter ihren Schmelzpunkt abkühlen, ohne zu erstarren *(Unterkühlung)*. Schüttelt man sie dann oder wirft ein Körnchen der festen Phase hinein, so erstarrt sie sofort mehr oder weniger vollständig und erwärmt sich dabei bis auf ihren Schmelzpunkt. Ebenso kann man eine luftfreie Flüssigkeit durch ganz langsames Erwärmen einige Grade über ihren Siedepunkt erhitzen, ohne daß sie siedet. Sie wallt dann plötzlich heftig auf und kühlt sich dabei bis auf ihren Siedepunkt ab *(Siedeverzug)*. Bei der Unterkühlung und beim Siedeverzug befindet sich die Flüssigkeit in einem sog. metastabilen Zustande, d. h. in einem sehr wenig stabilen inneren Gleichgewicht, aus dem sie durch eine kleine Störung herausgeworfen wird, um dann in ihren stabilsten Zustand überzugehen. Die amorphen Stoffe können als sehr stark unterkühlbare Flüssigkeiten betrachtet werden, deren Zähigkeit bei der Unterkühlung so

Tabelle 10.
Einige normale Schmelz- und Siedepunkte
in Celsiusgraden.

	Schmelzpunkt	Siedepunkt
Aluminium . .	+ 658	—
Argon	— 189,6	— 186
Blei	+ 327,4	+ 1625
Bor	+ 2300	—
Chlor	— 102	— 33,6
Gold	+ 1064	rd. + 2610
Helium	—	— 268,82
Iridium	+ 2340	—
Kohlenstoff . .	rd. + 4000	—
Kupfer	+ 1043	+ 2310
Natrium	+ 97,6	+ 877,5
Platin	+ 1767	rd. + 3800
Quecksilber . .	— 38,87	+ 357
Sauerstoff . . .	— 218,4	— 182,970
Stickstoff . . .	— 210,52	— 195,808
Wasserstoff. . .	— 257,14	— 252,780
Wolfram	+ 2900	—

Die Siedepunkte beziehen sich auf einen Druck von 76 cm.

groß wird, daß ihre Moleküle sich nicht mehr in die regelmäßige Raumgitterordnung der Kristalle umzulagern vermögen, sondern in der ungeordneten Lagerung verharren, die den Molekülen einer Flüssigkeit eigentümlich ist.

In der Tabelle 10 sind die Schmelzpunkte und Siedepunkte einiger Stoffe wiedergegeben.

Metallegierungen haben einen niedrigeren Schmelzpunkt als die reinen Metalle, aus denen sie bestehen. Die ROSEsche Legierung (2 Bi + 1 Pb + 1 Sn) schmilzt bei 95°, die WOODsche Legierung (1 Cd + 1 Sn + 2 Pb + 4 Bi) bei etwa 66°. Eine Legierung aus Kalium und Natrium ist bei Zimmertemperatur flüssig.

Die thermische Bewegung in den festen (kristallinischen) Stoffen besteht in Schwingungen ihrer atomaren Bestandteile um feste Ruhelagen. Je höher die Temperatur ist, desto heftiger werden diese Schwingungen. Bei der Schmelztemperatur haben sie einen solchen Grad erreicht, daß der Zusammenhang des Stoffes gelockert wird. Die regelmäßige Ordnung des festen Stoffes geht in den weitgehend ungeordneten Zustand der Flüssigkeit über. Zur Herbeiführung dieser Lockerung des Gefüges und der etwa noch mit diesem Vorgang verbundenen Änderungen an den atomaren Bestandteilen des Stoffes ist ein Aufwand von Arbeit in Gestalt der Zuführung thermischer Energie an diese Bestandteile notwendig.

110. Umwandlungspunkte. Umwandlungswärmen. Die Änderungen des Aggregatzustandes sind besonders augenfällige Beispiele von inneren *Umwandlungen* eines Stoffes. Es gibt dafür noch zahlreiche andere Beispiele, bei denen sich oft keine äußerlich sichtbare Änderung der Erscheinungsform vollzieht, sondern eine Änderung irgend einer inneren Eigenschaft des Stoffes (spezifische Wärme, magnetische Permeabilität und anderes). Derartige Umwandlungen sind — je nach der Richtung, in der sie verlaufen — mit einer Aufnahme oder einer Abgabe von Energie in Form von Wärme verbunden, durch die aber während des Ablaufs der inneren Umwandlung keine Änderung der Temperatur des Stoffes eintritt. Ein solcher *Umwandlungspunkt* ist dadurch gekennzeichnet, daß die Temperatur des Stoffes bei ständiger Zufuhr bzw. ständigem Entzug von Wärme einen Haltepunkt zeigt (Abb. 231), wie beim Schmelzen bzw. Erstarren. Der Stoff verharrt während der Dauer der Umwandlung auf einer konstanten Temperatur, seiner *Umwandlungstemperatur*. Bei Wärmezufuhr dient die während dieser Zeit zugeführte Wärme lediglich zur Energielieferung für die sich vollziehende Umwandlung, nicht zur Erhöhung der Temperatur. Sie erhöht nicht die kinetische, sondern die gegenseitige potentielle Energie der Moleküle. Bei Wärmeentzug liefert die bei der Rückbildung der Umwandlung wieder frei werdende Energie Wärme und erhält den Stoff auf konstanter Temperatur. Die bei der Umwandlung von 1 g bzw. 1 Mol eines Stoffes umgesetzte Wärmemenge nennt man *Umwandlungswärme (latente Wärme)* bzw. *molare Umwandlungswärme.*

In der Regel ist mit einer solchen Umwandlung eine Volumänderung des Stoffes verbunden. Die Umwandlungstemperatur T hängt in diesem Fall von dem Druck p ab, unter dem der Stoff steht. Es seien V'_m und V''_m die Molvolumina des Stoffes unmittelbar unterhalb und unmittelbar oberhalb der Umwandlungstemperatur T, Q seine molare Umwandlungswärme. Dann bewirkt eine Änderung des Druckes um den Betrag Δp eine Änderung der Umwandlungstemperatur um den Betrag

$$\Delta T = \frac{(V''_m - V'_m)\, T}{Q}\, \Delta p \qquad (1)$$

(Gleichung von CLAUSIUS *und* CLAPEYRON*).* Je nachdem $V''_m \gtrless V'_m$, steigt oder sinkt die Umwandlungstemperatur mit steigendem Druck. Dabei ist p in dyn·cm^{-2} und Q in erg zu messen. Mißt man p in at bzw. cm Hg und Q in cal, so tritt vor die rechte Seite von Gl. (1) der Faktor 0,0242 bzw. 0,3184·10^{-3}.

111. Schmelzen. Unter der *Schmelzwärme* eines Stoffes versteht man die Umwandlungswärme beim Schmelzen, also diejenige Wärmemenge, die man

1 g des Stoffes zuführen muß, damit er bei der Schmelztemperatur aus dem
festen in den flüssigen Zustand übergeht. Umgekehrt wird die gleiche Wärmemenge frei, wenn 1 g einer Flüssigkeit erstarrt. Sie gibt dann ihre Schmelzwärme an die kältere Umgebung ab und bleibt selbst während des Erstarrungs-
vorganges trotz dauernder Wärmeabgabe nach außen auf konstanter Temperatur.

Die Schmelzwärme des Eises kann leicht mit einem Wasserkalorimeter
(§ 106) gemessen werden. Man bringt eine bekannte Menge trockenen Eises
von 0° C in das Wasser des Kalorimeters und mißt die nach vollständigem
Schmelzen des Eises eingetretene Temperaturerniedrigung. Die Schmelzwärme
des Eises beträgt $79{,}5 \, \text{cal} \cdot \text{g}^{-1}$. (Vgl. WESTPHAL, „Physikalisches Praktikum",
2. Aufl., 12. Aufgabe). Tabelle 11 gibt die Schmelzwärmen einiger Stoffe.

Tabelle 11. Schmelzwärmen einiger Stoffe.

Aluminium	94 $\text{cal} \cdot \text{g}^{-1}$	Silber	$26{,}0 \, \text{cal} \cdot \text{g}^{-1}$
Blei	5,5	Kochsalz	124
Gold	15,9	Wasser (Eis)	79,5
Kupfer	41		

Auf der Schmelzwärme des Eises beruht das Eiskalorimeter von LAVOISIER,
bei dem die Messung von Wärmemengen durch Bestimmung derjenigen Eismenge (bzw. der aus ihr gebildeten Wassermenge) erfolgt, die bei Zufuhr der
zu messenden Wärmemenge geschmolzen wird. Beim
Eiskalorimeter von BUNSEN (Abb. 232) wird die gebildete
Wassermenge aus der Volumabnahme beim Schmelzen
ermittelt. Es besteht aus einem doppelwandigen Glasgefäß, welches zwischen den Wänden mit Wasser gefüllt
ist. Der Zwischenraum setzt sich in eine mit Quecksilber (q) gefüllte Kapillare c fort. Zunächst umgibt man
das innere Gefäß mit einem Eismantel b, indem man
es durch schnelle Verdampfung von Äther oder mittels
einer Kältemischung (§ 119) unter 0° abkühlt. Jetzt
bringt man den auf eine höhere Temperatur t erwärmten
Körper, dessen Masse m sei, in das nunmehr auf 0° befindliche innere Gefäß. Er gibt dort Wärme an das Eis
ab und kühlt sich auf 0° ab. Dabei schmilzt eine gewisse
Eismenge m', und nach dem Energieprinzip muß sein

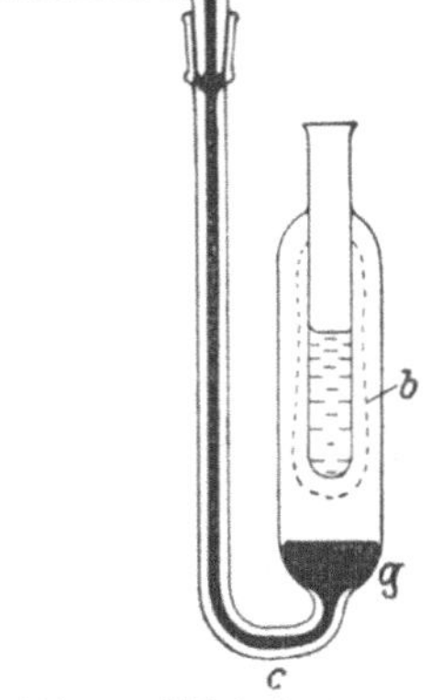

$$c \, m \cdot t = m' \lambda \qquad (\lambda = 79{,}5 \, \text{cal} \cdot \text{g}^{-1}).$$

Abb. 232. Eiskalorimeter.

Die Menge m' des geschmolzenen Eises wird aus der Volumabnahme berechnet,
welche durch Messung der Verschiebung des Quecksilberfadens mittels der Skala
m bestimmt werden kann, wenn man den Querschnitt der Kapillaren kennt.
Auf diese Weise kann die spezifische Wärme c des hineingebrachten Körpers
bestimmt werden. Da außer dem hineingebrachten Körper keiner der beteiligten Körper seine Temperatur bei einer solchen Messung ändert, so geht
die Wärmekapazität des Gefäßes nicht in die Rechnung ein.

Da beim Schmelzen das molekulare Gefüge eines Stoffes gelockert wird,
so ist es natürlich die Regel, daß die Körper beim Schmelzen eine Volumvergrößerung, also eine Dichteabnahme erfahren. Eine der seltenen Ausnahmen
bildet das Wasser (Eis), dessen Dichte (0,9112) beim Schmelzen um etwa 10%
auf 0,99987 zunimmt. Die Ursache ist die gleiche wie bei der Dichtezunahme,
die das Wasser noch bis 4° C zeigt (§ 102). Während also in der Regel der feste
Stoff in seiner eigenen Schmelze zu Boden sinkt, schwimmt Eis auf Wasser,

und zwar so, daß es zu etwa $^9/_{10}$ eintaucht. Diese Tatsache spielt im Zusammenhang mit der Dichteanomalie des Wassers eine sehr wichtige Rolle in der Natur. Die winterlichen Eisdecken der Gewässer sind also einem von der Regel gänzlich abweichenden Verhalten des Wassers zu verdanken.

Die Tatsache, daß Wasser sich beim Gefrieren ausdehnt, spielt in der Natur auch sonst eine wichtige Rolle. Wasser, welches in Gesteinritzen eingedrungen ist, kann das Gestein beim Gefrieren durch seine plötzliche Ausdehnung sprengen, so daß es beim Wiederauftauen im Frühjahr zerfällt (daher die erhöhte Gefahr von Steinschlag im Gebirge im Frühling). Dieses Ausfrieren des Gesteins ist eine der wichtigsten gebirgszerstörenden Ursachen. Mauerwerk muß gegen Eindringen von Wasser geschützt werden, damit es nicht den gleichen zerstörenden Wirkungen unterliegt.

Läßt man in einem Reagenzglas Paraffin erstarren, so kann man die Zusammenziehung, die bei diesem Stoff eintritt, deutlich erkennen. Das feste Paraffin ist in der Mitte ausgehöhlt, da es an den Wänden zuerst erstarrt.

Dehnt sich ein Stoff beim Schmelzen aus, so steigt sein Schmelzpunkt, wenn der äußere Druck erhöht wird; zieht er sich zusammen, so sinkt der Schmelzpunkt (LE CHATELIER*sches Prinzip*). Das ist eine unmittelbare Folge aus der Gleichung von CLAUSIUS-CLAPEYRON (§ 110), in der als Umwandlungswärme Q die molare Schmelzwärme zu setzen ist. Daher sinkt der Schmelzpunkt des Eises bei Druckerhöhung. Denn in diesem Ausnahmefall ist $V'_m > V''_m$. Bringt man ein Stück Eis von etwas weniger als 0° unter erhöhten Druck, so tritt im ersten Augenblick ein Schmelzvorgang ein. Die hierzu nötige Schmelzwärme entzieht aber das Eis sich selbst, und es kühlt sich so auf eine etwas niedrigere Temperatur ab, so daß ein Fortschreiten des Schmelzvorganges unterbunden wird, solange dem Eis nicht Wärme von außen zugeführt wird. Auf dieser Tatsache beruht die sog. *Regelation* des Eises. Das Zusammenpressen des Schnees, der ja aus Eiskristallen besteht, im Schneeball bewirkt infolge der Druckzunahme, daß der Schnee an einzelnen Stellen schmilzt. Beim Nachlassen des Drucks gefriert er wieder, und die Schneekristalle backen zusammen. Die Glätte von Eis rührt sehr wesentlich auch davon her, daß es an einer Druckstelle schmilzt, so daß sich zwischen einem gleitenden Körper und dem Eise stets eine dünne Wasserschicht befindet, die wie ein Schmiermittel wirkt. Auf der Regelation beruht auch zum Teil die Plastizität des Gletschereises. Erhöht sich der Druck im Eise, weil der Eisstrom an einer engen Stelle zusammengedrückt wird, so tritt ein örtliches Schmelzen ein, welches den einzelnen Teilen des Eises eine Bewegung gegeneinander und eine Anpassung an den verfügbaren Raum gestattet. So kommt es, daß das Gletschereis wie eine äußerst zähe Flüssigkeit talwärts fließt.

112. Verdampfen. Dampfdichte. Dampfdruck. Damit eine Flüssigkeit verdampft, müssen Moleküle aus dem Inneren durch die Flüssigkeitsoberfläche nach außen gelangen. Hierzu ist Arbeit gegen die gleichen molekularen Kräfte zu leisten, die die Oberflächenspannung hervorrufen (§ 60). Es gibt in den Flüssigkeiten, wie in den Gasen (§ 64), Moleküle mit allen möglichen Geschwindigkeiten. Von diesen werden die schnelleren am leichtesten die Oberfläche durchstoßen können. Die Flüssigkeit verarmt also durch die Verdampfung an ihren schnelleren Molekülen, die mittlere Molekulargeschwindigkeit und damit die Temperatur der Flüssigkeit sinkt. Jede sich selbst überlassene Flüssigkeit kühlt sich durch Verdampfung ab. Soll ihre Temperatur konstant gehalten werden, so muß man ihr Wärme zuführen. Die zur Verwandlung von 1 g einer Flüssigkeit von konstanter Temperatur in Dampf von gleicher Temperatur erforderliche Umwandlungswärme heißt ihre *Verdampfungswärme*. Das vorstehende gilt auch für den an eine konstante Temperatur gebundenen Siedevorgang, der ja nur eine besondere Form der Verdampfung ist.

Die *molare Verdampfungswärme* ist die zum Verdampfen von 1 Mol der Flüssigkeit erforderliche Wärmemenge. Sie ist also gleich der Arbeit, die aufzuwenden ist, um N Moleküle aus dem Innern der Flüssigkeit aus ihrer Oberfläche hinaus zu befördern (N Loschmidtsche Zahl).

Je größer die mittlere Molekulargeschwindigkeit in der Flüssigkeit ist, um so mehr Moleküle werden imstande sein, die Oberfläche zu durchstoßen. Die Verdampfungsgeschwindigkeit wächst daher mit der Temperatur.

Die Abkühlung von Flüssigkeiten durch Verdampfung kann man leicht am Wasser beobachten. Frei stehendes Wasser ist stets ein wenig kälter als seine Umgebung. Der menschliche Körper wird stark abgekühlt, wenn er naß ist, weil das Wasser auf ihm schnell verdampft (Erkältungsgefahr nach Schwitzen). Äther kann man durch Beschleunigung seiner Verdampfung (Hindurchblasen von Luft, wodurch die Oberfläche vergrößert und der gebildete Dampf immer wieder fortgeschafft wird) leicht erheblich unter 0° abkühlen. Die Beschleunigung der Abkühlung heißer Speisen durch Blasen beruht darauf, daß durch Fortschaffung des von ihnen gebildeten Wasserdampfes die Verdampfung des Wassers beschleunigt und dadurch die Temperatur der Speise herabgesetzt wird. Fette Suppen kühlen sich deshalb so schwer ab, weil die auf ihnen schwimmende Fettschicht die Verdampfung behindert.

Sehr eindrucksvoll wird die Abkühlung einer Flüssigkeit durch Verdampfung durch den Kryophor (Abb. 233) bewiesen. Er besteht aus zwei durch eine Röhre miteinander verbundenen und gut luftleer gemachten Glasgefäßen, in denen sich etwas Wasser befindet. Der übrige Raum des Gefäßes ist dann mit gesättigtem Wasserdampf gefüllt (s. u.). Man bringt das Wasser in die obere Kugel und umgibt das andere, leere Gefäß mit einer Kältemischung. In ihm kondensiert sich jetzt der vorher bei Zimmertemperatur gesättigte Wasserdampf zu Eis. Da aber in der oberen Kugel eine höhere Temperatur herrscht, so verdampft dort weiteres Wasser. Dadurch kühlt sich das Wasser ab und kommt schließlich zum Gefrieren.

Abb. 233.
Kryophor.

Man kann die Verdampfungswärme η des Wassers messen, indem man die Temperaturänderung einer in einem Kalorimetergefäß befindlichen Wassermenge mißt, wenn man eine bekannte Dampfmenge, etwa durch Einleiten mittels eines Rohres aus einem Kessel mit siedendem Wasser, in ihm kondensieren läßt. Sie beträgt bei 100° C 539,2 cal · g⁻¹. Sie ist wie die Verdampfungswärmen überhaupt, von der Temperatur abhängig. (Vgl. Westphal, ,,Physikalisches Praktikum'', 2. Aufl., 12. Aufgabe).

Tabelle 12 gibt die Verdampfungswärmen einiger Stoffe bei ihrem normalen Siedepunkt, d. h. bei einem Druck von 76 cm Hg. Man beachte den äußerst hohen Wert beim Wasser.

Tabelle 12. Verdampfungswärmen einiger Stoffe.

Alkohol	202 cal · g⁻¹	Sauerstoff	51 cal · g⁻¹
Ammoniak	321	Stickstoff	48
Äther	80	Schwefelkohlenstoff	85
Chlor	62	Wasser	539,1
Quecksilber	68	Wasserstoff	110

Aus früherer Zeit ist die Gewohnheit geblieben, daß man ein Gas, welches in Berührung mit seiner eigenen Flüssigkeit steht, als *Dampf* bezeichnet. Dämpfe sind nichts anderes als Gase, welche vom idealen Gaszustand merklich abweichen. Unrichtig ist die Bezeichnung von Wolken schwebender fester oder flüssiger Teilchen als Dampf (z. B. eine „dampfende" Lokomotive). Solche Wolken sind richtig als Nebel zu bezeichnen. Wasserdampf ist unsichtbar.

Tabelle 13a. Dampfdruck des Wassers (Eises).

— 60°	0,0007 cm Hg	+ 40°	5,53 cm Hg
— 40°	0,0093 ,,	+ 60°	14,94 ,,
— 20°	0,077 ,,	+ 80°	35,51 ,,
+ 0°	0,46 ,,	+ 100°	76,00 ,,
+ 20°	1,75 ,,	+ 200°	1166,50 ,,

Tabelle 13b. Dampfdruck des Quecksilbers.
(Temperatur in Celsiusgraden.)

0°	0,0000185 cm Hg	60°	0,00277 cm Hg
15°	0,000081 ,,	100°	0,0301 ,,
30°	0,00027 ,,	356,7°	76,00 ,,

Tabelle 13c. Dampfdruck des Heliums.
(Absolute Temperaturen.)

1,475°	0,415 cm Hg	4,9°	132,9 cm Hg
3,516°	35,95 ,,	5,16°	1668,0 ,,
4,205°	75,75 ,,	5,20°	1718,0 ,,

Ein dicht geschlossenes Gefäß sei zum Teil mit einer Flüssigkeit gefüllt. Diese wird in den von ihr nicht angefüllten Raumteil hinein verdampfen. Nach Erreichung einer bestimmten Dichte hört die weitere Verdampfung auf. Es stellt sich ein stationärer Zustand — ein dynamisches Gleichgewicht zwischen Flüssigkeit und Dampf — her, derart, daß gleichzeitig ebensoviele Moleküle die Flüssigkeit verlassen (verdampfen) wie aus dem Dampf wieder in die Flüssigkeit eintreten (sich kondensieren). Da der Druck des Dampfes von seiner Dichte abhängig ist, so stellt sich im Laufe der Zeit ein ganz bestimmter Druck des Dampfes über der Flüssigkeit her, der *Dampfdruck* oder *Sättigungsdruck* der Flüssigkeit. Der Dampfdruck ist von der Temperatur abhängig und steigt mit ihr. Tabelle 13a zeigt diese Abhängigkeit für Wasser bzw. Eis, Tabelle 13b für Quecksilber, Tabelle 13c für Helium. Ein Dampf, der mit seiner Flüssigkeit im Gleichgewicht ist, heißt *gesättigt*. Der Druck (Partialdruck, § 66) des gesättigten Dampfes über einer Flüssigkeit ist unabhängig davon, ob sich über der Flüssigkeit noch fremde Gase, z. B. Luft, befinden.

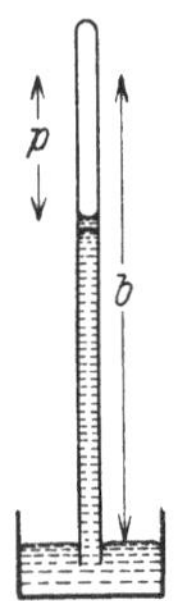

Abb. 234.
Messung des Dampfdrucks.
b Barometerstand,
p Dampfdruck.

Zur Bestimmung des Dampfdruckes einer Flüssigkeit bei Zimmertemperatur kann man sich der Einrichtung bedienen, die für den Versuch von Torricelli verwandt wird (Abb. 234). Man stellt zunächst in der Röhre, wie im § 70 angegeben, ein Vakuum über dem Quecksilber her. Dann läßt man in der Röhre von unten her etwas von der zu untersuchenden Flüssigkeit aufsteigen. Sofort sinkt die Quecksilbersäule, weil jetzt über ihr der Dampfdruck der Flüssigkeit herrscht. Dieser ist aus der Differenz der beiden Einstellungen der Quecksilbersäule zu entnehmen. Dabei muß, damit bestimmt Sättigung herrscht, stets noch etwas Flüssigkeit im Rohr vorhanden sein. Wir können jetzt auch schließen, daß bei dem Torricellischen Versuch oben im Rohr tatsächlich kein vollkommenes Vakuum herrscht, sondern der Dampfdruck des Quecksilbers, der bei Zimmertemperatur etwa 10^{-4} cm Hg beträgt. Bei Einführung von Wasser sinkt das Quecksilber bei 15° um 1,28 cm, entsprechend einem Dampfdruck des Wassers von 1,28 cm Hg, erheblich mehr bei Einführung von Alkohol oder Äther. Verkleinert oder vergrößert man den dem Dampf zur Verfügung stehenden Raum durch Heben, Senken oder Neigen des Rohres, so bleibt, solange noch Flüssigkeit vorhanden ist, der Dampfdruck der gleiche, und von dem Dampf wird ein Teil kondensiert, bzw. es bildet sich die entsprechende weitere Menge Dampf aus der Flüssigkeit.

Die der Verdampfung entgegenwirkenden molekularen Kräfte hängen, wie bereits erwähnt, eng mit der Oberflächenspannung zusammen, also mit den einseitig gerichteten Kräften, die die an der Oberfläche einer Flüssigkeit befindlichen Moleküle in das Innere zu ziehen suchen. Die Kondensation einer Flüssigkeit wird daher erleichtert, wenn zu den normalen molekularen Kräften noch andere anziehende Kräfte hinzukommen. So wirken die in der Luft fast stets vorhandenen elektrisch geladenen Staubteilchen usw. infolge der von ihnen ausgehenden elektrischen Kräfte kondensationsfördernd auf Wasserdampf, sie bilden *Kondensationskerne*. Es tritt aber an ausgedehnten, festen, abgekühlten Flächen eine Kondensation des Wasserdampfes der Luft leichter ein als an kleinen Wassertröpfchen. Das hängt damit zusammen, daß die Oberflächenspannung an kleinen Tröpfchen kleiner ist als an einer ebenen Flüssigkeitsfläche (§ 59). Daher verdampfen kleine Tröpfchen leichter als Flüssigkeiten mit ebener Oberfläche, und umgekehrt findet an ihnen schwerer eine Kondensation statt. Die Temperatur, bei der eine Kondensation von Wasser aus der Atmosphäre (Taubildung) an ausgedehnten Flächen eintritt, heißt *Taupunkt*. Er ist vom Partialdruck des Wasserdampfes, d. h. dem Sättigungsgrade der Luft, abhängig und kann daher dazu dienen, den *Feuchtigkeitsgehalt der Atmosphäre* zu bestimmen.

In den höheren Schichten der Atmosphäre kann es vorkommen, daß sich wasserdampfhaltige Luft bei Fehlen von Kondensationskernen *unterkühlt*, d. h. unter die Temperatur sinkt, bei der ihr Wasserdampfgehalt gesättigt ist, ohne daß sich Wasser zu Tropfen kondensiert. Wenn Regentropfen oder Eiskristalle aus einer höheren Luftschicht durch eine solche unterkühlte Schicht hindurchfallen, so kondensiert sich an ihnen sofort Wasser und gefriert zu rundlichen Eisklumpen, den *Graupeln* oder *Hagelkörnern*. Die gleiche Wirkung tritt an Flugzeugen ein, die in eine solche unterkühlte Luftschicht hineingeraten. Die dabei eintretende, oft schwere *Vereisung* bildet eine der größten Gefahren für die Luftfahrt.

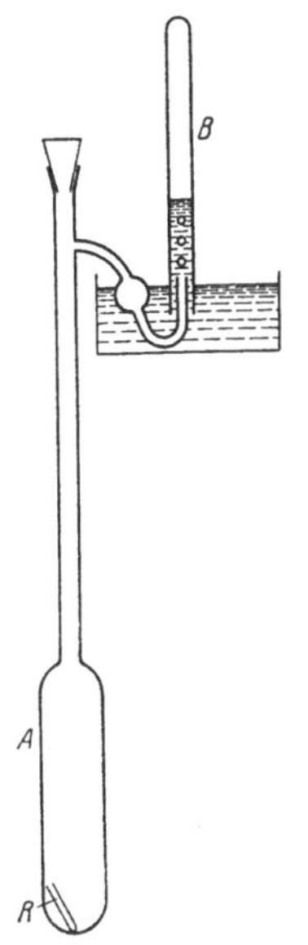

Abb. 235. Messung der Dampfdichte nach VICTOR MEYER.

Da nach dem Gesetz von AVOGADRO die Zahl der Moleküle in 1 cm³ bei allen idealen Gasen unter gleichen Bedingungen gleich groß ist, so verhalten sich die Dichten von solchen Gasen wie die Massen ihrer einzelnen Moleküle, also auch wie ihre Molekulargewichte (§ 63). Die Dichten idealer Gase sind bei gleichem Druck und gleicher Temperatur ihren Molekulargewichten proportional, und man kann letztere aus der Dichte berechnen.

Dieses Verfahren läßt sich auch bei festen und flüssigen Stoffen anwenden, welche man verdampfen kann. In diesen Fällen pflegt man die Dichte des in den idealen Gaszustand versetzten Stoffes bei 0° C und 76 cm Hg als seine *Dampfdichte* zu bezeichnen. Zwar läßt sich dieser Zustand bei den für gewöhnlich festen oder flüssigen Stoffen nicht verwirklichen. Hat man jedoch die Dichte eines Stoffes bei einer Temperatur und einem Druck bestimmt, bei denen er als im idealen Gaszustand befindlich anzusehen ist, so kann man aus den Gesetzen der idealen Gase leicht berechnen, wie groß seine Dichte wäre, wenn er unter den obigen Bedingungen im idealen Gaszustand wäre. Unter den verschiedenen Verfahren zur Bestimmung von Dampfdichten sei dasjenige von VICTOR MEYER erwähnt. Man füllt eine kleine, abgewogene Menge des zu untersuchenden Stoffes in ein Glasröhrchen R, das entweder offen oder mit einem Stöpsel verschlossen ist, der sich bei Überdruck von innen leicht öffnet. Das Röhrchen wird in einen Glaskolben A von der in Abb. 235 dargestellten Form geworfen, der bereits vorher auf eine so hohe Temperatur erhitzt wurde, daß der Stoff bei ihr nicht nur verdampft, sondern sich auch dem idealen Gaszustand ausreichend nahe befindet. Es ist nicht nötig, diese Temperatur genau zu kennen. Sie muß nur die vorstehende Bedingung erfüllen. Nach dem Einbringen in den Kolben, der alsdann sofort wieder mit einem Stopfen verschlossen wird, verdampft der Stoff und verdrängt die zu unterst im Kolben befindliche Luft. Das hat zur Folge, daß Luft aus dem oben am Kolben befindlichen Entbindungsrohr ausgetrieben wird. Diese wird in einem kalibrierten Meßzylinder B unter Wasser aufgefangen. Die ausgetriebene Luftmenge entspricht genau der Luftmenge, die im Kolben von dem verdampfenden Stoff verdrängt wurde, also dort das gleiche Volumen einnahm wie dieser. Da sich der verdampfte Stoff im Kolben wie ein ideales Gas verhält, und da ferner auch die Luft sich fast wie ein ideales Gas verhält, so würden sich beide Stoffe — vorausgesetzt, daß der verdampfte Stoff dabei seinen idealen Charakter behielte — bei allen Druck- und Temperaturänderungen gleichartig verhalten. Wäre also statt der Luft der verdampfte Stoff aus dem Kolben ausgetrieben und im Meßzylinder aufgefangen worden, so würde er unter der vorstehenden Voraussetzung mit einer für den Zweck der Messung genügenden Genauigkeit das gleiche Volumen einnehmen wie die tatsächlich ausgetriebene Luft. Man kann also das abgelesene Luftvolumen gleich demjenigen Volumen setzen, das der Stoff einnehmen würde, wenn er sich als ideales Gas unter den gleichen Druck- und Temperaturverhältnissen befinden würde wie die ausgetriebene Luft. Indem man das vorher festgestellte Gewicht des Stoffes durch dieses Volumen dividiert, erhält man das spezifische Gewicht und die Dichte des Dampfes. Aus dieser kann dann nach den Gasgesetzen das Molekulargewicht berechnet werden.

113. Sieden. Das Sieden einer Flüssigkeit besteht in einer Verdampfung, welche nicht nur an der Oberfläche, sondern auch im Innern der Flüssigkeit, insbesondere an den Gefäßwänden, vor sich geht. Es bilden sich dort Dampfblasen, welche an die Oberfläche steigen. In diesen Dampfblasen herrscht der Dampfdruck, welcher der Temperatur der Flüssigkeit entspricht. Es ist klar, daß das nur dann möglich ist, wenn dieser Dampfdruck nicht kleiner ist als der Druck, unter dem die Flüssigkeit steht. Denn wäre das der Fall, so würden die etwa spontan entstehenden Blasen durch den äußeren Druck zusammengedrückt und wieder zu Flüssigkeit kondensiert werden. Eine Flüssigkeit siedet daher bei derjenigen Temperatur, bei der der Druck ihres gesättigten Dampfes gleich dem äußeren Druck, bei freiem Sieden an der Luft also gleich dem Luftdruck ist. Dabei ist zu beachten, daß die Dampfblasen im Innern der Flüssigkeit auch noch unter deren hydrostatischem Druck stehen, sie also eine etwas höhere Temperatur haben müssen als Dampf bei Atmosphärendruck.

Die Siedetemperatur einer Flüssigkeit hängt also vom Druck ab. Auch hier gilt die Gleichung von CLAUSIUS-CLAPEYRON [Gl. (1)], in der nunmehr V'_m das Molvolumen der Flüssigkeit, V''_m dasjenige des Dampfes bedeutet, und in der als Umwandlungswärme Q die molare Verdampfungswärme zu setzen ist. Da stets $V''_m \gg V'_m$, so ist bei der Verdampfung ΔT stets positiv, d. h. die Siedetemperatur wächst stets mit dem Druck. Tabelle 14 zeigt diese Abhängigkeit für Wasser in der Umgebung des normalen Atmosphärendrucks. Für einen größeren Druckbereich ergibt sie sich aus Tabelle 13a (§ 112).

Tabelle 14. Abhängigkeit des Siedepunktes des Wassers vom Druck.

Druck cm Hg	Siedepunkt °C
72	98,49
73	98,89
74	99,26
75	99,63
76	100,00
77	100,37
78	100,73
79	101,09
80	101,44

Bringt man Wasser von 90—95° in einen evakuierbaren Raum, so siedet das Wasser auf, wenn der Druck ausreichend gesunken ist. Bei ausreichend niedrigem Druck kann man sogar Wasser von Zimmertemperatur ohne Zufuhr von Wärme zum Sieden bringen. Der Versuch gelingt besonders gut, wenn man in dem Raum, in dem man den Druck erniedrigt, Schwefelsäure aufstellt, welche den entstehenden Wasserdampf absorbiert, da man den Druck andernfalls nicht unter dessen Sättigungsdruck erniedrigen kann. Da die Verdampfungswärme in diesem Falle nicht schnell genug von außen zugeführt wird, muß sie auf Kosten der Wärme des Wassers selbst gehen. Das Wasser kann sich dabei bis auf $0°$ abkühlen und unter gleichzeitigem Sieden gefrieren. Die sich bildende Eisdecke wird von den Dampfblasen durchbrochen.

Da der Luftdruck mit der Höhe abnimmt, so tut dies auch die Siedetemperatur des Wassers. Sie beträgt z. B. auf der Höhe des Montblanc (4800 m, Luftdruck rund 42 cm) nur etwa $84°$. Man benutzt diese Abhängigkeit, um auf Expeditionen in hohen Gebirgen auf bequeme Weise Höhen zu messen (Siedebarometer). Zur Beförderung des Garwerdens von Speisen benutzt man den PAPINschen Topf, einen Kochtopf, der mit einem Deckel fest verschlossen ist. Dieser besitzt ein Ventil, das sich erst bei einem gewissen Überdruck des Wasserdampfes öffnet. Das Wasser siedet dann unter dem erhöhten Druck seines eigenen Dampfes und daher bei einer höheren Temperatur, als dem äußeren Luftdruck entspricht.

Unter *Destillation* versteht man das Verdampfen einer Flüssigkeit und ihr erneutes Kondensieren aus ihrem Dampf bei Abkühlung. Im besonderen bezeichnet man als Destillation ein auf dieser Grundlage beruhendes Verfahren zur Gewinnung reiner Flüssigkeiten (Wasser, Alkohol usw.). Das Verfahren besteht darin, daß man die noch mit anderen Stoffen vermischte Flüssigkeit zum Sieden bringt und den Dampf in einem anderen Gefäß kondensiert. Handelt es sich z. B. um die wässerige Lösung eines Salzes, so verdampft beim Sieden nur das Wasser. Leitet man den Dampf durch eine Kühlschlange, so kondensiert er sich dort zu reinem Wasser (destilliertes Wasser). Beim Sieden eines Gemisches mehrerer Flüssigkeiten ist der Dampf erheblich reicher an denjenigen Bestandteilen, welche einen niedrigeren Siedepunkt haben als die anderen. Kondensiert man den Dampf, so sind also im Destillat die ersteren angereichert. Diese Anreicherung kann man durch Wiederholung des Verfahrens weiter treiben (Gewinnung starker Alkoholika aus schwächeren).

114. Sublimation. Der Dampfdruck der meisten festen Stoffe ist überaus klein, und in der Tat zeigen sie fast durchweg keine meßbare zeitliche Abnahme ihrer Menge durch Verdampfung. Nur ziemlich wenige feste Stoffe zeigen eine deutlich beobachtbare *Sublimation* und haben infolgedessen auch einen merklichen, mit der Temperatur ansteigenden Dampfdruck, z. B. manche festen Duftstoffe. Wegen des Dampfdrucks über Eis siehe Tabelle 13a, § 112. Tabelle 15 gibt einige Zahlenangaben für Jod. Entsprechend der Schmelz- und der Verdampfungswärme haben die festen Stoffe auch eine *Sublimationswärme*, d. i. die Wärmemenge, die nötig ist, um 1 g des Stoffes zur Sublimation zu bringen.

Auch bei scharfem Frost beobachtet man ein allmähliches Schwinden des Schnees, der sich durch Sublimation unmittelbar in Wasserdampf verwandelt. Der umgekehrte Vorgang ist die unmittelbare Bildung von Rauhreif aus dem Wasserdampf der Luft sowie die Bildung der Schneekristalle in den kalten oberen Luftschichten, während der Hagel aus zunächst unterkühlten und dann gefrorenen Wassertropfen besteht.

Tabelle 15. Dampfdruck über Jod.

$-48,3°$	0,000005 cm Hg
$-32,3°$	0,000052 ,, ,,
$-20,9°$	0,00025 ,, ,,
$0°$	0,0029 ,, ,,
$15°$	0,0131 ,, ,,
$30°$	0,0469 ,, ,,
$80°$	1,59 ,, ,,
114,5	9,00 ,, ,, (Schmelzpunkt)
185,3	76,00 ,, ,, (Siedepunkt)

Bringt man in ein luftleer gemachtes Glasgefäß einige Jodkristalle und kühlt eine Stelle der Gefäßwand ab, so schlägt sich dort aus dem im Gefäß gebildeten Joddampf festes Jod nieder. Frei an der Luft liegende Jodkristalle, gewisse Quecksilbersalze, darunter das „Sublimat" ($HgCl_2$) u. dgl., verschwinden durch Sublimation.

115. Verflüssigung der Gase. Das Problem der Verflüssigung von Gasen besteht, vom molekularen Standpunkt aus gesehen, darin, die Moleküle in den Stand zu setzen, sich unter der Wirkung der zwischen ihnen bestehenden anziehenden Kräfte zu dem für den flüssigen Zustand charakteristischen engeren Verbande zusammenfinden. Daß diese Kräfte nicht bei jeder Temperatur zur Überführung des Gases in den flüssigen Zustand führen, liegt daran, daß bei höherer Temperatur die thermische Bewegung der Moleküle dem Zustandekommen eines engeren molekularen Verbandes zu stark entgegenwirkt.

Bei manchen Gasen ist es möglich, schon bei gewöhnlichen Temperaturen diese Wirkung der thermischen Bewegung dadurch aufzuheben, daß man die Moleküle durch Verminderung des Gasvolumens, d. h. Erhöhung des Drucks, auf so kleine Abstände bringt, daß die molekularen Anziehungskräfte ausreichen, um die Moleküle gegen die Wirkung der Molekularbewegung in den engeren Verband des flüssigen Zustandes zu bringen. Solche Gase, z. B. Chlor, Kohlensäure, Ammoniak, Schwefeldioxyd, können also bei gewöhnlicher Temperatur durch Anwendung hinreichend hoher Drucke verflüssigt werden. Bei anderen Gasen gelingt dies nicht. Bei ihnen ist es vielmehr erforderlich, zunächst ihre thermische Molekularenergie herabzusetzen, d. h. sie abzukühlen. Für jedes Gas gibt es eine ganz bestimmte Temperatur, oberhalb deren es unmöglich ist, es unter Anwendung noch so hoher Drucke zu verflüssigen. Diese Temperatur heißt die *kritische Temperatur* T_k des Gases (ANDREWS 1869). Ist das Gas auf diese Temperatur abgekühlt, so kann es durch Anwendung eines genügend hohen Drucks verflüssigt werden. Bei der kritischen Temperatur T_k ist dazu ein Druck p_k erforderlich, der der *kritische Druck* genannt wird. Das spezifische Volumen des Gases in diesem sog. *kritischen Zustande* heißt sein *kritisches Volumen*, sein reziproker Wert seine *kritische Dichte*. Gase (Dämpfe), welche schon bei gewöhnlicher Temperatur durch Druck verflüssigt werden können, sind also solche, deren kritische Temperatur höher ist als die gewöhnliche Temperatur.

Über die hier obwaltenden Verhältnisse gibt uns die VAN DER WAALSsche Gleichung

$$\left(p + \frac{a}{V_m^2}\right)(V_m - b) = RT \tag{2}$$

(§ 104) Auskunft, und zwar sowohl für die gasförmige, wie für die flüssige Phase eines Stoffes. Wir wollen sie zunächst auf eine allgemeinere und zugleich einfachere Form bringen. Unter V_k verstehen wir im folgenden das Molvolumen eines Stoffes im kritischen Zustand, sein *kritisches Molvolumen*. Die Theorie ergibt, wie wir hier nicht im einzelnen ausführen wollen, daß zwischen den Konstanten a und b und den kritischen Größen p_k, V_k und T_k eines Stoffes die folgenden Beziehungen bestehen:

$$a = 3\,p_k V_k^2 \quad \text{(3a),} \qquad b = \frac{V_k}{3} \quad \text{(3b),} \qquad p_k V_k = \frac{8}{3} RT_k. \quad \text{(3c)}$$

Wir wollen nun an Stelle von p, V_m und T die entsprechenden *reduzierten*, d. h. auf die kritischen Größen bezogenen, relativen Größen

$$\mathfrak{p} = \frac{p}{p_k}, \qquad \mathfrak{v} = \frac{V_m}{V_k}, \qquad \mathfrak{T} = \frac{T}{T_k}.$$

setzen. Dann ergibt eine einfache Rechnung die VAN DER WAALSsche Gleichung in der Form

$$\left(\mathfrak{p} + \frac{3}{\mathfrak{v}^2}\right)\left(\mathfrak{v} - \frac{1}{3}\right) = \frac{8}{3}\,\mathfrak{T} \tag{4}$$

In dieser Gleichung treten keine individuellen Konstanten der Stoffe mehr auf. Sie gilt also für alle Stoffe.

In Abb. 236 ist eine Reihe von Isothermen (Kurven für $\mathfrak{T} = $ const) nach Gl. (4) dargestellt. Sie liefern das *Zustandsdiagramm* jedes beliebigen Stoffes, wenn man mit Hilfe der bekannten Werte von p_k, V_k und T_k die Koordinaten $\mathfrak{p}$ und $\mathfrak{v}$ durch p und V_m und die Parameter $\mathfrak{T}$ der Isothermen durch T ersetzt. Die Isotherme mit dem Parameter $\mathfrak{T} = T/T_k = 1$ ist die *kritische Isotherme*, da $\mathfrak{T} = 1$ der kritischen Temperatur entspricht. Sie hat im *kritischen Punkt K*

eine horizontale Wendetangente. Die unter ihr liegenden Kurven haben ein Maximum und ein Minimum, die über ihr liegenden dagegen nicht.

Die oberhalb der kritischen Isothermen liegenden Kurven nähern sich mit wachsender Temperatur immer mehr der Hyperbelgestalt der Isothermen idealer Gase (Abb. 228). Je höher sich die Temperatur eines Gases über die kritische Temperatur erhebt, um so mehr nähert sich sein Verhalten dem eines idealen Gases.

Die Kurven unterhalb der kritischen Isotherme stellen die isothermen Zustandsänderungen eines Stoffes nicht längs ihres gesamten Verlaufes im eigentlichen Sinne dar. Wenn wir ein zunächst von seinem kritischen Zustand ziemlich weit entferntes, auf einer unterhalb seiner kritischen Temperatur liegenden Temperatur befindliches Gas isotherm allmählich zusammendrücken, so bewegen wir uns auf der zugehörigen Isothermen von rechts nach links. In Abb. 237 ist die Isotherme für $\mathfrak{T} = 0{,}932$ noch einmal mit vergrößertem Abszissenmaßstab dargestellt.

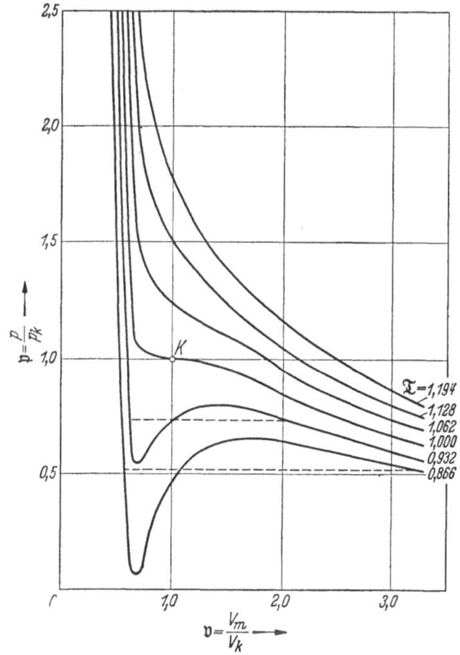

Abb. 236. Isothermen nach VAN DER WAALS. Die Isothermen entsprechen (von unten nach oben) bei der Kohlensäure den Temperaturen —10, +10, 31 (tk), 50, 70 und 90° C, beim Wasser den Temperaturen 290, 332, 374 (tk), 416, 458, 600° C. Bei der Kohlensäure ist $p_k = 73$ at, beim Wasser 205 at.

Zunächst steigt der Druck mit abnehmendem Volumen stetig an. Ist aber im Punkt A ein bestimmtes Molvolumen und ein bestimmter Druck erreicht, so folgt die Zustandsänderung der Kurve zunächst nicht mehr, sondern der Druck bleibt bei weiterer Verkleinerung des Volumens völlig konstant. Erst nach einer Volumverkleinerung, die um so beträchtlicher ist, je tiefer die Temperatur ist, beginnt pötzlich wieder ein sehr steiler Druckanstieg. Das geschieht im Punkte B auf der ursprünglichen Kurve, und von hier ab verläuft die Zustandsänderung wieder längs derselben. Es verhält

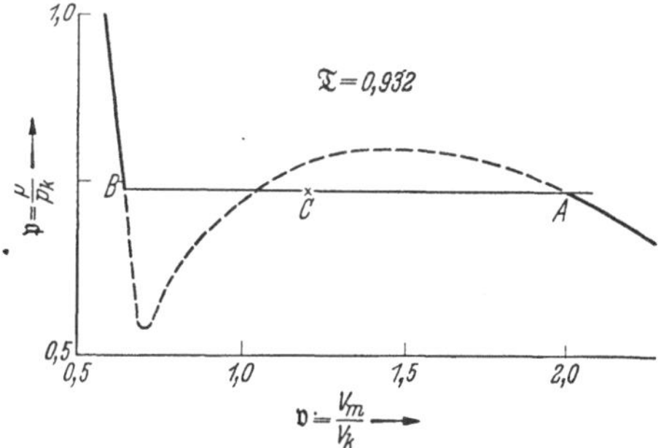

Abb. 237. Zur Verflüssigung der Gase.

sich also so, als sei die Zustandsänderung zwischen A und B — statt über das Maximum und Minimum, was zu labilen Zuständen führen würde und daher nicht möglich ist — längs der horizontalen Geraden $A B$ verlaufen.

Bei dem geschilderten Vorgang hat sich folgendes abgespielt. Sobald das Molvolumen des Gases den dem Punkt A entsprechenden Wert unterschreitet, beginnt die *Verflüssigung* des anfänglich gasförmigen Stoffes; sie schreitet bei weiterer Volumverminderung immer weiter fort und ist in B restlos vollzogen. Dabei behält der jeweils noch vorhandene Gasrest — dessen Temperatur und Druck sich ja nicht ändert — ständig das dem Punke A entsprechende Molvolumen. Die gebildete Flüssigkeit hat aber sofort und ständig das dem Punkt B entsprechende Molvolumen. Erst links von B nimmt ihr Molvolumen mit steigendem Druck stetig ab. Je mehr Flüssigkeit gebildet ist, um so kleiner ist das *durchschnittliche Molvolumen* des gesamten vorhandenen Stoffes. Es ist also dieses durchschnittliche Molvolumen, welches während des Verflüssigungsvorganges stetig von rechts nach links wandert. Man kann sagen, daß sich die Zustandsänderung tatsächlich längs der Geraden AB vollzieht, wenn wir ihren einzelnen Punkten das betreffende durchschnittliche Molvolumen zuordnen. Entspricht es einem bestimmten Punkt C auf AB (Abb. 237), so ist das Massenverhältnis $m_{flüssig} : m_{gasförmig} = AC : BC$. Rechts von A ist der Stoff also nur gasförmig, links von B nur flüssig zwischen A und B aber existieren beide Phasen im Gleichgewicht nebeneinander.

Die Lage der Geraden AB — die Größe des jeweiligen Verflüssigungsdruckes — ist, wie die Theorie zeigt, dadurch gegeben, daß die beiden Flächen, die sie mit der nach der VAN DER WAALSschen Gleichung gezeichneten Kurve bildet, gleich groß sind. Solche Geraden gibt es aber nur bei den Kurven unterhalb der kritischen Isothermen, und daher ist ein solcher Verflüssigungsvorgang oberhalb der kritischen Temperatur nicht möglich. Auf der kritischen Isothermen fallen die Punkte A und B in den kritischen Punkt K zusammen. Der Druck p, bei dem sich ein Gas bei einer bestimmten Temperatur verflüssigt, ist nichts anderes als der *Dampfdruck* der Flüssigkeit bei der betreffenden Temperatur. Denn er ist ja derjenige Druck des Gases — das man in diesem Fall auch als den gesättigten Dampf der flüssigen Phase bezeichnen kann — bei dem die beiden Phasen des Stoffes bei dieser Temperatur miteinander im Gleichgewicht sind.

Entsprechend der großen Verschiedenheit der Zusammendrückbarkeit der Flüssigkeiten und der Gase steigen die Isothermen im Flüssigkeitsbereich mit abnehmendem Volumen sehr viel steiler an als im Gasbereich.

Das Zustandsdiagramm zerfällt demnach in drei Bereiche (Abb. 238). Im Bereich I existiert der Stoff nur als Gas. Er wird begrenzt durch den linken Ast der kritischen Isothermen bis zum kritischen Punkt K und durch die Kurve, welche alle Punkte A der einzelnen Isothermen nebst dem kritischen Punkt K verbindet. Im Bereich II existieren beide Phasen in allen möglichen Mengenverhältnissen nebeneinander im Gleichgewicht. Er wird von den beiden Kurven begrenzt, welche sämtliche Punkte A und sämtliche Punkte B (nebst K) verbinden. Im restlichen Bereich III existiert der Stoff nur als Flüssigkeit.

Wenn wir den oben beschriebenen isothermen Verflüssigungsvorgang umkehren, also auf einer Isothermen im reinen Flüssigkeitsbereich III beginnen, so ergibt sich folgendes Bild. Bei zunehmendem Volumen nimmt der Druck der Flüssigkeit zunächst stetig ab, bis der Punkt B erreicht ist (Abb. 238). Von hier ab bleibt der Druck bei weiter zunehmendem Volumen zunächst konstant, bis der Punkt A erreicht ist, und es bildet sich um so mehr Gas, je größer das Volumen ist. (In diesem Fall siedet die Flüssigkeit zwischen B und A, während beim umgekehrten Vorgang eine der Umkehrung der gewöhnlichen Verdampfung entsprechende Kondensation des Gases an der Oberfläche der bereits gebildeten Flüssigkeit stattfindet.) In A ist die Flüssigkeit restlos vergast.

Die *isotherme* Verflüssigung und Vergasung sind nur Sonderfälle. Wir können ja einen Stoff im Zustandsdiagramm auf jedem beliebigen Wege von einem

Punkt des Bereichs *I* nach einem Punkte des Bereichs *III* überführen und umgekehrt und brauchen dabei nicht auf einer Isothermen zu bleiben. Wenn wir die Zustandsänderung so leiten, daß sie quer über den linken Ast der kritischen Isothermen führt, so findet dabei ein vollkommen stetiger und für das Auge gar nicht unmittelbar erkennbarer Übergang von einer Phase in die andere statt. Sehr eindrucksvolle Versuche kann man mit einer dickwandigen Glasröhre (NATTER*sche Röhre*) anstellen, die unter hohem Druck zum Teil mit flüssiger,

zum Teil mit gasförmiger Kohlensäure gefüllt ist. (*Vorsicht*, Explosionen sind überaus gefährlich!). Taucht man die Röhre in Wasser von etwas über 31° C (kritische Temperatur der Kohlensäure), so kann man die Vergasung und bei erneuter Abkühlung die Verflüssigung beobachten. Da das Volumen des Stoffes, also auch sein mittleres Molvolumen, dabei praktisch konstant bleibt, so bewegen wir uns bei diesen Zustandsänderungen auf einer Vertikalen im Zustandsdiagramm auf- oder abwärts. Dabei sind zwei Fälle zu unterscheiden. Ist anfänglich der Flüssigkeitsanteil gegenüber dem Gasanteil so groß, daß diese Vertikale links von *K* liegt, so geraten wir bei Erwärmung aus dem Bereich *II* zunächst in den reinen Flüssigkeitsbereich *III*. Die Flüssigkeit vermehrt sich zunächst auf Kosten des Gasrestes. Ihr Meniskus steigt nach oben und wird dabei immer unscheinbarer.

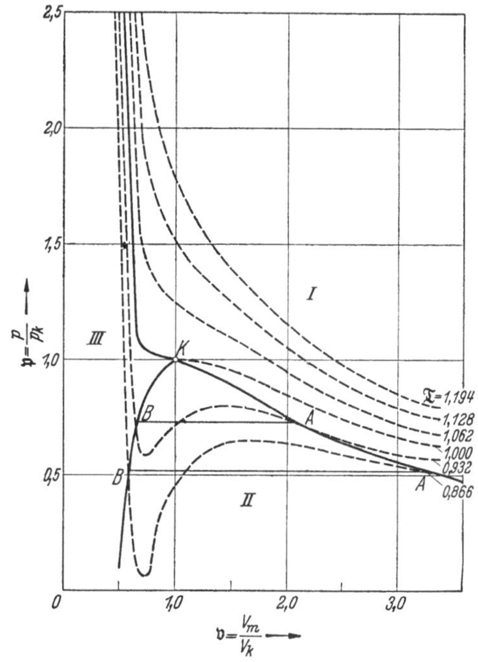

Abb. 238. Die drei Bereiche des Zustandsdiagramms. *I* nur Gas, *II* Gas und Flüssigkeit, *III* nur Flüssigkeit.

Bereits unterhalb der kritischen Isothermen ist der Röhreninhalt ein homogener — zunächst noch flüssiger — Stoff geworden, der beim Überschreiten der kritischen Isothermen ganz stetig in die Gasphase übergeht. Ist aber der Flüssigkeitsanteil anfänglich so klein, daß die Vertikale rechts von *K* liegt, so findet bei Erwärmung eine allmähliche Verdampfung der flüssigen Phase statt; das Gas vermehrt sich auf Kosten der Flüssigkeit, und der Meniskus sinkt. Die Vergasung ist in diesem Fall bereits unterhalb der kritischen Isothermen, beim Übertritt in den Bereich *I*, restlos vollzogen. Bei Abkühlung wiederholen sich die geschilderten Vorgänge in umgekehrter Reihenfolge.

Tabelle 16. Einige kritische Daten.

	t_k	p_k
Wasserstoff . . .	— 239,9°	13 Atm.
Stickstoff . . .	— 147,2°	33
Sauerstoff . . .	— 118,9°	50
Helium	— 267,9°	2,3
Ammoniak . . .	+ 133°	112,0
Wasser	+ 374,1°	205
Quecksilber . .	+ 1470°	1000

In Tabelle 16 sind die kritischen Temperaturen und Drucke einiger Gase angegeben. Am schwersten von allen Gasen läßt sich Helium verflüssigen. Seine Verflüssigung ist zuerst KAMERLINGH ONNES geglückt.

Läßt man flüssige Kohlensäure aus einer Bombe plötzlich in einen Stoffbeutel ausströmen, so kühlt sie sich durch heftige Verdampfung so stark ab, daß ein Teil von ihr zu *Kohlensäureschnee* sublimiert.

Das technische Problem bei der Verflüssigung zahlreicher Gase besteht also in der Abkühlung auf ihre niedrige kritische Temperatur. Heute wird *flüssige Luft* in großen Mengen für alle möglichen Verwendungszwecke technisch hergestellt, und zwar in Deutschland nach dem LINDEschen Verfahren. Das hierbei zur Abkühlung der Luft verwendete Verfahren beruht auf dem JOULE-THOMSON-*Effekt* (§ 108). Die Luft wird zunächst zusammengedrückt und die dabei eintretende Erwärmung durch Kühlung wieder rückgängig gemacht. Dann wird die Luft durch plötzliche Entspannung stark abgekühlt. Diese Luft umspült alsdann die Röhren, durch welche dem Kompressor weitere Luft zugeführt wird, die auf diese Weise vorgekühlt wird und sich, nachdem mit ihr in gleicher Weise verfahren ist, noch weiter abgekühlt als die zuerst abgekühlte Luft. In dieser Weise wird das Verfahren, bei dem die gleiche Luft stets im Kreise durch den Apparat geleitet wird, fortgesetzt, bis sich die Luft auf ihre kritische Temperatur von — 141° abgekühlt hat und sich dann verflüssigt.

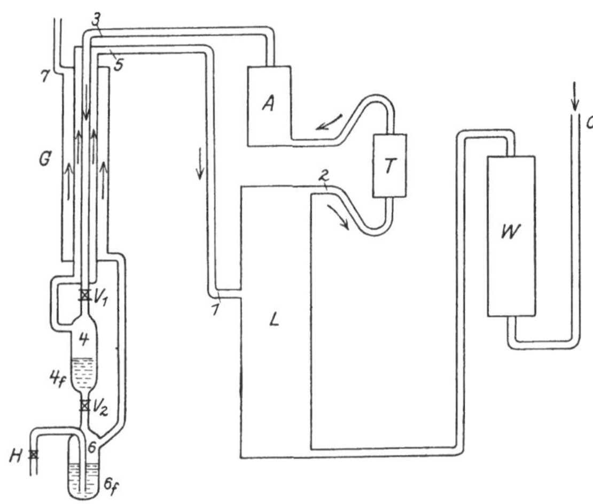

Abb. 239. Schema der LINDEschen Luftverflüssigungsmaschine.

Abb. 239 zeigt das Schema der LINDEschen Luftverflüssigungsmaschine. Die von O kommende Luft tritt durch einen Waschturm W zur Beseitigung der Kohlensäure. In L wird die Luft auf etwa 200 Atm. zusammengedrückt. T ist eine Trockenvorrichtung, aus der die Luft nach A gelangt, wo sie durch eine Kältemaschine vorgekühlt wird. V_1 ist ein Ventil, in welchem die Luft entspannt wird, wobei sie sich abkühlt. Der hierbei verflüssigte Anteil sammelt sich in 4, während die kalte, gasförmige Luft durch den „Gegenströmer" G, in dem sie die neu ankommende Luft vorkühlt, wieder in den Kompressor gelangt. Durch Öffnen des Ventils V_2 kann die verflüssigte Luft in das Vorratsgefäß 6 gelangen und durch den Hahn H abgezapft werden. Die beim Durchgang durch V_2 verdampfte Luft entweicht nach Ausnutzung ihrer tiefen Temperatur im Gegenströmer durch 7 in die Atmosphäre.

Die Verflüssigung des Wasserstoffs gelingt auf diese Weise erst unterhalb seiner Inversionstemperatur von — 80° (§ 108). Man verfährt daher so, daß man den Wasserstoff zunächst mittels flüssiger Luft auf eine Temperatur von etwa — 210° bringt. Diese tiefe Temperatur wird dadurch erreicht, daß man flüssige Luft in einem gegen Wärmezufuhr von außen gut geschützten Gefäß unter niedrigem Druck — so daß ihr Siedepunkt sehr tief liegt — verdampfen läßt, wobei sie sich infolge der Abgabe von Verdampfungswärme stark unter ihre ursprüngliche Temperatur abkühlt. Erst mit dem so vorgekühlten Wasserstoff wird das bei der Verflüssigung der Luft beschriebene Verfahren vorgenommen, durch das sich der Wasserstoff bei seiner kritischen Temperatur von — 239,9° C und seinem kritischen Druck von 13 Atm. verflüssigt. Um Helium zu verflüssigen, verfährt man mit ihm ebenso, unter Verwendung von flüssigem Wasserstoff zur Vorkühlung.

Da der Siedepunkt des Stickstoffs tiefer liegt als der des Sauerstoffs, so siedet er aus flüssiger Luft schneller weg als dieser. Flüssige Luft, welche einige Zeit gestanden hat, ist daher ziemlich sauerstoffreich. Ein hineingesteckter glühender Span glimmt hell auf. Quecksilber wird bei der Temperatur der flüssigen Luft fest und läßt sich hämmern, Gummi wird hart und brüchig, Bleidraht hochelastisch. Über die Verwendung flüssiger Luft zur Herstellung hoher Vakua siehe § 71.

116. Tiefste Temperaturen. Die Erzeugung möglichst tiefer Temperaturen, eine möglichst große *Annäherung an den absoluten Nullpunkt*, ist ein sehr wichtiges Problem der heutigen Physik. Denn die Stoffe zeigen in der Nähe des absoluten Nullpunktes in vielen Hinsichten ein vom gewöhnlichen durchaus abweichendes Verhalten, z. B. bezüglich ihrer elektrischen Leitfähigkeit (§ 159) und ihrer spezifischen Wärme (§ 351), und die Erforschung dieser Erscheinungen ist für unser Wissen von der Materie von sehr großer Bedeutung.

Die tiefsten Temperaturen können nur schrittweise erreicht werden. Man geht aus von flüssiger Luft, deren normaler Siedepunkt bei rund 80° K liegt. Diese wird durch Sieden unter vermindertem Druck weiter abgekühlt und dient dazu, Wasserstoff unter seinen Inversionspunkt abzukühlen, der dann nach dem LINDEschen Verfahren verflüssigt wird. Sein normaler Siedepunkt liegt bei rund 20° K. Auch er wird durch Sieden bei vermindertem Druck weiter abgekühlt und dient zur Vorkühlung von Helium, welches alsdann ebenso verflüssigt wird. Der normale Siedepunkt des Heliums liegt bei rund 4,3° K, und seine Temperatur kann durch Sieden bei vermindertem Druck noch etwa bis 0,7° K erniedrigt werden (KAMERLINGH ONNES). Sein Dampfdruck beträgt dann nur noch 0,0004 cm Hg.

Man kann aber dem absoluten Nullpunkt noch erheblich näher kommen indem man die Tatsache ausnutzt, daß die magnetische Suszeptibilität (§ 202) gewisser paramagnetischer Stoffe mit der Temperatur zunimmt (DEBYE, GIAUQUE). Ein solcher Stoff wird zunächst in magnetisiertem Zustande mit flüssigem Helium möglichst tief abgekühlt und dann adiabatisch entmagnetisiert. Dabei kühlt er sich weiter ab. Die *bisher tiefste Temperatur* von 0,0044° K hat DE HAAS auf diese Weise mit einem Gemisch von K-Cr-Alaun und K-Alaun erreicht.

117. Die Erdatmosphäre. Die Witterungserscheinungen. Die Zustände auf der Erdoberfläche werden durch die Vorgänge in der Erdatmosphäre entscheidend beeinflußt. Auf ihnen beruht das Wetter und das für die Menschheit so bedeutsame Klima. Wegen der mit Tag und Nacht und mit der jahreszeitlich wechselnden Stellung der Erde zur Sonne ständig schwankenden Stärke der Sonnenstrahlung kann sich in der Atmosphäre nie ein thermisches Gleichgewicht ausbilden. Sie ist deshalb der Sitz von unaufhörlichen Ausgleichsvorgängen, die in den Orkanen ihren Höhepunkt erreichen.

Wie schon früher erwähnt, entspricht der Zustand der Atmosphäre daher auch in keiner Weise demjenigen eines in stationärem Zustand befindlichen und überall gleichmäßig temperierten Gases. Im ganzen gesehen, kann man sie in zwei Bereiche von sehr verschiedenem Verhalten einteilen. In den unteren Schichten, der *Troposphäre*, deren Höhe in Europa rund 10 km beträgt, nimmt die Temperatur nach oben hin allmählich ab, etwa um 0,5° auf je 100 m. In den höheren Schichten, der *Stratosphäre*, findet dagegen keine wesentliche Temperaturänderung mit der Höhe mehr statt.

Die vertikalen und horizontalen Luftbewegungen, die *Winde*, werden durch Gleichgewichtsstörungen der Atmosphäre hervorgerufen, deren Ursache in der ungleichmäßigen Temperaturverteilung über Tag und Nacht, über die Festländer und die Meere, über hohe und niedere Breiten liegt. Die Atmosphäre kommt eben wegen der Erddrehung und der ständig wechselnden örtlichen Erwärmung durch die Sonnenstrahlung nie zur Ruhe. Indem die Luft in horizontaler Richtung von den Gebieten höheren Drucks in die Gebiete tieferen

Drucks strömt, indem die bei Tage über dem festen Lande erwärmte Luft
aufsteigt, an anderer Stelle kalte Luft zu Boden sinkt, befindet sich die Luft
in dauernder Bewegung. In den mittleren und hohen Breiten haben diese
Bewegungen einen weitgehend unregelmäßigen und durch viele Zufälligkeiten
bedingten Charakter. Anders in den äquatorialen Gegenden. Hier besteht ein
ständig in die Höhe gerichteter Strom von erwärmter Luft, die durch von Norden
und Süden nachströmende kältere Luft ersetzt wird. Die emporgestiegene
warme Luft strömt in den höheren Luftschichten nach Norden und Süden und
sinkt nach Abkühlung dort wieder zu Boden. Es findet hier also eine Kreis-
strömung der Luft von gewaltigem Ausmaß statt. Infolge der Corioliskräfte
(§ 41), die auf die dem Äquator zuströmenden Winde wirken, werden sie nach
Westen abgelenkt und bilden so auf der Nordhalbkugel den Nordost-Passat,
auf der Südhalbkugel den Südost-Passat (Abb. 240). In den höheren Breiten
dagegen herrschen westliche Winde vor.

Die Erscheinungen in der Atmosphäre werden nun infolge der Anwesenheit
von *Wasserdampf* noch weiter verwickelt. In der Luft spielen sich infolge der
Auf- und Abstiegsbewegungen der Luftkörper
ständig adiabatische Erwärmungs- und Ab-
kühlungsvorgänge ab, und letztere führen,
wenn die Abkühlung ausreichend groß ist, zur
Sättigung des Wasserdampfes, zur Bildung von
schwebenden Tröpfchen oder Kristallen, also
von Wolken und Nebel, und schließlich zu
Niederschlägen. An der Oberfläche der Meere
hingegen findet, sobald die über ihnen befindliche Luft nicht mit Wasserdampf gesättigt ist,
eine ständige Verdampfung von Wasser statt.
Der hohe Betrag der Verdampfungswärme des
Wassers bewirkt nun bei Verdampfung eine
starke Abkühlung. Bei der Kondensation des
Wasserdampfes dagegen wird ein erheblicher
Betrag an Wärme frei und wirkt auf die Luft
temperaturerhöhend ein. So werden die Tem-
peraturverhältnisse der Atmosphäre auch durch
ihren Gehalt an Wasserdampf stark beeinflußt.

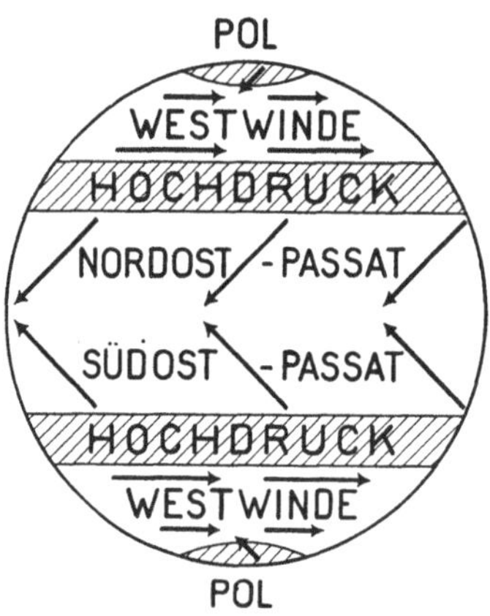

Abb. 240.
Schema des allgemeinen Luftkreislaufs.

Die Kondensation des Wassers in der Atmosphäre erfolgt hauptsächlich an
schwebenden Staubteilchen, über den Meeren auch an Salzteilchen (§ 112).
Kondensiert es sich an festen Flächen, so entsteht Tau oder Reif. Die Kenntnis
der *Luftfeuchtigkeit* ist von großer Wichtigkeit für die Wetterkunde. Man
unterscheidet die *absolute* und die *relative Feuchtigkeit*. Unter der absoluten
Feuchtigkeit versteht man die Masse des in 1 m³ vorhandenen Wasserdampfes.
Viel wichtiger ist die relative Feuchtigkeit, das Verhältnis des wirklich herrschenden Wasserdampfdrucks zu dem Druck, der bei vollständiger Sättigung
der Luft mit Wasser herrschen würde. Beträgt z. B. die Lufttemperatur 20° C
und der Dampfdruck des Wassers 1,32 cm Hg, so beträgt die relative Feuchtigkeit 75%, da der Sättigungsdruck des Wassers bei 20° C 1,75 cm Hg ist. Die
Differenz von 0,43 cm Hg heißt das Sättigungsdefizit. Der herrschende Dampfdruck kann aus dem Taupunkt (§ 112) ermittelt werden. Man kühlt eine blanke
Fläche so weit ab, bis sich an ihr Wasser niederschlägt. Dann ist ihre
Temperatur gleich derjenigen, bei der der herrschende Dampfdruck dem Druck
gesättigten Dampfes entspricht. Im obigen Falle wäre das eine Temperatur
von 15,5° C. Es sind noch verschiedene andere Meßverfahren in Gebrauch, die
meist auf der Verdampfungsgeschwindigkeit von Wasser beruhen, die natürlich

um so größer ist, je weniger die Luft mit Feuchtigkeit gesättigt ist. (Vgl.
Westphal, ,,Physikalisches Praktikum", 16. Aufgabe).

Die Wettervorhersage beruht auf Schlüssen, die an Hand einer langjährigen
Erfahrung aus der allgemeinen Verteilung des Luftdrucks, der Lufttemperatur,
der Windrichtung und Windstärke gezogen werden. Abb. 241 zeigt das Beispiel

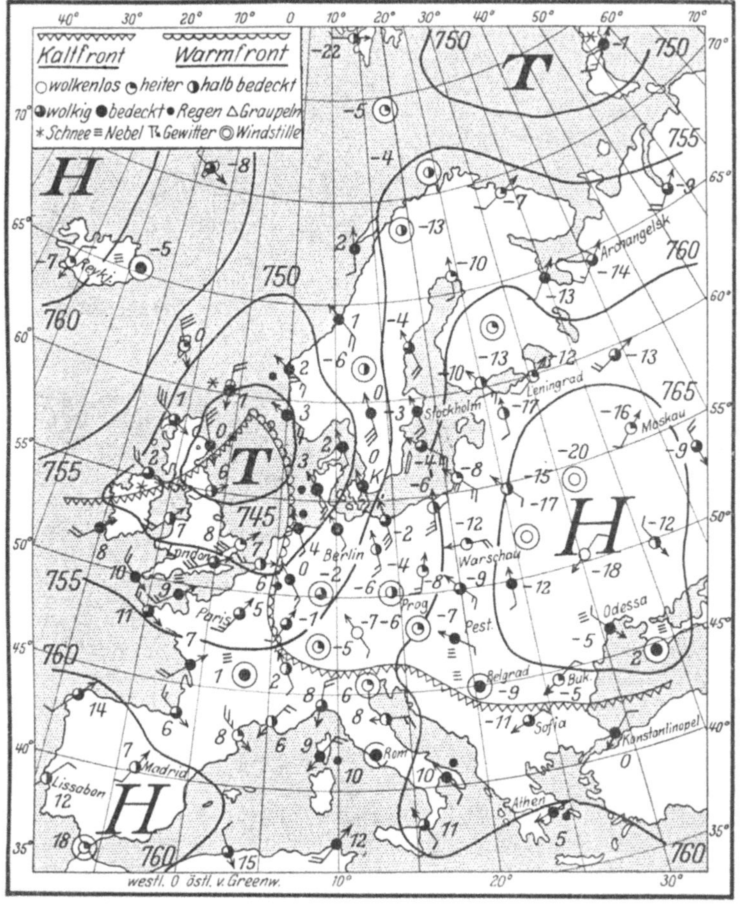

Abb. 241. Beispiel einer winterlichen Wetterkarte. (Nach W. König.)
Die Wetterkarten veranschaulichen durch Isobaren für das Meeresniveau die Luftdruckverteilung eines bestimmten
Zeitpunktes. Auf dem hier wiedergegebenen Beispiel ist ein gut entwickeltes Tiefdruckgebiet (auch Zyklone genannt)
über Westeuropa, ein deutliches Hochdruckgebiet über Osteuropa zu erkennen. Die Winde an den einzelnen Beob-
achtungsstellen sind durch Pfeile dargestellt, deren Befiederung die Windstärke ablesen läßt, die Lufttemperaturen
sind in Zahlen neben den Stationskreisen vermerkt. Eine durch den Kern der Zyklone T verlaufende gezackte Linie
gibt die Grenze zwischen Luftkörpern verschiedener Herkunft und Temperatur an. Im Tiefdruckgebiet dringt die
warme Luft im sog. warmen Sektor mit spitzwinkeliger Begrenzung in die kalte Luftmasse hinein vor. Diese Anordnung
der Temperatur in Verbindung mit den Strömungsverhältnissen ergibt wichtige Schlußfolgerungen über den vertikalen
Aufbau der Atmosphäre im Tiefdruckgebiet, über Einzelheiten der Witterung an den Grenzflächen der Luftkörper
und über das Verhalten der gesamten Zyklone.

einer Wetterkarte. Doch ist für eine zuverlässige Wettervorhersage auch eine
Kenntnis des Zustandes höherer Luftschichten nötig, die durch Flugzeuge
oder Pilotballone mit Registriergeräten erforscht werden. Bei dem heutigen
Stand der Wetterkunde sind sehr zuverlässige Vorhersagen in unserem Bereich
auf 1—2 Tage fast immer, recht genaue auf etwa 10 Tage oft möglich.

118. Lösungen. Lösungen sind Flüssigkeiten oder Mischkristalle, die aus
zwei oder mehr verschiedenen Bestandteilen (Komponenten) bestehen, deren

Mengenverhältnis *stetig veränderlich* ist. Dieses Mengenverhältnis ist bei einem Teil der Lösungen an keine Grenze gebunden, z. B. bei der Lösung Wasser—Alkohol. Bei anderen Lösungen, z. B. bei den Lösungen von Salzen in Wasser, gibt es eine obere Grenze der Löslichkeit des einen Bestandteiles in dem anderen. Bei Lösungen dieser Art bezeichnet man den in seiner Menge unbeschränkten Anteil als das Lösungsmittel, den in seiner Menge beschränkten Teil als den gelösten Stoff. Eine Lösung, die die größte mögliche Menge eines Stoffes gelöst enthält, heißt *gesättigt*. Die Menge des gelösten Stoffes ist sehr häufig, aber nicht immer, klein gegenüber der Menge des Lösungsmittels, auch im gesättigten Zustande. Seine Konzentration in einer gesättigten Lösung hängt von der Temperatur ab.

Ein Beispiel einer festen Lösung ist das Messing (Lösung Kupfer—Zink). Unter den flüssigen Lösungen besitzen die Lösungen fester, flüssiger und gasförmiger Stoffe in Wasser (wässerige Lösungen) die größte Bedeutung, und nur mit ihnen werden wir uns im folgenden beschäftigen. Wasser löst die überwiegende Mehrzahl aller Stoffe, wenn auch zum Teil nur in sehr geringen Mengen. Daher rührt die Schwierigkeit, chemisch reines Wasser herzustellen.

Ein gelöster Stoff verhält sich im Lösungsmittel in vielen Beziehungen wie ein Gas (§ 120). Löst man einen festen Stoff in einer Flüssigkeit oder eine Flüssigkeit in einer anderen, so ist dies in gewisser Hinsicht mit einer Sublimation bzw. Verdampfung des gelösten Stoffes in den vom Lösungsmittel eingenommenen Raum zu vergleichen. Daher kommt es, daß wenigstens in vielen Fällen bei der Lösung Wärme verbraucht wird, es tritt Abkühlung ein. Doch ist dies nicht immer der Fall, sondern es kann durch das Hinzutreten anderer Umstände auch Erwärmung eintreten, und zwar dann, wenn bei der Lösung eine exotherme chemische Reaktion (§ 129) stattfindet. Die *Lösungswärme* kann also positiv oder negativ sein. Zum Beispiel ist die Lösungswärme von Kochsalz in Wasser negativ, es tritt bei Lösung Abkühlung ein.

In den gewöhnlichen Lösungen ist der gelöste Stoff in molekularer Verteilung enthalten oder sogar noch weiter unterteilt (Dissoziation, § 168). In den *kolloidalen Lösungen* dagegen ist der gelöste Stoff in Gestalt größerer schwebender Teilchen enthalten, die allerdings noch weit unterhalb der gewöhnlichen Sichtbarkeitsgrenze liegen. Es ist üblich, als kolloidal solche Lösungen zu bezeichnen, bei denen die Teilchen Durchmesser von 10^{-5} bis 10^{-7} cm haben, während man Lösungen mit noch größeren Teilchen als *Suspensionen* bezeichnet. Die Lösungen erscheinen klar, z. B. eine kolloidale Goldlösung. Doch können die Teilchen oft noch mit dem Ultramikroskop (§ 296) sichtbar gemacht werden. Kolloidale Lösungen unterscheiden sich von Suspensionen unter anderem dadurch, daß der gelöste Stoff durch Filtrierpapier und auch durch noch feinere Filter fast nie vom Lösungsmittel getrennt werden kann.

Die Kolloide zerfallen in zwei Gruppen, die sich in ihren Eigenschaften sehr stark unterscheiden. In den *lyophoben* oder *Dispersoidkolloiden* ist irgend ein flüssiger oder fester Stoff in mehr oder weniger großen Teilchen im Lösungsmittel verteilt. Sie sind nur dann existenzfähig, wenn die Teilchen an ihren Oberflächen elektrische Ladungen tragen, welche infolge ihrer gegenseitigen Abstoßung eine Zusammenballung der Teilchen zu größeren Komplexen verhindern. Damit solche Ladungen auftreten können, ist die Anwesenheit eines Schutzkolloids oder Peptisators in der Lösung erforderlich. Durch genügend feine Verteilung kann man jeden beliebigen Stoff in diese kolloidale Form bringen. Ein Beispiel bilden die Rubingläser, in denen Gold in kolloidaler Form gelöst ist. Die zweite Gruppe, die *lyophilen* Kolloide, zerfallen wiederum in zwei Untergruppen. Bei den *Molekülkolloiden* sind die einzelnen Teilchen sehr große, *einzelne* Moleküle (*Makromoleküle*). Hierher gehören viele sehr wichtige Stoffe der organischen

Chemie (Eiweißstoffe, Polysaccharide, Kautschuk, Leim und viele synthetische Stoffe von großer technischer und biologischer Bedeutung). Bei den *Micell-kolloiden* bestehen die einzelnen Teilchen aus Zusammenballungen einer sehr großen Zahl von Molekülen kleineren Molekulargewichtes, die durch VAN DER WAALSsche Kräfte (§ 60) aneinander gebunden sind.

119. RAOULTsches Gesetz. Siedepunkt und Gefrierpunkt von Lösungen. Der Dampfdruck einer Flüssigkeit sinkt, wenn in ihr ein Stoff gelöst wird. Er ist über der Lösung kleiner als über dem reinen Lösungsmittel. Es sei p der Dampfdruck des reinen Lösungsmittels, p' sein Dampfdruck über der Lösung. In dieser seien in n Mol des Lösungsmittels n' Mol des gelösten Stoffes enthalten. Das Verhältnis $n'/n = \mu$ bezeichnet man als den *Molenbruch* der Lösung. Dann gilt das RAOULTsche *Gesetz*,

$$\frac{p - p'}{p} = \frac{n'}{n} = \mu. \tag{5}$$

Die Dampfdruckerniedrigung ist also der Zahl der gelösten Mole proportional. Da der Dampfdruck über der Lösung niedriger ist als über dem reinen Lösungsmittel, so bedarf erstere zum Sieden einer höheren Temperatur als letzteres (§ 113). Durch die Lösung eines Stoffes tritt also eine *Siedepunktserhöhung Δt_s* ein, welche der Dampfdruckerniedrigung proportional ist,

$$\Delta t_s = \text{const}\,\frac{n'}{n} = \text{const}\,\mu.$$

Beträgt die Masse des Lösungsmittels bzw. des gelösten Stoffes m bzw. m' g, und ist das Molekulargewicht des Lösungsmittels M, das des gelösten Stoffes M', so ist $n = m/M$ und $n' = m'/M'$, und demnach der Molenbruch $\mu = m'M/mM'$. Wir können also schreiben

$$\Delta t_s = A_s\,\frac{m'}{m}\cdot\frac{1}{M'}. \tag{6}$$

Dabei haben wir das Molekulargewicht M des Lösungsmittels mit in die Konstante A_s einbezogen. Diese ist nur von der Art des Lösungsmittels, nicht von der des gelösten Stoffes abhängig. Als molekulare Siedepunktserhöhung pflegt man diejenige zu bezeichnen, die eintritt, wenn 1 Mol des gelösten Stoffes in 100 g des Lösungsmittels enthalten ist. Sie ist also nach Gl. (6) gleich $A_s/100$.

Auf der gleichen Grundlage beweist man durch etwas verwickeltere Überlegungen — es geht sowohl der Dampfdruck über der flüssigen Lösung, wie über ihrer festen Phase ein —, daß der Gefrierpunkt einer Lösung niedriger liegt als der des reinen Lösungsmittels. Es tritt eine *Gefrierpunktserniedrigung Δt_g* ein, für die ein der Gl. (6) ganz analoges Gesetz, aber mit negativem Vorzeichen, gilt,

$$\Delta t_g = -\,A_g\,\frac{m'}{m}\cdot\frac{1}{M}. \tag{7}$$

Auch die Konstante A_g ist nur vom Lösungsmittel, nicht vom gelösten Stoff, abhängig, und man bezeichnet meist die Größe $A_g/100$ als molekulare Gefrierpunktserniedrigung. Für Wasser ist $A_s = 511$ grad $\cdot$ Mol^{-1}, $A_g = 1850$ grad $\cdot$ Mol^{-1}.

Sowohl die Siedepunktserhöhung wie die Gefrierpunktserniedrigung liefern sehr bequeme Verfahren zur *Bestimmung der Molekulargewichte* gelöster Stoffe. Ist für ein Lösungsmittel die molekulare Siedepunktserhöhung bzw. Gefrierpunktserniedrigung einmal bekannt, so ergibt sich das Molekulargewicht eines gelösten Stoffes nach Gl. (6) oder (7), wenn man feststellt, welche Änderung des Siede- oder Gefrierpunktes bei einer Lösung von m' g in m g des Lösungsmittels eintritt.

Scheinbare Abweichungen von den Gl. (6) und (7) erklären sich dadurch, daß viele Stoffe bei der Lösung dissoziieren (§ 168). Es wirkt dann jedes Bruchstück wie ein Molekül, und die Zahl n' [Gl. (5)] wird erhöht, der Dampfdruck noch weiter erniedrigt.

Kühlt man eine Lösung unter ihren Gefrierpunkt ab, so scheidet sich in vielen Fällen zunächst nur das Lösungsmittel in fester Form ab, also bei wässerigen Lösungen reines Eis. Bei Fortsetzung der Abkühlung gelangt man schließlich an einen Punkt, bei dem die Lösung gesättigt ist. Entzieht man der Lösung noch mehr Wärme, so bleibt die Temperatur konstant, und aus der Lösung scheiden sich nunmehr sowohl gelöster Stoff wie Lösungsmittel in fester Form in bestimmtem Mengenverhältnis, bei wässerigen Lösungen als sog. *Kryohydrat*, aus. Die hierbei abgegebene Wärme entstammt sowohl der Schmelzwärme des Lösungsmittels als auch — bei negativer Lösungswärme (§ 118) — der letzteren, geht also auf Kosten von Umwandlungswärmen. Die Zusammensetzung der Lösung ändert sich dann nicht mehr, und die Temperatur bleibt bei weiterem Entzug von Wärme konstant.

Mischt man Eis von 0° mit Kochsalz, so tritt ein Lösungsvorgang ein, indem sich konzentrierte, flüssige Kochsalzlösung bildet. Hierbei wird einmal Schmelzwärme zum Schmelzen des Eises verbraucht, andererseits ist auch zum Lösen des Salzes Wärme erforderlich, da Kochsalz eine negative Lösungswärme hat. Diese Wärme wird der Eis-Salz-Mischung entzogen, die sich infolgedessen abkühlt, und zwar bis zu derjenigen Temperatur, bei der das Kryohydrat auszufallen beginnt. Bei Eis und Kochsalz ist das günstige Mischungsverhältnis 3 : 1. Hierbei wird eine Temperatur von etwa — 22° erreicht. Derartige Mischungen heißen *Kältemischungen*.

120. Osmose. Es gibt Stoffe, durch welche aus einer Lösung zwar das Lösungsmittel diffundiert, z. B. das Wasser, aber nicht der gelöste Stoff. Es sei H (Abb. 242) eine solche halbdurchlässige (semipermeable) Wand. Auf der rechten Seite befinde sich z. B. eine wässerige Lösung L von Kupfersulfat, auf der linken reines Wasser R, und zwar seien anfänglich beide Schenkel des Gefäßes gleich hoch gefüllt. Nach einiger Zeit zeigt sich, daß das reine Wasser gesunken, die Kupfersulfatlösung gestiegen ist, und zwar ist der Unterschied h der Höhen um so größer, je konzentrierter die Lösung ist. Bei einer 6%igen Zuckerlösung beträgt der Überdruck rund 4 Atmosphären. Dieser Vorgang heißt *Osmose*, der Überdruck auf der Seite der Lösung *osmotischer Druck*. VAN'T HOFF hat gezeigt, daß dieser Druck ebenso groß ist, wie wenn der gelöste Stoff den Raum, den er in der Lösung einnimmt, als ideales Gas erfüllte.

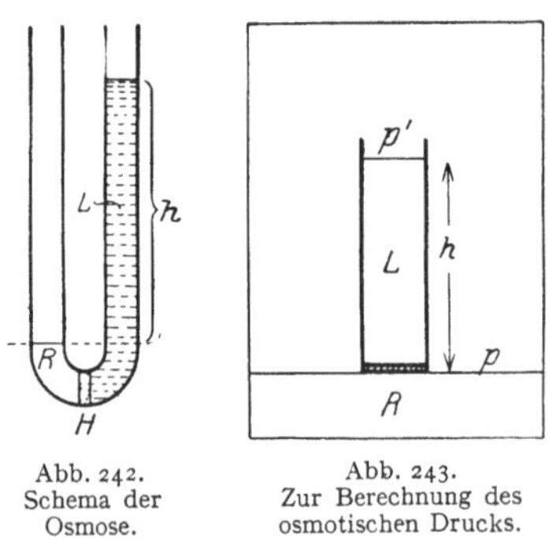

Abb. 242.
Schema der
Osmose.

Abb. 243.
Zur Berechnung des
osmotischen Drucks.

Ähnliche Erscheinungen zeigen sich auch, wenn eine Scheidewand zwar für die auf beiden Seiten befindlichen Stoffe durchlässig ist, aber für die eine mehr als für die andere; z. B. für Wasser und Alkohol, die durch eine Schweinsblase getrennt sind.

Für Versuche eignen sich Niederschläge von Kupferferrozyanid oder gewissen anderen Stoffen auf porösem Ton. Eine einfache Versuchsanordnung zum Nachweis der Osmose besteht in einem Gefäß mit leicht angesäuertem Wasser, in welches man ein zweites, unten mit einer Schweinsblase verschlossenes und oben mit einem Steigrohr versehenes Gefäß mit konzentrierter Kupfersulfatlösung stellt. Die Lösung steigt allmählich im Steigrohr empor, da nur das Wasser, aber nicht das Kupfersulfat, durch die Membran hindurch diffundiert.

In der Physiologie spielt die Osmose durch die Zellwände der Organismen eine überaus wichtige Rolle.

Die Gl. (5) (§ 119) gibt uns die Möglichkeit, im Anschluß an VAN'T HOFF und ARRHENIUS eine Berechnung des osmotischen Drucks zu geben. Am Boden eines abgeschlossenen Gefäßes (Abb. 243) befinde sich reines Lösungsmittel (R), darüber, von ihm durch eine halbdurchlässige Wand getrennt und mit ihm im Gleichgewicht, die Lösung (L) eines Stoffes in dem gleichen Lösungsmittel. Der Raum über den Flüssigkeiten sei mit dem gesättigten Dampf des Lösungsmittels erfüllt. Seine Dichte sei ϱ_1, die Dichte der Lösung, die derjenigen des reinen Lösungsmittels fast genau gleich ist, ϱ_2. Der Druck des Dampfes über dem reinen Lösungsmittel sei p, über der Lösung p', der osmotische Druck in der Lösung P. Wir betrachten das obere Niveau der Lösung. In dieser Höhe muß im ganzen Gase der Druck p' herrschen, während im Niveau des reinen Lösungsmittels der Druck p herrscht. Nach § 69, Gl. (26e), ist (wegen des nur kleinen Höhenunterschiedes h) $p = p' + \varrho_1 g h$. Von unten her wirkt auf das obere Niveau, durch die Lösung wie durch einen Stempel übertragen, der Druck p, abzüglich des hydrostatischen Drucks $\varrho_2 g h$ der Lösung, zuzüglich des osmotischen Druckes P, insgesamt also der Druck $p + P - \varrho_2 g h$, der bei Gleichgewicht dem Druck p' gleich sein muß. Setzt man auf Grund der ersten Gleichung $g h = (p - p')/\varrho_1$, so folgt $P = (p - p')(\varrho_2 - \varrho_1)/\varrho_1$, oder, da $\varrho_1 \ll \varrho_2$,

$$P = \frac{p - p'}{p} \cdot \frac{p}{\varrho_1} \cdot \varrho_2 = \frac{n'}{n} \cdot \frac{p}{\varrho_1} \varrho_2$$

[s. Gl. (5)]. Nun können wir nach § 103 setzen $p/\varrho_1 = p V_s = p V_m/M$, wobei V_m das Volumen eines Mols des Lösungsmittels im Gaszustand und M sein Molekulargewicht bedeutet. Wir erhalten dann

$$P = \frac{n'}{n} \cdot \frac{p V_m}{M} \varrho_2 .$$

Nun ist aber $n M$ die Masse des Lösungsmittels in Gramm, daher $n M/\varrho_2$ das Volumen V des Lösungsmittels und sehr nahezu auch der Lösung. Folglich ist $n M/\varrho_2 n' = V/n' = V_M$ dasjenige Volumen, welches 1 Mol des gelösten Stoffes in der Lösung einnimmt. Es ergibt sich dann

$$P V_M = p V_m = R T. \tag{8}$$

Der osmotische Druck folgt also dem Gesetz der idealen Gase.

121. Absorption und Adsorption. Unter Absorption versteht man allgemein die Aufsaugung von Gasen durch feste und flüssige Körper. Jedoch handelt es sich hier um ein Gebiet, das sehr verschiedenartige Erscheinungen umfaßt. Besonders wichtig ist folgendes.

Flüssigkeiten sind imstande, Gase zu absorbieren, unter Umständen in sehr großen Mengen. Es handelt sich dabei um eine Lösung des Gases in der Flüssigkeit, bei der es, wie bei anderen Lösungen, eine Sättigung gibt. Die Gasmenge aber, die maximal gelöst werden kann, hängt nicht nur von der Temperatur, sondern auch von dem Partialdruck des betreffenden

Tabelle 17a.

1 l Wasser absorbiert bei 76 cm Hg		
	bei 20° ccm	bei 0° ccm
H_2	21,1	18,1
O_2	48,9	31,0
N_2	23,5	15,4
He	9,7	10,0
CO_2	1800	900
NH_3	$1,2 \times 10^6$	$0,7 \times 10^6$

Gases über der Flüssigkeit ab. Die Löslichkeit nimmt in der Regel mit der Temperatur ab. Zum Beispiel entweicht die Kohlensäure aus Mineralwasser oder Bier beim Erwärmen. Die bei Sättigung gelöste Menge ist ferner dem

Partialdruck des Gases über der Flüssigkeit proportional (HENRYsches *Gesetz*, 1803). Bei Verdoppelung des Partialdruckes wird also die doppelte Menge gelöst. Aus diesem Grunde entweicht Kohlensäure aus kohlensäurehaltigen Getränken, wenn man durch Öffnen der Flasche den Gasdruck in ihr erniedrigt. Sie werden schal, wenn sie einige Zeit an der Luft stehen, deren Kohlensäuregehalt äußerst klein ist. Da bei idealen Gasen das Volumen dem Druck umgekehrt proportional ist, so lösen sich von einem Gas, das dem idealen Gaszustand ausreichend nahe ist, unabhängig vom Druck bei gleicher Temperatur stets gleiche Volumina des über der Flüssigkeit befindlichen Gases. In manchen Fällen ist die gelöste Gasmenge außerordentlich groß. So löst 1 l Wasser bei 0° mehr als 1 cbm Ammoniakgas. Die Lösung ist der Salmiakgeist. Sauerstoff wird von Wasser stärker gelöst als Stickstoff. Das ist wichtig für die im Wasser lebenden Organismen, die ihren Sauerstoffbedarf aus der im Wasser gelösten Luft decken. Tabelle 17a gibt einige Zahlenangaben über die Löslichkeit von Gasen in Wasser.

Ätherdampf wird von einer Seifenblase absorbiert, wie der folgende Versuch zeigt (Abb. 244). Eine Seifenblase an einem zur Spitze ausgezogenen Rohr wird in ein zugedecktes Gefäß gebracht, an dessen Boden sich etwas Äther befindet. Nach einiger Zeit kann man an der Spitze eine Flamme von Ätherdampf entzünden. Im Gefäß entwickelt sich Ätherdampf, der von der Seifenblase absorbiert wird. Da im Inneren der Blase anfänglich der Partialdruck des Ätherdampfes Null ist, so gibt sie solchen nach innen ab. Gleichgewicht würde erst eintreten, wenn der Partialdruck des Ätherdampfes innen und außen gleich groß ist. Da aus der Spitze ständig Ätherdampf ausströmt, so findet auch eine ständige Wanderung desselben durch die Seifenblase statt. Der Vorgang erscheint wie eine Diffusion, ist aber von einer solchen durchaus verschieden.

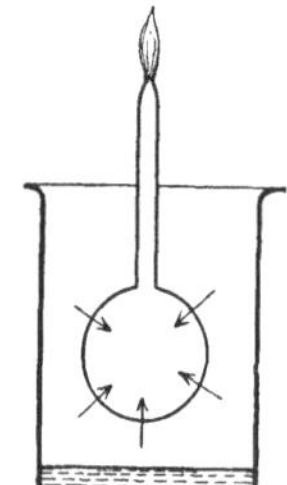

Abb. 244. Scheinbare Diffusion von Ätherdampf durch eine Seifenblase.

Ein zweiter wichtiger Fall ist die *Adsorption* von Gasen an festen Flächen. Sie besteht in der Anlagerung von Gasmolekülen an diese und beruht auf VAN DER WAALSschen Kräften zwischen den Molekülen des Gases und des festen Körpers bzw. auf unabgesättigten Restvalenzen der Oberflächenmoleküle des letzteren. Die adsorbierte Schicht ist nur von molekularer Dicke, die Gasdichte in ihr kann aber beträchtlich sein. Ein besonders großes Adsorptionsvermögen zeigen natürlich solche festen Stoffe, die eine große Oberfläche haben, also feinkörnige und pulverförmige Stoffe. Poröse Stoffe, bei denen auch die Wände der Poren im Inneren zu adsorbieren vermögen, können Gas in ihrem ganzen Volumen aufsaugen, so daß der Vorgang wie eine Absorption erscheint und auch meist als solche bezeichnet wird. Die auf diese Weise absorbierte Gasmenge ist bei Kohle um so größer, je niedriger die Temperatur ist. Die Absorption von Gasen durch Kokosnuß- oder Buchsbaumkohle bei der Temperatur der flüssigen Luft ist ein wichtiges Mittel zur Erzielung höchster Vakua. Tabelle 17b gibt einige Zahlenbeispiele für die Absorption der Buchsbaumkohle.

Tabelle 17b.

Buchsbaumkohle absorbiert bei — 183° das nachstehende Vielfache ihres Volumens	
H_2	135
O_2	230
N_2	155
He	15
CO_2	190

In vielen Fällen wird die Geschwindigkeit, mit der zwei Stoffe chemisch miteinander reagieren, durch ihre Adsorption an der Oberfläche eines geeigneten Stoffes *(Katalysator)* ganz außerordentlich erhöht. Viele Verfahren der chemischen Großtechnik sind erst durch die Durchbildung dieser *Katalyse* in den letzten Jahrzehnten möglich geworden.

III. Die drei Hauptsätze der Wärmelehre. Wärme und Arbeit.

122. Der erste Hauptsatz der Wärmelehre. Da die Wärme Molekularenergie ist, so gilt für sie das *Energieprinzip*. Das bedeutet, daß Wärmeenergie nicht verloren gehen oder aus nichts entstehen, sondern sich nur in eine andere Energieform verwandeln oder aus Energie anderer Art entstehen kann. Von dieser Erkenntnis haben wir bereits mehrfach Gebrauch gemacht. Das auf Wärmemengen angewandte Energieprinzip bezeichnet man als den *ersten Hauptsatz der Wärmelehre*. Er wurde zuerst von dem deutschen Arzt JULIUS ROBERT MAYER (1840) ausgesprochen. Bald danach erkannten HELMHOLTZ, JOULE und andere die Gültigkeit des Energieprinzips für die Gesamtheit der Naturerscheinungen. Es war dies eins der wichtigsten Ereignisse in der Geschichte der Physik. Der geniale Gedanke MAYERs, der sich auf physiologische Beobachtungen gründete, ist für die weitere Entwicklung von Physik, Chemie und Technik von ausschlaggebender Bedeutung gewesen. Man beachte, daß zu jener Zeit die mechanische Natur der Wärme noch nicht erkannt war. Vielmehr konnte diese Erkenntnis erst auf dem Boden des Energieprinzips wachsen.

Der erste Hauptsatz findet seine mathematische Formulierung in der Gleichung

$$Q = \Delta U + A. \qquad (1)$$

Sie besagt, daß sich die einem Körper zugeführte Wärmemenge Q restlos wiederfindet in der Änderung ΔU seiner inneren Energie U und der von ihm geleisteten Arbeit A. Einen Sonderfall der Gl. (1) bildet die Gl. (21) (§ 108), bei der dU die Änderung der molekularen kinetischen Energie und $p\,dV$ die bei der Volumänderung dV geleistete äußere Arbeit bedeutet. Die Bedeutung der Gl. (1) geht aber über diesen Sonderfall weit hinaus. Unter ΔU ist jede Art von Änderung der inneren Energie zu verstehen. Darunter fällt nicht nur die Änderung der molekularen Bewegungsenergie, sondern auch jede andere Art von Energieänderungen der Moleküle, z. B. die verschiedenen Arten von Umwandlungswärmen (Schmelzwärme, Verdampfungswärme usw.), sowie die mit chemischen Veränderungen der Moleküle verbundenen Wärmetönungen (§ 129).

Da eine Wärmemenge einen bestimmten Energiebetrag darstellt, so muß zwischen der für sie üblichen Einheit, der Kalorie, und den andern Energieeinheiten, dem erg und dem mkg*, ein festes Umrechnungsverhältnis bestehen. Die in 1 cal enthaltene Zahl von erg heißt das *mechanische Wärmeäquivalent*, ihr reziproker Wert das kalorische Äquivalent der Energie. Es ist zuerst von JOULE experimentell ermittelt, dann von MAYER berechnet worden. JOULE benutzte ein mit Wasser gefülltes Kalorimetergefäß, in dem sich ein drehbares Flügelrad a und feste Scheidewände b befinden (Abb. 245). Bei einer Drehung des Rades wird

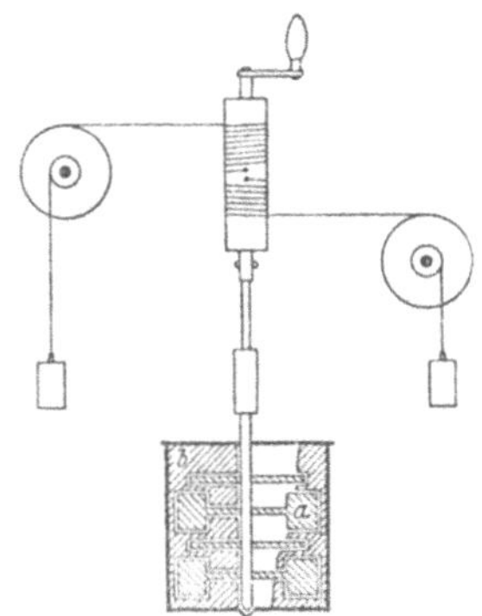

Abb. 245. Messung des mechanischen Wärmeäquivalents nach JOULE.

das Wasser durch die engen Spalte zwischen a und b hindurchgedrückt und erleidet dabei eine starke Reibung. Das Rad wird durch zwei fallende Körper in Bewegung gesetzt. Infolge der Bremsung durch das Flügelrad ist ihre Fallgeschwindigkeit so gering, daß sie keine nennenswerte kinetische Energie gewinnen. Ihre potentielle Energie wird also durch die Reibung im Wasser nahezu vollständig in Wärme des Wassers und des Gefäßes verwandelt. Ist m die Gesamtmasse der Körper, so beträgt nach Durchfallen der Höhe h ihr Verlust an potentieller Energie mgh erg. Ist ferner K die Wärmekapazität des

Wassers und des Gefäßes, Δt ihre Temperaturerhöhung, so beträgt ihr Zuwachs an Wärmeenergie $K \Delta t$ cal. Nach dem Energieprinzip ist daher

$$m g h \text{ erg} = K \Delta t \text{ cal} \quad \text{oder} \quad 1 \text{ cal} = \frac{m g h}{K \Delta t} \text{ erg}. \tag{2}$$

MAYER berechnete das Wärmeäquivalent auf folgende Weise. Ein Mol eines Gases vom Anfangsvolumen V_m befinde sich in einem Gefäß mit einem verschiebbaren Stempel, auf den eine konstante Kraft wirkt, so daß in dem Gase ein konstanter Druck p aufrecht erhalten wird. Da der Druck p konstant gehalten wird, so folgt bei einer Temperaturerhöhung ΔT aus Gl. (10) (§ 103) $p \Delta V_m = R \Delta T$. Die linke Seite dieser Gleichung ist die bei der Volumänderung ΔV_m von dem Gase durch Verschiebung des Stempels gegen die äußere Kraft geleistete mechanische Arbeit [§ 67, Gl. (22)]. Berechnen wir sie, indem wir den Druck p in dyn $\cdot$ cm^{-2} ausdrücken, so erhalten wir diese Arbeit in der Einheit 1 erg. Drücken wir auf der rechten Seite R mit Hilfe der Einheit 1 cal aus, setzen also $R = 1,98$ cal $\cdot$ grad^{-1}, so erhalten wir die rechte Seite in der Einheit 1 cal. Dann ist also $p \Delta V_m$ erg $= R \Delta T$ cal oder 1 cal $= p \Delta V_m / R \Delta T$ erg. Nun folgt aus Gl. (10) (§ 103), wenn, wie vorausgesetzt, der Druck p konstant gehalten wird, $\Delta V_m / \Delta T = V_m / T$, und wir erhalten schließlich

$$1 \text{ cal} = \frac{p V_m}{R T} \text{ erg}. \tag{3}$$

Da bei einem idealen Gase $p V_m / T = \text{const}$ ist, so können wir zur Berechnung irgendwelche zusammengehörigen Werte von p, V_m und T wählen, z. B. diejenigen bei Normalbedingungen, $p = 76$ cm Hg $= 1,0133 \cdot 10^6$ dyn $\cdot$ cm^{-2} (§ 70), $T = 273°$ K ($= 0°$ C), $V_m = 22400$ cm$^3 \cdot$ Mol^{-1} (§ 63). Damit ergibt sich dann 1 cal $= 4,19 \cdot 10^7$ erg. Nach den zuverlässigsten Messungen ist

$$1 \text{ cal} = 4,186 \cdot 10^7 \text{ erg} = 4,186 \text{ Joule} = 0,427 \text{ mkg*}$$

(§ 23). Es folgt daraus 1 Joule $= 0,239$ cal (*elektrisches Wärmeäquivalent*, § 163). Um 1 cal zu erzeugen, z. B. um 1 g Wasser um 1° zu erwärmen, ist also eine Energie erforderlich, die gleich der kinetischen Energie ist, die ein Körper von der Masse 1 kg beim Durchfallen von 42,7 cm gewinnt.

123. Verwandlung von mechanischer Arbeit in Wärme. Reibung. Die Möglichkeit der Verwandlung von Arbeit in Wärme ist bereits seit Urzeiten bekannt (Reiben kalter Hände, Erzeugung von Feuer durch Reiben oder Schlagen, Heißlaufen von Achsen usw.). Der Energieverlust eines bewegten Körpers durch Reibung besteht zum überwiegenden Teil in einer Verwandlung seiner kinetischen Energie in Wärme, also der *gleichgerichteten* Bewegung seiner Moleküle in *ungeordnete* Molekularbewegung. Es kann aber auch jede andere Energieform in Wärme übergehen, so elektrische Energie (z. B. in den Glühlampen) und chemische Energie (z. B. bei Verbrennungen).

Eine besonders große Rolle spielt im täglichen Leben die Reibung zwischen festen Flächen. In den meisten Fällen bildet sie eine Quelle höchst unerwünschten und unwirtschaftlichen Verlustes an mechanischer Arbeit. Andererseits aber liefert die Reibung das einfachste Mittel zur Vernichtung kinetischer Energie, wo dies erforderlich ist, z. B. beim Bremsen von Fahrzeugen. Von unmittelbaren Zerstörungswirkungen — Abnutzung der reibenden Flächen — abgesehen, wird bei der Reibung zwischen festen Flächen die relative Geschwindigkeit der reibenden Körper vermindert und schließlich beseitigt, indem kinetische Energie der Körper als Ganzes in ungeordnete kinetische Energie ihrer Moleküle, also in Wärme verwandelt wird.

Die von der Reibung zwischen festen Flächen herrührende hemmende Kraft wächst mit der Kraft, mit der die Flächen aufeinandergedrückt sind.

Jedoch ist es eine Eigentümlichkeit der Reibung zwischen festen Flächen, daß eine *endliche* Kraft notwendig ist, um einen Körper gegen die Wirkung der Reibung in Bewegung zu setzen. Liegt ein Körper auf einer schiefen Ebene, so setzt er sich unter der Wirkung der Schwere nicht in Bewegung, wenn die Neigung der Ebene nicht einen bestimmten, von den Umständen abhängenden Betrag (Reibungswinkel) überschreitet. (Sonst wäre es z. B. unmöglich, auf einem schrägen Wege zu gehen.) Bei kleiner Neigung bleibt er in Ruhe und setzt sich erst in Bewegung, wenn die Neigung diesen Grenzwert überschritten hat. Die charakteristischen Böschungswinkel aufgeschütteten körnigen Materials (Sand, Erde, Steine usw.) und ihre Abhängigkeit von der Art desselben haben zum Teil hier ihren Ursprung. Die Reibung zwischen zwei ebenen Flächen hängt bei gleicher zwischen ihnen wirkender Kraft von der Größe dieser Flächen nicht oder nur wenig ab. Dies erklärt sich so, daß die Flächen sich wegen der unvermeidlichen kleinen Unebenheiten fast immer nur in wenigen Punkten berühren, in denen also der Hauptsitz der Reibungskraft ist. Die Reibung zwischen festen Flächen ist der Kraft, mit der die reibenden Flächen aufeinandergedrückt sind, ungefähr proportional. Sie wird aber von allen möglichen Zufälligkeiten stark beeinflußt, so daß die Aufstellung streng gültiger Gesetze nicht möglich ist.

Man kann die gleitende Reibung durch Anwendung von Schmiermitteln erheblich herabsetzen. Ihre Wirkung besteht darin, daß sie eine unmittelbare Berührung und Reibung der festen Flächen verhindern, und daß sich die Reibung hauptsächlich innerhalb des flüssigen Schmiermittels abspielt, wo sie weit geringer ist (innere Reibung).

Viel kleiner als die gleitende Reibung ist die rollende Reibung, die auftritt, wenn ein Körper auf einem andern rollt. Darauf beruht zum Teil der Nutzen der Räder. In den Achsen der Räder findet allerdings gleitende Reibung statt. Diese aber kann durch geeignete Bauart (Kugellager) und durch Schmierung stark herabgesetzt werden.

124. Umkehrbare und nicht umkehrbare Vorgänge. Der zweite Hauptsatz der Wärmelehre. Als *umkehrbar* oder *reversibel* bezeichnet man Naturvorgänge, die in allen Einzelheiten rückgängig gemacht werden können, ohne daß an anderer Stelle in der Natur Veränderungen übrig bleiben. Tatsächlich kommen aber makroskopische Vorgänge dieser Art in der Natur nicht vor, wenngleich auch in vielen Fällen eine sehr große Näherung an die vollständige Umkehrbarkeit besteht. In Wirklichkeit sind alle makroskopischen Naturvorgänge *nicht umkehrbar* oder *irreversibel*. Das heißt, es ist unmöglich, irgendeine Veränderung eines Körpers vollständig wieder rückgängig zu machen, ohne daß irgendwo sonst in der Natur eine Veränderung zurückbleibt.

Gibt man irgendwelchen Körpern von beliebiger Beschaffenheit Gelegenheit, miteinander in Wechselwirkung zu treten, so ändern sich die Zustandsgrößen aller Körper dieses Systems in einem ganz bestimmten Sinne in Richtung auf einen Endzustand, ein *thermisches Gleichgewicht*. Der Ablauf des durch die Wechselwirkungen der Körper eingeleiteten Vorganges erfolgt also von selbst in einem ganz bestimmten Sinne und niemals von selbst im umgekehrten Sinne. Zum Beispiel nehmen zwei anfänglich verschieden warme Körper, wenn sie miteinander in Wechselwirkung treten, stets von selbst die gleiche Temperatur an, indem Wärme von dem wärmeren auf den kälteren Körper übergeht. Niemals tritt das umgekehrte von selbst ein. Soll der ursprüngliche Zustand wieder hergestellt werden, so ist das nicht möglich, ohne daß anderweitig in der Natur Veränderungen zurückbleiben. Zieht man demnach den Gesamtbereich der Natur in Betracht, so ergibt sich, daß die Natur als Ganzes ständig in einer einseitig gerichteten Veränderung begriffen ist, und daß ein

Zustand der Welt, der der Vergangenheit angehört, sich grundsätzlich nie wieder einstellen kann.

Es gelang CLAUSIUS, aus den Zustandsgrößen eines Körpers eine Größe, die *Entropie*, zu definieren, deren Verhalten in unmittelbarer Beziehung zu dieser einseitigen Richtung des Ablaufs der Naturvorgänge steht. Wir wollen die thermodynamische Definition der Entropie hier nicht hinschreiben, da ihre Anwendung doch über den Rahmen dieses Buches hinausgehen würde. Der *zweite Hauptsatz der Wärmelehre* sagt nun aus: *Die Entropie eines abgeschlossenen Systems von Körpern, die miteinander in Wechselwirkung stehen, kann nur zunehmen, niemals abnehmen.* Der Endzustand, dem das Körpersystem zustrebt, ist derjenige, bei dem seine Entropie den größten möglichen Wert hat (CLAUSIUS 1850, KELVIN 1851).

Nach PLANCK kann man den zweiten Hauptsatz auch so aussprechen, daß es *unmöglich ist, eine periodisch wirkende, arbeitleistende Kältemaschine (Perpetuum mobile zweiter Art) zu bauen.* Darunter ist eine Vorrichtung zu verstehen, die nichts weiter täte, als einem Körper, z. B. dem Meerwasser, ständig Wärme zu entziehen und diese restlos in mechanische Arbeit zu verwandeln, was durch den ersten Hauptsatz nicht ausgeschlossen wird.

Wir können hier auf die thermodynamische Betrachtungsweise der Entropie um so eher verzichten, als BOLTZMANN eine überaus anschauliche molekulare Deutung ihres Wesens gegeben hat. Wir betrachten als besonders einfachen Fall ein in ein Gefäß eingeschlossenes ideales Gas. Seine innere, molekulare Energie sei U, aber die Verteilung dieser Energie auf die einzelnen Moleküle, die Richtung der Geschwindigkeit der einzelnen Moleküle und ihre Verteilung im Raum sei zunächst noch ganz beliebig. Es sei z. B. noch möglich, daß die Energie U sich auf ganz wenige Moleküle oder auf alle gleichmäßig verteilt, oder daß die Zahl der Moleküle in den einzelnen Raumbereichen merklich verschieden ist. Bei gegebener Energie U, gegebenem Volumen V und gegebener Zahl von Molekülen sind noch unendlich viele Arten möglich, wie sich die Energie auf die Moleküle verteilen kann, wie sich die Geschwindigkeiten der Moleküle auf die verschiedenen Richtungen im Raume verteilen und wie die Moleküle selbst im Volumen V verteilt sein können. Man denke zum Vergleich an die Einwohner des Deutschen Reiches und stelle sich vor, daß es eine ungeheure Zahl von Möglichkeiten gibt, wie etwa das Gesamtvermögen des Volkes auf die einzelnen Deutschen verteilt sein kann, und unendlich viele Möglichkeiten, wie die einzelnen Deutschen im Gebiet des Reiches verteilt sein können.

Wir denken uns jetzt den augenblicklichen Zustand eines Gases etwa dadurch gekennzeichnet, daß wir angeben, daß das erste Molekül die Energie E_1, das zweite die Energie E_2 usw. hat, wobei die Summe aller dieser Energien gleich der vorgeschriebenen Gesamtenergie U sein muß, daß wir ferner bei jedem Molekül die Richtung seiner Geschwindigkeit angeben und den Ort, an dem es sich im Volumen V befindet. Dadurch ist der augenblickliche Zustand des Gases vollständig gegeben. Man nennt eine solche Zuordnung bestimmter Energiebeträge, Richtungen und Orte im Raum zu jedem Molekül eine *Komplexion*. Wir bekommen aber offenbar einen vollkommen identischen makroskopischen Zustand, wenn wir zwei oder mehrere der Moleküle miteinander in jeder Beziehung vertauschen, sie also ihre Energie, ihre Bewegungsrichtung und ihren Ort vertauschen lassen. Ein bestimmter makroskopischer Zustand kann also durch mehrere Komplexionen, die durch Vertauschung auseinander hervorgehen, verwirklicht werden.

Infolge der Wechselwirkungen der Moleküle, insbesondere ihrer Zusammenstöße, ändert sich nun der Zustand eines Gases, wenn wir seine einzelnen Moleküle individuell betrachten, fortwährend; in jedem Augenblick finden wir eine andere Verteilung der Energie auf die Moleküle, die einzelnen Moleküle ändern fortgesetzt ihre Bewegungsrichtung, ihre Geschwindigkeit und ihren Ort. Wir haben also in jedem Augenblick eine andere Komplexion vor uns. Es läßt sich nun beweisen, daß jede derartige Komplexion, die mit den gegebenen Bedingungen (Zahl der Moleküle, Gesamtenergie, Volumen) verträglich ist, genau gleich wahrscheinlich ist, d. h. daß jede von ihnen im Laufe einer ausreichend langen Zeit im Durchschnitt gleich oft vorkommt. Nun haben wir eben gesehen, daß der *gleiche Zustand* durch *mehrere Komplexionen* verwirklicht werden kann. Die einzelnen mit den gegebenen Bedingungen verträglichen *Zustände* sind also nicht gleich wahrscheinlich, sondern es werden im Laufe einer längeren Zeit diejenigen Zustände am häufigsten auftreten, welche durch die größte Zahl von Komplexionen verwirklicht werden. Wenn wir wieder unser grobes Beispiel heranziehen, so sehen wir z. B., daß eine Verteilung des ganzen deutschen Volksvermögens auf die Bevölkerung, derart, daß ein Deutscher das ganze Vermögen und alle anderen nichts besitzen, durch 85 Millionen (Einwohnerzahl) verschiedene Komplexionen verwirklicht werden kann, eine Verteilung aber, bei der je zwei Menschen gerade die Hälfte des Volksvermögens besitzen, durch $\frac{1}{2} \cdot (85 \text{ Millionen})^2 \approx 3600$ Billionen Komplexionen, und andere Verteilungsarten lassen sich noch auf viel mehr Weisen verwirklichen. Wechselt also die Vermögensverteilung fortgesetzt in ganz zufälliger Weise, so wird unter allen möglichen Zuständen derjenige der häufigste sein, der durch die größte Zahl von Komplexionen verwirklicht werden kann. Die Wahrscheinlichkeitsrechnung lehrt nun weiter, daß, wenn es sich um eine sehr große Zahl von Individuen handelt, in unserm Falle die Moleküle eines Gases, die Zahl der Komplexionen für einen ganz engen Bereich von Zuständen, praktisch für einen ganz bestimmten makroskopischen Zustand, ungeheuer viel größer ist, als für irgendwelche Zustände außerhalb dieses Bereichs. Dieser Zustand ist also der praktisch allein vorkommende. Ein nur ganz wenig von ihm abweichender Zustand tritt nur mit verschwindender Häufigkeit als eine momentane, winzige Zustandsschwankung auf. Dies ist also der Zustand, der sich infolge der Wechselwirkungen zwischen den Molekülen nach kürzester Zeit herstellt, wie auch der Anfangszustand sein mag. Aus solchen Überlegungen· läßt sich auch das MAXWELLsche Gesetz über die Molekulargeschwindigkeiten (§ 64) ableiten. Die durch das Gesetz gegebene Geschwindigkeitsverteilung ist diejenige, welche der größten Zahl von Komplexionen entspricht.

Die Zahl der Komplexionen, durch die ein bestimmter Zustand verwirklicht wird, nennt man die *thermodynamische Wahrscheinlichkeit W* des Zustandes. Sie ist bei großer Individuenzahl auch eine sehr große Zahl. BOLTZMANN (1866) zeigte, daß die Entropie S eines Körpers oder eines Systems von Körpern mit dieser thermodynamischen Wahrscheinlichkeit durch die Gleichung

$$S = k \ln W \tag{4}$$

zusammenhängt. Hierbei ist $k = 1{,}3801 \cdot 10^{-16}$ erg · grad^{-1}, und, wie PLANCK gezeigt hat, mit der bereits in § 101 eingeführten BOLTZMANNschen Konstanten identisch. Die Entropie eines Körpers oder eines Systems von Körpern ist also um so größer, je größer die thermodynamische Wahrscheinlichkeit W seines Zustandes ist, und der zweite Hauptsatz besagt, daß bei allen in der Natur vorkommenden Vorgängen die Entropie, d. h. die thermodynamische Wahrscheinlichkeit des Zustandes der an dem Vorgange beteiligten Körper, insgesamt zunimmt, höchstens im Grenzfalle konstant bleibt. Jeder Vorgang verläuft von selbst so, daß unwahrscheinlichere Zustände sich in wahrscheinlichere verwandeln, nie umgekehrt. Dies ist also der eigentliche Kern des zweiten Hauptsatzes.

Zustände, bei denen eine gewisse molekulare Ordnung herrscht, sind in diesem Sinne sehr unwahrscheinlich. Die Vorgänge in der Natur sind also so gerichtet, daß sie bestehende Ordnungen zu zerstören suchen, z. B. die Ansammlung aller Moleküle eines Gases in einer Ecke des verfügbaren Raumes, gleichgerichtete Bewegung vieler Moleküle usw. Der Zustand, dem die Natur zustrebt, ist der Zustand der *idealen Unordnung*. Niemals kommt es in der Natur vor, daß ein ungeordneter Zustand sich in einen solchen größerer Ordnung verwandelt, ohne daß an anderer Stelle in der Natur dafür als Ausgleich der umgekehrte Vorgang eintritt. Besonders wichtige Beispiele für die Gültigkeit des 2. Hauptsatzes sind die Reibungs- und Diffusionsvorgänge und der Ausgleich der Temperaturen zwischen verschieden warmen Körpern. In allen diesen Fällen ist der Endzustand stets durch eine größere thermodynamische Wahrscheinlichkeit vor dem Anfangszustand ausgezeichnet. Den Zustand idealer Unordnung finden wir am vollständigsten bei den Gasen verwirklicht. Bei den Flüssigkeiten und noch mehr bei den festen Körpern, insbesondere den Kristallen, sind zwischen den elementaren Bausteinen Bindungskräfte wirksam, die — unbeschadet der strengen Gültigkeit des 2. Hauptsatzes — eine mehr oder weniger weitgehende räumliche Ordnung dieser Bausteine sicherstellen.

Wir wollen das Wesen der Entropie noch an einem einfachen Beispiel erläutern. Ein Gefäß bestehe aus zwei Abteilungen, welche durch eine Öffnung mit einem Hahn verbunden sind. Zunächst sei der Hahn geschlossen. Die eine Abteilung sei vollkommen leer, in der andern befinden sich 1000 Moleküle. Wir öffnen jetzt den Hahn, und die Moleküle verteilen sich infolge ihrer thermischen Bewegung auf beide Abteilungen. Im weiteren Verlauf wird sich jedes einzelne Molekül gelegentlich durch die Öffnung hindurchbewegen und sich bald in der einen, bald in der andern Abteilung befinden. Da sich die einzelnen Moleküle vollkommen unabhängig voneinander bewegen, so ist es natürlich an sich möglich, daß im Laufe der Zeit einmal wieder zufällig alle Moleküle gleichzeitig in der einen Abteilung sind. Das ist aber ein überaus unwahrscheinliches Ereignis. Es ist schon sehr unwahrscheinlich, daß je wieder ein Zustand eintritt, bei dem die Moleküle nicht mit einigermaßen gleicher Dichte auf beide Abteilungen verteilt sind. In noch viel höherem Maße gilt dies, wenn wir die ungeheuer großen Zahlen von Molekülen in Betracht ziehen, um die es sich in praktischen Fällen immer handelt. Je größer diese Zahl ist, um so geringer wird die Wahrscheinlichkeit, daß das Molekülsystem je einmal einen Zustand einnimmt, bei dem die Molekülverteilung in den beiden Gefäßabteilungen von der wahrscheinlichsten Verteilung irgendwie merklich abweicht, die dann vorhanden ist, wenn die Moleküle in den Abteilungen im Durchschnitt gleich dicht verteilt sind. Dieses Beispiel zeigt uns an einem einfachen Fall, wie ein Zustand kleinerer Wahrscheinlichkeit von selbst in einen solchen größerer Wahrscheinlichkeit übergeht. Diese Tatsachen haben ja ihr grobes Gegenstück im täglichen Leben. Auch an den uns umgebenden Gegenständen erkennen wir die unter der Wirkung der mit ihnen vorgenommenen zufälligen Hantierungen bestehende Neigung, aus geordneten Zuständen in ungeordnete überzugehen. Der Zustand, in dem sich z. B. die Gegenstände auf einem Schreibtisch nach längerer Arbeit an demselben zu befinden pflegen, ist nicht nur eine äußere Analogie zu den beschriebenen molekularen Vorgängen, sondern ist in ähnlicher Weise wie sie durch Wahrscheinlichkeitsgesetze beherrscht.

Der Unterschied zwischen umkehrbaren und nicht umkehrbaren Zustandsänderungen ist nunmehr deutlich. Da sich bei einem System von Körpern, z. B. den Molekülen eines Gases, stets von selbst der Zustand idealer Unordnung als wahrscheinlichster Zustand herstellt, so ist das Ergebnis jeder Wechselwirkung zwischen den Körpern eines abgeschlossenen Systems stets die Ablösung eines weniger wahrscheinlichen Anfangszustandes durch einen wahrscheinlicheren Endzustand, und dieser Vorgang kann nicht von selbst im umgekehrten Sinne verlaufen. Er kann nur durch einen *äußeren Eingriff* wieder rückgängig gemacht werden, d. h. das Körpersystem muß mit weiteren Körpern in Wechselwirkung gebracht werden, und es kann natürlich durch geeignete Maßnahmen bewirkt werden, daß dadurch das ursprüngliche Körpersystem wieder in seinen alten Zustand versetzt wird. Nunmehr aber handelt es sich gar nicht mehr um das ursprüngliche, sondern um das durch weitere Körper vergrößerte System, das nunmehr als Ganzes wieder aus einem weniger wahrscheinlichen in einen wahrscheinlicheren Zustand übergeht. Dabei müssen also notwendig Veränderungen mit den Körpern vor sich gehen, die wir zwecks Umkehrung des ersten Vorganges neu in das System einbezogen haben. Es bleiben also bei der Umkehrung des Vorganges bezüglich der zuerst betrachteten Körper Änderungen an andern Körpern zurück. Der zuerst betrachtete Vorgang ist nicht umkehrbar. Umkehrbar wäre demnach nur ein Vorgang, bei dem sich die Wahrscheinlichkeit des Zustandes der beteiligten Körper nicht ändert. Bei makroskopischen Zustandsänderungen, die ja gerade der Tendenz zum Übergang in den wahrscheinlichsten Zustand entspringen, kann das nie der Fall sein. Wohl aber können die molekularen Zustandsänderungen in einem abgeschlossenen, im stationären Zustand befindlichen Gase als umkehrbar angesehen werden. Es ist zwar überaus unwahrscheinlich, aber grundsätzlich möglich, daß einmal alle Moleküle für einen Augenblick zufällig in einen Zustand zurückkehren, in dem sie sich früher schon einmal befunden haben, ohne daß darum irgendeine Veränderung an andern Körpern in der Natur einzutreten braucht. Jedoch bedeutet auch dies bereits eine Idealisierung, da es ein von allen Wechselwirkungen mit der Umwelt abgeschlossenes Gas in Wirklichkeit nicht geben kann.

Betrachten wir das Weltall als ein einziges System von Körpern, die miteinander in ständiger Wechselwirkung stehen, so muß nach dem heutigen Stande unseres Wissens der zweite Hauptsatz auch hierfür gelten. Das Weltall strebt also infolge der Wechselwirkungen der in ihm enthaltenen Körper einem wahrscheinlichsten Endzustand zu, von dem es zum Glück noch überaus weit entfernt ist. Sofern aber der zweite Hauptsatz in Raum und Zeit allgemeine Geltung hat, muß doch schließlich eine immer größere Annäherung an diesen wahrscheinlichsten Zustand erfolgen. Er ist durch ein Schwinden aller Differenzierungen und durch einen Ausgleich aller Temperaturen im Weltraum gekennzeichnet. Diesen Zustand bezeichnet man als den *Wärmetod* der Welt. Denn mit dem Schwinden aller makroskopischen Differenzierungen hören auch alle makroskopischen Vorgänge an unterscheidbaren und beobachtbaren Körpern auf. Ein Mensch, dem es gelänge, sich dem allgemeinen Schicksal zu entziehen, würde nichts mehr erleben als ein unendliches Einerlei, unter dessen Oberfläche für ihn unbeobachtbar, die Bewegung der Moleküle in einem mit Strahlung gleichmäßig erfüllten Raume allein ein ewiges Leben führt. Es fehlt nicht an Versuchen die Voraussage des Wärmetodes zu widerlegen. Doch finden sie in unserem heutigen gesicherten Wissen bisher keine Grundlage.

Hierzu muß allerdings folgendes bemerkt werden. Der zweite Hauptsatz liefert das *einzige objektive, physikalische Merkmal für eine Richtung des Ablaufs der Zeit* (EDDINGTON). Es wäre auch dann vorhanden, wenn es keine Wesen mit einem subjektiven Bewußtsein von dieser Richtung — also von dem Begriff der „Entwicklung" — gäbe. In diesem Sinne besteht das einzige objektive Merkmal für ein „früher" oder „später" im Betrage der Entropie eines noch nicht im stationären Zustand befindlichen Körpersystems. Von zwei Zeitpunkten ist derjenige der frühere, in dem die Entropie dieses Körpersystems die kleinere ist. Nähert sich aber das Weltall seinem Zustand größter Entropie, also dem

Wärmetode, so kann schließlich eine solche Feststellung gar nicht mehr getroffen werden, da keine Entropieänderungen mehr stattfinden. Damit wäre der Begriff der Zeit aus dem Weltall verschwunden, und die Behauptung, daß der Wärmetod „irgendwann" einmal eintreten wird, entbehrt in einer solchen zeitlosen Welt jeden Sinnes.

125. Temperaturausgleich. Eine unmittelbare Folge aus dem zweiten Hauptsatz ist der Temperaturausgleich, der innerhalb eines Körpers eintritt, dessen einzelne Teile sich anfänglich auf verschiedenen Temperaturen befinden. Im Laufe der Zeit stellt sich immer derjenige Zustand her, bei dem in allen Teilen des Körpers die mittlere Molekularenergie, also auch die Temperatur, die gleiche ist. Bei diesem Temperaturausgleich, den man als *Wärmeleitung* bezeichnet, strömt also Wärmeenergie innerhalb des Körpers von einem Ort zum andern, es besteht in dem Körper ein *Wärmestrom*. Denken wir uns innerhalb des Körpers irgendeinen Querschnitt, der zwei Bereiche von verschiedener Temperatur trennt, so geben die auf der einen Seite des Querschnittes befindlichen Moleküle ständig Energie an die auf der andern Seite befindlichen Moleküle ab, bis die Temperatur auf beiden Seiten die gleiche geworden ist. Bei den Flüssigkeiten und Gasen kann man die verschieden warmen Bereiche auch wie verschiedene Flüssigkeiten oder Gase betrachten, die sich durch einen Diffusionsvorgang vermischen.

Je höher die Temperaturdifferenzen innerhalb eines Körpers sind, um so stärker wird auch der Wärmeaustausch sein. Betrachten wir irgendeinen Punkt innerhalb des Körpers, so wird es unter allen von ihm ausgehenden Richtungen im allgemeinen eine bestimmte Richtung geben, in der die Temperatur sich mit der Entfernung von dem Punkt am schnellsten ändert. Es sei dies z. B. die x-Richtung. Ändert sich dann die Temperatur beim Fortschreiten um die Strecke dx um den Betrag dT, so heißt dT/dx das *Temperaturgefälle* im betrachteten Punkt. Die Wärmeströmung erfolgt in isotropen Stoffen stets in Richtung des Temperaturgefälles von höherer zu tieferer Temperatur. Denken wir uns innerhalb eines Körpers eine zur Richtung des Temperaturgefälles senkrechte Fläche vom Querschnitt q, so ist die in der Zeit dt durch die Fläche strömende Wärmemenge dQ der Größe q der Fläche, der Zeit dt und dem Temperaturgefälle dT/dx proportional und hängt im übrigen nur von der Stoffart des Körpers ab. Es ist also

$$dQ = -\lambda q \frac{dT}{dx} dt \text{ cal.} \tag{5}$$

Das negative Vorzeichen bedeutet, daß die Wärmeströmung in Richtung abnehmender Werte der Temperatur T erfolgt. λ ist eine Materialkonstante, die *Wärmeleitfähigkeit* des Körpers. Ihre Einheit ist $1 \text{ cal} \cdot \text{grad}^{-1} \cdot \text{cm}^{-1} \cdot \text{sec}^{-1}$. Tabelle 18 gibt einige Zahlenwerte. Die Wärmeleitfähigkeit ist gleich derjenigen Wärmemenge, die in 1 sec durch eine ebene Platte von 1 cm Dicke und 1 cm² Querschnitt fließt, wenn zwischen den beiden Plattenoberflächen eine Temperaturdifferenz von 1° aufrechterhalten wird. Die in der Technik gebräuchliche *Wärmeleitzahl* ist entsprechend definiert, nur tritt an die Stelle des cm das m, an die Stelle der sec die Stunde, an die Stelle der cal die kcal.

Gl. (5) hat eine formale Ähnlichkeit mit dem OHMschen Gesetz für elektrische Ströme

Tabelle 18. Wärmeleitfähigkeiten einiger Stoffe.

	cal · grad⁻¹ cm⁻¹ sec⁻¹
Aluminium . . .	0,48
Blei	0,08
Eisen	0,14—0,17
Kupfer	0,90
Silber.	1,01
Schiefer	0,00081
Holz	0,0003—0,0009
Glas	0,0014—0,0018
Wasser	0,0014
Luft	0,000057
Helium	0,00034
Wasserstoff . . .	0,00032

(§ 152). Besteht längs einer Strecke l ein gleichmäßiges Temperaturgefälle $dT/dx = (T_2 - T_1)/l$, wobei T_2 und $T_1 < T_2$ die Temperaturen an den Enden der Strecke l sind, so folgt aus Gl. (5)

$$\frac{dQ}{dt} = -\lambda \frac{q}{l}(T_2 - T_1). \tag{6}$$

Bei konstanter Wärmeströmung ist dQ/dt die in 1 sec durch den Querschnitt q strömende Wärmemenge, der *Wärmestrom* durch q. Man kann nun folgende Größen miteinander in formale Parallele setzen: Die Wärmemenge mit einer Elektrizitätsmenge, also den Wärmestrom mit einem elektrischen Strom i, die Temperaturdifferenz $T_2 - T_1$ mit einer elektrischen Potentialdifferenz (Spannung) U und die Wärmeleitfähigkeit λ mit der elektrischen Leitfähigkeit $\varkappa = 1/\varrho$. Dann entspricht der Faktor $\lambda q/l$ auch formal dem reziproken Wert des elektrischen Widerstandes R eines Leiters von der Länge l und dem Querschnitt q. Aus diesem Grunde bezeichnet man $l/\lambda q$ auch als den *Wärmewiderstand* und seine Einheit als 1 *Wärmeohm*.

Die Verhältnisse liegen besonders einfach, wenn in einem Körper eine konstante Temperaturdifferenz künstlich aufrecht erhalten wird. Wir wollen einen homogenen Stab von überall gleichem Querschnitt betrachten, dessen Enden auf konstanten, verschieden hohen Temperaturen gehalten werden. Dann findet ein dauernder Strom von Wärme durch den Stab statt. Da nirgends im Stabe eine Temperaturänderung stattfindet, die in jedem Volumelement enthaltene Wärmemenge also konstant bleibt, so muß durch jeden Querschnitt des Stabes in gleichen Zeiten dt die gleiche Wärmemenge dQ fließen. Dann folgt aus Gl. (5) $dT/dx = $ const. Sind T_2 und T_1 die Endtemperaturen des Stabes und l seine Länge, so ergibt sich für den Abstand x vom wärmeren Ende die Temperatur $T = T_2 - (T_2 - T_1) x/l$. Die Temperatur fällt also im Stabe linear ab (Abb. 246, Kurve a). Dabei ist vorausgesetzt, daß der Stab gegen Wärmeabgabe nach den Seiten geschützt ist. Ist das nicht der Fall so sinkt die Temperatur erst schneller, dann langsamer als im ersten Fall (Abb. 246, Kurve b). Man kann diesen Temperaturverlauf etwa vergleichen mit dem Druckverlauf in einem seitlich undichten, wasserdurchströmten Rohr.

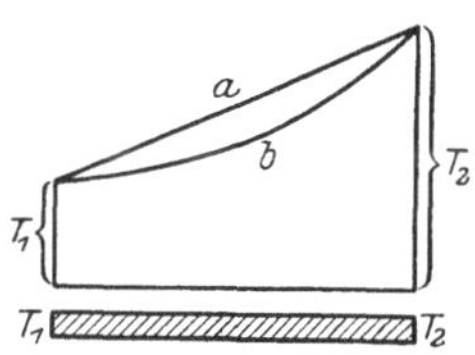

Die Theorie ergibt, daß die Wärmeleitfähigkeiten λ der idealen Gase ihrer Zähigkeit η proportional sind,

$$\lambda = \text{const} \cdot \eta \tag{7}$$

Abb. 246.
Zur Wärmeleitung
in einem Stabe.

(§ 76). Ebenso wie η ist λ bei gegebener Temperatur von der Dichte des Gases unabhängig. Der Proportionalitätsfaktor hängt von der Art des Gases ab. Die Proportionalität von λ und η ist leicht verständlich. Es handelt sich bei der Wärmeleitung wie bei der inneren Reibung in Gasen um einen Diffusionsvorgang. Die Unabhängigkeit von der Dichte besteht aber nur dann, wenn die Abmessungen des dem Gase zur Verfügung stehenden Raumes beträchtlich größer als die mittlere freie Weglänge sind. Ist das nicht der Fall, so nimmt die Wärmeleitfähigkeit mit der Dichte ab. Es ist klar, daß sie mit der Annäherung an ein ideales Vakuum überhaupt verschwinden muß. Die Abhängigkeit der Wärmeleitfähigkeit von der Dichte bei sehr geringer Dichte bildet ein Mittel, um sehr kleine Gasdrucke zu messen. Zwischenräume, die auf einen niedrigen Druck evakuiert sind, liefern einen guten Schutz gegen einen Temperaturausgleich, wie z. B. bei den WEIN-HOLDschen oder DEWAR-Gefäßen (Thermosflaschen). Wie die innere Reibung, so nimmt auch die Wärmeleitfähigkeit der Gase mit der Temperatur zu.

In den Kristallen — außer denen des kubischen Systems — ist die Wärmeleitfähigkeit von der Richtung des Wärmestroms abhängig. Holz leitet besser in der Faserrichtung als senkrecht dazu. Sehr schlechte Wärmeleiter sind poröse Stoffe. Sie enthalten viel Luft, und diese ist, wie alle Gase, ein äußerst schlechter Wärmeleiter. Unter den Gasen ist der Wasserstoff wegen der großen Geschwindigkeit seiner Moleküle ein besonders guter Wärmeleiter.

Auf dem geringen Wärmeleitvermögen des Wasserdampfs beruht das bekannte LEIDENFROST-*Phänomen*. Ein auf eine über 100° C erwärmte Metallplatte gebrachter Wassertropfen schwebt längere Zeit dicht über ihr, anstatt sofort zu verdampfen. Denn er wird zunächst durch ein sich sofort bildendes Polster von Wasserdampf gegen Wärmezufuhr von der Platte her weitgehend geschützt. Er erwärmt sich nur langsam auf 100° und zerspratzt plötzlich erst in dem Augenblick, wo dies erreicht ist.

Bei den Flüssigkeiten und Gasen gibt es noch eine zweite Art des Temperaturausgleichs, die von der Wärmeleitung durchaus verschieden und sehr viel wirksamer ist, den *Temperaturausgleich durch Strömung*, meist *Konvektion* genannt. Diese beruht darauf, daß in einer Flüssigkeit oder einem Gase, in dem Temperaturunterschiede bestehen, auch Druckunterschiede auftreten, da die Temperaturunterschiede auch Dichteunterschiede hervorrufen und das Gleichgewicht stören. Infolgedessen setzen sich ganze Bereiche der Flüssigkeit oder des Gases in Bewegung. Das großartigste irdische Beispiel für Konvektionen bilden die *Winde*, bei denen sich infolge von Druckunterschieden, die durch Temperatureinflüsse hervorgerufen werden, gewaltige Luftkörper in Bewegung setzen. Auch in den Ozeanen finden solche Konvektionen in großem Ausmaß statt. Ein Beispiel hierfür ist der Golfstrom. In den Zentralheizungen strömt das im Kessel erhitzte Wasser in die Höhe, kühlt sich in den Heizkörpern ab und sinkt dann wieder in den Kessel zurück. Konvektionsströme von gigantischem Ausmaß finden zweifellos innerhalb der Sonne und der Fixsterne statt. Hierher gehören die Sonnenflecken, die ungeheure Wirbel an der Sonnenoberfläche sind.

Die wärmende Wirkung der Kleidung beruht darauf, daß sie eine Konvektion der den Körper umgebenden Luft weitgehend verhindert. Die schlechte Wärmeleitfähigkeit von Stoffen und Pelzen spielt dabei nur eine sehr geringe Rolle.

Eine dritte Art des Temperaturausgleichs ist diejenige durch *Strahlung*. Diese werden wir in § 318 behandeln.

126. Der dritte Hauptsatz der Wärmelehre. Zu den beiden ersten Hauptsätzen ist später der von NERNST aufgestellte *dritte Hauptsatz*, das NERNST*sche Wärmetheorem*, getreten. Es sagt aus, daß sich die Entropie aller Körper bei Annäherung an den absoluten Nullpunkt dem Betrage Null beliebig nähert. Die Folgerungen aus diesem Satz, der seine Begründung durch die Quantentheorie findet, sind besonders für die Theorie der chemischen Reaktionen wichtig. Wir erwähnen als eine weitere Folgerung nur, daß die spezifische Wärme der Stoffe bei Annäherung an den absoluten Nullpunkt sinkt und gegen Null konvergiert. Aus diesem Grunde kann der absolute Nullpunkt nur asymptotisch, niemals streng erreicht werden. Denn da ein Körper, der sich genau auf dieser Temperatur befände, die spezifische Wärme Null hätte, so genügte die Zufuhr einer beliebig kleinen Wärmemenge, um seine Temperatur um einen endlichen Betrag zu erhöhen. Da nun der Körper notwendig mit wärmeren Körpern in Berührung sein muß, so läßt sich eine solche Wärmezufuhr nie verhindern, und es ist deshalb auch unmöglich, dem Körper den letzten Rest von Wärme vollständig zu entziehen.

127. CARNOTscher Kreisprozeß. Wir wenden uns jetzt der *Umwandlung von Wärme in mechanische Arbeit* zu. Für diese ist ein von CARNOT erdachtes Gedankenexperiment wichtig, der CARNOT*sche Kreisprozeß* (1824). In einen Behälter von veränderlichem Volumen denken wir uns 1 g eines idealen Gases eingeschlossen, welches zunächst die Temperatur T_1 und das Volumen V_1 habe. Mit diesem Gase denken wir uns nacheinander folgende Veränderungen vorgenommen:

1. Das Gas wird adiabatisch (§ 108) komprimiert, bis es die höhere Temperatur T_2 angenommen hat. Sein Volumen sei jetzt V_2.

2. Das Gas wird mit einem sehr großen Wärmespeicher von der gleichen Temperatur T_2 in Verbindung gebracht und nunmehr bei konstanter Temperatur (isotherm) auf das Volumen V_2' ausgedehnt. Da es dabei äußere Arbeit leistet, so muß ihm zur Konstanthaltung seiner Temperatur eine Wärmemenge Q_2 aus dem Speicher von der Temperatur T_2 zugeführt werden.

3. Das Gas wird von dem Wärmespeicher getrennt und nunmehr adiabatisch ausgedehnt, bis es durch Abkühlung wieder seine alte Temperatur T_1 erhalten hat. Sein Volumen sei jetzt V_1'. (V_1' ist größer als V_1.)

4. Nunmehr wird das Gas mit einem zweiten sehr großen Wärmespeicher von der Temperatur T_1, seiner Ausgangstemperatur, verbunden und isotherm auf sein ursprüngliches Volumen V_1 zurückgeführt, also komprimiert. Dabei gibt es eine Wärmemenge Q_1 an den kälteren Wärmespeicher von den Temperatur T_1 ab.

Nach Vollendung dieses Kreisprozesses ist das Gas wieder vollkommen in seinem Anfangszustand. Dagegen hat der eine Wärmespeicher die Wärmemenge Q_2 abgegeben, der andere die Wärmemenge Q_1 aufgenommen. Ferner ist bei jedem der vier Teilvorgänge Arbeit geleistet worden.

Bei jedem einzelnen Teilvorgang leistet das Gas eine Arbeit $\int p\,dV$, welche im Falle 2 und 3 positiv, in den Fällen 1 und 4 negativ ist. Die einzelnen Phasen des Kreisprozesses sind in Abb. 247 dargestellt.

Bezeichnen wir mit A die insgesamt vom Gase geleistete Arbeit, so ergibt sich diese, da sie für jeden Teilvorgang durch das Integral $\int p\,dV$ dargestellt ist, zu

$$A = \int\limits_{V_1 T_1}^{V_2 T_2} p\,dV + \int\limits_{V_2 T_2}^{V_2' T_2} p\,dV + \int\limits_{V_2' T_2}^{V_1' T_1} p\,dV + \int\limits_{V_1' T_1}^{V_1 T_1} p\,dV. \tag{8}$$

Dabei verläuft also der erste und dritte Vorgang adiabatisch ($dQ = 0$), der zweite und vierte isotherm. Für erstere beide gilt daher $p\,dV = -c_v\,dT$ [§ 108, Gl. (22), mit $m = 1$ g]. Bei den beiden anderen können wir nach § 103 $p = \dfrac{RT}{MV}$ setzen (da es sich um 1 g handelt, so ist $V = V_s$), so daß wir erhalten

$$A = -c_v \int\limits_{T_1}^{T_2} dT + \frac{R}{M} \int\limits_{V_2}^{V_2'} T_2 \frac{dV}{V} - c_v \int\limits_{T_2}^{T_1} dT + \frac{R}{M} \int\limits_{V_1'}^{V_1} T_1 \frac{dV}{V}.$$

Das erste und dritte Integral unterscheiden sich lediglich durch die Vertauschung der Integrationsgrenzen, sie sind also entgegengesetzt gleich und heben sich gegenseitig auf. Die Ausführung der beiden anderen Integrale ergibt

$$A = \frac{R}{M}\left[T_2 \log \frac{V_2'}{V_2} + T_1 \log \frac{V_1}{V_1'}\right]. \tag{9}$$

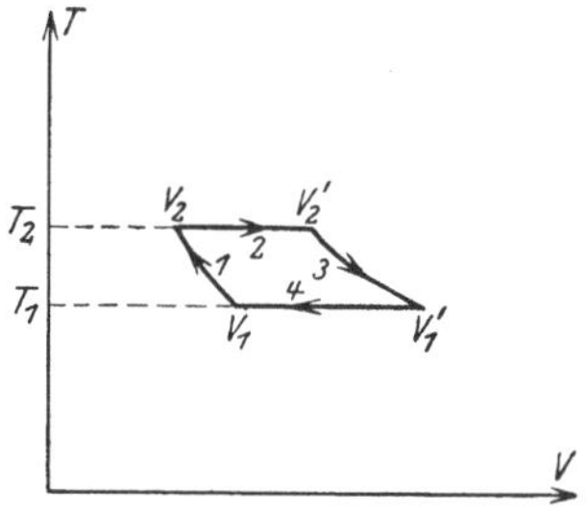

Abb. 247. Carnotscher Kreisprozeß.

Da nun die Vorgänge, durch die der Zustand (V_2, T_2) aus (V_1, T_1) und der Zustand (V_1', T_1) aus (V_2', T_2) entstanden ist, adiabatisch verliefen, so bestehen nach Gl. (24), § 108, die Beziehungen

$$T_2 V_2^{\varkappa-1} = T_1 V_1^{\varkappa-1} \quad \text{und} \quad T_2 V_2'^{\varkappa-1} = T_1 V_1'^{\varkappa-1},$$

($\varkappa = c_p/c_v$), aus denen ohne weiteres folgt $V_2'/V_2 = V_1'/V_1$, so daß

$$A = \frac{R}{M} \log \frac{V_1'}{V_1} \cdot (T_2 - T_1). \tag{10}$$

Da $T_2 > T_1$ und $V_1' > V_1$, so ist dieser Ausdruck positiv, das Gas hat äußere Arbeit geleistet, und zwar auf Kosten der von dem wärmeren Speicher an das Gas abgegebenen Wärme Q_2. Diese Wärme ist aber nicht vollständig in Arbeit verwandelt worden, sondern nur der Anteil $Q_2 - Q_1$, denn das Gas hat ja im vierten Teilvorgang die Wärmemenge Q_1 an den kälteren Speicher abgegeben.

Die Einzelbeträge Q_1 und Q_2 lassen sich leicht berechnen. Da beim zweiten Teilvorgang keine Erwärmung des Gases stattgefunden hat, so findet sich die zugeführte Wärme restlos in der geleisteten äußeren Arbeit $\int_{V_2'T}^{V_2'T_2} p\,dV$ wieder, und diese beträgt, wie oben bereits bewiesen, $\frac{R}{M} T_2 \log \frac{V_2'}{V_2}$, so daß $Q_2 = \frac{R}{M} T_2 \log \frac{V_2'}{V_2}$ $= \frac{R}{M} T_2 \log \frac{V_1'}{V_1}$. Und entsprechend ist Q_1, die an den zweiten Speicher abgegebene Wärme, $Q_1 = \frac{R}{M} \cdot T_1 \log \frac{V_1'}{V_1}$. Aus diesen Beziehungen ergibt sich wieder leicht die Gleichung $A = Q_2 - Q_1$, welche nichts anderes bedeutet als die Gültigkeit des Energieprinzips. Denn die vom Gase geleistete mechanische Arbeit A muß sich, da sonst Energie weder zu- noch abgeführt wurde, darstellen als der Überschuß der vom Gase aufgenommenen Wärme über die von ihm wieder abgegebene Wärme.

Wir sehen also, daß, um durch einen solchen Kreisprozeß die mechanische Arbeit A zu gewinnen, die Wärmeenergie $Q_2 > A$ aufgewendet werden muß, und daß mit der Gewinnung mechanischer Arbeit der Übergang eines Teils Q_1 dieser Wärmeenergie von einem Wärmespeicher der höheren Temperatur T_2 auf einen anderen von der tieferen Temperatur T_1 verbunden ist. Der mechanische Wirkungsgrad η des Prozesses ist also kleiner als 1, nämlich

$$\eta = \frac{A}{Q_2} = \frac{Q_2 - Q_1}{Q_2} = \frac{T_2 - T_1}{T_2} = 1 - \frac{T_1}{T_2}. \tag{11}$$

Der Wirkungsgrad η hängt also lediglich von den Temperaturen der beiden Wärmespeicher ab, er ist unabhängig von den Einzelheiten der gedachten Teilvorgänge, die zur Gewinnung der mechanischen Arbeit A führten. Das Ergebnis gilt zunächst für ideale Gase. Der Wirkungsgrad kann auf keine Weise verbessert, nur durch mangelhafte Versuchsbedingungen — Reibung, Wärmeabgabe an andere Körper der Umgebung usw. — verschlechtert werden.

Bisher liegt den Überlegungen, außer den Gesetzen der idealen Gase, nur der erste Hauptsatz zugrunde. Unter Heranziehung des zweiten Hauptsatzes kann man aber nachweisen, daß die durch Gl. (11) ausgesprochene Gesetzmäßigkeit auch dann gilt, wenn der „arbeitende" Stoff kein ideales Gas, sondern irgendein wirklicher Stoff ist. Wir kommen damit zu der wichtigen Folgerung, daß eine Umwandlung von Wärme in mechanische Arbeit auf dem Wege eines Kreisprozesses einen beschränkten mechanischen Wirkungsgrad hat. Wird bei einem solchen mechanische Arbeit auf Kosten der Wärmeenergie eines Wärmespeichers geleistet, so geht notwendig ein Übergang einer bestimmten Wärmemenge von dem wärmeren Speicher auf einen kälteren daneben her. Aus Gl. (11) erkennt man, daß der Wirkungsgrad eines solchen Vorganges um so größer ist, je kleiner das Verhältnis T_1/T_2 der Temperaturen der beiden Wärmespeicher, je höher also die Temperatur des wärmeren und je niedriger die des kälteren Speichers ist. Nur im idealen Grenzfall $T_1 = 0°$ K wird der mechanische Wirkungsgrad gleich 1 oder gleich 100%. Dieser Fall kann aber nie auch nur annähernd praktisch verwirklicht werden.

Man beachte bei den vorstehenden Überlegungen, daß es sich um die Gewinnung von Arbeit mit Hilfe eines *Kreisprozesses* handelt, also eines Vorganges, bei dem die benutzte Vorrichtung — das Gefäß nebst dem eingeschlossenen Gase — sich am Ende des Vorganges wieder im gleichen Zustand befindet wie am Anfang, und bei dem die einzige Veränderung darin besteht, daß der wärmere Speicher die Wärmemenge Q_2 verloren, der kältere die Wärmemenge Q_1 aufgenommen hat. Der begrenzte Wirkungsgrad, den wir berechnet haben, ist eine Eigentümlichkeit eines solchen Kreisprozesses. Lassen wir aber die Forderung der Wiederkehr des benutzten Systems in den Anfangszustand fallen, so ist auch eine restlose Verwandlung von Wärme in Arbeit mittels eines idealen Gases wenigstens theoretisch möglich. Ein Beispiel hierfür liefert der zweite Teilvorgang des CARNOTschen Kreisprozesses, bei dem die Temperatur des Gases konstant gehalten wird und die zugeführte Wärmemenge Q_2 restlos zur Leistung der Arbeit $\int p\, dV$ dient, also zur Fortbewegung des den Gasraum schließenden Stempels gegen eine äußere Kraft, die dem Gasdruck das Gleichgewicht hält.

Der CARNOTsche Kreisprozeß ist nur ein Sonderfall unter unendlich vielen, die mittels zweier Wärmespeicher von verschiedener Temperatur vorgenommen werden können. Ihr Wirkungsgrad ist jedoch immer durch Gl. (11) gegeben. Eine besondere Bedeutung hat noch der CLAPEYRON*sche Kreisprozeß*, bei dem an die Stelle der beiden adiabatischen Teilvorgänge solche bei konstantem Volumen treten. Auf diesen Kreisprozeß gründet sich die heutige gesetzliche *thermodynamische Temperaturskala.*

128. Verwandlung von Wärme in mechanische Arbeit.
Für die praktische Verwandlung von Wärme in Arbeit kommen nur solche Vorrichtungen in Frage, welche periodisch arbeiten, in denen also Kreisprozesse vor sich gehen. Eine praktisch verwendbare Maschine, welche sich im Laufe der Zeit dauernd verändert, also nicht periodisch wieder in ihren Anfangszustand zurückkehrt, ist nicht gut denkbar. Für die Wärmekraftmaschinen gilt daher die Gl. (11), und zwar nur als eine obere, tatsächlich nie erreichbare Grenze für den Wirkungsgrad. Der Arbeitsbetrag, der in der gewünschten Form gewonnen wird, bleibt stets unter dieser Grenze. Ein oft nicht unerheblicher Teil wird durch Reibung der Maschinenteile aufgezehrt. Ferner wird nicht nur Wärme an den kälteren Wärmespeicher abgegeben, sondern auch

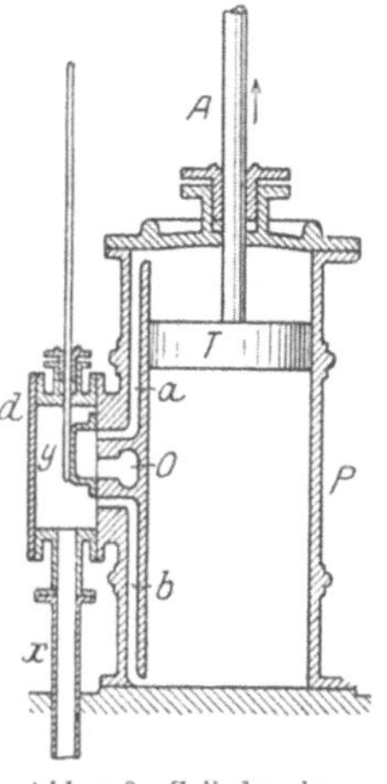

Abb. 248. Zylinder der Kolbendampfmaschine.

an andere, wärmere Teile der Umgebung, wodurch sich der Wirkungsgrad weiter verschlechtert.

Jedenfalls ergibt sich aber aus Gl. (11) die Forderung, daß man die Temperaturen T_2 und T_1, zwischen denen die Maschine arbeitet, so wählen muß, daß T_2 möglichst groß, T_1 möglichst klein ist. Bezüglich T_1 sind wir aus praktischen Gründen an die gewöhnlichen Temperaturen unserer Umgebung gebunden (Kühlung durch Wasser oder Luft). Das Ziel bleibt daher, die Temperatur T_2 möglichst hoch zu machen.

Bei den *Dampfmaschinen* ist der Wärmespeicher von höherer Temperatur (T_2) der Kessel, in dem aus siedendem Wasser Dampf erzeugt wird. Er hat eine Temperatur von mehr als 100°, da man zur Erhöhung des Wirkungsgrades das Wasser stets unter erhöhtem Druck sieden läßt (§ 113). Der kältere Wärmespeicher ist der Kondensator, ein wassergekühlter Behälter, in dem sich der Dampf nach erfolgter Arbeitsleistung unter Abgabe seiner Verdampfungswärme kondensiert.

Der Hauptteil der von JAMES WATT (Vorläufer u. a. PAPIN) erfundenen *Kolbendampfmaschine* ist der Zylinder P (Abb. 248), in dem sich ein dicht schließender Kolben T mit der Kolbenstange A hin- und herbewegen kann. Diese Hin- und Herbewegung wird dadurch hervorgerufen, daß der vom Kessel kommende Dampf bald von oben, bald von unten her gegen den Kolben drückt. In der Abb. 248 ist der Kolben noch in Aufwärtsbewegung begriffen gedacht, der Dampf strömt von dem Kessel her durch das Rohr x, den Schieberkasten d und das Rohr b in den unteren Teil des Zylinders. Der obere Teil des Zylinders, der sich bei der Abwärtsbewegung des Kolbens mit Dampf gefüllt hatte, ist aber durch das Rohr a und das im Querschnitt gezeichnete Rohr O mit dem Kondensator verbunden. Infolgedessen besteht in dem oberen Zylinderteil ein sehr niedriger Druck, der Kolben wird durch den Druck im unteren Teil nach oben getrieben. Durch die Bewegung des Kolbens wird die Steuerung betätigt. Diese bewirkt, daß sich, sobald der Kolben das obere Ende des Zylinders erreicht hat, der Schieber y derart nach unten verschiebt, daß nunmehr eine Verbindung der unteren Zylinderhälfte durch b mit O und dem Kondensator und eine Verbindung der oberen Hälfte durch a und x mit dem Kessel hergestellt wird. Infolgedessen kehrt sich die Bewegung nunmehr um,

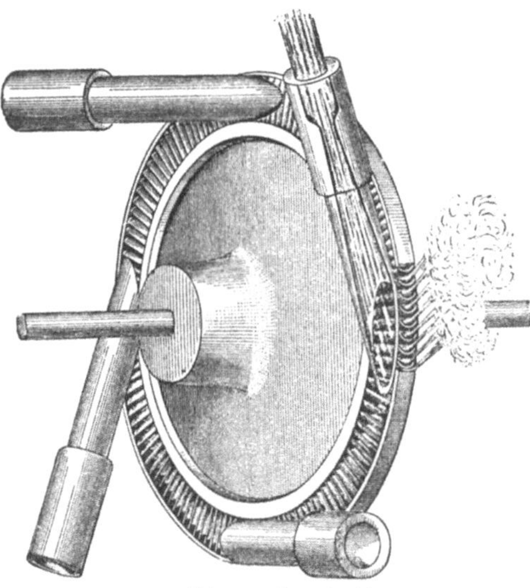

Abb. 249. Dampfturbine.

und das Spiel wiederholt sich stets von neuem. Die Kolbenstange überträgt die geleistete mechanische Arbeit. Dabei wird fast stets ihre hin- und hergehende Bewegung zunächst in drehende Bewegung umgesetzt. Bei manchen Dampfmaschinen strömt der Dampf nicht sofort in den Kondensator, sondern erst in einen zweiten, manchmal sogar noch in einen dritten Zylinder, wobei sein Druck ständig abnimmt. Man unterscheidet dann Hochdruck- und Niederdruckzylinder. Eine solche Maschine heißt Verbundmaschine.

Die *Dampfturbinen* haben gegenüber der Kolbendampfmaschine den Vorteil, daß sie keine hin- und hergehende, sondern sofort eine drehende Bewegung hervorrufen. Bei einer Dampfturbine strömt der Dampf gegen die sehr zahlreichen Schaufeln eines Rades (Abb. 249). Der Raum, in den der Dampf vom Rade abströmt, steht wieder mit einem Kondensator in Verbindung, so daß in ihm ein sehr niedriger Druck herrscht. So wird das Rad durch den einseitigen Druck des dagegen strömenden Dampfes (genauer: durch die bei der Änderung der Strömungsrichtung des Dampfes übertragene Bewegungsgröße) in Drehung versetzt.

Die Drehzahl der Dampfturbinen ist sehr groß. Bei der Verwendung als Schiffsmaschinen muß man zwischen Schiffswelle und Turbine eine Übersetzung einschalten, um eine langsamere Drehung der Welle zu erzielen, da die Drehzahl einer Schiffsschraube im Wasser einen bestimmten Betrag nicht überschreiten darf. Für den Antrieb von Dynamomaschinen aber ist die hohe Drehzahl ein besonderer Vorteil.

Man ist bei Dampfmaschinen schon bis zu Kesseldrucken von 200 at gegangen. Die Siedetemperatur des Wassers beträgt dann $265°$ C $= 538°$ abs. Rechnet man die Temperatur des Kondensators sehr günstig zu $40°$, also $313°$ abs., so ergibt sich nach § 127, Gl. (11), als günstigster theoretischer Wirkungsgrad einer Dampfmaschine $235/538 = 0,44 = 44\%$. Doch wird ein so großer Wirkungsgrad tatsächlich nie erreicht. Es geht also bei einer Dampfmaschine der weitaus größte Teil der zugeführten Wärmeenergie an den Kondensator über. Neuerdings wird diese Wärme (Abwärme) bei größeren Dampfmaschinenanlagen für Heizungszwecke nutzbar gemacht (Fernheizwerke).

Sehr viel günstiger ist der Wirkungsgrad der *Explosionsmotore*. Sie beruhen auf der Bewegung eines Kolbens in einem Zylinder durch die Verbrennungsgase des mit Luft gemischten, verdampften Brennstoffs, die sich infolge der bei der Explosion auftretenden großen positiven Wärmetönung (§ 129) sehr stark auszudehnen suchen. Arbeit wird nur bei der einen Bewegungsrichtung des Kolbens geleistet, und zwar bei den Zweitaktmotoren einmal bei jedem Hin- und Hergang, bei den Viertaktmotoren einmal bei jedem zweiten Hin- und Hergang. Die Temperaturen, zwischen denen ein Explosionsmotor arbeitet — nämlich die Temperatur der Verbrennungsgase einerseits und der Außenluft andererseits — liegen viel weiter auseinander als bei der Dampfmaschine. Daher ist der theoretische und der praktische Wirkungsgrad dieser Motore viel größer als der der Dampfmaschinen. Auf Einzelheiten kann hier nicht eingegangen werden.

Indem man das Prinzip der Wärmekraftmaschinen gewissermaßen umkehrt, kommt man zu den *Kältemaschinen*. Es sind dies Maschinen, in denen auch Wärme in Arbeit verwandelt wird, aber nicht mit der Absicht auf die Gewinnung der Arbeit, sondern auf die Abkühlung eines Körpers, auf Kosten von dessen Wärmeenergie die Arbeit gewonnen wird. Solche Maschinen dienen z. B. zur Eisgewinnung. Auch die LINDEsche Luftverflüssigungsmaschine (§ 115) ist ein Beispiel einer solchen Maschine.

129. Wärmequellen. Thermochemie. Die wichtigste Quelle thermischer Energie ist für uns die Sonne. Sie strahlt in 1 sec etwa 10^{26} cal aus. Dies entspricht einer Leistung von rund $0,4 \cdot 10^{22}$ Kilowatt. Hätte die Erde keine Atmosphäre, so würden bei senkrechtem Einfall der Sonnenstrahlung auf 1 cm^2 der Erdoberfläche etwa $1,94$ cal $\cdot$ min^{-1} fallen *(Solarkonstante)*. Wegen der Absorption der Sonnenstrahlung in der Atmosphäre ist der wirklich auf die Erdoberfläche gelangende Betrag an Strahlung jedoch geringer.

Technisch ist heute noch immer die Wärmeerzeugung aus Kohle am wichtigsten. Daneben gewinnt die Wärmeerzeugung auf elektrischem Wege, möglichst unter Ausnutzung der Wasserkräfte, leider durch hohe Kosten behindert, allmählich an Bedeutung. Alle diese Arten der Wärmeerzeugung gehen letzten Endes auf die Sonnenenergie zurück; denn die in den Kohlen aufgespeicherte Energie ist von den Pflanzen, aus denen die Kohle entstanden ist, aus der Sonnenstrahlung aufgenommen worden, und die Wasserkräfte verdanken ihren Ursprung ebenfalls der Sonnenstrahlung, welche diejenigen atmosphärischen Vorgänge hervorruft, die die Hebung des Wassers auf ein höheres Niveau bewirken.

Die Wärmeerzeugung durch Verbrennung von Kohle ist nur ein Beispiel für viele andere chemische Vorgänge, bei denen Wärme frei wird. Man unterscheidet *endotherme* und *exotherme chemische Vorgänge*. Ein endothermer Vorgang ist ein solcher, der nur vor sich geht, wenn den beteiligten Stoffen von außen Wärme zugeführt wird, also nur unter Aufnahme von Wärme. Bei den exothermen Vorgängen dagegen wird nach außen hin Wärme abgegeben. Hierher gehören die gewöhnlichen Verbrennungen mit dem Sauerstoff der Luft.

Man kann den Wärmeumsatz bei einem chemischen Vorgang in Gleichungsform darstellen. Z. B. bedeutet die Gleichung

$$S + O_2 \rightarrow SO_2 + 71\,800 \text{ cal},$$

daß bei der chemischen Verbindung von 1 Grammatom Schwefel mit 2 Grammatomen (1 Mol) Sauerstoffgas zu Schwefeldioxyd 71 800 cal frei werden. Diese Wärmemenge heißt die *Wärmetönung* des betreffenden chemischen Vorganges. Sie ist bei exothermen Vorgängen positiv, bei endothermen negativ und unabhängig von dem Wege, auf dem eine chemische Verbindung aus ihren Bestandteilen zustande kommt. So ist z. B.

$$C + O \rightarrow CO + 29\,000 \text{ cal},$$
$$CO + O \rightarrow CO_2 + 68\,000 \text{ cal},$$
$$C + 2O \rightarrow CO_2 + 97\,000 \text{ cal}.$$

Man sieht, daß man die letzte Gleichung auch durch Addition der beiden ersten erhalten kann. Es ist also, wie es auch das Energieprinzip (1. Hauptsatz) verlangt, energetisch gleichgültig, ob man zunächst aus Kohlenstoff und Sauerstoff Kohlenoxyd und dann aus diesem und Sauerstoff Kohlendioxyd herstellt oder gleich aus Kohlenstoff und Sauerstoff Kohlendioxyd.

Alle von selbst ablaufenden chemischen Umwandlungen sind nicht umkehrbar, denn sie verlaufen stets in dem Sinne, daß die Entropie der beteiligten Stoffe zunimmt. Die drei Hauptsätze der Wärmetheorie bilden die wichtigsten Grundlagen der theoretischen Chemie.

Viertes Kapitel

Elektrostatik.

Die *Elektrostatik* ist die Lehre von den zwischen ruhenden elektrischen Ladungen wirkenden Kräften und von den durch diese Kräfte bedingten Gleichgewichtszuständen.

Zur Elektrizitätserzeugung bedienen wir uns bei den in diesem Kapitel zu besprechenden Versuchen meist mit Vorteil des bekannten Reibungsverfahrens, von dem in § 164 genauer die Rede sein wird.

130. Positive und negative Elektrizität. Elektrizitätsmenge. An einem gut trockenen Seidenfaden sei ein leichter Körper (Papierzylinder, Holundermarkkugel od. dgl.) aufgehängt (Abb. 250). Eine Stange aus Hartgummi oder Schwefel werde mit einem weichen Fell, am besten Katzenfell, gerieben und dem aufgehängten Körper genähert. Man beobachtet alsdann folgendes:

1. Der Körper wird von der Hartgummistange angezogen.

2. Nachdem der Körper die Hartgummistange berührt hat, vor allem aber, wenn man den Körper mit der Stange bestrichen hat, verwandelt sich die Anziehung in eine Abstoßung.

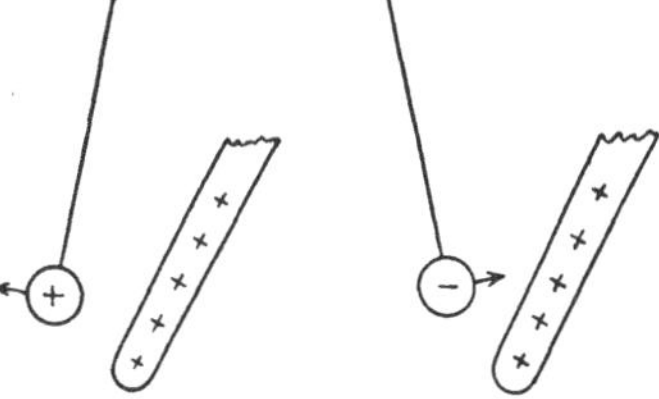

Abb. 250. Elektrostatischer Grundversuch.

Man überstreiche nunmehr den Körper mit der Hand (Entladung) und wiederhole den Versuch mit einer Glasstange, die vorher mit einem Seidenlappen oder einem amalgamierten Lederlappen gerieben wurde. Man beobachtet wieder die gleichen Erscheinungen wie mit der geriebenen Hartgummistange.

3. Der mit der geriebenen Glasstange bestrichene Körper wird von der Glasstange abgestoßen, von der geriebenen Hartgummistange aber angezogen. Wird aber der Körper mit der geriebenen Hartgummistange bestrichen, so ist das Umgekehrte der Fall.

Den Zustand, in den die Stangen durch das Reiben versetzt werden, bezeichnet man bekanntlich als den elektrischen Zustand, das an den geriebenen Körpern auftretende Etwas als *Elektrizität*. (Der Name stammt von GILBERT, 1600.) Von ihrem Wesen wird später die Rede sein. Hier sei nur so viel gesagt, daß wir sie wie eine *Substanz* betrachten können. Stellt man den gleichen Versuch mit anderen geriebenen Stoffen an, so zeigt sich, sofern auf die angegebene Weise überhaupt eine Wirkung erzielt wird, daß die Elektrizität sich entweder wie die des geriebenen Glases oder wie die des geriebenen Hartgummis verhält. Ein Drittes gibt es nicht.

Man bestreiche den aufgehängten Körper erst mit der geriebenen Hartgummistange, dann, ohne vorher wieder zu entladen, mit der geriebenen Glasstange oder umgekehrt. Man beobachtet,

4. daß sich die Wirkungen der Glas- und der Hartgummielektrizität gegenseitig aufheben können. Durch das Hinzutreten der einen Art von Elektrizität wird die Wirkung der anderen herabgesetzt, aufgehoben oder in ihr Gegenteil verwandelt, je nach dem Mengenverhältnis, in dem die beiden Elektrizitäten auf den Körper übertragen wurden.

Das berechtigt dazu, die beiden Arten der Elektrizität als ihrem Wesen nach gleiche Größen zu betrachten, die sich durch ihr Vorzeichen, + oder —, voneinander unterscheiden. Es ist üblich, die Glaselektrizität als *positive Elektrizität*, die Hartgummielektrizität als *negative Elektrizität* zu bezeichnen (LICHTENBERG 1777). Diese Wahl ist völlig willkürlich und zufällig; man hätte genau so gut, ja sogar besser, auch umgekehrt verfahren können. Der Unterschied der beiden Elektrizitäten wurde 1734 von DUFAY entdeckt.

Indem wir uns von vornherein auf den Boden der Auffassung der Elektrizität als einer Substanz stellen — eine Auffassung, die später näher zu erklären sein wird — sind wir berechtigt, von der Menge der auf einem Körper befindlichen Elektrizität zu sprechen, also den Begriff der *Elektrizitätsmenge* einzuführen. Man bezeichnet die auf einem Körper befindliche Elektrizitätsmenge (genauer den Überschuß der auf ihm vorhandenen positiven Elektrizitätsmenge über die auf ihm vorhandene negative Elektrizitätsmenge) als die *elektrische Ladung* des Körpers.

Man wird naturgemäß zwei Elektrizitätsmengen als gleich bezeichnen, wenn sie, am gleichen Orte befindlich, sowohl nach Betrag wie nach Richtung unter gleichen Verhältnissen genaue gleiche Wirkungen auf eine bestimmte andere Ladung hervorbringen. Als entgegengesetzt gleich wird man sie bezeichnen, wenn ihre Wirkungen auf eine bestimmte andere Ladung unter gleichen Verhältnissen dem Betrage nach gleich, aber entgegengesetzt gerichtet sind.

Ein mit gleichen Mengen positiver und negativer Elektrizität geladener Körper wirkt bei gleicher Verteilung beider Ladungsarten wie ein gar nicht geladener Körper. Einen Körper, der nach außen keine elektrischen Wirkungen zeigt, nennen wir *elektrisch neutral*.

Als *Raumdichte* einer elektrischen Ladung bezeichnet man den Betrag an Ladung, der sich in 1 cm³ eines Raumes befindet, also die Ladung der Volumeinheit. Häufig befindet sich eine elektrische Ladung lediglich innerhalb einer äußerst dünnen Schicht an der Oberfläche eines Körpers. In diesem Falle bezeichnet man die auf je 1 cm² der Oberfläche entfallende Elektrizitätsmenge als die elektrische *Flächendichte*.

131. Das COULOMBsche Gesetz. Einheit der Elektrizitätsmenge. Indem wir die Beobachtung 1, § 130, einer späteren Besprechung vorbehalten, ergeben die Beobachtungen 2 und 3 folgenden allgemeinen Schluß:

Ladungen gleichen Vorzeichens (gleichnamige Ladungen) stoßen sich ab, Ladungen entgegengesetzten Vorzeichens (ungleichnamige Ladungen) ziehen sich an.

Dieses allgemeine Ergebnis wird durch das *Gesetz von* COULOMB (1785, Vorläufer DANIEL BERNOULLI, CAVENDISH) genauer ausgesprochen:

Die zwischen zwei punktförmigen Elektrizitätsmengen (Punktladungen, § 133) e und e' wirkende Kraft k ist dem Betrage jeder der beiden Elektrizitätsmengen proportional, dem Quadrat ihres Abstandes r umgekehrt proportional.

$$k = \text{const } \frac{e\,e'}{r^2}. \tag{1}$$

Die Kraft wirkt in Richtung der Verbindungslinie der beiden Ladungen. Man sieht, daß sich, in Übereinstimmung mit dem Experiment, bei gleichem Vorzeichen von e und e' Abstoßung (positives Vorzeichen von k, d. h. Vergrößerung des Abstandes r), bei entgegengesetztem Vorzeichen Anziehung ergibt, wenn die Konstante des Gesetzes positiv gewählt wird.

Handelt es sich um die Kräfte zwischen räumlich ausgedehnten Ladungen, so muß man sich diese im allgemeinen in so kleine Ladungselemente unterteilt denken, daß man diese als Punktladungen ansehen kann. Die zwischen den Ladungen wirkende Kraft ergibt sich dann als die Vektorsumme (das Integral) über die zwischen den einzelnen Ladungselementen wirkenden Kräfte. In manchen Fällen aber kann man eine räumlich ausgedehnte Ladung durch eine einzige Punktladung ersetzt denken und die Gl. (1) unmittelbar auf diese anwenden (§ 133).

Die Gültigkeit des Coulombschen Gesetzes wurde von Coulomb durch genaue Versuche mittels einer elektrischen Drehwaage bewiesen (Abb. 251). An einem horizontalen, an einem dünnen Faden drehbar und isoliert aufgehängten Balken befindet sich eine Kugel aus Holundermark, in gleicher Höhe mit ihr und in veränderlichem Abstande von ihr eine zweite, gleiche Kugel. Beiden Kugeln können elektrische Ladungen erteilt werden. Die Größe der anziehenden oder abstoßenden Kraft wird aus der Drehung des Balkens ermittelt.

Man beachte die völlige formale Gleichheit des Coulombschen Gesetzes mit dem Newtonschen Gravitationsgesetz (§ 45). Die Proportionalität der Kraft mit $1/r^2$, die in beiden Gesetzen auftritt, hat zur Folge, daß für die Bewegung zweier frei beweglicher elektrischer Ladungsträger entgegengesetzten Vorzeichens unter der Wirkung der gegenseitigen Anziehung die gleichen Gesetze gelten wie für zwei sich anziehende Massen. Diese Bewegungen gehorchen also auch dem 1. und 2. Keplerschen Gesetz, ebenso wie die Planetenbewegungen. Das 3. Keplersche Gesetz gilt jedoch nur dann, wenn für mehrere, das gleiche Anziehungszentrum („Sonne") umkreisende Ladungen („Planeten") das Verhältnis e/m aus ihrer Ladung e und ihrer Masse m gleich groß ist. Das Verhältnis e/m tritt in diesem Falle an die Stelle des Verhältnisses der schweren zur trägen Masse (§ 27 und 48). Letzteres ist für alle Körper gleich groß, nämlich gleich 1. Das Verhältnis e/m kann aber sehr verschiedene Werte annehmen.

Abb. 251.
Versuch von
Coulomb.
Drehwaage.

In Gl. (1) ist noch die Konstante unbestimmt. Dies rührt daher, daß wir noch keine Festsetzung über die *Maßeinheit der Elektrizitätsmenge* getroffen haben. Das *elektrostatische Maßsystem* beruht auf der Festsetzung, daß die Einheit der Elektrizitätsmenge so gewählt werden soll, daß die Konstante im Coulombschen Gesetz den Betrag 1 erhält und eine reine Zahl ist, also aus dem Gesetz überhaupt verschwindet, wenn wir als Krafteinheit das dyn und als Längeneinheit das cm, also die Einheiten des CGS-Systems, wählen. Dies ist eine natürlich erlaubte, aber völlig willkürliche Festsetzung, für die nur praktische Gesichtspunkte maßgebend sind. Wir werden später noch andere Maßsysteme kennenlernen. Man beachte, daß beim Newtonschen Gravitationsgesetz diese Freiheit der Festsetzung nicht besteht, weil die Masseneinheit bereits anderweitig festgelegt ist, und weil die schwere Masse gleich der trägen Masse gesetzt ist. Daher kann das Gravitationsgesetz im CGS-System nicht ohne die allgemeine Gravitationskonstante G geschrieben werden.

Wir schreiben also nunmehr das Coulombsche Gesetz in folgender einfacher Form:

$$k = \frac{e\,e'}{r^2}\,\text{dyn}\,. \tag{2a}$$

Wenn wir der Vektornatur der Kraft Rechnung tragen wollen, so können wir, indem wir die rechte Seite mit dem Einheitsvektor $\mathfrak{r}/r$ multiplizieren (§ 8), das Coulombsche Gesetz auch als Vektorgleichung schreiben:

$$\mathfrak{k} = \frac{e\,e'}{r^3}\,\mathfrak{r}\,. \tag{2b}$$

Dabei ist $\mathfrak{r}$ (Betrag r) der von e nach e' weisende Radiusvektor, wenn es sich um die von e auf e' wirkende Kraft handelt, im umgekehrten Fall der von e' nach e weisende Radiusvektor. $\mathfrak{k}$ und $\mathfrak{r}$ sind gleichgerichtet (Abstoßung), wenn

e und e' gleiches Vorzeichen haben, andernfalls einander entgegengerichtet (Anziehung). [Vgl. die Ausführungen zu Gl. (2), § 45.]

Aus Gl. (2a) ergibt sich dann zwangsläufig die Definition der Einheit der Elektrizitätsmenge im elektrostatischen System:

Eine Elektrizitätsmenge ist gleich der (elektrostatischen) Einheit, wenn sie auf eine ihr gleiche im Abstande 1 cm die Kraft 1 dyn ausübt.

Die elektrostatische Einheit (abgekürzt e.s.E.) der Elektrizitätsmenge eignet sich nicht für die Bedürfnisse der Technik. (So fließen z. B. durch eine elektrische 25 Watt-Glühlampe bei einer Spannung von 220 Volt in 1 sec rund $0{,}3 \cdot 10^9$ e.s.E.) Man benutzt als *internationales praktisches Maß* der Elektrizitätsmenge das *Coulomb*, auch *Amperesekunde* genannt. Es ist

$$1 \text{ Coulomb} = 3 \cdot 10^9 \text{ e.s.E.}$$

Vom Standpunkt der Elektrostatik aus ist 1 Coulomb eine sehr große Elektrizitätsmenge. Durch Einsetzen in das COULOMBsche Gesetz berechnet man leicht, daß zwei Ladungen von je 1 Coulomb, die sich in 1 km Abstand voneinander befinden, mit einer Kraft von $9 \cdot 10^8$ dyn oder rund 900 kg* aufeinander wirken.

Wir wollen uns in diesem Kapitel durchweg des elektrostatischen Maßsystems bedienen, wie dies in der theoretischen Physik üblich ist. Die Gleichungen gestalten sich dann einfacher und übersichtlicher. Eine Umrechnung der wichtigsten Gleichungen in die Einheiten des internationalen Maßsystems wird in § 147 gegeben werden.

132. Das Wesen der Elektrizität. Wir haben bisher von der Elektrizität als einem substanzartigen Etwas gesprochen, das sich im Innern oder an der Oberfläche von Körpern befinden und unter Umständen auch in ihnen fließen kann. Tatsächlich ist die Elektrizität eine Eigenschaft der Materie. *Es gibt keine Elektrizität, die nicht mit einer Masse untrennbar verknüpft ist.* Jedes Atom ist aus elektrisch geladenen Bestandteilen aufgebaut. Daß uns die unserer unmittelbaren Beobachtung zugänglichen Körper im gewöhnlichen Zustande unelektrisch erscheinen, liegt daran, daß sie positive und negative atomare Ladungen in gleicher Menge und gleichmäßig verteilt enthalten, so daß sich die Wirkungen dieser Ladungen nach außen hin aufheben. Über den Bau der Atome wollen wir hier nur das nötigste sagen (näheres s. 9. Kap., II. Teil).

Jedes Atom besteht aus einem *Atomkern*, in dem der überwiegende Anteil der Masse des Atoms enthalten ist, und der eine *positive elektrische Ladung* trägt. Diese Ladung ist stets ein ganzzahliges Vielfaches einer bestimmten Elektrizitätsmenge, des *elektrischen Elementarquantums*. Ein Atomkern trägt soviel positive elektrische Elementarquanten, wie die Ordnungszahl des betreffenden Elements im periodischen System angibt (§ 340), also ein Atomkern des Wasserstoffes 1, des Heliums 2, des Lithiums 3, des Urans 92 Elementarquanten. Die Atomkerne sind von einer Hülle von *Elektronen* umgeben. (Der Name stammt von STONEY, 1881). Die Masse der Elektronen beträgt nur rund $^1/_{1840}$ der Masse eines Wasserstoffatoms. Die Ladung eines Elektrons beträgt immer ein *negatives* Elementarquantum. (Über Teilchen mit gleicher Masse wie das Elektron, aber mit einem positiven Elementarquantum, die *Positronen*, vgl. § 357). In der Elektronenhülle eines elektrisch neutralen Atoms müssen sich also so viele Elektronen befinden, wie seine Ordnungszahl beträgt. Denn dann ist der Betrag seiner positiven Kernladung ebenso groß wie der seiner negativen Elektronenladung, so daß sich ihre Wirkungen nach außen aufheben. Verliert ein Atom oder Molekül ein oder mehrere Elektronen, so ist es positiv geladen. Treten in die Hülle eines neutralen Atoms oder Moleküls weitere Elektronen ein, so ist es negativ geladen. Solche geladenen Atome und

Moleküle heißen zum Unterschied von neutralen Atomen und Molekülen *Ionen* (Atomionen, Molekülionen).

Das elektrische Elementarquantum beträgt

$$\varepsilon = 4{,}803 \cdot 10^{-10}\ \text{e.s.E.} = 1{,}602 \cdot 10^{-19}\ \text{Coulomb.} \tag{3a}$$

(§ 335.) Die Masse des Elektrons beträgt

$$\mu = 0{,}9108 \cdot 10^{-27}\ \text{g.} \tag{3b}$$

Aus dem vorstehenden folgt, daß, wo immer auch Elektrizität auftritt, dies nur in Gestalt der Ladung von Ionen oder Elektronen der Fall sein kann. Wir werden diese atomaren elektrischen Gebilde künftig oft kurz als *Ladungsträger* bezeichnen. Eine Ortsänderung, *ein Fließen der Elektrizität*, ist demnach nicht möglich ohne Bewegung der Ladungsträger.

Es ist uns zwar geläufig, von der Erzeugung von Elektrizität, z. B. durch Reibung, zu sprechen. Tatsächlich aber handelt es sich in allen solchen Fällen nur darum, daß die in jedem Körper in ungeheuer großer Zahl enthaltenen Ladungsträger entgegengesetzten Vorzeichens zu einem (stets überaus geringen) Teil so voneinander getrennt werden, daß sich ihre Wirkungen nicht mehr nach außen hin aufheben. Man kann also auch niemals eine Ladung eines Vorzeichens allein erzeugen, sondern immer nur gleich große Ladungen entgegengesetzten Vorzeichens voneinander *trennen*. Es gilt also für die Elektrizität ein *Erhaltungssatz* in dem Sinne, daß die Summe der in der Welt enthaltenen positiven und negativen Ladungen unveränderlich (wahrscheinlich Null) ist. In diesem Sinne haben wir von der Elektrizität als von einer *Substanz* gesprochen.

133. Schwerpunkt elektrischer Ladungen. Elektrischer Dipol. Elektrische Ladungen sind im allgemeinen auf Körpern räumlich verteilt. Genau wie man bei räumlich verteilten Massen (ausgedehnter Körper, System mehrerer Körper) einen Schwerpunkt definieren kann, in dem man sich in vielen Fällen die Einzelmassen vereinigt denken kann, so kann man auch einen *elektrischen Schwerpunkt* einer räumlich verteilten elektrischen Ladung definieren, sofern es sich um Ladung *eines* Vorzeichens handelt. Sind positive und negative Ladungen

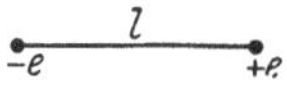

Abb. 252. Elektrischer Dipol.

gleichzeitig vorhanden, so ist für jede der Schwerpunkt besonders zu bestimmen. Man gewinnt so den gleichen Vorteil, wie im Falle von Massen, indem man sich, in Analogie zur Vorstellung des Massenpunktes, eine räumlich verteilte elektrische Ladung einheitlichen Vorzeichens oft durch eine gleich große, im elektrischen Schwerpunkt der Ladung befindliche *Punktladung* ersetzt denken kann.

Für die Bestimmung des Schwerpunktes einer elektrischen Ladung gelten die gleichen Gesetze wie für den Schwerpunkt einer räumlich verteilten Masse (§ 19). Der Schwerpunkt einer gleichmäßig über eine Kugelfläche verteilten Ladung liegt im Mittelpunkt der Kugel.

Ein Gebilde, das aus einer Punktladung $+e$ und einer gleich großen Punktladung $-e$ besteht (Abb. 252), die den Abstand l haben, oder ein Gebilde, das durch zwei solche Punktladungen ersetzt gedacht werden kann, nennt man einen *elektrischen Dipol*, die Größe $el = M$ das *elektrische Moment* des Dipols. Die Verbindungslinie der beiden Punktladungen eines Dipols nennt man seine *elektrische Achse*. Das elektrische Moment eines Dipols ist ein Vektor, der in der Richtung der Dipolachse von der negativen zur positiven Ladung weist.

134. Leiter und Nichtleiter. Es ist eine bekannte Erfahrungstatsache, daß die verschiedenen Stoffe sich in elektrischer Beziehung äußerst verschieden verhalten. In den einen vermag sich die Elektrizität verhältnismäßig leicht zu bewegen; sie fließt in ihnen, wenn eine Kraft an den Ladungsträgern angreift. In anderen Stoffen aber läßt sich ein solches Fließen der Elektrizität praktisch kaum hervorrufen. Stoffe der ersten Art heißen *Leiter*, weil sie die Elektrizität zu leiten vermögen, Stoffe der zweiten Art *Nichtleiter, Isolatoren* oder *Dielektrika.* Es gibt aber zwischen diesen Stoffen keine scharfe Trennung, sondern alle möglichen Zwischenstufen zwischen den besten Leitern und den vollkommensten Nichtleitern. Stoffe von noch deutlicher, aber verhältnismäßig geringer Leitfähigkeit nennt man *Halbleiter.*

Die besten Leiter sind die Metalle, unter diesen Silber und Kupfer. Zu den vollkommensten Nichtleitern gehören Quarz und Glimmer, auch Bernstein, Hartgummi, Seide, ferner die Gase. Ganz reine Flüssigkeiten (ausgenommen die flüssigen Metalle) sind sehr schlechte Leiter. Der einzige absolute Nichtleiter ist das Vakuum.

Aus den Ausführungen des § 132 ergibt sich ohne weiteres der Grund für das verschiedene Verhalten der Stoffe. Da ein Fließen von Elektrizität nicht möglich ist ohne eine Verschiebung von Ladungsträgern (Elektronen, Ionen), so kann ein Stoff nur dann ein Leiter sein, wenn er frei bewegliche, also nicht fest an einen Ort gebundene Ladungsträger enthält. Je mehr solche Ladungsträger er enthält, und je leichter sie beweglich sind, ein um so besserer Leiter ist der Stoff. Weiteres über Leitfähigkeit und eine Tabelle siehe § 153.

Unter Berücksichtigung des vorstehend Gesagten und ferner auf Grund von § 132 folgt schon aus der täglichen Erfahrung, daß beim Fließen elektrischer Ladungen durch die bekanntesten und besten festen Leiter, nämlich die Metalle, eine Bewegung positiver Elektrizität nicht stattfindet. Mit einem Fließen positiver Elektrizität ist notwendig stets eine Verschiebung der sie tragenden Atome verbunden. Das müßte sich aber z. B. bei den Drähten in allen elektrischen Leitungen bemerkbar machen. So müßte allmählich das Lötzinn aus den Lötstellen der Drähte an andere Stellen wandern und durch zugewandertes Kupfer ersetzt werden. Die Wolfram-Drähte der Glühlampen würden sich im Laufe der Zeit verändern usw. Von derartigen Wirkungen ist nichts zu bemerken. Es folgt, daß das Fließen elektrischer Ladungen in festen metallischen Leitern, wenigstens unter gewöhnlichen Verhältnissen, immer nur in einer Bewegung von Elektronen, also negativen Ladungen, besteht, während die positiven Ladungen an ihren Plätzen bleiben.

Die Elektronen sind in den Metallen frei beweglich. Eine noch so kleine Kraft, die auf sie wirkt, setzt sie in Bewegung.

Demnach ist die positive Aufladung eines metallischen Leiters so zu verstehen, daß ihm Elektronen entzogen werden, so daß sich die in ihm enthaltenen positiven und negativen Elektrizitätsmengen nicht mehr, wie im gewöhnlichen, elektrisch neutralen Zustande, in ihrer Wirkung nach außen gegenseitig aufheben. Vielmehr besteht nunmehr ein positiver Überschuß, der nach außen hin wirksam wird. Die Entladung eines positiv geladenen metallischen Leiters besteht in dem Hinüberfließen einer so großen Zahl von Elektronen auf ihn, daß dadurch sein positiver Ladungsüberschuß ausgeglichen wird.

135. Einige Versuche mit dem Elektroskop. Zum Nachweis von Elektrizitätsmengen kann das *Elektroskop* oder *Elektrometer* dienen. Die einfachste Bauart ist das Blättchenelektroskop (Abb. 253). In ein Metallgehäuse A (bei einfachen. Geräten auch wohl ein Glasgefäß) ist isoliert (etwa durch einen Verschluß aus Hartgummi, Bernstein oder Siegellack) eine Metallstange eingeführt, welche oben einen Knopf, eine Klemmschraube oder eine Platte und unten, in der Mitte des Gehäuses, zwei im ungeladenen Zustand unmittelbar aneinander herabhängende Blättchen K aus Aluminiumfolie oder Blattgold trägt. Wird eine elektrische Ladung auf den Knopf übertragen, so verteilt sie sich über die Stange und die Blättchen. Diese werden also beide mit Ladung gleichen Vorzeichens geladen und stoßen sich infolgedessen ab (eine genauere Beschreibung s. § 140, letzter Absatz und § 143). Sie spreizen sich auseinander, und zwar um so stärker, je größer ihre Ladung ist.

Wir können mit dem Elektroskop unter anderen die folgenden lehrreichen Versuche anstellen.

1. Man nähere dem Knopf bzw. der Platte des Elektroskops eine geriebene Hartgummi- oder Glasstange, ohne zu berühren. Das Elektroskop zeigt einen Ausschlag, der beim Entfernen der Stange wieder verschwindet.

2. Man berühre den Knopf des Elektroskops mit einer geriebenen Hartgummistange. Gibt dies einen zu großen Ausschlag, so übertrage man durch Bestreichen erst etwas von der Ladung der Stange auf eine an einem Hartgummi- oder Glasgriff isoliert befestigte Metallkugel von 1—2 cm Durchmesser und übertrage deren Ladung durch Berühren des Knopfes auf das Elektroskop. Dieses zeigt einen Ausschlag, der auch nach Entfernen der Stange bzw. der Kugel bestehen bleibt. Das Elektroskop ist negativ geladen. Ebenso kann man mittels des geriebenen Glasstabes das Elektroskop positiv laden.

3. Man füge zu einer bereits vorhandenen positiven (negativen) Ladung negative (positive) hinzu. Der Ausschlag des Elektroskopes wird kleiner oder verschwindet oder es stellt sich nach Durchgang durch die Nullage wieder ein Ausschlag ein.

4. Man nähere dem positiv geladenen Elektroskop die geriebene Glasstange, *ohne zu berühren*. Der Ausschlag wird größer, solange der Glasstab in der Nähe ist, und geht bei Entfernen wieder auf seinen alten Wert zurück. Nähert man die geriebene Hartgummistange, so wird der Ausschlag kleiner, solange die Stange in der Nähe ist. Nähert man

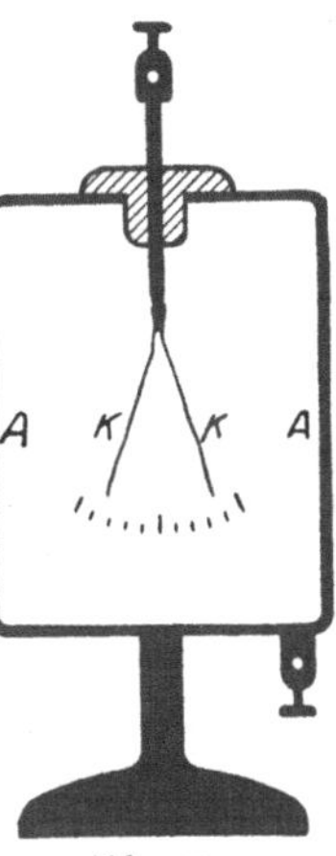

Abb. 253.
Blättchenelektroskop.

das Fell, mit dem die Hartgummistange gerieben wurde, so wird der Ausschlag größer. Das Fell ist also positiv geladen, denn es wirkt wie der geriebene Glasstab. Ebenso erweist sich der Seidenlappen, mit dem der Glasstab gerieben wurde, als negativ geladen.

5. Man schlage den Knopf des Elektroskops leicht mit einem trockenen Seidenlappen. Das Elektroskop zeigt einen Ausschlag, der sich bei Prüfung durch Annäherung einer geriebenen Glasstange als negativ erweist.

Die Deutung von Versuch 1 und 4 kann erst später (§ 139) erfolgen; jedoch beweist der zweite Teil von 4, daß das Reibzeug die entgegengesetzte Ladung erhält wie der geriebene Stab, denn es hat auf das Elektroskop die entgegengesetzte Wirkung wie dieser. Die Versuche 2 und 3 sind nach dem bereits früher gesagten ohne weiteres verständlich. Versuch 5 beweist, daß auch das Metall des Elektroskopknopfes durch Reiben elektrisch wird. Diese Elektrisierung kann hier beobachtet werden, weil das geriebene Metall isoliert ist, die erzeugte Ladung also nicht abfließen kann, wie sie es sofort tun würde, wenn man den Metallstab in der Hand hielte. Man kann auf diese oder ähnliche Weise den Nachweis führen, daß alle Stoffe durch Reiben elektrische Ladungen annehmen (vgl. § 164).

136. Das elektrische Feld. Feldstärke. Nach dem COULOMBschen Gesetz (§ 131) erfährt jede elektrische Ladung in der Umgebung einer anderen Ladung eine Kraft, die von ihrem Ort in dem diese Ladung umgebenden Raume abhängt. Entsprechend verhält es sich, wenn eine Ladung unter der Wirkung mehrerer räumlich getrennter Ladungen steht. Die auf sie wirkende Kraft ergibt sich dann als die Vektorsumme der Einzelkräfte und ist im allgemeinen von Ort zu Ort verschieden. In der Umgebung von elektrischen Ladungen besteht also ein Kraftfeld, ein *elektrisches Feld*. Wir haben die allgemeinen Gesetze der Kraftfelder bereits in § 26 besprochen. Die für ein elektrisches Feld charakteristische Körpereigenschaft, die wir dort allgemein mit w bezeichnet haben, ist die Ladung e des in einem elektrischen Felde befindlichen und seinen Kraftwirkungen unterworfenen Körpers. Als *elektrische Feldstärke* in einem Raumpunkt definieren wir demnach einen Vektor $\mathfrak{E}$, der der Vektorgleichung

$$\mathfrak{k} = e\,\mathfrak{E} \tag{4a}$$

genügt [vgl. § 26, Gl. (61)]. Dabei ist $\mathfrak{k}$ die Kraft, die die Ladung e an dem betrachteten Ort erfährt. Die Feldstärke $\mathfrak{E}$ ist also ein Vektor, dessen Richtung in jedem Raumpunkt mit derjenigen der Kraft übereinstimmt, die eine *positive* Ladung e dort erfährt, und dessen Betrag E gleich dem Betrage der Kraft ist, die die Ladungseinheit dort erfährt. Hingegen ist die auf eine *negative* Ladung wirkende Kraft der Feldstärke entgegengerichtet. Für die Beträge der Kraft und der Feldstärke gilt die Gleichung

$$k = e\,E. \tag{4b}$$

Wird die Kraft in der Einheit 1 dyn gemessen, die Ladung in der elektrostatischen Einheit, so erhält man die Feldstärke in der Einheit 1 dyn/elektrostatische Ladungseinheit = 1 elektrostatische Einheit (e.s.E.) der Feldstärke.

Zur anschaulichen Darstellung elektrischer Felder kann man sich nach FARADAY (1852) der elektrischen *Feldlinien* oder *Kraftlinien* bedienen. Es sind dies Kurven, für die folgende Festsetzungen gelten:

1. Die Richtung der Feldlinien, oder genauer die Richtung der in den einzelnen Raumpunkten an sie gelegten Tangenten, zeigt die Richtung des Feldstärkenvektors $\mathfrak{E}$ in dem betreffenden Punkt an.

2. Durch jede zur Richtung der Feldstärke senkrechte Fläche von 1 cm² treten so viele Feldlinien, wie der Maßzahl E der Feldstärke in jener Fläche entspricht. Ist also n die Zahl dieser Feldlinien, die Feldliniendichte, so ist $n = |E|$.

Wir wollen als Beispiel das Feld einer positiven Punktladung e betrachten. Wir erhalten den Betrag E der Feldstärke im Abstande r von der Ladung e, indem wir in Gl. (2a) die Ladung e' gleich der elektrostatischen Ladungseinheit machen, also

$$E = \frac{e}{r^2}, \tag{5a}$$

oder in vektorieller Schreibweise, indem wir die rechte Seite mit dem Einheitsvektor $\mathfrak{r}/r$ multiplizieren,

$$\mathfrak{E} = \frac{e}{r^3}\,\mathfrak{r}. \tag{5b}$$

Dabei ist $\mathfrak{r}$ der von der Ladung e nach dem betrachteten Punkt weisende Fahrstrahl. Durch jedes cm² einer im Abstande r cm um die Punktladung e gelegten Kugelfläche treten also e/r^2 Feldlinien, und durch die ganze Kugelfläche von der Größe $4\pi r^2$ cm² treten

$$4\pi r^2 \frac{e}{r^2} = 4\pi e \tag{6}$$

Feldlinien. Die Zahl der durch irgendeine die Punktladung einhüllende Kugelfläche, demnach auch jede beliebige andere sie einhüllende Fläche, tretenden Feldlinien ist also von deren Radius unabhängig, d. h. die Zahl dieser Feldlinien nimmt mit der Entfernung weder zu noch ab. Da die Richtung des elektrischen Feldes überall radial von der positiven Punktladung weg weist, so verlaufen auch die Feldlinien radial von der Punktladung weg, gehen also von ihr aus. Es folgt, daß die Zahl der von einer Ladung e ausgehenden Feldlinien der Ladung proportional und gleich $4\pi e$ ist. Handelt es sich um eine negative Ladung, so kehrt sich nur die Richtung der Feldstärke um, und die Feldlinien ändern ihr Bild nicht. Nur muß man jetzt sagen, daß sie radial auf die negative Ladung hin verlaufen. In elektrischen Feldern, die nicht von einer Punktladung, sondern von mehreren solchen oder von räumlich ausgedehnten Ladungen herrühren, ergibt sich die Feldstärke in den einzelnen Punkten durch Vektoraddition der von den einzelnen Ladungen herrührenden Feldanteile.

Aus dem vorstehenden folgt, daß *elektrische Feldlinien* nie blind im Raum beginnen oder endigen, sondern *ihren Anfang in einer positiven, ihr Ende in*

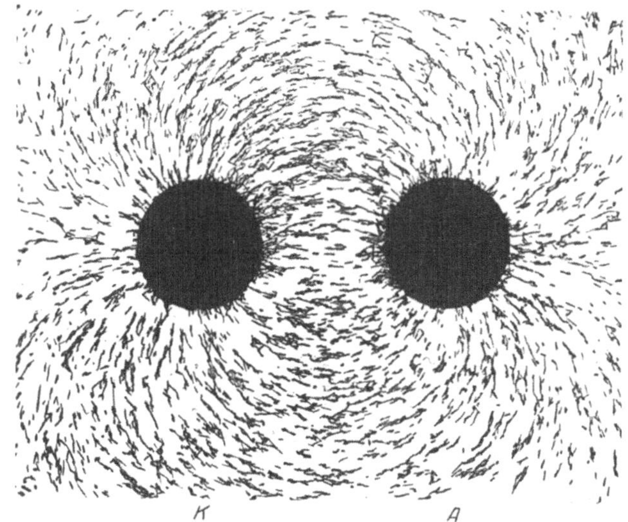

Abb. 254. Feldlinienbild im Felde zweier gleich großer, entgegengesetzter elektrischer Ladungen.
(Aus POHL: Elektrizitätslehre.)

einer negativen Ladung haben. Wir werden später sehen, daß es auch in sich zurücklaufende, geschlossene elektrische Feldlinien gibt, die aber dann nicht unmittelbar von dem Vorhandensein elektrischer Ladungen herrühren (§ 225). Man kann die allgemeine Richtung der Feldlinien sichtbar machen, indem man in das Feld eine Glasplatte bringt und sie mit kleinen Gipskristallen bestreut. Bei ausreichend hoher Feldstärke ordnen diese sich (wie die Eisenfeilspäne im magnetischen Felde) in Ketten, die in der Feldrichtung verlaufen. Ein Beispiel zeigt Abb. 254. Es handelt sich um das Feld zweier Kreisplatten mit gleich großen Ladungen von entgegengesetztem Vorzeichen. Man sieht deutlich, daß alle Feldlinien von der einen zur anderen Ladung verlaufen, also Anfang und Ende nur in diesen Ladungen haben.

137. Elektrische Spannung. Elektrisches Potential. Durch die Angabe von Betrag und Richtung der Feldstärke in den einzelnen Punkten eines elektrischen Feldes ist dieses vollständig beschrieben. Es gibt aber eine zweite Art der Beschreibung, nämlich durch das *Potential* in den einzelnen Raumpunkten. Wir haben den Begriff des Potentials in einem Raumpunkt eines Kraftfeldes bereits in § 26 allgemein definiert als die potentielle Energie, die einem Körper (Massenpunkt), der die für das Feld charakteristische Eigenschaft w im Betrage ihrer Einheit besitzt, in jenem Punkt zukommt. Hiernach ist das *elektrische Potential* in einem Raumpunkt definiert als die potentielle Energie, die ein mit der positiven Ladungseinheit geladener Massenpunkt infolge seiner Anwesenheit an jener Stelle des Feldes besitzt. Wie wir mehrfach erwähnt haben, ist die Wahl des Nullpunktes der potentiellen Energie stets willkürlich und ohne physikalische Bedeutung, da in die physikalischen Gesetze immer nur Potentialdifferenzen eingehen und diese von der Wahl des Nullpunktes nicht abhängen. Man darf daher irgendeinem beliebigen Raumpunkt oder irgendeinem Raumbereich konstanten Potentials das Potential Null zuschreiben und kann diesen Punkt oder Bereich nach Gründen der Zweckmäßigkeit wählen. In der experimentellen und technischen Praxis ist es im allgemeinen üblich, der Erde das Potential Null zuzuschreiben und die Potentiale in elektrischen Feldern auf die Erde zu beziehen. Die Potentialdifferenz zwischen zwei Punkten eines elektrischen Feldes heißt die *Spannung U* zwischen diesen Punkten. Sie ist gleich der Differenz der potentiellen Energien, die die positive Einheitspunktladung in den beiden Punkten besitzt.

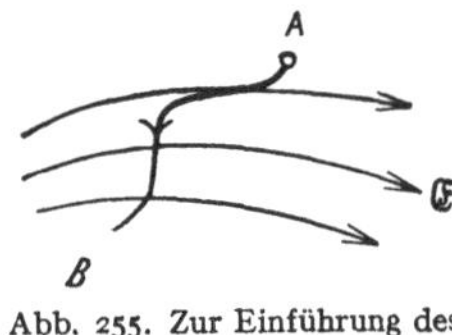

Abb. 255. Zur Einführung des Begriffs der Spannung.

Wird ein Massenpunkt mit der positiven Ladung e von einem Punkte A nach einem Punkte B verschoben (Abb. 255), so ist an ihm Arbeit zu leisten bzw. es wird Arbeit gewonnen, je nachdem ob die Richtung der Verschiebung einen stumpfen oder einen spitzen Winkel mit der Richtung der Feldstärke bildet. Da an der Ladung die Kraft $e\,\mathfrak{E}$ des Feldes angreift, so ist zu ihrer Verschiebung eine Kraft $-e\,\mathfrak{E}$ erforderlich. Sind $d\mathfrak{r}$ die einzelnen Elemente des Verschiebungsweges, so beträgt die zur Verschiebung von A nach B erforderliche Arbeit (§ 23)

$$A = -e \int_A^B \mathfrak{E}\,d\mathfrak{r} = \Delta P = e\,U. \qquad (7)$$

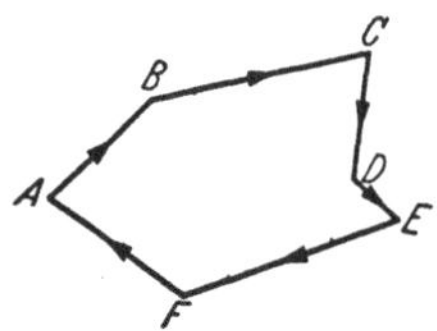

Abb. 256. Die Summe der Teilspannungen längs eines geschlossenen Weges ist im wirbelfreien Felde Null.

Dabei ist ΔP die Änderung der potentiellen Energie des Ladungsträgers, da sich diese Energie bei reiner Verschiebungsarbeit um den Betrag der geleisteten Arbeit ändert. Gemäß der obigen Definition der Spannung U ist $\Delta P = e\,U$. Daher beträgt die Spannung zwischen den Punkten A und B, oder genauer gesagt die Spannung von B gegen A,

$$U = -\int_A^B \mathfrak{E}\,d\mathfrak{r}. \qquad (8)$$

Die Spannung von B gegen A ist positiv, wenn die Verschiebung überwiegend gegen die Feldrichtung erfolgt, im anderen Falle negativ.

In Feldern, die von der Anwesenheit elektrischer Ladungen herrühren, gibt es, wie schon erwähnt, keine in sich zurücklaufenden, geschlossenen Feldlinien. Solche Felder sind *wirbelfrei*. In ihnen hängt der Betrag des Integrals der Gl. (8) nicht von dem Wege ab, auf dem wir uns die Einheitsladung von A nach B verschoben denken. Die Spannung zwischen zwei Punkten eines wirbelfreien Feldes ist also eindeutig bestimmt. In nicht wirbelfreien Feldern ist das nicht der Fall. Führen wir in einem wirbelfreien Felde eine Punktladung von einem Punkte A auf beliebigem Wege, etwa über die Punkte B, C, D, E, F (Abb. 256) wieder nach A zurück, so ist ihre potentielle Energie wieder die gleiche, wie zu Beginn. Die Summe der an ihr geleisteten Arbeiten ist gleich Null. Daher muß auch die Summe der Teilspannungen längs des in sich geschlossenen Weges Null sein, $U_{AB} + U_{BC} + \ldots = 0$. Also gilt nach Gl. (8) in einem wirbelfreien Felde

$$\oint \mathfrak{E}\,d\mathfrak{r} = 0, \qquad (9)$$

wobei die Integration längs irgendeiner geschlossenen Kurve bis zum Ausgangspunkt zurück auszuführen ist.

Alle Punkte in einem Felde, in denen das gleiche Potential herrscht, zwischen denen also die Spannung Null besteht, liegen auf einer oder mehreren geschlossenen Flächen, welche die das Feld erzeugenden Ladungen einhüllen, den *Flächen gleichen Potentials* oder *Äquipotential-* oder *Niveauflächen*. Da sich die potentielle Energie eines Ladungsträgers bei einer Verschiebung längs einer solchen Fläche nicht ändert, so ist hierzu auch keine Arbeit erforderlich, analog zur Verschiebung einer Masse längs einer reibungslosen horizontalen Ebene. Da für jede beliebig kleine Verschiebung $d\mathfrak{r}$ längs einer Äquipotentialfläche $dU = 0$ ist, so ist dann auch das skalare Produkt $\mathfrak{E}\, d\mathfrak{r} = 0$. Nach § 23, Gl. (41), bedeutet das, daß die Feldstärke $\mathfrak{E}$ und die Verschiebung $d\mathfrak{r}$, also auch die Äquipotentialfläche, stets aufeinander senkrecht stehen. *Die Äquipotentialflächen stehen also überall zur Feldrichtung senkrecht*, sie werden von den Feldlinien senkrecht durchsetzt.

Will man die Spannung zwischen zwei beliebigen Punkten A und B berechnen, so kann man demnach, und da es auf die Wahl des Verschiebungsweges nicht ankommt, folgendermaßen verfahren. Man denkt sich die Einheitsladung zunächst von A aus längs der durch A gehenden Feldlinie, also stets in der Feldrichtung bzw. ihr entgegen, bis zu derjenigen Äquipotentialfläche verschoben, auf der B liegt, alsdann längs dieser Fläche nach B. Da der zweite Verschiebungsanteil ohne Arbeitsleistung erfolgt, so liefert der erste Anteil bereits die gesuchte Spannung. Allgemein folgt ja überhaupt aus der Definition der Äquipotentialflächen, daß die Spannung zwischen A und B gleich der Spannung zwischen irgendwelchen Punkten der zu ihnen gehörigen Äquipotentialflächen ist.

Wir betrachten zwei beliebig nahe benachbarte Punkte in einem Felde. Die Beträge der Komponenten der Feldstärke $\mathfrak{E}$ in den drei Richtungen eines rechtwinkligen Koordinatensystems seien E_x, E_y, E_z. Zur Berechnung der Spannung dU zwischen den beiden Punkten können wir die Einheitsladung auf einem beliebigen Wege von dem einen nach dem anderen Punkte verschoben denken und wählen den folgenden. Wir verschieben die Ladung zunächst um die Strecke dx in der x-Richtung dann um die Strecke dy in der y-Richtung, schließlich um die Strecke dz in der z-Richtung. Die dabei geleistete Arbeit setzt sich dann aus den drei Anteilen $-E_x\, dx$, $-E_y\, dy$ und $-E_z\, dz$ zusammen. Dabei ändert sich die potentielle Energie der Einheitsladung, also die Spannung U, um die Summe dieser Arbeiten,

$$dU = -\,(E_x\, dx + E_y\, dy + E_z\, dz)\,. \tag{10}$$

Durch partielle Differentiation folgt hieraus

$$E_x = -\frac{\partial U}{\partial x}, \qquad E_y = -\frac{\partial U}{\partial y}, \qquad E_z = -\frac{\partial U}{\partial z}\,. \tag{11a}$$

Diese drei Gleichungen werden in vektorieller Schreibweise in der einen Gleichung

$$\mathfrak{E} = -\operatorname{grad} U \tag{11b}$$

zusammengefaßt. Da die Wahl der Koordinatenrichtungen willkürlich ist, gilt auch für eine beliebige Richtung $E_s = -\partial U/\partial s$. Fällt diese Richtung mit der Feldrichtung zusammen, so ist

$$dU = -E\, ds \quad \text{und} \quad E = -\frac{dU}{ds}\,. \tag{12}$$

Handelt es sich um ein homogenes Feld, d. h. ein solches, in dem die Feldstärke $\mathfrak{E}$ überall die gleiche Richtung und gleichen Betrag hat, so beträgt, wie man durch

Integration der Gl. (12) erkennt, die Spannung zwischen den Enden einer in der Feldrichtung liegenden Strecke s

$$U = -E\,s\,. \tag{13}$$

Die Maßzahl der Feldstärke ist also in einem homogenen Felde gleich der Maßzahl des Spannungsabfalles längs einer in der Feldrichtung liegenden Strecke von 1 cm Länge. Darum heißt die Feldstärke auch das Spannungsgefälle.

Als ein einfaches, aber wichtiges Beispiel eines elektrischen Feldes wollen wir dasjenige einer positiven Punktladung e betrachten. Die Feldstärke im Abstande r von der Ladung ist durch Gl. (5) gegeben. Bei einer Punktladung ist es zweckmäßig, den Nullpunkt des Potentials in die Entfernung $r = \infty$ zu legen. Nach Gl. (12) ändert sich das Potential bei einer Verschiebung dr in radialer Richtung um den Betrag $dU = -E\,dr$, oder nach Gl. (5) um $dU = -e\,dr/r^2$. Demnach ergibt sich für das Potential im Abstande r von der Ladung e durch Berechnung der Arbeit, die erforderlich ist, um die positive Einheitspunktladung aus dem Abstande $r = \infty$ bis in den endlichen Abstand r zu verschieben, also

$$U = -e \int_{\infty}^{r} \frac{dr}{r^2} = \frac{e}{r}\,. \tag{14}$$

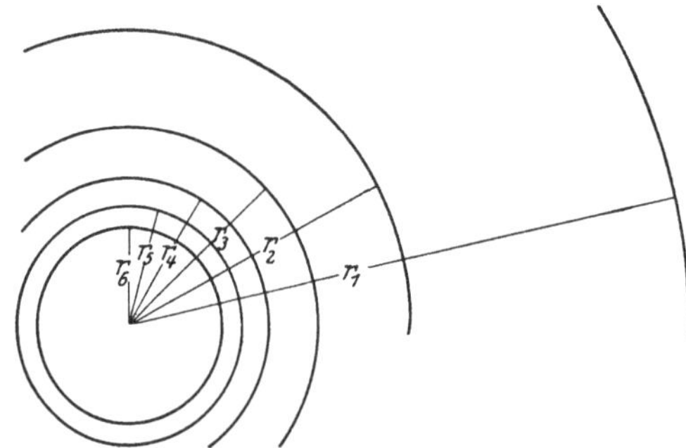

Abb. 257. Äquipotentialflachen im Felde einer Punktladung.

Das Potential im Felde einer positiven Ladung ist also überall positiv, im Felde einer negativen Ladung $(-e)$ negativ. Abb. 257 zeigt eine Schar von Äquipotentialflächen im Felde einer Punktladung, zwischen denen je die gleiche Potentialdifferenz (Spannung) besteht. Es ist selbstverständlich, folgt auch aus Gl. (14), daß diese Flächen hier Kugelflächen sind ($U =$ const, $r =$ const). Man erkennt an diesem Beispiel die allgemein gültige Tatsache, daß die Äquipotentialflächen bei konstanter Potentialdifferenz zwischen je zwei aufeinanderfolgenden Flächen um so dichter liegen, je größer die Feldstärke ist. Das folgt allgemein aus Gl. (12).

Da Potential und Spannung durch eine an der Ladungseinheit geleistete Verschiebungsarbeit gemessen werden, so ist ihre Einheit im elektrostatischen Maßsystem 1 elektrostatische Spannungeinheit = 1 erg/elektrostatische Ladungseinheit. Als *internationale Spannungseinheit*, also in der elektrischen Meßtechnik, wird das *Volt* benutzt. Es ist 1 Volt = $^1/_{300}$ elektrostatische Spannungseinheiten. Entsprechend ist die *internationale Einheit der Feldstärke* 1 Volt $\cdot$ cm^{-1} *(Volt je cm)*. Sie liegt in einem homogenen Felde dann vor, wenn die Spannung zwischen den Enden einer in der Feldrichtung liegenden Strecke von 1 cm Länge 1 Volt beträgt.

Eine in einem elektrischen Felde frei bewegliche Ladung erfährt eine Beschleunigung. Diese erfolgt bei einer positiven Ladung *in* Richtung der Feldstärke, also in Richtung abnehmender Spannung, bei einer negativen Ladung in entgegengesetzter Richtung. Der Zuwachs der kinetischen Energie erfolgt auf Kosten der potentiellen Energie der Ladung. Hat ein Ladungsträger die Spannung U frei durchlaufen, also die potentielle Energie eU verloren, so hat seine kinetische Energie um den gleichen Betrag zugenommen. Betrug sie anfänglich $mv_0^2/2$, so beträgt sie nach freiem Durchlaufen der Spannung U

$$\frac{1}{2}\,mv^2 = \frac{1}{2}\,mv_0^2 + eU\,. \tag{15}$$

138. Feldstärke, Potential und Ladungsverteilung in Leitern. Da die Ladungsträger in den Leitern jeder auf sie wirkenden elektrischen Kraft folgen, also in Bewegung bleiben, solange eine solche Kraft besteht, und sei sie noch so klein, so kann auf einem Leiter elektrisches Gleichgewicht, d. h. Ruhe der elektrischen Ladungen, nur bestehen, wenn in ihm kein elektrisches Feld herrscht. Es befinde sich eine (aus sehr vielen gleichnamigen, beweglichen Ladungsträgern ε bestehende) Überschußladung an der in der Abb. 258 bezeichneten Stelle eines Leiters. Diese Ladungsträger üben aufeinander abstoßende Kräfte aus; es besteht also im Innern des Leiters ein elektrisches Feld, dem die Ladungsträger folgen. Sie werden durch dieses Feld auseinander, also an die Oberfläche des Körpers getrieben. Hier findet ihre Beweglichkeit insofern eine Grenze, als sie im allgemeinen nicht aus der Oberfläche austreten können. Wohl aber können sie sich noch längs der Oberfläche bewegen, solange die herrschende Feldstärke eine Komponente parallel zur Oberfläche hat, also nicht senkrecht auf ihr steht. Die Bewegung der Ladungsträger hört daher erst dann auf, wenn

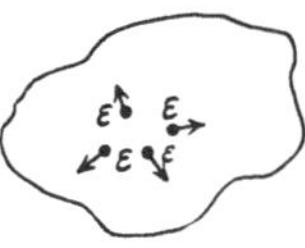

Abb. 258.
Zum Potential auf
einem Leiter.

1. die Feldstärke im Innern des Leiters überall den Wert Null angenommen hat, und wenn

2. die Feldstärke an der Oberfläche senkrecht auf dieser steht.

Dieser Zustand stellt sich nun in Leitern, die nicht mit einer Stromquelle z. B. den beiden Klemmen eines Akkumulators, in Verbindung stehen, durch die Bewegung der Ladungsträger stets von selbst her, indem sich die Ladungsträger derart auf dem Leiter verteilen, daß durch die Überlagerung der Felder, die von den einzelnen Ladungsträgern herrühren, erstens in jedem Punkte im Inneren des Leiters die Feldstärke Null entsteht, zweitens die Richtung des äußeren elektrischen Feldes überall senkrecht zur Leiteroberfläche steht. Befindet sich irgendwo in einem Metall positive Ladung im Überschuß, so übt diese Ladung Kräfte auf die im Metall befindlichen Elektronen aus (allerdings auch auf die positiven Ladungen, die sich aber in den Metallen nicht bewegen können). Das führt zu einer Änderung der Ladungsverteilung, die sich dann wieder so einstellt, daß die vorstehenden Bedingungen erfüllt sind. Die Ladungsverteilung ist schließlich genau die gleiche wie bei einem negativen Ladungsüberschuß, nur mit entgegengesetztem Vorzeichen. Also:

Im Innern eines im elektrostatischen Gleichgewicht befindlichen Leiters herrscht die Feldstärke $\mathfrak{E} = 0$.

Ist dieser Gleichgewichtszustand erreicht, so kann man eine im Innern des Leiters gedachte Ladung beliebig verschieben, ohne daß dazu ein Aufwand an Arbeit gegen elektrische Kräfte erforderlich wäre, denn das Produkt Kraft × Weg ist immer Null. (Wir denken uns hierbei die verschobene Ladung so klein, daß sie das elektrische Gleichgewicht nicht merklich beeinflußt.) Eine im Innern des Leiters befindliche Ladung hat also, wenn sich der Leiter im elektrostatischen Gleichgewicht befindet, überall die gleiche potentielle Energie. Auf die Ladungseinheit bezogen, bedeutet dies, daß das Potential im Inneren eines im elektrischen Gleichgewicht befindlichen Leiters überall das gleiche ist.

Das Innere eines im elektrischen Gleichgewicht befindlichen Leiters ist immer ein Bereich konstanten Potentials. Alle Punkte eines solchen Leiters sind auf gleicher Spannung.

Infolgedessen gilt auch:

Die Oberfläche eines im elektrostatischen Gleichgewicht befindlichen Leiters ist immer eine Fläche konstanten Potentials (Äquipotentialfläche). Denn auch zur Verschiebung einer Ladung längs der Oberfläche, also senkrecht zur dort herrschenden Kraft, ist Arbeit nicht erforderlich.

Herrscht im Innern eines Leiters überall die Feldstärke Null, so bedeutet das, daß die Feldlinien, welche von etwa auf seiner Oberfläche befindlichen Ladungen ausgehen, sämtlich in den Raum *außerhalb* des Leiters austreten, aber nicht in das Innere. Und zwar stehen sie, wie gesagt, senkrecht auf der Oberfläche des Leiters. Diese ist ja eine Fläche gleichen Potentials. An diesem Zustande ändert sich nichts, wenn wir uns einen solchen Leiter ausgehöhlt denken, so daß er etwa aus einem rings geschlossenen Hohlkörper aus Blech besteht. Auch in dem von dem leitenden Hohlkörper umschlossenen Hohlraum herrscht überall die Feldstärke Null und infolgedessen überall das gleiche Potential, wie es an der Oberfläche des umschließenden Leiters besteht.

Diese Tatsache findet eine wichtige praktische Anwendung. Man schützt empfindliche Meßgeräte vor elektrischen Störungen, indem man sie mit einem rings geschlossenen oder höchstens mit kleinen Beobachtungs- und Zuführungsöffnungen versehenen Metallkasten (FARADAY-Käfig) umgibt, den man mit der Erde leitend verbindet, so daß sein Potential gleich dem der Erde, also konstant ist. Es können dann etwaige äußere elektrische Felder nicht störend in das Innere des Kastens bis zu dem geschützten Gerät vordringen (elektrostatischer Schutz). In vielen Fällen genügt es auch schon, wenn man das Gerät mit einem nicht zu weitmaschigen Käfig aus Drahtnetz umgibt. In diesem Falle treten zwar einzelne Feldlinien durch die Maschen des Netzes, biegen aber in nächster Nähe des Netzes auf dieses zurück, so daß das Innere von elektrischen Feldern frei bleibt.

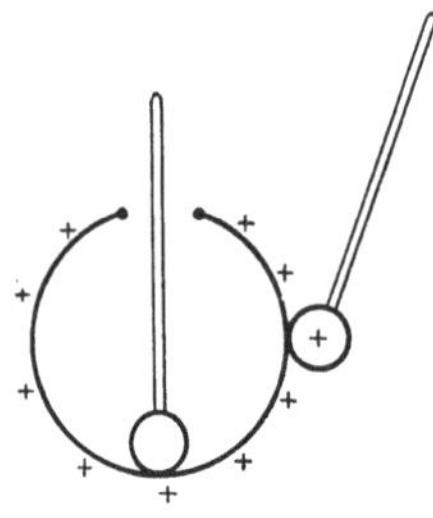

Abb. 259. Nachweis, daß die Ladung eines Leiters nur auf der Außenseite sitzt.

Wenn im Inneren eines geladenen Leiters im Gleichgewichtszustand keine Feldlinien verlaufen, sondern solche erst von der Oberfläche nach außen hin ausgehen, so bedeutet dies, daß seine *Ladung* (genauer ein Überschuß von Ladung eines Vorzeichens über solche entgegengesetzten Vorzeichens) *sich lediglich an der Oberfläche befindet*. Denn befänden sich Ladungen eines Vorzeichens an einer Stelle im Inneren im Überschuß, so müßten auch Feldlinien von ihnen ausgehen und im Innern verlaufen.

Zum Nachweis der Tatsache, daß die Ladung eines Leiters nur auf dessen Oberfläche sitzt, bedient man sich z. B. eines metallischen Gefäßes mit einer engen Öffnung, durch die eine isolierte Metallkugel gerade frei eingeführt werden kann[1] (Abb. 259). Das Gefäß wird isoliert aufgestellt und geladen. Berührt man das Gefäß von außen mit der isolierten Metallkugel und bringt diese dann in Berührung mit einem Elektroskop, so erweist sie sich als geladen. Führt man jedoch die Probekugel ins Innere und berührt die Innenwand des Gefäßes, so ist die Kugel nach dem Herausziehen ungeladen. Ist umgekehrt anfänglich die Probekugel geladen, der hohle Metallkörper aber nicht, so kann man durch Berühren der Außenseite des letzteren mit der geladenen Kugel deren Ladung nicht vollständig auf ihn überführen, da die Kugel bei der Berührung einen Teil seiner äußeren Oberfläche bildet, also ein Teil der Ladung auf ihr sitzen bleibt. Um die Kugel an dem hohlen Metallkörper völlig zu entladen, muß man sie in das Innere desselben bringen.

Man stelle ein Blättchenelektroskop in das Innere eines isoliert aufgestellten Drahtkäfigs und verbinde die Blättchen durch einen Draht mit dem Käfig. Bei noch so großer Ladung des Käfigs zeigen die Blättchen keinen Ausschlag. Ebensowenig zeigt ein isoliert aufgestelltes, mit einem Metallgehäuse ver-

---

[1] Die Öffnung darf keine scharfen Kanten haben, da sonst beim Hindurchführen der Kugel die Ladung auf diese überströmt (s. u.).

sehenes, geladenes Elektroskop einen Ausschlag, wenn man die Blättchen mit dem Metallgehäuse leitend verbindet. In beiden Fällen gelangt, auch bei hoher Aufladung des Ganzen, keine Ladung auf die Blättchen.

Besitzt ein geladener leitender Körper scharfe Kanten und Spitzen, so ist klar, daß sich die Ladungsträger in ihrem Bestreben, sich möglichst weit voneinander, d. h. von ihrem gemeinsamen elektrischen Schwerpunkt, zu entfernen, an solchen Stellen in besonders großer Dichte ansammeln werden. Allgemein ist die Ladungsdichte an nach außen gewölbten Stellen der Oberfläche größer als an ebenen Stellen, an nach innen gewölbten Stellen kleiner. Da die von der Ladung des Körpers ausgehenden Feldlinien sämtlich in den Außenraum verlaufen, so ist die elektrische Feldstärke in der Nähe des Leiters um so größer, je größer dort die Dichte seiner Oberflächenladung ist. Sie ist also besonders groß an scharfen Spitzen und Kanten. Sie kann dort so groß werden, daß eine Entladung des Körpers durch die umgebende Luft eintritt (Korona, Spitzenwirkung, § 182). Abb. 260 zeigt die Äquipotentialflächen in der Umgebung einer Spitze, die aus einer ebenen Fläche herausragt. Der Verdichtung der Flächen in der Nähe der Spitze entspricht die dort herrschende erhöhte Feldstärke.

Denkt man sich an den Ort einer Äquipotentialfläche einer Punktladung (Abb. 257) eine metallische Kugelfläche gebracht, auf der die Punktladung gleichmäßig verteilt wird, so ändert sich an dem Felde außerhalb der Kugelfläche nichts.

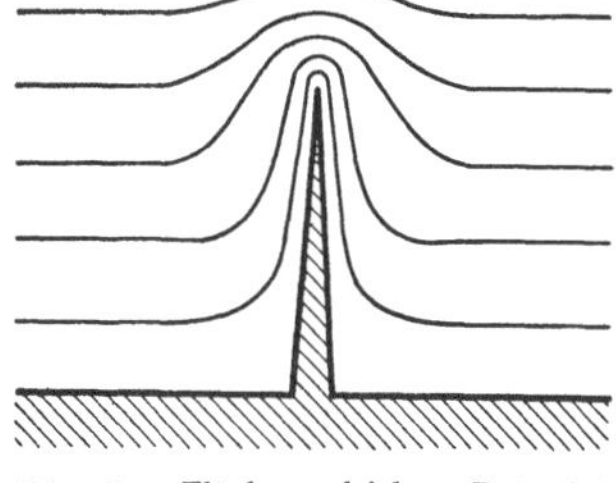

Abb. 260. Flächen gleichen Potentials an einer Spitze.

Denn aus der geladenen Kugelfläche treten jetzt ebenso viele Feldlinien aus, wie vorher durch die entsprechende Äquipotentialfläche hindurchtraten. Umgekehrt kann also die Ladung einer Kugel für alle Entfernungen, die größer als der Kugelradius sind, durch eine im Kugelzentrum befindliche, gleich große Punktladung ersetzt gedacht werden.

139. Erzeugung sehr hoher Spannungen auf elektrostatischem Wege. Die Erzeugung von sehr hohen Spannungen — weit über 1 Million Volt — ist in der letzten Zeit für die Experimentalphysik, insbesondere für die Erforschung der Atomkerne, sehr wichtig geworden. Eine besonders einfache und wirksame Vorrichtung dieser Art ist der *Hochspannungsgenerator* von VAN DE GRAAFF. In seinem Grundgedanken beruht er auf dem in Abb. 259 dargestellten Versuch. Grundsätzlich ist es möglich, die metallische Hohlkugel durch ständig wiederholte Zuführung von Ladungen in ihr Inneres auf eine beliebig hohe Spannung aufzuladen, da sie — unabhängig von der Spannung, die sie bereits hat — jede weitere ihr zugeführte Ladung aufnimmt. Der Spannung der Hohlkugel gegen ihre Umgebung ist nur durch ihre Isolation eine Grenze gesetzt. Je besser diese ist, je weiter vor allem die Kugel von den umgebenden Wänden entfernt ist, so daß erst bei sehr hoher Spannung ein Funkenüberschlag stattfinden kann, um so höher ist die erreichbare Spannung.

Abb. 261 zeigt ein vereinfachtes Schema des Hochspannungsgenerators. K ist der Konduktor, eine große, auf einer hohen, isolierenden Säule angebrachte metallische Hohlkugel oder ein großer, länglicher, an den Enden abgerundeter metallischer Hohlzylinder mit zwei Schlitzen. Durch diese Schlitze läuft über zwei Rollen R_1, R_2 ein breites, von einem Motor getriebenes endloses Band B aus einem isolierenden Stoff (Seide, Zellstoff). Die Rolle R_1 ist geerdet, die Rolle R_2 ist innen in K befestigt. Unten, dicht neben dem Band, befindet sich ein Spitzenkamm S_1 und ihm gegenüber auf der andern Seite des Bandes eine zylindrische Stange, zwischen denen eine konstante Spannung von etwa

10000 Volt aufrechterhalten wird. Infolgedessen geht von den Spitzen des Kammes S_1 eine Spitzenentladung aus. Ist der Kamm auf positiver bzw. negativer Spannung, so wird dadurch das Band mit einer Ladung von gleichem Vorzeichen besprüht, die es bei seinem Weg aufwärts mit in das Innere des Konduktors nimmt. Hier ist ein weiterer, mit der Innenwand des Konduktors verbundener Spitzenkamm S_2 angebracht, der die Ladung des Bandes durch eine Spitzenentladung wieder absaugt und auf die Oberfläche des Konduktors befördert. Dieser lädt sich also so lange auf, bis ein Funkenüberschlag zur Umgebung hin stattfindet. Legt man ein Entladungsrohr von geeigneter Bauart zwischen Konduktor und Erde, so kann man in ihm einen ständigen, hochgespannten Strom aufrechterhalten, dessen obere Grenze durch die von dem Band in 1 sec in den Konduktor beförderte Elektrizitätsmenge gegeben ist. Man kann die Stromstärke noch erhöhen, indem man durch einen Kunstgriff dafür sorgt, daß das Band den Konduktor nicht ungeladen, sondern mit umgekehrtem Ladungsvorzeichen wieder verläßt. Schon mit kleinen Hochspannungsgeneratoren, die in gewöhnlichen Laboratoriumsräumen aufgestellt werden können, lassen sich Spannungen von der Größenordnung 1 Million Volt erzeugen. Will man höhere Spannungen erzeugen, so muß die Aufstellung auf hohen Säulen in einer größeren Halle erfolgen. Eine in den Vereinigten Staaten in Bau befindliche Einrichtung soll Spannungen bis zu 10 Millionen Volt ergeben.

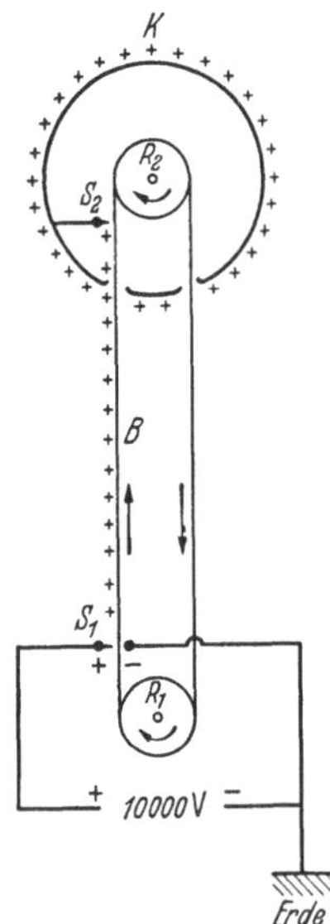

Abb. 261. Schema des Hochspannungsgenerators von VAN DE GRAAFF.

Nach einem verwandten Prinzip, bei dem aber auch die Erscheinung der Influenz eine Rolle spielt, arbeiten auch die früher viel benutzten Influenzmaschinen, mit denen man Spannungen bis zur Größenordnung von einigen 10000 Volt erzeugen kann.

140. Influenz. Wird ein ungeladener Leiter in ein elektrisches Feld gebracht, z. B. durch Annähern an eine Ladung e (Abb. 262), so gilt wegen der Beweglichkeit der Ladungsträger nach wie vor die Gleichgewichtsbedingung des § 138. Das Innere eines Leiters ist bei elektrischem Gleichgewicht auch jetzt ein Bereich gleichen Potentials. Es tritt zwar zunächst im Innern ein elektrisches Feld auf, da die einzelnen Teile des Leiters sich in Gebieten verschiedenen Potentials befinden. Infolgedessen erfahren aber die in ihm enthaltenen Ladungsträger Verschiebungen,

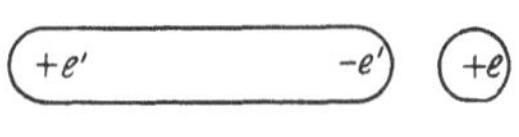

Abb. 262. Influenz durch eine Ladung.

die das elektrostatische Gleichgewicht, welches durch das Feld gestört wurde, sofort wieder herstellen. Die Ladungsverteilung im Innern des Leiters stellt sich derart ein, daß das von ihr herrührende Feld das äußere Feld in jedem Punkt im Inneren des Leiters, indem es sich ihm überlagert, gerade aufhebt, und die Feldlinien des Feldes überall auf der Leiteroberfläche senkrecht stehen. Die Summe der Ladungen ist auf dem anfänglich ungeladenen Leiter auch nach Herstellung der neuen Ladungsverteilung noch Null, aber die positiven und negativen Ladungen sind jetzt anders verteilt als ohne das Vorhandensein des äußeren Feldes. In einem Teil des Körpers befindet sich positive, im anderen negative Ladung e' im Überschuß. Der Betrag von e' hängt davon ab, wieviele von den Feldlinien des äußeren Feldes auf dem Leiter endigen. Diese Erscheinung heißt *Influenz*. Abb. 262 zeigt die Influenz, die an einem Leiter im Felde einer Ladung $+ e$ eintritt. Der Leiter wird durch die Influenzwirkung zu einem *elektrischen Dipol* (§ 133); er wird *polarisiert*.

Wird das linke Ende des Leiters (Abb. 262), in dem die Influenzwirkung stattfindet, leitend mit der Erde verbunden, so strömt die an diesem Ende angesammelte Ladung zur Erde ab (bzw. es strömen Elektronen von der Erde her in den Leiter und neutralisieren die Ladung $+ e'$), und der Leiter hat nach Trennung der leitenden Verbindung mit der Erde einen, im Falle der Abb. 262 negativen, Ladungsüberschuß. Wir lernen hier ein wichtiges Verfahren kennen, um elektrische Ladungen zu trennen (in etwas nachlässiger Ausdrucksweise: zu erzeugen, § 132). Man trennt die Ladungen in einem Leiter durch Influenz

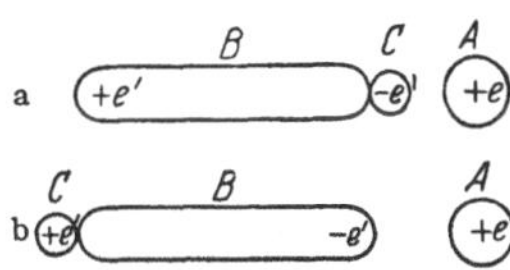

Abb. 263. Zum Nachweis der Influenz.

und läßt die Ladung eines Vorzeichens durch eine vorübergehend hergestellte leitende Verbindung zur Erde oder auf irgendeinen anderen Leiter überfließen, so daß die Ladung des anderen Vorzeichens allein auf dem Leiter zurückbleibt.

Eine isoliert aufgestellte metallische Kugel A werde etwa positiv geladen (Abb. 263). Alsdann nähere man ihr einen gleichfalls isolierten Metallzylinder B. In diesem wird sich dann die in Abb. 262 dargestellte Ladungsverteilung herstellen. Jetzt bringe man eine isolierte Metallkugel C an das der geladenen Kugel A zugekehrte Ende des Zylinders B (Abb. 263a). C bildet jetzt mit B zusammen einen zusammenhängenden Leiter, und die negative Ladung fließt in die Kugel C. Man kann mittels eines Elektroskops nachweisen, daß sie, wenn A positiv ist, negativ geladen ist. Ebenso kann man zeigen, daß sich nunmehr auf B eine positive Ladung befindet. Entlädt man jetzt den Zylinder B und wiederholt den gleichen Versuch, aber so, daß man das von A abgewandte Ende von B mit der Kugel C berührt (Abb. 263b), so hat C eine positive und B eine negative Ladung.

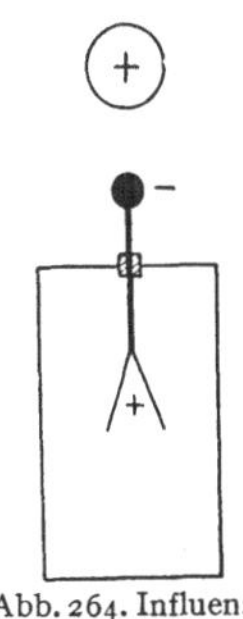

Abb. 264. Influenz im Elektroskop.

Nähert man einen geladenen Körper, z. B. eine geriebene Glasstange, einem ungeladenen Elektroskop, ohne zu berühren, so zeigen die Blättchen einen Ausschlag, der bei Entfernung des geladenen Körpers wieder verschwindet. Dies ist eine Wirkung der Influenz auf die Stange mit den Blättchen (Abb. 264). Hiermit ist die Erklärung der Versuche 1 und 4 in § 135 gegeben.

Indem so im Innern eines in ein elektrisches Feld gebrachten Leiters das Feld durch die neu entstehende Ladungsverteilung zum Zusammenbrechen gebracht, d. h. durch das Feld der Influenzladungen genau aufgehoben wird, überlagern sich auch im Außenraum die Wirkungen des influenzierenden Feldes mit denen des Feldes der Influenzladungen. Das hat eine Verzerrung des Feldes in der Umgebung des Leiters zur Folge, die daher rührt, daß Feldlinien an der Oberfläche des Leiters beginnen bzw. endigen und durch den Leiter auf einer gewissen Strecke unterbrochen sind. Abb. 265 a zeigt, wie im Inneren eines Leiters im Felde $\mathfrak{E}$ ein feldfreier Raum besteht, und wie im Außenraum die Feldlinien

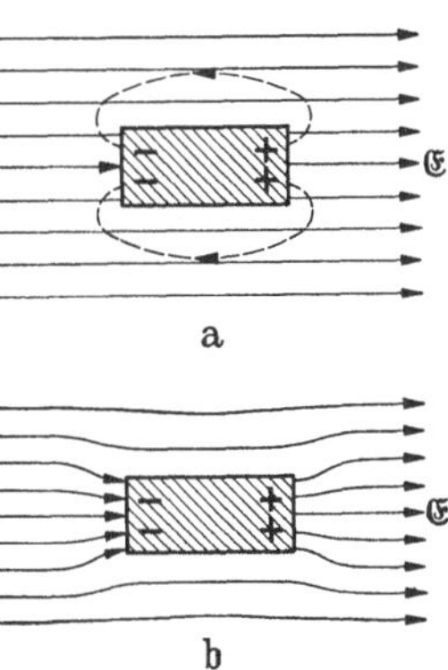

Abb. 265. Überlagerung der Feldlinien in der Umgebung eines Leiters im homogenen Felde.

des Feldes der Influenzladungen an den Enden des Leiters mit denen des äußeren Feldes gleichsinnig verlaufen und das Feld dort verstärken, während sie ihnen an den Seiten des Leiters entgegenlaufen und das Feld schwächen. Abb. 265 b zeigt den durch die Überlagerung beider Felder tatsächlich entstehenden Feldverlauf.

Wir können jetzt auch die Wirkungsweise des Elektroskops etwas strenger fassen, als es früher geschehen ist. Bringt man auf den inneren, isolierten

Teil des Elektroskops eine Ladung, so erzeugt sie durch Influenz eine Influenzladung entgegengesetzten Vorzeichens auf der Innenwand des leitenden und mit der Erde verbundenen Gehäuses. Es verlaufen also alle von den Blättchen ausgehenden Feldlinien auf das Gehäuse hin, und im Raum innerhalb desselben besteht ein elektrisches Feld. Die Kraft dieses Feldes ist es, die die geladenen Blättchen in der Richtung auf das Gehäuse, also auseinander, treibt.

141. Kraftwirkungen elektrischer Felder auf Dipole und auf ungeladene Leiter. Befindet sich ein elektrischer Dipol in einem *homogenen* elektrischen Felde E, so wirken auf seine beiden „Pole", d. h. auf seine beiden entgegengesetzt gleichen Ladungen gleich große, entgegengesetzt gerichtete Kräfte, $+eE$ und $-eE$. Diese beiden Kräfte bilden also ein Kräftepaar, welches ein Drehmoment auf den Dipol ausübt, so daß er sich mit seiner elektrischen Achse in die Richtung des Feldes einzustellen sucht (Abb. 266a). Ist l der Abstand (der Schwerpunkte) seiner beiden Ladungen $+e$ und $-e$, also sein elektrisches Moment (§ 133) $M = el$, so ist dieses Drehmoment $N = -elE \sin \varphi = -ME \sin \varphi$ (negativ, weil es φ zu verkleinern sucht) oder in vektorieller Schreibweise $\mathfrak{N} = [\mathfrak{M} \mathfrak{E}]$. Ein homogenes Feld hat also auf einen Dipol lediglich eine *richtende*, keine beschleunigende Wirkung.

Ist aber das Feld, in dem sich ein elektrischer Dipol befindet, *inhomogen*, so ist die Feldstärke am Ort seiner positiven und negativen Ladung im allgemeinen sowohl nach Größe wie nach Richtung verschieden (Abb. 266b).

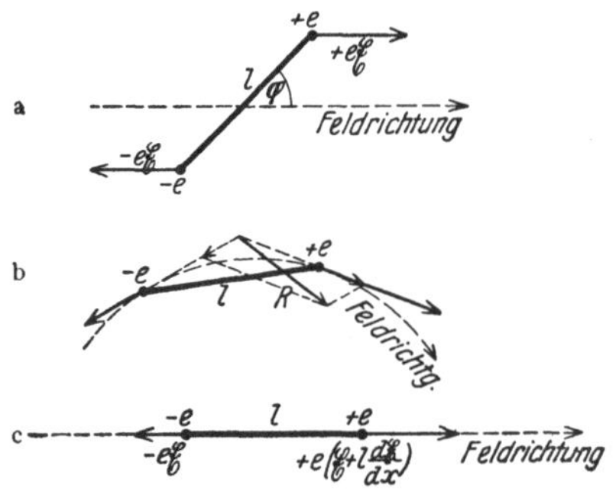

Abb. 266. Dipol a im homogenen, b und c im inhomogenen Felde.

Die Summe der auf den Dipol wirkenden Einzelkräfte ergibt dann im allgemeinen ein Kräftepaar und eine resultierende Einzelkraft R. Die letztere treibt den Dipol nach derjenigen Seite — wenn auch im allgemeinen nicht genau in diejenige Richtung — nach der die größere Feldstärke weist. Er bewegt sich in Richtung wachsender Feldstärke; er wird, wie man sagt, *in das Feld hineingezogen*.

Wir wollen den einfachen Fall betrachten, daß das Feld am Ort des Dipols überall die gleiche Richtung (x-Achse eines Koordinatensystems) habe, und daß der Dipol mit seiner Achse bereits in der Feldrichtung liege (Abb. 266c). Die Stärke des Feldes nehme in der positiven Feldrichtung zu. Es sei E der Betrag der Feldstärke am Orte der negativen Dipolladung $-e$. Dann ist bei nicht zu schneller örtlicher Änderung der Feldstärke am Orte der Dipolladung $+e$ der Betrag der Feldstärke $E + l \dfrac{dE}{dx}$. Die Resultierende der beiden entgegengesetzt gerichteten Kräfte liegt dann in Richtung des Feldes und hat den Betrag

$$+ e\left(E + l \frac{dE}{dx}\right) - eE = el \frac{dE}{dx} = M \frac{dE}{dx} \text{ dyn.} \tag{16}$$

Maßgebend für die auf den Dipol wirkende Kraft ist daher erstens nicht die Feldstärke selbst, sondern ihr Differentialquotient, ihr örtliches Gefälle. Die Kraft ist um so größer, je größer dieses, also je inhomogener das Feld ist. Zweitens hängt sie nicht von den Ladungen e an sich, sondern wieder von dem elektrischen Moment M des Dipols ab. Wir sehen, daß für das Verhalten von Dipolen stets das *Moment*, nicht die Polstärke, die maßgebende Größe ist.

Bringt man einen *ungeladenen* Leiter in ein elektrisches Feld, so wird er wie wir gesehen haben, durch Influenz zu einem elektrischen Dipol (Abb. 265).

Es muß daher auch für einen solchen das vorstehend Gesagte gelten. Ist das Feld homogen, so kann es nur eine drehende Wirkung auf den Leiter ausüben. Bei jedem länglich geformten Leiter muß das zur Folge haben, daß er sich mit seiner Längsachse in die Feldrichtung einzustellen sucht (Abb. 267). Im inhomogenen Felde muß sich ein durch Influenz zu einem Dipol gewordener Leiter genau so verhalten wie der oben betrachtete Dipol. Auch er wird in Richtung wachsender Feldstärke getrieben, in das Feld hineingezogen. Sehr inhomogene Felder haben wir im allgemeinen in der Nähe nicht sehr ausgedehnter geladener Körper. Die Feldstärke nimmt mit der Entfernung mehr oder weniger schnell ab. Die Folge ist, daß jeder ungeladene Leiter in Richtung auf die das Feld erzeugende Ladung getrieben wird, *ein geladener Körper zieht einen ungeladenen Leiter an*. Damit haben wir jetzt auch die Erklärung für die Beobachtung 1 in § 130 gefunden.

Die Anziehung zwischen einem geladenen und einem ungeladenen Körper ist natürlich eine gegenseitige (Wechselwirkungsgesetz, § 16). Steht daher eine Ladung einem ungeladenen leitenden Körper gegenüber, z. B. einer Metallplatte, so wird sie von diesem angezogen. Man kann zeigen, daß diese Kraft so groß ist, wie wenn sich eine Ladung von entgegengesetztem Vorzeichen *hinter* der Oberfläche des Körpers befände, und zwar im Falle einer Ebene eine gleich große Ladung am Orte des Spiegelbildes der Ladung. Man spricht daher von dem *elektrischen Bild* einer Ladung und nennt die anziehende Kraft die *Bild-*

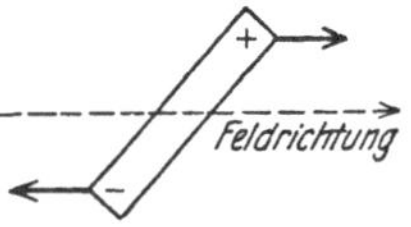

Abb. 267. Ungeladener Leiter im homogenen Felde.

kraft. Aus dem Vorstehenden folgt, daß es zur Anstellung von quantitativ einwandfreien elektrostatischen Versuchen nötig ist, alle beteiligten· Ladungen von leitenden Körpern und auch vom Erdboden möglichst entfernt zu halten, damit nicht durch die Bildkräfte störende Einflüsse auftreten.

142. Kapazität. Kondensatoren. Es seien A und B zwei Leiter, die sich, von anderen Leitern weit entfernt, in einem gewissen Abstande voneinander befinden. Auf A befinde sich eine positive Ladung $+e$, auf B eine ebenso große negative Ladung $-e$. Alle von A ausgehenden elektrischen Feldlinien endigen dann auf B, und es besteht zwischen A und B ein elektrisches Feld. Daraus folgt, daß zwischen A und B auch eine Spannung herrschen muß.

Denn wir erhalten, wenn wir nach § 137 das Integral $U = -\int_A^B \mathfrak{E}\,d\mathfrak{r}$ für irgendeinen die Leiter verbindenden Weg ausführen, einen bestimmten endlichen Wert der Spannung U. Und zwar hat der positiv geladene Leiter A gegenüber B eine positive Spannung. Nun ist aber die Feldstärke in jedem Punkt des die Leiter umgebenden Raumes dem Absolutbetrag e der auf ihnen befindlichen Ladungen proportional, so daß wir setzen können $\mathfrak{E} = -e \cdot \mathfrak{R}$, wobei der Vektor $\mathfrak{R}$ lediglich eine Funktion der Raumkoordinaten ist, d. h. er hängt in jedem Raumpunkt nur von den geometrischen Verhältnissen des Systems — von der Gestalt und der gegenseitigen Lage der beiden Leiter — ab. Es ist daher

$$U = e \int_A^B \mathfrak{R}\,d\mathfrak{r} = \frac{e}{C}, \quad \text{wobei} \quad \frac{1}{C} = \int_A^B \mathfrak{R}\,d\mathfrak{r}.$$

Für die durch vorstehende Gleichung definierte Größe C gilt das gleiche, was über den Vektor $\mathfrak{R}$ gesagt wurde, sie ist lediglich durch die geometrischen Verhältnisse des Leitersystems gegeben. Man nennt C die *Kapazität* des Leitersystems $A\,B$. Es ist also

$$\text{die Spannung zwischen } A \text{ und } B: \quad U = \frac{e}{C} \tag{17a}$$

$$\text{bzw. der Betrag der Ladungen auf } A \text{ und } B: \quad e = C\,U. \tag{17b}$$

Es besteht demnach zwischen zwei Leitern, welche gleich große, entgegengesetzte Ladungen tragen, eine dem Betrage dieser Ladungen proportionale Spannung [Gl. (17a)]. Durch Umkehrung der vorstehenden Überlegungen folgt aber auch, daß auf zwei einzelnen Leitern, zwischen denen eine Spannung herrscht, gleich große Ladungen entgegengesetzten Vorzeichens sitzen müssen, deren Betrag der Spannung proportional ist [Gl. (17b)], sofern Feldlinien nur zwischen den beiden Leitern verlaufen, aber nicht auch von ihnen nach anderen Körpern in der Umgebung.

Ein System von zwei Leitern besitzt die *elektrostatische Einheit der Kapazität*, wenn die zwischen den beiden Leitern herrschende Spannung U und die infolgedessen auf ihnen befindlichen Ladungen e die gleiche Maßzahl im elektrostatischen Maßsystem haben. Diese Einheit der Kapazität heißt 1 cm. Daß hier eine Länge als Einheit auftreten muß, kann man sich leicht klarmachen, wenn man bedenkt, daß $U = e/C$ als Spannung die gleiche Dimension hat wie das Potential e/r in Gl. (14). Die Kapazität C muß also die gleiche Dimension haben, wie die Länge r.

Die *internationale Einheit der Kapazität* ergibt sich, wenn man in der vorstehenden Definition die elektrostatischen durch die internationalen Einheiten (Volt, Coulomb) ersetzt. Sie heißt 1 *Farad* (F) bzw. 1 *Mikrofarad* (μF). Es ist

$$1 \text{ Farad} = 10^6 \text{ Mikrofarad} = 9 \cdot 10^{11} \text{ cm.}$$

Wir wollen die Kapazität in einem Sonderfall berechnen, und zwar für eine Kugel vom Radius R, die von einer konzentrischen Kugelfläche vom Radius R' umgeben ist. Die innere Kugel trage eine Ladung $+e$, die äußere eine Ladung $-e$. Alle von $+e$ ausgehenden Feldlinien endigen auf $-e$. Die radial gerichtete Feldstärke beträgt im Abstande r vom Kugelzentrum $E = e/r^2$ [Gl. (5a) und § 138], und wir erhalten für die zwischen den Kugelflächen herrschende Spannung

$$U = \frac{e}{C} = -\int_{R'}^{R} \frac{e\,dr}{r^2} = e\left(\frac{1}{R} - \frac{1}{R'}\right); \quad C = \frac{R'\,R}{R' - R}.$$

Ist $R' \gg R$, so ergibt sich

$$U = \frac{e}{R} = \frac{e}{C}; \quad C = R \text{ cm,} \tag{18}$$

wie man durch Vergleich mit Gl. (17a) erkennt. Die Kapazität einer leitenden Kugel gegenüber einer weit entfernten leitenden Umgebung ist also im elektrostatischen Maßsystem gleich ihrem in Zentimeter gemessenen Radius. Das gilt z. B. schon recht genau für eine metallische Kugel gegenüber den Wänden eines Zimmers, wenn sie nur ausreichend weit von ihnen entfernt ist.

Der Radius der Erde beträgt 6370 km. Demnach hat die Erde gegenüber den anderen Himmelskörpern eine Kapazität von $6{,}37 \cdot 10^8$ cm oder rund 700 Mikrofarad. In der Erdatmosphäre besteht ein radial auf die Erde hin gerichtetes elektrisches Feld (Erdfeld), das in der Nähe der Erde etwa $1{,}3$ Volt $\cdot$ cm^{-1} beträgt, und dessen Stärke nach oben hin abnimmt. Die Erde besitzt also eine negative Ladung. Die Spannung gegen die Erde nimmt mit der Höhe zu und beträgt in den höchsten erforschten Atmosphärenschichten (etwa 35 km) rund 200 000 Volt. Aus der Feldstärke an der Erdoberfläche berechnet sich die negative Erdladung nach (Gl. 5a) zu rund 600 000 Coulomb.

Vorrichtungen, welche ihrer Kapazität wegen hergestellt und benutzt werden, bezeichnet man als *Kondensatoren*. In einzelnen einfachen Fällen kann man die Kapazität eines Kondensators leicht berechnen. Eine praktisch besonders wichtige Kondensatorform ist der Plattenkondensator. Er besteht aus zwei im Abstande d voneinander befindlichen, meist gleich großen Metallplatten, deren Fläche F sei (Abb. 268). Legt man an die beiden Platten eine Spannung U und ist C die Kapazität des Kondensators, so befindet sich auf der einen Platte die Ladung $e = + CU$, auf der anderen eine gleich große negative Ladung. Ist der Plattenabstand d klein gegen die Abmessungen der Flächen F, so verlaufen die Kraftlinien zwischen diesen beiden Ladungen praktisch sämtlich senkrecht von einer Platte zur anderen[1]. Auf der Flächeneinheit der Platten befinden sich die Ladungen $+e/F$ bzw. $-e/F$. Es laufen also von jedem Quadratzentimeter der positiven Platte $4\pi\,e/F$ Feldlinien zur negativen Platte [Gl. (6)]. Daher

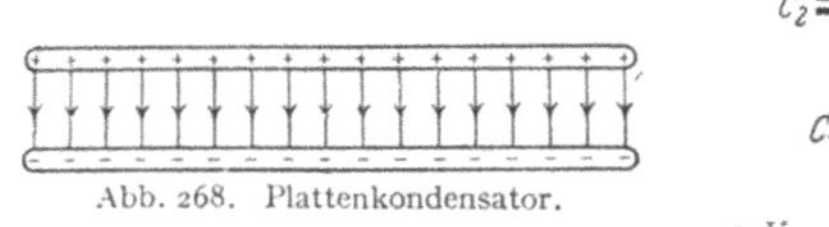

Abb. 268. Plattenkondensator.

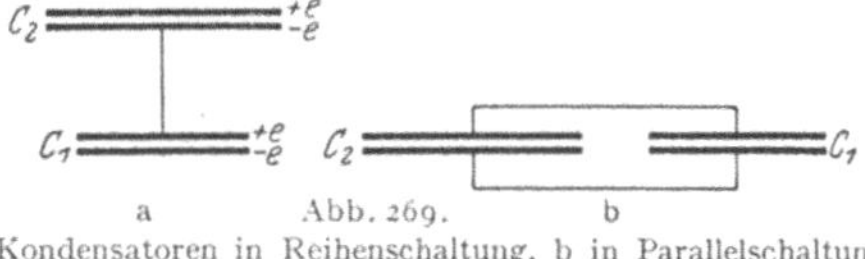

a   Abb. 269.   b
a Kondensatoren in Reihenschaltung, b in Parallelschaltung.

ist die Feldstärke im Innern des Kondensators auch $E = 4\pi\,e/F$. Zwischen U und E besteht nach Gl. (13), von dem hier bedeutungslosen Vorzeichen abgesehen, die Beziehung $U = Ed$. Es ergibt sich also

$$U = \frac{4\pi d}{F}\,e = \frac{e}{C}, \qquad \text{und die Kapazität beträgt} \qquad C = \frac{F}{4\pi d}. \qquad (19)$$

Man kann mehrere Kondensatoren durch geeignete Verbindung ihrer Platten in verschiedener Weise zusammenschalten und dadurch andere Kapazitätsbeträge herstellen. Eine einfache Rechnung ergibt, daß die Kapazität zweier hintereinander geschalteter Kondensatoren C_1 und C_2 gleich $C_1 C_2/(C_1 + C_2)$, also stets kleiner als C_1 und C_2 ist (Abb. 269a). Die Kapazität zweier parallel geschalteter Kondensatoren beträgt $C_1 + C_2$ (Abb. 269b).

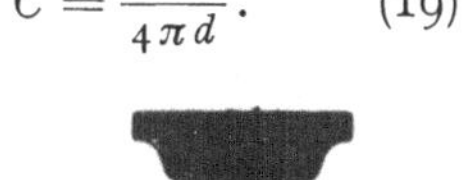
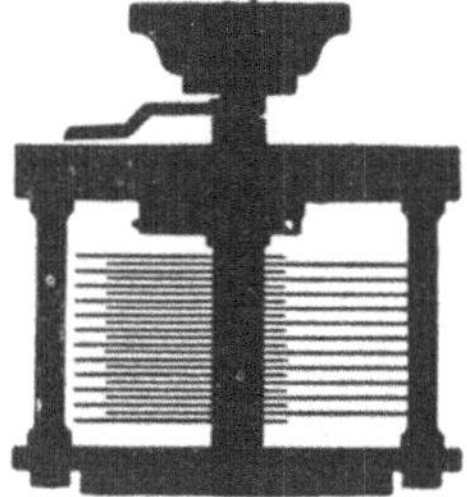

Abb. 270. Drehkondensator.
(Aus Pohl: Elektrizitätslehre.)

Kondensatoren von größerer Kapazität kann man so herstellen, daß man zwei voneinander isolierte Systeme von unter sich verbundenen parallelen Platten ineinandergreifen läßt. Macht man das eine Plattensystem drehbar, so daß es sich mehr oder weniger weit zwischen die Platten des anderen Systems hineinschieben läßt, so erhält man einen Drehkondensator (Abb. 270) von stetig veränderlicher Kapazität. Solche finden zu Meßzwecken und insbesondere auch in der elektrischen Schwingungstechnik (Rundfunkgeräte usw.) Verwendung.

Technische Kondensatoren werden vielfach so hergestellt, daß man zwei lange Stanniolstreifen durch Streifen aus paraffingetränktem Papier gegeneinander isoliert und zwecks größerer Handlichkeit aufrollt. Man kann auf diese Weise große Flächen F und kleine Abstände d, also große Kapazitäten, erzielen. Der Einfluß, den das paraffinierte Papier (Dielektrikum) hat — bisher haben wir stets Luft als zwischen den Platten befindlich angenommen —, wird im § 145 erörtert werden.

Die Summe der Ladungen, die sich auf den beiden Platten eines Kondensators befinden, ist wegen der gleichen Größe der positiven und negativen Ladung Null. Es ist aber üblich, als Ladung eines Kondensators den Betrag der Elektrizitätsmenge zu bezeichnen, welche sich auf jeder einzelnen seiner Platten befindet.

---

[1] Tatsächlich sind bei einem Plattenkondensator die Feldlinien am Rande ein wenig nach außen gekrümmt. Dies bewirkt eine geringe Vergrößerung der Kapazität, die aber um so weniger ins Gewicht fällt, je kleiner der Plattenabstand d gegenüber dem Durchmesser der Plattenflächen ist. Auch ist hier vorausgesetzt, daß sich in der nächsten Umgebung des Kondensators keine anderen Leiter befinden.

Man sagt also, daß ein Kondensator die Ladung e trägt, wenn sich auf seinen Platten die Ladungen $+e$ und $-e$ befinden.

143. Das Elektrometer als Spannungsmesser. Wir sind nunmehr in der Lage, die Wirkungsweise der Elektrometer genauer zu verstehen. Dabei sei vorweg bemerkt, daß man zwar mit ihnen, wie in § 135 besprochen, Elektrizitätsmengen nachweisen und unter Umständen auch messen kann, daß aber ihr wichtigster Verwendungszweck die *Messung von Spannungen* ist.

Wenn man mit dem Elektrometer eine Spannung messen will, so legt man diese zwischen das isolierte bewegliche System (z. B. die Blättchen) und das

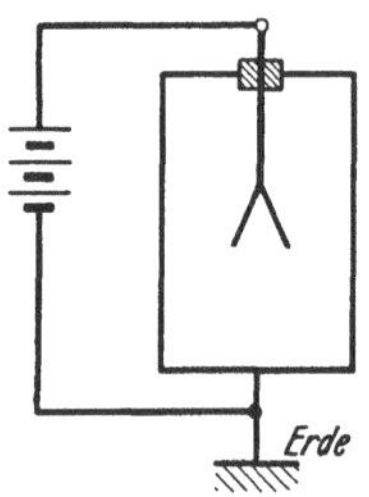

Abb. 271. Schema der Spannungsmessung mit dem Elektrometer.

Gehäuse des Elektrometers (Abb. 271). Letzteres wird stets mit der Erde leitend verbunden (geerdet). Damit ist das Innere des Elektrometers vor äußeren elektrischen Störungen geschützt (§ 138). Das Elektrometer mit seinen beiden voneinander isolierten Teilen (Blättchen einerseits, Gehäuse andererseits) bildet eine Leiterkombination von der in § 142 betrachteten Art und hat als solche eine bestimmte Kapazität C, die durch seine geometrischen Verhältnisse bedingt ist. Demnach befindet sich auf dem isolierten Teil nach Anlegen einer Spannung U gegen das Gehäuse eine Ladung $e = CU$ und auf dem Gehäuse eine entgegengesetzt gleichgroße Ladung. Ein Teil der Ladung des isolierten Teiles sitzt auf den beweglichen Blättchen, und da wegen der Spannung zwischen Blättchen und Gehäuse in dessen Innern ein elektrisches Feld besteht, so werden die geladenen Blättchen von diesem in Richtung auf das Gehäuse getrieben. (Es liegt hier ein ganz analoger Fall zu der in § 144 zu besprechenden

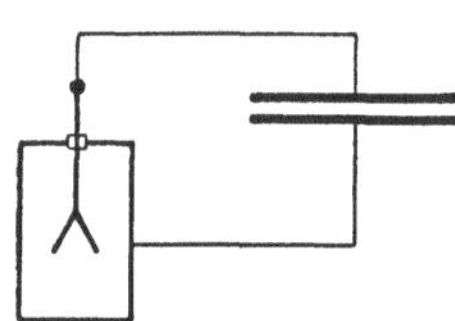

Abb. 272. Nachweis der Veränderlichkeit einer Kapazität.

Anziehung der Platten eines Kondensators vor.) Nun wächst das elektrische Feld im Innern mit der angelegten Spannung U, und das gleiche gilt für die Ladung der Blättchen. Die auf die Blättchen wirkende Kraft ist dem Produkt aus Feldstärke und Ladung proportional, der Ausschlag wächst also mit der angelegten Spannung.

Ist das Elektrometer einmal mit Hilfe bekannter Spannungen geeicht, so kann es zur *Messung von Spannungen* dienen. Und zwar bleibt die einmal vorgenommene Spannungseichung auch dann noch gültig, wenn die Kapazität der außen an das Elektrometer angeschlossenen Gebilde (Zuleitungen usw.) sich ändert. Es geht zwar dann beim Anlegen einer Spannung eine andere Elektrizitätsmenge auf die Meßvorrichtung als Ganzes über, aber an den Verhältnissen innerhalb des Gehäuses ändert sich bei gleichbleibender Spannung nichts. (Vgl. WESTPHAL, „Physikalisches Praktikum", 40. Aufgabe).

Natürlich kann man ein Elektrometer auch auf Elektrizitätsmengen eichen. Diese Eichung gilt aber nur, solange sich die Kapazität der mit den Blättchen leitend verbundenen Gebilde nicht ändert. Ist einmal eine bestimmte Elektrizitätsmenge auf das Elektrometer gebracht, so verteilt sie sich dort auf den Blättchenträger und die Zuleitungen im Verhältnis der betreffenden Kapazitäten. Ändert man nun dieses Verhältnis, so ändert sich auch die Verteilung und infolgedessen auch der Ausschlag, der nur von der Größe desjenigen Ladungsanteils abhängt, der auf die Blättchen entfällt.

Man verbinde die eine Platte eines Plattenkondensators, dessen Plattenabstand man verändern kann, oder das eine Plattensystem eines Drehkondensators mit den Blättchen eines Elektroskops, die andere Platte, bzw. das andere Plattensystem, mit dessen Gehäuse (Abb. 272), so daß die Kapazitäten des Kondensators und des Elektroskops parallel geschaltet sind, sich also addieren, und bringe auf den Kondensator eine Ladung, deren Vorhandensein durch einen Ausschlag des Elektroskops angezeigt wird. Ändert man jetzt die Kapazität des Kondensators durch Änderung des Plattenabstandes bzw. Drehen des einen Plattensystems, so ändert sich auch der Ausschlag. Je kleiner die Kapazität des Kondensators ist, um so größer ist der Ausschlag. Denn die Ladung auf dem ganzen, aus Kondensator und Elektroskop bestehenden System, dessen Kapazität C sei, ist konstant, daher auch nach Gl. (17b) das Produkt UC. Die vom Elektroskop angezeigte Spannung U ist also bei gegebener Ladung e der Kapazität C des Systems umgekehrt proportional.

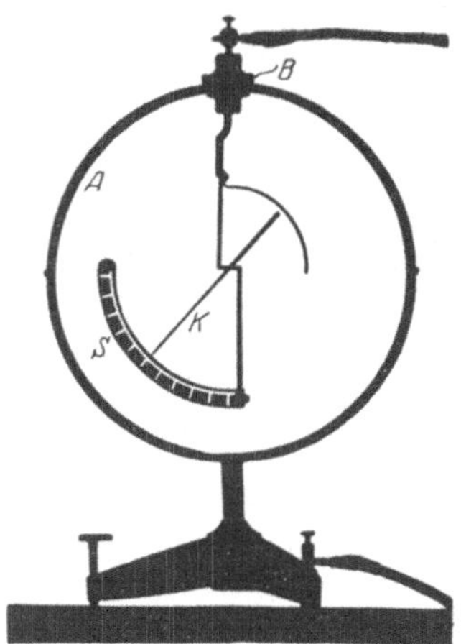

Abb. 273. BRAUNsches Elektrometer (Aus POHL: Elektrizitätslehre.)

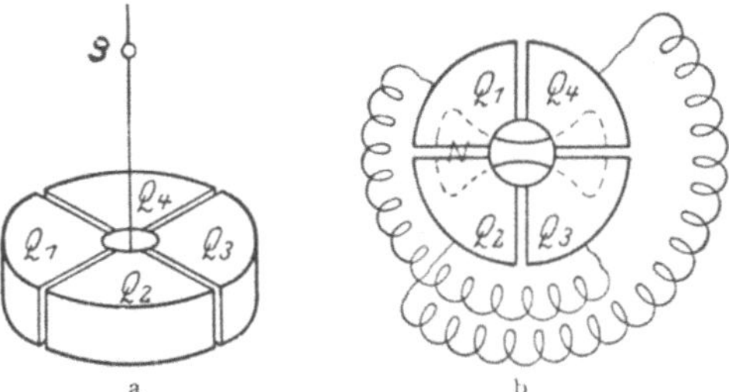

Abb. 274. Quadrantelektrometer. Schema.

Wir wollen im folgenden noch einige wichtigere Elektrometertypen kurz besprechen. Von dem Blättchenelektrometer ist bereits in § 135 die Rede gewesen. Zum gleichen Typus gehört auch das BRAUN*sche Elektrometer* (Abb. 273).

Das *Quadrantelektrometer* besteht aus einer in vier Quadranten Q_1, Q_2, Q_3, Q_4 geteilten kreisförmigen metallischen Schachtel. Die Quadranten sind isoliert und durch schmale Zwischenräume voneinander getrennt (Abb. 274). Innerhalb der Schachtel hängt an einem sehr dünnen Metalldraht, Metallband oder metallisierten Quarzfaden der bewegliche Teil N des Elektrometers, den man als Nadel zu bezeichnen pflegt, ein lemniskatenförmiges Gebilde aus Aluminiumblech oder metallisiertem Papier. Das Ganze ist in ein metallisches Gehäuse eingeschlossen. Die Quadranten sind zu je zwei kreuzweise leitend verbunden. Bei der Spannungsmessung kann man z. B. so verfahren, daß man ein Quadrantenpaar mit dem geerdeten Gehäuse verbindet, an das zweite Quadrantenpaar eine konstante Hilfsspannung legt und die Nadel auf die zu messende Spannung bringt. Dann besteht zwischen den Quadrantenpaaren ein elektrisches Feld; und da die Nadel infolge ihrer Spannung (und ihrer Kapazität gegenüber den Quadranten) eine Ladung trägt, so wird sie durch dieses Feld um so stärker gedreht, je größer ihre Ladung, also auch je größer die an

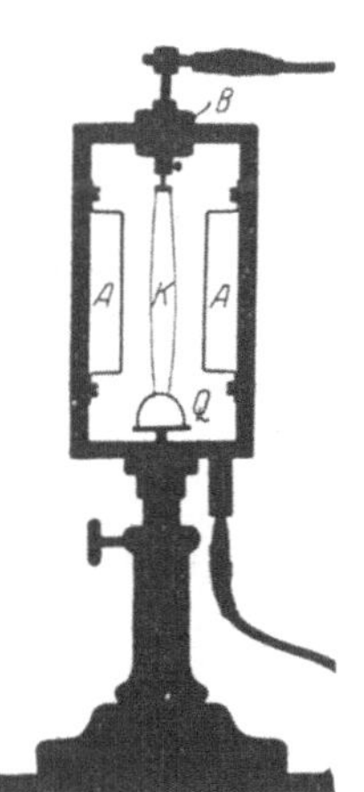

Abb. 275. Schema eines Zweifaden-Elektrometers. (Aus POHL: Elektrizitätslehre.)

ihr liegende Spannung ist. Die Drehungen werden meist mittels Spiegelablesung, d. h. mit Hilfe eines mit der Nadel fest verbundenen Spiegelchens S gemessen. Es gibt noch eine größere Zahl verwandter Ausführungsformen und einige andere Schaltungen.

Bei den *Saiten- oder Fadenelektrometern* besteht der bewegliche Teil aus einem oder zwei feinen Platindrähten. Abb. 275 zeigt das Schema eines

Zweifaden-Elektrometers. Den beiden Fäden K, welche zwecks Regelung der Empfindlichkeit unten an einem verstellbaren Quarzbügel Q befestigt sind, stehen zwei mit dem Gehäuse verbundene Drahtbügel A gegenüber. Legt man zwischen Gehäuse und Fäden eine Spannung, so spreizen sich die Fäden um so weiter auseinander, je höher diese Spannung ist. Ihr Abstand wird mit einem Mikroskop mit Okularmikrometer abgelesen.

144. Die Energie eines geladenen Kondensators. Die Anziehung der Kondensatorplatten. Elektrische Energiedichte. Um die in einem geladenen Kondensator aufgespeicherte Energie zu berechnen, verfährt man am einfachsten so, daß man die Arbeit berechnet, die notwendig ist, um die Ladung des Kondensators schrittweise herzustellen. Dazu kann folgendes Gedankenexperiment dienen. Es herrsche an dem Kondensator bereits die Spannung U, seine Ladung sei also $e = CU$. Wir wollen jetzt seine Ladung um den sehr kleinen Betrag de vergrößern, indem wir der negativen Platte noch eine positive Ladung $+de$ entziehen und sie gegen die Richtung des im Kondensator bereits herrschenden Feldes $E = U/d$ auf die positive Platte bringen. (Oder richtiger: indem wir der positiven Platte Elektronen im Betrage de entziehen und sie gegen die Kraft des Feldes auf die negative Platte bringen. Die dazu nötige Arbeit ist natürlich die gleiche.) Dazu ist nach Gl. (7) die Arbeit $dA = U\,de$ erg aufzuwenden. Wir erhalten demnach die Arbeit, die insgesamt notwendig ist, um den anfangs ungeladenen Kondensator bis zur Ladung e aufzuladen, durch Integration,

$$A = \int\limits_0^e U\,de = \frac{1}{C}\int\limits_0^e e\,de = \frac{1}{2}\frac{e^2}{C} = \frac{1}{2}CU^2 = \frac{1}{2}e\,U \text{ erg.} \tag{20}$$

Auf der rechten Seite bedeutet jetzt U die Endspannung des Kondensators, $U = e/C$. A ist also der Betrag der in dem geladenen Kondensator aufgespeicherten Energie. Sie wird bei der Entladung wieder frei.

Zwischen den Platten des geladenen Kondensators besteht wegen des entgegengesetzten Vorzeichens der Ladung seiner beiden Platten eine anziehende Kraft k, die wir aus Gl. (20) berechnen können. Es sei x der Abstand der beiden Platten eines Plattenkondensators. Wir vergrößern ihn jetzt um den Betrag dx. Dann ist die dabei zu leistende Arbeit $dA = k \cdot dx$ erg. Wir erhalten also k, indem wir aus Gl. (20) $k = dA/dx$ bilden,

$$k = \frac{d}{dx}\left(\frac{1}{2}\frac{e^2}{C}\right) = \frac{d}{dx}\left(\frac{1}{2}U^2 C\right) \text{ dyn.} \tag{21a}$$

Führen wir aus Gl. (19) (unter Ersetzung von d durch x), den Ausdruck für die Kapazität $C = F/4\pi x$ ein, so ist $A = e^2\,\dfrac{2\pi x}{F}$ und

$$k = \frac{2\pi e^2}{F} = \frac{2\pi C^2 U^2}{F} = \frac{F}{8\pi x^2}\cdot U^2 = \frac{F}{8\pi}\cdot E^2 \text{ dyn,} \tag{21b}$$

da $U/x = E$ die Feldstärke im Kondensator ist.

Daß die Kraft k bei *gegebener Ladung* e ($k = 2\pi e^2/F$) nicht vom Plattenabstande abhängt, erklärt sich ohne weiteres dadurch, daß sich ja bei einer Änderung des Abstandes die nur von der Ladung e abhängige Zahl der im Kondensator verlaufenden Feldlinien, also die Feldstärke im Kondensator, nicht ändert. Und diese ist es, die die Kraft auf die Ladungen der Platten hervorruft. (Dabei ist allerdings von der Randwirkung (§ 142, Fußnote) abgesehen, die bewirkt, daß die Kraft bei Vergrößerung des Abstandes tatsächlich allmählich abnimmt.) Die Spannung zwischen den Platten wächst bei konstanter Ladung proportional mit dem Abstande. Bei *konstanter Spannung* U dagegen ($k = FU^2/8\pi x^2$) nimmt die Kraft mit zunehmendem Abstande wie

$1/x^2$ ab. Denn je größer der Abstand ist, um so kleiner ist die Kapazität und um so kleiner sind dann auch die Ladungen und die zwischen ihnen wirkenden Kräfte.

Die zwischen den Platten eines geladenen Plattenkondensators wirkende Kraft kann dazu dienen, Spannungen auf mechanischem Wege zu messen. Man verfährt dabei so, daß man die eine Platte an eine Waage hängt und ihr die andere fest gegenüberstellt. Die Anziehung der ersten Platte durch die zweite wird gemessen, indem man sie durch Gewichte auf der anderen Seite der Waage kompensiert (Potentialwaage, absolutes Elektrometer von W. Thomson). Es ist dann nach Gl. (21b) $U^2 = 8\,\pi\,x^2\,k/F$, wobei k in dyn gemessen werden muß, um U in elektrostatischen Einheiten zu erhalten.

Bei der obigen Ableitung der in einem Kondensator aufgespeicherten Energie haben wir uns vorgestellt, daß Ladungsträger von der einen Platte des Kondensators zur anderen überführt werden. An den Ladungsträgern an sich ist dabei keinerlei Veränderung vorgegangen. Was sich geändert hat, ist die Feldstärke im Kondensator, hier liegt also die eigentliche Veränderung, und es ist demnach folgerichtig, als Sitz der im Kondensator aufgespeicherten Energie das elektrische Feld zwischen seinen Platten zu betrachten. (Ebenso wie die Energie, die in einem aus zwei durch eine gespannte Feder verbundenen Massen bestehenden System enthalten ist, ihren wirklichen Sitz in der Feder hat.) Setzen wir in Gl. (20) $C = F/4\pi d$, so ist die Feldenergie im Kondensator $A = F\,U^2/8\pi d$ erg. Ist E die Feldstärke im Kondensator, so ist $U = E\,d$ und $A = \dfrac{1}{8\pi}E^2 \cdot F\,d$ erg. Nun ist aber $F\,d$ das Volumen des felderfüllten Raumes zwischen den Kondensatorplatten. Demnach ist der auf die Volumeinheit des Feldes entfallende Energiebetrag, die *Energiedichte* des Feldes,

$$\varrho_e = \frac{1}{8\,\pi}E^2\,\mathrm{erg}\cdot\mathrm{cm}^{-3}. \tag{22}$$

Diese Gleichung gilt allgemein für jedes elektrische Feld im Vakuum [vgl. aber § 145, Gl. (29)].

145. Dielektrika. Polarisation. Dielektrische Verschiebung. Wenn man die in Abb. 272 dargestellte Vorrichtung, wie dort beschrieben, auflädt und alsdann zwischen die Platten des Kondensators eine Platte aus einem nicht leitenden Stoff (Dielektrikum) einschiebt oder den geladenen Kondensator in eine nicht leitende Flüssigkeit taucht, so sinkt der Ausschlag des Elektrometers, also auch die Spannung am Kondensator. Das beweist, daß die Kapazität des Kondensators durch die Einführung des Dielektrikums vergrößert wird. Denn die Ladung des Systems bleibt unverändert, wie man erkennt, wenn man das Dielektrikum wieder entfernt. Also muß die Kapazität $C = e/U$ größer geworden sein.

Diese Erscheinung erklärt sich auf folgende Weise. Die Dielektrika sind, wie alle Stoffe, aus atomaren Ladungsträgern aufgebaut. Diese sind in ihnen aber, im Gegensatz zu den Leitern, nicht frei beweglich. Man muß hier verschiedene Fälle unterscheiden. Unter den festen Dielektrika gibt es eine Gruppe von Stoffen, die aus positiven und negativen Ionen aufgebaut sind (z. B. die Steinsalzkristalle, § 312). Diese Ionen haben bestimmte Gleichgewichtslagen, aus denen sie ein elektrisches Feld zwar ein wenig verschieben, aber nicht völlig entfernen kann. Daher werden die positiven Ionen *in* der Feldrichtung, die negativen ihr *entgegen* verschoben, und zwar um so mehr, je größer die Feldstärke ist. Infolgedessen tritt an derjenigen Endfläche des Körpers, aus der die Kraftlinien des Feldes austreten, eine positive Oberflächenladung auf, an der andern Endfläche eine negative Oberflächenladung, wie Abb. 276 schematisch zeigt. Diese Erscheinung heißt *dielektrische Polarisation* (Faraday 1837).

Unter den übrigen Dielektrika gibt es solche, deren Moleküle *von Natur* elektrische Dipole sind. Da aber alle Atome und Moleküle aus elektrisch geladenen Bausteinen bestehen, so werden auch die Moleküle anderer Dielektrika im elektrischen Felde zu Dipolen. Denn ihre positiven und negativen Ladungen werden durch das Feld nach entgegengesetzten Richtungen gezogen, und es tritt am Molekül ein elektrisches Moment auf. Die natürlichen molekularen Dipole suchen sich in die Feldrichtung einzustellen, die Dipole der zweiten Art sind schon an sich dem Felde gleichgerichtet. Die Wirkung dieser Ausrichtung ist offensichtlich die gleiche, wie sie in Abb. 276 dargestellt ist, da die eine Endfläche mit positiven, die andere mit negativen Dipolenden besetzt ist.

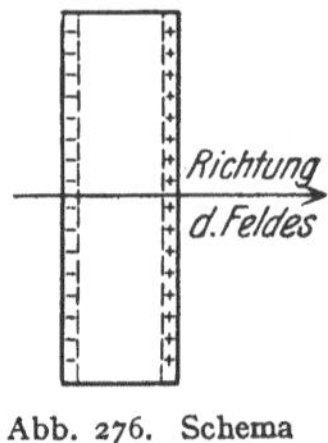

Abb. 276. Schema der dielektrischen Polarisation.

Befindet sich ein Dielektrikum zwischen den Platten eines geladenen Kondensators, so wird es durch das Feld im Kondensator polarisiert. Auf der Endfläche, die der positiven Platte zugekehrt ist, entsteht eine negative Oberflächenladung $-e'$, auf der andern Endfläche eine positive Oberflächenladung $+e'$ (Abb. 277). Der Kondensator werde auf konstanter Spannung U gehalten, so daß sich auf seinen Platten eine bestimmte Ladung $e_0 = U/C_0$ befindet, wenn er kein Dielektrikum enthält, und wenn C_0 seine Kapazität in diesem Zustande ist. Wird nunmehr ein Dielektrikum eingeführt, so erzeugen die an ihm auftretenden Polarisationsladungen e' an den Platten gleich große, zusätzliche Influenzladungen entgegengesetzten Vorzeichens, die also die Ladungen der Platten verstärken. Diese betragen nunmehr $e_0 + e'$. Es gehen von ihnen jetzt $4\pi(e_0 + e')$ Feldlinien aus, von denen aber $4\pi e'$ sogleich wieder an den anliegenden Polarisationsladungen enden, so daß nur $4\pi e_0$ Feldlinien in das Dielektrikum eintreten. Das Feld E bleibt also das gleiche wie vor Einführung des Dielektrikums.

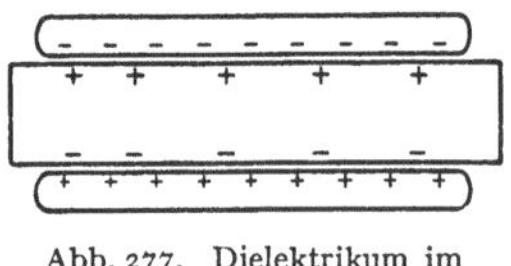

Abb. 277. Dielektrikum im Kondensator.

Die Fläche der Kondensatorplatten betrage F, die auf deren Flächeneinheit entfallende Polarisationsladung, die *Polarisation*, betrage P, so daß $e' = FP$. Von der Ladung e_0 gehen $4\pi e_0$ Feldlinien aus. Von 1 cm² der Platten gehen also $4\pi e_0/F$ Feldlinien in das Innere des Dielektrikums, und es ist daher $E = 4\pi e_0/F$ oder $e_0 = FE/4\pi$. Demnach beträgt die Ladung des Kondensators mit Dielektrikum

$$e = e_0 + e' = F\left(\frac{E}{4\pi} + P\right) = F\frac{E + 4\pi P}{4\pi} = F\frac{D}{4\pi}. \qquad (23)$$

Die hierdurch definierte Größe

$$D = E + 4\pi P \quad \text{bzw.} \quad \mathfrak{D} = \mathfrak{E} + 4\pi\mathfrak{P} \qquad (24)$$

heißt die *dielektrische Verschiebung*. Sie ist, wie die Feldstärke, ein Vektor $\mathfrak{D}$ vom Betrage D.

Durch die Polarisation wird ein Dielektrikum in einem geladenen Kondensator zu einem elektrischen Dipol mit den Ladungen $+PF$ und $-PF$, deren Abstand gleich dem Plattenabstand d ist. Es besitzt also das elektrische Moment $M = PFd = PV$, wenn $V = Fd$ das Volumen des im Kondensator befindlichen Dielektrikums ist. Daher ist die Polarisation $P = M/V$, also gleich dem auf die Volumeinheit des Dielektrikums entfallenden elektrischen Moment, und sie ist wie dieses ein Vektor $\mathfrak{P}$, der dem Felde $\mathfrak{E}$ gleichgerichtet ist.

Die Polarisation P ist der Feldstärke E proportional. Außerdem ist sie um so größer, je größer die Zahl n der Moleküle in 1 cm³ des Dielektrikums ist. Wir setzen daher

$$P = n\,\gamma\,E \quad \text{bzw.} \quad \mathfrak{P} = n\,\gamma\,\mathfrak{E}. \tag{25}$$

Dann folgt aus Gl. (24)

$$D = (1 + 4\,\pi\,n\,\gamma)\,E = \varepsilon E \quad \text{bzw.} \quad \mathfrak{D} = \mathfrak{E} + 4\pi\,\mathfrak{P} = \varepsilon\,\mathfrak{E}. \tag{26}$$

Die Größe

$$\varepsilon = (1 + 4\,\pi\,n\,\gamma) \tag{27}$$

heißt die *Dielektrizitätskonstante* des Dielektrikums. Sie ist bei allen Stoffen größer als 1, für das Vakuum ($n = 0$) gleich 1. Tabelle 19 gibt einige Zahlenwerte. Die Dielektrizitätskonstanten der Gase sind von 1 nur sehr wenig verschieden, weil bei ihnen die Zahl n klein und deshalb auch $4\,\pi\,n\,\gamma \ll 1$ ist.

Tabelle 19. Dielektrizitätskonstanten.

Paraffinöl	2,2	Glimmer	6—8
Petroleum	2,0	Hartgummi	2,7
Wasser	81	Luft	1,0006
Bernstein	2,8	Vakuum	1,0000
Glas	5—7		

Es macht daher nur einen sehr geringen Unterschied, ob sich ein Kondensator in Luft oder im Vakuum befindet.

Aus Gl. (25) folgt, daß γE der Betrag ist, den jedes einzelne Molekül bei der Feldstärke E zum elektrischen Moment des Dielektrikums beiträgt. γ ist also die Größe dieses Beitrages bei der Feldstärke $E = 1$ elektrostatische Einheit.

Die dielektrische Verschiebung $\mathfrak{D}$ bildet, wie das elektrische Feld $\mathfrak{E}$, ein Vektorfeld und kann als solches durch Feldlinien veranschaulicht werden. Da $\mathfrak{D}$ und $\mathfrak{E}$ gleichgerichtete Vektoren sind, so entspricht die Richtung des Verschiebungsfeldes überall derjenigen des elektrischen Feldes. Die Dichte seiner Feldlinien ist aber ε-mal größer.

Ganz analoge Verhältnisse wie in einem Kondensator herrschen auch in einer dielektrischen Platte, die nicht den Innenraum eines Kondensators ausfüllt, sondern sich in einem auf beliebige Weise erzeugten elektrischen Felde befindet (Abb. 278). Im Außenraum sei $\varepsilon = 1$, und es herrsche dort eine zu den beiden Plattenflächen senkrechte elektrische Feldstärke $\mathfrak{E}_0$ und daher eine dielektrische Verschiebung $\mathfrak{D}_0 = \mathfrak{E}_0$. Das Feld $\mathfrak{E}$ innerhalb der Platte können wir uns entstanden denken durch eine Überlagerung des ungestört durch die Platte fortgesetzten äußeren Feldes $\mathfrak{E}_0$ und eines ihm entgegengerichteten, rückläufigen Feldes $4\pi\,\mathfrak{P}$ der Polarisationsladungen, so daß $\mathfrak{E} = \mathfrak{E}_0 - 4\pi\,\mathfrak{P}$ und daher $\mathfrak{E}_0 = \mathfrak{E} + 4\pi\,\mathfrak{P}$. Nun ist andrerseits $\mathfrak{E} + 4\pi\,\mathfrak{P} = \mathfrak{D}$ die dielektrischen Verschiebung in der Platte. Es folgt $\mathfrak{D} = \mathfrak{E}_0 = \mathfrak{D}_0$. Das Verschiebungsfeld setzt sich also ungestört durch die Platte hindurch fort und ist identisch mit dem äußeren elektrischen Feld $\mathfrak{E}_0$ im Vakuum (Abb. 278a). Überlagert man ihm das rückläufige Polarisationsfeld (Abb. 278c), so ergibt sich das elektrische Feld $\mathfrak{E}$ in der Platte (Abb. 278b). Bei dieser Betrachtungsweise sind es die Feldlinien des rückläufigen Polarisationsfeldes, die an den Polarisationsladungen beginnen und dndigen. Genau so gut kann man aber auch sagen, daß ein Teil der Feldlinien ees äußeren Feldes $\mathfrak{E}_0$ an den Polarisationsladungen endet und wieder beginnt

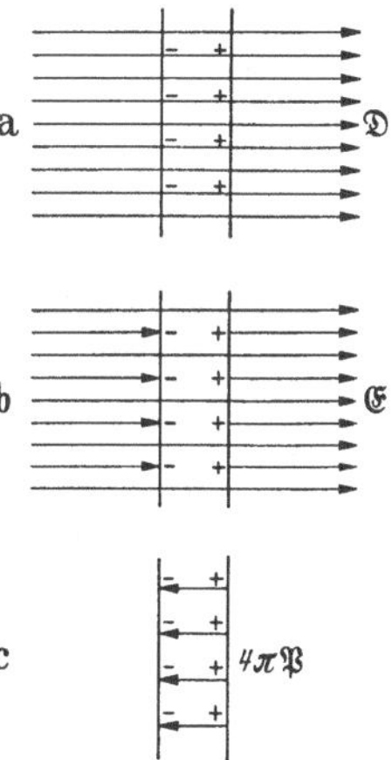

Abb. 278. a Verschiebungsfeld, b elektrisches Feld, c Polarisationsfeld in einer dielektrischen Platte im elektrischen Felde. (Die Symbole $\mathfrak{D}$, $\mathfrak{E}$ und $\mathfrak{P}$ sollen lediglich andeuten, daß es sich um die drei genannten Arten von Feldern handelt.)

(278b), und daß daher das Feld im Innern um den diesem Ausfall an Feldlinien entsprechenden Betrag geschwächt ist. (Vgl. § 212.)

Da in einem Kondensator $e = FD/4\pi$, $e_0 = FE/4\pi$, so ist $e/e_0 = D/E = \varepsilon$. Die Ladung des Kondensators ist also bei gleicher Spannung mit Dielektrikum um den Faktor ε größer als ohne Dielektrikum, und das gleiche gilt demnach auch für seine Kapazität. Sie beträgt mit Dielektrikum

$$C = \varepsilon C_0. \tag{28}$$

Die Kapazität des Kondensators wird also durch das Dielektrikum auf das ε-fache erhöht.

Die Vergrößerung der Kapazität von Kondensatoren durch ein Dielektrikum findet vielfache Anwendung. Schon die älteste Kondensatorform, die *Leidener Flasche* (erfunden 1745 von von Kleist, Abb. 279), ist ein Kondensator mit Glas als Dielektrikum. Große technische Kondensatoren erhalten oft eine Ölfüllung. Die Anwesenheit eines Dielektrikums hat auch den Vorteil, daß ein Funkenüberschlag zwischen den Platten erst bei höherer Spannung eintreten kann. Da jeder Stoff zum mindesten eine schwache Spur von Leitfähigkeit besitzt, und da ferner in den meisten Stoffen gewisse Nachwirkungen einer vorhergegangenen Polarisation kürzere oder längere Zeit zurückbleiben, so sind die einzelnen Dielektrika für Kondensatoren verschieden gut geeignet.

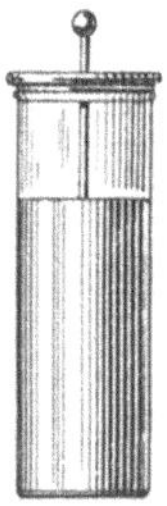

Die Ladung, die ein Kondensator mit Dielektrikum bei gegebener Spannung aufnimmt, ist um den Faktor ε größer als ohne Dielektrikum. Daher ist auch die im Kondensator aufgespeicherte Energie um den gleichen Faktor größer. An Stelle der Gl. (22) ist also die allgemeinere Gleichung für die elektrische Energiedichte

$$\varrho_e = \frac{\varepsilon}{8\pi} E^2 = \frac{1}{8\pi\varepsilon} D^2 \, \text{erg} \cdot \text{cm}^{-3} \tag{29}$$

Abb. 279.
Leidener
Flasche.

zu setzen.

Ein Körper mit der Ladung e sei in ein Dielektrikum von der Dielektrizitätskonstante ε eingebettet. Genau wie beim Kondensator [Gl. (28)] bildet sich an der Grenzfläche des geladenen Körpers und des Dielektrikums durch Polarisation des letzteren im Felde der Ladung eine Ladung $- e\,(1 - 1/\varepsilon)$, deren Feld sich im Dielektrikum demjenigen der Ladung e überlagert und es schwächt. Das Feld ist im Dielektrikum also gleich demjenigen einer Ladung $e - e\,(1 - 1/\varepsilon) = e/\varepsilon$. Demnach bildet Gl. (2) nur den Sonderfall des Coulombschen Gesetzes für das Vakuum. Für zwei Ladungen e und e', die sich in einem Dielektrikum befinden, muß es allgemein lauten

$$k = \frac{1}{\varepsilon}\,\frac{e\,e'}{r^2}. \tag{30}$$

Daß auch die zweite Ladung von einer Hülle von Polarisationsladung umgeben ist, hat auf die sie ausgeübte Kraft natürlich keinen Einfluß.

Befindet sich ein dielektrischer Körper in einem elektrischen Felde, so wird er durch die dielektrische Polarisation zu einem elektrischen Dipol. Infolgedessen erfährt er, wenn er sich im Vakuum befindet, Kräfte, die qualitativ denjenigen entsprechen, die wir in § 141 erörtert haben. Ist er aber in eine stoffliche Umgebung eingebettet, welche eine andere Dielektrizitätskonstante hat als er selbst, so hängt sein Verhalten im elektrischen Felde davon ab, ob diese größer oder kleiner ist als seine eigene. Ist sie — wie die des Vakuums — kleiner, so wird der Körper auch, wie im Vakuum, im *inhomogenen* Felde in Richtung wachsender Feldstärke getrieben. Ist sie aber größer, so wird er im inhomogenen Felde in Richtung abnehmender Feldstärke getrieben. In homogenen

Feldern sind die Verhältnisse verwickelt. Überdies sind Felder von so großer Homogenität, wie sie für derartige Versuche erforderlich wären, nur sehr schwer zu verwirklichen. Wir verzichten daher auf eine Erörterung des Verhaltens in homogenen Feldern.

Es ist hiernach leicht ersichtlich, daß γ und damit auch die Dielektrizitätskonstante ε bei denjenigen Stoffen, deren Moleküle von Natur Dipole sind, mit steigender Temperatur abnehmen muß. Denn je höher die Temperatur ist, um so mehr wird die Ausrichtung der Dipole in die Feldrichtung durch die Molekularbewegung gestört. Zur Polarisation aber tragen nur die in der Feldrichtung gelegenen Komponenten der elektrischen Momente bei, während die dazu senkrechten Komponenten über alle möglichen Richtungen im Durchschnitt gleichmäßig verteilt sind und sich gegenseitig aufheben.

146. Piezoelektrizität. Schwingquarz. Die Kristalle bestehen aus raumgitterartig angeordneten Atomen oder aus Ionen entgegengesetzter Ladung (§ 312 und 369). Wir haben bereits bei der dielektrischen Polarisation gesehen, daß eine durch elektrische Kräfte hervorgerufene Verschiebung der positiven und negativen Ladungen eines solchen Gitters das Auftreten von Ladungen an den Grenzflächen eines Kristalls bewirkt. Das gleiche kann auch durch mechanische Einwirkungen geschehen. Es gibt Kristalle, z. B. Quarz, bei denen an der Oberfläche eine Polarisation auftritt, wenn man sie durch Druck verformt. Die Polarisation ist dem Druck proportional. Diese Erscheinung heißt *Piezoelektrizität*. Eine ähnliche Wirkung kann auch eine Erwärmung eines Kristalls haben *(Pyroelektrizität)*. Zum Nachweis dieser Ladungen bestäubt man den Kristall z. B. mit einem Gemisch von Schwefel- und Mennigepulver. In einem solchen ist durch Berührung (Reibung, § 164) der Schwefel negativ, die Mennige positiv elektrisch. Daher haftet das gelbe Schwefelpulver an den positiv elektrischen, das rote Mennigepulver an den negativ elektrischen Stellen der Kristalloberfläche.

Die Piezoelektrizität hat eine Umkehrung. Nicht nur bewirkt bei piezoelektrischen Körpern eine elastische Verformung eine Polarisation, sondern umgekehrt bewirkt auch eine durch ein elektrisches Feld, also durch eine an den Körper gelegte Spannung, erzwungene Polarisation eine elastische Verformung des Körpers *(Elektrostriktion)*, und zwar bei allen festen Dielektrika.

Diese Erscheinung hat in den letzten Jahren eine sehr große Bedeutung gewonnen. Legt man an einen Kristall — man benutzt dazu geeignet geschnittene Platten oder Stäbe aus Quarz — eine Wechselspannung, so erfährt er elastische Deformationen mit der Frequenz dieser Spannung. Stimmt diese Frequenz mit derjenigen seiner longitudinalen elastischen Grundschwingung oder einer seiner Oberschwingungen überein, so tritt Resonanz ein (§ 94). Der Kristall kann auf diese Weise zu sehr energiereichen elastischen Schwingungen erregt werden *(Schwingquarz)*, deren Frequenz infolge der ausgezeichneten elastischen Eigenschaften des Quarzes äußerst genau definiert ist, sofern die Temperatur des Kristalles genügend genau konstant gehalten wird. Bei Anwendung hochfrequenter elektrischer Schwingungen (Kurzwellen) zur Erregung kann man Schwingquarze zu sehr hohen elastischen Oberschwingungen erregen. Auf diese Weise verfügt man über *Frequenznormale* von sehr großer und sehr genau bekannter Frequenz. Diese Frequenznormale können verschiedenen wichtigen Zwecken dienen, so zu sehr genauen *Zeitmessungen* und *Zeitvergleichungen*. Die gewöhnlichen Uhren werden ja auch durch Frequenznormale gesteuert, die Pendel oder die Unruhen. Die Konstanz dieser Normalen ist aber trotz des hohen Standes der Uhrentechnik unbefriedigend, und es scheint, daß die heutigen Pendeluhren kaum noch verbesserungsfähig sind. Der Schwingquarz liefert ein außerordentlich viel genaueres Frequenznormal. Die heutige Verstärkertechnik erlaubt es, mit Hilfe eines Schwingquarzes Uhren zu steuern *(Quarz-uhr)*. SCHEIBE und ADELSBERGER benutzten z. B. einen 9,1 cm langen Quarz-stab in seiner 1. longitudinalen Oberschwingung von 60000 Hz. Sie konnten durch Vergleich von vier Quarzuhren von zum Teil verschiedener Bauart zeigen, daß diese Uhren innerhalb vieler Monate eine Genauigkeit auf 0,001 bis 0,002 sec aufweisen. Die Quarzuhren spielen heute unter anderem auch schon im öffent-lichen Zeitdienst eine wichtige Rolle; es konnte ferner mit ihnen bereits nach-gewiesen werden, daß die Tageslänge kleinen periodischen Schwankungen von der Größenordnung $\pm 0,004$ sec unterworfen ist. Eine weitere wichtige Rolle spielt der Schwingquarz bei der Konstanthaltung der Wellenlänge der Rund-funksender, sowie bei der Erzeugung von Ultraschall (§ 96).

147. Die wichtigsten Gleichungen der Elektrostatik in Einheiten des inter-nationalen Maßsystems. Wir haben uns bei der Behandlung der Elektrostatik der Einheiten des elektrostatischen Maßsystems bedient, welches gemäß § 131 durch die Festsetzung begründet wird, daß die Konstante des COULOMBschen Gesetzes für das Vakuum eine reine Zahl vom Betrage 1 sein und die Kraft in dyn gemessen werden soll. Die Verwendung dieses Maßsystems gestaltet im all-gemeinen die Formeln übersichtlicher und einfacher, und deshalb wird es auch in der theoretischen Physik meist benutzt. Bei praktischen Anwendungen benutzt man aber stets das *internationale Maßsystem* mit den Einheiten Coulomb (Amperesekunde), Volt, Ampere, Farad (oder Mikrofarad) usw. Wir wollen deshalb hier die wichtigsten Gleichungen der Elektrostatik auch noch in den Einheiten des internationalen Maßsystems ausdrücken. Zwischen den Ein-heiten der beiden Systeme bestehen die folgenden Beziehungen:

Tabelle 20. Elektrostatische und internationale Einheiten.

Elektrizitätsmenge.	1 el. stat. Einh.	$= \frac{1}{3} \cdot 10^{-9}$ Coulomb (Amperesec).
Stromstärke (vgl. § 150)	,,	$= \frac{1}{3} \cdot 10^{-9}$ Ampere.
Spannung	,,	$= 300$ Volt.
Feldstärke	,,	$= 300$ Volt $\cdot$ cm^{-1}.
Kapazität	,,	$= \frac{1}{9} \cdot 10^{-11}$ Farad $= \frac{1}{9} \cdot 10^{-5}$ Mikrofarad.
Widerstand (vgl. § 152)	,,	$= 9 \cdot 10^{11}$ Ohm.

Als Einheit der Energie dient im internationalen Maßsystem die Watt-sekunde (Joule) $= 10^7$ erg, und dem entspricht es, daß als Krafteinheit die Kraft 10^7 dyn auftritt. Die Einheit der Feldstärke ist daher so definiert, daß ein Körper mit der Ladung 1 Coulomb im Felde $E = 1$ Volt $\cdot$ cm^{-1} die Kraft 10^7 dyn erfährt.

Bei Benutzung des internationalen Maßsystems ist es zur Vereinfachung der Schreibweise nützlich, die Konstante

$$K = \frac{1}{4\pi \cdot 9 \cdot 10^{11}} = 8{,}84 \cdot 10^{-14}$$

einzuführen. Wir erhalten damit die folgende Schreibweise für die wichtigsten Gleichungen der Elektrostatik im internationalen Maßsystem:

§ 131, Gl. (2a) $\quad k = \dfrac{1}{4\pi K} \dfrac{e_1 e_2}{r^2} \cdot 10^7$ dyn.

§ 136, Gl. (4b) $\quad k = e E \cdot 10^7$ dyn.

Gl. (5a) $\quad E = \dfrac{1}{4\pi K} \dfrac{e}{r^2}$ Volt $\cdot$ cm^{-1}.

Gl. (6) $\quad$ Von der Ladung e Coulomb gehen e/K Kraftlinien aus. Dabei soll der Feldstärke 1 Volt $\cdot$ cm^{-1} eine Kraftlinie auf die Fläche 1 cm^2 entsprechen.

§ 137, Gl. (7) $A = eU \cdot 10^7\, \text{erg} = eU$ Joule (Wattsec).

Gl. (8)   gilt auch im internationalen Maßsystem.

Gl. (14) $U = \dfrac{1}{4\pi K}\,\dfrac{e}{r}$ Volt.

§ 142, Gl. (17 a, b) gelten auch im internationalen Maßsystem.

Gl. (19) $C = K\,\dfrac{F}{d}$ Farad.

§ 144, Gl. (20) $A = \dfrac{1}{2}\,eU \cdot 10^7\, \text{erg} = \dfrac{1}{2}\,eU$ Joule (Wattsec).

Gl. (21 b) $k = \dfrac{e^2}{FK}\cdot 10^7\, \text{dyn} = \dfrac{1}{2}\,\dfrac{C^2 U^2}{FK}\cdot 10^7\, \text{dyn} = \dfrac{1}{2}\,FK\,\dfrac{U^2}{x^2}\cdot 10^7\, \text{dyn}$

$$= \frac{1}{2}\,FKE^2 \cdot 10^7\, \text{dyn}.$$

§ 145, Gl. (24 u. 28) gelten auch im internationalen Maßsystem.

Gl. (26) $D = K\varepsilon E$.

Gl. (30) $k = \dfrac{1}{4\pi K\varepsilon}\,\dfrac{e_1 e_2}{r^2}\cdot 10^7\, \text{dyn}$.

Die Konstante K wird auch als die *absolute Dielektrizitätskonstante des Vakuums* bezeichnet, die Produkte $K\varepsilon$ als die absoluten Dielektrizitätskonstanten der Stoffe [s. Gl. (26)].

148. Die Dimensionen der elektrischen Größen im elektrostatischen Maßsystem. Durch die Art der Festsetzung der elektrostatischen Einheiten wird eine formale Verknüpfung dieser Einheiten mit denen des CGS-Systems hergestellt, und die elektrischen Größen erhalten daher auch eine Dimension im CGS-System (§ 44). Jedoch ist diese Verknüpfung willkürlich, und wir werden später (§ 191) eine andere Art der Verknüpfung kennenlernen, die zu anderen Dimensionen führt (§ 231).

Da die Größe $e_1 e_2/r^2$, also auch e^2/r^2, die Dimension einer Kraft, also $\left|m\,l\,t^{-2}\right|$, hat, so folgt für die Elektrizitätsmenge e die Dimension $\left|m^{\frac{1}{2}}\,l^{\frac{3}{2}}\,t^{-1}\right|$. Das Produkt Ue aus Spannung und Elektrizitätsmenge ist eine Arbeit, hat also die Dimension $\left|m\,l^2\,t^{-2}\right|$, so daß für die Spannung U die Dimension $\left|m^{\frac{1}{2}}\,l^{\frac{1}{2}}\,t^{-1}\right|$ folgt und für die elektrische Feldstärke E die Dimension $\left|m^{\frac{1}{2}}\,l^{-\frac{1}{2}}\,t^{-1}\right|$. Die Kapazität C hat, wie wir bereits erwähnten, im elektrostatischen System die Dimension einer Länge, also $\left|l\right|$. Der Vollständigkeit halber nehmen wir sogleich auch noch die später zu besprechende Stromstärke i und den Widerstand R hinzu. Die Stromstärke hat nach § 150 die Dimension Elektrizitätsmenge/Zeit, also $\left|m^{\frac{1}{2}}\,l^{\frac{3}{2}}\,t^{-2}\right|$. Der Widerstand ist nach § 152 definiert als das Verhältnis U/i von Spannung und Strom, seine Dimension ist also $\left|l^{-1}\,t\right|$.

Diese Dimensionsbeziehungen sind in der Tabelle 21 noch einmal zusammengestellt.

Tabelle 21. Dimensionen im elektrostatischen Maßsystem.

Elektrizitätsmenge . . .	$\left\|m^{\frac{1}{2}}\,l^{\frac{3}{2}}\,t^{-1}\right\|$	Kapazität	$\left\|l\right\|$
Spannung	$\left\|m^{\frac{1}{2}}\,l^{\frac{1}{2}}\,t^{-1}\right\|$	Stromstärke	$\left\|m^{\frac{1}{2}}\,l^{\frac{3}{2}}\,t^{-2}\right\|$
Feldstärke	$\left\|m^{\frac{1}{2}}\,l^{-\frac{1}{2}}\,t^{-1}\right\|$	Widerstand	$\left\|l^{-1}\,t\right\|$

Fünftes Kapitel.

Elektrische Ströme.

I. Elektrische Ströme in festen Leitern.

149. Stromquellen. Im folgenden müssen wir vorläufig als bekannt voraussetzen, daß es Geräte, *Strommesser*, gibt, die den Betrag der in 1 sec durch sie fließenden Elektrizitätsmenge, die elektrische Stromstärke in ihnen, anzeigen. Einen *Spannungsmesser* haben wir bereits im Elektrometer in seinen verschiedenen Gestalten kennengelernt. Bei den Spannungsmessungen, die uns hier zunächst beschäftigen werden, benutzt man aber meist Spannungsmesser, die nach dem gleichen Prinzip arbeiten, wie die Strommesser. Wir werden diese Geräte in § 234—239 näher besprechen.

Ferner müssen wir voraussetzen, daß es Vorrichtungen, *Stromquellen*, gibt, mittels derer man in einem zusammenhängenden System von Leitern eine dauernde Elektrizitätsbewegung aufrechterhalten kann. Hierher gehören insbesondere die Elemente, Akkumulatoren und Generatoren, die wir in § 173 und 248 besprechen werden. Eine Stromquelle besitzt zwei Pole, die in Klemmen endigen, und hat die Eigenschaft, daß zwischen diesen Klemmen eine dauernde Spannung besteht. Das beruht darauf, daß die Stromquelle an ihrem einen, dem positiven Pol, Elektronen in sich einzusaugen sucht, während sie an ihrem andern, dem negativen Pol Elektronen aus sich herauszudrücken sucht. Wir können eine Stromquelle etwa mit einer Zirkulationspumpe vergleichen, die an einer Stelle Wasser ansaugt und es an einer andern Stelle wieder aus sich herausdrückt, so daß es in einer an die Pumpe angeschlossenen Rohrleitung zirkulieren kann. Diese Zirkulation kommt bei der Pumpe dadurch zustande, daß diese zwischen den Enden der Rohrleitung eine Druckdifferenz, also in der Rohrleitung ein Druckgefälle aufrecht erhält, welches das Wasser in Bewegung hält. Entsprechend hält die Stromquelle an den Enden eines angeschlossenen Leiters eine Spannung *(Klemmenspannung)* und im Leiter ein Spannungsgefälle, also ein elektrisches Feld, aufrecht, das die Ladungsträger im Leiter in Bewegung hält. Man sagt, daß eine Stromquelle der Sitz einer *elektromotorischen Kraft* $\mathfrak{E}$ ist [1], d. h. einer Kraft, die Ladungsträger in Leitern in dauernder Bewegung zu halten vermag. Die Klemmenspannung einer Stromquelle hat ihren größten Betrag, wenn keine Zirkulation der Elektronen stattfinden kann, die Klemmen also nicht leitend verbunden sind, wenn die Stromquelle, wie man sagt, *offen* ist (§ 162). Aus diesem Grunde dient die Klemmenspannung einer offenen Stromquelle unmittelbar als Maß ihrer elektromotorischen Kraft $\mathfrak{E}$. Diese wird demnach — wie die Spannung — im internationalen Maßsystem in der Einheit 1 Volt gemessen.

150. Elektrischer Strom. Ein geladener Kondensator C von großer Kapazität, — z. B. eine Batterie von großen, parallel geschalteten Leidener Flaschen —, sei durch Kupferdrähte mit den beiden Enden a, b eines gut trockenen Holzstabes

---

[1] Die EMK wird meist mit dem Symbol E bezeichnet. Wir wählen das Symbol $\mathfrak{E}$, um eine Verwechslung mit dem Betrag E einer elektrischen Feldstärke $\mathfrak{E}$ zu verhüten.

(schlechter Leiter) von 1—2 m Länge verbunden (Abb. 280). Das Ende a sei durch einen Kupferdraht mit dem Gehäuse eines Elektrometers E verbunden. Ein weiterer Draht ist mit dem Blättchensystem des Elektrometers verbunden und kann an dem Holzstab entlang geführt werden. Auf diese Weise kann mit dem Elektrometer die Spannung zwischen a und den andern Punkten des Stabes gemessen werden. Beginnt man bei a und schreitet mit dem Draht in Richtung auf b fort, so nimmt der Ausschlag des Elektrometers, also die Spannung gegen a, stetig zu. Es besteht also längs des Stabes ein Spannungsgefälle, im Stabe also ein elektrisches Feld. Da sich aber die Ladungen am Kondensator mit der Zeit durch den Stab hindurch ausgleichen, so sinkt allmählich seine Spannung auf Null, und entsprechend sinken auch die Spannungen längs des Stabes. Dieser Versuch bietet uns nichts grundsätzlich Neues. Er liefert nur ein Beispiel dafür, daß sich Spannungen, die anfänglich in einem zusammenhängenden Leitersystem bestehen, auszugleichen suchen, indem sich die Ladungsträger in dem System entsprechend verschieben. Uns interessiert hier aber gerade diese Verschiebung. Wir haben einen schlechten Leiter gewählt, damit sie langsam erfolgt,

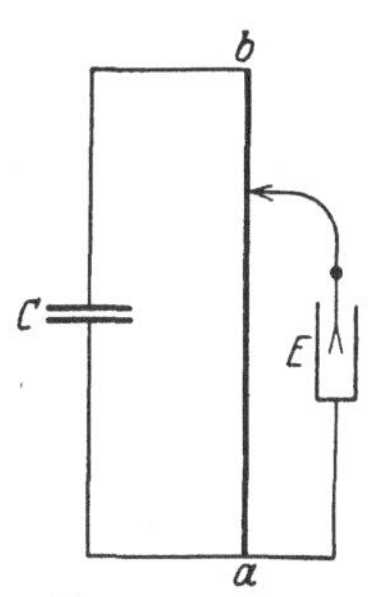
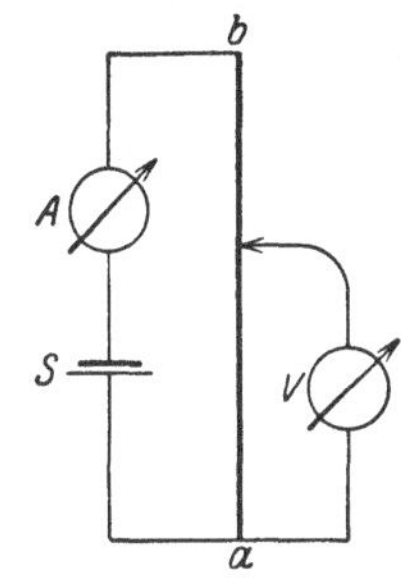

Abb. 280. Spannungsgefälle in einem stromdurchflossenen Holzstab.
Abb. 281. Spannungsgefälle in einem stromdurchflossenen Metalldraht.

also über eine längere Zeit beobachtbar ist. War etwa anfänglich der Kondensator in Abb. 280 unten positiv, oben negativ geladen, so kann der Ladungsausgleich grundsätzlich entweder durch eine Wanderung positiver Ladungsträger in Richtung von a nach b oder durch eine Wanderung negativer Ladungsträger in entgegengesetzter Richtung oder durch beides zugleich bewirkt worden sein. Die Wirkung wäre immer die gleiche. Auf jeden Fall ist eine Wanderung von Ladungsträgern durch den Holzstab erfolgt. Dieser Vorgang heißt ein *elektrischer Strom*.

Wir wiederholen den Versuch auf andere Weise. Wir ersetzen die geladene Batterie durch eine Stromquelle S, den Holzstab durch einen etwa 2 m langen dünnen Eisendraht, das Elektrometer durch einen der in § 148 erwähnten Spannungsmesser V (Abb. 281). Außerdem schalten wir einen Strommesser A in die Zuleitung zum Eisendraht. Ist etwa a mit der positiven, b mit der negativen Klemme der Stromquelle verbunden, so zeigt der Spannungsmesser, wenn wir mit dem Laufdraht von a in Richtung auf b fortschreiten, stetig wachsende Spannungsbeträge an. Der Versuch unterscheidet sich grundsätzlich nicht von dem obigen, denn die Stromquelle hat auf das angeschlossene Leitersystem die gleiche Wirkung, wie der geladene Kondensator. Sie ruft an den Enden des Systems eine Spannung hervor. Nur bleibt jetzt diese Spannung konstant. Dafür sorgt die elektromotorische Kraft der Stromquelle. Auch in diesem Fall fließt also durch den Draht ein elektrischer Strom; gleichzeitig besteht längs des stromdurchflossenen Drahtes ein Spannungsgefälle. Da es sich hier um einen metallischen Leiter handelt, in dem es nur Elektronen als frei bewegliche Ladungsträger gibt, so besteht der Strom in diesem Fall aus Elektronen, die sich in Richtung von der negativen Klemme zur positiven Klemme der Stromquelle durch den Draht bewegen.

Ein Strom negativer Ladungsträger ist in seinen äußeren Wirkungen von einem gleich starken Strom positiver Ladungsträger, die sich in entgegengesetzter Richtung bewegen, auf keine Weise zu unterscheiden. Es ist üblich, als *Richtung eines elektrischen Stromes* stets diejenige zu bezeichnen, in der sich positive Ladungsträger bewegen würden, also die Stromrichtung von der positiven zur negativen Klemme der Stromquelle. In den Metallen ist demnach die Bewegung der Elektronen der so definierten Stromrichtung gerade entgegengerichtet.

In einem stromdurchflossenen Leiter besteht also ein Spannungsgefälle, ein elektrisches Feld. Dieses Feld ist es ja auch, das die Ladungsträger im Leiter in Bewegung hält und dadurch bei unserm ersten Versuch schließlich den Spannungsausgleich herbeiführt. Besteht in einem Leiterelemente von der Länge dl die Feldstärke E, so besteht zwischen seinen Enden nach § 137, Gl. (12), die Spannung

$$dU = E\,dl. \tag{1}$$

(Auf das Vorzeichen kommt es uns hier nicht an.) Ist U die Spannung zwischen den Enden eines überall gleich beschaffenen Drahtstücks von der Länge l und konstantem Querschnitt, E die Feldstärke in ihm, so ist

$$U = E l. \tag{2}$$

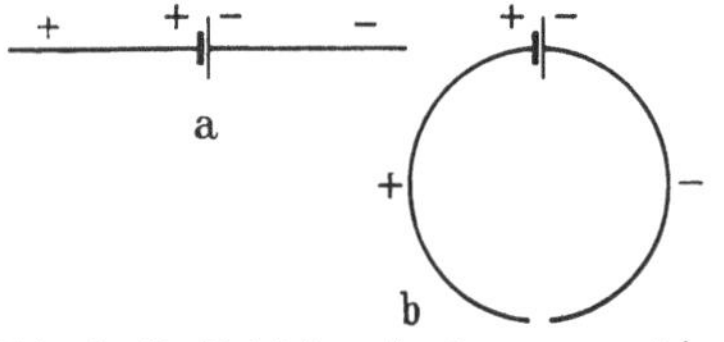

Abb. 282. Zur Entstehung der Spannungsverteilung in einem stromdurchflossenen Leitersystem.

Es ist nützlich, sich das Zustandekommen der Spannungsverteilung und des elektrischen Feldes in einem stromdurchflossenen Leiter einmal genauer klar zu machen. Zunächst denken wir uns an die beiden Klemmen einer Stromquelle S (Abb. 282a) gerade Drähte angeschlossen. Diese nehmen die Spannungen der Klemmen an, und der eine erhält eine positive, der andere eine negative Ladung. Nunmehr denken wir uns die Drahtenden einander auf einen kleinen Abstand genähert (Abb. 282b). An der Spannung zwischen den Drähten ändert sich dadurch nichts. Zwischen den Drahtenden herrscht die volle, der elektromotorischen Kraft der Stromquelle gleiche Spannung, und im Raum zwischen ihnen besteht ein elektrisches Feld, das dieser Spannung entspricht. In den Drähten hingegen besteht kein Feld. Denken wir uns die beiden Drahtenden mit den beiden Klemmen eines geöffneten Schalters (Stromschlüssel) verbunden, so ist Abb. 282b das Schema eines offenen Stromkreises, den wir durch Betätigen des Schalters ohne weiteres schließen können, indem wir jetzt die Drähte zur Berührung bringen. Tun wir das, so kann eine Spannung zwischen den Enden nicht mehr bestehen, und auch das vorher verhältnismäßig starke Feld zwischen ihnen bricht zusammen. Statt dessen verteilt sich nunmehr das Spannungsgefälle, das vorher nur im Raum zwischen den Drahtenden bestand, stetig über den ganzen Leiterkreis von der einen Klemme der Stromquelle zur anderen. Gemäß Gl. (1) tritt im ganzen Kreise ein elektrisches Feld auf. Dieses Feld wird nunmehr durch die elektromotorische Kraft der Stromquelle dauernd aufrechterhalten und hält seinerseits wieder die Wanderung der Ladungsträger, den elektrischen Strom, aufrecht.

Man beachte, daß ein stromdurchflossener metallischer Leiter nicht etwa elektrisch geladen ist. Denn durch die Wanderung der Ladungsträger wird ja die Zahl der in jedem cm³ enthaltenen Ladungsträger nicht geändert. Für diejenigen Elektronen, die in einem Zeitelement dt aus dem Leiter in die positive Klemme der Stromquelle eintreten, treten im Durchschnitt in der gleichen Zeit ebenso viele Elektronen aus der negativen Klemme in den Leiter ein. Die Dichte der Elektronen, die durch die elektromotorische Kraft der Stromquelle im Leiter zum Kreisen gebracht werden, wird dadurch ebenso wenig geändert wie die einer Wassermenge in einem ringförmig geschlossenen Rohrsystem, wenn das Wasser durch eine Pumpe zum Kreisen gebracht wird. In den nichtmetallischen Leitern liegen die Verhältnisse häufig nicht so einfach.

Allerdings können Ladungsüberschüsse an Stromleitern dort auftreten, wo Teile des Leitersystems, die sich auf verschiedener Spannung befinden, einander nahe sind, z. B. bei den parallel geführten Hin- und Rückleitungen der Stromnetze. Dann wirken diese Leiterteile wie die beiden Platten eines auf eine Spannung aufgeladenen Kondensators. Diese Kapazitätswirkungen sind aber rein elektrostatischer Natur und berühren die vorstehenden Ausführungen nicht.

151. Elektrische Stromstärke. Als Maß der Stärke eines elektrischen Stromes, kurz *Stromstärke i* genannt, dient die in der Zeiteinheit durch irgendeinen Querschnitt des Leiters fließende Elektrizitätsmenge. Diese Menge ist im stationären Zustand in allen Querschnitten des Leiters dieselbe, ganz gleich, ob der Querschnitt an verschiedenen Stellen verschieden groß ist oder nicht; denn es findet nirgends in einem stromdurchflossenen Leiter eine dauernde Ansammlung elektrischer Ladungen, d. h. keine ständig wachsende Aufladung des Leiters, statt. Betrachten wir ein durch zwei beliebige Querschnitte q_1 und q_2 begrenztes Stück eines Leiters, so muß demnach stets durch den einen Querschnitt in das Leiterstück ebensoviel Elektrizität eintreten, wie durch den andern in der gleichen Zeit aus ihm austritt.

Fließt durch einen zur Stromrichtung senkrechten Querschnitt q eines Leiters der Strom i, so entfällt auf je 1 cm² des Querschnitts der Strom

$$\frac{i}{q} = j. \tag{3}$$

Diese Größe heißt *Stromdichte*.

Es sei de die in der Zeit dt durch einen Querschnitt eines Leiters fließende Elektrizitätsmenge. Dann ist gemäß der vorstehend gegebenen Definition der Stromstärke

$$i = \frac{de}{dt}, \tag{4}$$

die in 1 sec durch den Querschnitt fließende Elektrizitätsmenge, also die Stromstärke im Leiter. Es fließt daher in der Zeit t die Elektrizitätsmenge

$$e = \int_0^t i\, dt, \tag{5}$$

bzw. bei konstanter Stromstärke i die Elektrizitätsmenge

$$e = it \tag{6}$$

durch jeden Querschnitt des Leiters.

Je nachdem wir der Messung der Stromstärke die elektrostatische oder die internationale Ladungseinheit (das Coulomb) zugrunde legen, kommen wir zur elektrostatischen oder zur internationalen *Einheit der Stromstärke*. Die elektrostatische Einheit der Stromstärke kommt einem Strome zu, bei dem in der Sekunde 1 elektrostatische Ladungseinheit durch einen Querschnitt des Leiters fließt. Fließt in der Sekunde 1 Coulomb durch einen solchen Querschnitt, so ist die Stromstärke gleich der internationalen Einheit, welche 1 *Ampere* (abgek. A) heißt. Entsprechend dem Umrechnungsverhältnis zwischen elektrostatischer Ladungseinheit und Coulomb (§ 147) ist 1 Ampere (A) = $3 \cdot 10^9$ elektrostatischen Einheiten der Stromstärke. Eine viel benutzte, vom Ampere abgeleitete Einheit ist 1 Milliampere (mA) = 10^{-3} A.

Da ein Strom von i A in t sec die Elektrizitätsmenge $e = it$ Coulomb durch jeden Querschnitt des Leiters führt, so nennt man 1 Coulomb, d. h. die vom Strome 1 A in 1 sec durch jeden Leiterquerschnitt geförderte Elektrizitätsmenge, auch 1 *Amperesekunde*. Als größere Einheit dient die auf die Stunde als Zeiteinheit bezogene Amperestunde (Ah) = 3600 Amperesekunden oder Coulomb.

152. Elektrizitätsleitung in Metallen. Zahlreiche Gesetzmäßigkeiten der Elektrizitätsleitung in den Metallen können auf Grund einer einfachen Vorstellung beschrieben werden, die wir uns hier zunutze machen wollen, obgleich es sich nur um ein etwas grobes Modell handelt. Nach dieser Vorstellung bewegen sich die Elektronen durch das Gefüge eines Metalles unter der Wirkung eines elektrischen Feldes wie in einem reibenden Stoff, also etwa so wie kleine Körper beim Fall durch die Luft. Wir haben im § 76 gesehen, daß solche Körper schnell eine Geschwindigkeit annehmen, bei der die der Geschwindigkeit v proportionale Reibungskraft αv der treibenden Kraft gleich und ihr entgegen gerichtet ist, so daß diese beiden Kräfte sich gegenseitig aufheben und der Körper mit konstanter Geschwindigkeit fällt. Wir übertragen diese Verhältnisse auf die Elektronen in einem Metall, indem wir als treibende Kraft die vom elektrischen Felde E auf die die Ladung ε (Elementarquantum, § 132) tragenden Elektronen ausgeübte Kraft εE setzen. Wir erhalten demnach die Beziehung

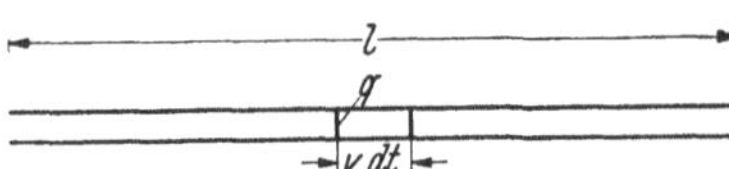

Abb. 283. Zum Mechanismus des elektrischen Stromes.

$$\alpha v = \varepsilon E \quad \text{oder} \quad v = \frac{\varepsilon}{\alpha} E. \tag{7}$$

(Tatsächlich wird ein Elektron keine geradlinige Bahn im Metall beschreiben, sondern infolge fortgesetzter Zusammenstöße mit den Metallatomen [bzw. Metallionen] eine Zickzackbahn. Hier kommt aber nur die Komponente der Geschwindigkeit in der Richtung des elektrischen Feldes in Frage. Ihr Betrag wird zwar ständig wechseln, aber, über eine größere Zeit genommen, einen konstanten Mittelwert v haben.) Die Größe ε/α nennt man die *Beweglichkeit* der Elektronen, denn je größer sie ist, um so größer ist bei gegebener Feldstärke E die Geschwindigkeit v.

Wir betrachten ein Stück eines stromdurchflossenen Leiters (Abb. 283) von der Länge l und dem Querschnitt q und nehmen an, daß in jedem Kubikzentimeter dieses Leiters n Elektronen für den Strom verfügbar sind. Die Bewegung der Elektronen erfolge von rechts nach links. Durch den linken Querschnitt q treten in der Zeit dt so viele Elektronen nach links aus, wie sich rechts von ihm in einem Stück von der Länge $v\,dt$ befinden, also $n\,q\,v\,dt$. Denn $v\,dt$ ist der von den Elektronen in der Zeit dt zurückgelegte Weg. Demnach tritt durch den Querschnitt q in der Zeit dt die Elektrizitätsmenge $de = n\,\varepsilon\,q\,v\,dt$ Dann folgt aus Gl. (4)

$$i = n\,\varepsilon\,q\,v. \tag{8}$$

Zwischen den Enden des ganzen Leiterstücks von der Länge l herrsche die Spannung U. Denn ist nach Gl. (2) die Feldstärke im Leiter

$$E = \frac{U}{l}. \tag{9}$$

Aus den Gl. (7), (8) und (9) erhält man

$$i = \frac{n\,\varepsilon^2}{\alpha} \cdot \frac{q}{l} \cdot U. \tag{10}$$

Wird an einen Leiter eine Spannung angelegt, so breitet sich längs des Leiters das die Elektronen antreibende elektrische Feld etwa mit Lichtgeschwindigkeit (§ 209) aus. Der Strom in einem Leiter setzt also praktisch sofort beim Einschalten in allen Teilen des Leiters ein. Die Geschwindigkeit der Elektronen im Leiter dagegen, die eigentliche Strömungsgeschwindigkeit, ist — entgegen einem weit verbreiteten Irrtum — sehr klein. (Ebenso pflanzt sich das *Einsetzen* einer Flüssigkeitsströmung in einem mit Flüssigkeit gefüllten Rohr — die die Strömung einleitende Druckwelle — mit der Geschwindigkeit des Schalls in der Flüssigkeit fort, während die *Strömungs*geschwindigkeit durch ganz andere Ursachen bedingt und viel kleiner ist. Vgl. § 254.) Einen Begriff von der Größenordnung dieser Geschwindigkeit erhält man durch folgende Überschlagsrechnung. In einem Kupferdraht von 1 mm² Querschnitt fließe ein Strom von $1\,A = 1\,$Coulomb$\cdot$sec^{-1}. Wir wollen, was jedenfalls der Größenordnung nach richtig ist, annehmen, daß auf jedes Kupferatom ein „Leitungselektron" entfällt. Dann ist die Zahl der in $1\,cm^3$ enthaltenen Leitungselektronen rund $n = 8{,}52 \cdot 10^{22}$, denn so groß ist die Zahl der Atome in $1\,cm^3$ Kupfer. Dann ergibt sich, unter Einsetzung von $\varepsilon = 4{,}803 \cdot 10^{-10}\,$e.s.E. $= 1{,}602 \cdot 10^{-19}\,$Coulomb, in Gl. (8)

$$v = 0{,}739 \cdot 10^{-2}\,cm \cdot sec^{-1} \qquad oder \qquad rund \; 0{,}01\,cm \cdot sec^{-1}.$$

153. Elektrischer Widerstand. Das Ohmsche Gesetz. Wir wollen in Gl. (10) die Größe

$$\frac{\alpha}{n\,\varepsilon^2}\,\frac{l}{q} = \varrho\,\frac{l}{q} = R \tag{11}$$

setzen, so daß wir Gl. (10) in den Formen

$$i = \frac{U}{R} \qquad bzw. \qquad U = iR \qquad bzw. \qquad R = \frac{U}{i} \tag{12}$$

schreiben können. Die hierdurch definierte Größe R heißt der *elektrische Widerstand* des betreffenden Leiters, weil bei gegebener Spannung U die Stromstärke i um so kleiner ist, je größer R ist. Die internationale Einheit des Widerstandes heißt $1\,Ohm\;(\Omega)$. Sie liegt nach Gl. (12) dann vor, wenn in einem Leiter bei einer Spannung von $1\,V$ ein Strom von $1\,A$ fließt. Nach Gl. (11) setzt sich der Widerstand R aus dem nur geometrisch bedingten Formfaktor l/q und einem für die einzelnen Stoffarten sehr verschieden großen Stoffaktor $\varrho = \alpha/n\varepsilon^2$, dem *spezifischen Widerstand* des Stoffes zusammen. Die Einheit des spezifischen Widerstandes ist $1\,\Omega\cdot$cm. Sein Kehrwert $\varkappa = 1/\varrho$ heißt die *Leitfähigkeit (Leitvermögen)* des Stoffes.

Sofern der spezifische Widerstand und damit auch der Widerstand R eines Leiters unabhängig von der Stromstärke i ist, ist nach Gl. (12) die Stromstärke i der Spannung U proportional. In solchen Fällen sagt man, daß der betreffende Leiter dem *Ohmschen Gesetz* gehorcht, und man bezeichnet dann die in Gl. (12) ausgedrückte Beziehung — mit $R = $ const — als das Ohmsche Gesetz. Es gilt aber nur dann streng, wenn man dafür sorgt, daß sich der Leiter nicht infolge des Stromdurchganges in seiner Beschaffenheit, insbesondere in seiner Temperatur (§ 158), ändert. Letztere hat insbesondere einen Einfluß auf die Größe α, also auch auf die Beweglichkeit ε/α der Ladungsträger. Es kann auch der Fall sein, daß die Zahl n der Ladungsträger eine Funktion der Stromstärke ist. In diesen Fällen kann man zwar jeweils nach Gl. (12) einen bestimmten Widerstand R definieren — der dann eine Funktion der Stromstärke ist (§ 161) —, aber es gilt nicht das Ohmsche Gesetz.

Tabelle 22.   Spezifische Widerstände in Ohm·cm.

Metalle	$\varrho \cdot 10^4$	$a \cdot 10^3$	λ	$\varrho \cdot \lambda \cdot 10^4$	Sehr schlechte Leiter	ϱ
Ag	0,016	$+\,4{,}1$	1,01	0,0162	Schiefer	10^8
Cu	0,017	4,3	0,90	0,0153	Marmor	10^{10}
Zn	0,060	4,2	0,27	0,0162	Glas	$5 \cdot 10^{13}$
Fe	0,086	6,6	0,16	0,0155	Quarz $\parallel$ Achse . .	10^{14}
Pt	0,107	3,92	0,17	0,0228	Siegellack	$8 \cdot 10^{15}$
Bi	1,20	4,5	0,019	0,0182	Quarz $\perp$ Achse .	$3 \cdot 10^{16}$
Manganin . .	0,43	$\pm\,0{,}02$	—	—	Glimmer	$5 \cdot 10^{16}$
Konstantan . .	0,50	$\pm\,0{,}05$	0,027	0,0270	Quarzglas	$< 5 \cdot 10^{18}$

In Tabelle 22 sind die spezifischen Widerstände ϱ einiger Metalle bei 0^0 C nebst einigen anderen, weiter unten zu erörternden Daten wiedergegeben. Ferner enthält sie Angaben über die Widerstände einiger besonders schlechter Leiter, also praktischer Isolatoren. (Wegen der weiteren Angaben s. weiter unten und § 158.) Bemerkenswert ist, daß der Widerstand des Quarzes von der

Richtung des Stromes abhängt. Das gleiche gilt für alle Kristalle, außer denen des kubischen Systems. Der bei den Metallen angegebene Wert $\varrho \cdot 10^4$ ist der Widerstand eines Drahtes von 1 m Länge und 1 mm² Querschnitt.

Zur Prüfung des Ohmschen Gesetzes bzw. zur Messung von Widerständen kann man sich der in Abb. 284 dargestellten Schaltung[1] bedienen. Aus der am Spannungsmesser V abgelesenen Spannung U zwischen den Enden des Leiters und der am Strommesser A abgelesenen Stromstärke in ihm findet man den Widerstand $R = U/i$ des Leiters. Sorgt man für konstante Temperatur des Leiters, insbesondere dafür, daß er nicht durch den Strom selbst erwärmt wird, so findet man bei Anwendung verschieden hoher Spannungen U für R stets den gleichen Wert. Es gilt also das Ohmsche Gesetz. Läßt man aber eine Erwärmung durch den Strom zu, so bemerkt man eine Abhängigkeit des Widerstandes von der Stromstärke (§ 158). (Vgl. Westphal, „Physikalisches Praktikum", 2. Aufl., 26. Aufgabe; wegen Messung sehr großer und sehr kleiner Widerstände vgl. die 37. und 40. Aufgabe.)

Bei den Metallen beruht nicht nur die elektrische Leitfähigkeit $\varkappa = 1/\varrho$, sondern auch die Wärmeleitfähigkeit λ auf der Bewegung der Elektronen. Auch sie wird also durch deren Anzahl und Beweglichkeit bestimmt. Nach der Theorie sollte sein

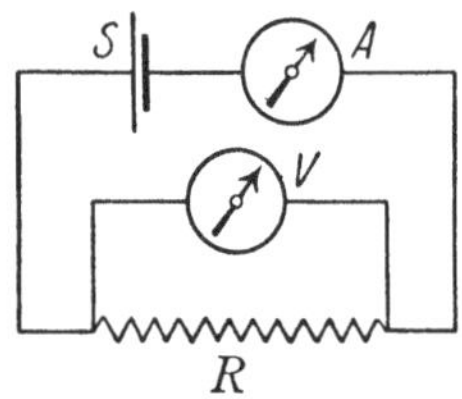

Abb. 284. Prüfung des Ohmschen Gesetzes bzw. Widerstandsmessung. S Stromquelle, A Strommesser, V Spannungsmesser, R Widerstand.

$$\frac{\lambda}{\varkappa} = \varrho\,\lambda = \frac{\pi}{3}\left(\frac{k}{\varepsilon}\right)^2 T. \tag{13}$$

Dabei ist k die Boltzmannsche Konstante (§ 101), ε das elektrische Elementarquantum, T die absolute Temperatur. Das Verhältnis der beiden Leitfähigkeiten sollte also bei gleicher Temperatur für alle Metalle den gleichen Wert haben (Wiedemann-Franzsches Gesetz). Aus der Tabelle 22 entnimmt man, daß dies für die angeführten Metalle zwar nicht genau, aber doch der Größenordnung nach erfüllt ist, obgleich die Leitfähigkeiten selbst sehr verschieden groß sind.

Bei den nichtmetallischen Stoffen besteht zwischen der elektrischen und der Wärmeleitfähigkeit keine so einfache Beziehung. Doch sinkt im allgemeinen die elektrische Leitfähigkeit mit der Wärmeleitfähigkeit. Gute Isolatoren sind daher schlechte Wärmeleiter. Das wirkt sich bei isolierten Kabelleitungen ungünstig aus. Denn es verhindert eine schnelle Ableitung der Stromwärme (§ 163) und bewirkt eine technisch ungünstige Erhöhung des Kabelwiderstandes (§ 158). Es ist daher eine wichtige Aufgabe, Stoffe zu finden, die bei gutem elektrischen Isolationsvermögen ein möglichst niedriges Wärmeisolationsvermögen haben.

154. Die Kirchhoffschen Sätze. Für die Berechnung der Strom- und Spannungsverhältnisse in einem zusammenhängenden Leitersystem gelten die beiden Kirchhoffschen Sätze:

1. Kirchhoffscher Satz. *In jedem Punkt eines Leitersystems ist die Summe der ankommenden Ströme gleich der Summe der abfließenden Ströme.* Besonders wichtig ist dies im Fall von Stromverzweigungen, d. h. wenn in einem Punkt

---

[1] In den Schaltungsskizzen bedienen wir uns folgender Bildzeichen:

◯ Strom- oder Spannungsmesser.   ⊣⊢ Akkumulator oder sonstige konstante Stromquelle.

∿ Leiter mit merklichem Widerstand.   —— Leiter mit so kleinem Widerstand, daß er vernachlässigt werden kann (Drahtverbindungen).

drei oder mehr Leiterzweige zusammenstoßen. Ein Beispiel ist in Abb. 285 dargestellt. In diesem Falle ist $i = i_1 + i_2 + i_3 + i_4$. Gibt man den auf einen Verzweigungspunkt hinfließenden positiven Strömen positives Vorzeichen, den von ihm fortfließenden positiven Strömen negatives Vorzeichen, so kann man den 1. KIRCHHOFFschen Satz auch in der Form

$$\sum i_k = 0 \tag{14}$$

schreiben, wo die i_k die in den einzelnen Leiterzweigen fließenden Ströme bedeuten.

Der 1. KIRCHHOFFsche Satz folgt unmittelbar aus der Tatsache, daß nirgends in einem stromdurchflossenen Leitersystem eine dauernde Ansammlung elektrischer Ladungen stattfindet. Demnach muß von jedem Punkt des Leitersystems die gleiche Elektrizitätsmenge abfließen, wie ihm in der gleichen Zeit zuströmt.

2. KIRCHHOFFscher Satz. Es seien R_k die Widerstände der verschiedenen Teile eines Leitersystems, i_k die Stromstärken in diesen.

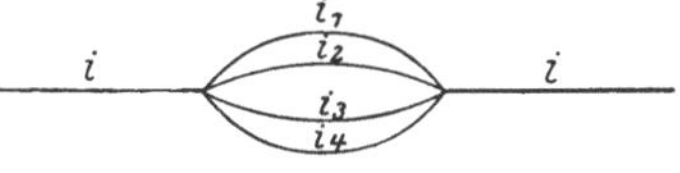

Abb. 285. Stromverzweigung.

Dann ist für jeden beliebig herausgegriffenen, in sich geschlossenen Teil des Leitersystems sowie auch für das System als Ganzes die Summe aller Teilspannungen $U_k = i_k R_k$ gleich der Summe der in diesem Teil des Systems enthaltenen elektromotorischen Kräfte $\mathfrak{E}$,

$$\sum \mathfrak{E} = \sum i_k R_k = \sum U_k. \tag{15}$$

Bei der Bildung der Summe über die Teilspannungen ist an einem beliebigen Punkt des Leitersystems zu beginnen, und dieses ist auf einer geschlossenen Bahn bis zum Ausgangspunkt zu durchlaufen. Bei Stromverzweigungen kann jeder beliebige Weg gewählt werden, es darf auch das gleiche Teilstück mehrmals durchlaufen werden. Das Produkt $i_k R_k$ ist mit positivem Vorzeichen zu versehen, wenn das betreffende Leiterstück im Sinne der positiven Stromrichtung durchlaufen wird, im entgegengesetzten Fall mit negativem Vorzeichen.

Wir bemerken schon hier, daß die KIRCHHOFFschen Sätze auch für Wechselstrom gelten, und daß in diesem Falle in die Summe der Teilspannungen nicht nur die

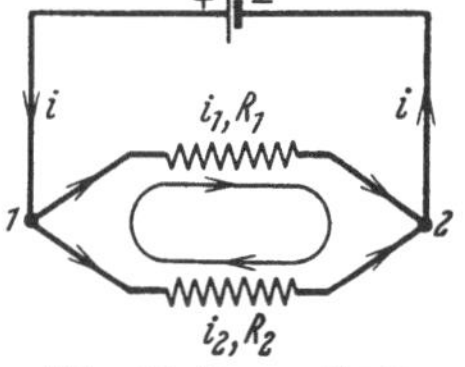

Abb. 286. Zum 2. KIRCHHOFFschen Satz.

Produkte $i_k R_k$, sondern auch die Spannungen an im Stromkreise befindlichen Kondensatoren einzubeziehen sind.

Für einen unverzweigten Leiterkreis, der die beiden Klemmen einer Stromquelle verbindet, folgt der 2. KIRCHHOFFsche Satz ohne weiteres aus der Definition der elektromotorischen Kraft. Er gilt aber auch für jeden in sich zurücklaufenden Teil eines beliebig verzweigten Leitersystems. Für den Fall, daß das betreffende geschlossene Leitersystem keine elektromotorische Kraft enthält ($\mathfrak{E} = 0$), besagt der Satz, daß in einem solchen Leitersystem die Summe der Teilspannungen gleich Null ist. Ein Beispiel zeigt Abb. 286. Wir betrachten das zwischen den Punkten 1 und 2 eingeschlossene, aus den Widerständen R_1 und R_2 bestehende, in sich geschlossene Leitersystem. Wegen des Vorhandenseins der Stromquelle fließen in R_1 und R_2 Ströme, das betrachtete Leitersystem enthält aber selbst keine elektromotorische Kraft. Umlaufen wir das Leiterstück, bei 1 beginnend, im Sinne des Uhrzeigers, und bedenken wir, daß wir dabei R_1 *im* Sinne von i_1, R_2 *gegen* den Sinn von i_2 durchlaufen, so folgt $i_1 R_1 - i_2 R_2 = 0$ oder $i_1 R_1 = i_2 R_2$, eine Tatsache, die wir in § 155 auch aus dem OHMschen Gesetz ableiten werden. Das gleiche Ergebnis erhalten wir übrigens, wenn wir den 2. KIRCHHOFFschen Satz auf das ganze in Abb. 286 dargestellte Leitersystem anwenden, wobei wir vom inneren Widerstand der Stromquelle

(§ 162) absehen. Da es uns freisteht, ob wir von 1 nach 2 über den Widerstand R_1 oder über den Widerstand R_2 gehen wollen, so erhalten wir $\mathfrak{E} = i_1 R_1$ und $\mathfrak{E} = i_2 R_2$, wenn wir, etwa bei 1 beginnend, einen geschlossenen Umlauf in der Stromrichtung um das ganze Leitersystem ausführen, der über die Stromquelle und über R_1 oder R_2 führt.

155. Reihen- und Parallelschaltung von Leitern. Spannungsteilung. Zwei Leiter mit den Widerständen R_1 und R_2 seien hintereinander (in Reihe) geschaltet (Abb. 287). Liegt an ihren Enden eine Spannung U, so fließt in ihnen ein Strom, der nach dem 1. KIRCHHOFFschen Satz in beiden Leitern die gleiche Stärke i hat. Der Widerstand der Leiterfolge sei R, die an den Enden von R_1 und R_2 herrschenden Teilspannungen seien U_1 und U_2. Wenden wir das OHMsche Gesetz einmal auf die ganze Leiterfolge, dann auf jedes Teilstück an, so folgt

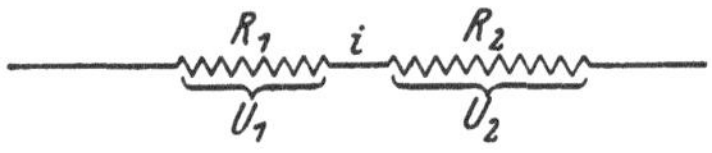

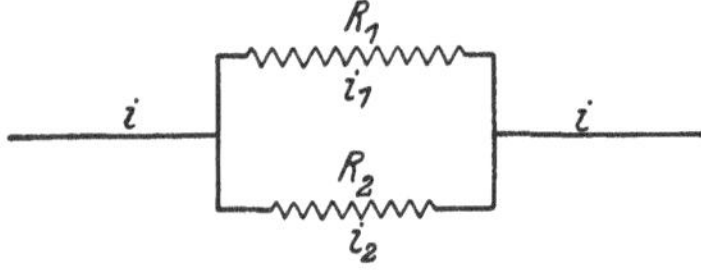

Abb. 287. Reihenschaltung.

$$U = iR, \qquad U_1 = iR_1, \qquad U_2 = iR_2.$$

Ferner ist

$$U = U_1 + U_2.$$

Aus den vorstehenden Gleichungen folgt durch einfache Rechnung

$$R = R_1 + R_2 \tag{16}$$

und

$$U_1 : U_2 = R_1 : R_2 \tag{17}$$

sowie

$$U_1 = U \frac{R_1}{R_1 + R_2} = U \frac{R_1}{R} \quad \text{und} \quad U_2 = U \frac{R_2}{R_1 + R_2} = U \frac{R_2}{R}. \tag{18}$$

Demnach ist der Widerstand zweier in Reihe geschalteter Leiter gleich der Summe ihrer Widerstände. Die Teilspannungen an den Enden der Teilwiderstände verhalten sich wie diese Widerstände. Sie verhalten sich zur Gesamtspannung U wie die Teilwiderstände zum Gesamtwiderstand R. Wie man leicht zeigen kann, gilt das gleiche auch bei der Reihenschaltung von mehr als zwei Widerständen R_k. Es ist also allgemein bei Reihenschaltung

Abb. 288. Parallelschaltung.

$$R = \sum R_k, \qquad U_k = U \frac{R_k}{R}. \tag{19 u. 20}$$

Wie betrachten jetzt eine aus zwei Leitern mit den Widerständen R_1 und R_2 bestehende Stromverzweigung (Abb. 288). An ihren Enden liege die Spannung U, und in den Zuleitungen zu den Verzweigungspunkten herrsche die Stromstärke i, in den Zweigen die Stromstärken i_1 und i_2. Dann ist nach dem 1. KIRCHHOFFschen Satz

$$i = i_1 + i_2.$$

Der Widerstand der Leitung zwischen den Verzweigungspunkten sei R. Wenden wir jetzt das OHMsche Gesetz einmal auf die ganze Leitung, dann auf jeden Leiterzweig einzeln an, so folgt

$$U = iR = (i_1 + i_2)R, \qquad U = i_1 R_1 = i_2 R_2.$$

Hieraus folgt ohne weiteres

$$\frac{1}{R} = \frac{1}{R_1} + \frac{1}{R_2} \quad \text{bzw.} \quad R = \frac{R_1 R_2}{R_1 + R_2} \quad \text{und} \quad i_1 : i_2 = R_2 : R_1. \tag{21 u. 22}$$

Es ist also der reziproke Wert des Widerstandes zweier parallel geschalteter Leiter gleich der Summe der reziproken Werte ihrer Einzelwiderstände. Die Überlegung läßt sich leicht auf mehr als zwei parallel geschaltete Leiter R_k übertragen, und es ergibt sich dann

$$\frac{1}{R} = \sum \frac{1}{R_k}. \tag{23}$$

Gl. (22) besagt, daß sich die Stromstärken in den beiden Zweigen einer aus zwei Leitern bestehenden Stromverzweigung umgekehrt wie die betreffenden Widerstände verhalten.

Die Gl. (18) führt zu einer wichtigen praktischen Anwendung, der *Spannungsteilung* (Potentiometerschaltung). Es kommt sehr oft vor, daß man eine Spannung benötigt, die kleiner ist als die gerade verfügbare elektromotorische Kraft. Es gibt z. B. keine Stromquellen von zuverlässig konstanter elektromotorischer Kraft unterhalb der Größenordnung von etwa 1 Volt. In diesem Fall verwendet man die in Abb. 289 dargestellte Schaltung und bemißt die Widerstände R_1 und R_2 so, daß die an den Enden des Widerstandes R_1 herrschende Teilspannung die gewünschte Größe hat. Diese Spannung wird dann an den Enden von R_1 abgegriffen, indem diese Enden sozusagen die Klemmen einer Stromquelle von der gewünschten elektromotorischen Kraft bilden.

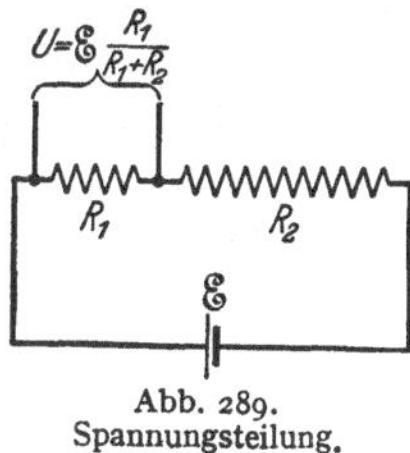
Abb. 289.
Spannungsteilung.

Legt man an die Enden von R_1 eine zweite Stromquelle mit der elektromotorischen Kraft $\mathcal{E}'$ derart, daß ihre Spannung der zwischen den Enden von R_1 herrschenden Spannung entgegengerichtet ist, so fließt in ihrem Schließungskreis dann und nur dann kein Strom, wenn $\mathcal{E}' = U = \mathcal{E}\,R_1/(R_1 + R_2)$ ist. Man kann das durch geeignete Wahl des Verhältnisses R_1/R_2 stets erreichen, wenn $\mathcal{E}' < \mathcal{E}$. Die Stromlosigkeit stellt man mittels eines empfindlichen Strommessers fest (Abb. 290, *Kompensationsverfahren* nach POGGENDORFF). Auf diese Weise kann man die elektromotorischen Kräfte $\mathcal{E}$ und $\mathcal{E}'$ miteinander vergleichen bzw. die eine von ihnen messen, wenn die andere bekannt ist. Für genauere Messungen dieser Art benutzt man besondere *Kompensationsapparate*. Man kann nach diesem Verfahren auf dem Wege über einen Spannungsvergleich auch Widerstände und Ströme messen. (Vgl. WESTPHAL, ,,Physikalisches Praktikum", 2. Aufl., 31. Aufgabe).

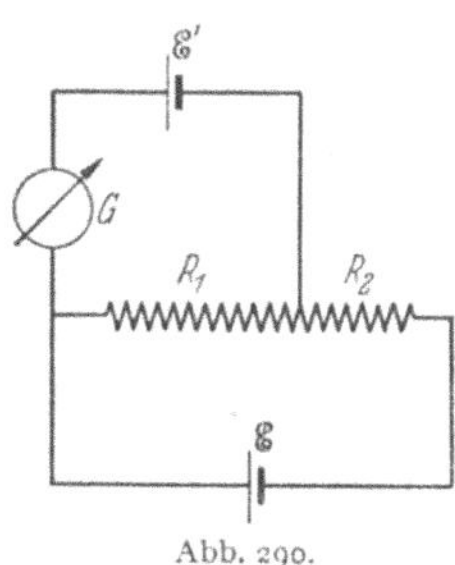
Abb. 290.
Kompensationsverfahren.

156. Widerstandsgeräte. Widerstandsgeräte oder Rheostate sind Geräte, welche ihres Widerstandes wegen hergestellt und benutzt werden. Häufig ist ihr Widerstand veränderlich, gegebenenfalls in meßbarer Weise. Sie dienen vor allem

1. zur Regelung der Stromstärke, indem man sie in den betreffenden Stromkreis einschaltet und ihren Widerstand so lange verändert, bis die gewünschte Stromstärke erreicht ist,

2. als Vergleichsnormale zur Messung unbekannter Widerstände und zu sonstigen Meßzwecken.

Zur Regelung von Stromstärken benutzt man vor allem die Schiebewiderstände (Abb. 291). Durch einen Läufer G, welcher längs eines als Widerstand

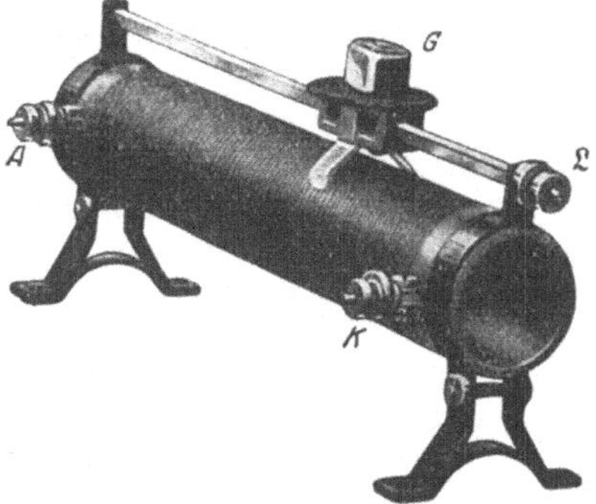
Abb. 291. Schiebewiderstand.

dienenden spulenförmigen Drahtes verschoben werden kann, wird ein mehr oder weniger großer Teil dieses Drahtes in den Stromkreis eingeschaltet. Solche Widerstände werden meist aus Manganindraht hergestellt. Das eine Ende A oder K des Drahtes und die den Läufer tragende Metallschiene $\mathfrak{L}$ werden mit dem Stromkreise verbunden. Durch den Läufer wird also, je nach seiner Stellung, eine mehr oder weniger große Zahl von Windungen des Drahtes in den Stromkreis eingeschaltet. Legt man eine Spannung U an die Endklemmen A und K, so kann man z. B. zwischen A und Ω einen je nach der Stellung des Läufers G verschieden großen Bruchteil von U am Widerstande abgreifen (Spannungsteilung, § 155).

Als Vergleichsnormale benutzt man meist *Stöpselwiderstände* (Präzisionswiderstandssätze). Diese bestehen aus einer größeren Zahl von Widerständen aus auf Spulen aufgewickeltem Manganindraht, die meist an der Unterseite des aus Hartgummi bestehenden Deckels einesgeschlossenen Kastens angebracht sind (Abb. 292). Die Größe dieser Widerstände ist meist so abgestuft wie die Gewichte in einem Gewichtssatz (etwa 0,1, 0,2, 0,2, 0,5; 1, 2, 2, 5; 10, 20, 20, 50; 100, 200, 200, 500 Ohm usw., häufig auch 1, 2, 3, 4 Ohm usw.). Die Enden

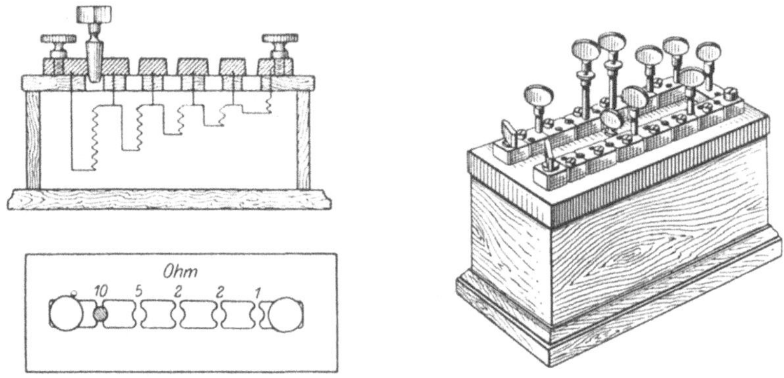

Abb. 292. Stöpselwiderstand.

jedes dieser Widerstände führen an Messingklötze auf dem Kastendeckel, und zwar je ein Ende je zweier aufeinanderfolgender Widerstände an denselben Messingklotz. Diese Messingklötze können durch Messingstöpsel leitend miteinander verbunden werden. Läßt man einen Strom am einen Ende der Reihe der Messingklötze ein- und am andern Ende austreten, und sind die Klötze nicht durch Stöpsel verbunden, so muß der Strom sämtliche Teilwiderstände nacheinander durchlaufen. Verbindet man jedoch zwei Messingklötze durch einen Messingstöpsel, so fließt praktisch der gesamte Strom an dieser Stelle durch den so gut wie widerstandslosen dicken Stöpsel, und es ist so, als wenn der Widerstand, dessen beide Enden an diesen beiden Klötzen liegen, gar nicht vorhanden wäre. Der betreffende Widerstand ist „kurz geschlossen". Wirksam sind daher nur diejenigen Widerstände, deren Stöpsel herausgezogen sind.

157. Messung von Widerständen und Kapazitäten in der Brückenschaltung. Ein Verfahren zur Messung des Widerstandes eines Leiters besteht in der unmittelbaren Anwendung des Ohmschen Gesetzes, indem man erstens mit einem Strommesser den durch den Leiter fließenden Strom, zweitens mit einem Spannungsmesser die zwischen seinen Enden bestehende Spannung mißt und $R = U/i$ berechnet. Das ist genau die in Abb. 284 dargestellte Schaltung.

Die gebräuchlichste Art der Widerstandsmessung ist die Messung in der *Brückenschaltung* (WHEATSTONE). Es seien R_1, R_2, R_3 und R_4 vier in der aus Abb. 293a ersichtlichen Weise miteinander verbundene Widerstände. Mindestens einer dieser Widerstände muß meßbar veränderlich sein. Zwei gegenüberliegende Ecken (II, III) der Schaltung sind durch einen empfindlichen Strommesser G (Galvanometer) miteinander verbunden. Zwischen den beiden anderen Ecken (I, IV) liegt ein Akkumulator oder Element A. In der das Galvanometer enthaltenden Leitung, der „Brücke", ist ein Taster T angebracht, d. h. ein Schalter, mit dem man diese Leitung leicht für ganz kurze Zeit schließen kann.

Ist die Brücke geschlossen, so wird im allgemeinen auch in ihr ein Strom fließen und sich durch einen Ausschlag des Meßgerätes bemerkbar machen, nämlich immer dann, wenn nicht gerade die beiden Enden dieser Leitung (II, III) auf gleicher Spannung sind. Durch Verändern der Widerstände, mindestens des einen von ihnen, kann man es aber stets erreichen, daß dies der Fall ist. Dann fließt in der Brücke kein Strom; das Meßgerät (das hier als sog. Null-Instrument dient) zeigt beim Schließen des Tasters T keinen Ausschlag.

Fließt in der Brücke bei geschlossenem Taster kein Strom, so folgt aus dem 1. KIRCHHOFFSchen Satz für die Teilströme i_1, i_2, i_3 und i_4 in den Widerständen R_1, R_2, R_3 und R_4 $i_1 = i_2$, $i_3 = i_4$. Durchlaufen wir jetzt das linke Teilstück der Verzweigung, von I beginnend über II und III nach I zurück, so ergibt der 2. KIRCHHOFFSche Satz $i_1 R_1 - i_3 R_3 = 0$. Ebenso folgt für das rechte Teilstück $i_2 R_2 - i_4 R_4 = i_1 R_2 - i_3 R_4 = 0$. Oder

$$i_1 R_1 = i_3 R_3, \quad i_1 R_2 = i_3 R_4.$$

Dividiert man diese beiden Gleichungen durcheinander, so ergibt sich

$$R_1 : R_2 = R_3 : R_4 \quad \text{bzw.} \quad R_1 : R_3 = R_2 : R_4. \quad (24)$$

Sind also drei dieser Widerstände bekannt, so kann man den vierten berechnen. Es genügt sogar, um z. B. R_1 zu berechnen, wenn nur einer der an R_1 angrenzenden Widerstände, etwa R_2, bekannt ist und ferner das Verhältnis R_3/R_4 der beiden anderen Widerstände.

Für genaue Widerstandsmessungen benutzt man zum Vergleich Stöpselwiderstände. Für Messungen, bei denen es nur auf geringere Genauigkeit ankommt, bedient man sich oft an Stelle von R_3 und R_4 eines auf einer Millimeter-teilung ausgespannten Manganindrahtes, auf dem eine

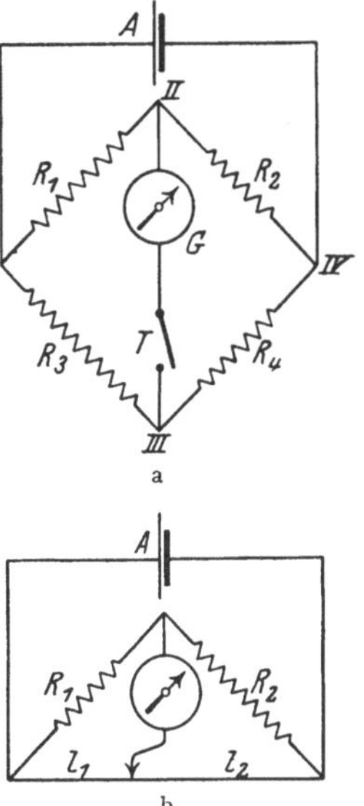

Abb. 293. Widerstandsmes-sung in der WHEATSTONEschen Brückenschaltung.

Metallschneide verschoben werden kann, von der aus ein Draht zum Meß-gerät in der Brücke führt (Abb. 293 b). Die hierdurch abgegrenzten beiden Teile des Drahtes von den Längen l_1 und l_2 bilden die Widerstände R_3 und R_4. Den Widerstand R_2 bildet ein Stöpselwiderstand, R_1 ist der zu messende Widerstand. Nach erfolgter Abgleichung (durch Verschieben der Schneide) ist $R_1 = R_2 \cdot R_3/R_4$. Das Verhältnis R_3/R_4 aber ist gleich dem Verhältnis, in dem die Metallschneide den Meßdraht teilt, denn die Widerstände der beiden Teile des Drahtes verhalten sich, vorausgesetzt, daß er überall gleich dick und gleich beschaffen ist, wie die Längen dieser Teile, so daß einfach $R_1 = R_2 \dfrac{l_1}{l_2}$. (Vgl. WESTPHAL, „Physikalisches Praktikum", 2. Aufl., 27. Aufgabe).

Man kann in der Brückenschaltung Stromquelle und Galvanometer mit-einander vertauschen. Dabei ändert sich im allgemeinen die Empfindlichkeit der Meßanordnung. Welche Schaltungsart zweckmäßig ist, muß von Fall zu Fall entschieden werden. Der große Vorzug der Brückenschaltung beruht darin, daß man keine geeichten Strom- oder Spannungsmesser braucht, und daß man bei Verwendung eines Meßdrahts mit einem einzigen Stöpselwider-stand auskommt.

Die einfache Schaltung der Abb. 293a oder b ist nur dann anwendbar, wenn die zu vergleichenden Widerstände sämtlich groß gegen die Widerstände der sie verbindenden Drähte sind, so daß man diese gegen jene vernachlässigen kann. Zur Messung von sehr kleinen Widerständen verwendet man die THOMSONsche

Brückenschaltung (Abb. 294). Die Abzweigungen an den Punkten a, b, c, d müssen unmittelbar an den Enden der beiden zu vergleichenden, sehr kleinen Widerstände R_1 und R_2 liegen. Die Widerstände R_3, R_4 und R_3', R_4' werden nun so lange verändert, bis gleichzeitig erstens $R_3 : R_3' = R_4 : R_4'$ ist und zweitens das Galvanometer in der Brücke $e-f$ keinen Strom mehr anzeigt. Ist letzteres erreicht, so sind die durch R_1 und R_2, durch R_3 und R_4 und durch R_3' und R_4'

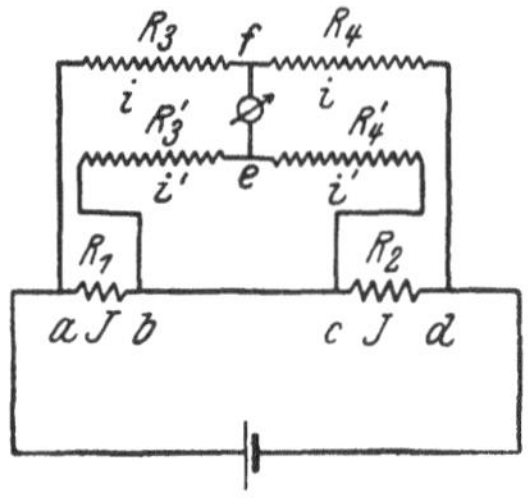

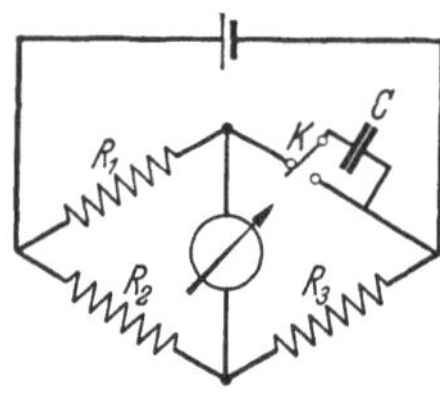

Abb. 294. THOMSONSCHE Brückenschaltung.

fließenden Ströme, die mit J, i und i' bezeichnet seien, einander paarweise gleich.

Durchlaufen wir jetzt das linke Teilstück der Verzweigung, bei a beginnend, über b, e, f nach a zurück, so ergibt sich aus dem 2. KIRCHHOFFSchen Satz $J R_1 + i' R_3' - i R_3 = 0$, und ebenso für das rechte Teilstück $J R_2 + i' R_4' - i R_4 = 0$, oder nach einfacher Umformung

$$J R_1 = R_3 \left(i - i' \frac{R_3'}{R_3} \right), \quad J R_2 = R_4 \left(i - i' \frac{R_4'}{R_4} \right).$$

Da nun stets dafür gesorgt wird, daß $R_3/R_3' = R_4/R_4'$, so sind die Klammerausdrücke in beiden Gleichungen einander gleich. Dividiert man die erste Gleichung durch die zweite, so folgt

$$R_1 : R_2 = R_3 : R_4 \, ,$$

genau wie bei der WHEATSTONESchen Brückenschaltung. Der Widerstand der Drahtverbindung zwischen b und c, der unter Umständen viel größer ist, als die Widerstände R_1 und R_2, geht also in die Rechnung nicht ein. Die Vergleichswiderstände R_3, R_3', R_4, R_4' werden so groß gewählt, daß man den Widerstand ihrer Zuleitungen ihnen gegenüber vernachlässigen kann.

Die Brückenschaltung kann auch zur Messung von Kapazitäten verwendet werden. Neben anderen Verfahren (§ 245) ist hier dasjenige von MAXWELL zu erwähnen. In der Brückenschaltung wird einer der vier Widerstände durch einen pendelnden Kontakt K und die zu messende Kapazität C in Parallelschaltung ersetzt (Abb. 295). Der Kontakt bewege sich n-mal in 1 sec zwischen den beiden Anschlägen hin und her, und in dem betreffenden Zweige der Schaltung herrsche die Spannung U. Dann lädt sich der Kondensator n-mal in 1 sec auf die Spannung U auf, nimmt also n-mal die Ladung $e = C U$ auf und wird nach jeder Aufladung durch Kurzschluß wieder entladen. Insgesamt nimmt er also in 1 sec die Elektrizitätsmenge $n e = n C U$ auf, die ihm durch die Zuleitungen zufließen muß. Dies entspricht aber einer durchschnittlichen Stromstärke in diesem Zweige vom Betrage $i = n e = n C U$. Man sieht, daß, wenn man rein formal $1/n C = R$ setzt, diese Beziehung zwischen i und U dem OHMschen Gesetz entspricht. Der Kondensator von der Kapazität C entspricht in seiner Wirkung bei n-maliger Auf- und Entladung in 1 sec einem Widerstande von der Größe $1/n C$. Man kann daher, wenn man n kennt, die Kapazität C aus den anderen Widerständen berechnen, $C = R_2/n R_1 R_3$.

Abb. 295. Kapazitätsmessung nach MAXWELL.

158. Temperaturkoeffizient des Widerstandes. Hat man in einer Brückenschaltung den Widerstand z. B. eines Eisendrahtes gemessen, und erwärmt man jetzt den Draht etwa mit einer Flamme, so bemerkt man, daß sein Widerstand sich ändert (LENZ 1835). Der Widerstand der metallischen Leiter ist von der Temperatur abhängig, und zwar steigt er mit wachsender Temperatur. Für Kupfer ist z. B. der Widerstand bei 100° 1,43mal so groß wie bei 0°, bei —190° nur noch rund 1/7 des Widerstandes bei 0°.

Sehr deutlich erkennt man die Änderung des Widerstandes mit der Temperatur, wenn man einen Stromkreis aus einigen Akkumulatoren, einer Metallfadenlampe und einem Strommesser von geeigneter Empfindlichkeit bildet. Beim Einschalten ist der Ausschlag wegen des kleineren Anfangswiderstandes zuerst größer und geht dann beträchtlich zurück, weil die Temperatur des Lampenfadens sich durch den Strom erhöht (§ 163) und daher sein Widerstand bei Stromdurchgang größer ist als ohne Strom. Bei Kohlefadenlampen ist das Gegenteil der Fall. Der Widerstand des Kohlefadens sinkt bei steigender Temperatur. Daher kommt es auch, daß Metallfadenlampen beim Einschalten sofort hell aufleuchten, während Kohlefadenlampen ihre volle Lichtstärke erst kurze Zeit(etwa 1 sec) nach dem Einschalten zeigen. Bei gleichzeitigem Einschalten einer Metallfadenlampe und einer gleich hellen, parallelgeschalteten Kohlefadenlampe ist dies gut zu beobachten.

Im Bereiche gewöhnlicher Temperaturen t ändert sich der Widerstand der reinen Metalle ungefähr nach der Formel

$$R = R_0 \left(1 + at\right), \tag{25}$$

wobei R_0 der Widerstand bei $0°$ C ist. a ist in einem nicht allzu großen Temperaturbereich nahezu konstant. Sein Zahlenwert (Tab. 22, § 152) ist im gewöhnlichen Temperaturbereich für die reinen Metalle von der Größenordnung $4 \cdot 10^{-3} = 1/250$, also ungefähr ebenso groß wie der Ausdehnungskoeffizient der idealen Gase $1/273$ (§ 103). Es ist also der Widerstand der reinen Metalle bei gewöhnlicher Temperatur der absoluten Temperatur ungefähr proportional. a heißt der *Temperaturkoeffizient des Widerstandes*. Es gibt auch Stoffe mit negativem Temperaturkoeffizienten, bei denen also der Widerstand mit steigender Temperatur abnimmt, z. B., wie schon oben erwähnt, die Kohle in den Kohlefadenlampen. (Vgl. WESTPHAL, ,,Physikalisches Praktikum", 2. Aufl., 26. und 30. Aufgabe).

Die Steigerung des Widerstandes reiner Metalle mit wachsender Temperatur findet wenigstens qualitativ ihre Erklärung in den im § 152 entwickelten Vorstellungen. Es ist verständlich, daß der Bewegung der Elektronen um so größere hemmende Kräfte entgegenwirken, je heftiger die thermische Bewegung in dem Metall ist.

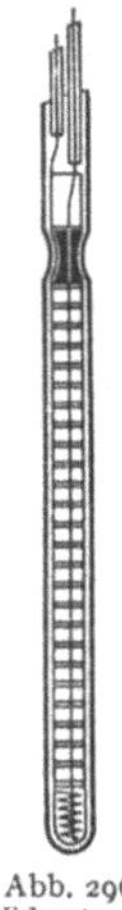

Innerhalb größerer Temperaturbereiche genügt die Gl. (25) nicht mehr und man muß höhere Potenzen von t mit heranziehen,

$$R = R_0 \left(1 + at + bt^2 + \cdots\right).$$

Abb. 296.
Widerstands-
thermometer
aus
Platindraht.

In manchen Fällen, vor allem bei manchen Legierungen, ist b negativ. Dann kann der Differentialquotient $dR/dt = R_0 \left(a + 2bt + \cdots\right)$ bei einer bestimmten Temperatur Null und bei weiter wachsender Temperatur negativ werden. R hat dann bei jener Temperatur ein Maximum und ändert sich, wie es im Wesen eines Maximums liegt, beiderseits derselben nur verhältnismäßig langsam mit der Temperatur. Hierauf beruht es, daß manche Legierungen bei Zimmertemperatur einen fast temperaturunabhängigen Widerstand haben (Manganin, Konstantan, Novokonstant, Isabellin u. a.). Bei ihnen läßt es sich durch einen besonders geleiteten Alterungsvorgang (Erwärmung auf eine bestimmte Temperatur und mehr oder weniger langsame Abkühlung) erreichen, daß jenes Maximum in den Bereich der Zimmertemperatur fällt. Solche Legierungen haben eine große Bedeutung zur Herstellung von Präzisionswiderständen, bei denen es auf möglichste Temperaturunabhängigkeit ankommt.

Von der Temperaturabhängigkeit des Widerstandes macht man unter anderem Gebrauch beim *Widerstandsthermometer* (Abb. 296). Es besteht aus einer dünnen Platindrahtwendel, die sich in einer Quarzröhre befindet. Ist der Temperaturkoeffizient des Widerstandes des Platindrahtes bekannt, so kann man, indem man seinen Widerstand in der Brückenschaltung mißt, die Temperatur berechnen, auf der er sich befindet.

159. Supraleitfähigkeit. Bei sehr tiefen Temperaturen ist der Widerstand der Metalle also außerordentlich klein. Bei einigen Metallen treten in der Nähe des absoluten Nullpunktes noch besondere Verhältnisse ein, indem dort ihr Widerstand *völlig verschwindet.* Diese Erscheinung heißt *Supraleitfähigkeit* (KAMERLINGH ONNES 1911). Der Übergang in den supraleitenden Zustand erfolgt *sprunghaft* bei einer bestimmten, für das betreffende Metall charakteristischen Temperatur, der *Sprungtemperatur.*

Tabelle 23 gibt die Metalle, bei denen Supraleitfähigkeit beobachtet wurde, nebst ihren Sprungtemperaturen. Es ist wahrscheinlich, daß die Supraleitfähigkeit keine allgemeine Eigenschaft aller Metalle ist. Die in Tabelle 23 genannten Stoffe liegen sämtlich in einem zusammenhängenden Bereich des periodischen Systems (§ 340, Tabelle 34). Außerdem gibt es noch eine Reihe von Metallverbindungen, die ebenfalls supraleitend werden. Abb. 297 zeigt eine Messung an Quecksilber. Man erkennt, daß der Widerstand der Probe, der bei $0°$ C $= 273{,}16°$ K $60\,\Omega$ betrug, bis etwa $4{,}23°$ K stetig bis auf etwa $0{,}12\,\Omega$ absinkt, dann aber innerhalb eines Bereichs von höchstens $0{,}04°$ auf einen unmeßbar kleinen Betrag fällt.

Tabelle 23. Supraleiter und Sprungtemperaturen.

Nb	Pb	La	Ta	V	Hg	Sn	In	Tl	
9,22	7,26	4,71	4,38	4,30	4,17	3,69	3,40	2,38	°K

Ti	Th	Al	Ga	Zn	Zr	Cd	Hf	
1,77	1,43	1,14	1,07	0,79	$\sim 0{,}7$	$\sim 0{,}6$	$\sim 0{,}3$	°K

Die Supraleitfähigkeit ist offenbar keine reine Atomeigenschaft, sondern hängt von der Art der Bindung der Atome im Stoff ab. Das weiße Zinn wird bei $3{,}69°$ K supraleitend, während das graue Zinn bei $1{,}8°$ K noch normal leitet. Ein Unterschied zwischen den verschiedenen Isotopen eines Stoffes (§ 356) besteht nicht.

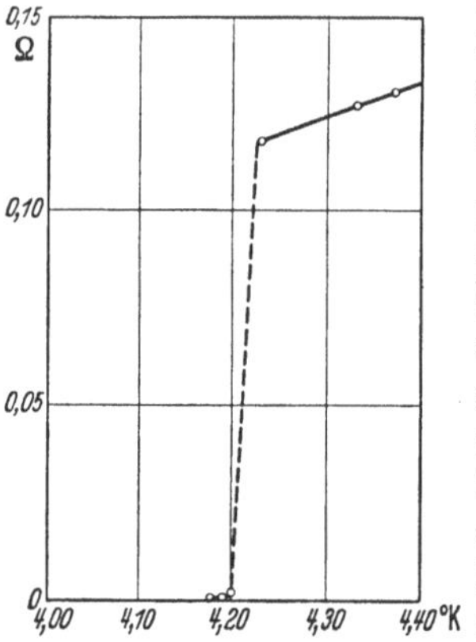

Befindet sich der Stoff in einem magnetischen Felde, so wird seine Sprungtemperatur um so niedriger, je stärker das Feld ist. Ferner sinkt die Sprungtemperatur mit der Strombelastung des Supraleiters, was wahrscheinlich eine Wirkung des vom Strom erzeugten magnetischen Feldes ist. Auch durch elastische Deformationen wird die Sprungtemperatur beeinflußt. Die Breite des Temperaturbereichs, in dem der Sprung stattfindet, ist am kleinsten bei Einkristallen; sie ist dort geringer als $0{,}0005°$. Sehr dünne Schichten ($< 0{,}2\,\mu$) zeigen bis herab zu $2°$ K keine Supraleitfähigkeit.

Abb. 297. Supraleitung bei Quecksilber. Nach KAMERLINGH ONNES.

Man erkennt den Eintritt der Supraleitfähigkeit daran, daß ein in einem Supraleiter einmal eingeleiteter Strom ungeschwächt andauert, solange er supraleitend bleibt. Man kann das aus den äußeren Wirkungen des von dem Strom erzeugten magnetischen Feldes nachweisen. Der Strom wird — z. B. in einem supraleitenden Ring — durch Induktion erzeugt (§ 215). Um während der Messungen nicht durch das erregende magnetische Feld gestört zu werden, geht man folgendermaßen vor. Man bringt den Ring zuerst auf eine dicht oberhalb seiner Sprungtemperatur liegende Temperatur und erzeugt in ihm ein axiales magnetisches Feld. Dieses induziert in ihm einen Strom, der aber in seinem noch vorhandenen Widerstand durch Erzeugung von Stromwärme (§ 163) schnell auf Null absinkt. Nunmehr kühlt man den Ring bei weiter bestehenden magnetischen Feld unter die Sprungtemperatur ab. Wird jetzt das Feld beseitigt, so tritt erneut ein Induktionsstrom in der Spule auf, der nunmehr bestehen bleibt, da Supraleitfähigkeit eingetreten ist. Die Stromstärke ist vom Material völlig unabhängig (§ 223). Dünne Metallschichten kann man untersuchen, indem man sie auf Drähten aus nicht supraleitenden Metallen niederschlägt. Letztere nehmen, falls die Schicht supraleitend wird, überhaupt keinen Strom auf und verhalten sich völlig wie ein Isolator[1].

Eine befriedigende Theorie der Supraleitfähigkeit konnte bisher noch nicht entwickelt werden. Sie bildet eines der interessantesten Probleme der heutigen experimentellen und theoretischen Physik.

160. Elektrolytische Leitung in festen Körpern. Während die Leitfähigkeit der Metalle auf der Bewegung der in ihnen enthaltenen Elektronen beruht, sind in gewissen anderen festen Stoffen, vor allem in vielen Salzen, die Ladungsträger *positive und negative Ionen*, also die mit einem oder mehreren Elementarquanten ε geladenen Atome. Diese Art der Leitfähigkeit, bei der also eine Wanderung der Atome selbst stattfindet, bezeichnet man als *elektrolytische Leitfähigkeit* (vgl. § 166).

Ein Beispiel dieser Art ist das Glas bei höherer Temperatur. Man versehe ein Stück Glasrohr mit zwei Zuleitungen aus Kupferdraht, indem man die Drähte einige Male so um das Rohr wickelt, daß die beiden Zuleitungen etwa $\frac{1}{2}$ cm Abstand voneinander haben, und verbinde die Drähte unter Zwischenschaltung einer Glühlampe mit dem Lichtnetz, am besten Wechselstrom. Dann erwärme man das Glasrohr zwischen den Drähten mit einer Flamme. Nach kurzer Zeit, noch ehe das Rohr glüht, bemerkt man das Auftreten kleiner weißer Fünkchen an den Zuleitungen; gleichzeitig beginnt die Glühlampe erst schwach, dann hell zu leuchten. Das Glasrohr gerät infolge der Erwärmung durch den hindurchgehenden Strom ebenfalls ins Glühen, und man kann nach Kurzschließen der Glühlampe sogar die Flamme entfernen, ohne daß der Stromdurchgang aufhört. Meist schmilzt das Glasrohr nach einiger Zeit durch.

Man kann Natrium auf elektrolytischem Wege durch Glas hindurchtreiben und benutzt diese Erscheinung dazu, um ganz reines Natrium im Innern eines evakuierten Glasgefäßes niederzuschlagen (für gewisse elektrische und optische Untersuchungen). Man taucht das untere Ende des Glasgefäßes in eine Schale, welche ein geschmolzenes Natriumsalz (Natronsalpeter, elektrolytisch leitend) enthält, und erhitzt dieses und damit den eingetauchten Teil des Glasgefäßes auf etwa 300°. Man verbindet den positiven Pol einer Stromquelle von hoher Spannung mit der Salzschmelze, den negativen mit einer im Innern des Glasgefäßes befindlichen Glühkathode. Dann fließt durch das Gefäß eine Entladung (§ 183) zwischen der Glühkathode und der als Anode wirkenden erhitzten Stelle der Glaswand, und es geht ein Strom durch das bei dieser Temperatur leitend gewordene Glas hindurch. Positive Ladungsträger sind hier die im Glase (im wesentlichen Natriumsilikat) enthaltenen Na-Ionen. Diese wandern also in der Richtung auf das Innere des Gefäßes und scheiden sich auf der inneren Glaswand als metallisches Natrium ab. Als Ersatz treten neue Natriumionen aus der Schmelze in das Glas über, das infolgedessen in seiner Zusammensetzung nicht verändert wird. (Vgl. den ganz analogen Fall der Leitung durch eine $CuSO_4$-Lösung mit

---

[1] *Zusatz bei der Korrektur:* In allerjüngster Zeit entdeckten JUSTI und KRAMER, daß auch gewisse Halbleiter supraleitend werden können, und zwar bereits bei 15—20° K, also bei Temperaturen, die schon mit Hilfe von flüssigem Wasserstoff erreicht werden.

einer Cu-Anode § 170.) Die Leitfähigkeit des aus Verbindungen von seltenen Erden bestehenden Glühstifts der Nernstlampe ist ebenfalls eine elektrolytische.

Bei sehr starken Strömen ist auch bei den Metallen eine ganz schwache elektrolytische Leitung beobachtet worden.

161. Kennlinie von Leitern. Es sei U die an einem Leiter liegende Spannung, i der in ihm fließende Strom. Trägt man U als Funktion von i oder auch i als Funktion von U auf, so erhält man eine Kurve, die man die *Charakteristik* oder *Kennlinie des Leiters* nennt. Wenn R konstant ist, ist die Kennlinie nach dem OHM-schen Gesetz eine Gerade. In Wirklichkeit ist dies schon deshalb nie genau der Fall, weil der Strom jeden Leiter erwärmt und der Widerstand so wenigstens mittelbar eine Funktion der Stromstärke i ist, $R = R(i)$. Bei vielen Leitern ist aber der Widerstand auch an sich schon eine Funktion von i, nämlich dann, wenn die Zahl der Ladungsträger im Leiter von der Stromstärke abhängt. Wir werden einen solchen Fall bei den ionisierten Gasen kennen lernen (§ 181). An die Stelle des OHMschen Gesetzes tritt dann die Gleichung

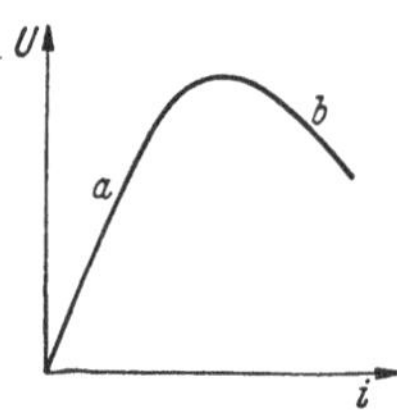

Abb. 298. Kennlinie eines Leiters, der bei geringer Belastung (*a*) eine steigende, bei höherer Belastung (*b*) eine fallende Kennlinie hat.

$$U = iR(i). \tag{26}$$

(Vgl. WESTPHAL, „Physikalisches Praktikum", 2. Aufl., 26. und 30. Aufgabe.)

Man spricht von einer steigenden oder fallenden Kennlinie, je nachdem der Differentialquotient dU/di positiv oder negativ ist. Allgemein ist

$$\frac{dU}{di} = R(i) + i\,\frac{dR(i)}{di}. \tag{27}$$

Es gibt Fälle, in denen die Funktion $R(i)$ eine derartige Gestalt hat, daß dU/di bei genügend hoher Stromstärke i negativ wird (Abb. 298).

Bei fallender Kennlinie treten im Leiter labile Zustände ein. Jede zufällige kleine Erhöhung der Stromstärke bewirkt ein Sinken des Widerstandes und damit eine weitere Steigerung der Stromstärke, mit der ein erneutes Sinken des Widerstandes verbunden ist, so daß die Stromstärke, soweit die sonst im Stromkreise enthaltenen Widerstände es zulassen, weiter und weiter ansteigt.

162. Innerer Widerstand, Reihen- und Parallelschaltung von Stromquellen. In einem geschlossenen, eine Stromquelle (Akkumulator, Element usw.) enthaltenden Stromkreise durchfließt der Strom nicht nur die an die Stromquelle angeschlossenen Leiter, sondern auch die Stromquelle selbst. Und zwar fließt er innerhalb der Stromquelle von der negativen zur positiven, außerhalb von der positiven zur negativen Klemme der Stromquelle (Richtung des positiven Stromes! § 150). Es kommt daher für die Berechnung der Stromstärke im Kreise nicht nur der Widerstand R_a des äußeren Leiterkreises, sondern auch der innere Widerstand R_i der Stromquelle in Betracht. Die elektromotorische Kraft der Stromquelle sei $\mathscr{E}$, und es fließe im Stromkreise der Strom i. Dann ist nach dem 2. KIRCHHOFFschen Satz

$$\mathscr{E} = i(R_a + R_i) = U_a + U_i, \quad \text{bzw.} \quad i = \frac{\mathscr{E}}{R_a + R_i}. \tag{28}$$

Folglich ist ferner

$$U_a = \mathscr{E}\,\frac{R_a}{R_a + R_i} \quad \text{und} \quad U_i = \mathscr{E}\,\frac{R_i}{R_a + R_i}. \tag{29}$$

Die an dem äußeren Widerstand R_a liegende Spannung U_a ist also kleiner als die elektromotorische Kraft der Stromquelle, nähert sich ihr aber um so mehr, je kleiner R_i gegenüber R_a ist. Ist $R_i \ll R_a$, so wird $U_a \approx \mathscr{E}$. Da U_a auch die

Spannung zwischen den Klemmen der belasteten Stromquelle ist, so bezeichnet man sie als die *Klemmenspannung* der Stromquelle. Sie ist bei sehr großem äußeren Widerstand gleich der elektromotorischen Kraft der Stromquelle. Deshalb kann man letztere an der sonst unbelasteten Stromquelle mittels eines Spannungsmessers von großem Widerstand messen. Sonst ist die Klemmenspannung stets kleiner als die elektromotorische Kraft. Bei Strombelastung liegt stets ein Teil des Spannungsabfalls, nämlich U_i, im Innern der Stromquelle. Man sieht, daß es im all-

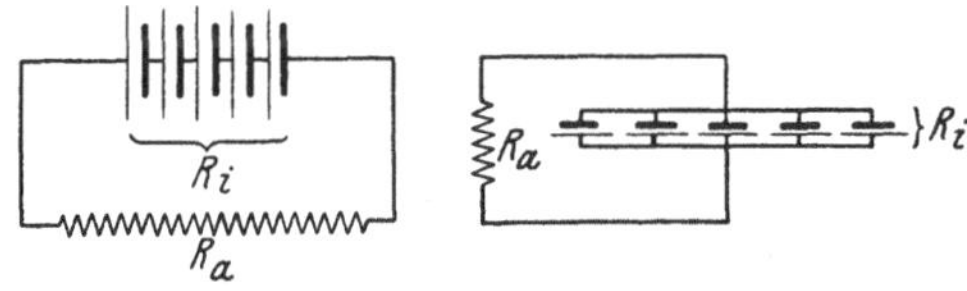

Abb. 2 99. a Reihenschaltung, b Parallelschaltung von Stromquellen.

gemeinen vorteilhaft sein wird, wenn eine Stromquelle einen möglichst kleinen inneren Widerstand R_i hat. Hierin liegt, neben vielem andern, der große Vorzug der Akkumulatoren gegenüber den Elementen.

Verbindet man die Klemmen einer Stromquelle durch einen sehr kleinen Widerstand $(R_a \ll R_i)$, so tritt ein *Kurzschluß* der Stromquelle ein. Aus Gl. (28) folgt, daß die Stärke des alsdann fließenden Stromes $i \approx \mathscr{E}/R_i$ beträgt. Ein stärkerer Strom kann der Stromquelle nicht entnommen werden. In der Regel dürfen ihr aber nur weit schwächere Belastungen zugemutet werden, wenn sie nicht Schaden leiden soll. So hat z. B. ein Akkumulator, der bis zu 3 A belastet werden darf, einen inneren Widerstand R_i von etwa 0,02 Ohm. Er liefert also bei einer elektromotorischen Kraft $\mathscr{E}$ von etwa 2 Volt einen Kurzschlußstrom von etwa 100 A. (Vgl. WESTPHAL, „Physikalisches Praktikum", 2. Aufl., 28. Aufgabe).

Stehen für die Erzeugung eines Stromes mehrere gleichartige Stromquellen zur Verfügung, so ist von Fall zu Fall zu entscheiden, in welcher Weise diese am besten zur Erzeugung eines möglichst starken Stromes verwendet werden. Es seien n gleiche Stromquellen je vom inneren Widerstande R_i und der elektromotorischen Kraft $\mathscr{E}$ verfügbar.

1. Diese Stromquellen werden alle hintereinander geschaltet (Abb. 299a). Dann hat diese „Batterie" die elektromotorische Kraft $n\mathscr{E}$, und der gesamte innere Widerstand der Stromquelle ist nR_i. Es ist daher die Stromstärke $i = n\mathscr{E}/(nR_i + R_a)$. Ist $R_a \gg nR_i$, so ist die Stromstärke angenähert gleich $n\mathscr{E}/R_a$; man erreicht also mit n hintereinander geschalteten Stromquellen annähernd die n-fache Wirkung einer einzigen Stromquelle. Ist dagegen $R_a \ll nR_i$, so ist, fast unabhängig von n, die Stromstärke sehr angenähert $i \approx \mathscr{E}/R_i$. Man gewinnt in diesem Falle durch die Reihenschaltung mehrerer Stromquellen keinen nennenswerten Vorteil. Die Reihenschaltung ist also immer dann von Nutzen, wenn der äußere Widerstand groß gegen den inneren Widerstand ist.

2. Die n gleichen Stromquellen werden alle parallel geschaltet (Abb. 299b). Dann hat die Batterie die gleiche elektromotorische Kraft $\mathscr{E}$ wie die einzelnen Stromquellen, und der gesamte innere Widerstand ist (§ 154) R_i/n. Die Stromstärke beträgt daher $i = \mathscr{E}/(R_i/n + R_a)$. Ist $R_a \gg R_i/n$, so ist sehr angenähert $i \approx \mathscr{E}/R_a$, also unabhängig von der Zahl n der Stromquellen. Ist aber $R_a \ll R_i/n$, so ist $i \approx n\mathscr{E}/R_i$, unabhängig von R_a und proportional der Zahl der parallelgeschalteten Stromquellen. Die Parallelschaltung empfiehlt sich also in denjenigen Fällen, in denen es auf große Stromstärke bei kleinem äußeren Widerstand ankommt.

Es sind natürlich noch andere Schaltungsarten von n Stromquellen möglich (teils parallel, teils hintereinander). Wie eine einfache Rechnung zeigt, wird in einem gegebenen äußeren Widerstand und bei gegebener Art und Zahl der Stromquellen die größte Stromstärke erzielt, wenn der innere Widerstand der Batterie gleich dem äußeren Widerstand ist.

163. Stromarbeit. Stromleistung. Stromwärme. Wenn ein Ladungsträger von der Ladung ε und der Masse μ eine Spannung U frei durchlaufen hat, so hat er die kinetische Energie $\mu v^2/2 = \varepsilon U$ gewonnen [§ 137, Gl. (15)]. Trifft er alsdann auf ein Hindernis, an dem er seine Geschwindigkeit vollständig wieder verliert, so verwandelt sich diese Energie in Wärme dieses Hindernisses. Das gleiche gilt für einen Strom von Ladungsträgern. Die Strombahn habe den Querschnitt q, die Geschwindigkeit, die die Ladungsträger nach Durchlaufen der Spannung U gewonnen haben, sei v, und es seien dort n Ladungsträger in 1 cm³ der Strombahn enthalten. Dann legen die Ladungsträger in der Zeit dt die Strecke $v\,dt$ zurück, und es erreichen so viele Ladungsträger in dieser Zeit das Hindernis, wie sich in dem Volumen $qv\,dt$ befinden, also $nqv\,dt$ Ladungsträger. Jeder von ihnen führt die kinetische Energie εU mit sich, ihre Gesamtheit also die kinetische Energie $n\,\varepsilon\,qv\,U\,dt$. Nun ist aber $n\,\varepsilon\,qv = i$ die Stromstärke in der Strombahn (§ 152). Die kinetische Energie, welche die Ladungsträger in der Zeit dt an das Hindernis heranführen, beträgt also $U\,i\,dt$. Diese Energie wird am Hindernis bei der Bremsung der Ladungsträger frei. Man bezeichnet sie als *Stromarbeit*

$$dA = U\,i\,dt. \tag{30}$$

Sind Strom und Spannung zeitlich konstant, so ergibt sich daraus für die Stromarbeit in der endlichen Zeit t

$$A = U\,i\,t. \tag{31}$$

Die *Stromleistung* ist die Stromarbeit je Sekunde (§ 22),

$$L = \frac{dA}{dt} = U\,i, \tag{32}$$

wobei U und i die momentane Spannung und die momentane Stromstärke sind. Sind Spannung und Strom zeitlich veränderlich, so ergibt sich die Stromarbeit in der endlichen Zeit t nach Gl. (30) zu

$$A = \int_0^t U\,i\,dt. \tag{33}$$

An diesen Überlegungen ändert sich nichts, wenn die Ladungsträger die Spannung U nicht frei durchlaufen, sondern sich in einem Stoff bewegen, in dem sie hemmenden Kräften unterliegen, wie die Ladungsträger in einem Leiter. Auch hier erfahren sie Beschleunigungen, aber nur auf sehr kurzen Strecken, und bei jeder Wechselwirkung mit den elementaren Bausteinen des Leiters geben sie die gesamte auf diesen Strecken gewonnene Energie an diese wieder ab. So erhöhen sie die kinetische Energie dieser Bausteine; der Leiter wird erwärmt, es tritt *Stromwärme (JOULEsche Wärme)* auf, genau wie beim Auftreffen auf ein Hindernis nach freiem Durchlaufen einer größeren Strecke. Der einzige — allerdings praktisch sehr wesentliche — Unterschied besteht darin, daß jetzt die Stromwärme nicht momentan am Ende einer längeren freien Strombahn erzeugt wird, sondern in einer sehr großen Zahl von Elementarakten längs der gesamten, an das Innere des Leiters gebundenen Strombahn. Wird dabei insgesamt eine Spannung U durchlaufen, so hat dabei jeder Ladungsträger auch insgesamt die Energie εU aufgenommen, und in äußerst kleinen Portionen immer sofort wieder an seine Umgebung, den Leiter, abgegeben. Daher gelten die obigen Gleichungen sämtlich uneingeschränkt auch für die Stromwärme in einem Leiter, in dem ein Strom i fließt, und an dessen Enden eine Spannung U herrscht.

In diesem Fall können wir die obigen Gleichungen mit Hilfe des OHMschen Gesetzes $U = iR$, auch auf die folgenden, gleichwertigen Formen bringen:

$$dA = U\,i\,dt = \frac{U^2}{R}\,dt = i^2 R\,dt, \quad (34) \qquad \text{bzw.} \qquad A = U\,i\,t = \frac{U^2}{R}\,t = i^2 R\,t, \quad (35)$$

$$L = U\,i = \frac{U^2}{R} = i^2 R \quad (36) \qquad A = \int_0^t U\,i\,dt = \int_0^t \frac{U^2}{R}\,dt = \int_0^t i^2 R\,dt. \quad (37)$$

Mißt man U, i und R in Einheiten des CGS-Systems — in elektrostatischen bzw. elektromagnetischen Einheiten —, so liefern diese Gleichungen die Stromarbeit (Stromwärme) in der Einheit 1 erg, die Stromleistung in der Einheit 1 erg·sec⁻¹. Mißt man dagegen U, i und R in internationalen Einheiten, so erhält man die Stromarbeit in der Einheit 1 V·A·sec = 1 *Wattsekunde* (Wsec) oder *Joule* = 10⁷ erg, die Stromleistung in der Einheit 1 V·A = 1 *Watt* (W) = 10⁷ erg·sec⁻¹. Sofern aber die Stromarbeit A als Stromwärme Q (Wärmemenge) auftritt, ist es üblich, sie in die Einheit 1 cal anzugeben. Nach § 122 ist 1 Wsec oder Joule = 0,239 cal. Damit folgt aus Gl. (34) und (35)

$$dQ = 0{,}239\,U\,i\,dt\,\text{cal} \quad (38) \qquad \text{bzw.} \qquad Q = 0{,}239\,U\,i\,t\,\text{cal} \quad (39)$$

Der Umrechnungsfaktor 0,239 cal·Wsec⁻¹ heißt das *elektrische Wärmeäquivalent*. (Vgl. WESTPHAL, „Physikalisches Praktikum", 2. Aufl., 29. Aufgabe.)

Handelt es sich um einen geschlossenen Stromkreis, der eine elektromotorische Kraft $\mathscr{E}$ enthält, so beträgt die in ihm insgesamt geleistete Stromarbeit nach dem 2. KIRCHHOFFschen Satz

$$dA = \sum U_k\,i\,dt = \mathscr{E}\,i\,dt. \qquad (40)$$

In der Technik verwendet man bei der Messung elektrischer Leistung statt des Watt das *Kilowatt* (kW) = 1000 Watt; als technische Einheit der Arbeit dient die *Kilowattstunde* (kWh), d. h. die von 1 kW in 1 Stunde geleistete Arbeit. Es ist

$$1\ \text{kWh} = 1000 \cdot 60 \cdot 60\ \text{Wattsekunden} = 3\,600\,000\ \text{Wattsekunden}$$
$$= 3{,}6 \cdot 10^{13}\ \text{erg} = 3{,}67 \cdot 10^5\ \text{mkg*} = 8{,}6 \cdot 10^5\ \text{cal}.$$

Ein Kilowatt ist gleich 1,36 (oder rund $^4/_3$) Pferdestärken (§ 22).

In der elektrischen Glühlampe (EDISON) wird ein dünner Draht aus Wolfram durch den elektrischen Strom zur Weißglut erhitzt. Er befindet sich in einem möglichst weitgehend luftleer gemachten Glasgefäß oder in einem solchen, das mit reinem Stickstoff (Druck rund $^1/_2$ Atm.) gefüllt ist, wodurch ihr optischer Wirkungsgrad etwa verdoppelt wird, da man solche Lampen stärker belasten kann als gasleere Lampen (vgl. § 320). (Der Stickstoff wirkt der sonst bei hoher Temperatur eintretenden Verdampfung des Wolframfadens entgegen.) Die Leistung einer normalen Metallfadenlampe beträgt zwischen 0,5 und 1 Watt je Kerze ihrer Lichtstärke (§ 263). Bei den vor allem in der elektrischen Schwingungstechnik benützten Verstärkerröhren (§ 257) wird die Kathode — ein Wolframdraht — durch einen elektrischen Strom zum Glühen gebracht. Auch für Heizzwecke wird die JOULEsche Wärme ausgenutzt. Die Schmelzsicherungen in den elektrischen Anlagen bestehen aus einem dünnen Metalldraht, der bei Überschreitung der zulässigen Stromstärke durchschmilzt und dadurch die Leitung gefahrlos unterbricht. In allen Fällen, in denen es nicht gerade auf die Wärmewirkung des Stromes abgesehen ist (elektrische Heizung usw.), bedeutet das Auftreten JOULEscher Wärme einen unerwünschten und oft sehr lästigen Energieverlust.

Eine weitere Anwendung findet die JOULEsche Wärme in den Hitzdrahtstrommessern. Hier wird die Längenänderung, die ein Draht infolge seiner Erwärmung durch den elektrischen Strom erfährt, in die Bewegung eines Zeigers auf einer Skala übersetzt, an der man die Stromstärke abliest (Abb. 300). Die Erwärmung des Drahtes ist nach Gl. (33) proportional i^2. Die Längenänderung des Drahtes hängt also nicht von der Stromrichtung, d. h. von dem Vorzeichen von i, ab. Daher zeigt ein Hitzdrahtstrommesser nicht nur Gleichstrom, sondern auch Wechselstrom (§ 242) an. Der Ausschlag eines Hitzdrahtstrommessers wächst etwa mit dem Quadrat der Stromstärke. Allgemein gilt, daß Strommesser, deren Ausschlag proportional i^2 ist, sowohl für Gleichstrom wie für Wechselstrom verwendet werden können, während mit solchen, deren Ausschlag proportional i ist, unmittelbar nur Gleichstrom gemessen werden kann.

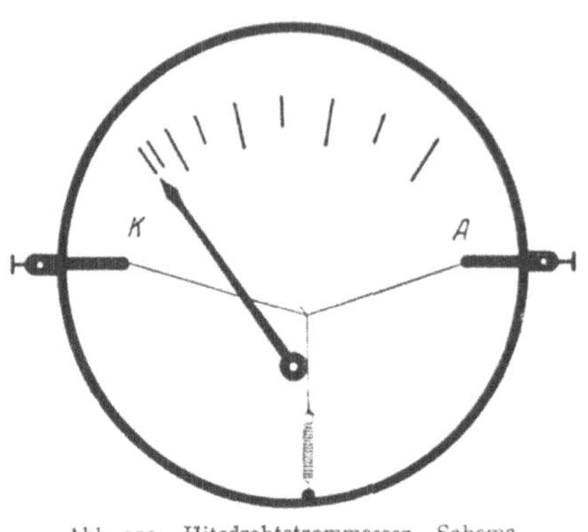

Abb. 300. Hitzdrahtstrommesser. Schema. (Aus Pohl: Elektrizitätslehre.)

164. Berührungsspannung. Reibungselektrizität. Lenard-Effekt. Berühren sich zwei verschiedene Metalle, so besteht zwischen ihnen eine Spannung. Legt man z. B. zwei an isolierenden Handgriffen befestigte, sehr gut ebene Platten aus Kupfer und Zink aufeinander (Abb. 301), so bilden sie einen Kondensator mit sehr kleinem Plattenabstand, also sehr großer Kapazität, und die zwischen den Platten herrschende Spannung bewirkt eine merkliche Aufladung der Platten. Reißt man sie schnell (ohne zu kippen) auseinander, so kann man mit einem Elektrometer nachweisen, daß sie entgegengesetzte Ladung besitzen. Diese Erscheinung *(Berührungsspannung, Volta-Effekt)* wurde 1793 von Volta entdeckt.

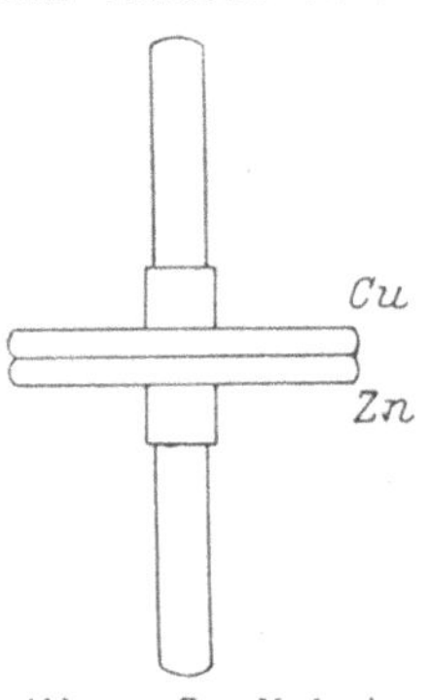

Abb. 301. Zum Nachweis der Berührungsspannung von Metallen.

Man kann die Metalle in eine Reihe, die *Spannungsreihe,* derart ordnen, daß irgendein Metall aus der Reihe negativ elektrisch wird, wenn es mit einem weiter links stehenden, positiv elektrisch, wenn es mit einem weiter rechts stehenden Metall in Berührung ist, z. B.

$$(+) \text{ Rb—K—Na—Al—Zn—Pb—Sn—Sb—Bi—Fe—}$$
$$\text{—Cu—Ag—Au—Pt } (-).$$

Befinden sich in einem geschlossenen Leiterkreis mehrere verschiedene Metalle, so wirken die zwischen ihnen auftretenden Berührungsspannungen als elektromotorische Kräfte im Kreise. Vorausgesetzt, daß sich alle Teile des Kreises auf gleicher Temperatur befinden (§ 165), ist jedoch die Summe dieser elektromotorischen Kräfte stets gleich Null, und es fließt im Kreise kein Strom, z. B. $\mathcal{E}$ (Cu—Al) $+ \mathcal{E}$ (Al—Cu) $= 0$ bzw. $\mathcal{E}$ (Cu—Al) $= - \mathcal{E}$ (Al—Cu) oder $\mathcal{E}$ (Al—Sn) $+ \mathcal{E}$ (Sn—Cu) $+ \mathcal{E}$ (Cu—Al) $= 0$.

Eine der Berührungsspannung entsprechende Neigung zum Übertritt von Ladungsträgern von einem Stoff zu einem ihn berührenden, chemisch verschiedenen Stoff besteht aber nicht nur bei den Metallen, sondern bei allen Stoffen, auch bei den Nichtleitern. Jedoch genügt bei den letzteren die bloße Berührung oft noch nicht, um wirklich einen Übertritt der in ihnen sehr fest gebundenen Ladungsträger zu bewirken. Dazu ist ein wesentlich engerer Kontakt nötig, der am wirksamsten durch Reiben der Stoffe aneinander erzeugt werden kann. Das ist die Ursache der sog. *Reibungselektrizität,* von der wir im 4. Kapitel schon häufig Gebrauch gemacht haben.

Die Reibungselektrizität ist die älteste, und war bis gegen Ende des 18. Jahrhunderts die allein bekannte elektrische Erscheinung. Schon im Altertum war bekannt, daß geriebener Bernstein (ἤλεκτρον) leichte Körper anzuziehen vermag. Erst GILBERT entdeckte um 1600, daß die gleiche Eigenschaft auch vielen anderen Stoffen zukommt. Er war es auch, der der Erscheinung den Namen Elektrizität gab. Die erste brauchbare Elektrisiermaschine baute im 17. Jahrhundert OTTO VON GUERICKE. Quantitativ ist über die Reibungselektrizität nicht allzuviel bekannt. Ein Stoff mit höherer Dielektrizitätskonstante lädt sich gegenüber einem solchen mit kleinerer Dielektrizitätskonstante positiv auf.

Eine gewisse Verwandtschaft mit der Berührungsspannung hat folgende Erscheinung. In der Umgebung von Wasserfällen zeigt die Luft eine negative Ladung *(Wasserfallelektrizität, Balloelektrizität,* LENARD-*Effekt)*. Wie LENARD gezeigt hat, rührt dies davon her, daß Wassertropfen infolge von molekularen Kräften zwischen dem Wasser und der umgebenden Luft stets polarisiert sind, indem ihre Oberfläche eine negative, ihr Inneres eine positive Ladung trägt. Wird beim Aufprall die Oberfläche abgerissen, so bildet sie in der Luft schwebende, negativ geladene Tröpfchen, während das abfließende Wasser einen positiven Ladungsüberschuß besitzt. Gelöste Stoffe vermindern die Wirkung und können sogar ihr Vorzeichen umkehren. Es ist möglich, daß ein durch starke Turbulenz der Luft an Regentropfen erzeugter LENARD-Effekt an der Entstehung der Gewitter beteiligt ist. Der LENARD-Effekt tritt auch an andern Flüssigkeiten, z. B. Quecksilber, auf.

165. Thermoelektrische Erscheinungen. Die Berührungsspannung zwischen zwei Metallen ist von der Temperatur der Berührungsstelle abhängig. Hält man die beiden Verbindungsstellen zweier zu einem Kreise geschlossener Stücke aus verschiedenen Metallen auf verschiedenen Temperaturen, so überwiegt die Berührungsspannung an der einen Lötstelle diejenige an der anderen, und es besteht im Kreise eine elektromotorische Kraft, die man als *Thermokraft* bezeichnet (*Thermoeffekt,* SEEBECK 1821). Den

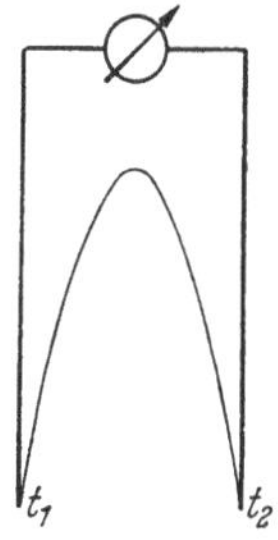

Abb. 302.
Thermoelement.

von einer Thermokraft im Kreise erzeugten Strom nennt man *Thermostrom.* Die Thermokraft ist besonders groß ($1 \cdot 10^{-4}$ Volt $\cdot$ Grad^{-1}) bei der Folge Wismut-Antimon. Häufig benutzt werden unter anderem die Folgen Konstantan-Kupfer ($0{,}42 \cdot 10^{-4}$ Volt $\cdot$ Grad^{-1}) und Platin-Platinrhodium ($0{,}06 \cdot 10^{-4}$ Volt $\cdot$ Grad^{-1}). Im supraleitenden Zustande (§ 159) verschwindet die Thermokraft. Zur Messung der Thermokraft schaltet man einen Spannungsmesser in den Leiterkreis. Damit die Messung nicht verfälscht wird, müssen seine beiden Klemmen auf gleicher Temperatur sein, da dort sonst zusätzliche Thermokräfte auftreten können.

Vorrichtungen der beschriebenen Art heißen *Thermoelemente.* Sie finden eine wichtige Anwendung bei der Temperaturmessung, denn aus der Größe der Thermokraft kann die Temperaturdifferenz ($t_2 - t_1$) der beiden Verbindungsstellen, also bei bekannter Temperatur der einen die Temperatur der zweiten, ermittelt werden (Abb. 302). Wegen der großen Genauigkeit, mit der elektrische Messungen ausgeführt werden können, sind solche Temperaturmessungen viel genauer als solche mit den sonst üblichen Thermometern. Außerdem besteht der große Vorteil, daß man Thermoelemente aus dünnen Drähten herstellen und in enge Öffnungen einführen kann. Solche Thermoelemente haben auch eine viel kleinere Wärmekapazität als z. B. Quecksilberthermometer. Sie wirken also weit weniger störend als diese auf die Temperatur des zu untersuchenden Körpers ein. Daher finden Thermoelemente nicht nur in der Physik, sondern auch in der Physiologie sehr zahlreiche Anwendungen.

In der elektrischen **Meßtechnik** können Thermokräfte und Thermoströme Fehlerquellen bilden, wenn es sich um die Messung von niedrigen Spannungen oder schwachen Strömen handelt. Denn in einem größeren Stromkreise, der verschiedene Metalle enthält (oft genügt auch schon eine etwas verschiedene Beschaffenheit von Teilen aus dem gleichen Metall), können leicht Temperaturdifferenzen auftreten, die Thermokräfte hervorbringen. Man kann dieser Fehlerquelle begegnen, indem man zwei Messungen mit entgegengesetzten Richtungen des Meßstromes anstellt und die Ergebnisse mittelt.

Die Umkehrung des Thermoeffektes ist der PELTIER-*Effekt*. Fließt durch die Verbindungsstelle zweier Metalle ein Strom, so tritt je nach der Stromrichtung eine Erwärmung oder Abkühlung der Verbindungsstelle ein. Das ist leicht verständlich. Ist der Strom so gerichtet, daß zum Übertritt der Elektronen aus dem ersten in das zweite Metall Arbeit zu leisten ist, besitzt also das zweite Metall gegenüber dem ersten eine negative Berührungsspannung, so werden die Elektronen verlangsamt, im umgekehrten Fall aber beschleunigt. Mit einer Verlangsamung der Elektronen ist aber eine Abnahme, mit einer Beschleunigung der Elektronen eine Zunahme ihrer thermischen Energie verbunden. Im ersten Falle, z. B. beim Übertritt der Elektronen von Antimon (Sb) in Wismut (Bi), tritt also Abkühlung, bei entgegengesetzter Stromrichtung Erwärmung der Verbindungsstelle ein. Da die Elektronenbewegung der positiven Stromrichtung entgegengerichtet ist, so wird die Verbindungsstelle zwischen Antimon und Wismut erwärmt, wenn der Strom die Richtung Antimon→Wismut hat, und abgekühlt, wenn er entgegengesetzt gerichtet ist. Abb. 303 zeigt ein doppeltes Luftthermometer zum Nachweis des PELTIER-Effekts. Fließt der Strom von rechts nach links, so bewegt sich der die Verbindungsröhre sperrende Quecksilbertropfen ebenfalls von rechts nach links, ein Beweis, daß sich die rechte Verbindungsstelle erwärmt, die linke abgekühlt hat.

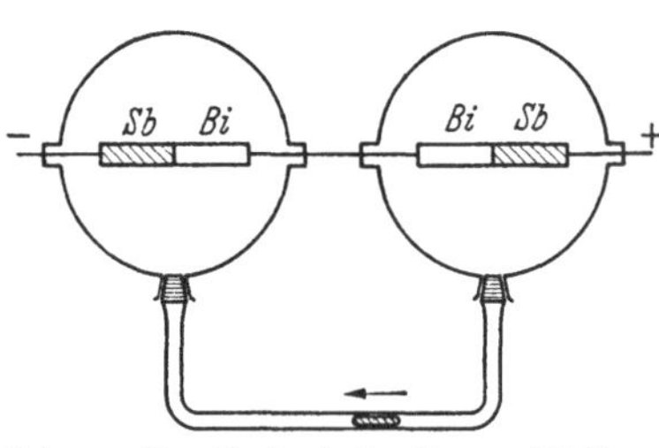

Abb. 303. Zum Nachweis des PELTIER-Effekts.

II. Elektrische Ströme in flüssigen Leitern.

166. Leitfähigkeit von Flüssigkeiten. Elektrolyse. Abgesehen von flüssigen Metallen und geschmolzenen Salzen, sind die meisten Flüssigkeiten, vorausgesetzt, daß sie chemisch sehr rein sind, sehr schlechte Leiter, zum großen Teil sogar ganz vorzügliche Isolatoren. Es ist in vielen Fällen, in denen sich bei einer reinen Flüssigkeit eine schwache Leitfähigkeit zeigt, zweifelhaft, ob sie nicht von ganz kleinen Resten von Verunreinigungen herrührt. So ist auch chemisch reines Wasser ein außerordentlich schlechter Leiter. Auf Grund der bereits früher entwickelten Vorstellungen ist klar, daß die Leitfähigkeit einer Flüssigkeit davon abhängt, ob sich in ihr frei bewegliche Ladungsträger (Ionen, Elektronen) befinden.

Man verbinde zwei Stücke Platinblech A und K, welche sich in einem mit destilliertem Wasser gefüllten, vorher gut gereinigten Glasgefäß befinden, unter Einschaltung eines Strommessers mit den beiden Klemmen einer Akkumulatorenbatterie (4—10 Volt, Abb. 304). Das Meßgerät zeigt einen schwachen Strom an, ein Beweis, daß das Wasser (das keineswegs chemisch rein ist) eine schwache Leitfähigkeit hat. Bringt man jetzt in das Wasser einen Tropfen einer Säure oder ein wenig von der Lösung irgendeines Salzes, so steigt die Stromstärke sofort an und erreicht bei größerer Konzentration beträchtliche Werte. Die Leitfähigkeit des Wassers rührt also fast ausschließlich von in ihm gelösten Stoffen her. Es haben aber nicht alle gelösten Stoffe diese Eigenschaft, sondern nur die Salze, Basen und Säuren; so erhöht z. B. gelöster Zucker die Leitfähigkeit des Wassers nicht. Ähnliche Erscheinungen, wenn auch nicht in so hohem Maße, zeigen Lösungen in anderen Flüssigkeiten. Die spezifische Leitfähigkeit von Lösungen reicht in keinem Falle an die der Metalle heran.

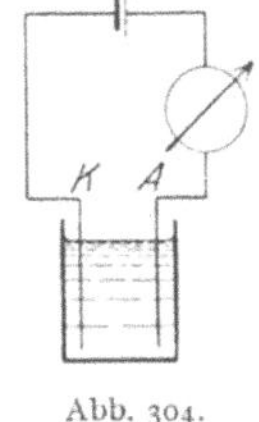

Abb. 304.
Leitfähigkeit
von Wasser.

Man bezeichnet die beiden in die Flüssigkeit getauchten, zur Stromzuführung dienenden Bleche als *Elektroden*. Die mit dem positiven Pol der Batterie verbundene nennt man die *Anode*, die mit dem negativen Pol verbundene die *Kathode*. Der (positive) Strom fließt also in der Flüssigkeit von der Anode zur Kathode. Eine durch gelöste Stoffe leitend gemachte Flüssigkeit nennt man einen *Elektrolyten*, die mit der Elektrizitätsleitung durch solche Flüssigkeiten verbundenen Erscheinungen *Elektrolyse*.

Außer bei den wässerigen Lösungen ist die elektrolytische Leitfähigkeit besonders ausgeprägt bei den Schmelzen mancher Salze. Das ist besonders leicht

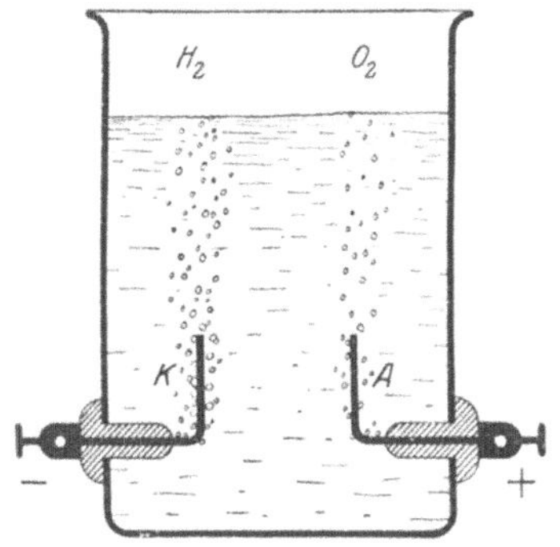

Abb. 305. Zersetzung des Wassers.
(Aus POHL: Elektrizitätslehre.)

Abb. 306. Bleibaum.
(Aus POHL: Elektrizitätslehre.)

bei denjenigen Salzen zu verstehen, deren Kristalle schon aus Ionen bestehen, die beim Schmelzen zum Teil als solche bestehen bleiben und freie Beweglichkeit erlangen. Es gibt aber Ionenkristalle, deren Ionen sich beim Schmelzen sämtlich zu elektrisch neutralen Molekülen vereinigen. Es zeigen also nicht alle Salze, die Ionenkristalle bilden, in der Schmelze eine elektrolytische Leitfähigkeit.

167. Abscheidungen an den Elektroden. Läßt man mittels Platinelektroden einen Strom durch eine wässerige Lösung einer Säure, z. B. Schwefelsäure, gehen, so bemerkt man an den Elektroden eine lebhafte Gasentwicklung (Abb. 305). Zur genaueren Untersuchung dieser Erscheinung bedient man sich eines *Voltameters* (nicht mit einem Voltmeter zu verwechseln!), bei dem sich die an den beiden Elektroden gebildeten Gasmengen in getrennten Röhren sammeln. Es zeigt sich, daß an der Kathode etwa doppelt soviel Gas erscheint wie an der Anode. Die Untersuchung dieser Gase ergibt, daß sich an der Anode Sauerstoff (bringt glimmenden Span zum hellen Glühen oder zum Brennen), an der Kathode Wasserstoff (verbrennt mit bläulicher Flamme) gebildet hat. (Daß nicht genau doppelt soviel Wasserstoff wie Sauerstoff, sondern weniger Sauerstoff erscheint, liegt daran, daß von dem Sauerstoff ein nicht unbeträchtlicher Teil im Wasser gelöst wird.) Sammelt man jedoch die ganze gebildete

Gasmenge ungetrennt, so erhält man eine Mischung von 1 Teil Sauerstoff und 2 Teilen Wasserstoff, d. h. Knallgas. Dies kann man durch die unter lebhaftem Knall erfolgende Verbrennung feststellen, wenn man das Gas unter Wasser in einem Reagensglas auffängt oder es durch Seifenlösung perlen läßt und die Blasen anzündet (Vorsicht!).

Eine hübsche Erscheinung zeigt sich, wenn man einen Strom durch eine wässerige Bleiazetatlösung leitet und als Kathode einen Bleidraht, als Anode eine Bleiplatte benutzt. Es scheidet sich dann an der Kathode Blei in kristallinischer Form als baumartiges Gebilde ab (Bleibaum, Abb. 306).

168. Elektrolytische Dissoziation. Wo eine Verschiebung elektrischer Ladungen stattfindet, also ein elektrischer Strom fließt, müssen, wie schon oben betont, stets bewegliche Ladungsträger vorhanden sein, welche diese Ladung mit sich führen, wie es in den Metallen die Elektronen tun. Bei der Stromleitung durch einen Elektrolyten sind es die atomistischen Bestandteile der gelösten Stoffe, welche als Ladungsträger auftreten. Diese Ladungsträger werden nicht erst durch die an die Flüssigkeit gelegte Spannung erzeugt, sondern sind in jedem Elektrolyten stets vorhanden. Wird z. B. Kochsalz, $NaCl$, in Wasser gelöst, so befindet sich dieses im Wasser nicht in molekularer Form als $NaCl$-Moleküle, sondern die Na-Atome und die Cl-Atome sind, jedenfalls bei nicht zu hoher Konzentration, voneinander getrennt, und außerdem tragen die Na-Atome eine positive, die Cl-Atome eine negative elektrische Ladung. In diesem Zustande bezeichnet man die Atome und überhaupt alle elektrisch geladenen atomistischen oder molekularen Gebilde, wie schon des öfteren erwähnt, als *Ionen*. (Weshalb das Na in Gestalt von Ionen nicht, wie metallisches Na, mit dem Wasser reagiert, wird später, § 341, erörtert werden.) Den Zerfall eines Moleküls oder eines kristallinischen Stoffes in Ionen bei der Lösung nennt man *elektrolytische Dissoziation*. Bei der Lösung von Schwefelsäure, H_2SO_4, entstehen aus jedem H_2SO_4-Molekül zwei positive H-Ionen (nicht etwa ein H_2-Ion!) und ein negatives SO_4-Ion, ebenso bei der Lösung von Kupfersulfat, $CuSO_4$, je ein positives Cu-Ion und ein negatives SO_4-Ion. Da es sich um atomistische Gebilde handelt, so kann die auf den Ionen auftretende Ladung nur ein *kleines* ganzzahliges Vielfaches des elektrischen Elementarquantums sein. Und zwar zeigt sich, *daß die Zahl dieser Elementarquanten mit der Wertigkeit übereinstimmt*, welche das betreffende Atom oder die Atomgruppe (z. B. das Radikal SO_4) in der vorliegenden chemischen Verbindung besitzt. Von den Elementen tragen die in den linken Gruppen des periodischen Systems stehenden Elemente, also insbesondere der Wasserstoff und die Metalle, positive Ladungen, die in den rechten Gruppen stehenden fast immer negative Ladungen. Säurereste (Radikale), wie SO_4, tragen negative Ladungen, und zwar so viele Elementarquanten, wie ihrer chemischen Wertigkeit entspricht, das SO_4-Ion also zwei negative Elementarquanten (vgl. § 341).

Daß das Wasser auf gelöste Stoffe eine besonders starke dissoziierende Wirkung hat, beruht darauf, daß die Wassermoleküle ganz besonders große elektrische Momente haben (§ 341). Diese erzeugen in der nächsten Umgebung der einzelnen Wassermoleküle sehr starke lokale elektrische Felder, und diese sind die unmittelbare Ursache der Dissoziation. Auf den großen elektrischen Momenten der Wassermoleküle beruht ebenfalls die ungewöhnlich hohe Dielektrizitätskonstante des Wassers ($\varepsilon = 81$).

169. Das Wesen der Elektrizitätsleitung in Elektrolyten. Die FARADAYschen Gesetze. Legt man an zwei in einem Elektrolyten befindliche Elektroden eine Spannung, so entsteht im Elektrolyten genau wie in einem metallischen Leiter ein elektrisches Feld, welches die in ihm vorhandenen Ladungsträger in Bewegung setzt, und zwar die positiven Ionen *in* Richtung des Feldes, also auf die Kathode K hin, die negativen *gegen* die Richtung des Feldes, auf die Anode hin (Abb. 307). Für die Bewegung der Ionen kann man genau die gleichen Überlegungen anstellen, wie es in § 151 für die Elektronen in den Metallen geschehen ist, sogar mit noch größerem Recht, denn sie entsprechen in diesem Falle der Wirklichkeit wohl noch besser. Es gilt also auch für Elektrolyte bei konstanter Temperatur das Ohmsche Gesetz.

Die auf die verschiedenen Ionenarten wirkenden bewegungshemmenden Kräfte sind verschieden groß, z. B. für das Cl-Ion fünfmal so groß wie für das H-Ion. Infolgedessen sind die Wanderungsgeschwindigkeiten der Ionen verschieden. Die Geschwindigkeit, die ein Ion bei der Feldstärke 1 Volt · cm^{-1} hat, nennt man seine *Beweglichkeit* (vgl. § 152).

Da die positiven Ionen zur Kathode, die negativen zur Anode wandern, nennt man erstere auch *Kationen*, letztere *Anionen*.

Da bei der Leitung durch Elektrolyte die an die Elektroden gelangenden Ladungen auf den Ionen des gelösten Stoffes sitzen, so müssen diese zugleich mit den Ladungen an die Elektroden gelangen und dort in die Erscheinung treten. Tatsächlich beobachtet man in vielen Fällen die hiernach zu erwartenden *Abscheidungen an den Elektroden*. (In den Fällen, wo sie nicht auftreten, liegt das an gewissen chemischen Vorgängen an den Elektroden, § 170.)

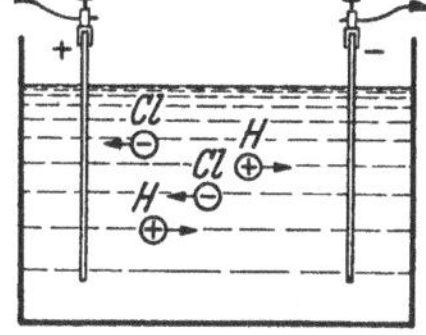

Abb. 307. Schema der Ionenwanderung in einer HCl-Lösung.

Es sei n die Zahl der in 1 sec an einer der beiden Elektroden abgeschiedenen Ionen (geladene Atome oder Atomgruppen), μ die Masse eines Atoms, z seine chemische Wertigkeit, ε das elektrische Elementarquantum, also $z\varepsilon$ die Ladung jedes Ions. Denn, wie bereits oben erwähnt, trägt ein Ion so viele Elementarquanten, wie seine Wertigkeit beträgt. Dann ist die Stromstärke, d. h. die in 1 sec an die Elektrode gelangende Elektrizitätsmenge,

$$i = nz\varepsilon. \tag{1}$$

Gleichzeitig wird in 1 sec an der Elektrode die Masse $n\mu$ abgeschieden, also in der Zeit t die Masse

$$m = n\mu t. \tag{2}$$

Aus Gl. (1) und (2) folgt, daß die in der Zeit t durch einen Strom i abgeschiedene Masse

$$m = \frac{\mu}{z\,\varepsilon}\, it = A\, it = A\, e \tag{3}$$

ist, wobei

$$A = \frac{\mu}{z\,\varepsilon} \tag{4}$$

und $e = it$ die mit der Masse m beförderte Elektrizitätsmenge ist [§ 151, Gl. (6)]. Die Gl. (3) enthält das erste Faradaysche *Gesetz der Elektrolyse* (1833). Es besagt: *Die abgeschiedenen Mengen m (Massen) sind der Stromstärke i und der Zeit t des Stromdurchganges, also der mit der Masse m beförderten Elektrizitätsmenge e, und einer Konstanten A proportional,* die das *elektrochemische Äquivalent* heißt und von der Art der Ionen abhängt, denn sie enthält nach Gl. (4) die Ionenmasse μ und die Wertigkeit z. Multiplizieren wir auf der rechten Seite von Gl. (4) Zähler und Nenner mit der Zahl der Atome im Grammatom, der Loschmidtschen Zahl N (§ 63), so ist der Zähler $N\mu$ gleich dem Atomgewicht α des Ions bzw. bei Ionen, die aus mehreren Atomen bestehen (z. B. SO_4), gleich der Summe der Atomgewichte ihrer Bestandteile, und wir können schreiben:

$$A = \frac{N\mu}{z\,N\varepsilon} = \frac{\alpha}{z\,F}, \tag{5}$$

wobei
$$F = N \varepsilon \qquad (6)$$

die FARADAY*sche Konstante* ist. Gl. (5) enthält das zweite FARADAYsche Gesetz: *Die elektrochemischen Äquivalente der Ionen verhalten sich wie die Quotienten aus Atomgewicht α und Wertigkeit z, d. h. wie ihre chemischen Äquivalentgewichte.* An die Stelle des Atomgewichtes tritt bei Gebilden, die aus mehreren Atomen bestehen (wie z. B. SO_4), die Summe der Atomgewichte ihrer Bestandteile. Das elektrochemische Äquivalent A ist nach Gl. (3) die Anzahl Gramm der betreffenden Ionenart, die zugleich mit der Ladung $e = 1$ Coulomb (also z. B. bei der Stromstärke $i = 1$ A in der Zeit $t = 1$ sec) an die Elektrode gelangt.

Die FARADAYsche Konstante F ist, als Produkt zweier universeller, d. h. nicht von der Stoffart abhängiger Konstanten ebenfalls eine solche und von der Art des betreffenden Ions und allen äußeren Bedingungen unabhängig. Der zuverlässigste Wert (für Silber) beträgt

$$F = N \varepsilon = 96481 \text{ Coulomb/Grammatom bzw. Mol.} \qquad (7)$$

Mit $\varepsilon = 1{,}6020 \cdot 10^{-19}$ Coul ergibt sich die LOSCHMIDTsche Zahl zu $N = F/\varepsilon = 6{,}0225 \cdot 10^{23}$, in sehr guter Übereinstimmung mit anderweitigen Berechnungen.

Tabelle 24. Elektrochemische Äquivalente.

	$A \cdot 10^3$	α	z	$z \cdot A \cdot 10^3$	F
H	0,01045	1,008	1	0,01045	96469
Ag	1,11815	107,880	1	1,11815	96481
O	0,0829	16,000	2	0,1658	96502
Cu	0,3294	63,57	2	0,6588	96493
N	0,0484	14,008	3	0,1452	96473
Al	0,0936	26,97	3	0,2808	96047
Sn	0,3083	118,70	4	1,2332	96254
V	0,1057	50,95	5	0,5285	96405
U	0,4119	238,07	6	2,4714	96330

Die von einem Grammatom oder Mol z-wertiger Ionen getragene Ladung beträgt demnach $z N \varepsilon$, z. B. beim zweiwertigen Cu oder beim zweiwertigen SO_4 $2 N \varepsilon$. In der Tab. 24 sind die gemessenen elektrochemischen Äquivalente A einiger Elemente zusammengestellt, ferner deren Atomgewichte α, ihre Wertigkeit z und die daraus berechneten Werte sind $F = N \varepsilon = \alpha/z A$. Die Tabelle zeigt, daß die Messungen die Konstanz von F mit großer Genauigkeit bestätigen. Der Mittelwert beträgt $F = 96480$, in sehr guter Übereinstimmung mit dem aus N und ε berechneten Wert.

Ist das elektrochemische Äquivalent eines Stoffes bekannt, so kann man aus der in einer Zeit t abgeschiedenen Menge m desselben die Stromstärke i nach Gl. (3) berechnen. Da m und t äußerst genau gemessen werden können, so liefert dieses — allerdings etwas umständliche — Verfahren sehr genaue Strommessungen. Für diese Messungen bedient man sich eines Silber- oder Kupfervoltameters (Abb. 308), in dem das Silber oder Kupfer auf einer Platinelektrode niedergeschlagen wird.

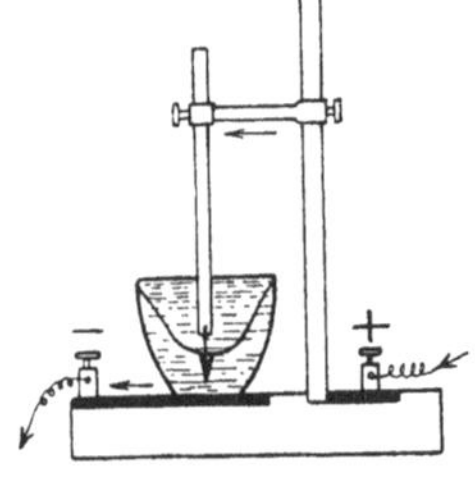

Abb. 308. Silbervoltameter.

170. Chemische Umsetzungen an den Elektroden. In sehr zahlreichen Fällen werden aus einer wässerigen Lösung nicht die Bestandteile des gelösten Stoffes an den Elektroden abgeschieden, z. B. aus verdünnter Schwefelsäure nicht Wasserstoff und der Säurerest SO_4, sondern die Bestandteile des Wassers, Sauerstoff und Wasserstoff. Diese Erscheinung erklärt sich daraus, daß an den Elektroden chemische Umsetzungen vor sich gehen (DANIELL 1839). Wir betrachten den Fall der verdünnten Schwefelsäure, H_2SO_4, in der sich auf je zwei positive H-Ionen ein negatives SO_4-Ion befindet. Die H-Ionen wandern an die Kathode, nach welcher von der anderen Seite, von der Stromquelle her, Elektronen durch die Zuleitung fließen. An der Kathodenoberfläche vereinigt sich jedes H-Ion mit einem Elektron und verwandelt sich so in ein elektrisch

neutrales H-Atom. (Man beachte folgendes: Der — im Sinne unserer Strom-
richtungsdefinition — positive Strom wird an der Kathode innerhalb des Elektrolyten durch positive Ionen gebildet, die auf die Kathode zulaufen, jenseits der
Kathode aber, im Draht, durch die in entgegengesetzter Richtung auf die
Kathode zu laufenden negativ geladenen Elektronen.) Je zwei H-Atome verbinden sich zu einem H_2-Molekül. So entstehen an der Kathode Blasen von
Wasserstoffgas, die aufsteigen und abgeschieden werden. Hier wird also der
eine Bestandteil des gelösten Stoffes unmittelbar ausgeschieden. Anders an der
Anode. Hier gibt jedes zweiwertige SO_4-Ion zwei Elektronen an die Elektrode
ab und wird dadurch elektrisch neutral. In diesem Zustande aber kann es mit
dem Wasser reagieren (vorausgesetzt, daß es nicht mit dem Metall der Elektrode
reagiert, s. unten). Über den Grund dafür, daß ein Ion erst nach Neutralisation
seiner Ladung chemisch reagiert, siehe § 341. Die Reaktion geht nach folgender
Gleichung vor sich:

$$2\,SO_4 + 2\,H_2O \rightarrow 2\,H_2SO_4 + 2\,O, \qquad O + O \rightarrow O_2.$$

Es werden also Sauerstoffatome frei, die sich zu Molekülen vereinigen und,
wie an der Kathode der Wasserstoff, an der Anode ausgeschieden werden. Die
gebildete Schwefelsäure geht in Lösung und dissoziiert von neuem. Da auf
ein SO_4-Ion zwei Wasserstoffionen entfallen, so entspricht der Ausscheidung von
einem O_2-Molekül diejenige von zwei H_2-Molekülen. Es werden also tatsächlich
die Bestandteile des Wassers im richtigen Verhältnis abgeschieden, und der
Vorgang erscheint als eine Wasserzersetzung.

Besteht die Anode aus Kupfer oder einem anderen unedlen Metall, so reagiert
das SO_4-Ion nicht mit dem Wasser, sondern mit diesem Metall. Es bildet
sich z. B.

$$SO_4 + Cu \rightarrow CuSO_4,$$

also Kupfersulfat, welches in Lösung geht und in Cu und SO_4 dissoziiert, und
es findet keine Ausscheidung an der Anode statt. An der Kathode wird nach
wie vor Wasserstoff abgeschieden. Ersatz für diesen Verlust erhält die Lösung
aber aus der Anode in Gestalt von je einem doppelt geladenen Cu-Ion auf
je zwei ausgeschiedene einfach geladene H-Ionen. Dabei wird die Anode allmählich aufgelöst. An die Stelle der H_2SO_4-Lösung tritt allmählich eine
$CuSO_4$-Lösung, aus der dann auch Cu an der Kathode abgeschieden wird.

War von Anfang an der Elektrolyt eine $CuSO_4$-Lösung, so ändert sich an
den Betrachtungen nichts; nur wird jetzt an der Kathode sofort Cu aus der
Lösung abgeschieden und der Lösung an der Anode aus dem Cu der Elektrode
wieder ersetzt, so daß die Lösung unverändert bleibt. Es wandert also das
Kupfer der Anode durch die Lösung an die Kathode.

Wieder etwas anders liegen die Verhältnisse, wenn man z. B. einen Strom
mittels Platinelektroden durch eine verdünnte Lösung von Natriumsulfat,
Na_2SO_4, leitet. Die Na-Ionen wandern zur Kathode und erlangen dort nach
Aufnahme eines Elektrons aus der Kathode chemische Reaktionsfähigkeit. Es
tritt eine Reaktion mit dem Wasser ein:

$$2\,Na + 2\,H_2O \rightarrow 2\,Na(OH) + H_2.$$

Der Wasserstoff, H_2, wird ausgeschieden, in der Lösung bleibt Natronlauge,
NaOH. An die Anode wandern die SO_4-Ionen, und hier tritt durch den schon
besprochenen Vorgang eine Reaktion mit dem Wasser ein, welche zur Bildung
von Sauerstoff, der abgeschieden wird, und Schwefelsäure, die in Lösung bleibt,
führt. Die Schwefelsäure und die Natronlauge diffundieren wieder in die Lösung
zurück, mischen sich und reagieren miteinander. Es entsteht wieder Natriumsulfat und Wasser, nach der Gleichung

$$H_2SO_4 + 2\,Na(OH) \rightarrow Na_2SO_4 + 2\,H_2O.$$

Die Lösung bleibt also in ihrer chemischen Zusammensetzung unverändert, und das Endergebnis ist wieder die Zersetzung des Wassers. Die Lösung nimmt allmählich an Konzentration zu, weil nur die Bestandteile des Wassers ausgeschieden werden.

171. Elektrolytische Polarisation. Leitet man einen Strom mittels zweier gleich beschaffener Elektroden durch einen Elektrolyten, so zeigen die beiden Elektroden nach dem Abschalten der Stromquelle eine Spannung gegeneinander, die man *Polarisationsspannung* nennt, und die der Spannung entgegengerichtet ist, die vorher bei Stromdurchgang an den Elektroden lag. Stellt man nunmehr zwischen den Elektroden eine äußere leitende Verbindung her, so fließt durch sie während einer mehr oder weniger langen Zeit ein Strom von der positiven Elektrode, der Anode der Zelle, zur negativen Elektrode, der Kathode, der innerhalb der Flüssigkeit durch einen Strom von der Kathode zur Anode geschlossen wird. Die Zelle ist durch den vorhergehenden Stromdurchgang zum Sitz einer *elektromotorischen Kraft*, zu einer *Stromquelle*, geworden. Sind die Elektroden außen leitend verbunden, so verschwindet die elektromotorische Kraft nach einiger Zeit. Zum Nachweis der Polarisationsspannung verbinde man zwei in einem Elektrolyten stehende Platinelektroden zunächst mit einer Stromquelle *S* (Abb. 309), lasse den Strom eine Zeitlang fließen und schalte die Zelle dann mittels einer Wippe *W* auf einen Spannungsmesser *V* um.

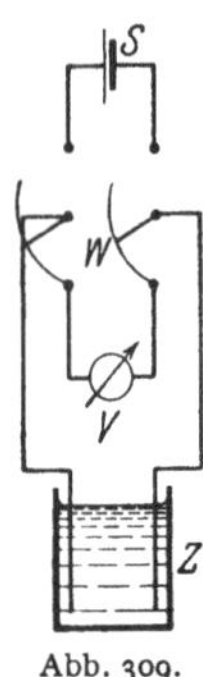

Abb. 309.
Nachweis der Polarisationsspannung.

Die elektrolytische Polarisation wurde von VOLTA (1792) im Anschluß an den bekannten Froschschenkelversuch von GALVANI (1786) entdeckt. Sie zeigt sich immer dann, wenn die *Grenzflächen zwischen Elektrode und Flüssigkeit* an den beiden Elektroden eine *verschiedene Beschaffenheit* haben. Bei dem oben beschriebenen Versuch wird eine solche Verschiedenheit dadurch erzeugt, daß bei Stromdurchgang an den beiden Elektroden verschiedene Stoffe abgeschieden werden. Ist der Elektrolyt z. B. verdünnte Schwefelsäure, so belädt sich die Anode mit Sauerstoff, die Kathode mit Wasserstoff. Man kann aber die gleiche Polarisationsspannung ohne vorhergehenden Stromdurchgang dadurch erzeugen, daß man die Anode mit Sauerstoffgas, die Kathode mit Wasserstoffgas bespült. Eine Polarisationsspannung tritt ohne vorherigen Stromdurchgang auch dann auf, wenn die beiden Elektroden aus verschiedenen Metallen bestehen, die in die gleiche Flüssigkeit tauchen, oder wenn sie aus dem gleichen Metall bestehen, aber die Flüssigkeit an den Orten der beiden Elektroden verschieden beschaffen ist, indem sie einen gelösten Stoff in verschiedener Konzentration oder verschiedene gelöste Stoffe enthält. (Das kann man z. B. dadurch verwirklichen, daß man die Zelle durch einen porösen Tonzylinder in zwei getrennte Bereiche teilt, so daß sich die beiden verschiedenen Flüssigkeiten nur sehr langsam mischen können. Einen Stromdurchgang verhindert der Tonzylinder nicht.)

Die Entstehung der Polarisationsspannung ist nach NERNST auf folgende Weise zu verstehen. Befindet sich ein Metall in einer Flüssigkeit, so tritt an ihm ein Vorgang ein, der vollkommen einer Verdampfung entspricht. Wie aus der Oberfläche einer Flüssigkeit so lange Flüssigkeitsmoleküle austreten, bis ihre gasförmige Phase über der Flüssigkeit eine bestimmte Dichte (Dampfdichte) erreicht hat — gesättigt ist —, so gehen aus dem Metall positive Metallionen in die Flüssigkeit, und zwar so lange, bis auch hier ein bestimmter Sättigungszustand eingetreten ist. Die Verdampfung eines Metalls in den Raum einer Flüssigkeit ist ganz außerordentlich viel lebhafter, als seine (praktisch meist überhaupt nicht nachweisbare) Verdampfung in ein Vakuum oder einen gaserfüllten Raum. Das liegt daran, daß zwischen der Flüssigkeit und den

Metallionen Kräfte wirksam sind, die die *Austrittsarbeit* der Metallionen außerordentlich stark herabsetzen. Man bezeichnet das als eine Affinität zwischen den Metallionen und der Flüssigkeit.

Wir wollen zunächst einmal annehmen, daß keine positiven Metallionen, sondern *ungeladene* Metallatome in Lösung gehen. Dieser Vorgang wird so lange andauern, bis diejenige Dichte der Metallatome in der Lösung erreicht ist, bei der die Zahl der in der Zeiteinheit durch Diffusion wieder an das Metall gelangenden und wieder in das Metall eintretenden Atome ebensogroß ist, wie die Zahl der verdampfenden Atome, genau wie bei einer verdampfenden Flüssigkeit (§ 112). Der dann erreichten Dichte würde ein bestimmter osmotischer Druck (§ 120) der gelösten Metallatome entsprechen, den man als ihren *Lösungsdruck* bezeichnet. Nun handelt es sich aber tatsächlich um Metallionen. Infolgedessen lädt sich das Metall mit wachsender Ionenabgabe negativ, die Flüssigkeit

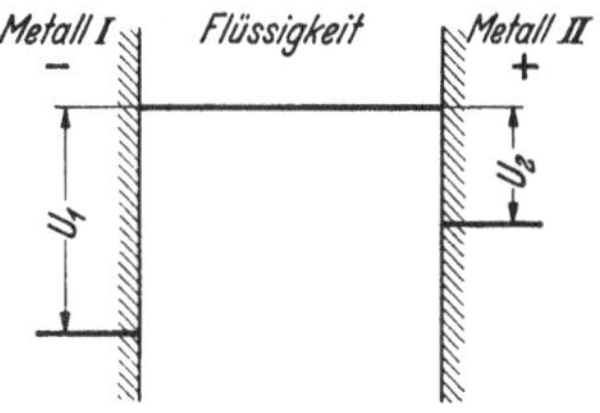

Abb. 310. Zur elektrolytischen Polarisation.

also positiv auf, und es entsteht in der Grenzschicht zwischen Metall und Flüssigkeit ein elektrisches Feld, das die positiven Ionen auf das Metall zurückzutreiben sucht, und das um so stärker ist, je höher bereits die Ionendichte in der Flüssigkeit ist. Dieses Feld verstärkt also die Wirkung der Rückdiffusion der Ionen an das Metall und bewirkt, daß ein stationärer Zustand bereits bei geringerer Ionendichte in der Flüssigkeit eintritt, als wenn es sich um ungeladene Metallatome handelte. Der stationäre Endzustand ist also dann erreicht, wenn die Zahl der in der Zeiteinheit in Lösung gehenden Metallionen gleich der Zahl derjenigen Metallionen ist, die unter der Wirkung der Rückdiffusion und des rücktreibenden Feldes in der Grenzschicht wieder in das Metall eintreten. Dieser Zustand ist erreicht, wenn die Spannung zwischen Flüssigkeit und Metall, die eine Folge ihrer Aufladung ist, einen bestimmten Wert erreicht hat. Er hängt von der Temperatur ab. In der Grenzschicht zwischen Metall und Flüssigkeit findet also ein *Potentialsprung* statt. Solche Potentialsprünge sind die Ursache der elektrolytischen Polarisation.

Befinden sich nun in einer Flüssigkeit zwei Metallelektroden mit verschieden beschaffenen Grenzflächen — sei es daß das Material der Elektroden oder die Art der Flüssigkeit oder beides verschieden ist —, so sind diese Potentialsprünge verschieden groß. Beträgt der eine U_1, der zweite $U_2 < U_1$ (Abb. 310), so ist die zweite Elektrode gegenüber der ersten auf positiver Spannung. Sie wird zur Anode, die erste Elektrode zur Kathode der als Stromquelle betrachteten Zelle. Diese besitzt demnach im offenen Zustand eine Spannung $U_1 - U_2$ zwischen den Elektroden und daher nach § 149 auch eine *elektromotorische Kraft* $\mathfrak{E} = U_1 - U_2$. Diese stellt sich also als die Differenz zweier Potentialsprünge dar.

Stellt man eine äußere leitende Verbindung zwischen den Elektroden her, so fließt durch diese ein Strom von der Anode zur Kathode und durch die Flüssigkeit von der Kathode zur Anode. Dieser Strom befördert die positiven Metallionen von der Kathode weg zur Anode. Zum Ausgleich können nunmehr weitere Ionen des Kathodenmaterials in Lösung gehen, während an der Anode Ionen des Kathodenmaterials abgeschieden werden. Der Strom fließt solange, bis entweder die Kathode vollständig in Lösung gegangen ist, oder bis sich die Anode vollständig mit dem Material der Kathode bedeckt hat, so daß die Verschiedenheit der Elektroden beseitigt ist.

Ganz ähnlich wie Metalle können sich auch Gasbeladungen der Elektroden verhalten, sofern sie sich erstens merklich im Elektrodenmetall lösen und sie zweitens mit merklicher Geschwindigkeit Ionen in Lösung senden. Das ist z. B. bei Wasserstoff an einer Platinelektrode der Fall, der sich dann genau wie metallischer Wasserstoff verhält. In gewissem Grade erfüllen auch die Halogene die obigen Bedingungen, Sauerstoff beträchtlich weniger gut, viele andere Gase überhaupt nicht. Gase, die jenen Bedingungen genügen, können als Elektroden dienen. Die *Wasserstoffelektrode* spielt in der Elektrochemie als *Normalelektrode* eine höchst wichtige Rolle.

Die Polarisation einer elektrolytischen Zelle mit anfänglich gleich beschaffenen Grenzflächen beider Elektroden bei Stromdurchgang ist nun leicht verständlich. Die Abscheidungen an ihren Elektroden rufen eine Verschiedenheit ihrer Grenzflächen hervor. Ebenso ist es verständlich, daß die Polarisationsspannung allmählich wieder verschwinden muß, wenn man die polarisierte Zelle als Stromquelle verwendet. Der von ihr gelieferte Strom ist immer so gerichtet, daß er die Verschiedenheit der Grenzflächen zu beseitigen sucht. Bei einer elektrolytischen Zelle mit Platinelektroden, die z. B. in verdünnte Schwefelsäure tauchen, beruht die Polarisation auf den bei Stromdurchgang auf den Elektroden gebildeten Häuten aus Wasserstoff- und Sauerstoffgas. Man kann die Polarisationsspannung sofort zum Verschwinden bringen, wenn man diese Häute mechanisch entfernt.

Die Erscheinungen werden recht verwickelt, wenn die Flüssigkeit bereits andere, den Elektroden fremde Stoffe gelöst enthält, z. B. die Lösung einer Säure oder eines Salzes ist. Doch können wir darauf hier nicht näher eingehen.

172. Widerstand elektrolytischer Leiter. Auch für elektrolytische Leiter gilt bei konstanter Temperatur das OHMsche Gesetz. Das hängt, wie bereits erwähnt, damit zusammen, daß die Wanderungsgeschwindigkeit der Ionen der auf sie wirkenden elektrischen Kraft proportional ist und die Zahl der Ladungsträger nicht von der Stromstärke abhängt. Die Größe des Widerstandes hängt von der Beweglichkeit der Ionen, von ihrer Anzahl (Konzentration) und Ladung (Wertigkeit) ab, außerdem natürlich von den geometrischen Verhältnissen des vom Strome durchflossenen Flüssigkeitsvolumens und schließlich von der Temperatur. Und zwar haben die Elektrolyte, im Gegensatz zu den Metallen, einen negativen Temperaturkoeffizienten. Ihr Widerstand *sinkt* bei Erwärmung.

Wegen der *Polarisation* der Elektroden kann man den Widerstand eines Elektrolyten nicht ohne weiteres mit Gleichstrom messen. Die Polarisationsspannung täuscht, indem sie der angelegten Spannung entgegenwirkt, einen höheren Widerstand vor, als tatsächlich vorhanden ist. Die Polarisation braucht aber zu ihrer Ausbildung eine gewisse Zeit. Deshalb benutzt man zur Widerstandsmessung Wechselstrom, dessen Richtung so schnell wechselt, daß die Polarisationsspannung keine Zeit hat, sich in merklicher Größe auszubilden. Im übrigen verfährt man ebenso wie bei anderen Widerstandsmessungen (Brückenschaltung.) An Stelle des Galvanometers in der Brücke benutzt man ein Telephon, welches den Wechselstrom durch einen summenden Ton anzeigt und zum Schweigen kommt, wenn die Widerstände gemäß § 156 abgeglichen sind. (Vgl. WESTPHAL, „Physikalisches Praktikum", 2. Aufl., 32. Aufgabe.)

173. Galvanische Elemente. Akkumulatoren. Stromquellen, bei denen die elektrolytische Polarisation zur Erzeugung von elektromotorischen Kräften und von elektrischen Strömen benutzt wird, heißen *Elemente*. Ein einfaches Element wird z. B. durch eine Zink- und eine Kupferplatte gebildet, die in verdünnte Schwefelsäure tauchen. Elemente dieser einfachen Art haben den Nachteil, daß ihre elektromotorische Kraft bei Stromdurchgang sinkt, weil bei ihnen der eigene Strom eine zusätzliche Polarisation hervorruft, die der ursprünglichen Polarisation entgegengerichtet ist. Eine praktische Bedeutung haben heute nur noch die sog. *Trockenelemente*, eine Abart der alten LECLANCHÉ-Elemente.

Ihre Anode besteht aus Kohle und ist mit Braunstein umgeben, welcher durch Oxydation des gebildeten Wasserstoffs eine Polarisation verhindert. Die Kathode ist aus Zink; der Elektrolyt ist konzentrierte Salmiaklösung. Zwecks bequemerer Handhabung ist der Raum zwischen Anode und Kathode mit einer Füllmasse, meist aus Mehl, gefüllt, die mit dem Elektrolyten getränkt ist.

Für die physikalische Meßtechnik wichtig sind die *Normalelemente*, deren Zusammensetzung so gewählt ist, daß sie eine sehr konstante elektromotorische Kraft haben, die außerdem nur wenig von der Temperatur abhängt. Beim WESTON-Element besteht die eine Elektrode aus Quecksilber, daran schließt sich eine Paste aus Merkurosulfat, Hg_2SO_4. Der Elektrolyt ist Kadmiumsulfatlösung und die andere Elektrode Kadmium oder Kadmiumamalgam. Im Elektrolyten befinden sich Kadmiumsulfatkristalle im Überschuß, so daß die Lösung stets konzentriert ist (Abb. 311). Die elektromotorische Kraft des WESTON-Elements beträgt bei 20° 1,01830 Volt. Normalelemente dürfen nie mit Strom belastet, sondern nur im stromlosen Zweig von Kompensationsschaltungen (§ 155) verwendet werden, da sonst ihre Klemmenspannung in nicht genau genug kontrollierbarer Weise sinkt (§ 162).

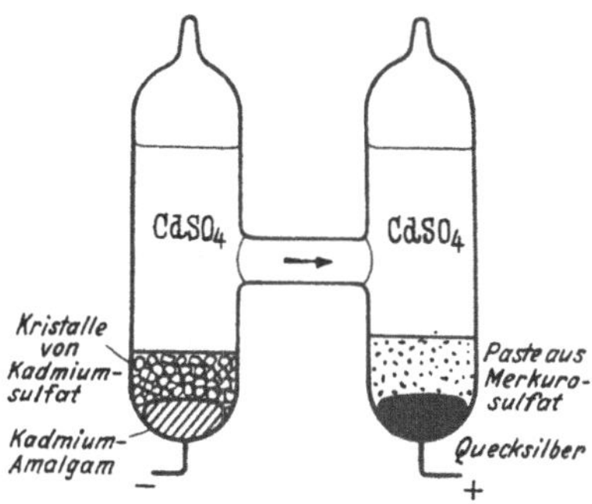

Abb. 311. WESTON-Element.

Während die gewöhnlichen Elemente den Nachteil haben, daß sie bei längerer Strombelastung durch Veränderung oder Zerstörung ihrer Elektroden, schließlich unbrauchbar werden, kann man bei den Akkumulatoren auf einfache Weise den ursprünglichen Zustand nach längerer Strombelastung wieder herstellen, also den in ihnen abgelaufenen chemischen Vorgang umkehren. Das Wesen eines Akkumulators zeigt der folgende einfache Versuch: In verdünnter Schwefelsäurelösung H_2SO_4 befinden sich zwei Bleielektroden, die sich in der Lösung mit einer Schicht von Bleisulfat, $PbSO_4$, überziehen. Legt man an eine solche elektrolytische Zelle eine Spannung, etwa 6 Volt, so findet eine Polarisation der Elektroden statt. Aus der Lösung wandern negative SO_4-Ionen an die Anode, positive H-Ionen an die Kathode. Dort treten nunmehr folgende Reaktionen ein:

Ladung: Anode: $PbSO_4 + SO_4 + 2\,H_2O \rightarrow PbO_2 + 2\,H_2SO_4$
                   Kathode: $PbSO_4 + 2\,H \rightarrow Pb + H_2SO_4.$

Es bildet sich also an der Anode Bleidioxyd (PbO_2), an der Kathode metallisches Blei. Gleichzeitig verschwindet aus der Lösung Wasser, und es bildet sich Schwefelsäure. Der Elektrolyt wird konzentrierter. Unterbricht man nach einiger Zeit den Strom, so liefern die jetzt chemisch verschieden gewordenen Elektroden eine elektromotorische Kraft von etwas über 2 Volt. Die Zelle ist „geladen". Man kann sie nunmehr genau wie ein Element als Stromquelle benutzen. Bei der Entladung, bei der der Strom in entgegengesetzter Richtung fließt wie bei der Ladung, wandern aus der Lösung negative SO_4-Ionen an die Bleielektrode (die Kathode), positive H-Ionen an die PbO_2-Elektrode (die Anode). Dabei spielen sich folgende chemischen Reaktionen ab:

Entladung: Anode: $PbO_2 + 2\,H + H_2SO_4 \rightarrow PbSO_4 + 2\,H_2O$
                   Kathode: Pb $+ SO_4 \rightarrow PbSO_4.$

Die Elektroden nehmen also ihren ursprünglichen Zustand wieder an. Die bei der Ladung gebildete Schwefelsäure verschwindet wieder, das verschwundene Wasser wird wieder neu gebildet. Die bei der Ladung aufgetretenen Veränderungen werden also, wenn man den Entladestrom hinreichend lange fließen läßt, bei der Entladung wieder rückgängig gemacht und umgekehrt.

Die bei dem geschilderten Vorgang benutzte Einrichtung ist ein einfacher *Bleiakkumulator*. Für praktische Zwecke wird er in mannigfacher Weise verändert. Die Elektrizitätsmenge (das Produkt it, meist in Amperestunden angegeben und als Ladungskapazität bezeichnet), die er als Strom umzusetzen vermag, ist offenbar um so größer, je größer der chemische Umsatz bei der Ladung ist. Man benutzt daher gitterförmige Bleielektroden, in die Blei bzw. Bleidioxyd in poröser Form hineingepreßt wird. Das hat den Vorteil, daß die chemischen Reaktionen nicht nur an der äußeren Oberfläche, sondern auch im Inneren der Elektroden, an der Oberfläche der zahlreichen Poren, vor sich gehen.

Läßt man bei der Ladung den Strom noch länger fließen, als zur Beendigung der chemischen Reaktionen nötig ist, so findet an der Kathode Wasserstoffabscheidung statt. Diese kündigt also die Beendigung der Ladung an.

Die Mindestspannung, die zum vollständigen Aufladen eines Akkumulators erforderlich ist, beträgt 2,6 Volt. Er hat nach der Ladung eine elektromotorische Kraft von etwa 2,05 Volt. Der Stromwirkungsgrad, d. h. das Verhältnis der bei Entladung und Ladung durch den Akkumulator gehenden Elektrizitätsmengen, beträgt etwa 95 %. Hingegen liefert er von der bei der Ladung in ihn hineingesteckten *Energie* bei Entladung nur höchstens 85 %. Der Energieverlust beruht zum Teil darauf, daß der Akkumulator einen inneren Widerstand besitzt (§ 162), und daß daher sowohl bei Ladung wie bei Entladung ein Teil der Energie in Stromwärme im Innern des Akkumulators verwandelt wird.

Ein großer Nachteil des Bleiakkumulators ist sein hohes Gewicht. Es gibt eine Reihe anderer Ausführungsformen mit leichteren Metallen. In erster Linie ist noch der EDISON- oder Nife-Akkumulator zu nennen. Seine Elektroden bestehen in ungeladenem Zustande aus $Fe(OH)_2$ und $Ni(OH)_2$. Bei der Ladung verwandeln sie sich in Fe und Ni_2O_3. Als Elektrolyt dient Kalilauge. Die elektromotorische Kraft beträgt etwa 1,25 Volt.

Das Auftreten elektrischer Energie an Elementen oder Akkumulatoren wird, wie wir gesehen haben, durch chemische Vorgänge verursacht, welche die Elektroden verändern. Nach dem Energieprinzip kann die auftretende Energie nicht aus nichts entstanden sein. Ihre Quelle haben wir in den sich abspielenden chemischen Vorgängen zu suchen. Tatsächlich sind dies auch stets exotherme Vorgänge (§ 129), d. h. solche, bei denen Energie frei wird (z. B. Erwärmung beim Auflösen von Zink in Schwefelsäure). Man könnte zunächst vermuten, daß diese chemische Energie bei den Elementen und Akkumulatoren ganz in elektrische Energie übergeht. Das ist auch unter Umständen der Fall. In den meisten Fällen geht aber ein Teil der chemischen Energie in Wärme über, das Element erhitzt sich bei Strombelastung. In anderen Fällen kommt es aber auch vor, daß die erzeugte elektrische Energie größer ist als die chemische Energie. In solchen Fällen kühlt sich das Element bei Strombelastung gegen seine Umgebung ab. Es wird dann also ein Teil der elektrischen Energie von der Wärme geliefert, die aus der Umgebung dauernd in das abgekühlte Element strömt.

174. Lokalströme. Sehr reine Metalle, z. B. reines Zink und Eisen, reagieren bekanntlich nur sehr schwer mit Säuren, während chemisch unreine Metalle weit leichter reagieren. Hierbei ist die Elektrolyse im Spiel. Befinden sich nämlich in dem betreffenden Metall kleine Einschlüsse eines anderen Metalls oder auch Rostteilchen u. dgl., so besteht zwischen den verschiedenen Bestandteilen eine Polarisationsspannung; sie bilden miteinander und mit der Säure winzig kleine, kurzgeschlossene Elemente. Ist z. B. in Zink etwas Kupfer enthalten, so fließen in verdünnter Schwefelsäure zwischen dem Zink und dem Kupfer Ströme, sog. *Lokalströme*, welche fortgesetzt SO_4-Ionen an das Zink schaffen, so daß die Reaktion $Zn + SO_4 \rightarrow ZnSO_4$ sehr lebhaft erfolgen kann, während ohne derartige Lokalströme die Zufuhr von SO_4-Ionen an das Zink lediglich durch die weit langsamer wirkende Diffusion erfolgen würde.

Ähnliche Erscheinungen treten auch sonst auf, wenn sich verschiedene einander berührende Metalle in Säure- oder Salzlösungen befinden. Man muß daher an Schiffen, insbesondere im Meerwasser, das Vorhandensein verschiedener blanker Metalle an der Außenseite des Schiffskörper vermeiden, da Lokalströme sonst leicht zur schnellen Zerstörung desjenigen dieser Metalle führen können, welches sich gegen die anderen negativ auflädt.

175. Die Elektrolyse in der Technik. Die elektrolytische Abscheidung von Stoffen findet sehr zahlreiche und wirtschaftlich wichtige Anwendungen. Im großen wird sie in der *Elektrometallurgie* zur Herstellung sehr reiner Metalle benutzt. Dabei ist die Tatsache wichtig, daß die Polarisationsspannungen für die Ionen verschiedener Metalle verschieden groß sind. Durch geeignete Wahl der an eine elektrolytische Zelle gelegten Spannung kann man bewirken, daß sich nur das gewünschte Metall aus der Lösung ausscheidet, aber nicht diejenigen Verunreinigungen, deren Polarisationsspannung höher als die Zellenspannung ist. Von größter technischer Bedeutung ist die Gewinnung von *Elektrolytkupfer*, die mehr als die Hälfte der Welterzeugung an reinem Kupfer liefert. Als Anode dient das unreine Rohkupfer, als Elektrolyt eine schwefelsaure Kupfersulfatlösung. Das Elektrolytkupfer ist rein bis auf einen Gehalt von 0,1 bis 0,2 % an Beimengungen. Von ständig wachsender Bedeutung ist auch die Gewinnung von *Elektrolyteisen*, das einen ähnlichen Reinheitsgrad hat. Es hat eine große magnetische Permeabilität und eine geringe Hysteresis (§ 202 und 209) und ist aus diesem Grunde ein wichtiger Werkstoff der Elektrotechnik. *Aluminium* wird im Großen durch elektrolytische Abscheidung aus einer Schmelze von reiner Tonerde mit einem Zusatz von Natriumfluorid bei etwa 950° gewonnen. Auf entsprechende Weise gewinnt man auch andere Leichtmetalle im Großen. Die *Gewinnung von Wasserstoff*, der in der chemischen Industrie, beim autogenen Schweißverfahren, zum Schneiden von metallischen Werkstücken mit dem Knallgasgebläse, sowie zur Füllung von Luftschiffen in großen Mengen benötigt wird, geschieht überwiegend durch elektrolytische Zersetzung von Wasser. Benutzt wird eine Lösung von Natronlauge oder Kaliumkarbonat, als Elektrodenmaterial dient Eisen.

Die Herstellung von dünnen Metallüberzügen auf anderen Metallen (Verkupferung, Vernickelung usw.) geschieht in der Technik überwiegend auf elektrolytischem Wege *(Galvanostegie)*. Ähnlich werden in der *Galvanoplastik* Abdrucke von Formen hergestellt, indem man Metall in dicker Schicht elektrolytisch auf der als Kathode dienenden, nötigenfalls durch Kohlepulver u. dgl. leitend gemachten Form niederschlägt.

In der Chemie benutzt man die elektrolytische Abscheidung von Stoffen zur quantitativen Analyse *(Elektroanalyse)*. Die Trennung der verschiedenen in der Lösung enthaltenen Stoffe geschieht, indem man die Zellenspannung schrittweise steigert, so daß sich jeweils nur der Stoff abscheidet, der unter den noch vorhandenen die niedrigste Polarisationsspannung hat.

176. Elektrokinetische Erscheinungen. Bringt man in eine Flüssigkeit einen dielektrischen Körper, so lädt sich dessen Oberfläche gegenüber der Flüssigkeit auf. Zum Beispiel erhält eine Paraffinkugel im Wasser eine negative Ladung, und die sie umgebenden Wassermoleküle laden sich positiv. Diese Erscheinung beruht auf der innigen Berührung zwischen der Oberfläche des Dielektrikums und dem Wasser und hat die gleiche Ursache wie die sog. Reibungselektrizität (§ 164). Befindet sich ein auf diese Weise aufgeladener Körper zwischen zwei Elektroden entgegengesetzten Vorzeichens, so wird er durch das zwischen ihnen bestehende elektrische Feld nach der einen Elektrode getrieben, wie die Ionen in einem Elektrolyten. Man nennt diesen Vorgang *Elektrophorese.* Sie tritt z. B. häufig bei kolloidalen Teilchen auf, die in einer Flüssigkeit schweben.

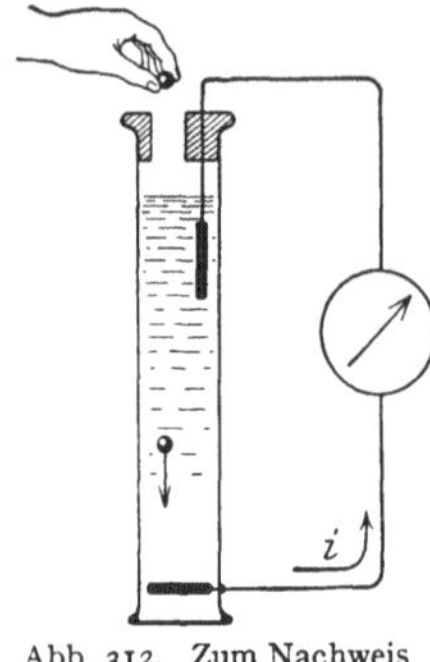

Abb. 312. Zum Nachweis eines Strömungsstromes. (Aus POHL: Elektrizitätslehre.)

Die geladenen Flüssigkeitsteilchen, die sich an der Oberfläche der Teilchen befinden, werden dabei in entgegengesetzter Richtung getrieben wie die Teilchen. Die Aufladung kann auch an geeigneten porösen Stoffen stattfinden, die einen mit Flüssigkeit gefüllten Raum in zwei Teile scheiden. In diesem Falle findet bei Stromdurchgang nur eine Bewegung der Flüssigkeit statt, die dann auf der einen Seite der porösen Scheidewand höher steht als auf der anderen *(Elektrosmose).* Läßt man Glaskugeln in einem mit Wasser gefüllten Gefäß herabfallen, das oben und unten je eine Elektrode trägt, die miteinander über ein Galvanometer verbunden sind, so zeigt dieses während des Falles der Kugeln einen Strom an (Abb. 312). Denn die fallenden Kugeln sind wegen ihrer Aufladung im Wasser Ladungsträger und stellen wegen ihrer Bewegung einen elektrischen Strom dar, der sich außen durch das Galvanometer hindurch schließt. Derartige Ströme heißen *Strömungsströme,* der ganze Erscheinungsbereich *Elektrokinetik.*

III. Elektrische Ströme in Gasen.

177. Das Wesen der Elektrizitätsleitung in Gasen. Ein Gas besteht in seinem natürlichen Zustand aus elektrisch neutralen Molekülen und enthält demnach an sich keine freien, beweglichen Ladungsträger. So ist auch die atmosphärische Luft bekanntlich ein vorzüglicher Isolator. Eine Leitfähigkeit erhält ein Gas erst, wenn in ihm freie bewegliche Ladungsträger erzeugt oder solche von außen in das Gas hineingebracht werden. Auf die zweite Art kann auch ein so gut wie möglich gasfrei gemachter Raum, ein Vakuum, Leitfähigkeit erlangen. Legt man an zwei Elektroden, die sich in einem auf diese Weise leitfähig gemachten Gase befinden, eine Spannung, so bewegen sich die positiven Ladungsträger an die negative Elektrode, die Kathode, die negativen an die positive Elektrode, die Anode, und es fließt ein Strom, den man als eine *Gasentladung* bezeichnet.

Bei der Elektrizitätsleitung durch Gase unterscheidet man die unselbständige und die selbständige Entladung. Bei der *unselbständigen Entladung* befinden sich aus irgendeiner vom Stromdurchgang selbst unabhängigen Ursache Ladungsträger im Gase, und diese werden durch ein im Gase herrschendes elektrisches Feld an die Anode bzw. Kathode befördert, bilden also einen elektrischen Strom. Bei der *selbständigen Entladung* dagegen werden die den Stromdurchgang vermittelnden Ladungsträger in ihrer überwiegenden Mehrzahl durch den Mechanismus der Entladung selbst erzeugt, und zwar durch den Vorgang der *Stoßionisation.* Dieser besteht darin, daß schon vorhandene Ladungsträger durch das elektrische Feld so stark beschleunigt werden, daß sie imstande sind, Moleküle des Gases bei Zusammenstößen mit ihnen in positive und negative Ionen (bzw. Elektronen) zu zerspalten, das Gas zu *ionisieren* (§ 343). Die auf diese Weise erzeugten neuen Ladungsträger können durch das Feld so beschleunigt werden, daß auch sie wieder Ladungsträger erzeugen usw. Damit eine selbständige Entladung überhaupt einsetzen kann, müssen natürlich schon von Anfang an einige Ladungsträger im Gase vorhanden sein. Das ist stets der Fall und läßt sich überhaupt nie ganz vermeiden, schon deshalb nicht, weil sich überall stets Spuren von radioaktiven Stoffen befinden, welche ionisierend

wirken. Die Entladung beginnt stets mit einer schwachen unselbständigen
Entladung, dem sog. TOWNSEND-*Strom*, und schlägt in eine selbständige Entladung um, nachdem durch Stoßionisation eine genügende Zahl von Ionen
geschaffen wurde.

Hierzu reichen die durch Stoß der primären Ionen im Gase gebildeten Ionen
in der Regel nicht aus. Vielmehr ist es zur Zündung einer selbständigen Entladung nötig, daß die letzteren ihrerseits durch Stoß weitere Ionen schaffen.
Die Fähigkeit dazu erlangen sie dadurch, daß sie durch das im Gase herrschende
elektrische Feld in Richtung auf die Elektroden beschleunigt werden. Es ist
aber nötig, daß sie die zur Stoßionisation erforderliche Energie in der Zeit
zwischen zwei Zusammenstößen mit einem Gasmolekül erlangen. Daher muß die
Feldstärke im Gase von solcher Größenordnung sein, daß die Ionen längs einer
in der Feldrichtung zurückgelegten freien Weglänge eine Mindestspannung ΔU
durchlaufen, die dadurch gegeben ist, daß $\varepsilon \Delta U$ die zur Stoßionisation nötige
Energie ist (ε Ladung des Ions). Je größer die freie Weglänge, je geringer also
die Dichte des Gases ist, bei um so kleinerer angelegter Spannung wird eine
selbständige Entladung zur Zündung kommen. Daher setzt auch eine selbständige Entladung bei gegebenem Elektrodenabstand bei einer um so niedrigeren Spannung ein, je geringer der Gasdruck ist. Im Augenblick der Zündung
der selbständigen Entladung steigt die Stromstärke steil an (Abb. 313).

Je nach der Spannung und dem Gasdruck, sowie je nach der Art des Gases
und der Elektroden und der Gestalt des Entladungsraumes, gibt es sehr mannigfache Erscheinungsformen der selbständigen Entladung. Bei Veränderung der
Bedingungen gehen diese verschiedenen Entladungsformen im allgemeinen stetig
ineinander über, so daß eine scharfe Grenzziehung nicht möglich ist. Man unterscheidet aber folgende Hauptarten: bei höherem Druck die Korona- und Spitzenentladung, die Funkenentladung und den Lichtbogen, bei niedrigem Druck
die Glimmentladung.

178. Unselbständige Entladung. Die für eine unselbständige Entladung
erforderliche Ionisation kann in einem Gase auf verschiedene Arten entstehen.
Bei der *Volumionisation* werden die Ladungsträger *im Gase selbst* durch eine
auf seine Moleküle wirkende Ursache erzeugt; bei der *Oberflächenionisation*
werden sie *von außen her*, im allgemeinen aus der Oberfläche der einen
Elektrode, in das Gas hineingebracht.

Eine Volumionisation besteht also darin, daß die Ladungsträger durch Zer-
spaltung der Gasmoleküle in positive und negative Ionen (bzw. Elektronen)
erzeugt werden. Das kann z. B. durch Bestrahlung des Gases mit Röntgenstrahlen oder durch die Strahlen radioaktiver Stoffe geschehen, ferner durch eine
ausreichend hohe Temperatur des Gases (§ 180). Da die Ladungsträger durch
Spaltung der elektrisch neutralen Moleküle entstehen, so ist die Summe der so erzeugten positiven Ladungen stets ebenso groß wie diejenige der negativen, und der
Strom durch ein so ionisiertes Gas besteht immer aus einer gleichzeitigen Bewegung
positiver Ladungsträger zur Kathode und negativer Ladungsträger zur Anode.

Eine Oberflächenionisation kann vor allem durch Bestrahlen der Kathode
mit kurzwelligem Licht (lichtelektrischer Effekt, § 330) oder durch Glühen
der Kathode (§ 179) erzeugt werden. In diesen Fällen besteht der Strom durch
das Gas — sofern keine Stoßionisation eintritt — nur aus Elektronen.

Besteht in einem Gase, an dem keine Spannung liegt, eine Volumionisation,
so stellt sich ein Gleichgewicht ein zwischen der durch äußere Einwirkung
erzeugten Ionisation und der *Wiedervereinigung (Rekombination)* der Ladungsträger, so daß in der Zeiteinheit ebenso viele Ladungsträger neu erzeugt werden,
wie durch Vereinigung positiver und negativer Ladungsträger zu neutralen
Molekülen wieder verschwinden. Auch bei niedriger Spannung spielt die Wieder-

vereinigung noch eine wesentliche Rolle. Die Geschwindigkeit der Ladungsträger ist dann so klein, daß ein großer Teil von ihnen auf dem Wege zur Elektrode durch Wiedervereinigung verloren geht und deshalb zum Strom nichts beiträgt. Je höher die Spannung ist, um so kleiner wird die Zahl der auf diese Weise verschwindenden Ladungsträger. Daher steigt die Stromstärke i in einem ionisierten Gase mit wachsender Spannung U zunächst an (Abb. 313). Bei einer gewissen Spannung aber hört die Wiedervereinigung praktisch auf, d. h. sämtliche erzeugten Ladungsträger erreichen tatsächlich die Elektroden. Damit ist ein Grenzwert der Stromstärke erreicht, die *Sättigung*, und über diesen Wert kann die Stromstärke ohne das Hinzukommen einer neuen ionisierenden Ursache nicht ansteigen. Das ist erst dann der Fall, wenn die Spannung so weit gesteigert wird, daß Stoßionisation eintritt. Es kann vorkommen, daß das bereits erfolgt, ehe Sättigung eingetreten ist. Dann fehlt das horizontale Kurvenstück in Abb. 313. Der steile Anstieg des Stromes entspricht dem Eintritt einer selbständigen Entladung.

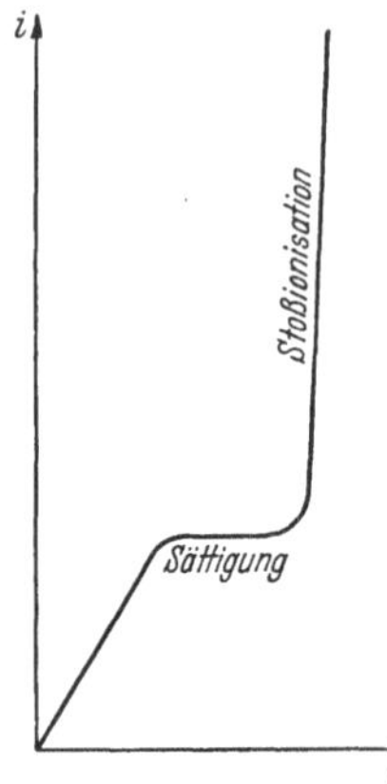

Abb. 313.
Abhängigkeit der Stromstärke in einem Gase von der Spannung.

Ein ähnliches Verhalten zeigt sich auch bei Oberflächenionisation. Natürlich gibt es hier keine Wiedervereinigung, weil ja nur Ladungsträger eines Vorzeichens vorhanden sind. In diesem Fall bewirkt die thermische Bewegung der Ladungsträger eine *Rückdiffusion* an die Elektrode und damit ein Verschwinden von Ladungsträgern. Je höher die Spannung ist, um so geringer ist die Anzahl dieser verschwindenden Ladungsträger, um so größer also die Stromstärke. Sättigung tritt ein, wenn alle an der einen Elektrode erzeugten Ladungsträger die andere Elektrode erreichen. Auch hier tritt schließlich Stoßionisation ein. Einen wesentlichen Einfluß auf die Stromstärke haben bei kleiner Spannung auch die *Raumladungen* (§ 181), die im Gase auftreten, da es sich ja nur um Ladungsträger eines Vorzeichens handelt.

Abb. 314 zeigt eine einfache Anordnung zur Untersuchung von Strömen durch Gase. Das Gas befindet sich in dem Metallkasten K, der mit der Erde leitend verbunden ist und gleichzeitig als elektrischer Schutzkäfig dient. Im Gasraum befinden sich zwei isoliert eingeführte Elektroden P und P', an die eine Spannung gelegt werden kann. Mit einem Strommesser G (Galvanometer) kann man die Abhängigkeit des Stromes von der Spannung untersuchen, wenn das Gas ionisiert wird.

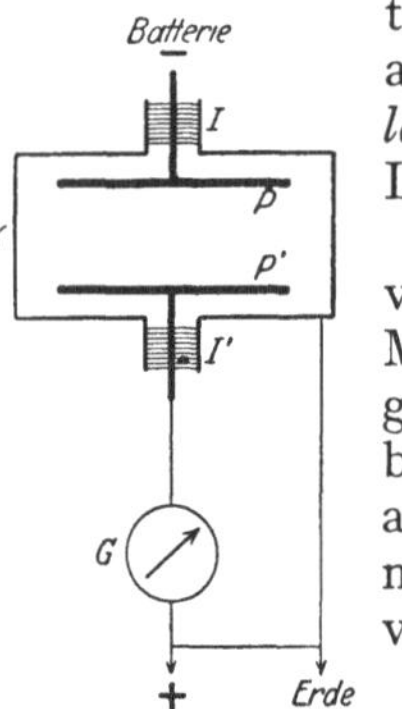

Abb. 314.
Anordnung zur Untersuchung der Entladung durch ein Gas.

179. Glühelektronen. Thermionen. Nähert man einem geladenen Elektroskop ein glühendes Metallstück, so verliert es seine Ladung ziemlich schnell, ein Beweis dafür, daß durch die Anwesenheit des glühenden Metalls die umgebende Luft leitend geworden, d. h. Ladungsträger in der Luft aufgetreten sind. Die Wirkung ist um so stärker, je stärker das Metall glüht. Die Ladungsträger stammen aus dem glühenden Metall und sind überwiegend Elektronen *(Glühelektronen)*. So kommt es, daß stark glühende Metalle als *Anode* den Durchgang eines Stromes durch ein nicht ionisiertes Gas nicht merklich ermöglichen, weil die austretenden Elektronen durch das elektrische Feld wieder an die Anode zurückgetrieben werden, also nicht durch das Gas wandern, während sie, wenn das glühende Metall *Kathode* ist, von dieser fort zur Anode wandern. Es liegt hier also der Fall vor, daß ein Strom in der einen Richtung weit besser geleitet wird als in der andern, in der ein

Stromdurchgang praktisch kaum auftritt (unipolare Leitung). Eine besonders starke Elektronenemission zeigen gewisse glühende Oxyde (WEHNELT-Kathode).

Für die Stromdichte j des Elektronenstromes, den eine glühende Oberfläche bei der absoluten Temperatur T aussendet, gilt das RICHARDSONsche Gesetz

$$j = A\,T^2 e^{-\frac{b}{T}}.$$

A ist eine universelle Konstante, für die die Theorie den Wert 60,2 Amp $\cdot$ cm^{-2} $\cdot$ Grad^{-2} ergibt, b eine Materialkonstante, die mit der *Austrittsarbeit* der Elektronen aus dem Metall zusammenhängt.

Der Austritt von Elektronen aus Metallen ist ein Vorgang, den man treffend mit der Verdampfung von Wasser aus einem erhitzten Schwamm verglichen hat. Aus einem kalten Metall können die in ihm, wie ein Gas in einem Gefäß, eingeschlossenen freien Elektronen nicht austreten, weil dies durch rücktreibende Kräfte verhindert wird, die in der Metalloberfläche auf sie wirken, wie die Oberflächenspannung auf die Moleküle einer Flüssigkeit. Mit steigender Temperatur wächst aber die thermische Geschwindigkeit der Elektronen. Schließlich wird ihre kinetische Energie so groß, daß sie in einer mit der Temperatur wachsenden Zahl die notwendige *Austrittsarbeit* leisten und aus dem Metall heraustreten können, wie die Moleküle einer Flüssigkeit bei der Verdampfung.

Aus nicht sehr reinen Metallen treten bei höherer Temperatur auch Ionen aus *(Thermionen)*. Besonders wirksam sind Spuren von Alkalimetallen.

180. Temperaturionisation. Bei hohen Temperaturen wird die thermische Molekularbewegung so heftig, daß sich die Moleküle bei ihren Zusammenstößen in Ionen zerspalten. Bei ausreichend hohen Temperaturen sind daher mehratomige Moleküle nicht mehr beständig. Darum treten auch Molekülspektren nur an den Oberflächen der kältesten Fixsterne auf, auf der Sonne z. B. schon nicht mehr. Im Innern der Fixsterne, wo Temperaturen bis 20 Millionen Grad herrschen, sind die Atome sogar noch weiter gespalten und eines mehr oder weniger großen Teils ihrer Elektronenhüllen (§ 337) beraubt, also sehr stark ionisiert. Die starke Ionisation der Sonnenmaterie ergibt sich auch aus der Beobachtung, daß von den Sonnenflecken starke magnetische Felder ausgehen. Das beruht darauf, daß die Sonnenflecken Wirbel von ionisiertem Gase sind, die elektrische Kreisströme darstellen (§ 191).

Auch in Flammen sind die Gase zum Teil ionisiert. Infolgedessen sind Flammen leitend. Die Berührung eines Drahtes, welcher mit dem Träger des Blättchens eines geladenen Elektroskops verbunden ist, mit einer zur Erde abgeleiteten Leuchtgasflamme entlädt das Elektroskop sofort. Das beste Mittel zur sofortigen Entladung von elektrisierten Glasstangen oder anderen Isolatoren besteht darin, daß man sie einige Male durch eine Leuchtgasflamme zieht.

181. Widerstand und Kennlinie eines leitenden Gases. Raumladungen. Auch bei einer leitenden Gasstrecke kann man, wie bei festen und flüssigen Leitern, die Größe $R = U/i$ als den Widerstand der Gasstrecke definieren. Während aber bei den festen und flüssigen Leitern diese Größe bei konstant gehaltener Temperatur konstant und von Stromstärke und Spannung unabhängig ist, ist dies bei den Gasen keineswegs der Fall. Abb. 315 zeigt noch einmal eine der Abb. 313 entsprechende Kurve, die *Kennlinie* eines leitenden Gases (§ 161), und es ist gleichzeitig der Verlauf von $R = U/i$ als Funktion der Spannung dargestellt. Im ersten, geradlinig ansteigenden Teil ist R konstant, steigt im Bereich der Sättigung an und fällt im Bereich der Stoßionisation wieder ab. Demnach gilt das OHMsche Gesetz für ein ionisiertes Gas nur bei kleiner Spannung, aber aus einem anderen Grunde als bei den festen und flüssigen

Leitern. Bei den letzteren ist die Zahl der in der Volumeinheit für die Stromleitung verfügbaren Ladungsträger konstant. Das lineare Anwachsen der Stromstärke mit steigender Spannung beruht darauf, daß bei ihnen die durchschnittliche Geschwindigkeit der Ladungsträger der Spannung proportional ist (§ 151). Bei einem ionisierten Gase hingegen wird in jeder Sekunde in der Volumeinheit die gleiche Zahl von Ladungsträgern *neu erzeugt*, bzw. es wird bei Oberflächenionisation in jeder Sekunde die gleiche Zahl neu in das Gas gebracht, und die Stromstärke müßte im stationären Zustande, unabhängig von der angelegten Spannung, gleich der Summe der in 1 sec neu erzeugten Ionenladungen sein — da ja die erzeugte Ladung wieder aus dem Gase entfernt werden muß — wenn letzteres nicht auch durch die Vorgänge der Wiedervereinigung, der Rückdiffusion an die Elektroden usw. mit besorgt würde. Bei kleiner Spannung überwiegt die Wirkung dieser Vorgänge. Je schneller aber bei wachsender Spannung die Ladungsträger an die Elektroden geschafft werden, um so mehr von ihnen entgehen der Wiedervereinigung und der Rückdiffusion, um so mehr Ladungsträger sind für den Strom verfügbar. In einem ionisierten Gase steigt also die Stromstärke zunächst deshalb der Spannung proportional an, weil die Zahl der für den Strom verfügbaren Ladungsträger der Spannung proportional ist.

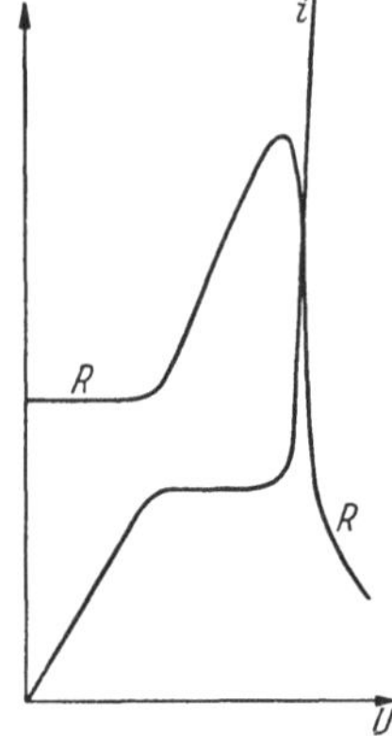

Abb. 315. Kennlinie und Widerstand einer leitenden Gasstrecke.

Ist jedoch Sättigung erreicht, so kann diese Zahl nicht weiter wachsen, eine Steigerung der Spannung kann die Stromstärke nicht mehr anwachsen lassen. Erst wenn bei Eintritt der Stoßionisation weitere Ladungsträger gebildet werden, ist dies möglich.

Die Gase unterscheiden sich von den festen und flüssigen Leitern auch dadurch, daß gleich lange Teile einer homogenen Gasstrecke, die überall gleichen Querschnitt hat, keineswegs immer den gleichen Widerstand haben, wenn man diesen als den Quotienten U/i aus der überall gleichen Stromstärke und den Teilspannungen U berechnet. Das liegt daran, daß in ionisierten Gasen im Gegensatz zu den festen und flüssigen Leitern, im allgemeinen *Raumladungen* auftreten, d. h. daß die positiven und negativen Ladungen in der Volumeinheit nicht gleich groß sind, und daß infolge dieser Raumladungen die

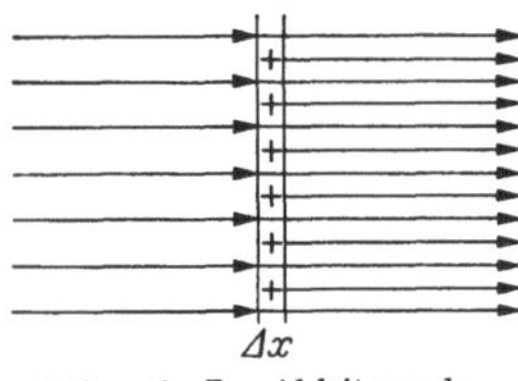

Abb. 316. Zur Ableitung der Poissonschen Gleichung.

Feldstärke im Gase nicht überall die gleiche ist. Eine solche Raumladung ist z. B. vorhanden, wenn eine reine Oberflächenionisation mit Glühelektronen vorliegt, also nur negative Ladungsträger im Gase sind. Bei reiner Volumionisation entsteht sie u. a. dadurch, daß die im ganzen Raum erzeugten positiven bzw. negativen Ladungsträger zur Kathode bzw. Anode wandern und infolgedessen in dem einen Teil der Entladung die positiven, im anderen Teil die negativen Ladungen überwiegen. Eine Raumladung kann also sowohl durch ruhende, wie durch bewegte Ladungsträger erzeugt werden. Im Fall einer stationären Entladung bleiben auch die Raumladungen konstant, weil dann in jedes Volumelement des Gases gleich viele Ladungsträger in 1 sec eintreten, wie aus ihm austreten.

In Abb. 316 ist eine zum elektrischen Felde senkrechte positive Raumladungsschicht vom Querschnitt 1 cm² und der Dicke Δx dargestellt. Der Betrag der zur Schicht senkrechten Feldstärke sei links von ihr E. Nach dem Taylorschen Satz beträgt sie dann rechts $E + \Delta x\, dE/dx$. Ist ϱ die *Raumladungsdichte*, also der

Betrag der Ladung in 1 cm³ der Schicht, so treten rechts aus der Schicht nach § 136, Gl. (6), $4\pi\varrho\varDelta x$ neue Kraftlinien aus, und um diesen Betrag ist das Feld rechts stärker als links. Es ist also $E + \varDelta x\, dE/dx = E + 4\pi\varrho\varDelta x$ oder

$$\frac{dE}{dx} = -\frac{d^2 U}{dx^2} = 4\pi\varrho. \tag{1}$$

(POISSONsche *Gleichung*), da nach § 137, Gl. (12), $E = -\,dU/dx$, wenn U die Spannung in den einzelnen Punkten des Feldes bedeutet. Die Spannung U ändert sich also nicht linear mit dem Abstande von den Elektroden. ϱ ist je nach dem Vorzeichen der Raumladung positiv oder negativ.

Besonders verwickelt werden die Verhältnisse, wenn es sich um verdünnte Gase handelt, in denen die Ionen oder Elektronen große freie Weglängen haben und zwischen zwei Zusammenstößen mit Gasmolekülen erhebliche Beschleunigungen im elektrischen Felde erfahren. Sie werden noch verwickelter durch die beim Einsetzen der Stoßionisation erzeugten weiteren Ionen. Bei genügend hoher Feldstärke können auch diese Ionen wieder eine ausreichende Geschwindigkeit erlangen, die sie zur Stoßionisation befähigt usw. Auf diese Weise kann die Zahl der für den Strom verfügbaren Ionen lawinenartig anwachsen. Das Gas bekommt eine fallende Kennlinie (§ 161), und es tritt, wenn es nicht durch ausreichenden Vorwiderstand verhindert wird, Kurzschluß durch das Gas ein.

182. Formen der selbständigen Entladung bei höherem Druck. Wir haben in § 138 gesehen, daß in der Nähe von geladenen Leitern eine besonders große elektrische Feldstärke dort besteht, wo ihre Oberfläche einen kleinen Krümmungsradius hat, ganz besonders an herausragenden Spitzen. Diese hohe Feldstärke kann dazu führen, daß in dem umgebenden Gase Stoßionisation eintritt und eine Entladung des Leiters erfolgt. Diese Entladung zeigt in Luft ein rötlichviolettes Licht. Ihre Gestalt ist büschelförmig und bei positiver und negativer Ladung ein wenig verschieden. Diese Entladungsform heißt *Korona*, bei einer Spitze auch *Spitzenentladung*.

Koronaerscheinungen kann man oft an Hochspannungsleitungen beobachten (Sprühen), an denen ja Spannungen von vielen Kilovolt bestehen. Diese Entladung bedeutet einen sehr unerwünschten Energieverlust. Da sie um so leichter eintritt, je kleiner der Durchmesser der Leitung ist, benutzt man häufig keine gewöhnlichen Drähte, sondern Hohlseile von größerem Durchmesser. An scharfen Spitzen tritt eine Spitzenentladung schon bei Spannungen von 1000—1500 Volt auf. (Auf den Abstand der zweiten Elektrode kommt es dabei verhältnismäßig wenig an, da der überwiegende Teil des Spannungsabfalls immer in nächster Nähe der Spitze liegt.) Die Spannung eines geladenen Elektroskops sinkt ziemlich schnell auf 1000—1500 Volt, wenn sein Blättchenträger mit einer scharfen Spitze versehen ist. Im Dunkeln sieht man die Spitzenentladung deutlich an Influenzmaschinen und Induktoren. Auch das Elmsfeuer, das vor Gewittern, also wenn in der Atmosphäre besonders hohe Spannungen bestehen, an metallischen Spitzen und Schiffsmasten beobachtet wird, ist eine Spitzenentladung.

Während es sich bei der Spitzenentladung immer nur um die Entladung verhältnismäßig geringfügiger Elektrizitätsmengen, also um schwache Ströme handelt, besteht die Funkenentladung in einem schlagartigen Übergang größerer Elektrizitätsmengen bei hoher Spannung. Sie tritt im allgemeinen, wie die Spitzenentladung, nur bei Gasdrucken von der Größenordnung des Atmosphärendrucks und darüber auf. Ihre großartigste Erscheinungsform ist der Blitz, als eine unter der Wirkung von Spannungen von Millionen von Volt zwischen zwei Wolken oder einer Wolke und der Erde übergehende Funkenentladung. Jeder Funke ist von einem heftigen Knall begleitet, der davon herrührt, daß die JOULEsche Wärme des momentan sehr starken Funkenstroms eine außerordentliche Erwärmung des Gases in der Strombahn hervorruft.

Der dadurch entstehende sehr hohe Druck gleicht sich in Form einer als Knall bemerkbaren Druckwelle im Gase aus. Auf diese Weise entsteht auch der Donner. Man kann diese Entladungsform z. B. so erzeugen, daß man zwei Metallkugeln (Funkenstrecke) mit den beiden Polen einer mit Leidener Flaschen versehenen Influenzmaschine oder mit den beiden Klemmen der Sekundärspule eines Funkeninduktors verbindet. Mittels Hochspannungstransformatoren kann man Funken von mehreren Metern Länge erzeugen. Die Farbe der Funken ist in Luft rötlichviolett, kann aber durch die Art der Elektroden, von denen unter der Wirkung der Funken ein wenig verdampft, stark verändert werden. Die Spannung, bei der ein Funke einsetzt, hängt von der Form und dem Abstand der Elektroden, außerdem von Gasdruck und Gasart ab. Die Spannungen, die zum Überschlag des Funkens zwischen zwei Elektroden, z. B. zwei Kugeln oder einer Platte und einer Spitze, erforderlich sind, sind durch Messungen bekannt. Man kann daher auch umgekehrt die Schlagweite von Funken zwischen zwei Elektroden dazu benutzen, um die an den Elektroden liegende Spannung zu messen. Auch kann man mit Hilfe einer Funkenstrecke verhindern, daß die Spannung zwischen zwei Punkten eines Leitersystems einen bestimmten vorgeschriebenen Wert überschreitet. Man legt die Funkenstrecke an die beiden Punkte und bemißt ihre Länge so, daß ihre Durchschlagsspannung gleich der gewünschten Höchstspannung ist. Sobald die angelegte Spannung diesen Betrag erreicht, tritt Entladung über die Funkenstrecke ein, und die Spannung sinkt wieder. Dieses Verfahren kommt natürlich nur für hohe Spannungen in Frage.

Abb. 317 zeigt eine Aufnahme eines Funkens auf einer schnell bewegten photographischen Platte. Die zeitliche Folge ist von links nach rechts. Man sieht, wie sich der Funke allmählich ausbildet und sich anfänglich sozusagen erst seinen Weg sucht. Entsprechende Erscheinungen kann man auch bei Blitzen beobachten.

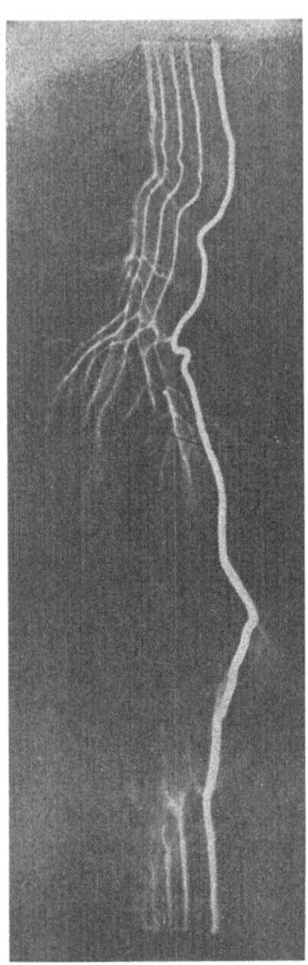

Abb. 317. Aufnahme eines Funkens auf schnell bewegter Platte nach B. WALTER.

Liegt in der Bahn eines Funkens ein festes oder flüssiges Dielektrikum, so kann es bei ausreichender Spannung vom Funken durchschlagen werden. In festen Körpern entsteht dabei ein feines Loch. Andernfalls verläuft der Funke als *Gleitfunke* längs der Oberfläche des Dielektrikums.

Sowohl bei der Spitzen- wie bei der Funkenentladung treten in der Luft chemische Wirkungen auf. Es bilden sich aus dem Luftsauerstoff (O_2) Ozon (O_3) und aus Sauerstoff und Stickstoff Stickoxyde. Diese Gase, deren Einatmen in größeren Mengen *schädlich* ist, erzeugen den bekannten sog. Ozongeruch in der Nähe von elektrischen Maschinen mit hohen Spannungen.

Die Blitzableiter (FRANKLIN) wirken nicht, wie vielfach angenommen wird, blitzschlagverhindernd, indem sie die hohen atmosphärischen Spannungen auf dem Wege einer Spitzenentladung abschwächen. Dazu sind die in Frage kommenden Ladungen viel zu groß. Vielmehr sorgen sie dafür, daß einem Blitz ein für das Gebäude ungefährlicher Weg dargeboten wird. Denn das an der Spitze des Blitzableiters herrschende starke Feld begünstigt natürlich den Einschlag gerade dort, und dies kann noch durch eine an der Spitze einsetzende Spitzenentladung befördert werden.

Trifft eine Funken- oder Spitzenentladung auf ein festes, nichtleitendes Hindernis, z. B. eine Glasplatte, so breitet sie sich auf ihm in eigentümlicher Weise aus. Man kann diese Bahnen auf verschiedene Weise sichtbar machen, z. B. durch nachträgliche Bestäubung mit Schwefelblumenpulver, welches in diesen Bahnen besser haftet als an anderen Stellen, oder durch ihre Wirkung auf eine photographische Platte. Diese Erscheinung nennt man

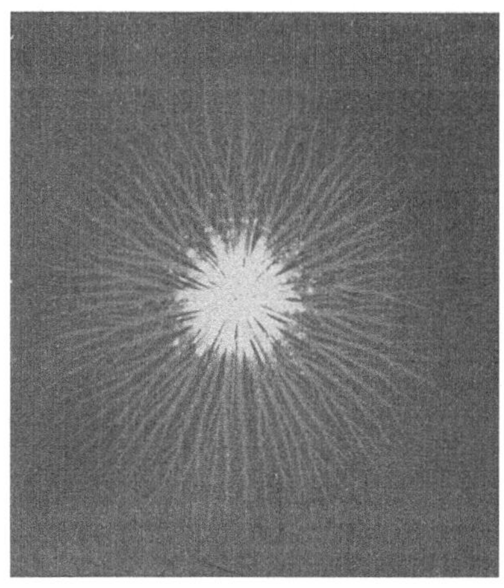

Abb. 318. a positive, b negative LICHTENBERGsche Figur auf photographischer Platte.

elektrische oder LICHTENBERG*sche Figuren*. Die Bahnen haben ein verschiedenes Aussehen, je nachdem die erzeugende Elektrode positiv oder negativ ist (Abb. 318).

Legt man an zwei Kohlenstäbe eine Spannung von mindestens 60 Volt, bringt sie (unter Vorschaltung eines Widerstandes, zur Vermeidung von Kurzschluß) zur Berührung und zieht sie dann wieder auseinander, so entsteht zwischen ihnen in der Luft und auch in anderen Gasen, wenn ihr Druck nicht erheblich kleiner ist als 1 Atm., ein *Lichtbogen*. Während der Berührung, während derer ja an der stets kleinen Berührungsstelle ein großer Übergangswiderstand besteht, geraten die Kohlen dort ins Glühen, so daß die negative Kohle Elektronen aussendet (wie ein glühendes Metall, § 179). Hierdurch wird die Aufrechterhaltung einer selbständigen Entladung nach der Trennung der Kohlen ermöglicht. Dabei werden die Kohlen durch die Entladung weiter erhitzt, und zwar die positive weit stärker als die negative. Es bildet sich an ihr eine Aushöhlung, ein Krater, der die

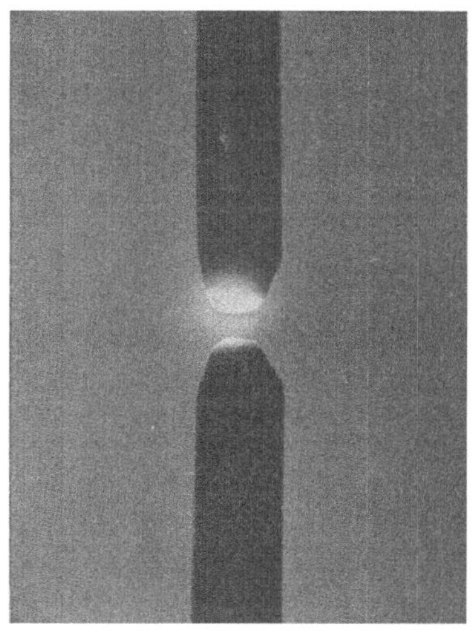

Abb. 319. Lichtbogen.

Quelle eines intensiven weißen Lichtes ist (Abb. 319). Auch die Gasstrecke zwischen den Kohlen leuchtet weißlich durch die von der Entladung mitgerissenen glühenden Kohlenteilchen, und man sieht eine von der Verbrennung der Kohle herrührende bläuliche Flamme. Im Lichtbogen können Ströme von vielen Ampere fließen. Es herrschen in ihm unter geeigneten Bedingungen Temperaturen bis zu rund 4000°. Der Lichtbogen findet in Gestalt der Bogenlampe ausgedehnte technische Verwendung. Auch wird er zum Schweißen und zum Schneiden von metallischen Werkstücken benutzt.

Wichtig ist weiter der Lichtbogen zwischen Quecksilberelektroden in Quecksilberdampf (Abb. 320). Die Entladung erhitzt die Quecksilberelektroden stark, so daß in dem Rohr ein verhältnismäßig hoher Quecksilberdampfdruck herrscht, durch den der Lichtbogen, wie in Luft zwischen den Kohlen, übergehen kann. Dieser

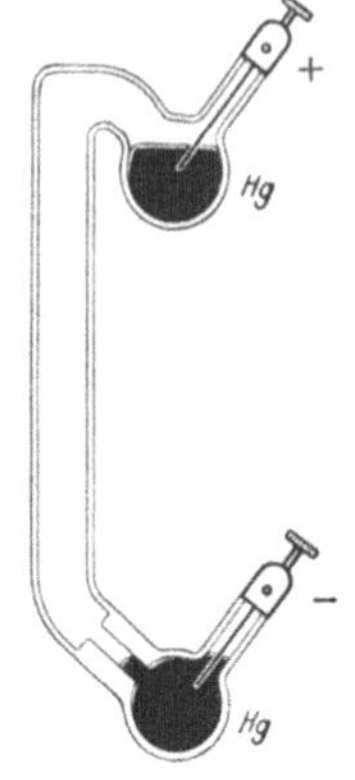

Abb. 320. Queck-silberlampe aus Glas. (Aus POHL: Elektrizitätslehre.)

Lichtbogen leuchtet selbst sehr stark und ist eine Quelle intensiver ultravioletter Strahlung, die aus dem Rohre austreten kann, wenn es nicht aus gewöhnlichem Glas, sondern aus geschmolzenem Quarz oder aus besonderen, für Ultraviolett durchlässigen Glassorten hergestellt ist. Derartige Lampen (Quarzquecksilberlampen) finden unter anderem wegen der starken physiologischen Wirkung der ultravioletten Strahlung Verwendung, z. B. in der Medizin als „künstliche Höhensonne". Auch bei der Straßenbeleuchtung werden Quecksilberlampen benutzt.

Auch der Quecksilberlichtbogen muß zunächst gezündet werden. Das geschieht häufig so, daß man das Entladungsrohr soweit kippt, bis das Quecksilber eine leitende Verbindung zwischen Kathode und Anode herstellt, die man sofort durch Zurückkippen wieder unterbricht. Beim Abreißen der Verbindung zündet der Lichtbogen. Man kann auch das Entladungsrohr mit einem Edelgas von niedrigem Druck füllen, in dem eine Entladung bereits bei der Spannung der Lichtnetze einsetzt (§ 183). Diese Entladung bewirkt eine Erhitzung und Verdampfung der Quecksilberelektroden, deren Dampf schließlich der alleinige Träger der Entladung wird.

Ein Quecksilberlichtbogen kann zwischen einer Quecksilberelektrode und einer Eisenelektrode nur brennen, wenn jene Kathode, diese Anode ist. Beschickt man ein solches Entladungsrohr mit Wechselstrom, so wird er demnach nur in derjenigen Periodenhälfte hindurchgelassen, wo die obige Bedingung erfüllt ist. In der andern Periodenhälfte wird der Strom nicht hindurchgelassen. Diese Möglichkeit zur *Gleichrichtung von Wechselstrom*, die auch bei sehr großen Stromstärken anwendbar ist, findet in der Elektrotechnik bei den *Großgleichrichtern*,
z. B. für den Betrieb elektrischer Eisenbahnen, eine wichtige Anwendung.

Ein Lichtbogen hat eine fallende Kennlinie (§ 181). Es ist daher notwendig, ihm stets einen Widerstand vorzuschalten, um den Strom in den gewünschten Grenzen zu halten und Kurzschluß durch den Bogen zu vermeiden.

183. Glimmentladung. Kathodenstrahlen. Kanalstrahlen.

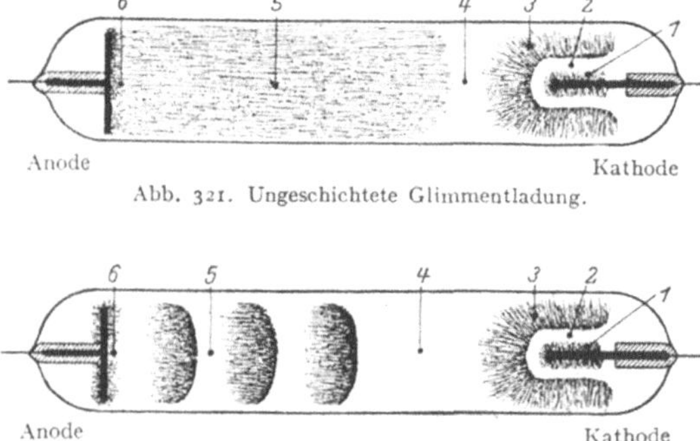

Abb. 321. Ungeschichtete Glimmentladung.

Abb. 322. Geschichtete Glimmentladung.

Legt man an die Elektroden in einem Glasrohr, z. B. von der in Abb. 322 dargestellten Form, eine Spannung von mehreren hundert oder tausend Volt, so geht durch das darin befindliche Gas bei Atmosphärendruck noch keine Entladung. Verringert man aber durch Auspumpen den Druck des Gases, so setzt, wenn der Elektrodenabstand von der Größenordnung 10—100 cm ist, bei einem Gasdruck von einigen cm Hg eine Entladung ein, die der Funkenentladung sehr ähnlich ist. Zwischen Kathode und Anode erstreckt sich ein geschlängelter Lichtfaden. Wird der Gasdruck weiter verringert, so verbreitert sich der Lichtfaden, bis er den Rohrquerschnitt vollkommen erfüllt. Dabei teilt sich die Leuchterscheinung in deutlich verschiedene helle und dunkle Teile auf (Abb. 321, 322). Die Kathode (rechts), welche eine Platte oder ein Stift sein kann, ist mit einer dünnen, in Luft rötlich-gelben Lichthaut bedeckt, der ersten Kathodenschicht (1), auf die ein lichtloser Raum, der CROOKESsche oder HITTORFsche Dunkelraum (2) folgt. Dieser wird durch das negative Glimmlicht (3) scharf begrenzt, das in Luft bläulich ist. An seine diffuse Grenze schließt sich ein zweiter lichtloser Raum an, der FARADAYsche Dunkelraum (4). Den ganzen übrigen Teil des Rohres füllt die in Luft rötlichviolette positive Säule (5) aus, die entweder als zusammenhängende leuchtende Säule erscheint, wie in Abb. 321, oder in leuchtende Schichten mit nichtleuchtenden Zwischenräumen aufgelöst ist (Abb. 322). Die Oberfläche der Anode (links) ist oft mit der in Luft rötlich leuchtenden Anodenglimmhaut (6) bedeckt. Die Farbe der Lichterscheinungen im Gase ist von der Art der Gasfüllung abhängig. Ihr Spektrum ist für das betreffende Gas charakteristisch.

Die im vorstehenden beschriebene Entladungsform *(Glimmentladung)* stellt sich bei einem Gasdruck von der Größenordnung 1 mm Hg ein. Wird der Druck weiter erniedrigt, so wachsen zunächst die kathodischen Entladungsteile (2 und 3) und der FARADAYsche Dunkelraum (4) umgekehrt proportional zum Druck. Die positive Säule verkürzt sich mehr und mehr, zieht sich auf die Anode hin zusammen und verschwindet schließlich ganz. Ein solches Verschwinden der positiven Säule erfolgt auch dann, wenn bei konstantem Druck in einem Rohr mit beweglicher Anode oder Kathode der Abstand zwischen Anode und Kathode mehr und mehr verkleinert wird. Die kathodischen Entladungsteile bleiben dabei völlig unverändert. Wird der Druck so niedrig oder der Abstand zwischen Anode und Kathode so klein, daß die Anode in das negative Glimmlicht (3) eintaucht, so erlischt die Entladung, falls man nicht die Spannung an den Elektroden erhöht. Man erkennt hieraus, daß die für die Entladung in erster Linie wesentlichen Teile der CROOKESsche Dunkelraum und das negative Glimmlicht sind.

Hält man die Spannung am Rohr so hoch, daß die Entladung auch bei weiter abnehmendem Druck nicht erlischt, so verschwinden die bei ihrer Ausbreitung immer lichtschwächer werdenden Lichterscheinungen bei einem Druck von 10^{-3} bis 10^{-4} mm Hg ganz. Aber an den der Kathode gegenüber liegenden Glaswandungen tritt dann ein grünes oder blaues Fluoreszenzlicht auf.

Zum Verständnis der Glimmentladung wollen wir uns denken, daß an ein Entladungsrohr von der Art von Abb. 321, das ein Gas von einem Druck von einigen mm Hg enthält, eine stetig wachsende Spannung gelegt wird. Wir haben bereits in § 178 gesehen, daß infolge der stets in Spuren vorhandenen Volumionisation auch schon bei einer sehr niedrigen Spannung ein, allerdings sehr schwacher, Strom durch das Gas fließt (Abb. 313). Der Stromanstieg nach erfolgter Sättigung erfolgt durch Stoßionisation, beruht also auf der Fähigkeit schnell bewegter Ladungsträger, neutrale Gasmoleküle bei einem Zusammenstoß in zwei Ladungsträger entgegengesetzten Vorzeichens zu spalten. Mit wachsender Spannung wächst die Zahl dieser Ladungsträger, und es wandern immer mehr positive Ionen zur Kathode und negative Ionen zur Anode. Wenn nun die schnell bewegten positiven Ladungsträger auf die Kathode treffen, so können sie aus ihr Elektronen freimachen. Diese bewegen sich ihrerseits in Richtung auf die Anode und erzeugen auf ihrem Wege neue Ladungsträger, so daß der Strom zuerst lawinenartig anwächst. Bei gegebener, ausreichend hoher Spannung stellt sich aber sehr schnell ein stationärer Zustand ein, der dadurch gekennzeichnet ist, daß die Zahl der in der Zeiteinheit von den positiven Ionen an der Kathode freigemachten Elektronen genau ausreicht, damit diese ihrerseits in der Zeiteinheit die hierzu nötige Zahl von positiven Ionen neu erzeugen. Damit ist der Stromdurchgang von jeder äußeren ionisierenden Ursache — die nur zur ersten Zündung nötig ist — unabhängig geworden.

Es liegt eine *selbständige Entladung* vor, zu deren Aufrechterhaltung die angelegte Spannung genügt. Die zur Zündung einer solchen Entladung nötige Mindestspannung heißt die *Zündspannung*.

Die Entladung hat nunmehr eine der in Abb. 321 und 322 dargestellten Formen angenommen. Wir betrachten jetzt den Potentialverlauf in dieser Entladung. Er kann gemessen werden, indem man einen feinen Draht, eine *Sonde*, in die verschiedenen Entladungsteile führt und seine Spannung U gegen die Kathode mit einem Elektrometer mißt. In Abb. 323 ist dieser Potentialverlauf für eine ungeschichtete Entladung dargestellt. Unmittelbar an der Kathode, bis an den Glimmsaum reichend, besteht ein steiler Potentialanstieg. Die Spannung zwischen Kathode und Glimmsaum heißt der *Kathodenfall*. Einem ziemlich flachen Potentialanstieg im negativen Glimmlicht folgt dann ein etwas steilerer Anstieg in der positiven Säule, der bei einer geschichteten positiven Säule treppenförmig ist. An der Anode findet noch einmal ein steilerer, aber kurzer Potentialanstieg statt, der *Anodenfall*.

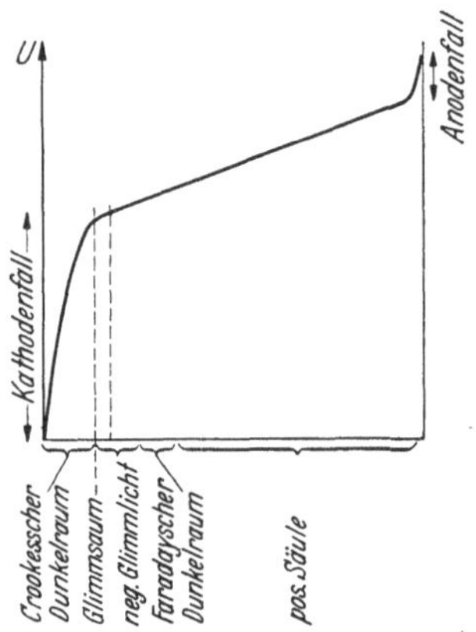

Wir haben bereits gesehen, daß die kathodischen Entladungsteile offenbar die für die Aufrechterhaltung der Glimmentladung wesentlichen Teile sind. Das wird jetzt verständlich. Die auf die Kathode treffenden positiven Ionen verdanken den größten Teil ihrer Energie dem Kathodenfall, und das gleiche gilt für die von der Kathode wegfliegenden Elektronen. Es ist daher auch der Kathodenfall, dessen Größe für die Aufrechterhaltung der stationären Entladung maßgebend ist. In der positiven Säule wandern mit nicht sehr hoher Geschwindigkeit positive Ionen in der einen und negative Ionen in der andern Richtung.

Abb. 323. Potentialverlauf in der Glimmentladung.

Dabei spielen sich allerlei Wiedervereinigungs- und Anregungsvorgänge ab (§ 178 und 343). In jedes Raumelement treten in der gleichen Zeit ebenso viele Ladungsträger eines Vorzeichens ein, wie aus ihm wieder heraustreten, und die Feldstärke — der Potentialgradient — braucht hier nicht größer zu sein als nötig ist, um diese Wanderung aufrechtzuerhalten. An der Anode aber würde durch die ständige Abwanderung von positiven Ionen eine Verarmung an solchen eintreten, wenn nicht durch eine genügend hohe Feldstärke im Anodenfall dafür gesorgt wäre, daß hier noch einmal eine kräftigere Stoßionisation erfolgt.

Das negative Glimmlicht bedeckt bei kleiner Stromstärke nur einen kleinen Teil der Kathode; bei zunehmender Stromstärke breitet es sich proportional der Stromstärke aus, so daß die Stromdichte konstant bleibt. Der Kathodenfall ändert sich hierbei nicht *(normaler Kathodenfall)*. Steigt aber nach völliger Bedeckung der Kathode die Stromstärke infolge einer Erhöhung der Spannung weiter an, so wächst auch der Kathodenfall *(anormaler Kathodenfall)*. Der normale Kathodenfall ist abhängig von der Art des Gases und dem Kathodenmetall. Er ist am kleinsten für Edelgase und elektropositive Metalle und beträgt z. B. für eine Natriumkathode in Neon 75 Volt. Die käuflichen Glimmlampen haben meist Eisenelektroden und eine Neonfüllung. Der Kathodenfall beträgt dann etwa 150 Volt, so daß sie am Lichtnetz (220 Volt) betrieben werden können. Bei den übrigen Metallen und Gasen liegt der normale Kathodenfall zwischen 200 und 450 Volt. Er kann aber sehr weit herabgesetzt werden, wenn man eine Glühkathode verwendet (§ 179). Das ist begreiflich; denn da eine solche schon von selbst Elektronen liefert, genügt eine kleinere kinetische Energie der positiven Ionen, um eine stationäre Entladung aufrechtzuerhalten.

Beim Aufprall der positiven Ionen auf die Kathode können aus ihr Metallatome herausgeschlagen werden, die sich dann auf den Wänden des Rohres niederschlagen *(Kathodenzerstäubung)*. Das ist von Bedeutung für die Herstellung sehr fein verteilter und dünner metallischer Schichten (halbdurchlässige Spiegel usw.).

Wir können nunmehr auch die bei sehr niedrigem Gasdruck auftretenden Erscheinungen verstehen. Nach wie vor — wenn auch in viel geringerer Zahl — treffen positive Ionen auf die Kathode und machen dort Elektronen frei. Von diesen gelangt aber nur ein mit dem Druck ständig abnehmender Bruchteil zur Stoßionisation im Gase, sobald die freie Weglänge der Elektronen mit der Länge des Rohres vergleichbar oder gar größer als diese geworden ist. Die meisten Elektronen durchlaufen das ganze Rohr frei und treffen mit ihrer vollen Energie auf die gegenüberliegende Wandung, an der sie eine Fluoreszenz erregen. Diese senkrecht von der Kathode fortfliegenden Elektronenstrahlen nennt man *Kathodenstrahlen*. Sie wurden von PLÜCKER (1858) entdeckt und von HITTORFF zuerst näher untersucht. Nicht nur die Glaswand, sondern auch sehr viele andere Stoffe, insbesondere Mineralien und Salze, werden durch Kathodenstrahlen zur Fluoreszenz erregt.

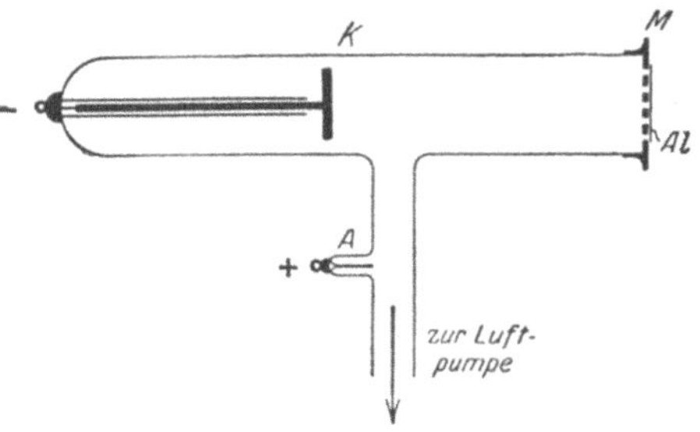

Abb. 324. LENARD-Rohr. (Aus POHL: Elektrizitätslehre.)

In den Kathodenstrahlen steckt trotz ihrer geringen Masse wegen ihrer großen Geschwindigkeit eine beträchtliche kinetische Energie. Treffen sie auf ein Hindernis, an dem sie ihre Geschwindigkeit verlieren, so wird es erwärmt und kann sogar zum Glühen gebracht werden (Kathodenstrahlofen).

Die Kathodenstrahlen bewirken auch in vielen Fällen chemische Umsetzungen. Sie wirken z. B. auf die photographische Platte. Wo eine solche von Kathodenstrahlen getroffen wird, zeigt sie nach Entwicklung eine Schwärzung.

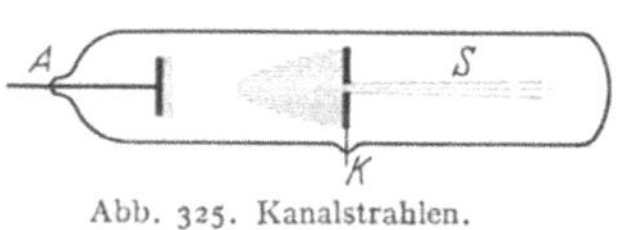

Abb. 325. Kanalstrahlen.

Kathodenstrahlen können in Gasen von niedrigem Druck Strecken von vielen Metern durchlaufen. Aber auch feste und flüssige Stoffe durchdringen sie in dünnen Schichten (H. HERTZ). LENARD hat dies benutzt, um Kathodenstrahlen aus dem Entladungsrohr heraustreten zu lassen (Abb. 324). Er brachte dort, wo die von der Kathode K herkommenden Kathodenstrahlen die Rohrwand treffen, ein Metallsieb M an, welches er mit einer dünnen, luftdicht aufliegenden Aluminiumfolie Al bedeckte. Durch diese können die Kathodenstrahlen nach außen dringen. Man nennt solche aus dem Entladungsrohr befreiten Kathodenstrahlen LENARD-*Strahlen*. Über die elektrische und magnetische Ablenkung der Kathodenstrahlen s. § 194.

Benutzt man eine durchbohrte Kathode, so sieht man an ihrer Rückseite aus den „Kanälen" feine leuchtende Pinsel (S) austreten, die von GOLDSTEIN (1886) entdeckten *Kanalstrahlen* (Abb. 325). Sie werden von den auf die Kathode zu fliegenden positiven Ionen gebildet, die durch die Kanäle hindurchfliegen. Sie bestehen also aus positiven Ionen des im Rohr enthaltenen Gases und haben eine Masse gleich der der Moleküle oder der Atome des betreffenden Gases. Ihre spezifische Ladung (§ 194) kann wie diejenige der Kathodenstrahlen durch elektrische und magnetische Ablenkung bestimmt werden (W. WIEN 1897/98). Die hierzu erforderlichen Felder sind viel stärker als bei den Kathodenstrahlen, weil die träge Masse der Kanalstrahlteilchen viel größer ist. Die Kanalstrahlen sind nicht auf ihrem ganzen Wege positiv geladen, da sie infolge ihrer Zusammenstöße mit Gasmolekülen mancherlei Umladungserscheinungen unterliegen. Sie können zeitweilig ungeladen oder auch negativ geladen sein. Ihre Ladung kann ein mehrfaches des elektrischen Elementarquantums betragen. Elektrische und optische Untersuchungen an Kanalstrahlen spielen in der Atomphysik eine höchst wichtige Rolle.

Bringt man auf eine erhitzbare Anode gewisse Metallsalze, insbesondere solche von Alkalimetallen, so sendet sie bei einer Temperatur von etwa 1000° bis 1500° positive Ionen des salzbildenden Metalls in geringer Menge aus *(Anodenstrahlen)*. Die in § 179 erwähnte Emission von positiven Teilchen beruht im wesentlichen auf der Verunreinigung des betreffenden Metalls mit solchen Stoffen.

184. Atmosphärische Elektrizität. Wir haben bereits in § 142 erwähnt, daß die Erde eine negative Ladung von etwa $6 \cdot 10^5$ Coulomb trägt, und daß in der Erdatmosphäre demnach ein auf die Erde hin gerichtetes elektrisches Feld besteht, dessen Stärke in der Nähe des Erdbodens etwa $1{,}3$ Volt $\cdot$ cm^{-1} beträgt und nach oben hin abnimmt. Nun befinden sich in der Erdatmosphäre aus verschiedenen Ursachen (radioaktive Strahlungen, Ultrastrahlung, Wirkungen des ultravioletten Sonnenlichtes) ständig Ionen beiderlei Vorzeichens in nicht unbeträchtlicher Zahl. Diese werden durch das elektrische Erdfeld in Bewegung gesetzt, und die positiven Ionen wandern zur Erde, die negativen in die Höhe. Sie bilden also einen elektrischen Strom, dessen Stärke, auf die ganze Erdoberfläche bezogen, rund 1500 Ampere beträgt. Durch diesen Strom müßte die Ladung der Erde in wenigen Minuten beseitigt, das Erdfeld vernichtet werden, wenn sie nicht durch andere Vorgänge ständig aufrechterhalten würden. Diese Vorgänge können nur in den Gewittern erblickt werden. Diese müssen ständig negative Ladungen wieder nach unten befördern. Wenngleich die Gewitter meist örtlich eng begrenzt sind, so sind sie doch auf der Erde weit häufiger, als man gemeinhin annimmt, und die in ihnen umgesetzten Energien sind ungeheuer groß. Man schätzt die Zahl der jährlichen Gewitter auf 16 Millionen, die Durchschnittszahl der Blitze auf etwa 100 in jeder Sekunde. Die Größenordnung der Spannungen, zwischen denen sich die Blitze entladen, beträgt 10^9 Volt, und es treten dabei Feldstärken von rund 10^4 Volt $\cdot$ cm^{-1} auf. Die Stromstärke in einem Blitz, dessen Dauer etwa 10^{-3} sec beträgt, ist auf etwa $2 \cdot 10^4$ Ampere zu schätzen. Die in einem Blitz durchschnittlich entladene Elektrizitätsmenge beträgt also nur $2 \cdot 10^4 \cdot 10^{-3} = 20$ Coulomb, die in ihm umgesetzte Energie jedoch $2 \cdot 10^4 \cdot 10^9 \cdot 10^{-3} = 2 \cdot 10^{10}$ Joule oder rund 5000 kWh. (Die Energie eines Blitzes würde also, nach dem Berliner Lichtstromtarif berechnet, etwa 1000 RM kosten.) Versuche, die Entstehung der hohen Spannungen der Gewitterwolken und die Aufrechterhaltung des normalen Erdfeldes durch die Gewitter zu erklären, liegen in Theorien von SIMPSON und von C. R. T. WILSON vor.

Die Ionisation der Atmosphäre zeigt Schwankungen, die insbesondere von den Änderungen des Luftdrucks herrühren. Bei sinkendem Luftdruck treten aus der Erde mit der Bodenluft gasförmige radioaktive Emanationen (§ 355) aus und bewirken eine erhöhte Ionisation.

Das Erdfeld und seine Richtung kann man durch folgenden Versuch leicht nachweisen. Man befestigt einen mit Spiritus getränkten Wattebausch an einem längeren, mit einem Elektrometer verbundenen Draht, den man nach Entzündung des Spiritus etwa 2 m weit aus einem Fenster hinausstreckt. Das Elektrometer zeigt dann eine positive Spannung gegen die Erde an. (Die Äquipotentialflächen des Erdfeldes werden durch das Gebäude verbogen, da dieses das Potential der Erde hat. Sie verlaufen deshalb in der nächsten Nähe der Hauswand etwa parallel zu dieser). Die Spannung steigt also mit der Entfernung von der Erde, d. h. das normale Erdfeld ist von oben nach unten gerichtet.

Sechstes Kapitel

Magnetismus und Elektrodynamik.

I. Magnetische Felder im stoffleeren Raum.

Vorbemerkung. Ähnlich wie die elektrostatischen Wirkungen sind auch die magnetischen Wirkungen im Vakuum von denen in Luft nur äußerst wenig verschieden. Wir setzen in diesem Abschnitt voraus, daß sich die betrachteten Erscheinungen im Vakuum abspielen. Die beschriebenen Versuche können dennoch in Luft ausgeführt werden, ohne daß das einen merklichen Einfluß hätte. Den im allgemeinen überaus geringen — allerdings *grundsätzlich* sehr wichtigen — Einfluß raumerfüllender Stoffe betrachten wir im II. Abschnitt.

185. Magnete. Magnetische Dipole. Ein Magnet ist bekanntlich ein Stück Eisen mit zwei besonders auffallenden Eigenschaften. Er zieht Eisen an, und er sucht sich in eine bestimmte Richtung im Raume einzustellen. Die anziehende Wirkung auf Eisen geht insbesondere von zwei an entgegengesetzten Enden des Magneten befindlichen Stellen aus, die man seine *Pole* nennt. Bei einem länglichen Magneten sitzen sie etwa an seinen beiden Enden, und ein solcher Magnet stellt sich, wenn er frei beweglich ist, ungefähr in die Nord-Süd-Richtung ein. Darauf beruht die Benutzung der Magnete als *Kompaß*. Die Eigenschaft des *Magnetismus* wurde schon im Altertum an gewissen Eisenerzen beobachtet, und derartige natürliche Magnete wurden schon sehr früh in der Schiffahrt benutzt.

Die beiden Pole eines Magneten zeigen ein gegensätzliches Verhalten. Bei der Untersuchung zweier Magnete stellt man fest, daß der nach Norden weisende Pol des einen den nach Norden weisenden Pol des andern abstößt, den nach Süden weisenden anzieht und umgekehrt. Es besteht also eine äußerliche Analogie zu einer positiven und einer negativen elektrischen Ladung. Einen nach Norden weisenden Pol bezeichnet man als *Nordpol* oder *positiven Pol*, einen nach Süden weisenden Pol als *Südpol* oder *negativen Pol*. In ihrer anziehenden Wirkung auf unmagnetisches Eisen unterscheiden sich positive und negative Pole aber ebensowenig wie positive und negative Ladungen in ihrer anziehenden Wirkung auf ungeladene Körper.

Ein Magnet bildet also einen *magnetischen Dipol*, ähnlich einem elektrischen Dipol (§ 133). Es handelt sich dabei aber nur um eine ganz äußerliche Ähnlichkeit. Die beiden Arten von Dipolen zeigen nämlich in einem ganz wesentlichen Punkt ein vollkommen verschiedenes Verhalten. Zerlegt man einen elektrischen Dipol derart, daß der eine Teil den positiven, der andere den negativen elektrischen Pol enthält, so ist der Dipol zerstört, und man erhält *zwei freie elektrische Ladungen $+e$ und $-e$*. Man kann den entsprechenden Versuch mit einer durch Ausglühen und Abschrecken gehärteten und dann durch Bestreichen mit einem Magneten magnetisierten Stricknadel machen, indem man sie in der Mitte durchbricht, um auf diese Weise ihre Pole voneinander zu trennen. Das Ergebnis ist ein vollkommen anderes. Statt zweier freier Magnetpole $+m$ und $-m$ erhält man wiederum *zwei magnetische Dipole*. Am bisher polfreien Ende der Hälfte, die den Nordpol enthält, entsteht ein neuer Südpol von gleicher Stärke und am entsprechenden Ende der den Südpol enthaltenden Hälfte ein neuer Nordpol. Wie weit wir auch die Stricknadel zerlegen mögen, es entstehen immer wieder nur magnetische Dipole, niemals freie Magnetpole. Es ist unmöglich, positiven und negativen Magnetismus voneinander zu trennen. Positive und negative Magnetpole kommen in der Natur immer nur als *Paar* vor. *Es gibt keinen freien Magnetismus, keine den elektrischen Ladungen entsprechenden wahren, voneinander trennbaren magnetischen Ladungen.* Darin liegt ein grundlegender Unterschied zwischen dem Magnetismus und der Elektrizität.

Die Polstärke eines Magneten bezeichnen wir mit dem Symbol m. (Wegen seiner Einheit s. § 186.) Die Polstärken des positiven ($+ m$) und des negativen Pols ($- m$) sind dem Betrage nach immer gleich groß. Analog zum elektrischen Dipol (§ 133) definiert man als das *magnetische Moment* eines magnetischen Dipols den Vektor

$$\mathfrak{M} = m\,\mathfrak{l}, \text{ Betrag } M = ml. \tag{1}$$

Dabei ist $\mathfrak{l}$, Betrag l, der Abstand der beiden Pole, gerechnet vom negativen zum positiven Pol. Die gleiche Richtung wie $\mathfrak{l}$ hat auch der Vektor $\mathfrak{M}$. Der Polabstand ist bei einem Stabmagneten immer ein wenig kleiner als seine Länge.

Es gibt also in Wirklichkeit keine einzelnen Magnetpole, sondern nur magnetische Dipole. Dennoch ist die Fiktion einzelner Magnetpole oft sehr nützlich. Man kann sie mit großer Näherung dadurch verwirklichen, daß man sehr lange und dünne Magnete verwendet, so daß in der Nähe des einen Pols dessen Wirkung diejenige des anderen Pols weitaus überwiegt. Bei theoretischen Überlegungen kann man zum Grenzfall eines unendlich langen Magneten übergehen, bei dem die Wirkung des zweiten Pols ganz verschwindet. In diesem Sinne ist es künftig zu verstehen, wenn wir von einzelnen magnetischen Polen sprechen.

186. Das Coulombsche Gesetz für Magnetpole. Wenn man den soeben erwähnten Kunstgriff sehr langer Magnete anwendet, kann man die Kräfte messen, die zwischen zwei Magnetpolen wirken. Man kann etwa einen Magneten an einer Waage aufhängen und ihm von unten einen zweiten Magneten nähern, derart, daß sich zwei gleichnamige Pole gegenüberstehen und ihre Abstoßung durch Auflegen von Gewichten kompensieren. (Die Schwierigkeit, die darin besteht, daß man die genauen Orte der Pole nicht vorweg kennt, läßt sich durch geeignete Gestaltung der Messungen beseitigen.) Man kann dann so vorgehen, daß man zunächst einen beliebigen Pol als vorläufigen Einheitspol wählt und die Kraft mißt, die dieser in einem bestimmten Abstand von einem beliebigen zweiten Pol erfährt. Jedem andern Pol ist dann eine Polstärke m zuzuschreiben, die der Kraft proportional ist, die er im gleichen Abstande von diesem zweiten Pol erfährt. Nachdem man auf diese Weise mindestens zwei Pole in der vorläufigen Einheit geeicht hat, kann man die zwischen ihnen wirkende Kraft als Funktion ihres Abstandes messen. Es seien m und m' die Stärken zweier Magnetpole; ihr Abstand sei r. Dann ergeben diese Messungen das *Coulombsche Gesetz* für die zwischen ihnen wirkende Kraft k:

$$k = \text{const} \frac{m\,m'}{r^2}, \tag{2}$$

was formal dem Coulombschen Gesetz für elektrische Ladungen genau entspricht (§ 131). Die Konstante hängt von der Wahl der Einheiten für die Polstärke und für die Kraft ab. Die physikalische Krafteinheit ist 1 dyn. Die Einheit der Polstärke wählt man in der Physik so, daß die Konstante (ebenso wie im analogen elektrischen Fall) gleich der reinen Zahl 1 wird, also verschwindet. Dann lautet das Coulombsche Gesetz

$$k = \frac{m\,m'}{r^2}\,\text{dyn}. \tag{3}$$

Multiplizieren wir die rechte Seite noch mit dem Einheitsvektor $\mathfrak{r}/r$, so erhalten wir in vektorieller Schreibweise

$$\mathfrak{k} = \frac{m\,m'}{r^3}\,\mathfrak{r}\,. \tag{4}$$

Dabei bedeutet $\mathfrak{r}$ den von m nach m' gerichteten Vektor, wenn es sich um die von m aus auf m' wirkende Kraft handelt, im umgekehrten Fall den von m' nach m gerichteten Vektor. Die Kraft ist positiv (abstoßend), wenn m und m' gleiches Vorzeichen haben, andernfalls negativ (anziehend).

Durch Gl. (3) ist der *magnetische Einheitspol* definiert. Ein Pol besitzt die Einheit der Polstärke, wenn er auf einen gleich starken Pol im Abstande 1 cm die Kraft 1 dyn ausübt.

Wegen der formalen Übereinstimmung des elektrostatischen und des magnetischen COULOMBschen Gesetzes und der gleichen Wahl der Konstanten besitzt die magnetische Polstärke die gleiche Dimension wie die Elektrizitätsmenge im elektrostatischen Maßsystem, nämlich $\left|\,m^{1/2}\,l^{3/2}\,t^{-1}\,\right|$.

187. Das magnetische Feld. Magnetischer Fluß. Da in der Umgebung eines Magnetpoles jeder andere Magnetpol eine Kraft erfährt, so sagt man, daß in diesem Raum ein *magnetisches Feld* besteht. Die in diesem Felde maßgebende Körpereigenschaft (§ 26) ist die magnetische Polstärke m, da die Kraft nach Gl. (2) von dieser abhängt, $k \sim m$. Wir setzen daher die Kraft gleich

$$\mathfrak{k} = m\,\mathfrak{B}, \quad \text{Betrag } k = m\,B\,\text{dyn}\,. \tag{5}$$

Dann ist der Vektor $\mathfrak{B}$ vom Betrage B die Kraft, die der positive magnetische Einheitspol im Felde erfährt, also gemäß der allgemeinen Definition des Feldstärkenbegriffs (§ 26) die *magnetische Feldstärke* in den einzelnen Punkten des Raumes. (Vgl. hierzu aber § 205.) Nach Gl. (5) ist die Kraft auf einen positiven Pol der Feldrichtung gleichgerichtet, die Kraft auf einen negativen Pol ihr entgegengerichtet.

In einem Raumpunkt herrscht nach Gl. (5) die *Einheit der magnetischen Feldstärke*, wenn dort der magnetische Einheitspol die Kraft 1 dyn erfährt. Diese Einheit trägt nach GAUSS, einem der größten Forscher auf dem Gebiet des Magnetismus, die Bezeichnung 1 *Gauß*.

Wenn wir in der Gl. (3) bzw. (4) m' als positiven Einheitspol wählen, so folgt aus den Gl. (3), (4) und (5) für die magnetische Feldstärke in der Umgebung eines einzelnen Magnetpoles m

$$\mathfrak{B} = \frac{m}{r^3}\,\mathfrak{r}\,, \quad \text{Betrag } B = \frac{m}{r^2}\,. \tag{6}$$

Dabei bedeutet $\mathfrak{r}$ den vom Pol nach dem betrachteten Raumpunkt weisenden Vektor. Der Vektor $\mathfrak{B}$ ist vom Pol weg gerichtet, wenn m ein positiver Pol ist, auf m hin, wenn es ein negativer Pol ist.

Genau wie wir im elektrischen Felde elektrische Feldlinien definiert haben, so können wir auch im magnetischen Felde *magnetische Feldlinien* definieren, welche überall durch ihre Richtung die Feldrichtung, durch ihre Dichte die Feldstärke darstellen. Daher gehen durch jedes Quadratzentimeter einer zur Feldrichtung senkrechten Fläche so viele Feldlinien, wie der Betrag der Feldstärke angibt. *Magnetische Feldlinien beginnen oder enden nie im freien Raum.* Sie treten bei einem einzelnen magnetischen Dipol stets aus dessen positivem Pol aus und in seinen negativen Pol ein. Wir werden später sehen, daß sie sich — ganz anders als bei einem elektrischen Dipol — durch sein Inneres vom negativen Pol zum positiven Pol fortsetzen, also in sich geschlossen sind, und wir wollen schon jetzt den wichtigen Satz aussprechen: *Magnetische Feldlinien sind immer in sich geschlossen.* Sie laufen immer in sich selbst zurück, auch wenn beliebig viele Dipole im Raume vorhanden sind, und haben nie einen Anfang oder ein Ende.

Darin liegt wieder ein grundlegender Unterschied gegenüber den Feldern, die von elektrischen Ladungen ausgehen, und deren Feldlinien an positiven Ladungen beginnen und an negativen Ladungen enden.

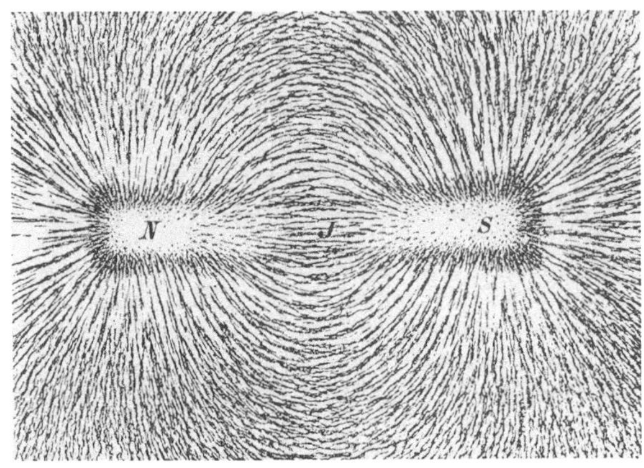

Abb. 326. Feldlinienbild eines Stabmagneten.

Den allgemeinen Verlauf der magnetischen Feldlinien kann man mit Eisenfeilicht sichtbar machen. Legt man auf einen Magneten einen mit Papier bespannten und mit Eisenfeilicht bestreuten Rahmen, so ordnen sich die Späne bei leichtem Klopfen kettenförmig in der allgemeinen Richtung der Feldlinien an. Die Abb. 326 und 327 zeigen dies am Beispiel eines Stabmagneten und eines Hufeisenmagneten. Man sieht sehr schön, wie die Feldlinien von dem einen Pol nach dem andern verlaufen. Man sieht auch, daß die Pole tatsächlich keine wohldefinierten Punkte sind, sondern daß die Feldlinien aus einem ausgedehnteren Bereich entspringen. Die Erklärung für die Kettenbildung der Späne geben wir in § 201.

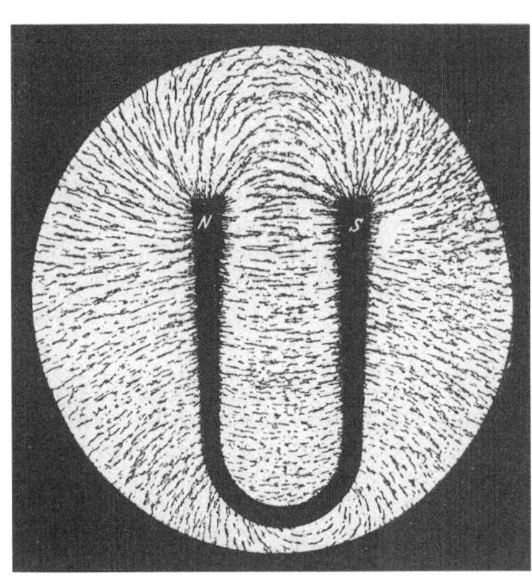

Abb. 327. Feldlinienbild eines Hufeisenmagneten.
(Aus Pohl: Elektrizitätslehre).

Das magnetische Feld der Erde beträgt einige Zehntel Gauß. Mit sehr starken, wassergekühlten Elektromagneten kann man Feldstärken bis zu einigen 10^4 Gauß erzeugen. Für ganz kurze Zeiten und mit sehr großen Mitteln ist man bis zu Feldstärken von mehr als 10^6 Gauß gekommen.

Ein magnetisches Feld heißt *homogen*, wenn es innerhalb des betrachteten Raumbereiches überall gleich stark und gleich gerichtet ist. In diesem Falle sind die Feldlinien parallele, äquidistante Gerade. Ein nahezu homogenes Feld herrscht zwischen den Schenkeln des Hufeisenmagneten in der Abb. 327 in der Nähe der Pole. Dagegen ist das Feld in größerer Entfernung von den Polen und ebenso beim Stabmagneten (Abb. 326) sehr *inhomogen*. Die Feldlinien sind gekrümmt und ihre örtliche Dichte ist sehr verschieden.

Einschaltung über Flächenvektoren. Eine ebene Fläche F bzw. ein Flächenelement dF kann verschiedene Orientierungen im Raume einnehmen, d. h. ihre Flächennormale kann verschieden gerichtet sein. Eine bestimmte Fläche ist daher nicht allein durch ihre Größe, sondern auch durch ihre Orientierung, die Richtung ihrer Flächennormalen, gekennzeichnet. Sie erhält damit einen vektoriellen Charakter, dem wir durch die Schreibweise $\mathfrak{F}$ bzw. $d\mathfrak{F}$ Ausdruck geben können. Einen solchen Vektor bezeichnet man als *Flächenvektor*. Er stellt seinem Betrage F bzw. dF nach die Größe der Fläche, seiner Richtung nach die Richtung der Flächennormalen dar und kennzeichnet auf diese Weise die Fläche nach diesen beiden Eigenschaften vollständig. Offen bleibt zunächst nur, auf welcher Seite die Flächennormale zu errichten ist. Das ist, wenn nötig, in jedem Einzelfall besonders vorzuschreiben.

In Abb. 328 sei dF ein Flächenelement in einem magnetischen Felde $\mathfrak{B}$. Der Flächenvektor (die Flächennormale) $d\mathfrak{F}$ sei so gerichtet, daß er mit der Feldrichtung einen spitzen Winkel α_n bildet. Dann beträgt die Projektion des Flächenelementes auf eine zur Feldrichtung senkrechte Ebene $dF\cos\alpha_n$, und die Zahl der durch die Fläche dF hindurchtretenden magnetischen Feldlinien beträgt definitionsgemäß $B\,dF\cos\alpha_n$. Da nun B und dF die Beträge der Vektoren $\mathfrak{B}$ und $d\mathfrak{F}$ sind, so ist diese Feldlinienzahl

$$d\Phi = B\,dF\cos\alpha_n = \mathfrak{B}\,d\mathfrak{F}\ \text{Gauß}\cdot\text{cm}^2\,. \tag{7}$$

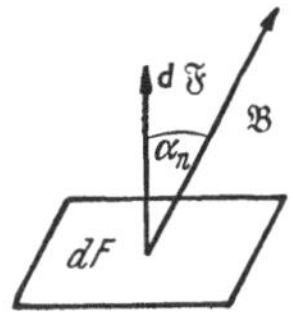

Sie ist identisch mit dem skalaren Produkt der Vektoren $\mathfrak{B}$ und $d\mathfrak{F}$ (§ 21). Die Größe $d\Phi$, also die Zahl der durch die Fläche dF hindurchtretenden Feldlinien, heißt der *magnetische Fluß* im Flächenelement dF. Demnach beträgt der magnetische Fluß in einer endlichen Fläche

Abb. 328.
Zur Definition des magnetischen Flusses.

$$\Phi = \int B\,dF\cos\alpha_n = \int\mathfrak{B}\,d\mathfrak{F}\ \text{Gauß}\cdot\text{cm}^2\,, \tag{8}$$

wobei das Integral über die ganze Fläche zu erstrecken ist. Ist das Feld in der ganzen Fläche homogen und die Fläche eben und senkrecht zur Feldrichtung $(\cos\alpha_n = 1)$, so ist einfach

$$\Phi = BF\ \text{Gauß}\cdot\text{cm}^2\,. \tag{9}$$

Statt 1 Gauß $\cdot$ cm² benutzt man oft auch die Bezeichnung 1 *Maxwell*.

Wir wollen den magnetischen Fluß in einer einen einzelnen Magnetpol umhüllenden Kugelfläche $F = 4\pi r^2$ berechnen. Da in diesem Fall $\cos\alpha_n = 1$ ist, und da in der Fläche nach § 187, Gl. (6), überall die Feldstärke $B = m/r^2$ herrscht, so ist

$$\Phi = \frac{m}{r^2}\cdot 4\pi r^2 = 4\pi m\,. \tag{10}$$

Der magnetische Fluß ist also unabhängig vom Radius der Kugelfläche, wie zu erwarten war. Denn er ist gleich der Zahl der durch die Fläche tretenden Feldlinien, und diese ist identisch mit der Zahl der vom Pol m ausgehenden Feldlinien, da solche nie im Raume endigen oder beginnen, sondern sämtlich durch die Kugelfläche hindurchtreten. Wir haben damit bewiesen, daß die Zahl der von einem Pol m ausgehenden Feldlinien gleich $4\pi m$ ist, ganz analog zum Fall elektrischer Ladungen (§ 136).

188. Kraftwirkungen magnetischer Felder auf magnetische Dipole. Da in Bezug auf die Wechselwirkungen mit einem magnetischen Felde ein magnetischer Dipol formal einem elektrischen Dipol im elektrischen Felde durchaus entspricht, so können wir die bei diesem gemachten Ausführungen (§ 141) ohne weiteres auf die magnetischen Dipole übertragen. Wir brauchen in den Gleichungen nur die Ladung durch die Polstärke, die elektrische Feldstärke durch die magnetische Feldstärke, das elektrische Moment durch das magnetische Moment zu ersetzen. Im homogenen Feld wirkt auf einen magnetischen Dipol ein ihn in die Feldrichtung drehendes Drehmoment

$$\mathfrak{N} = [\mathfrak{M}\,\mathfrak{B}]\,, \quad \text{Betrag } N = -MB\sin\varphi\,, \tag{11}$$

wobei φ der Winkel ist, den das magnetische Moment $\mathfrak{M}$ des Dipols mit der Richtung des Feldes $\mathfrak{B}$ bildet. Handelt es sich um einen so kleinen Winkel φ, daß $\sin \varphi \approx \varphi$, so ist

$$N = - M B \varphi = - D \varphi, \text{ mit } D = M B. \tag{12}$$

Demnach ist $D = M B$ das *Richtmoment des Dipols* im Felde B (§ 43). Kennt man das magnetische Moment M und das Trägheitsmoment J eines Magneten, so kann man nach § 43, Gl. (123), aus seiner Schwingungsdauer

$$\tau = 2\pi \sqrt{\frac{J}{D}} = 2\pi \sqrt{\frac{J}{M B}} \tag{13}$$

die magnetische Feldstärke berechnen. (Vgl. dazu aber § 205.)

Im inhomogenen Felde erfährt ein mit seiner magnetischen Achse bereits in die Feldrichtung eingestellter magnetischer Dipol, analog zu § 141, Gl. (16), eine ihn in Richtung wachsender Feldstärke treibende Kraft

$$k = M \frac{d B}{d x} \text{ dyn}. \tag{14}$$

Wie man sieht, ist für das auf einen Dipol wirkende Drehmoment ebenso wie für die auf ihn wirkende Kraft nie die Polstärke, sondern stets das magnetische Moment maßgebend, entsprechend der Tatsache, daß es ja auch keine einzelnen Pole, sondern stets nur Dipole gibt.

189. **Erdmagnetismus.** Die Tatsache, daß auf der Erde ein magnetisches Feld besteht, welches die Bewegung der Erde mitmacht, beweist, daß die Erde sich wie ein Magnet verhält, also ein magnetischer Dipol ist. Es ist möglich und sogar wahrscheinlich, daß dies damit zusammenhängt, daß der Erdkörper zum größten Teil aus Eisen besteht. Im übrigen ist aber der Ursprung der Magnetisierung der Erde noch weitgehend in Dunkel gehüllt. (Es ist gelegentlich vermutet worden, daß die Magnetisierung mit der Rotation der Erde um ihre Achse zusammenhängt. In diesem Zusammenhang ist bemerkenswert, daß auch die Sonne eine Magnetisierung zeigt, deren Pole mit den Enden der Rotationsachse der Sonne zusammenfallen, vgl. § 209.) Die Magnetpole der Erde liegen bekanntlich in der Nähe der Erdpole (magnetischer Nordpol bei den Melville-Inseln in 70°5′ n. Br., 96°46′ w. L., magnetischer Südpol auf dem antarktischen Kontinent in 72°25′ s. Br., 154° ö. L.). Ihre Bezeichnung ist nicht folgerichtig. Denn da der im Norden gelegene Pol den Nordpol einer Magnetnadel anzieht, muß er selbst im magnetischen Sinne ein Südpol sein, und umgekehrt. (Aus diesem Grunde ist die Bezeichnung der Pole eines Magneten in manchen Ländern die umgekehrte.)

Schon die Tatsache, daß die magnetischen Pole nicht genau mit den geographischen Polen zusammenfallen, bedingt, daß eine Magnetnadel im allgemeinen nicht genau nordsüdlich weist. An einzelnen Stellen der Erdoberfläche, z. B. in Ostpreußen und bei Kursk in Rußland, sind sehr große Anomalien des erdmagnetischen Feldes vorhanden, welche die Richtung der Magnetnadel dort vollkommen verändern. Solche örtlichen Anomalien dürften in allen Fällen auf größere Eisenmassen zurückzuführen sein, welche in geringer Tiefe in die äußere Erdkruste eingebettet sind. Bei Kursk hat die Untersuchung der Anomalie tatsächlich zur Aufdeckung großer Eisenerzlager geführt. Die Abweichung der Magnetnadel von der genauen geographischen Nordsüdrichtung nennt man *Deklination*, in der Seemannssprache auch *Mißweisung*. Abb. 329 zeigt die Linien gleicher Deklination für das Jahr 1922. Die beigefügten Gradzahlen geben die Abweichung von der geographischen Nordsüdrichtung an. Die erdmagnetischen Pole sind in ständiger, langsamer Wanderung begriffen. Daher ist auch die Deklination langsam zeitlich veränderlich.

Da die Kraft auf jeden der beiden Pole eines Magneten sich aus der von den beiden erdmagnetischen Polen herrührenden Kraft nach dem Parallelo-

grammgesetz zusammensetzt, so ist die Richtung des erdmagnetischen Feldes
an jedem Punkte der Erde mehr oder weniger gegen die Erdoberfläche geneigt.
An den beiden erdmagnetischen Polen weist die Magnetnadel senkrecht nach
unten, etwa am Äquator steht sie zur Erdoberfläche tangential. Den Neigungswinkel gegen die Horizontale bezeichnet man als *Inklination*. Die Magnetnadeln
der Kompasse usw. baut man stets so, daß die durch die Inklination hervorgerufene Kippneigung durch ein geringes Übergewicht der einen Seite ausgeglichen wird. Auf der nördlichen Halbkugel muß die den Südpol tragende
Seite ein wenig schwerer sein. Auf diese Weise wird aber die erdmagnetische
Kraft nicht in ihrer vollen Größe wirksam, sondern es wirkt auf die Magnetnadel
nur die *Horizontalkomponente* (Horizontalintensität) der Feldstärke. Sie beträgt

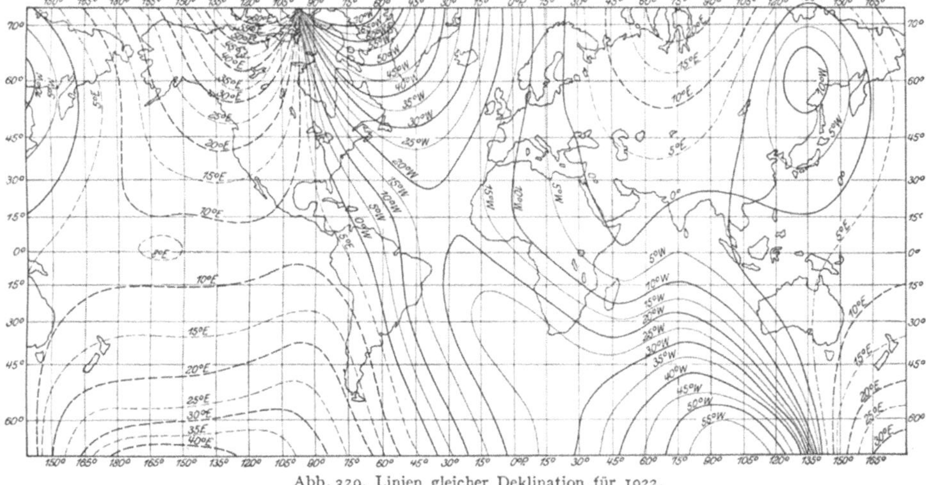

Abb. 329. Linien gleicher Deklination für 1922.

in unseren Breiten etwa 0,2 Gauß. Die zur Erdoberfläche senkrechte Komponente
heißt die *Vertikalkomponente*. (Vgl. WESTPHAL, „Physikalisches Praktikum",
2. Aufl., 34. Aufgabe.)

Das erdmagnetische Feld unterliegt mancherlei Schwankungen. Einmal ist,
wie schon erwähnt, die Lage der Pole nicht völlig konstant. Außerdem bestehen
gewisse tägliche, jährliche und noch langfristigere periodische Schwankungen.
Ferner treten Störungen auf, welche, ebenso wie die Polarlichter, mit der Sonnenfleckentätigkeit zeitlich und ursächlich zusammenhängen *(magnetische Gewitter)*.

Der Erdmagnetismus bildet ein wichtiges Mittel zur Orientierung auf der
Erdoberfläche mit Hilfe des *Kompasses*. Bei eisernen Schiffen sind besondere
Maßnahmen nötig, um die störenden Wirkungen des Schiffskörpers aufzuheben.
Daher der Vorteil des Kreiselkompasses (§ 40).

Das erdmagnetische Feld übt auf die in ihm befindlichen eisernen Körper eine
magnetisierende Wirkung aus. Man beobachtet, daß stählerne Gegenstände, insbesondere Werkzeuge, Feilen, Hämmer u. dgl., welche regelmäßig in einer bestimmten Orientierung im Raume — etwa nordsüdlich oder vertikal — benutzt werden
und dabei Erschütterungen ausgesetzt sind, stets in der gleichen Weise magnetisiert sind. Hämmer haben auf der nördlichen Halbkugel fast stets an dem beim
Schlagen nach unten gerichteten Ende einen Nordpol, Feilen einen Nordpol
an dem Ende, das bei der Benutzung am häufigsten gegen Norden gerichtet
ist, die Eisenstangen von Regenschirmen an ihrem unteren Ende. Man kann
eine Stange aus Eisen von nicht zu geringer Remanenz magnetisieren, indem

man sie in die Richtung des erdmagnetischen Feldes — schräg nach unten und nach Norden — hält und einige kräftige Hammerschläge auf ihr eines Ende ausführt. Am unteren Ende entsteht dann ein Nordpol. Wiederholt man den Versuch nach Umdrehung der Stange, so kehren sich die Pole um. In allen diesen Fällen erleichtern die mit den betreffenden Gegenständen vorgehenden Erschütterungen durch die dabei vorübergehend eintretende Lockerung der inneren Spannungen im Eisen die Magnetisierung. Eiserne Schiffe werden infolge der ständigen Erschütterungen während ihres Baues durch das Erdfeld magnetisiert. Daher dreht man sie nach Ablauf der halben Bauzeit um 180°, damit diese Wirkungen ungefähr wieder aufgehoben werden.

190. Magnetische Felder von Strömen. Durch einen horizontal ausgespannten Draht fließe ein Gleichstrom von einigen Ampere (Abb. 330). Bringt

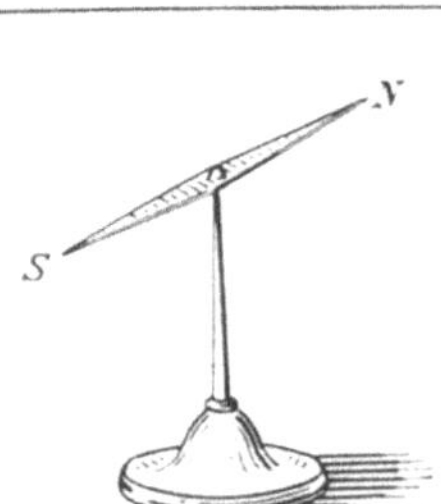

Abb. 330. Zum Oerstedschen Versuch.

man in die Nähe dieses Drahtes eine Magnetnadel, so bemerkt man, daß sie eine Ablenkung aus der Nord-Süd-Richtung erfährt, solange der Strom fließt, und daß sich die Richtung dieser Ablenkung umkehrt, wenn man die Richtung des Stromes umkehrt (Oersted 1820).

Der Versuch beweist zunächst ganz allgemein, *daß in der Umgebung eines elektrischen Stromes ein magnetisches Feld besteht.* Die genauere Untersuchung zeigt, daß die magnetischen Feldlinien bei einem geraden stromdurchflossenen Draht Kreise sind, deren

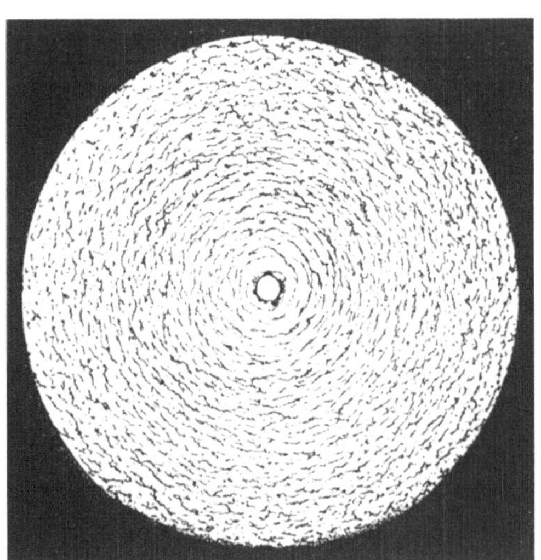

Abb. 331. Magnetisches Feld eines geradlinigen Stromes.
(Nach Pohl: Elektrizitätslehre.)

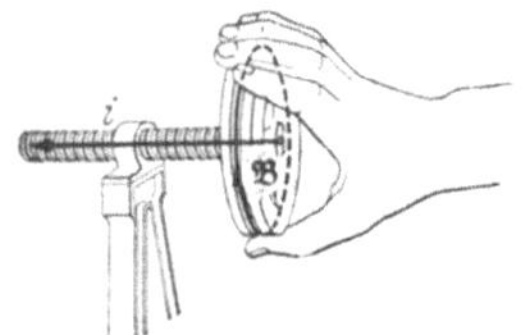

Abb. 332. Zur Schraubenregel des magnetischen Feldes eines Stromes.

Zentrum im Drahte liegt. Eine nach allen Seiten frei drehbare Magnetnadel stellt sich überall senkrecht zur senkrechten Verbindungslinie ihrer Mitte mit dem Drahte. Führt man sie auf einem Kreise einmal um den Draht herum, so dreht sie sich dabei einmal um sich selbst. (Dabei ist natürlich

vorausgesetzt, daß das erdmagnetische Feld sehr schwach gegenüber dem
vom Strom erzeugten Feld ist, da dieses sonst durch jenes merklich verändert wird.   Die genannten Erscheinungen zeigen sich
also rein nur bei Verwendung eines nicht zu schwachen
Stromes.)

Wie jedes andere magnetische Feld, so kann man auch
die magnetischen Felder von Strömen durch Eisenfeilspäne
sichtbar machen.   Die Späne ordnen sich bei einem geraden Draht deutlich auf Kreisen, deren Mittelpunkt im
Drahte liegt (Abb. 331; der Stromleiter ist bei der Herstellung des Bildes durch das Loch geführt).   Man beachte,
daß die magnetischen Feldlinien nirgends in „Polen" beginnen oder endigen, sondern in sich selbst zurücklaufen.
Es sind in sich *geschlossene Feldlinien* (§ 187).

Die Richtung des magnetischen Feldvektors kann in
jedem Einzelfall aus der Einstellung einer Magnetnadel
erkannt werden, da ja ihr Nordpol in die positive Feldrichtung weist.   Die Versuche ergeben dann folgendes:
Blickt man in Richtung des (positiven) Stromes, so um-
kreisen die magnetischen Feldlinien den Stromleiter im
Umlaufsinn des Uhrzeigers.

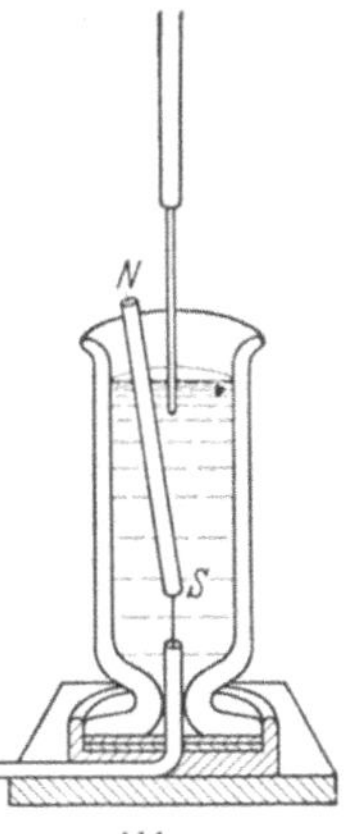

Abb. 333.
Ein Magnetpol kreist
um einen Stromleiter.

Am einfachsten merkt man sich die Richtung des magnetischen Feldes nach
der *Schraubenregel*: *Die magnetischen Feldlinien umlaufen einen Strom in
demjenigen Drehsinn, in dem man eine rechtsgängige Schraube drehen muß,
damit sie sich in der positiven Stromrichtung verschiebt* (Abb. 332).

Das Bestehen eines einen Stromleiter ringförmig umschließenden
magnetischen Feldes zeigt sehr
hübsch der folgende, von AMPÈRE
stammende Versuch (Abb. 333).   Ein
Gefäß ist mit Quecksilber gefüllt,
durch das mit Hilfe einer oberen

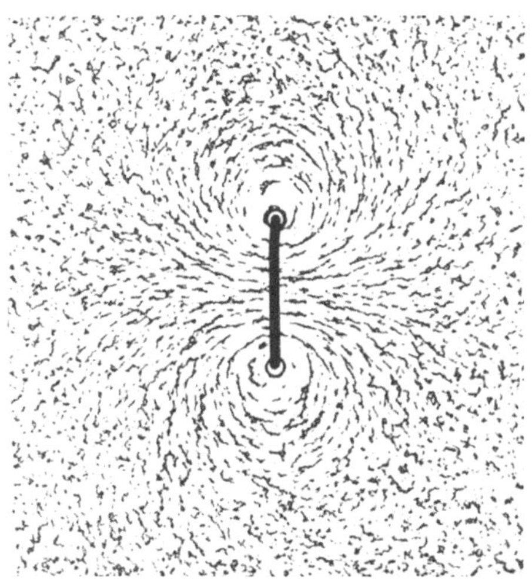

Abb. 334. Magnetisches Feld einer Stromschleife.
(Nach POHL: Elektrizitätslehre.)

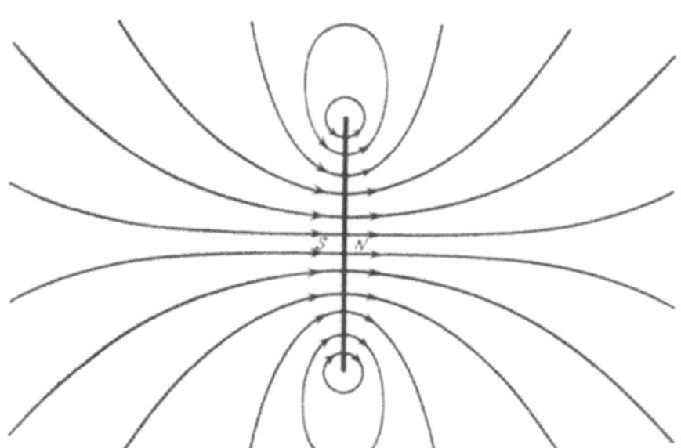

Abb. 335. Magnetisches Feld einer magnetischen
Doppelschicht.

und einer unteren Zuführung ein Strom geschickt werden kann.   Am Boden
des Gefäßes ist, allseitig drehbar, ein Magnet befestigt, dessen Nordpol N
oben aus dem Quecksilber herausragt.   Fließt ein Strom, so kreist der Nordpol, den ringförmigen magnetischen Kraftlinien dieses Stromes folgend, um
den Strom.   Kehrt man die Stromrichtung um, so kehrt sich gleichzeitig
der Drehsinn des Magnetpols um.

Auch bei stromdurchflossenen Drähten, welche zu Kreisen oder Rechtecken usw. gebogen sind, bilden die magnetischen Feldlinien geschlossene Kurven um den Draht, aber keine Kreise. Abb. 334 zeigt die durch Eisenfeilspäne sichtbar gemachten Feldlinien einer kreisförmigen Stromschleife in einer zur Schleife senkrechten Ebene. Die Feldlinien treten auf der einen Seite in die durch die Schleife begrenzte

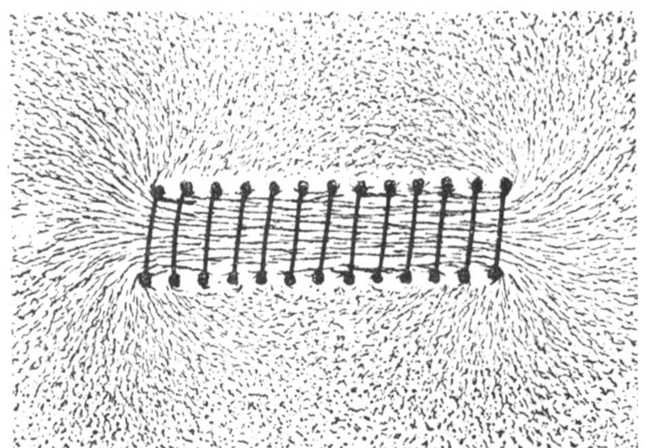

Abb. 336. Magnetisches Feld einer Spule. (Nach POHL: Elektrizitätslehre.)

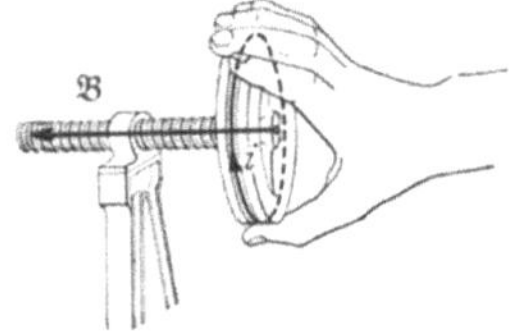

Abb. 337. Zur Schraubenregel des magnetischen Feldes in einer Spule.

Fläche ein, an ihrer anderen Seite aus und verlaufen, den Draht einmal umkreisend, in sich selbst zurück. Das Feldlinienbild ist also das gleiche wie bei einer Eisenscheibe, welche so magnetisiert ist, daß sie auf ihrer einen Fläche einen Nordpol, auf ihrer anderen Fläche einen Südpol trägt (Abb. 335). Wir wollen eine solche Eisenscheibe eine *magnetische Doppelschicht* nennen. Eine Stromschleife verhält sich magnetisch ebenso wie eine magnetische Doppelschicht.

Die von einem Stromkreis eingeschlossene Fläche nennt man seine *Windungsfläche*. Wird die gleiche Fläche F vom gleichen Strom in n Windungen umflossen, so ist die Windungsfläche gleich $n F$.

Einen Stabmagneten können wir uns aus einer großen Zahl von magnetischen Doppelschichten, immer eine auf die andere gelegt, hergestellt denken. Entsprechend können wir auf rein elektrischem Wege ein Gebilde

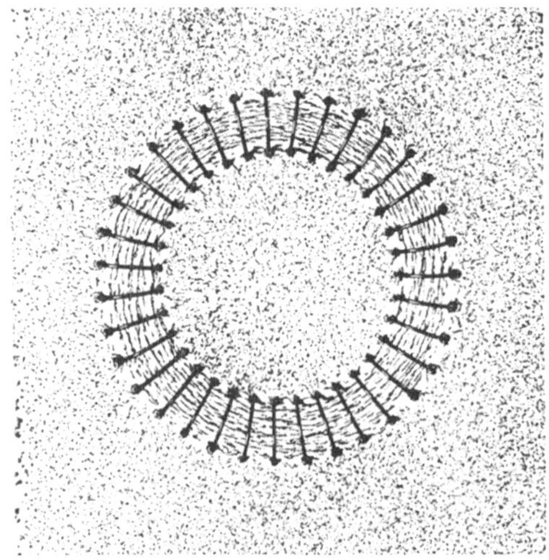

Abb. 338. Magnetisches Feld einer ringförmigen Spule. (Nach POHL: Elektrizitätslehre.)

herstellen, das einem Stabmagneten bezüglich seines magnetischen Feldes weitestgehend ähnlich ist, indem wir eine größere Zahl von Stromschleifen übereinanderlegen. Am einfachsten geschieht dies so, daß man einen Draht zu einer länglichen *Spule* aufwickelt, so daß alle Windungen vom gleichen Strome durchflossen werden. Das magnetische Feld einer Spule ist so gestaltet, daß die Feldlinien im Innern parallel zur Achse der Spule verlaufen und auf einem mehr oder weniger langen Wege außen herum in sich selbst zurücklaufen (Abb. 336). Das äußere Feld einer gestreckten Spule gleicht also demjenigen eines Stabmagneten (Abb. 326), ihre Enden wirken wie Magnetpole. Die Richtung des magnetischen Feldes ergibt sich auch bei Stromschleifen und bei Spulen aus der *Schraubenregel* (Abb. 332). Mit ihrer Hilfe leitet man leicht die folgende neue Schraubenregel ab: *Die Richtung des magnetischen Feldes in einer Stromschleife oder einer Spule ist diejenige, in der eine rechtsgängige Schraube fortschreitet, wenn man sie in dem Sinne dreht, in dem der Strom die Stromschleife oder die Spule umfließt* (Abb. 337).

Einen besonders wichtigen Fall zeigt Abb. 338, das magnetische Feld einer ringförmig geschlossenen Spule. In diesem Fall verlaufen die magnetischen Feldlinien *vollständig* im Innern der Spule. Der Außenraum ist bei einer ausreichend eng gewickelten Spule vollkommen feldfrei.

191. Das elektrodynamische Grundgesetz. Das magnetische Feld eines Stromes kann nur die Summe von Wirkungen sein, die von den einzelnen im Strome bewegten Ladungsträgern ausgehen. Wir wollen daher zunächst das magnetische Feld eines einzelnen

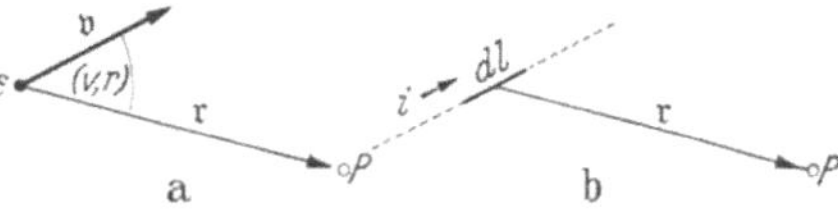

Abb. 339. a Zum elektrodynamischen Grundgesetz, b zum Gesetz von LAPLACE.

Ladungsträgers betrachten, der die Ladung ε und die Geschwindigkeit $\mathfrak{v}$ habe. Es sei P (Abb. 339a) ein beliebiger Punkt im Raum, $\mathfrak{r}$ (Betrag r) der von dem bewegten Ladungsträger nach P weisende Fahrstrahl und $\mathfrak{B}$ die in P durch den bewegten Ladungsträger erzeugte magnetische Feldstärke. Dann lautet das *elektrodynamische Grundgesetz*:

$$\mathfrak{B} = \mathrm{const} \frac{\varepsilon}{r^3} [\mathfrak{v}\,\mathfrak{r}], \qquad (15\,a)$$

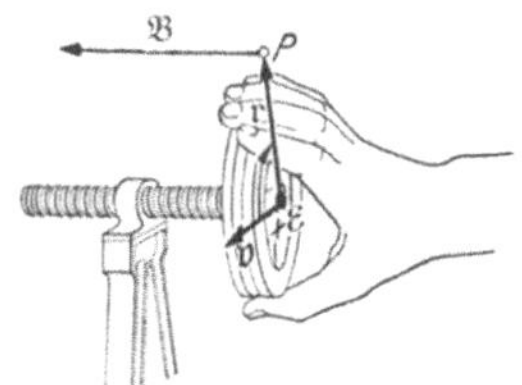

Abb. 340. Schraubenregel zum elektrodynamischen Grundgesetz.

wobei $[\mathfrak{v}\,\mathfrak{r}]$ ein Vektorprodukt ist (§ 10). *Das magnetische Feld steht also senkrecht auf der durch die Bahn des Ladungsträgers und durch den Fahrstrahl $\mathfrak{r}$ gebildeten Ebene und weist in diejenige Richtung, in der sich eine rechtsgängige Schraube bewegt, wenn man den Vektor $\mathfrak{v}$ in die Richtung des Vektors $\mathfrak{r}$ dreht* (*Schraubenregel*, Abb. 340), sofern es sich um einen positiven Ladungsträger handelt, bei einem negativen Ladungsträger in entgegengesetzter Richtung. Aus dieser Regel lassen sich die Schraubenregeln des § 190 ohne weiteres ableiten.

Mißt man die Ladung ε in elektrostatischen Einheiten, so hat die Konstante die Dimension des Kehrwertes einer Geschwindigkeit c, const $= 1/c$. Man kann das leicht nachprüfen, indem man beide Seiten der Gl. (15a) mit einer magnetischen Polstärke m multipliziert. Sie haben dann beide die Dimension einer Kraft. Nun haben aber die Ausdrücke $m\,m'\,\mathfrak{r}/r^3$ und $\varepsilon\,\varepsilon'\,\mathfrak{r}/r^3$ gemäß den beiden COULOMBschen Gesetzen ebenfalls die Dimension einer Kraft; und da eine Polstärke nach § 186 die gleiche Dimension hat wie eine elektrische Ladung im elektrostatischen Maß, so gilt das auch für den Ausdruck $\varepsilon\,m\,\mathfrak{r}/r^3$. Daraus folgt, daß const $\cdot\,\mathfrak{v}$ dimensionslos, also die Konstante gleich dem Kehrwert einer Geschwindigkeit sein muß. Aus Messungen ergibt sich, daß diese Geschwindigkeit mit der *Lichtgeschwindigkeit* identisch ist, $c = 3 \cdot 10^{10}$ cm $\cdot$ sec^{-1} (vgl. § 232). In dieser Tatsache liegt ein erster Hinweis darauf, daß das Licht ein elektromagnetischer Vorgang ist (§ 304).

In der Elektrodynamik benutzt man aber meist nicht das elektrostatische Maßsystem, sondern wählt eine neue Einheit der elektrischen Ladung derart, daß die Konstante des Grundgesetzes eine reine Zahl vom Betrage 1 wird, also aus dem Gesetz verschwindet. Dieses lautet dann

$$\mathfrak{B} = \frac{\varepsilon}{r^3}\,[\mathfrak{v}\,\mathfrak{r}]\,. \tag{15b}$$

Die Wahl dieser neuen Ladungseinheit, die nunmehr, um die Gültigkeit der Gl. (15a) aufrechtzuerhalten, um den Faktor $c = 3 \cdot 10^{10}$ größer als die elektrostatische sein muß, führt zu dem in der Elektrodynamik meist benutzten *elektromagnetischen Maßsystem*, das auch wir in diesem Kapitel durchweg verwenden werden. Da 1 elektrostatische Ladungseinheit $= 10^{-9}/3$ Coulomb (§ 147), so ist 1 elektromagnetische Ladungseinheit $= 10$ Coulomb, und entsprechend ist 1 elektromagnetische Einheit der Stromstärke $= 10$ A. Für die übrigen elektrischen Größen ergeben sich andere Umrechnungsbeziehungen, auf die wir in § 231 zurückkommen.

Wollen wir das Grundgesetz durch die Beträge der vorkommenden Vektoren ausdrücken, so lautet es

$$B = \frac{\varepsilon\,v}{r^2}\,\sin(v, r)\ \ \text{Gauß}, \tag{16}$$

wobei (v, r) den Winkel bedeutet, den die Richtungen von $\mathfrak{v}$ und $\mathfrak{r}$ miteinander bilden.

Aus Gl. (16) können wir nun den Anteil berechnen, den ein Längenelement dl eines von einem Strom i durchflossenen Leiters vom Querschnitt q zum Felde in einem im Abstande r befindlichen Punkte beiträgt. An die Stelle des einzelnen Ladungsträgers haben wir sämtliche im Leiterelement bewegten Ladungsträger zu setzen. Enthält 1 cm³ n solche Ladungsträger, so enthält ein Längenelement dl vom Querschnitt q deren $nqdl$, und die gesamte in ihm bewegte Ladung beträgt $\varepsilon nqdl$. Nun ist aber nach § 152 $n\varepsilon qv = i$ die Stromstärke im Leiter. Infolgedessen erhalten wir für den Anteil dB dieses Stromelementes am Felde des ganzen Leiters im Punkte P (Abb. 339b) aus Gl. (16)

$$dB = \frac{i\,dl}{r^2}\,\sin(i, r)\ \ \text{Gauß}. \tag{17}$$

Dabei haben wir noch (i, r) an die Stelle von (v, r) gesetzt, da ja die Stromrichtung mit der Bewegungsrichtung positiver Ladungsträger identisch ist. Dies ist das Gesetz von LAPLACE [1821, oft fälschlich als BIOT-SAVARTsches Gesetz bezeichnet, s. Gl. (18)]. Das magnetische Feld eines vollständigen, geschlossenen Stromkreises findet man, indem man die Anteile seiner einzelnen Längenelemente nach den Gesetzen der Vektoraddition addiert (integriert). Das läßt sich aber nur in ganz einfachen Fällen in geschlossener Form ausführen. Wir berechnen die Feldstärke im Mittelpunkt einer aus *einer einzigen Drahtwindung* bestehenden, kreisförmigen Schleife vom Radius r. In diesem Falle ist r konstant, $(i, r) = 90°$, also $\sin(i, r) = 1$, die Richtung aller $d\mathfrak{B}$ die gleiche, und die Summe über alle Längenelemente dl ist der Kreisumfang $2\pi r$. Es ergibt sich dann das *Gesetz von BIOT-SAVART* (1820)

$$B = \frac{2\pi i}{r}\ \ \text{Gauß}. \tag{18}$$

Durch eine einfache Integration ergibt sich die Feldstärke in der Entfernung r von einem *unendlich langen geraden Draht* zu

$$B = \frac{2\,i}{r}\ \ \text{Gauß}. \tag{19}$$

Das magnetische Feld einer bewegten Ladung hängt nur von der Bewegung der Ladung ab, aber nicht davon, auf welche Weise diese Bewegung zustande kommt. Man muß also erwarten, daß auch ein elektrischer Ladungsüberschuß der sich an einem festen Ort innerhalb eines beliebigen Körpers befindet, eine magnetische Wirkung ausübt, wenn er *mitsamt diesem Körper* bewegt wird. Daß dies zutrifft, und daß die Größe der magnetischen Wirkung der Theorie entspricht, ist durch Versuche, unter denen in erster Linie diejenigen von ROWLAND, RÖNTGEN und EICHENWALD zu nennen sind, bewiesen worden.

Zwecks späterer Anwendung wollen wir die Arbeit berechnen, die erforderlich ist, um einen positiven magnetischen Pol m einmal auf einem Kreise vom Radius r entgegen der Feldrichtung um einen unendlich langen, geradlinigen Strom i herumzuführen. Nach Gl. (19) beträgt die auf ihn wirkende Kraft $k = mB = m \cdot 2i/r$. Die Länge des Verschiebungsweges beträgt $2\pi r$. Demnach beträgt die zu leistende Arbeit

$$A = m \cdot \frac{2i}{r} \cdot 2\pi r = m \cdot 4\pi i. \tag{20}$$

Sie ist vom Radius des Verschiebungsweges unabhängig. Da man sich nun einen ganz beliebigen Weg, der einmal um den Strom herum nach dem Ausgangspunkt zurückführt, aus unendlich kleinen radialen und tangentialen Stücken zusammengesetzt denken kann, und da auf den zur Feldrichtung senkrechten radialen Wegstücken keine Arbeit zu leisten ist, so gilt Gl. (20) für jeden beliebigen Weg, der einmal um den Strom herumführt.

192. Das magnetische Feld von Spulen. Eine ganz besondere Bedeutung kommt den magnetischen Feldern stromdurchflossener Spulen zu, insbesondere dann, *wenn sie lang sind, verglichen mit dem Durchmesser ihres Querschnitts. Das wollen wir künftig stets voraussetzen, wenn wir von Spulen sprechen.* Die Gl. (17) läßt sich für diesen Fall nicht auf elementare Weise integrieren, so daß wir nur das Ergebnis mitteilen können. Das Feld im Innern einer solchen Spule ist über ihren ganzen Querschnitt und bis nahe an ihre Enden homogen (Abb. 336), und seine Richtung ergibt sich aus der Schraubenregel der Abb. 337. Die Länge der Spule betrage l cm; die Zahl ihrer Windungen sei n, so daß auf je 1 cm ihrer Länge n/l Windungen entfallen. In der Spule fließe ein Strom i, gemessen in elektromagnetischen Einheiten ($= 10$ A). Dann beträgt die magnetische Feldstärke im Innern der Spule

$$B = 4\pi \frac{ni}{l} \text{ Gauß}. \tag{21}$$

Messen wir i in der Einheit 1 A, so ist $B = 0{,}4\pi ni/l$ Gauß. (Vgl. WESTPHAL, „Physikalisches Praktikum", 2. Aufl., 34. Aufg.) Man beachte die wichtige Tatsache, daß die Feldstärke *vom Querschnitt der Spule unabhängig* ist! Wenn wir uns die Spule durch ein zusammenhängendes, zylindrisches Blech ersetzt denken, das den ganzen Innenraum der Spule einhüllt, und wenn ein solches Blech mit einem über seinen ganzen Mantel gleichmäßig verteilten Ringstrom ni beschickt würde, so stellte es eine Spule mit einer einzigen Windung dar und hätte die gleiche magnetische Wirkung wie die Spule selbst. Bei gegebener Länge der Spule kommt es also nur auf das Produkt ni an, das man als ihre *Durchflutung* bezeichnet. Ganz allgemein kommt es aber für die Feldstärke B nach Gl. (17) nur auf die Größe ni/l an, auf die Durchflutung je Zentimeter der Spulenlänge. Wir setzen

$$\frac{ni}{l} = j \tag{22}$$

und bezeichnen diese Größe als die *spezifische Durchflutung* der Spule. Dieser Begriff ist für alles folgende von großer Bedeutung.

Aus Gl. (21) und (22) folgt

$$B = 4\pi j \text{ Gauß}. \tag{23}$$

Nun ist aber die Feldstärke $\mathfrak{B}$ ein Vektor, und es liegt daher auf der Hand, daß man die spezifische Durchflutung auch als einen Vektor ansehen kann. Tatsächlich handelt es sich ja auch darum, daß eine bestimmte Ladung den Innenraum der Spule mit einer bestimmten Winkelgeschwindigkeit umkreist. Wir dürfen also der spezifischen Durchflutung genau wie der Winkelgeschwindigkeit einen Vektor $\mathfrak{j}$ vom Betrage j zuordnen, für dessen Richtung ebenfalls die Abb. 13 in § 10 maßgebend ist. Wir brauchen in ihr nur den Pfeil auf dem Handrad mit dem Strom je Längeneinheit der Spule und die Winkelgeschwindigkeit $\mathfrak{u}$ mit der spezifischen Durchflutung $\mathfrak{j}$ zu identifizieren. Wir können jetzt statt Gl. (23) genauer schreiben

$$\mathfrak{B} = 4\,\pi\,\mathfrak{j}\,. \tag{24}$$

Die magnetische Feldstärke ist also ein dem Vektor der spezifischen Durchflutung gleichgerichteter Vektor vom 4π-fachen Betrage der spezifischen Durchflutung.

Der magnetische Fluß Φ (§ 187), der im Innern einer Spule herrscht, aus ihrem einen Ende heraustritt und in ihr anderes Ende wieder eintritt (Abb. 336) beträgt

$$\Phi = BF = 4\,\pi j\,F\,, \tag{25}$$

wenn F der Querschnitt der Spule ist. Er ist also ebenso groß wie der von einem Magnetpol

$$m = jF \tag{26}$$

ausgehende Fluß [§ 187, Gl. (10)]. Das legt nahe, eine Spule mit einem Stabmagneten zu vergleichen, wozu auch schon der Vergleich der Feldlinienbilder in den Abb. 326 und 336 anregt. Wir werden bald sehen, daß dieser Vergleich noch viel weiter geht. Man beachte beim Vergleich der Abb. 326 und 336 auch, daß die Pole einer Spule ebensowenig wie diejenigen eines Stabmagneten Punkte sondern ausgedehntere Bereiche sind.

Im Außenraum der Spule nimmt die magnetische Feldstärke sehr schnell ab, weil die magnetischen Feldlinien rings auseinanderstreben, um auf mehr oder weniger weitem Bogen von der anderen Seite wieder in die Spule einzutreten. Wenn die Spule genügend lang gegen ihren Durchmesser ist, so streuen die Feldlinien sehr weit in den Raum, und ihre Dichte ist deshalb sehr gering. Man kann in vielen Fällen überhaupt davon absehen, daß im Außenraum einer Spule ein magnetisches Feld besteht.

Wir wollen — wie bei einem geradlinigen Strom in § 191 — die Arbeit berechnen, die aufzuwenden ist, wenn wir einen positiven Magnetpol m entgegen der Feldrichtung derart verschieben, daß er an seinen Ausgangspunkt zurückgeführt wird und dabei einmal das Innere der Spule durchläuft. Ist die Spule sehr lang und eng, so ist das magnetische Feld im Außenraum so schwach, daß man diesen als praktisch feldfrei betrachten darf. Dann ist Arbeit nur auf dem Wege längs des Innern der Spule zu leisten. Die auf den Pol wirkende Kraft beträgt $mB = m \cdot 4\,\pi n i / l$, der Verschiebungsweg, längs dessen Arbeit geleistet wird, ist l. Demnach beträgt die geleistete Arbeit

$$A = m \cdot 4\,\pi\,\frac{ni}{l} \cdot l = m \cdot 4\,\pi n i\,.$$

Sie ist also n-mal so groß wie die Arbeit, die wir für einen einzelnen geradlinigen Strom berechnet hatten, und tatsächlich hat der Pol den Spulenstrom i in jeder der n Windungen einmal, also im ganzen n-mal umlaufen. Daher stimmt unsere Gleichung mit der Gl. (20) inhaltlich überein. Da dies für zwei derart verschiedene Gestalten der Strombahn der Fall ist, so dürfen wir daraus den Schluß ziehen, daß die bei einmaligem Umlauf eines Pols m um einen beliebig gestalteten Strom geleistete Arbeit, auch unabhängig vom Verschiebungswege, stets $A = m \cdot 4\,\pi i$ beträgt.

193. Kraftwirkung magnetischer Felder auf bewegte Ladungsträger. Jeder Stromkreis ist, wie wir gesehen haben, einem magnetischen Dipol äquivalent. Da nun ein solcher in einem magnetischen Felde Kräfte erfährt, so ist zu erwarten, daß auch auf stromdurchflossene Leiter im magnetischen Felde Kräfte wirken. Das ist tatsächlich der Fall. Da jeder Strom aus einzelnen bewegten Ladungsträgern besteht, so berechnen wir zunächst die Kraft, die ein solcher im magnetischen Felde erfährt.

Ein Ladungsträger mit der positiven Ladung ε bewege sich mit der Geschwindigkeit $\mathfrak{v}$. Er erzeugt dann im Abstande $\mathfrak{r}$ nach Gl. (15 b) ein magnetisches Feld $\varepsilon\,[\mathfrak{v}\,\mathfrak{r}]/r^3$. Dieses übt auf einen dort befindlichen Magnetpol m eine Kraft

$$\mathfrak{k}_m = \frac{\varepsilon\,m}{r^3}\,[\mathfrak{v}\,\mathfrak{r}] = -\,\varepsilon\left[\frac{m\,\mathfrak{r}}{r^3}\,\mathfrak{v}\right] \qquad (27)$$

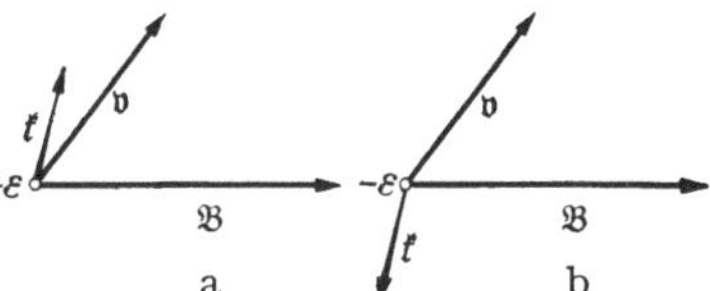

Abb. 341. Kraftwirkung eines magnetischen Feldes a auf einen positiven, b auf einen negativen Ladungsträger. Der Vektor $\mathfrak{k}$ weist in a senkrecht nach hinten, in b senkrecht nach vorn.

aus. Nun sind aber nach dem Wechselwirkungsgesetz (§ 16) Kraft und Gegenkraft gleich groß und entgegengesetzt gerichtet. Demnach muß der vom bewegten Ladungsträger her auf den Magnetpol wirkenden Kraft $\mathfrak{k}_m$ eine vom Magnetpol her auf den bewegten Ladungsträger wirkende Kraft $\mathfrak{k} = -\,\mathfrak{k}_m$ entsprechen. Der Vektor $-\,m\mathfrak{r}/r^3 = \mathfrak{B}$ ist aber nach Gl. (6) das magnetische Feld, das der Magnetpol am Ort des bewegten Ladungsträgers erzeugt. [Hier im Gegensatz zu Gl. (6) mit negativem Vorzeichen, weil der Vektor $\mathfrak{r}$ hier so definiert ist, daß er auf den Pol m hinweist.] Demnach erfährt der Ladungsträger im Felde $\mathfrak{B}$ eine Kraft

$$\mathfrak{k} = -\,\mathfrak{k}_m = -\,\varepsilon\,[\mathfrak{B}\,\mathfrak{v}] = \varepsilon\,[\mathfrak{v}\,\mathfrak{B}], \qquad (28)$$

deren Betrag nach § 10 gleich

$$k = \varepsilon\,v\,B \sin(v, B)\ \text{dyn} \qquad (29)$$

ist, wenn (v, B) der Winkel ist, den die Richtungen der Geschwindigkeit $\mathfrak{v}$ und des Feldes $\mathfrak{B}$ miteinander bilden. Da es nun natürlich für die Kraftwirkung eines magnetischen Feldes auf einen bewegten Ladungsträger nur auf Betrag und Richtung des Feldes am Ort des Ladungsträgers ankommt, nicht auf die Art seiner Entstehung, so gelten Gl. (28) und (29) in jedem beliebigen magnetischen Felde.

Nach Gl. (28) und § 10 steht der Vektor $\mathfrak{k}$ senkrecht auf der durch die Vektoren $\mathfrak{v}$ und $\mathfrak{B}$ gebildeten Ebene. Seine Richtung ergibt sich aus der Schraubenregel für Vektorprodukte. Liegen die Vektoren $\mathfrak{v}$ und $\mathfrak{B}$ in der Zeichnungsebene (Abb. 341), so weist die Kraft $\mathfrak{k}$ bei einem positiven Ladungsträger $+\varepsilon$ senkrecht nach hinten, bei einem negativen Ladungsträger $-\varepsilon$ senkrecht nach vorn.

Da die Kraft $\mathfrak{k}$ zur Geschwindigkeit $\mathfrak{v}$ senkrecht steht, so erzeugt sie keine Bahnbeschleunigung des Ladungsträgers. Seine Geschwindigkeit bleibt also konstant, nur seine Richtung ändert sich stetig. Die Kraft $\mathfrak{k}$ wirkt als Zentripetalkraft (§ 33) und bewirkt nur eine Krümmung der Bahn. *Eine Arbeit wird von einem magnetischen Felde an einem bewegten Ladungsträger nie geleistet.* Denken wir uns die Geschwindigkeit $\mathfrak{v}$ in den Abb. 341 in zwei Komponenten, parallel und senkrecht zum Felde $\mathfrak{B}$, zerlegt, so bleibt die erstere unverändert. Die letztere kreist in der zur Richtung des Feldes senkrechten Ebene. Ist die Geschwindigkeit $\mathfrak{v}$ schon an sich zur Richtung von $\mathfrak{B}$ senkrecht, so beschreibt der Ladungsträger eine Kreisbahn um eine in der Feldrichtung liegende Achse. Ist sie es nicht, so überlagert sich dieser Bewegung eine fortschreitende Bewegung

in der Richtung oder gegen die Richtung des Feldes (je nach der Richtung von $\mathfrak{v}$).
Der Ladungsträger beschreibt dann eine schraubenförmige Bahn, deren Achse
in der Feldrichtung liegt. Der Betrag der zur Feldrichtung senkrechten Komponente beträgt $v_1 = v \sin (v, B)$, die zur Kreisbewegung nötige Zentripetalkraft
nach § 33 $\mu v_1^2/r$, wenn μ die Masse des Ladungsträgers, r der Radius seiner
Kreisbahn ist. Diese Kraft wird vom magnetischen Felde geliefert; ihren Betrag
gibt Gl. (29). Es ist also

$$\frac{\mu v_1^2}{r} = \frac{\mu v^2 \sin^2 (v, B)}{r} = \varepsilon v B \sin (v, B), \qquad (30)$$

so daß

$$r = \frac{\mu v \sin (v, B)}{\varepsilon B} \ \mathrm{cm}, \qquad (31)$$

wobei ε in elektromagnetischen Einheiten zu messen ist. Steht die Geschwindigkeit $\mathfrak{v}$ senkrecht zum Felde $\mathfrak{B}$, ist also $\sin (v, B) = 1$, so ergibt sich

$$r = \frac{\mu v}{\varepsilon B} \ \mathrm{cm}. \qquad (32)$$

Nach Gl. (32) beträgt die Winkelgeschwindigkeit u eines Ladungsträgers,
dessen Bahn senkrecht zur Feldrichtung steht,

$$u = \frac{v}{r} = \frac{\varepsilon}{\mu} B. \qquad (33)$$

Sie hängt also bemerkenswerterweise nur vom Verhältnis ε/μ von Masse und
Ladung des Ladungsträgers, seiner *spezifischen Ladung*, und der magnetischen
Feldstärke B ab, hingegen nicht von der Geschwindigkeit des Ladungsträgers.
Daher umkreist ein Ladungsträger die Feldlinien eines magnetischen Feldes stets
in der gleichen Zeit, unabhängig von seiner Geschwindigkeit. Von dieser hängt
nur der Radius der Kreisbahn ab, der um so größer ist, je größer die Geschwindigkeit ist. Diese Tatsache findet beim *Zyklotron* (§ 360) eine sehr wichtige
Anwendung.

194. Ablenkung von Kathodenstrahlen. Braunsche Röhre. Die Bahnkrümmung frei beweglicher Ladungsträger, ihre *Ablenkung* aus ihrer geradlinigen Bahn, im magnetischen Felde läßt sich besonders leicht an Kathodenstrahlen (§ 183) beobachten, da die Masse μ der Elektronen klein, also ihre Ablenkbarkeit groß ist (§ 132). Daher ist nach Gl. (32) auch der Krümmungsradius ihrer Bahn im magnetischen Felde klein, sie erfahren eine starke
Ablenkung. Abb. 342 zeigt ein feines Bündel von Kathodenstrahlen *(Fadenstrahl)*, das von einem Oxydfleck auf einer Glühkathode ausgeht. In der Mitte
ist das Bündel unabgelenkt. Erregt man ein zur Strahlrichtung senkrechtes
magnetisches Feld, so wird der Strahl, je nach der Richtung dieses Feldes,
nach rechts oder links gekrümmt.

Wegen seiner elektrischen Ladung unterliegt ein Elektron, wie jeder Ladungsträger, auch einer ablenkenden Wirkung in einem elektrischen Felde. Bewegt
sich ein Elektron oder auch ein aus vielen Elektronen bestehender Kathodenstrahl durch einen Kondensator (Abb. 343), in dem die Feldstärke E herrscht,
anfänglich parallel zu dessen Platten, so wird jedes Elektron, je nach der
Richtung des Feldes, nach der einen oder anderen Seite aus seiner geradlinigen
Bahn abgelenkt. Die auf das Elektron wirkende Kraft ist, wenn wir von dem hier
belanglosen Vorzeichen absehen, gleich $\varepsilon E = \mu b$ (b = Beschleunigung durch das
Feld, ε und E beide in elektrostatischen oder beide in elektromagnetischen
Einheiten gemessen), also seine Beschleunigung $b = \frac{\varepsilon}{\mu} E$. Es legt daher in
der Zeit t in Richtung senkrecht zu seiner ursprünglichen Bewegung den

Weg $x = \frac{1}{2} b t^2 = \frac{1}{2} \frac{\varepsilon}{\mu} E t^2$ zurück. Ist v seine Geschwindigkeit parallel zu den Platten, also seine ursprüngliche Geschwindigkeit, y die Länge des im Felde zwischen den Kondensatorplatten zurückgelegten Weges, so ist $t = y/v$, also $x = \varepsilon E y^2/(2 \mu v^2)$ oder

$$\frac{\mu v^2}{\varepsilon} = \frac{E y^2}{2 x}. \tag{34}$$

(Dieser Vorgang ist der Bewegung eines waagerecht geworfenen Körpers im Schwerefeld der Erde vollkommen analog. Wie ein solcher Körper unter der Wirkung dieses Feldes auf gekrümmter Bahn zu Boden fällt, so fällt das Elektron im elektrischen Felde des Kondensators in Richtung auf dessen positiv geladene Platte.) Aus den Gl. (32) und (34) kann man das Verhältnis ε/μ und die Geschwindigkeit v einzeln berechnen. Man kann also aus der Ablenkung eines Kathodenstrahles im magnetischen und elektrischen Felde diese beiden Größen ermitteln. An die Stelle der elektrischen (nicht der magnetischen) Ablenkung kann auch die Messung der vom Elektron durchlaufenen Spannung U, der es seine Geschwindigkeit v verdankt, treten. Die an ihm geleistete Arbeit

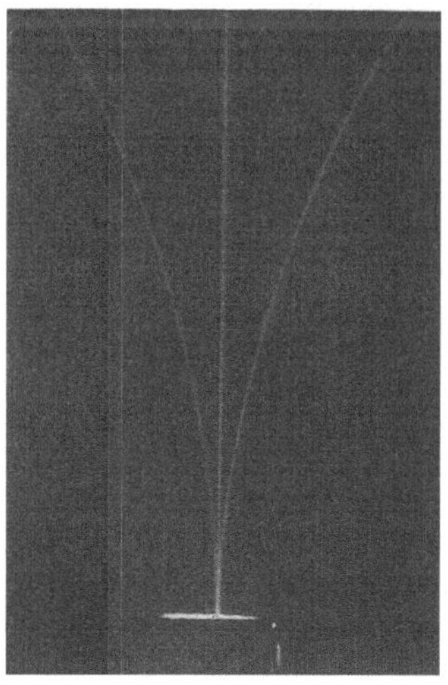

Abb. 342. Magnetische Ablenkung eines Kathodenstrahls.

beträgt εU erg (ε und U beide in elektrostatischen oder beide in elektromagnetischen Einheiten gemessen), und diese findet sich in seiner kinetischen Energie $\frac{1}{2} \mu v^2$ wieder, so daß gilt

$$\frac{1}{2} \mu v^2 = \varepsilon U \text{ oder } \frac{\mu v^2}{\varepsilon} = 2 U. \tag{35}$$

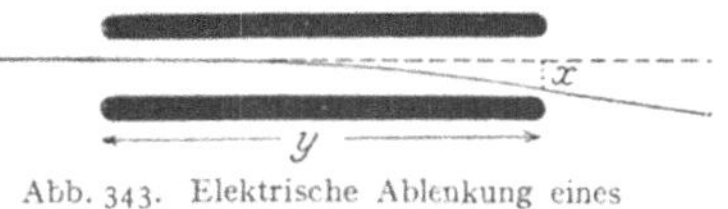

Abb. 343. Elektrische Ablenkung eines Kathodenstrahls.

Diese Gleichung kann Gl. (34) ersetzen, denn sie enthält wie diese als Unbekannte die Größen ε/μ und v^2.

Die Geschwindigkeit v ist natürlich von Fall zu Fall verschieden. Die Größe ε/μ hingegen ist eine für die Elektronen charakteristische Konstante, ihre *spezifische Ladung* (§ 192). Die besten Messungen haben ergeben

$$\frac{\varepsilon}{\mu} = 5{,}273 \cdot 10^{17} \text{ e.s.E.} \cdot \text{g}^{-1}$$
$$= 1{,}759 \cdot 10^8 \text{ Coulomb} \cdot \text{g}^{-1}.$$

In Verbindung mit dem Betrage der Ladung des Elektrons (§ 132) ergibt sich daraus die Masse μ des Elektrons zu $0{,}9108 \cdot 10^{-27}$ g (vgl. § 335).

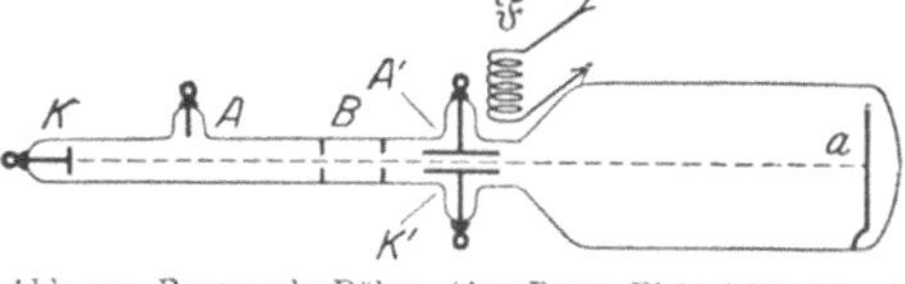

Abb. 344. BRAUNSCHE Röhre. (Aus POHL: Elektrizitätslehre.)

Auf die hier beschriebene Weise kann man durch elektrische und magnetische Ablenkung auch die spezifische Ladung anderer schnell bewegter Ladungsträger, insbesondere der Kanalstrahlen (§ 183) und der α- und β-Strahlen der radioaktiven Stoffe (§ 355) bestimmen.

Die magnetische Ablenkung der Kathodenstrahlen kann man mit einem geeigneten Entladungsrohr und einem starken Magneten ohne weiteres an der Veränderung des Entladungsbildes erkennen. Um die elektrische Ablenkung nachzuweisen, muß man im Innern des Entladungsrohres zwei Kondensatorplatten anbringen, an die eine ausreichend hohe Spannung gelegt wird, und zwischen denen der Kathodenstrahl hindurchgeht. Man macht die Ablenkung sichtbar, indem man am Ende des Rohrs einen Schirm *a* mit einem Leuchtstoff anbringt (BRAUNsche Röhre, Abb. 344) und ein möglichst feines Bündel von Kathodenstrahlen verwendet. Dieses erzeugt auf dem Schirm einen feinen leuchtenden Fleck, aus dessen Verschiebung man die Ablenkung messen kann. Die BRAUNsche Röhre kann zur Analyse des zeitlichen Verlaufs von Strom und Spannung bei Wechselströmen und auch bei schnelleren Schwingungen dienen. Zur Analyse des Stromes läßt man diesen durch eine nahe an das Rohr, senkrecht zur Kathodenstrahlbahn, gestellte Spule $\mathfrak{F}$ von kleinem Widerstand gehen, deren magnetisches Feld das Kathodenstrahlbündel ablenkt. Dieses folgt jeder, auch der schnellsten Änderung des Feldes. Der Lichtfleck erscheint bei schnellen Änderungen in eine Lichtlinie auseinandergezogen. Betrachtet man diese z. B. in einem rotierenden Spiegel, so sieht man eine Kurve, die das zeitliche Nacheinander in räumlichem Nebeneinander, also die Stromstärke als Funktion der Zeit, darstellt. Zur Spannungsmessung kann man entweder die elektrische Ablenkung benutzen, indem man die zu messende Spannung an die Platten eines im Rohr befindlichen Kondensators legt, oder man legt die Spannung an die Enden einer Spule $\mathfrak{F}$ von großem Widerstand und verfährt sonst wie bei der Strommessung. Der große Vorzug der BRAUNschen Röhre gegenüber anderen dem gleichen Zweck dienenden Meßgeräten (Oszillographen) ist der, daß die Kathodenstrahlen wegen der sehr kleinen Masse der Elektronen praktisch trägheitslos sind.

Eine besonders wichtige Rolle spielt die BRAUNsche Röhre bei den *Fernsehgeräten*. Es ist eine BRAUNsche Röhre von besonderer Bauart und von sehr großen Abmessungen, auf deren Leuchtschirm der Betrachter das Fernsehbild erblickt. Dieses wird dadurch erzeugt, daß ein sehr feiner Kathodenstrahl den Leuchtschirm nach dem aus der Drucktechnik bekannten Rasterprinzip in außerordentlich schneller Folge abtastet. Die Intensität des Kathodenstrahls wird derart gesteuert, daß die Helligkeitswerte der einzelnen Rasterpunkte den Helligkeitswerten im dargestellten Objekt entsprechen.

Da bewegte Ladungsträger sich auf einer Schraubenbahn um die magnetischen Kraftlinien bewegen, so folgen sie, wenn ihre Geschwindigkeit ausreichend gering ist, weitgehend auch der Richtung der Kraftlinien. Eine solche Einwirkung erfahren auch die Elektronen, die von den Sonnenflecken, insbesondere in Zeiten erhöhter Sonnenfleckentätigkeit, ausgeschleudert werden und in die Nähe der Erde, in den Bereich des erdmagnetischen Feldes, gelangen. Da dessen Feldlinien von Pol zu Pol verlaufen, so werden diese Elektronenstrahlen zum größten Teil auf die Pole hin abgelenkt. Beim Einfall in die oberen Schichten der Atmosphäre erregen sie die Luft zum Leuchten und erzeugen die *Polarlichter*. Daß diese nur in hohen nördlichen und südlichen Breiten auftreten, ist also eine Wirkung des erdmagnetischen Feldes. Ein entsprechender, aber sehr viel schwächerer Effekt (Breiteneffekt) wird auch bei der kosmischen Ultrastrahlung beobachtet (§ 367).

195. Elektronenoptik. Elektronenstrahlen, welche nahezu axial das magnetische Feld einer flachen Spule durchlaufen, erfahren Ablenkungen, welche denen eines Lichtstrahles in einer Linse weitestgehend entsprechen. Ein solches Feld kann also als „Linse" für Elektronenstrahlen dienen (BUSCH), und man kann mit seiner Hilfe die Oberfläche eines Elektronen aussendenden Körpers, sowie die Struktur einer von Elektronen durchstrahlten dünnen Schicht abbilden, wenn man die Elektronenstrahlen auf einen Fluoreszenzschirm fallen läßt, genau wie man mit einer Linse eine Licht aussendende Fläche oder ein durchstrahltes Objekt abbilden kann. Die Abbildungsgesetze entsprechen durchaus denjenigen bei einer lichtoptischen Abbildung mit einer Linse (§ 275). Bild- und Gegenstandsentfernung stehen mit einer Größe, die man als die Brennweite der „Linse" bezeichnen kann, im gleichen Zusammenhange, wie beim Licht. Diese Brennweite ist von der magnetischen Feldstärke abhängig, kann also stetig geändert werden. Übrigens ist eine elektronenoptische Abbildung auch mit Hilfe elektrischer Felder möglich. Die auf diesen Grundlagen in den

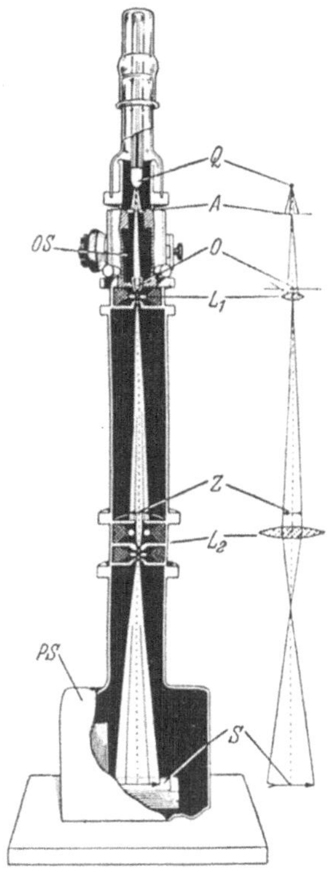

Abb. 345. Elektronenmikroskop mit zwei Linsen. Daneben das Schema des entsprechenden optischen Strahlenganges. (AEG-Forschungsinstitut.)

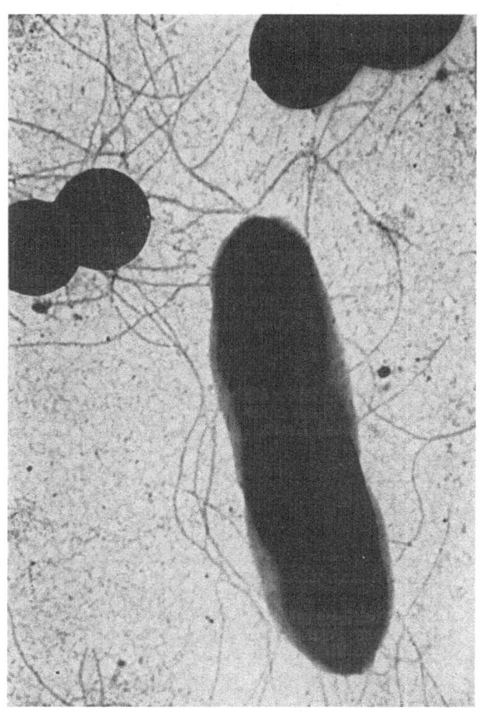

Abb. 346. Elektronenbild einzelner Bakterien. Vergrößerung elektronenoptisch 9000fach, in der Wiedergabe, lichtoptisch weitervergrößert, 23 000fach. (AEG-Forschungsinstitut)

letzten Jahren entwickelte *Elektronenoptik* ist für mehrere Gebiete der Physik und der Technik von großer Bedeutung.

Abb. 345 zeigt das Schema eines *Elektronenmikroskops* mit zwei Linsen. Die von der Elektronenquelle (Glühkathode) Q kommenden Elektronen werden auf dem Wege zur Blende A durch eine Spannung von einigen 10 000 V beschleunigt, treten in die Objektschleuse OS ein und durchdringen das Objekt O. Von diesem entwirft die erste Linse L_1 ein Zwischenbild Z, das durch die Doppellinse L_2 auf dem in der Plattenschleuse PS befindlichen Leuchtschirm S oder einer photographischen Platte abgebildet wird. Das Elektronenmikroskop gibt die Möglichkeit für sehr viel stärkere Vergrößerungen als das Lichtmikroskop. (Das liegt an der sehr kleinen Wellenlänge der mit der Elektronenbewegung verbundenen Materiewellen, § 352, vgl. § 282). Unter Hinzunahme einer weiteren, etwa 10fachen lichtoptischen Vergrößerung des Elektronenbildes sind heute bereits etwa 500 000fache Vergrößerungen gelungen.

Abb. 346 zeigt einzelne Bakterien in 23 000facher Vergrößerung. Es ist aber möglich, sogar einzelne besonders *große Moleküle (Makromoleküle) sichtbar zu machen.* Dazu gehören auch die sog. *Virus.* Das sind die Erreger gewisser, nichtbakterieller, überaus ansteckender Krankheiten, zu denen u. a. die Pocken, das Gelbfieber, die Tollwut, der Mumps, die Masern, bei den Pflanzen die Mosaikkrankheiten gehören. Diese Erreger sind einzelne große Moleküle, die sich durch den Vorgang der sog. Autokatalyse vermehren, und die offenbar auf der Grenze zwischen der belebten und der unbelebten Natur stehen. Die wissenschaftliche Ausnutzung des Elektronenmikroskops steht erst in ihren Anfängen, hat aber — vor allem in der Biologie — bereits zu sehr wichtigen Fortschritten geführt.

196. Kraftwirkung magnetischer Felder auf Ströme. Die für einzelne Ladungsträger gültigen Gesetze können wir nunmehr leicht auf die Gesamtheit der Ladungsträger eines Stromes übertragen. Da die Ladungsträger den Stromleiter nicht verlassen können, so übertragen sie die an ihnen angreifende Kraft auf diesen. Es treten also im magnetischen Felde Kraftwirkungen an den Stromleitern auf. Dabei ist es gleichgültig, ob ein bestimmter Strom i aus positiven Ladungsträgern besteht oder aus negativen Ladungsträgern, die sich in entgegengesetzter Richtung bewegen. Denn das Vorzeichen der rechten Seite von Gl. (28), also auch die Richtung der Kraft $\mathfrak{k}$, ändert sich nicht, wenn sowohl ε wie $\mathfrak{v}$ entgegengesetztes Vorzeichen annehmen. Wir dürfen also auch bei den Strömen in Metallen, die ja aus Elektronen bestehen, immer

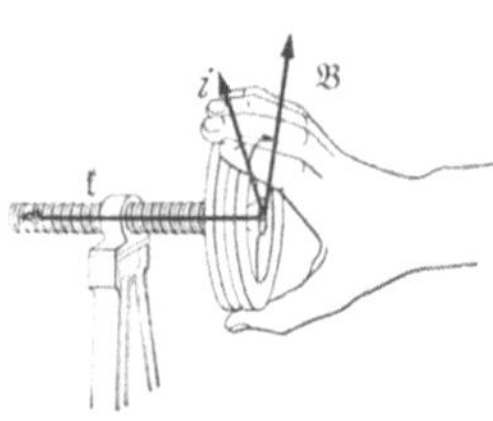

Abb. 347. Schraubenregel für die im magnetischen Feld auf einen Stromleiter wirkende Kraft.

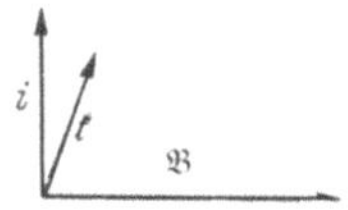

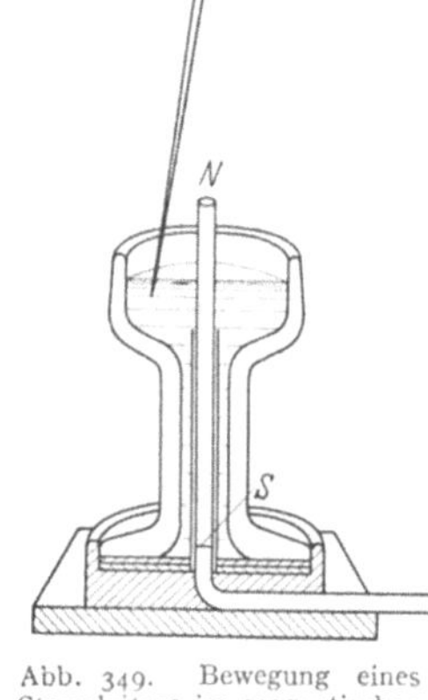

Abb. 348. Kraftwirkung auf einen zur magnetischen Feldrichtung senkrechten Strom.

Abb. 349. Bewegung eines Stromleiters im magnetischen Felde.

so rechnen, als handle es sich um einen entgegengesetzt gerichteten Strom positiver Ladungsträger.

Es sei n die Zahl der an einem Strom beteiligten Ladungsträger in $1\ \text{cm}^3$ eines Leiters, ε die Ladung der einzelnen Ladungsträger, q der Querschnitt eines Leiterelementes dl. Dann beträgt die in diesem enthaltene bewegte Ladung $n\varepsilon q\,dl$. Demnach ist der Betrag der auf ein solches Leiterelement im Felde B wirkenden Kraft nach Gl. (29) $dk = n\varepsilon q\,dl\,vB \sin(v, B)$. Nach § 152, Gl. (8), ist aber $n\varepsilon qv = i$ die Stromstärke im Leiterelement. Setzen wir noch, da die Richtung der Geschwindigkeit v der Ladungsträger mit der Richtung des Stromes übereinstimmt, $(v, B) = (i, B)$, so folgt

$$dk = i\,dl\,B \sin(i, B)\ \text{dyn}. \tag{36a}$$

Dabei ist zu beachten, daß die Stromstärke i hier im elektromagnetischen Maßsystem (Einheit 10 Ampere) gemessen werden muß, um die Kraft in dyn zu erhalten. Die Kraft dk steht senkrecht zu der durch das Leiterelement dl und die Feldstärke B gebildeten Ebene, sucht also das Leiterelement senkrecht zur Stromrichtung zu bewegen. Sie hat ihren größten Wert für $\sin(i, B) = 1$, wenn also Strom- und Feldrichtung aufeinander senkrecht stehen, und verschwindet, wenn sie einander parallel sind.

Nach Gl. (36a) beträgt die Kraft, die ein gerader Stromleiter von der Länge l in einem homogenen Felde B erfährt, wenn er zur Feldrichtung senkrecht steht

$$k = i\,l\,B\ \text{dyn}, \tag{36b}$$

wobei i wieder in elektromagnetischen Einheiten zu messen ist. Demnach kann die elektromagnetische Einheit der Stromstärke auch als derjenige Strom definiert werden, der je cm seiner Länge in einem zu ihm senkrechten magnetischen Felde von 1 Gauß die Kraft 1 dyn erfährt.

Aus Gl. (28) läßt sich ohne weiteres die *Schraubenregel* ableiten, die für die in einem magnetischen Felde auf einen Strom wirkende Kraft gilt: *Die Kraft weist in diejenige Richtung, in der sich eine rechtsgängige Schraube bewegt, wenn man sie in dem Sinne dreht, der einer Drehung der (positiven) Stromrichtung in die Feldrichtung entspricht* (Abb. 347). Der besonders wichtige Fall, daß Stromrichtung und Feld aufeinander senkrecht stehen, ist noch einmal in anderer Weise in Abb. 348 dargestellt.

Um die Wirkung auf ein endliches Leiterstück oder auf einen ganzen geschlossenen Stromkreis zu finden, muß man die Vektorsumme über die an den einzelnen Leiterelementen dl wirkenden Kräfte dk bilden. Bei einem geschlossenen Stromkreis ergibt sich in einem homogenen Felde nie eine resultierende Einzelkraft, sondern stets ein Kräftepaar. Das heißt, auf einen geschlossenen Stromkreis wirkt im homogenen magnetischen Felde *nur ein Drehmoment, keine beschleunigende Kraft,* genau wie auf einen Magneten.

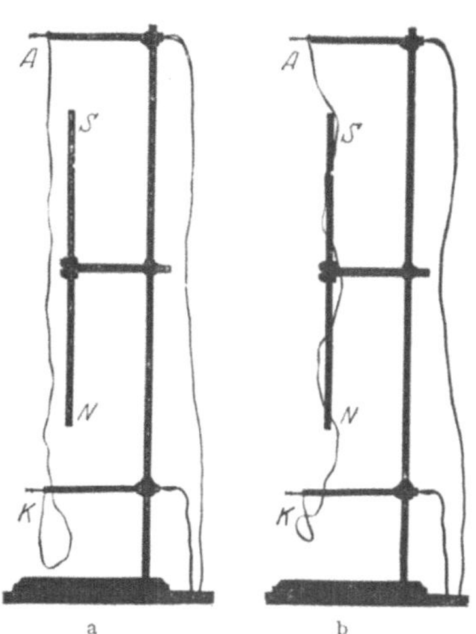

Abb. 350. Ein Stromleiter wickelt sich schraubenartig um einen Magneten. (Aus POHL: Elektrizitätslehre.)

Die auf einen stromdurchflossenen Leiter im magnetischen Felde wirkende, zur Strom- und Feldrichtung senkrechte Kraft zeigt in einfachster Form ein von AMPÈRE angegebener Versuch (Abb. 349). Aus einem mit Quecksilber gefüllten Gefäß ragt der Nordpol N eines Magneten heraus, durch den von unten ein Strom in das Quecksilber eintreten kann. Dieser tritt oben durch einen allseitig drehbar aufgehängten Draht wieder aus. Der Draht kreist um den Magneten unter der Wirkung des von diesem erzeugten magnetischen Feldes. Der Drehsinn kehrt sich mit der Stromrichtung um. Dieses ist, wie leicht ersichtlich, die Umkehrung des in Abb. 333 dargestellten Versuches.

Das Bestreben bewegter Ladungsträger, die Feldlinien eines magnetischen Feldes auf einer Schraubenbahn zu umlaufen, läßt sich auch bei den Ladungsträgern in einem Leiter zeigen, wenn dieser biegsam ist, z. B. von einem dünnen Metallband $A\,K$ (Abb. 350) gebildet wird. Der anfänglich dicht neben einem vertikalen Stabmagneten herabhängende Leiter wickelt sich bei Stromschluß schraubenförmig auf den Magneten auf. Bei Umkehrung der Stromrichtung wickelt er sich ab und mit umgekehrtem Drehsinn wieder auf.

197. Das magnetische Moment von Stromkreisen und Spulen. Abb. 351 stellt eine rechteckige Stromschleife dar, deren Seitenlängen l_1 und l_2 cm seien. Die Seiten l_1 seien zum homogenen magnetischen Felde $\mathfrak{B}$ senkrecht, die Seiten l_2 zu ihm parallel. Dann wirkt eine Kraft nur auf die ersteren, und zwar nach Gl. (36 b) auf jede die Kraft $k = i l_1 B$ dyn. Die beiden Kräfte sind entgegengesetzt gerichtet, weil der Strom die beiden Seiten in entgegengesetztem Sinne durchfließt. Daher wirkt auf den Leiter ein Drehmoment vom Betrage

$$N = k l_2 = i l_1 l_2 B = i F B \text{ dyn} \cdot \text{cm}, \qquad (37)$$

wenn $F = l_1 l_2$ die Fläche der Stromschleife ist.

Man erkennt, daß dieses Drehmoment den Stromkreis so zu drehen sucht, daß seine Fläche zur Richtung des Feldes $\mathfrak{B}$ senkrecht steht. Ferner ergibt sich aus der Anwendung der Schraubenregel der Abb. 337, § 190, sehr leicht, daß in dieser Lage das magnetische Feld des Stromes im Stromkreis innerhalb der von ihm umrandeten Fläche dem äußeren Felde gleichgerichtet ist.

Wenn die in der Richtung dieses Eigenfeldes in der Fläche errichtete Flächennormale den Winkel α_n mit der Richtung des äußeren Feldes bildet, so ist das an dem Stromkreis angreifende Drehmoment um den Faktor $\sin \alpha_n$ kleiner als oben berechnet, beträgt also

$$N = -iFB \sin \alpha_n = -MB \sin \alpha_n . \tag{38}$$

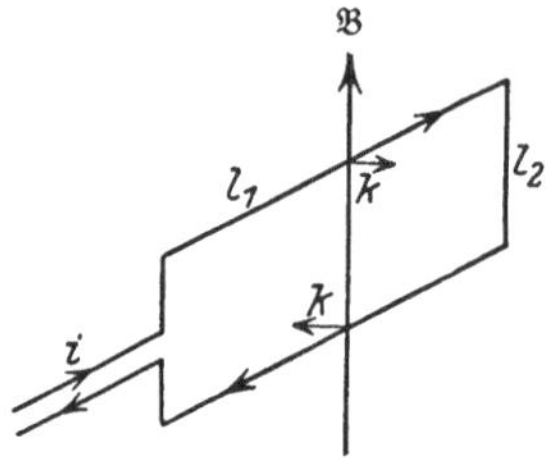

Abb. 351. Zur Ableitung des magnetischen Moments einer Stromschleife.

Dabei haben wir das negative Vorzeichen gesetzt, um anzudeuten, daß es sich um ein Drehmoment handelt, das den Winkel α_n zu verkleinern sucht. Ferner haben wir gesetzt

$$iF = M , \tag{39}$$

und zwar deshalb, weil die Größe iF hier die Rolle eines *magnetischen Moments* spielt, wie ein Vergleich mit Gl. (11), § 188, zeigt. Ein aus einer einzigen Windung bestehender, vom Strome i durchflossener Stromkreis, der eine Fläche F umrandet, besitzt also ein magnetisches Moment vom Betrage iF.

Auch ein einzelner, auf einer Kreisbahn vom Radius r umlaufender Ladungsträger bildet einen Kreisstrom. Seine Ladung sei ε, seine Winkelgeschwindigkeit $u = 2\pi n$. Dann durchläuft der Ladungsträger jeden Querschnitt seiner Bahn in 1 sec n-mal, so daß in 1 sec die Ladung $n\varepsilon$ durch jeden Querschnitt tritt, und seine Bewegung bildet gemäß der Definition der Stromstärke einen Strom von der Stärke $i = \varepsilon u/2\pi$. Demnach ist das magnetische Moment eines solchen elementaren Kreisstromes

$$M = \pi r^2 \cdot \frac{\varepsilon u}{2\pi} = \frac{1}{2}\,\varepsilon\,u\,r^2. \tag{40}$$

Handelt es sich um eine Spule von n Windungen, so besitzen diese sämtlich gleich große und gleichgerichtete magnetische Momente, die sich demnach algebraisch zu einem magnetischen Moment

$$M = niF = \frac{ni}{l}Fl = jV \quad \text{bzw.} \quad \mathfrak{M} = \mathfrak{j}V \tag{41}$$

addieren, da $ni/l = j$ die spezifische Durchflutung der Spule und $Fl = V$ das von der Spule eingeschlossene Volumen ist. Damit gewinnt die spezifische Durchflutung $\mathfrak{j}$ eine interessante neue Bedeutung. Da

$$\mathfrak{j} = \frac{\mathfrak{M}}{V} , \quad \text{bzw.} \quad j = \frac{M}{V} \tag{42}$$

so ist *die spezifische Durchflutung gleich dem auf jede Volumeinheit des Spuleninnern entfallenden Anteil am magnetischen Moment der Spule.*

Damit ist nun die Analogie einer stromdurchflossenen Spule mit einem Stabmagneten noch weiter getrieben. Sie besitzt tatsächlich ein magnetisches Moment wie jeder Stabmagnet. Man kann auch ihre *Polstärke* $m = M/l$ berechnen, und diese ergibt sich nach Gl. (41) zu

$$m = jF , \tag{43}$$

genau wie wir es bereits in § 192 auf Grund des magnetischen Flusses in der Spule berechnet haben. Wenn wir uns diese Polstärke gleichförmig über die Endflächen der Spule verteilt denken, so entfällt auf die Flächeneinheit eine Polstärke $m/F = j$.

Wir betonen noch einmal, daß die hier abgeleiteten Beziehungen *streng* nur für eine Spule gelten, die *so lang gegenüber dem Durchmesser ihres Querschnitts* ist, daß man davon absehen kann, daß das magnetische Feld des Spulenstromes in nächster Nähe ihrer Enden nicht mehr homogen ist (Abb. 336).

198. Kraftwirkungen zwischen Strömen. Da elektrische Ströme einerseits Träger magnetischer Felder sind, andererseits aber in magnetischen Feldern Kraftwirkungen erfahren, so müssen auch zwei Ströme auf Grund ihrer magnetischen Felder Kräfte aufeinander ausüben. Es seien i_1 und i_2 zwei parallele und gleichgerichtete, zur Zeichnungsebene senkrecht nach hinten gerichtete Ströme (Abb. 352a). Die Kreise sind die durch die Ströme gehenden Feldlinien jeweils des zweiten Stromes. Da die Ströme gleichgerichtet, die Felder aber in den beiden Punkten entgegengesetzt gerichtet sind, so erfahren die Stromleiter entgegengesetzt gerichtete Kräfte $\mathfrak{k}$ und $-\mathfrak{k}$. Mit Hilfe der Schraubenregel (§ 196) stellt man leicht fest, daß die beiden Stromleiter durch diese Kräfte aufeinander hin getrieben werden, sich also anziehen. Ebenso stellt man fest, daß *beide* Kräfte ihre Richtung umkehren, wenn man die Richtung des *einen* Stromes, z. B. von i_2, umkehrt

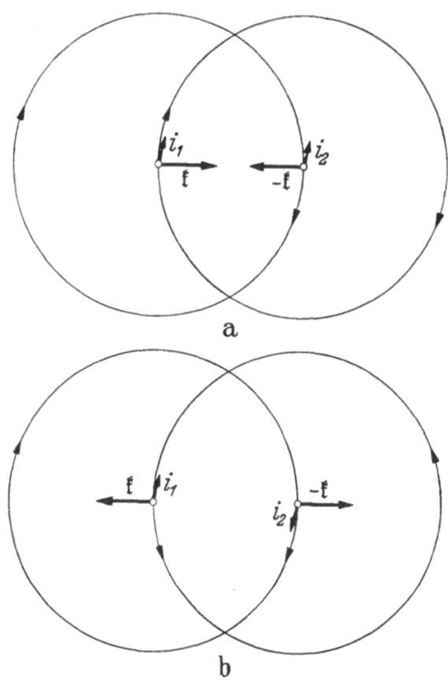

Abb. 352. a Anziehung paralleler, b Abstoßung antiparalleler Ströme.

(Abb. 352b). Denn dadurch kehrt sich gleichzeitig am Ort von i_1 die Feldrichtung um. Wir erhalten also das wichtige Gesetz: *Parallele und gleichgerichtete Ströme ziehen sich an, parallele und entgegengesetzt gerichtete Ströme stoßen sich ab.* Zum Nachweis kann die in Abb. 353 dargestellte Vorrichtung (Ampèresches Gestell) dienen. Die in Abb. 354 dargestellte Roguetsche Spirale taucht unten in Quecksilber. Sobald man in ihr einen Strom einschaltet, zieht sie sich infolge der Anziehung der in ihren Windungen fließenden parallelen Ströme zusammen. Dadurch wird der Strom unterbrochen, die Spirale dehnt sich wieder, taucht erneut in das Quecksilber ein, und

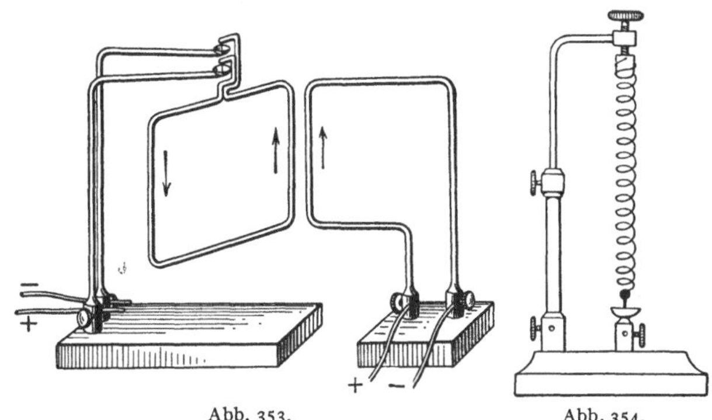

Abb. 353.
Anziehung und Abstoßung paralleler Ströme.

Abb. 354.
Roguetsche Spirale.

das Spiel wiederholt sich in regelmäßiger Folge. Die Spirale ist also ein besonders einfacher selbsttätiger Stromunterbrecher.

In Abb. 355 ist i_1 wieder ein zur Zeichnungsebene senkrecht nach hinten gerichteter Strom, i_2 ein in der Zeichnungsebene verlaufender Strom. Wir greifen in diesem zwei Punkte heraus, die auf der gleichen Feldlinie des vom Strome i_1 erzeugten Feldes liegen. Mit Hilfe der Schraubenregel stellt man fest, daß die in den beiden Punkten auf i_2 wirkenden, gleich großen, zur Zeichnungsebene senkrechten Kräfte $\mathfrak{k}$ und $-\mathfrak{k}$ einander entgegengerichtet sind, also ein Kräftepaar bilden. Dieses sucht den Strom i_2 so zu drehen, daß er dem Strom i_1 parallel und gleichgerichtet ist. Ein entsprechendes, aber entgegengesetzt gerichtetes Drehmoment tritt nach dem Wechselwirkungsgesetz (§ 16) natürlich auch an i_1 auf. Es folgt: *Zwei frei bewegliche Stromleiter suchen sich so zu stellen, daß die in ihnen fließenden Ströme parallel und gleichgerichtet sind.*

Das allgemeine Gesetz für die zwischen zwei von den Strömen i_1 und i_2 durchflossenen Leiterelementen dl_1 und dl_2 wirkende Kraft dk lautet, wenn r der Abstand der Leiterelemente ist,

$$dk = -\frac{i_1\,dl_1\,i_2\,dl_2}{r^2}\left(\cos\,(i_1, i_2) - \frac{3}{2}\cos\,(i_1, r)\cdot\cos\,(i_2, r)\right). \tag{44}$$

(AMPÈRE 1825). Sind die beiden Ströme parallel bzw. antiparallel, so ist $\cos\,(i_1, i_2) = +1$ bzw. $= -1$ und $\cos\,(i_1, r) = -\cos\,(i_2, r)$ bzw. $= +\cos\,(i_2, r)$. Dann folgt aus Gl. (44)

$$dk = \mp\frac{i_1\,dl_1\,i_2\,dl_2}{r^2}\left(1 - \frac{3}{2}\cos^2\,(i_1, r)\right) \tag{45}$$

(— für parallele, + für antiparallele Ströme). Die Summe dieser Kräfte für endliche Leiterteile ist nach den Gesetzen der Vektoraddition zu bilden.

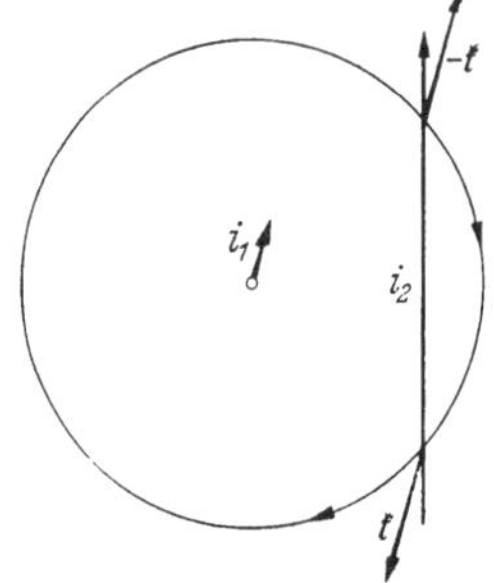

Abb. 355. Zwei Ströme suchen sich parallel zu stellen.

Bei großer Stromstärke, z. B. in elektrischen Maschinen und Umspannern, sind die Kräfte, die zwischen den einzelnen Teilen von Spulen (Wicklungen) auftreten, sehr erheblich. Benachbarte Windungen, in denen parallele Ströme fließen, ziehen sich mit großer Kraft an, und es muß dafür gesorgt werden, daß die Isolation diesem Druck standhält. Die einander diametral gegenüberliegenden Teile jeder Windung führen entgegengesetzt gerichtete Ströme und stoßen sich ab. Daher besteht bei großer Stromstärke ferner die Gefahr, daß die Wicklung auseinandergesprengt wird.

199. Galvanomagnetische und thermomagnetische Erscheinungen. Die in § 196 betrachteten Erscheinungen betreffen Kräfte, welche primär an bewegten Ladungsträgern in Leitern im magnetischen Felde angreifen und von ihnen auf den beweglichen Leiter übertragen werden. Wird der Leiter aber festgehalten, so suchen die bewegten Ladungsträger der auf sie wirkenden Kraft *innerhalb* des Leiters zu folgen. Sie erfahren in ihm eine Ablenkung aus ihrer Richtung, die grundsätzlich der Ablenkung freier Ladungsträger (§ 194) entspricht. Nur sind die Wirkungen sehr viel geringer, da die bewegten Ladungsträger innerhalb des Gefüges des Leiters den ablenkenden Kräften sehr viel schwerer folgen können als im freien Raum. Immerhin werden die Ladungsträger aus ihrer geraden Bahn gedrängt und zu Umwegen gezwungen; ihr Weg durch den Leiter wird verlängert. Infolgedessen wird der Widerstand des Leiters erhöht, wenn er sich in einem magnetischen Feld befindet, welches senkrecht zur Richtung des im Leiter fließenden Stromes steht (THOMSON-*Effekt*). Diese Erscheinung tritt besonders stark beim Wismut auf und kann nach LENARD dazu dienen, die Stärke magnetischer Felder zu messen. Man benutzt dazu eine flache, bifilar gewickelte *Wismutspirale*, die in das Feld gebracht wird. Der Widerstand wächst mit zunehmender Feldstärke zunächst beschleunigt, dann langsamer an und ist bei einer Feldstärke von 10 000 Gauß um rund 50% größer als im feldfreien Raum. Eine weitere Wirkung der seitlichen Verdrängung der Stromfäden in einem Leiter im magnetischen Felde besteht darin, daß zwischen zwei Punkten eines stromdurchflossenen Leiters, die ohne Feld auf gleicher Spannung sind, im Felde eine Spannung auftritt (HALL-*Effekt*).

Die Wärmeleitung in einem Metall beruht ebenfalls auf einer Elektronenbewegung, und auch diese wird durch ein zur Richtung dieser Bewegung, d. h. zur Richtung des Temperaturgefälles senkrechtes magnetisches Feld in ähnlicher Weise beeinflußt wie ein elektrischer Strom. Das führt u. a. zum Auftreten einer Temperaturdifferenz im magnetischen Felde zwischen zwei Punkten, die im feldfreien Raum auf gleicher Temperatur waren. Es gibt noch mehrere derartige Wirkungen von magnetischen Feldern auf die Elektronen in den Metallen, die mit den Namen ihrer Entdecker (RIGHI, LEDUC, MAGGI, NERNST, ETTINGSHAUSEN) bezeichnet werden. Sie treten sämtlich am stärksten beim Wismut auf und sind auch nur bei ihm sämtlich beobachtet worden.

II. Die magnetischen Eigenschaften der Stoffe.

200. Para-, Dia- und Ferromagnetismus. Wie allgemein bekannt, erfahren nicht nur Magnete, sondern auch nichtmagnetisierte Eisenkörper (Nägel, Eisenfeilicht usw.) im magnetischen Felde Kraftwirkungen. Sie werden sowohl vom positiven als auch vom negativen Pol eines Magneten angezogen. Eine solche Anziehung erfolgt aber nur in den inhomogenen Feldern in der Nähe von Polen. In homogenen Feldern tritt lediglich eine Ausrichtung in die Feldrichtung bei länglichen Eisenteilchen ein. Das erinnert durchaus an die analogen Erscheinungen an elektrischen Dipolen im elektrischen Felde (§ 141). Wir ziehen aus dieser Beobachtung den Schluß, daß unmagnetische Eisenkörper im magnetischen Felde durch einen der elektrischen Influenz (§ 140) wenigstens äußerlich ähnlichen Vorgang zu magnetischen Dipolen werden. Ähnlich starke Wirkungen wie beim Eisen treten noch bei Nickel und Kobalt und einigen wenigen anderen Stoffen auf (§ 206). Man nennt diese Stoffe *ferromagnetisch*.

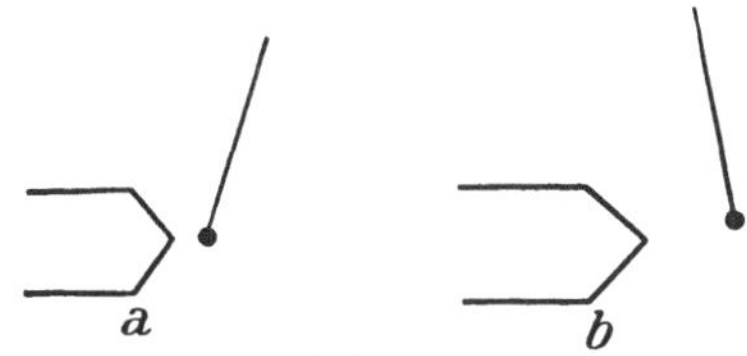

Abb. 356.
a Paramagnetischer, b diamagnetischer Körper
im inhomogenen magnetischen Felde.

Im Jahre 1845 gelang FARADAY der Nachweis, daß tatsächlich *jeder Stoff magnetische Eigenschaften besitzt*. Nur sind die Wirkungen im allgemeinen so überaus schwach, daß es zu ihrem Nachweis besonderer Hilfsmittel bedarf. Man braucht dazu sehr starke und sehr inhomogene Felder, wie sie in der nächsten Nähe eines spitzen Polschuhs eines starken Elektromagneten auftreten. Bei der Untersuchung der verschiedenen Stoffe in einem solchen Felde ergab sich folgendes. Sämtliche Stoffe — von den ferromagnetischen abgesehen — zerfallen in zwei Gruppen von gegensätzlichem magnetischen Verhalten. Die *paramagnetischen Stoffe* verhalten sich insofern qualitativ ähnlich wie die ferromagnetischen Stoffe, als sie im inhomogenen magnetischen Felde *in Richtung wachsender Feldstärke* getrieben, also von einem spitzen Polschuh *angezogen* werden (Abb. 356a). Hingegen werden die *diamagnetischen Stoffe* im inhomogenen magnetischen Felde *in Richtung abnehmender Feldstärke* getrieben, also von einem spitzen Polschuh *abgestoßen* (Abb. 356b).

Diese Erscheinungen sind für unser Wissen von den Stoffen von sehr großer Bedeutung. Aber sie haben auch technische Bedeutung. Die Unterschiede im magnetischen Verhalten der einzelnen Stoffe sind immerhin groß genug, daß man auf sie ein sehr wirksames *Erzscheideverfahren* hat gründen können.

Bringt man den einen Schenkel eines U-Rohres, das eine paramagnetische Flüssigkeit enthält, zwischen die Pole eines starken Elektromagneten, während sich der andere Schenkel im feldfreien Raum befindet, so herrscht am Ort der Flüssigkeit ein sehr inhomogenes Feld. Daher wird die paramagnetische Flüssigkeit in Richtung wachsender Feldstärke getrieben und steigt in dem zwischen den Polen befindlichen Schenkel in die Höhe. Hingegen wird eine diamagnetische Flüssigkeit in diesem Schenkel herabgedrückt. Diese und andre Kraftwirkungen magnetischer Felder an para- und diamagnetischen Stoffen können zu quantitativen Messungen an diesen Stoffen ausgenutzt werden.

201. Die Deutung der magnetischen Eigenschaften der Stoffe. Wie wir gesehen haben, wird jeder Körper im magnetischen Felde zu einem magnetischen Dipol, erhält also in ihm ein magnetisches Moment. Aus der Richtung der in inhomogenen magnetischen Feldern auftretenden Kräfte können wir ableiten, daß dieses magnetische Moment bei den ferromagnetischen und paramagnetischen, Körpern dem Felde gleichgerichtet, bei den diamagnetischen Körpern ihm entgegengerichtet ist. Nimmt z. B. die Feldstärke in der positiven Feldrichtung ab, so muß bei einem ferro- oder paramagnetischen Stoff das — vom negativen zum positiven Pol weisende — magnetische Moment in die Feldrichtung weisen,

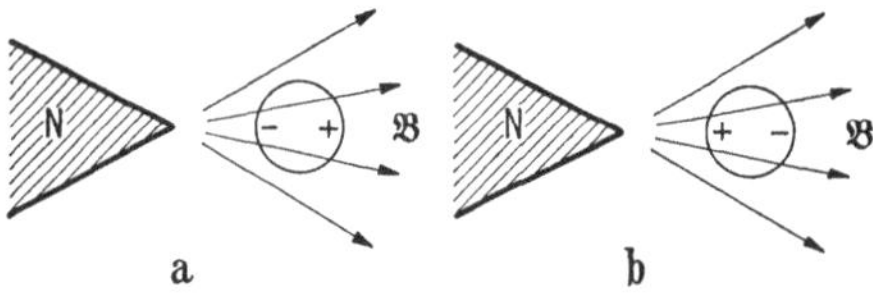

Abb. 357. a Paramagnetischer, b diamagnetischer Körper im inhomogenen magnetischen Felde.

wenn der negative Pol in einem Bereich höherer Feldstärke liegen soll als der positive, so daß die an ihm angreifende, dem Felde entgegengerichtete Kraft überwiegt (Abb. 357a). Bei einem diamagnetischen Körper muß das magnetische Moment umgekehrt gerichtet sein, damit die

dem Felde gleichgerichtete Kraft auf den positiven Pol überwiegt (Abb. 357b). Kehrt man in den Abb. 357 die Feldrichtung um, so kehren sich auch die magnetischen Momente um, die Pole wechseln ihr Vorzeichen, und alle Folgerungen bleiben die gleichen.

Die grundsätzliche Deutung dieser Tatsachen hat — zunächst nur für den Ferromagnetismus gedacht, dann aber als allgemein gültig erkannt — AMPÉRE gegeben. Nach dem Grundsatz, daß hinter gleichen Wirkungen gleiche Ursachen zu vermuten sind, knüpfte er an die Erfahrung an, daß elektrische Stromkreise ein magnetisches Moment besitzen, und zog daraus den Schluß, daß jegliches magnetische Moment seine Ursache in elektrischen Strömen habe. Er schrieb daher den Atomen der Materie die Eigenschaft zu, *Träger atomarer Kreisströme* zu sein. Das war für jene Zeit ein sehr kühner Gedanke, der aber später durch die Atomtheorie von RUTHERFORD und BOHR eine glänzende Rechtfertigung erhalten hat (§ 337). AMPÉRE nahm an, diese Kreisströme und ihre magnetischen Momente seien in einem nichtmagnetisierten Stoff vollkommen ungeordnet, ihre magnetischen Momente seien über alle Richtungen statistisch gleichmäßig verteilt. Dann heben sich ihre magnetischen Wirkungen nach außen auf; der Stoff erscheint als Ganzes unmagnetisch. Wenn sich der Stoff aber in einem magnetischen Felde befindet, so sollten die atomaren magnetischen Momente die Tendenz haben, sich wie „Elementarmagnete" in die Feldrichtung einzustellen (§ 197), und zwar um so vollkommener, je stärker das Feld ist, je wirksamer es also der Tendenz der Momente zur gleichmäßigen Verteilung über alle möglichen Richtungen entgegenzuwirken vermag. Der Körper muß infolgedessen als Ganzes ein magnetisches Moment annehmen, das mit der Feldstärke wächst und dem Felde gleichgerichtet ist. Tatsächlich entspricht das genau den Verhältnissen bei den ferro- und paramagnetischen Stoffen. Eine Deutung für die gerade umgekehrten Verhältnisse bei den diamagnetischen Stoffen können wir erst später geben (§ 228). Hier genügt der Hinweis, daß es sich auch bei ihnen um atomare Kreisströme und deren magnetische Momente handelt, daß diese aber im magnetischen Felde gerade umgekehrt ausgerichtet sind wie in den ferro- und paramagnetischen Stoffen.

Wenn die atomaren magnetischen Momente in einem Körper mehr oder weniger weitgehend in die Feldrichtung gerichtet, die Ebenen der Kreisströme also mehr oder weniger der zur Feldrichtung senkrechten Stellung genähert sind, so ändert sich damit der Verlauf der Feldlinien der Kreisströme. Im ungeordneten Zustande verlaufen sie im wesentlichen nur in atomaren Bereichen, ähnlich wie in der Abb. 334. Mit wachsender Ausrichtung aber ordnen sich die Kreisströme mehr und mehr zu Gebilden, die man ganz grob mit den Windungen sehr vieler paralleler Spulen innerhalb des Körpers vergleichen könnte, bei denen die Feldlinien nicht mehr die einzelnen Windungen umfassen, sondern durch den ganzen Innenraum hindurchlaufen, um erst an den Enden — den Grenzflächen des magnetisierten Körpers — aus- bzw. einzutreten, wie in der Abb. 336. Man versteht jetzt, wie es kommt, daß ein solcher Körper im magnetischen Felde Pole bekommt, zu einem magnetischen Dipol wird.

Wir können nun das auf diese Weise gewonnene Bild noch auf eine bemerkenswerte und für unsere weiteren Überlegungen sehr nützliche Weise vereinfachen. Abb. 358 stellt einen Querschnitt durch einen magnetisierten Körper dar. Die ausgerichteten atomaren Kreisströme denken wir uns als einander berührende Quadrate, die gleichsinnig von gleich starken Strömen umflossen werden. Dann fließen in jeder Quadratseite gleich starke, entgegengesetzt gerichtete Ströme, deren magnetische Felder zwar gleich stark,

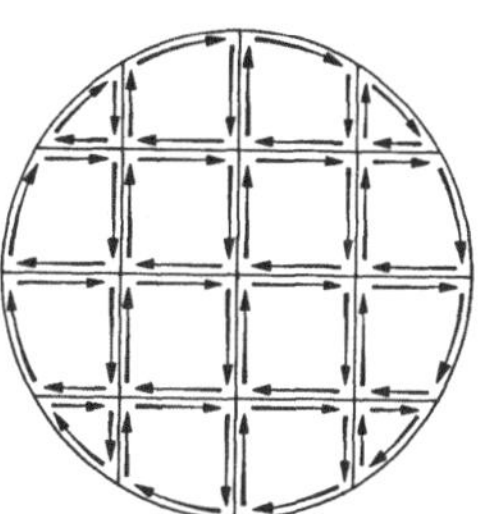

Abb. 358.   Zur Deutung der Magnetisierung eines Körpers durch eine Durchflutung seiner Oberfläche.

aber entgegengesetzt gerichtet sind, sich also gegenseitig aufheben. Nur in den Randseiten der nichtquadratischen Randfelder, also im Mantel des Körpers, fließt ein Strom nur in einer Richtung, und es bleibt nur die magnetische Wirkung dieser Randströme übrig. In ihrer Folge um den ganzen Umfang des Körpers bilden sie aber einen den ganzen Körper umfassenden Strom, den wir mit dem Strom in einer Einzelwindung einer um den Körper gelegten Spule vergleichen können. In ihrer Gesamtheit auf der ganzen Länge des Körpers können wir sie mit der Gesamtheit der Windungen einer stromdurchflossenen Spule vergleichen, in der zwar nur ein sehr schwacher Strom i fließt, deren Windungszahl n aber sehr groß ist. Für das in der Spule erzeugte magnetische Feld kommt es aber auf das Produkt ni, die Durchflutung, an (§ 192).

Wir werden so dazu geführt, das magnetische Feld im Innern eines magnetisierten Körpers vereinfachend, aber durchaus richtig, auf *eine in seiner Oberfläche herrschende Durchflutung* zurückzuführen, in vollkommener Analogie zum magnetischen Felde einer Spule. Das gibt uns die Möglichkeit, die Verhältnisse bei den magnetisierten Körpern aus den Gesetzen abzuleiten, die wir bereits bei den stromdurchflossenen Spulen kennengelernt haben.

Bei den ferro- und paramagnetischen Stoffen ist die Durchflutung so gerichtet, daß sie im Stoff ein dem magnetisierenden Felde gleichgerichtetes magnetisches Feld erzeugt. Bei den diamagnetischen Stoffen ist sie umgekehrt gerichtet und erzeugt ein dem äußeren Felde entgegengerichtetes magnetisches Feld.

Die atomaren Kreisströme sind eine Grundeigenschaft der Atome und fließen ständig ungeschwächt, ohne Wirkung einer elektromotorischen Kraft. Man muß sich also diese Kreisströme und ebenso die Durchflutung in der Oberfläche als in widerstandslosen Strombahnen verlaufend denken, so daß ihre Energie sich nicht als Stromwärme verzehrt, ähnlich wie bei einem Supraleiter.

Bei den ferromagnetischen Stoffen ist das im magnetischen Felde auftretende magnetische Moment außerordentlich viel größer als bei den para- und diamagnetischen Stoffen. Eisenfeilspäne werden, wenn sie sich im Felde befinden, zu kleinen Magneten. Infolge der Anziehung zwischen ihren positiven und negativen Polen suchen sie sich in Ketten anzuordnen, deren allgemeine Richtung derjenigen des örtlichen Feldes entspricht. Daher kommt es, daß man den allgemeinen Verlauf eines magnetischen Feldes mit Eisenfeilicht erkennbar machen kann.

202. Spulen und einzelne Leiter in stofflicher Umgebung. Wenn wir jetzt zur quantitativen Behandlung dieser Erscheinungen übergehen, so beschränken wir uns zunächst auf die para- und diamagnetischen Stoffe. Die ferromagnetischen Stoffe, bei denen die Verhältnisse viel verwickelter sind, behandeln wir anschließend.

Wir betrachten eine *lange und enge* Spule, die vollständig in einen para- oder diamagnetischen Stoff eingebettet ist, und in der ein Strom i fließt, deren spezifische Durchflutung also $j = ni/l$ ist. Diese erzeugt im Innern der Spule ein magnetisches Feld $4\pi j$, während der Außenraum praktisch feldfrei ist. Diesem Eigenfeld des Spulenstromes überlagert sich nun aber das magnetische Feld, welches von der spezifischen Durchflutung des Stoffes im Innern der Spule hervorgerufen wird. Wir bezeichnen diese zusätzliche spezifische Durchflutung, die ja — wie die vom Strome i herrührende spezifische Durchflutung $\mathfrak{j}$ — als ein Vektor anzusehen ist, mit dem Symbol $\mathfrak{J}$, Betrag J. Der Vektor weist in Richtung der Spulenachse und ist in einem paramagnetischen Stoff dem Vektor $\mathfrak{j}$ gleichgerichtet, in einem diamagnetischen Stoff ihm entgegengerichtet. Demnach beträgt die gesamte spezifische Durchflutung des Spulenkerns $\mathfrak{j} + \mathfrak{J}$, und die magnetische Feldstärke in ihm beträgt

$$\mathfrak{B} = 4\pi\,(\mathfrak{j} + \mathfrak{J}), \qquad \text{Betrag } B = 4\pi\,(j + J)\,. \tag{1}$$

In einem paramagnetischen Stoff ist J positiv, in einem diamagnetischen Stoff negativ.

Nun zeigt die experimentelle Erfahrung, daß bei den para- und diamagnetischen (nicht bei den ferromagnetischen) Stoffen, zwischen $\mathfrak{J}$ und $\mathfrak{j}$ Proportionalität besteht. Wir setzen deshalb

$$\mathfrak{J} = 4\pi\,\varkappa\,\mathfrak{j} \qquad \text{bzw.} \qquad J = 4\pi\,\varkappa\,j\,. \tag{2}$$

Dabei ist $\varkappa$ eine für das magnetische Verhalten des betreffenden Stoffes charakteristische Konstante, seine *Suszeptibilität*. Sie ist bei allen Stoffen, außer den

Tabelle 25. Suszeptibilität $\varkappa$ und Massensuszeptibilität χ einiger Stoffe.

Diamagnetisch			Paramagnetisch		
	$\varkappa \cdot 10^6$	$\chi \cdot 10^6$		$\varkappa \cdot 10^6$	$\chi \cdot 10^6$
Wismut, 15° C. . .	— 15	— 1,47	Zinn, weiß	+ 0,3	+ 0,03
Wismut, flüssig . .	— 0,1	— 0,01	Aluminium, fest, 18° C.	+ 1,8	+ 0,65
Antimon, 18° C . .	— 6	— 0,9	Aluminium, flüssig,		
Quecksilber, 18° C .	— 2,6	— 0,19	1000° C		+ 0,5
Wasserstoff, Gas. .	— 0,00018	— 2	Sauerstoff, 0° C, 1 Atm.	+ 0,15	+ 105
Wasserstoff, flüssig.	— 0,19	— 2,7	Sauerstoff, flüssig,		
Kohlensäure, Gas .	— 0,00084	— 0,42	— 185° C		+ 241
Argon, Gas	— 0,00164	— 0,45	Sauerstoff, fest, —253° C		+ 375

Wegen der Bedeutung von χ s. § 203.

ferromagnetischen, äußerst klein, von der Größenordnung 10^{-6} oder noch viel kleiner (Tabelle 25). Daher sind auch die Erscheinungen des Para- und Diamagnetismus so unscheinbar und der gewöhnlichen Beobachtung entrückt. Im *Vakuum* ist $J = 0$ und daher auch $\varkappa = 0$. In einem paramagnetischen Stoff ist $\varkappa > 0$, in einem diamagnetischen Stoff ist $\varkappa < 0$. Gemäß seiner Definition ist $\varkappa$ eine *reine Zahl*.

Aus Gl. (1) und (2) folgt

$$\mathfrak{B} = 4\pi \mathfrak{j}\,(1 + 4\pi \varkappa) \quad \text{bzw.} \quad B = 4\pi j\,(1 + 4\pi \varkappa)\,. \tag{3}$$

Statt $1 + 4\pi\varkappa$ schreibt man auch

$$1 + 4\pi\varkappa = \mu \tag{4}$$

und nennt μ die *Permeabilität* des betreffenden Stoffes. Wie $\varkappa$, so ist auch μ eine reine Zahl. In einem paramagnetischen Stoff ist $\mu > 1$, in einem diamagnetischen Stoff $\mu < 1$, im Vakuum ist $\mu = 1$.

An diesen Überlegungen ändert sich nichts, wenn die stoffliche Raumerfüllung auf das Innere der Spule beschränkt ist, diese also nur einen stofflichen *Kern* besitzt. Denn, da der Außenraum praktisch feldfrei ist, so erfolgt an der Außenseite der Spule keine Ausrichtung der atomaren Kreisströme, und es tritt dort keine zusätzliche Durchflutung auf. Die Beseitigung des Stoffes aus dem Außenraum hat also keinen Einfluß auf das magnetische Feld im Innern der Spule.

Die Größe $4\pi\mathfrak{j}$ ist nicht mehr mit der magnetischen Feldstärke in der Spule identisch, sobald sie in einen Stoff eingebettet ist oder einen stofflichen Kern besitzt. Sie ist nur noch der Anteil, den der Spulenstrom i zum Felde im Spuleninnern beiträgt, das *Eigenfeld* der Spule, das erst zusammen mit der zusätzlichen Durchflutung des Spulenkerns das wahre magnetische Feld $\mathfrak{B}$ ergibt. Man bezeichnet deshalb die Größe $4\pi\mathfrak{j}$ mit einem besonderen Symbol, nämlich mit $\mathfrak{H}$, Betrag H,

$$4\pi\mathfrak{j} = \mathfrak{H} \quad \text{bzw.} \quad 4\pi j = H\,. \tag{5}$$

Da dieses Feld $\mathfrak{H}$ die Ursache für die Erregung des wahren Feldes $\mathfrak{B}$ ist, wollen wir es als die *magnetische Erregung* des Feldes $\mathfrak{B}$ bezeichnen.

Nach Gl. (3), (4) und (5) ist

$$\mathfrak{B} = \mu\mathfrak{H} \quad \text{bzw.} \quad B = \mu H\,. \tag{6}$$

Der Erregungsvektor $\mathfrak{H}$ ist also dem Feldvektor $\mathfrak{B}$ stets gleichgerichtet. [Allerdings gilt das nur in isotropen Stoffen. In den anisotropen Stoffen (Kristallen) sind $\varkappa$ und μ richtungsabhängig, und $\mathfrak{B}$ und $\mathfrak{H}$ sind dann im allgemeinen nicht gleichgerichtet. Wir wollen uns aber hier auf isotrope Stoffe beschränken.] Dem Betrage nach ist in einem paramagnetischen Stoff $B > H$, in einem diamagnetischen Stoff $B < H$, im Vakuum $B = H$.

Nach der von uns hier gegebenen Definition der magnetischen Erregung ist $\mathfrak{H}$ zwar nicht die wahre Feldstärke in einer Spule; dennoch hat sie den Charakter einer magnetischen Feldstärke. Es ist daher das Gegebene, daß man sie auch in der gleichen Einheit mißt wie eine solche, also in der Einheit 1 *Gauß*. (In früheren Auflagen dieses Buches haben wir dieser Einheit, wie das vielfach üblich ist, bei ihrer Anwendung auf die Größe $\mathfrak{H}$ den Namen 1 Oersted gegeben. Wir wollen das nicht mehr tun, da es unnötig ist und die eigentlichen physikalischen Zusammenhänge nur verschleiert.)

Bisher haben wir die magnetische Erregung $\mathfrak{H}$ nur für das Innere einer Spule als einen der magnetischen Feldstärke $\mathfrak{B}$ gleichgerichteten Vektor $\mathfrak{H} = \mathfrak{B}/\mu$ definiert. Wir übertragen diese Definition nunmehr auf jedes beliebige magnetische Feld, ganz gleich ob es von Strömen oder Magneten herrührt, indem wir der Feldstärke $\mathfrak{B}$ in jedem Raumpunkt einen ihm gleichgerichteten Vektor

$$\mathfrak{H} = \frac{\mathfrak{B}}{\mu} \tag{7}$$

als magnetische Erregung zuordnen. Von seiner physikalischen Bedeutung kann man sich eine ganz anschauliche Vorstellung machen, wenn man sich denkt, es werde im betrachteten Raumbereich eine sehr kleine, im Verhältnis zu ihrer

Länge enge Spule angebracht, deren Achse in der Feldrichtung liegt. Die magnetische Erregung $\mathfrak{H}$ ergibt sich dann aus der spezifischen Durchflutung j, die man der Spule erteilen müßte, damit sie in ihrem Innern dasjenige magnetische Feld $\mathfrak{B}$ erzeugt, das dort aus andrer Ursache tatsächlich herrscht. Brächte man eine solche Spule wirklich an, und erteilte man ihr eine Durchflutung von gleicher Größe, aber entgegengesetzter Richtung, so daß die von ihr ausgehende magnetische Erregung derjenigen des herrschenden Feldes entgegengerichtet, aber von gleichem Betrage wie diese wäre, so könnte man damit das magnetische Feld im Innern der Spule zum Verschwinden bringen, indem man seine Erregung vernichtet.

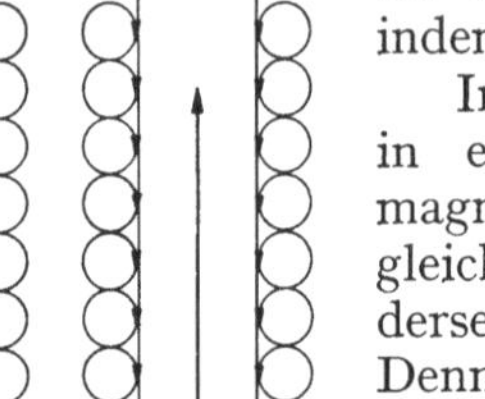

Abb. 359. Zusätzliche Durchflutung an der Oberfläche eines
stromdurchflossenen Drahtes,
a in paramagnetischer, b in
diamagnetischer Umgebung.

Im Innern einer Spule bewirkt die Einbettung in eine stoffliche Umgebung eine Änderung der magnetischen Feldstärke um den Faktor μ. Das gleiche gilt aber auch in ihrem Außenraum, wenn derselbe überall mit dem gleichen Stoff erfüllt ist. Denn die Zahl der aus der Spule austretenden Feldlinien ändert sich ja ebenfalls um den Faktor μ, und daher gilt das gleiche für ihr äußeres Feld. Ebenso verhält es sich aber auch schon mit dem Felde eines einzelnen Stromleiters in einer stofflichen Umgebung. Wir wollen das für einen unendlich langen, geraden Draht nachweisen, in dem ein Strom fließt. Nach § 191, Gl. (19), beträgt sein magnetisches Feld, wenn er sich im Vakuum befindet $B = 2 i/r$. Befindet er sich in einer stofflichen Umgebung, so tritt in dieser eine Ausrichtung der magnetischen Momente der atomaren Kreisströme in oder entgegen der Feldrichtung, also ringförmig um den Strom, ein (Abb. 359). Die spezifische Durchflutung j, die der Strom i am Draht erzeugt, ist — analog zur Spule — gleich der auf die Längeneinheit des Drahtumfanges entfallenden Stromstärke, also $j = i/2\pi\varrho$, wenn ϱ der Drahtradius ist. Wie bei der Spule, so wird auch hier in der Oberfläche des umgebenden Stoffes durch das Feld dieser Durchflutung eine zusätzliche Durchflutung $J = 4\pi\varkappa j = 2\varkappa i/\varrho$ hervorgerufen. Das entspricht einem zusätzlichen Strom $i' = J \cdot 2\pi\varrho = 4\pi\varkappa i$, der bei einem paramagnetischen Stoff dem Strome i gleichgerichtet, bei einem diamagnetischen Stoff ihm entgegengerichtet ist (Abb. 359). Demnach beträgt die magnetische Feldstärke in einem beliebigen Abstande r von der Drahtachse

$$B = \frac{2\,(i + i')}{r} = \frac{2\,i}{r}\,(1 + 4\pi\varkappa) = \mu\,\frac{2\,i}{r} = \mu H\,, \qquad (8)$$

denn $2i/r$ ist ja das Eigenfeld des Stromes i und daher hier der magnetischen Erregung gleichzusetzen.

Ganz allgemein gilt: Befindet sich ein Stromleiter in einer Umgebung von der Permeabilität μ, so ändert sich die magnetische Feldstärke gegenüber derjenigen im Vakuum um den Faktor μ.

203. Magnetisierung. Massen-, Molekular- und Atomsuszeptibilität. In § 197 haben wir abgeleitet, daß die spezifische Durchflutung j einer stoffleeren Spule identisch ist mit dem auf die Volumeinheit des Spuleninnern entfallenden magnetischen Moment. Ebenso entspricht nunmehr bei einem stofflichen Spulenkern die zusätzliche Durchflutung $\mathfrak{J}$ einem *zusätzlichen magnetischen Moment* je Volumeinheit, das sich sehr einfach verstehen läßt. Es ist nichts anderes als die Summe der ausgerichteten Anteile der magnetischen Momente der atomaren Kreisströme in der Substanz des Kernes. In dieser Bedeutung als magnetisches Moment der Volumeinheit des Stoffes bezeichnet man die spezifische Durchflutung $\mathfrak{J}$ als die *Magnetisierung* des Stoffes. Eine solche Magnetisierung tritt natürlich nicht nur dann auf, wenn der Stoff den Kern einer Spule bildet, sondern in jedem magnetischen Felde. Denn sie wird ja auch in der Spule durch das Eigenfeld der Spule, die magnetische Erregung, hervorgerufen.

Da nach Gl. (1) und (5) $4\pi\mathfrak{J} = \mathfrak{B} - \mathfrak{H} = (\mu - 1)\,\mathfrak{H} = 4\pi\varkappa\mathfrak{H}$, so besitzt jeder Stoff, der unter der Wirkung einer magnetischen Erregung $\mathfrak{H}$ steht, je Volumeinheit ein magnetisches Moment

$$\mathfrak{J} = \varkappa\,\mathfrak{H} \qquad \text{bzw.} \qquad J = \varkappa H \,. \tag{9}$$

Damit gewinnt die *Suszeptibilität* $\varkappa$ eine anschauliche Bedeutung. Nach Gl. (9) beträgt sie $\varkappa = J/H$. Sie ist also gleich der Magnetisierung bei der magnetischen Erregung $H = 1$ Gauß. (Hierdurch erklärt es sich nachträglich, weshalb wir den Zusammenhang zwischen J und j scheinbar etwas umständlich in der Form $J = 4\pi\varkappa j$ ausgedrückt haben.)

Wenn wir $\varkappa$ durch die Dichte ϱ des Stoffes dividieren, so erhalten wir die Magnetisierung von 1 g des Stoffes bei $H = 1$ Gauß, seine *Massensuszeptibilität*

$$\chi = \frac{\varkappa}{\varrho} \,. \tag{10}$$

Die Tabelle 25 gibt einige Zahlenwerte. Durch Multiplikation mit dem Molekulargewicht M bzw. dem Atomgewicht A erhält man die *Molekularsuszeptibilität* χ_m bzw. die *Atomsuszeptibilität* χ_a des Stoffes

$$\chi_m = M\,\chi \,, \qquad (11\mathrm{a}) \qquad\qquad \chi_a = A\,\chi \,, \qquad (11\mathrm{b})$$

also die Magnetisierung von 1 Mol bzw. 1 Grammatom des Stoffes bei $H = 1$ Gauß. Dividiert man durch die LOSCHMIDTsche Zahl (§ 63), so ergibt sich der durchschnittliche Anteil, den ein einzelnes Molekül bzw. Atom bei $H = 1$ Gauß zur Magnetisierung beiträgt.

In § 192 und 197 haben wir nachgewiesen, daß eine Spule mit der Durchflutung j und dem Querschnitt F eine Polstärke $m = jF$ besitzt. Entsprechend besitzt ein magnetisierter Spulenkern vom Querschnitt F eine Polstärke $m = JF$. Denkt man sich die Pole des Kernes als *magnetische Belegungen* (die es natürlich tatsächlich ebensowenig gibt wie wahre Magnetpole) gleichmäßig über die Endflächen verteilt, so entfällt auf die Flächeneinheit die Polstärke $m/F = J$. Man kann die Größe J also auf sehr verschiedene Weise auffassen, erstens als eine spezifische Durchflutung, zweitens als ein magnetisches Moment je Volumeinheit, also als Raumdichte eines magnetischen Moments, drittens als eine magnetische Belegung je Flächeneinheit, also als Flächendichte einer magnetischen Belegung.

Wir wollen uns jetzt noch ein Bild von der Stärke der spezifischen Durchflutung in der Oberfläche eines magnetisierten Zylinders machen. Beim Wismut ist $\varkappa$ besonders groß, nämlich $\varkappa = -1{,}5 \cdot 10^{-5}$. Demnach beträgt die der Durchflutung je Zentimeter der Höhe des Zylinders bei der Erregung $H = 1$ Gauß entsprechende Stromstärke $1{,}5 \cdot 10^{-5}$ elektromagnetische Stromstärkeneinheiten $= 1{,}5 \cdot 10^{-4}$ A. Bei der Erregung $H = 10^4$ Gauß beträgt sie also 1,5 A. Das ist eine ganz beträchtliche Stromstärke, wenn man bedenkt, daß sie nur von dem Zusammenwirken der atomaren Kreisströme in den Randbezirken des magnetisierten Körpers herrührt.

Wir wollen hier erneut darauf hinweisen, daß die von uns für das magnetische Feld eines Spulenstromes abgeleiteten Gleichungen nur dann *streng* gelten, wenn die Spule sehr lang gegen ihren Durchmesser ist. Das gleiche gilt dann natürlich auch für den Anteil, den die zusätzliche Durchflutung im stofflichen Kern einer Spule zum Felde beiträgt. Insbesondere gilt das für die Beziehung $J = \varkappa H$. Ist unsere Bedingung nicht erfüllt, so tritt die Erscheinung der Entmagnetisierung ein (§ 211).

204. Magnetische Felder an Grenzflächen. Ein magnetisches Feld durchsetze *senkrecht* die Grenzfläche zweier Stoffe mit den Permeabilitäten μ_1 und μ_2. Da magnetische Feldlinien nirgends im Raume frei beginnen oder enden, und da auch keine Veranlassung für eine Richtungsänderung vorliegt, so setzt sich das magnetische Feld ungestört durch die Grenzfläche hindurch fort, und es ist

$$B_1 = B_2 \quad \text{oder} \quad \mu_1 H_1 = \mu_2 H_2 \,. \tag{12}$$

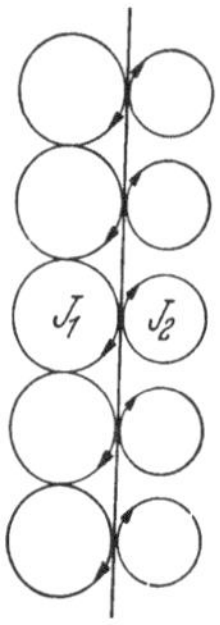

Demnach erleidet die magnetische Erregung $\mathfrak{H}$ in der Grenzfläche einen Sprung. Da $B_1 = H_1 + 4\pi J_1$, $B_2 = H_2 + 4\pi J_2$, also $H_1 - H_2 = 4\pi(J_2 - J_1)$, so kann man sich den Anteil $H_1 - H_2$ der Feldlinien des Erregungsfeldes an einer gedachten magnetischen Belegung von der Flächendichte $J_2 - J_1$ in der Grenzfläche enden oder beginnen denken, je nachdem $\mu_2 \gtrless \mu_1$.

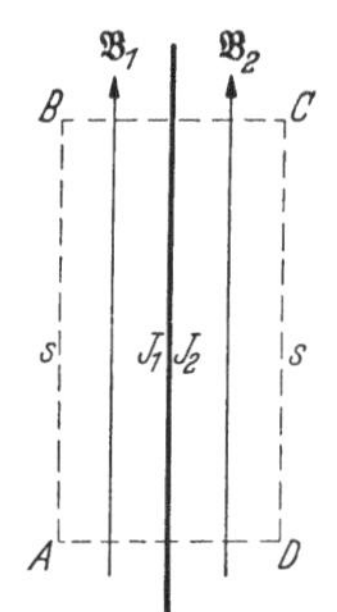

Abb. 360. Durchflutungen in der Grenzfläche zweier Stoffe. Die magnetische Feldstärke steht senkrecht zur Zeichnungsebene.

Nunmehr wollen wir den Fall untersuchen, daß eine Grenzfläche zweier verschiedener Stoffe *parallel* zur Richtung eines magnetischen Feldes verläuft. Die Feldstärken betragen B_1 und B_2, ihre Erregungen H_1 und H_2. Diese Erregungen erzeugen in der Grenzfläche auf der Seite des ersten Stoffes eine spezifische Durchflutung $J_1 = \varkappa_1 H_1$, auf der Seite des zweiten Stoffes eine spezifische Durchflutung $J_2 = \varkappa_2 H_2$ (Abb. 360). Diese Durchflutungen sind einander entgegengerichtet. (Wären die beiden Stoffe gleich beschaffen, so müßten sie sich ja auch gegenseitig aufheben, da dann keine Grenzfläche und keine Durchflutung existierte.) Wir wollen annehmen (was ohne Einfluß auf das Ergebnis ist), es sei $\varkappa_2 > \varkappa_1$.

Dann ist auch $J_2 > J_1$ und es resultiert in der Grenzfläche eine der Durchflutung J_2 gleichgerichtete Durchflutung $J_2 - J_1$. Nunmehr denken wir uns mit einem positiven magnetischen Pol m einen Kreisprozeß ausgeführt (Abb. 361), bei dem wir ihn vom Punkte A im ersten Stoff auf dem Wege $ABCDA$ durch den zweiten Stoff wieder nach A zurückführen. (Aus Gründen, die wir in § 205 erörtern werden, dürfen wir dieses Gedankenexperiment nicht mit einem Pol eines Magneten, sondern nur mit demjenigen einer Spule ausgeführt denken.) Der Weg $AB = s$ führt *in* der Richtung des Feldes B_1. Auf ihm wird die Arbeit $m B_1 s$ gewonnen, also die Arbeit $-m B_1 s$ aufgewendet. Der Weg $CD = s$ führt *gegen* die Richtung des Feldes B_2. Auf ihm wird also die Arbeit $m B_2 s$ aufgewendet. Die Wege $BC = DA$ liegen senkrecht zur Feldrichtung, so daß auf ihnen Arbeit weder gewonnen noch aufgewendet wird.

Abb. 361. Zum Verhalten eines tangentialen magnetischen Feldes in einer Grenzfläche.

Die gesamte geleistete Arbeit beträgt also $A = ms(B_2 - B_1)$. Wir können aber diese Arbeit auch auf andere Weise berechnen, nämlich als die Arbeit, die bei der einmaligen Umkreisung der vom Wege umfaßten Durchflutung, also des Stromes $s(J_2 - J_1)$, zu leisten ist. Sie beträgt nach § 191, Gl. (20), $A = 4\pi s(J_2 - J_1) m$. Indem wir diese beiden Ausdrücke für A einander gleichsetzen, erhalten wir $B_2 - B_1 = 4\pi(J_2 - J_1)$ oder $B_1 - 4\pi J_1 = B_2 - 4\pi J_2$. Diese beiden Ausdrücke sind aber nach § 202 gleich $B_1 - 4\pi\varkappa_1 H_1 = H_1(\mu_1 - 4\pi\varkappa_1) = H_1$ und entsprechend $B_2 - 4\pi\varkappa_2 H_2 = H_2$. Wir erhalten also für ein zur Grenzfläche zweier Stoffe paralleles Feld die Beziehungen

$$H_1 = H_2 \quad \text{und daher} \quad \frac{B_1}{\mu_1} = \frac{B_2}{\mu_2}\,. \tag{13}$$

Bei einem tangentialen Feld geht also die Erregung $\mathfrak{H}$ stetig durch eine Grenz-fläche von dem einen in einen andern Stoff über, hingegen erleidet die magnetische Feldstärke $\mathfrak{B}$ einen Sprung. Es ist $B_2 \gtrless B_1$, je nachdem $\mu_2 \gtrless \mu_1$ ist.

Was wir hier für ein zur Grenzfläche senkrechtes und für ein zu ihr paralleles magnetisches Feld einzeln abge-leitet haben, gilt natürlich ebenso für die entsprechenden Komponenten eines beliebig gerichteten Feldes. Stets bleibt beim Übergang von einem Stoff in einen andern die zur Grenzfläche senkrechte Komponente der Feld-stärke und die zur Grenzfläche parallele Komponente der magnetischen Erregung erhalten.

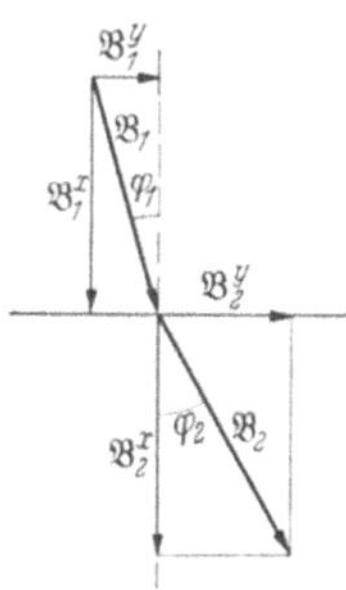

Abb. 362. Zur Brechung magnetischer Feldlinien.

Dies führt zu einer *Brechung der magnetischen Feld-linien* bei schrägem Einfall in eine Grenzfläche. Die Feldrichtung bilde mit dem Einfallslot im ersten und im zweiten Stoff die Winkel φ_1 und φ_2 (Abb. 362). Die zur Grenzfläche senkrechten Komponenten der Feldstärken B_1 und B_2 und der magnetischen Erregungen H_1 und H_2 seien B_1^x und B_2^x bzw. H_1^x und H_2^x, die zur Grenzfläche parallelen Komponenten entsprechend B_1^y und B_2^y bzw. H_1^y und H_2^y. Nun ist $\operatorname{tg}\varphi_1 = B_1^y/B_1^x$, $\operatorname{tg}\varphi_2 = B_2^y/B_2^x$, so daß

$$\frac{\operatorname{tg}\varphi_1}{\operatorname{tg}\varphi_2} = \frac{B_2^x}{B_1^x}\,\frac{B_1^y}{B^y}.$$

Ferner ist nach Gl. (12) $B_2^x = B_1^x$ und nach Gl. (13) $B_1^y/\mu_1 = B_2^y/\mu_2$, so daß

$$\frac{\operatorname{tg}\varphi_1}{\operatorname{tg}\varphi_2} = \frac{\mu_1}{\mu_2}. \tag{14}$$

Die magnetischen Feldlinien werden also in einer Grenzfläche zweier Stoffe vom Einfallslot weg oder zum Einfallslot hin gebrochen, je nachdem die Permeabilität des zweiten Stoffes größer oder kleiner ist als die-jenige des ersten.

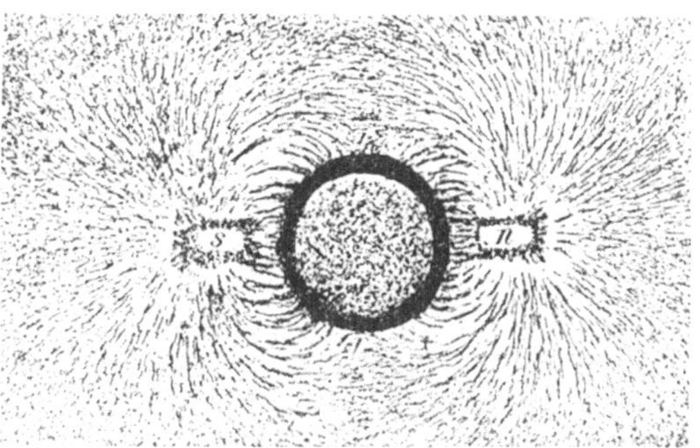

Abb. 363. Feldverlauf an einem Eisenring.

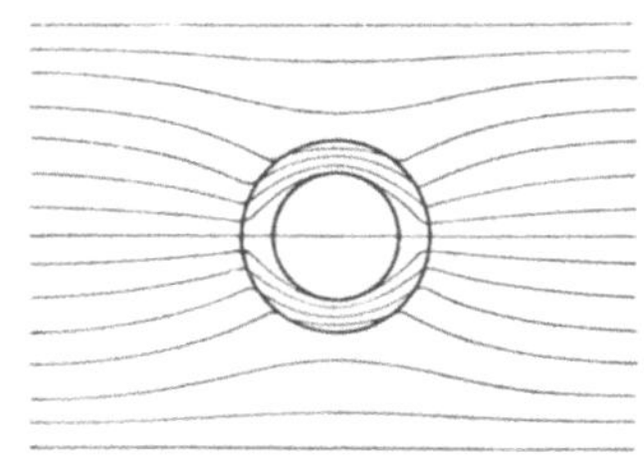

Abb. 364. Zur Brechung der Feldlinien in einem Eisenring.

Bei den para- und diamagnetischen Stoffen unterscheiden sich die Permea-bilitäten nur so wenig vom Werte $\mu = 1$, daß bei ihnen wirklich beobachtbare Brechungen von Feldlinien nicht vorkommen. Anders an einer Grenzfläche gegen einen ferromagnetischen Stoff, da bei ihm $\mu \gg 1$ (§ 206). An einer solchen wird sogar eine fast senkrecht einfallende Feldlinie noch fast tangential zur Grenz-fläche gebrochen, da $\varphi_2 \gg \varphi_1$. Die Abb. 363 und 364 zeigen dieses Verhalten im experimentellen Feldlinienbild und in schematischer Darstellung. Die Feldlinien treten unter starker Brechung in den Ring ein und verlaufen weiter in ihm, ohne in den Innenraum einzutreten, um dann unter entgegengesetzter Brechung an der gegenüberliegenden Seite wieder aus ihm auszutreten.

Das hat eine wichtige praktische Nutzanwendung. Die vom Eisenring eingeschlossene Fläche ist praktisch feldfrei. Noch viel mehr gilt das für einen rings von Eisen umgebenen Hohlraum *(Schirmwirkung von Eisen)*. Man kann also physikalische Geräte, die man vor den Einwirkungen äußerer magnetischer Felder, z. B. des erdmagnetischen Feldes oder der Felder starker elektrischer Ströme, zu schützen wünscht, in einen Eisenpanzer setzen. Je dicker er ist, um so wirksamer ist der Schutz. Die abschirmende Wirkung von Eisen macht sich in Gebäuden, die in Wänden und Decken viel Eisen enthalten, stark bemerkbar. So ist z. B. im Physikalischen Institut der Technischen Hochschule Berlin die Stärke des erdmagnetischen Feldes rund 20% niedriger als im freien Gelände.

205. Kraftwirkungen auf Magnete in stofflicher Umgebung. Zur Untersuchung der Frage nach den Kräften, die Magnete in einem magnetischen Felde in einer stofflichen Umgebung erfahren, müssen wir ein wenig ausholen. Wir betrachten zunächst eine stromdurchflossene Spule in einer stofflichen Umgebung, in der sie sich frei bewegen kann, so daß Kräfte, die etwa an ihrem jeweiligen magnetisierten stofflichen Kern angreifen, nicht auf sie übertragen werden. Ihre Polstärke beträgt dann, genau wie im Vakuum, $m = jF$, und ein äußeres magnetisches Feld B, das ja ungestört bis zur Spule gelangt, wirkt auf ihre Pole mit der Kraft $k = mB$. Kennt man m, so kann man aus dieser Kraft oder aus dem auf die Spule wirkenden Drehmoment die wahre Feldstärke B ermitteln.

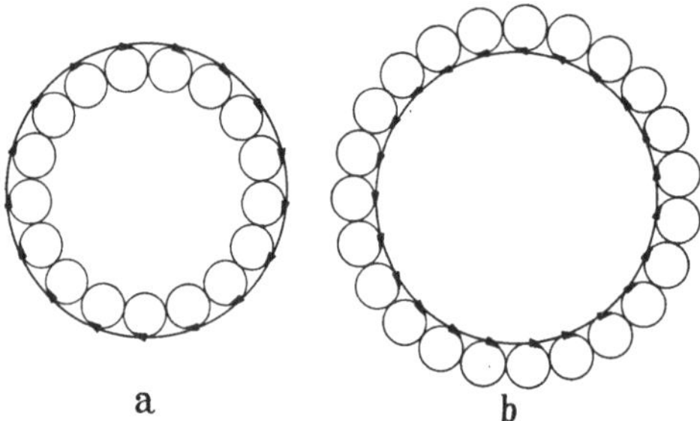

a   b

Abb. 365. a Gehäuse mit stofflichem Kern im Vakuum, b stoffleeres Gehäuse mit stofflicher Umgebung, beide im magnetischen Felde.
(Das Feld steht senkrecht zur Zeichnungsebene.)

Nunmehr denken wir uns die Spule in ein sie eng umschließendes Gehäuse eingeschlossen, dem — wie wir der Einfachheit halber annehmen wollen — jegliche magnetischen Eigenschaften fehlen. Enthält nur das Innere des Gehäuses einen stofflichen Kern, so erzeugt ein äußeres Feld in dessen Oberfläche eine Durchflutung (Magnetisierung), genau wie das Feld eines in der Spule selbst fließenden Stromes. Wir stellen diesen uns grundsätzlich schon bekannten Fall in der Abb. 365a noch einmal ganz grob schematisch dar. In einem paramagnetischen Kern wird das äußere Feld durch das Feld der Durchflutung verstärkt, in einem diamagnetischen Kern geschwächt.

Wenn aber umgekehrt das Innere des Gehäuses stoffleer und nur der Außenraum mit einem Stoff erfüllt ist, so tritt nunmehr lediglich an der Außenseite des Gehäuses eine Durchflutung auf. Diese ist bei gleicher Feldstärke B ebenso groß wie im Fall des stofflichen Kerns, hat aber die entgegengesetzte Richtung (Abb. 365b). Die beiden Durchflutungen müßten sich ja auch gegenseitig genau aufheben, wenn sowohl innen wie außen der gleiche Stoff wäre. Infolgedessen wird durch diese Durchflutung die Feldstärke in dem Gehäuse in einem paramagnetischen Stoff geschwächt, in einem diamagnetischen Stoff verstärkt. Die äußere Feldstärke und ihre Erregung seien B und H, die Feldstärke im Gehäuse B'. Die spezifische Durchflutung in der Oberfläche beträgt $J = \varkappa H$, ihr dem Felde B entgegengerichtetes Feld $4\pi\varkappa H$. Daher herrscht im Gehäuse die magnetische Feldstärke $B' = B - 4\pi\varkappa H = H(\mu - 4\pi\varkappa) = H$. Das magnetische Feld im stoffleeren Gehäuse ist also ebenso groß wie die magnetische Erregung des äußeren magnetischen Feldes. Infolgedessen wirkt auf eine im Gehäuse befindliche stromdurchflossene Spule auch nicht das Feld B, sondern ein Feld vom Betrage H; auf ihre Pole wirkt die Kraft $k = mH$. Mit einer derart eingekapselten Spule kann man also nicht die äußere Feldstärke B, sondern deren Erregung H messen.

Ein Magnet in einer stofflichen Umgebung ist nun durchaus mit einer solchen eingekapselten Spule zu vergleichen. Denn in sein Inneres, also an die Orte der seine Magnetisierung bedingenden atomaren Kreisströme, kann ein den Außenraum erfüllender Stoff ebenso wenig eindringen wie in das Innere des Gehäuses der Spule. Diese atomaren Kreisströme befinden sich sozusagen immer im Vakuum. Daher beträgt auch die auf seine Pole wirkende Kraft $k = mH$. Man mißt also mit Hilfe dieser Kräfte, z. B. aus der Schwingungsdauer eines Magneten, nicht die magnetische Feldstärke, sondern die Erregung des äußeren Feldes. (Dabei ist allerdings vorausgesetzt, daß das Feld nicht etwa einen zusätzlichen magnetisierenden Einfluß auf den Magneten hat, durch den seine Polstärke verändert und von der Feldstärke abhängig wird. In nicht zu starken Feldern darf man das meist als genügend genau erfüllt ansehen.)

Wenn es also keine anderen magnetischen Pole gäbe als diejenigen von Magneten, so könnte man wohl mit einem gewissen Recht H als magnetische Feldstärke bezeichnen. Tatsächlich ist das auch bisher fast ausnahmslos so gehalten worden, auch in den früheren Auflagen dieses Buches. Die Größe B hat man dann als magnetische Induktion bezeichnet. Nachdem aber auch in anderen Büchern die von uns hier verwendeten — und sicher am besten zutreffenden — Bezeichnungen ($B =$ Feldstärke, $H =$ Erregung) zu erscheinen beginnen, haben wir uns auch zu ihrer Anwendung entschlossen. Für den Anfänger bedeutet die Verschiedenheit der Terminologie in verschiedenen Büchern eine Quelle gewisser Schwierigkeiten, die aber durch gründliches Durchdenken leicht überwunden werden können.

Befindet sich der Pol m eines Magneten in einer stofflichen Umgebung, so ist die von ihm im Abstande r erzeugte magnetische Feldstärke genau so groß wie im Vakuum. Denn die Einbettung in einen Stoff ändert ja an der Zahl der von ihm ausgehenden Feldlinien nichts. Die Feldstärke beträgt also nach wie vor $B = m/r^2$. Befindet sich nun in diesem Felde ein zweiter Magnetpol (aber nicht ein Spulenpol) m', so gilt für ihn auch in diesem Felde alles, was wir soeben über die auf Magnetpole wirkenden Kräfte abgeleitet haben. Auf ihn wirkt nicht die Feldstärke B, sondern ein Feld von der Stärke $H = B/\mu$. Für zwei in einer stofflichen Umgebung befindliche Magnetpole gilt also das COULOMBsche *Gesetz* (§ 186) in der erweiterten Form

$$k = \frac{1}{\mu}\ \frac{m\,m'}{r^2}.\tag{15}$$

Allerdings gilt dies streng nur für die Pole von sehr langen und sehr dünnen Magneten.

Man erkennt aus diesen Überlegungen, daß man bei Vorhandensein einer stofflichen Umgebung immer genau unterscheiden muß, ob man unter einem bestimmten Pol *einen Magnetpol oder einen Spulenpol* zu verstehen hat. Allerdings gilt dies wesentlich nur in theoretischer Beziehung. In fast allen Fällen der praktischen Meßtechnik, bei denen es sich um die auf Magnetpole wirkenden Kräfte handelt — so bei allen Messungen in Luft —, ist μ von 1, also auch B von H so außerordentlich wenig verschieden, daß man zwischen B und H in der Praxis nicht zu unterscheiden braucht. Um so wichtiger ist aber ihre Unterscheidung, wenn man ein wirkliches Verständnis der magnetischen Erscheinungen gewinnen will.

206. Ferromagnetismus. Die ferromagnetischen Stoffe, deren wichtigster Vertreter das Eisen ist, sind in ihrem magnetischen Verhalten von allen anderen

Stoffen vollkommen verschieden. Erstens: Während die *Suszeptibilitäten* der para- und diamagnetischen Stoffe — ganz rund gesagt — von der Größenordnung 10^{-6} sind, liegen sie bei den ferromagnetischen Stoffen rund in der Größenordnung 100, sind also 10^8mal größer. Ihre *Permeabilitäten* liegen daher rund in der Größenordnung 1000. Zweitens: Je nach ihrer magnetischen Vorgeschichte hat die bei einer bestimmten Erregung $\mathfrak{H}$ auftretende Magnetisierung $\mathfrak{J}$ bzw. Feldstärke $\mathfrak{B}$ einen verschiedenen Wert. Daher hat auch ihre als das Verhältnis $\mu = B/H$ definierte Permeabilität *einen von ihrer magnetischen Vorgeschichte abhängigen Wert* und ist deshalb bei einem ferromagnetischen Stoff gar nicht eindeutig anzugeben. Drittens: Man kann aus ihnen *Dauermagnete* herstellen. Viertens: Ihre Magnetisierung wächst bei wachsender Erregung nicht beliebig hoch, sondern erreicht bei genügend starker Erregung einen Grenzwert, eine *Sättigung*. Fünftens: Bei Überschreitung einer bestimmten Temperatur, des CURIE-*Punktes*, verlieren sie sprunghaft ihre ferromagnetischen Eigenschaften. Sechstens: Ferromagnetismus gibt es *nur bei festen Stoffen*.

Aus diesen Erfahrungstatsachen können wir sogleich folgende allgemeine Schlüsse ziehen. Während die Eigenschaften des Para- und Diamagnetismus auf unmittelbare Atomeigenschaften zurückzuführen sind, so daß man von para- und diamagnetischen Atomen sprechen kann, beruht der Ferromagnetismus nicht unmittelbar auf einer Eigenschaft der Atome der ferromagnetischen Stoffe. Denn er könnte sonst nicht bei einer bestimmten Temperatur verschwinden. Zweitens beweist die Existenz von Dauermagneten, daß die ferromagnetischen Stoffe imstande sind, eine in ihnen einmal erzeugte Durchflutung (Magnetisierung) wenigstens zum Teil aufrechtzuerhalten. Dies, sowie die Beschränkung des Ferromagnetismus auf den festen Zustand weist darauf hin, daß es sich beim Ferromagnetismus um eine in der Struktur der betreffenden Stoffe begründete Erscheinung handelt.

Ferromagnetische Elemente sind unter gewöhnlichen Verhältnissen nur die auch chemisch nahe verwandten Elemente Eisen, Nickel und Kobalt. Bei genügend tiefer Temperatur werden auch andere reine Metalle ferromagnetisch. Ferromagnetisch sind ferner gewisse Legierungen von Eisen, Nickel und Kobalt unter sich und mit gewissen anderen Stoffen, die an sich nicht ferromagnetisch sind, insbesondere mit Mangan, Aluminium, Chrom und Silizium, ferner gewisse chemische Verbindungen jener drei Metalle. Es gibt aber auch ferromagnetische Legierungen aus lauter an sich nichtferromagnetischen Stoffen. Dazu gehören die HEUSLER*schen Legierungen* aus Kupfer, Mangan und Aluminium, ferner die Legierungsreihe Platin—Chrom bei einem Chromgehalt zwischen 25 und 50 Atomprozenten. Auch dies beweist, daß der Ferromagnetismus keine eigentliche Eigenschaft der Atome selbst ist. Die wichtigste ferromagnetische Eisenverbindung ist der *Magnetit* (Fe_2O_3FeO). Er bildet ein wichtiges Eisenerz und findet sich in besonders großer Menge und Reinheit in den berühmten Lagerstätten von Kiruna und Gellivare im schwedischen Lappland.

Ferromagnetische Stoffe zeigen im magnetischen Felde eine der Elektrostriktion ähnliche Änderung ihrer Abmessungen *(Magnetostriktion)*. So nimmt die Länge eines Eisenstabes bei wachsender Magnetisierung zunächst zu, erreicht schließlich ein Maximum und nimmt bei weiter wachsender Magnetisierung wieder ab, so daß bei sehr starker Magnetisierung schließlich eine Verkürzung eintritt (JOULE-Effekt).

Wie bereits erwähnt, verschwinden die ferromagnetischen Eigenschaften spontan beim Überschreiten einer bestimmten Temperatur, des CURIE-*Punktes* oder *magnetischen Umwandlungspunktes*. Er liegt beim Eisen bei 769° C, beim Nickel bei 356° C, beim Kobalt bei 1075° C, bei den HEUSLERschen Legierungen zwischen 60 und 380° C. Bei den übrigen Metallen, die erst bei tieferen Temperaturen ferromagnetisch werden, liegt er entsprechend tiefer. Eisen unterhalb seines CURIE-Punktes heißt α-Eisen, oberhalb desselben β-Eisen. α- und β-Eisen sind kristallographisch identisch, aber das β-Eisen ist paramagnetisch. Bei 900° C verwandelt es sich sprunghaft in das vom α- und β-Eisen kristallographisch verschiedene γ-Eisen.

In der Existenz des CURIE-Punktes spiegelt sich der Kampf zwischen der in einer permanenten Magnetisierung verwirklichten Ordnung und der auf statistische Unordnung hinarbeitenden thermischen Bewegung. Ein Vergleich mit den Verhältnissen beim Schmelzen liegt nahe. Tatsächlich handelt es sich beim CURIE-Punkt um einen echten Umwandlungspunkt (§ 110), der sich auch in einem Sprung der spezifischen Wärme bemerkbar macht.

207. Das Wesen des Ferromagnetismus. Die Nullkurve. BARKHAUSEN-Effekt. Der Ferromagnetismus beruht auf dem Vorhandensein von elementaren magnetischen Dipolen, die aber von ganz anderer Art sind, als die atomaren magnetischen Dipole der übrigen Stoffe. Wie alle Metalle, so bestehen auch die Ferromagnetika in ihrem gewöhnlichen Zustande aus winzigen, einheitlichen Kristalliten (Mikrokristallen, § 369), die dicht gepackt· nebeneinander liegen, und deren kristallographische Achsen ganz regellos über alle räumlichen Richtungen verteilt sind. Die Kristallite wiederum sind bei den ferromagnetischen Stoffen in die sog. WEISSschen Bezirke unterteilt, die immer noch aus sehr vielen Molekülen bestehen, und die die *elementaren magnetischen Dipole* der Ferromagnetika bilden. Denn innerhalb jedes WEISSschen Bezirkes

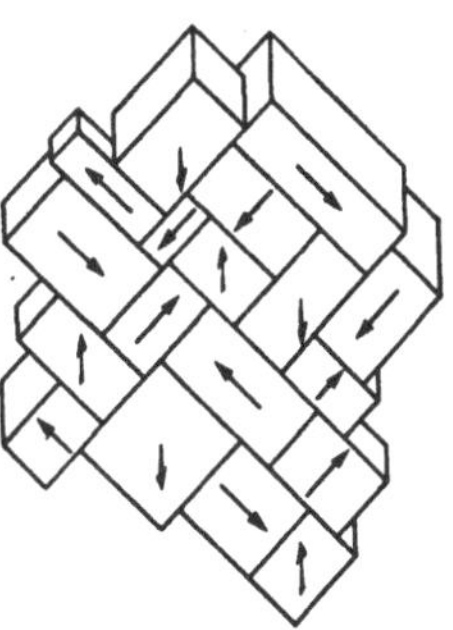

Abb. 366. Schema eines Eisenkristallits mit WEISSschen Bezirken, nichtmagnetisiert. Die Pfeile weisen in Richtung der drei Kanten.

sind die atomaren magnetischen Dipole gleichsinnig gerichtet, und zwar parallel zu drei gleichwertigen kristallographischen Richtungen des Kristallits (§ 368), beim Eisen parallel zu seinen Würfelkanten. Im nichtmagnetisierten Ferromagnetikum kommen alle sechs hiernach innerhalb eines Kristallits möglichen Richtungen des magnetischen Moments der WEISSschen Bezirke durchschnittlich gleich oft vor, so daß sich ihre Wirkungen nach außen hin aufheben (Abb. 366). Die genannten Lagen der magnetischen Dipole sind Lagen kleinster potentieller Energie (§ 24) und sind bedingt durch die *inneren Spannungen im Ferromagnetikum*, die in der Theorie des Ferromagnetismus eine höchst wichtige Rolle spielen.

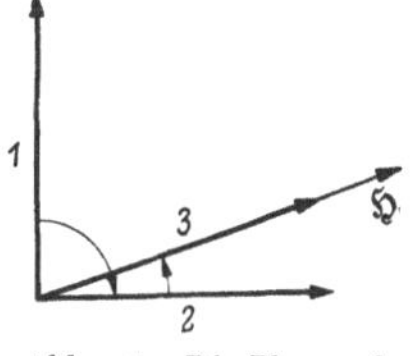

Abb. 367. Die Phasen der Magnetisierung eines WEISSschen Bezirks.

Wird nunmehr im ferromagnetischen Stoff ein magnetisches Feld erregt, das die magnetischen Momente in die Feldrichtung zu drehen sucht, so widersetzen sich dem zunächst die inneren Spannungen. Damit überhaupt eine Wirkung eintritt, muß die magnetische Erregung $\mathfrak{H}$ zunächst einen für jeden WEISSschen Bezirk von seiner magnetischen Orientierung abhängigen Betrag erreichen. Ist aber dieser Betrag der Erregung erreicht, so klappt das magnetische Moment *des Bezirks als Ganzes sprunghaft* aus der ursprünglichen Lage (Abb. 367, 1) in diejenige Lage kleinster· potentieller Energie um, in der das magnetische Moment den kleinsten möglichen Winkel mit der Richtung der Erregung bildet [BARKHAUSEN-*Sprünge* (Abb. 367, 2)]. Auf diese Weise überwiegen mit wachsender Erregung mehr und mehr die Richtungen der magnetischen Momente, die mit der Richtung der Erregung einen spitzen Winkel bilden, der Körper wird als Ganzes magnetisiert.

· 24*

Nachdem die magnetischen Momente in die neue Richtung umgeklappt sind, drehen sie sich mit weiter wachsender Erregung *stetig* mehr und mehr in deren Richtung (Abb. 367, 3), bis nach vollständiger Ausrichtung aller Bezirke der höchste Grad von Magnetisierung, die *Sättigung* J_s, erreicht ist.

Trägt man die Magnetisierung J eines anfänglich unmagnetischen Ferromagnetikums als Funktion der magnetischen Erregung $\mathfrak{H}$ im Bereich kleiner Erregungen auf, so ergibt sich für drei verschiedene Eisensorten das in Abb. 368 dargestellte Bild. Im Bereich a beruht die Magnetisierung im wesentlichen auf den spontanen Umklappvorgängen ($1 \to 2$), im Bereich b macht sich mehr und mehr die stetige Drehung ($2 \to 3$) in die Erregungsrichtung bemerkbar. Im Bereich der Abb. 368 verhalten sich die drei Eisensorten sehr verschieden, obgleich sie schließlich alle ungefähr die gleiche Sättigungsmagnetisierung erreichen. Bei zweimal geglühtem Dynamostahl erfolgt das spontane Umklappen schon bei sehr viel schwächerer Erregung, als beim ungeglühten Dynamostahl oder gar beim Gußstahl. Man bezeichnet ein Ferromagnetikum als *magnetisch weich oder hart*, je nachdem

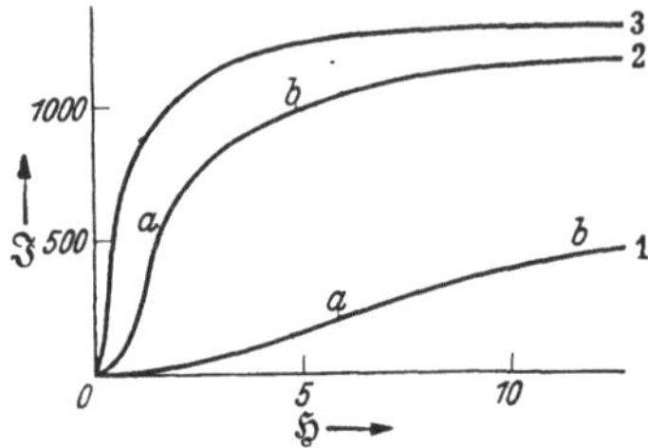

Abb. 368. Magnetisierung eines anfänglich unmagnetischen Ferromagnetikums (Neukurve), 1. bei Gußstahl, 2. bei ungeglühtem Dynamostahl, 3. bei zweimal geglühtem Dynamostahl.

seine Magnetisierung bei schwacher Erregung schnell oder langsam anwächst. Die Ursache dieses verschiedenen Verhaltens liegt in der Verschiedenheit der inneren Spannungen.

Die Magnetisierungskurve eines anfänglich unmagnetischen Stoffs bis zur vollen Sättigung nennt man die *Neukurve*. Die aus der Neukurve ermittelte Permeabilität im Anfangszustand ($\mu = dB/dH$ für $H = 0$) heißt die *Anfangspermeabilität* des Stoffes.

Wir haben hier die Magnetisierung eines Ferromagnetikums nicht etwa als Funktion der äußeren magnetischen Feldstärke $\mathfrak{B}$, sondern der Erregung $\mathfrak{H}$ des magnetisierenden Feldes dargestellt. Denn aus dem bereits in § 205 erörterten Grunde dringt in das Ferromagnetikum nicht das volle äußere Feld $\mathfrak{B}$, sondern nur sein Erregungsanteil $\mathfrak{H}$ ein, so daß auch nur dieser Anteil ausrichtend auf die WEISSschen Bezirke wirken kann. (Praktisch ist allerdings in allen Fällen der Unterschied zwischen $\mathfrak{B}$ und $\mathfrak{H}$ im Außenraum so verschwindend klein, daß man ihn nicht zu beachten braucht.)

Da die Magnetisierung $J = \varkappa H$ ist, so kann man natürlich zu jedem Wert von H aus den Kurven der Abb. 368 eine Suszeptibilität $\varkappa$ und eine Permeabilität $\mu = 1 + 4\pi\varkappa$ berechnen. Man sieht aber, daß das hier eigentlich nur formale Bedeutung hat, da $\varkappa$ und μ nicht konstant, sondern Funktionen von H sind. Den Wert von μ, den man aus dem Anstieg der Nullkurve bei verschwindend kleiner Feldstärke — also aus der im Nullpunkt an die Nullkurve gelegten Tangente — berechnet, heißt die *Anfangspermeabilität* des betreffenden Stoffes.

Statt daß man die Magnetisierung J als Funktion der Erregung H darstellt, kann man auch die im magnetisierten Ferromagnetikum herrschende Feldstärke $B = H + 4\pi J$ (die natürlich viel größer ist als die Feldstärke im Außenraum) als Funktion der Erregung H darstellen. Da bei nicht zu starker Erregung $\mu \gg 1$ ist, so ist $B \gg H$, also $B \approx 4\pi J$. Daher zeigen die (B, H)-Kurven zunächst den gleichen allgemeinen Verlauf wie die (J, H)-Kurven. In der Tabelle 26 sind zusammengehörige Werte B und H der Neukurve zweier sehr verschiedener Eisensorten, bis zur vollen Sättigung, mitgeteilt. Sie entsprechen etwa den Kurven 2 und 3 der Abb. 368. Der Anstieg von B bei großen H-Werten beruht nur noch auf der Zunahme von H, nicht mehr auf einer Zunahme der Magnetisierung. (B wächst um die gleichen Beträge wie H). Obgleich die beiden Proben schließlich keine sehr verschiedenen Sättigungswerte erreichen, stehen ihre Anfangspermeabilitäten etwa im Verhältnis $1 : 10$.

Je mehr J sich seinem Sättigungswert J_s nähert, um so langsamer wächst B mit wachsender Erregung (Tabelle 28). Schließlich wird J konstant, $J = J_s$, und von da ab wächst B linear mit H an. Ist endlich $H \gg 4\pi J_s$ geworden, so ist $B \approx H$ und $\mu = B/H \approx 1$. Während also μ aus dem oben angegebenen Grunde bei schwacher Erregung beschleunigt mit H anwächst, nimmt es von einer bestimmten Erregung an wieder ab, um schließlich bei sehr starker Erregung dem Grenzwert 1 zuzustreben, wie das die μ-Werte der Tabelle 28 deutlich zeigen.

Tabelle 26. a) Dynamostahl, zweimal geglüht, b) Gußeisen.

a)	H	0,25	0,5	0,75	1,0	1,5	2,5	10	50	100	1000	4000	4500
	B	240	600	1150	2300	6050	9300	14100	16830	17980	22350	25410	25920
	μ	960	1200	1530	2300	4030	3720	1410	335	170	22,4	6,35	5,75
b)	H	2,5	5	10	20	50	100	1000	2000	4000	5500	6500	
	B	235	570	1960	4700	7520	9320	15900	17840	20350	21920	22920	
	μ	94	114	196	235	150	93,2	15,9	8,9	5,1	4,0	3,5	

Das spontane Umklappen der Dipolachsen der WEISSschen Bezirke wird sehr eindrucksvoll durch folgende Erscheinung bewiesen (BARKHAUSEN-*Effekt*). Über einen Eisendraht ist eine Spule geschoben. Wird nun der Draht, etwa durch Annähern eines Magnetpols, magnetisiert, so vergrößert das Umklappen jedes einzelnen WEISSschen Bezirks die Feldstärke $\mathfrak{B}$ im Draht und erzeugt dadurch einen momentanen Induktionsstrom in der Spule (§ 215). Dieser kann durch eine Verstärkereinrichtung (§ 257) so sehr verstärkt werden, daß jeder einzelne Induktionsstoß als ein Knacken in einem Lautsprecher gehört werden kann, wenn die Magnetisierung langsam genug erfolgt. Bei schneller Änderung hört man ein prasselndes Rauschen.

208. Hysterese. Remanenz. Koerzitivkraft. Läßt man nach erfolgter Sättigung eines Ferromagnetikums die magnetische Erregung stetig wieder abnehmen, so kehrt sich die zweite Phase der Magnetisierung der WEISSschen Bezirke, die stetige Drehung in die Richtung der Erregung, wieder um ($3 \to 2$, Abb. 367). Hingegen haben die Bezirke die Neigung bei weiter sinkender und verschwindender Erregung teilweise im Zustand 2 der Abb. 367 zu verbleiben, da dieser einem stabilen Gleichgewicht entspricht. Demnach verschwindet die Magnetisierung nicht restlos mit der Erregung, sondern es bleibt eine *Restmagnetisierung* oder *Remanenz* J_r zurück (Abb. 369). Der Körper behält also ein magnetisches Moment, er ist zu einem *Dauermagneten* geworden.

Läßt man nunmehr die Erregung, vom Betrage Null beginnend, in entgegengesetzter Richtung wieder anwachsen, so wiederholt sich auch der Magnetisierungsvorgang in umgekehrter Richtung. Ehe aber eine Magnetisierung in der neuen Richtung erfolgen kann, muß zunächst die Restmagnetisierung beseitigt werden, indem ein Teil der WEISSschen Bezirke zum spontanen Umklappen gebracht wird, bis der Körper als Ganzes wieder unmagnetisch ist. Hierzu ist ein bei den einzelnen Eisensorten und Ferromagnetika verschiedener Betrag der Erregung nötig, den man *Koerzitivkraft* $\mathfrak{H}_k$ nennt (Abb. 369). Je magnetisch weicher der Stoff ist, je leichter also die Umklappvorgänge bei ihm eintreten, um so geringer ist die Koerzitivkraft. Nachdem der Körper auf diese Weise unmagnetisch geworden ist, wächst seine Magnetisierung bei weiterer Steigerung der Erregung wieder an und erreicht schließlich Sättigung.

Läßt man nunmehr die Erregung wieder auf Null abnehmen, dann in entgegengesetzter Richtung wieder bis zur Sättigung anwachsen, so bleibt bei verschwindender Erregung wiederum eine Restmagnetisierung übrig, die erst verschwindet, wenn die Erregung den Betrag der Koerzitivkraft erreicht hat. Demnach besteht die Magnetisierungskurve bei einer solchen *zyklischen Magnetisierung* aus zwei Ästen, die beiderseits in die der Sättigung entsprechenden Geraden auslaufen. Der ganze Erscheinungsbereich heißt *Hysterese* (WARBURG 1880), die in Abb. 369 dargestellte Kurve *Hysteresisschleife*.

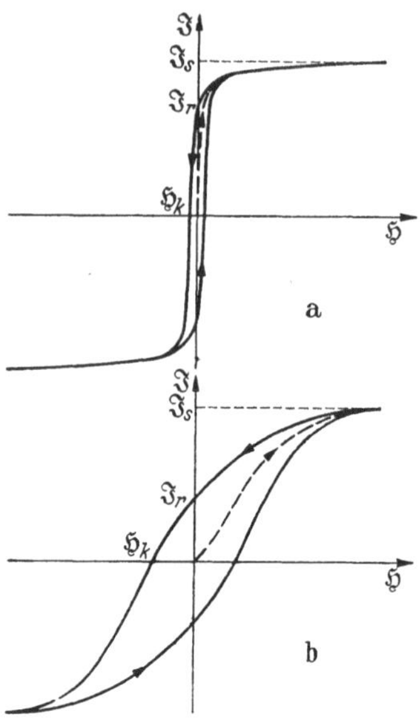

Abb. 369. Hysteresisschleifen, a gezogener Schmiedestahl, b gehärteter Werkzeugstahl.

Ein ferromagnetischer Körper besitzt also, nachdem er der Einwirkung einer magnetischen Erregung ausgesetzt gewesen ist, unter allen Umständen eine Restmagnetisierung. Will man diese wieder beseitigen, so kann man so verfahren, daß man den Körper in eine Spule bringt, in der Wechselstrom fließt, so daß er eine zyklische Magnetisierung erfährt. Wenn man die Stärke des Wechselstroms stetig auf Null abnehmen läßt, oder den Körper langsam aus der Spule herauszieht, so wird die von der Hysteresisschleife umrandete Fläche immer kleiner und schrumpft schließlich auf ihren Schwerpunkt zusammen, der dem unmagnetischen Zustand des Körpers entspricht.

Auch in bezug auf die Hysterese verhalten sich die verschiedenen Ferromagnetika sehr verschieden. Abb. 369a bezieht sich auf gezogenen Schmiedestahl, Abb. 369b auf gehärteten Werkzeugstahl. Das verschiedene magnetische Verhalten beruht außer auf der Vorbehandlung, die die elastischen Spannungen beeinflußt, in erster Linie auf den im Eisen enthaltenen Beimengungen, einmal auf dem Kohlenstoffgehalt. Aber auch durch Legieren mit andern Metallen (Kobalt, Nickel usw.) lassen sich die magnetischen Eigenschaften des Eisens in sehr weiten Grenzen beeinflussen. Z. B. kann die Koerzitivkraft zwischen 0,4 und mehr als 40 Gauß liegen. Auf diese Weise können die sehr verschiedenen Ansprüche der Technik an die magnetischen Eigenschaften des Eisens (große oder kleine Koerzitivkraft, große oder kleine Remanenz) weitgehend befriedigt werden. Für Dauermagnete ist neben hoher Remanenz auch eine hohe Koerzitivkraft erforderlich, damit nicht die Restmagnetisierung durch schwache äußere Felder stark beeinflußt wird. Am günstigsten sind hierfür Eisensorten, bei denen das Produkt aus Remanenz und Koerzitivkraft, die *Güteziffer*, einen möglichst hohen Wert hat. Für Elektromagnete hingegen ist eine möglichst **kleine Remanenz** erwünscht, damit die Magnetisierung beim Ausschalten des magnetisierenden Stromes möglichst weitgehend verschwindet.

Man kann auch bei der Darstellung der zyklischen Magnetisierung an Stelle der Magnetisierung J die Feldstärke $B = H + 4\pi J = \mu H$ im Ferromagnetikum als Funktion von $\mathfrak{H}$ auftragen. Es ergeben sich dann, bei geeigneter Wahl der Maßstabsverhältnisse, ganz ähnliche Kurven, also ebenfalls Hysteresisschleifen. Nur laufen diese nach erfolgter Sättigung nicht in eine horizontale Gerade aus, da ja B, wenn J nicht mehr wächst, mit weiter wachsendem H um die gleichen Beträge wie H wächst. Bei gleichem Maßstab von B und H verläuft die Gerade unter 45° gegen die Achsen. Aus praktischen Gründen $(B \gg H)$ ist man aber stets gezwungen, den Maßstab von B sehr viel kleiner zu wählen, als den von H, so daß dann die Kurve praktisch auch in eine horizontale Gerade ausläuft.

Um die Ausrichtung der magnetischen Momente im magnetisierten Ferromagnetikum zu bewirken, ist Arbeit gegen die molekularen Kräfte zu leisten, die die natürlichen Gleichgewichtslagen der molekularen Dipole bedingen. Bei einer zyklischen Magnetisierung wird ein Teil dieser Arbeit in Wärme verwandelt. Diese Arbeit ist proportional der Fläche, die die Hysteresisschleife einschließt, welche $\mathfrak{B}$ als Funktion von $\mathfrak{H}$ darstellt. Je schmaler also die Hysteresisschleife ist (vgl. Abb. 369a und b), desto weniger Arbeit wird bei zyklischer Magnetisierung in Wärme verwandelt. Das ist besonders wichtig bei Eisenteilen elektrischer Geräte und Maschinen, die einer ständigen zyklischen Magnetisierung unterworfen sind.

Man erkennt ohne weiteres, daß die Berechnung von Permeabilitäten auf Grund einer Hysteresisschleife keinen Sinn hat. Auf jeder Hysteresisschleife gehören zum gleichen H-Wert zwei verschiedene J- bzw. B-Werte, die sogar teilweise entgegengesetztes Vorzeichen haben wie H. Man erhält also auch zwei verschiedene, in einzelnen Bereichen sogar negative μ-Werte. Obendrein fallen diese μ-Werte aber auch noch verschieden aus, je nachdem, wie weit man sich bei der zyklischen Magnetisierung der Sättigung genähert hat. Einen eigentlichen Sinn kann man daher der Permeabilität eines Ferromagnetikums nur im Bereich der Neukurve zuschreiben.

209. Rotationsmagnetische Effekte. Nach der AMPÈREschen Theorie des Magnetismus beruht dieser auf dem Vorhandensein atomarer Kreisströme. Die elementaren magnetischen Dipole können also als Kreisel angesehen werden. Die Berechtigung dieser Vorstellung wird durch zwei *rotationsmagnetische Effekte* bewiesen. Der erste führt nach seinem Entdecker (1914) den Namen BARNETT-*Effekt*. In einem nichtmagnetisierten Stoff sind die Dipole völlig ungeordnet und haben daher nach außen keine magnetische Wirkung. Wird nun ein Körper aus solchem Stoff in Rotation versetzt, so erhält jeder einzelne Dipol einen zusätzlichen Drehimpuls um die Drehachse des Körpers, und sein Kreisstrom erfährt einen Zuwachs durch eine zusätzliche Kreisstromkomponente um diese Achse. Infolgedessen treten zusätzliche elementare magnetische Momente auf, die nun sämtlich die Richtung der Rotationsachse haben und nach außen wirksam werden. Der Körper wird durch die Rotation — die aber selbst bei den Ferromagnetika sehr schnell sein muß, um meßbare Wirkungen hervorzurufen —, magnetisiert. Da der Umlaufssinn der Träger des zusätzlichen Kreisstroms durch den Drehsinn der Rotation gegeben ist, so muß die Richtung des magnetischen Moments davon abhängen, ob die Kreisströme von positiven oder negativen Ladungsträgern gebildet werden. Tatsächlich erwiesen die Versuche, daß es sich um negative Ladungsträger handelt.

Die Umkehrung des BARNETT-Effektes ist der EINSTEIN-DE HAAS-*Effekt* (1915). Wegen der vollständigen Unordnung der Dipole in einem nicht magnetisierten Stoff sind auch die Richtungen ihrer Drehimpulse völlig ungeordnet und heben sich gegenseitig auf. Wird nun ein anfänglich nicht magnetisierter Eisenzylinder durch einen Strom in einer ihn umgebenden Spule magnetisiert, so richten sich seine Dipole mehr oder weniger vollständig in die Richtung des magnetisierenden Feldes, also in die Richtung der Stabachse aus, und das gleiche gilt für die Richtung der Drehimpulse der Dipole. Die Vektorsumme der elementaren Drehmomente ist also nicht mehr, wie anfänglich, Null, sondern hat einen endlichen Betrag. Da aber der Zylinder anfänglich keinen Drehimpuls besaß und ihm auch durch die Magnetisierung von außen kein mechanischer Drehimpuls zugeführt wurde, so muß die Gesamtsumme seiner Drehimpulse

nach wie vor Null sein (§ 38). Da die Drehimpulssumme der Dipole einen endlichen Betrag hat, so muß der Zylinder als Ganzes einen Drehimpuls von gleichem
Betrage aber entgegengesetzter Richtung erhalten. Wiederum hängt die Richtung der zusätzlichen Drehimpulse der Dipole und daher auch diejenige des
beobachtbaren, makroskopischen Drehimpulses vom Vorzeichen der Ladungsträger ab. Die Versuche ergaben sowohl das Vorhandensein des Effektes, als
auch das negative Vorzeichen der Ladungsträger.

Das magnetische Moment eines elementaren Kreisstromes ist nach § 197,
Gl. (40), $M = \frac{1}{2}\,\varepsilon r^2 u$. Der Drehimpuls eines auf einer Kreisbahn vom Radius r
mit der Winkelgeschwindigkeit u umlaufenden Elektrons von der Masse μ bezüglich seiner Drehachse ist nach § 37, $q = \mu r^2 u$. Demnach sollte das Verhältnis von
magnetischem Moment zu Drehimpuls für jedes einzelne umlaufende Elektron
$M/q = \varepsilon/2\mu$ sein, also gleich der halben spezifischen Ladung (§ 193) des Elektrons.
Das gleiche Verhältnis muß dann auch für die Summe aller ausgerichteten Kreisströme und demnach für das magnetische Moment und den Drehimpuls des
ganzen Eisenstabes gelten. Tatsächlich ergaben die Messungen bei beiden
Effekten den doppelten Wert, nämlich ε/μ statt $\varepsilon/2\mu$. Dieser Widerspruch gegen
die Theorie konnte jedoch später aufgeklärt werden (§ 350).

Im Zusammenhang mit dem BARNETT-Effekt ist die Tatsache wichtig, daß
sowohl die Erde als auch die Sonne ein ihrer Drehachse etwa gleichgerichtetes
magnetisches Moment haben.

210. Das Feld in der Umgebung eines magnetisierten Körpers. Bringt man
einen ferromagnetischen Körper in ein vorher homogenes Feld, so überlagert
sich diesem Felde das Feld des in ihm magnetisierten Körpers und verzerrt es (Abb. 370). Denn an den Seiten des Körpers laufen die von seinem Nordpol nach seinem Südpol verlaufenden Feldlinien dem magnetisierenden Felde entgegen und schwächen es dort. An den Endflächen aber laufen sie mit dem magnetisierenden Felde gleichsinnig und verstärken es (Abb. 371 a u. b). Der Einfluß des überlagerten
Feldes verschwindet in größerer Entfernung von dem Körper.

Es ist sehr lehrreich, die Abb. 371 mit der ganz entsprechenden Abb. 265 zu vergleichen, die das elektrische Gegenstück zu ihr bildet. Die beiden Fälle gleichen sich
im Außenraum des Körpers qualitativ völlig. Hingegen ist im elektrischen Fall der
Innenraum des Körpers (eines Leiters) feldfrei, die Feldlinien des äußeren
Feldes sind durch den Körper unterbrochen, endigen und beginnen an dessen
Enden. Im magnetischen Fall aber ist das Innere des magnetisierten Körpers
nicht feldfrei. Im Gegenteil ist die Feldstärke in ihm größer als im Außenraum, sogar sehr viel größer als in Abb. 371 angedeutet ist, die nur ein

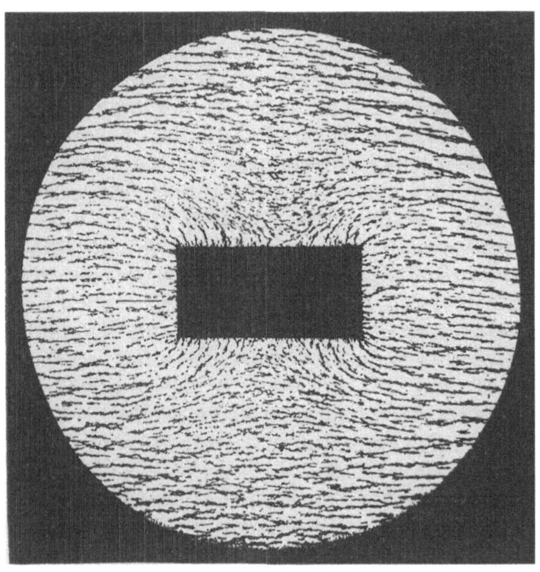

Abb. 370. Eisen im magnetischen Felde.
(Aus POHL: Elektrizitätslehre.)

Schema geben soll. Die Gesamtzahl der Feldlinien wird aber durch den Körper nicht verändert. Sie werden nur gewissermaßen in den Körper hineingesogen, so daß ihre Zahl innen zunimmt und in der näheren seitlichen Umgebung abnimmt.

Bei den paramagnetischen Körpern treten entsprechende Verhältnisse ein, wenn auch in einem gegenüber den Ferromagnetika verschwindenden Maße. Bei den diamagnetischen Körpern ist die Richtung des zusätzlichen Feldes die umgekehrte. Bei ihnen werden die Feldlinien sozusagen aus dem Körper herausgedrückt, und das Feld ist im Innern geschwächt an den Seiten des Körpers in der näheren Umgebung verstärkt.

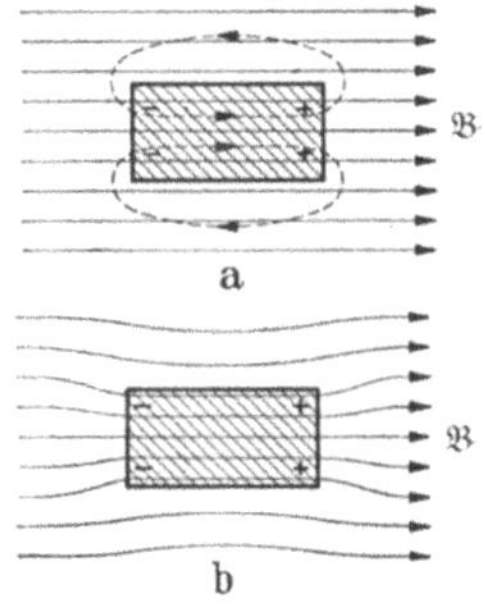

Abb. 371.
Zur Deutung der Abb. 370.

Man kann die geschilderten Verhältnisse auch dadurch verständlich machen, daß nach § 204 ein zu einer Grenzfläche — hier den Seitenflächen des Körpers — tangentiales Feld einen Sprung seiner Feldstärke nach der Gleichung $B_1/\mu_1 = B_2/\mu_2$ erfährt. Demnach ist die Feldstärke innerhalb des ferromagnetischen Körpers sehr groß auf Kosten der Feldstärke in seiner seitlichen Umgebung, in der erst mit wachsendem Abstand vom Körper eine stetige Annäherung an diejenige Feldstärke erfolgt, die ohne Anwesenheit des Körpers überall herrschen würde.

211. Entmagnetisierung. Wir haben bisher noch nicht in Betracht gezogen, ob die Gestalt eines magnetisierten Körpers etwa einen Einfluß auf die Magnetisierung hat. Das ist tatsächlich der Fall. Um dies zu verstehen, wollen wir uns zuerst ein Bild davon machen, welchen Einfluß es auf das Feld in einer Spule im Vakuum hat, wenn sie nicht, wie bei Gl. (21), § 192, vorausgesetzt, sehr lang gegenüber ihrem Durchmesser ist. Wir können uns eine unendlich lange Spule ersetzt denken durch eine Spule von endlicher Länge und zwei unmittelbar an sie anschließende unendlich lange Spulen, die alle von gleich starken Strömen gleichsinnig durchflossen werden (Abb. 372a). Das Feld B_0 in der mittleren Spule entsteht dann durch Überlagerung des Feldes B des in ihr selbst fließenden Stromes und der von den beiden andern Spulen ausgehenden Streufelder B_1 und B_2, $B_0 = B + B_1 + B_2$. Jetzt können wir aber die Felder B_1 und B_2 beseitigen, wenn wir uns die beiden Endspulen noch mit zwei weiteren, gleichen Spulen bewickelt denken, welche von einem Strom von gleicher Stärke, aber entgegengesetzter Richtung durchflossen werden, wie die ersten Spulen (Abb. 372b). Dann bleibt das Feld der mittleren Spule allein übrig, $B = B_0 - (B_1 + B_2)$. Nun hängt der Bruchteil $(B_1 + B_2)/B_0$, den die Felder B_1 und B_2 zum Felde B_0 beitragen, nur von der geometrischen Gestalt der mittleren Spule ab, nicht von der Stärke der Felder selbst. Es ist also $B_1 + B_2 = \alpha B_0$, wobei die Konstante α nur von der Gestalt der mittleren Spule abhängt. Demnach ist das Feld der mittleren Spule allein $B = B_0 (1 - \alpha)$. Man kann das rein formal so auffassen, als überlagere sich bei einer Spule von endlicher Länge dem für eine Spule von unendlicher Länge nach Gl. (21), § 192, berechneten Felde B_0 ein *entmagnetisierendes Feld* $B_e = -\alpha B_0$ von entgegengesetzter Richtung, durch das es um einen nur von der Gestalt der Spule abhängigen Bruchteil geschwächt wird, der um so kleiner ist, je länger die Spule ist.

Nunmehr ersetzen wir das obige Spulensystem durch einen unendlich langen Stab mit einer permanenten Magnetisierung, den wir uns entsprechend unterteilt denken, so daß das mittlere Stück der mittleren Spule entspricht (Abb. 372c). Wenn wir im Fall der Spulen mit Hilfe zweier weiterer Spulen das Feld der beiden äußeren Spulen beseitigen, so war das physikalisch gleichwertig mit der Entfernung dieser beiden Spulen. Denken wir uns nun die beiden Endstücke des magnetisierten Stabes beseitigt, so tritt eine ganz analoge Wirkung ein. Nur müssen wir jetzt die magnetische Feldstärke B durch die magnetische Erregung H ersetzen, da nur diese bis in das Innere des magnetisierten Körpers

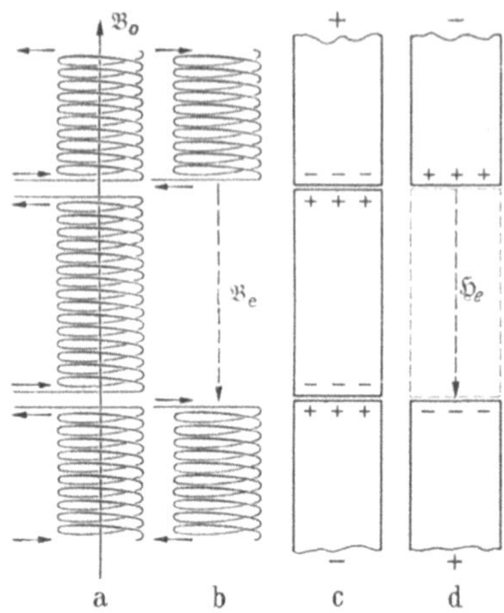

Abb. 372. Zur Erläuterung der Entmagnetisierung.

eindringt (§ 205). Es fehlt nunmehr die Wirkung, die vorher von den Durchflutungen (Magnetisierungen) der Endstücke ausging, und das wirkt, genau wie bei den Spulen, wie die Erzeugung einer entmagnetisierenden Erregung H_e. Man kann dies aber auch noch anders betrachten. Solange die drei Stücke des Stabes ein zusammenhängendes Ganzes bildeten, besaß der Stab an den Trennungsstellen keine Pole; bzw. die magnetischen Doppelschichten, die man sich an den Trennungsstellen vorhanden denken konnte (Abb. 372c), hatten keine magnetische Wirkung. Wird nunmehr an jeder Trennungsstelle durch Entfernen der Endstücke die eine Belegung der Doppelschicht entfernt, so ist das gleichwertig mit der Heranbringung einer Belegung von entgegengesetztem Vorzeichen (Abb. 372d). Und von solchen gedachten magnetischen Belegungen können wir uns die entmagnetisierende Erregung ausgehend denken, die hier genau so auftritt, wie das entmagnetisierende Feld bei der Spule. Tatsächlich entsteht ja auch beim Entfernen der Endstücke eine solche scheinbare magnetische Belegung, die Magnetisierung J der Enden, und das Entfernen der Endstücke wirkt daher so, als führe man an das vorher polfreie Mittelstück von außen her magnetische Belegungen heran, deren Flächendichten gleich der Magnetisierung J sind, die das Mittelstück schließlich tatsächlich besitzt. Die entmagnetisierende Erregung H_e ist also dem Betrage J des Vektors $\mathfrak{J}$ proportional und ihm entgegengerichtet, $H_e = -\beta J$, wobei, wie im Falle der Spulen, der Faktor β nur von der Gestalt des magnetisierten Körpers abhängt. An diesen Überlegungen ändert sich nichts, wenn die Magnetisierung nicht eine permanente ist, sondern durch die Erregung H eines äußeren Feldes hervorgerufen wird. In jedem Falle erzeugt die jeweils vorhandene Magnetisierung J eine entmagnetisierende Erregung $H_e = -\beta J$. Dadurch wird die Erregung des äußeren Feldes im Innern des Körpers geschwächt. Sie beträgt nur noch $H + H_e = H - \beta J$ und kann demnach auch nur in dieser Stärke magnetisierend wirken. Nach Gl. (9), § 203, beträgt daher die Magnetisierung des Körpers $J = \varkappa (H + H_e) = \varkappa (H - \beta J)$ oder

$$J = H \, \frac{\varkappa}{1 + \beta \varkappa}.$$

β heißt der *Entmagnetisierungsfaktor*. Er beträgt für eine Kugel $4\pi/3 = 4{,}18$. Bei einem in Richtung seiner Achse magnetisierten zylindrischen Stab ist er natürlich von der Länge abhängig und um so kleiner, je länger der Stab ist. Ist seine Länge 10mal größer als seine Dicke, so beträgt er 0,204, ist sie 100mal größer, so beträgt er nur noch 0,0042. Bei einer unendlich dünnen ferromagnetischen Platte hat β seinen oberen Grenzwert, $\beta = 4\pi$.

Das Wesen der Entmagnetisierung ist also sehr leicht verständlich. Sie rührt einfach daher, daß die für sehr lange und enge Spulen abgeleitete Feldstärkengleichung in der Nähe der Spulenenden ihre Gültigkeit verliert, und daß das

Entsprechende auch für das zusätzliche Feld gilt, welches die zusätzliche Durchflutung J in der Oberfläche eines magnetisierten Zylinders erzeugt. Nahe den Enden der Spule oder des magnetisierten Zylinders beginnen die weiter im Innern parallelen Feldlinien sich bereits nach außen auszubreiten, und das Feld wird dort allmählich schwächer. Bei einem permanenten Magneten hängt dies auf das engste mit der Tatsache zusammen, daß seine Pole weder mathematische Punkte, noch flächenhaft über die Endflächen verteilt, sondern ausgedehntere Bereiche sind, die etwa dort liegen, wo die Abweichungen des Feldes vom Verlauf im Innern des Magneten anfangen, deutlich zu werden.

Man spricht meist von einem entmagnetisierenden Feld. Bei einer Spule wäre das richtig. Bei einem magnetisierten Körper hingegen ist es richtiger, so, wie wir es getan haben, von einer *entmagnetisierenden Erregung* zu sprechen. Denn es handelt sich tatsächlich nicht um eine Schwächung des Kraftfeldes, sondern seiner Erregung. Man sei sich aber darüber klar, daß es ein wirkliches entmagnetisierendes Erregungsfeld tatsächlich nicht gibt, sondern daß die — sehr nützliche — Anwendung dieses Begriffes nur ein Äquivalent bildet für einen Fehlbetrag der wirklich vorhandenen Erregung gegenüber derjenigen bei unendlicher Länge des magnetisierten Körpers.

212. Magnetisches Kraftfeld und magnetisches Erregungsfeld. Wie wir gesehen haben, sind die Feldlinien eines magnetischen Kraftfeldes $\mathfrak{B}$ immer in sich geschlossen und haben weder Anfang noch Ende. Nun bildet der Erregungsvektor $\mathfrak{H}$ aber ebenfalls ein Vektorfeld, das man demnach ebenso wie das Kraftfeld durch Feldlinien versinnbildlichen kann. Da $\mathfrak{B}$ und $\mathfrak{H}$ gleichgerichtet sind, so

unterscheidet sich dieses Feldlinienbild von dem des Kraftfeldes in seinem allgemeinen Verlauf nicht, sondern nur in der Dichte der Feldlinien. Diese ist in einem paramagnetischen Stoff im Erregungsfelde kleiner, in einem diamagnetischen Stoff größer als im Kraftfelde. Ein wesentlicher Unterschied besteht aber insofern, als die Feldlinien des Erregungsfeldes nur dann geschlossen sind, wenn sie niemals eine Grenzfläche zweier verschiedener Stoffe überschreiten. Andernfalls ändert sich, wie wir in § 204 gezeigt haben, die Erregung in der Grenzfläche sprunghaft, und es enden oder beginnen dort Feldlinien des Erregungsfeldes.

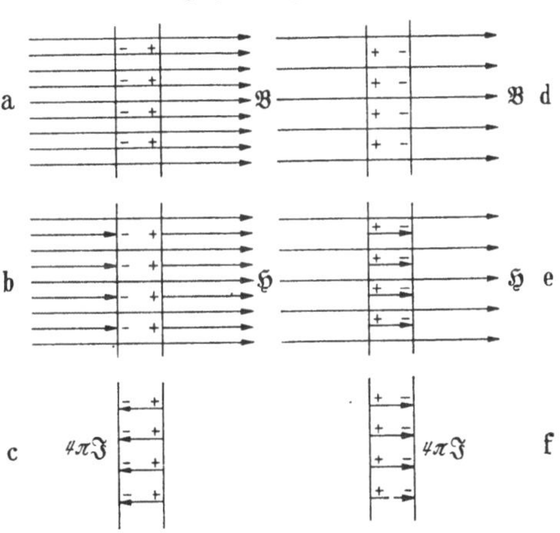

Abb. 373. a Magnetisches Feld, b Erregungsfeld, c Feld der magnetischen Belegungen bei einer paramagnetischen Platte im Vakuum, d—f desgleichen bei einer diamagnetischen Platte.

Abb. 373 a—c stellt ein Teilstück einer paramagnetischen Platte von der Permeabilität μ dar, die sich im Vakuum und in einem zu ihren Grenzflächen senkrechten magnetischen Felde B befinde. Letzteres tritt dann, wie wir gesehen haben, ungestört durch die Platte hindurch (Abb. 373a). Hingegen ist die Erregung im Innern der Platte gleich $H = H_0/\mu = B/\mu$ [Gl. (12)], da im Außenraum $\mu = 1$ ist, und wenn $H_0 = B$ die Erregung im Außenraum bedeutet. Demnach endet eine Anzahl von Feldlinien des Erregungsfeldes an der der Feldrichtung entgegengerichteten Plattenfläche und beginnt erneut an der anderen Plattenfläche (Abb. 373b). Da $H = B - 4\pi J$, so kann man diesen Sachverhalt so beschreiben, als verliefen von einer positiven magnetischen Belegung J je Flächeneinheit der zweiten Plattenfläche $4\pi J$ rückläufige Feldlinien zu einer gleich großen negativen Belegung der ersten Platte, die das äußere Erregungsfeld $H_0 = B$ um den Betrag $4\pi J$ auf den Betrag des inneren Erregungsfeldes H schwächen (Abb. 373c). Bei einer diamagnetischen Platte, bei der $H > H_0$ ist, verhält es sich umgekehrt (Abb. 373d—f), wie ohne erneute Erklärung verständlich ist.

Es ist äußerst lehrreich, diese Verhältnisse an Hand der Abb. 373a—c mit den entsprechenden Verhältnissen bei einer dielektrischen Platte im elektrischen Felde zu vergleichen (§ 145, Abb. 278). (Da stets $\varepsilon > 1$, so besteht kein elektrisches Analogon zu einer diamagnetischen Platte, es sei denn, man betrachte eine Platte in einer Umgebung mit größerer Dielektrizitätskonstante.) Durch Vergleich erkennt man: Es besteht eine vollkommene Analogie erstens zwischen dem *magnetischen Kraftfeld* $\mathfrak{B}$ und dem *elektrischen Verschiebungsfeld* $\mathfrak{D}$, zweitens zwischen dem *elektrischen Kraftfeld* $\mathfrak{E}$ und dem *magnetischen Erregungsfeld* $\mathfrak{H}$. Diese Analogie findet auch schon in den Beziehungen $\mathfrak{D} = \varepsilon \mathfrak{E}$ und $\mathfrak{B} = \mu \mathfrak{H}$ ihren Ausdruck. Schließlich besteht eine Analogie zwischen dem rückläufigen Feld $4\pi \mathfrak{P}$ der *dielektrischen Polarisation* und dem (scheinbaren) rückläufigen Feld $4\pi \mathfrak{J}$ der (scheinbaren) *magnetischen Belegung*. Der grundlegende Unterschied besteht darin, daß das wahre elektrische Kraftfeld $\mathfrak{E} = \mathfrak{D}/\varepsilon$, das wahre magnetische Kraftfeld aber $\mathfrak{B} = \mu \mathfrak{H}$ ist, und daß der dielektrischen Polarisation eine wahre elektrische Oberflächenladung, der Magnetisierung aber keine wahre magnetische Oberflächenbelegung entspricht. An jenen können Feldlinien des elektrischen Kraftfeldes beginnen oder enden; an diesen aber können keine Feldlinien des magnetischen Kraftfeldes beginnen oder enden, weil es eben solche magnetischen Belegungen tatsächlich nicht gibt. Sie sind nur ein formales Hilfsmittel zur Beschreibung der Verhältnisse im Erregungsfelde.

213. Magnetisches Potential. Magnetische Spannung. Magnetischer Widerstand. Die Analogie zwischen elektrischen und magnetischen Feldern legt es nahe, wie in elektrischen Feldern, so auch in magnetischen Feldern ein *Potential* zu definieren (§ 137). Es würde der Arbeit entsprechen, die man aufzuwenden hat, um einen positiven magnetischen Einheitspol (Spulenpol) von einem willkürlich wählbaren Nullpunkt des Potentials nach den einzelnen Punkten des magnetischen Feldes zu verschieben. Im elektrischen Felde von Ladungen ist ein Potential auf diese Weise auch immer eindeutig definierbar, weil nämlich diese Arbeit unabhängig vom Verschiebungswege ist. Das ist deshalb der Fall, weil es im Felde elektrischer Ladungen keine in sich geschlossenen Feldlinien gibt. Die Feldlinien magnetischer Felder dagegen sind immer geschlossen. Das führt zu einer Vieldeutigkeit des magnetischen Potentials, weil im magnetischen Felde die Arbeit, die bei der Verschiebung eines magnetischen Poles von einem Punkte nach einem anderen aufgewendet wird, ganz verschiedene Werte annehmen kann. Gesetzt, wir hätten die Arbeit zur Verschiebung des Einheitspols von einem Nullpunkt O des Potentials nach einem Punkte P im Felde auf irgendeinem Wege ermittelt. Dann könnten wir ein anderes Mal die Verschiebung an irgendeinem Punkte unterbrechen und von ihm aus einen vollen Umlauf längs einer magnetischen Feldlinie einlegen. Dabei wird, je nach der Verschiebungsrichtung, entweder Arbeit geleistet oder gewonnen, und der Gesamtbetrag der geleisteten Arbeit ändert sich entsprechend. Umschlingt z. B. die betreffende Feldlinie einen Strom i, so ist die zusätzlich geleistete Arbeit nach § 191, Gl. (20), mit $m = 1$, gleich $\pm 4\pi i$, je nach dem Umlaufsinn des Verschiebungsweges. Bei Zulassung eines mehrfachen Umlaufs steigt die Vieldeutigkeit. Fließen im Felde mehrere Ströme, so erhöht sich die Vieldeutigkeit noch mehr. Wenn schließlich räumlich ausgedehnte Ströme vorhanden sind — wie z. B. in einer Gasentladung —, so kann der Verschiebungsweg beliebige Bruchteile dieser Ströme umschlingen, so daß die geleistete Arbeit beliebig vieldeutig wird. Wegen seiner geschlossenen

Feldlinien ist ein magnetisches Feld ein *Wirbelfeld*, und es teilt die Eigenschaft aller Wirbelfelder: Es ist im allgemeinen nicht möglich, in ihm ein Potential eindeutig zu definieren.

Dennoch ist es nützlich, den Begriff der *magnetischen Spannung* zu definieren. Doch leitet man sie nicht, wie im elektrischen Felde, vom Kraftfelde $\mathfrak{B}$, sondern vom Erregungsfelde $\mathfrak{H}$ ab, und zwar ganz analog zu Gl. (8) in § 137. Die magnetische Spannung eines Punktes D gegen einen Punkt C beträgt

$$U_m = -\int_C^D \mathfrak{H}\, d\mathfrak{r}\,. \tag{16}$$

Dabei sind die $d\mathfrak{r}$ auch hier die einzelnen Elemente des Weges, längs dessen man sich das Integral ausgeführt denkt. Man kann auch U_m als die Arbeit definieren, die nötig ist, um einen Einheits-Magnetpol (nicht einen Spulenpol) von C nach D zu verschieben, da ein solcher ja auf die magnetische Erregung $\mathfrak{H}$, nicht auf das Feld $\mathfrak{B}$, reagiert. Die Vieldeutigkeit, die der magnetischen Spannung wie dem magnetischen Potential anhaftet, beseitigt man, indem man vorschreibt, daß der Integrationsweg (Verschiebungsweg) nirgends einen Strom umschlingen soll.

Wir betrachten einen Zylinder von der Länge l, dem Querschnitt q und der Permeabilität μ, in dem in Richtung seiner Achse ein homogenes magnetisches Feld B, also eine Erregung $H = B/\mu$ herrscht. Denken wir uns die Integration der Gl. (16) längs der Zylinderachse zwischen den Endflächen des Zylinders und entgegen der Feldrichtung ausgeführt, so ist die Erregung H überall konstant, und der Integrationsweg ist gleich der Länge l des Zylinders. Dann nimmt die Gl. (16) die einfache Form

$$U_m = H\,l = \frac{1}{\mu}\,B\,l = \frac{1}{\mu}\,\frac{l}{q}\,\Phi = \Phi R_m \tag{17}$$

an. Denn der magnetische Fluß im Zylinder beträgt $\Phi = Bq$. Dabei haben wir gesetzt

$$R_m = \frac{1}{\mu}\,\frac{l}{q}\,. \tag{18}$$

Gl. (17) entspricht formal dem OHMschen Gesetz, wenn man die magnetische Spannung U_m mit der elektrischen Spannung U, den magnetischen Fluß Φ mit der elektrischen Stromstärke i, die Größe R_m, den *magnetischen Widerstand* des Zylinders, mit dem elektrischen Widerstand R in Parallele setzt. Überdies setzt sich R_m ebenso aus einer Materialkonstante $1/\mu$ und einem Formfaktor l/q zusammen, wie der elektrische Widerstand R aus dem spezifischen Widerstand ϱ und dem gleichen Formfaktor l/q. Die Permeabilität μ spielt also eine analoge Rolle wie die elektrische Leitfähigkeit $1/\varrho$ (§ 153).

Natürlich handelt es sich lediglich um eine formale Analogie, da der magnetische Fluß nicht, wie der elektrische Strom, eine Bewegung irgendwelcher Teilchen darstellt. Dennoch leistet der Begriff der magnetischen Spannung vor allem in der Technik oft gute Dienste. Denn in vielen Fällen kann man den magnetischen Widerstand einer Folge von magnetisierten Körpern genügend genau gleich der Summe ihrer magnetischen Teilwiderstände setzen und damit den magnetischen Fluß in der Folge genügend genau abschätzen.

Das über einen vollen Umlauf um einen Strom i in Richtung der Erregung $\mathfrak{H}$ genommene Integral $u_m = \int \mathfrak{H}\, d\mathfrak{r}$ bezeichnet man als die *Umfangsspannung* des Stromes i. Es ist gleich der Arbeit, die gewonnen wird, wenn man einen positiven magnetischen Einheitspol im Vakuum $(B = H)$ einmal in der Feldrichtung um den Strom herumführt, und beträgt daher nach § 191, Gl. 20),

$$u_m = \int \mathfrak{H}\, d\mathfrak{r} = 4\pi i\,. \tag{19}$$

214. Eisenkerne in Spulen. Elektromagnete. Wir haben in § 192 gesehen, daß eine stromdurchflossene Spule einem Stabmagneten äquivalent ist. Indem aus ihrem einen Ende Feldlinien austreten und in das andere Ende wieder eintreten, entsprechen diese Enden den Polen eines Magneten. Die magnetischen Wirkungen einer solchen Spule sind jedoch im Außenraum verhältnismäßig schwach. Sie können aber außerordentlich verstärkt werden, wenn man das Innere der Spule mit einem ferromagnetischen Stoff, insbesondere mit Eisen, erfüllt. Die Zahl der aus den Enden der Spule austretenden Feldlinien wird etwa auf das μ-fache vergrößert. Die im Eisenkern auftretende Magnetisierung $\mathfrak{J}$ macht das Eisen in der stromdurchflossenen Spule zu einem sehr starken Magneten, einem *Elektromagneten*. Diese Tatsache ist von größter technischer Bedeutung.

Abb. 374 stellt einen zylindrischen Eisenkern dar, der eine vom Strom i durchflossene Spule (Wicklung) von n Windungen trägt, die nur einen Teil von ihm bedeckt. Es besteht hier ein großer Unterschied gegenüber einer eisenfreien Spule. Bei dieser treten die magnetischen Feldlinien unmittelbar an den Spulenenden nach allen Richtungen in den Raum aus (§ 190, Abb. 336). Bei jener aber hält der Eisenkern die magnetischen Feldlinien beisammen, und diese treten fast alle erst an den Enden des Eisenkerns in die Luft aus. Der Eisenkern wirkt also nach außen etwa wie eine *Spule von der Länge des ganzen Kerns.*

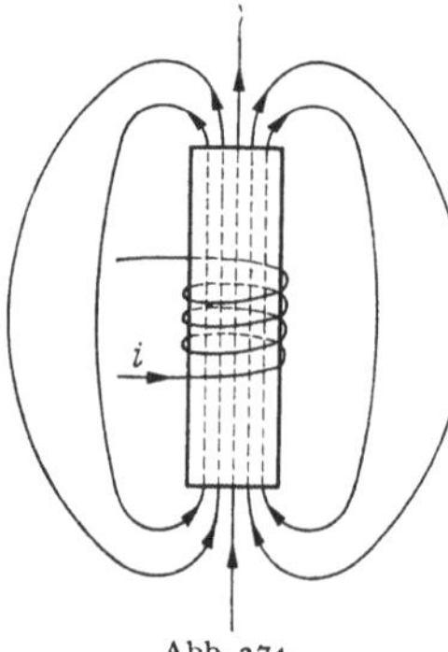

Abb. 374.
Eisenkern mit Wicklung.

Jede einzelne Windung der Wicklung liefert zum magnetischen Fluß Φ im Eisen den gleichen Anteil Φ_1, und die einzelnen Anteile addieren sich zum Gesamtfluß $\Phi = n\,\Phi_1$, weitgehend unabhängig davon, wie die n Windungen auf dem Kern verteilt sind. Die Länge der Spule selbst ist also auf den Gesamtfluß und daher auch auf die Magnetisierung des Kerns ohne wesentlichen Einfluß. Es kommt nur auf ihre Windungszahl n und den in ihr fließenden Strom, auf das Produkt $n\,i$, ihre Durchflutung an.

Besonders einfach gestalten sich die Verhältnisse bei einem ringförmig in sich geschlossenen Eisenkern (Abb. 375a). Sein Querschnitt sei q, seine Länge, d. h. sein mittlerer Umfang, sei l. Um den Fluß in ihm zu berechnen, dürfen wir gedanklich die wirkliche Wicklung durch ein einfacheres Gebilde ersetzt denken, das die gleiche Durchflutung erzeugt. Wir denken uns den Eisenkern auf seiner ganzen Länge l mit einem Metallblech umgeben, das eine „Spule" mit einer einzigen Windung darstellt. Um die gleiche Durchflutung zu erzeugen wie mit der wirklich vorhandenen Wicklung, muß in ihr ein Strom $i' = n\,i$ fließen,

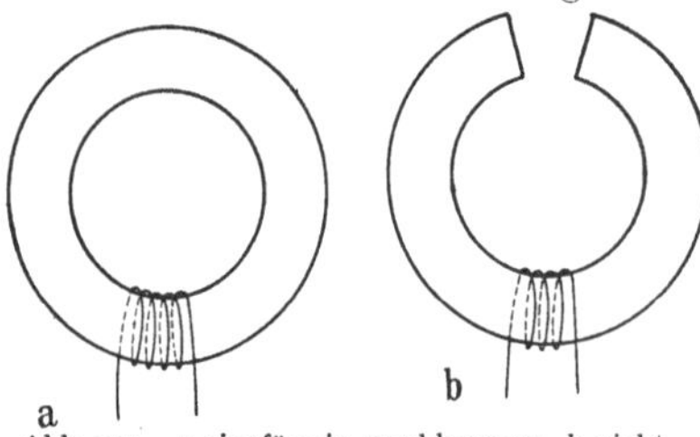

Abb. 375. *a* ringförmig geschlossener, *b* nicht geschlossener Eisenkern.

der eine magnetische Erregung $H = 4\,\pi\,i'/l = 4\,\pi\,n\,i/l$ und ein magnetisches Feld $B = \mu \cdot 4\,\pi\,n\,i/l$ erzeugt. Dabei ist aber jetzt l nicht die Länge der wirklich vorhandenen Spule, sondern die des ganzen Eisenkerns. Dann beträgt der magnetische Fluß in ihm

$$\Phi = B\,q = \frac{\mu\,q}{l} \cdot 4\,\pi\,n\,i = 4\,\pi\,\frac{n\,i}{R_m}, \tag{20}$$

wobei R_m der magnetische Widerstand des Eisenkerns ist (§ 213). Hat der Eisenkern nicht überall gleichen Querschnitt, so ist R_m genähert als die Summe der magnetischen Widerstände seiner einzelnen Teile zu berechnen.

Ist aber der Eisenkern nicht geschlossen, befindet sich also zwischen seinen Enden ein Luftraum, der von den Feldlinien überbrückt werden muß (Abb. 375b) so gilt ebenfalls Gl. (20). Nur setzt sich der magnetische Widerstand R_m jetzt aus zwei Anteilen, dem des Eisenweges R_m^e und dem des Luftweges R_m^l, zusammen, und es ist

$$\Phi = \frac{4\,\pi\,n\,i}{R_m^e + R_m^l}. \tag{21}$$

Nun ist allgemein $R_m = l/\mu\,q$. Es ist aber bei weichem Eisen (das für Eisenkerne wegen seiner geringen Remanenz allein in Frage kommt) μ von der Größenordnung 100 und mehr; für Luft aber ist $\mu \approx 1$. Infolgedessen ist der magnetische Widerstand einer Luftstrecke sehr viel größer als derjenige einer Eisenstrecke von gleicher Länge. Daher bewirkt schon die Einschaltung einer verhältnismäßig kleinen Luftstrecke in den Weg der Feldlinien eine starke Erhöhung des magnetischen Gesamtwiderstandes und eine erhebliche Verminderung des Flusses Φ und damit der Feldstärke $B = \Phi/q$. Handelt es sich um einen geraden Eisenkern (Abb. 374), so ist die Verminderung sehr beträchtlich. Die Luftwege der Feldlinien vom einen Ende des Kerns zum andern sind größer als die Eisenwege im Kern. Allerdings ist der Querschnitt des Luftweges groß gegen denjenigen des Eisenweges; doch vermag das den schädlichen Einfluß nicht auszugleichen, um so weniger, je kürzer der Eisenkern ist. Diese Tatsachen führen zu einem vertieften Verständnis für die *entmagnetisierende Wirkung freier Enden* (§ 211).

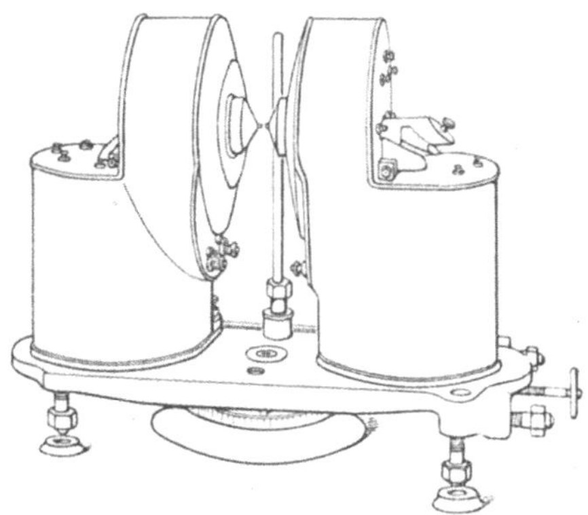

Abb. 376. Großer Elektromagnet.

Ein ringförmig geschlossener Eisenkern sei durch eine Luftstrecke mit parallelen, zum Fluß Φ senkrechten Begrenzungen (Polen des Eisenkerns) vom Querschnitt q unterbrochen. Der Fluß durchsetzt auch die Luftstrecke. Wenn der Polabstand klein gegen den Poldurchmesser ist, so daß wir von der sonst eintretenden Streuung der Feldlinien an den Polrändern absehen dürfen, so entspricht dem Fluß Φ in der Luft die magnetische Feldstärke

$$B = \frac{\Phi}{q} = \frac{1}{q}\,\frac{4\,\pi\,n\,i}{R_m^e + R_m^l}. \tag{20}$$

Will man also ein starkes, homogenes magnetisches Feld erzeugen, so muß dafür gesorgt werden, daß der magnetische Widerstand, insbesondere der Luftanteil R_m^l, möglichst klein ist, d. h. man muß einen möglichst geringen Polabstand wählen. Den Querschnitt q darf man nicht zu klein wählen, wenn das Feld homogen sein soll. Kommt es aber nicht so

Abb. 377. Topfmagnet.

sehr auf die Homogenität als auf die Stärke des Feldes an, so kann man auch den Querschnitt q möglichst klein wählen, indem man konische Polschuhe benutzt, wie bei dem in Abb. 376 dargestellten großen Elektromagneten. Der Hauptanteil des Flusses tritt dann unmittelbar an den Spitzen der Polschuhe über, und es entstehen sehr starke Felder in der Achse, die allerdings nach den Seiten hin schnell abfallen. Bei Verwendung einer Wasserkühlung kann man solche Elektromagnete mit sehr starken Strömen beschicken und zwischen ihren Polspitzen in kleinen Bereichen Feldstärken von vielen tausend Gauß erzeugen.

Abb. 377 zeigt einen Topfmagneten, bei dem sich die Wicklung in der zylindrischen Ausbohrung eines Weicheisenkerns befindet, nebst einem sehr genau auf seine Endflächen angeschliffenen Anker aus weichem Eisen. Bei anliegendem Anker bildet das ganze einen nur durch eine verschwindend dicke Luftschicht zwischen Magnet und Anker unterbrochenen, also so gut wie ganz geschlossenen Eisenkreis, in dem ein sehr starker Fluß herrscht, wenn die Wicklung mit Strom beschickt wird. Aber auch dann schon, wenn sich der Anker noch in kleiner Entfernung vom Magneten befindet, ist die Feldstärke zwischen den Magnetpolen und dem Anker und daher ihre gegenseitige Anziehung sehr beträchtlich. Demnach wird der Anker bei genügender Annäherung vom Magneten sehr stark angezogen und haftet schließlich mit großer Kraft an ihm. Ein solcher Magnet kann erhebliche Lasten tragen. Man sieht leicht, daß hier nur weiches Eisen, also solches mit geringer Remanenz, brauchbar ist, weil andernfalls nach Ausschalten des Stromes eine zu starke Restmagnetisierung zurückbleiben und der Magnet den Anker nicht wieder loslassen würde. Überhaupt ist es in allen Fällen, wo Eisenkerne praktisch verwendet werden, nötig, daß der Kern nach Ausschalten des Stromes wieder in einen möglichst unmagnetischen Zustand zurückkehrt.

III. Elektromagnetische Induktion.

215. Grundtatsachen der Induktion. Wird einem geschlossenen Leiterkreise, in den ein Galvanometer eingeschaltet ist, der eine Pol eines Magneten genähert (Abb. 378), so erkennt man an einem Ausschlag des Galvanometers, daß *während der Dauer der Bewegung* im Kreise ein elektrischer Strom fließt. Entfernt man den Magnetpol wieder, so fließt ein Strom in umgekehrter Richtung. Genau die gleichen Erscheinungen treten ein, wenn man den Leiterkreis relativ zum Magnetpol bewegt. Auch kann man sich statt eines

Abb. 378. Induktion im Felde eines Magneten.　　　Abb. 379. Induktion im Felde einer Spule.

Magneten einer stromdurchflossenen Spule bedienen (Abb. 379), deren Enden ja den Polen eines Stabmagneten magnetisch äquivalent sind.

Diese von FARADAY im Jahre 1831 entdeckte Erscheinung heißt *elektromagnetische Induktion* oder auch kurz Induktion, ein infolge von Induktion auftretender Strom ein *Induktionsstrom*. Wenn in einem Leiterkreise, in dem Induktion auftritt, und in dem sich keine Stromquelle der uns bisher bekannten Art befindet, ein Strom fließt, so haben wir einen solchen Leiterkreis als den Sitz einer elektromotorischen Kraft von uns bisher unbekannter Art, einer *induzierten elektromotorischen Kraft*, anzusehen.

Bei der Bewegung eines Magnetpols relativ zu einem Leiterkreise tritt am Ort des letzteren nichts anderes ein, als eine *zeitliche Änderung des magnetischen Feldes*. Diese zeitliche Änderung ist also offenbar für das Auftreten einer induzierten elektromotorischen Kraft verantwortlich. Dementsprechend ist es bei Benutzung der in Abb. 379 dargestellten Vorrichtung gar nicht nötig, Spule und Leiterkreis relativ zueinander zu bewegen. Eine Induktionswirkung tritt im Leiterkreise auch dann auf, wenn er selbst und die Spule ruhen, aber die Stromstärke und damit das magnetische Feld der Spule in ihrem Betrage verändert oder in ihrer Richtung umgekehrt werden. Verstärken des Stromes wirkt wie Annähern der Spule, Schwächen oder Umkehren wie Entfernen. Beim Einschalten des Stromes ist der Ausschlag des Galvanometers ebenso groß, aber entgegengesetzt gerichtet, wie beim Ausschalten; beim Umkehren ist der Ausschlag doppelt so groß wie beim einfachen Ein- und Ausschalten.

Eine weitere Induktionserscheinung ist die folgende. Eine mit einem Galvanometer verbundene Spule sei mit einem schwachen Strom beschickt, der das Galvanometer nur ganz wenig ausschlagen läßt. Schiebt man jetzt einen unmagnetischen Eisenkern in die Spule, so zeigt das Galvanometer während der Bewegung des Eisenkers einen starken Ausschlag, beim Wiederherausziehen einen entgegengesetzten Ausschlag. Es handelt sich hier tatsächlich um die gleiche Erscheinung wie bei der Annäherung eines Magneten, da der Eisenkern beim Hineinschieben in die Spule durch den in dieser fließenden Strom magnetisiert wird, also genau wie ein Dauermagnet wirkt. Hier liegt also eine Induktionswirkung durch Änderung der Permeabilität im Innern der Spule vor.

Bei den bisher besprochenen Induktionsversuchen befand sich der Leiterkreis, in dem Induktion stattfindet, stets im Bereiche des zeitlich veränderlichen magnetischen Feldes. Denn von dem Magnetpol und von der stromdurchflossenen Spule gehen magnetische Feldlinien aus, die den ganzen umgebenden Raum erfüllen. Nunmehr wollen wir einen Fall kennenlernen, bei dem sich dieser Leiterkreis in einem Gebiet befindet, das nach unserer bisherigen Kenntnis frei von magnetischen Feldern ist. In Abb. 380 ist eine ringförmig geschlossene Spule dargestellt, in der ein zeitlich veränderlicher Strom fließe. Das Feld innerhalb dieser Spule können wir nach Gl. (21), § 192, berechnen. Es ist auch zeitlich veränderlich, wie der Strom in der Spule. Nach unserer bisherigen Kenntnis ist der Außenraum der Spule feldfrei. Aber auch in diesem Falle tritt bei jeder Änderung der Stärke oder Richtung des in der Spule fließenden Stromes in einer außen um die Ringspule gelegten Induktionsspule ein Induktionsstrom auf. Es sieht zunächst so aus, als liege hier eine unmittelbare Fernwirkung des zeitlich veränderlichen magnetischen Feldes vor. Daß dies nicht der Fall ist, werden wir in § 225 sehen.

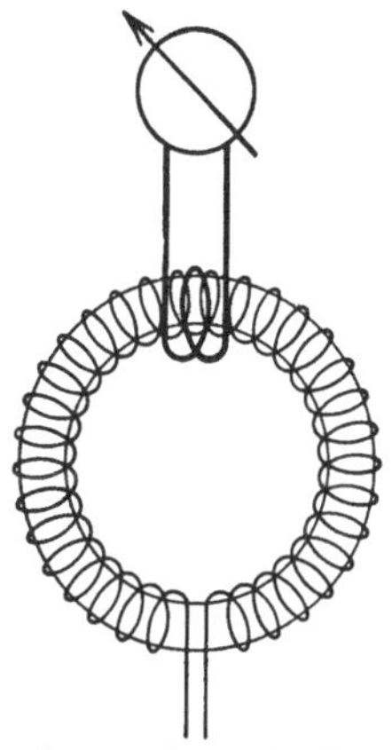
Abb. 380. Induktion durch eine ringförmig geschlossene Spule.

Mit den besprochenen Fällen ist die Zahl der verschiedenen Arten von Induktion noch nicht erschöpft. Induktion findet auch statt, wenn sich die Größe der von einem Leiterkreis umrandeten Fläche ändert, während sich dieser in einem zeitlich konstanten magnetischen Felde befindet, oder wenn der Leiterkreis in einem magnetischen Felde gedreht wird. Wir werden diese beiden Fälle in § 218 genauer erörtern.

216. Das LENZsche Gesetz. Für die Richtung der induzierten elektromotorischen Kraft gilt das LENZsche Gesetz: *Die induzierte elektromotorische Kraft ist stets so gerichtet, daß das magnetische Feld eines durch die elektromotorische Kraft erzeugten Induktionsstromes der Ursache der Induktion entgegenwirkt.*

Wird die Induktion durch die Bewegung von Leitern oder Leiterteilen im magnetischen Felde eines Magneten oder einer stromdurchflossenen Spule hervorgerufen, so ist das magnetische Feld des Induktionsstromes so gerichtet, daß es diese Bewegung hemmt. Wird ein Pol auf eine Drahtschleife hin bewegt, so ist das magnetische Feld des Induktionsstromes so gerichtet, daß der Pol von der Schleife abgestoßen, seine Bewegung also gehemmt wird. Umgekehrt wird der Pol, wenn er sich von der Drahtschleife entfernt, durch das magnetische Feld des Induktionsstromes in Richtung auf die Schleife gezogen, also auch wieder in seiner Bewegung gehemmt. Dem entspricht es, daß die Richtung der induzierten elektromotorischen Kraft beim Nähern des Poles das umgekehrte Vorzeichen hat wie beim Entfernen. Nachdem man so die Richtung des magnetischen Feldes des Induktionsstromes ermitteln kann, kann man durch Umkehrung der Schraubenregel des § 190, Abb. 337, auch die Richtung des Induktionsstromes bestimmen.

Ist die Ursache der Induktion die zeitliche Änderung des magnetischen Feldes innerhalb der von dem Leitersystem umrandeten Fläche, so ist das magnetische Feld des Induktionsstromes stets so gerichtet, daß es diese zeitliche Änderung verlangsamt. Wird das induzierende magnetische Feld verstärkt oder z. B. durch Einschalten des Stromes in einer Spule überhaupt erst erzeugt, so ist das Feld des Induktionsstromes dem induzierenden Feld entgegengerichtet; wird das induzierende Feld geschwächt, so ist das Feld des Induktionsstromes ihm gleichgerichtet, so daß wieder die zeitliche Änderung verlangsamt wird.

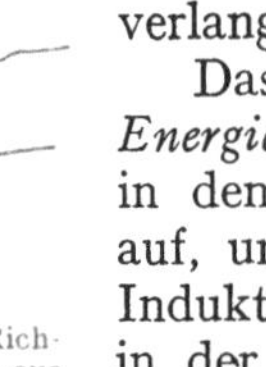
Abb. 381. Ermittlung der Richtung des Induktionsstromes aus der Schraubenregel und dem Lenzschen Gesetz.

Das Lenzsche Gesetz ist eine Folge aus dem *Energieprinzip*. Fließt ein Induktionsstrom, so tritt in dem von ihm durchflossenen Leiter Stromwärme auf, und diese Energie kann nur auf Kosten der die Induktion bewirkenden Ursache gehen. Liegt diese in der Bewegung eines Körpers (Magnet, Spule), so muß dieser kinetische Energie verlieren, also in seiner Bewegung gehemmt werden. Liegt die Ursache der Induktion lediglich in der zeitlichen Änderung der magnetischen Feldstärke, so müssen wir zur Erklärung die erst später (§ 229) zu behandelnde Tatsache vorwegnehmen, daß jedes magnetische Feld der Sitz magnetischer Energie ist. Um ein magnetisches Feld zu erzeugen, muß man Energie aufwenden, und diese Energie wird beim Verschwinden des Feldes wieder frei. Wird ein magnetisches Feld z. B. durch Einschalten eines Stromes in einer Spule erzeugt, und befindet sich im Raum ein Leitersystem, in dem Induktion stattfinden kann, so kommt die von dem Spulenstrom gelieferte Energie nicht nur dem magnetischen Felde zugute, sondern ein Teil dieser Energie wird durch Vermittlung des Feldes zur Erzeugung des Induktionsstromes verbraucht, geht also dem Felde verloren, das infolgedessen langsamer anwächst, als es ohne das Auftreten des Induktionsstromes anwachsen würde. Wird der Spulenstrom ausgeschaltet, so geht ein Teil der Energie des zusammenbrechenden magnetischen Feldes in das Leitersystem über und liefert die Energie für den Induktionsstrom.

Abb. 381 zeigt die Anwendung unserer Schraubenregel auf das Lenzsche Gesetz. Ist $\varDelta B$ die Zunahme der magnetischen Feldstärke in der Zeit $\varDelta t$, so fließt in einem die Feldlinien umschlingenden Stromkreis ein Induktionsstrom i, der so gerichtet sein muß, daß sein eigenes magnetisches Feld B_i der Feldzunahme $\varDelta B$ entgegengerichtet ist. Dann folgt aus der Schraubenregel (Abb. 337) die in Abb. 381 dargestellte Richtung des Induktionsstromes.

Aus dem Lenzschen Gesetz folgt ohne weiteres, daß beim Einschalten oder Verstärken des Stromes in einem Draht in einem ihm parallelen Draht ein Induktionsstrom auftritt, der dem induzierenden Strom entgegengerichtet ist, beim Ausschalten oder Schwächen ein solcher, der ihm gleichgerichtet ist.

217. Das Induktionsgesetz. Trotz der verwirrenden Fülle der Induktionserscheinungen können sie ausnahmslos durch ein einziges, überaus einfaches Gesetz, das FARADAY*sche Induktionsgesetz*, beschrieben werden. Es besagt: Die in einer einzelnen Windung induzierte elektromotorische Kraft beträgt

$$\mathfrak{E} = -\frac{d\Phi}{dt}.\tag{1}$$

Sie ist also gleich der negativen zeitlichen Änderung des magnetischen Flusses Φ (§ 187) in einer beliebigen, durch die Windung berandeten Fläche. Dabei ist die elektromotorische Kraft $\mathfrak{E}$ in der *elektromagnetischen Spannungseinheit* zu messen. Diese ist ganz analog zur elektrostatischen Spannungseinheit durch die Gl. (7), § 137, $A = eU$ definiert, wobei die Arbeit A wieder in erg, die Ladung e aber jetzt in der elektromagnetischen Ladungseinheit (= 10 Coulomb, § 191) zu messen ist. Die elektromagnetische Spannungseinheit ist also diejenige Spannung, welche an der elektromagnetischen Ladungseinheit die Arbeit 1 erg leistet. Es ist 1 elektromagnetische Spannungseinheit $= 10^{-8}$ V $= 1/c$ elektrostatische Spannungseinheiten ($c =$ Lichtgeschwindigkeit).

Gemäß § 187, Gl. (7) und (8), kann man auch schreiben

$$\mathfrak{E} = -\frac{d}{dt}\int \mathfrak{B}\,d\mathfrak{F} = -\frac{d}{dt}\int B\cos\alpha_n\,dF = -\frac{d}{dt}\int \mu H\cos\alpha_n\,dF.\tag{2}$$

Das Vorzeichen von $\cos\alpha_n$ und damit von $\mathfrak{E}$ hängt im Einzelfalle davon ab, nach welcher Seite des Flächenelementes dF man die Flächennormale errichtet, von der ab der Winkel α_n zu rechnen ist. Da hier — anders als in § 187 bei vorgegebener Feldrichtung — keine der beiden Seiten bevorzugt ist, so kann dafür im allgemeinen keine Vorschrift gegeben werden. Sie wäre auch belanglos, sofern außer der induzierten elektromotorischen Kraft $\mathfrak{E}$ keine weitere elektromotorische Kraft im Spiel ist, da es dann nur auf den Betrag von $\mathfrak{E}$ ankommt. Wenn aber in der Windung oder Spule, in der die Induktion stattfindet, bereits vorweg eine elektromotorische Kraft besteht und einen Strom erzeugt, etwa weil die Windung oder Spule mit einer Stromquelle verbunden ist, so kommt es darauf an, ob die induzierte elektromotorische Kraft die Wirkung der bereits vorhandenen elektromotorischen Kraft verstärkt ($\mathfrak{E}$ positiv) oder schwächt ($\mathfrak{E}$ negativ). Man erhält das richtige Vorzeichen von $\mathfrak{E}$, wenn man in solchen Fällen festsetzt, daß die Richtung des Flächenvektors $d\mathfrak{F}$ so zu wählen ist, daß sie dem Umlaufssinn des positiven Stromes in der Windung gemäß der Schraubenregel — etwa wie der Vektor $\mathfrak{u}$ in der Abb. 13, § 10 — entspricht.

Handelt es sich um die n gleichen Windungen einer Spule, in deren Innern ein homogenes, aber zeitlich veränderliches magnetisches Feld herrscht, so wird in jeder derselben eine elektromotorische Kraft gemäß Gl. (1) induziert, und die gesamte elektromotorische Kraft in der Spule beträgt

$$\mathfrak{E} = -n\frac{d\Phi}{dt}.\tag{3}$$

Hat die Spule den Querschnitt F, und ist das Feld B längs ihrer Achse gerichtet, so ist $\Phi = BF = \mu HF$, und die induzierte elektromotorische Kraft beträgt

$$\mathfrak{E} = -nF\frac{dB}{dt} = -nF\frac{d(\mu H)}{dt}.\tag{4}$$

Die Größe nF heißt die *Windungsfläche* der Spule.

Aus der Gl. (2) folgt, daß es vier verschiedene Möglichkeiten gibt, um in einer Windung eine elektromotorische Kraft zu induzieren: Es kann zeitlich veränderlich sein 1. das magnetische Feld B bzw. die magnetische Erregung H, 2. die Permeabilität μ des umgebenden Stoffes, 3. der Winkel α_n, 4. die Größe der Fläche F.

218. Induktion in bewegten Leiterteilen und Leitern im zeitlich konstanten, homogenen magnetischen Feld. Wir betrachten zunächst einige Sonderfälle.

1. Fall; die Fläche F ist veränderlich. Ein ebener Stromkreis, der eine Stromquelle von der elektromotorischen Kraft $\mathfrak{E}_0$ enthält, und dessen eine Seite durch einen frei beweglichen Drahtbügel (Läufer) von der Länge l gebildet wird, befinde sich in einem zu seiner Fläche senkrechten, zeitlich konstanten, homogenen Felde $\mathfrak{B}$ (Abb. 382). Bei der gezeichneten Stromrichtung haben wir nach

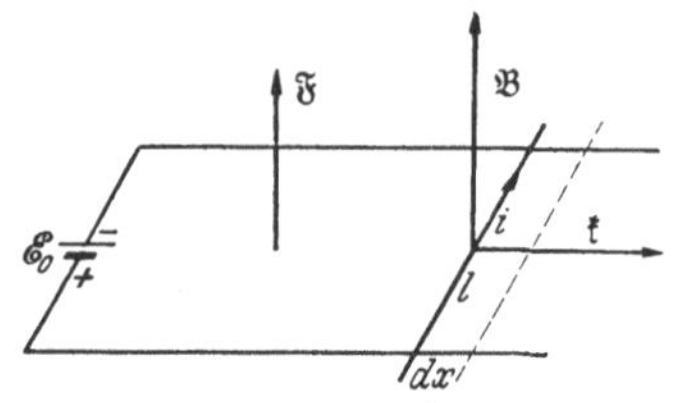

Abb. 382. Induktion bei Änderung der berandeten Fläche.

der Vorschrift des § 217 den Flächenvektor $\mathfrak{F}$ nach oben, also in gleicher Richtung wie das Feld $\mathfrak{B}$, zu zeichnen, so daß $\cos \alpha_n = 1$ ist. Die Stromstärke im Kreise sei i. Dann wirkt gemäß § 196, Gl. (36b), auf den stromdurchflossenen Läufer eine Kraft $k = iBl$, welche nach der Schraubenregel (§ 196, Abb. 347) die in Abb. 382 angegebene Richtung nach rechts hat. Diese Kraft verschiebt den Läufer in der Zeit dt um eine Strecke dx nach rechts

und leistet daher an ihm die Arbeit $dA = k\,dx = iBl\,dx = iB\,dF$, da $l\,dx = dF$ die Änderung der vom Stromkreise umrandeten Fläche F ist. Da sich bei diesem Vorgange das Feld B (die magnetische Feldenergie, § 229) nicht ändert, so kann diese Arbeit nur auf Kosten der Stromquelle gehen, die außerdem noch für die Stromwärme $i^2 R\,dt$ im Widerstand R des Stromkreises aufzukommen hat. Ihre Leistung beträgt $\mathfrak{E}_0 i$ (§ 163), und daher beträgt die von ihr in der Zeit dt geleistete Arbeit insgesamt

$$\mathfrak{E}_0\,i\,dt = i^2 R\,dt + dA = i^2 R\,dt + iB\,dF.$$

Demnach beträgt die Stromstärke im Kreise

$$i = \frac{1}{R}\left(\mathfrak{E}_0 - B\,\frac{dF}{dt}\right),$$

während sie bei ruhendem Läufer $i = \mathfrak{E}_0/R$ betragen würde. Sie ist also

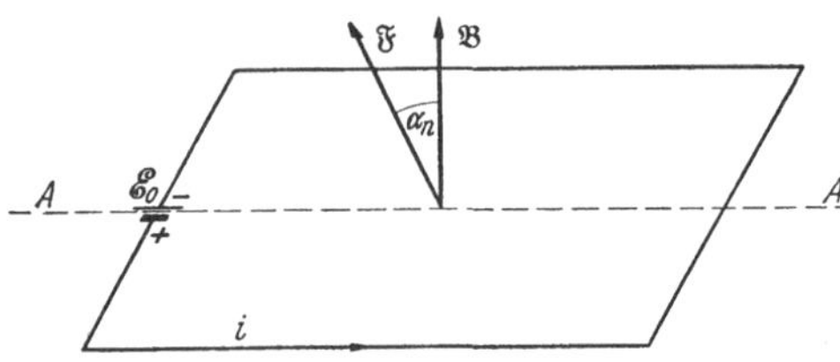

Abb. 383. Induktion bei Drehung eines Leiterkreises.

kleiner als bei ruhendem Läufer; der elektromotorischen Kraft $\mathfrak{E}_0$ wirkt eine induzierte elektromotorische Kraft

$$\mathfrak{E} = -B\,\frac{dF}{dt} \quad \text{e.m.E.} \tag{5}$$

entgegen, die von der Bewegung des Bügels, der Änderung der Fläche F, herrührt. Sie ist von $\mathfrak{E}_0$ unabhängig, also auch vorhanden, wenn $\mathfrak{E}_0 = 0$ ist und der Läufer durch eine andere, äußere Kraft bewegt wird. Daß die induzierte elektromotorische Kraft $\mathfrak{E}$ der primären Ursache der Induktion, der elektromotorischen Kraft $\mathfrak{E}_0$, entgegengerichtet ist, ist im Einklang mit dem LENZschen Gesetz (§ 216).

Da in unserem Fall $B = \text{const}$ und $\cos \alpha_n = 1$ ist, so ist nach Gl. (2) $\Phi = B \int dF = BF$, so daß $d\Phi/dt = BdF/dt$. Gl. (5) ist also in Übereinstimmung mit dem Induktionsgesetz, Gl. (1).

2. Fall; der Winkel α_n ist veränderlich. Ein ebener, rechteckiger Stromkreis, der eine elektromotorische Kraft $\mathfrak{E}_0$ enthält, sei um die das eine Seitenpaar halbierende Achse AA' frei drehbar und befinde sich in einem zu dieser Achse senkrechten, homogenen magnetischen Felde $\mathfrak{B}$ (Abb. 383). Der nach der Vorschrift des § 217 gezeichnete Flächenvektor $\mathfrak{F}$ bilde mit der Feldrichtung momentan den Winkel α_n. Das magnetische Moment des Stromkreises beträgt $M = iF$ (§ 197). Demnach wirkt auf den Stromkreis ein Drehmoment $N = -iBF\sin\alpha_n$ (§ 188), das den Winkel α_n zu verkleinern sucht. Bei einer Drehung um den Winkel $d\alpha_n$ in der Zeit dt wird von ihm die Arbeit $dA = N d\alpha_n = -iFB\sin\alpha_n\, d\alpha_n = iFB\, d\cos\alpha_n$ geleistet (§ 37). Wieder muß diese Arbeit auf Kosten der Stromquelle $\mathfrak{E}_0$ gehen, und wie oben erhalten wir

$$\mathfrak{E}_0\, i\, dt = i^2 R\, dt + dA = i^2 R\, dt + iFB\, d\cos\alpha_n.$$

Demnach beträgt die Stromstärke im Kreise

$$i = \frac{1}{R}\left(\mathfrak{E}_0 - FB\,\frac{d\cos\alpha_n}{dt}\right),\tag{6}$$

und die induzierte elektromotorische Kraft beträgt

$$\mathfrak{E} = -FB\,\frac{d\cos\alpha_n}{dt}.$$

Da jetzt F und B konstant sind, und da α_n in der Fläche F überall zu gleicher Zeit gleich groß ist, so ist dies in Übereinstimmung mit Gl. (2).

219. Induktion in bewegten Leitern im zeitlich konstanten, inhomogenen Felde. Ein rechteckiger Leiter, der eine elektromotorische Kraft $\mathfrak{E}_0$ enthält, befinde sich in einem magnetischen Felde, das überall auf der Leiterfläche senkrecht steht, das aber inhomogen ist, dessen Stärke sich also von Ort zu Ort ändert. Das Rechteck liege in der (xy)-Ebene eines Koordinatensystems so, daß seine Seiten a in der x-Richtung, seine Seiten b in der y-Richtung liegen (Abb. 384). Zur Vereinfachung wollen wir annehmen, daß die Feldstärke $\mathfrak{B}$ nur in der y-Richtung örtlich veränderlich, in der x-Richtung aber örtlich konstant sei. Es herrsche demnach in der vorderen Seite a überall die Feldstärke $\mathfrak{B}_1$, in der hinteren Seite a die Feldstärke $\mathfrak{B}_2$, und es sei $B_2 > B_1$. In dem Leiter fließe ein Strom i, der so gerichtet ist, daß die nach der Vorschrift des § 217 gezeichnete Flächennormale der Feldstärke gleichgerichtet ist, so daß $\cos\alpha_n = 1$.

Auf den Strom i wirkt in der vorderen Seite a eine gemäß der Schraubenregel (§ 196, Abb. 347) nach vorn gerichtete Kraft $k' = B_1 i a$, auf den Strom i in der hinteren Seite a eine nach hinten gerichtete Kraft $k'' = B_2 i a$, und es ist $k'' > k'$. Insgesamt wirkt also auf den ganzen Leiter eine Kraft $k = (k'' - k') = (B_2 - B_1) i a$ in Richtung der y-Achse nach hinten. Diese Kraft verschiebt den Leiter in der Zeit dt um die Strecke dy in der y-Richtung und leistet dabei an ihm die Arbeit $dA = k\, dy = (B_2 - B_1) i a\, dy$. Ebenso wie bei den Beispielen des § 218

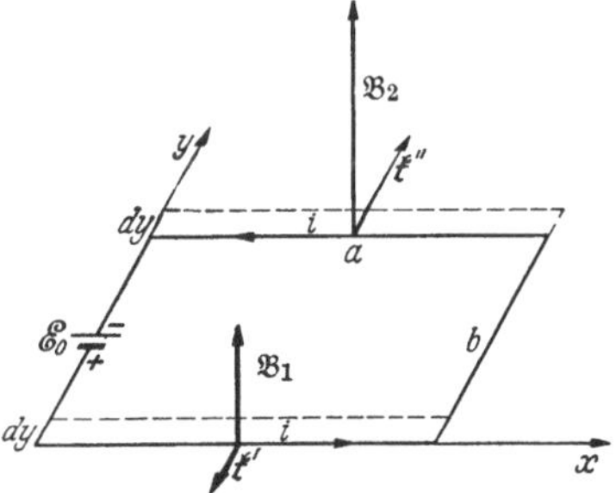

Abb. 384. Induktion durch Bewegung im inhomogenen magnetischen Felde.

muß diese Arbeit auf Kosten der Stromquelle gehen, und wir erhalten

$$\mathfrak{E}_0\, i\, dt = i^2 R\, dt + dA = i^2 R\, dt + (B_2 - B_1) i a\, dy,$$

so daß

$$i = \frac{1}{R}\left[\mathfrak{E}_0 - (B_2 - B_1) a\,\frac{dy}{dt}\right] = \frac{1}{R}\left(\mathfrak{E}_0 + \mathfrak{E}\right),$$

und als induzierte elektromotorische Kraft

$$\mathfrak{E} = -(B_2 - B_1) a\,\frac{dy}{dt}.\tag{7}$$

Wir wollen wiederum zeigen, daß dies der Gl. (2), mit $\cos\alpha_n = 1$, entspricht. Wenn sich die Leiterfläche um die Strecke dy verschiebt, so tritt durch die hintere Seite a der Fluß $B_2 a\, dy$ neu in sie ein, durch die vordere Seite tritt aus ihr der Fluß $B_1 a\, dy$ aus. Die Änderung des Flusses beträgt also $d\Phi = (B_2 - B_1) a\, dy$, und es ist $\mathfrak{E} = -d\Phi/dt$.

220. Induktion und elektrodynamisches Grundgesetz. Wir wollen uns noch einmal vergegenwärtigen, daß in den von uns in § 218 und 219 betrachteten Induktionserscheinungen keinerlei wirklich neue Erkenntnis verborgen ist.

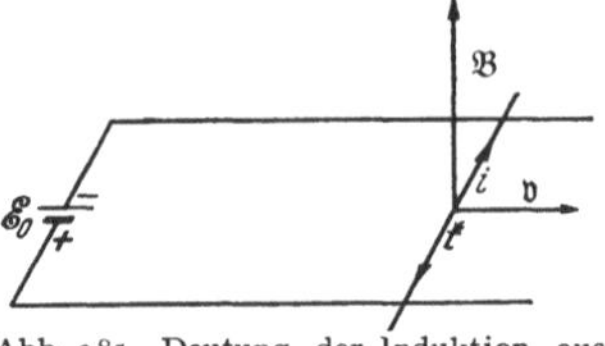

Abb. 385. Deutung der Induktion aus dem elektrodynamischen Grundgesetz. (Zu Abb. 382.)

Vielmehr waren wir stets in der Lage, sie unter Anwendung der Gl. (36b), § 196, quantitativ zu deuten, und diese Gleichung geht wiederum auf das elektrodynamische Grundgesetz, § 191, Gl. (15b), zurück. Im folgenden wollen wir uns das an Hand der obigen Beispiele noch einmal auf etwas andere und unmittelbare Weise klar machen, indem wir zeigen, daß diese Erscheinungen sich auch aus Gl. (28), § 193, ableiten lassen, welche unmittelbar aus dem Grundgesetz folgt, $\mathfrak{k} = \varepsilon\,[\mathfrak{v}\,\mathfrak{B}]$.

Im 1. Fall des § 218 (Abb. 382) bewegt sich der Läufer infolge der im Felde $\mathfrak{B}$ auf den Strom i wirkenden Kraft senkrecht zum Felde nach rechts mit einer

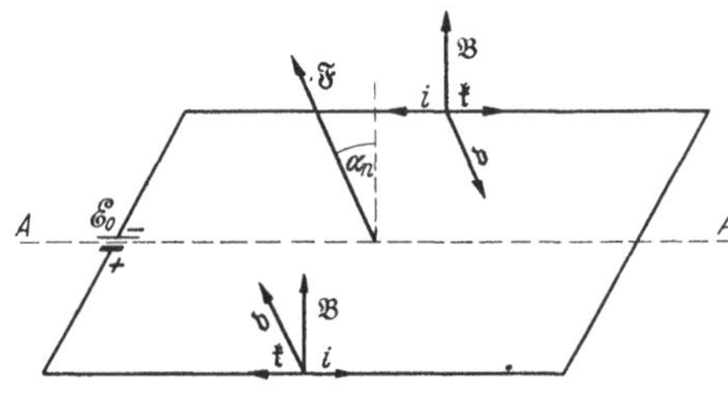

Abb. 386. Deutung der Induktion aus dem elektrodynamischen Grundgesetz. (Zu Abb. 383.)

Geschwindigkeit $\mathfrak{v}$ (Abb. 385). Mit der gleichen Geschwindigkeit bewegen sich also auch die in ihm befindlichen Ladungsträger (die wir hier immer als positiv annehmen) senkrecht zum Felde nach rechts. Dann ergibt die Anwendung der Gl. (28) unter Beachtung der Schraubenregel, daß auf die Ladungsträger stets eine der Richtung des Stromes i entgegengerichtete Kraft $\mathfrak{k}$ wirkt, welche demnach diesen Strom zu schwächen sucht. Diese Kraft ist die eigentliche Ursache der induzierten elektromotorischen Kraft $\mathfrak{E}$, welche ja der den Strom i hervorrufenden elektromotorischen Kraft $\mathfrak{E}_0$ entgegengerichtet ist.

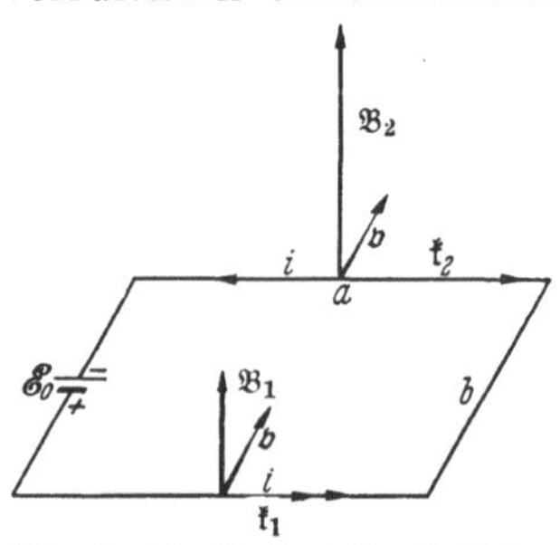

Abb. 387. Zur Deutung der Induktion aus dem elektrodynamischen Grundgesetz. (Zu Abb. 384.)

Im 2. Fall des § 218 (Abb. 383) sucht sich der Stromkreis so zu stellen, daß der Flächenvektor $\mathfrak{F}$ in die Feldrichtung weist. Bei der eintretenden Drehung bewegen sich die Ladungsträger in den zur Drehachse parallelen Rechteckseiten in bzw. entgegen der Richtung des Flächenvektors $\mathfrak{F}$ (Abb. 386). $\mathfrak{B}$ und $\mathfrak{v}$ stehen senkrecht zu diesen Rechteckseiten, und die Anwendung der Gl. (28) und der Schraubenregel ergibt wiederum eine der Stromrichtung i entgegengerichtete Kraft k, und zwar in beiden Rechteckseiten, mit den soeben erörterten Folgen.

Im Fall des § 284, Abb. 370, bewegen sich die beiden Seiten a mit der Geschwindigkeit $\mathfrak{v}$ nach hinten, senkrecht zu den Feldern $\mathfrak{B}_1$ bzw. $\mathfrak{B}_2$ (Abb. 387). Die Anwendung der Gl. (28) und der Schraubenregel ergibt, daß in diesem Fall auf die Ladungsträger in der hinteren Seite a eine dem Strom i entgegengerichtete Kraft $\mathfrak{k}_2$ wirkt, auf die Ladungsträger in der vorderen Seite a eine dem Strom i gleichgerichtete Kraft $\mathfrak{k}_1$. Da nun $k_1 \sim B_1$ und $k_2 \sim B_2$ und $B_2 > B_1$, so ist $k_2 > k_1$. Im Leiter überwiegt also die der herrschenden Stromrichtung entgegengerichtete Kraft. Die Differenz der beiden Kräfte ist demnach die eigentliche Ursache der induzierten elektromotorischen Kraft. Damit ist auch die Induktion in Leitern, die im inhomogenen Felde bewegt werden, auf das elektrodynamische Grundgesetz zurückgeführt.

221. Induktion in ruhenden Leitern im zeitlich veränderlichen magnetischen Felde. Die von uns zuletzt betrachteten Induktionserscheinungen bezogen sich sämtlich auf solche Fälle, in denen sich ein Leiterkreis oder Teile eines solchen in einem *zeitlich konstanten*, homogenen oder inhomogenen Felde *bewegen*. Wir haben aber in § 215 gesehen, daß Induktion auch eintritt, wenn sich ein Leiterkreis in einem *zeitlich veränderlichen* magnetischen Felde *in Ruhe befindet*. Es ist dort bereits gesagt worden, daß eine Bewegung eines Magnetpols gegenüber einem Leiterkreis in diesem die gleiche Wirkung hervorruft wie eine entsprechende Bewegung des Leiterkreises gegenüber dem Magnetpol. Es kommt also nur auf die *relative Bewegung* der beiden an, eine Tatsache, die auch aus dem Relativitätsprinzip (Kap. 8) folgt. Wir schließen daraus, daß die Gl. (1) nicht nur dann gilt, wenn, wie in § 219 angenommen, der Leiter im Magnetfelde bewegt wird, sondern auch dann, wenn der Leiter ruht, und statt dessen der oder die Träger des magnetischen Feldes — Magnetpole oder Stromleiter — derart bewegt werden, daß sich relativ zum Leiter die gleiche zeitliche Änderung des Feldes und damit des seine Fläche durchsetzenden Flusses vollzieht, wie bei der bisher betrachteten Bewegung des Leiters. Wir können nun aber noch einen Schritt weiter gehen, indem wir die gleiche zeitliche Änderung des Flusses nicht dadurch eintreten lassen, daß wir eine stromdurchflossene Spule und einen Leiter relativ zueinander bewegen, sondern indem wir beide an ihrem Ort lassen und die Stromstärke in der Spule und damit die magnetische Feldstärke am Ort des Leiters entsprechend verändern. Immer noch bleibt die Gl. (1) gültig. Hier stehen wir vor einer ganz neuen Tatsache, die wir nicht mehr aus dem elektrodynamischen Grundgesetz herleiten können. Wir sehen also, daß das Induktionsgesetz für diejenigen Fälle, bei denen es sich um eine *relative Bewegung* von Leitern oder Leiterteilen gegenüber einem magnetischen Felde bzw. dem Träger eines solchen handelt, aus dem elektrodynamischen Grundgesetz abgeleitet werden kann, daß es aber in seiner Geltung über diesen Bereich hinausgeht. Wir werden hierauf in § 225 zurückkommen.

222. Induktion im offenen Kreis. Bisher haben wir nur den Fall betrachtet, daß eine Induktion in einem geschlossenen Leitersystem stattfindet, in dem dann unter der Wirkung der induzierten elektromotorischen Kraft ein während der ganzen Dauer des Induktionsvorganges fließender Induktionsstrom bestehen kann. Es findet aber Induktion auch in offenen Kreisen statt. In Abb. 388 ist eine Drahtschleife dargestellt, die durch einen eingeschalteten Kondensator unterbrochen ist. Nähert man z. B. der Schleife den einen Pol eines Magneten, so tritt auch hier selbstverständlich eine Kraftwirkung auf die einzelnen Ladungsträger im Draht, also eine

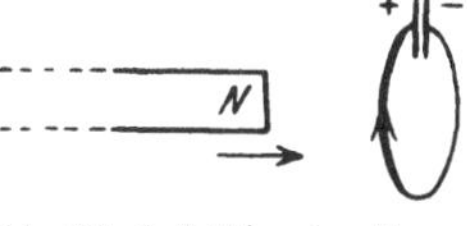

Abb. 388. Induktion im offenen Kreis.

elektromotorische Kraft auf. Es fließt zunächst ein Induktionsstrom, und das hat zur Folge, daß der Kondensator sich aufzuladen beginnt. Das dauert so lange, bis die Spannung zwischen den Platten des Kondensators ebenso groß, aber entgegengesetzt gerichtet ist wie die induzierte elektromotorische Kraft. Dann hört der Induktionsstrom auf zu fließen, aber der Kondensator behält seine Spannung, solange die zeitliche Änderung des magnetischen Feldes konstant bleibt. Hört diese auf, so entlädt sich der Kondensator wieder, und es fließt ein Strom von umgekehrter Richtung. Diese Tatsache bildet die Grundlage der Wirkung elektrischer Schwingungskreise (§ 249).

223. Induktivität. Fließt in einem aus einer oder mehreren Windungen bestehenden Leiterkreise ein Strom i_1, so erzeugt er in seiner Umgebung ein magnetisches Feld B, das proportional i_1 ist. Befindet sich in diesem Felde

ein zweiter, aus einer oder mehreren Windungen bestehender Leiterkreis, so
wird jede seiner Windungen von einem vom Felde B erzeugten magnetischen
Fluß Φ durchsetzt, der ebenfalls i_1 proportional ist, und für die k-te Windung
gelte $\Phi_k = c_k i_1$. Die Konstante c_k ist erstens rein geometrisch durch die
gegenseitige Lage der k-ten Windung zu den einzelnen Windungen des ersten
Leiterkreises und die Gestalt der einzelnen Windungen, zweitens durch die
Permeabilität des den Raum füllenden Stoffes bedingt. Ist i_1 zeitlich veränderlich, so wird in der k-ten Windung eine elektromotorische Kraft
$-d\Phi_k/dt$ erzeugt. Die gesamte in allen Windungen des zweiten Leiterkreises
induzierte elektromotorische Kraft beträgt also $\mathscr{E}_2 = -\Sigma d\Phi_k/dt = -\Sigma c_k \dfrac{d i_1}{d t}$.
Wir setzen $\Sigma c_k = M$. Gehen wir umgekehrt vom zweiten Leiterkreise aus
und betrachten die Wirkungen eines in ihm fließenden, zeitlich veränderlichen Stromes i_2 auf den ersten Leiterkreis, so ergeben sich entsprechende
Beziehungen, und die Größe M hat, wie sich zeigen läßt, den gleichen
Betrag wie im ersten Fall. Es ergibt sich demnach für die in den beiden
Fällen induzierten elektromotorischen Kräfte

$$\mathscr{E}_2 = -M\frac{d i_1}{d t}, \quad \mathscr{E}_1 = -M\frac{d i_2}{d t}. \tag{8}$$

Die Größe M heißt die *Gegeninduktivität* des aus zwei Kreisen bestehenden
Leitersystems. Sie ist in einfachen Fällen in geschlossener Form berechenbar.

Handelt es sich z. B. um zwei Spulen mit den Windungszahlen n_1 und n_2,
welche mit gleichem Querschnitt F und auf gleicher Länge l eng ineinander-
gewickelt sind, so beträgt die vom Strom i_1 e.m.E. im Innern der beiden Spulen
erzeugte Feldstärke $B = \mu \cdot 4\pi n_1 i_1/l$ Gauß, und der Fluß durch jede einzelne
Windung der zweiten Spule beträgt $\Phi = \mu \cdot 4\pi n_1 i_1 F/l$. Demnach wird in
den n_2 Windungen der zweiten Spule insgesamt die elektromotorische Kraft
$\mathscr{E}_2 = -n_2 d\Phi/dt = -\mu \cdot 4\pi n_1 n_2 F/l \cdot d i_1/dt$ induziert, und aus Gl. (8) ergibt sich

$$M = \mu\,\frac{4\pi n_1 n_2 F}{l}\ \text{e.m.E.} \tag{9}$$

Die internationale Einheit der Gegeninduktivität ist 1 *Henry* $= 10^9$ e.m.E.
Sie liegt dann vor, wenn eine gleichförmige Änderung der Stromstärke in der
einen Spule um $1\,\mathrm{A\cdot sec^{-1}}$ in der zweiten Spule eine elektromotorische Kraft
von 1 Volt induziert.

Ist der zweite Leiterkreis geschlossen, so erzeugt die induzierte elektromotorische Kraft in ihm einen Induktionsstrom. Man leitet aus dem LENZ-
schen Gesetz (§ 216) leicht ab, daß dieser Strom bei Zunahme des Stromes im
ersten Kreis diesem Strom entgegengerichtet, bei Abnahme des Stromes ihm
gleichgerichtet ist. (Der Induktionsstrom ist so gerichtet, daß er die Änderung
des magnetischen Feldes des primären Stromes verlangsamt.)

Je nach der Größe der Gegeninduktivität zweier Leiterkreise spricht man
von enger oder loser *Koppelung* der beiden Kreise, z. B. zweier Spulen. Die
Koppelung ist um so enger, je näher die beiden Kreise einander sind, ein je
größerer Anteil des Flusses der einen Spule also durch die andere hindurchtritt.

In der Fläche F eines Leiterkreises, auch wenn er nur aus einer einzigen
Windung besteht, erzeugt ein in ihm selbst fließender, zeitlich veränderlicher
Strom i ein zeitlich veränderliches Feld B und einen zeitlich veränderlichen
Fluß Φ. Selbstverständlich hat der letztere auch eine induzierende Wirkung
auf den Leiterkreis selbst. Je größer die Windungszahl n des Kreises, z. B.
einer Spule, ist, um so stärker ist diese Wirkung; denn erstens wächst die Feldstärke B und mit ihr der Fluß Φ proportional zu n, und zweitens ist auch die
von einem gegebenen, zeitlich veränderlichen Fluß induzierte elektromotorische

Kraft $\mathcal{E}_i$ der Windungszahl n proportional, so daß $\mathcal{E}_i$ insgesamt proportional zu n^2 ist. Man bezeichnet diese induktive Rückwirkung eines Stromes auf seinen eigenen Stromkreis als *Selbstinduktion* (FARADAY 1835).

Entsprechende Überlegungen wie oben führen bei der Selbstinduktion zu der Beziehung

$$\mathcal{E}_i = - L \frac{d i}{d t}. \tag{10}$$

Die Größe L, welche — wie oben die Gegeninduktivität M — nur von den geometrischen Verhältnissen des Leiterkreises und der Permeabilität des den Raum erfüllenden Stoffes abhängt, heißt die *Induktivität* des Leiterkreises. Auch sie wird im internationalen Maßsystem in der Einheit 1 Henry gemessen. Eine Induktivität von 1 Henry liegt vor, wenn eine zeitliche Änderung der Stromstärke um 1 A·sec^{-1} im Leiterkreise selbst eine zusätzliche induzierte elektromotorische Kraft von 1 Volt erzeugt.

Durch Vergleich von Gl. (10) mit Gl. (3) (§ 217) ergibt sich für eine Spule, daß $L\, di/dt = n\, d\Phi/dt$, wenn n die Windungszahl der Spule ist. Durch Integration folgt

$$n \Phi = L i. \tag{11}$$

Demnach ist die Induktivität L identisch mit dem n-fachen Betrage des Flusses Φ, den der Strom $i = 1$ in den Windungen der Spule hervorruft.

Die Induktivität eines Leiterkreises läßt sich in einfachen Fällen berechnen. Für eine Spule von der Länge l, dem Querschnitt F und n Windungen können wir sie ohne weiteres aus Gl. (9) ableiten. Im Fall der Selbstinduktion werden die erste und die zweite Spule einer Gegeninduktivität miteinander identisch, so daß $n_1 = n_2 = n$, und wir erhalten für die Induktivität

$$L = \mu \frac{4 \pi n^2 F}{l} \text{ e.m.E.} \tag{12}$$

Das gleiche folgt ohne weiteres aus Gl. (11).

Infolge der Selbstinduktion bildet sich in einem Stromkreis vom Widerstande R, in dem sich eine Stromquelle von der elektromotorischen Kraft $\mathcal{E}$ befindet, beim Einschalten nicht sofort die dem OHMschen Gesetz entsprechende Stromstärke $i = \mathcal{E}/R$ aus. Vielmehr gilt nach dem zweiten KIRCHHOFFschen Satz

$$\mathcal{E} + \mathcal{E}_i = \mathcal{E} - L \frac{d i}{d t} = i R. \tag{13}$$

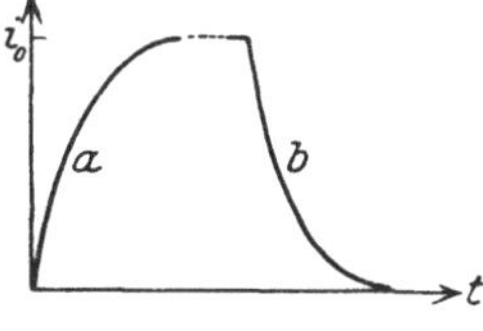
Abb. 389. Wirkung der Selbstinduktion.

Die Lösung dieser Gleichung lautet bei konstantem $\mathcal{E}$, wenn wir für $t = 0$ $i = 0$ setzen,

$$i = \frac{\mathcal{E}}{R} \left(1 - e^{-\frac{R}{L} t} \right) = i_0 \left(1 - e^{-\frac{R}{L} t} \right). \tag{14}$$

Die Stromstärke ist also im ersten Augenblick, beim Einschalten ($t = 0$), gleich Null und steigt dann mit wachsendem t im allgemeinen außerordentlich schnell zum Endwert $i_0 = \mathcal{E}/R$, der dem OHMschen Gesetz entspricht, an (Abb. 389a).

Ebenso verschwindet ein Strom i_0 nicht sofort beim Verschwinden der elektromotorischen Kraft $\mathcal{E}$, sofern man dafür sorgt, daß der Stromkreis auch dann noch geschlossen bleibt, sondern er klingt nach der Gleichung

$$i = \frac{\mathcal{E}}{R} e^{-\frac{R}{L} t} = i_0 e^{-\frac{R}{L} t} \tag{15}$$

ab (Abb. 389b), wobei jetzt t die Zeit seit dem Verschwinden der elektromotorischen Kraft bedeutet.

Wie man aus den vorstehenden Überlegungen erkennt, ist es oft unbequem, wenn Spulen, welche als *Präzisionswiderstände* dienen, eine Induktivität haben, welche beim Anlaufen eines Stromes einen größeren Widerstand vortäuscht, als ihn die Spule tatsächlich besitzt. Man wickelt daher solche Spulen bifilar, d. h. man knickt den Draht in seiner Mitte und wickelt seine beiden zusammengelegten Hälften gemeinsam auf. Dann hebt das magnetische Feld der einen Hälfte dasjenige der anderen Hälfte auf, weil die Ströme in ihnen gegensinnig verlaufen. Wo aber kein magnetisches Feld besteht, gibt es auch keinen magnetischen Fluß und daher auch keine Induktion. Nach ähnlichen Gesichtspunkten gewickelte Schiebewiderstände haben — außer der fehlenden Induktivität — auch den Vorzug, daß von ihnen kein magnetisches Feld ausgeht, das bei manchen Messungen störend wirken würde.

In Schaltungsskizzen zeichnen wir eine Induktivität als eine verschlungene Linie zum Unterschied von einem durch eine Zickzacklinie dargestellten reinen OHMschen Widerstand. Leiter, die sowohl Induktivität als auch OHMschen Widerstand haben, zeichnen wir als eine Induktivität mit einem damit in Reihe geschalteten Widerstand.

Sehr überraschende Verhältnisse treten bei *supraleitenden Spulen* (§ 159) auf. Ihr Widerstand ist $R = 0$. Wird in einer solchen Spule von n Windungen durch einen sie axial durchsetzenden, zeitlich veränderlichen Fluß Φ nach Gl. (3) eine elektromotorische Kraft $\mathscr{E} = -n\, d\Phi/dt$ induziert, so fließt in ihr ein Induktionsstrom i, der einen zusätzlichen Fluß in der Spule erzeugt, den wir hier mit Φ_i bezeichnen wollen, und für den nach Gl. (11) $n\Phi_i = Li$ gilt. Die von diesem Fluß in der Spule induzierte zusätzliche elektromotorische Kraft beträgt $\mathscr{E}_i = -n\, d\Phi_i/dt = -L\, di/dt$. Nun ist nach dem OHMschen Gesetz $\mathscr{E} + \mathscr{E}_i = i R$, demnach in unserem Fall

$$\mathscr{E} + \mathscr{E}_i = -n\, d\Phi/dt - n\, d\Phi_i/dt = 0, \text{ also } \Phi + \Phi_i = \text{const}. \tag{16}$$

Ist z. B. anfänglich $\Phi = 0$ und $i = 0$, also auch $\Phi_i = 0$, so gilt stets $\Phi + \Phi_i = 0$ oder $\Phi_i = -\Phi$. Das heißt, der Induktionsstrom ist stets so groß, daß der von ihm erregte Fluß Φ_i den von außen her erzeugten Fluß Φ genau aufhebt. Das wurde bereits 1873, Jahrzehnte vor der Entdeckung der Supraleitung, von MAXWELL vorhergesagt. Da $n\Phi_i = Li = -n\Phi$, so ist der Induktionsstrom $i = -n\Phi/L$ und vom Material des Supraleiters unabhängig.

Man beachte, daß nur bei einer langen Spule mit vielen Windungen das magnetische Feld des Induktionsstromes i homogen ist, und daß daher auch nur in diesem Fall aus der Gleichung $\Phi_i = -\Phi$ folgt, daß sich auch die entsprechenden *Felder* im Spuleninnern überall genau aufheben. Bei einer einzelnen Windung gilt zwar auch $\Phi_i = -\Phi$, aber wegen der Inhomogenität des Feldes des Induktionsstromes i (vgl. Abb. 334) besteht in der Achse der Windung ein schwaches, dem erregenden Feld gleichgerichtetes Feld, in den äußeren Bezirken dagegen ein ihm entgegengerichtetes Feld. Diese Felder sind aber immer so beschaffen, daß der gesamte von ihnen hervorgerufene Fluß $\Phi + \Phi_i = 0$ ist, sofern das Innere der Spule vor Erregung des Flusses Φ feldfrei war.

224. Verschiebungsströme. Wir betrachten einen Kondensator, der die Ladung e trägt, und dessen Platten nunmehr über einen Widerstand R verbunden werden (Abb. 390). Dann tritt zweierlei ein: Der Kondensator entlädt sich über den Widerstand, in dem also ein Strom fließt, den wir als Leitungsstrom i_l bezeichnen wollen, und es tritt eine zeitliche Änderung der elektrischen Feldstärke E im Kondensator ein. Der Leitungsstrom i_l ist nicht geschlossen, sondern hat Anfang und Ende auf den beiden Platten des Kondensators. Gemäß der Definition der Stromstärke (§ 151) ist $i_l = de/dt$. Bei einem Plattenkondensator von der Fläche F beträgt die Kapazität $C = \varepsilon F/4\pi d$ (§ 142 und 145); die Ladung bei der Spannung $U = Ed$ beträgt also $e = CU = \dfrac{\varepsilon F}{4\pi} E$, wenn E der Betrag der Feldstärke $\mathfrak{E}$ im Kondensator ist. Daher ist $i_l = \dfrac{\varepsilon F}{4\pi}\, dE/dt$ e.s.E.

Die zeitliche Änderung dE/dt der Feldstärke im Kondensator ist also dem durch den Kondensator unterbrochenen Leitungsstrom außerhalb des Kondensators proportional. Diese Tatsache veranlaßte MAXWELL, den Begriff des *Verschiebungsstromes* i_v einzuführen:

$$i_v = i_l = \frac{\varepsilon F}{4\pi} \frac{dE}{dt} \text{ e.s.E.} \tag{17}$$

Demnach wird der durch den Kondensator unterbrochene Leitungsstrom i_l innerhalb des Kondensators durch einen gleich großen Verschiebungsstrom i_v fortgesetzt gedacht. Man gewinnt damit zunächst den rein formalen Vorteil, daß es bei dieser Betrachtungsweise keine ungeschlossenen Ströme mehr gibt. Wir werden aber in § 225 sehen, daß die Einführung des neuen Begriffs noch eine viel tiefere Bedeutung hat, die weit über eine nur formale Analogie zwischen Leitungs- und Verschiebungsströmen hinausgeht.

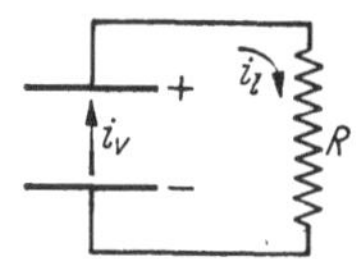
Abb. 390. Zur Einführung des Begriffs Verschiebungsstrom.

Der Begriff des Verschiebungsstromes gemäß Gl. (17) ist nicht auf den Kondensator beschränkt, sondern findet in allen Fällen Anwendung, wo ein zeitlich veränderliches elektrisches Feld besteht, also auch dann, wenn die Kraftlinien dieses Feldes nicht, wie im Kondensator, Anfang und Ende haben, sondern wenn sie, wie bei der Induktion, ringförmig geschlossen sind. In diesem Falle besteht dann ein ringförmig in sich geschlossener Verschiebungsstrom.

In der Gl. (17) sind Stromstärke und elektrische Feldstärke beide in elektrostatischen Einheiten gemessen. Messen wir sie in elektromagnetischen Einheiten, so stellt man mit Hilfe der in § 147 und 231 angegebenen Beziehungen leicht fest, daß wir statt Gl. (17) zu schreiben haben ($c =$ Lichtgeschwindigkeit)

$$i_v = \frac{\varepsilon F}{4\pi c^2} \cdot \frac{dE}{dt} \text{ e.m.E.} \tag{18}$$

Statt der Feldstärke $\mathfrak{E}$ können wir nach § 145 auch die dielektrische Verschiebung $\mathfrak{D} = \varepsilon\,\mathfrak{E}$ (Betrag $D = \varepsilon E$) einführen. Wir erhalten dann

$$i_v = \frac{F}{4\pi c^2} \cdot \frac{dD}{dt} \text{ e.m.E.} \tag{19}$$

Als *Dichte des Verschiebungsstromes* bezeichnet man den Betrag von i_v, der durch 1 cm² einer zur Richtung des Verschiebungsstromes senkrechten Fläche hindurchtritt, $j_v = i_v/F$, so daß

$$j_v = \frac{\varepsilon}{4\pi c^2} \frac{dE}{dt} = \frac{1}{4\pi c^2} \frac{dD}{dt} \text{ e.m.E.} \cdot \text{cm}^{-2}. \tag{20}$$

225. Überblick über die Induktionserscheinungen. Das elektromagnetische Feld. Die Tatsache, daß das FARADAYsche Induktionsgesetz die Gesamtheit der Induktionserscheinungen deckt, darf nicht darüber hinwegtäuschen, daß es zwei grundsätzlich verschiedene Arten von Induktionserscheinungen gibt.

1. Ein Leiterkreis oder Teile eines solchen bewegen sich in geeigneter Weise in einem zeitlich konstanten, homogenen oder inhomogenen magnetischen Felde. Diesen Typus konnten wir ohne zusätzliche Annahmen auf Grund des elektrodynamischen Grundgesetzes erklären.

2. Ein ruhender Leiterkreis wird von den Feldlinien eines zeitlich veränderlichen magnetischen Feldes durchsetzt. Wenn wir auch das Eintreten von Induktionswirkungen in einem Sonderfall dieser Art im Anschluß an die Erscheinungen der 1. Art einleuchtend machen konnten (§ 221), so ist doch eine allgemeine Zurückführung dieser Erscheinungen auf uns bisher bekannte Tatsachen nicht möglich. Hier liegt eine *ganz neue physikalische Tatsache* vor. Am deutlichsten wird dies an Hand des in Abb. 380 dargestellten Versuchs mit der ringförmig geschlossenen Spule. Die primäre Ursache der Induktion in einer um die Ringspule gelegten Drahtschleife ist die zeitliche Veränderung der Stromstärke in der Ringspule und das von diesem Strom unmittelbar erzeugte zeitlich veränderliche magnetische Feld. Dieses aber erstreckt sich lediglich über den Innenraum der Ringspule. In den Außenraum, in dem sich die Drahtschleife befindet, treten keine Feldlinien. Trotzdem erfolgt in diesem Raumbereich eine Induktionswirkung, in Übereinstimmung mit dem FARADAYschen Induktionsgesetz. Denn dieses verlangt für das Auftreten einer induzierten elektromotorischen Kraft lediglich eine Änderung des magnetischen Flusses durch die vom Leiter umrandete Fläche und läßt dabei auch den Fall zu, daß sich der Leiter selbst in einem feldfreien Raum befindet.

Wir sehen also, daß die Wirkung eines zeitlich veränderlichen magnetischen Feldes nicht auf den Raum beschränkt ist, in dem dieses Feld besteht, sondern sich auch auf benachbarte Raumbereiche erstreckt. Damit stehen wir vor einer grundlegend wichtigen Erkenntnis.

Wenn wir von dem Auftreten einer induzierten elektromotorischen Kraft sprechen, so ist das nur ein anderer Ausdruck für die Tatsache, daß die elektrischen Ladungsträger bei der Induktion eine Beschleunigung erfahren, die von einer an ihrer Ladung angreifenden Kraft herrührt. Als Ursache solcher Beschleunigungen kennen wir bereits das *elektrische Feld* (§ 136). Nach dem Grundsatz, daß wir aus der gleichen Wirkung auch auf die gleiche Ursache zu schließen haben, folgt, daß bei der Induktion in dem betroffenen Leiter ein *induziertes elektrisches Feld* auftritt. Dieses elektrische Feld unterscheidet sich aber in einem wesentlichen Punkte von den uns bisher bekannten elektrischen Feldern, den elektrostatischen Feldern von Ladungen. Die Feldlinien der elektrostatischen Felder beginnen auf einer positiven und endigen auf einer negativen Ladung, sind also nicht geschlossen und haben Anfang und Ende. In einem Leiterkreis jedoch, in dem eine induzierte elektromotorische Kraft besteht, haben die elektrischen Feldlinien weder Anfang noch Ende, sie laufen in sich selbst zurück. Die Feldlinien eines induzierten elektrischen Feldes sind *ringförmig geschlossen*, und zwar umschlingen sie die Feldlinien des zeitlich veränderlichen magnetischen Feldes. Die Tatsache der elektromagnetischen Induktion führt also, wie zuerst MAXWELL klar aussprach, zu dem folgenden allgemeinen Schluß:

Die Feldlinien eines zeitlich veränderlichen magnetischen Feldes sind stets von geschlossenen elektrischen Feldlinien ringförmig umgeben.

Diese Behauptung gilt ganz allgemein, nicht nur in dem Fall, daß ein Leiterkreis vorhanden ist, in dem wir das Auftreten des Feldes am Fließen eines Induktionsstromes nachweisen können. Die elektrischen Feldlinien sind stets vorhanden, auch in Dielektrika und im leeren Raum. Damit ist jetzt auch der Induktionsversuch mit der Ringspule (Abb. 380) verständlich gemacht. Das zeitlich veränderliche magnetische Feld des Spulenstroms selbst ist zwar auf das Spuleninnere beschränkt, aber der Außenraum ist trotzdem nicht feldfrei. Er ist erfüllt von den elektrischen Feldlinien, die das zeitlich veränderliche magnetische Feld ringförmig umgeben, und diese elektrischen Feldlinien sind die unmittelbare Ursache für die Induktionswirkung im Außenraum.

Nun haben wir in § 224 nach MAXWELL den Begriff des Verschiebungsstromes eingeführt, der als Fortsetzung eines z. B. durch den Innenraum eines Kondensators unterbrochenen Leitungsstromes angesehen werden kann. Wir wissen schon, daß dieser Leitungsstrom außerhalb des Kondensators von ringförmigen magnetischen Feldlinien umgeben, daß er Träger eines magnetischen Feldes ist. Es ist klar, daß dieses Feld nicht an den Platten des Kondensators plötzlich abbricht, sondern sich auch in das Innere des Kondensators stetig fortsetzt. MAXWELL hat nun den weiteren Schluß gezogen, daß die Fortsetzung des magnetischen Feldes im Kondensator genau diejenige ist, wie sie ein

Leitungsstrom erzeugen würde, der in seiner Stärke und räumlichen Verteilung dem in Kondensator herrschenden Verschiebungsstrom entspricht. *Es erzeugt also auch ein Verschiebungsstrom, d. h. ein zeitlich veränderliches elektrisches Feld, ein ihn ringförmig umgebendes magnetisches Feld nach genau den gleichen Gesetzen wie ein entsprechender Leitungsstrom.* Daher gilt nach MAXWELL in Umkehrung des obigen Satzes auch der folgende:

Die Feldlinien eines zeitlich veränderlichen elektrischen Feldes sind stets von geschlossenen magnetischen Feldlinien ringförmig umgeben.

Demnach besteht zwischen den elektrischen und den magnetischen Feldern ein erstaunlich einfacher Parallelismus und eine wunderbar einfache Wechselwirkung. Der zweite der obigen Sätze ist nichts anderes als das (im ersten der obigen Sätze enthaltene) Induktionsgesetz unter Vertauschung des elektrischen und des magnetischen Feldes. Wenn man analog zu den elektrischen Verschiebungsströmen, welche zeitlich veränderlichen elektrischen Feldern entsprechen, zeitlich veränderliche magnetische Felder als magnetische Verschiebungsströme bezeichnet (denen allerdings keine magnetischen Leitungsströme entsprechen, und die ja auch stets in sich geschlossen sind), so kann man diesen Tatbestand auch auf die kurze Formel bringen:

Magnetische Verschiebungsströme induzieren ringförmig geschlossene elektrische Feldlinien, und elektrische Verschiebungsströme induzieren ringförmig geschlossene magnetische Feldlinien.

Betrachten wir einen zeitlich veränderlichen elektrischen Strom mit seinem zeitlich veränderlichen magnetischen Feld und den geschlossenen elektrischen Feldlinien, die dessen Feldlinien umschlingen, so wird in der Regel auch dieses induzierte elektrische Feld zeitlich veränderlich sein, also selbst wieder zum Auftreten neuer, zeitlich veränderlicher magnetischer Felder Veranlassung geben usw. Der zeitlich veränderliche Strom erzeugt also in seiner Umgebung ein zeitlich veränderliches elektrisches und magnetisches Feld, ein *elektromagnetisches Feld,* dessen elektrische und magnetische Anteile in einer gegenseitigen Wechselwirkung stehen (§ 230).

Ändert sich irgendwo im Raum ein elektrisches oder magnetisches Feld, so wollen wir von einer *elektromagnetischen Störung* sprechen. Wie wir gesehen haben, macht sich das Vorhandensein einer solchen Störung auch außerhalb des ursprünglichen Raumbereichs bemerkbar, und streng genommen wird der ganze umgebende Raum bis in beliebige Entfernung von dieser Störung betroffen, wenn auch die Stärke der Wirkung mit der Entfernung abnimmt. Das vom Störungsbereich ausgehende *elektromagnetische Feld,* bestehend aus den sich gegenseitig ringförmig umschlingenden Feldlinien des elektrischen und magnetischen Feldes, breitet sich also im Raume aus, und zwar erfolgt diese Ausbreitung *mit endlicher Geschwindigkeit. Die Ausbreitungsgeschwindigkeit einer elektromagnetischen Störung beträgt im leeren Raum fast genau* $3 \cdot 10^{10}$ cm $\cdot$ sec^{-1}, sie ist identisch mit der in § 191 eingeführten Konstanten c, der *Lichtgeschwindigkeit* oder *kritischen Geschwindigkeit.* Aus dieser Identität mit der Lichtgeschwindigkeit hat MAXWELL zuerst den Schluß gezogen, daß das Licht nichts anderes ist als die Ausbreitung einer elektromagnetischen Störung (§ 304).

Im Gegensatz zu den elektrostatischen Feldern, die wirbelfreie Felder sind, sind elektrische Felder mit geschlossenen Feldlinien *nicht wirbelfrei* (vgl. § 74). Infolgedessen gelten hier die gleichen Überlegungen, die wir in § 213 bezüglich des Potentials in einem magnetischen Felde angestellt haben. *Das elektrische Potential in den Punkten eines nicht wirbelfreien elektrischen Feldes ist also nicht eindeutig definiert.*

Jeder Strom, also auch jeder elektrische Verschiebungsstrom, besitzt eine bestimmte magnetische Umfangsspannung $u_m = 4\pi i = \oint \mathfrak{H} \, d\mathfrak{r}$ (§ 213). Ganz analog besitzt jeder magnetische Verschiebungsstrom, d. h. jeder von zeitlich veränderlichen magnetischen Kraftlinien durchsetzte Raumbereich eine *elektrische Umfangsspannung u_e*. Sie ist genau wie die magnetische Umfangsspannung definiert und beträgt

$$u_e = \oint \mathfrak{E}\, d\mathfrak{r} \quad \text{e.m.E.} \tag{21}$$

Das Integral ist, wie bei der magnetischen Umfangsspannung über einen geschlossenen, den betreffenden Raumbereich einmal umschlingenden Weg auszuführen, dessen Umlaufssinn einer positiven Drehung gemäß der Schraubenregel um diejenige Richtung entspricht, in der die magnetische Feldstärke einen Zuwachs erfährt. Denken wir uns den Integrationsweg mit einem Draht belegt, so ist die Umfangsspannung nichts anderes, als die in ihm vom zeitlich veränderlichen magnetischen Fluß induzierte elektromotorische Kraft $\mathfrak{E}$. Nach dem Induktionsgesetz ist also

$$u_e = -\frac{d\Phi}{dt}. \tag{22 a}$$

Nach Gl. (17) ist die magnetische Umfangsspannung eines Verschiebungsstromes i_v gleich $u_m = 4\pi i_v = \mathfrak{E}F dE/dt = F\, dD/dt$, wobei $\mathfrak{E}E = D$ die dielektrische Verschiebung ist. Definiert man analog zum magnetischen Fluß $\Phi = FB$ einen elektrischen Fluß $\Phi_e = FD$, so kann man schreiben

$$u_m = +\frac{d\Phi_e}{dt}. \tag{22 b}$$

Dann besteht, abgesehen vom Vorzeichen, eine vollkommene Analogie zwischen der elektrischen Umfangsspannung in einem zeitlich veränderlichen magnetischen Feld und der magnetischen Umfangsspannung in einem zeitlich veränderlichen elektrischen Feld.

226. Wirbelströme. Hautwirkung. Unter Wirbelströmen versteht man Induktionsströme in ausgedehnten Metallmassen, die von veränderlichen magnetischen Feldern erzeugt werden. Diese Induktionsströme können z. B. in den Eisenteilen elektrischer Maschinen beträchtliche Stärke haben.

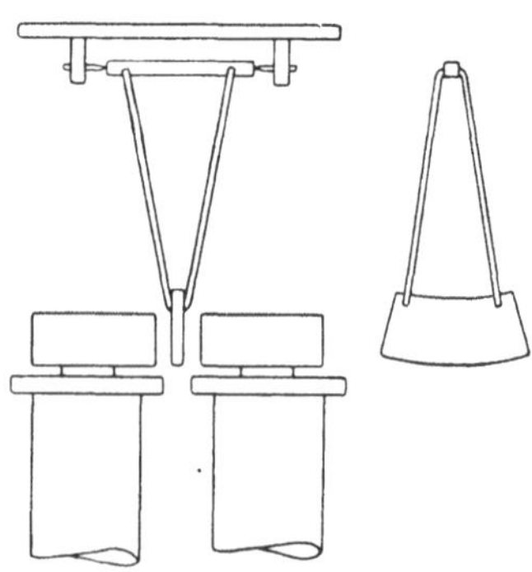

Abb. 391. WALTENHOFENsches Pendel.

Zum Nachweis der Wirbelströme eignet sich das WALTENHOFENsche Pendel (Abb. 391). Eine dicke Kupferscheibe kann zwischen den Polen eines starken Elektromagneten frei hin- und herschwingen. Erregt man jetzt den Elektromagneten, so bleibt die Kupferscheibe infolge der Wirkung des magnetischen Feldes auf die in der Scheibe auftretenden Induktionsströme zwischen den Polen wie in einer sehr zähen Flüssigkeit stecken (Hemmung der Bewegung gemäß dem LENZschen Gesetz, § 216). Die kinetische Energie des Pendels geht in Stromwärme in der Kupferscheibe über. Diese läßt sich nur langsam zwischen den Polen herausziehen.

Die Vermeidung der nutzlos Energie verbrauchenden Wirbelströme in den Eisenteilen elektrischer Maschinen ist eine wichtige technische Aufgabe. Man erreicht dies bis zu einem gewissen Grade, indem man diese Teile aus einzelnen voneinander isolierten Streifen aus Weicheisenblech herstellt, die so liegen, daß die Wirbelströme möglichst senkrecht zur Ebene dieser Bleche verlaufen. Vollkommen lassen sich aber Wirbelströme bei elektrischen Maschinen nicht vermeiden.

Sehr schnelle elektrische Schwingungen erzeugen auch in dem Leiter, den sie selbst durchfließen, merkliche Wirbelströme. Wir denken uns den durch einen

Draht fließenden Strom in lauter einzelne parallele Stromfäden zerlegt. Jeder dieser Stromfäden ist von ringförmigen magnetischen Feldlinien umschlossen, die auch im Innern des Leiters vorhanden sind. Ein solcher Stromfaden ist in Abb. 392 durch den geraden Pfeil dargestellt; die zwei Durchstoßpunkte einer seiner ringförmigen Feldlinien durch die Zeichnungsebene sind durch zwei Punkte angedeutet. Ändert der Strom seine Stärke und Richtung, so ändert sich auch die Stärke und Richtung seines magnetischen Feldes. Infolgedessen ist jede magnetische Feldlinie von induzierten elektrischen Feldlinien umgeben, die im Leiter elektrische Kreisströme um die Feldlinien erzeugen. Der Umlaufssinn dieser Ströme ergibt sich an Hand der früher erwähnten Gesetzmäßigkeiten so, wie dies in der Abb. 392 dargestellt ist. Sie laufen an der Oberfläche des Leiters gleichsinnig mit der jeweiligen Stromrichtung, im Innern sind sie ihr entgegengerichtet. Daher ist die Stromdichte im Leiter nicht wie bei Gleichstrom überall die gleiche; sie wird in der Achse des Leiters geschwächt, an seiner Oberfläche verstärkt. Bei technischem Wechselstrom ist diese Wirkung nur sehr schwach. Dagegen ist sie außerordentlich stark bei schnellen Schwingungen. Bei diesen wird der Strom fast vollkommen in die äußersten Schichten des Drahtes verdrängt, daher die Bezeichnung als *Hautwirkung*. Die inneren Teile des Drahtes werden zur Stromleitung kaum ausgenutzt, der Widerstand des Drahtes erscheint außerordentlich vergrößert (wie bei jeder Art von Selbstinduktion, um die es sich in einem allgemeinen Sinne hier auch handelt). Die Hautwirkung ist daher in jeder Hinsicht unerwünscht. Man schränkt sie dadurch ein, daß man Litzen aus dünnen, voneinander durch einen Lacküberzug isolierten Drähten verwendet, die derart verdrillt sind, daß jeder Draht abwechselnd im Innern und an der Außenseite der Litze liegt (Hochfrequenzlitze).

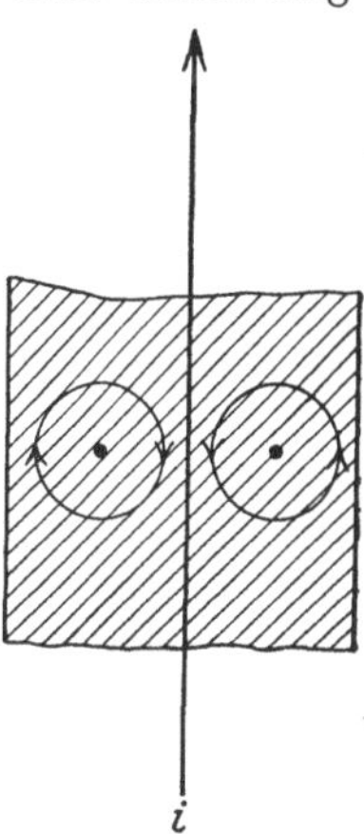

Abb. 392. Zur Theorie der Hautwirkung.

227. Messung magnetischer Feldstärken. Mit Hilfe der Induktionswirkungen sind wir imstande, die Stärke eines homogenen magnetischen Feldes zu messen. Man bringt zu diesem Zweck eine mit einem ballistischen Galvanometer (§ 235) verbundene Induktionsspule mit n Windungen so in das Feld, daß ihre Windungsfläche nF senkrecht zu den Feldlinien steht. Dann wird sie mit einem Ruck aus dem Felde herausgezogen. Das ballistische Galvanometer zeigt einen Ausschlag, der der Feldstärke B proportional ist, die am ursprünglichen Ort der Spule herrscht.

Für den hier vorliegenden Fall gilt die Gl. (4) (§ 217). Integrieren wir diese Gleichung, so erhalten wir

$$\int_0^t \mathfrak{E}\, dt = -nF \int_B^0 dB = nFB.$$

Der Widerstand von Spule und Galvanometer sei R. Die momentane Stromstärke in diesem Kreise sei $i = de/dt$, wobei de die in der Zeit dt durch jeden Querschnitt desselben hindurchtretende Elektrizitätsmenge bedeutet (§ 149). Dann ist $\mathfrak{E} = Ri$ und

$$nFB = \int_0^t \mathfrak{E}\, dt = R\int_0^t i\, dt = R\int_0^t de = eR \quad \text{oder} \quad B = \frac{eR}{nF}. \tag{23}$$

Hier bedeutet e die gesamte während der Dauer t des Induktionsvorganges durch das Galvanometer geflossene Elektrizitätsmenge. Dieser Elektrizitätsmenge ist der Ausschlag des ballistischen Galvanometers proportional (§ 235), sie kann also nach erfolgter Eichung des Galvanometers gemessen werden. Sind ferner nF und R bekannt, so ergibt Gl. (23) die Feldstärke B in Gauß, wenn e und R in elektromagnetischen Einheiten gemessen werden. (Vgl. WESTPHAL, ,,Physikalisches Praktikum", 39. Aufgabe).

228. Theorie des Dia- und Paramagnetismus. Wir haben in § 201 die magnetischen Eigenschaften der Stoffe durch das Vorhandensein atomarer Kreisströme erklärt. Der Radius eines solchen Kreisstromes sei r, die Winkelgeschwindigkeit des kreisenden Ladungsträgers sei u, also seine Bahngeschwindigkeit $v = ur$. Wird jetzt ein zur Ebene der Kreisbahn senkrechtes magnetisches Feld B erregt, das innerhalb der Kreisbahn einen magnetischen Fluß $\Phi = \pi r^2 B$ erzeugt, so entsteht nach § 225, Gl. (22), im Umfang $2\pi r$ der Kreisbahn eine magnetische Umfangsspannung $u_e = -d\Phi/dt$ und daher längs der Kreisbahn ein elektrisches Feld $E = u_e/2\pi r$. Dieses elektrische Feld wirkt je nach der Orientierung der Kreisbahn verzögernd oder beschleunigend auf den Ladungsträger. Der kreisende Ladungsträger kann als ein in seiner Kreisbahn fließender Strom betrachtet werden. Wird er verzögert, so entspricht das einem in der Kreisbahn induzierten Strom, der dem ursprünglichen Strom entgegengerichtet ist. Wird er beschleunigt, so ist der Induktionsstrom diesem gleichgerichtet. Nach dem LENZschen Gesetz (§ 216) muß nun dieser Induktionsstrom so gerichtet sein, daß sein magnetisches Feld die Ursache seiner Entstehung, in unserm Fall die Erregung des Feldes B, hemmt. Er ist also stets so gerichtet, daß sein eigenes magnetisches Feld dem erzeugten Felde entgegengerichtet ist. Demnach werden bei denjenigen Kreisströmen, deren Felder dem erregten Felde B gleichgerichtet sind, die Ladungsträger verzögert, und daher nimmt ihr magnetisches Moment (§ 197) ab. Bei denjenigen Kreisströmen aber, deren Felder dem erregten Felde entgegengerichtet sind, werden die Ladungsträger beschleunigt, und ihr magnetisches Moment nimmt zu. Es werden also die dem erregten Felde B gleichgerichteten magnetischen Momente geschwächt, die ihm entgegengerichteten verstärkt. Der Stoff, in dem sich die Kreisströme befinden, erfährt also eine Magnetisierung, die der Richtung des erregten Feldes entgegengerichtet ist. Beim Verschwinden des Feldes B tritt der umgekehrte Vorgang ein, und die Kreisströme gehen wieder in ihren ursprünglichen Zustand über. Nun sind in einem Stoff die Kreisströme natürlich an sich ganz regellos orientiert; aber in jedem Fall wird eine Schwächung des magnetischen Moments bei der einen Hälfte von ihnen eintreten, nämlich bei denjenigen Kreisströmen, deren magnetische Momente mit dem erregten Felde einen spitzen Winkel bilden. Bei der andern Hälfte, deren magnetische Momente einen stumpfen Winkel mit der Feldrichtung bilden, tritt eine Verstärkung ein. In jedem Falle erfolgt eine Magnetisierung, die der Richtung des erregten Feldes entgegengerichtet ist. Da nun nach § 203 $J = \varkappa H$, und da auf Grund unsrer Überlegung J die entgegengesetzte Richtung hat wie das Feld B, also auch wie seine Erregung H, so muß die Suszeptibilität $\varkappa$ negativ sein, und danach könnte man zunächst erwarten, daß alle Stoffe diamagnetisch sein müßten.

In einem gewissen Sinne ist das auch richtig. Die hier geschilderten diamagnetischen Wirkungen müssen an allen atomaren Kreisströmen eintreten. Bei vielen Atomarten überlagert sich ihnen aber eine zweite Wirkung, die bei genügender Stärke die Eigenschaft des Paramagnetismus erzeugt. Die einzelnen Atome sind Träger einer mehr oder weniger großen Zahl von Kreisströmen (§ 340). Bei einem Teil der Atomarten sind diese derart beschaffen und orientiert, daß sich ihre magnetischen Momente am einzelnen Atom genau gegenseitig kompensieren, so daß das Atom als Ganzes *kein natürliches magnetisches Moment besitzt*. Wird aber an seinem Ort ein magnetisches Feld erregt, so treten an seinen Kreisströmen die oben geschilderten Wirkungen auf, und das Atom gewinnt ein dem Felde entgegengerichtetes magnetisches Moment. Der betreffende Stoff ist *diamagnetisch*. Bei den übrigen Atomen aber kompensieren sich die magnetischen Momente der Kreisströme nicht völlig, und diese Atome *besitzen ein natürliches magnetisches Moment*. Wäre sonst nichts im Spiel, so würden sie sich immer *in* die Richtung eines erregten magnetischen Feldes einstellen, und der betreffende Stoff würde in Richtung des Feldes magnetisiert; er wäre immer *paramagnetisch*. Aber die bei den Atomen ohne natürliches magnetisches Moment vorhandenen Wirkungen sind bei ihnen ebenfalls vorhanden. So überlagern sich tatsächlich bei den Atomen mit natürlichem magnetischen Moment die Eigenschaften des Paramagnetismus und des Diamagnetismus. Für das magnetische Verhalten solcher Stoffe ist entscheidend, welche von beiden die stärkere ist. Gemäß unsrer in § 200 gegebenen Definition verstehen wir unter einem paramagnetischen Stoff einen solchen, bei dem die paramagnetische Eigenschaft die bei keinem Stoff fehlende diamagnetische Eigenschaft überwiegt.

Wir wollen diese Frage jetzt auch quantitativ behandeln. Die Masse des kreisenden Ladungsträgers sei μ, seine Ladung ε. Seine Bahnebene stehe senkrecht zum erregten Felde B. Da die elektrischen Feldlinien die Feldlinien des zeitlich veränderlichen magnetischen Feldes kreisförmig umschlingen, so ist das elektrische Feld $E = u_e/2\pi r$ (s. o.) in der Kreisbahn stets so gerichtet, daß es den Ladungsträger in der jeweiligen Bahnrichtung beschleunigt oder verlangsamt. Nach § 136, Gl. (4b), beträgt die auf den Ladungsträger wirkende Kraft $k = \varepsilon E = \varepsilon u_e/2\pi r$. Mit $u_e = -d\Phi/dt$ [Gl. (22)] erhalten wir

$$\mu \frac{dv}{dt} = \pm \varepsilon E = \pm \frac{\varepsilon}{2\pi r} \frac{d\Phi}{dt}. \tag{24}$$

Welches Vorzeichen gilt, richtet sich danach, ob der Ladungsträger beschleunigt oder verzögert wird. Da die Beschleunigung oder Verzögerung immer in oder entgegen der jeweiligen Bahnrichtung erfolgt, so findet eine Änderung des Bahnradius nicht statt. Die Geschwindigkeit des Ladungsträgers im natürlichen Zustande sei v_0. Dann ergibt die Integration der Gl. (24)

$$\mu v = \mu v_0 \pm \frac{\varepsilon}{2\pi r} \Phi. \tag{25}$$

Dabei bedeutet Φ den magnetischen Fluß durch die Fläche der Kreisbahn, der nach vollständigem Anlaufen des Feldes B erreicht ist, v die dann erreichte Endgeschwindigkeit. Führen wir noch die Winkelgeschwindigkeiten $u = v/r$ und $u_0 = v_0/r$, sowie $\Phi = \pi r^2 \cdot B$ ein, so ergibt sich

$$u - u_0 = \Delta u = \pm \frac{1}{2} \frac{\varepsilon}{\mu} B. \tag{26}$$

Die Winkelgeschwindigkeits-(Kreisfrequenz)-Differenz $\Delta u = \varepsilon B/2\mu$ nennt man die LARMOR-*Frequenz* des Ladungsträgers im Felde B. Wie man sieht, ist sie unabhängig vom Bahnradius r, genau wie die doppelt so große Umlaufsfrequenz eines Ladungsträgers im konstanten magnetischen Felde (§ 193).

229. Die Energie des magnetischen und des elektromagnetischen Feldes. Wir haben bereits früher erwähnt, daß ein magnetisches Feld der Sitz magnetischer Energie ist. Zur Berechnung dieser Energie wollen wir von dem Felde im Innern einer Ringspule ausgehen. Die in ihr in der Zeit dt geleistete Stromarbeit ist, wenn $\mathscr{E}$ die elektromotorische Kraft der Stromquelle, $\mathscr{E}_i = -L\,di/dt$ die induzierte elektromotorische Kraft der Induktivität (§ 223), ist,

$$dA = (\mathscr{E} + \mathscr{E}_i)\,i\,dt = \left(\mathscr{E} - L\frac{di}{dt}\right) i\,dt = \mathscr{E}\,i\,dt - L\,i\,di \tag{27}$$

(§ 163). In einem praktisch selbstinduktionsfreien Leiter, also einem solchen, der nur ein sehr schwaches magnetisches Feld hat (z. B. in einem geraden Draht), ist die Stromarbeit, die erzeugte Joulesche Wärme, gleich $dA = \mathcal{E}i\,dt$, also um den Betrag $L\,i\,di$ größer. Die Stromquelle jedoch liefert bei der Stromstärke i stets die Energie $\mathcal{E}i\,dt$. Die Differenz $L\,i\,di$ tritt in unserem Falle nicht als Joulesche Wärme im Leiter in die Erscheinung, sondern sie dient zum *Aufbau des magnetischen Feldes*. Es wächst also in der Zeit dt die Feldenergie um den Betrag

$$dA_m = L\,i\,di \text{ erg}.$$

Durch Integration ergibt sich hieraus, wenn wir über die Zeit vom Einschalten des Spulenstromes ($i = 0$) bis zum praktischen Konstantwerden des Stromes $i = \mathcal{E}/R$ (§ 223) integrieren,

$$A_m = \tfrac{1}{2} L\,i^2 \text{ erg}.$$

Wenn wir nach Gl. (12) noch den Ausdruck für die Induktivität L einführen und berücksichtigen, daß die magnetische Feldstärke in der Spule $B = \mu H = 4\pi n i \mu / l$ ist, erhalten wir schließlich

$$A_m = \frac{1}{8\,\pi\,\mu} B^2 F l = \frac{\mu}{8\,\pi} H^2 F l \text{ erg}. \tag{28}$$

Das Feld ist auf den Innenraum der Ringspule beschränkt, dessen Volumen gleich $F l$ ist. Demnach entfällt auf die Volumeinheit die Energie

$$\varrho_m = \frac{1}{8\,\pi\,\mu} B^2 = \frac{\mu}{8\,\pi} H^2 \text{ erg} \cdot \text{cm}^{-3}. \tag{29}$$

Dies ist die *Energiedichte* des magnetischen Feldes. Die Gl. (29) gilt für jedes magnetische Feld unter der Voraussetzung daß B und H einander proportional sind, also μ eine Konstante ist, also in den para- und den diamagnetischen Stoffen. In den ferromagnetischen Stoffen ist μ von der magnetischen Vorgeschichte abhängig, so daß man ϱ_m überhaupt nicht eindeutig als Funktion von B oder H angeben kann.

Es ist daher die Gesamtenergiedichte eines *elektromagnetischen* Feldes [§ 145, Gl. (29)],

$$\varrho = \varrho_e + \varrho_m = \frac{1}{8\,\pi} (\varepsilon E^2 + \mu H^2) \text{ erg} \cdot \text{cm}^{-3}. \tag{30}$$

Dabei haben wir E im elektrostatischen Maße, H in Gauß angesetzt.

230. Die Maxwellschen Gleichungen. Wir betrachten ein elektromagnetisches Feld und in ihm ein unendlich kleines, in der (xy)-Ebene eines rechtwinkligen Koordinatensystems (xyz) liegendes Flächenelement $ABCD$ mit den Seiten dx und dy (Abb. 393). Die Komponenten der magnetischen Erregung längs AB und AD seien H_x und H_y. Dann betragen die entsprechenden Komponenten längs DC nach dem Taylorschen Satz $H_x + \dfrac{\partial H_x}{\partial y} dy$ und längs BC $H_y + \dfrac{\partial H_y}{\partial x} dx$. Senkrecht zu $ABCD$ steht die zeitlich veränderliche elektrische Feldkomponente E_z. Es tritt also durch das Flächenelement nach § 224 ein Verschiebungsstrom

$$i_v = \frac{\varepsilon}{4\,\pi\,c^2} \frac{\partial E_z}{\partial t} dx\,dy. \tag{31}$$

(Wir müssen hier überall partielle Differentialquotienten setzen, da die Feldstärken von den vier Veränderlichen x, y, z und t abhängen.)

Wir berechnen jetzt die magnetische Umfangsspannung u_m des Flächenelements. Zu diesem Zweck müssen wir es gemäß § 213 in der Richtung $A\!-\!B\!-\!C\!-\!D\!-\!A$ einmal umlaufen und das Integral $\oint \mathfrak{H}\,d\mathfrak{r}$ bilden. Dieses ergibt sich hier sehr einfach als Summe über die vier Seiten, wobei Anteile, bei denen der Weg *in* der örtlichen Feldrichtung läuft, positiv, solche, bei denen er *gegen* diese läuft, negativ zu rechnen sind. Wir erhalten dann

$$u_m = H_x\,dx + \left(H_y + \frac{\partial H_y}{\partial x}\,dx\right)dy - \left(H_x + \frac{\partial H_x}{\partial y}\,dy\right)dx - H_y\,dy$$

$$= \left(\frac{\partial H_y}{\partial x} - \frac{\partial H_x}{\partial y}\right)dx\,dy. \tag{32}$$

In den einzelnen Erregungskomponenten stecken Anteile, die von den die benachbarten Flächenelementen durchsetzenden Verschiebungsströmen herrühren. Diese werden aber vom Integrationsweg nicht umschlungen, liefern

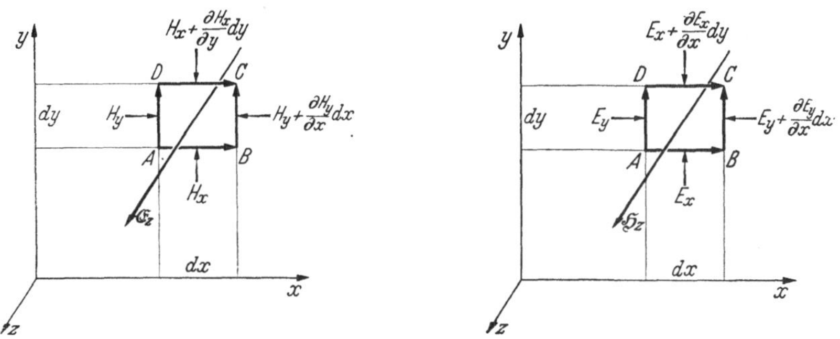

Abb. 393. Zur Ableitung der 1. MAXWELLschen Gleichung.   Abb. 394. Zur Ableitung der 2. MAXWELLschen Gleichung.

also keinen Betrag zur magnetischen Umgangsspannung. Sie rührt also allein vom Verschiebungsstrom i_v innerhalb $ABCD$ her, so daß nach § 213, Gl. (19), $u_m = 4\pi\,i_v$. Aus Gl. (31) und (32) folgt dann die

1. MAXWELL*sche Gleichung:* $\quad \dfrac{\varepsilon}{c^2}\dfrac{\partial E_z}{\partial t} = \dfrac{\partial H_y}{\partial x} - \dfrac{\partial H_x}{\partial y}.$ (33)

Nunmehr stellen wir eine ganz analoge Überlegung bezüglich der Feldstärkenkomponenten E_x, E_y und der Erregungskomponenten H_z an (Abb. 394). H_z erzeugt innerhalb des Flächenelements $ABCD$ den magnetischen Fluß

$$\Phi = \mu\,H_z\,dx\,dy, \tag{34}$$

dessen zeitliche Änderung im Umfang des Flächenelements nach § 225 die elektrische Umfangsspannung $u_e = \oint \mathfrak{E}\,d\mathfrak{r} = -\partial\Phi/\partial t$ erzeugt. Die einzelnen Feldstärkenkomponenten ergeben sich, wie oben, nach dem TAYLORschen Satz so, wie in Abb. 394 angegeben. Das Integral $\oint \mathfrak{E}\,d\mathfrak{r}$ ermitteln wir wieder einfach als Summe über die vier Seiten, wobei das Flächenelement nach der in § 225 gegebenen Vorschrift wieder in Richtung A—B—C—D—A zu umlaufen ist, wenn wir annehmen, daß H_z einen positiven zeitlichen Zuwachs erfährt. Wieder sind Anteile, bei denen der Weg *in* der Feldrichtung läuft positiv, solche bei denen er *gegen* diese läuft, negativ zu rechnen. Wir erhalten also

$$u_e = E_x\,dx + \left(E_y + \frac{\partial E_y}{\partial x}\,dx\right)dy - \left(E_x + \frac{\partial E_x}{\partial y}\,dy\right)dx - E_y\,dy$$

$$= \left(\frac{\partial E_y}{\partial x} - \frac{\partial E_x}{\partial y}\right)dx\,dy. \tag{35}$$

Andererseits ist aber nach Gl. (34)

$$u_e = -\frac{\partial\Phi}{\partial t} = -\mu\frac{\partial H_z}{\partial t}\,dx\,dy. \tag{36}$$

Aus Gl. (35) und (36) folgt die

2. MAXWELL*sche Gleichung:* $\quad \mu\dfrac{\partial H_z}{\partial t} = -\left(\dfrac{\partial E_y}{\partial x} - \dfrac{\partial E_x}{\partial y}\right).$ (37)

Den Gl. (33) und (37) entsprechende Gleichungen gelten auch für die übrigen Koordinaten und entstehen aus ihnen durch zyklische Vertauschung der Veränderlichen x, y, z. Man erhält so 6 Gleichungen, die man in vektorieller Schreibweise zu zwei Gleichungen zusammenfassen kann[1]:

$$\varepsilon\,\frac{\partial \mathfrak{E}}{\partial t} = \frac{\partial \mathfrak{D}}{\partial t} = c^2\,\mathrm{rot}\,\mathfrak{H}, \qquad (38\,\mathrm{a}) \qquad \mu\,\frac{\partial \mathfrak{H}}{\partial t} = \frac{\partial \mathfrak{B}}{\partial t} = -\,\mathrm{rot}\,\mathfrak{E}. \qquad (38\,\mathrm{b})$$

$\mathfrak{D} = \varepsilon\,\mathfrak{E}$ ist die dielektrische Verschiebung (§ 145). Alle Größen sind hier im elektromagnetischen Maß gemessen. Mißt man aber $\mathfrak{E}$ und $\mathfrak{D}$ im elektrostatischen Maß, so ergibt sich die in den elektrischen und magnetischen Größen bis auf das Vorzeichen symmetrische Form

$$\varepsilon\,\frac{\partial \mathfrak{E}}{\partial t} = \frac{\partial \mathfrak{D}}{\partial t} = c\,\mathrm{rot}\,\mathfrak{H}, \qquad (39\,\mathrm{a}) \qquad \mu\,\frac{\partial \mathfrak{H}}{\partial t} = \frac{\partial \mathfrak{B}}{\partial t} = -\,c\,\mathrm{rot}\,\mathfrak{E}. \qquad (39\,\mathrm{b})$$

Tritt durch die betrachtete Fläche noch ein Leitungsstrom von der Stromdichte j_l, so ist, wie man ohne Mühe ableiten kann, zur linken Seite der Gl. (38 a) noch $4\pi c^2 j_l$, zur linken Seite der Gl. (39 a) noch $4\pi j_l$ zu addieren.

Die MAXWELLschen Gleichungen bilden die Grundgleichungen der Elektrodynamik und beherrschen auch die Wellentheorie des Lichtes.

231. Das elektromagnetische und das internationale Maßsystem. Es ist bereits in § 191 und 217 gesagt worden, daß die Normierung der Konstanten des elektrodynamischen Grundgesetzes als eine reine Zahl vom Betrage 1 die Einführung eines neuen Maßsystems, des *elektromagnetischen Maßsystems*, und damit neuer Maßeinheiten, der elektromagnetischen Einheiten, bedingt. Und nicht nur dies. Die elektrischen Größen haben im elektromagnetischen Maßsystem auch eine andere Dimension als im elektrostatischen System (§ 147).

Zur Ableitung dieser Dimensionen gehen wir zweckmäßig vom AMPÈREschen Gesetz, § 198, Gl. (43), aus. Da sich auf der rechten Seite dieser Gleichung die vorkommenden Längen dimensionsmäßig aufheben, sieht man sofort, daß das Produkt zweier Stromstärken, also auch das Quadrat einer Stromstärke, die Dimension einer Kraft haben muß. Es gilt also die Dimensionsgleichung $|i| = |\sqrt{k}| = |m^{\frac{1}{2}} l^{\frac{1}{2}} t^{-1}|$. Die Dimension einer Elektrizitätsmenge e ergibt sich wegen $i = de/dt$ (§ 152) zu $|e| = |i \cdot t| = |m^{\frac{1}{2}} l^{\frac{1}{2}}|$. Das Produkt $U e$ aus einer Spannung und einer Ladung ist nach § 137 eine Arbeit, so daß $|U e| = |m\,l^2\,t^{-2}|$ und die Dimension der Spannung $|U| = |m^{\frac{1}{2}} l^{\frac{3}{2}} t^{-2}|$. Und schließlich folgt aus dem OHMschen Gesetz für den Widerstand $|R| = |U/i| = |l\,t^{-1}|$. In Tabelle 27 sind diese Beziehungen nebst einigen weiteren zusammengestellt.

Tabelle 27. Dimensionen im elektromagnetischen Maßsystem.

Stromstärke	$\|i\| = \|m^{\frac{1}{2}} l^{\frac{1}{2}} t^{-1}\|,$	Induktivität . . . . . . $\|L\| = \|l\|.$
Elektrizitätsmenge. .	$\|e\| = \|m^{\frac{1}{2}} l^{\frac{1}{2}}\|,$	Widerstand . . . . . . $\|R\| = \|l\,t^{-1}\|,$
Spannung	$\|U\| = \|m^{\frac{1}{2}} l^{\frac{3}{2}} t^{-2}\|,$	Kapazität . . . . . . $\|C\| = \|l^{-1} t^2\|.$
Elektr. Feldstärke . .	$\|E\| = \|m^{\frac{1}{2}} l^{\frac{1}{2}} t^{-2}\|,$	

Es sei e_s eine bestimmte Elektrizitätsmenge elektrostatisch gemessen, e_m die gleiche Elektrizitätsmenge elektromagnetisch gemessen. Dann ist nach § 191 $e_s = c \cdot e_m$, wobei $c = 3 \cdot 10^{10}\ \mathrm{cm} \cdot \mathrm{sec}^{-1}$ ist. Da in jedem Falle die Stromstärke als Elektrizitätsmenge/Zeiteinheit definiert ist, so stehen die *Maßzahlen* der

---

[1] Die Funktion rot eines Vektors $\mathfrak{A}$, Betrag A, ist ein Vektor rot $\mathfrak{A}$, dessen Komponenten — wie die rechten Seiten der Gl. (34) und (37) — die Beträge $\partial A_z/\partial y - \partial A_y/\partial z$, $\partial A_x/\partial z - \partial A_z/\partial x$ und $\partial A_y/\partial x - \partial A_x/\partial y$ haben.

Stromstärke in beiden Maßsystemen im gleichen Verhältnis wie diejenigen der Elektrizitätsmenge, $i_s = c\, i_m$. Die elektromagnetische Einheit der Stromstärke ist demnach $3 \cdot 10^{10}$mal größer als die elektrostatische Einheit. Auf Grund der zwischen den verschiedenen elektrischen Größen bestehenden Beziehungen lassen sich entsprechende Umrechnungen auch für die übrigen elektrischen Größen anstellen. Es ergibt sich auf diese Weise:

$$i_s = c\, i_m, \quad e_s = c\, e_m, \quad U_s = U_m/c, \quad E_s = E_m/c, \quad R_s = R_m/c^2, \quad C_s = C_m\, c^2.$$

Die Konstante $c = 3 \cdot 10^{10}$ cm $\cdot$ sec^{-1}, meist als *Lichtgeschwindigkeit* bezeichnet, wird auch die *kritische Geschwindigkeit* genannt. Daß sie bei der Fortpflanzung des Lichtes eine Rolle spielt, rührt daher, daß das Licht ein elektromagnetischer Vorgang ist. Die Identität dieser elektrischen Größe mit der Lichtgeschwindigkeit wurde 1843 von WILH. WEBER erkannt.

Das *internationale elektrische Maßsystem* besteht nach seiner ursprünglichen Definition aus elektrischen Einheiten, die durch Multiplikation der elektromagnetischen Einheiten mit bestimmten Zehnerpotenzen gebildet wurden. Diese Zehnerpotenzen wurden seinerzeit so gewählt, daß sie für die damals meist vorkommenden Ströme und Spannungen bequeme, von der Einheit nicht allzu verschiedene Maßzahlen lieferten. Man setzte deshalb 1 A = 0,1 elektromagnetischen Stromstärkeneinheiten, 1 V = 10^8 elektromagnetischen Spannungseinheiten. Dann ergeben sich die Einheiten der Elektrizitätsmenge, des Widerstandes, der Kapazität und der Induktivität ohne weiteres aus ihren Definitionen ($e = i/t$ bzw. di/dt, $R = U/i$, $C = e/U$, $\mathfrak{E} = -L\, di/dt$). Die sich aus diesen Festsetzungen ergebenden Umrechnungsbeziehungen zwischen den elektromagnetischen und den internationalen Einheiten sind in der Tabelle 28 mitgeteilt.

Während einer Übergangszeit, die von 1898 bis Ende 1939 gewährt hat, galten allerdings gesetzliche und internationale

Tabelle 28.

Es ist die elektromagnetische Einheit:

der Stromstärke	10 Ampere,
der Elektrizitätsmenge	10 Coulomb,
der Spannung	10^{-8} Volt,
des Widerstandes	10^{-9} Ohm,
der Kapazität	10^9 Farad,
der Induktivität	10^{-9} Henry.

Meßvorschriften für die Herstellung der Einheiten des Stromes und des Widerstandes (aus denen dann die anderen Einheiten sich zwangläufig ergeben), die den Anschluß des internationalen elektrischen Maßsystems an das elektromagnetische Maßsystem nicht unmittelbar erkennen ließen, obgleich sie so gehalten waren, daß die Umrechnungsbeziehungen der Tabelle 28 möglichst gut erfüllt sein sollten. Die Gründe dafür lagen in damals noch vorliegenden, aber heute überwundenen meßtechnischen Schwierigkeiten. Tatsächlich ergaben sich später auch ganz kleine Abweichungen der alten internationalen Einheiten von den Umrechnungsbeziehungen der Tabelle 28. Seit dem 1. Januar 1940 gelten diese aber gesetzlich und international *streng*.

Es ist leider vielfach üblich, die unmittelbar an das *CGS*-System angeschlossenen Systeme, nämlich das elektrostatische und das elektromagnetische Maßsystem, als überholt zu brandmarken und die alleinige Benutzung des internationalen elektrischen Maßsystems als einzig sinnvoll hinzustellen, da es allein der experimentellen Praxis entspricht. Diese Auffassung ist einseitig und daher abzulehnen. Selbstverständlich bedient man sich in der Meßtechnik ausschließlich der internationalen Einheiten, in denen alle Meßgeräte geeicht sind. Für die meisten theoretischen Überlegungen aber ist das internationale Maßsystem viel zu unbequem, schon weil es die Gleichungen immer mit den durch die Umrechnung bedingten Zehnerpotenzen belasten würde. Für die Zwecke der theoretischen Physik ist es sogar praktisch, nebeneinander über das elektrostatische und das elektromagnetische Maßsystem zu verfügen, von denen jedes an seiner Stelle — jenes in der Elektrostatik, dieses in der Elektrodynamik — seine besonderen Vorzüge hat. Zum mindesten jeder Physiker muß daher mit allen drei Maßsystemen umzugehen und sie von Fall zu Fall ineinander umzurechnen verstehen.

232. Elektrische Messung der Lichtgeschwindigkeit. Die Lichtgeschwindigkeit (kritische Geschwindigkeit) c kann aus rein elektrischen Messungen ermittelt werden. Es genügt dazu, daß man die Maßzahl der gleichen elektrischen Größe einmal im elektrostatischen, dann im elektromagnetischen Maßsystem bestimmt. Man kann dann c aus einer der in § 231 gegebenen Umrechnungsgleichungen berechnen. Ein Verfahren benutzt die Beziehung $C_s = c^2 C_m$. Man verwendet dazu einen Kondensator (Kugel-, Zylinder- oder Plattenkondensator), dessen Kapazität man aus seinen Abmessungen im elektrostatischen Maß genau *berechnen* kann, und erhält so C_s. Dann wird die Kapazität des gleichen Kondensators, z. B. nach der MAXWELLschen Methode (§ 157), *gemessen*, und man erhält sie nunmehr, da sie ja aus derjenigen eines in internationalen Ohm geeichten Widerstandes berechnet wird, in internationalen Farad. Hieraus erhält man dann die Kapazität C_m im elektromagnetischen Maßsystem durch Multiplikation mit 10^9 gemäß Tabelle 28, § 231. Dann ist $c = \sqrt{C_s/C_m}$.

Die besten Messungen dieser Art haben $c = 2{,}9978 \cdot 10^{10}$ cm $\cdot$ sec^{-1} ergeben, in ausgezeichneter Übereinstimmung mit dem zuverlässigsten auf optischem Wege gewonnenen Wert (§ 262).

233. Die magnetischen Maßsysteme. Wir haben in § 186 bereits abgeleitet, daß die magnetische Polstärke, auf deren Einheit sich das von uns benutzte, an das *CGS*-System angeschlossene magnetische Maßsystem aufbaut, die gleiche Dimension hat wie eine Elektrizitätsmenge im elektrostatischen Maßsystem. Infolgedessen haben auch die magnetische Feldstärke und die magnetische Erregung auf Grund analoger Definitionen die gleiche Dimension wie die elektrische Feldstärke und die dielektrische Verschiebung im elektrostatischen Maßsystem. Das gleiche folgt dann für die magnetische und die elektrische Spannung und für das magnetische Moment und das elektrische Moment. Die Magnetisierung hat die gleiche Dimension wie eine Feldstärke. Die Dimensionen des magnetischen Flusses und des magnetischen Widerstandes lassen sich hiernach auf Grund ihrer Definitionen leicht berechnen. Die Permeabilität und die Suszeptibilität sind reine Zahlen. Es ergibt sich für die einzelnen magnetischen Größen die nachstehende Tabelle 29.

Tabelle 29. Dimensionen der magnetischen Größen.

Polstärke m	$\left\lvert m^{\frac{1}{2}}\, l^{\frac{3}{2}}\, t^{-1} \right\rvert$,
Magnetisches Moment $\mathfrak{M}$	$\left\lvert m^{\frac{1}{2}}\, l^{\frac{5}{2}}\, t^{-1} \right\rvert$,
Feldstärke $\mathfrak{B}$, Erregung $\mathfrak{H}$, Magnetisierung $\mathfrak{J}$	$\left\lvert m^{\frac{1}{2}}\, l^{-\frac{1}{2}}\, t^{-1} \right\rvert$,
Magnetische Spannung U_m	$\left\lvert m^{\frac{1}{2}}\, l^{\frac{1}{2}}\, t^{-1} \right\rvert$,
Magnetischer Fluß $\varPhi$	$\left\lvert m^{\frac{1}{2}}\, l^{\frac{3}{2}}\, t^{-1} \right\rvert$,
Magnetischer Widerstand R_m	$\left\lvert m^{0}\, l^{-1}\, t^{0} \right\rvert$,
Permeabilität μ, Suszeptibilität $\varkappa$	$\left\lvert m^{0}\, l^{0}\, t^{0} \right\rvert$.

Die von uns bisher benutzten Definitionen und Einheiten für die magnetischen Größen sind diejenigen, die in der Physik, insbesondere in der theoretischen Physik, im allgemeinen üblich sind. In der Technik liegt aber der Definition dieser Größen ein vollkommen anderer Gedankengang zugrunde. Da die technischen Definitionen und Einheiten neuerdings auch in physikalische Lehrbücher

Eingang gefunden haben, so entstehen für den Anfänger zunächst beträchtliche Schwierigkeiten, und er gerät leicht in Verwirrung. Aus diesem Grunde soll hier zunächst noch einmal der von uns verfolgte Gedankengang in kurzen Zügen dargelegt werden, um anschließend den Gedankengang auseinanderzusetzen, der zur Aufstellung der technischen Definition der magnetischen Größen und ihrer technischen Einheiten geführt hat.

Wir sind von dem Begriff der Polstärke ausgegangen und haben ihre Einheit durch die Festsetzung definiert, daß die Konstante des COULOMBschen Gesetzes für Magnetpole im Vakuum eine reine Zahl vom Betrage 1 sein soll (§ 186). Daran schloß sich die Definition der magnetischen Feldstärke als die in einem magnetischen Felde auf den Einheitspol wirkende Kraft, wobei die Kraft in dyn gemessen wird. Die Einheit der Feldstärke und der magnetischen Erregung haben wir 1 Gauß genannt. Weiter haben wir die elektromagnetische Einheit der Stromstärke dadurch definiert, daß die Konstante des elektrodynamischen Grundgesetzes ebenfalls eine reine Zahl vom Betrage 1 sein soll (§ 191). Auf Grund dieser Festsetzungen ergaben sich, was für das Folgende anzumerken wichtig ist, die Beträge der magnetischen Feldstärke B und der magnetischen Erregung H im Innern einer langen, gestreckten Spule zu

$$B = \mu\,\frac{4\,\pi\,n\,i}{l}\ \text{Gauß} \qquad (40\,\text{a}), \qquad\qquad H = \frac{4\,\pi\,n\,i}{l}\ \text{Gauß} \qquad (40\,\text{b})$$

(§ 192).

Das *technische magnetische Maßsystem* (MIEsches *Maßsystem*) beruht unmittelbar auf dem internationalen elektrischen Maßsystem, also auf den Einheiten Ampere, Volt usw. Der Definition der magnetischen *Erregung H* und der Festsetzung ihrer Einheit wird die praktisch wichtigste und einfachste Feldform zugrunde gelegt, das Feld in einer langen, gestreckten Spule. Die magnetische Erregung in einer solchen Spule ist nach der Gl. (40 b) der Stromstärke i, der Zahl n der Spulenwindungen und der reziproken Länge $1/l$ der Spule, also der Größe ni/l, proportional. Die *Durchflutung ni* nennt man, wenn i in Ampere gemessen wird, auch die *Amperewindungszahl* der Spule, und man mißt die spezifische Durchflutung ni/l in der Einheit 1 *Ampere/cm* (A·cm⁻¹). Im technischen magnetischen Maßsystem ist nun die magnetische Erregung H in einer Spule unmittelbar identisch mit der spezifischen Durchflutung ni/l, und daher gilt als Einheit der magnetischen Erregung H die Einheit dieser Größe, i in Ampere gemessen, also 1 A·cm⁻¹. Es ist also die Erregung in einer langen gestreckten Spule

$$H = \frac{n\,i}{l}\,\text{A·cm}^{-1}. \qquad\qquad (41)$$

Dieser Ausdruck unterscheidet sich von der Gl. (40 b) nur durch das Fehlen des Zahlenfaktors 4π. Aber es ist zu beachten, daß als Stromeinheit in Gl. (40 b) die elektromagnetische Einheit gleich 10 Ampere, in Gl. (41) das Ampere zu verwenden ist. Führen wir in Gl. (40 b) statt der elektromagnetischen Einheit der Stromstärke das Ampere ein, so ist die rechte Seite mit dem Faktor 1/10 zu multiplizieren, wenn wieder der richtige Wert der Erregung in Gauß herauskommen soll. Es folgt also, wenn wir die gleiche Erregung einmal in Gauß, einmal in A·cm⁻¹ ausdrücken, und die Stromstärke in *beiden* Fällen in Ampere messen

$$H = 0{,}4\,\pi\,ni/l\ \text{Gauß} = ni/l\ \text{A·cm}^{-1}$$

oder $\qquad\qquad$ 1 A·cm⁻¹ = 0,4 π Gauß = 1,257 Gauß.

Die technische Einheit der magnetischen Erregung ist also rund 26 % größer als das Gauß.

Die *magnetische Feldstärke* B ist im technischen magnetischen Maßsystem ganz unabhängig von der Erregung H definiert. Zunächst ergibt sich aus dem Induktionsgesetz, $\mathfrak{E} = -d\Phi/dt$, die Einheit des magnetischen Flusses Φ als derjenige Fluß, der bei seiner gleichmäßigen Entstehung im Verlaufe von 1 sec in einer ihn umfassenden Windung die elektromotorische Kraft 1 V erzeugt. Da $d\Phi = -\mathfrak{E}\,dt$, so beträgt die Einheit des magnetischen Flusses im technischen Flusses im technischen Maßsystem 1 V · sec *(Voltsekunde)*. Nun ist $\Phi = FB$ oder $B = \Phi/F$, wenn F die vom Fluß Φ durchsetzte Fläche ist. Daher beträgt die Einheit der magnetischen Feldstärke 1 V · sec · cm^{-2}. Führen wir nun eine ganz entsprechende Überlegung unter Benutzung des elektromagnetischen Maßsystems durch, so erhalten wir auch eine entsprechende Einheit der Feldstärke B, nämlich 1 elektromagnetische Spannungseinheit · sec · cm^{-2}. Diese aber ist identisch mit der von uns benutzten Einheit 1 Gauß. Da nun 1 V $= 10^8$ elektromagnetischen Spannungseinheiten, so folgt

$$1\,\text{V} \cdot \text{sec} \cdot \text{cm}^{-2} = 10^8 \text{ Gauß.}$$

Die Beziehung $B = \mu H$ wird auch im technischen Maßsystem aufrechterhalten. Daraus ergibt sich aber, daß die Permeabilität μ in diesem System keine reine Zahl ist und auch einen anderen Betrag hat als im elektromagnetischen System. Wir wollen zur Unterscheidung die im technischen Maßsystem gemessenen Größen hier mit dem Index t bezeichnen. Dann ist also $B_t = \mu_t H_t$. Im elektromagnetischen Maßsystem gilt $B = \mu H$. Es folgt

$$\mu_t = \mu\,\frac{H}{H_t}\,\frac{B_t}{B}\,\text{V} \cdot \text{sec} \cdot \text{cm}^{-2}/\text{A} \cdot \text{cm}^{-1}.$$

Nun ist aber $H/H_t = 0{,}4\,\pi = 1{,}257$ und $B_t/B = 10^{-8}$, so daß

$$\mu_t = 0{,}4\,\pi\,\mu \cdot 10^{-8} = \mu \cdot 1{,}257 \cdot 10^{-8}\,\text{V} \cdot \text{sec} \cdot \text{cm}^{-2}/\text{A} \cdot \text{cm}^{-1}.$$

Demnach sind die im technischen Maßsystem gemessenen Permeabilitäten aller Stoffe um den Faktor $1{,}257 \cdot 10^{-8}$ *(Induktionskonstante)* von denjenigen im elektromagnetischen Maßsystem verschieden. Die Permeabilität des Vakuums, die im letzteren System den Betrag 1 hat, hat im technischen Maßsystem den Betrag $1{,}257 \cdot 10^{-8}$. Vom Standpunkt des technischen Maßsystems erscheinen die Permeabilitäten des elektromagnetischen Systems als relative, d. h. auf das Vakuum bezogene Größen.

Da die magnetische Spannung nach § 213, Gl. (19), die gleiche Dimension hat wie ein elektrischer Strom, so wird sie technisch in der Einheit 1 Ampere gemessen.

Der eigentliche Unterschied zwischen den beiden Maßsystemen liegt nicht in der verschiedenen Größe ihrer Einheiten, sondern in einer grundsätzlich verschiedenen Bedeutung der mit dem Symbol H bezeichneten Größe. In dem von uns benutzten Maßsystem hat sie den Charakter einer magnetischen Feldstärke und ist im Vakuum mit der wahren Stärke des magnetischen Kraftfeldes identisch. Im technischen Maßsystem ist sie *identisch* mit der spezifischen Durchflutung, also eine rein elektrische Größe, während sie in unserer Darstellung erst eine *Wirkung* der Durchflutung ist, mit der sie allerdings die Dimension gemein hat $(H = 4\,\pi\,j)$.

Es soll in keiner Weise verkannt werden, daß das technische magnetische Maßsystem bei der Anwendung in der Meßtechnik oft bequemer ist als unser Maßsystem. Zur Darstellung des physikalischen Sachverhalts bei der Magnetisierung von Stoffen ist es aber viel weniger geeignet, da man nicht zu einem Verständnis für die Ausrichtung der atomaren Kreisströme gelangen kann, ohne das Eigenfeld der spezifischen Durchflutung als deren eigentliche Ursache heranzuziehen. Zum mindesten für den Physiker erwächst daraus die Notwendigkeit, sich nicht einseitig auf eines der Maßsysteme festzulegen, sondern sie beide nebst ihren Umrechnungsbeziehungen zu beherrschen.

IV. Elektromagnetische Geräte.

234. Tangentenbussole. Nadelgalvanometer. Eine Tangentenbussole besteht aus einer kreisförmigen, vertikal aufgestellten Stromschleife, oder aus einer kleinen Zahl von dicht nebeneinanderliegenden Schleifen, in deren Mitte sich eine meist auf einer Spitze drehbare Magnetnadel befindet, deren Einstellung man auf einer Kreisteilung ablesen kann (Abb. 395). Die Tangentenbussole wird so aufgestellt, daß die Ebene der Stromschleife in der Richtung der Horizontalkomponente des erdmagnetischen Feldes liegt, die Magnetnadel also in dieser Ebene steht, wenn kein Strom fließt. Fließt ein Strom durch die Schleife, so entsteht ein zusätzliches, senkrecht zur Schleifenebene gerichtetes magnetisches Feld, welches den Magneten ablenkt. Die Feldstärke in der Mitte der Schleife beträgt nach Gl. (9), § 192, $H_i = 2\pi i/r$ bzw. bei n Windungen $H_i = 2\pi n i/r$ Oe (i in elektromagnetischen Einheiten gemessen). Der Betrag der Horizontalkomponente des erdmagnetischen Feldes sei H_e.

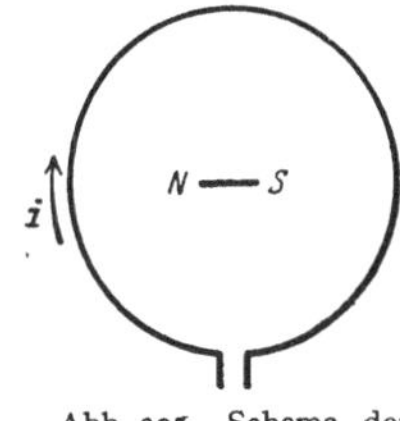

Abb. 395. Schema der Tangentenbussole.

Dann addieren sich die beiden senkrecht aufeinanderstehenden Felder vektoriell zum Felde $\mathfrak{H}$ (Abb. 396). In der Richtung dieses Feldes stellt sich die Magnetnadel ein. Man entnimmt aus der Abbildung, daß der Ausschlag α der Magnetnadel durch

$$\operatorname{tg}\alpha = \frac{H_i}{H_e} = \frac{2\pi n i}{r\,H_e}$$

gegeben ist.

Sind die Stärke des erdmagnetischen Feldes und die geometrischen Abmessungen der Stromschleife bekannt, so kann man hieraus den Strom i berechnen. Das Gerät könnte daher als Strommesser dienen. Jedoch ist es viel zu unempfindlich, zu unbequem zu handhaben und zu vielen Störungen ausgesetzt. Verwendung findet es nur zur Messung der Horizontalkomponente des erdmagnetischen Feldes.

Die *Nadelgalvanometer* (erste Konstruktion durch SCHWEIGGER und POGGENDORFF 1820, Multiplikator) unterscheiden sich von der Tangentenbussole vor allem in

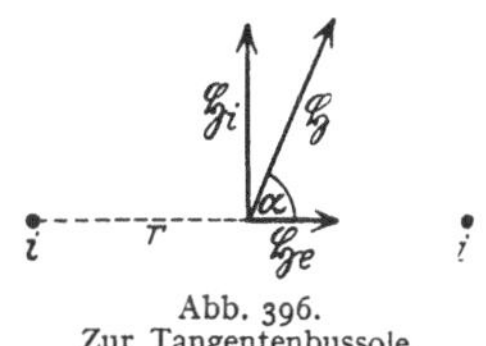

Abb. 396. Zur Tangentenbussole.

zwei Punkten: 1. Die Empfindlichkeit ist erheblich größer; dies wird erreicht durch Verwendung von Spulen mit zahlreichen Windungen statt einer oder weniger Stromschleifen. 2. Die Störungen infolge der Schwankungen des erdmagnetischen Feldes müssen beseitigt werden. Man darf also nicht, wie bei der Tangentenbussole, das Richtmoment des erdmagnetischen Feldes für die Magnetnadel benutzen, sondern diese wird an einem Faden, z.B. einem Kokon- oder Quarzfaden, aufgehängt, dessen Torsionselastizität das erforderliche Richtmoment liefert. Um die Wirkung des erdmagnetischen Feldes auszuschalten, werden zwei verschiedene Wege eingeschlagen. Der eine besteht darin, daß man ein *astatisches Nadelpaar* verwendet. Das drehbare System besteht in diesem Falle nicht aus

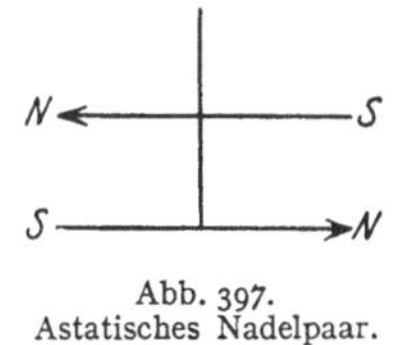

Abb. 397. Astatisches Nadelpaar.

einer, sondern aus zwei möglichst gleichen, starr miteinander verbundenen und entgegengesetzt gerichteten Magnetnadeln (Abb. 397). Auf ein solches Nadelpaar kann das Erdfeld (soweit es homogen, d. h. am Orte der beiden Nadeln gleich stark und gleich gerichtet ist) kein Drehmoment ausüben, weil es die beiden Magnete gleich stark nach entgegengesetzten Richtungen zu drehen strebt. Die untere Magnetnadel hängt zwischen zwei flachen, parallelen Spulen mit horizontalen Achsen so, daß sie in ihrer Ruhelage senkrecht zur Spulenachse steht; die obere Nadel hängt über den Spulen. Fließt durch die Spulen ein Strom, so sucht sich die untere Nadel in Richtung der Spulenachse einzustellen. Auf die obere Nadel wirkt ein allerdings sehr viel schwächeres

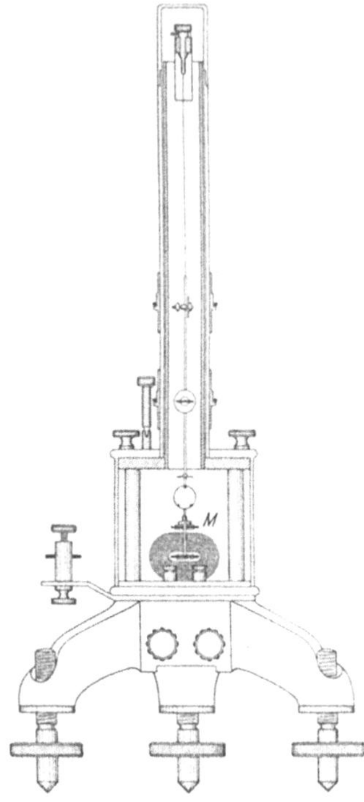

Drehmoment im *gleichen* Sinne, da die Richtung des magnetischen Feldes der Spulen außen derjenigen im Innern entgegengesetzt ist. Mit dem Nadelsystem ist ein Spiegel zur Ablesung der Drehungen fest verbunden. Die Drehung aus der Ruhelage ist um so größer, je stärker der Strom ist. Und zwar ist die Gleichgewichtslage der Nadel dadurch gegeben, daß sich das vom magnetischen Felde herrührende Drehmoment und das von dem Richtmoment der Aufhängung herrührende Drehmoment aufheben. Galvanometer dieser Art sind zuerst von Thomson angegeben worden. Abb. 398 zeigt als Beispiel ein Nadelgalvanometer nach Nernst. Das astatische Nadelpaar M besteht aus zwei Magnetchen, von denen sich das eine innerhalb, das zweite dicht oberhalb der von dem zu messenden Strom durchflossenen Spule befindet.

Der andere Weg, der zur Beseitigung der erdmagnetischen und sonstigen magnetischen Störungen eingeschlagen wird, besteht darin, daß man sie von der Nadel nach Möglichkeit überhaupt fernhält. Das geschieht bei den Panzergalvanometern. Diese besitzen kein astatisches Nadelpaar, aber das ganze Meßwerk ist in einen dreifachen Panzer aus etwa 1 cm dickem weichen Eisen eingeschlossen. Dieses hält äußere magnetische Felder vom Innern so gut wie voll

Abb. 398. Nadelgalvanometer nach Nernst.

ständig fern (Abb. 363). Zur Erzielung eines kleinen Trägheitsmomentes (kleine Schwingungsdauer) ohne Einbuße an magnetischem Moment benutzt man als Nadel ein System von mehreren kurzen, parallel und gleichsinnig gerich

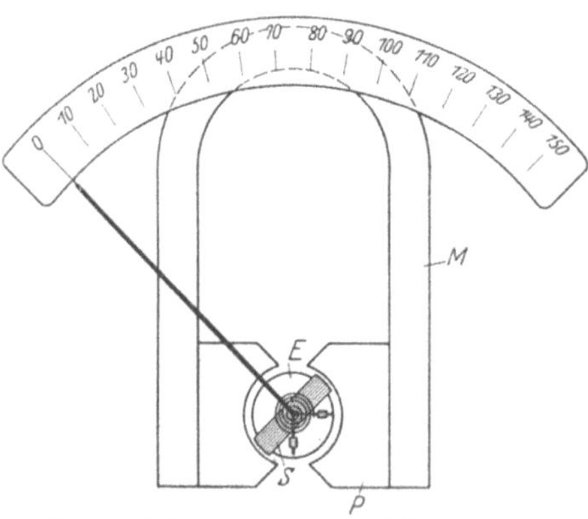

Abb. 399. Drehspulgalvanometer mit Zeigerablesung.

teten Magnetchen. Mit den besten Nadelgalvanometern kann man Ströme bis etwa 10^{-12} Amp. messen.

Die Nadelgalvanometer werden nur in solchen Fällen verwendet, wo es auf die mit ihnen erreichbare hohe Empfindlichkeit ankommt, also zur Messung schwächster Ströme. Im übrigen kommt die Verwendung von Nadelgalvanometern für die Meßtechnik heute überhaupt nicht mehr in Betracht.

235. Drehspulgeräte für Gleichstrom. Die heutigen genauen Meßgeräte für Ströme und Spannungen beruhen durchweg auf dem *Drehspulprinzip* (Deprez-d'Arsonval, 1881),

einer Umkehrung des den Nadelgalvanometern zugrunde liegenden Prinzips. Die Meßgeräte bestehen aus einem starken Hufeisenmagneten M, zwischen dessen Polschuhen P sich eine drehbare, von dem zu messenden Strom durchflossene Spule S befindet. Zwischen den zylindrisch ausgedrehten Polschuhen befindet sich ortsfest (nicht etwa mit der Spule drehbar) ein zylindrischer Weicheisenkern E, der nur einen schmalen Luftspalt für die Drehung der Spule frei läßt (Abb. 399). Er bewirkt, daß in dem Luftspalt ein radial gerichtetes, bei jeder Spulenstellung in der Spulenebene liegendes und überall gleich starkes magnetisches Feld herrscht (Abb. 401), und bildet zusammen mit dem Magneten einen nur durch den engen Luftspalt unterbrochenen magnetischen Kreis.

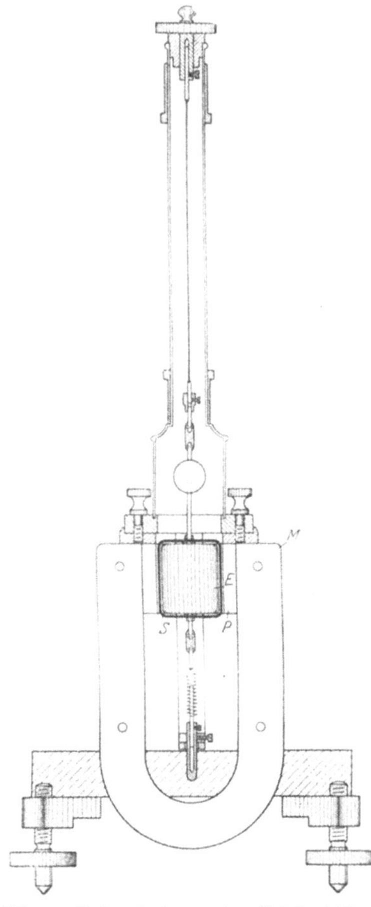

So wird eine nahezu vollkommene Unschädlichmachung der magnetischen Störungen erreicht, da das magnetische Feld im Luftspalt ganz außerordentlich viel stärker ist als das erdmagnetische Feld und etwaige andere äußere Störfelder, so daß deren Wirkungen, insbesondere ihre Schwankungen im allgemeinen nicht mehr ins Gewicht fallen.

Die Drehspule ist bei weniger empfindlichen Meßgeräten auf Spitzen gelagert und mit einem Zeiger versehen, der die Drehung der Spule auf einer Skala anzeigt. Solche Geräte können mit einer festen Eichung versehen werden. Die Ruhelage der Spule ist durch eine Spiralfeder bestimmt. Bei empfindlichen Geräten (Galvanometern) ist die Spule an einem dünnen Metallband aufgehängt. Die Stromzuführung erfolgt durch dünne Metallbänder oder durch Metallfedern, gegebenenfalls auch durch die Aufhängung. Mit der Spule ist ein Spiegel zur Ablesung der Drehungen verbunden (Abb. 400, M Magnet, P Polschuhe, E Eisenkern, S Spule).

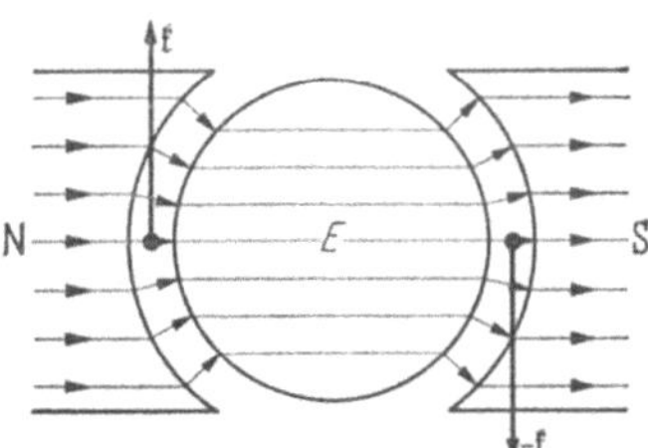

Abb. 400. Drehspulgalvanometer mit Spiegelablesung.

Abb. 401. Zum Drehspulgalvanometer.

(Vgl. Westphal, „Physikalisches Praktikum", 35. und 36. Aufgabe, sowie Anhang II).

Bei Stromdurchgang greifen an den beiden zum Felde senkrechten Spulenseiten, die in entgegengesetzten Richtungen vom Strome durchflossen werden, gleich große, entgegengesetzte Kräfte $\mathfrak{k}$, $-\mathfrak{k}$ an (Abb. 401), die auf die Spule ein Drehmoment ausüben. Es ist der Stromstärke proportional und kehrt seine Richtung mit der Stromrichtung um. Daher sind solche Meßgeräte *nur für Gleichstrom* verwendbar.

Gleichstromgalvanometer können auch zur Messung von *Elektrizitätsmengen*, welche in sehr kurzer Zeit durch sie entladen werden, benutzt werden, wenn die Dauer eines solchen Stromstoßes klein gegen die Schwingungsdauer des Galvanometersystems ist. Die Spule erhält durch den Stromstoß, wie ein kurz angestoßenes Pendel, einen Drehimpuls und schwingt bis zu einem bestimmten, von der Stärke und Dauer des Stromstoßes — dem Integral $\int i\,dt$, also der hindurchgegangenen Elektrizitätsmenge — abhängigen Umkehrpunkt aus. Dieser ballistische Ausschlag ist also (unter der Voraussetzung gleichbleibender Dämpfung) der bei dem Stromstoß durch die Spule geflossenen Elektrizitätsmenge proportional. Für diese Verwendungsart besonders gebaute Galvanometer heißen *ballistische Galvanometer* oder *Stoßgalvanometer*. (Vgl. WESTPHAL, „Physikalisches Praktikum", 38. Aufgabe und Anhang II).

236. Schwingung und Dämpfung von Galvanometern. Wird die Drehspule durch irgendeinen Anstoß aus ihrer natürlichen Ruhelage entfernt, so bewirkt die Torsion ihrer Aufhängung, daß sie in diese zurückzukehren sucht. Wäre die Spule frei von jeder Dämpfung, so würde sie unter dieser Wirkung eine ungedämpfte Schwingung um ihre Ruhelage ausführen [§ 42, Gl. (128)]. Es

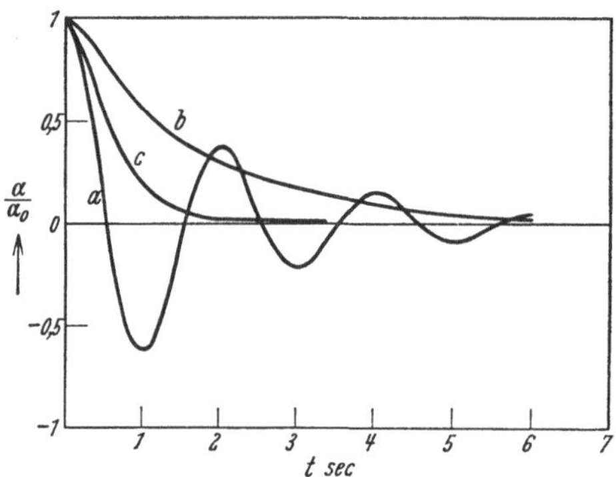

Abb. 402. Schwingungsformen des Galvanometers, *a* gedämpft periodisch, *b* aperiodisch, *c* aperiodischer Grenzfall.

besteht aber eine Dämpfung, die von zwei Ursachen herrührt. Erstens erfährt die Spule in dem engen Luftspalt, in dem sie sich dreht, eine Dämpfung durch Luftreibung. Außerdem aber induziert die bei der Drehung eintretende Änderung des magnetischen Flusses in der Spule eine elektromotorische Kraft. Sind nun die Klemmen des Galvanometers durch einen äußeren Widerstand leitend verbunden, so tritt in dem durch die Spule und diesen Widerstand gebildeten Leiterkreis ein Induktionsstrom auf. Infolgedessen erfährt die Spule im magnetischen Felde Kräfte, und diese sind nach dem LENZschen Gesetz so gerichtet, daß sie die Bewegung der Spule hemmen, also ein der jeweiligen Winkelgeschwindigkeit der Spule entgegengerichtetes Drehmoment an ihr erzeugen. Hierdurch entsteht also eine weitere, *elektromagnetische Dämpfung* der Spule, die im gleichen Sinne wirkt, wie die Luftreibung. Das Auftreten dieser Dämpfung ist auch sonst leicht verständlich. Wenn in dem Leiterkreis ein Induktionsstrom fließt, so erzeugt er Stromwärme, die nur auf Kosten der Schwingungsenergie der Spule entstehen kann; diese muß also mit der Zeit abnehmen, die Bewegung der Spule muß gedämpft sein. Und zwar ist die elektromagnetische Dämpfung um so größer, je kleiner der äußere Widerstand ist, durch den das Galvanometer geschlossen ist, denn um so stärker ist der Induktionsstrom. *Die Dämpfung eines Galvanometers nimmt mit abnehmendem äußeren Widerstand zu.*

Wir haben in § 42 die verschiedenen Bewegungsformen eines gedämpften, schwingungsfähigen Systems ausführlich besprochen. Dementsprechend führt auch die Spule eines Galvanometers bei kleiner Dämpfung, also bei größerem äußeren Widerstand, eine *periodische, gedämpfte Schwingung* aus (Abb. 402a), bei großer Dämpfung, also bei kleinem äußeren Widerstand, eine *aperiodische Kriechbewegung* (Abb. 402 b). Diese beiden Bewegungen gehen bei einem bestimmten Dämpfungsbetrage, also bei einem bestimmten äußeren Widerstand, dem *Grenzwiderstand* des Galvanometers, ineinander über (*aperiodischer Grenzfall*, Abb. 402 c). Bei periodischer gedämpfter Schwingung besitzt das Galvanometer ein *logarithmisches Dekrement* $\varLambda$ (§ 42), das als Differenz der natürlichen Logarithmen je zweier auf der gleichen Seite aufeinanderfolgender

Schwingungsweiten seines Ausschlages α definiert ist, $\Lambda = \ln \alpha_n - \ln \alpha_{n+1} = \ln (\alpha_n/\alpha_{n+1})$ (§ 42).

Die vorstehenden Ausführungen gelten nicht nur bezüglich der Rückbewegung der Spule in ihre natürliche Ruhelage, sondern auch für ihr Einschwingen in eine neue Ruhelage, wenn eine konstante äußere elektromotorische Kraft in ihr einen konstanten Strom erzeugt. Die jeweilige Ruhelage erreicht die Spule am schnellsten im aperiodischen Grenzfall. Aus diesem Grunde sucht man bei der Arbeit mit dem Galvanometer diesen Fall durch passende Wahl des äußeren Widerstandes stets nach Möglichkeit zu verwirklichen. Ist der äußere Widerstand zu groß, so daß noch der periodische Fall vorliegt, so legt man parallel zum Galvanometer einen passenden Nebenschluß. Ist der äußere Widerstand zu klein, so daß die Spule kriecht, so erhält das Galvanometer einen passenden Vorwiderstand. In beiden Fällen geschieht dies mit einem Opfer an Empfindlichkeit der Meßanordnung, das aber durch die erhöhte Sicherheit der Messung mehr als ausgeglichen wird. (Vgl. WESTPHAL, Physikalisches Praktikum", 2. Aufl., 35. Aufgabe und Anhang II).

237. Weicheisenmeßgeräte. An Stelle der ziemlich kostspieligen Drehspulgeräte verwendet man für technische Zwecke, bei denen es nicht auf große Meßgenauigkeit ankommt, Weicheisengeräte. Abb. 403 dient zur Veranschaulichung des dabei verwendeten Prinzips. Der zu messende Strom durchfließt eine Spule S, vor deren einem Ende sich ein z. B. durch eine Feder F festgehaltenes Stück weichen Eisens befindet. Das magnetische Feld des in der Spule fließenden Stroms ist an den Enden der Spule inhomogen und nimmt nach außen hin an Stärke ab. Deshalb wird das weiche Eisen in Richtung wachsender Feldstärke, d. h. in die Spule hinein, gezogen (§ 201); und zwar ist die Richtung dieser Bewegung *von der Stromrichtung unabhängig*. Weicheiseninstrumente können daher nicht nur für *Gleichstrom*, sondern auch für *Wechselstrom* verwendet werden. (Ihre Eichung entspricht der effektiven Stromstärke, § 244.) Das magnetische Feld ist dem Spulenstrom proportional. Die auf das Eisen wirkende Kraft rührt daher, daß das Eisen im Felde zu einem magnetischen Dipol wird, dessen magnetisches Moment der Feldstärke annähernd proportional ist. Die Kraft aber ist dem Produkt aus Feldstärke und magnetischem Moment, also dem Quadrat der Feldstärke und somit schließlich dem Quadrat der Stromstärke in der Spule proportional. Die Skala eines solchen Instruments zeigt daher keine Teilung in gleichmäßige Intervalle, denn der Ausschlag steigt etwa mit dem Quadrat der Stromstärke an.

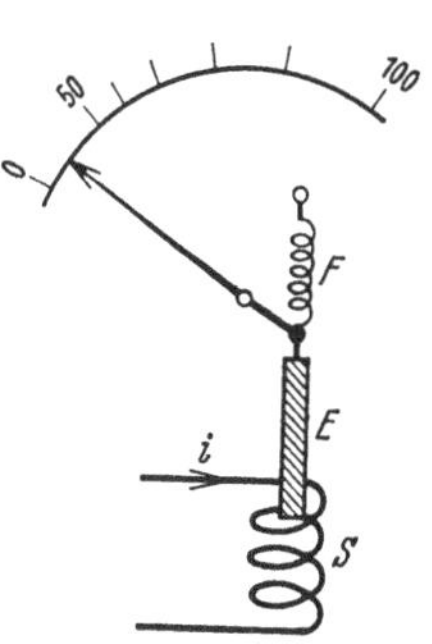

Abb. 403. Schema der Wirkung eines Weicheisenmeßgerätes.

238. Allgemeines über Strom- und Spannungsmesser. Jede der vorstehend beschriebenen Arten von Strommessern kann auch als *Spannungsmesser* verwandt werden. Denn da ihr Widerstand R_g eine feste Größe hat, so ist das Verhältnis U/i nach dem OHMschen Gesetz für ein gegebenes Gerät konstant. Einem bestimmten Ausschlag entspricht also nicht nur eine bestimmte Stromstärke i, sondern auch eine bestimmte, an den Klemmen des Meßgerätes liegende Spannung $U = iR_g$. Der Ausschlag kann daher sowohl als Maß für die Stromstärke, als auch für die angelegte Spannung gelten. In ihrer praktischen Ausführung unterscheiden sich indessen Strom- und Spannungsmesser in einem wesentlichen Punkt. Sowohl bei Strom- wie bei Spannungsmessung ist es natürlich wichtig, daß für die Zwecke der Messung möglichst wenig Energie aufgewandt wird. Ein Strommesser muß mit der Leitung, in der der Strom gemessen werden soll, in Reihe geschaltet sein, er wird also vom gleichen Strom i

durchflossen, der in der Leitung fließt. Die Stromleistung im Meßgerät ist gleich $i^2 R_g$ (§ 163), wenn R_g den inneren Widerstand des Meßgerätes bedeutet. Bei der Verwendung als Spannungsmesser muß man aber der Berechnung die zu messende Spannung U zugrunde legen. Die Stromleistung beträgt dann also U^2/R_g. Um in jedem dieser Fälle die Stromleistung im Meßgerät möglichst niedrig zu halten, muß also ein Strommesser einen möglichst kleinen, ein Spannungsmesser einen möglichst großen Widerstand R_g haben.

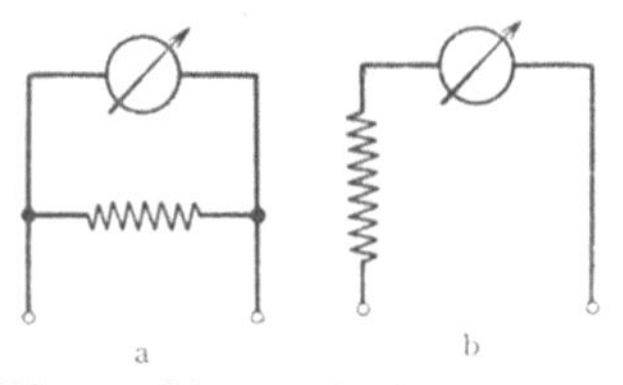

Abb. 404. Schema a des Strommessers, b des Spannungsmessers.

Bei Meßgeräten mit fester Eichung (Amperemeter, Voltmeter) wird dies auf folgende Weise erreicht: Das eigentliche Meßwerk ist ein ziemlich empfindliches Zeigergalvanometer. Mit seiner Hilfe können nun Strom- und Spannungsmesser von jeder gewünschten Empfindlichkeit, die kleiner als diejenige des Meßwerks ist, hergestellt werden. Der Widerstand des Meßwerks betrage R_1, sein Meßbereich, d. h. der Strom, der es zum Ausschlag über die ganze Skala bringt, sei i_1, die entsprechende Spannung am Meßwerk also $U_1 = i_1 R_1$. Soll das Meßwerk für einen Strommesser verwendet werden, der Ströme bis zu i Ampere anzeigt, so erhält es einen *Nebenwiderstand* (Abb. 404a), dessen Widerstand R_2 so bemessen sein muß, daß durch das Meßwerk ein Strom i_1 fließt, wenn durch das ganze System ein Strom i fließt. Es muß also nach § 155, Gl. (22), $R_1 : R_2 = i_2 : i_1 = (i - i_1) : i_1$ sein, also $R_2 = R_1 i_1/(i - i_1)$. Der Widerstand R_g des aus Meßwerk und Nebenschluß bestehenden Strommessers berechnet sich dann nach § 155, Gl. (21), zu $R_g = R_1 i_1/i$. Der Widerstand (und die Empfindlichkeit) des Strommessers ist also im Verhältnis i_1/i kleiner als der des Meßwerks. Soll das Meßwerk aber als Spannungsmesser verwendet werden, der bei größtem Ausschlag eine Spannung U anzeigt, so erhält es einen *Vorwiderstand* R_2 (Abb. 404b), der so abgeglichen ist, daß $U : U_1 = (R_1 + R_2) : R_1$ ist (Spannungsteilung, § 155). Dann ist $R_2 = R_1 (U - U_1)/U_1$ und der Widerstand des ganzen Spannungsmessers $R_g = R_1 + R_2 = R_1 U/U_1$. Der Widerstand des Spannungsmessers ist also im Verhältnis U/U_1 größer (und seine Empfindlichkeit im gleichen Verhältnis kleiner) als der des Meßwerks. Häufig versieht man Meßwerke der obigen Art mit auswechselbaren Neben- und Vorwiderständen, so daß man sie nach Wahl sowohl als Strom-, wie als Spannungsmesser verwenden und ihren Meßbereich beliebig wählen kann.

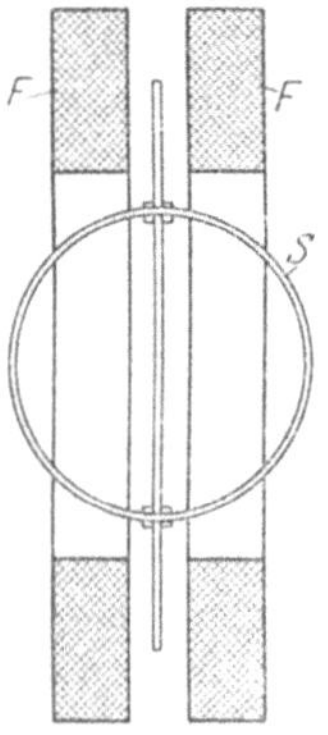

Abb. 405. Schema eines Wechselstrommessers mit Drehspule.

239. Wechselstrommesser mit Drehspulen. Leistungsmesser. Will man das Drehspulprinzip auch für Wechselstrommesser benutzen, so muß dafür gesorgt werden, daß sich mit dem Wechsel der Stromrichtung in der Drehspule jeweils auch die Richtung des magnetischen Feldes umkehrt. Das geschieht auf die Weise, daß man dieses Feld nicht durch einen Dauermagneten, sondern durch den zu messenden Strom selbst mittels einer oder zweier Spulen erzeugt, z. B. indem man die Drehspule S im Innern einer festen Spule oder zwischen zwei Feldspulen F von kleinem Widerstand aufhängt, an denen die gleiche Spannung liegt, wie an der Drehspule. Drehspule und Feldspulen sind also parallelgeschaltet (*Dynamometerprinzip*, Abb. 405). Die Windungsfläche der Feldspulen steht senkrecht zur Zeichnungsebene. Der Ausschlag eines solchen Meßgerätes ist von der Stromrichtung unabhängig und dem Quadrat der Stromstärke proportional.

Nach dem gleichen Prinzip kann man mit Drehspulgeräten die Leistung $L = U i$ eines Stromes in einem Leiter messen. Man schaltet in diesem Falle die Feldspulen, welche kleinen Widerstand haben müssen, in Reihe mit dem betreffenden Leiter. Die Drehspule S, der man einen großen Widerstand vorschaltet, wird mit den beiden Enden des Leiters verbunden, in dem die Leistung gemessen werden soll. Dann ist der die feste Spule durchfließende Strom gleich dem den Leiter durchfließenden Strom i, das magnetische Feld der Spule ist also dem Strom i proportional. Der die Drehspule durchfließende Strom ist nach dem OHMschen Gesetz der an ihr, d. h. der an den Enden des Leiters liegenden Spannung U proportional. Das auftretende Drehmoment ist daher dem Produkt Ui, d. h. der Stromleistung im Leiter proportional.

240. Telegraphie und Telephonie. Die Telegraphie in ihrer ursprünglichen Form ist eine Zeichensprache, welche aus kurzen oder langen Signalen besteht, die in bestimmter Anordnung und Zahl Buchstaben und in deren Zusammenhang Worte und Sätze bedeuten (MORSE-Alphabet). Sie beruht auf der Verwendung von Relais. Im Prinzip besteht ein Telegraph aus einem am Empfangsort befindlichen Relais, welches dort unter der Wirkung von Stromstößen, die mittels der Fernleitung vom Sendeort her übertragen werden, einen Stromkreis öffnet und schließt. Diese Stromstöße werden am Sendeort mittels eines Schalters (Tasters) als kurze oder lange Stromschlüsse entsprechend der im MORSE-Alphabet zu übertragenden Nachricht erzeugt. Der am Empfangsort auf diese Weise im gleichen Tempo geöffnete und geschlossene Strom bewegt auf elektromagnetischem Wege Schreibvorrichtungen, welche die MORSE-Zeichen zu Papier bringen, so daß sie abgelesen werden können. (Erster elektrischer Telegraph von GAUSS und WEBER in Göttingen 1833.) Moderne Telegraphen sind viel verwickelter. Hier sei nur erwähnt, daß solche Telegraphen die zu vermittelnde Nachricht meist unmittelbar in Druckschrift wiedergeben (Typendrucker). Über die drahtlose Telegraphie s. § 256.

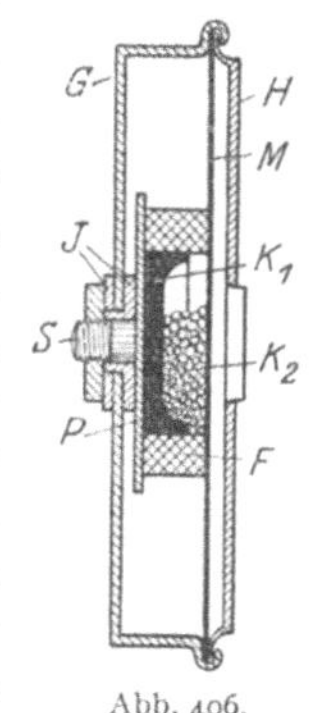
Abb. 406.
Körnermikrophon.

Die Telephonie auf Leitungen, die elektrische Übertragung des Schalles, beruht darauf, daß man einem Strom, der zwischen Sendeort und Empfangsort fließt, Schwankungen aufprägt, die ein Abbild der Druckschwankungen der Luft in dem zu übertragenden Schall sind. Man nennt dieses Verfahren *Modulation*. Bei der drahtlosen Telephonie (Rundfunk) wird die Energie der sich rings im Raum um eine Antenne ausbreitenden elektrischen Wellen in entsprechender Weise moduliert (§ 257). Am Sendeorte befinden sich Geräte, welche die Druckschwankungen des Schalles in elektrische Energieschwankungen übersetzen, am Empfangsorte Geräte, welche das Umgekehrte bewirken, also wieder Schallschwingungen erzeugen.

Wir befassen uns hier zunächst nur mit der Leitungstelephonie. Bei dieser, wie bei der drahtlosen Telephonie, dient als Sender ein Mikrophon, als Empfänger ein Telephon. Ein Mikrophon ist ein Gerät, das den Widerstand in dem die beiden Orte verbindenden Stromkreise und damit die Stärke des Stromes entsprechend den zu übertragenden Schallschwingungen verändert. Eine der vielen verschiedenen Ausführungsformen zeigt Abb. 406. In einem Metallgehäuse G befindet sich, durch Scheiben J isoliert, eine Metallplatte P mit der Schraube S. Die Platte P trägt eine aus Kohle bestehende Schale K_1, die von einem Filzring F umgeben ist. Auf diesem liegt eine Kohlenmembran M, die durch den Deckel H gegen das Gehäuse gedrückt und mit ihm leitend verbunden ist. Zwischen M und K_1 liegt eine lose Füllung von Kohlekörnern K_2. Die Stromzuleitung geht durch die Schraube S und durch das Gehäuse. Der Strom muß also durch die Kohlekörnerfüllung fließen. Wird gegen die Kohlemembran M gesprochen, so werden die Körner mit der Frequenz der Schallschwingungen geschüttelt.

Dabei ändern sich die Übergangswiderstände zwischen den einzelnen Körnern, der Widerstand des Mikrophons schwankt, und zwar in gewisser Annäherung entsprechend den auftreffenden Schallschwingungen. Mit der gleichen Frequenz schwankt also auch der das Mikrophon durchfließende Strom. Er ist in der gewünschten Weise moduliert.

Der modulierte Strom fließt am Empfangsort durch ein Telephon (Hörer der Fernsprecher, Lautsprecher). Abb. 407 zeigt eine Bauart, die bei den Kopfhörern üblich ist. In einer Dose D befindet sich ein Dauermagnet mit den Polen N und S, auf dessen Schenkeln Spulen s_1 und s_2 sitzen, die von dem modulierten Strome durchflossen werden. Dicht vor den Polen liegt eine durch Ringe R_1 und R_2 gehaltene Eisenmembran. Die Dose ist oben durch die Kappe K mit der Schallöffnung O geschlossen. Die Stromzuleitung erfolgt durch die Klemmen K_1 und K_2. Infolge der Modulation des Stromes schwankt die Stärke der Pole und damit die Durchbiegung der Membran mit der Frequenz der dem Gleichstrom aufgeprägten Modulation. Die Membran gerät in entsprechende Schwingungen und überträgt diese wieder als hörbare Schallschwingungen an die Luft. Die Verwendung eines Dauermagneten ist aus folgendem Grunde nötig. Würden die Spulen einen Weicheisenkern haben, so würde dieser während einer vollen Schwingung des Stromes zweimal, je einmal in jeder Richtung, magnetisiert werden. Die Anziehung der Weicheisenmembran hängt aber von der Richtung der Magnetisierung nicht ab. Sie würde also während einer vollen Stromschwingung zwei Vollschwingungen ausführen und einen um eine Oktave zu hohen Ton geben. In dem Dauermagneten tritt nur eine periodische Schwächung und Verstärkung der Magnetisierung, aber keine Umkehr ihrer Richtung ein. Daher ist die Dauer einer Membranschwingung hier gleich der Dauer einer Stromschwingung.

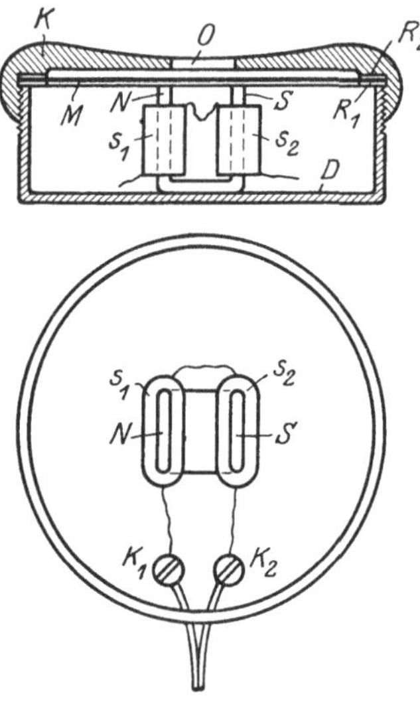

Abb. 407. Telephon.

Bei den Lautsprechern der Rundfunkgeräte besteht der schwingende Teil heute meist aus einer leichten, vom modulierten Strom durchflossenen Spule, die sich zwischen den Polen eines Dauermagneten befindet, und die mit der Modulationsfrequenz des Stromes schwingt (dynamischer oder Schwingspul-Lautsprecher). Die Spulenschwingungen werden auf eine in besonderer Weise geformte Membran übertragen und von dieser als Schall ausgestrahlt.

241. Induktor. Der Induktor dient dazu, mittels einer Gleichstromquelle von niederer Spannung hohe Spannungen zu erzeugen. Er besteht aus einer Primärspule S_1 mit wenigen (meist einigen 100) Windungen aus dickem Draht, die umschlossen wird von einer Sekundärspule S_2 aus sehr vielen (bis zu 100000) Windungen aus dünnem Draht (in Abb. 408 der Deutlichkeit halber nebeneinander gezeichnet). Im Innern der Primärspule befindet sich zur Verstärkung der Induktionswirkung ein Eisenkern F, der sie ganz ausfüllt, und der, zur Unterdrückung der Wirbelströme, aus voneinander isolierten (lackierten) Eisendrähten hergestellt ist.

Zum Betriebe eines Induktors ist ferner eine Vorrichtung erforderlich, welche den Primärstrom selbsttätig sehr oft in der Sekunde schließt und wieder öffnet, ein selbsttätiger Unterbrecher H. Die einfachse Unterbrecherform ist der WAGNERsche Hammer (Abb. 409), dessen Prinzip dem der elektrischen

Klingel entspricht. Als Elektromagnet dient der Eisenkern F der Primärspule. Innerhalb des die Spulen tragenden Kastens befindet sich schließlich noch ein Kondensator C_1, dessen beide Belegungen mit den beiden Kontaktstellen des Unterbrechers verbunden sind.

Legt man an die Primärspule eine Gleichspannung, so entsteht in ihr ein Strom i_1, der infolge der Selbstinduktion den in Abb. 389, § 223, dargestellten Verlauf zeigt. Hierdurch wird in der Sekundärspule eine elektromotorische Kraft $\mathfrak{E}$ induziert, die der Änderungsgeschwindigkeit von i_1, also di_1/dt, proportional und entgegengesetzt

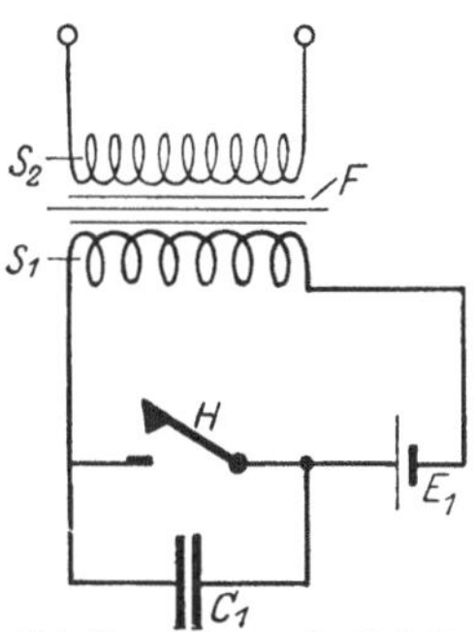

Abb. 408. Schaltungsschema des Induktors, S_1 Primärspule, S_2 Sekundärspule, F Eisenkern, H Unterbrecher, E_1 Stromquelle, C_1 Kondensator. In Wirklichkeit liegt die Primärspule innerhalb der Sekundärspule.

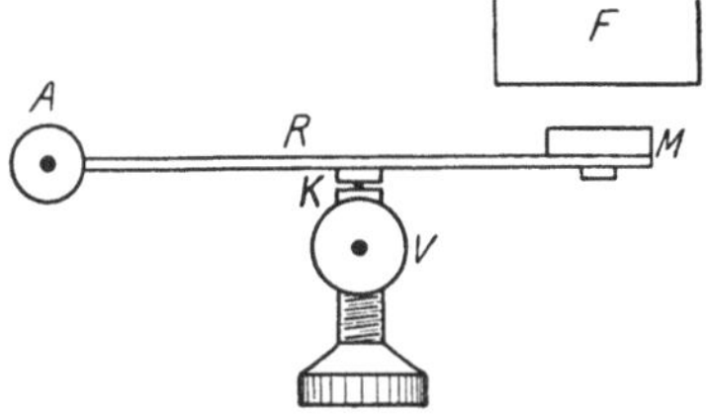

Abb. 409. Prinzip des WAGNERschen Hammers. F Eisenkern des Induktors, M Eisenstück, R Blattfeder, K Platinkontakt (Unterbrechungsstelle), A und V Zuleitungen zum Unterbrecher.

gerichtet ist wie die Spannung in der Primärspule (Abb. 410). Nach sehr kurzer Zeit aber wird der Primärstrom unterbrochen. Geschähe dies momentan, wäre also di_1/dt unendlich groß, so würde in der Sekundärspule unendlich kurze Zeit eine unendlich große induzierte elektromotorische Kraft bestehen. Die Unterbrechung ist aber nicht momentan, da an der Kontaktstelle des Unterbrechers stets ein Funke auftritt, der noch für kurze Zeit nach Aufhebung des metallischen Kontaktes eine Stromleitung durch die Luft zuläßt. Um die Dauer dieses Funkens abzukürzen und auf diese Weise die Unterbrechung möglichst plötzlich, d. h. di_1/dt recht groß zu machen, besitzt der Induktor den Kondensator C_1. Vor Beginn der Unterbrechung ist der Kondensator kurzgeschlossen, also ungeladen. In dem Augenblick aber, wo sich der Kontakt K abzuheben beginnt, liegt an den Belegungen des Kondensators nahezu die volle Betriebsspannung U des Induktors. Er nimmt also die Elektrizitätsmenge $e = C\,U$ auf und entzieht sie dem Stromkreis. Sobald sich der Kontakt

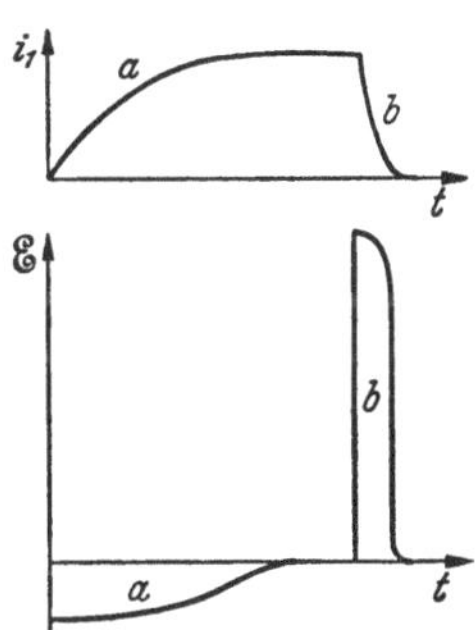

Abb. 410. Primärstrom i_1 (oben) und induzierte elektromotorische Kraft $\mathfrak{E}$ (unten) am Induktor. a Stromschluß, b Stromöffnung.

wieder schließt, wird der Kondensator durch Kurzschluß wieder entladen. Die bei Stromöffnung in der Sekundärspule auftretende elektromotorische Kraft hat daher den in der Abb. 410 (Kurve b unten) dargestellten Verlauf. Man erkennt, daß die beim Öffnen des Stromes auftretende elektromotorische Kraft zwar kürzere Zeit andauert als die beim Schließen auftretende, daß sie aber erheblich größer ist als diese. Ist die Sekundärspule an ihren Enden offen, so erzeugt die elektromotorische Kraft eine gleich große Spannung zwischen den offenen Enden. Sind diese einander nahe genug, so kann diese Spannung zu einer Büschel- oder Funkenentladung durch die Luft führen. Mit großen Induktoren kann man Funken von mehr als 1 m Länge erzeugen. Die erzeugte Spannung ist um so größer, je größer das Verhältnis der Windungszahlen der beiden Spulen ist.

Die Flächen a und b der Abb. 410 (unten) sind gleich dem Integral $\int \mathcal{E}\, dt$, genommen über die Zeit des Schließens und des Öffnens des Primärstromes. Dieses ist aber nach § 217, Gl. (3), proportional der Gesamtänderung des magnetischen Flusses Φ, der die Sekundärspule durchsetzt. Da beim Öffnen der gleiche magnetische Fluß verschwindet, der beim Schließen entsteht, so müssen die beiden Flächen inhaltsgleich sein. Dem entspricht, daß die induzierte elektromotorische Kraft um so größer ist, über eine je kürzere Zeit sich der Öffnungs- oder Schließungsvorgang erstreckt. Wegen der Induktivität im Primärkreis ist jedoch die Dauer des Schließungsvorgangs stets erheblich größer als die des Öffnungsvorganges, die induzierte elektromotorische Kraft also beim Öffnen beträchtlich größer als beim Schließen.

Bei großen Induktoren bedient man sich nicht des WAGNERschen Hammers, sondern anderer Unterbrecher. Bei den rotierenden Unterbrechern werden rotierende Kontakte durch einen Motor abwechselnd geöffnet und geschlossen.

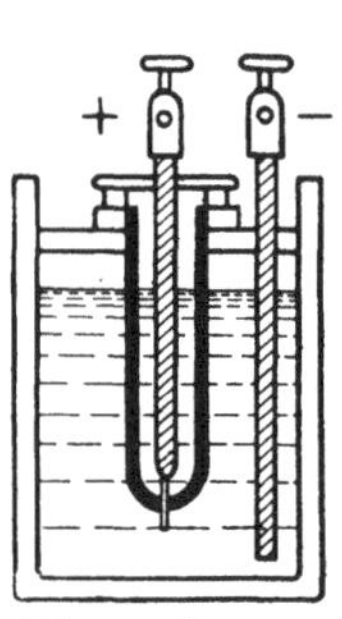

Abb. 411. WEHNELT-Unterbrecher.

Beim WEHNELT-Unterbrecher (Abb. 411) befindet sich in einem Gefäß mit verdünnter Schwefelsäure eine Bleiplatte als Kathode und ein nur wenig aus einem Porzellanrohr herausragender Platinstift als Anode. Durch dieses Gefäß fließt der primäre Gleichstrom. Am Platinstift ist die Stromdichte sehr groß; es tritt daher dort, außer einer Elektrolyse, ein sehr hoher Betrag an JOULEscher Wärme in der Lösung auf, der zur Bildung einer Dampfblase um den Platinstift führt, die nunmehr den Strom unterbricht. Bei der sehr schnell eintretenden Abkühlung bricht die Dampfblase mit scharfem Knall wieder zusammen, und der Strom fließt von neuem. Der WEHNELT-Unterbrecher gibt sehr häufige und plötzliche Stromunterbrechungen und hat daher besonders starke Induktionswirkungen zur Folge.

V. Wechselstrom. Elektrische Maschinen. Elektrische Schwingungen und Wellen.

242. Wechselstrom. Ein Wechselstrom ist ein elektrischer Strom, dessen Stärke i eine *periodische Funktion der Zeit t* ist. Ein *einwelliger* Wechselstrom ist ein solcher, bei dem diese Funktion einfach harmonisch ist. Seine Stromstärke wird also durch die Gleichung

$$i = i_0 \sin(\omega t + \beta) \tag{1}$$

dargestellt (Abb. 412). i_0 ist der Höchstwert, der *Scheitelwert* des Wechselstroms. ω ist die *Kreisfrequenz* des Wechselstroms, $\tau = 2\pi/\omega$ seine *Periode*, d. h. die Zeit, in der die Stromstärke i alle ihre Phasen einmal durchläuft. $\nu = 1/\tau$ ist die *Frequenz* des Wechselstroms, d. h. die Zahl der Perioden in 1 sec. Unter der *Wechselzahl* versteht man die Anzahl der Durchgänge der Stromstärke durch den Wert $i = 0$ in 1 sec; sie ist also doppelt so groß wie die Frequenz. Technischer Wechselstrom hat meist die Frequenz $\nu = 50$, also die Wechselzahl 100, nur im elektrischen Schnellbahnbetrieb meist die Frequenz $\nu = 16^2/_3$. Die Einheit der Frequenz ist 1 Hertz (Hz) $= 1\ \text{sec}^{-1}$ (vgl. § 42).

Die Größe β der Gl. (1) ist die *Phasenkonstante* des Wechselstroms. Sie hängt von der Wahl des Nullpunktes der Zeit t ab und kann durch geeignete Wahl desselben zum Verschwinden gebracht werden.

Damit in einem Widerstand ein dauernder Wechselstrom fließt, muß in ihm eine elektromotorische Kraft bestehen, die auch eine periodische Funktion der Zeit ist. Die Spannung U, die zwischen den Enden des Widerstandes besteht, ist dann gleichfalls eine periodische Funktion der Zeit und gehorcht bei einwelligem Wechselstrom der Gleichung

$$U = U_0 \sin (\omega t + \gamma).\tag{2}$$

U_0 ist der Scheitelwert der Spannung. Die Phasenkonstante γ der Spannung ist im allgemeinen von der des Stromes verschieden, es besteht zwischen Strom und Spannung eine *Phasendifferenz* $\beta - \gamma = \varphi$. Ist $\varphi > 0$, so eilt der Strom der Spannung voraus, ist $\varphi < 0$, so eilt der Strom der Spannung nach.

Die einen Wechselstrom darstellende Gl. (1) entspricht vollkommen derjenigen einer Schwingung (§ 42). In der Tat handelt es sich hier auch um einen Schwingungsvorgang, nämlich um eine *elektrische Schwingung*. Ein Strom, der periodisch Stärke und Richtung ändert, ist ja nichts anderes als eine periodische Hin- und Herbewegung der Ladungsträger im Leitersystem, also eine erzwungene Schwingung dieser Ladungsträger unter der Wirkung des periodisch „schwingenden" elektrischen Feldes im Leiter. Auf Grund der am Schluß von § 152 gemachten Angaben kann man leicht berechnen, daß die Elektronen in einem Kupferdraht vom Querschnitt 1 mm² bei einem

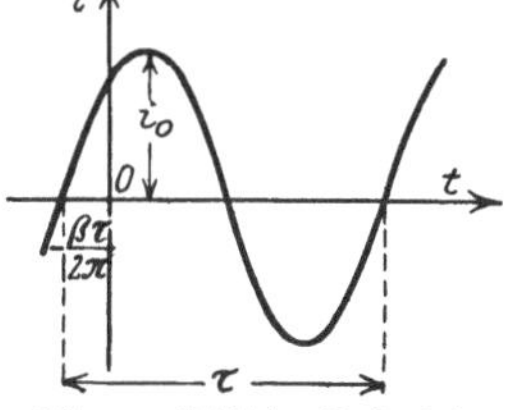

Abb. 412. Zeitlicher Verlauf eines Wechselstroms.

Wechselstrom mit $i_0 = 1$ Amp. und $\nu = 50$ Hz eine Schwingung mit einem Scheitelwert von rund $0{,}25 \cdot 10^{-4}$ cm ausführen. Man unterscheidet zwischen Niederfrequenz (Frequenzen des technischen Wechselstroms bis zur Größenordnung von etwa $\nu = 1000$ Hz), Hoch- und Höchstfrequenz (insbesondere die sehr hohen Frequenzen, wie sie bei der drahtlosen Telegraphie und Telephonie zur Anwendung kommen, bis etwa zur Größenordnung von $\nu = 10^7$ bis 10^9 Hz).

Ein in einen Stromkreis eingeschalteter Kondensator bildet für Gleichstrom einen unendlich hohen Widerstand, verhindert also das Fließen eines Gleichstroms. Denn der Kondensator lädt sich sofort auf eine Spannung auf, die der angelegten Gleichspannung dem Betrage nach gleich und ihr entgegengerichtet ist. Liegt jedoch am Kreise eine Wechselspannung, so ändert sich auch die am Kondensator liegende Spannung und damit seine Ladung ständig; es fließen in den Zuleitungen zum Kondensator periodische Ladungs- und Entladungsströme. Ein eingeschalteter Kondensator verhindert also das Fließen eines Wechselstroms nicht. Man kann das auch so ausdrücken, daß der Wechselstrom durch den im Kondensator fließenden Verschiebungsstrom (§ 224) geschlossen wird.

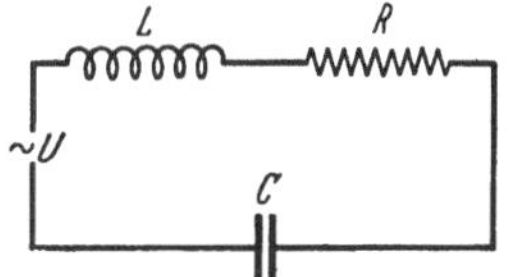

Abb. 413. Reihenschaltung von Widerstand, Induktivität und Kapazität.

243. Wechselstromwiderstand. Wir betrachten ein System, welches einen Widerstand R, eine Induktivität (Spule) L und einen Kondensator der Kapazität C, sämtlich in Reihe geschaltet, enthält (Abb. 413). Der Widerstand R besteht aus dem Widerstand der Spule und den etwa sonst noch im Kreise vorhandenen Widerständen. An den Enden des Systems liege eine Wechselspannung

$$U = U_0 \sin \omega t.\tag{3}$$

Dann fließt im System ein Wechselstrom

$$i = i_0 \sin (\omega t + \varphi),\tag{4}$$

wobei φ die Phasendifferenz des Stromes gegen die Spannung ist. Da der Strom i seine Stärke und Richtung ständig ändert, so tritt infolge der Induktivität (§ 223) eine elektromotorische Kraft $\mathfrak{E} = -L\,di/dt$ auf, die der Spannung U

entgegengerichtet ist. Ist die jeweilige Ladung des Kondensators e, so liegt am Kondensator eine Spannung vom Betrage e/C (§ 142). Dann folgt

$$U_0 \sin \omega t - L \frac{di}{dt} = iR + \frac{e}{C}.$$

Wir differenzieren diese Gleichung nach der Zeit. Dabei bedenken wir, daß de/dt die zeitliche Änderung der Ladung des Kondensators bedeutet. Und da diese nur durch den im System fließenden Strom verändert wird, so ist nach § 151 $de/dt = i$. Wir erhalten also

$$U_0 \omega \cos \omega t = L \frac{d^2 i}{dt^2} + R \frac{di}{dt} + \frac{i}{C}. \tag{5}$$

Setzen wir in diese Gleichung den Wert von i aus Gl. (4) ein, so können wir die Größen i_0 und φ bestimmen und erhalten durch einfache Rechnung

$$i_0 = \frac{U_0}{Z}, \tag{6}$$

wobei

$$Z = \sqrt{R^2 + \left(\omega L - \frac{1}{\omega C}\right)^2} = \sqrt{R^2 + X^2}, \tag{7}$$

$$X = \omega L - \frac{1}{\omega C}, \tag{8}$$

$$\varphi = -\arctan \frac{\omega L - \dfrac{1}{\omega C}}{R} = -\arctan \frac{X}{R}, \tag{9}$$

so daß

$$i = \frac{U_0 \sin (\omega t + \varphi)}{Z}. \tag{10}$$

Dann ist nach Gl. (9)

$$\sin \varphi = -\frac{X}{Z}, \qquad \cos \varphi = \frac{R}{Z}, \qquad \operatorname{tg} \varphi = -\frac{X}{R}. \tag{11}$$

Wie man aus Gl. (6) sieht, ist Z das Verhältnis der Scheitelwerte von Spannung und Strom, spielt also bezüglich dieser Größen die gleiche Rolle, wie bei Gleichstrom der reine Widerstand R. Darum heißt Z der *Wechselstromwiderstand*, auch der *Scheinwiderstand* oder die *Impedanz* des Systems. Er hängt von der Kreisfrequenz ω des Wechselstroms ab und setzt sich aus zwei Anteilen, dem reinen Widerstand R, auch *Wirkwiderstand* genannt, und dem *Blindwiderstand* X [Gl. (7)] zusammen, jedoch nicht in additiver Weise. Vielmehr bilden in graphischer Darstellung R und X die Katheten, Z die Hypotenuse eines rechtwinkeligen Dreiecks.

Die Phasendifferenz φ zwischen Strom und Spannung ist negativ, wenn $\omega L > 1/\omega C$. In diesem Falle eilt der Strom der Spannung nach. Er eilt ihr voran, wenn $\omega L < 1/\omega C$.

Enthält das System keine Kapazität, so fällt in Gl. (5) das Glied i/C fort. (Das gleiche ist der Fall für $C = \infty$.) Wir erhalten dann statt der Gl. (7), (8) und (9)

$$Z = \sqrt{R^2 + \omega^2 L^2}, \qquad X = \omega L, \tag{12}$$

$$\varphi = -\arctan \frac{\omega L}{R}. \tag{13}$$

In diesem Fall eilt der Strom stets der Spannung nach.

Enthält das System keine Induktivität ($L = 0$), so wird

$$Z = \sqrt{R^2 + \frac{1}{\omega^2 C^2}}, \qquad X = \frac{1}{\omega C}, \tag{14}$$

$$\varphi = +\arctan \frac{1}{R \omega C}. \tag{15}$$

In diesem Fall eilt der Strom der Spannung stets voraus.

Ist schließlich der Widerstand R verschwindend klein ($R^2 \ll X^2$), so wird

$$Z = X = \omega L - \frac{1}{\omega C}, \qquad \varphi = \pm \frac{\pi}{2}. \tag{16}$$

Der Strom eilt der Spannung um ein Viertel der Periode nach, wenn $\omega L > 1/\omega C$, er eilt der Spannung um den gleichen Betrag vor, wenn $\omega L < 1/\omega C$.

Aus Gl. (7) folgt, daß der Einfluß der Induktivität auf den Wechselstromwiderstand mit steigender Frequenz ω zunimmt, der Einfluß der Kapazität mit steigender Frequenz abnimmt. Bei sehr großer Frequenz wirkt ein Kondensator nahezu wie ein Kurzschluß.

Die soeben erwähnte Wirkung der Induktivität findet eine wichtige praktische Anwendung. Es kommt in der Technik vor, daß in einer mit Gleichstrom oder mit niederfrequentem Wechselstrom beschickten Leitung hochfrequente Schwingungen auftreten oder sogar absichtlich (zur elektrischen Zeichengebung) erzeugt werden, deren Übertritt in benachbarte Leiterteile unerwünscht ist. Man verhindert dies, indem man vor die zu schützenden Leiterteile *Drosselspulen* legt, d. h. Spulen mit hoher Induktivität (Eisenkern) und kleinem Widerstand. Diese bilden für die hochfrequenten Schwingungen einen sehr großen Widerstand, während sie den Gleichstrom bzw. den niederfrequenten Wechselstrom nur sehr wenig schwächen.

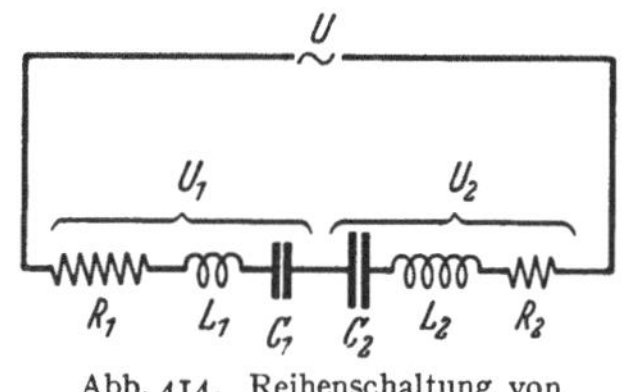

Abb. 414. Reihenschaltung von Wechselstromwiderständen.

Man beachte, daß man bei Wechselstrom den reinen Widerstand R nicht ohne weiteres gleich dem durch das OHMsche Gesetz für Gleichstrom definierten Widerstand des betreffenden Leiters setzen darf, da bei hoher Frequenz ein starker Hauteffekt mit den in § 226 beschriebenen Wirkungen eintritt. R ist also bei schnellen Schwingungen größer als der reine OHMsche Widerstand.

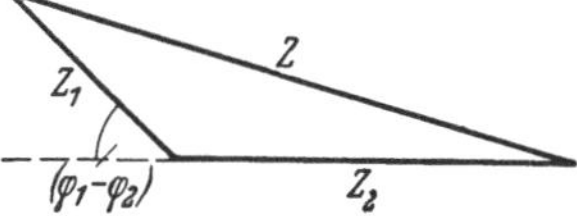

Abb. 415. Wechselstrom-Widerstandsdiagramm einer Reihenschaltung.

Es sei nicht unterlassen, zu bemerken, daß die Gl. (10) nicht die allgemeine Lösung der Gl. (5) ist, sondern den stationären Zustand darstellt, der sich in dem System in sehr kurzer Zeit nach dem Anschalten der Spannung U einstellt, nachdem die *Einschwingvorgänge* abgeklungen sind, bei denen auch gedämpfte Schwingungen mit der Eigenfrequenz des Systems (s. u.) auftreten (vgl. § 94).

Wir betrachten zwei in Reihe geschaltete Wechselstromwiderstände Z_1 und Z_2 (Abb. 414). Der Wechselstromwiderstand der Reihe läßt sich leicht berechnen. Sie enthält den Widerstand $R = R_1 + R_2$ und die Induktivität $L = L_1 + L_2$. Für die hintereinander geschalteten Kapazitäten gilt nach § 142 $1/C = 1/C_1 + 1/C_2$. Daher ist $X = \omega L_1 - 1/\omega C_1 + \omega L_2 - 1/\omega C_2 = X_1 + X_2$. Demnach beträgt der Wechselstromwiderstand der Reihe

$$Z = \sqrt{(R_1 + R_2)^2 + (X_1 + X_2)^2}.$$

Mit Hilfe von Gl. (11) bringt man dies leicht in die Form

$$Z = \sqrt{Z_1^2 + Z_2^2 + 2 Z_1 Z_2 \cos (\varphi_1 - \varphi_2)}. \tag{17}$$

Diese Gleichung entspricht dem cos-Satz für Dreiecksseiten. Der Wechselstromwiderstand Z ist also gleich der einen Seite eines Dreiecks, dessen beiden anderen Seiten gleich den Wechselstromwiderständen der beiden Anteile sind, welche unter sich den Winkel $\pi - (\varphi_1 - \varphi_2)$ bilden (Abb. 415). Man kann das auch so ausdrücken, daß für die Summe von Wechselstromwiderständen die Gesetze der Vektoraddition gelten (§ 8).

In ähnlicher Weise, wie wir es hier für eine Reihenschaltung durchgeführt haben, kann die Rechnung auch für die Parallelschaltung zweier Wechselstromwiderstände durchgeführt werden (Abb. 416). Wir wollen hier nur das Ergebnis der Berechnung bringen. Unter Benutzung der gleichen Symbole wie oben ergibt sich

$$\frac{1}{Z} = \sqrt{\frac{1}{Z_1^2} + \frac{1}{Z_2^2} + \frac{2}{Z_1 Z_2} \cos(\varphi_1 - \varphi_2)}\,. \tag{18}$$

Der reziproke Wert $1/Z$ des Widerstandes ist also bei Parallelschaltung in der Regel kleiner als die Summe $1/Z_1 + 1/Z_2$ der reziproken Teilwiderstände. Nur wenn $\varphi_1 = \varphi_2$ wird $1/Z = 1/Z_1 + 1/Z_2$.

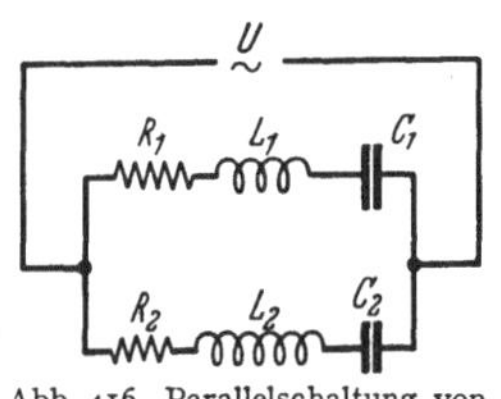

Abb. 416. Parallelschaltung von Wechselstromwiderständen.

Der Wechselstromwiderstand Z hat bei gegebenem Widerstand R nach Gl. (7) seinen kleinsten Betrag, wenn der Blindwiderstand verschwindet, also für

$$X = \omega L - \frac{1}{\omega C} = 0\,. \tag{19}$$

Dieser Fall tritt also bei einer Frequenz des Wechselstroms

$$\omega = \frac{1}{\sqrt{LC}} = \omega_0 \tag{20}$$

ein. Der Scheitelwert der Stromstärke hat dann nach Gl. (6) bei gegebener Scheitelspannung U_0 den größten möglichen Wert, nämlich $i_0 = U_0/R$. Dieser Fall entspricht demjenigen eines schwingungsfähigen Körpers, der mit der Frequenz seiner Eigenschwingung erregt wird, also der mechanischen Resonanz (§ 94). Man bezeichnet ihn daher als *elektrische Resonanz*, und nennt die Frequenz $\nu_0 = \omega_0/2\pi$ die *elektrische Eigenfrequenz* des Systems. Enthält das System eine stetig veränderliche Kapazität (Drehkondensator, § 142) oder Induktivität, so kann man es auf die Frequenz der erregenden Wechselspannung *abstimmen*, wie das bei den Rundfunkgeräten bekannt ist.

244. Wechselstromleistung. Effektivwerte von Strom und Spannung. Die Momentanleistung eines Wechselstroms ist, wie diejenige eines Gleichstroms (§ 163), durch das Produkt Ui aus der Stromstärke und der an den Enden des Stromkreises liegenden Spannung gegeben. Bei Wechselstrom ändert die Leistung periodisch ihren Betrag und, sofern es sich nicht um einen reinen Widerstand handelt, sogar ihr Vorzeichen. Tatsächlich beobachtet wird der Mittelwert der Momentanleistungen über eine längere Zeit. Da sich jeweils nach einer Periode τ alle Vorgänge genau wiederholen, so findet man den Mittelwert $\bar{L}$ der Leistung durch Mittelung über die Dauer einer Periode (§ 22), wobei wir $U = U_0 \sin \omega t$ und $i = i_0 \sin(\omega t + \varphi)$ setzen:

$$\bar{L} = \frac{1}{\tau} \int_0^\tau U_0 i_0 \sin \omega t \sin(\omega t + \varphi)\, dt = \frac{1}{2} U_0 i_0 \cos \varphi\,. \tag{21}$$

φ ist die Phasendifferenz zwischen Strom und Spannung. Die Leistung ist also um so größer, je größer $\cos \varphi$, je kleiner also φ ist. Ihren größten Wert erreicht sie, wie man aus Gl. (11) abliest, für $R = Z$, also erstens im Fall eines reinen Widerstandes, zweitens im Fall der Resonanz. Sie nähert sich dem Betrage Null, wenn R gegenüber Z verschwindend klein wird. Dieser Fall eines sog. *wattlosen Stromes* kann bei Verwendung einer Spule von kleinem Widerstande und nicht zu kleiner Induktivität sehr weitgehend angenähert werden.

Zwischen den Scheitelwerten U_0 und i_0 von Strom und Spannung besteht nach den Gl. (6) und (11) die Beziehung $U_0 = i_0 R/\cos \varphi$. Demnach können wir statt Gl. (21) auch schreiben

$$\bar{L} = \tfrac{1}{2}\, i_0^2 R\,. \tag{22}$$

Diese Gleichung besagt, daß, über eine Periode gemittelt, ein Leistungsverbrauch nur im Wirkwiderstand R stattfindet, und zwar genau entsprechend dem JOULEschen Gesetz (§ 163). Denn $i_0^2/2$ ist ja der zeitliche Mittelwert von i^2 bei einem Wechselstrom vom Scheitelwert i_0. Natürlich wird die jeweilige Stärke des Stromes durch Kapazität und Induktivität, also durch den Blindwiderstand X, mitbestimmt. In diesem geht aber im zeitlichen Mittel keine Energie verloren. Denn die in einem Augenblick zum Aufbau des elektrischen Feldes im Kondensator bzw. des magnetischen Feldes in der Induktivität verbrauchte Energie wird nach einer halben Periode wieder abgegeben. Die momentane Leistung eines Wechselstroms setzt sich also aus zwei Teilen zusammen, der *Wirkleistung* im Wirkwiderstand R und der im zeitlichen Mittelwert verschwindenden *Blindleistung* im Blindwiderstand X. Ein Wechselstrom mit dem Scheitelwert i_0 liefert also die gleiche Leistung wie ein Gleichstrom von der Stromstärke $i = i_0/\sqrt{2}$. Man nennt dies die *effektive Stromstärke*

$$i_{\text{eff.}} = \frac{i_0}{\sqrt{2}} = 0{,}707\, i_0 .\tag{23a}$$

Ebenso ist die *effektive Spannung* definiert als

$$U_{\text{eff.}} = \frac{U_0}{\sqrt{2}} = 0{,}707\, U_0 .\tag{23b}$$

Aus Gl. (22) folgt dann

$$\bar{L} = i_{\text{eff.}}^2 \cdot R .\tag{23c}$$

245. Messung von Induktivitäten und Kapazitäten in der Brückenschaltung.
Wechselstromwiderstände können wie Gleichstromwiderstände in der Brückenschaltung verglichen werden (§ 157).
An die Stelle der Gleichstromquelle tritt eine Wechselstromquelle, an die Stelle des Galvanometers im Brückenzweig meist ein Telephon, sonst ein anderes empfindliches, wechselstromanzeigendes Meßgerät. Wird ein Telephon verwendet, so benutzt man einen Wechselstrom, dessen Frequenz derjenigen eines im akustischen Hörbereich liegenden Tones entspricht, und man erkennt die Stromlosigkeit des Brückenzweiges am Verstummen des Telephons.

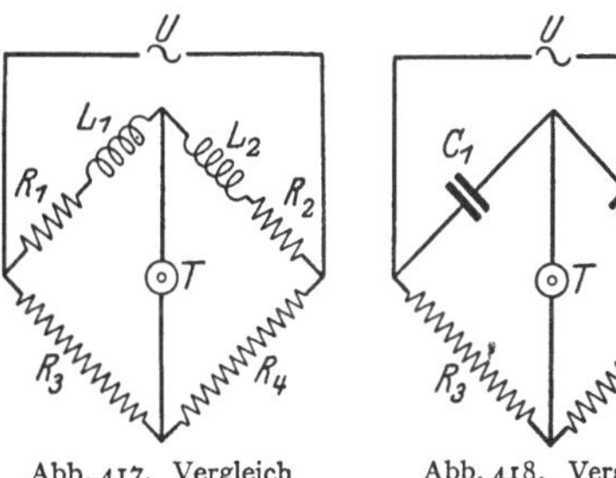

Abb. 417. Vergleich von Induktivitaten in der Brückenschaltung.

Abb. 418. Vergleich von Kapazitäten in der Brückenschaltung.

Die zu vergleichenden Induktivitäten oder Kapazitäten werden in zwei aneinanderstoßende Zweige der Brückenschaltung geschaltet (Abb. 417, 418). Außerdem muß, jedenfalls bei Induktivitäten, in einen dieser Zweige, — in welchen, zeigt sich erst im Verlauf der Messung —, ein stetig veränderlicher Zusatzwiderstand geschaltet sein. Die beiden anderen Zweige bestehen aus veränderlichen reinen OHMschen Widerständen R_3 und R_4. Die Spannung der Wechselstromquelle sei U, die Teilspannungen an den Enden der vier Zweige seien U_1, U_2, U_3, U_4.
Wenn die Brücke *in jedem Augenblick* stromlos sein soll, so müssen ihre Enden die an den Enden der beiden Schaltungszweige liegende Gesamtspannung *in jedem Augenblick* im gleichen Verhältnis teilen,

$$\frac{U_1}{U_2} = \frac{U_3}{U_4} .\tag{24}$$

Nun sind R_3 und R_4 reine Wirkwiderstände. Daher teilen sie die Gesamtspannung, genau wie bei Gleichstrom, in jedem Augenblick im konstanten Verhältnis $U_3/U_4 = R_3/R_4$. Im andern Zweige der Schaltung ist das aber nur unter besonderen Bedingungen der Fall. Im allgemeinen ist das Spannungsverhältnis U_1/U_2 eine periodische Funktion der Zeit. Man erkennt das am einfachsten, wenn man den Fall betrachtet, daß der eine Widerstand ein reiner Wirkwiderstand der andre ein reiner Blindwiderstand wäre. Man sieht leicht, daß dann immer abwechselnd die Gesamtspannung einmal am ersten, dann am zweiten liegen würde. Im allgemeinen läßt sich also die Brücke durch Veränderung des Verhältnisses R_3/R_4 überhaupt nicht stromlos machen. Die Bedingung, die noch zu erfüllen ist, ergibt sich leicht aus der Überlegung, daß bei Stromlosigkeit der Brücke die Ströme $i_1 = i_1^0 \sin(\omega t + \varphi_1)$ und $i_2 = i_2^0 \sin(\omega t + \varphi_2)$ *in jedem Augenblick* gleich groß sein müssen. Das ist nur dann möglich, wenn sie in gleicher Phase sind, wenn also $\varphi_1 = \varphi_2$ ist. Das ist nach Gl. (11) erfüllt, wenn

$$\frac{Z_1}{Z_2} = \frac{R_1}{R_2} = \frac{X_1}{X_2} \tag{25}$$

ist. Nur in diesem Falle ist $U_1/U_2 = Z_1/Z_2 = R_1/R_2 = X_1/X_2$ konstant und bei Stromlosigkeit der Brücke gleich U_3/U_4. Damit überhaupt Stromlosigkeit der Brücke erreicht werden kann, müssen also die Wirkanteile R_1, R_2 von Z_1, Z_2 im gleichen Verhältnis stehen wie die Blindanteile X_1, X_2. Dann gilt

$$\frac{X_1}{X_2} = \frac{R_3}{R_4}. \tag{26}$$

Der oben bereits erwähnte Zusatzwiderstand dient dazu, die Bedingung der Gl. (26) herzustellen.

Nur mit seiner Hilfe erreicht man bei Induktivitäten ein scharfes Tonminimum im Telephon und eine richtige Messung.

Für Induktivitäten, $X_1 = \omega L_1$, $X_2 = \omega L_2$, bzw. Kapazitäten, $X_1 = 1/\omega C_1$, $X_2 = 1/\omega C_2$, folgt aus Gl. (26) im besonderen

$$\frac{L_1}{L_2} = \frac{R_3}{R_4} \quad \text{und} \quad \frac{C_1}{C_2} = \frac{R_4}{R_3}. \tag{27}$$

Bei der Messung von Kapazitäten, deren Dielektrikum keine merkliche Leitfähigkeit besitzt, ist der Zusatzwiderstand nicht erforderlich. Dann kann die Berechnung ohne weiteres nach Gl. (27) erfolgen. (Vgl. WESTPHAL, „Physikalisches Praktikum", 2. Aufl., 33. Aufgabe).

246. Drehstrom. Der heute technisch vorwiegend verwendete Drehstrom ist ein Sonderfall *verketteter Mehrphasenströme*. Er wird auf drei Leitern übertragen, welche gegen einen geerdeten vierten Leiter (Nulleiter) die Spannungen

$$U_1 = U_0 \sin \omega t, \quad U_2 = U_0 \sin(\omega t + 120°), \quad U_3 = U_0 \sin(\omega t + 240°) \tag{28}$$

haben. Verbindet man nur zwei Enden des Dreileitersystems durch einen Stromkreis, so erhält man in diesem einen gewöhnlichen Wechselstrom. Die so erzeugbaren Spannungen $U_1 - U_2$, $U_2 - U_3$, $U_3 - U_1$ haben, ebenso wie die Spannungen U_1, U_2, U_3 selbst gegen den Nulleiter, unter sich eine Phasendifferenz von je 120°, sie sind aber um den Faktor $\sqrt{3}$ größer als diese. Denn es ist z. B. $U_2 - U_1 = U_0 [\sin(\omega t + 120°) - \sin \omega t] = 2 U_0 \cos(\omega t + 60°) \cdot \sin 60° = U_0 \sqrt{3} \cos(\omega t + 60°) = 1{,}73 U_0 \cos(\omega t + 60°)$.

Hat man daher, wie das in den großen Netzen meist üblich ist, einen Drehstrom, dessen Wechselstromkomponenten (Phasen) eine Effektivspannung von 220 Volt gegen den Nulleiter haben, so kann man, wenn man nicht alle drei Phasen verwenden will, was ja z. B. zum Betriebe elektrischer Beleuchtung nicht in Frage kommt, entweder nur *eine* der Phasen des Drehstroms und den Nulleiter benutzen und hat dann eine Effektivspannung von 220 Volt zur Verfügung, wie sie für Hausanschlüsse üblich ist. Oder man schließt an *zwei* Phasen des Drehstromnetzes an und hat zwischen ihnen eine Effektivspannung von etwa 380 Volt zur Verfügung, die für viele technische Zwecke vorteilhafter ist.

Will man das Drehstromnetz symmetrisch belasten, so verwendet man entweder die Sternschaltung oder die Dreieckschaltung (Abb. 419). Die drei Wechselstromwiderstände Z müssen einander gleich sein.

Stellt man drei gleiche Spulen unter einem Winkel von 120° gegeneinander geneigt auf und legt an die eine die Spannung $U_1 - U_2$, an die zweite die Spannung $U_2 - U_3$, an die dritte die Spannung $U_3 - U_1$, so überlagern sich in der Mitte des Raumes zwischen den drei Spulen die magnetischen Felder der drei Stromkreise derart, daß ein magnetisches Feld entsteht, welches konstanten Betrag hat, und dessen Richtung sich während einer Periode des Drehstroms mit konstanter Winkelgeschwindigkeit um 360° dreht *(Drehfeld)*.

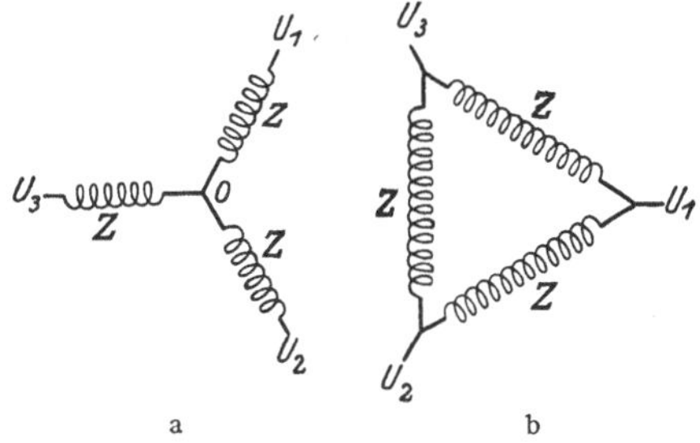

Auf der Wirkung dieses Drehfeldes beruhen die *Drehstrommotore*. Ihre Spulen haben Eisenkerne, und zwischen ihnen befindet sich der Anker, der im einfachsten Falle aus einem drehbaren Kupferkäfig mit Eisenkern oder einer oder mehreren in sich geschlossenen auf einen Eisenkern gewickelten Windungen bestehen kann. Unter der Wirkung des Drehfeldes entstehen im Anker Wirbelströme. Diese erfahren durch das Drehfeld ein Drehmoment,

a   b

Abb. 419. a Sternschaltung, b Dreieckschaltung

welches den Anker im Drehungssinn des Feldes dreht. Umschaltung der Stromrichtung in einer der drei Feldspulen bewirkt Umkehrung des Drehungssinns.

247. Umspanner. Der große technische Vorzug des Wechselstroms gegenüber dem Gleichstrom liegt in der Möglichkeit, ihn fast verlustlos mit Hilfe von Umspannern (Transformatoren) auf jede gewünschte Spannung zu bringen und damit jedem Verwendungszweck anzupassen. Am Verbrauchsort muß in der Regel mit niedrigen, nicht lebensgefährdenden Spannungen gearbeitet werden, insbesondere mit der üblichen effektiven Netzspannung von 220 Volt. Die Übertragung der elektrischen Energie vom Erzeugungsort zum Verbraucher erfolgt zweckmäßig bei möglichst

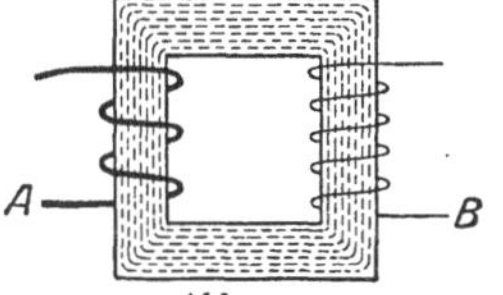

Abb. 420.
Schema eines Umspanners.

hoher Spannung (220000 oder gar 380000 Volt, s. unten). Die den Strom erzeugenden Maschinen aber arbeiten am wirtschaftlichsten bei einer mittleren Spannung von einigen 1000 Volt. In jedem Versorgungsnetz tritt also immer wieder die Notwendigkeit der Spannungsumformung, der Umspannung, auf.

Ein Umspanner besteht aus einem in sich geschlossenen, aus Weicheisenblechen (zur Herabdrückung der Wirbelstromverluste) aufgebauten Eisenkern, der eine Primärwicklung A und eine Sekundärwicklung B trägt (Abb. 420). Wir wollen zunächst den Fall betrachten, daß die Sekundärwicklung B offen, also nicht mit Strom belastet ist. An der Primärwicklung A liege eine Wechselspannung $U_1 = U_0 \sin \omega t$, die in ihr einen Strom i_m (Magnetisierungsstrom) erzeugt. Dieser erregt im Eisenkern einen magnetischen Fluß $\Phi = U_m/R_m = 4\pi n_1 i_m/R_m$, wenn n_1 die Windungszahl der Wicklung und R_m der magnetische Widerstand des Eisenkerns ist [§ 213, Gl. (17 u. 18)]. Da aber i_m zeitlich veränderlich ist, so gilt das auch für Φ, und der zeitlich veränderliche Fluß erzeugt in jeder der n_1 Windungen der Primärwicklung eine elektromotorische Kraft $- d\Phi/dt$, insgesamt also die elektromotorische Kraft $\mathcal{E} = -n_1 d\Phi/dt$. Ist R_1 der Widerstand der Primärwicklung, so gilt demnach $U_1 + \mathcal{E} = R_1 i_m$. Nun ist aber R_1 stets so klein, daß wir sehr angenähert $R_1 = 0$ setzen dürfen. Es ergibt sich dann $U_1 + \mathcal{E} = 0$ oder

$$U_0 \sin \omega t = n_1 d\Phi/dt. \tag{29}$$

Durch Integration folgt

$$\Phi = -\frac{U_0}{\omega\,n_1}\cos\omega\,t = \frac{U_0}{\omega\,n_1}\sin\left(\omega\,t - \frac{\pi}{2}\right). \tag{30}$$

Der magnetische Fluß Φ im Eisenkern zeigt also genau den gleichen rein sinusförmigen Verlauf wie die Primärspannung U_1, eilt ihr aber in Phase um $\pi/2$ nach. Die durch Gl. (30) gegebene Beziehung zwischen dem Fluß Φ und der Primärspannung U_0 stellt sich an der Primärwicklung *unter allen Umständen — auch bei Belastung der Sekundärwicklung* — her, da sie eine notwendige Folge der stets gültigen Beziehung $U_1 + \mathfrak{E} = 0$ ist.

Wir wollen jetzt den Magnetisierungsstrom i_m betrachten, der den Fluß Φ erzeugt. Da $\Phi = 4\pi\,n_1\,i_m/R_m$, so ist i_m in jedem Augenblick durch Φ bestimmt. Der magnetische Widerstand R_m aber ist von der Permeabilität μ des Eisenkerns abhängig, der einer ständigen zyklischen Magnetisierung unterworfen ist (§ 208). Die Permeabilität wiederum hängt — aber nicht einmal eindeutig — von der magnetischen Erregung, also schließlich von i_m ab, so daß R_m eine Funktion von i_m ist. Infolgedessen hängt i_m in recht verwickelter Weise von Φ ab und ist keineswegs sinusförmig, sondern sehr stark verzerrt, während Φ rein sinusförmig ist. Auf letzteres allein kommt es aber an. Man beachte, daß i_m einen endlichen Wert hat, obgleich $U + \mathfrak{E} = 0$ gesetzt wurde. Das liegt an der Voraussetzung $R = 0$. Dies ist ganz analog zu den Verhältnissen bei einem Induktionsstrom in einem Supraleiter (§ 223).

Der Fluß Φ durchsetzt den ganzen Eisenkern, also auch die Sekundärspule. Sie habe n_2 Windungen, und wir wollen zunächst wieder annehmen, daß sie offen, also nicht mit Strom belastet sei. Der zeitlich veränderliche Fluß Φ induziert in ihr eine elektromotorische Kraft $\mathfrak{E}_2 = -n_2\,d\,\Phi/dt$, und demnach ergibt sich nach Gl. (29)

$$\mathfrak{E}_2 = -\frac{n_2}{n_1}U_0\sin\omega\,t = -\frac{n_2}{n_1}U_1 = \frac{n_2}{n_1}U_0\sin(\omega\,t - \pi). \tag{31}$$

Die in der Sekundärspule induzierte elektromotorische Kraft $\mathfrak{E}_2$, die bei offener Sekundärspule voll als deren Klemmenspannung in Erscheinung tritt, ist also im Verhältnis n_2/n_1 *(Übersetzungsverhältnis)* größer oder kleiner als die Primärspannung U_1. Sie hat den gleichen rein sinusförmigen Verlauf wie diese, und eilt ihr in Phase um π, d. h. um eine halbe Periode, nach.

Wird jetzt die Sekundärspule durch einen Stromkreis geschlossen, so daß in ihr ein Strom i_2 fließt, so erzeugt dieser einen zusätzlichen Fluß Φ_2 im Eisenkern, der auch die Primärwicklung durchsetzt. Dadurch aber würde das durch die Gleichung $U + \mathfrak{E} = 0$ bedingte Gleichgewicht an der Primärwicklung gestört werden. Es stellt sich daher augenblicklich wieder her, indem außer dem Magnetisierungsstrom i_m ein zusätzlicher Strom i_1 (Belastungsstrom) aus der die Primärwicklung speisenden Stromquelle gezogen wird, der so stark ist, daß der von ihm im Eisenkern erzeugte Fluß Φ_1 den von i_2 herrührenden Fluß Φ_2 genau aufhebt. Demnach herrscht im Eisenkern stets, *unabhängig von der Belastung*, der gleiche, lediglich durch die Primärspannung bedingte und vom Stromanteil i_m hervorgerufene Fluß Φ.

Der Fluß Φ_2 beträgt $\Phi_2 = 4\pi\,n_2\,i_2/R_m$, der Fluß Φ_1 beträgt $\Phi_1 = 4\pi\,n_1\,i_1/R_m$. Es ist also $n_1\,i_1 = -n_2\,i_2$, d. h. die Durchflutung der Primärwicklung, soweit sie von i, erzeugt wird, und die der Sekundärwicklung haben stets den gleichen Betrag. Demnach ist

$$i_1 = -\frac{n_2}{n_1}\,i_2\,. \tag{32}$$

Die Momentanleistung des Sekundärstromes beträgt $L_2 = \mathfrak{E}_2\,i_2 = -(n_2/n_1)\,U_1\,i_2$. Diejenige des Stromanteils i_1 beträgt $L_1 = U_1\,i_1 = -(n_2/n_1)\,U_1\,i_2$. Es ist also $L_2 = L_1$. Die vom Stromanteil i_1 in der Primärwicklung aufgewandte Leistung findet sich voll in der Leistung des Sekundärkreises wieder. Wenn wir von dem Magnetisierungsstrom i_m absehen, so formt also ein Umspanner eine gegebene Spannung verlustlos in eine andere um.

Besäße der Eisenkern keine Hysteresis, müßte er nicht während jeder Periode des Wechselstroms eine zyklische Magnetisierung durchlaufen, so wäre i_m ein reiner Blindstrom und verbrauchte im Mittelwert über eine Periode keine Leistung. Eine zyklische Magnetisierung aber erfordert eine Arbeit, die der Fläche der Hysteresisschleife (§ 208) proportional ist, und diese Arbeit muß i_m leisten; i_m ist also kein Blindstrom. In allen praktischen Fällen ist aber i_m klein gegen den normalen Belastungsstrom i_1 der Primärwicklung, so daß auch seine Leistung nur ein kleiner Bruchteil der primären Gesamtleistung ist. Weitere Verluste kommen unter anderem noch dadurch hinzu, daß stets an den Ecken des Eisenkerns eine schwache Streuung von Feldlinien in die Luft stattfindet, daß einige wenige Feldlinien der Flüsse Φ_1 und Φ_2 die Primär- und die Sekundärwicklung außen im Luftraum umschlingen, und daß die Widerstände der beiden Wicklungen nicht völlig zu vernachlässigen sind. Doch sind alle diese Verlustanteile recht klein. Ein guter Umspanner arbeitet tatsächlich mit sehr geringem Energieverlust, hat also einen nahe an 100% liegenden Wirkungsgrad.

Wie wir gesehen haben beruht die sekundäre elektromotorische Kraft $\mathcal{E}_2$ lediglich auf dem vom Magnetisierungsstrom i_m erzeugten, zeitlich veränderlichen Fluß, der von der Belastung unabhängig ist. Darum ist es nicht möglich, einen wirtschaftlich arbeitenden Umspanner ohne Eisen zu bauen, selbst dann nicht, wenn man die beiden Wicklungen so eng wie möglich ineinander bauen würde. Der Fluß ist der Permeabilität μ proportional, und daher ist i_m um so größer, je kleiner μ ist. Ersetzten wir das Eisen durch Luft, so würde i_m größenordnungsmäßig μ-mal, also einige hundertmal größer werden. Es wäre nicht mehr ein kleiner Bruchteil des ganzen Primärstroms, die Wirkleistung $i_m^2 R_1$ wäre beträchtlich, und der Umspanner würde völlig unwirtschaftlich arbeiten.

Den Vorteil, den man durch Wahl einer hohen Spannung bei den Fernleitungen erzielt, zeigt folgende Überlegung. Es sei R der Widerstand der Fernleitung, i der in ihr fließende Strom. Dann wird in der Leitung die Leistung $\Delta L = i^2 R$ verbraucht. Ist $\mathcal{E}$ die in der Leitung nebst ihrem Eingangs- und Ausgangsumspanner herrschende elektromotorische Kraft, also die übertragene Spannung, so beträgt die gesamte im angeschlossenen Netz und der Fernleitung umgesetzte Leistung $L = \mathcal{E}i$. Auf die Leitung entfällt demnach der Bruchteil $\Delta L/L = iR/\mathcal{E}$ und wird dort nutzlos verbraucht. Je größer aber $\mathcal{E}$ ist, um so kleiner ist bei gegebener Leistung $L = \mathcal{E}i$ die Stromstärke i. Der relative Verlust ist also um so geringer, je größer $\mathcal{E}$ ist.

248. Elektrische Maschinen. Beim Umspanner wird die Sekundärspannung in der ruhenden Sekundärwicklung durch den sie durchsetzenden, zeitlich veränderlichen magnetischen Fluß Φ hervorgerufen. Man kann aber grundsätzlich die gleiche Wirkung erreichen, wenn man die Primärwicklung mit Gleichstrom speist, so daß der Eisenkern von einem zeitlich konstanten Fluß durchsetzt wird, und wenn man die Sekundärwicklung in einer zylindrischen Aussparung des Eisenkerns auf einem in diese Aussparung passenden *Anker* aus weichem Eisen anbringt, der zusammen mit der Wicklung *drehbar* ist (Abb. 422). Ruht der Anker, und liegt die Fläche der Wicklung senkrecht zum magnetischen Fluß, und wird ferner die Primärwicklung mit Wechselstrom erregt, so bildet die Vorrichtung einen richtigen Umspanner, der nur wegen der beiden unvermeidlichen Luftspalte unwirtschaftlicher arbeitet als ein wirklicher Umspanner mit geschlossenem Eisenkern. Wird aber die Primärwicklung mit Gleichstrom erregt, so kann man den die Ankerwicklung durchsetzenden

Fluß dadurch zeitlich periodisch veränderlich machen, daß man den Anker *rotieren* läßt. Ist φ der Winkel, den die Fläche der Spule mit dem sie durchsetzenden Fluß Φ bildet, und Φ_0 der Fluß, wenn sie senkrecht zum Fluß steht, so ist $\Phi = \Phi_0 \sin \varphi$. Rotiert der Anker mit der Winkelgeschwindigkeit $u = \omega = d\varphi/dt$, so ist $\varphi = \omega t$ und $\Phi = \Phi_0 \sin \omega t$. In der Wicklung wird daher eine elektromotorische Kraft

$$\mathscr{E} = -\frac{d\Phi}{dt} = -\omega \Phi_0 \cos \omega t = \omega \Phi_0 \sin \left(\omega t - \frac{\pi}{2} \right) \tag{33}$$

induziert, deren Kreisfrequenz ω gleich der Winkelgeschwindigkeit der Ankerrotation ist, genau als werde die Primärwicklung eines Umspanners mit Wechselstrom von der Frequenz ω gespeist. Dieses ist das Grundprinzip der *Generatoren (Dynamomaschinen)*, die heute allein zur Erzeugung von elektrischen Spannungen und Strömen im großen verwendet werden.

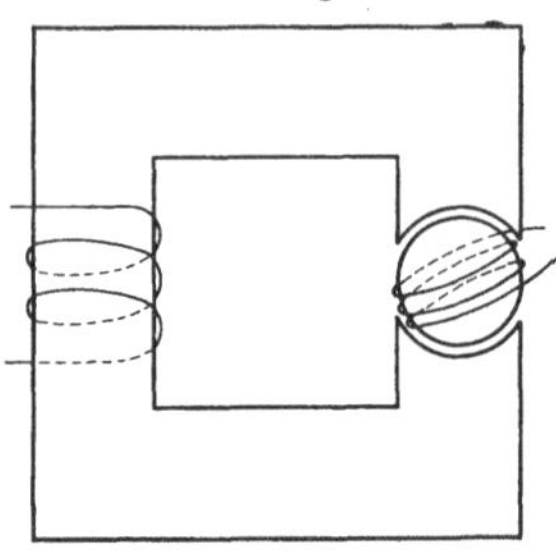

Abb. 421. Verwandlung eines Transformators in einen Generator.

Ein der Wirklichkeit ein klein wenig näher kommendes Schema zeigt Abb. 422. Es besteht aus einem äußeren eisernen Magnetgestell, das man sich mit einer mit Gleichstrom beschickten Wicklung versehen oder auch einfach permanent magnetisiert denken kann, derart, daß in ihm ein zeitlich konstanter, durch die Pfeile angedeuteter magnetischer Fluß herrscht. Die Vorrichtung unterscheidet sich von derjenigen der Abb. 421 im wesentlichen nur dadurch, daß sie symmetrisch, mit zweigeteilter Primärseite, ausgebildet ist. Bei ruhendem Anker und Erregung des Magnetgestells durch Wechselstrom hätten wir wieder einen Umspanner vor uns, dessen Eisenkreis nur — wie oben — durch zwei Luftspalten unterbrochen ist, durch die der magnetische Fluß in den Anker ein- und aus ihm austritt. Von der Wicklung des Ankers ist hier nur ein einziger „Stab" gezeichnet.

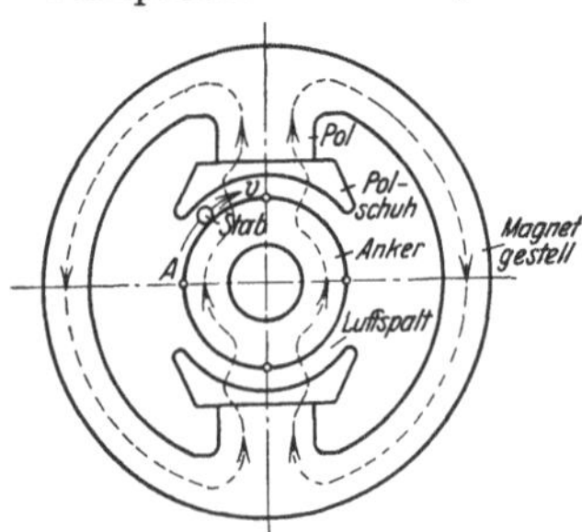

Abb. 422. Schema eines Generators (Elektromotors). Nach VIDMAR, „Wirkungsweise elektrischer Maschinen".

Wird die rotierende Wicklung über geeignete Schleifkontakte (Kupferringe oder Kupfersegmente mit Schleifbürsten auf der Achse des Ankers) an ein Leitungsnetz angeschlossen, so daß sie mit einem Strom i belastet ist, so wird in ihrem Stromkreis in der Zeit dt die Stromarbeit $\mathscr{E}\,i\,dt$ geleistet. Wir wollen sehen, aus welcher Quelle diese Arbeit stammt. Ist die Wicklung offen, so erfordert die gleichförmige Drehung des Ankers — von Reibungsverlusten usw. abgesehen — keine Arbeit. Fließt aber in ihr ein Strom, so wirkt auf sie — da sie sich im Luftspalt im magnetischen Felde B befindet — ein rücktreibendes Drehmoment $N = -n i F B \sin \alpha_n$, wenn F die Windungsfläche, n die Windungszahl der Spule und α_n der Winkel ist, den die Flächennormale der Windungsfläche mit der Feldrichtung bildet. Bei einer Drehung um den Winkel $d\alpha_n$ in der Zeit dt wird also am Anker die Arbeit

$$dA = -N\,d\alpha_n = -n i F B \sin \alpha_n\, d\alpha_n = -n i F B \frac{d\cos \alpha_n}{dt}\,dt \tag{34a}$$

geleistet. Nach § 216, Abb. 381, stellt man leicht fest, daß der Strom, der in dem in Abb. 422 gezeichneten Stab bei einer Drehung des Ankers im Uhrzeigersinn induziert wird, von hinten nach vorn gerichtet ist. Bei dem ihm genau gegenüberliegenden — nicht gezeichneten — Stab dagegen ist er von vorn nach hinten gerichtet. Dann ergibt die Anwendung der Schraubenregel des § 196, Abb. 347, in jedem Fall, daß tatsächlich auf den stromdurchflossenen Stab eine rücktreibende Kraft bzw. auf den ganzen Anker ein rücktreibendes Drehmoment wirkt, welches den Anker entgegen dem Uhrzeigersinn zu drehen, also die Bewegung im Uhrzeigersinne zu hemmen sucht. Das ergibt sich auch schon einfach aus dem LENZschen Gesetz (§ 216). Um dieses hemmende Drehmoment zu überwinden, ist also die oben berechnete Arbeit aufzuwenden; es ist *am* Anker mechanische Arbeit zu leisten. Andererseits wird im Leitungsnetz (und der Wicklung) *vom* Anker mit seiner Wicklung in der Zeit dt die Stromarbeit $dA' = \mathfrak{E}\,i\,dt$ geleistet. Nun ist $\mathfrak{E} = -n\,d\Phi/dt = -n\,F\,B\,d\cos\alpha_n/dt$ (§ 217, Gl. (2 u. 3)), so daß

$$dA' = -n\,i\,F\,B\,\frac{d\cos\alpha_n}{dt}\,dt = dA\,. \tag{34 b}$$

Es ist also die *am* Anker geleistete Arbeit ebenso groß wie die *vom* Anker geleistete Arbeit; die für seine gleichförmige Drehung aufgewendete Arbeit ist — von Reibungsverlusten usw. abgesehen — restlos in elektrische Stromarbeit umgesetzt worden. Das entspricht der Tatsache, daß auch beim Umspanner die der Primärspule zugeführte Leistung des primären Belastungsstroms i_1 gleich der Leistung des sekundären Nutzstroms i_2 ist.

Wir wollen uns jetzt vorstellen, daß der Anker des Generators der Abb. 422 nicht durch ein äußeres Drehmoment gedreht wird, sondern daß seine Wicklung stattdessen aus einer äußeren Stromquelle mit Strom beschickt wird, der die gleiche Richtung hat wie der induzierte Strom bei Drehung des Ankers im Uhrzeigersinn in Abb. 422. Wir haben gesehen, daß infolge der Anwesenheit des Stromes ein Drehmoment auftritt, das die Drehung im Uhrzeigersinn zu hemmen sucht, das also eine Drehung entgegen dem Uhrzeigersinn hervorzurufen sucht. Jetzt ist der Strom auch vorhanden, es fehlt aber das den Generator treibende, im Uhrzeigersinn drehende äußere mechanische Drehmoment. Infolgedessen kann das entgegengesetzt gerichtete Drehmoment nunmehr wirksam werden. Es dreht den Anker entgegen dem Uhrzeigersinn. Damit sind wir beim Grundprinzip des *Elektromotors* angelangt. Generator und Motor stimmen also — unbeschadet ihrer verschiedenen Ausführung in den meisten praktischen Fällen — im grundsätzlichen überein. Ein Generator kann auch als Motor laufen, wenn man ihn in geeigneter Weise mit Strom beschickt, und ein Motor kann auch als Generator verwendet werden, wenn man seinen Anker durch ein äußeres Drehmoment in Rotation versetzt. Die gleiche Vorrichtung vermag also mechanische Arbeit in elektrische Energie oder auch elektrische Energie in mechanische Arbeit zu verwandeln.

Allerdings darf der Anker unserer Vorrichtung bei der Verwendung als Motor nicht mit Gleichstrom gespeist werden, sofern man eine dauernde Rotation aufrechterhalten will. Vielmehr muß dann der Stromverlauf — wenigstens in seinen wesentlichen Zügen — dem des induzierten Stromes bei der Verwendung als Generator entsprechen. Er muß also ein Wechselstrom sein, und seine Frequenz muß genau mit der Winkelgeschwindigkeit des Ankers übereinstimmen. Das ist leicht einzusehen. Wir haben oben gesagt, daß der Strom in dem in Abb. 422 gezeichneten Stab bei Drehung im Uhrzeigersinn von hinten nach vorn, in dem ihm genau gegenüberliegenden Stab aber von vorn nach hinten fließt, wenn die Vorrichtung als Generator verwendet wird. Das muß bei der Verwendung als Motor bei Umlauf entgegen dem Uhrzeigersinn ebenfalls in jedem Augenblick der Fall sein. Nun tritt aber der gezeichnete Stab nach einer halben Umdrehung an die Stelle des nicht gezeichneten Stabes, und wenn die Wicklung Gleichstrom führte, so hätte der in ihm fließende Strom nunmehr gerade die verkehrte Richtung; das Drehmoment würde also seine Richtung umkehren. Daher muß der Strom in der Wicklung im Laufe einer halben Umdrehung jeweils seine Richtung umkehren; er muß ein Wechselstrom sein, dessen Frequenz mit der Winkelgeschwindigkeit des Ankers übereinstimmt. Dann bleibt der Anker des Motors in ständiger, gleichsinniger Drehung.

Diese Aufgabe ist gelöst, auch für den Fall, daß der Anker mit Gleichstrom gespeist wird. Ebenfalls läßt es sich erreichen, daß der Anker eines Generators, obgleich in seinen Stäben Wechselspannungen auftreten, dennoch Gleichstrom liefert. Beides geschieht durch geeignete Ausbildung der Schleifkontakte, durch die der Anker beim Generator mit dem Leitungsnetz, beim Motor mit der treibenden Stromquelle verbunden ist. Wir wollen hier auf ein näheres Eingehen auf diese technischen Einzelheiten, sowie auf die zahlreichen verschiedenen Ausführungsformen von Gleichstrom- und Wechselstrommaschinen — Generatoren und Motoren — grundsätzlich verzichten, da der Rahmen dieses Buches doch nur eine allzu oberflächliche Darstellung erlauben würde. (Eine auch vom physikalischen Standpunkt ausgezeichnete Darstellung gibt das Buch von M. Vidmar, ,,Wirkungsweise elektrischer Maschinen'').

249. Schwingungen von elektrischen Schwingungskreisen. Ein Kondensator von der Kapazität C sei geschlossen durch den Widerstand R und die Induktivität L (Abb. 423). Am Kondensator bestehe in einem bestimmten Augenblick eine Spannung, so daß seine eine Belegung eine positive, seine andere Belegung eine gleich große negative Ladung trägt. Diese Ladungen werden sich nunmehr durch R und L auszugleichen suchen. Es entsteht ein Strom, dessen Stärke zeitlich veränderlich ist, und gleichzeitig sinkt die Spannung am Kondensator. Zur Zeit t sei die Spannung am Kondensator U, die Stromstärke i, die Ladung des Kondensators $e = UC$. Wegen der zeitlichen Veränderlichkeit des Stromes i besteht im System eine elektromotorische Kraft der Selbstinduktion $\mathcal{E}_i = -L\,di/dt$, die der Spannung U entgegengerichtet ist.

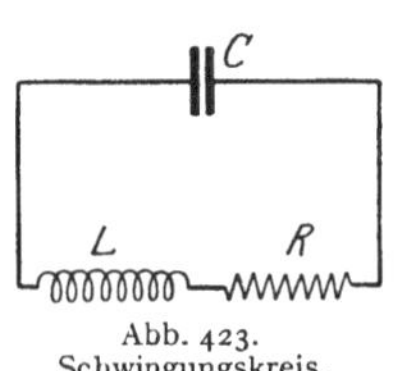
Abb. 423.
Schwingungskreis.

Dann folgt aus dem Ohmschen Gesetz

$$U - L\,\frac{di}{dt} = iR. \tag{35}$$

Die Stromstärke i rührt von der *Abnahme* $-de$ der Kondensatorladung e her. Deshalb müssen wir in diesem Falle $i = -de/dt = -C\,dU/dt$ setzen. Führen wir dies in Gl. (35) ein, so erhalten wir nach Division durch LC

$$\frac{d^2U}{dt^2} + \frac{R}{L}\,\frac{dU}{dt} + \frac{U}{LC} = 0. \tag{36}$$

Jetzt setzen wir

$$\frac{R}{L} = 2\beta, \qquad \frac{1}{LC} = \omega_0^2 \tag{37}$$

und können dann statt Gl. (36) schreiben

$$\frac{d^2U}{dt^2} + 2\beta\,\frac{dU}{dt} + \omega_0^2 U = 0. \tag{38}$$

Dies ist, wie ein Vergleich mit § 42, Gl. (131) zeigt, die Gleichung einer gedämpften Schwingung der Spannung U. Zur Zeit $t = 0$ sei $U = U_0$ und $i = 0$. Dann lautet, wie man durch Einsetzen leicht nachprüft, die Lösung der Gl. (38)

$$U = U_0\,e^{-\beta t}\cos\omega t. \tag{39}$$

Die Kreisfrequenz der Schwingung ist, analog zu derjenigen einer gedämpften mechanischen Schwingung (§ 42), $\omega = \sqrt{\omega_0^2 - \beta^2}$. Ferner folgt

$$i = -C\,\frac{dU}{dt} = CU_0\,e^{-\beta t}(\omega \sin\omega t + \beta \cos\omega t).$$

Setzen wir jetzt noch $\omega/\omega_0 = \sin\varphi$, $\beta/\omega_0 = \cos\varphi$, was wegen der obigen Definition von ω zulässig ist, so ergibt eine einfache Umformung

$$i = U_0\sqrt{\frac{C}{L}}\,e^{-\beta t}\cos(\omega t - \varphi). \tag{40}$$

Der Strom ist also gegen die Spannung in Phase verschoben, er eilt ihr um den Phasenwinkel φ nach. Da in allen praktisch wichtigen Fällen $\beta \ll \omega_0$ ist, so folgt, daß φ fast genau gleich $\pi/2$ ist. Im Schwingungskreis fließt ein Wechselstrom, bei dem die Maxima der Spannung sehr nahezu mit den Minima der Stromstärke zusammenfallen und umgekehrt. Ein solcher Vorgang heißt eine *elektrische Schwingung*. Die Scheitelwerte von Strom und Spannung sind mit dem Faktor $e^{-\beta t}$ behaftet. Es liegt also eine *gedämpfte Schwingung* vor (§ 42). Die Dämpfung ist um so geringer, je kleiner β, also je kleiner der Widerstand R ist. Das ist ohne weiteres verständlich, denn die Dämpfung beruht

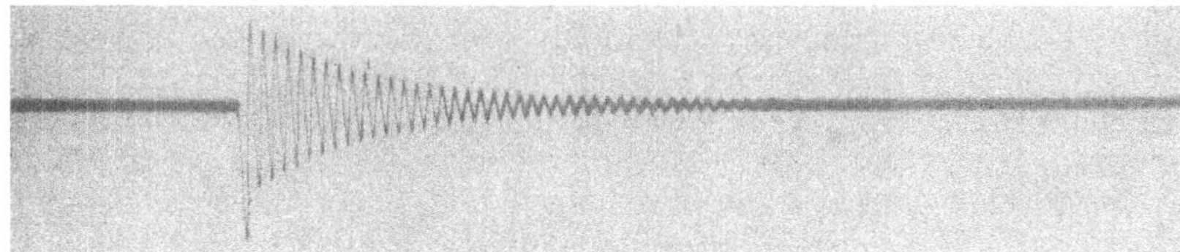

Abb. 424. Gedämpfte elektrische Schwingung.

auf einem Verlust an Schwingungsenergie, also auf der Leistung des Wechselstroms, und die für den Verlust in Frage kommende Wirkleistung ist dem Widerstand R proportional. Die Kreisfrequenz ω der Schwingung ist bei kleinem β nahezu gleich ω_0. Das aber ist die Größe, die wir bereits in § 243 als das 2π-fache der *Eigenfrequenz* ν_0 eines solchen Systems erkannt hatten.

Die Maxima der Stromstärke entsprechen den Maxima der magnetischen Feldenergie in der Induktivität, die Maxima der Spannung den Maxima der elektrischen Feldenergie im Kondensator. Da diese Maxima gegeneinander nahezu um $\pi/2$ in Phase verschoben sind, so pendelt die Feldenergie periodisch zwischen dem magnetischen und elektrischen Felde hin und her und verwandelt sich allmählich in JOULEsche Wärme. Man kann auch sagen, daß die Energie sich während der Maxima der Spannung als potentielle Energie der Elektronen im geladenen Kondensator befindet, während der Maxima der Stromstärke als kinetische Energie der Elektronen im Stromkreise. Es liegt eine Analogie zu einem in einem reibenden Medium schwingenden Pendel vor, bei dem auch ein ständiger Wechsel zwischen potentieller

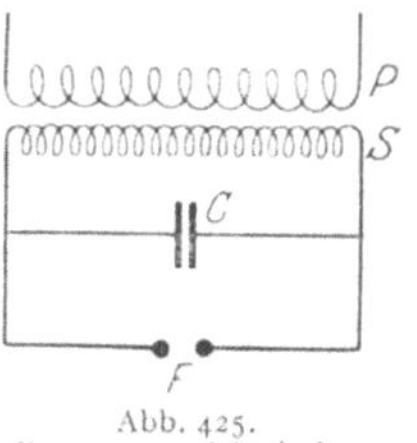

Abb. 425.
Erzeugung elektrischer
Schwingungen.

und kinetischer Energie stattfindet, und bei dem sich die Schwingungsenergie allmählich durch Reibung verzehrt. In Abb. 424 ist der Verlauf einer gedämpften elektrischen Schwingung, aufgenommen mit der BRAUNschen Röhre (§ 194), dargestellt.

Aus Gl. (37) folgt die Schwingungsdauer τ und die Schwingungszahl ν einer ganz ungedämpften Schwingung,

$$\tau = \frac{2\pi}{\omega_0} = 2\pi \sqrt{LC}, \qquad \nu = \frac{1}{\tau} = \frac{1}{2\pi \sqrt{LC}}. \tag{41}$$

Zur Erzeugung elektrischer Schwingungen kann z. B. ein Schwingungskreis dienen, der aus der Sekundärspule S eines Induktors, einer Batterie C von Leidener Flaschen als Kondensator und einer Funkenstrecke F zwischen Metallkugeln besteht, die in der aus Abb. 425 ersichtlichen Weise miteinander verbunden sind. Beim Betrieb des Induktors entsteht bei jedem Stromschluß und jeder Stromöffnung des primären Stromes in der Sekundärspule eine induzierte elektromotorische Kraft, welche den Kondensator auflädt. Dieser entlädt sich dann in den Pausen zwischen den einzelnen Induktionsvorgängen durch die Sekundärspule bzw. die Funkenstrecke. Diese tritt jedesmal in Tätigkeit, wenn der Kondensator sich auf die zum Durchschlag zwischen den Kugeln nötige Spannung aufgeladen hat. Betrachtet man die Funken in einem rotierenden Spiegel, welcher die zeitlich nacheinander am gleichen Ort stattfindenden Erscheinungen räumlich getrennt nebeneinander zu beobachten ermöglicht, so sieht man, daß jeder scheinbare Einzelfunke aus einer Anzahl von schnell aufeinanderfolgenden Teilfunken besteht, welche von den einzelnen Hin- und Herschwingungen des Kreises herrühren. Die Schwingung ist in diesem Falle stark gedämpft, weil viel Energie in der Funkenstrecke in Wärme verwandelt wird.

250. Tesla-Schwingungen. Hochfrequente Schwingungen von hoher Spannung können erzeugt werden, indem man die nach Art der Abb. 425 erzeugten Schwingungen durch einen Umspanner (Tesla-Transformator, Abb. 426) auf eine noch höhere Spannung umformt. Die Induktivität L_1 des Schwingungskreises besteht nur aus wenigen Windungen und bildet die Primärspule des Tesla-Transformators, dessen Sekundärspule L_2 sehr viel mehr Windungen hat und am einen Ende geerdet ist. Der Primärkreis enthält einen oder aus Symmetriegründen oft zwei Kondensatoren C, zu denen eine Funkenstrecke F

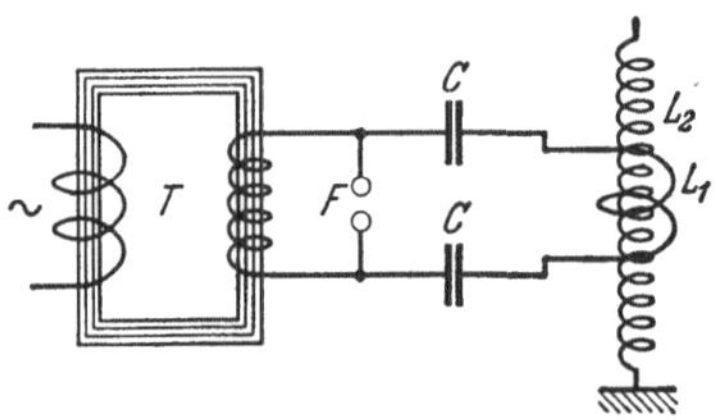

Abb. 426. Erzeugung von Tesla-Schwingungen.

parallel geschaltet ist. Der Schwingungskreis ist mit einem Hochspannungstransformator T (oder der Sekundärspule eines Induktors) verbunden, der mit Wechselstrom gespeist wird.

Der Transformator lädt die Kapazität des Schwingungskreises auf, bis Durchschlag der Funkenstrecke erfolgt. Alsdann entlädt sich der Schwingungskreis, wie bei Abb. 424, in Gestalt einer gedämpften Schwingung. Wegen des großen Übersetzungsverhältnisses des Tesla-Transformators und der hohen Frequenz der Schwingungen werden dann in der Sekundärspule sehr hohe Spannungen und hochfrequente Ströme induziert. Diese erzeugen im umgebenden Raum sehr starke Induktionswirkungen. Elektrodenlose Entladungsröhren leuchten noch in einer Entfernung von einigen Metern auf. Berührt man das obere Ende der Sekundärspule mit dem einen Zuführungsdraht einer gewöhnlichen Glühlampe, deren zweiten Zuführungsdraht man in der Hand hält, so leuchtet die Glühlampe. Es handelt sich hier in der Hauptsache um Ladungs- und Entladungsströme, die zwischen der Sekundärspule und dem als Kapazität wirkenden Körper des Experimentators fließen.

Es ist bemerkenswert, daß die starken und hochgespannten Ströme im Sekundärkreis dem menschlichen Körper, der Gleichstrom von mehr als etwa 5 Milliampere nicht verträgt, nicht schaden. Das liegt nach Nernst daran, daß es sich hier um sehr hochfrequente Ströme handelt. Die Schädigungen des menschlichen Körpers durch Gleichstrom rühren davon her, daß die Leitung im Körper eine elektrolytische ist, bei der also Ionen wandern. Wenn dabei Ionen in merklicher Zahl durch die Zellwände hindurchtreten, so erfolgt eine Schädigung der Zellen, deren Flüssigkeitsinhalt dabei Veränderungen in seiner Zusammensetzung erfährt. Bei sehr hochfrequentem Strom aber ändert sich die Stromrichtung fortgesetzt so schnell, daß die Ionen nur ganz kurze Hin- und Herbewegungen ausführen, die sie nicht aus dem Bereich ihrer Zelle hinausführen.

251. Elektrische Wellen. Wir betrachten als einfachsten Fall eines elektrischen Schwingungskreises einen geraden Draht. Daß in einem solchen Draht Schwingungen möglich sind, werden wir sogleich sehen. Wir gehen davon aus, daß der Draht aus irgendeinem Grunde momentan polarisiert ist, d. h. daß sich in ihm an einem bestimmten Augenblick am einen Ende ein Überschuß positiver, am andern Ende ein gleich großer Überschuß negativer Ladung befindet, so daß der Draht einen elektrischen Dipol bildet. Sobald die polarisierende Ursache, z. B. ein äußeres elektrisches Feld, zu wirken aufhört, suchen sich die Überschußladungen auszugleichen, indem die am negativen Ende im Überschuß vorhandenen Elektronen nach dem andern Ende des Drahtes hin strömen. Es entsteht also im Draht ein elektrischer Strom, der zunächst so lange andauert, bis ein Ausgleich der positiven Überschußladung am positiven Pol eingetreten ist. Der Strom ist aber Träger eines magnetischen Feldes, dessen Feldlinien den Draht ringförmig umschlingen. Dieses Feld wirkt induzierend auf den Draht zurück und bewirkt nach dem LENZschen Gesetz, solange der Elektronenstrom noch anwächst, eine Schwächung des Elektronenstroms. In dem Augenblick aber, wo der Ausgleich der Ladungen vollzogen ist, also die primäre Ursache für den Strom, das elektrische Feld im Draht, verschwunden ist, beginnt das magnetische Feld zu verschwinden, und dabei bewirkt es, ebenfalls nach dem LENZschen Gesetz, ein weiteres Andauern des Stroms in der ursprünglichen Richtung. Es fließen also weitere Elektronen an das ursprünglich positive Ende des Drahtes, und dieser erhält nunmehr einen negativen Ladungsüberschuß. Sobald das magnetische Feld vollkommen zusammengebrochen ist, wiederholt sich das gleiche Spiel mit umgekehrtem Vorzeichen. Im Draht besteht eine elektrische Schwingung, er ist ein *schwingender elektrischer Dipol*, ein *Oszillator*.

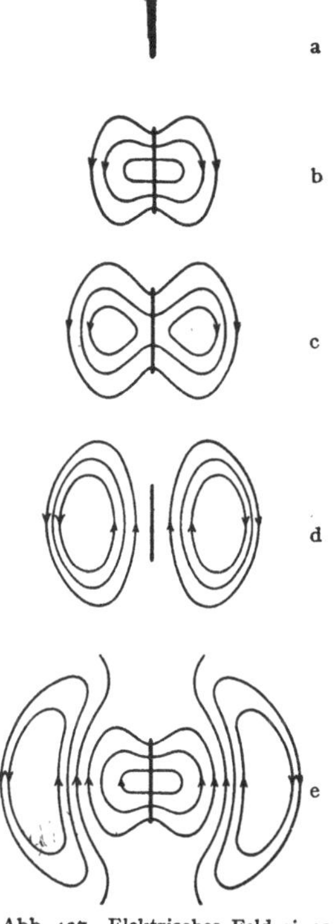

Abb. 427. Elektrisches Feld eines schwingenden Dipols. (Nach POHL: Elektrizitätslehre.)

Wir wollen uns jetzt ein Bild von den elektrischen und magnetischen Feldern in der Umgebung des Oszillators machen. Zu Beginn des Vorganges und jedesmal bei der Umkehr der Stromrichtung besteht in der unmittelbaren Umgebung des Oszillators lediglich ein elektrisches Feld, dessen Feldlinien vom positiven Pol des Dipols zum negativen hin verlaufen. Das wiederholt sich mit jeweiliger Umkehr der Feldrichtung in Zeitabständen von einer halben Vollschwingung. In zeitlichem Abstand von einer Viertelschwingung von diesen Zuständen, wenn der Ausgleich der Ladungen gerade vollzogen ist, besteht in der unmittelbaren Umgebung des Oszillators kein elektrisches Feld. In diesen Zeitpunkten ist aber die Stromstärke im Oszillator am größten, sein magnetisches Feld also am stärksten. In den zwischen diesen Zuständen liegenden Zeiten besteht in der nächsten Umgebung des Oszillators gleichzeitig ein elektrisches und ein magnetisches Feld, von denen das eine anwächst, wenn das andere abnimmt. Es liegt also die gleiche Pendelung der elektrischen und magnetischen Feldenergie vor, die wir beim Schwingungskreis kennengelernt haben.

Nunmehr wollen wir aber die weitere Umgebung des Oszillators betrachten. Der ständige Wechsel des elektrischen und magnetischen Feldes in der unmittelbaren Umgebung des Oszillators ist das, was wir in § 225 eine *elektromagnetische Störung* genannt haben, und wir haben dort gesehen, daß sich solche Störungen mit Lichtgeschwindigkeit im Raume fortpflanzen, indem die Feldlinien zeitlich veränderlicher magnetischer Felder von elektrischen Feldlinien, die Feldlinien zeitlich veränderlicher elektrischer Felder von magnetischen Feldlinien ringförmig umschlungen sind. Demnach ist der Raum um den Oszillator von einem zeitlich und örtlich periodisch veränderlichen elektromagnetischen Felde erfüllt, dessen Energie vom Oszillator fortwandert. *Der Oszillator strahlt elektromagnetische Feldenergie in den Raum aus.* In Abb. 427 ist ein axialer Querschnitt durch das elektrische Feld des Oszillators S gegeben, und zwar beginnend mit dem elektrisch neutralen Zustand des Oszillators (a). Nach einer Viertelschwingung ist maximale Aufladung der Enden eingetreten, die Zahl der vom Dipol ausgehenden elektrischen Feldlinien ist am größten (b). Nunmehr nimmt die Zahl der Feldlinien wieder ab, gleichzeitig beginnen sie weiter in den Raum hinauszuwandern, und es bilden sich ringförmig geschlossene elektrische Feldlinien um die zeitlich veränderlichen magnetischen Feldlinien (c). Die Feldlinien schnüren sich sozusagen vom Dipol ab und wandern wie selbständige Gebilde von ihm fort. Nach Ablauf einer Halbschwingung sind alle elektrische Feldlinien vom Dipol losgelöst und bilden fortwandernde ringförmige Gebilde (d). Und so wiederholt sich ständig das gleiche Spiel (e). Abb. 428 zeigt noch einmal das Feldlinienbild in größerer Entfernung vom Oszillator. Das Gegenstück zu diesem elektrischen Feldlinienbild ist der äquatoriale Querschnitt durch die magnetischen Feldlinien in Abb. 429. Denkt

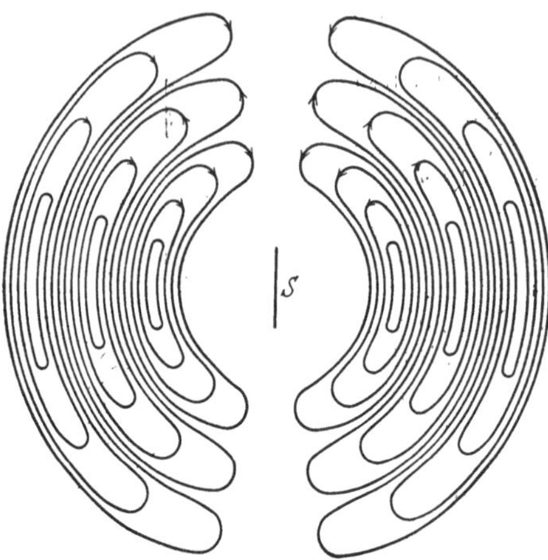

Abb. 428. Elektrisches Feld eines schwingenden Dipols. (Nach Pohl: Elektrizitätslehre.)

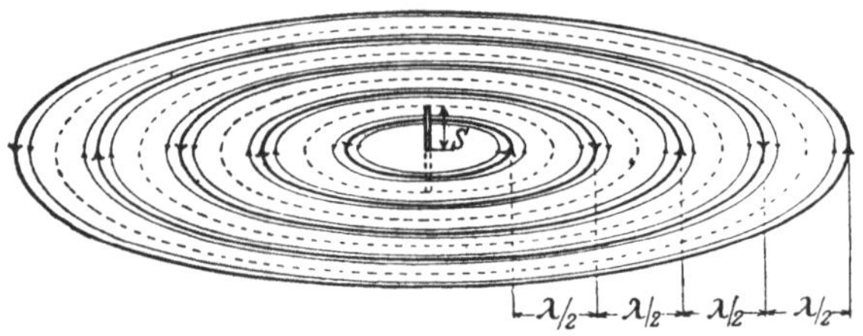

Abb. 429. Magnetisches Feld eines schwingenden Dipols. (Nach Pohl: Elektrizitätslehre.)

man sich diese unter 90° in die Abb. 428 eingefügt, so sieht man, wie die zeitlich veränderlichen elektrischen und magnetischen Feldlinien sich gegenseitig umschlingen.

Die Schwingungen unseres Oszillators sind aus zwei Gründen stark gedämpft. Erstens wird in ihm Energie durch JOULEsche Wärme verzehrt. Zweitens muß aber der Oszillator die in den Raum hinauswandernde Feldenergie liefern, und zwar auf Kosten seiner Schwingungsenergie. Diesen Anteil der Dämpfung nennt man *Strahlungsdämpfung*.

Die periodischen Schwingungen der elektromagnetischen Feldenergie bezeichnet man als *elektromagnetische Wellen* oder HERTZsche Wellen (HEINRICH HERTZ 1888), auch kurz als elektrische Wellen. Unser Oszillator ist die einfachste Form eines *Senders elektromagnetischer Wellen*.

Nunmehr wollen wir zeigen, daß die MAXWELLschen Gleichungen (§ 230) tatsächlich Lösungen besitzen, die einer im Raume fortschreitenden elektromagnetischen Welle entsprechen. Wir wollen annehmen, daß eine solche Welle eine elektrische Feldkomponente nur in der x-Richtung, eine magnetische Feldkomponente nur in der y-Richtung besitzt, also die Komponenten E_x und H_y. Dann folgt aus den Gl. (33) und (37) (§ 230) durch zyklische Vertauschung

$$\frac{\varepsilon}{c_0^2}\frac{\partial E_x}{\partial t} = -\frac{\partial H_y}{\partial z} \quad \text{und} \quad \mu\,\frac{\partial H_y}{\partial t} = -\frac{\partial E_x}{\partial z}. \qquad (42)$$

Dabei haben wir hier c_0 statt c gesetzt, um zu bezeichnen, daß es sich um die Vakuumlichtgeschwindigkeit handelt. Unter c verstehen wir jetzt die Lichtgeschwindigkeit in dem vorliegenden Stoff mit der Dielektrizitätskonstanten ε und der Permeabilität μ. Eine Lösung dieser Gleichungen lautet

$$E_x = E_0 \sin \omega \left(t - \frac{z}{c}\right), \qquad H_y = H_0 \sin \omega \left(t - \frac{z}{c}\right), \qquad (43)$$

wobei

$$c = \frac{c_0}{\sqrt{\varepsilon\,\mu}} = \frac{c_0}{n} \qquad (44), \qquad\qquad \text{mit} \quad n = \sqrt{\varepsilon\,\mu}. \qquad (45)$$

Gl. (43) stellt nach § 82 in der Tat eine in der z-Richtung fortschreitende transversale Welle dar, und zwar sowohl für die elektrische Feldstärke, wie für die magnetische Erregung, also auch für die magnetische Feldstärke. Die Geschwindigkeit dieser Welle ist nach § 82, Gl. (12), gleich c. $c_0/c = n$ ist nach § 269 der *Brechungsindex* des betreffenden Mediums.

Es darf nicht übersehen werden, daß der Oszillator ebenso wie unser früher besprochener Schwingungskreis eine allerdings sehr kleine Kapazität und Induktivität besitzt, die seine Eigenfrequenz ν nach Gl. (41) bestimmen. Denn zu jedem Betrage des Ladungsüberschusses e an seinen Enden gehört eine bestimmte Spannung U zwischen den Enden, so daß $e/U = C$. Seine Induktivität L ist dadurch gegeben, daß zu jedem Betrage von di/dt im Draht eine bestimmte Rückwirkung des magnetischen Feldes gehört, die zum Auftreten einer elektromotorischen Kraft $-L\,di/dt$ Veranlassung gibt.

Wie die mechanischen Wellen (§ 82), so haben auch die elektromagnetischen Wellen eine bestimmte *Schwingungszahl* ν, die durch die Frequenz des Oszillators bestimmt wird, und eine bestimmte *Wellenlänge* λ, die mit der Schwingungszahl und der Fortpflanzungsgeschwindigkeit c durch die Gleichung $\lambda = c/\nu$ zusammenhängt. Nach Gl. (41) ist daher bei einer ungedämpften Schwingung $\lambda = c/\nu = 2\pi c\,\sqrt{L C}$ (Abb. 428 u. 429), wenn L und C die Induktivität und die Kapazität des Oszillators bedeuten. Die Wellenlänge ist also um so größer, je größer die Kapazität und die Induktivität des Oszillators sind.

Man beachte wohl, daß die Bezeichnung dieser elektromagnetischen Ausbreitungsvorgänge als Wellen in keiner Weise ihre Wesensgleichheit mit den mechanischen Wellen bedeutet. Sie bedeutet lediglich, daß die mathematischen Begriffe und Gleichungen der mechanischen Wellenlehre auf diese Vorgänge angewendet werden können. Die elektromagnetischen Wellen werden als *transversale Wellen* bezeichnet (§ 85). Das bedeutet aber nicht etwa, wie bei den mechanischen Wellen, daß sich irgendwelche Teilchen im Zuge einer solchen Welle senkrecht zur Fortpflanzungsrichtung der Welle periodisch bewegen. Es bedeutet vielmehr, daß in jedem von der Welle getroffenen Raumpunkt ein elektrisches und magnetisches Feld besteht, das, wie man aus den Gl. (43), sowie aus den Abb. 428 u. 429 erkennt, senkrecht zur Fortpflanzungsrichtung gerichtet ist, und daß dieses Feld „schwingt", d. h. daß der elektrische und der magnetische Feldvektor in jedem Raumpunkt periodisch ihren Betrag und ihre Richtung ändern.

252. Offene und geschlossene Schwingungskreise. Empfang elektrischer Wellen. Ein Oszillator der eben beschriebenen Art ist ein Beispiel eines *offenen* Schwingungskreises, der in § 249 besprochene Schwingungskreis ist ein *geschlossener* Schwingungskreis. Ein geschlossener Schwingungskreis ist ein solcher, bei dem die magnetische Feldenergie in der Induktivität beim Zusammenbrechen des Feldes zum größten Teil auf induktivem Wege wieder in den Schwingungskreis zurückströmt und zum Wiederaufbau des elektrischen Feldes der Kapazität dient, während nur ein geringer Teil der Energie als elektromagnetische Welle in den Außenraum ausgestrahlt wird. Ein geschlossener Kreis hat daher nur eine geringe Strahlungsdämpfung. Ein offener Schwingungskreis dagegen sendet einen großen Teil seiner Feldenergie in Form elektromagnetischer Wellen in den Raum. Die induktive Rückwirkung des magnetischen Feldes auf den Kreis ist gering und die Strahlungsdämpfung stark.

Zum *Senden* elektromagnetischer Wellen braucht man daher offene Schwingungskreise. Die *Antennen* der Sender für drahtlose Telegraphie und Telephonie bilden die Oszillatoren solcher offener Schwingungskreise. Um eine dauernde Ausstrahlung zu erzielen, koppelt man einen geschlossenen Schwingungskreis, in dem man durch dauernde Energiezufuhr eine Schwingung aufrechterhält, mit einem offenen, in dem durch den ersteren Schwingungen erzwungen werden. Der zweite Schwingungskreis strahlt dann die ihm von dem ersten gelieferte Energie als Wellen in den Raum aus.

Durch Verwendung besonders geformter oder mehrerer Antennen kann man es bei kurzen Wellen erreichen, daß eine merkliche Strahlung nur innerhalb eines begrenzten räumlichen Winkels ausgesandt wird (*Richtstrahler* für Kurzwellen), indem die Strahlung in allen andern Richtungen durch Interferenz (§ 87) ausgelöscht wird.

In jedem Punkt des Raumes, der von einer elektrischen Welle getroffen wird, sind wegen der wechselnden Stärke des elektrischen Feldes Verschiebungsströme vorhanden. Wird in das Feld ein Leiter gebracht, so entstehen in ihm Leitungsströme, die mit gleicher Frequenz Stärke und Richtung wechseln. Er vollführt *erzwungene elektrische Schwingungen*, die in ihrem zeitlichen Ablauf denjenigen im Sender entsprechen. Er wirkt als *Empfänger* der elektrischen Welle (Empfangsantenne). Statt des geraden Leiters kann man auch eine große, flache Spule (Rahmenantenne) verwenden, die so aufgestellt wird, daß die Windungsebene in Richtung der ankommenden Wellen liegt. In diesem Falle sind auch die magnetischen Felder der Welle wirksam. Indem die Spule von einem magnetischen Fluß durchsetzt wird, der fortwährend seine Stärke und Richtung ändert, wird in ihr eine elektromotorische Kraft induziert, deren Verlauf ein Abbild der ausgesandten Schwingung ist.

Koppelt man eine Empfangsantenne mit einem geschlossenen Schwingungskreis, der auf die Frequenz der einfallenden Welle abgestimmt ist, so gerät er in Mitschwingung (Resonanz). Hierauf beruht der Wellenempfang bei der drahtlosen Telegraphie und Telephonie (Rundfunk).

253. Die Versuche von HEINRICH HERTZ. HEINRICH HERTZ (1888) benutzte bei der Entdeckung der elektrischen Wellen kleine Sender, welche aus einem in der Mitte durch eine kurze Funkenstrecke unterbrochenen geraden Draht bestanden (Oszillator). Die beiden Drahthälften waren mit den beiden Sekundärklemmen eines Funkeninduktors verbunden. Ein solcher Sender schwingt, wenn der Induktor in Betrieb ist und zwischen seinen beiden Hälften Funken überspringen, genau so, wie unser in § 251 betrachteter einfacher Dipol, aber auch mit sehr starker Dämpfung. (Er wird, wie eine Glocke durch den Klöppel, durch die einzelnen Spannungsstöße des Induktors zu seinen Eigenschwingungen angeregt. Die zeitliche Folge der einzelnen Spannungsstöße hat dabei mit der Frequenz der Schwingung ebensowenig zu tun, wie die zeitlichen Abstände der einzelnen Glockenschläge mit der Schwingungszahl [Frequenz] des Glockentones.) Zum Nachweis der von diesem Oszillator ausgehenden Wellen im Raum benutzte Hertz ein ganz ähnliches Gebilde, wieder einen durch eine winzige Funkenstrecke unterbrochenen geraden Draht oder Drahtbügel (Resonator) von gleicher Eigenfrequenz. Stellt man den Draht in die Richtung der elektrischen Feldlinien des Senders, so treten in ihm unter der Wirkung des Feldes Spannungen auf, welche sich darin zeigen, daß zwischen den beiden Drahthälften Fünkchen überspringen.

Den Anstoß zu den Versuchen von Hertz gab die elektromagnetische Theorie des Lichtes von Maxwell, nach der das Licht ein elektromagnetischer Wellenvorgang ist (§ 260). Ist dies richtig, so müssen auch die mit Hilfe elektrischer Schwingungskreise erzeugten elektrischen Wellen diejenigen allgemeinen Eigenschaften haben, die wir beim Licht kennen, also namentlich Reflexion, Brechung, Beugung, Polarisation usw. zeigen. In der Tat konnte Hertz nachweisen, daß diese Erscheinungen in der erwarteten Weise bei den elektrischen Wellen auftreten. Damit war der elektromagnetischen Lichttheorie eine feste Stütze gegeben. Über die Einordnung der elektrischen Wellen in das gesamte elektromagnetische Spektrum s. § 306.

254. Stehende elektromagnetische Wellen. Abb. 430 stellt einen Schwingungskreis dar, dessen Induktivität durch die Sekundärspule eines Induktors gebildet wird, und der zwei Kondensatoren und eine die beiden Enden der Spule verbindende Funkenstrecke enthält. Die Vorrichtung (Lecher) ist im allgemeinen der in Abb. 426 dargestellten sehr ähnlich. Jedoch ist der Kreis durch zwei lange, parallele Drähte verlängert. Beim Betriebe des Induktors lädt jeder einzelne Spannungsstoß die Kondensatoren bis zur Durchschlagsspannung der Funkenstrecke auf, und dabei beobachtet man längs der Doppeldrähte bei geeigneter Drahtlänge folgende Erscheinung. Legt man quer über die beiden Drähte ein elektrodenloses, mit einem verdünnten Edelgas, z. B. Neon, gefülltes

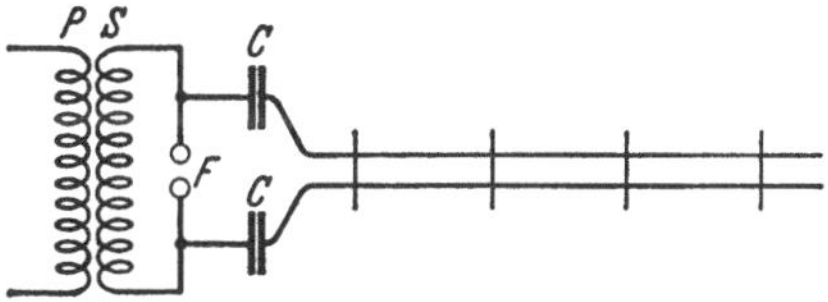

Abb. 430. Lechersches Drahtsystem.

Entladungsrohr und verschiebt es längs des Drahtsystems, so leuchtet es an gewissen Stellen hell auf, wird bei weiterem Verschieben wieder dunkler, erlischt schließlich, wird dann wieder heller usw. Es zeigt sich, daß sich die Lagen maximaler Helligkeit in gleichmäßigen Abständen wiederholen, und daß die Lagen, in denen das Rohr verlischt, in der Mitte zwischen den Lagen größter Helligkeit liegen. An den Stellen, wo das Rohr verlischt, kann man die beiden Drähte durch aufgelegte Drähte verbinden, ohne daß dadurch die Erscheinung gestört wird.

Zum Verständnis dieser Erscheinungen müssen wir noch einmal auf unseren einfachen Oszillator (§ 251, Abb. 427) zurückkommen. Wir haben in § 92 und 93 die mechanischen Schwingungen von Körpern als stehende Wellen in ihnen aufgefaßt. In entsprechender Weise können wir die elektrische Schwingung unseres Oszillators als eine stehende Stromwelle auffassen, die an seinen Enden (die bezüglich der Stromschwingung natürlich wie die geschlossenen Enden einer Luftsäule anzusehen sind) Stromknoten und in seiner Mitte einen Strombauch hat. Diese entsprechen den Knoten und dem Bauch der Teilchenschwingungen in einer zu ihrer Grundschwingung erregten, beiderseits geschlossenen

Luftsäule (Abb. 213a und b). Dem Knoten und den beiden Bäuchen der Druckschwankungen einer solchen Luftsäule aber entsprechen beim Oszillator ein Spannungsknoten in der Mitte und Spannungsbäuche an seinen beiden Enden (Abb. 213c).

Nun kann aber ein solcher Oszillator durch Erregung von außen nicht nur in seine Grundschwingung, sondern auch in eine seiner Oberschwingungen versetzt werden. Auch dann hat er an seinen Enden stets Spannungsbäuche, zwischen denen in gleichen Abständen weitere Spannungsbäuche liegen. In der Mitte zwischen je zwei Spannungsbäuchen liegt ein Spannungsknoten. Den Spannungsbäuchen entsprechen Stromknoten, den Spannungsknoten Strombäuche. Die periodisch veränderlichen Spannungen an den beiden Enden haben in jedem Augenblick entgegengesetztes Vorzeichen, und das gleiche gilt für je zwei aufeinander folgende Spannungsbäuche. Dagegen ist in allen Spannungsknoten in jedem Augenblick die Spannung gleich Null.

Wir können nun unser Drahtsystem als einen in seiner Mitte geknickten, mit seinen beiden Hälften parallel gestellten und zu einer höheren Oberschwingung erregten Oszillator betrachten. Wegen der periodisch wechselnden Spannungen zwischen seinen gegenüberliegenden Teilen herrscht aber in dem Raum zwischen den Drähten ein periodisch veränderliches elektrisches Feld. Die Schwingungsweite des elektrischen Feldvektors ist am größten in den Spannungsbäuchen, von denen ja die sich jeweils gegenüberliegenden auf entgegengesetzter Spannung sind. In den Spannungsknoten verschwindet das elektrische Wechselfeld. Eine zwischen die Drähte gebrachte Entladungsröhre wird daher in den Spannungsbäuchen am stärksten zum Leuchten gebracht und verlischt in den Spannungsknoten. Eine leitende Überbrückung in den Spannungsknoten beeinflußt das Leuchten einer Entladungsröhre in einem Spannungsbauch nicht, da ja eine Verbindung zweier Punkte gleicher Spannung den elektrischen Vorgang in den Drähten nicht stört (vgl. die Brückenschaltung, § 157). Man kann auf diese Weise die Spannungsknoten längs der Drähte leicht feststellen.

Die elektrischen Feldschwingungen und die mit ihnen stets verknüpften magnetischen Feldschwingungen (§ 225) können nun vollkommen beschrieben werden als eine *stehende elektromagnetische Welle* im Raum zwischen den beiden Drähten, die dadurch entsteht, daß eine Welle in Richtung auf die Drahtenden verläuft, dort wie an einem festen Ende reflektiert wird und mit sich selbst interferiert (§ 87). Dann ergeben sich die beschriebenen Knoten und Bäuche der Feldschwingung genau wie bei einer stehenden Schallwelle in einer KUNDTschen Röhre (§ 87). Der Abstand je zweier Knoten oder Bäuche ist auch hier gleich der halben Wellenlänge λ. Kennt man die Frequenz ν der im Drahtsystem erregten Schwingung, so kann man die Geschwindigkeit der Wellen, $c = \lambda\nu$, berechnen. Sie ergibt sich bei sehr schnellen Schwingungen genau gleich der Lichtgeschwindigkeit. Bei langsameren Schwingungen setzen Einflüsse des Drahtwiderstandes die Geschwindigkeit merklich herab.

Wenn die Wellengeschwindigkeit gleich der Lichtgeschwindigkeit ist, so muß das auch für die ihr parallel laufende Stromwelle im Draht gelten. Das ist natürlich nicht so zu verstehen, daß die Ladungsträger im Draht sich mit Lichtgeschwindigkeit bewegen; vielmehr breitet sich die periodische Störung der Ladungsverteilung im Draht mit Lichtgeschwindigkeit aus, während die Geschwindigkeit der Ladungsträger nur sehr klein ist (§ 152).

255. Die Ausbreitung elektrischer Wellen auf der Erde. In der Praxis teilt man die elektrischen Wellen in lange, mittlere, kurze und ultrakurze Wellen. Die *langen* Wellen ($\lambda > 2000$ m) dienen ausschließlich den Zwecken der Telegraphie auf sehr große Entfernungen. Die *mittleren* Wellen ($\lambda = 2000 - 200$ m) bilden den Bereich des gewöhnlichen Rundfunks, die *kurzen* Wellen ($\lambda =$ 200 — 10 m) den des Kurzwellenfunks. Die *ultrakurzen* Wellen ($\lambda < 10$ m) schließlich werden u. a. beim Fernsehen benutzt.

In der Art ihrer Ausbreitung verhalten sich diese Wellenlängenbereiche sehr verschieden. Die von einem Sender nach allen Richtungen ausgestrahlten Wellen erfahren — je nach ihrer Wellenlänge verschieden stark — zwei Arten von Einwirkungen. Die längeren Wellen erfahren an der Erdoberfläche eine Beugung, die um so merklicher ist, je länger die Wellen sind. Infolgedessen schmiegen sich diese Wellen zum Teil der Erdoberfläche an, so daß sie bei genügender Stärke in jeder auf der Erdoberfläche vorkommenden Entfernung empfangen werden und sogar nach einmaligem Umlauf um die Erde wieder zum Ausgangspunkt zurückkehren können. Bei diesen Wellen besteht also neben der *Raumwelle* eine *Bodenwelle*. Zweitens findet in der Erdatmosphäre eine Reflexion oder richtiger eine Brechung der Wellen statt, welche die Wellen in mehr oder weniger großer Entfernung wieder zur Erdoberfläche zurückführt. Sie erfolgt in der sog. *Ionosphäre* (HEAVISIDE- oder KENELLY-Schicht). Diese ist eine durch die ultraviolette Sonnenstrahlung stark ionisierte, also leitfähige Luftschicht, welche aus mehreren übereinander liegenden Teilschichten sehr verwickelt aufgebaut ist, und deren Hauptteil in einer Höhe von 100 bis 150 km über dem Erdboden liegt. Die Ionosphäre ist hauptsächlich für die großen Reichweiten der mittleren und kurzen Wellen, also für den gewöhnlichen Rundfunk-Fernempfang, verantwortlich. Hingegen unterliegen die ultrakurzen Wellen keiner dieser Einwirkungen in merklichem Maße; sie verhalten sich in ihrer Ausbreitung schon fast so wie das — noch viel kurzwelligere — Licht. Daher müssen Fernsehsender hohe Standorte haben, wenn sie eine möglichst große Reichweite haben sollen.

256. Drahtlose Telegraphie. In der ersten Zeit der drahtlosen Telegraphie benutzte man zum Erzeugen der Wellen Schwingungskreise etwa von der Art, wie sie im § 249 beschrieben sind, in Verbindung mit einer Antenne. Von einem solchen Schwingungskreis geht bei jedem der sehr schnell aufeinanderfolgenden Funken eine Welle aus, welche wegen der großen Dämpfung im Funken schnell abklingt. Sie ist bereits innerhalb eines sehr kleinen Bruchteils der Zeit zwischen zwei Funken vollkommen erloschen. Durch einen Taster wird der Primärkreis des Induktors im Tempo der zu übertragenden Morsezeichen geöffnet und geschlossen, so daß die Wellen in Folgen ausgesandt werden, die diesen Zeichen entsprechen. Durch gewisse Einrichtungen am Empfangsorte konnte dann die im Empfangskreise erregte Schwingung dazu benutzt werden, um diese Zeichen hörbar zu machen oder anderweitig aufzunehmen.

Diese Art der Telegraphie mit gedämpften Wellen hat unter anderem den großen Übelstand, daß eine gedämpfte Welle nicht nur einen genau auf sie abgestimmten Schwingungskreis erregt, sondern mehr oder weniger stark auch solche, welche auf benachbarte Wellenlängen abgestimmt sind. Dieser Nachteil machte sich mit zunehmender Dichte des funkentelegraphischen Netzes immer mehr bemerkbar und führte neben allen sonstigen Übelständen zu schweren gegenseitigen Störungen. Die heutigen Anlagen für drahtlose Telegraphie bedienen sich ausschließlich ungedämpfter Wellen.

Ein Verfahren zur Erzeugung ungedämpfter Schwingungen besteht darin, daß man sie nicht als Eigenschwingungen eines Schwingungskreises erzeugt, sondern mittels eines Generators als Wechselstrom von hoher Frequenz (*Maschinensender*). Es gibt ferner Einrichtungen, um die Frequenz der auf diese Weise erzeugten Schwingungen noch zu verdoppeln oder zu vervielfachen. Dieses Verfahren dient aber lediglich der Telegraphie auf sehr große Entfernungen mit sehr langen Wellen. Sonst bedient man sich heute ausschließlich der *Röhrensender* (§ 258).

257. Drahtlose Telephonie. In § 240 ist auseinandergesetzt worden, daß es für die Zwecke der Telephonie darauf ankommt, die Intensität elektrischer Energie, die vom Sende- zum Empfangsort übertragen wird, entsprechend den zu übertragenden Klängen zu modulieren. Wie bei der gewöhnlichen Leitungstelephonie der Gleichstrom, so wird bei der drahtlosen Telephonie die Energie einer elektrischen Welle durch einen ihr aufgeprägten Klang moduliert. Die Art, wie dies geschieht, wird unten erörtert werden. Eine modulierte elektrische Schwingung bzw. die von ihr ausgehende Welle hat z. B. den in Abb. 431 schematisch dargestellten Intensitätsverlauf. (Tatsächlich entfallen auf eine Schwebung, denn einer solchen ist dieser Vorgang ähnlich, sehr viel mehr Einzelschwingungen, beim Rundfunk z. B. etwa zwischen 100 und 20000.) Man beachte, daß der Abstand zweier Maxima einer

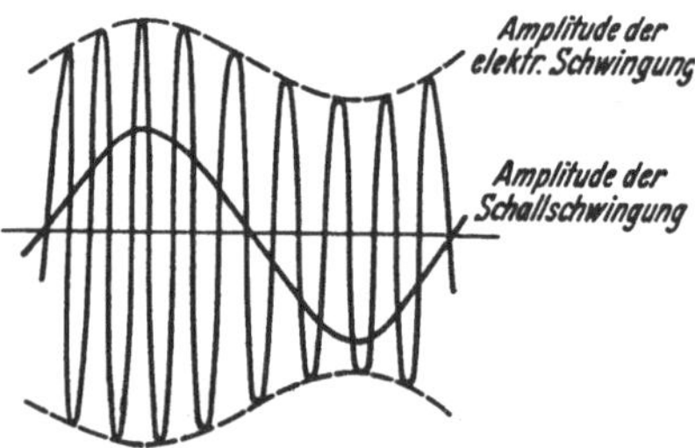

Abb. 431. Modulierte elektrische Schwingung.

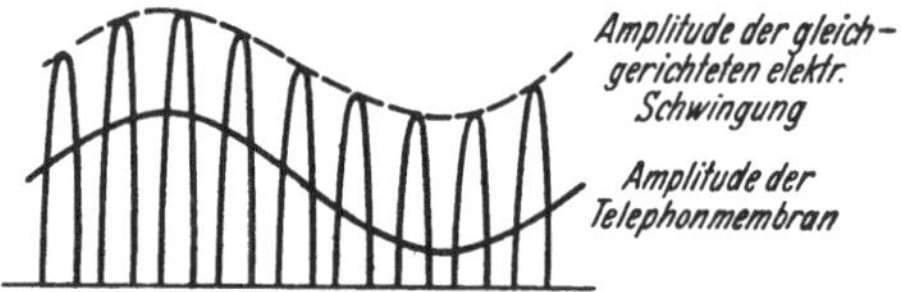

Abb. 432. Gleichgerichtete modulierte Schwingung.

vollen Wellenlänge des aufgeprägten Schalles entspricht. Eine solche Modulierung ist natürlich nur bei ungedämpften Wellen möglich, da gedämpfte Wellen ja schon an sich in ihrer Stärke schwanken.

Für den Empfang kommt es darauf an, die Intensitätsschwankungen der in der Welle übertragenen elektrischen Energie in gleichartige Schwingungen einer Telephonmembran zu übersetzen. Das ist aber nicht auf die Weise möglich, daß man die in einem abgestimmten Schwingungskreise auftretenden Schwingungen einfach durch ein Telephon leitet. Dieses würde ja nur die einzelnen Schwingungen der *elektrischen Welle* mitmachen, wenn es nicht überhaupt zu träge wäre, um so schnellen Schwingungen zu folgen. Es bliebe also tatsächlich in Ruhe und brächte keinen Ton von der der Modulation entsprechenden Schwingungszahl hervor. Um dies zu erreichen, muß man die im empfangenden Schwingungskreis entstehende Schwingung erst „gleichrichten", d. h. man muß zwischen dem Telephon und dem Schwingungskreis eine Vorrichtung anbringen, welche nur die in der einen Richtung erfolgenden Stromschwankungen hindurchläßt, die anderen aber nicht. Abb. 432 zeigt eine so gleichgerichtete modulierte Schwingung. Eine solche Schwingung wirkt auf ein Telephon auf folgende Weise: Wegen der Trägheit der Telephonmembran folgt sie nicht jeder Einzelschwingung, sondern dem jeweiligen Mittelwert einer großen Zahl der nunmehr einseitig erfolgenden Einzelschwingungen. Dieser Mittelwert aber schwankt entsprechend der den Schwingungen aufgeprägten Modulierung. Die Membran erfährt Durchbiegungen von wechselnder Stärke mit der Frequenz der Schallschwingung, und zwar ist jetzt die auf sie wirkende Kraft wegen der erfolgten Gleichrichtung stets nach der gleichen Seite gerichtet. Die Bewegung der Membran wird also etwa durch die Sinuskurve in Abb. 432 dargestellt.

Um eine Schwingung gleichzurichten, bedarf es einer Vorrichtung, die in der einen Richtung den Strom möglichst gut leitet, in der andern dagegen so gut wie garnicht, die also wirkt wie ein sich einseitig öffnendes Ventil auf einen pulsierenden Wasserstrom. Man nennt solche Vorrichtungen daher auch *elektrische Ventile.*

Ein besonders einfacher Gleichrichter ist der *Kristalldetektor.* Er besteht aus einem Kristall — besonders geeignet sind unter anderem Molybdänglanz, Bleiglanz, Zinkblende, Pyrit —, der an einer Stelle von der Spitze eines dünnen Drahtes berührt wird. Diese Kontaktstelle hat die Eigenschaft, einen Strom in der einen Richtung verhältnismäßig gut, in der andern sehr schlecht zu leiten (einseitiger Widerstand). Hiernach ergibt sich die in Abb. 433 dargestellte Schaltung für einen mit Detektor arbeitenden Empfänger. Der aus Induktivität L und Kapazität C bestehende, durch Veränderung der Kapazität auf die einfallende Welle abstimmbare Schwingungskreis wird durch die von der Welle in der mit ihm verbundenen Antenne A erregten Schwingungen zum Mitschwingen gebracht. Die Spannungsschwankungen am Kondensator bewirken, daß durch das Telephon T ein Wechselstrom von der Frequenz der modulierten Schwingung fließt, der aber während der einen Hälfte jeder Periode durch den Detektor D unterdrückt wird und daher gleichgerichtet und gleichfalls moduliert

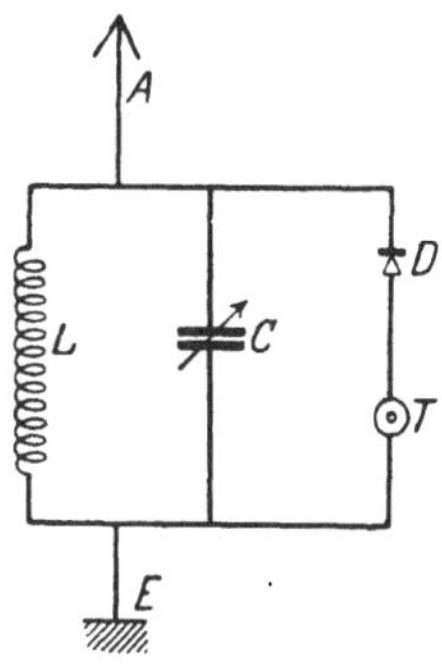

Abb. 433. Empfang mit Detektor.

ist. (Eine Kapazität mit einem Pfeil bedeutet einen Drehkondensator, also eine stetig veränderliche Kapazität.) E ist eine Drahtverbindung zur Erde, die Erdung. Da die Erregung des Telephons lediglich durch die geringe Energie erfolgt, welche mittels der Antenne aus der einfallenden Welle entnommen wird, so ist der Detektorempfang auf verhältnismäßig kleine Entfernungen beschränkt.

Im Gegensatz zum Detektorempfang dient beim Empfang mit der Elektronenröhre die von der Antenne aufgenommene Schwingungsenergie lediglich zur Steuerung der viel größeren Energiebeträge, die von Batterien oder dem Lichtnetz geliefert werden. Eine Elektronenröhre (Abb. 434) besteht aus einem evakuierten Glasgefäß. In diesem befinden sich, mit Zuleitungen von außen, erstens ein dünner, mittels der Batterie B_2 elektrisch heizbarer, Elektronen aussendender Draht K (§ 179) als *Kathode,* zweitens das *Gitter G,* bei der praktischen Ausführung (Abb. 435) ein wendelförmiger Draht, in dessen Windungsachse die Kathode liegt, drittens die *Anode A,* bei der praktischen Ausführung ein die Kathode und das Gitter umgebender Metallzylinder oder ebenfalls eine Drahtwendel.

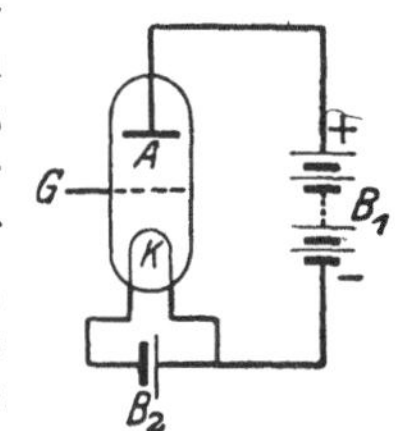

Abb. 434. Schema der Elektronenröhre.

Zwischen Kathode und Anode wird die Spannung einer Batterie B_1 (100—200 Volt) gelegt. Wäre das Gitter nicht vorhanden, so würden die Elektronen, die aus dem glühenden Draht austreten, durch das elektrische Feld in der Röhre ungehindert zur Anode getrieben. Legt man aber an das Gitter, durch dessen Öffnungen die Elektronen an sich hindurchtreten können, eine Spannung, so hängt es ganz von Betrag und Vorzeichen der Spannung zwischen Gitter und Kathode ab, ob und wieviele Elektronen durch das Gitter hindurch an die Anode gelangen.

Hat das Gitter gegenüber der Kathode eine ausreichend hohe negative Spannung U_g, so gelangen überhaupt keine Elektronen an die Anode, denn sie werden sämtlich durch das zwischen Kathode und Gitter herrschende, verzögernde Feld wieder zur Kathode zurückgetrieben. Der zur Anode gelangende Strom ist $i_a = 0$. Jedoch beginnt schon bei einer bestimmten negativen Gitterspannung ein Anodenstrom zu fließen, und zwar hängt die Höhe der Gitterspannung, bei der dies geschieht, von der Höhe der Anodenspannung U_a ab. Abb. 436 zeigt die *Gitterkennlinie* einer Elektronenröhre, und zwar bei verschiedenen Anodenspannungen U_a. Man sieht, daß der Anodenstrom von einer gewissen Gitterspannung U_g ab ansteigt und schließlich einen konstanten Sättigungswert annimmt. Ferner sieht man, daß sich die Kennlinien bei steigender Anodenspannung U_a nach links verschieben.

Abb. 435.
Elektronenröhre.

Daß ein Anodenstrom bereits fließen kann, wenn die Spannung des Gitters gegenüber der Kathode negativ ist, erscheint zunächst auffällig. Die Erscheinung rührt daher, daß wegen der Bauart des Gitters eine mehr oder weniger große Zahl von Feldlinien unmittelbar von der Anode zur Kathode verläuft, und längs dieser Feldlinien kann ein Elektronenstrom von der Kathode zur Anode fließen. Die Zahl dieser Feldlinien ist um so größer, je höher die Anodenspannung ist. Deshalb setzt der Anodenstrom schon bei um so niedrigerer Gitterspannung ein, je höher die Anodenspannung ist. Man bezeichnet diese Erscheinung als *Durchgriff*. Neben dem Durchgriff sind die Eigenschaften einer Elektronenröhre vor allem durch die *Steilheit* der Gitterkennlinie, ihren *Widerstand* und die *Elektronenemission* (den *Sättigungsstrom*, § 178) der Kathode gegeben. Die Angaben der Steilheit S, des Durchgriffs D und des Röhrenwiderstandes R beziehen sich stets auf den geradlinig ansteigenden Teil der Kennlinien. Sie sind nach BARKHAUSEN durch folgende Gleichungen definiert:

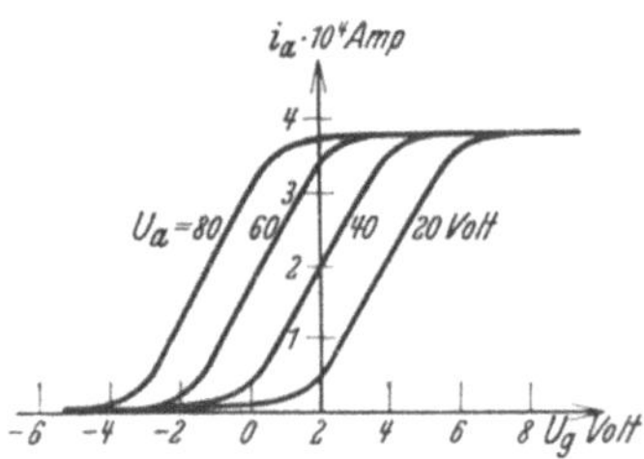

Abb. 436.
Gitterkennlinie einer Elektronenröhre bei verschiedenen Anodenspannungen U_a.

$$S = \left(\frac{\partial i_a}{\partial U_g}\right)_{U_a = \text{const}} \tag{46a},$$

$$R = \left(\frac{\partial U_a}{\partial i_a}\right)_{U_g = \text{const}} \tag{46b}, \qquad D = \left(\frac{\partial U_g}{\partial U_a}\right)_{i_a = \text{const}} \tag{46c}$$

Die Steilheit ist also einfach durch die Neigung der Kennlinien in ihrem geradlinig ansteigenden Teil gegeben. Den Widerstand findet man, indem man — senkrecht zur U_g-Achse von einer Kennlinie zu einer andern aufsteigend — die dabei eintretende Änderung der Anodenspannung U_a durch die gleichzeitige Änderung des Anodenstroms i_a dividiert. Den Durchgriff erhält man, wenn man — parallel zur U_g-Achse von einer Kennlinie zu einer andern fortschreitend — die dabei eintretende Änderung der Gitterspannung U_g durch die gleichzeitige Änderung der Anodenspannung U_a dividiert.

Die Elektronenröhre kann nun sowohl zur *Gleichrichtung* wie zur *Verstärkung* einer modulierten Schwingung dienen. Wir betrachten zunächst die Wirkung als *Verstärker*. In diesem Fall wählt man die Anodenspannung U_a und die Gitterspannung U_g so, daß die letztere einem Punkt etwa in der Mitte des geradlinig ansteigenden Teils der Gitterkennlinie entspricht und dieser im negativen Gitterspannungsbereich liegt. Dieser Gitterspannung werden die Spannungsschwankungen ΔU_g der zu verstärkenden modulierten Schwingung überlagert (Abb. 437a). Die Gitterspannung schwankt also mit der Frequenz und mit der Schwingungsweite der überlagerten Schwingung. Da mit jeder

Änderung der Gitterspannung eine Änderung des Anodenstroms verbunden ist, so schwankt der Anodenstrom i_a ebenfalls mit der Frequenz der Schwingung und mit einer Schwingungsweite, die derjenigen von ΔU_g proportional ist. Die Schwankungen Δi_a des Anodenstroms sind sehr viel stärker als die Schwankungen der schwachen, der empfangenen Schwingung entnommenen Ströme, die die periodischen Spannungsschwankungen des Gitters veranlassen. Die Schwingung ist also bedeutend verstärkt. Man kann die Schwankungen des Anodenstroms ohne weiteres wieder dazu benutzen, um dem Gitter einer zweiten Verstärkerröhre Spannungsschwankungen aufzuprägen, und die Schwingung auf diese Weise weiter verstärken.

Zur Gleichrichtung einer Schwingung mittels der Elektronenröhre sind mehrere Verfahren in Gebrauch. Wir beschränken uns hier auf das leicht

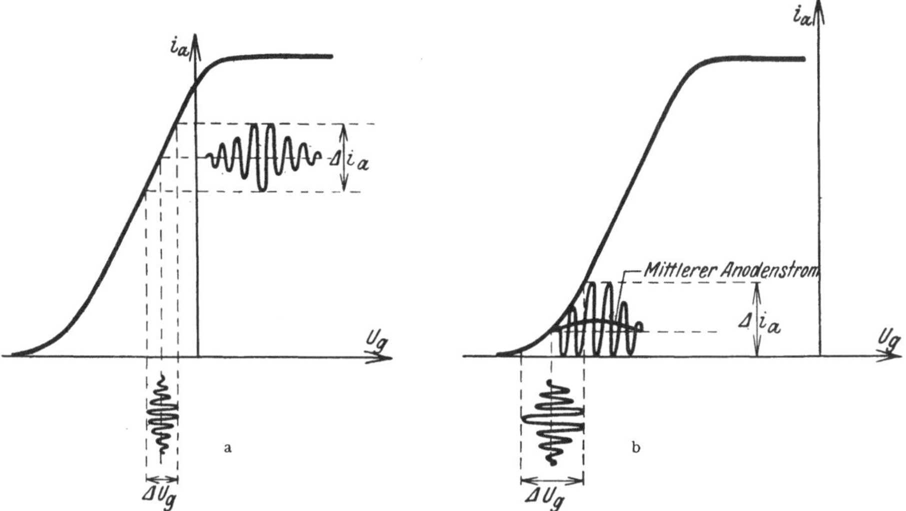

Abb. 437. Wirkung der Elektronenröhre, a als Verstärker, b als Gleichrichter.

verständliche Verfahren der *Richtverstärkung*. In diesem Fall wird die Gitterspannung so gewählt, daß sie dem unteren Knick der Gitterkennlinie entspricht (Abb. 437 b). Die gleichzurichtende Schwingung wird wieder der Gitterspannung überlagert, und diese führt Schwankungen ΔU_g mit der Frequenz und mit der Schwingungsweite der gleichzurichtenden Schwingung aus. Der Anodenstrom i_a schwankt demnach auch hier wieder mit der Frequenz der Schwingung. Aber da wir jetzt nicht im geradlinigen Teil der Kennlinie arbeiten, so sind die Schwankungen Δi_a des Anodenstroms den Schwankungen ΔU_g nicht proportional, wie aus Abb. 437 b zu ersehen ist, sondern es entspricht den positiven Ausschlägen der Gitterspannung eine größere Änderung des Anodenstroms, als den negativen Ausschlägen. Die Schwingungen des Anodenstroms erfolgen mehr oder weniger einseitig, und der mittlere Anodenstrom zeigt während einer Schwingung der Modulation eine einseitige Schwingung, deren Dauer genau derjenigen der aufgeprägten Schwingung entspricht. Die Schwingung ist also in gewünschter Weise gleichgerichtet, und außerdem ist sie, wie beim reinen Verstärker, auch verstärkt. Daher der Name Richtverstärker. Die erzielte Einseitigkeit der Ausschläge des Anodenstroms bleibt erhalten, wenn man die Schwingung mittels einer Verstärkerröhre weiter verstärkt. Die Schwingung bleibt gleichgerichtet.

Abb. 438 zeigt das Schema einer einfachen Empfangsschaltung mit einem Richtverstärker F_r und einem Verstärker F_v (Ortsempfänger). Die von der

Antenne A aufgenommene Schwingung erregt den aus Kapazität C und Induktivität L bestehenden abstimmbaren Schwingskreis, der an seinem einen Ende zur Erde abgeleitet ist. Die Spannungsschwankungen am Kondensator werden unmittelbar auf das Gitter des Richtverstärkers F_r übertragen, das zur Verwirklichung der Verhältnisse der Abb. 437 b mittels der Batterie B_1 auf dem Wege über L die erforderliche negative Spannung gegen die Kathode von F_r erhält. Die Anode von F_r ist über einen großen Widerstand R_1 (einige Megohm) mit dem positiven Pol der Batterie B_4 von 100—200 Volt Spannung verbunden, deren negativer Pol an der Kathode von F_r liegt. Von der Anode führt eine Verbindung zum Kondensator C'. Es sei U die Spannung der Batterie B_4, U_a die Anodenspannung, i_a der Anodenstrom. Dann ist $U = U_a + i_a R_1$, oder $U_a = U - i_a R_1$. Die Anodenspannung und damit die Spannung am Kondensator C' schwankt also mit der gleichen

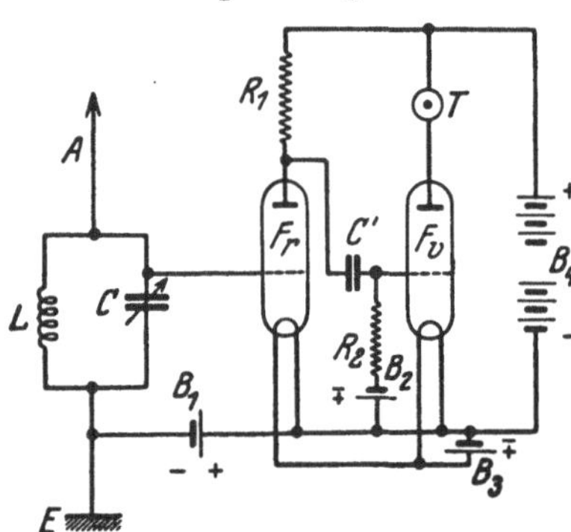

Abb. 438. Einfache Empfangsschaltung mit einem Richtverstärker und einem Verstärker.

Frequenz wie der gleichgerichtete, verstärkte Anodenstrom i_a, und diese Spannungsschwankungen werden über den Kondensator C' auf das Gitter der Verstärkerröhre F_v übertragen, wo die Schwingungen weiter verstärkt werden. Das Gitter von F_v wird durch eine Batterie B_2 über den Widerstand R_2 auf einer so hohen negativen Spannung gehalten, daß die Verhältnisse der Abb. 437 a verwirklicht sind. Die Anode ist über das Telephon T (Lautsprecher) mit dem positiven Pol der Batterie B_4 verbunden. Die Batterie B_3 dient zum Heizen der Kathoden. Das Telephon wird von dem verstärkten und gleichgerichteten Anodenstrom durchflossen. Seine Membran ist viel zu träge, um den Einzelschwingungen der modulierten und gleichgerichteten Schwingung folgen zu können. Sie folgt nur den Schwankungen des mittleren Anodenstromes (Abb. 437 b), und diese entsprechen bei verzerrungsfreier Verstärkung genau den Schallschwingungen, mittels derer die empfangene Schwingung moduliert wurde. Der modulierende Schall wird also vom Telephon wiedergegeben.

Wir müssen uns im Rahmen dieses Buches auf diese kurze Darlegung des Grundsätzlichen beschränken und auch auf eine Besprechung der heute viel verwendeten Röhren mit mehreren Gittern verzichten. Die heutige Technik des Rundfunkempfanges ist viel zu verwickelt, als daß sie hier auch nur einigermaßen befriedigend dargestellt werden könnte.

Es sei noch erwähnt, daß die Elektronenröhren nicht nur auf dem Gebiet der elektrischen Wellen verwendet werden, sondern daß sie als Verstärker in der Meßtechnik, ferner z. B. auch bei manchen elektrischen Musikinstrumenten, eine wichtige Rolle spielen.

258. Schwingungserzeugung mit der Elektronenröhre. Das in der drahtlosen Telephonie benutzte Verfahren zur Schwingungserzeugung (A. MEISSNER) beruht auf der Verwendung von Elektronenröhren, die im Prinzip den zum Empfang gebrauchten gleichen, aber von viel größeren Ausmaßen sind. Die größeren Rundfunksender arbeiten heute mit einer ausgestrahlten Antennenleistung von mindestens mehreren 100 kW. Eine einfache Sendeschaltung zeigt Abb. 439. Das Gitter einer Senderöhre ist durch eine Induktivität L_1 und die Sekundärspule eines Transformators Tr, der ein Kondensator C_1 parallel liegt, mit der Kathode verbunden. Mit der Anode ist ein aus der Induktivität L_2 und der Kapazität C_2

bestehender, abstimmbarer Schwingungskreis verbunden, der mit dem positiven Pol einer Batterie B_2 in Verbindung steht. Mit der Induktivität L_2 ist die Induktivität L_3 des Schwingungskreises der Antenne induktiv gekoppelt (in der Abbildung nur schematisch angedeutet), der außerdem noch den zur Abstimmung dienenden Kondensator C_3 enthält und an seinem einen Ende geerdet ist. Die Spule L_2 ist aber auch mit der Spule L_1 gekoppelt, steht ihr also dicht gegenüber (in der Abbildung durch den Pfeil angedeutet und nur der Übersichtlichkeit wegen räumlich getrennt gezeichnet). Die Primärspule des Transformators im Gitterkreis ist durch ein Mikrophon M und eine Batterie B_1 geschlossen.

Die geschilderte Vorrichtung gerät stets von selbst — durch Selbsterregung — in Schwingungen. Von der Kathode fließt ein Elektronenstrom zur Anode. Ein solcher Strom ist stets kleinen Schwankungen unterworfen, durch die die Spannung an den Belegungen des im Schwingungskreise gelegenen Kondensators C_2 über oder unter ihren normalen Wert sinkt. Nach der ersten zufälligen Schwankung sucht sich der alte Zustand am Kondensator wiederherzustellen. Das geschieht aber, wie wir wissen, bei ausreichend kleiner Dämpfung stets in Gestalt einer Schwingung des Schwingungskreises. Diese zuerst sehr kleinen Schwingungen übertragen sich induktiv von L_2 über L_1 auf das Gitter, dessen Spannungsschwankungen den Elektronenstrom mit der Frequenz der Schwingung steuern. Dadurch aber gerät nunmehr der Schwingungskreis $(L_2 C_2)$, der ja von diesem Strom durchflossen wird, in stärkere

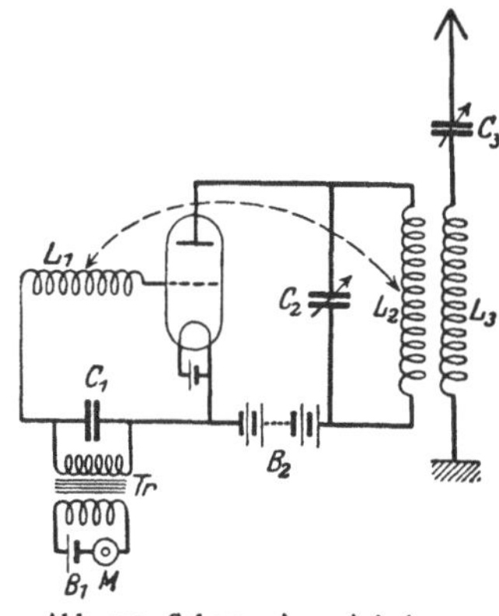

Abb. 439. Schema einer einfachen Sendeschaltung.

Schwingung. Je heftiger er schwingt, desto stärker wird auch die auf das Gitter übertragene Wirkung. Die Verstärkung der Schwingung findet ihre Grenze erst, wenn die dem Schwingungskreis durch Ausstrahlung und Stromwärme entzogene Energie ebenso groß ist, wie die ihm durch den Elektronenstrom zugeführte Energie, bzw. wenn die Schwingungsweite der Spannungsschwankungen des Gitters der Anodenspannung nahekommt. Es entstehen also im Anodenkreise ungedämpfte Schwingungen, die induktiv von L_2 auf L_3 und so auf den Antennenkreis übertragen und dort ausgestrahlt werden.

Zur Modulierung der Schwingung dient das Mikrophon M. Durch die beim Auftreffen von Schall auf das Mikrophon erzeugten Stromschwankungen in der Primärspule des Transformators werden in der Sekundärspule, und damit am Gitter, Spannungsschwankungen induziert, die den Elektronenstrom in der Röhre und infolgedessen die Schwingungsweite im Schwingungskreise mit der Frequenz der Schallschwingungen steuern. Die ausgesandte Welle ist also in der gewünschten Weise moduliert. Die dargestellte Schaltung gibt nur das Grundsätzliche des Verfahrens wieder. Die Schaltungen der Rundfunksender sind wesentlich verwickelter.

Siebentes Kapitel

Optik und allgemeine Strahlungslehre.

I. Das Wesen des Lichtes. Lichtmessung.

259. Inhalt der Strahlungslehre. Lichtquellen. Den Inhalt der *Strahlungslehre* im engeren Sinne, auch *Optik* genannt, bildet die Lehre vom Licht, also von den physikalischen Erscheinungen, die die Sinneseindrücke des Auges hervorrufen. Es gibt jedoch physikalisch gleichartige Erscheinungen, welche von unserem Auge nicht wahrgenommen werden. Die Optik im engeren Sinne spielt also in der Strahlungslehre etwa die gleiche Rolle wie die Akustik im Rahmen der Lehre von den mechanischen Schwingungen. Sie bildet ein lediglich physiologisch abgegrenztes Teilgebiet der *allgemeinen Strahlungslehre.* Da die allgemeinen Gesetze und Begriffe der gesamten Strahlungslehre gemeinsam sind, so werden sie im folgenden zunächst auf dem unserer Anschauung unmittelbar zugänglichen Gebiet der Lehre vom Licht oder Optik im engeren Sinne eingeführt und erläutert. Wir verstehen daher unter Licht im folgenden zunächst solche Strahlung, welche auf unser Auge unmittelbar wirkt, also Licht im Sinne des Sprachgebrauchs.

Die ursprüngliche Quelle jeglichen Lichts ist ein lichtaussendender (selbstleuchtender) Körper. Die Ursache der Lichtaussendung kann verschieden sein. In der überwiegenden Mehrzahl der Fälle liegt sie in der Temperatur der Körper. Es gibt aber noch andere Ursachen, die ein Leuchten eines Körpers veranlassen können, z. B. elektrische Entladungen in Gasen, Fluoreszenz, Phosphoreszenz, chemische Umwandlungen usw. Manche Organismen haben die Fähigkeit, Licht auszusenden (die Glühwürmchen, die Organismen, die das Meerleuchten hervorrufen usw.). Diese letzteren Lichterscheinungen rühren nicht von der Temperatur der Lichtquellen, sondern von anderen Ursachen her. Das Licht aber, welches alle diese Lichtquellen aussenden, ist seiner physikalischen Natur nach wesensgleich und gehorcht den gleichen allgemeinen Gesetzen.

Körper, die selbst kein Licht erzeugen (nichtselbstleuchtende Körper), können trotzdem leuchten, wenn Licht auf sie fällt, das sie wenigstens zum Teil wieder zurückwerfen. Von solchen, sozusagen im erborgten Licht strahlenden Lichtquellen sind wir rings umgeben. Jeder von unserem Augen erblickte Gegenstand, der nicht selbst eine ursprüngliche Lichtquelle ist, verhält sich so, die von der Sonne beleuchtete Natur, Wände und Gegenstände im Zimmer usw., am Himmel der Mond und die Planeten.

260. Lichttheorien. Die ersten genaueren Vorstellungen über das Wesen des Lichtes bildeten sich in der zweiten Hälfte des 17. Jahrhunderts. ISAAC NEWTON stellte 1669 die *Emanationstheorie* des Lichtes auf. Er nahm an, daß das Licht aus winzig kleinen Teilchen besteht, die von den Lichtquellen ausgeschleudert werden, und denen er gewisse Eigenschaften zuschrieb, die geeignet waren, die damals bekannten optischen Erscheinungen zu erklären. Dieser Theorie stellte HUYGENS 1677 (Vorläufer DESCARTES 1637, HOOKE 1665) die *Wellen-* oder *Undulationstheorie* entgegen. Hiernach ist das Licht ein Wellenvorgang.

Wir haben im VI. Abschnitt des 3. Kapitels die charakteristischen Eigenschaften der Wellen, insbesondere die Interferenz, kennengelernt. Interferenzerscheinungen waren beim Licht auch zu NEWTONs Zeiten bereits bekannt. Die Verfechter der Emanationstheorie haben nichts unterlassen, um die Interferenzerscheinungen des Lichtes auf Grund ihrer Theorie zu erklären. Erst 1802 gelang THOMAS YOUNG der erste entscheidende Beweis zugunsten der Wellentheorie auf Grund der Interferenzerscheinungen des Lichtes (§ 286). In der Folge wurde erkannt, daß eine Beschreibung der damals bekannten Eigenschaften des Lichtes überhaupt nur auf dem Boden der Wellentheorie möglich ist. Schließlich lieferte die Entdeckung der Polarisierbarkeit des Lichtes den Beweis, daß *das Licht ein transversaler Wellenvorgang* ist (§ 84). Entsprechend dem mechanischen Weltbild des 19. Jahrhunderts betrachtete man als Träger der Lichtwellen einen das ganze All erfüllenden, unwägbaren Stoff, den Welt- oder Lichtäther (§ 26).

Während es in der ersten Hälfte des 19. Jahrhunderts demnach noch als selbstverständlich angesehen wurde, daß das Licht letzten Endes von der Mechanik her verstanden werden müsse, erkannte 1871 MAXWELL mit genialem Blick, daß die Eigenschaften des Lichtes sich verstehen lassen, wenn man es als einen *elektromagnetischen Wellenvorgang* auffaßt, der den MAXWELLschen Gleichungen gehorcht (§ 251). Wohlbemerkt, elektromagnetische Wellen waren zu jener Zeit experimentell überhaupt noch nicht bekannt. Ihre durch MAXWELLs *elektromagnetische Lichttheorie* angeregte Entdeckung durch H. HERTZ (1888, § 253) bedeutet eine der glänzendsten Taten in der Geschichte der Physik. Erst durch sie erhielt die MAXWELLsche Lichttheorie ihre endgültige Bestätigung.

Bis zum Jahre 1900 schien hiermit der Bau der Lichttheorie beendet zu sein. Dann aber erwuchs auf Grund der PLANCKschen Strahlungstheorie die Erkenntnis, daß die Wellentheorie allein zum Verständnis der Lichterscheinungen nicht ausreicht, sondern daß *an ihre Seite — nicht an ihre Stelle —* die *Quantentheorie des Lichts* zu treten hat. Die Wellentheorie beherrscht alle Erscheinungen, die die Ausbreitung des Lichts betreffen. Über die Energieumsetzungen bei der Entstehung und Vernichtung des Lichtes gibt aber allein die Quantentheorie eine richtige Auskunft. Die letztere werden wir im 9. Kapitel behandeln. In diesem Kapitel werden wir uns im wesentlichen nur mit der Ausbreitung des Lichtes beschäftigen, für die die Wellentheorie uneingeschränkt anwendbar ist.

Eine Lichtwelle ist also eine elektromagnetische Welle von der gleichen Art, wie wir sie in § 251 behandelt haben. Sie besteht im einfachsten Fall in einfach periodischen Schwingungen in den einzelnen von der Lichtwelle getroffenen Raumpunkten. Und zwar ist es der elektrische und magnetische Feldvektor, der „schwingt", d. h. periodisch seinen Betrag und seine Richtung ändert. Demnach kommt einer Lichtwelle außer ihrer Fortpflanzungsgeschwindigkeit c eine bestimmte Schwingungszahl v und Wellenlänge λ zu, die miteinander in der Beziehung $c = \lambda v$ stehen (§ 82). Von den mit groben Geräten erzeugten elektromagnetischen Wellen, wie wir sie § 251 behandelt haben, unterscheiden sich die Lichtwellen nur durch ihre viel größere Schwingungszahl und demnach viel kleinere Wellenlänge. Ihre Geschwindigkeit ist — wenigstens im Vakuum — die gleiche wie die jener Wellen.

Die *Farbe* des Lichtes wird durch seine *Schwingungszahl* v bestimmt. Seine *Wellenlänge* $\lambda = c/v$ ist je nach der Größe von c in den einzelnen Stoffen verschieden groß. Im Vakuum beträgt sie für die rote Grenze des sichtbaren Spektrums (§ 306) rund 780 mμ = $0{,}78 \cdot 10^{-4}$ cm, für die violette Grenze rund 360 mμ = $0{,}36 \cdot 10^{-4}$ cm. Da die Lichtgeschwindigkeit im Vakuum $c = 3 \cdot 10^{10}$ cm · sec^{-1} beträgt (§ 262), so liegen die *Schwingungszahlen* des sichtbaren Lichtes zwischen rund $3{,}85 \cdot 10^{14}$ und $8{,}35 \cdot 10^{14}$ sec^{-1}. In der Spektrometrie ist es üblich, die Wellenlängen in der Einheit 1 Ångström = $0{,}1$ mμ

anzugeben (§ 5). Doch gibt man statt dessen meist die Zahl der im Vakuum auf 1 cm entfallenden Wellen, die *Wellenzahl* $N = 1/\lambda$ cm^{-1} an, wobei die Wellenlänge also in cm gemessen ist. Da $N = 1/\lambda = \nu/c$, so ist die Wellenzahl der Schwingungszahl proportional und liegt beim sichtbaren Licht zwischen rund $1,3 \cdot 10^4$ und $2,8 \cdot 10^4$ cm^{-1}.

261. Die Ausbreitung des Lichtes. Lichtstrahlen. Geradlinige Fortpflanzung. Für die Ausbreitung des Lichts und seine Wechselwirkungen mit den Körpern, die in seinen Weg treten, gelten sinngemäß alle Überlegungen, die wir bei den mechanischen Wellen angestellt haben. Wie in einer mechanischen Welle, so pflanzt sich in einer Lichtwelle, die sich in einem homogenen Stoff oder im Vakuum ausbreitet, Energie geradlinig fort. Wie bei den mechanischen Wellen wird diese geradlinige Ausbreitung gestört, es tritt *Beugung* ein (§ 91), wenn in den Weg des Lichts Hindernisse treten, deren Abmessungen von der Größenordnung der Wellenlänge sind. Wegen der kleinen Wellenlänge des Lichts machen sich aber bei ihm Beugungserscheinungen erst bei sehr kleinen Abmessungen solcher Hindernisse deutlicher bemerkbar. Sofern wir also zunächst von allen Wechselwirkungen, bei denen eine merkliche Beugung eintritt, absehen, können wir auf das Licht den in § 80 eingeführten Strahlbegriff anwenden

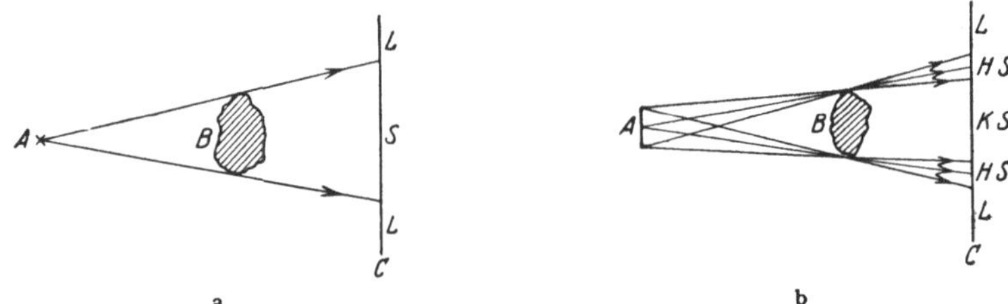

Abb. 440. a Schattenbildung bei punktförmiger Lichtquelle, b Kernschatten und Halbschatten.

und von *Lichtstrahlen* als den Bahnen des Lichts sprechen. Wir verstehen darunter einen Lichtkegel von so kleinem Öffnungswinkel, daß wir ihn uns praktisch durch eine Linie dargestellt denken können, längs derer sich das Licht fortpflanzt. Einen Lichtkegel von endlicher Öffnung denken wir uns als aus unendlich vielen, vom gleichen Punkte ausgehenden Lichtstrahlen bestehend.

Den Verlauf der Lichtstrahlen kann man unmittelbar erkennen, wenn ein schmaler Lichtkegel durch ein trübes oder mit kleinen schwebenden Teilchen erfülltes Medium tritt. Jeder kennt die „Lichtstrahlen", die durch ein enges Loch in einen dunklen Raum treten, oder die die Sonne am Rande von Wolken in einer trüben Atmosphäre erzeugt. Sie entstehen dadurch, daß das Licht auf kleine Teilchen — Staub, Wassertropfen u. dgl. — trifft und sie beleuchtet. Man sieht also in Wirklichkeit nicht die Lichtstrahlen selbst, sondern eine Folge von Punkten, in denen die den Lichtkegel bildenden Strahlen enden, und die in ihrer Gesamtheit den Lichtkegel leuchtend erfüllen.

Die geradlinige Ausbreitung des Lichtes erkennt man am deutlichsten an den *Schatten* der undurchsichtigen Körper. Es sei A (Abb. 440a) eine als punktförmig gedachte Lichtquelle, B ein in den Weg ihres Lichtes gebrachter Körper, C eine das Licht auffangende Fläche (Schirm), etwa eine weiße Wand. Infolge der geradlinigen Ausbreitung des Lichts fällt Licht nur an die mit L bezeichneten Stellen des Schirmes, dagegen nicht an die mit S bezeichnete Stelle. Diese bildet den Schatten des Körpers.

Lichtquellen sind nie streng punktförmig, wenn man auch z. B. mit einer Bogenlampe mit dünnen Kohlen dieser Grenze praktisch nahekommt. Man kann sich aber die strahlende Fläche einer Lichtquelle immer als aus strahlenden Punkten (genauer sehr kleinen strahlenden Flächenelementen) zusammengesetzt denken und die Lichtwirkung auf einer Fläche als die Summe der Wirkungen dieser einzelnen Punkte berechnen. Es zeigt sich dann folgendes. Ein schattenwerfender Körper (Abb. 440 b) schirmt das Licht nur von dem Teil KS der hinter ihm stehenden Fläche vollkommen ab, den man mit *keinem* Punkte der Lichtquelle durch eine Gerade verbinden kann, ohne durch das Innere des Körpers zu gehen. In diesem *Kernschatten* herrscht vollständige Dunkelheit. Die Helligkeit in weiteren, außen liegenden Teilen L der Fläche wird durch die Anwesenheit des Körpers überhaupt nicht berührt. Es sind dies diejenigen Teile der beleuchteten Fläche, welche man mit *jedem* Punkte der Lichtquelle durch eine Gerade verbinden kann, ohne durch das Innere des Körpers zu gehen. Zwischen diesen beiden Gebieten liegt der *Halbschatten H S*, dessen Punkte man nur mit einzelnen Teilen der Lichtquelle so verbinden kann, mit anderen nicht. Auf diesen Teil der Fläche fällt zwar Licht, aber nur von einem Teil der Lichtquelle, und zwar um so weniger, je mehr man sich der Grenze des Kernschattens nähert. Die Beleuchtung einer Stelle der Fläche ist um so schwächer, einen je kleineren Teil der Lichtquelle man von dieser Stelle aus noch sehen kann. Im Halbschatten findet also ein stetiger Übergang von voller Dunkelheit zu voller Helligkeit statt. Der Schatten hat eine unscharfe Begrenzung. Ist der Querschnitt des schattenwerfenden Körpers kleiner als die Fläche der Lichtquelle, so entsteht in größerer Entfernung von dem Körper kein Kernschatten mehr, sondern nur ein Halbschatten.

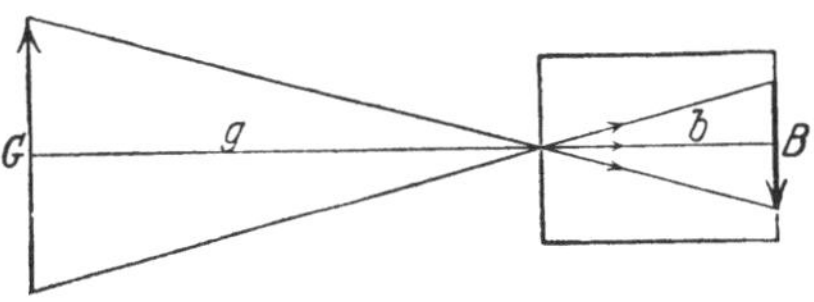

Abb. 441. Lochkamera.

Eine Sonnenfinsternis entsteht, wenn der Mond zwischen Sonne und Erde tritt, so daß der Schatten des Mondes auf die Erde fällt. Der Kernschatten des Mondes ist im Verhältnis zur Erdoberfläche sehr klein. Daher ist eine totale Sonnenfinsternis immer nur auf kleine Bereiche der Erde beschränkt. Bei einer Mondfinsternis steht die Erde zwischen Sonne und Mond und wirft auf diesen ihren Schatten, dessen Kern zufällig der Größe der Mondfläche fast genau gleich ist. Auch die Monde der anderen Planeten erleiden entsprechende Verfinsterungen. Bei gewissen Doppelsternen, d. h. Systemen von zwei sehr nahe benachbarten Fixsternen, welche umeinander rotieren, beobachtet man periodische Helligkeitsschwankungen, die davon herrühren, daß bald der eine, bald der andere der beiden Fixsterne in regelmäßigen Zeitabständen zwischen die Erde und den anderen Stern tritt und dessen Licht abschirmt (visuelle Doppelsterne).

Eine Lochkamera (Abb. 441) ist ein Kasten, der in seiner Vorderwand ein feines Loch und in seiner Rückwand eine Mattscheibe, wie ein Lichtbildgerät, trägt. Vor dem Loch befinde sich ein lichtaussendender Körper G. Jedes Flächenelement der Mattscheibe empfängt durch das feine Loch nur Licht von einem bestimmten Flächenelement der Lichtquelle. Die Beleuchtung auf der Scheibe liefert also ein getreues Abbild der Verteilung von Helligkeit und Farbe des von den einzelnen Flächenelementen der Lichtquelle herkommenden Lichtes. Es entsteht auf ihr ein *Bild B* der Lichtquelle G (des Gegenstandes), und zwar ist dieses umgekehrt, und es ist rechts und links vertauscht, wenn man es von der Rückseite her betrachtet. Ist g die Entfernung des leuchtenden Gegenstandes vom Loch, b die Entfernung der Rückwand vom Loch, G die wahre Größe des Gegenstandes, B die Größe des Bildes, so verhält sich

$$B : G = b : g. \tag{1}$$

Das Verhältnis B/G, der *Abbildungsmaßstab*, kann größer oder kleiner als 1 sein. Ist das Loch ausreichend fein, so hängt die Schärfe des Bildes nur wenig vom

Abstande g ab. Man kann eine solche Lochkamera zum Photographieren benutzen, indem man an die Stelle der Mattscheibe eine photographische Platte bringt. Man benötigt dabei eine wesentlich längere Aufnahmezeit als mit einem gewöhnlichen Lichtbildgerät. Solange das Loch klein ist gegenüber derjenigen Struktur des Gegenstandes, auf deren scharfe Abbildung man Wert legt, spielt die Gestalt des Loches für die Güte der Abbildung keine Rolle.

262. Die Geschwindigkeit des Lichts. Die Geschwindigkeit des Lichts beträgt im leeren Raum (Vakuum, Weltraum) fast genau $3 \cdot 10^{10}$ cm·sec^{-1} = 300000 km·sec^{-1}.

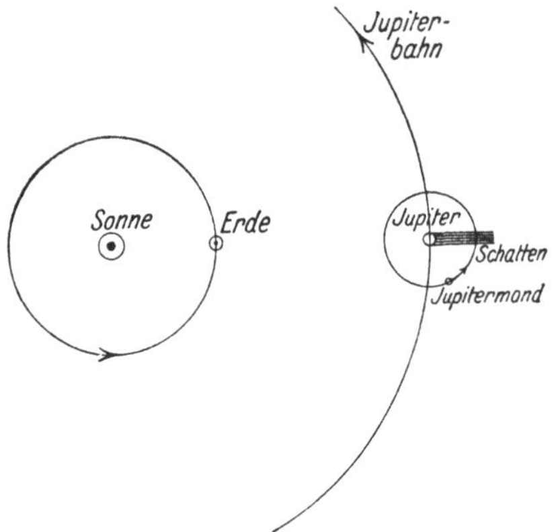

Abb. 442. Zur Methode von Olaf Römer.

Das Licht legt demnach eine Strecke gleich dem $7^1/_2$fachen des Erdumfangs in 1 sec zurück. Von der Sonne zur Erde braucht das Licht 500 sec, vom Mond zur Erde 1,28 sec, von dem Stern α-Zentauri, dem der Sonne nächsten Fixstern, 4,3 Jahre. Man kennt Spiralnebel, deren Entfernung so groß ist, daß das Licht rund 500 Millionen Jahre braucht, um bis zur Erde zu gelangen (§ 373). In allen Stoffen ist die Lichtgeschwindigkeit kleiner als im leeren Raum (vgl. § 269).

Die erste Bestimmung der Lichtgeschwindigkeit hat OLAF RÖMER (1676) ausgeführt, indem er die Zeiten zwischen zwei Verfinsterungen eines Jupitermondes beobachtete. Diese finden natürlich in gleichen Zeitabständen statt, werden aber auf der Erde nicht in gleichen Zeitabständen wahrgenommen. Das liegt daran, daß Erde und Jupiter die Sonne in sehr verschiedenen Zeiten umlaufen, so daß ihr Abstand ständig wechselt. Daher wechselt auch die Laufzeit des Lichtes vom Jupitermond bis zur Erde. In denjenigen Phasen, in denen Sonne, Erde und Jupiter auf der gleichen Geraden liegen (Abb. 442), in denen also der Abstand Erde—Jupiter für kurze Zeit praktisch konstant bleibt, wird der Zeitabstand zweier Verfinsterungen in richtiger Größe beobachtet. In den Phasen aber, in denen sich die Erde dem Jupiter nähert, die Erde also dem vom Jupitermond kommenden Licht entgegenläuft, beobachtet man die Verfinsterungen in kürzeren Zeitabständen, als sie wirklich erfolgen, in den Phasen, in denen sich die Erde vom Jupiter entfernt, in größeren Zeitabständen. Aus den Radien der Erd- und Jupiterbahn und diesen Schwankungen des Zeitabstandes konnte RÖMER schon einen recht guten Wert der Lichtgeschwindigkeit berechnen.

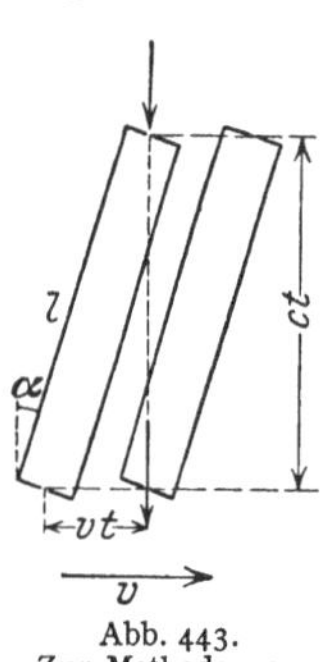

Abb. 443.
Zur Methode von
BRADLEY.

Eine zweite astronomische Methode stammt von BRADLEY (1727). Man denke sich, man wolle senkrecht herabfallende Regentropfen durch ein Rohr hindurchfallen lassen, welches nur oben und unten eine kleine Öffnung hat (Abb. 443). Befindet sich das Rohr in Ruhe, so muß man das Rohr senkrecht halten, damit der gewünschte Erfolg erreicht wird. Bewegt sich aber das Rohr in horizontaler Richtung mit der Geschwindigkeit v, so darf das Rohr nicht mehr senkrecht gehalten werden. Ist die Länge des Rohres l, die Fallgeschwindigkeit der Tropfen c, so brauchen diese zum Durchlaufen des senkrecht gestellten Rohres die Zeit $t = l/c$. Während dieser Zeit aber hat sich das Rohr um eine Strecke $x = vt$ verschoben. Die Tropfen fallen also nicht mehr durch das untere Loch. Um dies wieder zu erreichen, muß man das Rohr gegen die

Fallrichtung der Tropfen um einen Winkel α neigen, für den sich aus Abb. 443 die Beziehung tg $\alpha = v/c$ ergibt. Aus dem Winkel α und der Geschwindigkeit v könnte man dann die Fallgeschwindigkeit der Tropfen berechnen.

Bei der Methode von Bradley tritt nun an die Stelle des Tropfens das Licht, welches von irgendeinem Fixstern herrührt, an die Stelle des Rohrs mit den Löchern ein Fernrohr. (Man könnte dazu grundsätzlich auch genau die gleiche Einrichtung benutzen wie für den gedachten Versuch mit den Tropfen.) v ist jetzt die Bahngeschwindigkeit der Erde. An den angestellten Überlegungen ändert sich nichts. Sie besagen jetzt, daß man, um das Licht eines Fixsterns durch die Achse eines Fernrohrs hindurchtreten zu lassen, ihn also in der Mitte des Gesichtsfeldes zu sehen, das Fernrohr um einen gewissen Winkel in Richtung der Erdbewegung vorwärtsneigen muß. Das heißt, das Licht trifft den bewegten Beobachter aus einer etwas anderen Richtung als einen gedachten ruhenden Beobachter, der Ort des Fixsterns scheint ein wenig verschoben. Sterne, die nahe am Himmelspol stehen, beschreiben daher im Laufe eines Jahres scheinbar einen kleinen Kreis, dessen halber Winkeldurchmesser $\alpha = 20{,}6''$ beträgt, in der Ebene der Ekliptik liegende Fixsterne führen eine kleine scheinbare, geradlinige Hin- und Herbewegung am Himmel aus, dazwischen liegende Sterne beschreiben scheinbar kleine Ellipsen, deren große Achsen unter dem gleichen Winkel α erscheinen. Man bezeichnet diese Erscheinung als *Aberration*. Aus α und der Erdgeschwindigkeit $v \approx$ 30 km $\cdot$ sec^{-1} berechnet sich die Lichtgeschwindigkeit zu 300 000 km $\cdot$ sec^{-1}.

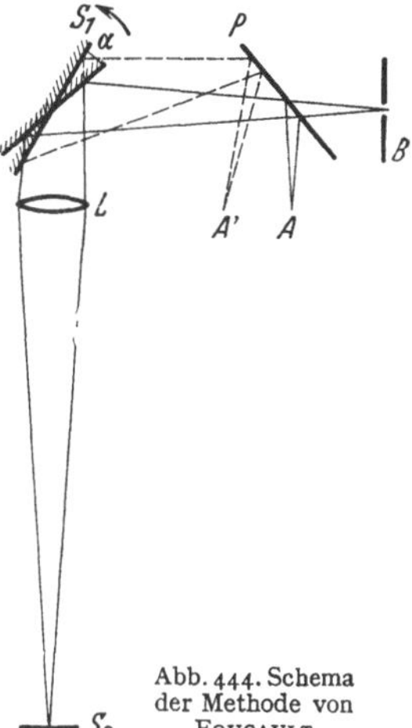

Abb. 444. Schema der Methode von Foucault.

Viel genauer als die astronomischen Methoden sind die auf der Erde ausführbaren Messungen. Von diesen führen wir als wichtigste die Methode von Foucault an. Der Grundgedanke dieser Methode ist der folgende (Abb. 444): Durch eine Blende B tritt ein Lichtbündel und fällt nach dem Durchgang durch eine planparallele Glasplatte P auf einen ebenen Spiegel S_1, der in sehr schnelle Drehung um eine zur Zeichnungsebene senkrechte Achse versetzt werden kann. Dort wird das Licht reflektiert und durch eine Linse L so auf einen Hohlspiegel S_2 vereinigt, daß die Blende B auf dem Hohlspiegel abgebildet wird. Dann läuft das Licht nach der Reflexion am Hohlspiegel auf genau dem gleichen Wege wieder zurück bis zum Spiegel S_1 und wird von diesem wieder reflektiert. Beim Auftreffen auf die planparallele Glasplatte P wird ein Teil des Lichtes reflektiert, und es entsteht, wenn der Spiegel S_1 nicht rotiert, ein Bild der Blende B im Punkte A. Wenn aber S_1 rotiert, so findet das zurückkehrende Licht den Spiegel nicht mehr genau in seiner alten Lage vor; der Rückweg des Lichtes erfolgt von hier ab nicht mehr in der alten Bahn, sondern unter einem kleinen Winkel gegen diese. Daher ist jetzt auch das Bild der Blende gegenüber demjenigen bei ruhendem Spiegel ein wenig verschoben, und zwar nach A' um die Strecke AA'. (Zur Verdeutlichung sind die Maßverhältnisse in Abb. 444 stark übertrieben.)

Nach dem Grundgedanken von Foucault hat in jüngerer Zeit Michelson mehrfach sehr genaue Messungen der Lichtgeschwindigkeit durchgeführt. Er verwendete dazu nicht einen einfachen Spiegel als Drehspiegel, sondern die hochversilberten Seitenflächen eines Glaskörpers, dessen Querschnitt ein regelmäßiges Vieleck war, bei den letzten Messungen ein 32seitiges Vieleck. Man regelt nun die Drehzahl des Drehspiegels derart, daß während der Laufzeit des Lichtes vom Drehspiegel zum Hohlspiegel und zurück genau die folgende Spiegelfläche an die Stelle der vorhergehenden getreten ist, was bei n Spiegelflächen einer Drehung um $360^0/n$ entspricht. In diesem Fall erscheint das Bild an der gleichen Stelle, wie bei ruhendem Spiegel. Es sei l der Abstand des Hohlspiegels vom Drehspiegel, also $2\,l$ der Weg des Lichtes, τ die für eine volle Umdrehung des Spiegels nötige Zeit, also τ/n die Zeitspanne zwischen zwei aufeinanderfolgenden gleichwertigen Spiegelstellungen. Dann muß die Laufzeit des Lichtes $t = 2\,l/c = \tau/n$ sein, also $c = 2\,l\,n/\tau$. Die Zeit τ läßt sich aus der Drehzahl des Spiegels sehr genau ermitteln.

Seine ersten Messungen führte MICHELSON auf einer etwa 35 km langen Strecke zwischen zwei Bergspitzen in Kalifornien aus, die auf 5 cm genau vermessen war. Sein Ergebnis betrug (auf das Vakuum umgerechnet) $c = 2,99796 \cdot 10^{10}$ cm $\cdot$ sec^{-1} mit einer geschätzten Genauigkeit von 0,001%. Dieser Wert ist aber erst durch eine Umrechnung aus dem in Luft gemessenen Wert gewonnen. Da in der Umrechnung auf das Vakuum eine gewisse Unsicherheit vorliegt, nahm MICHELSON später eine neue Messung in einem etwa 1500 m langen Rohrsystem in Angriff, das auf einen Druck von 0,01 bis 0,001 Atm. evakuiert werden konnte. In dem Rohrsystem wurde das Licht acht- bis zehnmal hin und her reflektiert, ehe es zum zweiten Male an den Drehspiegel gelangte, so daß der Lichtweg 12 bis 15 km betrug. Die nach MICHELSONs Tode von seinen Mitarbeitern durchgeführten rund 1900 Einzelmessungen ergaben in sehr naher Übereinstimmung mit dem früheren Wert $c = 2,99774 \cdot 10^{10}$ cm $\cdot$ sec^{-1}, und zwar mit etwa der gleichen geschätzten Genauigkeit. Als zuverlässigsten Wert der Lichtgeschwindigkeit wird heute der Wert

$$c = 2,99776 \cdot 10^{10} \text{ cm} \cdot \text{sec}^{-1}$$

angesehen. Über die elektrische Messung der Lichtgeschwindigkeit siehe § 232.

Da die FOUCAULTsche Methode auch schon bei kleinen Entfernungen recht gute Werte liefert, so kann sie dazu benutzt werden, um die Lichtgeschwindigkeit in Stoffen, z. B. in Flüssigkeiten, zu messen. In diesem Fall verläuft der Weg $S_1 S_2 S_1$ zum Teil in dem betreffenden Stoff. Von besonderer Wichtigkeit sind solche Messungen in bewegten Stoffen, z. B. in strömenden Flüssigkeiten (§ 290 und 326).

263. Lichtmessung. Da Licht Energie ist, so kann man von der *Lichtmenge* sprechen, die eine Lichtquelle aussendet. Man versteht darunter denjenigen Betrag an Energie, der von der Lichtquelle in einer bestimmten Zeit in Form von sichtbarem Licht ausgesandt wird. Die gesamte in alle Richtungen in 1 sec von einer Lichtquelle ausgesandte Lichtmenge, den von ihr ausgehenden Energiestrom (§ 79), nennt man den *Lichtstrom* Φ der Lichtquelle. Die Dichte dieses Lichtstroms ist im allgemeinen nicht in allen Richtungen die gleiche, d. h. eine Lichtquelle strahlt im allgemeinen nicht nach allen Richtungen gleich viel Licht aus.

Unter der *Lichtstärke* einer Lichtquelle innerhalb eines elementaren räumlichen Winkels $d\,\Omega$ versteht man die Größe

$$J = \frac{d\,\Phi}{d\,\Omega}. \tag{2}$$

Es ist also der Lichtstrom innerhalb des räumlichen Winkels $d\,\Omega$ gleich $d\Phi = J\,d\Omega$. Strahlt die Lichtquelle nach allen Richtungen gleich stark, so ist der gesamte Lichtstrom $\Phi = 4\pi J$. Internationale Einheit der Lichtstärke ist die seit Anfang 1941 auch in Deutschland eingeführte *Neue Kerze* (N.K.). (Die Neue Kerze ist rund 10% größer als die bisher in Deutschland benutzte Einheit 1 HEFNER-Kerze). Die N.K. ist dadurch definiert, daß die Lichtstärke von 1 cm^2 der Oberfläche eines schwarzen Körpers (§ 317) bei einer Temperatur von 1768° C, dem Erstarrungspunkt reinen Platins, gleich 60 N.K. sein soll.

Die Einheit des Lichtstromes heißt 1 *Lumen*. Sie ist gleich dem Lichtstrom, den eine punktförmige Lichtquelle von 1 N.K. innerhalb eines räumlichen Winkels $\Omega = 1$ ausstrahlt, und entspricht einem Energiestrom von rund 0,0016 Watt.

Unter der *Beleuchtungsstärke* einer Fläche versteht man die in ihr herrschende Lichtstromdichte, d. h. den auf 1 cm² oder auf 1 m² der Fläche fallenden Lichtstrom. Ihre Einheit ist demnach 1 Lumen · cm⁻² = 1 *Phot* bzw. 1 Lumen · m⁻² = 1 *Lux* = 10⁻⁴ Phot.

Die *Leuchtdichte* einer Fläche (selbstleuchtend oder nichtselbstleuchtend) ist die Lichtstärke von 1 cm² dieser Fläche in der zur Fläche senkrechten Richtung. Ihre Einheit ist demnach 1 N.K. · cm⁻² = 1 *Stilb*.

In vielen Fällen gilt in weitgehender Annäherung das LAMBERTsche Kosinusgesetz, welches besagt, daß die von einer Fläche unter dem Winkel φ gegen das Lot auf die Fläche ausgestrahlte Lichtmenge $\cos\varphi$ proportional ist. Bei strenger Gültigkeit dieses Gesetzes erscheint eine selbstleuchtende Fläche, unabhängig von ihrer Orientierung zur Blickrichtung, stets von gleicher Flächenhelligkeit. Ein diesem Gesetz streng gehorchender selbstleuchtender Körper erscheint daher als eine mit überall gleicher Helligkeit leuchtende Scheibe. Mit einiger Annäherung, aber nicht streng, gilt dies z. B. für die Sonne.

Da die Beleuchtungsstärke einer Fläche gleich der auf sie fallenden Lichtstromdichte ist, diese aber gleich der in § 79, Gl. (4), definierten Energiestromdichte j ist, so gilt auch für die Beleuchtungsstärke einer Fläche das dort abgeleitete *Entfernungsgesetz*. Die Beleuchungsstärke einer Fläche ist dem Quadrat ihres Abstandes von der Lichtquelle umgekehrt proportional. Denken wir uns eine Kugelfläche um eine Lichtquelle L (Abb. 445), deren Radius einmal r_1, dann r_2 sei, so verhalten sich ihre Beleuchtungsstärken im einen und im anderen Fall wie

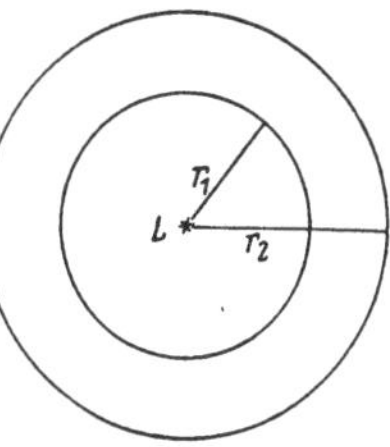

Abb. 445.
Zum Entfernungsgesetz.

$$ j_1 : j_2 = \frac{1}{r_1^2} : \frac{1}{r_2^2} = r_2^2 : r_1^2 . \tag{3} $$

Ist die Lichtstärke der Lichtquelle nicht nach allen Richtungen die gleiche, so gilt Gl. (3) für jede Richtung gesondert.

Bildet die Richtung des auf eine Fläche fallenden Lichts den Winkel φ (Einfallswinkel) mit dem Lot (Einfallslot) auf der Fläche, so läßt sich leicht nachweisen, daß alsdann die Beleuchtungsstärke im Verhältnis $\cos\varphi$ kleiner ist als bei senkrechtem Einfall des Lichtes (LAMBERTsches Gesetz).

Nach Gl. (2) ist die von einer im räumlichen Winkel Ω gleichmäßig leuchtenden Lichtquelle von der Lichtstärke J auf einer in nicht zu kleinem Abstande r befindlichen, zu r senkrechten Fläche F erzeugte Beleuchtungsstärke $E = \dfrac{J\Omega}{F} = \dfrac{J}{r^2}$ (§ 5). Bringen zwei Lichtquellen von den Lichtstärken J_1 und J_2 in den Abständen r_1 und r_2 jede für sich allein auf der gleichen Fläche die gleiche Beleuchtungsstärke hervor, ist also $J_1/r_1^2 = J_2/r_2^2$, so verhalten sich die Lichtstärken wie

$$ J_1 : J_2 = r_1^2 : r_2^2 . \tag{4} $$

Da der von einer leuchtenden Fläche her in die Pupille des Auges gelangende Lichtstrom dem Quadrat des Abstandes umgekehrt proportional ist, das gleiche aber auch für die scheinbare Größe der leuchtenden Fläche gilt, so erscheint uns ein leuchtender Körper, unabhängig von seiner Entfernung, stets in gleicher Flächenhelligkeit, aber natürlich nur dann, wenn auf dem Wege des Lichtes keine Absorption stattfindet.

Für die Wahrnehmung von Helligkeitsunterschieden gilt das *psycho-physische Grundgesetz* (W. WEBER 1825, FECHNER 1856), welches besagt, daß der absolute Helligkeitsunterschied, der eben noch als ein solcher bemerkt wird, der Helligkeit proportional ist. Daraus folgt, daß ein Helligkeitsunterschied, der an zwei sehr schwachen Lichterscheinungen gerade noch bemerkt wird, bei gleichem absoluten Betrage an zwei stärkeren Lichterscheinungen nicht mehr bemerkt wird.

Die *Lichtmessung* oder *Photometrie*, d. h. die Messung von Lichtstärken, erfolgt so, daß man die zu messende Lichtquelle mit einer anderen vergleicht, deren Lichtstärke durch Vergleich mit einer Lichtnormal (N.K.) bekannt ist.

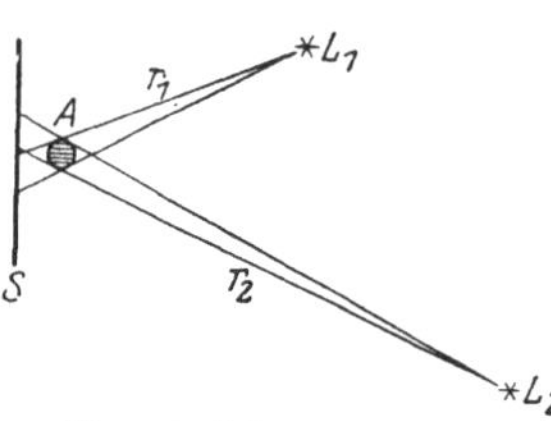

Abb. 446. Schattenphotometer.

Die meisten photometrischen Verfahren beruhen auf der Anwendung der Gl. (4). Es wird dabei von der Tatsache Gebrauch gemacht, daß das Auge Helligkeits*unterschiede*, besonders bei geringer Helligkeit, ziemlich genau erkennt.

Schattenphotometer. Die zu messende und die Vergleichslichtquelle stehen vor einem weißen Schirm S. Dicht vor dem Schirm steht ein Stab A (Abb. 446). Beide Lichtquellen werfen einen Schatten dieses Stabes auf den Schirm. Sie werden so aufgestellt, daß die beiden Schatten dicht nebeneinanderliegen. Die Schatten sind nicht vollkommen dunkel, sondern bilden auf der sonst von beiden Lichtquellen beleuchteten Wand Stellen, welche jeweils nur von einer der beiden Lichtquellen

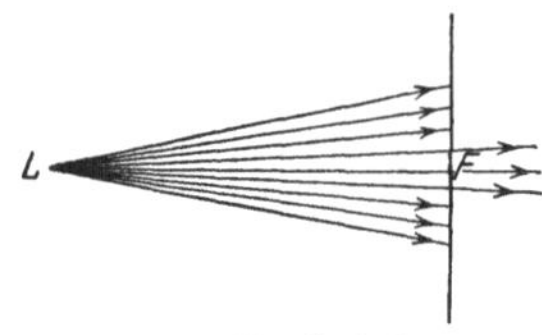

Abb. 447. Zum Fettfleckphotometer.

beleuchtet werden. Die Beleuchtungsstärke in jedem der beiden Schatten rührt also nur von je einer der beiden Lichtquellen her. Die Lichtquellen werden nun so lange verschoben, bis die beiden Schatten gleich hell erscheinen, also in ihnen die gleiche Beleuchtungsstärke herrscht. Dann verhalten sich nach Gl. (4) die Lichtstärken der beiden Lichtquellen wie die Quadrate ihrer Abstände von der Fläche.

Fettfleckphotometer von BUNSEN. In der Mitte eines in einen Rahmen gespannten Blattes Schreibpapier befindet sich ein kleiner Fettfleck F (z. B. ein wenig Stearin durch Erwärmen einziehen lassen). Es falle zunächst nur von einer Seite her Licht auf das Photometer. Dieses wird vom Papier zurückgeworfen, vom Fettfleck aber zum großen Teil hindurchgelassen und tritt dort auf der Rückseite aus (Abb. 447). Infolgedessen erscheint, von der beleuchteten Seite aus gesehen, der Fettfleck dunkel auf hellem Grunde, von der anderen Seite her gesehen, hell auf dunklem Grunde. Bringt man jetzt auf der anderen Seite ebenfalls eine Lichtquelle an, so kann man durch Wahl geeigneter Abstandsverhältnisse die Beleuchtungsstärke auf den beiden Flächen so einrichten, daß z. B. von der rechten Seite her betrachtet das von links her durch den Fettfleck hindurchtretende Licht auf der rechten Seite gerade den Ausfall an Licht ersetzt, der dadurch entsteht, daß Licht der rechten Lichtquelle durch den Fettfleck nach links hindurchtritt. In diesem Falle erscheint der Fettfleck ebenso hell wie seine Umgebung. Das gleiche ist dann auch der Fall, wenn man von der anderen Seite beobachtet. In diesem Falle gilt wieder Gl. (4). Um genaue Ergebnisse zu erzielen, muß man die beiden zu vergleichenden Lichtquellen nacheinander mit der gleichen Hilfslichtquelle vergleichen und den Fettfleck jedesmal aus der gleichen Richtung beobachten. Denn das Verschwinden des Fleckes tritt nicht für alle Beobachtungsrichtungen gleichzeitig ein. (Vgl. WESTPHAL, „Physikalisches Praktikum", 2. Aufl., 25. Aufgabe.)

Für genauere Messungen dient das LUMMER-BRODHUNsche Photometer. Sein wesentlicher Teil ist der *Photometerwürfel* (Abb. 448). Er besteht aus zwei

rechtwinkligen Glasprismen, von denen das eine, bis auf ein mittleres ebenes
Stück, an seiner Hypotenusenfläche rund geschliffen ist. Die beiden Prismen
berühren sich in der aus der Abbildung ersichtlichen Weise. Das Licht der
beiden zu vergleichenden Lichtquellen fällt in eine der Kathetenflächen je eines
der beiden Prismen senkrecht ein. Wie in § 272 näher ausgeführt werden wird,
findet in diesem Falle dort, wo das Licht an die Grenze des Glases gegen Luft
tritt, vollständige Zurückwerfung (Totalreflexion) des Lichts statt, während
es durch die Berührungsebene der beiden Prismen hindurchtritt. Aus der
Prismenfläche BC tritt daher in der Mitte des Gesichtsfeldes nur Licht aus,
welches von der Lichtquelle L_2 herrührt, während aus den Randbezirken nur
Licht der Lichtquelle L_1 austritt. Die Prismenfläche AB spielt also etwa die
gleiche Rolle wie die Papierfläche des Fettfleckphotometers. Das von ihr herkommende Licht rührt teils von der einen, teils von der anderen Lichtquelle
her. Die Berührungsebene entspricht dabei dem Fettfleck. Sie ist ebenso
hell, wie ihre Umgebung, wenn die Beleuchtungs-
stärke der Fläche AB durch beide Lichtquellen gleich
groß ist.

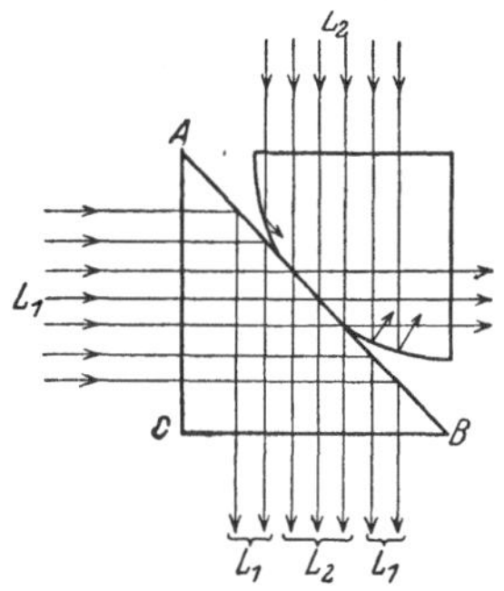

Andere Photometer beruhen darauf, daß man bei
feststehenden Lichtquellen die Beleuchtungsstärke, die
die stärkere von ihnen auf einer Fläche erzeugt, um
einen meßbaren Betrag schwächt und derjenigen gleich
macht, die die andere Lichtquelle dort hervorruft.
Die meßbare Schwächung kann erfolgen, indem man
einen grauen Glaskeil oder zwei NICOLsche Prismen
(§ 301), die gegeneinander gedreht werden können,
in den Strahlengang bringt.

Bei allen diesen Photometern liefert das menschliche Auge die Entscheidung über die zu beurteilenden

Abb. 448. Photometerwürfel nach
LUMMER-BRODHUN.

Helligkeitsverhältnisse, und daher sind diese Methoden mit unvermeidlichen
Fehlern behaftet, die von der begrenzten Empfindlichkeit des Auges und
von den Unterschieden im Sehvermögen verschiedener Beobachter herrühren.
Von solchen Fehlern sind die Verfahren frei, welche die Beleuchtungsstärke
auf elektrischem Wege messen, insbesondere mit Hilfe der lichtelektrischen
Zelle oder der Selenzelle (§ 330). Für die Messung sehr geringer Helligkeiten
kommen überhaupt nur solche Verfahren in Betracht, z. B. für die Messung der
Helligkeit von Sternen. Auch die Schwärzung einer photographischen Platte
kann unter gewissen Vorsichtsmaßregeln — die Schwärzung ist der Menge des
absorbierten Lichtes nicht proportional — zu Lichtmessungen benutzt werden.

Genaue Lichtmessungen auf rein optischem Wege sind nur dann möglich,
wenn die zu vergleichenden Lichtquellen nahezu gleiche Farbe haben. Eine
weißglühende Glühlampe kann mit einer gelblich leuchtenden Kerze nicht
unmittelbar verglichen werden.

II. Geometrische Optik.

264. Grundtatsachen der geometrischen Optik. Bei allen Fragen der Ausbreitung des Lichtes, bei denen Beugungs- und Interferenzerscheinungen keine
merkliche Rolle spielen, brauchen wir vorläufig keine Anwendung von der Wellentheorie des Lichts zu machen. Zur Beschreibung der Erscheinungen auf
diesem Gebiet genügt die Vorstellung von den Lichtstrahlen als den Bahnen,
längs derer sich die Lichtenergie fortpflanzt. Die Wechselwirkungen zwischen
dem Licht und den Körpern, die ihm auf seinem Wege begegnen, äußern sich
dann lediglich in Richtungsänderungen, die die Lichtstrahlen in bestimmten

Punkten ihrer Bahn durch Reflexion oder Brechung erfahren. Diese Behandlungsweise der Lichterscheinungen heißt *geometrische* oder *Strahlenoptik*. Hingegen sind die Beugungs- und Interferenzerscheinungen nur auf Grund der Wellentheorie des Lichtes beschreibbar (*Wellenoptik*, III. Abschnitt).

Ein wichtiger Satz der geometrischen Optik ist der Satz von der *Umkehrbarkeit des Strahlenganges*. Er besagt, daß ein Lichtstrahl, der irgendwo in in der gleichen Geraden in entgegengesetzter Richtung verläuft wie ein anderer Lichtstrahl, dies auch in seinem weiteren Verlauf stets tut. Er erfährt also in den gleichen Punkten wie dieser die gleichen Reflexionen und Brechungen, aber in umgekehrter Reihenfolge. Ein zweiter wichtiger Satz ist das auf das Licht angewandte FERMAT*sche Prinzip* (§ 90), das man in diesem Fall auch den *Satz vom ausgezeichneten Lichtweg* nennt. Greift man auf einem Lichtstrahl irgend zwei Punkte heraus, so verläuft das Licht zwischen ihnen stets so, daß es seinen Weg in der kürzesten, in selteneren Fällen auch in der längsten möglichen Zeit zurücklegt.

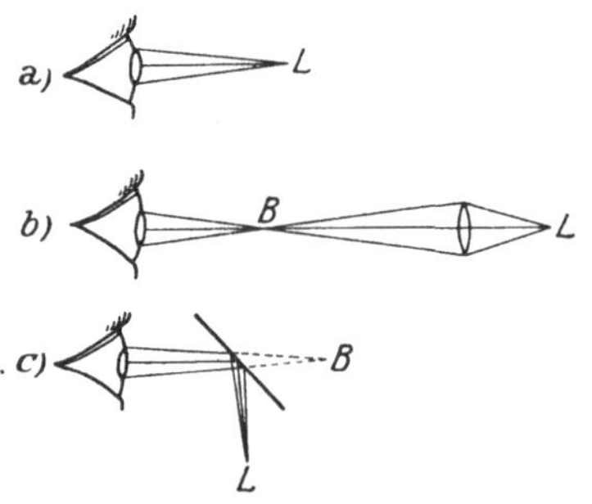

Abb. 449. Zur Wahrnehmung von Gegenständen und Bildern. a unmittelbares Sehen, b reelles, c virtuelles Bild.

265. Allgemeines über optische Bilder. Wir sagen, daß wir einen Gegenstand, im einfachsten Fall einen leuchtenden Punkt L, *unmittelbar* sehen, wenn die von ihm herkommenden Strahlen ohne Änderung ihrer Richtung in unser Auge gelangen. In diesem Falle befindet sich der Punkt an der Spitze eines Kegels von divergenten Strahlen, dessen Basis die Pupille unseres Auges bildet, und er ist der *unmittelbare* Ausgangspunkt dieser Strahlen (Abb. 449a). Der Sinneseindruck eines im Raume befindlichen Gegenstandes beruht also auf dem Einfall divergenter Lichtstrahlen, die geradlinig von den einzelnen Punkten des Gegenstandes herkommen, in unser Auge.

Wir werden aber Fälle kennenlernen, wo auch ein in genau der gleichen Weise divergierendes Strahlenbüschel von jedem Punkte eines Gegenstandes her in das Auge fällt, aber diese Strahlen nicht geradlinig von dem Gegenstand herkommen. Für den Sinneseindruck des Auges ist aber lediglich der Verlauf der Strahlen beim Eintritt in das Auge maßgebend, und wir sehen den Gegenstand alsdann dort, von wo die Strahlen divergieren oder zu divergieren scheinen. Eine solche Erscheinung heißt ein *Bild* des Gegenstandes. Hier sind zwei Fälle möglich. Entweder ist der Verlauf der von den einzelnen Punkten eines Gegenstandes herkommenden Strahlen durch irgendwelche optische Vorrichtungen derart verändert, daß sie zur Konvergenz in einen Punkt gebracht werden, durch den sie dann geradlinig weiter verlaufen, von wo sie also wie von den Punkten eines wirklichen Gegenstandes divergieren. Man nennt dann den betreffenden Punkt B im Raum ein *reelles Bild* des zugehörigen Punktes des Gegenstandes (Abb. 449b, Abbildung durch eine Linse, § 274). Ein reelles Bild kann man auf einem Schirm auffangen. Bringt man an den Ort B des Schnittpunktes der Strahlen eine weiße Fläche, so entspricht ihre Beleuchtung punktweise dem von den einzelnen Punkten des Gegenstandes ausgehenden Lichte. Der Gegenstand wird auf der Fläche abgebildet. Es kann aber auch sein, daß der Divergenzpunkt B der Strahlen nur ein scheinbarer ist, d. h. daß die in das Auge fallenden Lichtstrahlen sich in ihm nicht wirklich schneiden, sondern nur ihre rückwärtigen Verlängerungen. In diesem Falle haben wir ein *virtuelles Bild* (Abb. 449c, Abbildung an einem ebenen Spiegel). Ein solches Bild kann man nicht auf einem Schirm auffangen, weil der geometrische Schnittpunkt B der in das Auge fallenden Lichtstrahlen tatsächlich gar kein Punkt ist, in dem die Strahlen vereinigt sind.

Reelle oder virtuelle Bilder von Gegenständen entstehen, wenn die Bilder der einzelnen Punkte des Gegenstandes in räumlich richtiger Reihenfolge im Bilde nebeneinanderliegen. Sie können größer oder kleiner als der Gegenstand sein. Ferner können sie die gleiche Lage im Raum haben oder um irgendeinen Winkel gegen die Lage des Gegenstandes verdreht erscheinen. Von besonderem Interesse ist nur der Fall, daß das Bild entweder ebenso oder genau umgekehrt steht wie der Gegenstand. Man hat also noch zu unterscheiden, ob ein *Bild vergrößert* oder *verkleinert*, und ob es *aufrecht* oder *umgekehrt* ist. Es kann auch vorkommen, daß ein Bild dem Gegenstande nicht geometrisch ähnlich, daß es *verzerrt* ist.

Das Verhältnis der Abmessungen des Bildes B zu denjenigen des Gegenstandes G heißt der *Abbildungsmaßstab* oder die *Lateralvergrößerung* $\gamma = B/G$. Hiervon ist streng die *Vergrößerung* bei optischen Geräten zu unterscheiden (§ 279).

266. Reflexion des Lichts. Licht, welches auf eine Fläche fällt, wird von dieser mehr oder weniger stark zurückgeworfen.

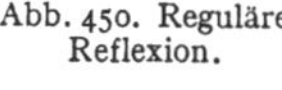

Abb. 450. Reguläre Reflexion.

Diese Erscheinung heißt *Reflexion* des Lichts. Sie ist die Ursache dafür, daß wir nichtselbstleuchtende Körper sehen können. Flächen, die überhaupt kein Licht zurückwerfen, gibt es nicht. Das Licht erfährt also bei der Reflexion eine Richtungsänderung. In der überwiegenden Mehrzahl der Fälle ist diese Richtungsänderung nicht für alle Teile eines Lichtbündels die gleiche; es wird bei der Reflexion nach allen möglichen Richtungen auseinandergesplittert. Die vom Licht getroffene Fläche wird zum Ausgangspunkt einer nach allen Richtungen gehenden Strahlung. Das Licht wird also bei dieser *diffusen Reflexion* nach allen Richtungen zerstreut, ein paralleles Strahlenbündel löst sich in sehr viele verschieden gerichtete Teilstrahlen auf.

An sehr glatten Flächen aber, insbesondere an blanken Metallflächen, an Glas- und Kristallflächen, Flüssigkeitsflächen usw., wird ein Strahl nicht zerstreut, sondern er ändert nur seine Richtung. Man

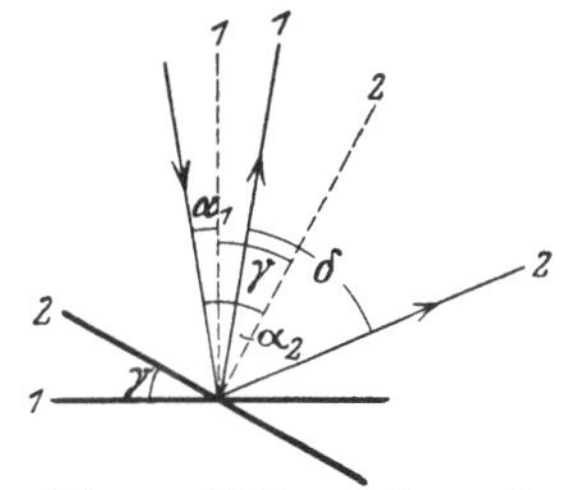

Abb. 451. Richtungsänderung des reflektierten Strahls bei Drehung des Spiegels.

nennt dies *reguläre* oder *regelmäßige Reflexion* oder *Spiegelung*. Für die reguläre Reflexion gilt das bereits im § 86 besprochene *Reflexionsgesetz*: Einfallender und reflektierter Strahl bilden mit dem im Auftreffpunkte errichteten Lot (Einfallslot) auf der reflektierenden Fläche gleiche Winkel α, und der reflektierte Strahl liegt mit dem einfallenden Strahl und dem Einfallslot in der gleichen Ebene (Einfallsebene, Abb. 450).

Sehr gute Spiegel für sichtbares Licht sind blanke Metallflächen, z. B. die Silberbelegungen der gewöhnlichen Spiegel. Auch die Grenzflächen durchsichtiger Körper, z. B. Glas, Wasser, reflektieren stets einen Teil des auf sie treffenden Lichts, und zwar sowohl beim Eintritt als auch beim Austritt aus dem Körper (Spiegelung der Sonne in Fenstern und an Wasserflächen).

Fällt ein Lichtstrahl unter dem Einfallswinkel α (Winkel zwischen einfallendem Strahl und Einfallslot) auf eine regulär reflektierende Fläche, so wird er um den Winkel $\beta = 180° - 2\alpha$ aus seiner Richtung abgelenkt (Abb. 450). Wird der Spiegel um den Winkel γ gedreht, so ändert sich die Richtung des reflektierten Strahls um den Winkel $\delta = 2\gamma$ (Abb. 451). Denn es ist $\gamma = (\alpha_2 - \alpha_1)$, $\delta = 2\alpha_2 - 2\alpha_1$. Die Richtungsänderung der reflektierten Strahlen bei einer

Drehung des Spiegels wird bei empfindlichen Meßgeräten (z. B. Spiegelgalvanometern) zur genauen Messung von Drehungen ausgenutzt *(Lichtzeiger)*.

267. Bilder an ebenen Spiegeln. In Abb. 452a sei SS' eine ebene, spiegelnde Fläche, L ein lichtaussendender Punkt, LO das Lot von L auf SS', P ein beliebiger Punkt in SS', in dem ein von L kommender Strahl unter dem Einfallswinkel α einfalle. Die rückwärtige Verlängerung des unter dem gleichen Winkel α reflektierten Strahles schneidet die Verlängerung des Lotes LO in L'. Da die Dreiecke LOP und $L'OP$ in der Seite OP und in allen Winkeln übereinstimmen, so ist auch $L'O = LO$. Das gleiche gilt für jeden beliebigen anderen von L kommenden und an SS' reflektierten Strahl (Abb. 452b). Die rückwärtigen Verlängerungen aller reflektierten Strahlen schneiden sich in L'. Demnach sieht ein im Wege der reflektierten Strahlen befindliches Auge

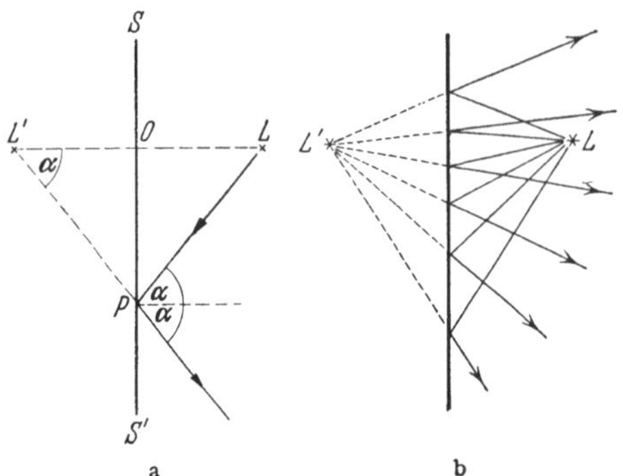

Abb. 452. Bild eines Punktes am ebenen Spiegel.

in L' ein *virtuelles Bild* des Punktes L. Es liegt symmetrisch zu L hinter dem Spiegel.

Indem man dies auf die einzelnen Punkte eines Gegenstandes überträgt, erhält man das virtuelle Bild B des Gegenstandes G (Abb. 453). Das Bild ist aufrecht und dem Gegenstand an Größe gleich. Die dem Spiegel zugewandte Fläche des Gegenstandes wendet sich aber im Bilde nach der entgegengesetzten Seite. Daher kommt es, daß im Bilde die rechte und die linke Seite des Gegenstandes vertauscht erscheinen. Aus einer rechten Hand wird im Bilde eine linke, aus Schrift wird „Spiegelschrift", überhaupt aus jedem Ding sein „Spiegelbild".

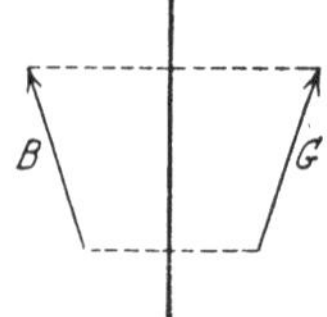

Abb. 453. Bild eines Gegenstandes am ebenen Spiegel.

268. Sphärische Spiegel. Spiegel, welche die Gestalt einer Kugelkalotte haben, also einen Teil einer Kugelfläche bilden, heißen *sphärische Spiegel*. Spiegel mit konkaver spiegelnder Fläche heißen *Konkav-* oder *Hohlspiegel (Sammelspiegel)*, solche mit konvexer spiegelnder Fläche heißen *Konvex-* oder *Wölbspiegel (Zerstreuungsspiegel)*. Das auf der Mitte, dem Scheitel, des Spiegels errichtete Lot heißt die Spiegelachse. Wir setzen im folgenden voraus, daß die den Spiegel bildende Kalotte nur ein sehr kleiner Teil einer vollständigen Kugelfläche ist, daß also die Abmessungen des Spiegels klein gegen seinen Krümmungsradius r sind. Wir setzen ferner — den praktisch vorkommenden Verhältnissen weitgehend entsprechend — voraus, daß die auf den Spiegel fallenden Strahlen nur sehr kleine Neigungswinkel gegen die Spiegelachse haben.

Ein auf einen gekrümmten Spiegel fallender Strahl wird an ihm so reflektiert, als werde er an der im Einfallspunkt an den Spiegel gelegten Tangentialebene reflektiert. Er bildet also vor und nach den Reflexionen mit dem Einfallslot, d. h. mit dem auf den Einfallspunkt hinweisenden Kugelradius, gleiche Winkel, und er verbleibt in der Einfallsebene.

Ein parallel zur Achse OA (Abb. 454) auf einen *Hohlspiegel* vom Radius r einfallender Strahl treffe den Spiegel in B unter dem Einfallswinkel α und schneide nach der Reflexion die Achse in F. Der Krümmungsmittelpunkt des Spiegels sei O. Dann ist wegen der Gleichheit der Winkel bei B und O das Dreieck BOF gleichschenklig, so daß $OF = BF = r/(2\cos\alpha)$. Im Bereich sehr kleiner Winkel, wo $\cos \alpha \approx 1$ ist (GAUSS*sches Gebiet*), gilt daher mit großer Näherung

$$AF = f = \frac{r}{2},\qquad (1)$$

und zwar innerhalb dieses Gebietes für alle achsenparallelen und ausreichend achsennahen Strahlen. Diese schneiden sich nach der Reflexion alle im gleichen Punkt F, dem *Brennpunkt* des Hohlspiegels. Sein Abstand $AF = f = r/2$ vom Scheitel A heißt die *Brennweite* des Hohlspiegels, die durch F gehende, zur Spiegelachse senkrechte Ebene seine *Brennebene*. Nach dem Satz von der Umkehrbarkeit des Strahlenganges folgt aus dem vorstehenden, daß ein Strahl, der vom Brennpunkt her auf den Spiegel fällt, den Spiegel nach der Reflexion achsenparallel verläßt.

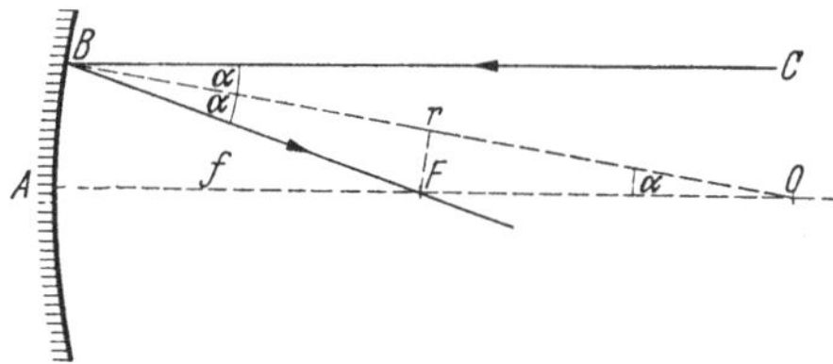

Abb. 454. Zur Definition des Brennpunktes F eines Hohlspiegels.

In Abb. 455 sind die vier einfachsten und daher für die Konstruktion von Bildern geeigneten Fälle von Reflexion am Hohlspiegel dargestellt: 1. Achsenparallel einfallende Strahlen verlaufen nach der Reflexion durch den Brennpunkt F; 2. vom Brennpunkt F her einfallende Strahlen verlaufen nach der Reflexion achsenparallel; 3. vom Krümmungsmittelpunkt O her (radial) einfallende Strahlen verlaufen nach der Reflexion in sich selbst zurück; 4. im Scheitel A einfallende Strahlen bilden vor und nach der Reflexion mit der Achse gleiche Winkel.

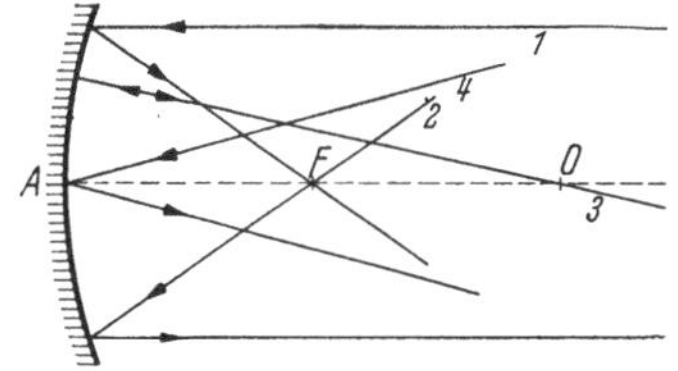

Abb. 455. Die vier einfachsten Fälle von Reflexion am Hohlspiegel.

Zur Konstruktion des Bildes eines außerhalb der Spiegelachse liegenden Punktes genügen zwei von jenen vier ausgezeichneten Strahlen. Sind die obigen Bedingungen erfüllt, so führt die Wahl jedes beliebigen Strahlenpaares zum gleichen Ergebnis. Sämtliche von einem Punkt her divergierenden und über den Spiegel verlaufenden Strahlen *konvergieren* dann entweder nach der Reflexion in einen *vor* dem Spiegel gelegenen *reellen* Bildpunkt, oder sie *divergieren* von einem *hinter* dem Spiegel gelegenen *virtuellen* Bildpunkt. In Abb. 456 haben wir alle vier ausgezeichneten Strahlen zur Konstruktion des Bildes B eines Gegenstandes G herangezogen.

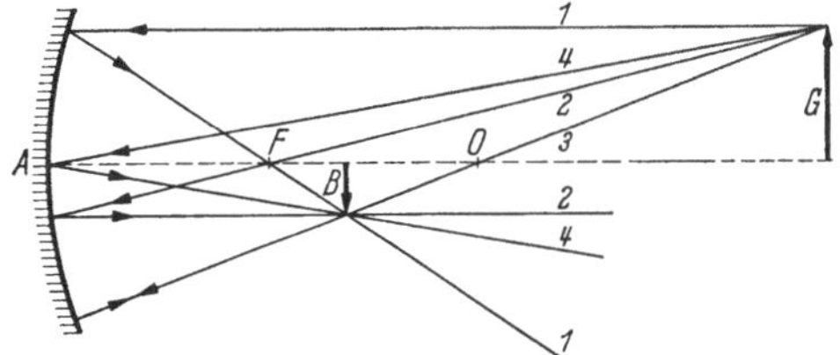

Abb. 456. Bildkonstruktion am Hohlspiegel. Reelles Bild.

Wenn sich der Gegenstand nur in einer zur Achse senkrechten Ebene erstreckt, so genügt es, wenn man das Bild eines beliebigen Gegenstandspunktes, z. B. der Pfeilspitze, konstruiert. Die übrigen Bildpunkte liegen dann bei Innehaltung der obigen Bedingungen genügend genau in der gleichen, zur Achse senkrechten Ebene. In Abb. 456 liegt G außerhalb der doppelten Brennweite. B ist dann ein zwischen der einfachen und der doppelten Brennweite liegendes reelles, umgekehrtes, verkleinertes Bild von G. Betrachten wir aber jetzt B als den Gegenstand, so folgt durch Umkehrung aller Strahlrichtungen, daß nunmehr G ein außerhalb der doppelten Brennweite liegendes reelles, umgekehrtes, aber jetzt vergrößertes Bild von B ist. Man sieht, daß man einen Gegenstand und sein relles Bild miteinander vertauschen darf, da sie sich wechselseitig entsprechen.

In Abb. 457 haben wir die Konstruktion des reellen Bildes B von G nur mit Hilfe der ausgezeichneten Strahlen 3 und 4 ausgeführt. (In der Praxis verwendet

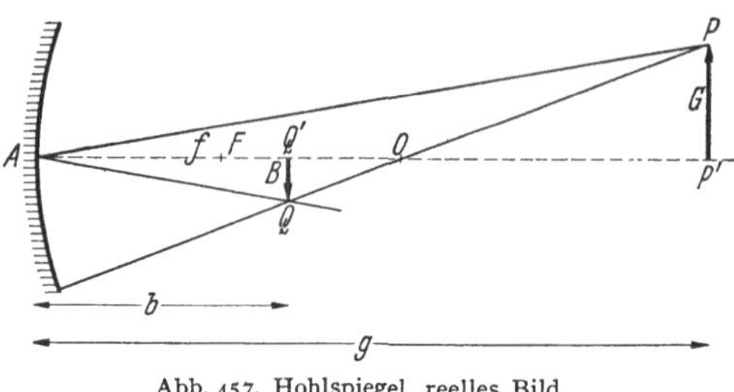

Abb. 457. Hohlspiegel, reelles Bild.

man besser nur je zwei der Strahlen 1, 2 und 3.) Die *Gegenstandsweite*, der Abstand des Gegenstandes vom Spiegelscheitel A sei g, die des Bildes, die *Bildweite*, sei b. Als *Abbildungsmaßstab* (oder *Lateralvergrößerung*) bezeichnen wir das Verhältnis $\gamma = B/G$ der Abmessungen des Bildes zu denen des Gegenstandes. Wegen der paarweisen Ähnlichkeit der

Dreiecke $A\,P\,P'$ und $A\,Q\,Q'$ bzw. $O\,P\,P'$ und $O\,Q\,Q'$ lesen wir aus Abb. 457 die folgenden Proportionen ab:

$$\gamma = \frac{B}{G} = \frac{AQ'}{AP'} = \frac{b}{g} \quad (2a) \quad \text{und} \quad \gamma = \frac{B}{G} = \frac{OQ'}{OP'} = \frac{r-b}{g-r} \quad (2b), \quad \text{so daß} \quad \frac{b}{g} = \frac{r-b}{g-r}. \quad (2c)$$

Daraus folgen durch einfache Rechnung die beiden Gleichungen

$$\frac{1}{g} + \frac{1}{b} = \frac{2}{r} = \frac{1}{f} \quad (3) \quad \text{und} \quad (g-f)\,(b-f) = f^2. \quad (4)$$

Gl. (4) ist bereits von NEWTON abgeleitet worden. Aus Gl. (3) oder (4) läßt sich zu jeder Gegenstandsweite g die Bildweite b (und umgekehrt) oder aus b und g die Brennweite f berechnen. Es ist

$$b = \frac{gf}{g-f} \quad (5a) \qquad g = \frac{bf}{b-f} \quad (5b) \qquad f = \frac{gb}{g+b}. \quad (5c)$$

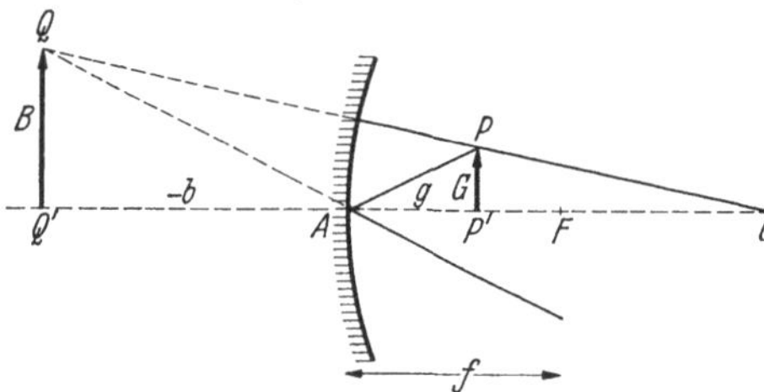

Abb. 458. Hohlspiegel, virtuelles Bild.

Für den Abbildungsmaßstab ergeben sich aus Gl. (2a), (5a) und (5b) noch die Gleichungen

$$\gamma = \frac{B}{G} = \frac{b}{g} = \frac{f}{g-f} = \frac{b-f}{f}. \quad (6)$$

Wir haben bisher den Fall $g > f$ betrachtet und reelle Bilder erhalten. Wir gehen nunmehr zum Fall $g < f$ über. In Abb. 458 haben wir einen

solchen Fall wieder mit Hilfe der ausgezeichneten Strahlen 3 und 4 konstruiert. Man erkennt, daß nunmehr die von P ausgegangenen Strahlen nach der Reflexion von einem Punkt Q her divergieren, der hinter dem Spiegel liegt, und wir erhalten ein aufrechtes, virtuelles, vergrößertes Bild B des Gegenstandes G hinter dem Spiegel. Wir wollen jetzt die ganz natürliche Festsetzung treffen, daß die Bildweiten b von virtuellen, also hinter dem Spiegel liegenden Bildern negativ zu rechnen sind, so daß in unserem Fall $-b$ der (positive) Betrag der Bildweite b ist. Wenn wir dies beachten, so lesen wir wegen der paarweisen Ähnlichkeit der Dreiecke $A\,P\,P'$ und $A\,Q\,Q'$ bzw. $O\,P\,P'$ und $O\,Q\,Q'$ aus Abb. 458 die folgenden Proportionen ab:

$$\frac{B}{G} = \frac{-b}{g} = \frac{r + (-b)}{r-g} = \frac{r-b}{r-g}, \quad \text{so daß} \quad \frac{b}{g} = \frac{r-b}{g-r}. \quad (7)$$

Diese Gleichung ist aber mit Gl. (2c) identisch, so daß auch aus ihr die Gl. (3) bis (5a, b, c) folgen. Diese gelten also — unter Beachtung des Vorzeichens von b — für jede Art der Abbildung am Hohlspiegel. Definieren wir ferner auch bei den virtuellen Bildern den Abbildungsmaßstab durch die Gleichung $\gamma = B/G$, so ist nach Gl. (7) und (1)

$$\gamma = \frac{B}{G} = \frac{-b}{g} = \frac{f}{f-g} = \frac{f+(-b)}{f}. \tag{8}$$

Insgesamt ergibt sich folgendes: Rückt der Gegenstand vom Abstand $g = \infty$ immer näher an den Hohlspiegel heran, so rückt sein Bild, im Abstand $b = f$ beginnend, immer weiter vom Spiegel ab. Der Abbildungsmaßstab γ wächst von 0 bis 1, wenn der Gegenstand sich dem Spiegel von $g = \infty$ bis $g = r = 2f$ nähert; er wächst weiter bis $+\infty$, wenn der Gegenstand bis in die Brennebene rückt $(g = f)$, wobei $b = +\infty$ wird. Für $g = 2f$ ist ebenfalls $b = 2f$. Sobald der Gegenstand die Brennebene überschreitet, springt das Bild von $+\infty$

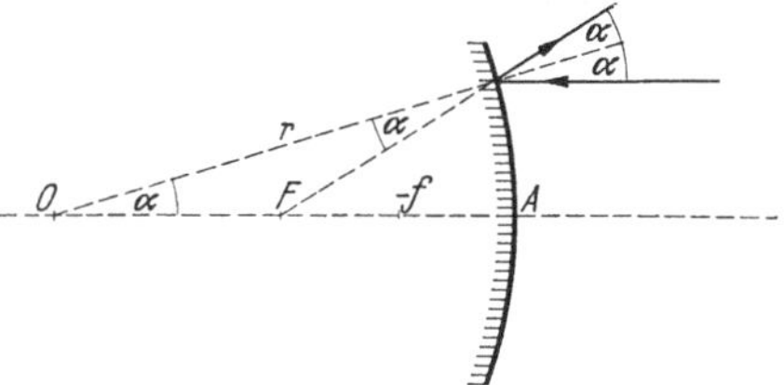

Abb. 459. Reflexion am Wölbspiegel.

nach $-\infty$ und wird virtuell; der Abbildungsmaßstab ist jetzt $\gamma = \infty$. Bei weiterer Annäherung des Gegenstandes an den Spiegel nähert sich auch das virtuelle Bild dem Spiegel. Dabei ändert sich der Abbildungsmaßstab von ∞ bis 1, wenn der Gegenstand bis unmittelbar an den Spiegel herangeführt wird.

Entsprechend können wir auch den *Wölbspiegel* behandeln. Durch ganz gleiche Überlegungen wie beim Hohlspiegel ergibt sich aus Abb. 459 folgendes: 1. Achsenparallel einfallende Strahlen werden so reflektiert, als kämen sie von einem Punkt F her, der sich im Abstande $AF = r/2$ hinter dem Spiegel befindet; 2. ein in Richtung auf F einfallender Strahl wird achsenparallel reflektiert. Ferner gilt wieder: 3. ein radial, d. h. in Richtung auf den Krümmungsmittel-

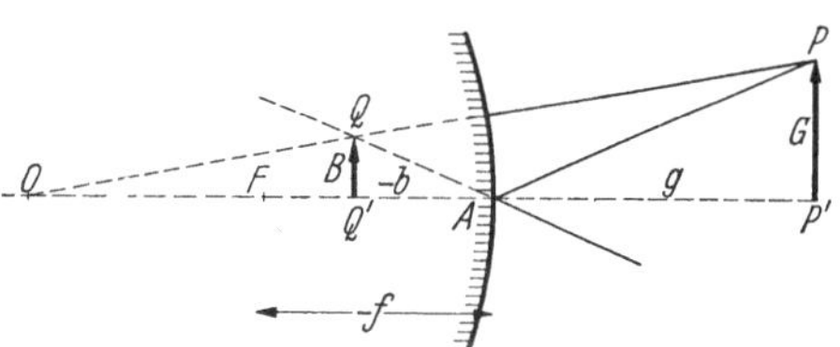

Abb. 460. Bildkonstruktion am Wölbspiegel.

punkt O einfallender Strahl verläuft in sich selbst zurück; 4. ein im Scheitel A einfallender Strahl bildet vor und nach der Reflexion mit der Achse gleiche Winkel. Es gibt also wieder vier ausgezeichnete Strahlen.

Den Punkt F bezeichnen wir wieder als den *Brennpunkt* des Wölbspiegels, den Abstand AF als seine *Brennweite*. Da sie sich, wie die Bildweite eines virtuellen Bildes, hinter dem Spiegel erstreckt, so ist es ganz natürlich, wenn wir auch sie negativ rechnen, also einem Wölbspiegel eine negative Brennweite f und einen virtuellen Brennpunkt F zuordnen. Demnach ist $AF = -f$ und $f = -r/2$ zu setzen.

In Abb. 460 haben wir die Bildkonstruktion am Wölbspiegel mit Hilfe der ausgezeichneten Strahlen 3 und 4 durchgeführt. Beachten wir das Vorzeichen von b, so lesen wir wegen der paarweisen Ähnlichkeit der Dreiecke APP' und AQQ' bzw. OPP' und OQQ' die folgenden Proportionen ab:

$$\frac{B}{G} = \frac{-b}{g} = \frac{r-(-b)}{r+g} = \frac{r+b}{r+g}. \tag{9}$$

Hieraus folgt mit $r = -2f$ durch einfache Rechnung $1/g + 1/b = 1/f$, also wieder Gl. (3) nebst den folgenden Gleichungen.

Da $g > 0$ und $f < 0$, so muß stets $b < 0$ sein; d. h. ein Wölbspiegel liefert nur virtuelle, und zwar aufrechte Bilder. Ferner folgt durch einfache Rechnung aus Gl. (1) und (9), daß $\gamma = B/G = -f/(g-f) = -f/[g + (-f)]$, so daß stets $\gamma < 1$ ist. Ein Wölbspiegel liefert also stets verkleinerte Bilder.

Aus den Abb. 458 und 460 erkennt man leicht, daß man bei einem *beiderseits verspiegelten* sphärischen Spiegel auch den Gegenstand und sein virtuelles Bild vertauschen darf.

Wird der in einem Spiegel — reell oder virtuell — abgebildete Gegenstand auf den Spiegel hin oder von ihm weg bewegt, so bewegt sich das Bild stets in der entgegengesetzten räumlichen Richtung. Man sagt, daß die Abbildung durch einen Spiegel stets *rückläufig* ist.

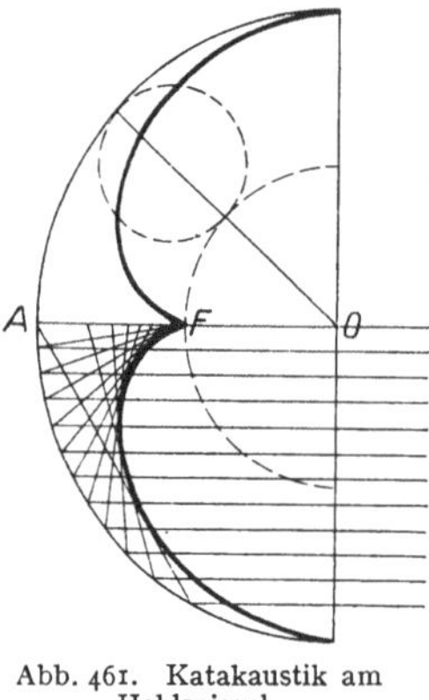

Abb. 461. Katakaustik am Hohlspiegel.

Sind bei einem Hohlspiegel die obigen einschränkenden Bedingungen bezüglich der Spiegelabmessungen nicht erfüllt, so schneiden sich achsenfernere achsenparallele Strahlen nicht mehr im Brennpunkt, sondern näher am Scheitel (Abb. 461). Die Gesamtheit der achsenparallel einfallenden Strahlen wird nach der Reflexion von einer *Brennfläche* eingehüllt, deren Querschnitt, die *Katakaustik*, in Abb. 461 dargestellt ist. Man erkennt jetzt die Bedeutung der oben eingeführten Beschränkung, denn ein solcher Spiegel kann einen Punkt eines Gegenstandes nicht wieder in einen Punkt abbilden. Beseitigt man die äußeren Teile des Spiegels (oder blendet man sie ab) bis auf ein kleines Stück in der Umgebung des Scheitels A, so schrumpft die Katakaustik mehr und mehr in einen einzigen Punkt, den Brennpunkt F, zusammen. Die Katakaustik ist eine Epizykloide. Sie kann erzeugt werden, indem ein Kreis vom Radius $r/4$ auf einem um den Krümmungsmittelpunkt O beschriebenen Kreise vom Radius $r/2$ abrollt, und sie ist die Bahn desjenigen Punktes, der den größeren Kreis in F berührt.

Aus den geometrischen Eigenschaften der Parabel folgt, daß Strahlen, die achsenparallel in einen *Spiegel von parabolischem Querschnitt* einfallen, sich nach der Reflexion sämtlich im Brennpunkt der Paraboloids schneiden, so daß auch alle Strahlen, die von diesem Brennpunkt ausgehen, nach der Reflexion achsenparallel verlaufen. Daher finden parabolische Spiegel vor allem bei Scheinwerfern Verwendung. Die Lichtquelle wird in ihrem Brennpunkt angebracht.

269. Brechung des Lichts. Optische Weglänge. Ebenso wie die mechanischen Wellen erfahren auch die Lichtwellen beim Übergang von einem Stoff in einen anderen, in dem sie eine andere Geschwindigkeit haben, im allgemeinen eine Richtungsänderung, eine *Brechung* (§ 89). Die Richtung der Lichtstrahlen ist im zweiten Stoff eine andere als im ersten. Handelt es sich um *isotrope Stoffe,* die wir vorerst allein betrachten wollen, so gilt das *Brechungsgesetz*, wie wir es in § 89 [Gl. (25)] abgeleitet haben, auch für das Licht (SNELLIUS 1615). Sind α und β die Winkel, die ein Strahl im ersten und im zweiten Stoff mit dem Einfallslot bildet (Abb. 462), und sind c_1 und c_2 die Fortpflanzungsgeschwindigkeiten des Lichts im ersten und im zweiten Stoff, so gilt erstens auch hier

$$\frac{\sin\alpha}{\sin\beta} = \frac{c_1}{c_2} = n_{21} = \frac{1}{n_{12}}. \tag{10}$$

Zweitens liegt der gebrochene Strahl mit dem einfallenden Strahl und dem Einfallslot in der gleichen Ebene. Die durch Gl. (10) definierten Größen n_{21} bzw. n_{12} sind die relativen Brechungsindizes der beiden Stoffe. Es ist $\beta < \alpha$, wenn $c_1 > c_2$ (Abb. 462a), und $\beta > \alpha$, wenn $c_1 < c_2$ (Abb. 462b).

Man beachte, daß nur bei *isotropen* Stoffen die Lichtgeschwindigkeiten c_1 und c_2 von der Richtung des Strahles unabhängig sind, so daß auch nur bei ihnen n_{12} bzw. n_{21} *richtungsunabhängige Konstante* der betreffenden Stoffkombination sind. Die Brechung in isotropen Stoffen ist also durch folgende Merkmale gekennzeichnet: 1. *Konstanz des Sinusverhältnisses,* 2. *Erhaltung der Einfallsebene* (vgl. § 300).

Bei den mechanischen Wellen gibt es keinen von der Natur ausgezeichneten Stoff, auf den die Brechungsindizes der übrigen Stoffe aus einem natürlichen Grunde bezogen werden könnten. Beim Licht aber ist ein solches ausgezeichnetes Medium vorhanden, das Vakuum. Die Lichtgeschwindigkeit ist im Vakuum größer als in allen Stoffen. Wir wollen sie mit c_0 bezeichnen, die Lichtgeschwindigkeiten in den einzelnen Stoffen mit c. Die auf das Vakuum bezogenen Brechungsindizes der Stoffe bezeichnen wir mit n. Dann folgt für die Brechung eines Lichtstrahls, der aus dem Vakuum in einen Stoff einfällt,

$$\frac{\sin \alpha}{\sin \beta} = \frac{c_0}{c} = n. \tag{11}$$

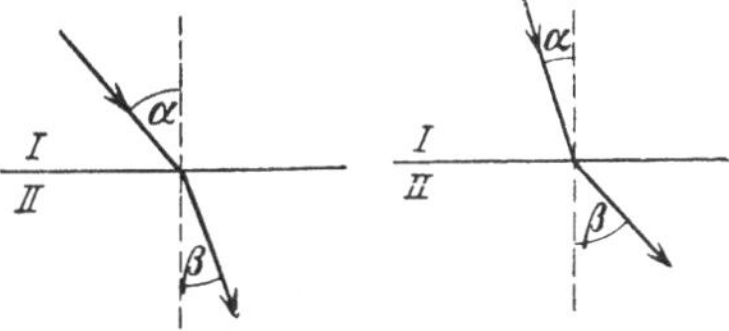

Abb. 462. Brechung des Lichts. a) $c_1 > c_2$, b) $c_1 < c_2$.

Da $c_0 > c$, so wird ein aus dem Vakuum in einen Stoff eintretender Strahl zum Einfallslot hin gebrochen. Dementsprechend wird ein aus einem Stoff in das Vakuum austretender Strahl vom Einfallslot fort gebrochen. Da die Lichtgeschwindigkeit in der Luft, überhaupt in allen Gasen, von derjenigen im Vakuum nur äußerst wenig verschieden ist, so gilt (Gl. 11) mit einer fast immer ausreichenden Genauigkeit auch für den Durchgang durch eine Grenzfläche zwischen Luft und einem festen oder flüssigen Stoff. Der Brechungsindex des Vakuums ist definitionsgemäß gleich 1. Aus Gl. (10) und (11) folgt, daß der relative Brechungsindex n_{12} eines Stoffes mit dem Brechungsindex n_1 gegen einen solchen mit dem Brechungsindex n_2 gleich n_1/n_2 ist. Ferner folgt

$$n_1 : n_2 = c_2 : c_1. \tag{12}$$

Man nennt einen Stoff *optisch dichter* bzw. *optisch dünner* als einen anderen, wenn sein Brechungsindex größer bzw. kleiner ist als der des anderen. Man verwechsle die optische Dichte nicht mit der stofflichen Dichte (§ 14). Jedoch ist bei dem *gleichen* Gase der Brechungsindex der stofflichen Dichte des Gases proportional.

Nach Gl. (11) sind die Brechungsindizes aller Stoffe (von Fällen anormaler Dispersion abgesehen, § 307) größer als 1. Tabelle 30 gibt einige Zahlenwerte,

Tabelle 30. Brechungsindex einiger Stoffe.

Wasser	1,3332	Flintglas, leicht	1,6085
Eis	1,31	Flintglas, schwer	1,7515
Kassiaöl	1,605	Flintglas, schwerstes	1,9
Schwefelkohlenstoff	1,6291	Phospor in CS_2	1,97
Kronglas, leicht	1,5153	Diamant	2,4173
Kronglas, schwer	1,6152		

die sich auf das Licht der gelben Natriumlinie (*D*-Linie) beziehen. Diese Angabe ist nötig, da der Brechungsindex von der Frequenz (Farbe) des Lichts abhängt (§ 285).

Fällt ein Lichtstrahl schräg auf eine planparallele Glasplatte, so wird er beim Eintritt und beim Austritt gebrochen und erfährt eine Parallelverschiebung

(Abb. 463). Die seitliche Verschiebung beträgt $\delta = AB \sin(\alpha - \beta)$. Ist d die Dicke der Platte, so ist $AB = d/\cos\beta$. Demnach ist $\delta = d(\sin\alpha\cos\beta - \cos\alpha\sin\beta)/\cos\beta$, oder da $\sin\beta = \sin\alpha/n$,

$$\delta = d\sin\alpha\left(1 - \frac{\cos\alpha}{\sqrt{n^2 - \sin^2\alpha}}\right). \tag{13}$$

Es sei G ein innerhalb eines brechenden Stoffes in der Tiefe $OP = x$ befindlicher Gegenstand, der von oben her betrachtet werde (Abb. 464). Oberhalb des Stoffes befinde sich Luft (bzw. Vakuum). Wir greifen unter den von der Spitze P von G ausgehenden Strahlen zwei heraus, erstens den senkrecht aus dem brechenden Stoff austretenden Strahl PO, zweitens einen beliebigen, unter dem kleinen Winkel β gegen diesen geneigten Strahl PO'. Infolge der Brechung in der Oberfläche scheint dieser nach dem Austritt aus der Richtung des auf PO liegenden Punktes Q zu kommen, der in der Tiefe $QO = x' < x$ liegt. Aus Abb. 464 liest

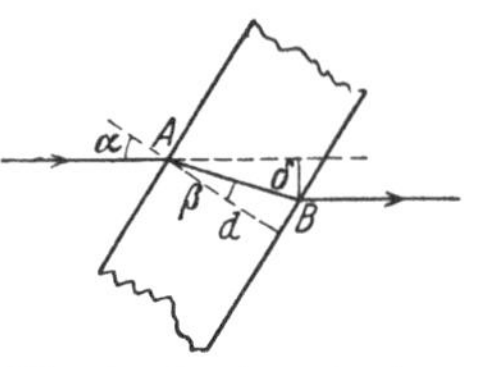

Abb. 463. Brechung in einer planparallelen Glasplatte.

man ab, daß $OO' = x\,\mathrm{tg}\,\beta = x'\,\mathrm{tg}\,\alpha$. Da nun β, also auch α, ein kleiner Winkel sein soll, so ist $\mathrm{tg}\,\alpha/\mathrm{tg}\,\beta \approx \sin\alpha/\sin\beta = n$, und es folgt $x' = x\,\mathrm{tg}\,\beta/\mathrm{tg}\,\alpha = x/n$, also für kleine Winkel β unabhängig von β. Demnach wird der Gegenstand G tatsächlich nicht in der Tiefe $x = PO$, sondern am Ort von B in der geringeren Tiefe $x' = QO$ gesehen. In einem brechenden Stoff erfolgt eine *Bildhebung* um den Bruchteil $(x - x')/x = (n-1)/n$ der wahren Tiefe, der z. B. bei Wasser $^1/_4$ beträgt ($n = 1{,}333$). Hierauf beruht es, daß Gewässer, von oben her betrachtet, flacher erscheinen, als sie es wirklich sind, und daß schräge in eine Flüssigkeit getauchte Gegenstände in der Oberfläche geknickt erscheinen. Da die Gegenstände an einem anderen Ort gesehen werden, als wo sie sich wirklich befinden, so ist es berechtigt, zu sagen, daß man sie nicht unmittelbar, sondern daß man ein virtuelles *Bild* von ihnen sieht. Es handelt sich hier um den allereinfachsten Fall einer *Abbildung durch eine brechende Fläche*. Die Erscheinung steht in einer gewissen Parallele zur Abbildung in einem ebenen Spiegel. Man kann die Spiegelung formal wie eine Brechung an einem Stoff mit dem Brechungsindex

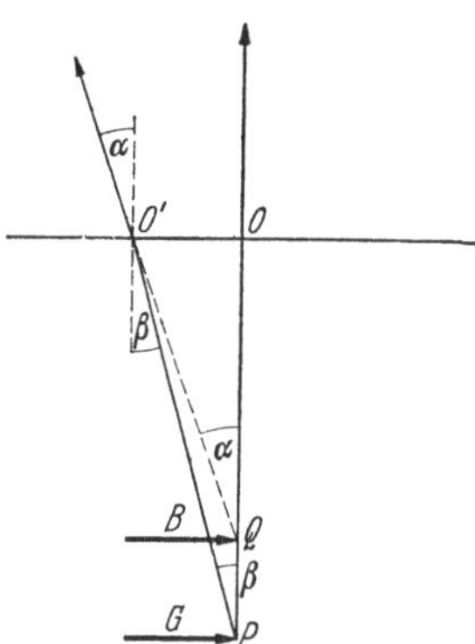

Abb. 464. Zur Bildhebung in einem brechenden Stoff.

$n = -1$ betrachten ($\sin\beta = -\sin\alpha$). Dann ergibt sich als „Bildhebung" in diesem Fall $x'/x = -1$ oder $x' = -x$, d. h. der Gegenstand wird ebenso weit hinter der Grenzfläche gesehen, wie er tatsächlich vor ihr liegt. Das entspricht aber genau der Abbildung im ebenen Spiegel.

Die Schwingungszahl ν (Farbe) einer Lichtwelle ändert sich natürlich bei ihrem Übergang von einem Stoff in einen anderen ebensowenig, wie z. B. die Schwingungszahl (Tonhöhe) eines Schalles. Ist λ_1 die Wellenlänge des Lichts in einem Stoff vom Brechungsindex n_1, λ_2 diejenige in einem Stoff vom Brechungsindex n_2, so ist $\lambda_1 = c_1/\nu$, $\lambda_2 = c_2/\nu$ (§ 260) oder nach Gl. (12)

$$\lambda_1 : \lambda_2 = n_2 : n_1 \quad \text{oder} \quad n_1\lambda_1 = n_2\lambda_2. \tag{14}$$

Gl. (14) ist insbesondere wichtig zur Umrechnung einer in Luft (Brechungsindex n) gemessenen Wellenlänge λ in die entsprechende Wellenlänge λ_0 im Vakuum, $\lambda_0 = n\lambda$. Obgleich n bei Luft von 1 nur äußerst wenig abweicht, ist diese Korrektion bei der großen Genauigkeit der Wellenlängenmessungen doch oft durchaus nötig.

In der Zeit t legt das Licht in einem Stoff den Weg $s = ct$, im Vakuum den
Weg $s_0 = c_0 t$ zurück. Es ist also $s/c = s_0/c_0$ oder nach Gl. (11)

$$n s = s_0 . \tag{15}$$

Das Produkt ns aus Brechungsindex n und geometrischer Weglänge s zwischen zwei Punkten heißt die *optische Weglänge* zwischen diesen Punkten. Da
$t = s/c = ns/c_0 = s_0/c_0$, so folgt, daß die Zeit, die das Licht zur Zurücklegung
des Weges zwischen zwei Punkten benötigt, der optischen Weglänge zwischen
ihnen proportional ist. Gleich große optische Weglängen durchmißt das Licht
in gleichen Zeiten.

Grenzen zwei Schichten des *gleichen* Stoffes aneinander, in denen dieser
einen verschiedenen Brechungsindex hat, so findet auch an einer solchen
Grenze eine Brechung statt. Das kann dann
der Fall sein, wenn sich die (stoffliche) Dichte
und mit ihr die optische Dichte des Stoffes
von Ort zu Ort ändert, z. B. in der Luft infolge
einer Änderung der Temperatur und des Druckes
mit der Höhe. Ist die Änderung des Brechungsindex stetig, so hat dies eine Krümmung eines
Lichtstrahls zur Folge, wie sie Abb. 465 schematisch darstellt. Solche Ursachen rufen z. B.

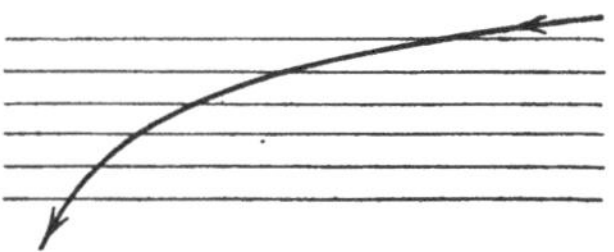

Abb. 465. Schema der Krümmung eines
Lichtstrahls bei örtlich veränderlichem
Brechungsindex. n nimmt von oben nach
unten zu.

die sog. Luftspiegelungen (Fata morgana u. dgl.) hervor. (Auf einer verwandten Ursache beruht auch die Zurückwerfung elektrischer Wellen in der Ionosphäre, § 255). Von heißem Boden aufsteigende Luft ist infolge ihrer thermischen Inhomogenität auch optisch inhomogen. Infolgedessen erfährt das
durch sie hindurchgehende Licht ganz unregelmäßige und fortwährend veränderliche Brechungen, welche die durch diese Luft gesehenen Gegenstände
verzerrt und flimmernd erscheinen lassen. Die gleiche, als *Schlieren* bezeichnete
Erscheinung beobachtet man auch in Lösungen, in denen die Konzentration
noch nicht überall ausgeglichen ist. Ebenso beruht auf solchen optischen
Störungen in der Atmosphäre das Flimmern der Fixsterne. Der Kegel von
Licht, der von einem Fixstern in unser Auge gelangt, ist wegen der ungeheuren Entfernung dieser Sterne auch in den höchsten Schichten der Erdatmosphäre nur wenig breiter als unsere Pupille. Kleine örtliche optische
Störungen in der Atmosphäre bewirken daher schon eine Störung der Lichtausbreitung bis zum Auge. Bei den viel näheren Planeten hat der Kegel des von
ihnen in unser Auge kommenden Lichts in den oberen Atmosphärenschichten
bereits einen beträchtlichen Durchmesser, z. B. beim Mars rund 10 m. Kleine
örtliche optische Ungleichmäßigkeiten in der Atmosphäre gleichen sich daher gegenseitig aus und
bewirken keine wesentlichen Helligkeitsschwankungen des Sterns. Die Planeten flimmern nicht.

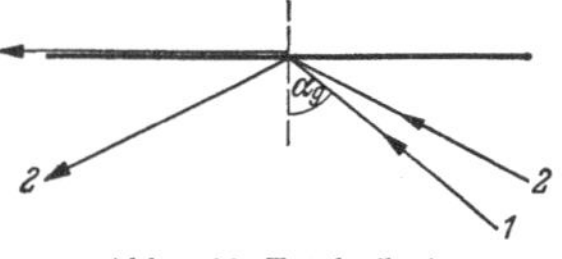

Abb. 466. Totalreflexion.

270. Totalreflexion. Fällt ein Lichtstrahl unter
dem Winkel α von einem optisch dichteren Stoff
(n_1) her auf eine Grenzfläche gegen einen optisch
dünneren Stoff $(n_2 < n_1$, Abb. 463b), so ist nach Gl. (13) der Brechungswinkel β gegeben durch $\sin\beta = n_{12}\sin\alpha$, wobei $n_{12} = n_1/n_2$. Der größte Wert,
den $\sin\beta$ annehmen kann, ist 1. Dann ist $\beta = 90°$, der gebrochene Strahl tritt
streifend in den zweiten Stoff ein (Abb. 466, Strahl 1). Der zugehörige Einfallswinkel α_g ist dann durch die Gleichung

$$\sin\alpha_g = \frac{1}{n_{12}} = \frac{n_2}{n_1} \tag{16a}$$

gegeben. Handelt es sich um die Grenzfläche eines Stoffes vom Brechungsindex n gegen das Vakuum (oder Luft), so folgt aus Gl. (16a)

$$\sin \alpha_g = \frac{1}{n}. \tag{16b}$$

Bei größerem Einfallswinkel α kann ein Übertritt des Lichtes in den zweiten Stoff bzw. das Vakuum nicht mehr erfolgen (KEPLER 1611). Es wird an der Grenzfläche regulär reflektiert, es tritt *Totalreflexion* ein (Abb. 466, Strahl 2). Der durch Gl. (16a) bzw. (16b) definierte Einfallswinkel α_g heißt der *Grenzwinkel der Totalreflexion* des ersten Stoffes gegen den zweiten bzw. gegen das Vakuum. *Totalreflexion kann nur eintreten, wenn das Licht die Grenzfläche vom optisch dichteren Stoff her trifft* $(n_2 < n_1)$.

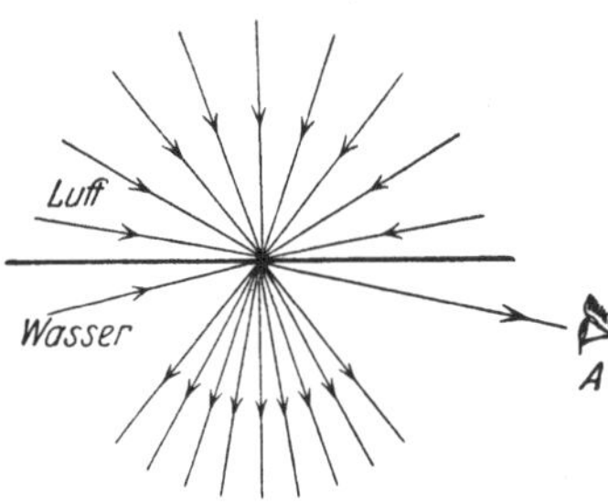

Abb. 467. Zur Brechung und Totalreflexion im Wasser.

Nach dem Satz von der Umkehrbarkeit des Strahlenganges (§ 264) wird ein Lichtstrahl, der von einem optisch dünneren Stoff her streifend auf die Oberfläche eines optisch dichteren Stoffes, z. B. von Luft auf Wasser, trifft, unter dem Grenzwinkel der Totalreflexion (beim Wasser etwa $48^1/_2°$) in das Wasser hineingebrochen. Fällt auf einen Punkt einer Wasseroberfläche von allen Richtungen her Licht (z. B. das diffuse Tageslicht), so wird das in das Wasser eintretende Licht durch die Brechung in einen Kegel gesammelt, dessen Öffnung doppelt so groß ist wie dieser Grenzwinkel (Abb. 467). Zu dem Auge A eines Beobachters gelangt in der gezeichneten Blickrichtung durch das Wasser hindurch kein Licht aus dem Raum oberhalb der Wasseroberfläche. In das Auge kann bei dieser Blickrichtung von der Oberfläche her nur Licht treten, welches eine Totalreflexion an der Oberfläche erlitten hat, das also

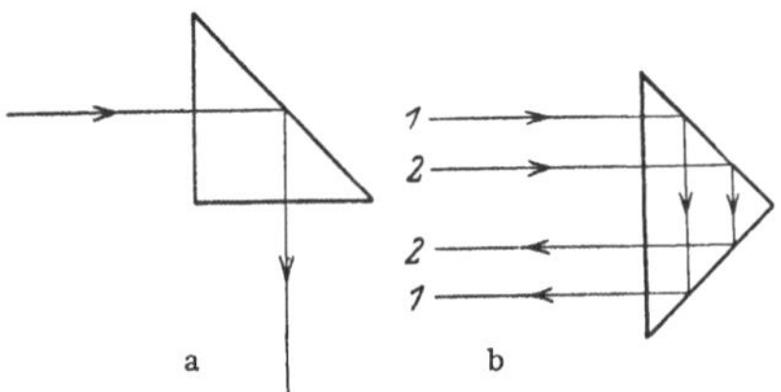

Abb. 468. Totalreflektierendes Prisma.

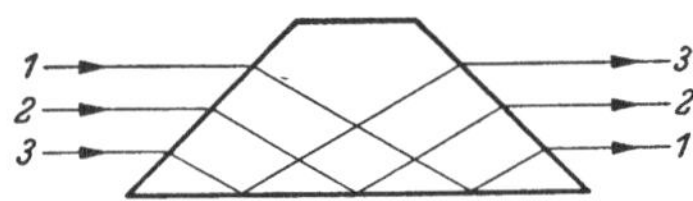

Abb. 469. Umkehrprisma von AMICI.

von einem Punkt innerhalb des Wassers herkommt. Daher erscheint die Wasseroberfläche spiegelnd, wenn man sie von unten her unter einem Einfallswinkel betrachtet, der größer ist als der Grenzwinkel der Totalreflexion. Aus dem Wasser „hinaussehen" kann man nur innerhalb des durch den Grenzwinkel der Totalreflexion gegebenen räumlichen Winkels. Bei großen Aquarien mit seitlichen Schaufenstern kann man im allgemeinen nicht sehen, was sich oberhalb des Wassers befindet, und ihr Inhalt erscheint an der Wasserfläche gespiegelt.

Der Silberglanz, den mit Luftblasen bedeckte Gegenstände unter Wasser zeigen, rührt von der an den Luftblasen eintretenden Totalreflexion her. Ein in Wasser getauchtes, zum Teil mit Quecksilber gefülltes Reagenzglas erscheint dort, wo es leer ist, stärker spiegelnd als an dem mit Quecksilber gefüllten Teil, weil die Totalreflexion an der Luft vollkommener ist als die Reflexion am Quecksilber.

Der Grenzwinkel der Totalreflexion von Glas gegen Luft ist kleiner als $45°$ (zwischen $25°$ und $42°$, je nach der Glassorte). Läßt man daher einen Lichtstrahl in der in Abb. 468a oder b dargestellten Weise in ein rechtwinkliges

Glasprisma treten, so wird er im Innern total reflektiert und tritt unter 90° (a) bzw. 180° (b) gegen seine ursprüngliche Richtung aus dem Prisma wieder aus. Hiervon wird unter anderem bei den Prismenfernrohren und den Entfernungsmessern Gebrauch gemacht (§ 282). Abb. 469 zeigt ein einfaches *Umkehrprisma* (AMICI). Die Reihenfolge der Strahlen wird infolge der Brechung an den Kathetenflächen und der Totalreflexion an der Hypothenusenfläche umgekehrt. Solche Prismen können deshalb zur Umkehrung von optischen Bildern dienen.

Da der Grenzwinkel der Totalreflexion in einfacher Weise mit dem Brechungsindex zusammenhängt, so kann er zu dessen Bestimmung benutzt werden. Hierzu dienende Meßgeräte heißen *Refraktometer* (ABBE, PULFRICH u. a.). Abb. 470 zeigt als Beispiel das Grundprinzip des für Flüssigkeiten verwandten Eintauchrefraktometers. Das Glasprisma P, das am unteren Ende eines auf Unendlich eingestellten Fernrohrs sitzt, taucht in die zu untersuchende Flüssigkeit. In diese fällt von unten diffuses Licht, von dem wir nur die Strahlen gezeichnet haben, die streifend in die Hypothenusenfläche des Prismas einfallen. Die Strahlen bilden im Prisma mit dem Einfallslot den Grenzwinkel der Totalreflexion α_g, der außer vom Brechungsindex des Prismas von dem der Flüssigkeit abhängt [Gl. (16a)]. Nach dem Austritt aus dem Prisma werden sie durch eine Linse L (Objektiv des Fernrohrs) in der Ebene AA vereinigt, in der eine Skala angebracht ist, die mit dem (nicht gezeichneten) Okular betrachtet wird. In den Bereich rechts vom Schnittpunkt B

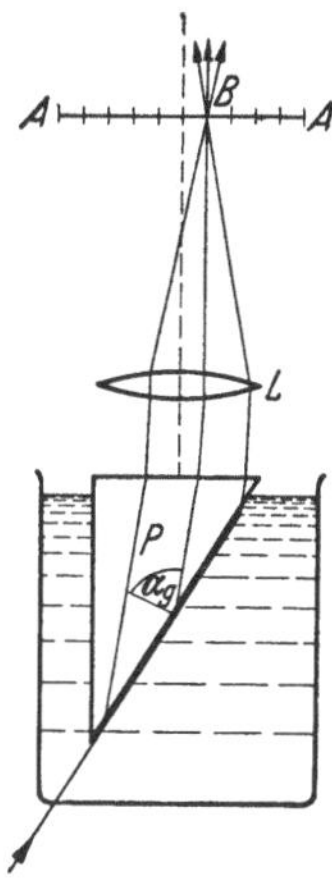

Abb. 470. Prinzip des Eintauchrefraktometers.

der Strahlen kann von unten her kein Licht gelangen, sondern nur in den Bereich links von ihm, in dem die übrigen, nicht streifend in das Prisma einfallenden Strahlen vereinigt werden. Man erblickt also durch das Okular ein Lichtband, das bei B abbricht. Die Lage von B hängt von α_g ab. Daher kann nach erfolgter Eichung der Brechungsindex der Flüssigkeit aus der Lage von B berechnet werden. Die Begrenzung des Lichtbandes ist nur dann scharf, wenn einfarbiges Licht verwendet wird. Bei Verwendung von weißem Licht ist noch eine Vorrichtung nötig, um sie auch hier scharf zu machen.

271. Prismen. Ein Prisma ist ein Körper aus einem brechenden Stoff, meist aus Glas, für besondere Zwecke auch aus Quarz (Bergkristall), Flußspat, Steinsalz usw., von dreieckigem Querschnitt. Mindestens zwei seiner Mantelflächen

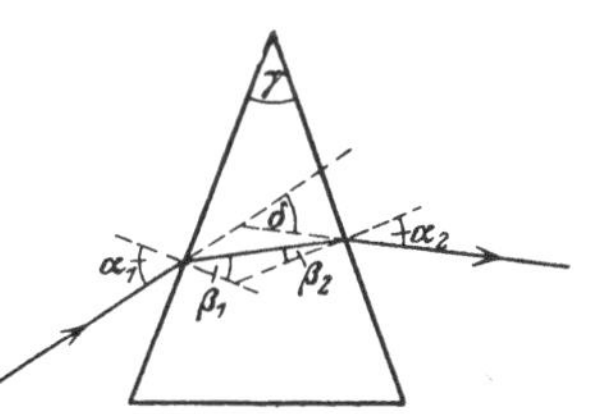

Abb. 471. Brechung im Prisma.

müssen sehr gut eben geschliffen sein. Den Winkel, den diese miteinander bilden, nennt man den brechenden Winkel des Prismas (γ). Abb. 471 zeigt die Brechung eines Strahles durch ein Prisma. Für die Berechnung der Ablenkung δ eines unter dem Winkel α_1 auf eine Prismenfläche fallenden Strahles gelten außer dem Brechungsgesetz die beiden aus Abb. 471 ablesbaren Beziehungen $\beta_1 + \beta_2 = \gamma$ und $\delta = (\alpha_1 + \alpha_2) - (\beta_1 + \beta_2)$, wobei δ den Winkel bedeutet, um den der Strahl nach dem Wiederaustritt aus seiner anfänglichen Richtung abgelenkt ist. Die kleinste Ablenkung erfolgt, wenn der Strahl symmetrisch durch das Prisma hindurchtritt, also $\alpha_1 = \alpha_2$ und $\beta_1 = \beta_2$ ist. In diesem Falle ist $\beta_1 = \beta_2 = \gamma/2$ und $\alpha_1 = \alpha_2 = (\delta + \gamma)/2$ und daher nach dem Brechungsgesetz

$$\sin \frac{\delta + \gamma}{2} = n \sin \frac{\gamma}{2}. \tag{17}$$

Diese Beziehung kann dazu benutzt werden, um aus dem Winkel kleinster

Ablenkung den Brechungsindex n des Prismas zu berechnen. (Vgl. WESTPHAL, „Physikalisches Praktikum", 2. Aufl., 23. Aufgabe.)

Ist der brechende Winkel γ sehr klein, und ist auch α_1 klein, so sind α_2, β_1 und β_2 ebenfalls klein. Dann kann man die sin durch die Winkel selbst ersetzen, so daß $\alpha_1 \approx n\beta_1$ und $\alpha_2 \approx n\beta_2$. Mit $\beta_1 + \beta_2 = \gamma$ folgt dann aus Gl. (17) $\delta = (n-1)(\beta_1 + \beta_2) = (n-1)\gamma$.

Über die Farberscheinungen bei der Brechung s. § 285.

272. Sphärische Linsen. Eine sphärische Linse ist ein Körper aus einem brechenden Stoff, meist aus Glas, welcher von zwei Kugelflächen begrenzt ist. Eine dieser Flächen kann auch eine Ebene sein. Nach den dadurch gegebenen verschiedenen Möglichkeiten unterscheidet man (von extrem dicken Linsen abgesehen) folgende Arten von Linsen (Abb. 472):

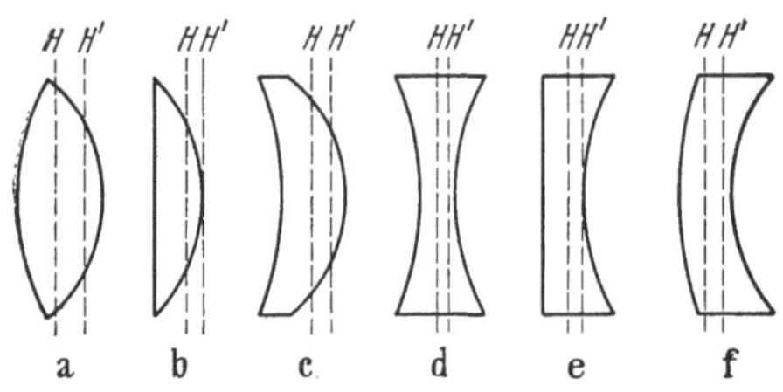

Abb. 472. a—c Sammellinsen, d—f Zerstreuungslinsen.

1. *Sammellinsen,* a) bikonvex, b) plankonvex, c) konkavkonvex. Diese Linsen sind in der Mitte *dicker* als am Rande.

2. *Zerstreuungslinsen,* d) bikonkav, e) plankonkav, f) konvexkonkav. Diese Linsen sind in der Mitte *dünner* als am Rande. (Über die Bedeutung von H, H' s. § 274.)

Bei der Ableitung der folgenden Gesetzmäßigkeiten werden entsprechende einschränkende Voraussetzungen gemacht wie beim Hohlspiegel, nämlich daß die Linse *dünn* ist, d. h. daß ihre Abmessungen, insbesondere ihre Dicke, klein sind gegen die Krümmungsradien ihrer Begrenzungsflächen, und daß es sich nur um Strahlen handelt, die einen kleinen Winkel mit der Achse bilden. Die bei den Linsen

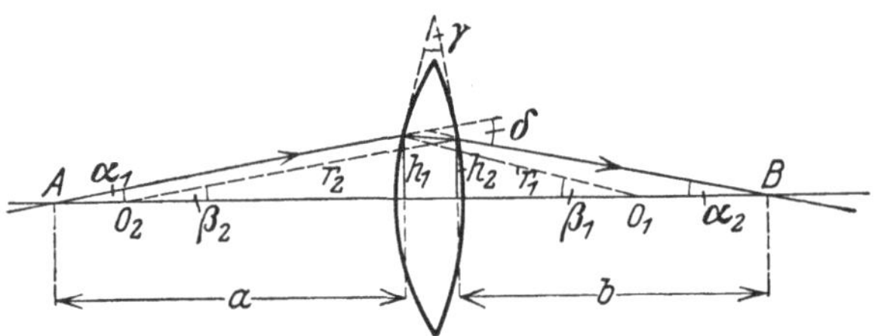

Abb. 473. Zur Ableitung der Linsenformel.

anzustellenden Überlegungen entsprechen den bei den Hohlspiegeln angestellten weitgehend und werden daher hier kürzer gefaßt. Als *Achse* einer Linse bezeichnet man die Gerade, die die Krümmungsmittelpunkte ihrer Flächen verbindet.

Vom Punkte A her (Abb. 473) treffe unter dem Winkel α_1 gegen die Linsenachse ein Strahl auf die Linse und schneide nach zweimaliger Brechung die Achse unter dem Winkel α_2 auf der anderen Seite in B. O_1 und O_2 seien die Krümmungsmittelpunkte der beiden Linsenflächen, r_1 und r_2 die dazugehörigen Krümmungsradien. Vorausgesetzt wird, daß der Strahl sich nur wenig von der Achse entfernt, die Winkel α_1 und α_2 also klein sind, und daher die Eintrittsstelle und die Austrittsstelle des Strahls an der Linse nur sehr wenig verschiedene Abstände von der Linsenachse haben.·

Es sei δ der Winkel, um den der von A kommende Strahl aus seiner Richtung abgelenkt wird. Diesen Winkel kann man auf zwei Weisen ausdrücken. Einmal ist $\delta = \alpha_1 + \alpha_2$, als Außenwinkel des die Winkel α_1 und α_2 enthaltenden Dreiecks. Da ferner die Linse auf den Strahl wie ein spitzwinkliges Prisma wirkt (§ 271), so ist $\delta = (n-1)\gamma = (n-1)(\beta_1 + \beta_2)$. Wegen der Kleinheit der Winkel kann man weiter setzen

$$\alpha_1 \approx \mathrm{tg}\,\alpha_1 = \frac{h_1}{a}, \qquad \alpha_2 \approx \mathrm{tg}\,\alpha_2 = \frac{h_2}{b}, \qquad \beta_1 \approx \sin\beta_1 = \frac{h_1}{r_1}, \qquad \beta_2 \approx \sin\beta_2 = \frac{h_2}{r_2}.$$

Setzt man diese Ausdrücke in die beiden Gleichungen für δ ein, so folgt $h_1/a + h_2/b = (n-1)(h_1/r_1 + h_2/r_2)$. Nun sind h_1 und h_2 nach Voraussetzung sehr wenig verschieden, so daß man ohne merklichen Fehler $h_1 = h_2$ setzen darf. Alsdann folgt

$$\frac{1}{a} + \frac{1}{b} = (n-1)\left(\frac{1}{r_1} + \frac{1}{r_2}\right) = \frac{1}{f}, \tag{18}$$

wobei

$$f = \frac{1}{(n-1)\left(\dfrac{1}{r_1} + \dfrac{1}{r_2}\right)} = \frac{r_1 \cdot r_2}{(n-1)(r_1 + r_2)}. \tag{19a}$$

Ist 2ϱ der Durchmesser, d die Dicke der Linse an ihrem Scheitel, so ist mit den hier zulässigen Vernachlässigungen $1/r_1 + 1/r_2 = 2d/\varrho^2$, also

$$f = \frac{1}{n-1}\frac{\varrho^2}{2\,d}. \tag{19b}$$

Bei Kenntnis von n (bei Glas rund 1,5) kann man also f aus den Abmessungen einer Sammellinse leicht berechnen, sofern sie nicht am Rande zylindrisch abgeschliffen ist.

Für eine Linse mit einer ebenen Fläche ($r_1 = r$, $r_2 = \infty$) ergibt sich aus Gl. (19a)

$$f = \frac{r}{n-1}, \tag{20a}$$

für eine solche mit zwei Flächen von gleicher Krümmung ($r_1 = r_2 = r$)

$$f = \frac{r}{2\,(n-1)}. \tag{20b}$$

Im Fall der Gl. (20a) folgt *für gewöhnliches Glas* ($n \approx 1,5$) $f \approx 2r$, im Fall der Gl. (20b) $f \approx r$, was als Faustregel zu merken nützlich ist.

Die Größe f ist die für eine Linse charakteristische Konstante. Rückt der Punkt A in unendliche Ferne, so daß $a = \infty$, fallen also alle von A her kommenden Strahlen parallel zur Achse auf die Linse, so folgt aus Gl. (18) $b = f$, d. h. Strahlen, welche parallel zur Achse auf die Linse fallen, gehen alle durch einen Punkt F auf der Achse, der den Abstand f von der Linse hat. Genau wie beim Hohlspiegel bezeichnet man daher F als *Brennpunkt*, f als *Brennweite* der Linse. Aus dem Satz von der Umkehrbarkeit des Strahlengangs folgt, daß jeder vom Brennpunkt her auf die Linse fallende Strahl hinter der Linse parallel zur Achse verläuft. Jede Linse hat zwei Brennpunkte F, F', auf jeder Seite einen. Sie liegen auf der Linsenachse und haben beide den gleichen Abstand f von der Linse. Wir setzen fest, daß wir denjenigen Brennpunkt, der das Bild des unendlich fernen rechten Achsenpunktes ist, mit F, denjenigen, der das Bild des unendlich fernen linken Achsenpunktes ist, mit F' bezeichnen wollen. Aus dieser Festsetzung folgt, daß bei einer Sammellinse stets F links, F' rechts von der Linse liegt, hingegen bei einer Zerstreuungslinse F rechts, F' links.

Die beiden Brennweiten einer Linse sind nur dann gleich groß, wenn — wie wir hier stets voraussetzen wollen — die Linse auf beiden Seiten an den gleichen Stoff (Luft) grenzt. Andernfalls ist die Brennweite auf der Seite, wo sich der Stoff von größerem Brechungsindex befindet, größer als auf der anderen Seite.

Die Gl. (18), die hier für eine Sammellinse abgeleitet wurde, gilt ebenso für Zerstreuungslinsen. Dabei ist aber der Krümmungsradius von konkaven Flächen mit dem negativen Vorzeichen zu versehen. Es ergibt sich dann für alle *Sammellinsen* (Abb. 472a—c) eine *positive*, für alle *Zerstreuungslinsen* (Abb. 472d—f) eine *negative* Brennweite.

Statt der Brennweite gibt man bei Linsen oft ihre *Brechkraft* oder *Stärke* $D = 1/f$ an, wobei f in m gemessen wird. Die Einheit der Brechkraft, $1\,\mathrm{m}^{-1}$, heißt 1 *Dioptrie*. Eine Linse von z. B. 20 cm Brennweite hat demnach eine Brechkraft von 5 Dioptrien. Sammellinsen haben positive, Zerstreuungslinsen negative Brechkräfte.

Fällt ein Strahl schräge durch die Linsenmitte, durchsetzt er also die Linsenflächen an zwei Stellen, wo diese einander parallel sind, so erfährt er keine Ablenkung, sondern nur eine seitliche Parallelverschiebung (§ 269). Diese ist aber bei einer dünnen Linse und angenähert senkrechtem Einfall so klein, daß man sie vernachlässigen kann. Man zeichnet daher bei einer dünnen Linse einen solchen Strahl so, als ob er ungebrochen geradlinig durch die Linsenmitte ginge.

In der Gl. (18) kommt der Winkel α_1, den der von A ausgehende Strahl mit der Linsenachse bildet, nicht vor. Diese Gleichung gilt also für jeden beliebigen von A ausgehenden und durch die Linse hindurchgehenden Strahl (Abb. 473). Alle diese Strahlen schneiden sich in B, d. h. B ist ein reelles Bild von A. (Über die wellenoptische Betrachtung der Linsengesetze s. § 295.)

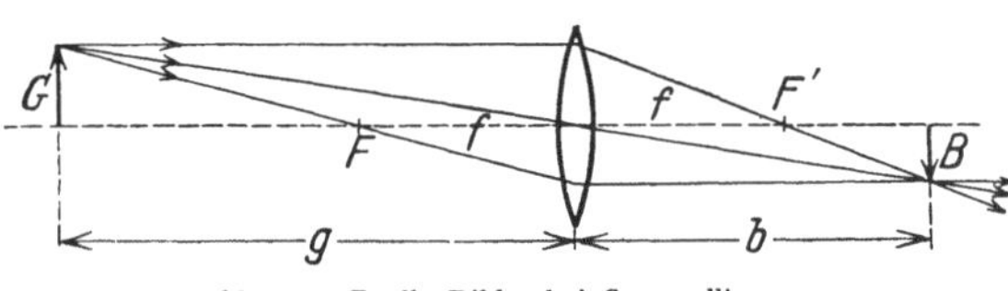

Abb. 474. Reelle Bilder bei Sammellinsen.

273. Abbildung durch dünne Linsen. Strahlen, die von einem Punkt eines Gegenstandes her auf eine Sammellinse fallen, schneiden sich nach dem Durchgang durch die Linse entweder in einem auf der vom Gegenstand abgekehrten Seite der Linse gelegenen Punkt, auf den hin sie von der Linse her konvergieren, oder sie divergieren von einem Punkte her, der auf der dem Gegenstand zugekehrten Seite der Linse liegt, und von dem sie tatsächlich nicht herkommen, aber herzukommen scheinen. Im ersten Falle liefert die Linse also ein reelles, im zweiten Fall ein virtuelles Bild des Punktes. Zur Konstruktion des Bildpunktes genügen zwei Strahlen. Nach § 272 haben wir deren sogar drei zur Verfügung: 1. den von dem Gegenstandspunkt parallel zur Achse auf die Linse fallenden Strahl, welcher auf der anderen Seite durch den Brennpunkt geht, 2. den Strahl, der vom Gegenstandspunkt durch den auf der gleichen Seite gelegenen Brennpunkt geht und auf der anderen Seite achsenparallel austritt, 3. den Strahl, welcher durch die Mitte der Linse tritt und nur ein wenig parallel verschoben wird, also praktisch unbeeinflußt bleibt. Bei der Konstruktion, die ja eine dünne Linse voraussetzt, sehen wir von der zweimaligen Brechung der Strahlen ab und zeichnen sie nur einmal in der Linse geknickt.

Auf diese Weise ergibt sich die in Abb. 474 dargestellte Konstruktion des Bildes B eines außerhalb der Brennweite gelegenen Gegenstandes G. Das Bild ist reell, umgekehrt und im vorliegenden Falle verkleinert. Betrachten wir aber jetzt umgekehrt B als den Gegenstand, G als dessen Bild, so ist die Konstruktion genau die gleiche. In diesem Falle ist das Bild vergrößert.

Aus Abb. 474 liest man ab, daß der Abbildungsmaßstab

$$\gamma = \frac{B}{G} = \frac{b}{g} = \frac{b-f}{f} = \frac{f}{g-f} \qquad (21)$$

beträgt. Dies liefert zwei Gleichungen zur Berechnung von b bei gegebenem g und f, während wir deren nur eine benötigen. Tatsächlich ergeben beide Gleichungen das gleiche, weil sich ja die drei Strahlen tatsächlich im gleichen Punkt schneiden. Aus Gl. (21) folgt durch einfache Rechnung

$$\frac{1}{g} + \frac{1}{b} = \frac{1}{f} \quad (22) \qquad \text{bzw.} \quad (g-f)(b-f) = f^2, \qquad (23)$$

also dieselben Gleichungen wie bei den sphärischen Spiegeln. Aus ihnen folgen wiederum die Gleichungen

$$b = \frac{gf}{g-f} \quad \text{(24a)}, \qquad g = \frac{bf}{b-f} \quad \text{(24b)}, \qquad f = \frac{gb}{g+b}. \quad \text{(24c)}$$

Auch bei den Linsen schreiben wir den reellen Bildern — die auf der vom Gegenstand abgewandten Seite liegen — eine positive Bildweite b, den virtuellen Bildern — die auf der gleichen Seite liegen wie der Gegenstand — eine negative Bildweite b zu.

Solange der Gegenstand außerhalb der Brennweite f liegt, konvergieren die von seinen einzelnen Punkten ausgehenden Strahlen nach dem Durchgang durch die Linse, und es ergeben sich reelle, umge-kehrte, vergrößerte ($f < g < 2f$) oder verkleinerte ($g > 2f$) Bilder. Befindet sich der Gegenstand in der Brennebene ($g = f$), so verlaufen die von seinen einzelnen Punkten ausgehenden Strahlen hinter der Linse unter sich parallel, und es entsteht ein unendlich großes Bild in der Entfernung $g = \infty$. Rückt aber der Gegenstand noch dichter an die Linse heran ($g < f$), so divergieren die von seinen

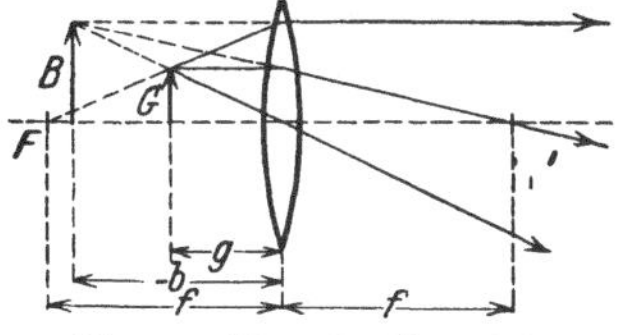

Abb. 475. Virtuelle Bilder bei Sammellinsen.

einzelnen Punkten ausgehenden Strahlen hinter der Linse von einem vor der Linse liegenden virtuellen Bildpunkt. Es entstehen virtuelle Bilder; die Bild-weite b wird negativ. Abb. 475 zeigt die Konstruktion der virtuellen Bilder. Aus Abb. 475 liest man ab, daß

$$\gamma = \frac{B}{G} = \frac{-b}{g} = \frac{-b+f}{f} = \frac{f}{f-g}, \quad (25)$$

was bis auf das Vorzeichen mit Gl. 21 übereinstimmt. Hieraus folgen auch für die virtuellen Bilder die Gl. (22), (23) und (24). Bezeichnen wir aber den absoluten Betrag von b mit $|b|$, so ist $|b| = -b$, und es folgt

$$\frac{1}{g} - \frac{1}{|b|} = \frac{1}{f}. \quad (26)$$

· Den Abbildungsmaßstab definieren wir auch hier durch die Gleichung $\gamma = B/G$. Bei virtuellen Bildern ist $b < 0$ bzw. $g < f$. Die virtuellen Bilder bei Sammel-linsen sind also stets vergrößert; außer-dem sind sie stets aufrecht.

Für Zerstreuungslinsen gelten ganz entsprechende Überlegungen. Achsen-parallel einfallende Strahlen divergieren hinter der Linse von einem vor der Linse auf deren Achse liegenden Punkt her, der auch hier — analog zu den Wölbspiegeln — als Brennpunkt be-zeichnet wir. In ihm wird also ein un-

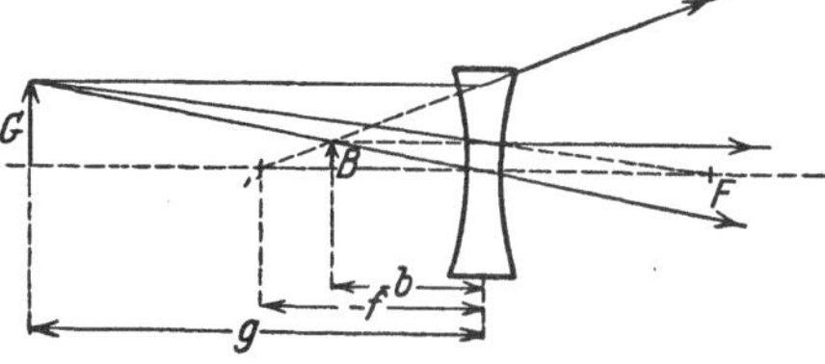

Abb. 476. Bilder bei Zerstreuungslinsen.

endlich ferner Achsenpunkt virtuell abgebildet. Man schreibt daher — wie den virtuellen Bildern eine negative Bildweite — einer Zerstreuungslinse eine *negative Brennweite* f und zwei virtuelle Brennpunkte F, F' zu.

Mit Hilfe der Brennpunkte, auch unter Benutzung des die Linsenmitte unbeeinflußt durchlaufenden Strahls, kann man die Bilder auch bei Zerstreu-ungslinsen leicht konstruieren, wie Abb. 476 zeigt. Unter Berücksichtigung der Vorzeichen von b, und f liest man aus ihr ab:

$$\gamma = \frac{B}{G} = \frac{-b}{g} = \frac{-f-(-b)}{-f} = \frac{-f}{-f+g}. \quad (27)$$

Auch aus Gl. (27) folgen wieder die Gl. (22), (23) und (24a, b, c), die also für alle Linsenarten und alle Arten der Abbildung gültig sind. Führen wir jedoch in Gl. (22) die absoluten Beträge $|b| = -b$ und $|f| = -f$ der Bildweite und der Brennweite ein, so ergibt sich aus Gl. (22)

$$\frac{1}{g} - \frac{1}{|b|} = -\frac{1}{|f|}. \tag{28}$$

Gl. (27) gibt gleichzeitig den Abbildungsmaßstab. Da g und $-f > 0$, so ist γ stets kleiner als 1. Eine Zerstreuungslinse liefert also stets verkleinerte, aufrechte, virtuelle Bilder.

Eine einfache Überlegung an Hand der Abb. 475 und 476 zeigt, daß man bei einer Linse den Gegenstand und sein virtuelles Bild vertauschen kann, wenn man gleichzeitig das Vorzeichen der Linsenbrennweite umkehrt. (Man betrachte z. B. in Abb. 475 B als den Gegenstand, G als sein Bild und die Linse als eine Zerstreuungslinse von gleich großer, aber negativer Brennweite.) Diese Tatsache ist analog zur Vertauschung von Gegenstand und virtuellem Bild bei einem beiderseitig verspiegelten sphärischen Spiegel (§ 267).

Wird der durch eine Linse — reell oder virtuell — abgebildete Gegenstand auf die Linse hin oder von ihr fort bewegt, so bewegt sich das Bild stets in der gleichen räumlichen Richtung wie der Gegenstand. Man sagt, daß die Abbildung durch eine Linse *rechtläufig* ist.

Ist bei einer Sammellinse der Abstand $a = g + b$ zwischen Gegenstand und Bild fest gegeben, etwa dadurch, daß ein fest aufgestellter Gegenstand auf eine feste Wand abgebildet werden soll, so folgt aus Gl. (24)

$$g = \frac{a}{2} \pm \sqrt{\frac{a^2}{4} - af}, \quad b = \frac{a}{2} \mp \sqrt{\frac{a^2}{4} - af}.$$

Es ergeben sich demnach zwei Wertpaare g_1, b_1 und g_2, b_2, derart, daß $b_2 = g_1$, $g_2 = b_1$. Es gibt also zwischen Schirm und Gegenstand zwei Linsenstellungen, bei denen scharfe Abbildung erfolgt. Sie liegen symmetrisch zur Mitte von a, und die eine gibt ein vergrößertes, die andere ein verkleinertes Bild. Ist $a = 4f$, so fallen beide Stellungen zusammen, Bild und Gegenstand sind einander an Größe gleich. Wird $a < 4f$, so ist eine reelle Abbildung nicht mehr möglich. Durch Messung von g und b kann man die Brennweite einer Sammellinse nach Gl. (22) bestimmen. (Vgl. WESTPHAL, „Physikalisches Praktikum", 2. Aufl., 17. Aufgabe.)

Außer den bisher behandelten Abbildungsarten gibt es aber noch eine weitere interessante und auch praktisch wichtige Abbildungsart. In der Abb. 477a sei G das von irgendeiner (nicht gezeichneten) Linse entworfene reelle Bild eines Gegenstandes, wie es entstehen würde, wenn sich im abbildenden Strahlengang nicht noch eine Sammellinse L^+ befände. Infolge der Einschaltung dieser Linse kommt das reelle Bild G gar nicht zustande, vielmehr entsteht ein reelles Bild B an anderer Stelle, das wir mit Hilfe des einfallenden achsenparallelen Strahls und des durch die Mitte von L^+ gehenden Strahls ohne weiteres in bekannter Weise konstruieren können. Es ist durchaus sinnvoll, wenn wir das reelle Bild B als das von der Linse L^+ erzeugte Bild des in Wirklichkeit gar nicht vorhandenen „Gegenstandes" G betrachten, und zwar ist G — analog zu den virtuellen Bildern — als ein *virtueller Gegenstand* zu bezeichnen; denn die auf seine einzelnen Punkte hin laufenden Strahlen des abbildenden Strahlenganges kommen infolge der Einschaltung von L^+ dort tatsächlich nicht zum Schnitt, sondern nur ihre Verlängerungen. Die Entfernung g eines virtuellen Gegenstandes ist, weil er auf der dem Betrachter zugewandten Seite der Linse liegt, als negativ anzusehen. Indem wir den Betrag der negativen Gegenstandsentfernung mit $-g$ bezeichnen, lesen wir aus der Abb. 477a leicht die folgenden Proportionen ab:

$$\gamma = \frac{B}{G} = \frac{b}{-g} = \frac{f-b}{f} \quad \text{oder} \quad \frac{b}{g} = \frac{b-f}{f} = \frac{f}{g-f},$$

was mit Gl. (21) identisch ist und demnach auch zur allgemeinen Linsengleichung Gl. (22) führt. Diese bleibt also auch bei der Abbildung virtueller Gegenstände gültig. Eine Sammellinse erzeugt von einem virtuellen Gegenstand immer ein reelles, aufrechtes, verkleinertes Bild, ganz gleich, ob der Gegenstand sich innerhalb oder außerhalb der Brennweite befindet.

In der Abb. 477b befindet sich ein virtueller Gegenstand G innerhalb der Brennweite einer Zerstreuungslinse L^-. Wir konstruieren wie oben sein Bild B

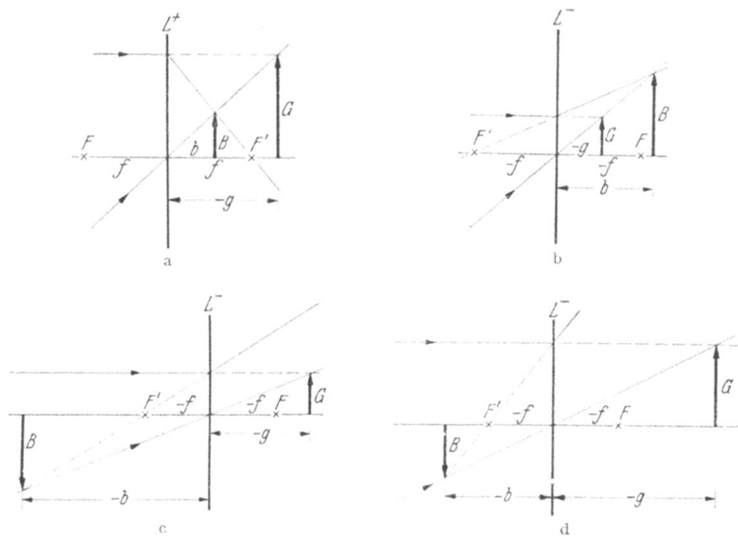

Abb. 477 a—d. Abbildung virtueller Gegenstände. a Sammellinse, b, c, d Zerstreuungslinse.

mit Hilfe des achsenparallel und des durch die Linsenmitte einfallenden Strahles. Es ist reell, aufrecht und vergrößert. Man liest ab, daß

$$\gamma = \frac{B}{G} = \frac{b}{-g} = \frac{b+(-f)}{-f} \qquad \text{oder} \qquad \frac{b}{g} = \frac{b-f}{f} = \frac{f}{g-f},$$

was wiederum mit Gl. (21) identisch ist und zur allgemeinen Linsengleichung führt, die demnach auch jetzt gültig bleibt.

In der Abb. 477c befindet sich ein virtueller Gegenstand zwischen der einfachen und der doppelten Brennweite, in Abb. 477d außerhalb der doppelten Brennweite einer Zerstreuungslinse L^-. Durch die gleiche Konstruktion wie oben erhalten wir nunmehr in beiden Fällen umgekehrte, virtuelle Bilder B, im Fall der Abb. 477c ein vergrößertes, im Fall der Abb. 477c ein verkleinertes. In beiden Fällen lesen wir die folgenden Proportionen ab:

$$\gamma = \frac{B}{G} = \frac{-b}{-g} = \frac{(-b)-(-f)}{-f} \qquad \text{oder} \qquad \frac{b}{g} = \frac{b-f}{f} = \frac{f}{g-f},$$

wie oben. Die allgemeine Linsengleichung ist also in jedem Fall gültig.

Praktische Bedeutung haben die Bilder virtueller Gegenstände bei den Okularen der Fernrohre und Mikroskope (Fall der Abb. 477a) und beim Okular des holländischen Fernrohrs (Fall der Abb. 477c).

In der Abb. 478a ist die Bildentfernung b als Funktion der Gegenstandsentfernung g für alle bei einer Sammellinse vorkommenden Fälle dargestellt. Es ergeben sich die beiden Äste einer Hyperbel, deren Asymptoten im Abstande $+f$ parallel zur g- und zur b-Achse verlaufen. Der den reellen Gegenständen

entsprechende Teil ($g > 0$) ist ausgezogen, der den virtuellen Gegenständen
entsprechende ($g < 0$) ist gestrichelt gezeichnet. Abb. 478b zeigt das gleiche für
eine Zerstreuungslinse. Die Asymptoten liegen hier im Abstande $-f$ von der g-
und der b-Achse. Man erkennt deutlich, daß eine Sammellinse von reellen

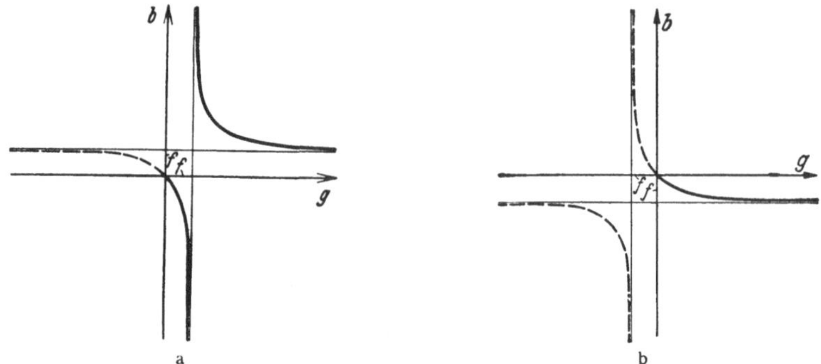

Abb. 478. Abbildungsverhältnisse a bei Sammellinsen (Hohlspiegeln), b bei Zerstreuungslinsen (Wölbspiegeln).

Gegenständen sowohl reelle ($b > 0$) als auch virtuelle Bilder ($b < 0$), von virtuellen Gegenständen nur reelle Bilder erzeugen kann. Hingegen kann eine Zerstreuungslinse von reellen Gegenständen nur virtuelle Bilder, von virtuellen
Gegenständen aber sowohl reelle als auch virtuelle Bilder erzeugen.

274. Dicke Linsen. Hauptebenen. Bei den bisher behandelten dünnen
Linsen konnten wir bei der Bildkonstruktion davon absehen, daß jeder
die Linse durchsetzende Strahl in ihr einen *doppelten Knick* erleidet, und
wir durften ohne merklichen Fehler die beiden, sehr nahe benachbarten
Knickpunkte in *einen einzigen Knickpunkt* zusammenfassen. Bei einer

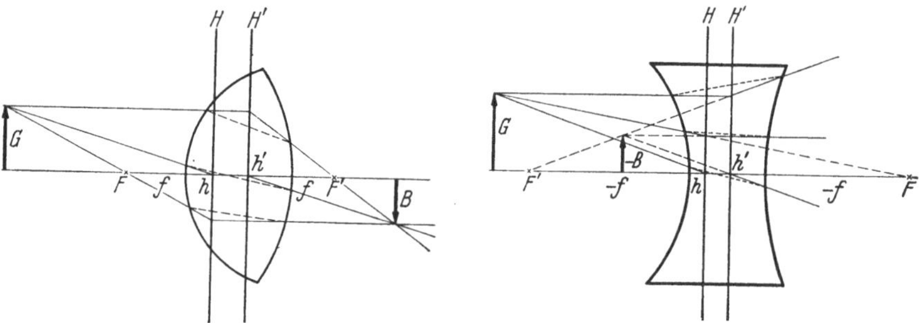

Abb. 479. Abbildung durch eine dicke Sammellinse.　　　Abb. 480. Abbildung durch eine dicke Zerstreuungslinse.

dicken Linse ist das wegen des größeren Abstandes der beiden Knickpunkte nicht in der gleichen Weise möglich. Aber auch bei ihnen kann
man nach LISTING mit Hilfe eines idealisierten Strahlenganges ebenfalls mit
einem einzigen Knick auskommen, der an einer der beiden *Hauptebenen* der
Linse erfolgt. Das sind zwei zur Linsenachse senkrechte Ebenen H, H', deren
Lage sich nach den Krümmungsradien, der Dicke und dem Brechungsindex
der Linse richtet, und deren Schnittpunkte h, h' mit der Achse die *Haupt-
punkte* der Linse heißen (Abb. 479, vgl. auch Abb. 472). Der Brennpunkt F
ist der Hauptebene H, der Brennpunkt F' der Hauptebene H' zugeordnet.
Daher verläuft im idealisierten Strahlengang ein durch den Brennpunkt F
(Abb. 479) bzw. in Richtung auf F (Abb. 480) einfallender Strahl von der

Hauptebene H ab achsenparallel; ein achsenparallel einfallender Strahl verläuft von der Hauptebene H' ab in Richtung auf den Brennpunkt F' (Abb. 479) bzw. in Richtung von F' fort (Abb. 480). Ferner verläuft im idealisierten Strahlengang ein in Richtung auf den Hauptpunkt h einfallender Strahl hinter der Linse, parallel zu sich selbst verschoben, durch den Hauptpunkt h', was dem bei einer dünnen Linse durch die Linsenmitte tretenden Strahl entspricht. In Abb. 479 und 480 ist die Bildkonstruktion an dicken Linsen dargestellt. Der wahre Strahlengang ist gepunktet angedeutet.

Die Brennweiten f von dicken Linsen sind von den Hauptebenen ab zu rechnen, und es ist $f = hF = h'F'$. Bei einer Sammellinse ist f positiv; F liegt auf der Gegenstandsseite von H, F' auf der vom Gegenstand abgewandten Seite von H'. Bei einer Zerstreuungslinse ist die Brennweite negativ; F liegt auf der vom Gegenstand abgewandten Seite von H, F' auf der Gegenstandsseite von H'. Auch die Gegenstands- und Bildweiten sind von den Hauptebenen ab zu rechnen, und zwar die Gegenstandsweite g von H ab, die Bildweite b von H' ab. Die dicke Linse wird also bezüglich F und g durch eine am Ort von H befindliche, bezüglich F' und b durch eine am Ort von H' befindliche unendlich dünne Linse, beide von gleicher Brennweite, ersetzt. Der Sonderfall einer dünnen Linse ist demnach dadurch gekennzeichnet, daß bei einer solchen der Abstand der beiden Hauptebenen so klein ist, daß man ihn gegenüber der Brennweite der Linse vernachlässigen kann.

Man überzeugt sich aus Abb. 479 leicht, daß bei einer Sammellinse $B/G = b/g = f/(g-f) = (b-f)/f$, so daß $(g-f)(b-f) = f^2$. Das gleiche folgt aus Abb. 480 für eine Zerstreuungslinse. Es gelten also bei dicken Linsen genau die gleichen Beziehungen zwischen g, b und f wie bei dünnen Linsen.

Die Theorie ergibt, daß der Abstand der beiden Hauptebenen einer Linse von der Dicke d und dem Brechungsindex n gleich

$$a = d\,\frac{n-1}{n} \tag{29}$$

ist. Bei Linsen aus gewöhnlichem Linsenglas ($n \approx 1{,}5$) ist also $a \approx d/3$. Besonders einfache Verhältnisse liegen bei Linsen mit einer ebenen Fläche vor. Bei diesen ist die eine Hauptebene die an die gekrümmte Fläche gelegte Tangentialebene (Abb. 472b und e). (Vgl. WESTPHAL, „Physikalisches Praktikum", 2. Aufl., 18. Aufgabe.)

275. Linsenfehler. Einfache Linsen zeigen eine Reihe von Fehlern, d. h. störende Abweichungen von den vorstehend abgeleiteten einfachen Gesetzmäßigkeiten, die ihren Grund erstens darin haben, daß die Linsen nicht unendlich dünn sind, und daß nicht nur sehr achsennahe Strahlen zur Verwendung kommen, und daß zweitens die verschiedenen Farben, aus denen weißes Licht besteht, verschieden stark gebrochen werden (Dispersion, § 285). Infolge der letzteren Erscheinung hat eine Linse für verschiedene Farben eine etwas verschiedene Brennweite. Diese Fehler wirken sich hauptsächlich in folgenden Richtungen aus:

a) Sphärische Aberration. Die äußeren Linsenzonen haben eine kleinere Brennweite als die Linsenmitte. Von einem Bündel parallel zur Achse einfallender Strahlen schneiden die durch die äußeren Zonen der Linse tretenden die Achse in einem der Linse näheren Punkte, als die der Linsenachse nahe einfallenden Strahlen (Abb. 481a, vgl. Abb. 461).

b) Chromatische Aberration. Der Brechungsindex des Glases ist für die verschiedenen Farben verschieden groß, für Rot am kleinsten, für Violett am größten. Daher schneiden sich die roten Anteile des von einem Gegenstand ausgehenden weißen Lichts in Punkten, die der Linse ferner liegen, als die Schnittpunkte der violetten Anteile (Abb. 481 b).

c) Astigmatismus schräger Büschel. Für außerhalb der Achse liegende Punkte des Gegenstandes ist die Brennweite der Linse in den verschiedenen durch die

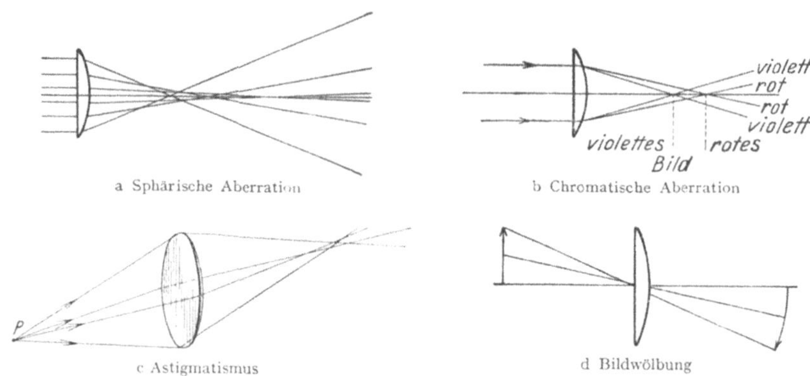

Abb. 481. Darstellung der wichtigsten Linsenfehler.

Linsenachse gehenden Ebenen verschieden groß (Abb. 481 c, die Linse ist perspektivisch gezeichnet). Anastigmate sind Linsensysteme, bei denen dieser Fehler ausgeglichen ist. Astigmatismus macht sich bei photographischen Objekten durch Unschärfe und Verzerrungen in den Bildecken bemerkbar.

d) Bildwölbung. Das Bild einer zur Linse parallelen, ebenen Fläche ist nicht eben, sondern gewölbt (Abb. 481 d).

Die vorstehend geschilderten Linsenfehler kann man sehr weitgehend durch Kombination mehrerer Linsen von geeigneten Krümmungsradien aus Glas von verschiedenem Brechungsindex (Kronglas, Flintglas, siehe Tabelle 30, § 271) beheben (Anastigmate, Achromate usw.).

276. Das Auge. Der Bau des menschlichen Auges ist in seinen wesentlichen Zügen in Abb. 482 dargestellt. Es ist nahezu kugelförmig und wird von der Sehnenhaut S umschlossen. Diese ist an ihrer Vorderseite als durchsichtige Hornhaut H vorgewölbt. Hinter dieser liegt die mit dem Kammerwasser Kw gefüllte vordere Augenkammer. Es folgt die Iris oder Regenbogenhaut mit der Pupille und die Kristallinse L. Die Iris dient zur Regelung der Menge des in das Auge gelangenden Lichtes, also zur Verhütung von Blendung. Ihre Öffnung, die Pupille, öffnet sich ohne unser Zutun mehr oder weniger weit, je nach der herrschenden Helligkeit, wirkt also als Blende. Das Augeninnere ist von dem gallertartigen Glaskörper G erfüllt. Die innere Wandung des Auges ist von der Netzhaut N bedeckt, die die licht-empfindlichen Organe enthält, welche durch

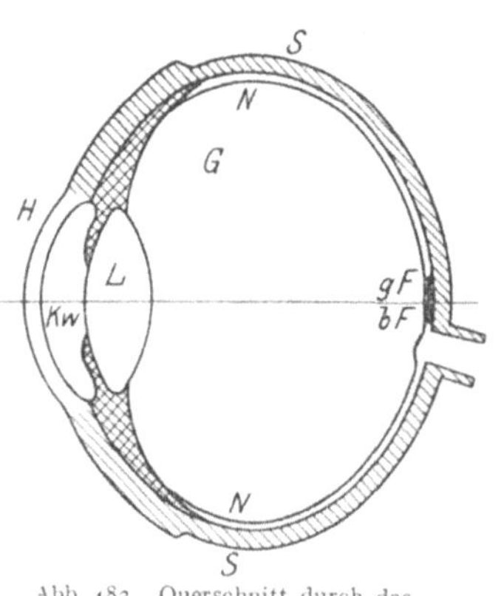

Abb. 482. Querschnitt durch das menschliche Auge.

den Sehnerv mit dem Sehzentrum im Gehirn verbunden sind. Das physikalische Wesen und Verhalten des Auges ist im wesentlichen zuerst von KEPLER (1604) erkannt worden.

Die Netzhaut trägt zwei Arten von lichtempfindlichen Organen, die *Zäpfchen* und die *Stäbchen*. Mit ersteren sehen wir im Hellen, mit letzteren im Dunkeln, d. h. bei sehr schwacher Beleuchtung. Die Zäpfchen sind farbenempfindlich, die Stäbchen nicht. Im Dunkeln erkennen wir daher keine Farben. („Bei Nacht sind alle Katzen grau".) Im Hellen treten die Zäpfchen aus der Netzhaut dem Licht entgegen; im Dunkeln ziehen sie sich zurück. Bei den Stäbchen ist es umgekehrt. Die Stäbchen sind etwa 10000mal empfindlicher als die Zäpfchen. In der Umgebung der optischen Achse des Auges, in der Fovea centralis, dem gelben Fleck der Netzhaut, befinden sich nur Zäpfchen. Dort sind wir also bei Nacht blind. Ein Stern verschwindet, wenn wir ihn genau so wie bei Tage zu fixieren suchen, was wir bei seiner Betrachtung aus unbewußter Erfahrung nicht tun. In den Randzonen der Netzhaut aber überwiegen die Stäbchen. Beide Organe fehlen an der Eintrittsstelle des Sehnervs in die

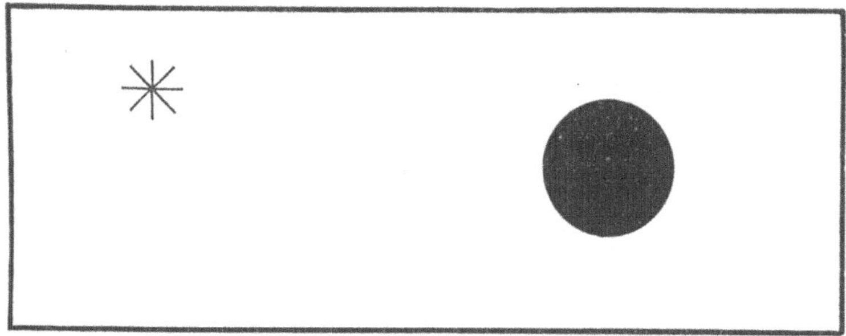

Abb. 483. Zur Erkennung des blinden Flecks.

Netzhaut, dem *blinden Fleck*. Der Ausfall des Sehvermögens an dieser Stelle wird uns aber für gewöhnlich nicht bewußt, einerseits aus Gewöhnung, dann aber auch deshalb, weil er bei den beiden Augen an verschiedenen Stellen des Gesichtsfeldes liegt. Fixiert man in Abb. 483 bei geschlossenem linken Auge den Stern mit dem rechten Auge, so verschwindet bei einem bestimmten Abstande des Bildes vom Auge der schwarze Kreis völlig, weil sein Bild auf den blinden Fleck fällt.

Die den Lichteindruck erzeugende Reizung des Sehnervs infolge des Einfalls von Licht auf die Zäpfchen und Stäbchen wird durch photochemische Prozesse vermittelt, die sich in diesen abspielen (§ 349), und bei denen gewisse Wirkstoffe (Karotinoide) eine Rolle spielen. Genauere Untersuchungen liegen vor allem bei den Stäbchen vor. Diese enthalten im ausgeruhten Zustande den *Sehpurpur*, einen sehr lichtempfindlichen Wirkstoff, der aus einem Farbstoff, dem Retinen, und einem Eiweiß als Träger desselben besteht. Bei Belichtung zerfällt der Sehpurpur unter Trennung des Retinens vom Trägereiweiß in das *Sehgelb*. Bei weiterer Belichtung bildet sich das *Sehweiß*, bei dem sich das Retinen in den Wirkstoff Vitamin A verwandelt. Dieses Vitamin A wandert im Hellen in die Netzhaut und kann von dort aus im Dunkeln den Sehpurpur wieder aufbauen. Daher dauert es einige Zeit, bis man nach Aufenthalt im Hellen im Dunkeln wieder sehen kann. Im Zusammenhang mit der geschilderten Rolle des Vitamins A ist der Nachweis wichtig, daß ein Mangel an diesem Vitamin schwere Nachtblindheit hervorruft. Ähnliche, aber verwickeltere photochemische Prozesse spielen sich auch in den Zäpfchen ab.

Das abbildende System des Auges wird in der Hauptsache durch die Kristalllinse gebildet; doch sind auch die Hornhaut und das Kristallwasser an der Abbildung beteiligt. Dieses System grenzt vorn an Luft, hinten an den Glaskörper, also an Stoffe von verschiedenem Brechungsindex. Das hat zur Folge, daß die hintere Brennweite des Systems größer ist als die vordere. Bei einem normalsichtigen, entspannten (nicht akkommodierten) Auge beträgt die vordere Brennweite 1,71 cm, entsprechend einer Brechkraft von 58,5 Dioptrien, die hintere 2,28 cm. Ein solches Auge entwirft auf der Netzhaut ein scharfes, umgekehrtes, reelles, sehr stark verkleinertes Bild ferner Gegenstände; sein hinterer Brennpunkt liegt also genau in der Netzhaut, sein *Fernpunkt* im Unendlichen (Abb. 484a). Aber es werden bei einem solchen normalsichtigen, entspannten Auge auch noch sehr viel näherliegende Gegenstände — bis zur *deutlichen Sehweite* von ungefähr 25 cm — scharf gesehen. Das liegt an der Struktur der Netzhaut. Die Reizung eines *einzigen* Zäpfchens oder Stäbchens erzeugt immer nur den Eindruck eines Bild*punktes*, und dieser Eindruck bleibt auch dann noch erhalten, wenn der Bildpunkt in Wahrheit schon ein wenig unscharf, aber nicht größer als die Fläche eines einzigen Zäpfchens oder Stäbchens ist. Erst wenn die Unschärfe eines einzigen Bildpunktes mehrere Zäpfchen oder Stäbchen überdeckt, wird sie vom Auge auch als Unschärfe empfunden. Das tritt dann ein, wenn die Unschärfe auf der Netzhaut einen Durchmesser von rund 0,0005 cm erreicht.

Damit das Auge auch noch Gegenstände scharf sehen kann, die näher liegen als die deutliche Sehweite, muß der Brennpunkt des abbildenden Systems mehr oder weniger weit in das Augeninnere verlegt werden. Da die Augentiefe unveränderlich ist, so geschieht das durch eine Verkleinerung der Brennweite des abbildenden Systems, und zwar dadurch, daß der die Kristallinse umschließende Ringmuskel (Ziliarmuskel) die Linse stärker krümmt. Diese *Akkommodation* erfolgt ohne unser bewußtes Zutun. Bei einem zehnjährigen Menschen kann dadurch eine Zunahme der Brechkraft um etwa 14 Dioptrien bewirkt werden, und ein solcher kann noch Gegenstände bis zu einer Entfernung von etwa 7 cm *(Nahepunkt)* scharf sehen. Doch nimmt die *Akkommodationsbreite* schon von der Jugend an mit dem Alter mehr und mehr ab. Mit 30 Jahren beträgt sie nur noch etwa die Hälfte, und der Nahepunkt liegt dann bei etwa 15 cm. Mit 60 Jahren beträgt sie nur noch etwa 1 Dioptrie, und mit dem 75. Jahre ist die Akkommodationsfähigkeit in der Regel überhaupt erloschen. Die höheren Grade dieses Mangels an Akkommodationsfähigkeit bezeichnet man als *Alterssichtigkeit (Presbyopie)*. Sie bewirkt also eine mit dem Alter zunehmende Entfernung des Nahepunktes. In höherem Alter, etwa vom 50. Jahre ab, rückt im allgemeinen auch der Fernpunkt aus dem Unendlichen näher heran, und nach völligem Erlöschen der Akkommodationsfähigkeit fällt er in einer Entfernung von etwa 40 cm mit dem Nahepunkt zusammen. Diese Zahlen gelten für ursprünglich normale Augen.

Ein Auge ist also dann normalsichtig, wenn der Brennpunkt der nicht akkommodierten Augenlinse in die Netzhaut fällt (Abb. 484a). Bei den *fehlsichtigen Augen* ist das nicht der Fall. Bei einem *weitsichtigen* Auge liegt der Brennpunkt hinter der Netzhaut, bei einem *kurzsichtigen* Auge vor der Netzhaut (Abb. 484b und c). Ersteres hat also eine zu kleine, letzteres eine zu große Brechkraft. Anatomisch liegt der Fehler jedoch meist nicht an einer von der Regel abweichenden Brennweite, sondern an einer von der Regel abweichenden, zu kleinen bzw. zu großen Tiefe des Augapfels.

Da man durch Akkommodation die Brennweite nur verkleinern, aber nicht vergrößern kann, so vermag ein *kurzsichtiges* Auge Gegenstände jenseits einer bestimmten Entfernung nicht mehr scharf zu sehen. Sein Fernpunkt liegt im Endlichen. Es kann aber durch Akkommodieren noch nähere Gegenstände scharf sehen, als ein normalsichtiges Auge von gleicher Akkommodationsbreite. Sein Nahepunkt liegt näher als der eines normalsichtigen Auges. Hierin liegt ein gewisser Vorteil, der sich z. B. beim physikalischen Arbeiten (Ablesungen usw.) oft angenehm bemerkbar macht. Ein Kurzsichtiger bedarf nicht so leicht einer Lupe wie ein Normalsichtiger. Selbstverständlich muß er bei der Betrachtung naher Gegenstände, auch beim Mikroskopieren usw., seine *Brille abnehmen*, um dieses Vorteils teilhaftig zu werden. Aber auch er verfällt schließlich der Alterssichtigkeit, und dann geht ihm dieser Vorteil verloren.

Das *weitsichtige* Auge muß einen mehr oder weniger großen Teil seiner Akkommodationsbreite bereits dazu verwenden, um den Brennpunkt der Augenlinse in die Netzhaut zu verschieben. Er muß also beim Sehen *unter allen Umständen akkommodieren.* Zum Sehen auf kleinere Entfernungen bleibt ihm nur ein Teil seiner Akkommodationsbreite übrig. Es hat überhaupt keinen reellen Fernpunkt, und sein Nahepunkt liegt entfernter als der des Normalsichtigen. Weitsichtigkeit ist wohl das größere Übel, da sie mit keinerlei Vorteilen verknüpft ist, und da das Auge durch die Notwendigkeit ständiger Akkommodation beim Sehen auf jede Entfernung dauernd angestrengt wird.

Zum Ausgleich der verschiedenen Arten von Fehlsichtigkeit dienen die *Brillen.* Da das kurzsichtige Auge einen Überschuß, das weitsichtige einen Mangel an Brechkraft hat, so bedarf der Kurzsichtige einer Brille mit negativer Brechkraft, einer Zerstreuungslinse, der Weitsichtige einer Brille mit positiver Brechkraft, einer Sammellinse (Abb. 484 b′ und c′).

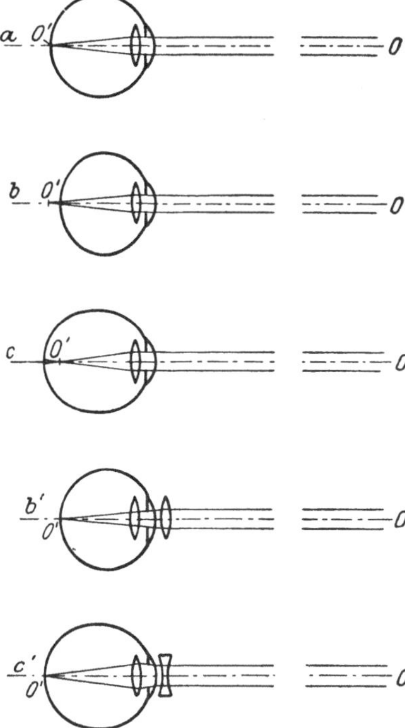

Abb. 484. *a* normalsichtiges, *b* weitsichtiges, *c* kurzsichtiges Auge; *b′* korrigiertes weitsichtiges, *c′* korrigiertes kurzsichtiges Auge.

Der an sich normalsichtige Alterssichtige bedarf zum Ausgleich seiner geringen Akkommodationsbreite zum Sehen in der Nähe einer Brille (Nahbrille), die die Brechkraft seines Auges erhöht, also einer Sammellinse. In sehr hohem Alter bedarf er für das Sehen in die Ferne auch einer Fernbrille, die die Brechkraft seines Auges vermindert, also einer Zerstreuungslinse. Alterssichtige Kurz- und Weitsichtige bedürfen außer ihrer Fernbrille ebenfalls einer Nahebrille, die die Brechkraft ihres Auges erhöht. Diese muß also bei Kurzsichtigen eine kleinere negative Brechkraft haben („schwächer" sein), bei Weitsichtigen muß sie eine größere positive Brechkraft haben („stärker" sein), als die Fernbrille.

Die Brillen sind nicht nur dazu da, daß man überhaupt scharf sieht, sondern auch — vor allem bei Weitsichtigen — um das Auge zu schonen, indem sie ständige oder ungewöhnlich große Akkommodationsanstrengungen unnötig machen. Jeder Brillenträger sollte sich daher darüber klar sein, unter welchen Umständen er besser die Nah- oder Fernbrille oder das bloße Auge benutzt.

Ein anderer, ziemlich verbreiteter Augenfehler ist der *Astigmatismus.* Er liegt dann vor, wenn das abbildende System des Auges nicht — wie eine sphärische Linse — achsensymmetrisch ist, sondern in zwei zueinander senkrechten Richtungen eine verschiedene Brechkraft hat. Dann werden z. B. zwei in gleicher

Entfernung liegende, zueinander senkrechte Strichsysteme nicht gleichzeitig scharf gesehen. Auch dieser Fehler kann durch eine Brille korrigiert werden, die bei einem sonst normalsichtigen Auge aus einer schwachen Zylinderlinse besteht, die geeignet orientiert ist. Bei auch sonst fehlsichtigen Augen muß der zylindrische Schliff dem sphärischen Schliff der gewöhnlichen Fern- und Nahbrille überlagert werden.

Die Augen vermitteln uns nicht nur Licht- und Farbeindrücke, sondern auch Raumeindrücke, nicht nur das Nebeneinander, sondern auch das Hintereinander der Dinge. Letzteres verdanken wir dem Besitz zweier Augen. Wegen ihres Abstandes sehen wir mit beiden Augen nicht genau das gleiche Bild. Diese Ungleichheit wird uns aber im allgemeinen — außer bei sehr kleiner Gegenstandsentfernung — nicht bewußt. Die im Unterbewußtsein bleibende Verschiedenheit der beiden Bilder ist es, die uns die Raumeindrücke vermittelt, denn bei der Betrachtung flächenhafter Gebilde sind die Bilder nicht verschieden. Einäugige Menschen vermögen Entfernungen schwer zu beurteilen.

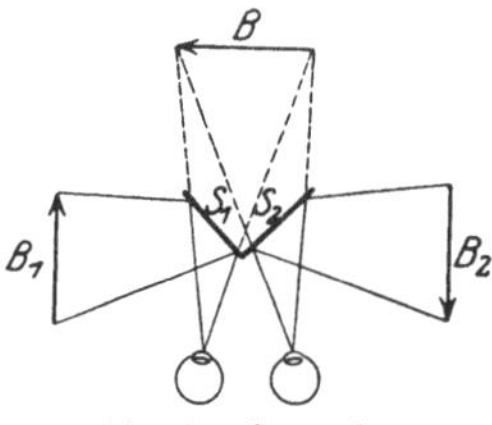
Abb. 485. Stereoskop.

Das Stereoskop (WHEATSTONE), von dem Abb. 485 eine einfache Ausführung zeigt, vermittelt räumliche Eindrücke mit Hilfe von Bildern. Es werden von dem gleichen Gegenstande zwei Aufnahmen von ein wenig verschiedenen Standorten aus gemacht, so daß die beiden Bilder ein wenig verschieden sind. Das geschieht mit einem doppelten Lichtbildgerät, dessen beide Objektive einen gewissen Abstand voneinander haben. Diese beiden Bilder B_1 und B_2 werden so vor die beiden Spiegel S_1 und S_2 des Stereoskops gebracht, daß jedes Auge nur eines dieser Bilder sieht, und daß die beiden Bilder am Orte B scheinbar räumlich zusammenfallen. Das Gehirn deutet den so entstehenden Eindruck in gewohnter Weise als die Folge eines räumlichen Hintereinander der dargestellten Gegenstände.

277. Tiefenschärfe. Beim Auffangen eines reellen Bildes auf der Ebene eines Schirms, einer Mattscheibe oder einer photographischen Schicht werden nur diejenigen Punkte scharf, also streng wieder als Punkte abgebildet, welche im Gegenstandsraum in einer Ebene liegen, die zu jener ersten Ebene im Verhältnis von Gegenstand zu Bild steht. Man nennt die erste Ebene die *Mattscheibenebene*, die zweite die *Einstellebene*. Strahlen, welche von Gegenstandspunkten ausgehen, die vor oder hinter der Einstellebene liegen, schneiden sich vor oder hinter der Mattscheibenebene, erzeugen also auf der Mattscheibenebene kein punktförmiges Bild, sondern eine unscharfe, kreisförmige Lichterscheinung, einen Zerstreuungskreis. Das gleiche gilt bezüglich derjenigen Ebene im Okular eines optischen Gerätes, in der das vom Objektiv erzeugte reelle Bild des betrachteten Gegenstandes entstehen soll, und daher auch bezüglich derjenigen Ebene, in der das vom Okular erzeugte virtuelle Bild entstehen soll, und auf die wir unser Auge bei der Betrachtung des Bildes durch das Okular akkommodieren.

Aus der Tatsache aber, daß die lichtempfindlichen Organe des Auges nicht punktförmig sind, sondern eine — wenn auch sehr kleine — endliche Größe haben, folgt, daß das Auge zwischen einem Punkt und einem ausreichend kleinen Zerstreuungskreis nicht zu unterscheiden vermag, sofern der Durchmesser des letzteren den Betrag von etwa 0,0005 cm nicht überschreitet (§ 276). Das Bild eines Punktes kann dem Auge noch scharf erscheinen, wenn es geometrisch nicht mehr streng scharf ist. Es besteht daher ein bestimmter Spielraum vor und hinter der Einstellebene derart, daß in ihm liegende Punkte in der Mattscheibenebene auch noch praktisch scharf abgebildet erscheinen. Je größer die Tiefe dieses Bereichs ist, um so größer ist die *Tiefenschärfe*. Sie spielt natürlich eine große Rolle bei der Abbildung von Gegenständen, die eine größere räumliche Tiefenausdehnung haben, z. B. bei der photographischen Aufnahme einer Umgebung, deren einzelne Teile relativ große Abstandsunterschiede vom Aufnahmegerät haben.

Es sei L eine Sammellinse[1] vom Radius R; E_1E_1' sei eine beliebige Einstellebene, E_2E_2' die ihr als ihr Bild zugeordnete Mattscheibenebene (Abb. 486). Dann wird der Achsenpunkt P in den Achsenpunkt Q geometrisch scharf abgebildet. Es sei r derjenige Radius eines Zerstreuungskreises, der eben noch den Eindruck eines scharfen Bildes in der Mattscheibenebene vermittelt, und es seien P' und P'' die beiden Achsenpunkte hinter und vor der Einstellebene, bei deren Abbildung ein Zerstreuungskreis von gerade dieser Größe in der Mattscheibenebene entsteht; Q' und Q'' seien ihre wirklichen Bilder. Wie man sieht, ist der Zerstreuungskreis um so größer, je größer der Öffnungswinkel des abbildenden Strahlenbüschels

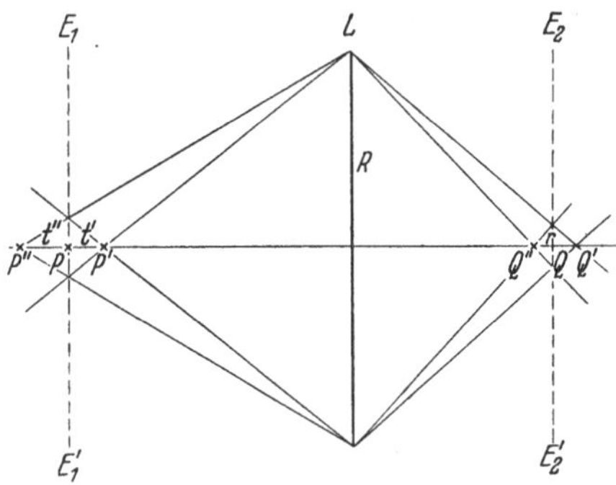
Abb. 486. Zur Ableitung der Tiefenschärfe bei einer Sammellinse.

ist, je größer also bei sonst gleichen Verhältnissen der Radius R der Linse (bzw. einer im Strahlengang befindlichen, die Öffnung der Strahlenbüschel begrenzenden Blende) ist.

Es seien g, $g' = g - t'$, $g'' = g + t''$ die Gegenstandsweiten von P, P', P'', b, b', b'' die Bildweiten von Q', Q', Q'' und f die Brennweite der Linse. Dann ist nach § 273, Gl. (24a)

$$b = \frac{g\,f}{g-f}, \qquad b' = \frac{(g-t')\,f}{g-t'-f}, \qquad b'' = \frac{(g+t'')\,f}{g+t''-f}. \qquad (30)$$

Aus Abb. 486 liest man ab

$$\frac{r}{R} = \frac{b'-b}{b'} \quad (31\text{a}) \qquad \text{und} \qquad \frac{r}{R} = \frac{b-b''}{b''}. \qquad (31\text{b})$$

Aus Gl. (30) und (31a, b) können $t' = PP'$, $t'' = PP''$ und die Gesamttiefe $t = t' + t'' = P'P''$ berechnet werden. Eine einfache Rechnung ergibt

$$t' = \frac{g\,(g-f)\,r}{R\,f + r\,(g-f)} \ (32\text{a}), \quad t'' = \frac{g\,(g-f)\,r}{R\,f - r\,(g-f)} \ (32\text{b}), \quad t = \frac{2\,R\,f\,g\,(g-f)\,r}{R^2\,f^2 - r^2\,(g-f)^2}. \ (32\text{c})$$

Aus diesen Gleichungen folgt, daß die Tiefenschärfe bei gegebener Brennweite und Gegenstandsweite um so größer ist, je kleiner der Radius R der Linse (bzw. der den Strahlengang begrenzenden Blende) ist. Man kann also die Tiefenschärfe durch Abblenden vergrößern. Da dies aber eine Lichtschwächung herbeiführt, so geht eine Erhöhung der Tiefenschärfe auf Kosten der Lichtstärke des Bildes, eine Tatsache, die jedem Photographen geläufig ist.

278. Bildwerfer. Zur Erzeugung von Lichtbildern von großen Abmessungen und großer Lichtstärke mit Hilfe kleiner Film- oder Glasbilder (Kino usw.) genügt es nicht, wenn man den Film oder die Platte von hinten beleuchtet und einfach mit einer Linse abbildet. Dabei würde der größte Teil des Lichtes gar nicht durch die Linse hindurchtreten, sondern seitlich an ihr vorbeigehen,

---

[1] Wir zeichnen den Linsenquerschnitt zur Vereinfachung der Darstellung nur als Strich.

und das Lichtbild wäre viel zu lichtschwach. Um das gesamte Licht, welches durch den Film hindurchtritt, auch für die Abbildung auszunutzen, befindet sich vor dem Film G (Abb. 487) der Kondensor K, ein System aus zwei oder mehr großen Linsen, dessen Brennweite so berechnet ist, daß er die Lichtquelle A (Bogenlampe oder hochkerzige Metallfadenlampe mit kleiner leuchtender Fläche) im Projektionsobjektiv L abbildet, während das Projektionsobjektiv vom Film G das Bild B auf dem Schirm entwirft. Es sind also beim Bildwerfer zwei Abbildungsbedingungen gleichzeitig zu erfüllen.

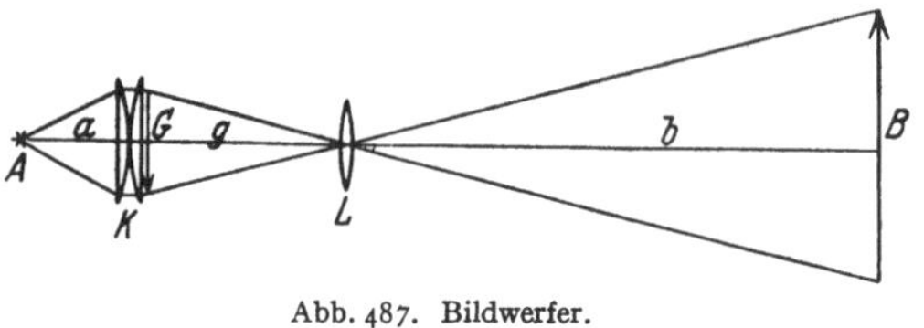

Abb. 487. Bildwerfer.

279. Allgemeines über Vergrößerung bei Lupe, Mikroskop und Fernrohr. Bei den im folgenden zu besprechenden optischen Geräten, Lupe, Fernrohr und Mikroskop, betrachtet das Auge ein virtuelles Bild des Gegenstandes. Dieses kann größer oder kleiner als der Gegenstand sein. Bei Lupe und Mikroskop ist es größer, beim Fernrohr kleiner als dieser. Der Zweck dieser Geräte ist an sich gar nicht die Erzeugung eines Bildes von veränderten Abmessungen, sondern die Verdeutlichung der Struktur oder der Umrisse von Gegenständen, welche ohne diese Geräte der Auflösung durch unser Auge nicht mehr zugänglich sind. Entweder sind wir nicht in der Lage, uns ihnen so weit zu nähern, daß wir diese Struktur deutlich sehen; dann bedienen wir uns des Fernrohrs. Oder es genügt auch die größtmögliche Annäherung des Auges (Nahepunkt, § 276) nicht, um eine Auflösung zu bewirken; dann benutzen wir eine Lupe oder ein Mikroskop. Um das Problem auf einen möglichst einfachen Fall zurückzuführen, betrachten wir zwei nahe benachbarte Punkte, die sich in einem gewissen Abstand vom Auge befinden. Die Augenlinse entwirft von ihnen ein Bild auf der Netzhaut, auf der die beiden Punktbilder sehr dicht beieinanderliegen. Diese werden vom Auge nur dann als zwei getrennte Erscheinungen wahrgenommen, wenn sie nicht auf das gleiche lichtempfindliche Organ (Zäpfchen oder Stäbchen, § 276) der Netzhaut fallen. Damit das nicht der Fall ist, dürfen die beiden Punkte, vom Auge aus gesehen, keinen kleineren *Winkelabstand* als etwa $1'$ haben. Dies entspricht bei einer Entfernung von 100 m etwa einem Punktabstand von 3,3 cm und bei einer Entfernung von 15 cm einem Abstand von $5 \cdot 10^{-3}$ cm $= {}^{1}/_{20}$ mm (Euklid, um 300 v. d. Z.). Wir können also eine Struktur dadurch deutlicher machen, daß wir *den Winkel vergrößern*, unter dem wir die einzelnen Elemente der Struktur bzw. den ganzen Gegenstand sehen. Das natürliche Maß für die Wirkung dieser optischen Geräte ist daher das Verhältnis des Winkels β, unter dem wir mit ihrer Hilfe das virtuelle Bild eines Gegenstandes sehen, zu dem Winkel α, unter dem wir den Gegenstand selbst bei unmittelbarer Betrachtung mit bloßem Auge tatsächlich sehen (Fernrohr) oder unter den günstigsten Umständen sehen könnten (Lupe, Mikroskop). Die *Vergrößerung* dieser Geräte ist daher durch das Verhältnis β/α bestimmt. In der Regel handelt es sich um sehr kleine Winkel α und β, und es ist aus rechnerischen Gründen bequemer, $\alpha \approx \mathrm{tg}\,\alpha$ und $\beta \approx \mathrm{tg}\,\beta$ zu setzen. Wir definieren daher die Vergrößerung eines optischen Gerätes durch die Gleichung

$$v = \frac{\mathrm{tg}\,\beta}{\mathrm{tg}\,\alpha}\,. \tag{33}$$

280. Die Lupe. Als Augenhilfe zur Erzielung schwacher Vergrößerungen naher Gegenstände bedient man sich der Lupe, die meist eine einfache Sammellinse ist. Der zu betrachtende Gegenstand G wird innerhalb der Brennweite nahe an der Brennebene angebracht (Abb. 488), so daß die Lupe von ihm ein vergrößertes, aufrechtes, virtuelles Bild erzeugt, das mit dem unmittelbar an die Lupe gebrachten Auge betrachtet wird. Die Bildentfernung b ist also negativ zu rechnen (§ 273). Bei der Berechnung der Vergrößerung v vergleicht man den Winkel β unter dem der Gegenstand in der Lupe erscheint, mit dem Winkel α, unter dem er dem bloßen Auge erscheinen würde, wenn er sich in der gleichen Entfernung $-b$ befände, wie das Bild [bzw. die tg dieser Winkel, Gl. (33)]. Dann ist $\mathrm{tg}\,\alpha = G/(-g)$, $\mathrm{tg}\,\beta = B/(-b)$ und $v = \mathrm{tg}\,\beta/\mathrm{tg}\,\alpha = B/G = -b/g = (-b + f)/f$ (§ 273). Die Vergrößerung ist also in diesem Fall gleich dem Abbildungsmaßstab $\gamma = B/G$. Ersetzen wir noch die (positive) Größe $-b$ durch den Betrag $|b|$ der Bildweite, so erhalten wir

$$v = \frac{|b| + f}{f} = \frac{|b|}{f} + 1. \tag{34}$$

Beim normalen Gebrauch der Lupe als Leseglas usw. bringt man den Gegenstand in diejenige Entfernung von der Lupe, bei der $|b|$ etwa gleich der deutlichen Sehweite $|b| = s \approx 25$ cm ist. Die *Normalvergrößerung* der Lupe beträgt also

$$v_n = \frac{s}{f} + 1. \tag{35}$$

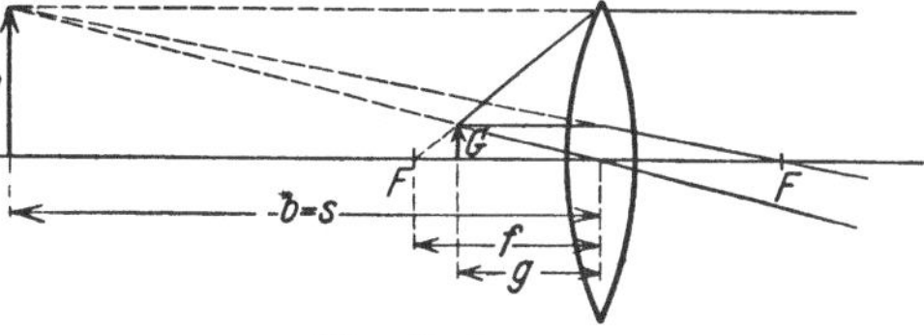

Abb. 488. Lupe.

Ist s/f ausreichend groß gegen 1, so begnügt man sich oft mit der Näherung $v_n \approx s/f$, da die deutliche Sehweite ohnehin nicht sehr scharf definiert ist. Führt man in Gl. (34) und (35) die Brechkraft $D = 1/f$ ein, so ergibt sich $v = D\,|b| + 1$ bzw. $v_n = Ds + 1$. Mißt man D in Dioptrien, so sind $|b|$ und s in $[m]$ zu messen, so daß $s = 0{,}25$ m. Es ist also $v_n = D/4 + 1$. So liefert z. B. eine Lupe mit $f = 12{,}5$ cm, also $D = 8$ Dioptrien, eine Normalvergrößerung $v_n = 3$. Bringt man aber das Bild in den Abstand 15 cm, so liefert sie nur die Vergrößerung $v = 2{,}2$. (Vgl. WESTPHAL, „Physikalisches Praktikum", 20. Aufgabe.)

Auch die *Okulare* optischer Geräte wirken als Lupen. Doch dienen sie nicht zur unmittelbaren Betrachtung wirklicher Gegenstände, sondern zur Betrachtung des vom Objektiv des Gerätes entworfenen reellen Bildes eines Gegenstandes. Die obigen Gleichungen gelten auch für die Okulare.

281. Linsensysteme. In der praktischen Optik spielen Systeme aus zwei oder mehr koaxialen Linsen eine wichtige Rolle. Erstens werden sehr oft mehrere Linsen von verschiedenem Brechungsindex vereinigt, um die Linsenfehler (§ 275) möglichst weitgehend zu beseitigen. Zweitens sind aber fast alle optischen Geräte (Fernrohr, Mikroskop usw.) Linsensysteme, und zwar oft solche, bei denen die Einzellinsen (Objektiv, Okular usw.) einen beträchtlichen Abstand voneinander haben.

Es seien L_1, L_2 (Abb. 489) zwei unendich dünne (im Sinne von § 272), koaxiale Sammellinsen mit den Brennweiten f_1, f_2; ihr Abstand sei d. Der Abstand der beiden inneren Brennpunkte F_1' und F_2,

$$\varDelta = d - f_1 - f_2, \tag{36}$$

heißt das *optische Intervall* des Systems. In Abb. 489 ist angenommen, daß $d > f_1 + f_2$, so daß $\varDelta > 0$. Von einem in passender Entfernung befindlichen Gegenstand G entwirft L_1 ein umgekehrtes, reelles Zwischenbild B_z zwischen F_1 und F_2. Von diesem Zwischenbild wiederum entwirft L_2 ein reelles und erneut umgekehrtes Bild B, welches das vom Gesamtsystem entworfene — in diesem Fall also aufrechte — reelle Bild das Gegenstandes G ist.

Ebenso wie eine Einzellinse hat auch ein Linsensystem zwei *Brennpunkte* F, F'. Das sind die Punkte, in denen achsenparallel eintretende Strahlen nach dem Durchgang durch das System — bzw. die rückwärtigen Verlängerungen der austretenden Strahlen — die Achse des Systems schneiden. Ferner kann man bei jedem Linsensystem — wie bei einer Einzellinse (§ 274) — zwei *Hauptebenen* H, H' bestimmen, von denen die ihnen zugeordneten Brennpunkte F, F' gleiche Abstände f — die *Brennweite* des Systems — haben. Mit Hilfe der Brennpunkte und Hauptebenen kann man die Bildkonstruktion bei einem Linsensystem so, wie wir es schon bei den dicken Linsen beschrieben haben, mittels eines idealisierten Strahlenganges ausführen, indem man die beiden Knicke der Strahlen in den zwei unendlich dünnen Linsen durch einen einzigen Knick in einer der beiden Hauptebenen ersetzt.

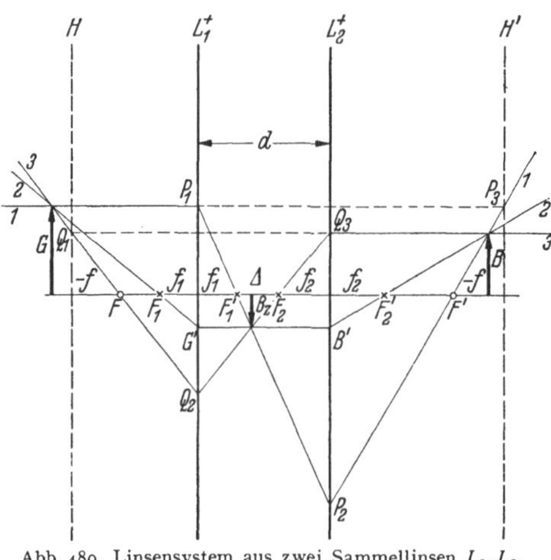

Abb. 489. Linsensystem aus zwei Sammellinsen L_1, L_2. $\Delta > 0$. Reelles Bild.

Wir wollen die Lagen der Hauptebenen und der Brennpunkte, sowie die Brennweite f für das System der Abb. 489 berechnen. Es sei G ein Gegenstand. Wir betrachten zunächst den Strahl 1, der achsenparallel in das System eintritt, der zwischen den beiden Linsen durch den Brennpunkt F_1' von L_1 geht, und dessen vollständigen Verlauf über L_2 hinaus wir zeichnen können, nachdem wir nach dem üblichen Verfahren zunächst das Zwischenbild B_z als von L_1 entworfenes Bild von G und alsdann B als von L_2 entworfenes Bild von B_z ermittelt haben. (Der durch F_1 und F_2' —

zwischen den Linsen achsenparallel verlaufende — Strahl 2 läßt sich ohne weiteres in seinem ganzen Verlauf zeichnen; mit Hilfe des durch F_2 verlaufenden Strahl 3 — dessen rückwärtige Verlängerung man nach Konstruktion von B_z zeichnen kann — und Strahl 2 findet man das Bild B; alsdann kann man auch Strahl 1 über L_2 hinaus zeichnen.) Nach der Definition der Hauptebenen in § 274 soll Strahl 1 so idealisiert gezeichnet werden, daß er nur einen einzigen Knick an der Hauptebene H' erfährt. Demnach ist der geknickte Linienzug $P_1 P_2 P_3$ durch die (gestrichelte) Gerade $P_1 P_3$ zu ersetzen, so daß nur der Knick in P_3 übrig bleibt. Durch die Lage von P_3 ist also die Hauptebene H' bestimmt. Der ihr zugeordnete Brennpunkt F' ist der Achsenpunkt, in dem Strahl 1 — bzw. im idealisierten Strahlengang die rückwärtige Verlängerung des austretenden Strahls 1 — die Achse schneidet. Ganz entsprechend haben wir beim parallel austretenden Strahl 3 den geknickten Linienzug $Q_1 Q_2 Q_3$ durch die Gerade $Q_1 Q_3$ zu ersetzen, und wir finden so auch die durch Q_1 hindurchgehende Hauptebene H und den zugehörigen Brennpunkt F als Schnittpunkt des (im idealisierten Strahlengang verlängerten) Strahls 3 mit der Achse.

Nach den Ausführungen des § 274 erkennt man, daß die Strahlen 1 und 3 im idealisierten Strahlengang an den Hauptebenen so gebrochen werden, wie die entsprechenden Strahlen an einer einzelnen Zerstreuungslinse. Unser — aus zwei Sammellinsen bestehendes — System hat also eine negative Brennweite. Es kann aber trotzdem, wie in unserem Beispiel, reelle Bilder erzeugen, was bei einer Zerstreuungslinse nicht möglich ist. Man erkennt schon hieran, daß bei Linsensystemen Verhältnisse eintreten können, die von denjenigen bei Einzellinsen sehr verschieden sind.

Aus Abb. 489 ist ohne weiteres ersichtlich, daß der Brennpunkt F des Systems das von L_1 entworfene Bild des Brennpunktes F_2 von L_2 ist. Denn wenn wir uns in F_2 einen leuchtenden Punkt denken, so schneiden sich in F zwei von F_2 aus über L_1 verlaufende Strahlen, erstens der in der Achse verlaufende Strahl, zweitens der Strahl 3. Ebenso ist F' das von L_2 entworfene Bild des Brennpunktes F_1' von L_1. In unserem Fall handelt es sich um reelle Bilder von F_1 und F_2; in anderen Fällen können es aber — je nach dem Abstand und den Vorzeichen der Brennweiten der Linsen — auch virtuelle Bilder sein.

Der Abstand von F bzw. F' von L_1 bzw. L_2 sei y bzw. y'. Dann folgt aus § 273, Gl. (24a), mit $g = f_1 + \Delta$ bzw. $f_2 + \Delta$, $b = y$ bzw. y', $f = f_1$ bzw. f_2,

$$y = \frac{(f_1 + \Delta)\, f_1}{\Delta} \qquad (37\,\text{a})$$

$$y' = \frac{(f_2 + \Delta)\, f_2}{\Delta}. \qquad (37\,\text{b})$$

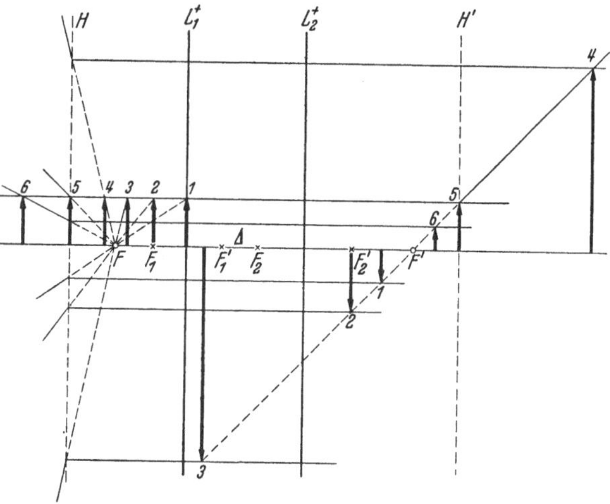

Abb. 490. Abbildung durch ein Linsensystem bei verschiedenen Gegenstandsweiten.

Ferner lesen wir aus Abb. 489 — unter Berücksichtigung des negativen Vorzeichens der Brennweite f — ab, daß $B/G' = -f/y = f_2/(f_1 + \Delta)$ und $G/B' = -f/y' = f_1/(f_2 + \Delta)$. Aus beiden Gleichungen folgt durch einfache Rechnung übereinstimmend (ein Beweis, daß beide Brennweiten des Systems tatsächlich gleich groß sind)

$$f = -\frac{f_1 f_2}{\Delta} = -\frac{f_1 f_2}{d - f_1 - f_2} \quad \text{bzw.} \quad \frac{1}{f} = \frac{1}{f_1} + \frac{1}{f_2} - \frac{d}{f_1 f_2}. \qquad (38)$$

Der Abstand der Hauptebene H bzw. H' von L_1 bzw. L_2 beträgt (unter Beachtung des negativen Vorzeichens von f)

$$z = y - f = \frac{f_1 d}{\Delta} \quad (39\,\text{a}), \qquad z' = y' - f = \frac{f_2 d}{\Delta}. \qquad (39\,\text{b})$$

Der Abstand der beiden Hauptebenen voneinander beträgt

$$a = z + z' + d = d\left(\frac{f_1 + f_2}{\Delta} + 1\right) = \frac{d^2}{\Delta}. \qquad (40)$$

Nach diesen Gleichungen lassen sich alle zur Kenntnis der abbildenden Eigenschaften des Systems nötigen Daten aus d, f_1 und f_2 berechnen. Je nachdem $\Delta \gtrless 0$, also auch $a \gtrless 0$, liegt H' rechts oder links von H.

Gegenstands- und Bildweiten sind positiv zu rechnen, wenn sie sich außerhalb der Hauptebenen, negativ, wenn sie sich zwischen den Hauptebenen erstrecken. (Bei manchen Linsensystemen sind also auch negative Gegenstandsweiten möglich, vgl. Abb. 490). Aus Abb. 489 liest man ab, daß $G/B = (g-f)/(-f) = (-f)/(-f+b)$, so daß $(g-f)(b-f) = f^2$. Das ist genau die auch für Einzellinsen gültige Gl. (23), § 273.

In Abb. 490 ist dargestellt, wie das Bild eines Gegenstandes sich bei dem System der Abb. 489 mit wachsendem Abstand des Gegenstandes von L_1 ändert.

Die Bildkonstruktion ist hier nur mit Hilfe der Hauptebenen H, H' und der Brennpunkte F, F' des Systems durchgeführt. Da die Höhe des Gegenstandes stets die gleiche ist, so müssen die Spitzen der Bilder sämtlich auf der rechts von System schräge verlaufenden Geraden liegen, welche dem achsenparallel von links in das System eintretenden Strahl als austretender Strahl zugeordnet ist. Liegt der Gegenstand unmittelbar auf L_1 (1), so ist nur die Linse L_2 abbildend wirksam. Es entsteht in unserem Fall ein reelles umgekehrtes Bild innerhalb der Brennweite des Systems. Rückt der Gegenstand bis in die Brennebene von L_1 (2), so entsteht, wie man sehr leicht einsehen kann, ein umgekehrtes, reelles Bild in der Brennebene von L_2. Bei weiterer Vergrößerung des Abstandes (3) rückt das Bild hinter L_2, ist also nunmehr ein umgekehrtes, virtuelles Bild, welches links ins Unendliche rückt, wenn der Gegenstand in der Brennebene des Systems (F) liegt. Wird der Abstand noch größer (4), so rückt das Bild von rechts her aus dem Unendlichen wieder heran und ist nunmehr reell, aufrecht und vergrößert. Liegt der Gegenstand in der Hauptebene H (5), so wird er in gleicher Größe und aufrecht in der Hauptebene H' abgebildet. Dies ist eine ganz allgemeine Eigenschaft der Hauptebenen bei allen Linsensystemen. Entfernt sich der Gegenstand noch weiter (6), so entstehen aufrechte, reelle, verkleinerte Bilder zwischen H' und F'. Wie man sieht, können die Abbildungsverhältnisse einer Zerstreuungslinse — die ebenfalls eine negative Brennweite hat — (aufrechte, virtuelle, verkleinerte Bilder) bei unserem System überhaupt nicht verwirklicht werden. Der Fall 3 entspricht ganz ungefähr dem *Mikroskop* (§ 282). Man beachte, daß ein virtuelles Bild nur dann entsteht, wenn sich der Gegenstand zwischen F und F_1 befindet, wenn er abe raußerdem soweit außerhalb der Brennweite f_1 von L_1 liegt, daß nicht etwa noch ein reelles Bildent steht (Fall 2).

Der Raum verbietet ein näheres Eingehen auf sämtliche mögliche Arten von Zweilinsensystemen. Wir müssen uns damit begnügen, in Abb. 491 die verschiedenen Fälle darzustellen, die sich aus der Kombination von je zwei Sammel- oder Zerstreuungslinsen oder einer Sammellinse und einer Zerstreuungslinse (L^+, L^-) ergeben können. Zur Veranschaulichung ist für jedes System eine Bildkonstruktion durchgeführt. Man beachte, daß H links oder recht von H' liegt, je nachdem $\varDelta$ größer oder kleiner als 0 ist. Während es in den Fällen I und II die beiden Möglichkeiten $\varDelta \gtrless 0$ gibt, ist im Fall III nach Gl. (36) nur $\varDelta > 0$ möglich. So ergeben sich insgesamt fünf verschiedene Einzelfälle[1]. Fall I b entspricht unserem oben ausführlich besprochenen System. Die abgeleiteten Gleichungen gelten unter Beachtung der Vorzeichen von f_1, f_2 und $\varDelta$ für sämtliche Fälle. Wenn z bzw. z' positiv sind, so liegt H links von L_1 bzw. H' rechts von L_2, andernfalls auf der entgegengesetzten Seite. Man sieht, daß ein System aus zwei Sammellinsen oder einer Sammellinse und einer Zerstreuungslinse sowohl eine positive, wie eine negative Brennweite f haben kann, je nach dem Vorzeichen des optischen Intervalls $\varDelta$ [Gl. (38)]. Ein System aus zwei Zerstreuungslinsen aber hat stets eine negative Brennweite.

Ist der Linsenabstand klein, d. h. $d \ll f_1 + f_2$ (Grenzfälle der Fälle I a, II a und III), liegen also insbesondere die beiden Linsen unmittelbar aneinander, so vereinfacht sich Gl. (38) zu

---

[1] Wenn man die Einzellinsen nicht als unendlich dünn betrachten darf, sondern die Abstände a_1, a_2 ihrer eigenen Hauptebenen berücksichtigen muß, so bleiben die Gl. (37) bis (39) erhalten. Unter d ist dann der Abstand der Hauptebenen H'_1 und H_2 zu verstehen. An die Stelle von Gl. (40) ist aber zu setzen $a = d^2/\varDelta + a_1 + a_2$. Wenn also $a_1 + a_2 > -d^2/\varDelta$, so ist a auch bei negativem $\varDelta$ positiv, und dann liegt H' auch in den Fällen I a und II a rechts von H. Als ein solcher Sonderfall kann eine dicke Einzellinse gelten, wenn man sie wie ein Linsensystem betrachtet, das man sich aus zwei Linsen zusammengesetzt denkt, die je eine ebene Fläche haben, und die sich mit diesen Flächen berühren. In der Tat liegt bei solchen Linsen H' rechts von H (§ 272, Abb. 472). Allgemein tritt also bei Erreichung eines bestimmten, kleinen Linsenabstandes in den Fällen I a und II a eine Vertauschung der Reihenfolge von H und H' ein.

$$\frac{1}{f} = \frac{1}{f_1} + \frac{1}{f_2} \quad \text{oder} \quad D = D_1 + D_2, \tag{41}$$

wenn wir statt der Brennweiten die entsprechenden Brechkräfte (§ 272) einführen. In diesen Sonderfällen ist also die Brechkraft eines Linsensystems gleich der Summe der Brechkräfte seiner Einzellinsen.

Eine besondere Behandlung erfordert der Fall $\Delta = d - f_1 - f_2 = 0$, also $d = f_1 + f_2$, der Grenzfall zwischen Fall Ia und Ib bzw. IIa und IIb. Er liegt

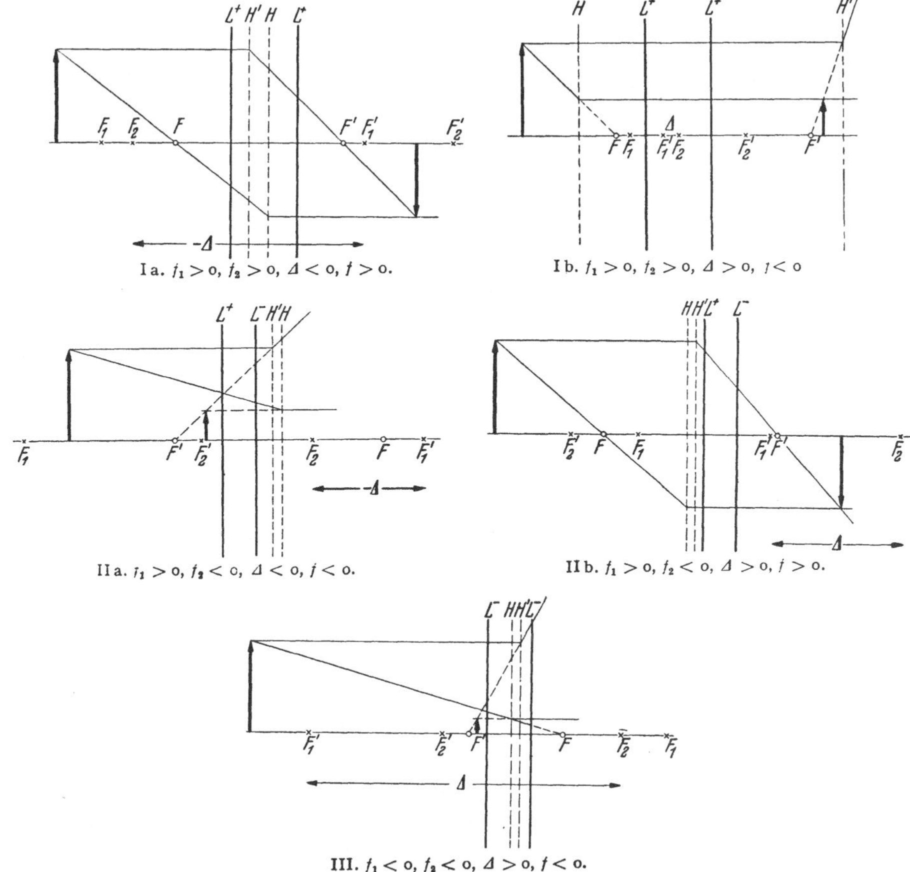

Ia. $f_1 > 0, f_2 > 0, \Delta < 0, f > 0.$

Ib. $f_1 > 0, f_2 > 0, \Delta > 0, f < 0$

IIa. $f_1 > 0, f_2 < 0, \Delta < 0, f < 0.$

IIb. $f_1 > 0, f_2 < 0, \Delta > 0, f > 0.$

III. $f_1 < 0, f_2 < 0, \Delta > 0, f < 0.$

Abb. 491. Zweilinsensysteme.

immer dann vor, wenn der Brennpunkt F_1' von L_1 mit dem Brennpunkt F_2 von L_2 zusammenfällt (Abb. 492a und b).

Solche Systeme heißen *telezentrische Systeme*. Bei ihnen ist nach Gl. (37), (38), (39) und (40) $f = \mp\infty$, $y = y' = \pm\infty$, $z = z' = \pm\infty$ und $a = \pm\infty$. Ein telezentrisches System hat also eine unendlich große Brennweite, und seine beiden Brennpunkte und Hauptebenen liegen im Unendlichen. (Ob das obere oder das untere Zeichen gilt, hängt davon ab, ob man sich dem Wert $\Delta = 0$ von oben oder von unten her nähert. Die beiden Fälle gehen unter Vertauschung der Lagen der beiden Hauptebenen und Vorzeichenwechsel der Brennweite ineinander über. Tatsächlich sind sie aber, wie man sich leicht überlegt, identisch und entsprechen nur zwei verschiedenen Darstellungsweisen des gleichen Sachverhalts.) Wir wollen zunächst den Fall zweier Sammellinsen betrachten (Abb. 492a). Wegen des Zusammenfallens der beiden

Brennpunkte F'_1 und F_2 kann man hier· das Bild eines Gegenstandes ohne die — hier unmögliche — Zuhilfenahme der Hauptebenen leicht zeichnen. In Abb. 492a ist gezeigt, wie sich das Bild eines Gegenstandes verschiebt, wenn sich der Gegenstand mehr und mehr von der Linse L_1 entfernt. Bei kleinerem Abstand entstehen reelle, umgekehrte Bilder rechts von L_2, bei größerem Abstande virtuelle, umgekehrte Bilder links von L_2.

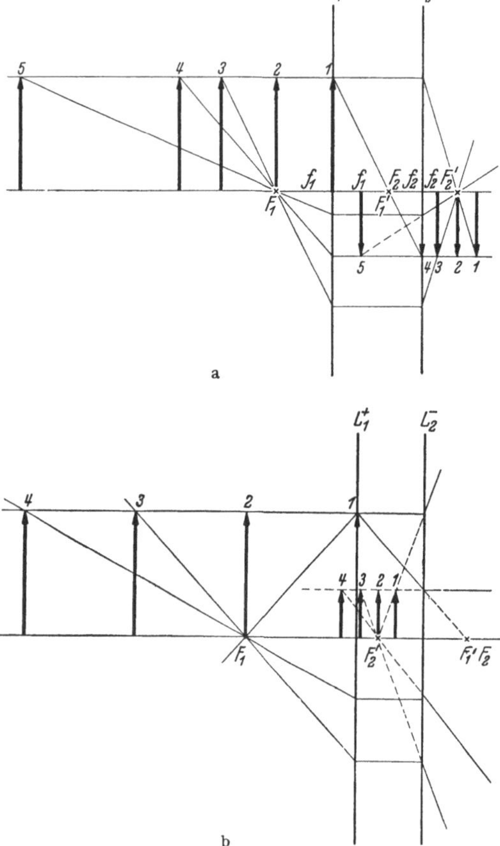

Die Gerade, die in Abb. 490 rechts von System schräge aufwärts verläuft, und die die Bildgrößen bestimmt, verläuft hier achsenparallel. Daher ist die Bildgröße in diesem Sonderfall von der *Gegenstandsentfernung unabhängig*. Man liest aus Abb. 492a ab, daß $B/G = f_2/f_1$. Der durch den gemeinsamen Brennpunkt (F'_1, F_2) verlaufende Strahl ist allen Abbildungen gemeinsam. Dieser Fall entspricht dem auf unendlich eingestellten *astronomischen Fernrohr* (§ 283). In Abb. 492b ist auf entsprechende Weise der Fall eines telezentrischen Systems aus einer Sammellinse L_1 und einer Zerstreuungslinse L_2 dargestellt. Wie man leicht erkennt, sind in diesem Fall die Bilder stets gleich groß virtuell und aufrecht, und man liest aus Abb. 492b ab, daß $B/G = (-f_2)/f_1$. Dieser Fall entspricht dem auf unendlich eingestellten holländischen *Fernrohr* (§ 283).

282. Das Mikroskop. Das Mikroskop (LEEUWENKOEK, MUSSCHENBROEK, Vorläufer JANSSEN) ist im Grundsatz ein Linsensystem aus zwei Sammellinsen, dem *Objektiv* und dem *Okular*,

Abb. 492a und b. Abbildung durch ein telezentrisches System *a* aus zwei Sammellinsen, *b* aus einer Sammellinse und einer Zerstreuungslinse.

welche allerdings selbst wieder Linsensysteme sind. Doch können wir hiervon zunächst absehen und sie wie unendlich dünne Einzellinsen behandeln. Die Abbildung eines Gegenstandes G kommt so zustande, daß das Objektiv L_1 von ihm ein umgekehrtes, reelles, vergrößertes Zwischenbild B_z innerhalb der Brennweite des Okulars L_2 entwirft. Das Okular wirkt wie eine Lupe und erzeugt von dem Zwischenbild ein aufrechtes, also vom Gegenstand ein umgekehrtes, virtuelles und noch einmal vergrößertes Bild B. Abb. 493a zeigt die Konstruktion des Zwischenbildes B_z und des Bildes B mit Hilfe der Brennweiten von Objektiv und Okular. In Abb. 493b ist die Konstruktion von B mit Hilfe der Hauptebenen H, H' und der Brennpunkte F, F' des Gesamtsystems dargestellt[1]. Im zweiten Fall tritt natürlich das Zwischenbild nicht in die Erscheinung.

---

[1] Die auf Mikroskope und Fernrohre bezüglichen schematischen Abbildungen müssen, um das Grundsätzliche der Abbildungsverhältnisse verdeutlichen zu können, in völlig verkehrten Maßstäben gezeichnet werden (viel zu große Linsen, viel zu kleine Linsenabstände,

Wie man sieht, ist das Mikroskop ein Linsensystem von der Art, wie wir es in § 281 besonders ausführlich besprochen haben (Abb. 490, Fall 3; Abb. 491, Fall I b). Denn das optische Intervall ist $\Delta > 0$. *Die Brennweite f des Linsensystems ist also negativ.* In allen praktischen Fällen ist $f_1 + f_2$ ziemlich klein gegen den Linsenabstand d, so daß $\Delta = d - f_1 - f_2$ von d nicht sehr verschieden ist.

Aus Abb. 493b liest man an dem über F' verlaufenden Strahl (unter Berücksichtigung des negativen Vorzeichens von b und f) ab, daß der Abbildungsmaßstab

$$\gamma = \frac{B}{G} = \frac{-b - (-f)}{-f} = \frac{-b + f}{-f} \tag{42}$$

beträgt. Das Bild wird etwa in der deutlichen Sehweite $s = 25$ cm vor dem unmittelbar an das Okular gebrachten Auge erzeugt, erscheint also unter einem

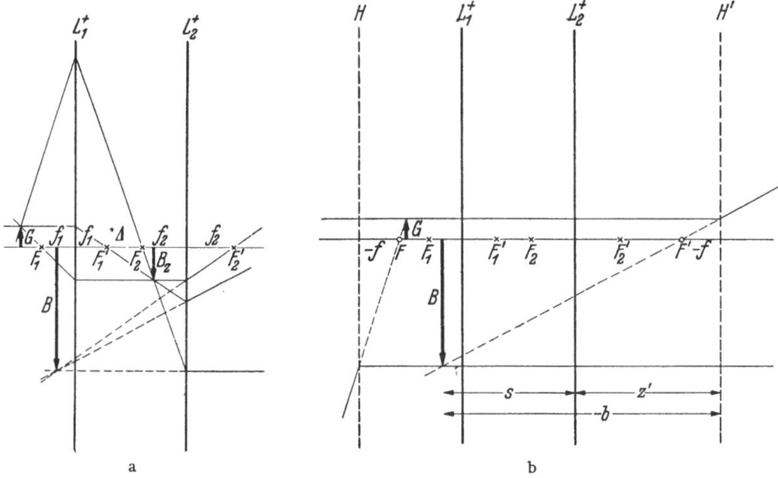

Abb. 493 a und b. Bildkonstruktion beim Mikroskop, *a* mittels der Brennpunkte von Objektiv und Okular, *b* mittels der Hauptebenen und Brennpunkte des Gesamtsystems.

Winkel β, für den tg $\beta = B/s$. Wollte man den gleichen Gegenstand mit bloßem Auge betrachten, so würde man ihn ebenfalls in die deutliche Sehweite bringen und ihn dann unter einem Winkel α erblicken, für den tg $\alpha = G/s$. Daher beträgt die erzielte Vergrößerung nach Gl. (33) $v = $ tg $\beta/$tg $\alpha = B/G$; sie ist also in diesem Fall mit dem Abbildungsmaßstab γ identisch. Nach Gl. (42) ist demnach $v = (-b + f)/(-f)$. Aus Abb. 493b liest man ab, daß $-b = s + z'$; ferner ist nach § 281, Gl. (36), (38) und (39 b) $f = -f_1 f_2/\Delta$, $z' = f_2 d/\Delta$ und $\Delta = d - f_1 - f_2$. Damit ergibt sich

$$v = \gamma = \frac{s + z' + f}{-f} = \frac{\Delta s + f_2 (d - f_1)}{f_1 f_2} . \tag{43}$$

In allen praktischen Fällen ist f_2 ziemlich klein gegen s, und $d - f_1$ ist nur wenig größer als Δ. Daher ist das zweite Glied im Zähler auch ziemlich klein gegen das erste. Da ohnehin die deutliche Sehweite gar nicht scharf definiert ist, so begnügt man sich mit dem ersten Gliede des Zählers und erhält als Vergrößerung des Mikroskops

$$v = \gamma = \frac{\Delta s}{f_1 f_2} . \tag{44}$$

Die Vergrößerung ist also um so stärker, je kleiner die Brennweiten von Objektiv und Okular sind. Das optische Intervall Δ, der Abstand des vorderen Brenn-

---

zu großes oder zu kleines Verhältnis f_1/f_2). Die Linsenquerschnitte zeichnen wir, um die Abbildungen nicht unnötig zu komplizieren, hier, wie in § 281, einfach als Striche und bezeichnen das Vorzeichen ihrer Brennweiten durch Verwendung der Symbole L^+ bzw. L^-.

punktes F_2 des Okulars vom hinteren Brennpunkt F_1' des Objektivs, wird beim Mikroskop auch als die *optische Tubuslänge* bezeichnet.

Der Abbildungsmaßstab γ und die Vergrößerung v setzen sich aus zwei Anteilen zusammen. Das Objektiv liefert den Anteil $v_1 = \gamma_1 = B_z/G = \Delta/f_1$, das Okular den Anteil (Lupenvergrößerung) $v_2 = \gamma_2 = B/B_z = s/f_2$, und es ist

$$v = v_1 v_2 = \gamma = \gamma_1 \gamma_2. \tag{45}$$

(Vgl. WESTPHAL, ,,Physikalisches Praktikum", 21. Aufgabe).

Wie wir bereits in § 281 erwähnten, kommt bei einem System von der Art des Mikroskopes ein virtuelles Bild nur dann zustande, wenn der Gegenstand außerhalb der Objektivbrennweite und zwischen dem vorderen Objektivbrennpunkt F_1 und dem objektseitigen Brennpunkt F des Gesamtsystems liegt (Abb. 490, Fall 3). Nach § 281, Gl. (37a), beträgt der Abstand des Brennpunktes F vom Objektiv $y = f_1(f_1 + \Delta)/\Delta = f_1 + f_1^2/\Delta$. Da f_1 ziemlich klein gegen Δ ist, so ist y nur sehr wenig größer als f_1. Daher ist die Entfernungsspanne, innerhalb derer sich der Gegenstand vom Objektiv entfernt befinden darf, äußerst schmal. Das ist die Ursache dafür, daß es für die Einstellung eines Mikroskops nur einen so sehr kleinen Spielraum gibt.

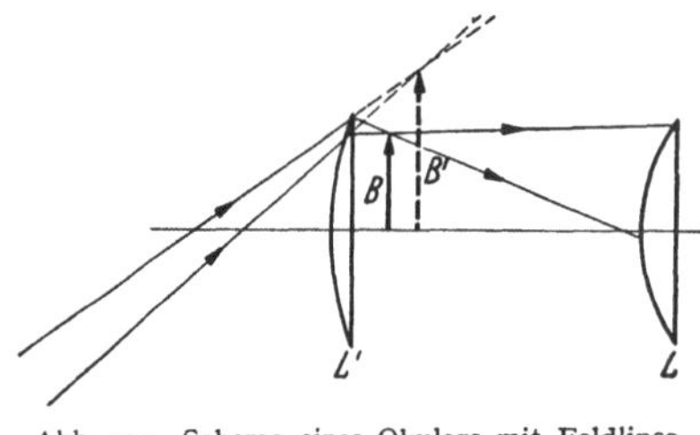

Abb. 494. Schema eines Okulars mit Feldlinse (Kollektiv).

Um unsere Konstruktion in Abb. 493a und b deutlich zu machen, haben wir das Objektiv und das Okular im Verhältnis zu ihren Brennweiten ganz übertrieben groß darstellen müssen. Tatsächlich ist ihr Durchmesser sehr klein im Verhältnis zu ihrem Abstand und im übrigen auf keinen Fall groß gegen ihre Brennweiten. Der Öffnung des Objektivs ist schon dadurch eine Grenze gesetzt, daß es eine kleine Brennweite haben muß, und daß daher mindestens eine seiner Begrenzungsflächen eine starke Krümmung haben muß. Die Öffnung des Okulars ist dadurch begrenzt, daß es keinen Sinn hat, sie erheblich größer zu machen als die Pupillenöffnung des betrachtenden Auges. Bei einem System von der Art der Abb. 493 mit sehr viel kleineren Linsen würden aber nur solche Strahlen durch das Okular hindurchtreten können, die nahezu in der Achse des Systems verlaufen, und die der Achse ferner liegenden Teile des Gegenstandes würden überhaupt nicht im Gesichtsfeld erscheinen. Diesen Fehler beseitigt man durch eine *Feldlinse (Kollektiv) L'* (Abb. 494). Das reelle Bild B', das vom Objektiv ohne Einschaltung der Feldlinse in den Strahlengang erzeugt werden würde, ist bezüglich dieser als ein virtueller Gegenstand anzusehen (§ 273), der durch die Feldlinse in B reell und ein wenig verkleinert abgebildet wird. Dieses Bild B ist es, das durch die Augenlinse als Lupe virtuell abgebildet wird. Die Einschaltung der Feldlinse bewirkt eine Knickung der vom Objektiv herkommenden Strahlen, die dadurch in die Öffnung der Augenlinse gelenkt werden. Die Spitze des Pfeils würde ohne Feldlinse vom Auge überhaupt nicht mehr erblickt werden.

Die Objektive und Okulare der Mikroskope sind zwecks Vermeidung der Linsenfehler stets Systeme aus mehreren Linsen. Abb. 495 zeigt ein Beispiel eines Objektivs.

Sieht man mittels des Okulars eines optischen Gerätes das vom Objektiv erzeugte reelle Bild scharf, so kann man gleichzeitig *wirkliche* Gegenstände scharf sehen, welche sich in der gleichen Ebene befinden. So bringt man am Orte des reellen Bildes stets ein Blende an, eine kreisrunde Öffnung, durch welche das Gesichtsfeld scharf begrenzt wird. (Das vom Objektiv am Ort des Gegenstandes entworfene reelle Bild der Blende bildet die Eintrittspupille, das vom Okular am Ort des virtuellen Bildes B entworfene virtuelle Bild der Blende die Austrittspupille des Mikroskops; § 284.) Viele optische Geräte besitzen am Ort des reellen Bildes eine Vorrichtung, welche es ermöglicht, einen Punkt des Bildes genau in die Achse des Gerätes einzustellen. Meist dient dazu ein Fadenkreuz aus zwei senkrecht zueinander am Ort des Bildes ausgespannten feinen Fäden oder auch aus zwei zueinander senkrechten Ritzen auf einer in der Bildebene befindlichen planparallelen Glasplatte. Man kann auch in der Bildebene eine auf Glas geritzte Teilung anbringen (Okularmikrometer), welche mit dem Bilde gleichzeitig scharf und mit ihm in gleicher Ebene liegend gesehen wird, so daß man Messungen an dem reellen Bilde vornehmen kann.

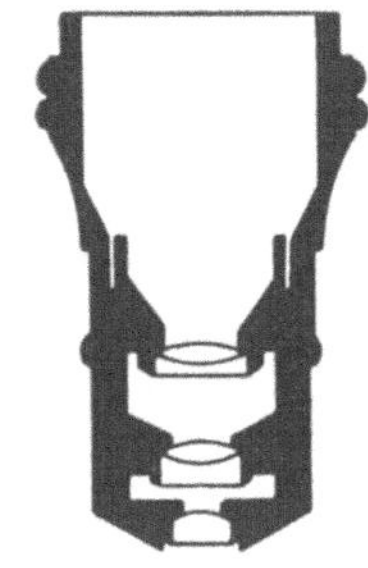

Abb. 495. Beispiel eines Mikroskop-Objektivs.

Die strenge Theorie des Mikroskops erfordert eine Berücksichtigung der Beugung (§ 291 f.). Wie schon FRAUNHOFER erkannte und HELMHOLTZ und ABBE ausführlich begründet haben, ist der kleinste Abstand zweier Punkte, die man bei stärkster Vergrößerung im Mikroskop noch getrennt sehen kann, von der Größenordnung $\delta = \lambda/(n \sin \omega)$. Hierin bedeutet ω den halben Öffnungswinkel des Kegels von Strahlen, die von einem Punkt des Gegenstandes in das Objektiv gelangen, n den Brechungsindex des Stoffes, der den Raum zwischen Gegenstand und Objektiv ausfüllt, λ die Wellenlänge des benutzten Lichts. Die Größe $n \sin \omega$ heißt die *numerische Apertur* des Objektivs. Befindet sich also zwischen Gegenstand und Objektiv nicht Luft, sondern ein Stoff von größerem Brechungsindex n, so wird dadurch die numerische Apertur vergrößert, also der noch auflösbare Abstand δ verkleinert. Nach ABBE benutzt man als sog. Immersionsflüssigkeit Zedernholzöl, dessen Brechungsindex gleich dem des Objektivs ist (homogene Immersion). Man erreicht dann eine numerische Apertur bis zu 1,4, bei Verwendung von Monobromnaphthalin sogar bis zu 1,6. Man kann also mit dem Mikroskop noch Strukturen auflösen, die von der Größenordnung der Wellenlänge des sichtbaren Lichts — rund $5 \cdot 10^{-5}$ cm — sind. Auch durch Anwendung kleinerer Wellenlängen λ, d. h. von ultraviolettem Licht (§ 312), kann man δ verkleinern. Doch ist man dann, da das Auge dieses Licht nicht sieht, auf photographische Aufnahmen angewiesen. Ferner muß eine Optik aus Quarz oder anderen für ultraviolettes Licht durchlässigen Stoffen verwendet werden. (Über das Elektronenmikroskop s. § 194, über das Ultramikroskop s. § 296.)

283. Das Fernrohr. Das im Prinzip einfachste Fernrohr ist das *astronomische Fernrohr* (KEPLER 1611). Es besteht aus einem Objektiv — einer Sammellinse von großer Brennweite — und einem Okular, das sich im Grundsatz von demjenigen eines Mikroskops nicht unterscheidet. Das astronomische Fernrohr ist ein *telezentrisches System* und erzeugt umgekehrte, virtuelle, verkleinerte Bilder ferner Gegenstände (§ 281, Abb. 492a, Fall 5). Der hintere Brennpunkt F_1' des Objektivs fällt mit dem vorderen Brennpunkt F_2 des Okulars zusammen; es ist also $\varDelta = 0$, $f = \infty$, und die Hauptebenen des Systems liegen im Unendlichen. In Abb. 496 ist die Konstruktion des reellen Zwischenbildes B_z und des virtuellen Bildes B eines ausreichend fernen Gegenstandes G mit Hilfe der Brennpunkte der Einzellinsen durchgeführt. An dem Strahl, der durch den gemeinsamen Brennpunkt F_1', F_2 von Objektiv und Okular hindurchgeht, liest man ab, daß der Abbildungsmaßstab

$$\gamma = \frac{B}{G} = \frac{f_2}{f_1} \tag{46}$$

beträgt, also von der Gegenstandsentfernung unabhängig ist (Abb. 492a).

Wir bezeichnen den Abstand des Gegenstandes vom Brennpunkt F_1 mit x, den des Bildes vom Brennpunkt F_2' mit x'. Dann liest man aus Abb. 496 ab, daß $B_z/G = f_1/x$ und $B_i/B = f_2/x'$, so daß

$$\frac{B}{G}\frac{x}{x'} = \frac{f_1}{f_2} . \tag{47}$$

Es sei g der Abstand des Gegenstandes, b der Abstand des Bildes vom betrachtenden Auge. Dann erscheint der Gegenstand bei Betrachtung mit bloßem Auge unter einem Winkel α für den $\operatorname{tg}\alpha = G/g$, sein Bild im Fernrohr unter einem Winkel β, für den $\operatorname{tg}\beta = B/b$. Nun sind bei der praktischen Verwendung des Fernrohrs g und b stets sehr groß gegen die Abmessungen des Fernrohrs. Daher darf man ohne merklichen Fehler $g \approx x$ und $b \approx x'$ setzen, so daß $\operatorname{tg}\alpha = G/x$ und $\operatorname{tg}\beta = B/x'$. Dann erhalten wir unter Berücksichtigung von Gl. (46) und (47) als Vergrößerung des Fernrohrs

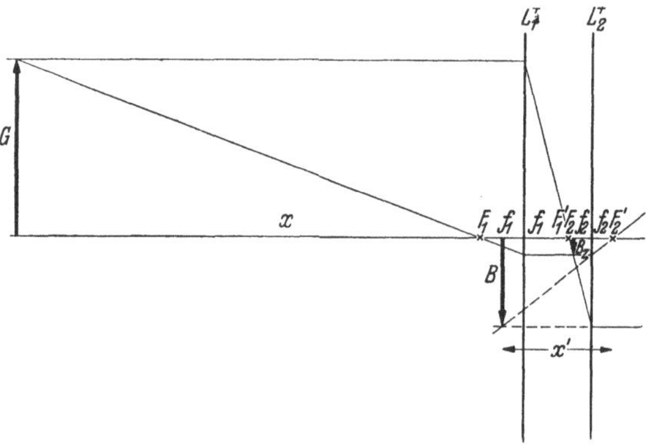

Abb. 496. Zur Vergrößerung eines astronomischen Fernrohrs.

$$v = \frac{\operatorname{tg}\beta}{\operatorname{tg}\alpha} = \frac{B}{G}\frac{x}{x'} = \frac{f_1}{f_2} = \frac{1}{\gamma} . \tag{48}$$

Die Vergrößerung eines Fernrohrs ist also — ganz anders als beim Mikroskop — der *Kehrwert* seines Abbildungsmaßstabes; sie ist um so größer, je größer die Objektivbrennweite f_1 und je kleiner die Okularbrennweite f_2 ist, und sie ist unabhängig von der Entfernung des Gegenstandes.

Aus Gl. (46) und (48) folgt

$$B = \frac{G}{v} \qquad (49) \qquad \text{und} \qquad b \approx x' = \frac{x}{v^2} \approx \frac{g}{v^2} . \tag{50}$$

Das Bild ist also zwar um den Faktor $1/v$ verkleinert, aber sein Abstand ist um den Faktor $1/v^2$ kleiner als der des Gegenstandes. Die Sonne ist $1{,}5 \cdot 10^8$ km von uns entfernt, hat einen Durchmesser von rund $1{,}4 \cdot 10^6$ km und erscheint uns mit bloßem Auge unter einem Winkel von rund $0{,}5°$. Bei Betrachtung mit einem 10fach vergrößernden Fernrohr liegt ihr Bild in einer Entfernung von $1{,}5 \cdot 10^6$ km, hat einen Durchmesser von $1{,}4 \cdot 10^5$ km und erscheint unter einem Winkel von rund $5°$.

Die Fixsterne sind so weit von uns entfernt, daß der Winkel, unter dem sie auch in den stärksten Fernrohren erscheinen, stets unterhalb des Betrages von etwa $1'$ bleibt, der notwendig ist, um Einzelheiten zu unterscheiden (§ 279). Das gesamte Sternenlicht wird stets nur auf ein einziges lichtempfindliches Organ der Netzhaut vereinigt. Daher erscheinen die Fixsterne auch im Fernrohr stets nur als Lichtpunkte. Bei ihnen bewirkt also das Fernrohr keine für uns wahrnehmbare Vergrößerung, sondern eine Erhöhung der scheinbaren *Helligkeit* des Fixsterns. Der Querschnitt des bei der Beobachtung wirksamen, aus dem Okular austretenden Strahlenbündels ist durch die Größe der Augenpupille gegeben, deren Durchmesser d_2 sei. Dann beträgt der Durchmesser des wirksamen, in das Objektiv eintretenden Strahlenbündels $d_1 = d_2 f_1/f_2$, wie man aus Abb. 497 erkennt. Die Querschnitte der Strahlenbündel verhalten sich also wie $q_1/q_2 = (d_1/d_2)^2 = (f_1/f_2)^2 = v^2$. Im gleichen Verhältnis wird also durch das Fernrohr die in das Auge tretende Lichtmenge gegenüber der Beobachtung mit bloßem Auge vergrößert. Da also die scheinbare Helligkeit eines Sterns zwar mit dem Quadrat seines Abstandes abnimmt, aber mit dem Quadrat der Vergrößerung zunimmt, so kann man Sterne von einer bestimmten absoluten Leuchtkraft, die man mit bloßem Auge in einer bestimmten Entfernung eben noch erkennen kann, mit Hilfe des Fernrohrs noch in der v-fachen Entfernung erkennen. Die Verwendung eines

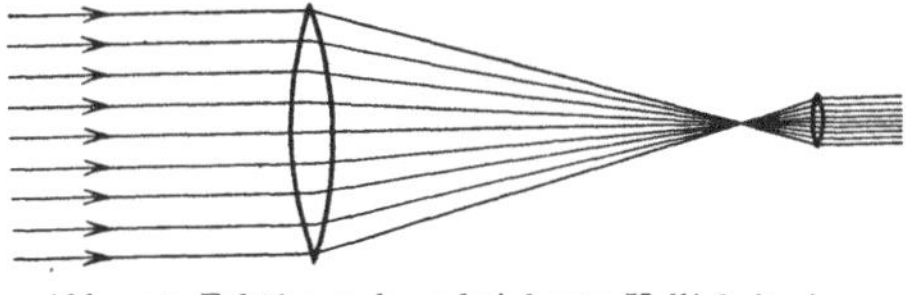

Abb. 497. Erhöhung der scheinbaren Helligkeit eines Fixsterns im Fernrohr.

Fernrohres mit v-facher Vergrößerung erweitert also den unserer Beobachtung zugänglichen Raum und die Zahl der in ihm enthaltenen Objekte auf das v^3-fache, z. B. schon bei nur 100facher Vergrößerung auf das millionenfache.

Die Beträge der praktisch möglichen Okularbrennweiten f_2 liegen in ziemlich engen Grenzen. Eine Steigerung der Vergrößerung ist daher nach Gl. (48) ganz überwiegend an eine Erhöhung der Objektivbrennweite gebunden. Je größer diese aber ist, um so größer muß, wie man aus Abb. 497 erkennt, auch der Objektivdurchmesser $d_1 = d_2 f_1/f_2$ sein. Es ist aus technischen Gründen untunlich, erheblich über einen Linsendurchmesser von 100 cm hinauszugehen. Aus diesem Grunde besitzen die größten heutigen Fernrohre als Objektiv keine Linse, son-

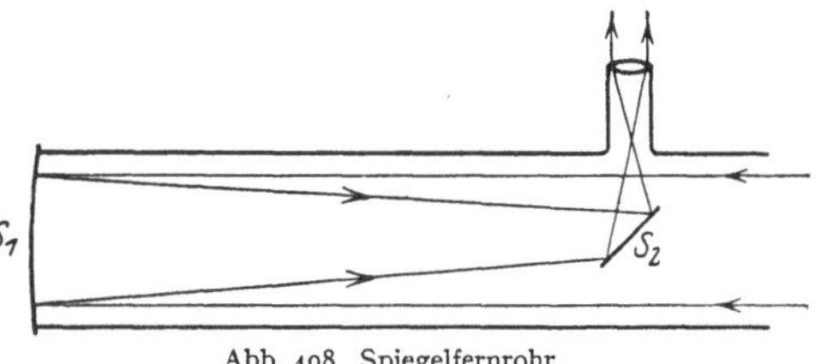

Abb. 498. Spiegelfernrohr.

dern einen *Hohlspiegel*. Das ist auch für astrophysikalische Zwecke (Sternspektren usw.) aus verschiedenen Gründen vorteilhaft. Abb. 498 zeigt eine der verschiedenen Konstruktionen eines solchen *Spiegelfernrohrs* (ZUCCHIUS, NEWTON, HERSCHEL). Die von dem Hohlspiegel S_1 reflektierten Strahlen werden über einen kleinen Planspiegel S_2 in einen Brennpunkt vereinigt und gelangen dann in das seitlich angebrachte Okular. Das zur Zeit größte Spiegelfernrohr (100 inch-Teleskop) mit einem Spiegeldurchmesser von 250 cm befindet sich auf dem Mount Wilson Observatorium in Kalifornien. Ein größeres mit einem Spiegel von 500 cm nähert sich seiner Vollendung. Die Spiegel werden aus einem großen Glasblock geschliffen und haben eine metallische Verspiegelung.

Das astronomische Fernrohr in der oben beschriebenen Form liefert umgekehrte Bilder und ist daher für den irdischen Gebrauch — als Feldstecher, Scherenfernrohr, Opernglas usw. — nicht verwendbar, sofern nicht eine Bildumkehrung erfolgt. Das kann z. B. dadurch geschehen, daß man vor dem Okular noch eine Sammellinse anbringt, welche von dem Zwischenbild B_z ein zweites, umgekehrtes Zwischenbild erzeugt. Heute wird für irdische Zwecke ganz überwiegend das *Prismenfernrohr* (ABBE) verwendet (Abb. 499), das im Prinzip dem astronomischen Fernrohr entspricht, bei dem aber jeder in das Objektiv eintretende Strahl mittels zweier totalreflektierender Prismen eine zweimalige Umkehrung seiner Richtung erleidet. Dabei ist das zweite Prisma so gestellt, daß es oben und unten vertauscht (vgl. Abb. 468b), also eine Bildumkehrung bewirkt. Das erste Prisma versetzt den Strahl seitlich so, daß bei einem beidäugigen Fernglas die in die beiden Einzelrohre eintretenden Strahlen — also auch die Objektive — einen größeren Abstand voneinander haben, als die austretenden Strahlen — also auch als die Okulare, welche notwendig den natürlichen Augenabstand haben müssen. Wir betrachten also die Gegenstände mit einem solchen Fernrohr sozusagen mit einem künstlich vergrößerten Augenabstand. Das bedeutet einen wesentlichen Vorteil für eine perspektivisch richtige Darstellung der Tiefenverhältnisse.

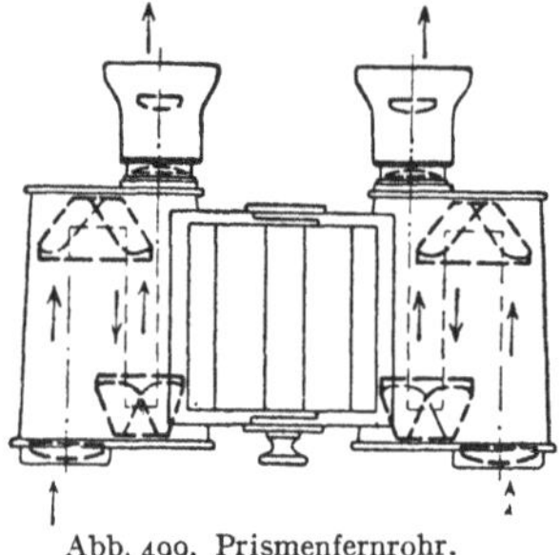

Abb. 499. Prismenfernrohr.

Auf eine andere Weise wird ein aufrechtes Bild beim *holländischen Fernrohr* (gewöhnliches *Opernglas*, LIPPERHEY, 1608) erzielt. Bei ihm bildet eine Sammellinse als Objektiv und eine Zerstreuungslinse als Okular, deren hintere Brennpunkte F_1', F_2 zusammenfallen, ein telezentrisches System (§ 281, Abb. 492b, Fall 4). Abb. 500 zeigt die Konstruktion des virtuellen Bildes B eines fernen Gegenstandes G mit Hilfe der Brennpunkte der Einzellinsen. Ein Zwischenbild kommt hier nicht zustande, da es erst hinter dem Okular entstehen würde (B_z). Es kann als ein virtueller Gegenstand angesehen werden, der durch das Okular in B virtuell und vergrößert abgebildet wird (§ 273, Abb. 477c). Aus Abb. 500 liest man ab, daß der Abbildungsmaßstab

$$\gamma = \frac{B}{G} = \frac{-f_2}{f_1} \qquad (51)$$

beträgt und von der Gegenstandsentfernung unabhängig ist. Die Entfernungen des Gegenstandes bzw. des Bildes vom betrachtenden Auge seien wieder g bzw. b, ferner sei x der Abstand des Gegenstandes vom vorderen Objektivbrennpunkt F_1, x' der Abstand des Bildes vom vorderen Okularbrennpunkt F_2'. Wie beim astronomischen Fernrohr beträgt die Vergrößerung $v = \operatorname{tg}\beta/\operatorname{tg}\alpha = Bg/Gb$; ferner ist $B_z/G = f_1/x$ und $B_z/B = -f_2/x'$, also $Bx/Gx' = f_1/(-f_2)$. Nun sind auch hier wieder g und b stets groß gegen die Abmessungen des Fernrohrs, so daß man ohne merklichen Fehler $g \approx x$ und $b \approx x'$ setzen

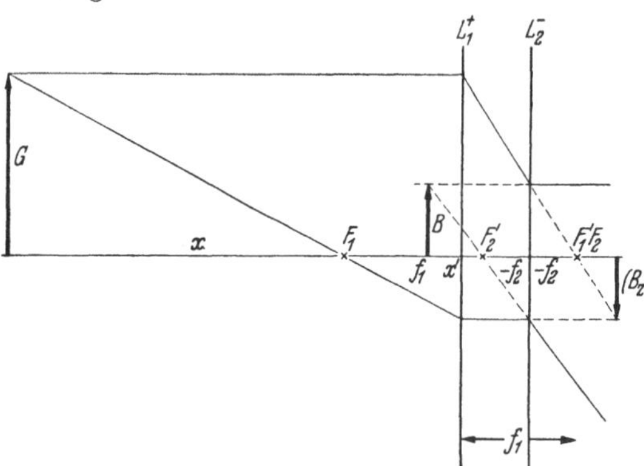

Abb. 500. Zur Vergrößerung des holländischen Fernrohrs.

kann. Dann ergibt sich als Vergrößerung

$$v = \frac{Bg}{Gb} \approx \frac{Bx}{Gx'} = \frac{f_1}{-f_2} = \frac{1}{\gamma}. \qquad (52)$$

Es ist also auch beim holländischen Fernrohr die Vergrößerung gleich dem Kehrwert des Abbildungsmaßstabes und unabhängig von der Gegenstandsentfernung. Die Vergrößerung ist um so größer, je größer die Brennweite f_1 des Objektivs und je kleiner der Betrag der (negativen) Brennweite f_2 des Okulars ist.

Je näher der betrachtete Gegenstand rückt, um so näher rückt auch sein Bild im Fernrohr dem Auge des Betrachters (§ 281, Abb. 492a und b), und dieses kann schließlich nicht mehr auf das Bild akkommodieren; oder es entsteht überhaupt kein virtuelles Bild mehr. Dann muß das Bild in eine so große Entfernung gebracht werden, daß es mit entspanntem Auge deutlich gesehen

wird. Das geschieht in bekannter Weise durch Änderung des Abstandes von
Objektiv und Okular. Das System ist dann nicht mehr telezentrisch. Das gleiche
gilt bei fehlsichtigen Augen auch schon bei der Betrachtung sehr ferner Gegenstände. Ein kurzsichtiges Auge hat einen Überschuß an Brechkraft gegenüber
einem normalsichtigen Auge (§ 276). Rechnet man diesen Überschuß sozusagen
zur Brechkraft des Okulars hinzu, so daß ein normalsichtiges Auge als Rest
übrigbleibt, so erkennt man, daß die Brechkraft des gedachten Okulars einen
Zuwachs erfährt. Beim astronomischen Fernrohr (Prismenfernglas) rücken
die Brennpunkte F_2 und F'_2 näher an das Okular, beim holländischen Fernrohr
entfernen sie sich weiter von ihm. In beiden Fällen entsteht ein System, bei
dem $\Delta > 0$ ist, und in beiden Fällen muß daher der Linsenabstand verkleinert
werden, damit das gedachte System wieder telezentrisch wird, also die Brennpunkte F'_1 und F_2 wieder zusammenfallen. Bei einem weitsichtigen Auge, das
einen Mangel an Brechkraft hat, muß der Linsenabstand in beiden Fällen vergrößert werden. Bekanntlich
besitzt jedes Fernglas die hierzu nötigen Einrichtungen.

**284. Strahlenbegrenzung in
optischen Geräten.** In den optischen Geräten findet auf
jeden Fall durch die Berandungen der Linsen eine Begrenzung der Öffnung der
für die Abbildung wirksamen
Strahlenbüschel statt. In vielen

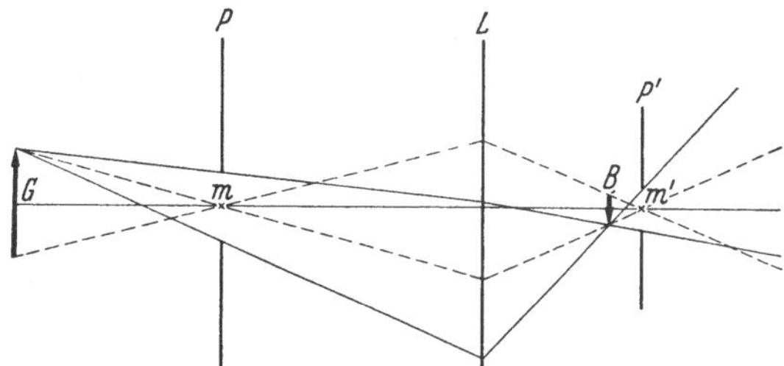

Abb. 501. Wirkliche Blende vor oder hinter der Linse außerhalb
der Brennweite.

Fällen sind aber in die optischen Geräte auch *Blenden* eingebaut, welche die
Strahlenbüschel noch stärker einengen, als die Berandungen der Linsen. Das
ist oft aus verschiedenen Gründen nötig, z. B. um die das Bild verschlechternde
Wirkung der Linsenfehler (§ 275) durch Abblendung der Randstrahlen zu
mindern oder um die Tiefenschärfe auf die gleiche Weise zu vergrößern (§ 277).
Bei Beobachtung mit dem Auge ist auch die Augenpupille als eine Blende zu
werten. Die Anbringung von Blenden hat durchweg zur Folge, daß die Linsen
des Gerätes nicht mit ihrer vollen Öffnung für den Strahlengang ausgenutzt
werden. Die Theorie der Strahlenbegrenzung ist vor allem von Abbe entwickelt
worden.

Enthält das Gerät mehrere Blenden — die Linsenränder mit eingerechnet —,
so ist diejenige von ihnen die *wirksame Blende*, welche die Öffnungswinkel der
von den einzelnen Gegenstandspunkten herkommenden Strahlenbüschel am
meisten beschränkt.

Wir wollen die Wirkung von Blenden in einigen einfachen Fällen betrachten.
Es seien L (Abb. 501) eine Sammellinse, P eine vor der Linse *außerhalb* der
Brennweite angebrachte Blende, G ein Gegenstand und B sein von L entworfenes
reelles Bild. Die Blende P wird aber ebenfalls reell, und zwar in P' abgebildet.
Zur Erzeugung des Bildes B können nur diejenigen Strahlen beitragen, die durch
die Blende P hindurchgegangen sind; die von den einzelnen Gegenstandspunkten
ausgehenden wirksamen Strahlen bilden ein Büschel, das P zur Basis hat.
Man bezeichnet P als die *Eintrittspupille*. Da nun P in P' abgebildet wird,
so müssen die durch die einzelnen Punkte von P hindurchgegangenen Strahlen
durch die homologen Punkte von P' hindurchgehen. Das von einem Gegenstandspunkt ausgehende, durch P hindurchgegangene Strahlenbüschel bildet
also jenseits des Bildes B wiederum ein Strahlenbüschel, das von dem homologen
Bildpunkt ausgeht und das Blendenbild P' zur Basis hat. Das Blendenbild P'
heißt daher die *Austrittspupille*. Da der auf der Achse gelegene Mittelpunkt m

von P im Mittelpunkt m' von P' abgebildet wird, so muß auch der von einem Gegenstandspunkt aus durch m verlaufende Strahl durch m' hindurchgehen. Solche Strahlen heißen *Hauptstrahlen* (in Abb. 501 gestrichelt gezeichnet).

Im vorliegenden Fall hat das System eine körperliche Eintrittspupille, während die Austrittspupille deren reelles Bild ist. Wir können uns aber auch denken, daß P' eine körperliche Blende und P ihr von L entworfenes reelles Bild ist. Wie man aus Abb. 501 erkennt, ändert dies an der Wirkung des Systems nichts. Der wirksame Teil der von den Gegenstandspunkten ausgehenden Strahlenbüschel bleibt ebenso groß wie vorher, obgleich ihr Öffnungswinkel jetzt nicht schon unmittelbar durch die Eintrittspupille P, sondern erst später durch die wirkliche Austrittspupille P' bestimmt wird.

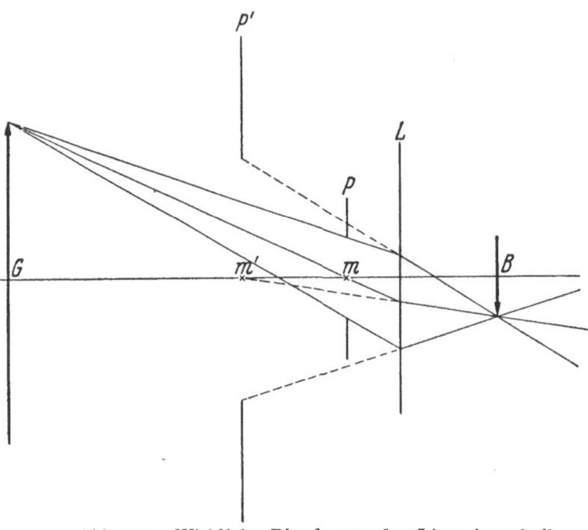

Abb. 502. Wirkliche Blende vor der Linse innerhalb der Brennweite.

Man sieht aus Abb. 501, daß man das Bild eines Gegenstandes konstruieren kann, wenn man die Lage der Linse L und die Eintritts- und Austrittspupille kennt. Man braucht dazu nur von einem Gegenstandspunkt die Strahlen nach zwei Punkten (am einfachsten zwei Randpunkten) der Eintrittspupille zu zeichnen und sie über die Linse bis zu den homologen Punkten der Austrittspupille weiterzuführen. Auch der Hauptstrahl durch m und m' kann herangezogen werden. Diese Strahlen schneiden sich in dem zu dem betreffenden Gegenstandspunkt homologen Bildpunkt. Dabei ist zu beachten, daß P' ein umgekehrtes Bild von P ist.

Wir wollen zweitens den Fall betrachten, daß sich eine wirkliche Blende P vor der Sammellinse L *innerhalb* ihrer Brennweite befindet, so daß L von ihr ein virtuelles Bild P' im Gegenstandsraum entwirft. Man sieht aus Abb. 502, daß auch jetzt P das einfallende Strahlenbüschel unmittelbar begrenzt, also die Eintrittspupille bildet. Die Basis des austretenden

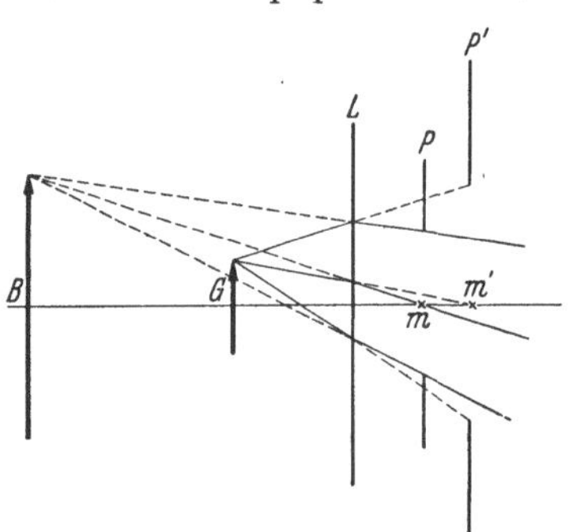

Abb. 503. Wirkliche Blende hinter der Linse innerhalb der Brennweite.

Strahlenbüschels hingegen ist das virtuelle Blendenbild P', das demnach die Austrittspupille bildet. Man beachte bei diesem Beispiel, daß die Austrittspupille sehr wohl räumlich vor der Eintrittspupille liegen kann.

Drittens betrachten wir den Fall, daß sich eine wirkliche Blende P hinter der Linse innerhalb ihrer Brennweite befindet. Dann entwirft L von ihr ein virtuelles Bild P' hinter der Linse. Wie man aus Abb. 503 erkennt, werden nunmehr die austretenden Strahlenbüschel von der wirklichen Blende P, begrenzt; diese bildet also jetzt die Austrittspupille, während die eintretenden Strahlenbüschel durch das virtuelle Blendenbild P' als Eintrittspupille begrenzt werden. Dieser Fall liegt z. B. bei der Beobachtung mit einer Lupe vor. Die wirkliche Austrittspupille P wird dabei durch die menschliche Augenpupille gebildet, die Eintrittspupille durch deren von der Lupe entworfenes virtuelles und vergrößertes Bild P'. Dieses kann man ja auch ohne weiteres erblicken, indem man ein Auge durch eine Linse als Lupe betrachtet.

Die Verhältnisse werden oft recht verwickelt, wenn es sich um Systeme mit mehreren Linsen und Blenden handelt, wie bei den optischen Geräten mit Objektiv und Okular. Wir müssen uns hier auf einige allgemeinere Bemerkungen beschränken. Abb. 504 zeigt ein System aus zwei Sammellinsen L_1, L_2. Zwischen ihnen befinde sich außerhalb der Brennweite von L_1 die wirkliche Blende P. Als weitere wirkliche Blenden sind ferner die Berandungen von L_1 und L_2 zu betrachten. Die Linse L_1 entwirft von P das reelle Bild P', von der Berandung von L_2 das reelle Bild L_2'. Ihr eigener Rand wird in sich selbst abgebildet. In der in O zur Achse senkrechten Ebene BB' befinde sich ein Gegenstand. Es handelt sich um die Frage, welche der drei Blenden die wirksame Blende ist. Da wir P durch P' ersetzt denken können, so sehen wir, daß P die wirksame Blende *(Iris)* ist, da P', von O her betrachtet, unter einem

kleineren Winkel erscheint als L_2' und L_1, das von O herkommende Strahlenbüschel also am meisten einengt und daher als Eintrittspupille wirkt. Die Austrittspupille des Systems ist demnach das von L_2 entworfene (hier nicht gezeichnete) Bild von P. Es ist reell oder virtuell, je nachdem P innerhalb oder außerhalb der Brennweite von L_2 liegt.

Die einzelnen Teile des in der genannten Ebene liegenden Gegenstandes werden unter den Verhältnissen der Abb. 504 mit verschiedener Lichtstärke abgebildet. Man sieht, daß von Punkten, die jenseits von B und B' liegen,

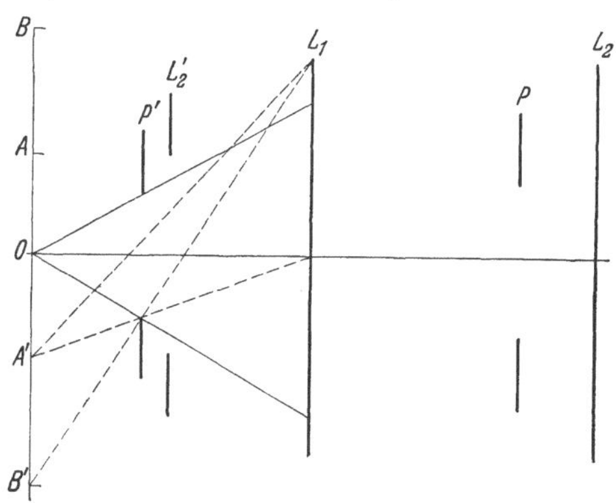

Abb. 504. System aus zwei Sammellinsen mit einer zwischen ihnen befindlichen wirklichen Blende.

überhaupt kein Licht durch P' und L_1 hindurchtreten kann. Je mehr man sich dem Achsenpunkt O nähert, um so größer wird die Öffnung der durch P' und L_1 hindurchtretenden Strahlenbüschel. Das Bild ist also in der Mitte am hellsten, wird nach dem Rande hin stetig dunkler und geht bei B und B' in völlige Dunkelheit über.

Bei den meisten optischen Geräten wird eine wirkliche Blende P so angebracht, daß ihr von L_1 erzeugtes reelles Bild P' in die Ebene des Gegenstandes fällt. Dann fällt das von L_1 erzeugte reelle Bild des Gegenstandes (Zwischenbild) in die Ebene der wirklichen Blende P. Daher erscheinen in dem von L_2 — dem Okular — entworfenen virtuellen Bilde sowohl das Zwischenbild, also auch der Gegenstand, wie die Blende P in der gleichen Ebene scharf abgebildet. Dies geschieht, um das Gesichtsfeld sauber und scharf zu begrenzen. Natürlich ist in diesem Fall P nicht die wirksame Blende, da P' dann ja Öffnungswinkel von 180° zuläßt.

Es braucht wohl kaum betont zu werden, daß die im vorstehenden betrachteten Bilder von Blenden bei der Benutzung des betreffenden Gerätes tatsächlich gar nicht immer wirklich zustande kommen. In vielen Fällen ist das erst dann der Fall, wenn man den Strahlengang im Gerät umkehrt. Das gilt z. B. für die Bilder P' und L_2' in Abb. 504.

285. Dispersion. Während sich das Licht im Vakuum unabhängig von seiner Beschaffenheit (Schwingungszahl, Farbe) stets mit der gleichen Geschwindigkeit fortpflanzt, hängt seine Geschwindigkeit in den Stoffen von seiner

Schwingungszahl ab. Bei sichtbarem Licht nimmt — von Ausnahmen abgesehen (§ 307) —, die Lichtgeschwindigkeit mit wachsender Schwingungszahl, also in der Richtung von Rot über Gelb, Grün, Blau bis Violett, stetig ab. (Dabei sind mit diesen Farben hier stets die reinen Spektralfarben gemeint, § 314.) Daher nimmt nach Gl. (11) (§ 269) der Brechungsindex n in der gleichen Richtung stetig zu; rotes Licht wird am wenigsten, violettes Licht am stärksten gebrochen. Diese Erscheinung heißt *Dispersion*.

Weißes Licht kann als eine Mischung aller Spektralfarben betrachtet werden. Erfährt es eine Brechung, so werden seine Anteile verschieden stark gebrochen. Es treten, wie wir schon erwähnt haben, Farberscheinungen auf. Es sei Sp (Abb. 505) ein zur Zeichnungsebene senkrechter schmaler Spalt in einem Schirm, der von links her beleuchtet wird, und der in der Brennebene einer Linse (Kollimatorlinse) L_1 steht. Das durch den Spalt tretende Licht wird durch L_1 parallel gemacht und fällt auf ein Prisma P. Dort wird es infolge der verschieden großen Brechbarkeit seiner Anteile nach Farben zerlegt (punktiert rot, ausgezogen grün, gestrichelt violett). Nach dem mit erneuter Brechung verbundenen Austritt

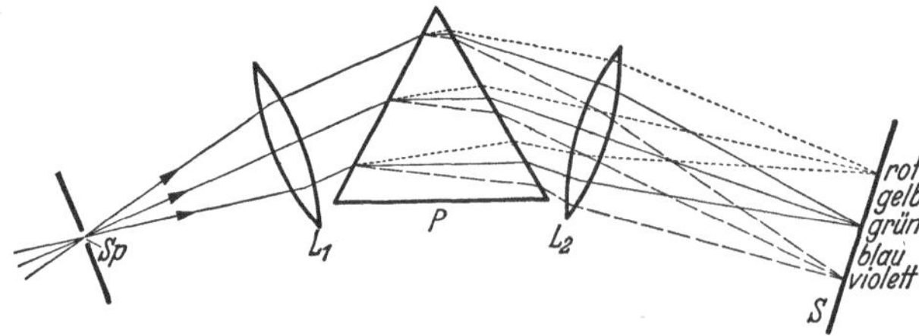

Abb. 505. Dispersion bei weißem Licht.

aus dem Prisma fällt das Licht auf eine zweite Linse L_2. Bis hierher sind die jeweils zur gleichen Farbe (Schwingungszahl) gehörigen Strahlen unter sich parallel geblieben. Infolgedessen werden sie auf einem in der Brennebene von L_2 befindlichen weißen Schirm zu einem Bilde des Spaltes Sp wieder vereinigt, und zwar entspricht jeder Farbe der im weißen Licht enthaltenen stetigen Farbfolge ein Spaltbild. Die stetige Folge dieser Spaltbilder, von denen in Abb. 505 nur je eines im Rot, Grün und Violett angedeutet ist, bildet ein von Rot über Gelb, Grün, Blau bis Violett verlaufendes farbiges Band, ein *kontinuierliches Spektrum*.

Man kann diese Farben auch wieder zu Weiß zusammenmischen, z. B. dadurch, daß man das Prisma sehr schnell um einen kleinen Winkel hin und her bewegt. Dann fallen die verschiedenen Farben fortgesetzt auf andere Stellen des Schirms, und ihre Mischung durch Auge und Gehirn ergibt wieder den Eindruck des Weiß. Besser noch verfährt man so, daß man an der Eintrittsstelle des Lichts in das Prisma, wo das Licht also noch weiß ist, eine Blende anbringt und hinter dem Ort des Spektrums eine Linse, mittels derer man die Blende auf einen Schirm abbildet. Hierdurch werden die von den einzelnen Punkten der Blende ausgehenden, verschiedenfarbigen Strahlen jeweils wieder in einen Punkt vereinigt, also gemischt, und bilden zusammen wieder Weiß. Bringt man bei dieser Anordnung an diejenige Stelle des Spektrums, wo dieses scharf erscheint, ein spitzwinkliges Prisma, das das Licht nur ablenkt, ohne daß eine wesentliche Dispersion eintritt, und zwar so, daß nur ein Teil des im Spektrum vertretenen Lichts durch dieses Prisma hindurchgeht, so entstehen auf dem Schirm zwei Bilder der Blende nebeneinander. Jedes dieser Bilder entsteht durch eine Mischung der Farben je des einen der beiden Bereiche, in die das Spektrum durch das schmale Prisma zerlegt wurde. Sie sind daher farbig; und zwar sind die Farben der beiden Bilder zueinander komplementär (§ 314), d. h. ihre Mischung ergibt Weiß. Durch Abblendung verschiedener und verschieden großer Teile des Spektrums kann man diese Farbenpaare beliebig verändern. Die Farben des Spektrums, die *reinen Spektralfarben*, sind nicht weiter zerlegbar. Blendet man aus dem Spektrum durch einen zum ersten Spalt parallelen zweiten Spalt einen schmalen Bereich aus und bildet diesen Spalt unter Einschaltung eines Prismas durch eine Linse auf einem Schirm ab, so zeigt sich dort lediglich die durch den Spalt ausgeblendete Farbe.

Handelt es sich nicht um weißes Licht, sondern um solches, das nur einige wenige Spektralfarben enthält, so entsteht kein kontinuierliches Spektrum, sondern eine Folge getrennter Spaltbilder in den vorhandenen Farben. Wegen der Liniengestalt dieser Spaltbilder spricht man von den *Spektrallinien* in einem solchen Spektrum (§ 313 und 338 f.).

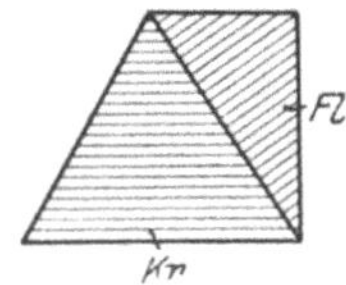

Abb. 506. Achromatisches Prisma aus Kron- und Flintglas.

Die Dispersion in den einzelnen brechenden Stoffen ist verschieden. Schon die einzelnen Glassorten (Kronglas, Flintglas usw.) zeigen eine verschieden starke Dispersion, d. h. die verschiedenfarbigen Spektralgebiete werden beim Durchgang durch Prismen von gleichem brechenden Winkel verschieden weit voneinander getrennt.

Man kann durch Verwendung zweier Prismen aus verschieden brechenden Stoffen (Kronglas *Kr* und Flintglas *Fl*) Prismensysteme herstellen, bei denen die Dispersion des ersten Prismas durch diejenige des zweiten gerade aufgehoben wird, während noch eine Ablenkung des nunmehr unzerlegten Lichts übrigbleibt (*achromatisches Prisma*, Abb. 506). Von größter Bedeutung für die praktische Optik ist aber die entsprechende Möglichkeit, durch

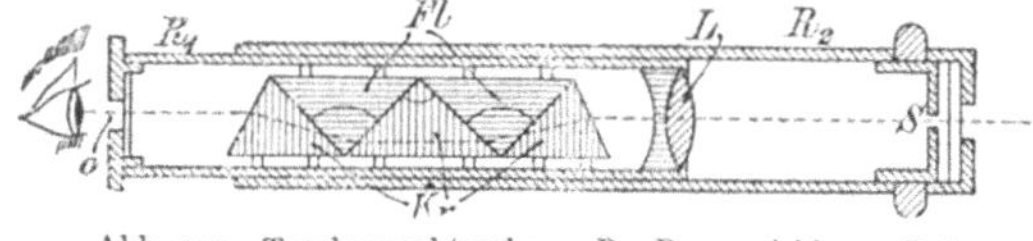

Abb. 507. Taschenspektroskop. R_1, R_2 ausziehbares Rohr, *L* Linse, *S* Spalt, *Kr* Kronglas, *Fl* Flintglas, *O* Okular.

Verwendung mehrerer Linsen aus verschieden brechenden Glassorten Linsensysteme herzustellen, die von den durch die Dispersion hervorgerufenen Linsenfehlern (§ 275) praktisch frei sind (*Achromate*).

Geräte zur Beobachtung von Spektren heißen *Spektrometer* oder *Spektroskope*. Die Bauart eines einfachen Spektrometers ist auf Grund von Abb. 505 ohne weiteres zu verstehen. Natürlich muß der Zutritt fremden Lichts durch Röhren, innerhalb derer die Strahlen verlaufen, und durch sonstige

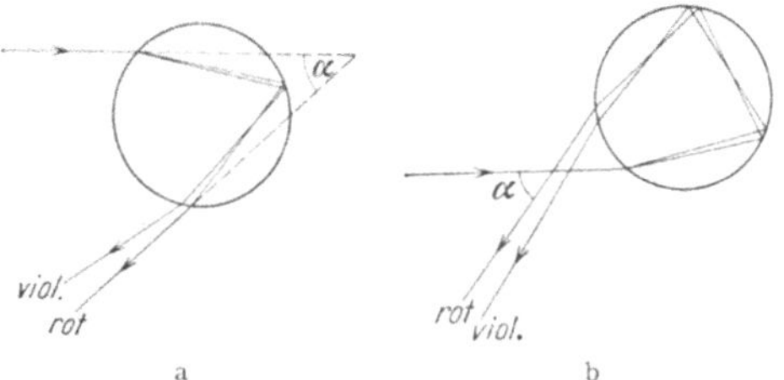

Abb. 508. Zur Entstehung des Regenbogens.

Maßnahmen verhindert werden. Die Linse L_2 ist das Objektiv eines auf Unendlich eingestellten Fernrohrs, dessen Okular so angebracht ist, daß seine Brennebene dort liegt, wo in Abb. 505 der Schirm *S* ist. Dann entstehen dort reelle, farbige Spaltbilder, die mit dem Okular betrachtet werden können. Zur photographischen Aufnahme von Spektren wird eine photographische Platte an die Stelle des Schirmes gebracht (*Spektrograph*).

Durch Hintereinanderschaltung geeigneter Prismen aus verschieden brechenden Stoffen (Kron- und Flintglas) kann man Prismensysteme herstellen, welche zwar eine Dispersion zeigen, mit denen also ein Spektrum erzeugt werden kann, bei denen aber der mittlere Teil des Spektrums unabgelenkt ist. Derartige *geradsichtige Prismen* haben den großen Vorteil, daß man mit ihnen den bei gewöhnlichen Prismen eintretenden Knick des Strahlenganges vermeidet. Sie finden z. B. bei den einfachen Taschenspektroskopen Verwendung (Abb. 507).

Ein Regenbogen entsteht durch die in den Regentropfen eintretende Brechung und Reflexion des Sonnenlichts (Abb. 508). Da die verschiedenen Farben verschieden stark gebrochen werden, so erfährt der violette Anteil des Sonnenlichts die größte, der rote Anteil die kleinste Ablenkung 360°—α. Die Strahlen häufen sich bei einem Winkel α von etwa 41°, wobei die violetten Strahlen etwas mehr, die roten etwas weniger abgelenkt sind. Wir sehen daher das Licht aus denjenigen Richtungen kommen, die hierdurch und durch den jeweiligen Sonnenstand gegeben sind. Diese Richtungen bilden einen Kegelmantel. Der Regenbogen ist also ein kreisbogenförmiges Band an der von der Sonne abgekehrten Seite des Himmels (in Wahrheit kommt das Licht aus ziemlich nahen Schichten der Atmosphäre, nämlich aus den fallenden Tropfen), der die Farben des Spektrums zeigt, Rot außen, Violett innen (Abb. 508a). Durch zweimalige Reflexion in den Tropfen kann ein zweiter Regenbogen entstehen, in dem, wie man aus Abb. 508b erkennt, die Farbenfolge umgekehrt ist. Eine strenge Theorie des Regenbogens kann nur auf Grund der Wellentheorie des Lichts entwickelt werden.

III. Wellenoptik.

286. Interferenz des Lichts. Wir wenden uns nunmehr zu denjenigen optischen Erscheinungen, die nur auf dem Boden der Wellentheorie des Lichts beschrieben werden können (§ 260). Wir wollen dabei noch einmal betonen, daß die Bezeichnung des Lichts als elektromagnetische „Welle" lediglich die Bedeutung hat, daß es sich um eine *periodische Störung* handelt, die sich im Raume ausbreitet, und auf die wir die Gleichungen und allgemeinen Begriffe der mechanischen Wellenlehre formal anwenden dürfen, aber nicht um periodische *Bewegungs*vorgänge im mechanischen Sinne (§ 251). Auf die besondere Art dieser periodischen Vorgänge brauchen wir aber im folgenden zunächst keine Rücksicht zu nehmen.

Für die Annahme einer Wellennatur des Lichts gibt es nur einen einzigen, aber vollkommen entscheidenden Grund, die *Interferenzerscheinungen*, welche auftreten können, wenn zwei Lichtwellen von gleicher Schwingungszahl sich im gleichen Raumpunkt überlagern. Genau wie bei den mechanischen Schallwellen hängt dann die Lichterregung in diesem Punkt von den Phasenbeziehungen zwischen den beiden Wellen ab (§ 87). Bei Phasengleichheit verstärken sie sich gegenseitig maximal, bei einer Phasendifferenz π (180°) und gleicher Intensität löschen sie sich gegenseitig vollkommen aus.

Die Interferenz des Schalles kann z. B. mit zwei genau gleich gestimmten Stimmgabeln nachgewiesen werden. Man könnte demnach vermuten, daß man Lichtinterferenzen durch ähnliche Versuche mit zwei ganz gleichen Lichtquellen hervorrufen könnte. Das ist aber nicht der Fall. Andernfalls stünde es schlimm um die künstliche Beleuchtung von Räumen. Interferenzen treten nur bei *kohärentem Licht* auf, d. h. nur dann, wenn man Licht, welches *gleichzeitig von dem gleichen* Punkt einer Lichtquelle ausgegangen ist, in einem Punkt des Raumes wieder zum Zusammentreffen bringt. Die Aussendung von Licht durch einen Körper beruht auf gewissen Vorgängen in den einzelnen Atomen (§ 338). Zum Zustandekommen von Interferenzen müssen zwischen den zusammentreffenden Wellenzügen während einer gegen ihre Schwingungsdauer $\tau = 1/\nu$ langen Zeit konstante Phasenbeziehungen bestehen, und das ist bei nichtkohärentem Licht nie der Fall, sondern nur bei Wellenzügen, die dem gleichen elementaren Ausstrahlungsakt ihren Ursprung verdanken.

Diese Ausstrahlungsakte verlaufen aber in sehr kurzen Zeiten, zwischen denen beim einzelnen Atom viel längere Pausen liegen. Die Atome senden also Wellenzüge von begrenzter Länge *(Interferenzlänge)* aus. Wegen der begrenzten Länge der Wellenzüge genügt daher die Herkunft zweier Strahlen von demselben Punkt einer Lichtquelle allein noch nicht. Hat der eine der beiden Wellenzüge bis zu dem Punkt, in dem Interferenz stattfinden soll, einen Weg zurückzulegen, der um mehr als die Länge eines Wellenzuges größer ist als der Weg des anderen, so finden ihre Wirkungen in diesem Punkte gar nicht gleichzeitig statt, und sie können nicht miteinander interferieren, wie das Abb. 509a schematisch andeutet. Ist die Wegdifferenz kleiner als die (von der Wellenlänge abhängige) Länge eines Wellenzuges, so tritt um so stärkere Interferenz ein, je weniger sich die beiden Wege unterscheiden.

An ihrem gemeinsamen Ursprungsort befinden sich zwei kohärente Wellenzüge naturgemäß in gleicher Phase. Auf ihren weiteren Wegen bis zum erneuten Zusammentreffen sollen sie durch zwei verschiedene Stoffe verlaufen, in denen sie die Geschwindigkeiten c_1 und c_2 haben, denen also verschiedene Brechungsindizes n_1 und n_2 zukommen. Sei λ die Wellenlänge, die das betreffende Licht im Vakuum haben würde, so beträgt seine Wellenlänge in den beiden Stoffen $\lambda_1 = \lambda/n_1$ bzw. $\lambda_2 = \lambda/n_2$ (§ 269). Der bis zum erneuten Zusammentreffen zurückgelegte Weg betrage bei der ersten Welle s_1 und sei das z_1-fache der Wellenlänge λ_1, $s_1 = z_1\lambda_1$, bei der zweiten Welle $s_2 = z_2\lambda_2$, oder $s_1 = z_1\lambda/n_1$, $s_2 = z_2\lambda/n_2$ oder schließlich $n_1 s_1 = z_1\lambda$, $n_2 s_2 = z_2\lambda$. Letzteres sind aber nach § 269 die optischen Weglängen der beiden Wellen von ihrem Ursprung bis zu ihrem Wiederzusammentreffen. Die Differenz der optischen Weglängen beträgt also $\delta = n_1 s_1 - n_2 s_2 = (z_1 - z_2)\lambda$. Sollen die beiden Wellen sich maximal verstärken, also in gleicher Phase sein, so muß die Differenz der Anzahlen der auf die beiden Wege entfallenden Wellenlängen eine ganze Zahl z sein, also $z_1 - z_2 = z$. Sollen sie sich aber maximal schwächen, also eine Phasendifferenz π haben, so muß $z_1 - z_2 = z + 1/2 = (2z + 1)/2$ sein. Wir erhalten also

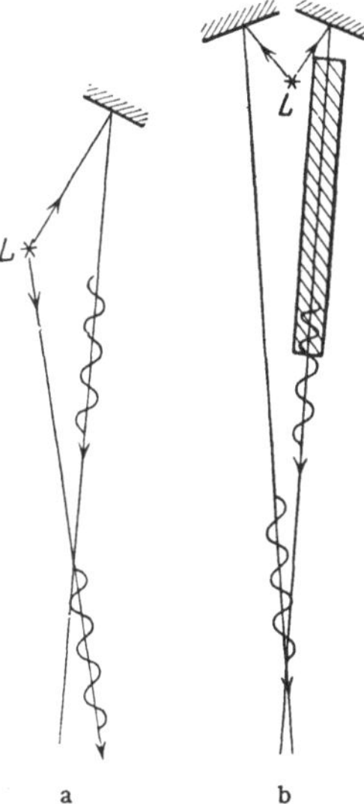

maximale Verstärkung, wenn $\delta = z\lambda$,
maximale Schwächung, wenn $\delta = \dfrac{2z + 1}{2}\lambda$.

a   b

Abb. 509. Zur Interferenz von Wellenzügen.

Maßgebend für die Interferenz ist also die Differenz δ der optischen Weglängen, der *Gangunterschied* der beiden Wellen. Bei gleicher geometrischer Weglänge kann eine Interferenz dann nicht erfolgen, wenn die Brechungsindizes der von den beiden Wellenzügen durchlaufener Wege sehr verschieden sind, so daß der eine Wellenzug gegenüber dem anderen um mehr als die Interferenzlänge zurückbleibt (Abb. 509b). Im Vakuum ($n = 1$) ist die optische Weglänge gleich der geometrischen Weglänge und der Gangunterschied durch die Differenz der geometrischen Weglängen bestimmt.

Man unterscheidet FRESNELsche und FRAUNHOFERsche *Interferenzen*. Bei den ersteren liegt die Lichtquelle in endlicher Entfernung, und die von ihren einzelnen Punkten herkommenden Strahlen sind divergent. Bei den FRAUNHOFERschen Interferenzen liegt die Lichtquelle optisch im Unendlichen, d. h. die von ihren einzelnen Punkten herkommenden Strahlen sind zunächst parallel gemacht.

287. FRESNELs Interferenzversuche. Als Quellen kohärenten Lichts benutzte FRESNEL (1821) die beiden Spiegelbilder L_1 und L_2 einer monochromatischen Lichtquelle L, die mit Hilfe zweier unter einem sehr kleinen Winkel gegeneinander geneigter Spiegel erzeugt wurden (Abb. 510). Die eigentliche Lichtquelle wurde durch einen Schirm *Sch* abgeblendet. Als Lichtquelle kann eine mit Natrium (Kochsalz) gefärbte Flamme dienen. Der aus dem Reflexionsgesetz berechenbare Abstand von L_1 und L_2 sei a. Bringt man in einiger Entfernung von dem Winkelspiegel eine Lupe in den Weg des von den beiden Spiegelbildern kommenden Lichts, so sieht man das Gesichtsfeld von hellen und dunklen Streifen durchzogen. Diese erklären sich durch die Interferenz des von L über L_1 und L_2 herkommenden Lichts.

Es seien r_1 und r_2 (Abb. 510) die Abstände eines Raumpunktes O vom Ort der beiden Spiegelbilder (also auch, längs des Lichtweges gerechnet, von der Lichtquelle selbst), b der senkrechte Abstand des betreffenden Punktes von a, x sein Abstand von der Mittellinie zwischen L_1 und L_2. Dann ist

$$r_1^2 = b^2 + \left(\frac{a}{2} - x\right)^2,$$

$$r_2^2 = b^2 + \left(\frac{a}{2} + x\right)^2,$$

also $$r_2^2 - r_1^2 = 2\,a\,x$$

oder $$r_2 - r_1 = \frac{2\,a\,x}{r_2 + r_1}.$$

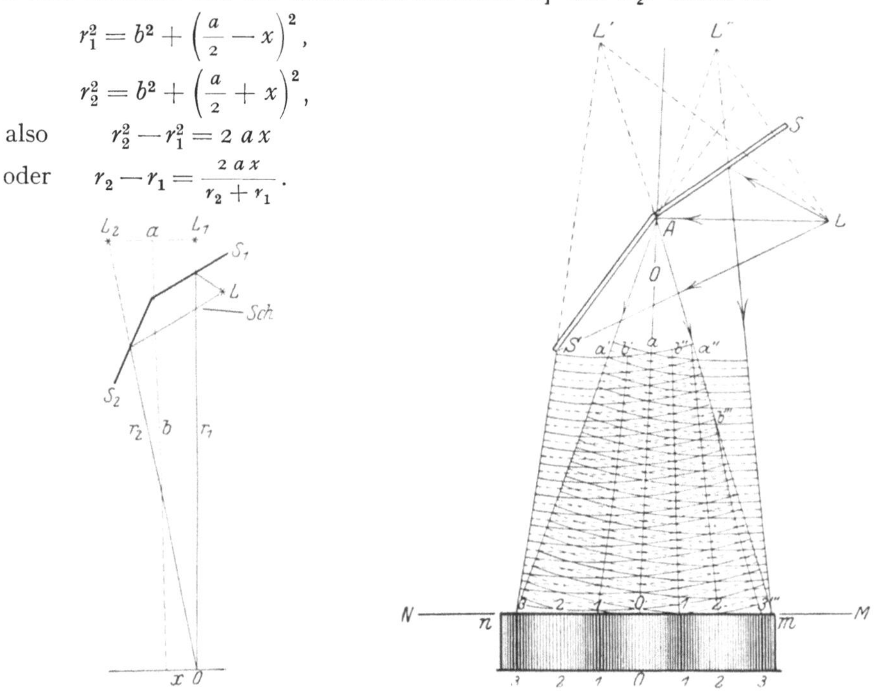

Abb. 510. Zum Fresnelschen Spiegelversuch.   Abb. 511. Zum Fresnelschen Spiegelversuch.

Da b, also auch r_1 und r_2, groß sein sollen gegen a und x, so kann man ohne erheblichen Fehler $r_2 + r_1$ durch $2\,b$ ersetzen, so daß der Unterschied der beiden Lichtwege $r_2 - r_1 = a\,x/b$ ist. Im § 286 ist gesagt worden, daß zwei Wellen sich durch Interferenz aufheben, wenn ihr Gangunterschied δ ein ganzzahliges, ungerades Vielfaches der halben Wellenlänge ist. Wir erhalten also Auslöschung des Lichtes, wenn $\delta = \dfrac{a\,x}{b} = \dfrac{2\,z+1}{2}\,\lambda$, wobei z Null oder irgendeine ganze Zahl ist. Die Gleichung ergibt die Lage x der einzelnen dunklen Streifen. Aus dem Abstand je zweier Streifen, $\varDelta = \lambda\,\dfrac{b}{a}$, kann man λ berechnen. Abb. 511 zeigt schematisch die Lichterscheinung auf einem in den Weg des Lichts gestellten Schirm.

Ist das Licht nicht monochromatisch, so liegen die Orte, an denen Auslöschung der einzelnen in dem Licht enthaltenen Spektralfarben eintritt, nicht an gleichen Stellen. Die Lichtwirkung in jedem Punkt rührt her von allen in der Lichtquelle vertretenen Farben, abzüglich derjenigen, für die gerade Auslöschung eintritt. Es erscheinen daher in diesem Falle farbige Streifen

(Mischfarben, § 314), bei Benutzung weißen Lichts Folgen von schmalen kontinuierlichen Spektren. Diese bestehen aber nicht, wie beim Prisma, aus den reinen Spektralfarben, sondern ebenfalls aus Mischfarben und entstehen durch das Fehlen der jeweils ausgelöschten Farbe im weißen Licht, d. h. man sieht in jedem Punkt die Komplementärfarbe zu der dort gerade ausgelöschten Farbe.

Statt des Winkelspiegels benutzte FRESNEL auch ein Doppelprisma (Abb. 512). Es bewirkt, wie man ohne nähere Erklärung sieht, daß das Licht der Lichtquelle L von L_1 und L_2 herzukommen scheint, liefert also, genau wie der Winkelspiegel, zwei kohärente Lichtquellen.

288. FRAUNHOFERsche Interferenzen in einer planparallelen Platte. Als besonders lehrreiches Beispiel soll hier der folgende Fall genauer erörtert werden. Abb. 513 stelle eine dünne, planparallele Schicht von Brechungsindex n dar, auf die von außen her (aus der Luft bzw. dem Vakuum) ein Bündel paralleler, kohärenter Strahlen falle, die wir uns von einem Punkt einer unendlich fernen Lichtquelle herrührend denken können. Bei der Ausführung des Versuchs wird man die Lichtquelle in die Brennebene einer Sammellinse bringen, aus der die von den einzelnen Punkten der Lichtquelle herkommenden Strahlen parallel austreten. Es handelt sich hier also um eine FRAUNHOFERsche Interferenzerscheinung (§ 286). Die Dicke der Schicht sei d.

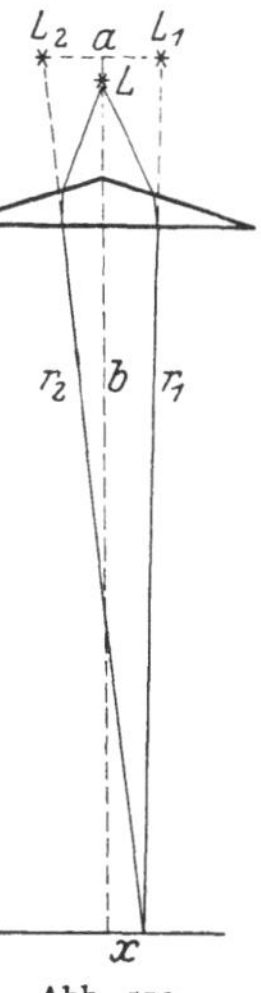

Abb. 512.
FRESNELsches
Doppelprisma.

Fällt ein Strahl auf eine solche Platte, so wird von ihm ein gewisser Bruchteil an der Oberfläche reflektiert. Der Rest tritt unter Brechung in die Platte ein. An der anderen Oberfläche wird wieder ein Bruchteil ins Innere der Platte reflektiert, der Rest tritt unter Brechung aus. Der ins Innere reflektierte Anteil wird im Innern der Platte immer wieder hin- und herreflektiert, erfährt aber bei jeder Reflexion einen Verlust durch Austritt eines Teils seiner Energie nach außen.

Wir betrachten jetzt den vom Punkte A ausgehenden Strahl J. Seine Energie setzt sich aus mehreren Anteilen zusammen. Erstens aus dem an der Oberfläche regulär reflektierten Anteil des Strahls 1. Zu diesem kommen noch die Anteile der Strahlen 2, 3, 4 usw. hinzu, die nach mehrfachen Reflexionen im Innern der Platte den Punkt A erreichen

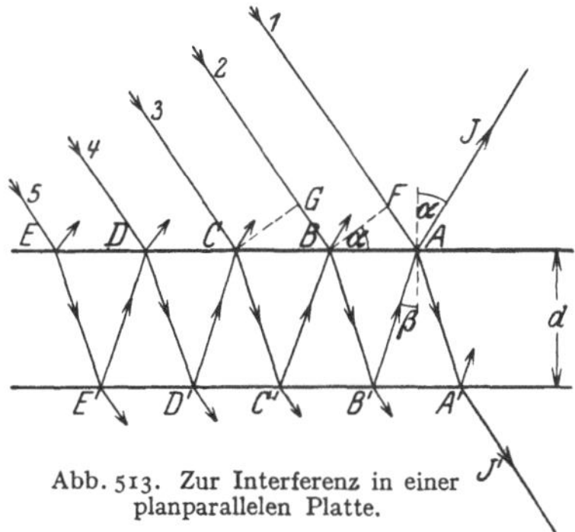

Abb. 513. Zur Interferenz in einer
planparallelen Platte.

und dort austreten. Die in der Richtung des Strahls J auftretende Lichtintensität hängt von den Phasenbeziehungen der Anteile der Strahlen 1, 2, 3 usw., die bei A austreten, ab. Wir wollen zunächst nur die Anteile der Strahlen 1 und 2, ohne Rücksicht auf ihre Intensitäten, ins Auge fassen. Diese beiden Strahlen sind in der Ebene BF in gleicher Phase. Sie haben aber bis zum Punkte A verschiedene optische Wege zu durchlaufen, so daß in A und daher auch im Strahle J zwischen ihnen ein Gangunterschied besteht, von dessen Größe es abhängt, ob sie sich im Strahle J gegenseitig verstärken oder schwächen. Die optische Weglänge des aus dem Strahl 1 stammenden Anteils von der Ebene BF bis A ist gleich der Strecke FA, diejenige des Anteils des Strahls 2 gleich der Strecke $BB' + B'A$, multipliziert mit dem Brechungsindex n der Platte. Ferner ist aber folgendes zu beachten: Ein Strahl erleidet bei der Reflexion an einem optisch dichteren

Stoff einen *Phasensprung* um den Betrag π, also die gleiche Änderung seiner Phase, die er beim Durchlaufen eines Weges von der Länge $\lambda/2$ erfahren würde. Die Phase des Anteils des Strahls 1 ist also gegenüber der Phase im Punkte F nach der Reflexion in A so verändert, als habe der Strahl nicht nur den Weg FA, sondern den Weg $FA + \lambda/2$ durchlaufen. Bei der Reflexion an einem optisch dünneren Mittel tritt ein solcher Phasensprung nicht auf. (Vgl. die Reflexion an einem festen und einem freien Ende, § 87.)

Aus der Abb. 513 liest man leicht ab, daß $AB = 2d\,\mathrm{tg}\,\beta$ und $FA = AB\sin\alpha$, so daß die optische Weglänge (zuzüglich des Phasensprungs) des aus dem Strahl 1 stammenden Anteiles auf dem Wege FA gleich $s_1 = 2d\sin\alpha\,\mathrm{tg}\,\beta + \lambda/2$ ist, oder da nach dem Brechungsgesetz $\sin\alpha = n\sin\beta$,

$$s_1 = \frac{2\,n\,d\sin^2\beta}{\cos\beta} + \frac{\lambda}{2}. \tag{1a}$$

Wir gehen jetzt zu dem in J vorhandenen Anteil des Strahls 2 über. Seine geometrische Weglänge ist gleich $BB' + B'A = 2d/\cos\beta$, seine optische Weglänge auf dem Wege BA daher gleich

$$s_2 = \frac{2\,n\,d}{\cos\beta}. \tag{1b}$$

Demnach beträgt der Gangunterschied dieser beiden Strahlanteile

$$\delta = s_2 - s_1 = 2\,n\,d\cos\beta - \frac{\lambda}{2}. \tag{2}$$

Wir erhalten also nach § 286, wenn wir noch gemäß dem Brechungsgesetz $n\cos\beta = \sqrt{n^2 - \sin^2\alpha}$ setzen

$$\sqrt{n^2 - \sin^2\alpha} = \begin{cases} \left(z + \dfrac{1}{2}\right)\dfrac{\lambda}{2\,d} & \text{(maximale Verstärkung)} \\[2mm] z\,\dfrac{\lambda}{2\,d} & \text{(maximale Auslöschung).} \end{cases} \tag{3}$$
$$(z = 0,\ 1,\ 2 \ldots)$$

Hieraus lassen sich die Einfallswinkel α berechnen, bei denen einer dieser beiden Grenzfälle eintritt. Die zwischen diesen Werten von α liegenden Einfallswinkel ergeben Übergänge zwischen diesen beiden Grenzfällen.

Wir betrachten nunmehr noch den Anteil des Strahls 3. Für den Gangunterschied, den er in A gegenüber dem Anteil des Strahls 2 hat, gelten genau die gleichen Überlegungen, die wir soeben bezüglich der Anteile der Strahlen 1 und 2 angestellt haben. Der Unterschied der geometrischen Wege ist in beiden Fällen genau der gleiche, und so würde auch der in A auftretende Gangunterschied dieser beiden Strahlanteile genau der gleiche sein, wie für die Strahlen 1 und 2, wenn nicht in diesem Falle der Phasensprung um den Betrag π fortfiele, weil keiner der beiden Strahlanteile je am optisch dichteren Medium reflektiert wird. Hierdurch verschieben sich die Verhältnisse, wie man ohne weiteres sieht, derart, daß die Strahlen 2 und 3 sich bei denjenigen Einfallswinkeln α, bei denen sich die Strahlen 1 und 2 gegenseitig maximal verstärken, gerade maximal schwächen, und umgekehrt. Eine wesentliche Änderung der oben betrachteten Verhältnisse tritt jedoch hierdurch nicht ein, denn in allen praktisch in Betracht kommenden Fällen ist die Energie im Strahlanteil 2 von J sehr viel größer als die im Strahlanteil 3, so daß die Schwächung bzw. Verstärkung des Strahls 2 durch den Strahl 3 nur äußerst geringfügig ist. Betrachten wir noch die Wirkung der weiteren Strahlen 4, 5 usw., so zeigt eine einfache Überlegung, daß sich in dem Falle, daß der Anteil des Strahls 2 den Anteil des Strahls 1 maximal verstärkt, dies auch die Anteile der Strahlen 4, 6, 8 usw. tun, während die Anteile der Strahlen 3, 5, 7 usw. den Anteil des

Strahls 1 in J schwächen. Bei denjenigen Einfallswinkeln α aber, bei denen der Anteil des Strahls 2 den Anteil des Strahls 1 in J maximal schwächt, wirken auch die Anteile der Strahlen 3, 4, 5 usw. alle schwächend auf den Anteil des Strahls 1, unterstützen also die Interferenzwirkung des Strahls 2. Allerdings beruht die Hauptwirkung stets auf dem Anteil des Strahls 2, da die Intensitäten der verschiedenen Anteile sehr schnell abnehmen.

Die in der Abb. 513 nicht gezeichneten, zwischen den Strahlen 1, 2, 3 usw. verlaufenden parallelen Strahlen, erzeugen in den übrigen Punkten der Oberfläche der planparallelen Platte entsprechende Erscheinungen. Es gehen also von der Platte parallel zu J Strahlen aus, in denen sich die einzelnen Anteile, aus denen sie entstehen, je nach der Größe des Einfallwinkels α mehr oder weniger stark schwächen oder verstärken. Bringt man in den Weg dieser parallelen Strahlen eine Linse, so werden diese Strahlen in deren Brennpunkt vereinigt, und in diesem tritt Helligkeit oder Dunkelheit auf, je nachdem die Bedingungen für Verstärkung oder Schwächung erfüllt sind. Das gleiche erkennt man durch Beobachtung mit dem Auge. Kommt das Licht von einer ausgedehnten Lichtquelle, deren Strahlen vor dem Einfall durch eine Linse parallel gemacht sind, so fallen die von den einzelnen Punkten dieser Lichtquelle herkommenden parallelen Strahlen unter verschiedenen Einfallswinkeln auf die Platte. Das von der zweiten Linse entworfene Bild der Lichtquelle ist dann von hellen und dunklen Streifen durchzogen. Jedes Maximum oder Minimum der Helligkeit rührt von Strahlen her, die unter dem gleichen Einfallswinkel auf die Platte fielen. Man spricht daher in diesem Falle von *Interferenzen gleicher Neigung*.

Ist das von der Lichtquelle kommende Licht nicht einfarbig, sondern enthält es Licht verschiedener Wellenlängen, so ergeben sich auch für die einzelnen Farben verschiedene Einfallswinkel α für maximale Verstärkung und Auslöschung. Benutzen wir z. B. weißes Licht, das eine stetige Folge von Wellenlängen enthält, so sind in einer bestimmten Richtung jeweils nur bestimmte Wellenlängen maximal ausgelöscht bzw. maximal verstärkt. Daß dies in der gleichen Richtung für mehr als eine Wellenlänge eintreten kann, rührt daher, daß ja die Zahl z jeden beliebigen ganzzahligen Wert annehmen kann bzw. daß durch den Betrag von α noch nicht die maximal verstärkte oder geschwächte Wellenlänge λ, sondern die Größe $(z + \tfrac{1}{2})\,\lambda/2d$ (maximale Verstärkung) bzw. $z\lambda/2d$ (maximale Schwächung) gegeben ist. Daraus ergibt sich für jeden Wert von z (der *Ordnungszahl* der Interferenz) ein anderer Wert von λ. Nun kann man aus Gl. (3) leicht herleiten, daß z bei maximaler Auslöschung den Betrag $\sqrt{n^2 - 1}\;2d/\lambda$ nicht unterschreiten kann, so daß z mindestens von der Größenordnung von d/λ ist. Ist also die Dicke der Platte groß gegen die vorkommenden Wellenlängen, so ist z auch groß, und diejenigen Wellenlängen, die bei einem bestimmten Einfallswinkel α maximal geschwächt werden, sind einander sehr nahe benachbart, z. B. im Falle, daß der Mindestwert von z etwa gleich 1000 ist ($d \approx 1$ mm). Dann ergeben sich, wenn wir $z = 1000, 1001, 1002$ usw. setzen, bei gegebenen d und α Werte von λ, die sich nur sehr wenig unterscheiden. Ebenso ergibt sich dann auch, daß für die gleiche Wellenlänge benachbarte Winkel maximaler Auslöschung nur äußerst wenig voneinander verschieden sind, so daß der kleine Winkelunterschied eine Auflösung durch das Auge nicht mehr zuläßt (§ 279). In dem von uns hier behandelten Fall erscheint dann also eine flächenhafte, überall gleichmäßig leuchtende Lichtquelle dem Auge auch im reflektierten Lichte gleichmäßig leuchtend. Deshalb treten Interferenzstreifen bei einer gegen die Wellenlänge des Lichts großen Plattendicke in unserem Fall nicht auf, sondern nur dann, wenn die Dicke so gering ist, daß sie mit der Wellenlänge des Lichts vergleichbar ist.

Wird eine ausreichend dünne Schicht mit weißem Licht beleuchtet, so fallen in jeder Richtung gewisse Wellenlängen (Farben) durch Interferenz aus. Betrachtet man einen Punkt der Oberfläche einer solchen Schicht, so fehlen diese Farben in dem dort reflektierten Licht. Dieses zeigt daher durch Mischung des nicht ausgelöschten Restes, der vom weißen Licht nach Ausfall des ausgelöschten Anteils übrig bleibt, die Komplementärfarbe des ausgelöschten Anteils. Da man die einzelnen Punkte der Oberfläche einer solchen Schicht unter verschiedenen Winkeln sieht, so wechselt die Wellenlänge der ausgelöschten Farbe und damit die Farbe des ins Auge gelangenden Lichts von Ort zu Ort. Die Schicht schillert in allen möglichen Farben *(Farben dünner Blättchen)*. Das bekannteste Beispiel dieser Art sind die Seifenblasen. Auch die schillernden Farben von Ölschichten und von dünnen Oxydschichten auf Metallen (Anlaßfarben) haben den gleichen Ursprung.

Besondere Erscheinungen treten bei *sehr* geringen Schichtdicken auf. Ist die Dicke d merklich kleiner als die Wellenlänge λ, so wird der Gangunterschied δ der interferierenden Strahlanteile fast ausschließlich durch den Phasensprung des einen unmittelbar reflektierten Strahls um π (s. oben) bewirkt, und ist vom Einfallswinkel praktisch unabhängig. In diesem Falle besteht also stets ein Gangunterschied $\lambda/2$, und es erfolgt stets und unabhängig von Einfallsrichtung und Farbe Auslöschung. Daher verschwindet die Interferenzerscheinung, auch die Farbe dünner Blättchen, bei Schichtdicken, die die Wellenlänge des Lichts merklich unterschreiten. Läßt man eine in einen runden Metallrahmen gespannte Seifenlamelle schnell um die zu ihrer Fläche senkrechte Achse rotieren, so wird sie infolge der Zentrifugalkraft und der Verdunstung in der Mitte allmählich dünner, der Abstand der farbigen Ringe, die ständig ihre Farbe wechseln, immer größer. Schließlich verschwinden in der Mitte die Farben, und es bildet sich ein scharf begrenzter farbloser Kreis, der im reflektierten Licht schwarz erscheint *(schwarzer Fleck)*. Bringt man jetzt die Lamelle zum Stillstand, so löst sich der Fleck in zahlreiche kleine schwarze Flecke auf, die eine merkwürdige Beständigkeit zeigen und sogar dazu neigen, von selbst weiterzuwachsen.

Bisher haben wir nur das von einer dünnen Schicht *reflektierte* Licht auf Interferenzerscheinungen untersucht. Wir gehen nunmehr zu denjenigen Anteilen der Strahlen 1, 2, 3 usw. über, die im Punkte A' (Abb. 513) aus der Platte *austreten*. Auf Grund der vorstehenden Überlegungen können wir die im Strahl J' herrschenden Verhältnisse leicht ohne weitere Rechnung ermitteln. Der Strahl J' setzt sich aus Anteilen aller Strahlen 1, 2, 3 usw. zusammen, und zwar aus solchen, die mehr oder weniger häufig im Innern der Platte reflektiert worden sind. Es ist ohne weiteres einleuchtend, daß der Gangunterschied der von je zwei benachbarten einfallenden Strahlen herrührenden Anteile im Punkte A' genau ebenso groß ist, wie bei zwei benachbarten Strahlen im reflektierten Strahl J, abgesehen von den beiden Strahlanteilen 1 und 2. Denn bei dem reflektierten Strahlanteil 1 ist eine Reflexion am optisch dichteren Medium im Spiel. Eine solche findet aber bei den durch die Platte hindurchtretenden Anteilen nirgends statt. Die Strahlanteile, die den austretenden Strahl J' bilden, verhalten sich also so zueinander wie die Strahlanteile, die den Strahl J bilden, unter Fortlassung des reflektierten Strahls 1. Nun haben wir oben gesehen, daß sich im Falle maximaler Verstärkung in der Reflexion die Strahlen 2, 3, 4 usw. paarweise schwächen, indem sich zwar die geradzahligen Strahlanteile in J gegenseitig verstärken, und ebenso die ungeradzahligen — vom Strahlanteil 1 abgesehen — diese beiden Gruppen sich aber gegenseitig schwächen. Das gleiche muß also in diesem Falle auch im durchgelassenen Strahl der Fall sein. Haben wir demnach maximale Verstärkung im reflektierten Strahl, so haben wir gerade maximale Schwächung im durchgehenden Strahl. Tritt aber im reflektierten Strahl J maximale Schwächung ein, so wirken, wie wir oben gesehen haben, die Strahlen 2, 3, 4 usw. sämtlich gleichsinnig und schwächen alle den Strahlanteil 1. Im durchgehenden Anteil wirken deshalb jetzt alle Strahlanteile gleichsinnig, d. h. sie verstärken sich maximal. Daraus folgt, daß die Lichtwirkung im durchgehenden Strahl bei denjenigen Einfallswinkeln ein Maximum hat, bei denen sie im reflektierten Strahl ein Minimum hat, und umgekehrt. Diese Tatsache könnte an sich schon daraus gefolgert werden, daß die einfallende Energie doch restlos wieder aus der Platte austreten muß, da nirgends Lichtenergie verloren geht. Je weniger Licht also im reflektierten Anteil enthalten ist, um so mehr Licht muß im durchgehenden Anteil enthalten sein. Auch im durchgehenden Licht treten Farberscheinungen nur bei sehr dünnen Platten auf.

Bei den vorstehenden Überlegungen war vorausgesetzt worden, daß die betrachtete Platte einen höheren Brechungsindex als ihre Umgebung hat. Grundsätzlich ändert sich nichts, wenn es sich um eine planparallele Schicht eines Stoffes handelt, der in einen Stoff von höherem Brechungsindex eingebettet ist. Dieser Fall liegt z. B. bei einer Luftschicht vor, die von zwei parallelen, ebenen Glasflächen begrenzt wird. Wie man leicht feststellen kann, tritt in diesem Falle in Gl. (3) an die Stelle von n der reziproke Wert $1/n$, wobei n jetzt den Brechungsindex des die Luftschicht begrenzenden Glases bedeutet. Die Abb. 513 wäre dahin abzuändern, daß die Strahlen beim Eintritt in die Luftschicht vom Einfallslot weggebrochen, beim Austritt zum Einfallslot hingebrochen werden. Außerdem sind jetzt alle Reflexionen *im Innern* der Luftschicht solche am optisch dichteren Medium. Alle Folgerungen aber bleiben erhalten.

Bezüglich der Intensitätsverhältnisse ergibt eine eingehendere Erörterung folgendes. Es sei ϱ der Reflexionskoeffizient der dünnen Schicht, d. h. der Bruchteil des Lichtes, der an jeder ihrer Flächen reflektiert wird, also $1-\varrho$ der jeweils von einer solchen Fläche durchgelassene Bruchteil. J_0 sei die Intensität der einfallenden Strahlung. Es ergibt sich dann, daß die Intensität im reflektierten Licht zwischen $J_0 \cdot 4\varrho/(1+\varrho)^2$ in den Maxima und 0 in den Minima schwankt. Hingegen schwankt sie im durchgehenden Licht zwischen J_0 in den Maxima und $J_0 (1-\varrho)^2/(1+\varrho)^2$. Meist ist ϱ ziemlich klein gegen 1, so daß sich die Intensitäten in den Maxima und Minima des durchgehenden Lichtes verhältnismäßig nur wenig unterscheiden. Beim Glase ist $\varrho \approx 0{,}025$, so daß die Intensität in den Minima nur um rund 10 % kleiner ist als in den Maxima. Im reflektierten Licht hingegen verschwindet die Intensität in den Minima vollkommen. Daher ist die Interferenzerscheinung im reflektierten Licht zwar erheblich lichtschwächer als im durchgehenden Licht (z. B. bei Glas nur $^1/_{10}$ in den Maxima), aber sie ist viel kontrastreicher und auffallender. So treten z. B. bei einer Seifenlamelle die schönen, farbigen Interferenzen fast nur im reflektierten Licht in die Erscheinung, während die Lamelle im durchgehenden Licht nahezu farblos erscheint.

Wie die Rechnung zeigt, tragen die Strahlen 3, 4 usw. (Abb. 513) zur Intensität des reflektierten Strahls J und des durchgehenden Strahls J' nur sehr wenig bei. Es genügt daher bei der Betrachtung derartiger Interferenzerscheinungen meist, wenn man sich auf die Strahlen 1 und 2 und ihr Zusammenwirken beschränkt.

289. Interferenzen an planparallelen Platten und keilförmigen Schichten. Wir betrachten nunmehr den Fall, daß die Lichtquelle in endlicher Entfernung von einer planparallelen Platte liegt, die von ihren einzelnen Punkten herkommenden Strahlen also divergent auf die Platte fallen (FRESNELsche Interferenzen). L sei eine punktförmige Lichtquelle bzw. ein Punkt einer ausgedehnten Lichtquelle (Abb. 514). Wir wollen nun das von einem Punkte A der oberen Fläche der Platte ausgehende, von L herrührende Licht betrachten. Wir sehen, daß in dem von A ausgehenden Licht Anteile ganz bestimmter Strahlen 1, 2, 3 usw. enthalten sind, die infolge von Reflexion bzw. Brechung im Innern der Platte auf dem Wege von L nach A verschieden lange optische Wege zurückgelegt haben, also Gangunterschiede besitzen, ähnlich wie wir dies bei dem Fall parallelen Lichts besprochen haben. Aber diese Strahlanteile

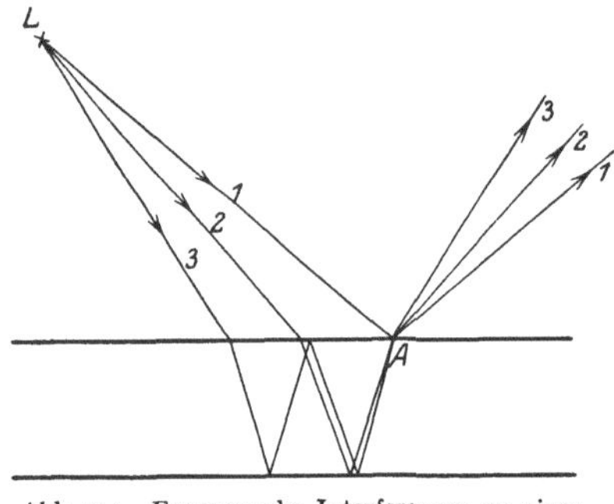

vereinigen sich nicht wie im letzteren Fall zu einem einzigen Strahl, sondern bilden ein Strahlenbündel von endlicher Öffnung. Blicken wir auf den Punkt A, so vereinigen sich diese Strahlen auf der Netzhaut zu einem Bilde des Punktes A, und dieses Bild erscheint hell oder dunkel je nach den Phasenbeziehungen (Gangunterschieden) in den von A ausgehenden Anteilen der Strahlen 1, 2, 3 usw. Im Punkte A, in dem sich die betrachteten Strahlen schneiden, findet tatsächlich Interferenz statt, genau wie bei den sich schneidenden Strahlen im Falle des FRESNELschen Spiegelversuchs

Abb. 514. FRESNELsche Interferenzen an einer planparallelen Platte.

(§ 287). Aus dem in § 288 angegebenen Grund genügt es, wenn wir nur die Wirkung der Strahlen 1 und 2 betrachten. Solange die Entfernung der Lichtquelle groß bleibt gegen die Dicke der Platte, ergeben sich dann für die in A auftretende Interferenzerscheinung genau die gleichen Bedingungen wie bei parallel einfallendem Licht im reflektierten Strahl [§ 288, Gl. (3)].

Handelt es sich um eine ausgedehnte Lichtquelle, so wird bei gegebener Stellung des betrachtenden Auges das von ihren einzelnen Punkten herrührende

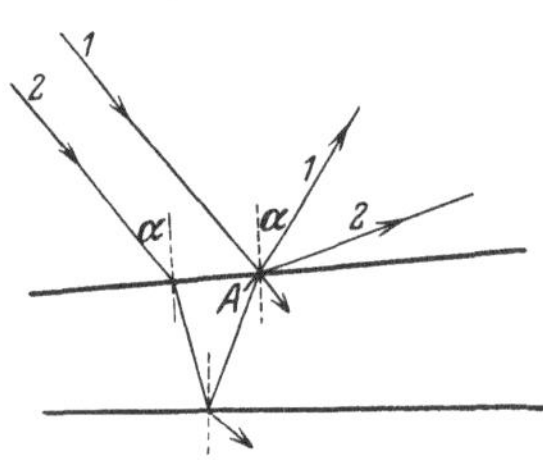

Licht unter verschiedenen Einfallswinkeln α auf die Platte fallen. Betrachtet man daher die Platte, so wechseln auf ihr Stellen, an denen das auffallende Licht durch Interferenz ausgelöscht wird, mit solchen ab, an denen Verstärkung stattfindet, je nach dem für die betreffende Stelle durch die gegenseitige Stellung der Lichtquelle, des Auges und der Platte gegebenen Winkel α.

Abb. 515. Zur Interferenz in einer keilförmigen Schicht.

Der bei einer solchen Interferenzerscheinung erzeugte Sinneseindruck ist ein doppelter. Richtet man die Aufmerksamkeit auf die Lichtquelle selbst, indem man auf ihr Spiegelbild in der Platte akkommodiert, so sieht man dieses Spiegelbild an der durch das Reflexionsgesetz bestimmten Stelle hinter der Platte, aber im Falle einer monochromatischen Lichtquelle durchzogen mit dunklen Streifen. Diese jedoch liegen nicht am Ort der Lichtquelle, sondern in der Platte, denn der Ort, an dem die Interferenz stattfindet, von dem aus die interferierenden Strahlen in unser Auge divergieren, liegt ja in der Plattenoberfläche. Daß die Interferenzerscheinung tatsächlich in der Platte selbst liegt, erkennt man am deutlichsten daran, daß man auf sie bei zu kleiner Augenentfernung nicht mehr akkommodieren kann, während man das Spiegelbild der entfernteren Lichtquelle noch scharf sieht.

Bei nichtmonochromatischen Lichtquellen, insbesondere bei weißem Licht, ergeben sich wieder Farberscheinungen, die denjenigen, die in § 288 besprochen wurden, entsprechen.

Auf eine schwach *keilförmige*, von zwei ebenen Flächen begrenzte dünne Schicht eines brechenden Stoffes falle paralleles Licht (Abb. 515). Wir betrachten einen Punkt A an der Oberfläche dieser Schicht. Sehen wir von Strahlen, die mehr als eine Reflexion im Innern der Schicht erlitten haben, ab (vgl. die Bemerkung in § 288), so treten bei A nur Anteile von zwei ganz bestimmten Strahlen 1 und 2 des einfallenden Strahlenbündels aus, nämlich ein unmittelbar reflektierter Anteil von 1 und ein zweimal gebrochener und einmal im Innern reflektierter Anteil des Strahls 2. Wegen der Keilform der Schicht verlaufen diese beiden Strahlanteile nicht wie im Fall der planparallelen Schicht und parallelen einfallenden Lichts in der gleichen Richtung, sondern divergieren von A aus. Es treten also im reflektierten Licht Erscheinungen auf, die denen bei einer planparallelen Platte bei endlicher Entfernung der Lichtquelle gleichen. Man sieht, daß die beiden Strahlen im Punkt A interferieren und einander je nach ihren Phasenbeziehungen (ihrem Gangunterschied) gegenseitig verstärken oder schwächen. Der Ort der Interferenzerscheinung liegt also in der Schichtoberfläche.

Bei geringer Dicke des Keils und kleinem Keilwinkel gelten auch hier für das Auftreten von Helligkeit oder Dunkelheit im Punkt A die gleichen Bedingungen wie bei einer Planplatte [Gl. (3), § 288]. Da sich nun die Dicke d der Schicht von Ort zu Ort ändert, so ändert sich auch von Ort zu Ort der Gangunterschied der miteinander interferierenden Strahlen. Man erblickt bei parallelem, monochromatischem einfallenden Licht ein System von hellen und dunklen Streifen. Diese sind um so weiter voneinander entfernt, d. h. um so breiter, je kleiner der Keilwinkel ist.

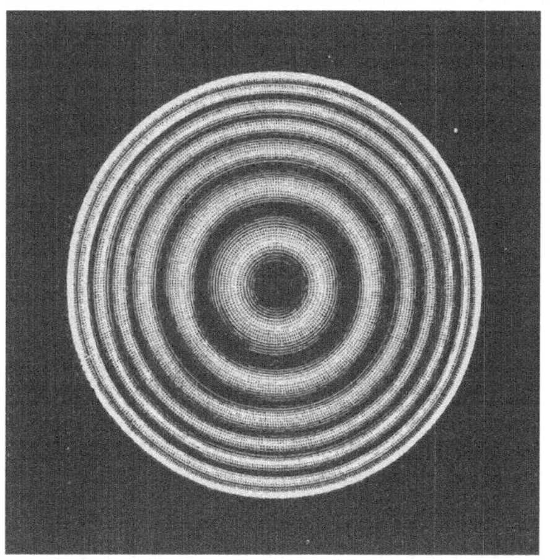

Abb. 516. NEWTONsche Ringe m reflektierten Licht.

Jeder Streifen entspricht gleicher Dicke des Keils an den Stellen, wo der Streifen zu sehen ist. Man spricht deshalb in diesem Falle von *Interferenzen gleicher Dicke*.

Ein besonderer Fall derartiger Interferenzen liegt bei den NEWTONSCHEN *Farbenringen* vor. Sie haben historische Bedeutung, denn sie wurden schon 1500 von LEONARDO DA VINCI beschrieben. 1665 schloß GRIMALDI aus ihnen, daß Licht zu Licht gefügt auch Dunkelheit geben könne. HOOKE (1665) und NEWTON (1676) beschäftigten sich genauer mit ihnen. 1802 erkannte TH. YOUNG in ihnen einen entscheidenden Beweis für die Interferenz des Lichtes, also für die Wellentheorie. Die NEWTONschen Ringe entstehen, wenn man Licht auf eine Luftschicht fallen läßt, die sich zwischen einer ebenen Glasplatte und einer scharf auf diese gedrückten, schwach gekrümmten Linse befindet. Die einzelnen Segmente dieser Luftschicht kann man nahezu als keilförmig ansehen. Man sieht dann bei Verwendung monochromatischen Lichts helle und dunkle Kreise, deren Mittelpunkt im Berührungspunkt von Platte und Linse liegt. Bei ausreichend enger Berührung erscheint im reflektierten Licht in der nächsten Umgebung der Berührungsstelle wegen der äußerst geringen Dicke der Luftschicht der „schwarze Fleck" (§ 288). Die Breite der hellen und dunklen Kreise nimmt wegen der zunehmenden Dicke der Luftschicht von innen nach außen immer mehr ab (Abb. 516).

Bei Verwendung von weißem Licht treten farbige Interferenzkreise auf. Die Farben rühren davon her, daß an jeder Stelle bestimmte Wellenlängen durch Interferenz ausgelöscht werden, so daß durch Ausfall der betreffenden Farben an Stelle von Weiß die zugehörige Komplementärfarbe entsteht.

290. Interferometer. Die Interferometer beruhen auf der Interferenz kohärenter Lichtstrahlen. Als Beispiel betrachten wir das Interferometer von JAMIN. Es kann unter anderem dazu dienen, sehr kleine Unterschiede oder Änderungen im Brechungsindex von Stoffen zu messen. Es besteht in der Hauptsache aus zwei sehr gut planparallelen Glasplatten P_1 und P_2, welche um einen außerordentlich kleinen und deshalb in der Abb. 517 nicht angedeuteten Winkel gegeneinander geneigt sind. Der auf die Oberfläche I von P_1 fallende Strahl spaltet sich in einen reflektierten und einen gebrochenen Anteil S_1 und S_2, welche in ihrem weiteren aus der Abbildung ersichtlichen Verlauf in gleicher Weise an der Oberfläche III der Platte P_2 noch einmal zerlegt werden. So entstehen aus dem einen einfallenden Strahl vier kohärente Strahlen, von denen S_1' und S_2'' abgeblendet werden. Die beiden durch die Blende austretenden Strahlen S_2' und S_1'' würden zusammenfallen und hätten seit der ersten Spaltung

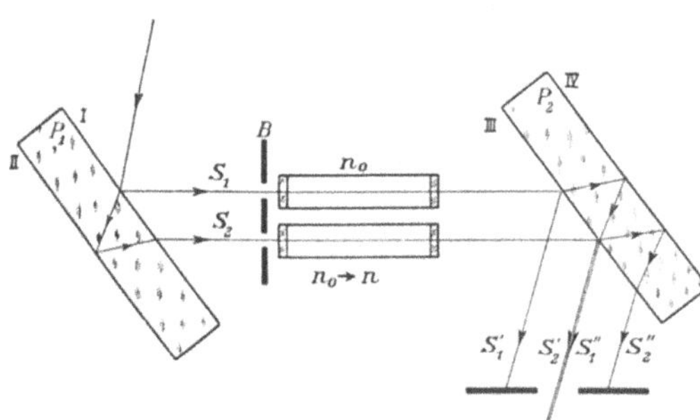

Abb. 517. Interferometer nach JAMIN.

gleich lange optische Wege durchlaufen (von den übrigen Teilen der Anordnung zunächst abgesehen), wenn die Platten keine Neigung gegeneinander hätten. Die kleine vorhandene Neigung bewirkt, daß ihre optischen Wege ein wenig verschieden lang sind, und daß sie selbst ein wenig gegeneinander geneigt verlaufen, genau wie die von den beiden sekundären Lichtquellen beim FRESNELschen Spiegelversuch herkommenden Strahlen. Infolgedessen entsteht ein System von Interferenzstreifen, genau wie bei jenem Versuch. Die Lage der Interferenzstreifen ist von der Differenz der optischen Weglängen abhängig. Bringt man nun in den Weg der beiden Strahlen S_1 und S_2 je eine Röhre, die gleich lang und zunächst mit dem gleichen Stoff (Brechungsindex n_0) gefüllt sind, z. B. mit einem Gase, so ändert sich bei gleicher Röhrenlänge an der Differenz der optischen Weglängen, also auch an der Interferenzerscheinung nichts. Ändert man aber jetzt den Brechungsindex in der einen der beiden Röhren von n_0 auf n, etwa durch Veränderung des Drucks, so ändert sich die Differenz der optischen Weglängen, und dies hat zur Folge, daß sich die Interferenzstreifen verschieben. Aus der Größe dieser Verschiebung kann man die Änderung des Brechungsindex berechnen.

Ändert man auf irgendeine andere Weise die Lichtgeschwindigkeit in der einen der beiden Röhren, so wirkt dies genau wie eine Änderung des Brechungsindex bzw. der optischen Weglänge. Das kann z. B. so geschehen, daß man in beide Röhren die gleiche Flüssigkeit bringt, die aber in der einen ruht, in der anderen längs des Rohres strömt. Man muß erwarten, daß das Licht das Rohr schneller durchläuft, wenn die Strömung in der Richtung der Lichtfortpflanzung erfolgt, langsamer, wenn das Umgekehrte der Fall ist. Die Strömung sollte also im ersten Falle die optische Weglänge verkürzen, im zweiten verlängern. Die Größe dieser *Mitführung des Lichts* kann demnach mit dem Interferometer gemessen werden. Der von FRESNEL experimentell gefundene *Mitführungskoeffizient* hat seine quantitative Deutung durch die Relativitätstheorie gefunden und bildet eine wichtige Stütze dieser Theorie (§ 326). Hier sei vorläufig nur erwähnt, daß die Geschwindigkeit des Lichts nicht, wie man erwarten sollte, gleich der Summe der Strömungs- und der Lichtgeschwindigkeit ist, sondern kleiner als diese Summe.

Ein wichtiges Hilfsmittel der Spektroskopie (Wellenlängenmessung) ist das Interferometer von PEROT und FABRY (Abb. 518). Es besteht aus zwei (aus bestimmten Gründen ganz schwach keilförmigen) Glasplatten P_1, P_2, welche an den einander zugekehrten Flächen halbdurchlässig versilbert sind. Fällt paralleles Licht von einer ausgedehnten Lichtquelle auf das Interferometer, so wird es zum Teil in der zwischen den Platten befindlichen planparallelen Luftschicht mehrfach hin und her reflektiert, ehe es aus P_2 austritt. Es wird dann durch eine Sammellinse L vereinigt. Je nach den Gangunterschieden zwischen den interferierenden Strahlen, also je nach ihrer Neigung gegen die Platten, findet im Vereinigungspunkt gegenseitige Verstärkung oder Schwächung statt (§ 288), und es entsteht hinter der Linse ein System von Interferenzstreifen. Bei Kenntnis der Dicke der Luftschicht und der Ordnungszahl kann dann die Wellenlänge berechnet werden.

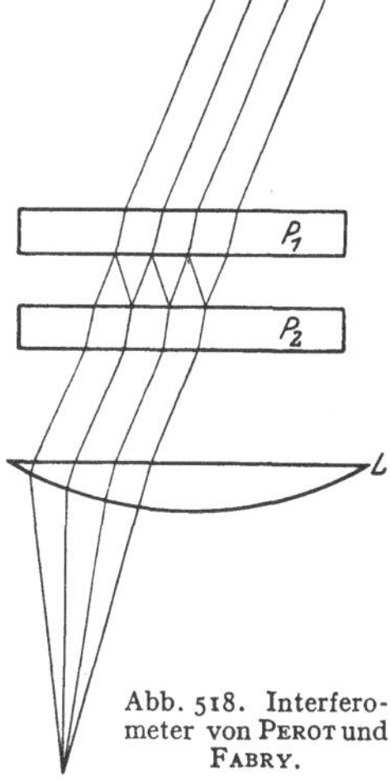

Abb. 518. Interferometer von PEROT und FABRY.

Von den sonstigen Interferometern sei noch dasjenige von LUMMER und GEHRCKE erwähnt (Abb. 519). Das zu untersuchende Licht fällt von links her durch das rechtwinklige Glasprisma in eine sehr genau planparallele Glasplatte, an deren Seitenflächen es zum Teil nach außen gebrochen, zum Teil wieder ins Innere reflektiert wird (vgl. § 288). Auf diese Weise entstehen aus einem Strahl Bündel paralleler, kohärenter Strahlen, die unter sich, wie man leicht sieht, einen sehr großen Gangunterschied haben. Der Austrittswinkel aus der Platte hängt von der Wellenlänge ab. Die Linse vereinigt die austretenden parallelen Strahlen in ihrer Brennebene. Interferometer der beschriebenen Arten können vor allem dazu dienen, an spektral schon vorzerlegtem, also schon fast monochromatischem Licht feinere Einzelheiten der Struktur der Spektrallinien zu erkennen.

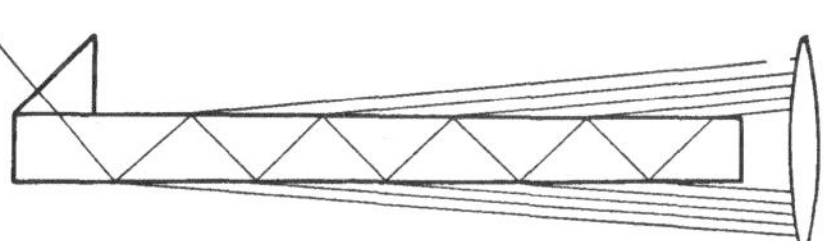

Abb. 519. Interferometer nach LUMMER und GEHRCKE.

291. Beugung des Lichts. Das im § 91 erläuterte HUYGENSsche Prinzip findet für die Lichtwellen genau die gleiche Anwendung wie für andere Wellen. Es besagt in diesem Falle also, daß man jeden von Licht getroffenen Punkt im Raum als Ausgangspunkt einer von ihm rings in den Raum gehenden Lichtstrahlung betrachten kann. Breitet sich Licht aus, ohne auf Körper zu treffen, oder sind die in den Weg des Lichts tretenden Körper oder Öffnungen in solchen groß gegen die Wellenlänge des Lichts, so ergibt sich die geradlinige Fortpflanzung des Lichts, indem das in allen anderen Richtungen von einem Raumpunkt ausgehende Licht durch Interferenz mit Licht, das von anderen Raumpunkten ausgeht, ausgelöscht wird und nur das der geradlinigen Fortpflanzung entsprechende Licht übrigbleibt. Zur Hervorrufung von deutlichen Beugungserscheinungen (§ 91) muß man daher Körper oder Öffnungen verwenden, deren Abmessungen mit der Wellenlänge des Lichts vergleichbar sind. Man unterscheidet, je nachdem es sich um divergentes oder paralleles Licht handelt, FRESNELsche und FRAUNHOFERsche *Beugungserscheinungen* (§ 286).

Eine als punktförmig gedachte Lichtquelle L befinde sich in einigem Abstande von einem Schirm S, in dem sich eine enge Blende, z. B. eine kleine kreisförmige

Öffnung befindet (Abb. 520), deren Durchmesser nicht groß gegen die Wellenlänge des von L ausgehenden Lichts ist. Nach dem HUYGENSschen Prinzip wird diese Öffnung zu einer Lichtquelle, von der aus nach allen Richtungen Licht ausgeht. Sie unterscheidet sich aber von einer selbstleuchtenden Fläche dadurch, daß die von ihren sämtlichen Punkten ausgehenden Lichtstrahlen wegen ihres Ursprungs von der gleichen punktförmigen Lichtquelle L unter sich kohärent, also interferenzfähig sind. Wir betrachten einen beliebigen Punkt P in dem Raum hinter der Öffnung. In ihm schneiden sich Strahlen,

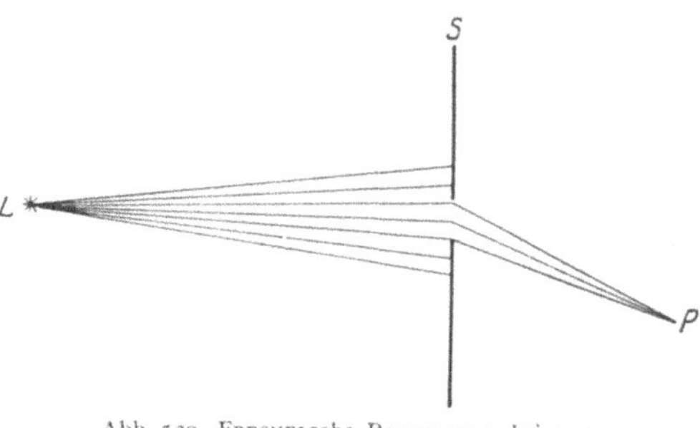

Abb. 520. FRESNELsche Beugungserscheinung an einer engen Blende.

welche von allen einzelnen Punkten der Öffnung herkommen, und die auf ihrem Wege von L über die Öffnung nach P verschieden lange Wege durchlaufen, also Gangunterschiede gegeneinander gewonnen haben. Die Lichtwirkung in P hängt davon ab, ob diese einzelnen Strahlen sich auf Grund ihrer Gangunterschiede im Durchschnitt gegenseitig verstärken oder schwächen, und zwar wird sich dies von Ort zu Ort anders verhalten, je nach der Lage des Punktes P. Im Raume hinter der Öffnung wird beim Fortschreiten in einer bestimmten Richtung, z. B. in einer zu S

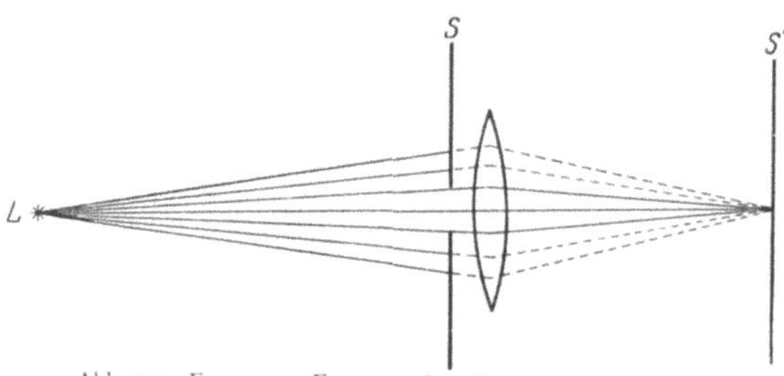

Abb. 521. Erzeugung FRESNELscher Beugungserscheinungen.

parallelen Ebene, die Helligkeit periodisch schwanken. Hier liegt eine FRESNELsche Beugungserscheinung vor.

Diese Erscheinung wird am besten sichtbar gemacht, indem man die Lichtquelle zunächst durch eine Linse auf einen Schirm S' scharf abbildet und dann die beugende Öffnung zwischen Lichtquelle und Linse bringt (Abb. 521). Man verwendet als Lichtquelle am besten einen Spalt, der von einer Bogenlampe beleuchtet wird, und als beugende Öffnung ebenfalls einen zum ersten parallelen Spalt. Man sieht dann nach Anbringung des zweiten Spaltes auf dem Schirm S' kein scharfes Bild des ersten Spaltes mehr, sondern eine ziemlich verwaschene Lichterscheinung von zueinander parallelen Streifen, deren Helligkeit von der Mitte aus nach beiden Seiten abfällt. Sendet die Lichtquelle monochromatisches Licht aus, so wechselt im Beugungsbild hell und dunkel. Sendet sie weißes Licht aus, so erblickt man Streifen in wechselnden Farben, die, wie z. B. bei den Farben dünner Blättchen,

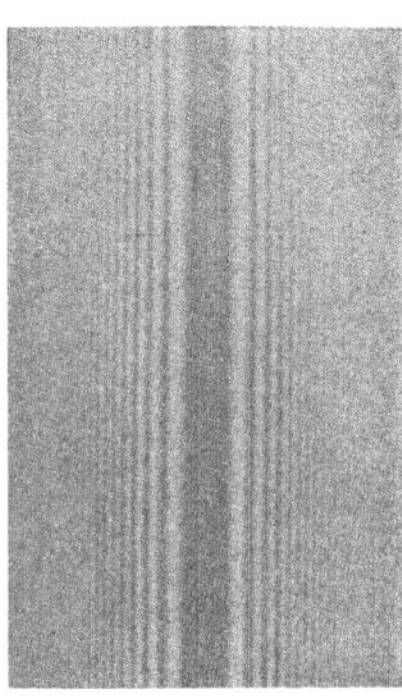

Abb. 522. Beugung an einem Haar.

dadurch entstehen, daß an jeder Stelle ein bestimmter Farbanteil durch Interferenz maximal geschwächt wird, so daß die dazugehörige Komplementärfarbe auftritt.

Ganz entsprechende Erscheinungen zeigen sich, wenn man an Stelle des Spaltes ein ganz schmales Hindernis in den Weg des Lichts bringt. Dieses wirft dann keinen scharfen Schatten, sondern es zeigt sich wieder eine verwaschene, aus hellen und dunklen (bzw. farbigen) Streifen bestehende Lichterscheinung (Abb. 522).

Die Beugungserscheinungen an einem Hindernis, z. B. einem kreisförmigen Schirm, sind (von der zentralen Richtung abgesehen) genau die gleichen wie an einer Öffnung in einem Schirm, die die gleiche Form und Größe hat wie jener (*Theorem von* BABINET).

Die Verhältnisse bei der Beugung gestalten sich viel einfacher und übersichtlicher, wenn die auf das beugende Objekt auffallenden kohärenten Strahlen unter sich parallel sind, und wenn diejenigen von dem beugenden Objekt ausgehenden Strahlen, die unter sich parallel sind, durch eine Linse auf einem Schirm wieder zur Vereinigung gebracht werden (FRAUNHOFERsche Beugungserscheinungen, Abb. 523).

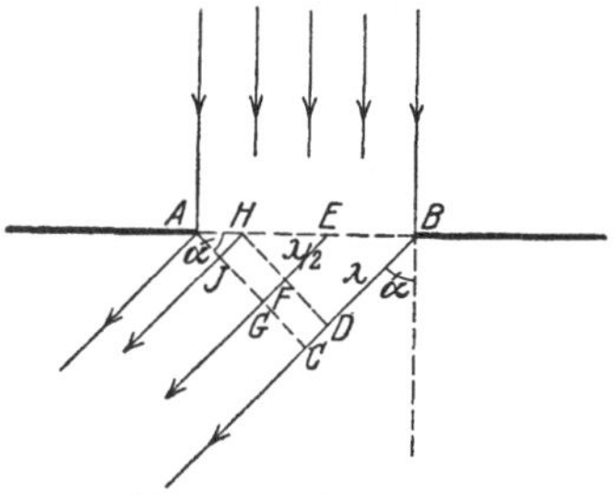

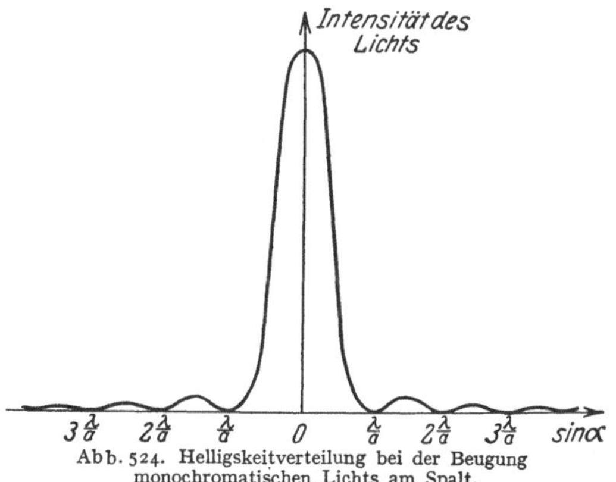

Abb. 523. Erzeugung von FRAUNHOFERschen Beugungserscheinungen.

In der Ebene des Spaltes AB ist das einfallende parallele Licht bei senkrechtem Einfall überall in gleicher Phase. Wir greifen jetzt aus dem gebeugten Licht ein Strahlenbündel heraus, welches den Winkel α mit der Richtung der einfallenden Strahlen bildet, und fällen das Lot AC. In dieser Ebene befinden sich die einzelnen Strahlen des Bündels nicht mehr in gleicher Phase, wie in der Spaltebene. Denn sie haben von dort bis zur Ebene AC verschieden lange Wege zurückzulegen, so daß zwischen ihnen Gangunterschiede bestehen. Sei z. B. BD gleich der Wellenlänge λ des Lichtes, EF gleich $\lambda/2$, so besteht zwischen den beiden durch C und G gehenden Strahlen ein Gangunterschied $\lambda/2$; sie löschen sich also gegenseitig aus, wenn man sie im Brennpunkt einer Linse vereinigt. Ebenso kann man für jeden zwischen den Geraden BC und EG verlaufenden Strahl einen solchen zwischen den Geraden EG und HJ finden, für den das gleiche gilt. Bringt man also in den Strahlengang eine Linse, die die parallelen Strahlen in ihrer Brennebene vereinigt, so löschen sich alle Strahlen des gedachten Bereichs gegenseitig durch Interferenz aus, und es bleibt nur eine Lichtwirkung derjenigen Strahlen übrig, welche aus dem Bereich zwischen A und der Geraden HJ herkommen. Bei größerer Neigung gibt es mehrere Bereiche, deren Strahlen sich gegenseitig auslöschen. Demnach findet vollständige Auslöschung durch Interferenz in denjenigen Richtungen statt, bei denen zwischen den durch A und B gehenden Randstrahlen ein Gangunterschied besteht, der gleich einem ganzzahligen Vielfachen der Wellenlänge ist. Denn in diesem Falle ist kein Restgebiet (AH) mehr vorhanden, dessen Strahlen nicht ausgelöscht werden, sondern es gibt zu jedem in solcher Richtung verlaufenden Strahl einen zweiten, der einen um $\lambda/2$ verschiedenen Weg bis zur Ebene AC zurückzulegen hat. Wie man aus der Abb. 523 entnimmt, sind diese Richtungen durch die Bedingung

$$\sin \alpha = \frac{z\,\lambda}{a} \tag{5}$$

gegeben, wobei $a = AB$ die Breite des Spaltes und z irgendeine ganze Zahl bedeutet. In der Richtung der einfallenden Strahlen $(\alpha = 0)$ findet natürlich

Abb. 524. Helligkeitverteilung bei der Beugung monochromatischen Lichts am Spalt.

maximale Verstärkung statt, da ja die in dieser Richtung verlaufenden Strahlen in allen zur Strahlrichtung senkrechten Ebenen in gleicher Phase sind. Er geht also auch Licht geradlinig durch den Spalt, und zwar mehr als in jedes anderen Richtung. Abb. 524 zeigt die Verteilung der Helligkeit im Beugungsbild eines Spaltes bei monochromatischem Licht.

Man erkennt aus Gl. (5), daß α, also die Ablenkung, um so größer ist, je größer die Wellenlänge λ ist. Es wird also im sichtbaren Gebiet Rot am stärksten, Violett am wenigsten gebeugt. Da z, α und a leicht zu bestimmen sind, kann man mittels der Beugung am Spalt die Wellenlänge λ des benutzten Lichts messen. Bei weißem Licht überlagern sich die Beugungsbilder der einzelnen Spektralfarben, und es entstehen ebenso wie beim FRESNELschen Spiegelversuch farbige Bänder. Je nach dem Wert von z in Gl. (5) spricht man von Interferenzen erster, zweiter usw. Ordnung.

292. Beugung am Gitter. Die Lichtstrahlen, welche an einem Spalt zur Interferenz gelangen, bilden ein zusammenhängendes Bündel kohärenter Strahlen. Bei den Beugungsgittern (FRAUNHOFER 1817) haben wir es dagegen mit der Interferenz einer *großen Zahl überaus schmaler Strahlenbündel* zu tun, die alle unter sich kohärent sind. Ein Beugungsgitter besteht in der Regel aus einer planparallelen Glasplatte, auf deren eine Seite mittels eines Diamanten eine sehr große Zahl feiner Striche geritzt ist, bis zu 2000 auf 1 mm. Nur durch die zwischen den Strichen stehengebliebenen, überaus schmalen Teile der Glasfläche kann das Licht ungestört hindurchtreten, an den anderen Stellen wird es zerstreut. So bildet ein solches Gitter gewissermaßen eine

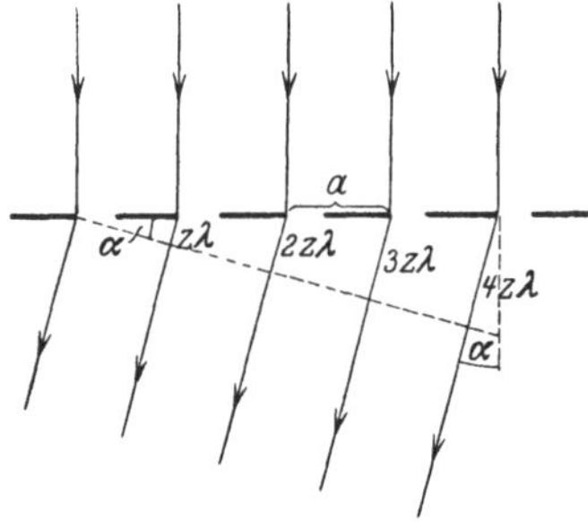

Abb. 525. Zur Beugung am Gitter.

große Zahl von sehr schmalen und sehr dicht beieinanderliegenden Spalten (Abb. 525). Man kann das Gitter auch auf eine spiegelnde, hohlspiegelförmig geschliffene Metallfläche ritzen; dann wirken die allein regulär reflektierenden Stellen zwischen den Strichen ebenso wie die unzerstörten Stellen eines Glasgitters, wenn Licht auf sie fällt. Die Hohlspiegelform eines solchen Konkavgitters hat den Vorteil, daß man bei der Aufnahme von Spektren mit dem Gitter die Verwendung einer Linse vermeidet.

Wir betrachten jetzt als wichtigsten Fall die FRAUNHOFERschen Beugungserscheinungen am Gitter, d. h. wir lassen paralleles, kohärentes monochromatisches Licht senkrecht auf das Gitter fallen und betrachten die auf der Rückseite parallel austretenden Strahlen, die dann zwecks Beobachtung der Interferenzerscheinungen durch eine Linse vereinigt werden müssen. (Es genügt schon die Augenlinse, also die Betrachtung mit bloßem Auge.) Aus dem einfallenden Bündel greifen wir jetzt homologe Strahlen heraus, z. B. diejenigen, die in Abb. 525 gerade durch den linken Rand der einzelnen Gitterspalte treten. Hinter diesen wird sich das Licht nach dem HUYGENSschen Prinzip wie beim einfachen Spalt nach allen Richtungen ausbreiten. Wir betrachten nun die von den einzelnen Spalten in einer bestimmten Richtung ausgehenden Strahlen. Es ist ohne weiteres klar, daß sich die von zwei benachbarten Gitterspalten herkommenden Strahlen gegenseitig maximal verstärken werden, wenn ihr Gangunterschied in der betrachteten Richtung ein ganzzahliges Vielfaches (z-faches) ihrer Wellenlänge ist. Ist diese Bedingung für die obengenannten Strahlen erfüllt, so ist sie in der gleichen Richtung — gleiche Breite der Gitterspalte und gleichen Gitterabstand a vorausgesetzt — auch für alle anderen durch

die Spalte tretenden Strahlen erfüllt. Aus der Abb. 525 liest man ab, daß die
Richtungen maximaler Verstärkung durch die Bedingung

$$\sin \alpha = z \frac{\lambda}{a} \qquad (6)$$

gegeben sind, wobei a der Abstand zweier benachbarter homologer Gitterpunkte,
die *Gitterkonstante*, und z irgendeine ganze Zahl ist. Je nach der Größe von z
unterscheidet man Interferenzen 1., 2. usw. Ordnung. Die strenge Theorie
des Beugungsgitters, auf die hier nicht eingegangen werden kann, ergibt, daß,
je größer die Zahl der Gitterstriche ist, die durchgehende Lichtintensität um so
mehr ausschließlich auf die durch Gl. (6) gegebenen Richtungen beschränkt ist.
Es entstehen also bei Verwendung monochromatischen Lichts nach Vereinigung durch eine Linse scharfe Spektrallinien. Weißes Licht ergibt ein
Spektrum mit reinen Spektralfarben. (Vgl.
Westphal, „Physikalisches Praktikum",
2. Aufl., 24. Aufgabe.)

Man beachte, daß die Interferenzerscheinungen beim Gitter auf völlig andere
Weise zustande kommen als beim einzelnen Spalt. Das ist schon daran zu
erkennen, daß zwar die Gl. (5) und (6)
formal identisch sind, daß aber die auf
den Spalt bezügliche Gl. (5) die Richtung
maximaler Auslöschung, die auf das

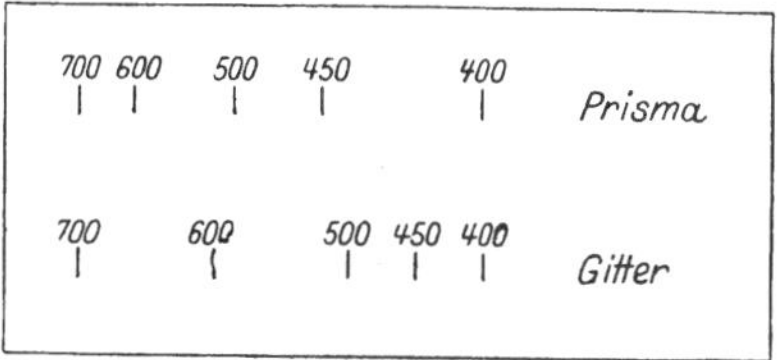

Abb. 526. Vergleich eines Gitter- und eines Pris-
menspektrums. Wellenlängen in mμ. Die Spektren
sind so gezeichnet, daß sie bei 400 und 700 mμ
zusammenfallen.

Gitter bezügliche Gl. (6) die Richtung maximaler Verstärkung angibt, und daß
a in Gl. (5) die Spaltbreite, in Gl. (6) die Gitterkonstante bedeutet.

Befindet sich hinter dem Gitter ein Stoff vom Brechungsindex n, so ist,
wenn λ die Wellenlänge im Vakuum bedeutet, statt λ in Gl. (6) die Wellenlänge λ/n in diesem Stoff einzusetzen (§ 269), so daß dann die Bedingung gilt

$$\sin \alpha = \frac{1}{n} \frac{z\,\lambda}{a}. \qquad (7)$$

Betrachtet man eine nahezu punktförmige Lichtquelle durch einen eng-
maschigen Stoff, z. B. eine entfernte Straßenlaterne durch den Stoff eines
Regenschirmes hindurch, so erblickt man Spektralfarben, welche von einer
Beugung des Lichts an den Öffnungen im Stoffe herrühren. Der Stoff bildet
ein Kreuzgitter, wie ein Glasgitter mit zwei zueinander senkrechten Strich-
systemen.

Ein Beugungsgitter kann, ebenso wie ein Prisma, zur Aufnahme der Spektren
von Lichtquellen dienen. Je höher die Ordnung des Spektrums ist, um so
größer ist die Dispersion, d. h. der Abstand zweier Spektrallinien von bestimmter
Wellenlängendifferenz. Da es sich in praktischen Fällen meist um kleine Ablenkungen α handelt, so kann man statt Gl. (6) auch schreiben $\alpha \approx z\,\lambda/a$. Die
Ablenkung des Lichts beim Gitter ist also der Wellenlänge nahezu proportional,
während dies beim Prismenspektrum keineswegs der Fall ist (Abb. 526). Man
nennt daher das Gitterspektrum auch Normalspektrum. Kennt man die Gitterkonstante a, so kann man aus der Ablenkung α des Lichtes die Wellenlänge
berechnen. Aus Gl. (6) folgt, daß im Gegensatz zum Prismenspektrum beim
Gitter die Ablenkung um so größer ist, je größer λ ist. Im sichtbaren Gebiet wird also das rote Licht am stärksten, das violette Licht am wenigsten
abgelenkt.

Die Intensität der Gitterspektren nimmt im allgemeinen mit steigender
Ordnungszahl schnell ab. Doch kann man es durch Wahl eines geeigneten

Profils der Gitterstriche (Furchenform) erreichen, daß die Intensität einer bestimmten Ordnung besonders groß ist. Mit dem gewöhnlichen Strichgitter kommt man wegen der geringen Lichtstärke der höheren Ordnungen über die dritte Ordnung meist nicht hinaus, auch überdecken sich die höheren Ordnungen in stets zunehmendem Maße.

Beim Gitter ist zwischen der *Dispersion* und dem *Auflösungsvermögen* wohl zu unterscheiden. Die Dispersion ist um so größer, je größer die Differenz der Winkel α für irgend zwei verschiedene Wellenlängen, je kleiner also die *Gitterkonstante a* ist. Das Auflösungsvermögen aber ist die Fähigkeit, zwei nahe benachbarte Spektrallinien noch getrennt sichtbar zu machen. Es ist also zwar von der Dispersion abhängig, aber nicht allein von dieser, sondern auch von der Schärfe der Spektrallinien. Denn bei gleicher Dispersion können zwei nahe benachbarte Spektrallinien noch zusammenfließen, wenn sie ausreichend breit sind. Die Spektrallinien sind aber um so schärfer, je größer die *Zahl der Gitterstriche* ist. Demnach hängt das Auflösungsvermögen eines Gitters von dieser Zahl entscheidend ab.

293. Beugung und Streuung an kleinen Teilchen. Wie bereits in § 291 erwähnt, bewirken nicht nur kleine Öffnungen, sondern auch Hindernisse, deren Abmessungen nicht groß gegen die Wellenlängen sind, eine Beugung des Lichts. Durch sie erklärt sich zum großen Teil die Unschärfe der durch Nebel, Rauch u. dgl. gesehenen Gegenstände, ebenso die gelegentlich sichtbaren „Höfe" (Halo) um Sonne und Mond, die von einer Beugung an feinen, in hohen Atmosphärenschichten schwebenden Eisnadeln herrühren. Jedes einzelne beugende Teilchen ergibt ein *Beugungsscheibchen*, d. h. es wirft keinen scharf begrenzten Schatten. An dessen Stelle treten unscharfe, aus Systemen von hellen und dunklen Ringen bestehende Lichterscheinungen.

Bildet man eine beleuchtete kreisförmige Blende mit einer Linse auf einem Schirm ab und bringt zwischen die Blende und die Linse eine behauchte oder noch besser eine mit Lykopodium bestreute Glasplatte, so zeigt das Bild die gleichen Erscheinungen wie die Höfe um Sonne und Mond.

Von der Beugung an kleinen Teilchen, die von der Größenordnung der Wellenlänge des Lichts sind, ist die *Streuung* des Lichts an noch kleineren Teilchen zu unterscheiden, bei der das Licht aus seiner Richtung abgelenkt wird, ohne daß zwischen den einzelnen abgelenkten Strahlen Phasenbeziehungen bestehen, die zu Interferenzerscheinungen Veranlassung geben. Hierauf beruht die Trübheit mancher Stoffe, in denen ein Lichtkegel, obgleich sie völlig durchsichtig sind, doch auf seiner ganzen Bahn deutlich sichtbar ist.

Auch die *blaue Farbe des Himmelslichts* ist nach Lord RAYLEIGH die Folge einer Lichtstreuung in der Atmosphäre. Sie beruht auf der BROWNschen Bewegung der Luftmoleküle (§ 101) und den mit ihr verknüpften Dichteschwankungen der Luft. In den äußerst kleinen Bereichen, in denen sich solche Dichteschwankungen bemerkbar machen, ist der Brechungsindex der Luft verschieden groß. Diese optischen Inhomogenitäten der Luft wirken auf das Licht um so stärker ein, je kleiner seine Wellenlänge ist, auf den kurzwelligen Teil des Sonnenlichts weit mehr als auf den langwelligen. Daher wird ersterer erheblich stärker aus seiner geraden Bahn abgelenkt, nach allen Richtungen zerstreut, als der letztere. Die sonnenbeschienene Atmosphäre wird also überall zum Ausgangspunkt einer Streustrahlung, in der das kurzwellige Licht stark überwiegt. Das Himmelsgewölbe erscheint blau. Dem unmittelbaren Sonnenlicht wird dieser gestreute Anteil entzogen. Es erscheint röter, als es im freien Weltraum ist, und zwar um so mehr, einen je längeren Weg es durch die Atmosphäre zurückgelegt hat. Darum erscheinen Sonne und Mond bei Auf- und Untergang besonders stark rötlich, denn dann ist der Lichtweg durch die Atmosphäre besonders lang. Durch Staub, Wassertröpfchen und Eisnadeln kann diese Wirkung noch verstärkt werden.

Da die Beugung und Streuung des Lichts um so geringer ist, je langwelliger es ist, so verwendet man für Kraftfahrzeuge bei Nebel eine rötlichgelbe Beleuchtung. Noch viel günstiger liegen die Verhältnisse bei dem noch langwelligeren Ultrarot (§ 309). Nachdem es gelungen ist, photographische Platten auch für ultrarotes Licht ausreichend empfindlich zu machen, ist man in der Lage, photographische Aufnahmen von Gebirgen aus Entfernungen bis zu mehreren 100 km zu machen, d. h. aus Entfernungen, bei denen die natürliche Trübheit der Atmosphäre eine Sicht mit dem Auge in der Regel nicht gestattet.

294. Stehende Lichtwellen. Einen der schönsten Beweise für die Wellennatur des Lichts bildet der Nachweis stehender Lichtwellen (§ 87) durch WIENER (1890). Er ließ paralleles Licht senkrecht auf einen Spiegel S fallen, so daß das einfallende und das reflektierte Licht stehende Wellen bildete (Abb. 527). Vor den Spiegel brachte er ein unter einem sehr kleinen Winkel gegen ihn geneigtes Kollodiumhäutchen H (photographische Schicht). Diese zeigte sich nach Entwicklung streifig geschwärzt, und zwar lagen die Schwärzungsmaxima an den Knoten K, die Minima an den Bäuchen B der stehenden Welle.

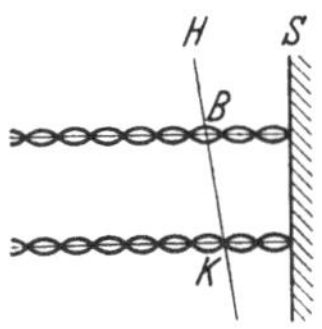

Die Existenz stehender Lichtwellen war schon 1868 von ZENKER vermutet worden, der damit die Tatsache richtig erklärte, daß eine photographische Platte gelegentlich im reflektierten Licht die Farbe des Lichts zeigt, mit dem sie belichtet

Abb. 527.
Nachweis stehender
Lichtwellen.

wurde. Die in der Schicht auftretenden stehenden Lichtwellen erzeugen in regelmäßigen Abständen dünne geschwärzte Schichten von reduziertem Silber, an denen einfallendes Licht reflektiert wird. Von weißem Licht wird aber derjenige Anteil am stärksten reflektiert werden, dessen Wellenlänge gleich dem doppelten Abstand dieser Schichten, also gleich der Wellenlänge des Lichts ist, das die stehenden Wellen bildete. Denn dann ist der Gangunterschied zwischen den von zwei aufeinanderfolgenden Schichten reflektierten Strahlen gerade gleich der Wellenlänge, und es findet maximale Verstärkung statt. Auf dieser Erscheinung beruht ein älteres Verfahren der Farbenphotographie (LIPPMANN).

295. Wellentheorie der optischen Abbildung. Wir haben im II. Abschnitt dieses Kapitels die Entstehung von reellen und virtuellen Bildern nach der Methode der geometrischen Optik behandelt. Ein volles Verständnis der bei der optischen Abbildung auftretenden Erscheinungen ist aber nur auf wellenoptischer Grundlage möglich. Als besonders einfaches Beispiel betrachten wir das reelle Bild B eines auf der Achse einer Sammellinse außerhalb ihrer Brennweite liegenden Punktes G (Abb. 528a). Statt der Strahlen zeichnen wir aber jetzt eine Schar von zu ihnen senkrechten Wellenflächen. Zwischen je zwei aufeinander folgenden Wellenflächen soll der Gangunterschied λ bestehen, so daß sie im gleichen Medium gleichen Abstand haben. Da die Lichtgeschwindigkeit in der Linse kleiner ist, als in der umgebenden Luft, so ist ihr Abstand in der Linse kleiner als außen. Die Wellenflächen treten dort kurz und erfahren eine um so größere Verzögerung, je größer ihr Weg durch die Linse ist. Daher haben die Teile einer Wellenfläche, die durch die Linsenmitte gehen, nach dem Wiederaustritt die größte Verzögerung erlitten, diejenigen, die durch die Randteile der Linse gehen, die geringste. Liegt G außerhalb einer bestimmten Entfernung von der Linse (ihrer Brennweite), so sind die Wellenflächen nach dem Austritt aus der Linse umgeklappt. Ihr Mittelpunkt liegt nicht mehr auf der Gegenstandsseite der Linse, sondern auf der anderen Seite in B. Sie schrumpfen also bei weiterem Fortgang in B zusammen, um sich alsdann von B aus, wie vorher von G, wieder auszubreiten. B ist also ein reelles Bild von G. Bei einem bestimmten Abstand von G von der Linse (der Brennweite) sind die aus der Linse austretenden Wellenflächen Ebenen, und B liegt im Unendlichen. Rückt aber G noch dichter an die Linse heran, so bleibt der Mittelpunkt B der Wellenflächen nach dem Austritt auf der Gegenstandsseite der Linse (Abb. 528 b). Sie scheinen jetzt von B herzukommen, B ist ein virtuelles Bild von G.

Denkt man sich nun die zu den Wellenflächen senkrechten Strahlen von G nach B gezeichnet, so erkennt man, daß beim reellen Bild (Abb. 528 a) auf jeden Strahl die gleiche Anzahl von Wellenlängen λ entfällt, und daß daher die Zeit, die

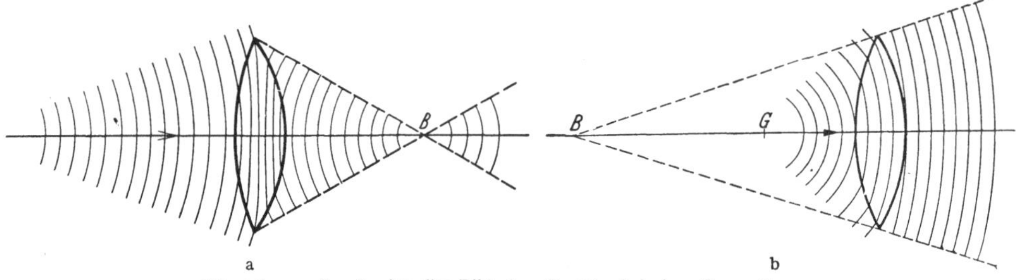

Abb. 528. a reelles, b virtuelles Bild eines Punktes bei einer Sammellinse.

das Licht längs irgendeines durch die Linse verlaufenden Strahls zur Zurücklegung des Weges von G nach B benötigt, stets die gleiche ist. Bild und Gegenstand sind einander also durch die Bedingung zugeordnet, daß die Zeit, die das Licht für diesen Weg benötigt, von dem Wege, den es über die Linse von G nach B nimmt, unabhängig ist. Das bedeutet aber, daß *die optische Weglänge für jeden von G über die Linse nach B verlaufenden Strahl die gleiche sein muß* (§ 269). Zwischen einem Gegenstand und seinem Bild gibt es also keinen ausgezeichneten Lichtweg (§ 264), sondern alle möglichen Lichtwege über die Linse sind optisch gleich lang. Beim virtuellen Bilde (Abb. 528 b)

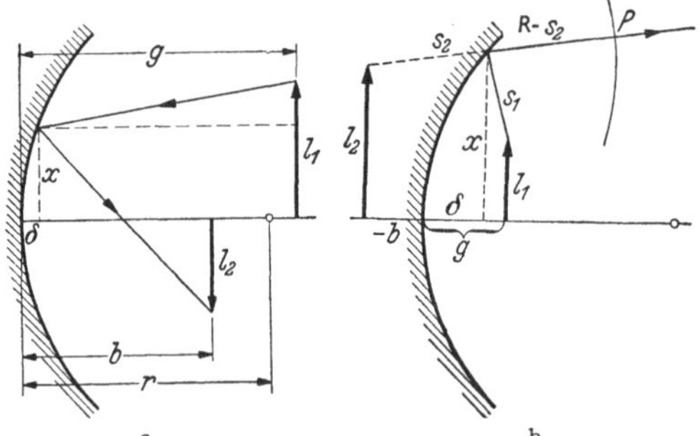

Abb. 529. Zur Wellentheorie der Abbildung bei einem Hohlspiegel.
a reelles, b virtuelles Bild.

greifen wir irgendeine Wellenfläche nach dem Durchgang durch die Linse heraus. Dann gilt die Bedingung, daß die optischen Weglängen von dem Gegenstand G nach allen Punkten einer solchen Wellenfläche gleich groß sind.

Diese Bedingungen sind wellenoptisch ohne weiteres zu verstehen. Damit in B (Abb. 528 a) eine maximale Lichtwirkung entsteht, dürfen sich die durch B gehenden kohärenten Strahlen nicht durch Interferenz gegenseitig schwächen. Das ist aber nur dann nicht der Fall, wenn sie von G nach B gleiche optische Weglängen zurückzulegen haben. Ebenso wird man ein virtuelles Bild nur dann erblicken, wenn sich die aus der Linse austretenden Strahlen nach ihrer Wiedervereinigung im Auge nicht durch Interferenz auslöschen. Dann müssen sie aber in allen Punkten einer Wellenfläche in gleicher Phase sein, d. h. die optischen Weglängen von G bis zu jeder Wellenfläche müssen gleich groß sein.

Wir wollen diese Verhältnisse an einem besonders einfachen Fall, dem Hohlspiegel, betrachten. Abb. 529 a stellt einen Hohlspiegel dar, der von dem Gegenstand l_1 ein reelles Bild l_2 entwirft. Wir betrachten die Abbildung der Pfeilspitze und greifen einen beliebigen von der Spitze des Gegenstandes über den Spiegel zur Spitze des Bildes verlaufenden Strahl heraus. Es seien b und g die Entfernungen der Fußpunkte des Gegenstandes und des Bildes vom Spiegelscheitel, r der Krümmungsradius des Spiegels. Der senkrechte Abstand des Reflexionspunktes von der Spiegelachse sei x, sein senkrechter Abstand von der den Scheitel berührenden Tangentialebene sei δ. Wir setzen gemäß den bereits in § 268 gemachten Einschränkungen voraus, daß x und daher erst recht δ sehr klein gegen g, b und r sind. Dann ergibt sich aus den geometrischen Eigenschaften des Kreises durch eine einfache Rechnung, daß $\delta \approx x^2/2r$ ist.

Zunächst kann man aus der Abb. 529a folgendes entnehmen. Die Bedingung, daß alle Lichtwege von der einen Pfeilspitze zur anderen gleich lang sind, kann bei einem sphärischen Spiegel nie streng erfüllt sein. Sie wäre auf Grund einer bekannten Eigenschaft der Ellipse nur bei einem Spiegel erfüllt, dessen Querschnitt eine Ellipse ist, deren Brennpunkte in den beiden Pfeilspitzen liegen. Je nach der Lage dieser Punkte hätte auch die Ellipse bei festgehaltenem Spiegelscheitel eine andere Gestalt und· eine andere Achsenrichtung. Die Abbildung durch einen sphärischen Spiegel muß daher notwendig unvollkommen sein. Sie wird um so vollkommener, ein je kleineres Stück einer Kugelfläche der Spiegel bildet, denn um so besser läßt er sich durch ein Rotationsellipsoid annähern. Für die vollkommene Abbildung eines auf der Spiegelachse unendlich fern gelegenen Punktes müßte der Spiegel parabolischen Querschnitt haben.

Wir wollen nunmehr den in Abb. 529a dargestellten Lichtweg s berechnen. Es ist

$$s = \sqrt{(g - \delta)^2 + (l_1 - x)^2} + \sqrt{(b - \delta)^2 + (l_2 + x)^2} \ .$$

Nun sind $l_1 - x$ und $l_2 + x$ nach den oben gemachten Voraussetzungen klein gegen g und b. Eine Reihenentwicklung, bei der wir nur die Glieder bis zur zweiten Ordnung berücksichtigen und ferner Glieder, die mit der sehr kleinen Größe δ^2 multipliziert sind, vernachlässigen, ergibt dann

$$s = g - \delta + \frac{(l_1 - x)^2}{2g} + b - \delta + \frac{(l_2 + x)^2}{2b} \ .$$

Setzen wir nun noch $\delta = x^2/2r$, so folgt

$$s = g + b + \frac{l_1^2}{2g} + \frac{l_2^2}{2b} - x\left(\frac{l_1}{g} - \frac{l_2}{b}\right) + \frac{x^2}{2}\left(\frac{1}{g} + \frac{1}{b} - \frac{2}{r}\right).$$

Nun sollen die optischen Weglängen für alle über den Spiegel von einer Spitze zur anderen verlaufenden Strahlen einander gleich sein. Das bedeutet, daß s von x unabhängig sein muß. Das ist nur dann möglich, wenn die Klammerausdrücke, mit denen x und x^2 multipliziert sind, gleich Null sind. Daraus folgt

$$\text{I)} \quad \frac{l_1}{g} = \frac{l_2}{b} \quad \text{bzw.} \quad \frac{l_2}{l_1} = \frac{b}{g}, \qquad \text{2)} \quad \frac{1}{g} + \frac{1}{b} = \frac{2}{r} = \frac{1}{f}.$$

Das aber sind die Gleichungen 1. für den Abbildungsmaßstab beim Hohlspiegel [§ 268, Gl. (6)] und 2. für die Beziehung zwischen Gegenstands- und Bildentfernung [§ 268, Gl. (3)]. Damit sind die Gesetze der Abbildung durch einen Hohlspiegel restlos wellentheoretisch gedeutet.

Es sei zweitens l_2 (Abb. 529b) das von einem Hohlspiegel erzeugte virtuelle Bild eines Gegenstandes l_1, P ein beliebiger Punkt auf einer mit dem Radius R um die Spitze von l_2 beschriebenen Kugelfläche, also einer Wellenfläche der reflektierten Welle. Der Lichtweg von der Spitze von l_1 bis P beträgt dann $s_1 + R - s_2$, wenn s_2 der längs R gemessene Abstand des Bildes vom Spiegel ist. Da R für alle Punkte der Wellenfläche gleich groß ist, so muß nunmehr $s_1 - s_2$ für alle Lichtwege, die von der Spitze von l_1 über den Spiegel senkrecht auf die Wellenfläche führen, gleich groß, also unabhängig von x sein. Rechnen wir, wie früher festgesetzt, die Bildentfernung negativ $(-b)$, so ergeben sich wieder die richtigen Gleichungen wie oben.

In der gleichen Weise lassen sich die Linsengesetze wellenoptisch ableiten. In diesem Fall ist noch der vom Licht in der Linse zurückgelegte Weg mit seiner optischen Weglänge zu berücksichtigen.

Eine Lichtwirkung tritt aber nicht nur bei genau gleichen optischen Weglängen auf, sondern — wenn auch schwächer — auch an anderen Orten, sofern die kohärenten Wellenzüge sich überhaupt noch dort treffen, die optischen Weglängen sich also um weniger als die Länge eines Wellenzuges unterscheiden. Im allgemeinen wird dann aber wegen der auftretenden Phasenunterschiede teilweise oder vollständige Auslöschung durch Interferenz eintreten. Daher wird in Wirklichkeit ein Punkt des Gegenstandes nicht in einen einzelnen Punkt abgebildet, sondern das Bild besteht aus einem Punkt, der sehr eng von einer Anzahl konzentrischer, mit der Entfernung schnell an Helligkeit abnehmender Interferenzringe umgeben ist. Es ist ein *Beugungsscheibchen*. Wir haben das bereits bei der Abbildung der Fixsterne im Fernrohr erwähnt (§ 283).

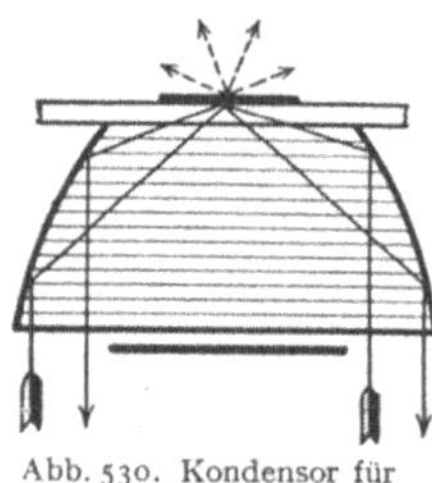
Abb. 530. Kondensor für Dunkelfeldbeleuchtung.

296. Beugung im Mikroskop. Ultramikroskop. Für die Auflösung von Strukturen durch ein optisches Gerät folgt aus diesen Überlegungen, daß die Größe der noch auflösbaren Strukturen durch die Beugung nach unten hin beschränkt wird. Wir wollen dies im einzelnen hier nicht durchführen, sondern uns mit einer einfachen Überlegung begnügen. Man denke sich ein Beugungsgitter unter einem Mikroskop. Damit von seiner Struktur im Tubus ein reelles Bild entsteht, ist es notwendig, daß außer dem ungebeugt durch das Gitter hindurchgehenden mittleren Strahl noch mindestens der Strahl erster Ordnung durch das Objektiv des Mikroskops hindurchtritt. Ist die Gitterkonstante aber sehr klein, also die Ablenkung sehr groß, so ist dies nicht mehr der Fall. Das Mikroskop gibt kein Bild der Struktur des Gitters mehr, es löst die Struktur nicht auf. Die gleiche Überlegung kann man auf alle anderen Arten von Strukturen, die mit einem Mikroskop betrachtet werden, übertragen. In dieser Tatsache liegt der Grund für die im § 282 besprochene Grenze des Auflösungsvermögens eines Mikroskops. Bringt man zwischen Objekt und Objektiv einen Stoff von großem Brechungsindex n (Immersionsflüssigkeit), so wird der Ablenkungswinkel, wie man aus Gl. (7), § 292, abliest, kleiner, und es können noch feinere Strukturen aufgelöst werden. Der Ausdruck für die numerische Apertur in § 282 wird jetzt durch Vergleich mit Gl. (7) ohne weiteres verständlich.

Handelt es sich darum, sehr kleine Gebilde, z. B. sehr kleine Bakterien, Goldteilchen in kolloidaler Goldlösung bei der BROWNschen Bewegung (§ 101) u. dgl. unter *Verzicht auf eine Abbildung ihrer Gestalt* wenigstens noch *sichtbar* zu machen, so kann man so verfahren, daß man das Objekt nicht senkrecht von unten her, sondern schräge von unten stark beleuchtet. Abb. 530 zeigt eine Vorrichtung, welche dies bewirkt. Dann gelangen nicht die Strahlen niederer Ordnung in das Mikroskop, sondern die viel dichter beieinanderliegenden gebeugten Strahlen höherer Ordnung. In diesem Falle erscheinen die bei gewöhnlichen Mikroskopen unter der Sichtbarkeitsgrenze liegenden Gebilde — bis zu einer unteren Grenze von etwa $4 \cdot 10^{-6}$ mm — als leuchtende, runde *Beugungsscheibchen* von je nach ihrer Größe verschiedener Farbe auf dunklem Grunde (Dunkelfeld). Zu diesem Zwecke eingerichtete Mikroskope heißen *Ultramikroskope*.

297. Der optische DOPPLER-Effekt. Wie bei jedem anderen Wellenvorgang, so tritt auch beim Licht ein DOPPLER-Effekt, d. h. eine Änderung der Schwingungszahl ein, wenn sich die Lichtquelle relativ zum Beobachter bewegt (§ 85). Die Größe der Wirkung, die sich in einer Verschiebung der Spektrallinien der Lichtquelle nach Rot oder Violett äußert, hängt von dem Verhältnis v/c der Geschwindigkeit v der Lichtquelle und der Lichtgeschwindigkeit c ab (vgl. hierzu § 325). Beobachtbare Wirkungen sind daher bei Geschwindigkeiten unter einigen $km \cdot sec^{-1}$ nicht zu erwarten. Solche Geschwindigkeiten können wir ausgedehnten Lichtquellen auf der Erde nicht erteilen. Hingegen haben die leuchtenden Atome in den Kanalstrahlen (§ 183) ganz erheblich größere Geschwindigkeiten, und bei diesen sind die zu erwartenden Linienverschiebungen in der richtigen Größe gefunden worden. Auch die thermische Bewegung leuchtender Atome macht sich in einem optischen DOPPLER-Effekt als eine Verwaschenheit der Spektrallinien bemerkbar. Diese ist daher, wie STARK entdeckt hat, bei den sehr leichten und daher besonders schnell bewegten Wasserstoffatomen besonders ausgeprägt. Über die Bedeutung des DOPPLER-Effekts in der Astronomie vgl. § 371.

298. Polarisation durch Reflexion. Es bleibt nunmehr die Frage zu klären, ob das Licht eine longitudinale oder eine transversale Welle ist. Im § 84 ist auseinandergesetzt, daß die Polarisierbarkeit über diese Frage entscheidet. Die nachstehend beschriebene, zuerst von MALUS (1808) beobachtete Erscheinung entscheidet sie zugunsten der *Transversalität*.

Ein Lichtstrahl falle unter einem Einfallswinkel von 57° auf eine ebene Glasplatte (Kronglas) S_1 und werde von ihr auf eine zweite Glasplatte S_2 reflektiert, welche um eine in der Richtung des auf sie fallenden Strahls liegende Achse A gedreht werden kann, und auf welche das reflektierte Licht ebenfalls unter 57° falle (Abb. 531). Zum Auffangen des von der zweiten Glasplatte reflektierten Lichts ist in seiner jeweiligen Richtung ein Schirm angebracht. Dreht man nun die zweite Glas-

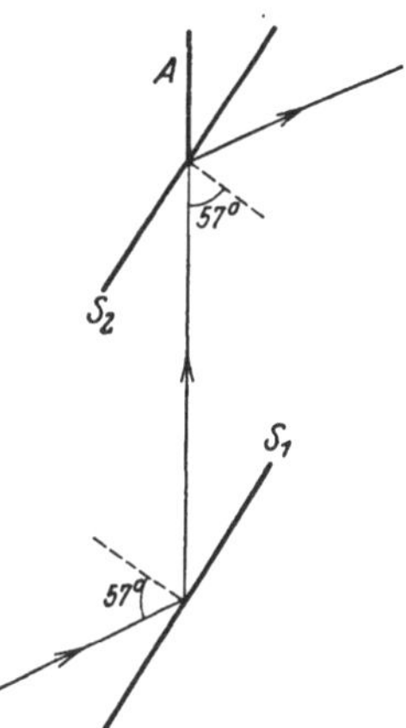

Abb. 531. Zum Nachweis der Polarisation durch Reflexion.

platte um ihre Drehungsachse A, wobei der Einfallswinkel von 57° stets erhalten bleibt, der von S_2 reflektierte Lichtstrahl sich also auf einem Kegelmantel bewegt, so zeigt sich, daß der Lichtfleck auf dem Schirm maximale Helligkeit zeigt, wenn die beiden Platten entweder parallel stehen oder die zweite Platte um 180° gegen die Parallelstellung gedreht ist. Ist sie aber nach einer der beiden Seiten um 90° gegen die Parallelstellung gedreht, so verschwindet der Lichtfleck, die zweite Glasplatte reflektiert das auf sie fallende Licht nicht. Dies beweist erstens, daß mit dem Licht bei der Reflexion an der ersten Glasplatte eine Veränderung vor sich gegangen sein muß. Es beweist aber weiter, daß es sich hierbei um eine Veränderung des Lichts handelt, welche nur bei einer *transversalen Welle* auftreten kann, wie dies bei dem mechanischen Beispiel in § 84 auseinandergesetzt ist. Denn die zweite Glasplatte erweist sich durch diesen Versuch als ein Gebilde, welche ohne Änderung ihrer Orientierung gegen die *Richtung* des Lichtstrahls seine Fortpflanzung bei einer *Drehung* um diese Richtung als Achse verschieden beeinflußt. Der unter 57° an S_1 reflektierte Anteil des einfallenden Lichts ist *linear polarisiert*, d. h. seine Schwingungen erfolgen nach der Reflexion nur noch in einer bestimmten Ebene und senkrecht zur Lichtfortpflanzung.

Demnach beruht also das Licht auf der periodischen Änderung eines Vektors, der in jedem Raumpunkt senkrecht zur Fortpflanzungsrichtung des Lichts gerichtet ist. Wir brauchen uns hier zunächst noch keine Vorstellung vom Wesen dieses Vektors zu machen. Es genügt vorläufig, den Begriff eines *Lichtvektors* zu definieren, von dem wir festsetzen wollen, daß er bei Licht, welches durch Reflexion linear polarisiert wurde, senkrecht zur Einfallsebene liegt, in Abb. 531 also senkrecht zur Zeichnungsebene (§ 304). Man nennt diese Ebene die *Polarisationsebene* des linear polarisierten Lichts.

Bei Einfall unter 57°, dem *Polarisationswinkel* des Glases, wird an Glas von dem einfallenden Licht nur solches reflektiert, dessen Polarisationsebene in der Einfallsebene, dessen Lichtvektor also senkrecht zu dieser liegt. Das an der ersten Platte nicht reflektierte Licht wird von dieser durchgelassen. Es enthält außer der zur Einfallsebene senkrecht schwingenden Komponente auch noch Licht der anderen Komponente, wenn auch weniger. Es ist daher *teilweise (partiell) polarisiert*. Durch Anwendung mehrerer Glasplatten hintereinander (Glasplattensatz) kann man auch das hindurchgehende (gebrochene) Licht weitgehend linear polarisieren.

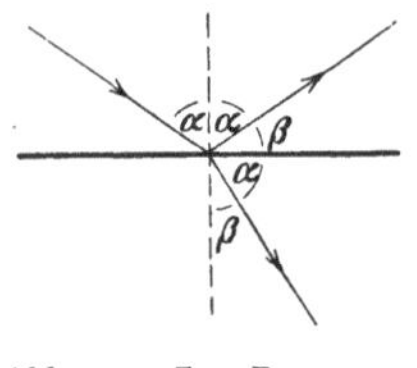

Abb. 532. Zum Brewsterschen Gesetz.

Stehen bei dem beschriebenen Versuch die beiden Platten einander parallel oder unter 180° verdreht, so liegt bei der zweiten Platte die Polarisationsebene des einfallenden Lichts in der Einfallsebene, es wird also reflektiert, in den beiden dazu senkrechten Stellungen aber enthält das einfallende Licht keinen Anteil, dessen Polarisationsebene in der Einfallsebene liegt, es kann also nichts reflektiert werden. Die erste Glasplatte nennt man auch den *Polarisator*, die zweite den *Analysator*.

Dieser Versuch beweist, daß das Licht ein transversaler Wellenvorgang ist.

Der Polarisationswinkel eines Stoffes ist durch die Bedingung gegeben, daß der an der Oberfläche reflektierte Strahl und der in den Stoff gebrochene Strahl aufeinander senkrecht stehen (*Brewstersches Gesetz*, Abb. 532). Da dann $\sin\beta = \cos\alpha$, so folgt aus dem Brechungsgesetz

$$\operatorname{tg}\alpha = n. \tag{8}$$

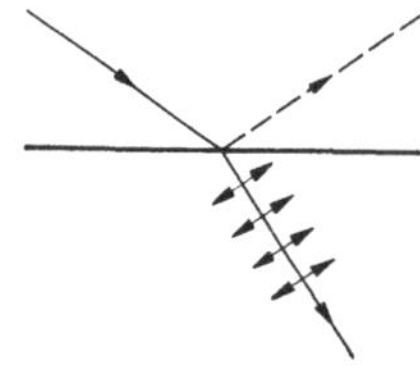

Abb. 533. Zum Brewsterschen Gesetz.

Dieses Gesetz läßt sich auf folgende Weise begründen. Liegt der Lichtvektor (der elektrische Feldvektor, § 304) der einfallenden Welle in der Einfallsebene, so erregt er die Elektronen im brechenden Stoff zu Schwingungen, die ebenfalls in der Einfallsebene liegen (Abb. 533). Diese Elektronenschwingungen erzeugen aber eine Strahlung nach außen, eben die reflektierte Welle. Linear hin und her schwingende Elektronen strahlen am stärksten senkrecht zu ihrer Bewegungsrichtung, aber gar nicht in ihrer Bewegungsrichtung. Daher kann, wie man aus Abb. 533 erkennt, in der zum gebrochenen Strahl senkrechten Richtung kein Licht reflektiert werden. Liegt aber der Lichtvektor senkrecht zur Einfallsebene, so findet in jener Richtung maximale Reflexion statt. Enthält also eine einfallende Welle Licht beider Polarisationsrichtungen, so wird nur die letztere reflektiert.

Auch gestreutes Licht ist stets mehr oder weniger stark polarisiert (Tyndall-Phänomen). Daher ist auch das zerstreute Himmelslicht (§ 293) teilweise polarisiert. Nur an zwei vom Sonnenstand abhängigen Punkten des Himmels ist das Licht nicht polarisiert (Aragoscher und Babinetscher Punkt). Die Polarisation des Himmelslichts spielt eine gewisse Rolle in der Wetterkunde.

299. Natürliches und polarisiertes Licht. Bei *natürlichem Licht*, wie es von den Lichtquellen ausgeht, besteht zwischen den zeitlich aufeinanderfolgenden Phasen des Lichtvektors keinerlei gesetzmäßiger Zusammenhang. Betrachten wir den Lichtvektor in irgendeinem Raumpunkt, so ändert er ständig in völlig unregelmäßiger Weise seinen Betrag und seine Richtung innerhalb der zur Lichtfortpflanzung senkrechten Ebene. Bei konstanter Lichtintensität schwankt aber

der Betrag um einen festen *Mittelwert,* und· die einzelnen, zur Fortpflanzungsrichtung senkrechten Richtungen kommen im *zeitlichen Durchschnitt gleich häufig*
vor. Es besteht hier nicht nur eine Analogie, sondern auch ein tieferer Zusammenhang mit dem Zustand der *idealen Unordnung* bei den Molekülen eines Gases
(§ 62), deren Geschwindigkeitsbetrag ständig um einen festen Mittelwert schwankt,
und deren Geschwindigkeitsrichtung sich ebenfalls ständig ganz regellos ändert,
aber so, daß im zeitlichen Durchschnitt alle räumlichen Richtungen gleich oft
vorkommen.

Polarisiertes Licht unterscheidet sich von natürlichem Licht dadurch, daß
sich Betrag und Richtung des Lichtvektors *periodisch* ändern, daß also zwischen
seinen aufeinanderfolgenden Phasen ein gesetzmäßiger Zusammenhang besteht.
Wir haben die Begriffe der *elliptischen, zirkularen und linearen Polarisation*
bereits in § 84 eingeführt und brauchen sie hier nur auf das Licht zu übertragen,
indem wir den in Abb. 181 dargestellten Vektor $\mathfrak{r}$ mit dem Lichtvektor identifizieren. Bei *linear polarisiertem Licht* bleibt also der Lichtvektor ständig in derselben Geraden (Abb. 181b) und ändert nur zwischen zwei festen Grenzen seinen
Betrag und sein Vorzeichen. Bei *elliptisch polarisiertem Licht* läuft die Richtung
des Lichtvektors mit konstanter Um·
laufsgeschwindigkeit in einer zur Fortpflanzungsrichtung des Lichts senkrechten Ebene um (Abb. 181a). Dabei ändert sich sein Betrag mit der
doppelten Frequenz derart, daß die
Spitze des Vektorpfeils eine Ellipse beschreibt. Elliptisch polarisiertes Licht
kann als Überlagerung zweier senk-

Abb. 534. Doppelbrechung im Kalkspat.

recht zueinander linear polarisierter Lichtwellen (ξ, η, Abb. 181a) von verschiedener Schwingungsweite (ξ_0, η_0) aufgefaßt werden, die eine Phasendifferenz $\pi/2$
besitzen. *Zirkular polarisiertes Licht* (Abb. 181c) ist ein Sonderfall der elliptischen Polarisation, bei dem die Schwingungsweiten dieser beiden Komponenten gleich groß sind. Man spricht von *rechts- oder linkszirkular* polarisiertem
Licht, je nachdem der Lichtvektor die Fortpflanzungsrichtung im Sinne des
Uhrzeigers oder ·ihm entgegen umkreist. Die Dauer einer Hin- und Herschwingung bei linear polarisiertem Licht und eines Umlaufs bei elliptisch
oder zirkular polarisiertem Licht ist gleich der Schwingungsdauer $\tau = 1/\nu = \lambda/c$
des Lichts.

Transversale Wellen können sich nur dann durch Interferenz auslöschen,
wenn sie in der gleichen Ebene schwingen. Daher können zwei senkrecht zueinander linear polarisierte Wellen, auch wenn sie kohärent sind, also aus der
gleichen Welle natürlichen Lichts erzeugt wurden, nicht miteinander interferieren. Auch dies ist ein Beweis für die transversale Natur der Lichtwellen.

Man vermeide es, *linear* polarisiertes Licht einfach als polarisiertes Licht
zu bezeichnen, da man zwischen den verschiedenen Arten der Polarisation wohl
unterscheiden muß.

300. Doppelbrechung. Betrachtet man einen Gegenstand, z. B. Schrift, durch
ein Spaltstück eines Kalkspatkristalls, so erscheint der Gegenstand doppelt.
Die von den einzelnen Punkten des Gegenstandes kommenden Strahlen werden
also beim Durchgang durch den Kristall in je zwei Strahlen zerlegt, welche eine
verschiedene Brechung erleiden (Abb. 534). Diese zuerst von HUYGENS (1690)
beschriebene Erscheinung heißt *Doppelbrechung.* Das Wesen der Doppelbrechung
wird durch folgenden Versuch deutlich.

Auf einem Schirm sei eine von hinten beleuchtete kreisförmige Blende mittels
einer Linse abgebildet. Bringt man zwischen Linse und Schirm in den Weg

des Lichts ein Spaltstück eines Kalkspatkristalls, so entsteht an Stelle des einen ein doppeltes Bild, und zwar steht das eine Bild, wenn die Spaltflächen des Kristalls senkrecht zu den Lichtstrahlen sind, an alter Stelle, das andere ist seitlich verschoben. Dreht man den Kristall um den Lichtstrahl als Achse, so bleibt das erste Bild stehen, das zweite dreht sich um das erste. Verwendet man linear polarisiertes Licht, indem man z. B. in den Strahlengang noch eine unter dem Polarisationswinkel gegen das Licht geneigte Glasplatte (noch besser ein NICOLsches Prisma, § 301) als Polarisator einschaltet, so haben die beiden Bilder im allgemeinen verschiedene Helligkeit (Abb. 535). Bei zwei um 180°

Abb. 535. Zur Brechung in Kalkspat.

auseinanderliegenden Stellungen (1 und 5) des Kristalls ist nur das eine, bei den beiden um 90° dagegen verdrehten Stellungen (3 und 7) nur das andere Bild vorhanden, dazwischen liegen alle möglichen Übergänge von hell zu dunkel.

Dieser Versuch beweist, daß die beiden Bilder, die mit Hilfe des Kalkspatkristalls entstehen, linear polarisiertem Licht ihren Ursprung verdanken, derart, daß das Licht, welches das eine Bild erzeugt, senkrecht zu dem das andere Bild erzeugenden Lichte polarisiert ist. Er zeigt ferner, daß das natürliche Licht, welches von der Lichtquelle kommt, im Kalkspat in zwei senkrecht zueinander linear polarisierte Anteile zerspalten wird, welche in verschiedener Weise gebrochen werden.

Isotrope amorphe Stoffe, wie Glas, und die Kristalle des kubischen Systems (§ 369), wie das Steinsalz, zeigen keine Doppelbrechung.

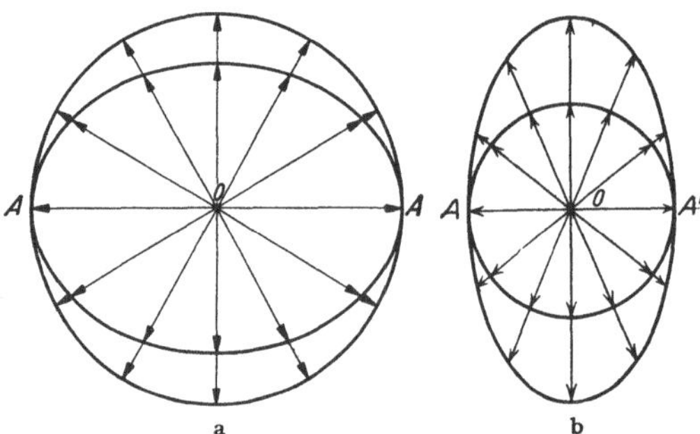

Abb. 536. Zur Doppelbrechung, a positiv, b negativ einachsiger Kristall.

Bei allen anderen Kristallen ist sie vorhanden. Aus der verschieden starken Brechung der beiden linear polarisierten Strahlanteile folgt, daß diese im Kristall eine verschiedene Geschwindigkeit haben (§ 269). Diese ist zudem für den einen Strahlanteil von der Richtung im Kristall abhängig. Die beiden zueinander senkrechten Richtungen, nach denen die Strahlanteile linear polarisiert sind, werden durch die kristallographische Struktur des Kristalles bestimmt. Trägt man von einem Punkt O innerhalb eines Kristalls in allen Richtungen Strecken ab, deren Länge den Lichtgeschwindigkeiten der beiden senkrecht zueinander linear polarisierten Anteile entspricht, in die jeder Strahl beim Eintritt in einen doppelbrechenden Kristall zerfällt, so zeigt sich folgendes. Bei den *einachsigen* Kristallen liegen die Enden dieser Strecken für den einen Anteil auf einer Kugelfläche, für den anderen Anteil auf einem Rotationsellipsoid, das die Kugelfläche an den Enden des Durchmessers $A A'$ berührt (Abb. 536). Der Anteil, für den die Lichtgeschwindigkeit in allen Richtungen die gleiche ist, heißt der *ordentliche Strahl*. Der zweite Anteil aber, der *außerordentliche Strahl*, hat in den verschiedenen Richtungen im Kristall verschiedene Geschwindigkeiten. Nur in Richtung der Geraden $A A'$, der *optischen Achse* des Kristalls, haben beide Anteile gleiche Geschwindigkeit. (Man beachte, daß die optische Achse keine feste Gerade im Kristall ist, sondern nur eine feste *Richtung* in ihm bezeichnet.) Ein Kristall heißt *positiv einachsig*, wenn die optische Achse mit der großen Halbachse des Rotationsellipsoids zusammenfällt, wenn also die Geschwindigkeit des außerordentlichen Strahls kleiner als die des ordentlichen ist (Abb. 536a), andernfalls *negativ einachsig* (Abb. 536b).

Nach § 269, Gl. (11), kann bei der Brechung ein konstantes Sinusverhältnis nur dann gelten, wenn der Brechungsindex n eine Konstante ist, wenn also die Lichtgeschwindigkeit in allen Richtungen die gleiche ist. Demnach gibt es bei der Brechung in einem doppelbrechenden Stoff nur für den ordentlichen Strahl ein konstantes, von der Richtung unabhängiges Sinusverhältnis, für den außerordentlichen hingegen nicht. Ebenso verbleibt auch nur der ordentliche Strahl nach der Brechung in der Einfallsebene, der außerordentliche aber im allgemeinen nicht. Das läßt sich aus dem FERMATschen Prinzip ableiten (§ 264). Für den ordentlichen Strahl kann man also einen vom Einheitswinkel unabhängigen Brechungsindex n_o angeben. Der Brechungsindex n_a des außerordentlichen Strahls aber hängt von der Richtung des gebrochenen Strahls im Kristall und daher mittelbar vom Einfallswinkel ab.

Schleift man eine Kristallplatte so, daß ihre Begrenzungsflächen *senkrecht* zur optischen Achse liegen, und läßt Licht senkrecht auf den Kristall fallen, so findet keine Brechung statt, und beide Anteile pflanzen sich gleich schnell durch den Kristall fort. Sind dagegen zwei Begrenzungsflächen *parallel* zur optischen Achse geschliffen, so findet bei senkrechtem Einfall des Lichts zwar ebenfalls keine Brechung statt, aber die beiden Anteile pflanzen sich verschieden schnell durch den Kristall fort, es treten also Gangunterschiede zwischen ihnen auf. Denn ihre optischen Weglängen (§ 269) sind im Kristall verschieden groß.

Dies kann dazu dienen, um aus linear polarisiertem Lichte zirkular polarisiertes Licht herzustellen. Man benutzt dazu eine parallel zur optischen Achse geschnittene, doppeltbrechende Kristallplatte. Ihre Dicke wird so bemessen, daß der ordentliche und der außerordentliche Strahl bei senkrechtem Durchtritt einen Gangunterschied von $^1/_4$ Wellenlänge erhalten. Man läßt senkrecht auf die Platte linear polarisiertes Licht fallen, dessen Polarisationsebene unter 45° gegen die Polarisationsebenen des ordentlichen und des außerordentlichen Strahls im Kristall geneigt ist. Der einfallende Strahl zerfällt dann in zwei gleich starke Anteile, welche beim Eintritt in gleicher Phase sind. Beim Austritt vereinigen sie sich wieder, haben aber nicht mehr die gleiche Phase, sondern einen Gangunterschied von $^1/_4$ Wellenlänge. Sie bilden, da ihre Schwingungsweiten gleich groß sind, nach dem Austritt eine zirkular polarisierte Welle. Bei anderer Orientierung der Polarisationsebene des einfallenden Lichts sind die Schwingungsweiten nicht gleich, die austretende Welle ist elliptisch polarisiert. Man benutzt zu diesem Zweck meist Glimmerblättchen von geeigneter Dicke (Viertelwellenlängenblättchen).

Bei den Kristallen des rhombischen, monoklinen und triklinen Systems (§ 369) ist die Lichtgeschwindigkeit für *beide* senkrecht zueinander polarisierten Anteile von der Richtung abhängig. Es gibt bei ihnen keinen ordentlichen, sondern zwei außerordentliche Strahlen und zwei Richtungen, in denen sich die beiden Anteile gleich schnell fortpflanzen. Diese Kristalle haben also zwei optische Achsen; man nennt sie *zweiachsige Kristalle*.

Die gebrochenen Strahlen können nach FRESNEL im Falle der Doppelbrechung auf folgende Weise konstruiert werden. Wir beschränken uns dabei auf die einachsigen Kristalle und auf zwei besonders einfache Fälle, nämlich auf diejenigen, in denen auch der außerordentliche Strahl in der Einfallsebene verbleibt.

1. Die optische Achse liegt in der Einfallsebene (Zeichnungsebene, Abb. 537 a). Der Querschnitt der einen Wellenfläche im Kristall ist ein Kreis, der der anderen eine den Kreis in der optischen Achse berührende Ellipse. Von B aus werden die Tangenten BD_1 und BD_2 an Kreis und Ellipse gelegt. AD_1 ist der ordentliche, AD_2 der außerordentliche Strahl. Je nachdem die Ellipse außerhalb, wie in der Abb. 537 a, oder innerhalb des Kreises liegt, ist der außerordentliche Strahl schwächer oder stärker gebrochen als der ordentliche.

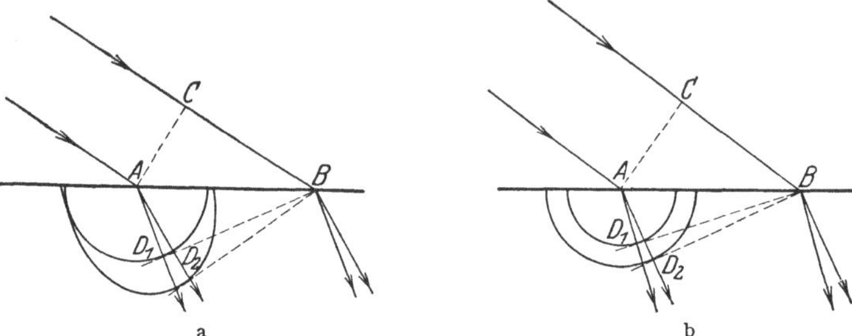

Abb. 537. Fresnelsche Konstruktion der Doppelbrechung.

2. Die optische Achse liegt senkrecht zur Einfallsebene (Zeichnungsebene, Abb. 537 b). In diesem Falle sind die Querschnitte der beiden Wellenflächen Kreise.

Man beachte, daß nur beim ordentlichen Strahl die Wellennormalen mit den Strahlen identisch sind, wie in den einfach brechenden Stoffen. Beim außerordentlichen Strahl hingegen stehen die Wellenflächen nicht senkrecht auf den Strahlen, also der Fortpflanzungsrichtung des Lichts.

Manche doppeltbrechenden Kristalle haben die Eigenschaft, daß sie den einen der beiden linear polarisierten Anteile stärker absorbieren als den anderen. Dieser *Dichroismus* ist z. B. beim Turmalin sehr stark ausgeprägt. In nicht zu dünnen Schichten läßt er von dem einen Anteil so gut wie nichts hindurch, während der andere weit weniger geschwächt wird. Eine parallel zur optischen Achse geschnittene Turmalinplatte kann daher zur Herstellung linear polarisierten Lichts, sowie als Analysator dienen und wird dazu insbesondere in der Mineralogie und Kristallographie viel benutzt.

301. Das Nicolsche Prisma. Das Nicolsche Prisma dient zur Erzeugung von linear polarisiertem Licht aus natürlichem Licht. Ein Spaltstück eines Kalkspatkristalls wird unter einem bestimmten Winkel in zwei gleiche Teile zerschnitten (Abb. 538) und mit Kanadabalsam wieder zusammengekittet. Außerdem werden seine beiden Endflächen angeschliffen, so daß sie mit den Seitenflächen einen Winkel von 68° bilden. Fällt natürliches Licht in der aus Abb. 538 ersichtlichen Weise in das Prisma, so wird es in einen ordentlichen, in diesem Fall stärker gebrochenen, und einen

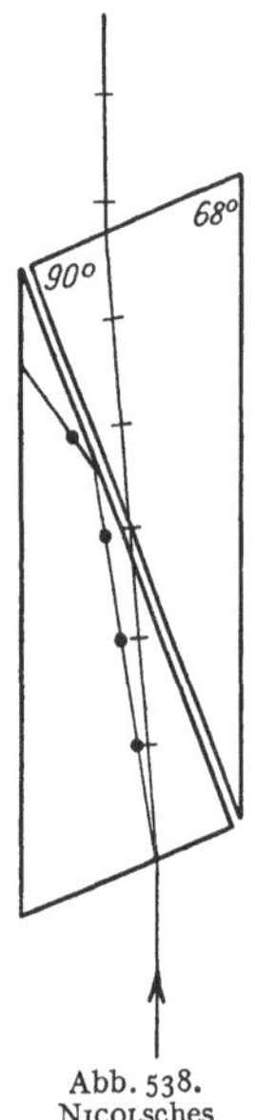

Abb. 538. Nicolsches Prisma.

schwächer gebrochenen außerordentlichen Strahl zerlegt. Beide treffen auf die Schicht von Kanadabalsam. Für den ordentlichen Strahl ist der Brechungsindex des Kalkspats ($n = 1{,}66$) größer als der des Kanadabalsams ($n = 1{,}54$), und da er unter einem Winkel einfällt, der größer als der Grenzwinkel der Totalreflexion ist, so wird er seitlich reflektiert und tritt nicht durch das Prisma hindurch. Für den außerordentlichen Strahl hingegen ist der Brechungsindex des Kalkspats in der betreffenden Richtung ($n = 1{,}49$) kleiner als der des Kanadabalsams, es findet keine Totalreflexion statt, und der außerordentliche Strahl tritt auf der anderen Seite des

Prismas als linear polarisiertes Licht aus. Das NICOLsche Prisma wirkt also, wie eine unter 57° gestellte Glasplatte, als Polarisator.

Es kann aber auch als Analysator, d. h. zum Nachweis linearer Polarisation, dienen. Läßt man Licht nacheinander durch zwei NICOLsche Prismen gehen, so wird das vom ersten, dem Polarisator, durchgelassene Licht vom zweiten, dem Analysator, nur dann ungeschwächt durchgelassen, wenn beide Prismen gleiche Orientierung im Raum haben oder um 180° gegen diese Lage gegeneinander gedreht sind (parallele Nicols). Sind sie um 90° gegeneinander verdreht (gekreuzte Nicols), so läßt das zweite Prisma kein Licht hindurch. Bei anderen Lagen findet eine mehr oder weniger starke Schwächung des vom ersten Prisma durchgelassenen Lichts durch das zweite Prisma statt.

Wie in § 300 erwähnt, tritt linear polarisiertes Licht, welches durch einen doppelbrechenden Kristall fällt, in der Regel als elliptisch polarisiertes Licht aus ihm wieder aus. Bringt man einen solchen Kristall zwischen gekreuzte Nicols, so tritt an Stelle der vorherigen Dunkelheit Aufhellung ein, weil ja das in den Analysator fallende Licht nicht mehr linear polarisiert ist. Benutzt man zu diesem Zweck weißes Licht, so ist der Grad der Aufhellung wegen der Verschiedenheit des Brechungsindex des Kristalls für die einzelnen Spektralfarben verschieden. Dies hat das Auftreten von Farben zur Folge. Bildet man die zwischen gekreuzten Nicols befindliche Kristallplatte mittels einer Linse auf einen Schirm ab, so erscheint sie im parallelen Licht je nach ihrer Dicke in verschiedenen Farben, im konvergenten Licht auch von dunklen Streifen durchzogen. Die Erscheinung ist von der Lage der optischen Achse zur Polarisationsebene des Lichts abhängig, ändert sich also bei Drehung des Kristalls um eine in der Lichtrichtung liegende Achse. Auf die genaue Theorie muß hier verzichtet werden.

Diese Erscheinungen können dazu dienen, die Lage der optischen Achsen von Kristallen festzustellen. Auch kann man auf diese Weise z. B. die Doppelbrechung in Gläsern nachweisen, welche infolge schneller Kühlung oder eines Drucks innere Spannungen haben und daher nicht mehr isotrop sind.

302. Flüssige Kristalle. Elektrische Doppelbrechung. Die Doppelbrechung der Kristalle hängt auf das engste mit der regelmäßigen räumlichen Anordnung der elementaren Bausteine der Kristalle (§ 314 und 365) zusammen. In den Flüssigkeiten und Gasen sind die Moleküle vollkommen regellos gelagert, können daher im allgemeinen keine Doppelbrechung hervorrufen. Eine Ausnahme bilden gewisse organische Flüssigkeiten, deren Moleküle einen sehr verwickelten Bau und langgestreckte Form haben oder sich zu langgestreckten Gebilden aneinander legen. Diese haben, wenn sie sich zwischen zwei nahe benachbarten Begrenzungswänden befinden (z. B. in einer dünnen Schicht zwischen Objektträger und Deckglas, wie man sie beim Mikroskop verwendet), die Neigung, sich senkrecht zur Begrenzung einzustellen und so die gleiche Richtung anzunehmen. Bei solchen Flüssigkeiten tritt dann ebenfalls Doppelbrechung auf (*flüssige Kristalle*, O. LEHMANN). (Vgl. den Schluß von § 50).

Auch ein elektrisches Feld kann die Moleküle einer Flüssigkeit oder eines Gases, sofern sie von Natur elektrische Dipole sind (§ 341), gleichsinnig richten. Solche Stoffe zeigen eine *elektrische Doppelbrechung* (KERR-*Effekt*, 1875), d. h. sie werden doppelbrechend, wenn in ihnen ein elektrisches Feld herrscht. Die Wirkung ist beim Nitrobenzol besonders ausgeprägt, das daher für die KERR-*Zellen* bevorzugt verwendet wird. Diese spielen eine wichtige Rolle beim Tonfilm und bei der Fernübertragung von Bildern. Eine solche Zelle besteht aus einem mit Nitrobenzol gefüllten Kondensator, zwischen dessen beiden Platten Licht hindurchfallen kann. Vor und hinter der Zelle befindet sich eine NICOLsches Prisma. Wenn diese beiden Prismen gekreuzt sind, so kann kein Licht durch die Vorrichtung hindurchgehen. Wird jedoch durch eine am Kondensator liegende Spannung im Nitrobenzol ein elektrisches Feld erzeugt, so bewirkt die nunmehr vorhandene Doppelbrechung, wie in § 301 erläutert, eine Aufhellung. Die Wirkung ist dem Quadrat der Feldstärke proportional.

303. Drehung der Polarisationsebene. Manche Stoffe, z. B. Zuckerlösung, Quarz, haben die Eigenschaft, daß sie die Polarisationsebene linear polarisierten Lichts, welches durch sie hindurchtritt, drehen *(optisch aktive Stoffe)*. Bringt man einen solchen Stoff zwischen gekreuzte NICOLsche Prismen, so tritt eine Aufhellung des Gesichtsfeldes ein. Damit wieder Dunkelheit eintritt, muß der Analysator um einen bestimmten Winkel gedreht werden. Jedoch darf man diesen Winkel nicht ohne weiteres mit dem Drehungswinkel in dem Stoff gleichsetzen, denn eine Drehung der Polarisationsebene um $z \cdot 180° + \alpha$ oder $-(z \cdot 180° - \alpha)$ würde durch eine Drehung des Analysators um den Winkel $-\alpha$ ebenso ausgeglichen werden wie eine Drehung der Polarisationsebene um den Winkel α selbst ($z =$ ganze Zahl). Eine Entscheidung über die wirkliche Drehung kann nur durch Änderung der Schichtdicke getroffen werden.

Die einfallende, linear polarisierte Welle schwinge in der x-Richtung; der Momentanwert des Lichtvektors sei also an der Eintrittsstelle etwa durch die Gleichung $x = a \sin \omega t$ dargestellt. Die gleiche Welle können wir uns aber auch durch Überlagerung einer rechts- und einer linkszirkular polarisierten Welle entstanden denken:

$$x_1 = \frac{a}{2} \sin \omega t, \qquad y_1 = \frac{a}{2} \cos \omega t, \qquad x_2 = \frac{a}{2} \sin \omega t, \qquad y_2 = -\frac{a}{2} \cos \omega t.$$

Bei Addition ergeben die beiden x-Komponenten der Schwingung gerade den obigen Wert, und die beiden y-Komponenten heben sich gegenseitig auf. Die Drehung der Polarisationsebene rührt daher, daß sich in den optisch drehenden Stoffen rechts- und linkszirkular polarisierte Wellen verschieden schnell fortpflanzen. Die Geschwindigkeiten seien c_1 und c_2. Ist die Dicke der von den beiden Wellen durchsetzten Schicht d, so sind die Wellen an der Austrittsstelle zur Zeit t nach § 82 dargestellt durch die Gleichungen

$$x_1' = \frac{a}{2} \sin \omega \left(t - \frac{d}{c_1} \right), \qquad y_1' = \frac{a}{2} \cos \omega \left(t - \frac{d}{c_1} \right),$$

$$x_2' = \frac{a}{2} \sin \omega \left(t - \frac{d}{c_2} \right), \qquad y_2' = -\frac{a}{2} \cos \omega \left(t - \frac{d}{c_2} \right).$$

Die Komponenten der Gesamtschwingung ergeben sich durch Addition der Einzelschwingungen zu

$$x' = x_1' + x_2' = a \sin \omega \left[t - \frac{d}{2} \left(\frac{1}{c_1} + \frac{1}{c_2} \right) \right] \cdot \cos \omega \frac{d}{2} \left(\frac{1}{c_1} - \frac{1}{c_2} \right),$$

$$y' = y_1' + y_2' = a \sin \omega \left[t - \frac{d}{2} \left(\frac{1}{c_1} + \frac{1}{c_2} \right) \right] \cdot \sin \omega \frac{d}{2} \left(\frac{1}{c_1} - \frac{1}{c_2} \right).$$

Dies ist wieder eine linear polarisierte Schwingung, welche nach der Gleichung

$$z = \sqrt{x'^2 + y'^2} = a \sin \omega \left[t - \frac{d}{2} \left(\frac{1}{c_1} + \frac{1}{c_2} \right) \right]$$

verläuft. Der Winkel δ, um den die Polarisationsebene gegen ihre ursprüngliche Richtung gedreht ist, ergibt sich aus der Gleichung

$$\operatorname{tg} \delta = \frac{y'}{x'} = \operatorname{tg} \omega \frac{d}{2} \left(\frac{1}{c_1} - \frac{1}{c_2} \right) \quad \text{oder} \quad \delta = \omega \frac{d}{2} \left(\frac{1}{c_1} - \frac{1}{c_2} \right). \tag{9}$$

Der Drehungssinn hängt davon ab, ob c_1 größer oder kleiner als c_2 ist (Rechts- und Linksdrehung). Alle optisch drehenden Stoffe können in der Natur sowohl in der rechtsdrehenden wie in der linksdrehenden Modifikation vorkommen, z. B. Rechtsquarz und Linksquarz. Betrag und Vorzeichen der Drehung sind von der Wellenlänge des Lichtes abhängig und zeigen einen Gang, der eng mit demjenigen der Dispersion zusammenhängt (§ 307). Die Drehung beruht auf einer Asymmetrie der Moleküle, das Vorkommen beider Modifikationen darauf, daß zu jedem asymmetrischen Molekül auch sein Spiegelbild möglich ist (PASTEUR 1848). Bei den zahlreichen drehenden organischen Stoffen beruht die Asymmetrie auf dem Vorhandensein eines sog. *asymmetrischen Kohlenstoffatoms*, d. h. eines Kohlenstoffatoms, dessen vier Valenzen an vier unter sich verschiedene Gebilde (Liganden) gebunden sind, wie z. B. bei der Milchsäure an die Gebilde COOH, OH, CH_3 und H. Diese vier Liganden (*a*, *b*, *c*, *d*) sind an den vier Ecken eines Tetraeders angeordnet zu denken, in dessen Innern das C-Atom sitzt (Abb. 539). Es gibt dann zwei spiegelbildliche Formen des Moleküls, die nicht durch Drehungen ineinander übergeführt werden können. Wird ein Stoff mit asymmetrischen Molekülen aus seinen nicht drehenden Bestandteilen auf gewöhnlichem chemischen Wege aufgebaut, so entstehen von beiden Modifikationen stets gleiche Mengen. Dann erscheint der Stoff optisch inaktiv, weil sich die durch die beiden Modifikationen hervorgerufenen Drehungen aufheben. Ein solcher Stoff heißt ein *Razemat*. Hingegen wird von den Organismen bei biochemischen Reaktionen oft nur die eine der beiden Modifikationen erzeugt. Es scheint, daß die optische Aktivität ein besonderes Merkmal zahlreicher für den Ablauf der Lebensvorgänge besonders wichtiger organischer Stoffe ist.

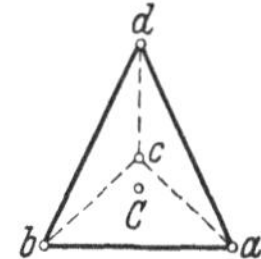

Abb. 539. Das Molekül der Milchsäure. $CH_3 \cdot CHOH \cdot COOH$.

Die Drehung der Polarisationsebene findet Anwendung bei der Untersuchung von Lösungen auf Zuckergehalt und bei vielen anderen chemischen Analysen. Die hierzu dienenden Geräte heißen Saccharimeter.

Stoffe, welche an sich die Polarisationsebene nicht drehen, tun dies, wenn sie in ein starkes magnetisches Feld gebracht werden, dessen Feldlinien in der gleichen Richtung verlaufen wie das Licht *(magnetische Drehung der Polarisationsebene*, FARADAY-*Effekt)*. Der Winkel, um den das Licht der gelben Linie des Natriums (*D*-Linie) auf 1 cm Weg durch ein Feld von der Stärke 1 Gauß gedreht wird, heißt die VERDETsche Konstante des betreffenden Stoffes.

304. Das Licht als elektromagnetische Welle. Die elektromagnetische Lichttheorie MAXWELLs gründet sich auf die Tatsache, daß die MAXWELLschen Gleichungen Lösungen besitzen, die einer im Raume fortschreitenden elektromagnetischen Welle entsprechen, wie wir bereits in § 251 nachgewiesen haben. Wir stellten dort fest, daß sich eine elektromagnetische Welle in einem Stoff von der Dielektrizitätskonstante ε und der Permeabilität μ mit der Geschwindigkeit

$$c = \frac{c_0}{\sqrt{\varepsilon\mu}} = \frac{c_0}{n} \tag{10}$$

durch den Raum ausbreitet, wobei c_0 die Wellengeschwindigkeit im Vakuum bedeutet und mit der Lichtgeschwindigkeit im Vakuum identisch ist. Demnach ist nach § 269, Gl. (11),

$$n = \sqrt{\varepsilon\mu} \tag{11}$$

der *Brechungsindex* des Stoffes, in dem sich die Welle ausbreitet (*MAXWELLsche Beziehung)*. Er ist damit auf die Dielektrizitätskonstante und die Permeabilität des betreffenden Stoffes zurückgeführt.

Den ersten Anstoß zur MAXWELLschen Lichttheorie gab die Identität der in der Elektrodynamik auftretenden Konstanten c mit der Vakuumlichtgeschwindigkeit (§ 191). Sehr wahrscheinlich wurde sie durch den Nachweis MAXWELLs, daß die von ihm aufgestellten Grundgleichungen der Elektrodynamik Lösungen der obengenannten Art besitzen. Ihre endgültige Bestätigung erfuhr sie durch die Versuche von H. HERTZ (§ 253), dem nicht nur die Erzeugung elektrischer Wellen, sondern auch der Nachweis gelang, daß sie alle grundlegenden Eigenschaften der Lichtwellen teilen. In der Folge gelang es, auch die MAXWELL-sche Beziehung [Gl. (11)] zu bestätigen (§ 307). Wir haben daher das Licht als eine elektromagnetische Welle zu beschreiben, die sich nur durch ihre wesentlich kleinere Wellenlänge von den mit elektrischen Schwingungskreisen erzeugten Wellen unterscheidet.

Die durch Gl. (43) (§ 251) dargestellte Welle ist linear polarisiert bezüglich des elektrischen und des magnetischen Feldvektors. Und zwar schwingen diese beiden Vektoren in zueinander senkrechten Ebenen. Die Theorie ergibt, daß in Licht, welches unter dem Polarisationswinkel reflektiert wurde, nur solche Wellen enthalten sind, deren elektrischer Vektor zur Einfallsebene senkrecht liegt (§ 300). Demnach ist der von uns in § 298 definierte Lichtvektor mit dem elektrischen Feldvektor identisch. Tatsächlich sind auch diesem die unmittelbaren Wirkungen des Lichts, z. B. seine chemischen Wirkungen, zuzuschreiben. Einen Beweis dafür liefern die Versuche mit stehenden Lichtwellen (§ 294). Nach der Theorie muß die elektrische Feldstärke am Spiegel einen Knoten haben, wie in Abb. 527 gezeichnet, die magnetische Feldstärke dagegen einen Bauch. Der elektrische und der magnetische Anteil in einer stehenden Lichtwelle sind also um $^1/_4$ Wellenlänge gegeneinander verschoben. Die Schwärzung des Häutchens tritt an denjenigen Stellen auf, die einem Bauch, also einem Maximum, der elektrischen Feldstärke entsprechen.

Der Scheitelwert der elektrischen Feldstärke erreicht in stärkster Sonnenstrahlung auf der Erde Beträge von der Größenordnung 15 Volt $\cdot$ cm^{-1}.

305. ZEEMAN-Effekt. STARK-Effekt. In Analogie zur Aussendung elektrischer Wellen durch einen schwingenden Dipol ergab sich aus der elektromagnetischen Lichttheorie die Vorstellung, daß auch die lichtaussendenden Atome derartige, allerdings winzig kleine, schwingende Dipole seien. Tatsächlich handelt es sich dabei um Vorgänge von völlig anderer Art, die nur durch die Quantentheorie zutreffend beschrieben werden, und die wir im 9. Kapitel ausführlich behandeln werden. Dennoch kommt man in manchen Fällen auch schon mit der Vorstellung der schwingenden Dipole aus. Sie vermittelt auch wenigstens ein qualitatives Verständnis für die Tatsache, daß die Frequenz einer Lichtstrahlung beeinflußt wird, wenn sich die lichtaussendenden Atome in einem magnetischen oder elektrischen Felde befinden, also für die Erscheinungen der *Magneto- und Elektrooptik*. Denn beide Arten von Feldern üben Kräfte auf die schwingenden Ladungsträger aus, und es ist zu erwarten, daß das einen Einfluß auf ihre Frequenz hat.

Der wichtigste magnetooptische Effekt ist der ZEEMANN-*Effekt*, die *Aufspaltung der Spektrallinien* in einem magnetischen Felde. Wir wollen ihn im Anschluß an eine von H. A. LORENTZ entwickelte Theorie behandeln. Wir gehen von der Annahme aus, daß das lichtaussendende Gebilde ein linearer „Oszillator" (§ 251), ein im ungestörten Zustande mit einer bestimmten Kreisfrequenz u auf einer Geraden hin und her schwingendes Elektron ist, das sich in einem magnetischen Felde $\mathfrak{B}$ vom Betrage B befinde. Wir zerlegen zunächst die Schwingung in eine zum Felde parallele Komponente I und eine zu ihm senkrechte Komponente II (Abb. 540a). Die Komponente I wird nach § 193, Gl. (28), wegen $[\mathfrak{v}\,\mathfrak{B}] = 0$ durch das Feld nicht beeinflußt, sendet also Licht von der ursprünglichen Kreisfrequenz u aus. Die Komponente II zerlegen wir noch einmal, genau wie in § 304, in zwei entgegengesetzt zirkular polarisierte Komponenten IIa und IIb (Abb. 540b), deren Bahnebenen senkrecht zum magnetischen Felde stehen. Die Kreisfrequenz (Winkelgeschwindigkeit) dieser Komponenten wäre im feldfreien Raum natürlich ebenfalls gleich u. Wir haben aber bereits bei der

Theorie des Diamagnetismus bewiesen, daß die Winkelgeschwindigkeit eines in einer zur Feldrichtung senkrechten Ebene kreisenden Elektrons eine Änderung um den Betrag der LARMOR-*Frequenz*

$$\Delta u = \pm \frac{1}{2} \frac{\varepsilon}{\mu} B \qquad (12)$$

erfährt, wobei das Vorzeichen vom Umlaufssinn des Elektrons um die Feldrichtung abhängt. Ist v die Frequenz, λ die Wellenlänge des ausgesandten Lichtes, so ist $v = u/2\pi$ und $\lambda = c/v$ (c Lichtgeschwindigkeit), und es ergibt sich als Frequenzänderung

$$\Delta v = \pm \frac{1}{4\pi} \frac{\varepsilon}{\mu} B . \qquad (13)$$

Da ferner $\Delta v = \Delta(c/\lambda) = -c \cdot \Delta\lambda/\lambda^2$, so beträgt die Änderung der Wellenlänge

$$\Delta\lambda = \pm \frac{\lambda^2}{4\pi c} \frac{\varepsilon}{\mu} B . \qquad (14)$$

Die ursprüngliche Spektrallinie muß hiernach in drei Komponenten mit den Frequenzen $v - \Delta v$, v und $v + \Delta v$ aufspalten (normales LORENTZ-*Triplett*).

Jedoch hängt die Beobachtbarkeit und der Polarisationszustand dieser drei Komponenten von dem Winkel gegen die Feldrichtung ab, unter dem man die Lichtquelle betrachtet. Ein auf einer Geraden hin- und herschwingendes Elektron sendet in Richtung dieser Geraden

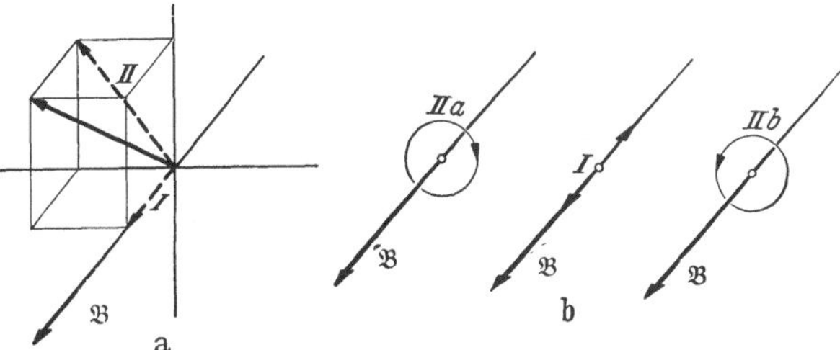

Abb. 540. Zum ZEEMAN-Effekt.

kein Licht aus. In allen anderen Richtungen ist das von ihm ausgesandte Licht linear polarisiert. Ein rotierendes Elektron sendet in der zu seiner Bahnebene senkrechten Richtung zirkular polarisiertes Licht aus, in den in seiner Bahnebene liegenden Richtungen aber linear polarisiertes Licht. Aus diesen Gründen bietet der ZEEMAN-*Effekt* ein verschiedenes Bild, je nachdem man eine in ein magnetisches Feld gebrachte Lichtquelle *in Richtung* der magnetischen Kraftlinien (longitudinal) oder *senkrecht* zu ihnen (transversal) beobachtet. Beim *longitudinalen* ZEEMAN-*Effekt* ist die unver-

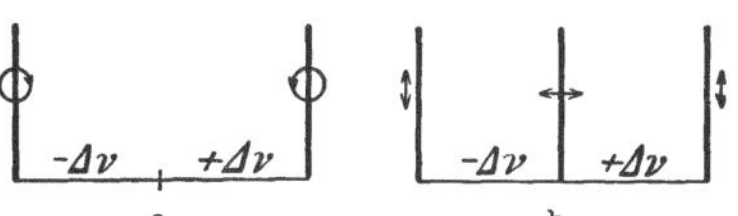

Abb. 541. Schema a des longitudinalen, b des transversalen normalen ZEEMAN-Effekts.

schobene Komponente *nicht* sichtbar. Rechts und links vom Ort der unverschobenen Linie erscheinen zwei verschobene Linien, deren eine rechts- und deren andere linkszirkular polarisiert ist (Abb. 541 a). Beim *transversalen* ZEEMAN-*Effekt* erscheinen drei Komponenten. Die eine ist unverschoben und parallel zur Feldrichtung linear polarisiert. Die beiden anderen sind wieder nach rot bzw. violett verschoben und senkrecht zur ersten linear polarisiert (Abb. 541 b).

Ein dieser Theorie entsprechender *normaler* ZEEMAN-*Effekt*, also das Auftreten eines normalen LORENTZ-*Tripletts*, ist in der Tat in manchen Fällen beobachtet worden. Im allgemeinen aber ist die Aufspaltung verwickelter. Eine mit der gesamten Erfahrung übereinstimmende Theorie des ZEEMAN-Effekts kann nur auf dem Boden der Quantentheorie gegeben werden.

Aus Δv und B kann man nach Gl. (13) die spezifische Ladung ε/μ (§ 193) der Ladungsträger berechnen, deren Bewegung die Lichtaussendung veranlaßt. Sie ergibt sich in der Tat gleich derjenigen der Elektronen. Das war der erste eindeutige Beweis dafür, daß die Lichtaussendung ihren Ursprung in Zustandsänderungen von an die Atome gebundenen Elektronen hat (H. A. Lorentz).

Hale hat gefunden, daß das von den Sonnenflecken kommende Licht einen Zeeman-Effekt zeigt, der das Auftreten starker magnetischer Felder in den Flecken beweist. Diese Felder rühren davon her, daß die Sonnenflecken Wirbel von Sonnenstoff bilden, die eine starke elektrische Ladung mitführen.

Die *elektrooptischen Erscheinungen* rühren davon her, daß die Elektronen auch im elektrischen Felde eine Kraft erfahren. Sendet ein in einem elektrischen Felde befindliches Atom Licht aus, so tritt eine dem Zeeman-*Effekt* ähnliche Aufspaltung der Spektrallinien ein. Man kann diesen Stark-*Effekt* (J. Stark 1913, Lo Surdo) an Kanalstrahlen (§ 183) beobachten, welche in einem starken elektrischen Felde verlaufen. Diese Erscheinung kann nur mit Hilfe der Quantentheorie erklärt werden. Hier kann nur so viel gesagt werden, daß die Bahnen der um ein Atom kreisenden Elektronen durch die Kraftwirkung des elektrischen Feldes verzerrt werden. Dadurch wird, ähnlich wie in einem magnetischen Felde, die Frequenz der einzelnen Komponenten, in die man sich die Elektronenbewegung zerlegt denken kann, in verschiedener Weise beeinflußt.

Eine weitere elektrooptische Erscheinung haben wir schon im Kerr-Effekt kennengelernt.

IV. Das elektromagnetische Spektrum.

306. Übersicht über das gesamte Spektrum. Das Licht, welches unser Auge als solches wahrnimmt, ist nur ein sehr kleiner Ausschnitt aus dem gesamten elektromagnetischen Spektrum, dessen Grenzen durch den engen Empfindlichkeitsbereich des Auges gegeben sind. Mittels geeigneter Vorrichtungen ist es aber möglich, auch in die dem Auge verschlossenen Spektralgebiete vorzudringen, und es zeigt sich dann, daß sich das Spektrum sowohl über das rote wie über das violette Ende des sichtbaren Bereichs hinaus noch außerordentlich weit ausdehnt. Es liegt ja auch — wenigstens nach der Wellentheorie — kein Grund vor, daß nicht alle Licht

Tabelle 31. Das gesamte Spektrum.

Art der Strahlen	Wellenlänge in ÅE
Kürzeste Gammastrahlen	$0,466 \cdot 10^{-2}$
Röntgenstrahlen	$1,58 \cdot 10^{-1} - 6,6 \cdot 10^{2}$
Ultraviolett	$1,36 \cdot 10^{2} - 3,6 \cdot 10^{3}$
Sichtbares Gebiet . . .	$3,6 \ \cdot 10^{3} - 7,8 \cdot 10^{3}$
Ultrarot.	$7,8 \ \cdot 10^{3} - 3,4 \cdot 10^{6}$
Elektrische Wellen . . .	$2 \ \cdot 10^{6} - \infty$

Zur Umrechnung der Wellenlängen in cm ist mit 10^{-8} zu multiplizieren.

schwingungen zwischen den Grenzen $\nu = 0 \ (\lambda = \infty)$ und $\nu = \infty \ (\lambda = 0)$ in der Natur vorkommen sollten. Das langwelligere Gebiet, welches sich an das rote Ende des sichtbaren Spektrums anschließt, bezeichnet man als das *ultrarote Spektrum*. Es überdeckt sich an seinem langwelligsten Ende mit den kürzesten auf elektrischem Wege erzeugten Wellen, die wir bereits in § 241 behandelten. Jenseits des Violetten erstreckt sich das *ultraviolette Spektrum*, und an dieses wieder schließen sich die *Röntgenstrahlen* und die *Gammastrahlen* der radioaktiven Stoffe an. Tabelle 31 gibt eine Übersicht über die Ausdehnung der einzelnen Spektralbereiche, Abb. 542 eine entsprechende graphische Darstellung. Als Abszisse ist nicht die Wellenlänge selbst gewählt, sondern der $\overset{10}{\log}$ der in Ångström-Einheiten ausgedrückten Wellenlänge. Dies entspricht einer Einteilung des Spektrums, die der Einteilung der Tonleiter in Oktaven analog ist (§ 97, Abb. 222).

Wo sich zwei verschieden benannte Bereiche überschneiden, bedeutet dies nur eine verschiedene Erzeugungsart gleichartiger Strahlung. Aus Abb. 542 erkennt man, wie eng begrenzt der Empfindlichkeitsbereich des menschlichen Auges ist

Grundsätzlich gelten die bisher besprochenen optischen Gesetze im ganzen Bereich des elektromagnetischen Spektrums. Die Auswirkung dieser Gesetze ist jedoch vielfach eine andere als im sichtbaren Gebiet, unter anderem deshalb, weil die schon im Bereiche des Sichtbaren mit der Wellenlänge veränderlichen optischen Eigenschaften der Stoffe (Reflexionsvermögen, Brechungsindex, Durchlässigkeit) sich mit größeren Änderungen der Wellenlänge durchweg außerordentlich stark ändern. Daher ist es auch in der Regel notwendig, für die Untersuchung von Strahlung, die außerhalb des sichtbaren Gebietes liegt, Linsen, Prismen usw. aus anderen Stoffen als Glas zu gebrauchen. Je weiter man sich vom sichtbaren Gebiet entfernt, desto andersartiger werden auch die zur Untersuchung des Spektrums anzuwendenden Geräte. Die Art der Wellenlängenmessung ist jedoch durchweg die gleiche. Sie beruht — außer bei den Gammastrahlen — stets unmittelbar oder mittelbar auf der Interferenz.

Da die Grenzen des sichtbaren Spektrums nur physiologisch bedingt sind, jedoch keine physikalische Bedeutung haben, so wird, um die einheitliche Natur des ganzen elektromagnetischen Spektrums zu betonen, häufig jede elektromagnetische Strahlung (mit Ausnahme der technischen elektrischen Wellen),

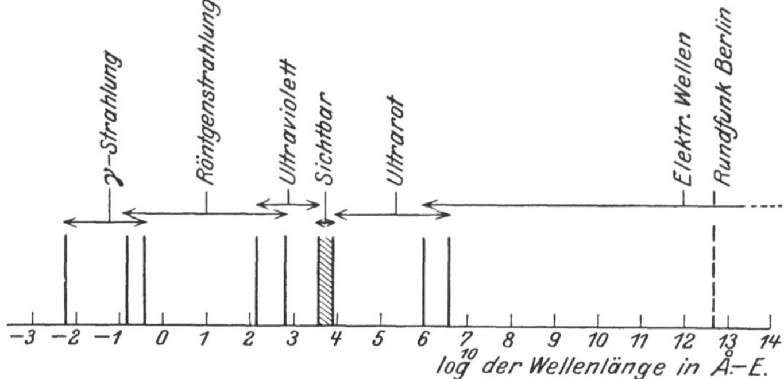

Abb. 542. Das gesamte Spektrum.

ganz gleich ob sichtbar oder unsichtbar, als Licht bezeichnet, und man spricht von ultrarotem und ultraviolettem Licht, Röntgenlicht usw.

307. Dispersion, Absorption und Reflexion im gesamten Spektrum. Wie in § 285 auseinandergesetzt wurde, steigt im sichtbaren Gebiet im allgemeinen der Brechungsindex n eines Stoffes beim Übergang von längeren zu kürzeren Wellen (von Rot nach Violett). Es gibt aber Fälle von *anomaler Dispersion*, die dieser Regel widersprechen. Jeder Stoff hat mindestens ein, meistens mehrere Gebiete anomaler Dispersion, die aber, wegen der Schmalheit des sichtbaren Spektralgebietes, meist außerhalb desselben im Ultrarot oder Ultraviolett liegen. Auf Grund der älteren Lichttheorie lassen sich diese Tatsachen als eine Resonanzerscheinung an den Atomen oder Molekülen deuten. Resonanz eines schwingungsfähigen Gebildes erfolgt dann, wenn es mit einer Frequenz erregt wird, die einer seiner Eigenfrequenzen gleich ist (§ 94, s. dort auch über den Einfluß der Dämpfung). Die Gebiete anomaler Dispersion sind danach die Gebiete, in denen eine Eigenfrequenz der Atome oder Moleküle des betreffenden Stoffes liegt. Läßt man die Dämpfung dieser Gebilde außer Betracht, so führen Überlegungen auf Grund der MAXWELLschen Theorie zu dem Ergebnis, daß sich der Brechungsindex n eines Stoffes, dessen Permeabilität $\mu \approx 1$ ist, für alle Wellenlängen λ durch die Formel von KETTELER-HELMHOLTZ,

$$n^2 = \varepsilon + \frac{M_1}{\lambda^2 - \lambda_1^2} + \frac{M_2}{\lambda^2 - \lambda_2^2} + \frac{M_3}{\lambda^2 - \lambda_3^2} + \cdots, \tag{1}$$

ausdrücken läßt. Hierin bedeutet ε die Dielektrizitätskonstante des Stoffes, λ_1, λ_2, λ_3 usw. sind die Wellenlängen der Eigenschwingungen der Atome oder Moleküle, und M_1, M_2 usw. sind für jeden Stoff bestimmte Konstanten, die unter anderem von der Zahl der schwingungsfähigen Gebilde in 1 cm³ abhängen.

In § 304 haben wir die MAXWELL*sche Beziehung* $n^2 = \varepsilon\,\mu$ erwähnt. Durchsichtige Stoffe mit einer von $\mu = 1$ merklich verschiedenen Permeabilität gibt es nicht. Daher lautet die MAXWELLsche Beziehung für alle wirklich vorkommenden Fälle $n^2 = \varepsilon$. Man erkennt, daß dies für den Grenzfall sehr langer Wellen, d. h. wenn λ sehr groß gegen jede Eigenwellenlänge λ_s des Stoffes ist, auch aus

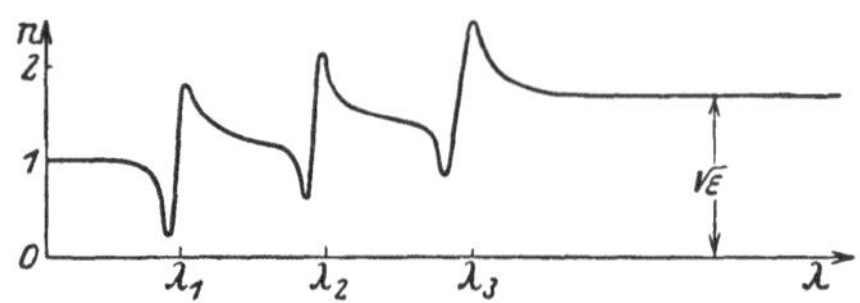

Abb. 543. Schema der Abhängigkeit des Brechungsindex von der Wellenlänge für den Fall dreier Resonanzgebiete.

Gl. (1) folgt. Dementsprechend hat sich die MAXWELLsche Beziehung auch in allen Fällen bestätigen lassen, in denen man den Brechungsindex eines Stoffes bei einer Wellenlänge untersuchen konnte, die groß gegen die Wellenlänge seiner langsamsten Eigenfrequenz ist. Das ist nur im ultraroten Spektralbereich der Fall.

Nach Gl. (1) müßte der Brechungsindex n für $\lambda = \lambda_1$, λ_2, λ_3 usw. jedesmal auf $+\infty$ steigen, beim Durchgang durch diese Werte auf $-\infty$ fallen, dann zunächst anwachsen, um mit weiter steigender Wellenlänge bis zur nächsten Resonanzstelle wieder langsam zu fallen. Infolge von Dämpfung verläuft jedoch n etwa so, wie es in Abb. 543 schematisch dargestellt ist. Die Resonanzgebiete bei λ_1, λ_2 und λ_3 sind die Gebiete anomaler Dispersion, die dazwischenliegenden Gebiete, in denen n mit steigender Wellenlänge abnimmt, diejenigen normaler Dispersion.

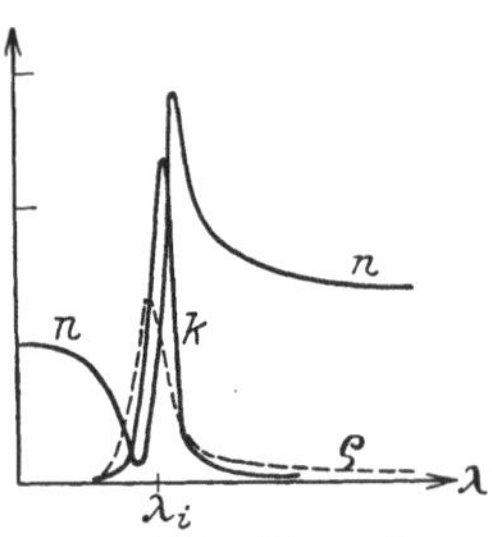

Abb. 544. Verlauf des Brechungsindex n, der Absorption k und des Reflexionsvermögens ϱ in einem Resonanzgebiet.

Für sehr kurze Wellen nähert sich der Brechungsindex aller Stoffe dem Wert 1. Es folgt daher aus Gl. (1), indem man $\lambda = 0$ setzt, daß die Dielektrizitätskonstante $\varepsilon = 1 + M_1/\lambda_1^2 + M_2/\lambda_2^2 + M_3/\lambda_3^2 + \dots$ ist.

In den Resonanzgebieten liegt auch jedesmal ein *Maximum der Absorption* und der *Reflexion* (Abb. 544). Bei geringer Dämpfung kann das Reflexionsvermögen hier bei einem sonst durchlässigen Stoff so groß werden, wie es sonst nur bei den Metallen ist (metallische Reflexion), während es in den unmittelbar benachbarten Gebieten sehr viel kleiner ist (vgl. § 309, Reststrahlen).

In den Gebieten anomaler Dispersion sinkt der Brechungsindex n unter den Wert 1. Das würde nach § 269 bedeuten, daß die Lichtgeschwindigkeit c größer wird als die Lichtgeschwindigkeit c_0 im Vakuum. Das ist jedoch nicht so zu verstehen, daß sich die *Lichtenergie* mit einer Geschwindigkeit bewegt, die größer ist als $3 \cdot 10^{10}$ cm · sec⁻¹. Wie aus der Relativitätstheorie folgt, kann sich weder ein Körper noch Energie mit einer die Lichtgeschwindigkeit übersteigenden Geschwindigkeit fortpflanzen. Das, was sich im vorliegenden Fall mit größerer Geschwindigkeit fortpflanzt, ist die *Phase* der Lichtschwingungen. Wie nämlich die Theorie der brechenden Stoffe zeigt, pflanzt sich in ihnen die *Phase* einer Welle im allgemeinen mit einer anderen Geschwindigkeit fort als die in der Welle übertragene *Energie*. Erstere bezeichnet man als die *Phasengeschwindigkeit* c der Welle. Das ist diejenige Geschwindigkeit, die wir bisher stets als die Lichtgeschwindigkeit c in einem brechenden Stoff bezeichnet haben, und die bei gegebener Frequenz ν maßgebend ist für die Wellenlänge $\lambda = c/\nu$ in dem brechenden Stoff, für seinen Brechungsindex $n = c_0/c$ (§ 269) und für die ja lediglich von den Phasenbeziehungen abhängigen Interferenzerscheinungen. Die Fortpflanzungsgeschwindigkeit der Energie bezeichnet man als die *Gruppengeschwindigkeit v* der Welle. Die beiden Geschwindigkeiten sind immer voneinander verschieden, wenn der betreffende Stoff eine Dispersion zeigt, wenn also $dn/d\lambda \neq 0$ ist. Zwischen v und c besteht die Beziehung

$$v = \frac{1}{\dfrac{d}{dv}\left(\dfrac{v}{c}\right)} = c\left(1 + \frac{\lambda}{n}\frac{dn}{d\lambda}\right). \tag{2}$$

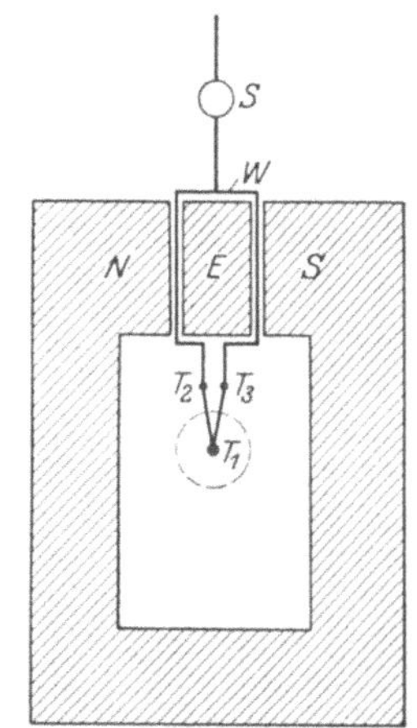

Abb. 545.
Thermosäule
für Strahlungs-
messungen.

(Der zweite Ausdruck für v läßt sich auf Grund der Beziehungen $v = c/\lambda$ und $c = c_0/n$ leicht aus dem ersten ableiten.) Außerhalb der Gebiete anomaler Dispersion [für die Gl. (2) nicht streng gilt] ist $dn/d\lambda < 0$ (Abb. 542), also $c > v$, und es kann sogar $c > c_0$, also $n = c_0/c < 1$ werden. Das ist, wie man sieht, bei genügender Annäherung an die Bereiche anomaler Dispersion der Fall. Darin liegt aber kein Widerspruch gegen die Relativitätstheorie, da sich ja die Lichtenergie nicht mit der Geschwindigkeit c, sondern mit der Geschwindigkeit v fortpflanzt. Nur bei fehlender Dispersion $(dn/d\lambda = 0)$, also insbesondere im Vakuum, ist $v = c = c_0$.

308. Strahlungsmeßgeräte. Das wichtigste Gerät zur Messung der Intensität (Energie) einer Strahlung ist die *Thermosäule* (Abb. 545). Sie beruht auf dem thermoelektrischen Effekt (§ 165) und besteht aus einer größeren Zahl von hintereinander geschalteten Thermoelementen aus feinem Draht, die derart angeordnet sind, daß die 1., 3., 5. usw. Lötstelle von der Strahlung getroffen wird, während die dazwischen liegenden Lötstellen gegen die Strahlung geschützt sind. Die bestrahlten Lötstellen sind berußt und werden von der Strahlung erwärmt, so daß eine Thermokraft entsteht, die mit einem Galvanometer gemessen wird und als Maß der Strahlungsintensität dient.

Ein weiteres Strahlungsmeßgerät ist das *Bolometer*. Es besteht aus einer dünnen, einseitig berußten Metallfolie, auf deren berußte Seite die zu messende Strahlung fällt. Diese erwärmt den Streifen und erhöht dadurch seinen Widerstand (§ 158). Die Widerstandsänderung wird in der Brückenschaltung gemessen. Sie ist bei nicht zu großer Intensität der Strahlung dieser proportional.

Eine für Strahlungsmessungen viel verwandte Form des Thermoelements ist das *Mikroradiometer* von Boys und Rubens (Abb. 546), ein Drehspulgalvanometer, dessen Spule aus einer einzigen Drahtwindung W besteht, in die ein Thermoelement aus zwei verschiedenen Wismutlegierungen unmittelbar eingefügt ist. Die eine Lötstelle T_1 ist berußt und wird der zu messenden Strahlung ausgesetzt, die anderen, T_2, T_3, sind vor ihr geschützt. Infolge der Temperaturdifferenz zwischen den Lötstellen entsteht in der Spulenwindung ein Strom, der eine Drehung der Spule hervorruft, die ein Maß für die Strahlung ist.

Auch das *Radiometer* (Crookes, Abb. 547) wird zur Strahlungsmessung benutzt. Es besteht aus zwei an einem dünnen Quarz- oder Kokonfaden aufgehängten dünnen Metallflügeln, deren einer einseitig berußt ist und der zu messenden Strahlung ausgesetzt wird. Das Ganze befindet sich in einem Glasgefäß, in dem ein Luftdruck von $^1/_{10}$—$^1/_{100}$ mm Hg herrscht. Fällt Strahlung auf den berußten Flügel, so erwärmt er sich, und die dadurch hervorgerufene Störung des Temperaturgleichgewichts zwischen dem Flügel und dem Gase hat eine Drehung des Flügels zur Folge, die mit Hilfe eines Spiegelchens abgelesen werden kann. Auf der gleichen Radiometerwirkung beruhen die sich im Sonnenlicht ständig drehenden Lichtmühlen, die man gelegentlich in den Schaufenstern optischer Geschäfte sieht. Die Theorie dieser Erscheinung ist sehr verwickelt.

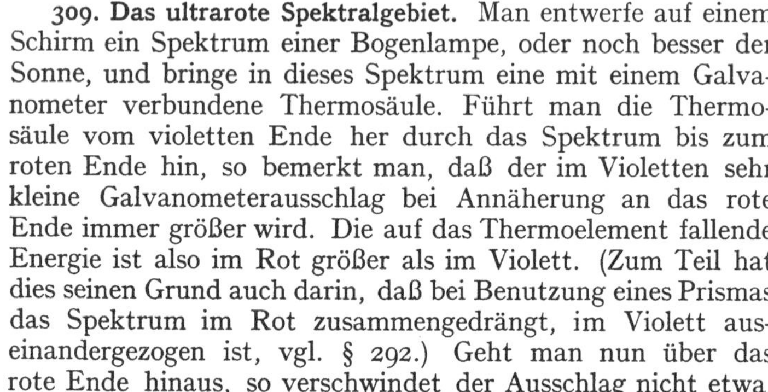

309. Das ultrarote Spektralgebiet. Man entwerfe auf einem Schirm ein Spektrum einer Bogenlampe, oder noch besser der Sonne, und bringe in dieses Spektrum eine mit einem Galvanometer verbundene Thermosäule. Führt man die Thermosäule vom violetten Ende her durch das Spektrum bis zum roten Ende hin, so bemerkt man, daß der im Violetten sehr kleine Galvanometerausschlag bei Annäherung an das rote Ende immer größer wird. Die auf das Thermoelement fallende Energie ist also im Rot größer als im Violett. (Zum Teil hat dies seinen Grund auch darin, daß bei Benutzung eines Prismas das Spektrum im Rot zusammengedrängt, im Violett auseinandergezogen ist, vgl. § 292.) Geht man nun über das rote Ende hinaus, so verschwindet der Ausschlag nicht etwa, sondern steigt zunächst noch an, um erst in einiger Entfernung vom roten Ende zu verschwinden. Dies beweist, daß sich das Spektrum über das Rot hinaus erstreckt, daß es also ein ultrarotes Spektralgebiet gibt (WOLLASTON und HERSCHEL 1800). Die Abnahme der Wirkung in Richtung längerer Wellen

Abb. 547. Radiometer. *S* Spiegel.

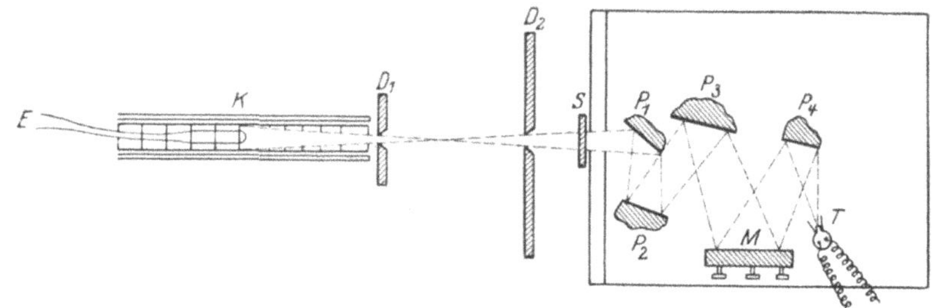

Abb. 548. Reststrahlenmethode nach RUBENS. *T* Thermosäule, *M* Metallhohlspiegel, P_1—P_4 Platten, an denen die Reststrahlen isoliert werden, *S* Schirm, D_1, D_2 Blenden, *K* schwarzer Körper als Strahlungsquelle, *E* Thermoelement zur Messung der Temperatur des schwarzen Körpers.

rührt nicht etwa daher, daß die Energie dort allmählich abnimmt, sondern vor allem daher, daß die im Strahlengang befindlichen Linsen und Prismen aus Glas die langwelligere ultrarote Strahlung nicht mehr durchlassen. Man benutzt daher zur Untersuchung des ultraroten Spektralgebietes Linsen und Prismen aus anderen Stoffen, nämlich bis zur Wellenlänge 4 μ Quarz, bis 8,5 μ Flußspat, bis 14 μ Steinsalz, bis 20, höchstens 23 μ Sylvin. Bis zu dieser Wellenlänge kann noch eine Zerlegung des ultraroten Spektrums durch Spektrometer erfolgen. Zur Aufnahme der Spektren kann man bis etwa 11 μ noch besonders sensibilisierte photographische Platten benutzen, darüber hinaus ist man auf die oben erwähnten Meßgeräte angewiesen.

Für die Aussonderung und Untersuchung eng begrenzter Wellenlängenbereiche jenseits von 23 μ ist man auf die *Reststrahlenmethode* von RUBENS angewiesen. Sie beruht darauf, daß viele Stoffe im Ultrarot Gebiete metallischer Reflexion haben, d. h. daß sie ziemlich schmale Gebiete des Spektrums sehr stark reflektieren, die benachbarten Gebiete aber viel weniger (§ 307). Die Strahlung einer Lichtquelle, etwa eines schwarzen Körpers *K* (§ 317), wird in der aus Abb. 548 ersichtlichen Weise mehrfach an Flächen des betreffenden Stoffes reflektiert. Von einem Strahlungsanteil, welcher an jeder Fläche z. B. zu 95% reflektiert wird, ist nach viermaliger Reflexion noch der Bruchteil $0{,}95^4$ oder 82% vorhanden. Ein Strahlungsanteil aber, der etwa nur zu 50% reflektiert wird, ist dann auf 6,25% geschwächt. Während sich die beiden Strahlungsanteile vorher etwa wie $2:1$ verhielten, verhalten sie sich nach vier Reflexionen wie $13:1$. Der Wellenlängenbereich wird bei jeder Reflexion schmaler, also einer scharfen Spektrallinie immer ähnlicher. Diese Strahlung kann dazu dienen, um die optischen Eigenschaften der Stoffe,

Tabelle 32. Die wichtigsten Reststrahlen (Lage der Energiemaxima).

Kalkspat	$CaCO_3$	$6{,}65\,\mu$
Flußspat	CaF_2	22 und $32\,\mu$
Aragonit	$CaCO_3$	$39\,\mu$
Steinsalz	$NaCl$	$52{,}8\,\mu$
Sylvin	KCl	$63\,\mu$
Bromkalium	KBr	$83\,\mu$
Thalliumchlorür	$TlCl$	$92\,\mu$
Jodkalium	KJ	$94\,\mu$
Thalliumbromür	$TlBr$	$117\,\mu$
Thalliumjodür	TlJ	$152\,\mu$

z. B. ihre Durchlässigkeit, in diesem Wellenlängenbereich zu untersuchen. Tabelle 32 gibt eine Übersicht über die für die Aussonderung von Reststrahlen hauptsächlich in Betracht kommenden Stoffe. Zur Messung der Wellen-

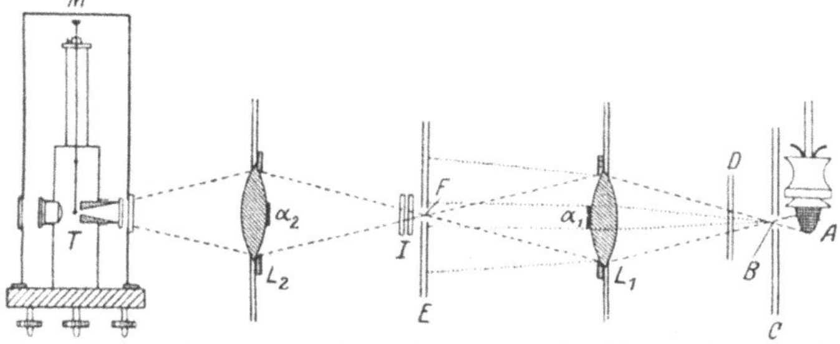

Abb. 549. Quarzlinsenmethode nach RUBENS und WOOD. A Auerbrenner, B, F Blendenöffnungen in den Diaphragmen C und E, L_1, L_2 Quarzlinsen, D, I Schirme zum Abblenden der Strahlung, $\alpha_1\,\alpha_2$ Papierblättchen, M Mikroradiometer als Meßgerät.

längen im langwelligen Ultrarot bedient man sich eines Interferometers (§ 290) von besonderer Bauart.

Je weiter man zu längeren Wellen vorrückt, desto schwieriger wird die Aussonderung und Untersuchung eng begrenzter Wellenlängenbereiche, schon wegen der geringen Energie der langwelligen Strahlung in den verfügbaren Strahlungsquellen. Zur Trennung langwelliger und kurzwelliger ultraroter Strahlung bediente RUBENS sich folgender Eigenschaft des Quarzes. Quarz ist im kurzwelligsten Ultrarot durchlässig, dann folgt bei längeren Wellen ein breites Gebiet anomaler Dispersion (§ 307), in dem er stark absorbiert, um schließlich für ganz langwellige Strahlung wieder durchlässig zu werden. In diesem langwelligen Gebiet hat er einen viel höheren Brechungsindex als im kurzwelligen Ultrarot (vgl. Abb. 543). Hierauf beruht die *Quarzlinsenmethode* (Abb. 549). Die von einer Strahlungsquelle, z. B. einem Auerglühstrumpf A, kommende Strahlung fällt durch eine enge Blende B auf eine Quarzlinse L_1, welche den stark brechbaren langwelligen Strahlungsanteil auf eine zweite Blende F vereinigt, durch welche sie hindurchtritt, während der schwach brechbare kurzwellige Strahlungsanteil zum größten Teil auf die Wand der Blende fällt. Um auch die auf die Öffnung fallende kurzwellige Strahlung auszusondern, wird sie durch ein auf der Linse angebrachtes Stück schwarzen Papiers α_1, welches für die langwellige Strahlung fast völlig durchlässig ist, absorbiert. Mittels einer zweiten Linse L_2 wird die Reinigung der Strahlung wiederholt, so daß nur noch langwellige Strahlung übrigbleibt.

Die langwelligste bisher beobachtete ultrarote Strahlung ist von RUBENS und VON BAEYER in der Strahlung der Quarzquecksilberlampe entdeckt worden. Diese Strahlung umfaßt ein breites Spektralgebiet und hat zwei Energiemaxima, eines bei 218 μ, das andere bei 343 μ. Sie fällt also bereits mit den kürzesten elektrischen Wellen zusammen. Tatsächlich zeigen diese langwelligen Strahlen schon alle Eigenschaften der elektrischen Wellen. So kann man sie z. B. durch feine Drahtgitter in gleicher Weise linear polarisieren, wie das HERTZ für elektrische Wellen nachgewiesen hat.

Die größte Wellenlänge, die im Sonnenspektrum nachweisbar ist, beträgt 5,3 μ (LANGLEY). Die größeren Wellenlängen werden im Wasserdampf der Atmosphäre vollkommen absorbiert.

310. Das ultraviolette Spektralgebiet. Hält man in das Spektrum einer Bogenlampe einen mit Zinkblende bedeckten Schirm derart, daß er über das violette Ende hinausragt, so bemerkt man, daß der Schirm ein beträchtliches Stück jenseits dieses Endes grünlich leuchtet (phosphoresziert, § 321). Dies ist eine Wirkung des für das Auge nicht sichtbaren ultravioletten Lichts. Daß das auf diese Weise beobachtbare ultraviolette Gebiet nicht weiter ausgedehnt ist und in der Regel sogar nur aus einer oder wenigen Linien zu bestehen scheint, liegt lediglich an der Verwendung von Glas im Strahlengange, welches unmittelbar hinter dem violetten Ende des sichtbaren Spektrums undurchlässig zu werden beginnt. Zur Untersuchung ultravioletter Spektren muß man daher andere Stoffe für Prismen und Linsen verwenden, vor allem Steinsalz, Quarz oder Fluß-spat. Die meisten Stoffe sind im kurzwelligen Ultraviolett undurchlässig, auch die Gase, die hier ihre Bereiche anomaler Dispersion haben. Zur Untersuchung kurzwelligster, ultravioletter Strahlung (SCHUMANN, MILLIKAN) muß daher die ganze Versuchsanordnung luftleer gemacht werden (Vakuumspektrograph).

Das *Sonnenlicht* ist ursprünglich sehr reich an ultraviolettem Licht; doch dringt dieses nur zu einem kleinen Teil durch die Erdatmosphäre, da es in einer Höhe von 20—30 km von etwa 2900 Å ab vom Ozon, von etwa 2000 Å ab vom Sauerstoff der Atmosphäre stark absorbiert wird. Dabei ist die Bildung von Ozon (O_3) selbst wiederum eine Folge der Lichtabsorp-tion im Sauerstoff (O_2), also ein photochemischer Prozeß (§ 349). Für den irdischen Beobachter bricht also das Sonnenspektrum bei etwa 2900 Å ziemlich plötzlich ab. Die Intensität des ultravioletten Lichtanteils nimmt mit der Höhe zu. Die biologischen Wirkungen des *Hochgebirgsklimas* beruhen zum großen Teil auf diesem Umstand. Einzelne Bereiche des ultravioletten Spektrums werden von der menschlichen Haut stark absorbiert (HAUSSER) und bewirken den *Sonnenbrand*.

Starke ultraviolette Strahlung liefert die Quarzquecksilberlampe (§ 182), desgleichen Quecksilberlampen aus gewissen, für ultraviolettes Licht weit-gehend durchlässigen Glassorten. Auch eine Funkenstrecke zwischen Elektroden aus Zink und manchen anderen Metallen sowie der Kohlelichtbogen sind reich an ultravioletter Strahlung. Die Sehorgane mancher Tiere sind auch noch im langwelligen Ultraviolett empfindlich. Zum Beispiel ist dies für die Bienen nachgewiesen worden.

Die Elementarvorgänge an den Atomen, die die Erzeugung ultravioletten Lichtes veranlassen, sind von der gleichen Art wie die, durch welche sicht-bares und kurzwelliges ultrarotes Licht entsteht. Man faßt daher diese drei Spektralbereiche unter dem Namen *optisches Spektrum* zusammen.

311. Röntgenstrahlen. Gammastrahlen. Die nach RÖNTGEN benannten Strah-len sind von diesem im Jahre 1895 bei Gelegenheit von Versuchen mit dem LENARD-Rohr (§ 183) entdeckt und von ihm selbst X-Strahlen genannt worden. Auch hat er selbst die neuen Strahlen sofort nach ihrer Entdeckung so gründlich erforscht, daß in den nächsten 17 Jahren kaum irgendein wesentlicher Fortschritt darüber hinaus erzielt werden konnte. Diese Entdeckung bildet einen Markstein auf dem Wege von der klassischen Physik des 19. Jahrhunderts zur Physik der Jetztzeit. Röntgenstrahlen vermögen bekanntlich alle Stoffe mehr oder weniger stark zu durchdringen, und zwar um so leichter, je geringer ihre Dichte ist. Im großen und ganzen steigt das Durchdringungsvermögen der Strahlen mit fallender Wellenlänge. Doch zeigen alle Stoffe an gewissen Stellen des Röntgenspektrums selektive Eigenschaften, insbesondere haben sie bestimmte Gebiete besonders starker Absorption. Die Röntgenstrahlen haben starke chemische Wirkung. Gase werden durch Röntgenstrahlen ionisiert. Die Wellenlängen der Röntgenstrahlen sind so klein, daß sie bei allen Stoffen schon weit unterhalb der kürzesten Resonanzwellenlänge liegen, also in Abb. 543 links von λ_1, dort wo der Brechungsindex schon fast genau gleich 1 geworden ist. Wie man aber sieht, ist n für die Röntgenstrahlen stets *kleiner* als 1, wenn auch nur äußerst wenig. Die Brechung der Röntgenstrahlen ist daher überaus gering.

Auf dem starken, aber für verschiedene Stoffe (Knochen, Muskelgewebe usw.) verschieden großen Durchdringungsvermögen beruht auch die Möglichkeit der „Durchleuchtung" des menschlichen Körpers, bei der dessen einzelne Bestandteile sich wegen ihrer verschiedenen Durchlässigkeit schattenartig voneinander abheben, und bei der insbesondere die Knochen, aber auch einzelne innere Organe, besonders deutlich hervortreten (Röntgendiagnostik). Die Sichtbarmachung der Schattenbilder erfolgt dadurch, daß man die Strahlen nach dem Durchgang durch den Körper auf einen mit Bariumplatinzyanür oder dergleichen bedeckten Schirm (Leuchtschirm) fallen läßt. Dieser fluoresziert unter der Wirkung der Röntgenstrahlen. Die photographische Aufnahme von Röntgenbildern erfolgt meist so, daß man auf die lichtempfindliche Schicht einen Leuchtschirm legt und die Röntgenstrahlen durch diesen hindurchtreten läßt. Die photographische Wirkung wird dadurch sehr verstärkt.

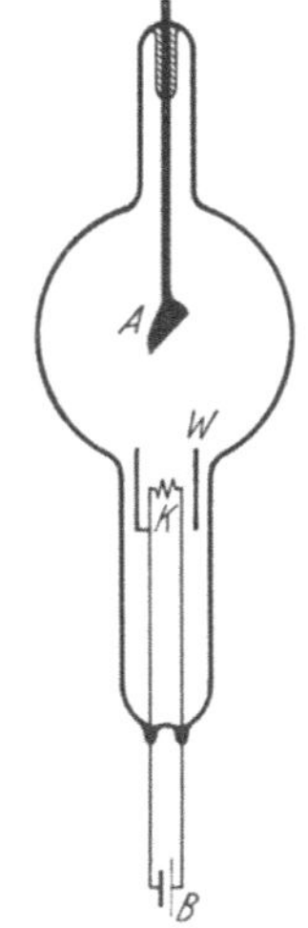

Abb. 550.
Schema einer Röntgenröhre. *K* Kathode,
A Anode, *B* Heizbatterie für die Kathode,
W WEHNELT - Zylinder.

Die biologischen Wirkungen der Röntgenstrahlen sind noch erheblich stärker als die des ultravioletten Lichts. Auch erstrecken sie sich bis in die Tiefe des Körpers. Sie finden eine ausgedehnte Anwendung zur Erzielung von Heilwirkungen der verschiedensten Art, z. B. zur Bekämpfung von bösartigen Geschwülsten (Röntgentherapie). Andererseits aber bilden sie bei unvorsichtigem Verhalten eine große Gefahr für den Menschen und bewirken die in schweren Fällen tödlichen Röntgenverbrennungen (Röntgenkrebs).

Röntgenstrahlen entstehen, wenn Kathodenstrahlen, also schnell bewegte Elektronen, auf ein Hindernis fallen. Da jede bewegte elektrische Ladung einen elektrischen Strom darstellt, so entspricht der Bremsung ihrer Bewegung eine sehr plötzliche Änderung der Stromstärke. Das hat das Auftreten einer nichtperiodischen elektromagnetischen Welle (etwa einem Knall vergleichbar) zur Folge, eben der ausgesandten Röntgenstrahlung *(Bremsstrahlung)*. Daneben entsteht aber, wie BARKLA (1905) entdeckte, noch eine weitere, periodische Strahlung, deren Wellenlängen *für den Stoff charakteristisch* sind, auf den die Elektronen auftreffen (§ 344).

An Stelle der älteren gasgefüllten Röntgenröhren benutzt man heute nur noch Röhren, in denen ein möglichst vollkommenes Vakuum hergestellt ist, und bei denen die zur Erzeugung der Röntgenstrahlen dienenden Kathodenstrahlen (Elektronen) aus einer Glühkathode stammen (§ 179). Die von der

Glühkathode K (Abb. 550) ausgehenden Kathodenstrahlen werden durch die elektrostatische Wirkung eines mit der Kathode verbundenen Metallzylinders (WEHNELT-Zylinder W) auf die Wolframanode A vereinigt und erzeugen dort bei ihrer Bremsung die Röntgenstrahlen. Man kann nun die Menge der ausgesandten Kathodenstrahlen durch den Heizstrom der Kathode, ihre Geschwindigkeit durch die angelegte Spannung regeln, und dadurch Art und Stärke der erzeugten Röntgenstrahlen in der jeweils gewünschten Weise beeinflussen. Das hat nicht nur für die physikalische Forschung, sondern vor allem auch für die Medizin entscheidende Bedeutung. Eine sachgemäße und für den Kranken gefahrlose Anwendung der Röntgenstrahlen in der Heilkunde ist erst durch diese neuzeitlichen Röhren möglich geworden.

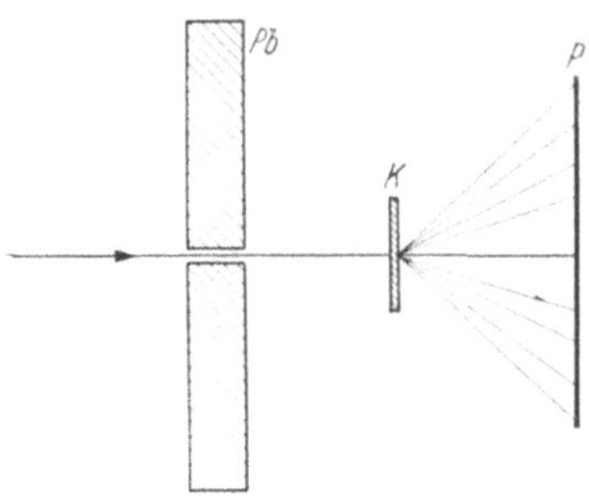

Abb. 551. VON LAUES Versuchsanordnung zum Nachweis der Beugung von Röntgenstrahlen in einem Kristall. *Pb* Bleiblende, *K* Kristall, *P* photographische Platte.

Man bezeichnet eine Röntgenstrahlung als „hart" oder „weich", je nachdem sie mehr oder weniger durchdringend ist, d. h. je nachdem in ihr vorwiegend kurzwellige oder langwellige Strahlung enthalten ist.

Daß die Röntgenstrahlen noch kurzwelligeres Licht sind als das Ultraviolett, war sofort vermutet worden. Im Jahre 1912 wurde es durch VON LAUE bewiesen, dem es gelang, Röntgenstrahlen zur Interferenz zu bringen. Dadurch wurde nicht nur ihre Wellennatur bewiesen, sondern es gelang auch, die Wellenlängen zu messen. Wegen der kleinen Wellenlänge der Röntgenstrahlen konnte man damals zur Erzeugung von Gitterspektren (§ 292) bei ihnen keine mechanisch hergestellten Gitter benutzen. VON LAUE kam daher auf den Gedanken, als Beugungsgitter Kristalle zu benutzen. Die Kristalle bilden, wie man schon damals vermutete, *Raumgitter*, d. h. ihre atomistischen Bausteine sind in ihnen ganz regelmäßig räumlich angeordnet (§ 369). Fällt Röntgenlicht durch einen solchen Kristall, so findet an jedem atomaren Baustein (Atom, Ion) eine

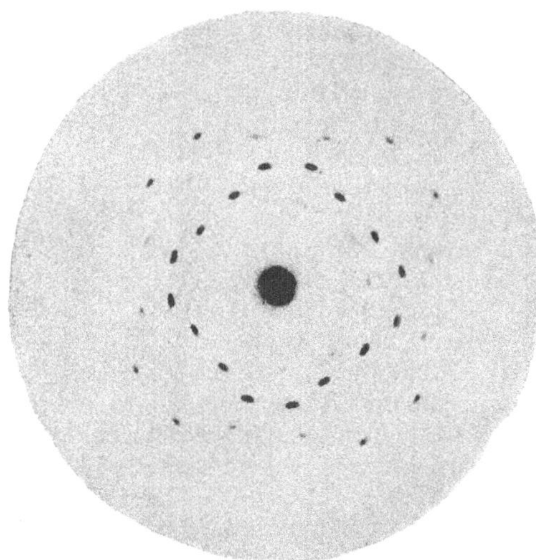

Abb. 552. LAUE-Diagramm der Zinkblende.

Beugung statt. Die gebeugten Strahlen interferieren miteinander. Das führt ähnlich wie beim Strichgitter dazu, daß Röntgenlicht nur in ganz bestimmten Richtungen aus dem Kristall austritt. Ein zweidimensionales Gegenstück zu diesen Erscheinungen sind die farbigen Beugungsbilder, die man z. B. beobachtet, wenn man eine nahezu punktförmige Lichtquelle durch einen Webstoff (Kreuzgitter) hindurch betrachtet (§ 292).

Abb. 551 zeigt die von VON LAUE zum Nachweis der Beugung der Röntgenstrahlen benutzte Versuchsanordnung. Ein feines Bündel von Röntgenstrahlen tritt durch einen Kristall und fällt hinter diesem auf eine photographische Platte, die überall dort geschwärzt wird, wo Strahlen auftreffen. Abb. 552 zeigt ein auf diese Weise gewonnenes LAUE-*Diagramm*. Der mittlere Fleck rührt von ungebeugtem Röntgenlicht her, die übrigen Flecke von gebeugtem Röntgenlicht. Die Struktur des LAUE-Diagramms hängt von der Raumgitterstruktur des Kristalls und von seiner Orientierung zum einfallenden Strahl ab.

Durch diese ungeheuer wichtige Entdeckung wurde nicht nur die Wellennatur der Röntgenstrahlen bewiesen, sondern auch die Richtigkeit der Vorstellung von der Raumgitterstruktur der Kristalle. In ihrer weiteren Entwicklung führte die LAUEsche Entdeckung einerseits zur Entwicklung einer Spektrometrie der Röntgenstrahlen durch W. L. und W. H. BRAGG, andererseits zu einem außerordentlichen Aufschwung der Kristallographie und unserer Kenntnis vom Bau der Materie überhaupt. Auch in der Technik bilden die Röntgenstrahlen heute ein unentbehrliches Hilfsmittel.

Die Wellenlängen der Röntgenstrahlen liegen zwischen 0,158 und 660 ÅE, erstrecken sich also über einen Bereich von 12 Oktaven. Noch erheblich kurzwelliger sind die *Gammastrahlen*, deren Wellenlängen bis zu 0,00466 ÅE hinabreichen, und die daher noch viel durchdringender sind als die Röntgenstrahlen. Ihre Wellenlänge kann nicht nach dem gleichen Verfahren gemessen werden, wie diejenige der Röntgenstrahlen, weil die Raumgitter der Kristalle dafür zu grob sind. Sie kann aber auf indirektem Wege berechnet werden. Gammastrahlen sind eine Begleiterscheinung des radioaktiven Zerfalls (§ 355). Noch viel durchdringender, also viel kurzwelliger, ist die Wellenstrahlung, welche die *Ultrastrahlung* (§ 367) begleitet.

312. Spektrometrie der Röntgenstrahlen. Strukturanalyse. Das LAUEsche Verfahren kann zur Wellenlängenmessung, also zu einer Spektrometrie der Röntgenstrahlen, verwendet werden, sofern

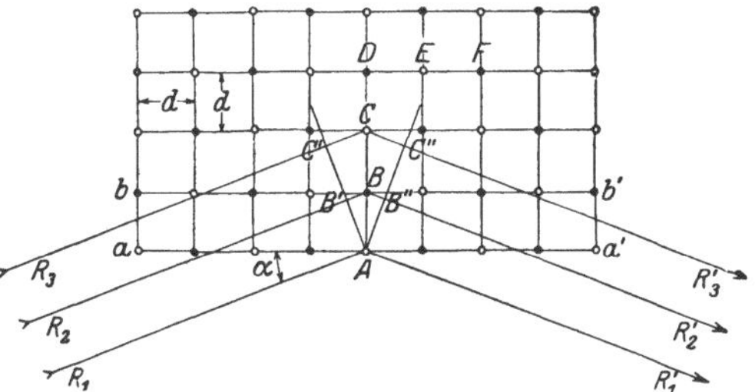

Abb. 553. Zur Reflexion der Röntgenstrahlen an einem Kristall.

man das Raumgitter des benutzten Kristalls kennt. Jedoch sind die dabei auftretenden Beugungserscheinungen ziemlich verwickelt. Das von W. L. und W. H. BRAGG erdachte Verfahren bedient sich der bei der Reflexion an einem Kristallgitter auftretenden Interferenzerscheinungen, welche viel einfacher sind.

Wir wählen als Beispiel das besonders einfache kubische Raumgitter des Steinsalzes, NaCl, bei dem positive Na-Ionen und negative Cl-Ionen regelmäßig abwechselnd in den Ecken von Würfeln angeordnet sind. Abb. 553 zeigt einen schematischen Querschnitt durch einen solchen Kristall. Die Kantenlänge der Elementarwürfel sei d. Die schwarzen Kreise seien Na-Ionen, die weißen Cl-Ionen (D, E, F). Die Ebenen aa', bb' usw. heißen Netzebenen. Auf die durch eine solche Netzebene gebildete Oberfläche aa' des Kristalls falle ein mit ihr den Winkel α bildendes Bündel paralleler, kohärenter Röntgenstrahlen R_1, R_2 usw. Wir greifen die beiden Strahlen R_1 und R_2 heraus, welche auf die Ionen A und B fallen. An diesen werden sie nach allen Richtungen abgebeugt. Unter diesen abgebeugten Strahlen betrachten wir die beiden Strahlen R_1' und R_2', welche so verlaufen, als seien die Strahlen R_1 und R_2 regulär am Kristall reflektiert worden. Die einfallenden Strahlen sind in A und B', weil kohärent, in gleicher Phase, in A und B'' aber nur dann, wenn der Weg $B'B + BB''$ gleich der Wellenlänge λ oder einem ganzzahligen Vielfachen derselben ist. Es ergibt sich leicht, daß dann

$$2\,d \sin\alpha = z\,\lambda, \tag{3}$$

wenn z irgendeine ganze Zahl bedeutet (vgl. die ganz ähnlichen Betrachtungen in § 292). In diesem Falle findet also keine Schwächung oder Auslöschung durch Interferenz statt. Die gleiche Überlegung gilt für die Strahlen R_2 und R_3.

Nun findet aber auch an allen anderen Gitterpunkten Beugung statt. Es läßt sich zeigen, daß, wenn man die Gesamtheit der Gitterpunkte und alle an ihnen gebeugten Strahlen in Betracht zieht, genau wie beim Strichgitter eine merkliche Intensität der austretenden Röntgenstrahlen nur bei denjenigen Einfallswinkeln und in denjenigen Richtungen auftritt, die der Gl. (3) entsprechen. Je nachdem $z = 1, 2, 3$ usw. ist, spricht man von Reflexion erster, zweiter, dritter Ordnung usw.

Auf die Oberfläche eines Kristalls K falle ein Kegel von Röntgenstrahlen, der Strahlen verschiedener Wellenlänge enthält (Abb. 554). Wir wollen annehmen, es seien drei verschiedene Wellenlängen vorhanden (in Abb. 554 durch die Zahl der Pfeilspitzen angedeutet). Reflexion findet nur in den der Gl. (3) entsprechenden Richtungen statt, und daher verläuft das den verschiedenen

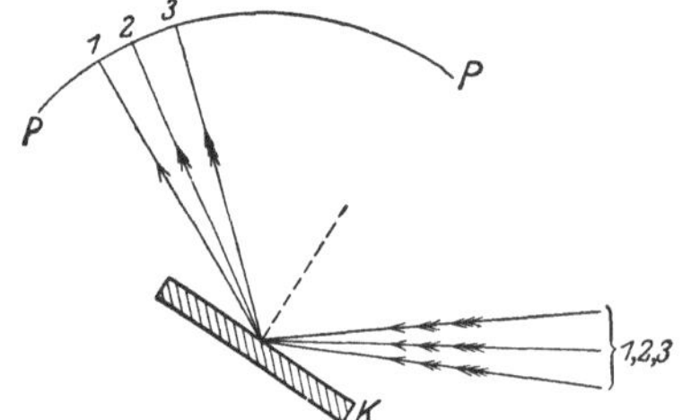

Abb. 554. Zur Reflexion der Röntgenstrahlen an einem Kristall.   Abb. 555. Zur Drehkristallmethode.

Wellenlängen angehörende Röntgenlicht nach der Reflexion in verschiedenen Richtungen. Stellt man einen kreisförmig gebogenen photographischen Film PP in den Weg der reflektierten Strahlen, so erhält man auf ihm ein nach Wellenlängen geordnetes Spektrum des Röntgenlichts.

Es gibt heute zahlreiche dem gleichen Zweck dienende Verfahren. Als Beispiel sei die Drehkristallmethode angeführt (Abb. 555). Durch eine Bleiblende B fällt ein feines Bündel Röntgenlicht auf einen Kristall K, der um den Auftreffpunkt der Strahlen gedreht werden kann. Reflexion findet nur bei denjenigen Stellungen des Kristalls statt, bei denen für einen der in der einfallenden Strahlung enthaltenen Anteile die Gl. (3) erfüllt ist. So wird etwa der eine Anteil bei der Stellung I des Kristalls in die Richtung 1 reflektiert, ein zweiter bei der Stellung II in die Richtung 2 usw. Auf einem kreisförmig gebogenen Film PP entsteht daher bei allmählicher Drehung des Kristalls ein Spektrum, welches, wenn B ein schmaler, zur Zeichnungsebene senkrechter Spalt ist, aus feinen Linien besteht, genau wie die gewöhnlichen optischen Spektren (Abb. 582 und 584, § 344). Die Genauigkeit der Wellenlängenmessung der Röntgenstrahlen erreicht zwar diejenige im optischen Spektrum nicht, ist aber doch schon sehr beträchtlich.

Bei Verwendung von Röntgenstrahlen bekannter Wellenlänge können natürlich die an Kristallen auftretenden Interferenzen auch zur Untersuchung der Gitterstruktur der Kristalle dienen. Beim Steinsalz (Abb. 553) ergibt sich der Abstand der Ionen, d. h. die Kantenlänge eines „Elementarwürfels", zu $2{,}83 \cdot 10^{-8}$ cm. Es ist dies die Größenordnung der Atomdurchmesser (§ 336). Die Richtigkeit dieses Wertes kann man auch auf andere Weise bestätigen.

Jede der acht Ecken eines Elementarwürfels ist mit einem Ion besetzt. Jedes
dieser Ionen aber gehört gleichzeitig acht Elementarwürfeln an. Daher ist die
Zahl der Ionen im Kristall gleich der Zahl der Elementarwürfel und demnach
die auf einen Elementarwürfel entfallende Masse gleich der mittleren Masse der
Ionen. Das mittlere Atomgewicht des Na (23,0) und des Cl (35,45) beträgt
29,23. Nun ist das Atomgewicht das Produkt aus der Atommasse und der
LOSCHMIDTschen Zahl $N = 6{,}022 \cdot 10^{23}$. Wir erhalten also als mittlere Atom-

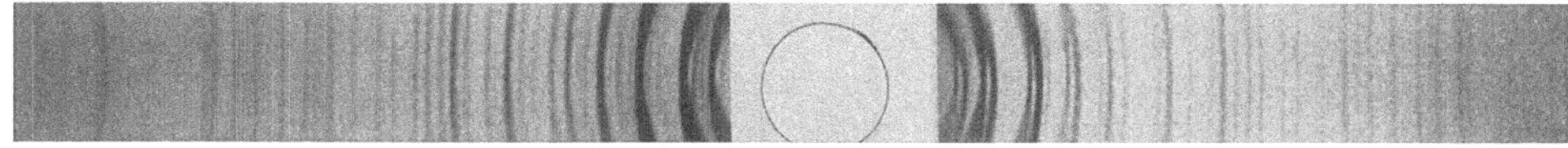

Abb. 556. DEBYE-SCHERRER-Diagramm am esten N_2O_4.

masse $29{,}23/(6{,}022 \cdot 10^{23}) = 4{,}85 \cdot 10^{-23}$ g. Andererseits beträgt das Volumen
eines Elementarwürfels $(2{,}83 \cdot 10^{-8})^3 = 2{,}265 \cdot 10^{-23}$ cm³; die Dichte des Steinsalzes beträgt $2{,}16$ g·cm⁻³. Demnach beträgt die Masse eines Elementarwürfels

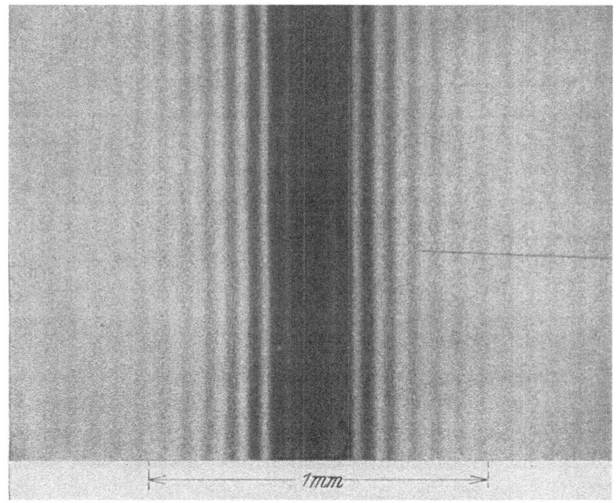

Abb. 557. Beugung von Röntgenstrahlen an einem Spalt. (Nach BÄCKLIN.)

$2{,}16 \cdot 2{,}265 \cdot 10^{-23} = 4{,}89 \cdot 10^{-23}$ g, was mit der obigen Zahl recht gut übereinstimmt.

Ein weiteres wichtiges Verfahren ist dasjenige von DEBYE und SCHERRER,
bei dem keine großen, gut ausgebildeten Kristalle benötigt werden, sondern das
zu untersuchende Material in Pulverform verwendet wird. Dieses Verfahren ist
grundsätzlich das gleiche wie das Drehkristallverfahren. Während bei diesem
aber eine größere Kristallfläche allmählich in verschiedene Orientierungen zu
einem Bündel von Röntgenstrahlen gebracht wird, besteht das Pulver aus
Kristalliten, deren Kristallflächen alle möglichen Orientierungen haben, so
daß an ihm alle Arten von Reflexionen *gleichzeitig* stattfinden, die am
Drehkristall *zeitlich nacheinander* eintreten. Wird das Pulver in ein Röhrchen
gebracht, so ergeben sich bei der Bestrahlung mit Röntgenstrahlen Interferenzerscheinungen, wie sie Abb. 556 zeigt, aus denen die Struktur der im Pulver

enthaltenen Kriställchen berechnet werden kann. Mittels dieses Verfahrens kann man auch Schlüsse auf die Struktur von amorphen Stoffen und Molekülen ziehen.

Später ist es auch gelungen, die Wellenlänge von Röntgenstrahlen mit den gleichen Gittern zu messen, die für optische Zwecke gebraucht werden (§ 292). Dabei wird der Kunstgriff benutzt, daß die Röntgenstrahlen nahezu streifend auf ein auf Metall geritztes Gitter fallen. Die beugende Wirkung ist dann etwa ebenso groß wie bei senkrechtem Einfall auf ein Gitter, dessen Gitterkonstante gleich der Projektion der wirklichen Gitterkonstante auf die Wellenebene der Röntgenstrahlen ist. Infolge des streifenden Einfalls ist diese Projektion sehr klein und fällt in die Größenordnung der Wellenlänge der Röntgenstrahlen. Beobachtet wird die vom Gitter reflektierte Röntgenstrahlung. Auch an sehr engen Spalten hat man sehr saubere Beugungserscheinungen mit Röntgenstrahlen erzeugen können (Abb. 557).

313. Emissions- und Absorptionsspektren. Spektralanalyse. Das Spektrum selbstleuchtender Stoffe nennt man ihr *Emissionsspektrum*. Es hat je nach der Art des lichtaussendenden Stoffes ein sehr verschiedenartiges Aussehen.

Glühende feste und flüssige Stoffe senden ein *kontinuierliches Spektrum* aus, d. h. ihr Spektrum enthält die ununterbrochene Folge aller Wellenlängen, also im sichtbaren Gebiet von Rot bis Violett, aber darüber hinaus auch im Ultrarot und Ultraviolett. Das gleiche gilt für *sehr* stark verdichtete Gase. Diesen Zustand können wir allerdings mit irdischen Mitteln nicht verwirklichen. Dagegen besteht z. B. der Sonnenkörper, unbeschadet seiner hohen Dichte von rund $1 \, g \cdot cm^{-3}$, aus einem Stoff, der nach seinen physikalischen Eigenschaften durchaus als ein Gas zu bezeichnen ist (§ 370). Wegen der großen Dichte dieses Stoffes sendet die Sonnenoberfläche — die *Photosphäre* — ein kontinuierliches Spektrum aus. Dagegen zeigen *lumineszierende* feste und flüssige Stoffe (§ 328) Spektren, welche in der Regel aus einzelnen sehr unscharfen Linien oder Liniengruppen oder mehr oder weniger ausgedehnten, verwaschenen Wellenlängenbereichen bestehen.

Bei den leuchtenden Gasen, z. B. in der Glimmentladung, gibt es zwei verschiedene Arten von Spektren, die *Linienspektren* und die *Bandenspektren*. Die Linienspektren (ein Beispiel im Mittelstreifen der Abb. 558) bestehen aus einer oft sehr großen Zahl einzelner feiner Linien, die deutlich voneinander getrennt sind, wenn sie sich auch an einzelnen Stellen häufen können. Auch die Bandenspektren bestehen aus einzelnen Linien. Aber diese sind *stets* sehr dicht gehäuft und bilden deutlich einzelne, aus sehr vielen Linien bestehende Gruppen, die *Banden*, an deren einem Ende, dem Bandenkopf, sie besonders dicht gedrängt liegen. Die Linienspektren werden von leuchtenden Atomen, die Bandenspektren von leuchtenden Molekülen ausgesandt. Man spricht deshalb auch von *Atomspektren* und *Molekülspektren*. Die Gesetzmäßigkeiten der Spektren werden im Kapitel 9 eingehend besprochen werden. Dort findet sich auch eine Anzahl von Abbildungen charakteristischer Spektren (§ 338, 342, 344, 346).

Das Licht einer Lichtquelle, die ein kontinuierliches Spektrum aussendet — z. B. einer Bogenlampe — wird beim Durchgang durch einen Stoff in einer für diesen charakteristischen Weise verändert. In dem kontinuierlichen Spektrum erscheinen dunkle Linien oder Streifen bei denjenigen Wellenlängen, deren Licht absorbiert, d. h. nicht durchgelassen wird. Ein solches Spektrum heißt das *Absorptionsspektrum* des Stoffes. Die Absorptionsgebiete sind bei den festen Körpern meist ziemlich breit und verwaschen, bei den Gasen feine Linien (Abb. 552 oben und unten). Stoffe, die im sichtbaren Bereich keine oder nur sehr schmale Absorptionsgebiete haben, sind durchsichtig, wie Glas oder Wasser.

Das Spektrum des Sonnenlichts ist an sich kontinuierlich, wird aber von sehr vielen feinen dunklen Linien, den (zuerst 1802 von WOLLASTON beobachteten) FRAUNHOFER*schen Linien* durchzogen (Abb. 558). Die stärksten von ihnen werden mit den Buchstaben *A, B* usw. bezeichnet. Die FRAUNHOFER-schen Linien rühren von der Absorption des von der Oberfläche des glühenden Sonnenkerns (Photosphäre) ausgesandten kontinuierlichen Spektrums in der Atmosphäre der Sonne (Chromosphäre) her, einzelne von ihnen auch von einer Absorption in der Erdatmosphäre (tellurische Linien). Das Sonnenspektrum mit den FRAUNHOFERschen Linien ist also das Absorptionsspektrum der in der Chromosphäre enthaltenen Gase. Abb. 558 zeigt durch Vergleich mit dem Eisenspektrum das Auftreten von Absorptionslinien des Eisens im Sonnenspektrum.

Das Emissions- oder Absorptionsspektrum eines Elements ist für dieses absolut charakteristisch. Es kann also zum Nachweis des Vorhandenseins eines Elements dienen. Hierauf gründeten BUNSEN und KIRCHHOFF (1859) die

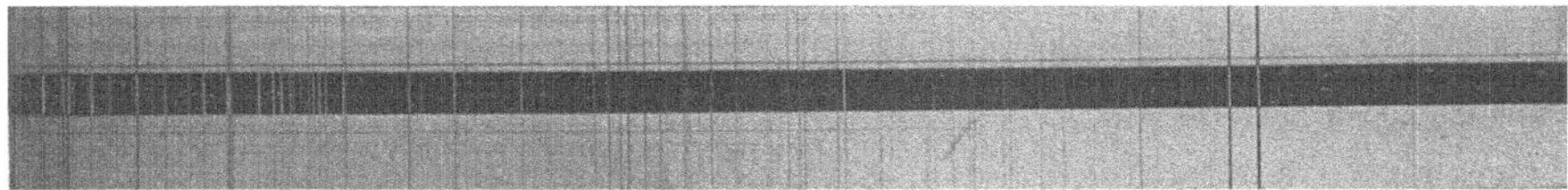

Abb. 558. Ausschnitt aus dem Sonnenspektrum mit FRAUNHOFERschen Linien. In der Mitte das Emissionsspektrum des Eisens im gleichen Spektralbereich. Aufnahme von E. FREUNDLICH.

Spektralanalyse, welche ein wichtiges Hilfsmittel der chemischen und metallographischen Forschung bildet. Auch die Röntgenspektren können zur Spektralanalyse dienen. Auf diesem Wege ist es gelungen, die Elemente mit den Ordnungszahlen 43 (Masurium), 72 (Hafnium) und 75 (Rhenium) nachzuweisen, die sich wegen ihrer sehr geringen Konzentration in den Mineralien vorher dem chemischen Nachweis entzogen.

Von größter Bedeutung ist auch die Anwendung der Spektralanalyse auf die Fixsterne. Die Untersuchung der Fixsternspektren hat ergeben, daß sich auf ihnen ausnahmslos die gleichen Elemente befinden wie auf der Erde. Darüber hinaus geben die Fixsternspektren wichtige Aufschlüsse über den Zustand und die Entwicklungsgeschichte der Fixsterne überhaupt (10. Kapitel).

314. Reine Spektralfarben und Mischfarben. Dreifarbentheorie des Sehens.
Reine Spektralfarben sind solche, die durch spektrale Zerlegung des Lichts mit einem Prisma oder Gitter entstehen. Sie entsprechen also Licht von einheitlicher Wellenlänge. Es ist nun eine bemerkenswerte Tatsache, daß man den *Farbton* jeder Spektralfarbe auch auf unendlich viele verschiedene Arten durch *Mischung mehrerer reiner Spektralfarben* hervorrufen kann. Zur Untersuchung dieser Verhältnisse schuf HELMHOLTZ ein Lichtmischgerät, mittels dessen der Farbeindruck zweier Lichtgemische bzw. die Farbe eines Gemisches mit einer reinen Spektralfarbe verglichen werden kann. Mischt man zwei verschiedene reine Spektralfarben, so ergibt sich, je nach dem Mischungsverhältnis, eine Folge von Farbtönen, die einen lückenlosen Übergang von der einen zur anderen reinen Spektralfarbe darstellen. Dabei aber zeigt sich ein erheblicher Unterschied, je nachdem ob die beiden reinen Farben einander im Spektrum nahe liegen oder ob sie weit voneinander entfernt sind. Bei der Mischung eines reinen Rot und Gelb z. B. erscheinen die Mischfarben den Farben des dazwischen

liegenden spektral reinen Gelbrot vollkommen gleich. Sie zeigen die gleiche charakteristische *Sättigung*, die bei der Betrachtung reiner Spektralfarben auch ästhetisch so sehr befriedigt. Mischt man jedoch zwei im Spektrum weiter auseinanderliegende reine Farben, so ist die lückenlose Folge der Zwischenfarben zwar auch vorhanden, aber im mittleren Teil der Folge erscheint die Mischfarbe weißlicher, weniger gesättigt, als die im Farbton gleiche reine Spektralfarbe. Es gibt ferner zu jeder reinen Spektralfarbe — den Bereich zwischen etwa 492 mμ bis 570 mμ (Gelbgrün bis Grünblau) ausgenommen — eine bestimmte zweite reine Spektralfarbe, mit der zusammen sie, in einem bestimmten Intensitätsverhältnis gemischt, ein reines Weiß ergibt. Ein solches Farbenpaar bezeichnet man als *Komplementärfarben*. Zwei Komplementärfarben zeichnen sich auch dadurch aus, daß sie nebeneinander den Eindruck einer besonders befriedigenden Farbenharmonie erzeugen. Diese Tatsache ist von großer Wichtigkeit in der Malerei. (Man vergleiche z. B. die Wirkung des Blau und Gelb am Mantel der Madonna unter den Felsen von LEONARDO DA VINCI.) Zu den Farben des oben ausgenommenen Bereichs gibt es keine spektral reinen Komplementärfarben, wohl aber solche, die Mischfarben reiner Spektralfarben sind, nämlich die im Spektrum nicht enthaltenen *Purpurfarben*, welche durch Mischung von spektral reinem Rot und Violett entstehen.

Die verschiedenen Purpurtöne bilden, je nach dem Mischungsverhältnis aus Rot und Violett, eine stetige Farbfolge vom reinen Rot bis zum reinen Violett. Der Übergang von dem einen Ende des Spektrums zum anderen kann daher auf zwei Wegen stetig erfolgen, entweder über die Folge der reinen Spektralfarben Rot, Gelb, Grün, Blau, Violett, oder über die Purpurtöne Rot, Purpur, Violett. Das sichtbare Spektrum, das physikalisch bei Rot und Violett abreißt, wird also physiologisch durch die Purpurfarben zu einem Farbenkreise geschlossen.

Außer dem Purpur scheinen in der Folge der reinen Spektralfarben noch gewisse Farben zu fehlen, unter denen besonders Braun und Olivgrün zu nennen sind. Tatsächlich aber handelt es sich hier nicht wie beim Purpur um wirklich neue Farbtöne. Vielmehr zeigt z. B. die Untersuchung des Spektrums eines braunen Körpers mit dem Farbenmischgerät, daß seine Farbe in Wahrheit Gelbrot ist. Braune, in Wirklichkeit also gelbrote Körper verdanken ihre besondere Farbwirkung der Tatsache, daß sie nur einen verhältnismäßig geringen Teil des auffallenden Lichts reflektieren. Sie haben neben ihrer Farbe noch die Eigenschaft der *Schwärzlichkeit*, und diese wird unbewußt in den Farbeindruck mit einbezogen. Man kann ein braunes und ein gelbrotes Täfelchen vollkommen farbgleich erscheinen lassen, wenn man das braune stärker mit weißem Licht beleuchtet als das gelbrote. Wenn wir das Farburteil Braun fällen, so ist dabei stets ein Vergleich mit der Schwärzlichkeit der umgebenden, gleich hell beleuchteten Objekte mit im Spiel, und der Farbeindruck hängt entscheidend von der Helligkeit der Umgebung ab. Projiziert man mittels eines gelbroten Glases ein gelbrotes Feld auf eine weiße Wand, so erscheint das Feld gelbrot, wenn die Umgebung dunkel ist, aber braun, wenn die Umgebung weiß ist. Weitere typische schwärzliche Farben sind das Olivgrün und das Grau, dieses ein schwärzliches Weiß. Hiernach ist jeder Farbeindruck durch drei Bestimmungsstücke eindeutig festgelegt: durch *Farbton, Sättigung und Helligkeit.*

Unter den um die Farbenlehre verdienten Forschern ist in neuerer Zeit insbesondere OSTWALD zu nennen. Bekanntlich hat sich auch GOETHE mit der Farbenlehre sehr eingehend beschäftigt und die NEWTONsche Theorie der bei der Brechung entstehenden Farben leidenschaftlich bekämpft. Ihm schloß sich später, wenn auch bedingt, SCHOPENHAUER an. Während GOETHES Beobachtungen durchweg völlig zutreffend waren, ist seine — durch künstlerischintuitive Beweggründe allzu stark beeinflußte — physikalische Deutung mit der Erfahrung nicht vereinbar. Seine Farbenlehre ist daher vom physikalischen Standpunkt aus nicht haltbar. Hingegen enthält sie eine große Zahl grundlegender physiologischer Erkenntnisse.

Eine physiologische Deutung der vorstehend beschriebenen Erscheinungen gibt die *Dreifarbentheorie des Sehens*, deren Hauptvertreter YOUNG und HELMHOLTZ waren. Hiernach beruht ein Farbeindruck auf drei verschiedenen Einzelvorgängen in der Netzhaut des Auges, und es verhält sich so, daß das Auge drei verschiedene Arten von farbentüchtigen Gebilden (Zäpfchen, § 276) enthält, und daß jede Art auf eine bestimmte reine Spektralfarbe maximal anspricht, aber in abgestuftem Maße auch auf die benachbarten Bereiche, wie ein stark gedämpftes, schwingungsfähiges Gebilde (§ 94). Bei einem beliebigen Farbeindruck werden im allgemeinen alle drei Gruppen von Zäpfchen, aber in verschiedener Stärke, erregt, und je nach der Intensitätsverteilung auf die drei Gruppen entsteht im Gehirn der Farbeindruck nach Farbton, Sättigung und Helligkeit.

Eine wichtige Stütze dieser Theorie bilden die Untersuchungen an *Farbenblinden*. Diese sehen das Spektrum nicht als lückenlose Farbfolge, sondern etwa wie ein gesundes Auge diejenige Farbfolge sieht, die bei der Mischung von Gelb mit dem dazu komplementären Blau entsteht. Die beiden Enden des Spektrums erscheinen gelb bzw. blau, und in der Gegend von etwa 500 mμ erscheint reines Weiß. Unter sonst gesunden Menschen gibt es zwei Arten von Farbenblinden, die Rotblinden und die Grünblinden. Den letzteren erscheint auch ein gewisses Purpur als weiß. Beide stimmen darin überein, daß sie Rot und Grün verwechseln. Außerdem gibt es noch, aber nur als Folge gewisser Erkrankungen, eine Violett- oder Blaublindheit mit anderen Ausfallserscheinungen. Man deutet die Farbenblindheit als Folge des Ausfalls einer der drei Arten von Zäpfchen.

315. Körperfarben. Die Farben, die die Körper im auffallenden Licht zeigen, beruhen darauf, daß diese nicht alle Farben in gleichem Maße reflektieren. Ein Körper, der nur rotes Licht reflektiert, erscheint bei Beleuchtung mit weißem Licht rot. Enthält aber das auffallende Licht die von ihm reflektierte Farbe nicht, z. B. bei einem rein roten Körper in blauem Licht, so erscheint er schwarz. Enthält das auffallende Licht nur einen Teil der von dem Körper reflektierten Farben, so entsteht der Farbeindruck, der der Mischung der übrigbleibenden Farben, je nach ihren Intensitätsverhältnissen, entspricht. Da wir als Farbe eines Körpers schlechthin seine Farbe im Sonnenlicht verstehen, so erscheint er — uns in der Regel unbewußt — bei dem im kurzwelligen Spektrum verhältnismäßig viel schwächeren künstlichen Licht dem Auge oft schon in veränderter Farbe. Die Schwierigkeit der Auswahl eines farbigen Stoffes bei künstlichem Licht ist bekannt.

Eine praktisch besonders wichtige Rolle spielen unter den Körperfarben die der *Farbstoffe* oder *Pigmente*. Die Mischung von reinen Spektralfarben, die man auch als eine Addition von Lichtern bezeichnen kann, folgt ganz anderen Gesetzen, als die Mischung von Farbstoffen, wie sie etwa der Maler zur Erzielung eines bestimmten Farbtons vornimmt. Die Mischung eines blauen und eines gelben Farbstoffes ergibt bekanntlich keineswegs Weiß, sondern Grün. Das hängt damit zusammen, daß das Gemisch Eigenschaften der beiden Bestandteile sowohl bezüglich der Reflexion als auch der Absorption besitzt.

Die Farben der Körper im durchgehenden Licht sind hauptsächlich durch die Absorption bestimmter Farbbereiche beim Durchgang durch den Körper gegeben. Dabei kann die gleiche Farbe, wie bei den Oberflächenfarben, auf unendlich viele verschiedene Arten durch Mischung reiner Spektralfarben entstehen.

V. Temperaturstrahlung und Lumineszenz.

316. Temperaturstrahlung. Unter Temperaturstrahlung oder Wärmestrahlung versteht man jede Strahlung, die ihre Entstehung der Temperatur eines Körpers verdankt und in ihrer Intensität und spektralen Energieverteilung nur von dieser Temperatur und der Beschaffenheit des Körpers abhängt.

Stehen sich zwei Körper von verschiedener Temperatur gegenüber, ohne daß Wärmeleitung (§ 125) zwischen ihnen stattfindet, so gleichen sich doch ihre Temperaturen im Laufe der Zeit durch *Wärmestrahlung* aus. Diese geht so vor sich, daß nicht nur der wärmere Körper dem kälteren Wärme zustrahlt, sondern auch der kältere dem wärmeren. Die erste Wirkung überwiegt jedoch die zweite um so mehr, je größer der Temperaturunterschied der Körper ist (*Satz von* PRÉVOST).

Die Erwärmung eines Körpers durch Strahlung beruht darauf, daß die auf ihn fallende Strahlungsenergie in ihm absorbiert und in Molekularenergie, also in Wärme, umgesetzt wird. Umgekehrt kühlt sich ein Körper durch Ausstrahlung deshalb ab, weil dabei ein Teil seiner Molekularenergie in Strahlungsenergie verwandelt wird.

Jeder Körper strahlt bei jeder auch noch so geringen Temperatur. Die Intensität des ausgestrahlten sichtbaren Lichts überschreitet aber erst bei höherer Temperatur die Grenze der Beobachtbarkeit. Das erste schwache Leuchten wird bei festen Körpern und Flüssigkeiten im Dunkeln bei etwa $525°$ C wahrgenommen (DRAPER*sches Gesetz*), und dies auch nur mit den Stäbchen des ausgeruhten Auges (§ 276). Dieses erste Licht erscheint daher farblos, grauweißlich (Grauglut). Bei weiter steigender Temperatur geht der Körper dann in Rotglut, Gelbglut und schließlich in Weißglut über.

317. KIRCHHOFFsches Gesetz. Schwarzer Körper. Das KIRCHHOFF*sche Gesetz* (1859) besagt, daß bei gegebener Temperatur die Strahlungsemission E eines Körpers zu seiner Strahlungsabsorption A in einem ganz bestimmten Verhältnis steht. Also ist

$$\frac{E}{A} = C. \tag{1}$$

Die Größe C ist lediglich von der Temperatur und der Wellenlänge abhängig, im übrigen für alle Körper die gleiche. Unter der Strahlungsemission E verstehen wir die in 1 sec von 1 cm² der Oberfläche eines Körpers *ausgesandte* Strahlungsenergie. Die Absorption A ist der Bruchteil der auf einen Körper fallenden Strahlung, der von dem Körper *absorbiert*, also nicht durchgelassen oder reflektiert, wird. Das KIRCHHOFFsche Gesetz folgt aus dem zweiten Hauptsatz (§ 124). Angenommen, daß zwei Körper von anfänglich gleicher Temperatur einander gegenüberstehen, und daß der eine von ihnen eine vom anderen ausgesandte Strahlung von bestimmter Wellenlänge zwar absorbiert, aber die gleiche Strahlung selbst nicht emittiert. Dann würde er die vom anderen durch diese Strahlung auf ihn übertragene Energie ständig aufspeichern und sich erwärmen. Der andere Körper aber würde durch die Aussendung dieser Strahlung, für die er vom ersten Körper keinen Ersatz erhält, ständig Energie verlieren, sich also abkühlen. Es könnte kein Strahlungsgleichgewicht bestehen. Das ist im Widerspruch mit dem zweiten Hauptsatz, nach dem zwei miteinander in Wechselwirkung stehende Körper dem Zustande der Temperaturgleichheit zustreben müssen. Daher muß ein Körper jede Strahlung, die er absorbiert, auch emittieren, und zwar muß die Emission bei gegebener Temperatur in einem festen Verhältnis zur Absorption stehen, wie es das KIRCHHOFFsche Gesetz ausspricht.

Absorbiert ein Körper jegliche auf ihn fallende Strahlung vollkommen, so ist $A = 1$. Einen solchen Körper bezeichnet man, sofern es sich zunächst um das sichtbare Spektralgebiet handelt, im täglichen Leben als schwarz. In der Physik aber versteht man unter einem „*schwarzen Körper*" einen solchen, welcher *jegliche* Strahlung, ganz gleich welcher Wellenlänge, vollkommen absorbiert. Kein Stoff erfüllt diese Bedingung vollständig. Trotzdem ist ein schwarzer Körper physikalisch mit beliebiger Annäherung zu verwirklichen, und zwar durch eine nicht zu große Öffnung in der Wand eines geschlossenen Hohlraumes, insbesondere wenn dessen Innenwände geschwärzt sind. Ein in eine solche Öffnung fallender Strahl wird im Innern des Hohlraums praktisch vollkommen absorbiert, ehe er nach mehrfachen Reflexionen zufällig wieder aus der Öffnung austritt. Wird z. B., was durch Berußung leicht erreicht wird, jeweils nur 5% der Strahlung an der Wandung reflektiert, so ist nach der zweiten Reflexion nur noch 0,25%, nach der dritten nur noch 0,0125% usw. übrig. Ein solches Loch ist also ein praktisch vollkommener schwarzer Körper. Macht man in die Wand eines geschlossenen Kastens mit berußten Innenwänden ein kleines Loch und berußt auch dessen Umgebung, so sieht man, daß das Loch noch erheblich dunkler ist als der Ruß, welcher bereits etwa 95% der auffallenden Strahlung absorbiert.

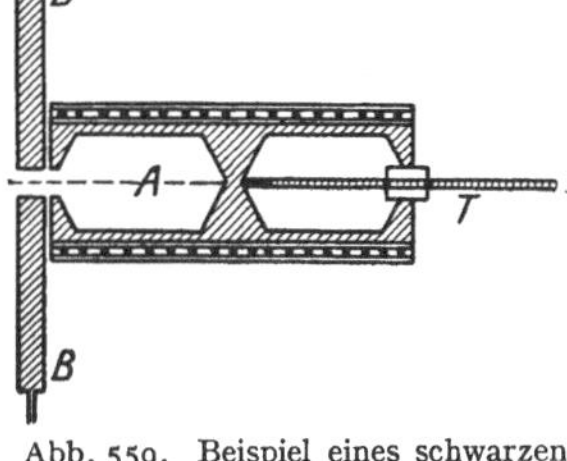
Abb. 559. Beispiel eines schwarzen Körpers für Strahlungsmessungen nach Rubens.

Hat ein Körper aber die größte mögliche Absorption A, so ist nach Gl. (1) auch seine Emission größer als die eines jeden anderen Körpers unter gleichen Bedingungen. Daher ist die Strahlung eines erwärmten schwarzen Körpers, die „*schwarze Strahlung*", in jedem Spektralbereich stärker als diejenige irgendeines anderen Körpers von gleicher Temperatur. Er bildet einen Grenzfall aller in der Natur vorkommenden strahlenden Körper. Die Strahlung anderer Körper bleibt stets — und zwar in den verschiedenen Spektralgebieten meist in verschiedenem Grade — hinter derjenigen des schwarzen Körpers zurück.

Ein Loch in der Wand eines erwärmten Hohlraums ist demnach auch der stärkste, bei einer bestimmten Temperatur der Hohlraumwandung denkbare Strahler (schwarzer Strahler). Da die Strahlung des schwarzen Körpers den idealen Grenzfall aller sonstigen Strahler darstellt, so ist ihre Untersuchung von großer Bedeutung. Abb. 559 zeigt als Beispiel einen „schwarzen Körper", der für Strahlungsmessungen bis etwa 600° dienen kann. Er besteht aus einem mit zwei ausgebohrten Hohlräumen versehenen Kupferblock, der von einer zur elektrischen Heizung dienenden Drahtspule umgeben ist. Als strahlender Hohlraum dient der Teil A, der vorn mit einer Blende versehen ist, vor der sich noch eine mit Wasser gekühlte Blende B befindet, damit nur Strahlung, die aus dem Innern des Hohlraums kommt, zur Beobachtung gelangen kann. Der zweite Hohlraum dient in der Hauptsache zur Einführung eines Thermometers T, mittels dessen die Temperatur der Wand des strahlenden Hohlraums gemessen werden kann. (Eine Ausführung für höhere Temperaturen s. Abb. 548, § 309.) Man nennt die schwarze Strahlung wegen der Art ihrer Erzeugung, und weil sie sich in einem geschlossenen Hohlraum, der anfänglich mit einer Strahlung von beliebiger Energieverteilung erfüllt war, durch Wechselwirkung mit den Wänden stets von selbst herstellt, auch *Hohlraumstrahlung*.

Ein Körper, bei dem die Strahlung zwar der des schwarzen Körpers nicht gleich ist, bei dem aber alle Spektralgebiete in ihrer Energie um den *gleichen*

Bruchteil schwächer sind als beim schwarzen Körper, heißt *grau*. Denn ein solcher Körper erscheint im reflektierten Lichte grau. Das rührt daher, daß er nach dem KIRCHHOFFschen Gesetz auch von allen Spektralfarben den gleichen Bruchteil absorbiert. Fällt auf ihn weißes Licht, so wird dieses in allen Spektralbereichen im gleichen Grade geschwächt, und im reflektierten Lichte erscheint keine Farbe bevorzugt.

Eine Folge aus dem KIRCHHOFFschen Gesetz ist auch die *Selbstumkehr der Spektrallinien* (FOUCAULT 1849). Man entwerfe auf einem Schirm ein Spektrum einer Bogenlampe. Vor den Spalt setze man eine Bunsenflamme, über der sich ein Eisenlöffel mit metallischem Natrium befindet, so daß das Natrium mit gelber Flamme verbrennt, und zwar so, daß das durch den Spalt tretende Licht auch durch die Natriumflamme hindurchgeht. Dann erscheint im Gelben eine dunkle Linie im Spektrum (Abb. 560b), die sich bei größerer Auflösung als eine Doppellinie erweist. Löscht man die Bogenlampe aus, während das Natrium noch brennt, so sieht man jetzt an der gleichen Stelle eine vorher nicht erkennbare schwache, von der Natriumflamme herrührende gelbe Linie.

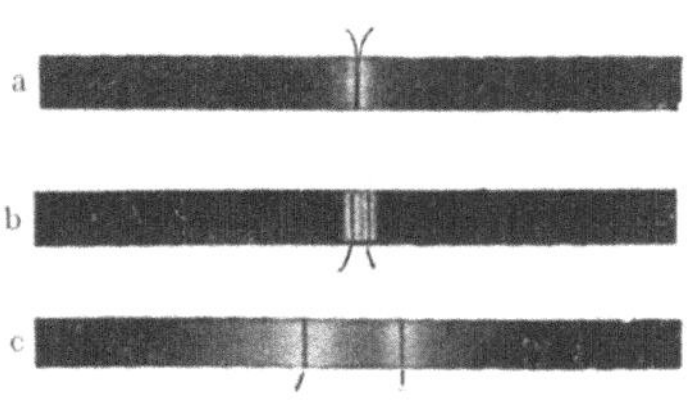

Abb. 560. Selbstumkehr der Spektrallinien im Dampf von Lithium (a), Natrium (b) und Kalium (c). (Erstes Linienpaar der Hauptserien in gleicher Wellenlängenskala.)

Diese Selbstumkehr erklärt sich auf folgende Weise. Nach dem KIRCHHOFFschen Gesetz absorbieren die Atome des Natriumdampfes Licht an den gleichen Stellen des Spektrums, an denen sie Licht aussenden, da ja Emission und Absorption stets parallel gehen. (Es gilt dies allerdings nur für diejenigen Spektrallinien, die die *Atome in ihrem jeweiligen Zustande* aussenden können. Der Dampf absorbiert daher keineswegs alle Spektrallinien, die die Atome *überhaupt* aussenden können, sondern nur diejenigen, welche der Grundserie des Atoms angehören, vgl. § 338. Das ist in vollkommenem Einklang mit dem KIRCHHOFFschen Gesetz.) Der in der Flamme befindliche Natriumdampf absorbiert also Licht der gleichen Wellenlänge, wie er es selbst aussendet. Die eigene Lichtemission der Flamme ist aber nicht entfernt stark genug, um das Licht, welches der Dampf dem Licht der Bogenlampe entzieht, im Spektrum zu ersetzen. Die betreffende Stelle im Spektrum, obgleich ganz schwach erhellt, erscheint daher gegenüber der viel helleren Umgebung dunkel. Zum Gelingen des Versuchs ist es an sich nicht nötig, daß der Natriumdampf selbst leuchtet, man kann ihn auch mit einem mit Natriumdampf gefüllten Glasgefäß anstellen. Abb. 560 a und c zeigen die gleiche Erscheinung bei Lithium- und Kaliumdampf.

318. Das PLANCKsche Strahlungsgesetz des schwarzen Körpers. Die Strahlung des schwarzen Körpers bildet den Grenzfall der Strahlung aller wirklichen Stoffe, und schwarze Körper können durch den schon erwähnten Kunstgriff mit jeder beliebigen Annäherung hergestellt und auf die spektrale Verteilung ihrer Strahlungsenergie bei verschiedenen Temperaturen untersucht werden. Diese Verteilung war bereits vor 1900, insbesondere durch Messungen von PASCHEN und von LUMMER und PRINGSHEIM, sehr genau bekannt. Ihre theoretische Begründung stieß aber auf unüberwindliche Hindernisse. Sie kann nur so erfolgen, daß man die Wechselwirkungen zwischen der Strahlung und den die Strahlung aussendenden und absorbierenden Elementarteilchen des schwarzen Körpers untersucht. Diese Elementarteilchen kann man sich als elektrische Oszillatoren (schwingungsfähige Ladungen) denken, die auf die einzelnen Schwingungszahlen abgestimmt sind, und deren Schwingungsweiten um so größer sind, je höher die Temperatur des Körpers ist. Von der Temperatur und von der Schwingungsweite, also der Schwingungsenergie, der Oszillatoren muß dann auch die Energie einer mit ihnen in Gleichgewicht stehenden Strahlung abhängen. Dabei ist unter *Strahlungsgleichgewicht* ein Zustand zu verstehen, bei dem die Oszillatoren im Durchschnitt in jedem Augenblick ebensoviel Strahlung einer bestimmten Wellenlänge absorbieren, wie sie davon aussenden, so daß die Energiedichte der Strahlung jeder Wellenlänge innerhalb eines von schwarzen Wänden begrenzten Hohlraums zeitlich konstant bleibt.

Nach der klassischen Theorie müßte für die Oszillatoren der Gleichverteilungssatz gelten (§ 101). Ein linear schwingender Oszillator hat nur einen Freiheitsgrad, und müßte eine mittlere kinetische Energie $kT/2$ und eine ebenso große mittlere potentielle Energie, insgesamt also die mittlere Energie $\varepsilon = kT$ haben (§ 42). Nimmt man dies an, so gelangt man zwangsläufig zu einem Strahlungsgesetz [Gl. (4a)], das der Erfahrung widerspricht. PLANCK erkannte, daß man zu einem ihr entsprechenden Gesetz nur gelangt, wenn man für die mittlere Energie der Oszillatoren den Ansatz

$$\varepsilon = \frac{h\nu}{e^{\frac{h\nu}{kT}} - 1} \tag{2}$$

macht, wobei ν die Schwingungszahl des Oszillators und der mit ihm in Wechselwirkung stehenden Strahlung ist. h ist eine Konstante, die man das *Wirkungsquantum* nennt, und die die Dimension Energie $\times$ Zeit hat. Ihr Zahlenwert beträgt $6{,}626 \cdot 10^{-27}$ erg $\cdot$ sec. Wir werden ihr im Kapitel 9 als der fundamentalen Größe der Quantentheorie wieder begegnen. $k = 1{,}3807 \ 10^{-16}$ erg $\cdot$ grad^{-1} ist die BOLTZMANNsche Konstante (§ 101).

Auf Grund der Gl. (2) ergibt sich in der Tat ein mit der Erfahrung vollkommen übereinstimmendes Strahlungsgesetz des schwarzen Körpers. Es bedeute $E_\lambda d\lambda$ die Energie, welche bei linear polarisierter Hohlraumstrahlung in 1 sec durch jeden Querschnitt eines Strahlungskegels von der Öffnung $\Omega = 1$ geht, und deren Wellenlänge zwischen λ und $\lambda + d\lambda$ liegt. Dann lautet das PLANCKsche *Strahlungsgesetz*

$$E_\lambda d\lambda = \frac{c^2 h}{\lambda^5} \frac{d\lambda}{e^{\frac{ch}{k\lambda T}} - 1} . \tag{3}$$

(Man beachte, daß $ch/k\lambda T = h\nu/kT$ ist [Gl. (2)], da $c/\lambda = \nu$.)

Man sieht leicht, daß Gl. (2) in den Gleichverteilungssatz $\varepsilon = kT$ übergeht, wenn man $h \to 0$ setzt. Das entscheidende Merkmal, durch das die PLANCKsche Ableitung von der klassischen Theorie abweicht, ist demnach die endliche Größe des Wirkungsquantums h. Setzt man in Gl. (3) $h \to 0$, so folgt

$$E_\lambda d\lambda = \frac{ckT}{\lambda^4} d\lambda . \tag{4a}$$

Das ist in der Tat das aus der klassischen Theorie folgende Gesetz, das bereits früher von RAYLEIGH und JEANS abgeleitet worden war. Das PLANCKsche Gesetz nähert sich ihm auch dann immer mehr an, wenn die Größe $ch/k\lambda T$ sich dem Werte 0 nähert, also für $\lambda T \gg ch/k$. Tatsächlich bildet Gl. (4a) den für große Wellenlängen λ und hohe Temperaturen T zutreffenden Grenzfall des PLANCKschen Gesetzes.

Ist dagegen $\lambda T \ll ch/k$, so daß $e^{\frac{ch}{k\lambda T}} \gg 1$, so vereinfacht sich Gl. (3) zu

$$E_\lambda\, d\lambda = \frac{c^2 h}{\lambda^5}\, e^{-\frac{ch}{k\lambda T}}\, d\lambda. \tag{4b}$$

Dieses Gesetz ist schon 1896 von W. Wien auf Grund gewisser Annahmen abgeleitet worden, ohne daß er aber die darin auftretenden Konstanten $c^2 h$ und ch/k bereits in dieser Form angeben konnte. Man erkennt nunmehr, daß das Wiensche Gesetz den Grenzfall des Planckschen Gesetzes für kleine Wellenlängen λ und tiefe Temperaturen T darstellt.

In Abb. 561 ist die Energieverteilung im Spektrum des schwarzen Körpers (E_λ als Funktion von λ) für einige Temperaturen nach Gl. (3) dargestellt.

319. Das Wiensche Verschiebungsgesetz. Das Stefan-Boltzmannsche Gesetz.

Wie man aus Abb. 561 erkennt, verschiebt sich das Maximum der Energieverteilungskurve mit steigender Temperatur derart, daß bei einer Verdoppelung der absoluten Temperatur T die dem Energiemaximum entsprechende Wellenlänge λ_m auf die Hälfte sinkt. Es ist also das Produkt $\lambda_m T = \mathrm{const}$ (Wiensches Verschiebungsgesetz, 1893). Dieses Gesetz, das auch schon aus der klassischen Theorie folgt, läßt sich aus Gl. (3) ohne weiteres ableiten. Die Lage des Maximums findet man, indem man $dE_\lambda/d\lambda = 0$ setzt. Setzt man $ch/k\lambda_m T = x$, so erhält man für x die transzendente Gleichung $x + 5e^{-x} = 5$ mit der Lösung $x = 4{,}9651$. Es ist daher

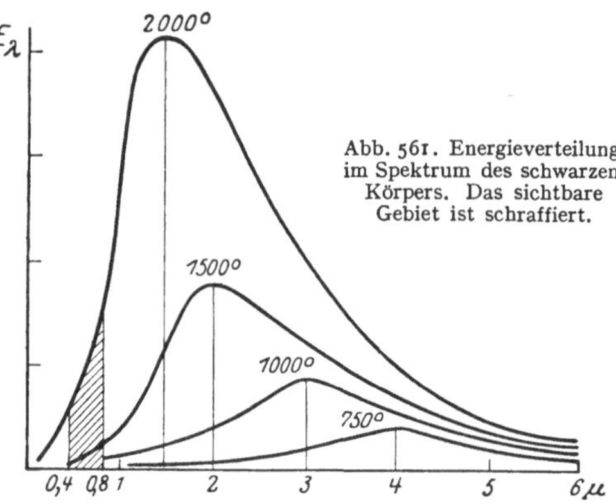

Abb. 561. Energieverteilung im Spektrum des schwarzen Körpers. Das sichtbare Gebiet ist schraffiert.

$$\lambda_m T = \frac{ch}{kx} = b. \tag{5}$$

In Übereinstimmung mit dem hieraus berechenbaren Wert ergibt sich aus den Messungen der Zahlenwert $b = 0{,}288\ \mathrm{cm}\cdot\mathrm{grad}$.

Die Gesamtstrahlung E von 1 cm² der Oberfläche eines schwarzen Körpers in 1 sec ergibt sich aus der Theorie zu

$$\left.\begin{aligned} E &= \sigma T^4, \\[4pt] \sigma &= \frac{2\pi^5 k^4}{15 c^2 h^3}\ \mathrm{erg}\cdot\mathrm{cm}^{-2}\cdot\mathrm{grad}^{-4}\cdot\mathrm{sec}^{-1}. \end{aligned}\right\} \tag{6}$$

mit

(Stefan-Boltzmannsches Gesetz, 1879, 1884.) Die Gesamtstrahlung eines schwarzen Körpers ist also der 4. Potenz der absoluten Temperatur proportional. Die Konstante σ ergibt sich aus Messungen zu $\sigma = 5{,}73\ 10^{-5}\ \mathrm{erg}\cdot\mathrm{cm}^{-2}\cdot\mathrm{grad}^{-4}\cdot\mathrm{sec}^{-1}$, in guter Übereinstimmung mit dem aus Gl. (6) berechenbaren Wert.

Die Gl. (5) und (6) liefern wichtige Möglichkeiten zur Bestimmung der Temperatur von schwarzen Körpern. Man kann entweder aus der gemessenen Energieverteilung λ_m und daraus $T = b/\lambda_m$ ermitteln, oder man mißt die Gesamtstrahlung E von 1 cm² der Oberfläche und berechnet T nach der Gleichung

$T = \sqrt[4]{E/\sigma}$. Bei nichtschwarzen Körpern, z. B. den Fixsternen, ist dies nicht ohne weiteres möglich. Bestimmt man ihre Temperatur nach dem STEFAN-BOLTZMANNschen Gesetz, als ob sie schwarze Körper seien, so erhält man eine niedrigere Temperatur als sie tatsächlich haben, weil ihre Strahlung ja schwächer ist als die eines schwarzen Körpers von gleicher Temperatur. Ebenso wird im allgemeinen die Anwendung des WIENschen Verschiebungsgesetzes Fehler mit sich bringen. Viele Körper aber, auch viele Fixsterne, sind bei hoher Temperatur von einem schwarzen Körper nicht allzu sehr verschieden, so daß man ihre Temperatur mit Hilfe dieser Gesetze zwar nicht streng, aber doch angenährt richtig erhält. Die Anwendung des STEFAN-BOLTZMANNschen Gesetzes gibt aus dem angeführten Grunde einen unteren Grenzwert für die Temperatur. Man bezeichnet sie, im Gegensatz zur wahren, durch die Energie der Molekularbewegung (§ 101) definierten Temperatur, als *schwarze Temperatur*, auch als *effektive* oder *Strahlungstemperatur*.

In der Astronomie ist bei den Fixsternen der Begriff der *Farbtemperatur* nützlich, vor allem bei sehr entfernten Fixsternen, deren Entfernung man nicht genau genug kennt, und von denen nur eine sehr schwache Strahlung zur Erde gelangt. Als Farbtemperatur bezeichnet man die Temperatur eines schwarzen Körpers, der die gleiche *relative* spektrale Energieverteilung zeigt wie der untersuchte Körper. Die Farbtemperatur ist oft in den einzelnen Spektralbereichen erheblich verschieden und kann sowohl höher als auch tiefer liegen als die wahre Temperatur. Sie liegt ihr nur dann nahe, wenn der Körper keine allzu selektiven Strahlungseigenschaften hat.

Die Temperaturmessung glühender Körper mit Hilfe der Strahlung heißt *optische Pyrometrie*. Ein verhältnismäßig einfaches Verfahren ist das folgende. Man bildet die Fläche, deren Temperatur gemessen werden soll, in der Okularblende eines kleinen Fernrohrs ab, innerhalb derer der Glühfaden einer kleinen Glühlampe angebracht ist. Man regelt die Temperatur des Glühfadens so, daß er die gleiche Flächenhelligkeit hat wie die zu untersuchende Fläche. Dann hebt er sich auf ihr nicht mehr ab und hat die gleiche Strahlungstemperatur wie sie. Aus dem hierzu notwendigen Heizstrom kann man, wenn die Lampe vorher mit Hilfe eines schwarzen Körpers bei bekannten Temperaturen geeicht wurde, die Temperatur der Fläche ermitteln. Voraussetzung für eine angenähert richtige Temperaturmessung ist, daß die strahlende Fläche sich wenigstens angenähert wie ein schwarzer Körper verhält.

320. Der optische Wirkungsgrad von Lichtquellen. Im § 163 ist darauf hingewiesen worden, daß der optische Wirkungsgrad einer Lichtquelle um so größer ist, je höher ihre Temperatur ist, d. h. daß der Bruchteil der ausgesandten Strahlung, der in das sichtbare Gebiet fällt, mit steigender Temperatur wächst. Wenn auch die gewöhnlichen Lichtquellen, z. B. die Drähte der elektrischen Glühlampen, keine vollkommenen schwarzen Körper sind, so weichen sie doch bei Glühtemperatur von einem solchen nicht allzusehr ab. Wir können sie daher näherungsweise als solche ansehen. Mit steigender Temperatur steigt die gesamte Strahlungsenergie der Lichtquelle nach dem STEFAN-BOLTZMANNschen Gesetz. Es kommt aber noch die Verschiebung des Maximums nach dem WIENschen Verschiebungsgesetz hinzu. In der Abb. 561 ist der sichtbare Spektralbereich durch Schraffierung angedeutet. Bei tieferen Temperaturen ist dieses Gebiet weit vom Maximum entfernt, welches dann im Ultrarot liegt. Es entfällt also nur ein kleiner Bruchteil der Gesamtstrahlung auf das sichtbare Gebiet. Die Verhältnisse bessern sich um so mehr, je mehr sich bei steigender Temperatur das Maximum dem sichtbaren Spektralbereich nähert. Dies gilt allerdings nur bis zu einer gewissen Temperatur. Denn man erkennt aus Abb. 561, daß der optische Wirkungsgrad bei steigender Temperatur wieder sinken muß, wenn das Maximum der Energieverteilungskurve sich über das sichtbare Gebiet hinaus verschoben hat. Der höchste Wirkungsgrad liegt bei etwa 5500°. Das ist ziemlich genau die Temperatur der Sonne. Das menschliche Auge ist also gerade in demjenigen Spektralbereich empfindlich, in dem die Sonne ihr Intensitätsmaximum hat. Künstliche Lichtquellen von so hoher Temperatur können wir leider nicht herstellen. Die ganze Entwicklung der elektrischen Beleuchtungstechnik ist aber in den letzten Jahrzehnten dahin gerichtet gewesen, den Wirkungsgrad der Lichtquellen, d. h. das Verhältnis der gewonnenen sichtbaren Lichtenergie zur aufgewandten Energie, zu vergrößern, indem man zu immer höheren Temperaturen überging. Trotzdem bleibt der optische Wirkungsgrad aller künstlichen Lichtquellen immer noch äußerst gering. Er beträgt z. B. bei der Petroleumlampe und dem Gasglühlicht etwa 0,2%, bei der Kohlefadenlampe 0,5%, bei der luftleeren Wolframlampe 1,6% und bei der gasgefüllten Wolframlampe 4%. Und auch dies sind nur obere Grenzwerte bei günstigen Bedingungen. (Vgl. WESTPHAL, ,,Physikalisches Praktikum'', 2. Aufl., 25. Aufg.)

Erheblich günstiger arbeiten gewisse neuere Lichtquellen, welche auf elektrischen Gasentladungen beruhen, vor allem dann, wenn ihr ultravioletter Lichtanteil durch Leuchtstoffe (§ 321) in sichtbares Licht übergeführt wird.

321. Lumineszenzerscheinungen. Bei den bisher behandelten Strahlungserscheinungen handelte es sich stets um Temperaturstrahlung, also um Strahlung, welche ihre Ursache in der Temperatur des strahlenden Körpers hat. In allen anderen Fällen bezeichnet man das Auftreten von Lichtstrahlung als *Lumineszenz*. Von diesen Erscheinungen haben wir bereits die *Elektrolumineszenz*, d. h. das Leuchten der Gase unter der Wirkung einer elektrischen Entladung (§ 182 f.), kennengelernt. Weitere Lumineszenzerscheinungen sind die folgenden:

Fluoreszenz. Viele Stoffe haben die Eigenschaft, daß sie einen Teil des auf sie fallenden Lichts absorbieren und als Licht der gleichen oder größerer Wellenlänge wieder aussenden. Die Lichtaussendung dauert (im Unterschied zu der gleich zu besprechenden Phosphoreszenz) nur so lange an, wie die äußere Lichtwirkung andauert. Diese Erscheinung, welche zuerst am Flußspat beobachtet wurde, heißt Fluoreszenz. Andere im sichtbaren Spektralbereich fluoreszierende Stoffe sind z. B. Lösungen von Fluoreszein, Äskulin und anderen Stoffen. Joddampf in einem sonst möglichst gasleeren Glasgefäß zeigt eine grüngelbliche Fluoreszenz. Das Fluoreszenzlicht geht von allen Stellen des Stoffes aus, die von Licht getroffen werden. Daher wird die Bahn des Lichts in einem fluoreszierenden Stoff sichtbar, ähnlich wie in einem trüben Medium. Doch ist die Ursache eine völlig andere. Bei den trüben Medien handelt es sich um eine Streuung des Lichts an kleinen Teilchen, bei der Fluoreszenz um eine Anregung der den Atomen oder Molekülen der fluoreszierenden Stoffe eigentümlichen Lichtschwingungen. Daher ist auch das Spektrum des Fluoreszenzlichts für den betreffenden Stoff charakteristisch. Die Fluoreszenz unter der Wirkung von Röntgenstrahlen haben wir bereits erwähnt. Auch Kathodenstrahlen und die Strahlen radioaktiver Stoffe sind imstande, Fluoreszenz zu erregen. (Weiteres s. § 347.)

Phosphoreszenz. Die Phosphoreszenz ist der Fluoreszenz insofern ähnlich, als auch sie in der Erregung eines Leuchtens von Stoffen durch auf sie fallendes Licht besteht. Der am meisten in die Augen fallende Unterschied besteht darin, daß die Phosphoreszenz nach Aufhören der äußeren Lichtwirkung noch eine mehr oder weniger lange Zeit andauert. Oft ist dieses Nachleuchten allerdings von so kurzer Dauer, daß zum Nachweis besondere Hilfsmittel (Phosphoroskop) nötig sind. Beispiele von phosphoreszierenden Stoffen *(Leuchtstoffe, Phosphore)* sind die Zinkblende und die BALMAINsche Leuchtfarbe (CaS mit Bi).

Wie LENARD gezeigt hat, besteht ein Leuchtstoff aus einem Grundstoff mit geringen Mengen eines Metalls (Aktivator), die unter Zusatz eines Flußmittels versintert werden. So besteht z. B. einer der von LENARD untersuchten Leuchtstoffe aus 1 g ZnS, 0,0001 g Cu und 0,01 g NaCl, welch letzteres hauptsächlich als Flußmittel dient. Die Phosphoreszenz hängt eng mit dem lichtelektrischen Effekt zusammen (§ 330). Sie beruht darauf, daß das einfallende Licht im Phosphor Elektronen freimacht, deren Vereinigung mit den Atomen des Aktivators das Phosphoreszenzlicht hervorruft.

Wird ein erregter Leuchtstoff erwärmt, so sendet er die in ihm aufgespeicherte Strahlungsenergie sehr viel schneller aus als im kalten Zustande. Er leuchtet also hell auf, klingt aber auch schnell ab *(Ausleuchtung,* LENARD*)*. Dies wurde früher fälschlich als Erregung von Phosphoreszenz durch die Wärme gedeutet (Thermolumineszenz).

Tribolumineszenz. Beim Reiben zweier Zuckerstücke aneinander oder beim Stoßen des Zuckers zeigt sich oft im Dunkeln eine schwache Lichterscheinung, die Triboluminszenz. Die gleiche Erscheinung zeigen eine ganze Reihe anderer Kristalle.

Chemolumineszenz. Biolumineszenz. Zahlreiche chemische Umwandlungen sind mit einem Leuchten der miteinander reagierenden Stoffe verbunden (Chemolumineszenz). In dieses Gebiet gehören jedenfalls auch die Erscheinungen des tierischen Leuchtens (Biolumineszenz), das man außer bei den Leuchtkäfern und Glühwürmchen bei sehr zahlreichen Meerestieren beobachtet (Meerleuchten). Die Fähigkeit zu leuchten, kommt lediglich gewissen Kleinlebewesen zu. Das Leuchten größerer Lebewesen beruht darauf, daß sie mit diesen in Symbiose leben, sie in ihrem Körper beherbergen. Das Leuchten der Kleinlebewesen hängt von der Sauerstoffzufuhr ab. Die höheren Lebewesen, die solche beherbergen, sind in der Lage, die Lichtaussendung durch Regelung der Sauerstoffzufuhr zu ihren Gästen willkürlich anzuregen oder zu drosseln.

Achtes Kapitel.

Relativitätstheorie.

322. Das Relativitätsprinzip. Galilei-Transformation. Wir haben in § 17 für den Bereich der Mechanik ausführlich nachgewiesen, daß von zwei Bezugssystemen, die sich mit konstanter Geschwindigkeit relativ zueinander bewegen, keines vor dem anderen bevorzugt ist, und daß jedes Inertialsystem mit gleichem Recht wie ein absolut ruhendes System betrachtet werden darf.

Wir bezeichnen künftig die Koordinaten eines Massenpunktes in zwei mit der Geschwindigkeit v relativ zueinander bewegten Bezugssystemen S und S' mit x, y, z bzw. x', y', z'. Die beiden Koordinatensysteme wollen wir uns stets so gelegt denken, daß die x-Achse und die x'-Achse zusammenfallen und in die Richtung der Geschwindigkeit v von S' relativ zu S weisen, und daß die y- und die y'-Achse sowie die z- und die z'-Achse einander parallel sind. Den Anfangspunkt der Zeit wählen wir so, daß zur Zeit $t = 0$ die beiden Koordinatensysteme genau zusammenfallen, also $x' = x$ ist.

Wir betrachten einen Massenpunkt, dessen Koordinaten im System S', das sich als Ganzes gegenüber einem System S mit der Geschwindigkeit v in der Richtung der x-Achse bewege, x', y', z' seien. Dann sind die Koordinaten des Punktes im System S unter Zugrundelegung der klassischen Mechanik

$$x = x' + vt, \qquad y = y', \qquad z = z'. \tag{1a}$$

Setzen wir noch fest, daß den Zeitmessungen in beiden Systemen die gleiche Zeiteinheit und der gleiche Anfangspunkt zugrunde gelegt wird, so ist, wenn wir die Zeitangaben in S und S' mit t und t' bezeichnen,

$$t = t'. \tag{1b}$$

Statt Gl. (1a) und (1b) können wir umgekehrt auch schreiben

$$x' = x - vt, \qquad y' = y, \qquad z' = z, \qquad t' = t. \tag{2}$$

Gl. (1a), (1b) und (2) sind die Galilei-*Transformationen*. Gl. (2) geht aus Gl. (1) hervor, indem man die Koordinaten der beiden Systeme vertauscht und $+v$ durch $-v$ ersetzt. Wir können sagen, daß in Gl. (1) das System S als ruhend, das System S' als ihm gegenüber mit der Geschwindigkeit $+v$ bewegt angesehen wird, in Gl. (2) aber umgekehrt S als gegenüber dem ruhenden System S' mit der Geschwindigkeit $-v$ bewegt.

Welches der beiden Bezugssysteme wir verwenden, ist für die Gestalt der mechanischen Gesetze gleichgültig. Die Gesetze der Mechanik sind gegenüber einer Galilei-Transformation, wie man sagt, *invariant*.

323. Der Michelson-Versuch. Die klassische Physik stand auf dem Standpunkt, daß letzten Endes alle physikalischen Erscheinungen in irgendeiner Weise mechanisch-anschaulich zu erklären sein müßten. Zur Durchführung dieses Grundsatzes ersann man als stofflichen Träger der elektrischen und magnetischen Felder, also zur mechanischen Erklärung der elektrischen, magnetischen und optischen Erscheinungen, den Äther (§ 26). Wegen der Verbreitung des hypothetischen Äthers im ganzen Weltall lag es nahe, ihn als den eigentlichen Vertreter des absoluten Raumes anzusehen bzw. als das Etwas, in dem man ein bevorzugtes Koordinatensystem festlegen könne, das man als absolut ruhend anzusehen berechtigt sei.

Es erhob sich daher die Frage, ob eine Bewegung im Äther etwa durch einen elektrischen oder optischen Versuch, durch die Wirkung einer Art von „Ätherwind", nachgewiesen werden könne. Legen wir die GALILEI-Transformation zugrunde, so scheint es, als müsse das möglich sein. Wir nehmen an, ein System S sei ein im Äther absolut ruhendes Koordinatensystem. In einem solchen muß sich das Licht im Vakuum nach allen Richtungen mit der Geschwindigkeit c gleich schnell fortpflanzen. Das System S', etwa die Erde, bewege sich wieder mit der Geschwindigkeit v relativ zum Äther in Richtung der x-Achse. Wir betrachten jetzt zwei gleichzeitig vom Nullpunkt ($x = y = z = 0$) des ruhenden Systems ausgesandte Lichtstrahlen, deren einer in Richtung der positiven ($+c$) und deren anderer in Richtung der negativen x-Achse ($-c$) verläuft. Ihre Geschwindigkeit ist also in S gleich $dx/dt = +c$ bzw. $dx/dt = -c$. Bilden wir jetzt die entsprechenden Größen in S', so erhalten wir nach Gl. (2)

$$c' = \frac{dx'}{dt} = \frac{dx}{dt} - v = c - v$$

bzw. $\qquad c' = -c - v = -(c + v)\,.$

Von S' aus beurteilt, muß also die Lichtgeschwindigkeit in den beiden Richtungen verschieden sein. Für Strahlen, die irgendwelche andere Winkel mit der x-Achse bilden, ergeben sich leicht berechenbare Werte, die zwischen den Grenzen $c - v$ und $-(c + v)$ liegen. Vom System S' aus beurteilt, muß also die Lichtgeschwindigkeit in den verschiedenen räumlichen Richtungen verschieden sein. Gelingt es, die Geschwindigkeiten in verschiedenen Richtungen zu vergleichen, so könnte man daraus die Größe und Richtung der „absoluten Geschwindigkeit" v des Systems S' im Äther berechnen.

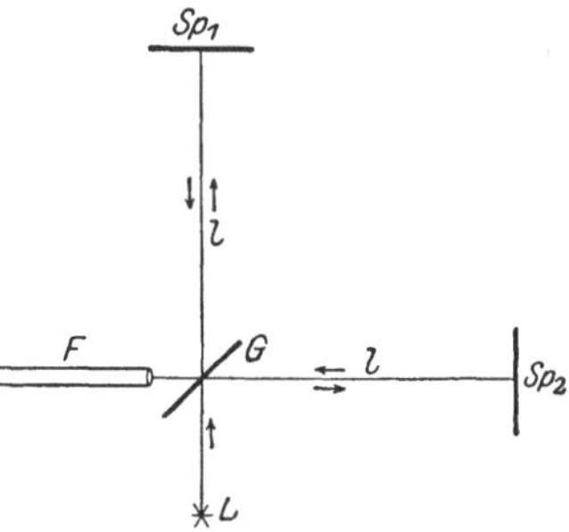

Abb. 562.
Schema des Versuchs von MICHELSON.

Auf diesen Gedanken gründet sich der Versuch von MICHELSON (1881). Voraussetzung ist bei ihm, daß nicht etwa die Erde (auch bezüglich ihrer Rotation) zufällig im Äther ruht, eine Annahme, die sich schon wegen der Kompliziertheit der Bewegung der einzelnen Punkte der Erdoberfläche durchaus verbietet. (Der Gedanke, daß die bewegte Erde den Äther an ihrer Oberfläche mit sich führt, ist durch besondere Versuche in größeren Höhen widerlegt worden.) MICHELSONs Versuchsanordnung, die Abb. 562 ganz schematisch darstellt, ist ein Interferometer von anderer Bauart, als wir es im § 290 besprochen haben. Von der Lichtquelle L geht monochromatisches Licht aus, das an einer halbdurchlässigen (schwachversilberten) Glasplatte G in zwei gleich starke, kohärente Strahlenbüschel zerlegt wird, die senkrecht zueinander auf die beiden in gleicher Entfernung l (einige Meter) stehenden Spiegel Sp_1 und Sp_2 verlaufen. An diesen werden sie wieder nach G reflektiert, dort zum Teil durchgelassen bzw. rechtwinkelig reflektiert und gelangen zusammen in ein Fernrohr F. (Alle Vorrichtungen, die z. B. zum Parallelmachen des von L ausgehenden Strahlenbüschels zwischen G und Sp_1 bzw. Sp_2 usw. dienen, sind in Abb. 562 fortgelassen.) Da die beiden in das Fernrohr fallenden Strahlenbüschel kohärent sind, so entsteht in der Brennebene des Fernrohrokulars ein System von Interferenzstreifen, d. h. hellen und dunklen Linien. Denn die einzelnen Strahlen haben, auch bei gleicher Länge der beiden Arme des Meßgeräts, abgesehen von der Mitte des Gesichtsfeldes, etwas verschiedene Wege bis zu den einzelnen Punkten dieser Ebene zurückzulegen, haben also einen vom Abstande von der

Mitte abhängigen Gangunterschied (vgl. den FRESNELschen Spiegelversuch, § 287). Würden wir jetzt z. B. den Abstand $G—Sp_2$ verkürzen, so würden sich diese Gangunterschiede ändern, die Interferenzstreifen würden sich verschieben. Das gleiche wäre der Fall, wenn wir an Stelle der im Strahlengange befindlichen Luft in den Weg des einen der beiden Teilstrahlen einen brechenden Stoff brächten, da dadurch die Geschwindigkeit und damit die optische Weglänge des Lichtes geändert würde. Das gleiche aber müßte auch geschehen, wenn auf irgendeine andere Weise das Verhältnis der Lichtgeschwindigkeiten längs der beiden Lichtwege sich ändert. Denn Änderung der Lichtgeschwindigkeit, ganz gleich welches ihre Ursache ist, bewirkt Änderung der optischen Weglänge.

Ist die GALILEI-Transformation auf diesen Versuch anwendbar, so müßte er das erwartete Ergebnis haben. Angenommen die Meßanordnung stehe so, daß der nach Sp_2 verlaufende Strahl in Richtung der absoluten Bewegung des Gerätes im Äther stehe, dann wäre die Lichtgeschwindigkeit für einen mitbewegten Beobachter in dieser Richtung kleiner als in jeder anderen, also auch kleiner als in der dazu senkrechten Richtung. Dreht man jetzt das Gerät nebst dem Fernrohr um 90°, so daß der andere Strahl in die Richtung der Erdbewegung fällt, so kehren sich die Verhältnisse um. Die optische Weglänge ist jeweils für den in Richtung der Bewegung verlaufenden Strahl größer. Stehen die beiden Arme unter 45° gegen die Bewegung, so sind die Lichtwege gleich. Bei einer Drehung der Meßvorrichtung müßte sich daher eine periodische Verschiebung der Interferenzstreifen, entsprechend der periodischen Änderung der Lichtgeschwindigkeit längs der beiden Lichtwege, zeigen. Eine Berechnung zeigt, daß dies vollkommen deutlich und meßbar sein müßte.

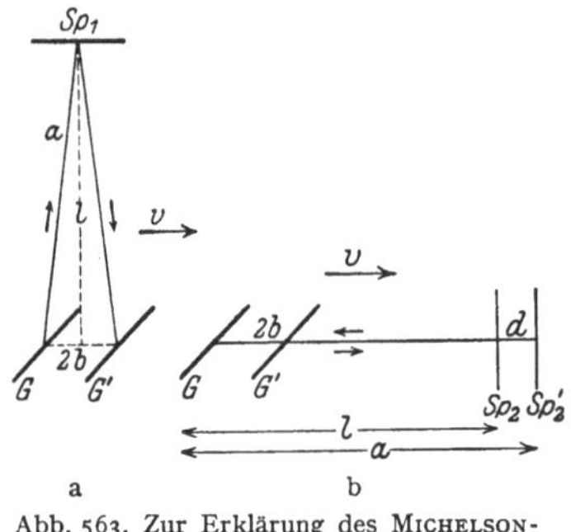
Abb. 563. Zur Erklärung des MICHELSON-Versuchs.

Wir betrachten den Fall, daß der auf Sp_2 verlaufende Strahl in Richtung der Erdbewegung liegt. Die Lichtgeschwindigkeit im ruhenden System (Äther) ist in allen Richtungen gleich c. Zum Durchlaufen des Weges $G—Sp_1 = a$ (Abb. 563a) und zurück braucht das Licht nicht etwa die Zeit $2l/c$. Da sich G währenddessen ein wenig (um die Strecke $2b$) verschiebt, muß der Strahl ein wenig gegen den Spiegel Sp_1 geneigt sein, wenn er wieder auf die gleiche Stelle von G treffen soll (G bzw. G' bezeichnet hier und im folgenden die Stellung der Glasplatte im Augenblick des Abganges und der Wiederkehr des Lichtes). Es sei t_1 die Zeit, die das Licht für seinen Hin- und Rückweg bzw. der Spiegel G zu seiner Verschiebung von G bis G' benötigt, und v die Geschwindigkeit des Meßgerätes. Dann ist $t_1 = 2a/c = 2b/v$, also $b = a\,\dfrac{v}{c}$ und, da $a^2 = l^2 + b^2$,

$$s_1 = 2a = \frac{2\,l}{\sqrt{1 - \dfrac{v^2}{c^2}}}. \tag{3}$$

Wir gehen jetzt zum zweiten Strahl über. Es bedeute Sp_2 (Abb. 563b) die Stellung des Spiegels beim Abgang des Lichtes von G, Sp_2' diejenige im Augenblick der Reflexion. Der Weg von G bis Sp_2' sei gleich a, die Verschiebung von G gleich $2b$, also der Weg des Lichtstrahls gleich $2a—2b$, die Verschiebung des Spiegels von Sp_2 bis Sp_2' gleich d. Betrachten wir nur den Hinweg des Lichts, so ist die dazu nötige Zeit $t_2' = a/c = d/v$, so daß $d = a \cdot v/c$. Andererseits ist $a = l + d$, so daß folgt $a = l/(1 - v/c)$. Für den ganzen Hin- und Rück-

weg braucht das Licht die Zeit $t_2 = 2\,(a - b)/c = 2\,b/v$, woraus folgt $b = \dfrac{a\,\dfrac{v}{c}}{1 + \dfrac{v}{c}}$.

Daraus ergibt sich als Weg des Lichts

$$s_2 = 2\,(a - b) = \frac{2\,l}{1 - \dfrac{v^2}{c^2}}\,. \tag{4}$$

Aus Gl. (3) und (4) folgt schließlich

$$s_2 : s_1 = \frac{1}{\sqrt{1 - \dfrac{v^2}{c^2}}} \quad\text{bzw.}\quad s_2 = s_1 \frac{1}{\sqrt{1 - \dfrac{v^2}{c^2}}}\,. \tag{5}$$

Drehen wir jetzt das Meßgerät um 90°, so müßte sich immer, die Richtigkeit unserer Grundlagen vorausgesetzt, das Verhältnis der beiden Lichtwege um-kehren, wie wir es oben vorausgesagt haben. Die zu erwartende Wirkung wäre also die gleiche, die wir erhalten würden, wenn wir den in der Geschwindigkeits-richtung liegenden Arm bei ruhendem Gerät im Verhältnis $1 : \sqrt{1 - v^2/c^2}$ gegen-über dem anderen *verlängert* hätten.

Das Ergebnis des seitdem noch mehrfach, besonders sorgfältig von Joos, wiederholten MICHELSON-Versuch ist gewesen, daß von einem derartigen Ein-fluß der Erdbewegung nicht das mindeste zu bemerken ist. Der Versuch verläuft genau so, wie man es erwarten müßte, wenn die Erde im Äther ruhte, also $v = 0$ wäre. Da dieses Ergebnis aber den bisherigen Grundvorstellungen wider-spricht, so muß also an den letzteren irgend etwas nicht in Ordnung sein.

324. Die Grundlagen der speziellen Relativitätstheorie. Die LORENTZ-Transformation. Man kann das Ergebnis des MICHELSON-Versuchs dahin aus-sprechen, daß sich das Licht relativ zur bewegten Erde, also jedenfalls auch zu jedem anderen bewegten Bezugssystem, wider alles Erwarten in allen Rich-tungen gleich schnell fortpflanzt. Demnach kann jeder von einer Anzahl von relativ zueinander gleichförmig und geradlinig bewegten Beobachtern mit dem gleichen Recht behaupten, in seinem Bezugssystem breite sich ein Lichtblitz — und zwar für alle Beobachter ein und derselbe — in Gestalt einer Kugelwelle um seinen Ursprung aus. Nach unseren gewöhnlichen Anschauungen von Raum und Zeit, wie sie den soeben beim MICHELSON-Versuch angestellten Überlegungen zugrunde liegen, ist das vollkommen unmöglich. Es besteht hier ein klarer Widerspruch der experimentellen Erfahrung mit den alten Raum- und Zeit-begriffen.

Den ersten Versuch zur Lösung der durch den MICHELSON-Versuch ent-standenen Schwierigkeiten unternahmen H. A. LORENTZ (1892) und unabhängig von ihm FITZGERALD durch die Hypothese, daß jeder mit der Geschwindigkeit v relativ zum Äther bewegte Körper eine Verkürzung seiner zur Bewegung parallelen Dimensionen im Verhältnis $\sqrt{1 - v^2/c^2} : 1$ erfahren solle (LORENTZ-*Kontraktion*). Dadurch würde tatsächlich die nach der GALILEI-Transformation zu erwartende Wirkung, die sich wie eine entsprechende Verlängerung im Ver-hältnis $1 : \sqrt{1 - v^2/c^2}$ äußern würde, genau aufgehoben und der MICHELSON-Versuch erklärt werden. LORENTZ gelang ferner die Aufstellung neuer Transforma-tionen (LORENTZ-*Transformation*), welche—an die Stelle der GALILEI-Transforma-tionen gesetzt — das Ergebnis des MICHELSON-Versuchs richtig liefern. Es war jedoch nicht möglich, diese Hypothese und die neuen Transformationen aus den bisherigen Grundlagen der klassischen Physik abzuleiten. Im Jahre 1904 erkannte EINSTEIN (Vorläufer u. a. POINCARÉ), daß eine Lösung der Schwierigkeiten nur durch eine ganz *grundsätzliche Erweiterung der klassischen Physik* zu erzielen sei. Sein Ausgangspunkt war das klare experimentelle Ergebnis Michelsons, daß von einem Einfluß einer Bewegung des Beobachters auf die von ihm gemessene Lichtgeschwindigkeit nichts zu bemerken ist. Er formulierte diese Erkenntnis im *Prinzip von der Konstanz der Lichtgeschwindigkeit*, welches besagt: Die Lichtgeschwindigkeit im Vakuum, bezogen auf *irgendein Inertialsystem*, ist unabhängig von der Bewegung dieses Systems. Und ganz allgemein folgerte er: Es gibt nicht nur keinen mechanischen, es gibt *überhaupt keinen* physikalischen Vorgang, dessen Ablauf irgend etwas über eine geradlinige und gleichförmige Bewegung des Bezugssystems aussagt. Eine absolute Bewegung ist *grundsätzlich* unbeobachtbar. Beobachtbar sind nur *relative* Bewegungen von Inertialsystemen. Die Gesamtheit der physikalischen Gesetze muß daher in ihren Gestalten unabhängig davon sein, welches der unendlich vielen Inertialsysteme man als Bezugssystem wählt; sie müssen gegen einen Übergang von einem Inertialsystem zu einem beliebigen andern *invariant* sein.. Diese Aussagen bilden das *Relativitätsprinzip* und die Grundlage der *speziellen*, d. h. auf Inertialsysteme beschränkten *Relativitätstheorie*. Die Vorstellung von einem stofflichen Lichtäther kann natürlich nicht mehr aufrechterhalten werden (vgl. § 26).

Auf dieser Grundlage lassen sich nun die Lorentz-Transformationen ohne weiteres ableiten. Wir betrachten wieder zwei mit der Geschwindigkeit v relativ zueinander bewegte Systeme S und S' mit der in § 322 festgelegten Richtung der Achsen und der relativen Geschwindigkeit. Die senkrecht zur Bewegungsrichtung liegenden Koordinaten eines Massenpunktes müssen in beiden Systemen einander gleich sein, nicht aber x und x'. Ebensowenig darf man voraussetzen, daß der mit vollkommen gleichartigen Uhren gemessene Zeitablauf in den beiden Systemen der gleiche und vom Ort unabhängig ist. x' und t' sind als Funktionen von x und t anzusetzen, und umgekehrt x und t als Funktionen von x' und t'. Die neue Transformation muß also die allgemeine Gestalt haben

$$x' = x'\,(x, t), \qquad y' = y, \qquad z' = z, \qquad t' = t'\,(x, t). \tag{6a}$$

bzw.

$$x = x\,(x', t'), \qquad y = y', \qquad z = z', \qquad t = t\,(x', t'). \tag{6b}$$

Wir betrachten jetzt die beiden Koordinatenursprünge in den Systemen S und S' ($x = 0$ bzw. $x' = 0$). Bewegt sich S' gegenüber S mit der Geschwindigkeit v in der x-Richtung, so tut das auch der Punkt $x' = 0$ gegenüber dem Punkt $x = 0$. Es ist also die Aussage $x' = 0$ gleichbedeutend mit der Aussage $x - vt = 0$. Betrachtet man aber umgekehrt S' als ruhend, was wir ja dürfen, so bewegt sich jetzt S gegenüber S' mit der Geschwindigkeit $-v$. Demnach ist jetzt die Aussage $x = 0$ gleichbedeutend mit der Aussage $x' + vt' = 0$. Daher muß, wegen der gleichzeitigen Gültigkeit der jeweils nebeneinander gestellten Aussagen, allgemein sein

$$a x' = x - vt \qquad \text{und} \qquad a x = x' + vt'. \tag{7a u. b}$$

a ist ein zunächst unbekannter Faktor, der in beiden Gleichungen derselbe sein muß, weil sich die beiden Ausdrücke wegen des Relativitätsprinzips durch nichts anderes unterscheiden dürfen, als durch die Vertauschung der Koordinaten und des Vorzeichens von v. Um den Faktor a zu bestimmen, eliminieren wir x' aus den Gl. (7)a und (7b) und erhalten

$$a t' = \frac{a^2 - 1}{v}\, x + t. \tag{8}$$

Eine gleichförmige, geradlinige Bewegung eines bestimmten Massenpunktes in der x-Richtung ist im System S durch $u = x/t$, im System S' durch $u' = x'/t'$

gegeben. (Wir bezeichnen hier die Geschwindigkeit eines Massenpunktes relativ zu einem System mit u bzw. u', zum Unterschied von der relativen Geschwindigkeit v der beiden Systeme.) Dividieren wir Gl. (7a) durch Gl. (8), so folgt:

$$u' = \frac{x'}{t'} = \frac{x - vt}{(a^2 - 1)\dfrac{x}{v} + t} = \frac{u - v}{(a^2 - 1)\dfrac{u}{v} + 1}. \tag{9}$$

Nun betrachten wir statt eines Massenpunktes einen im Vakuum in der x-Richtung fortschreitenden Lichtstrahl. Nach dem Prinzip von der Konstanz der Lichtgeschwindigkeit muß diese in beiden Systemen die gleiche, also für diesen Fall $u' = u = c$ sein. Man erhält dann aus Gl. (9) leicht

$$a = \sqrt{1 - \frac{v^2}{c^2}}. \tag{10}$$

Führen wir dies jetzt in die Gl. (7a) und (7b) bzw. Gl. (8) ein, so erhalten wir folgende neue Transformationen

$$x' = \frac{x - vt}{\sqrt{1 - \dfrac{v^2}{c^2}}}, \qquad y' = y, \qquad z' = z, \qquad t' = \frac{t - \dfrac{vx}{c^2}}{\sqrt{1 - \dfrac{v^2}{c^2}}}, \tag{11a}$$

bzw.

$$x = \frac{x' + vt'}{\sqrt{1 - \dfrac{v^2}{c^2}}}, \qquad y = y', \qquad z = z', \qquad t = \frac{t' + \dfrac{vx'}{c^2}}{\sqrt{1 - \dfrac{v^2}{c^2}}}. \tag{11b}$$

Die LORENTZ-Transformation geht bei kleiner Geschwindigkeit v, d. h. wenn $v/c \ll 1$, wie man leicht sehen kann, in die GALILEI-Transformation, Gl. (1) und (2), über, enthält diese also als Grenzfall für kleine Relativgeschwindigkeiten. Die Bedingung $v/c \ll 1$ trifft aber für bewegte Körper im Bereiche der täglichen Erfahrung stets zu. Aus diesem Grunde sagten wir oben, daß· es sich bei der Relativitätstheorie um eine grundlegende *Erweiterung der klassischen Physik* und nicht um einen Bruch mit ihr handelt.

325. Relativität der Zeit und der Länge. Aus der LORENTZ-Transformation ergeben sich nun sehr wichtige Folgerungen für die Größe von Zeiten und Längen in bewegten Systemen. Wir betrachten zwei Ereignisse, die sich im System S an zwei Punkten x_1 und x_2 der x-Achse zu den Zeiten t_1 und t_2 abspielen. Nun ist nach Gl. (11a) im System S'

$$t_1' = \frac{t_1 - \dfrac{vx_1}{c^2}}{\sqrt{1 - \dfrac{v^2}{c^2}}}, \qquad t_2' = \frac{t_2 - \dfrac{vx_2}{c^2}}{\sqrt{1 - \dfrac{v^2}{c^2}}}, \qquad t_1' - t_2' = \frac{t_1 - t_2}{\sqrt{1 - \dfrac{v^2}{c^2}}} - \frac{\dfrac{v}{c^2}(x_1 - x_2)}{\sqrt{1 - \dfrac{v^2}{c^2}}}. \tag{12}$$

Der zeitliche Abstand der beiden Ereignisse ist also in den beiden Systemen verschieden. Er ist überdies auch vom *Abstande* der Orte abhängig, an denen sie stattfinden.

Wir wollen zwei Sonderfälle betrachten, erstens den Fall, daß die beiden Ereignisse von System S aus beurteilt *gleichzeitig* stattfinden, so daß $t_1 = t_2$ und daher im System S'

$$t_1' - t_2' = -\frac{v}{c^2} \frac{x_1 - x_2}{\sqrt{1 - \dfrac{v^2}{c^2}}}. \tag{12a}$$

Zwei im System S gleichzeitige Ereignisse sind also vom System S' aus beurteilt, nicht gleichzeitig, sondern finden in einem von ihrem örtlichen Abstande $x_1 - x_2$

abhängigen Zeitabstand statt. Der Begriff der Gleichzeitigkeit ist kein absoluter, sondern hängt vom Bezugssystem ab.

Zweitens betrachten wir zwei Ereignisse, die zu verschiedenen Zeiten, vom System S aus beurteilt *am gleichen Ort*, stattfinden, so daß $x_1 = x_2$, z. B. aufeinander folgende Durchgänge eines Pendels durch seine natürliche Ruhelage. Dann ergibt sich aus Gl. (12)

$$t_1' - t_2' = \frac{t_1 - t_2}{\sqrt{1 - \dfrac{v^2}{c^2}}}. \tag{12 b}$$

Der zeitliche Abstand der beiden Ereignisse ist also im mitbewegten System S kleiner als in jedem relativ zu ihm bewegten System S'. Führt man aber die gleiche Überlegung für zwei Ereignisse durch, die sich, vom System S' aus beurteilt, nacheinander am gleichen Ort abspielen, so folgt umgekehrt

$$t_1 - t_2 = \frac{t_1' - t_2'}{\sqrt{1 - \dfrac{v^2}{c^2}}}. \tag{12 c}$$

Wiederum ist also der Zeitabstand im mitbewegten System kleiner als in jedem anderen. Das gilt z. B. für die Schwingung eines Pendels oder den Gang einer Uhr. Befinden sich zwei vollkommen gleich beschaffene Uhren in zwei relativ zueinander bewegten Systemen, so geht für jeden Beobachter die jeweils in seiner Hand befindliche, relativ zu ihm ruhende Uhr schneller als die relativ zu ihm bewegte Uhr. Ganz allgemein muß dies für den Ablauf jedes physikalischen Vorganges gelten. *Die Zeit ist also ein relativer Begriff*, nichts Absolutes. Der zeitliche Ablauf eines physikalischen Vorganges hängt vom Bewegungszustand des Beobachters relativ zum Ort seines Ablaufs ab.

Betrachtet man die in § 85 für den DOPPLER-Effekt abgeleiteten Gleichungen, so könnte es scheinen, als ob man auf Grund dieses Effektes doch unterscheiden könnte, ob der Beobachter ruht und eine Lichtquelle sich ihm gegenüber bewegt oder umgekehrt; denn es haben sich in diesen beiden Fällen verschiedene Ausdrücke ergeben. Das liegt aber nur daran, daß bei der Rechnung die Relativität der Zeit vernachlässigt wurde, und daß es sich dort nicht um Lichtwellen handelte. Führt man die Rechnung auf Grund der LORENTZ-Transformationen durch, so ergeben sich für den Fall, daß es sich um *Lichtwellen im Vakuum* handelt, aber nur in diesem Falle, identische Formeln, ganz gleich, ob man sich den Beobachter ruhend und die Lichtquelle bewegt denkt oder umgekehrt. Es ergibt sich immer

$$v' = v \sqrt{\frac{1 \pm \dfrac{v}{c}}{1 \mp \dfrac{v}{c}}} = v \frac{1 \pm \dfrac{v}{c}}{\sqrt{1 - \dfrac{v^2}{c^2}}}, \tag{13}$$

je nachdem die Entfernung zwischen Lichtquelle und Beobachter ab- oder zunimmt. Ist $v^2/c^2 \ll 1$, so kann man statt dessen wie in § 85 schreiben $v' = v\,(1 \pm v/c)$.

Selbstverständlich gilt die obige Gleichung nur für Licht. Bei jeder mechanischen Welle, die ja stets einen stofflichen Träger voraussetzt, bleiben die Gleichungen des § 85 (unter Vernachlässigung einer sehr kleinen relativistischen Korrektion) bestehen. Und es widerspricht natürlich dem Relativitätsprinzip in keiner Weise, daß man feststellen kann, welches der *relative* Bewegungszustand des Beobachters und der Quelle der Wellen gegenüber dem Stoff ist, durch den die Wellen sich zum Beobachter hin fortpflanzen.

Nunmehr betrachten wir zwei Punkte x_1' und x_2' auf der x'-Achse von S' etwa die Enden eines in S' ruhenden Maßstabes. Die Länge des Maßstabes ist also in S' gleich $x_2' - x_1'$. Wir wollen die Länge des Maßstabes im System S messen. Wir können uns das durch folgendes Gedankenexperiment ausgeführt denken. Wir legen längs der x-Achse einen in S ruhenden geteilten Maßstab von ausreichender Länge und stellen längs desselben eine große Zahl von Beobachtern auf, welche mit vollkommen genau (im System S) gleichgehenden Uhren versehen sind. Diejenigen beiden Beobachter, bei denen die beiden Enden des zu messenden bewegten Maßstabes sich gerade zu einer vorher vereinbarten Zeit, also etwa zur Zeit $t = 0$, befinden, erhalten den Auftrag, die Orte der beiden Stabenden auf dem ruhenden Maßstab zu bezeichnen. Denn damit die Messung in S einen Sinn hat, muß sie offenbar für beide Enden (in S) gleichzeitig erfolgen. Das Ergebnis der Messung können wir sofort aus der LORENTZ-Transformation, Gl. (11a), mit $t = 0$, ableiten. Es wird

$$x_2' - x_1' = \frac{x_2 - x_1}{\sqrt{1 - \dfrac{v^2}{c^2}}} \qquad \text{oder} \qquad x_2 - x_1 = (x_2' - x_1') \sqrt{1 - \frac{v^2}{c^2}}, \tag{14}$$

Das heißt, der Stab ergibt sich bei der Messung in S im Verhältnis $\sqrt{1 - v^2/c^2} : 1$ kürzer als im mitbewegten System S'. Ja, man muß sagen, er *ist* im System S kürzer als in S'. Denn anders, als wir es vorausgesetzt haben, kann man seine Länge in S überhaupt nicht sinnvoll definieren und messen.

Durch Umkehrung des Verfahrens kann man sofort zeigen, daß das gleiche bezüglich eines in S ruhenden Stabes eintritt, wenn seine Länge in S' gemessen wird. Er erscheint von S' aus beurteilt im Verhältnis $\sqrt{1 - v^2/c^2} : 1$ verkürzt. Eine Strecke ist immer am längsten im mitbewegten System. Abmessungen in der zur Bewegung senkrechten Richtung bleiben, wie man aus den LORENTZ-Transformationen abliest, unverändert. Ein Körper wird also in Richtung seiner Bewegung zusammengedrückt, abgeplattet.

Diese *Relativität von Längen* hat ihren Grund in der verschiedenen Beurteilung der Gleichzeitigkeit in den Systemen S und S'. Da die Messungen in S gleichzeitig erfolgen sollten, so erfolgten sie, von S' aus beurteilt, nicht gleichzeitig, sondern ein wenig nacheinander, und zwar die des voraneilenden Endes etwas früher als die des hinteren Endes, was eine Verkürzung zur Folge hat.

326. Das Additionstheorem der Geschwindigkeiten. Ein Körper bewege sich in der x'-Richtung von S' mit der gleichförmigen Geschwindigkeit $x'/t' = u'$. Wie groß ist seine Geschwindigkeit $x/t = u$, von S aus beurteilt? Wir bilden nach Gl. (11b) den Ausdruck:

$$u = \frac{x}{t} = \frac{x' + vt'}{t' + \dfrac{vx'}{c^2}}.$$

Nach Division von Zähler und Nenner der rechten Seite durch t' erhalten wir mit $x'/t' = u'$

$$u = \frac{u' + v}{1 + \dfrac{u'v}{c^2}} \qquad \text{bzw.} \qquad u' = \frac{u - v}{1 - \dfrac{uv}{c^2}}. \tag{15}$$

Nach der Relativitätstheorie gilt also nicht die einfache Addition gleichgerichteter Geschwindigkeiten, $u = u' + v$, und ebensowenig die vektorielle Addition $\mathfrak{u} = \mathfrak{u}' + \mathfrak{v}$. Sie ist nur als Grenzfall für $v/c \ll 1$ in der Gl. (15) enthalten. Solange u' und v beide kleiner als die Lichtgeschwindigkeit c sind, ist auch, wie man leicht zeigen kann, u kleiner als c. Wird aber $u' = c$, so wird auch $u = (c + v)/(1 + v/c) = c$. Die Lichtgeschwindigkeit ist also in beiden Systemen, entsprechend den Grundlagen der Theorie, die gleiche.

Gl. (15) ist dank der außerordentlichen Genauigkeit interferometrischer Methoden einer Prüfung an der Erfahrung zugänglich. Im § 290 haben wir bereits auf FRESNELs Messungen der Lichtgeschwindigkeit in strömenden Flüssigkeiten hingewiesen. Es sei jetzt c_0 die Vakuumlichtgeschwindigkeit, $c = c_0/n$ die Lichtgeschwindigkeit in einer Flüssigkeit, wenn sie ruht, bzw. für einen mitbewegten Beobachter, n ihr Brechungsindex, c' die Lichtgeschwindigkeit, wenn die Flüssigkeit mit der Geschwindigkeit v in Richtung oder gegen die Richtung der Lichtfortpflanzung strömt. FRESNEL fand experimentell

$$c' = c \pm v \left(1 - \frac{1}{n^2} \right) \tag{16}$$

(+ oder —, je nachdem, ob die Strömung in der Richtung des Lichtes oder gegen diese erfolgt).

Wollen wir Gl. (15) auf diesen Fall anwenden, so haben wir nur zu setzen $u = c'$ (Lichtgeschwindigkeit in der strömenden Flüssigkeit, beurteilt von einem ruhenden Beobachter), $u' = c$, und wir erhalten

$$c' = \frac{c \pm v}{1 \pm \dfrac{cv}{c_0^2}}.$$

Entwickeln wir dies in eine Reihe und brechen mit dem zweiten Gliede ab, so folgt

$$c' = (c \pm v) \left(1 \mp \frac{cv}{c_0^2} \right) = c \pm v \mp v \frac{c^2}{c_0^2} - \frac{cv^2}{c_0^2}.$$

Lassen wir das sehr kleine vierte Glied rechts fort und berücksichtigen $c/c_0 = 1/n$, so ist dies mit Gl. (16) identisch. Von der Strömungsgeschwindigkeit v addiert sich also nur der Bruchteil $v\,(1 - 1/n^2)$ zur Lichtgeschwindigkeit c. Die Größe $(1 - 1/n^2)$ heißt der FRESNELsche *Mitführungskoeffizient*.

In neuerer Zeit sind weitere Versuche über die Lichtfortpflanzung in bewegten Körpern ausgeführt worden, welche ebenfalls durchweg die Relativitätstheorie bestätigt haben.

327. Masse und Geschwindigkeit. Einige weitere sehr wichtige Folgerungen aus der Relativitätstheorie lassen sich nur auf dem Wege über die Elektrodynamik ziehen. Wir wollen von ihnen hier nur folgende erwähnen.

Die Theorie führt zu dem Ergebnis, daß die Masse der Körper keine konstante Größe ist, sondern von der Geschwindigkeit abhängt. Ist m die *Ruhmasse*, d. h. die Masse eines ruhenden Körpers, so ist die Masse m' des gleichen, mit der Geschwindigkeit v bewegten Körpers

$$m' = \frac{m}{\sqrt{1 - \dfrac{v^2}{c^2}}}. \tag{17}$$

Die Gültigkeit dieser Beziehung ist an schnell bewegten Elektronen mit großer Genauigkeit nachgewiesen worden.

Gl. (17) hat eine sehr bemerkenswerte Folge. Für $v = c$ wird $m' = \infty$. Das heißt die Trägheit eines Körpers, sein Widerstand gegen Beschleunigungen, wird bei Erreichung der Lichtgeschwindigkeit unendlich groß. Nur ein unendlich großer Aufwand an Arbeit könnte einen Körper bis genau auf Lichtgeschwindigkeit oder gar darüber hinaus bringen. *Daher ist die Vakuumlichtgeschwindigkeit der obere Grenzwert der Geschwindigkeit eines Körpers.* Wir kennen auch tatsächlich keinen Fall, in dem sie überschritten würde, während andererseits bei den β-Strahlen der radioaktiven Stoffe Geschwindigkeiten vorkommen, die nur um Bruchteile von 1% kleiner sind als die Lichtgeschwindigkeit. Da weder Energie noch ein Körper sich mit einer größeren

Geschwindigkeit als der Lichtgeschwindigkeit fortpflanzen kann, so ist diese auch die größte denkbare *Signalgeschwindigkeit*. Denn ein Signal erfordert immer die Übertragung von Energie von einem Ort nach einem andern. Wo in der Physik *Überlichtgeschwindigkeiten* auftreten, handelt es sich nie um die Fortpflanzung von Energie mit dieser Geschwindigkeit (§ 307 und 352).

Bei $v = c/2$ ist die Masse bereits um etwa 15 % größer als die Ruhmasse bei $v = 0$. Mit weiter steigender Geschwindigkeit wächst sie sehr schnell an. Bei $v = {}^3/_4 c$ beträgt der Massenzuwachs bereits über 50 %.

328. Masse und Energie. Aus der Relativitätstheorie folgt ferner, daß ein mit der Geschwindigkeit v bewegter Körper von der Ruhmasse m die Gesamtenergie

$$E = \frac{m c^2}{\sqrt{1 - \dfrac{v^2}{c^2}}} \tag{18}$$

besitzt. Ein ruhender Körper besitzt also eine durch die Existenz seiner Masse m bedingte Energie

$$E = m c^2. \tag{19}$$

Der Anteil der kinetischen Energie an der Gesamtenergie E eines bewegten Körpers beträgt demnach

$$E_k = m c^2 \left(\frac{1}{\sqrt{1 - \dfrac{v^2}{c^2}}} - 1 \right), \tag{20}$$

ein Ausdruck, der für $v/c \ll 1$ in die bekannte Gleichung $E_k = m v^2/2$ übergeht. Jeder Körper besitzt also in Gestalt seiner Masse m einen durch Gl. (19) bestimmten sehr großen Energieinhalt. Er beträgt je Gramm jedes beliebigen Stoffes $9 \cdot 10^{20}$ erg ≈ 10 Billionen mkg*.

Gl. (19) kann aber auch im umgekehrten Sinne verstanden werden,

$$m = \frac{E}{c^2} . \tag{21}$$

In dieser Form sagt sie aus, daß jeder Energie E eine Masse vom Betrage E/c^2 zukommt, daß also Energie sowohl träge wie schwer ist. Für einen von Strahlung erfüllten, sonst masselosen Hohlraum läßt sich die Trägheit schon aus der klassischen Elektrodynamik ableiten. Die Masse eines Körpers ist also um so größer, je größer sein Energieinhalt ist. Ein Beispiel hierfür liefert schon Gl. (17), nach der die Masse mit ihrer kinetischen Energie wächst. Ein Körper muß im wärmeren Zustand eine etwas größere Masse haben als im kälteren. Denn erstens ist dann die kinetische Energie seiner Moleküle und daher auch deren Masse größer, und zweitens enthält er dann einen höheren Betrag an Strahlungsenergie, der ebenfalls zur Masse beiträgt, bei Fixsterntemperaturen sogar recht beträchtlich.

Die Abhängigkeit der Masse von der Energie macht sich unmittelbar bei den Atomkernen bemerkbar in Gestalt der *Massendefekte*, auf die wir in § 362 zurückkommen werden.

Die Bewegungsgröße (Impuls, § 20) eines Körpers ist auch in der Relativitätstheorie das Produkt aus Masse und Geschwindigkeit. Nach Gl. (16) beträgt sie daher

$$G = m' v = \frac{m v}{\sqrt{1 - \dfrac{v^2}{c^2}}}, \tag{22}$$

wobei m die Ruhmasse des Körpers ist.

Die, wie gesagt, auf Inertialsysteme beschränkte, spezielle Relativitätstheorie, d. h. das in ihr niedergelegte System von Gleichungen, bildet eine der Grundlagen der heutigen Physik und ein außerordentlich wertvolles Hilfsmittel des Erkenntnisfortschrittes. Ihre Anwendung hat in keinem Fall zu Widersprüchen geführt, vielmehr hat sie sich insbesondere auf dem Gebiet der Atomphysik derart bewährt, daß sie über kurz oder lang ohne Zweifel auch aus den Ergebnissen der Atomforschung erwachsen wäre, wenn der MICHELSON-Versuch nie angestellt worden wäre. Ihre außerordentliche und immer wieder bewährte Bedeutung für den weiteren Fortschritt unserer Erkenntnis — vor allem auf dem Gebiet der Atomforschung — liegt darin, daß an jede neue Theorie auf jedem Gebiet der Physik die Forderung ihrer Vereinbarkeit mit der speziellen Relativitätstheorie gestellt werden muß. Das liefert wichtige Hinweise in bezug auf die Richtung, in der vorhandene Ansätze neuer Theorien vervollkommnet werden müssen. Selbstverständlich haben die aus ihr gezogenen Folgerungen über Raum und Zeit auch eine große erkenntnistheoretische Bedeutung. Für den leider nicht seltenen Mißbrauch ihres rein physikalischen Gedankengutes auf außerphysikalischen Gebieten ist die Physik aber nicht verantwortlich.

329. Die allgemeine Relativitätstheorie. Die spezielle Relativitätstheorie beschränkt sich auf Inertialsysteme. Die Erweiterung zur *allgemeinen Relativitätstheorie* (EINSTEIN 1917), die nun auch die beschleunigten Bezugssysteme mit umfaßt, geschah durch einen Gedankengang, der demjenigen nahe verwandt ist, der zum Relativitätsprinzip führte. Ein bis dahin nur im Bereich der Mechanik als gültig erkanntes Gesetz wird auf die Gesamtheit der physikalischen Erscheinungen ausgedehnt.

Wir haben in § 20 die *Trägheitskräfte* eingeführt. Erfährt ein Bezugssystem eine Beschleunigung $\mathfrak{b}_s$, so wirkt in ihm auf jede Masse m eine Trägheitskraft $\mathfrak{k}_t = -\,m\,\mathfrak{b}_s$. Wirken in dem System im übrigen keine Kräfte, und ist das System geradlinig und gleichförmig beschleunigt, also $\mathfrak{b}_s$ konstant, so stehen alle Körper dieses Systems unter der Wirkung von Kräften, die unter sich die gleiche Richtung haben, und die den Massen der Körper proportional sind. Genau ebenso aber liegen die Verhältnisse in einem unbeschleunigten System, in dem ein homogenes Gravitationsfeld herrscht. Auch in einem solchen greifen an allen Körpern massenproportionale, gleichgerichtete Kräfte an. In bezug auf die mechanischen Wirkungen besteht also keinerlei Unterschied zwischen den Erscheinungen in einem unbeschleunigten System, in dem ein homogenes Gravitationsfeld herrscht, das allen Körpern des Systems eine Beschleunigung $\mathfrak{b}$ zu erteilen sucht, und einem gravitationsfreien System, das eine Beschleunigung $\mathfrak{b}_s = -\,\mathfrak{b}$ erfährt. Unterlägen wir nicht der irdischen Schwerkraft, würden wir aber statt dessen mit einer der Erdbeschleunigung an Betrag gleichen Beschleunigung mitsamt unserer Umgebung senkrecht aufwärts bewegt, so würden wir nicht den geringsten Unterschied bemerken. Daher kann auch die Wirkung der Schwerkraft durch die Beschleunigung des Bezugssystems aufgehoben werden. Ist seine Beschleunigung die gleiche, wie diejenige der im Gravitationsfeld frei fallenden Körper, so erfahren diese relativ zum System keine Beschleunigung, sind also, von ihm aus beurteilt, kräftefrei. Ein Beispiel dafür ist die in § 18 erwähnte Kerze im frei fallenden Kasten. Demnach ist es grundsätzlich unmöglich, durch einen rein mechanischen Versuch zu entscheiden, ob er sich in einem Inertialsystem im Gravitationsfelde oder in einem gravitationsfreien beschleunigten System abspielt. Man beachte, daß dies nur deshalb der Fall sein kann, weil die Trägheit und die Schwere der Körper einander streng proportional sind.

In seinem *Äquivalenzprinzip* stellte nun EINSTEIN die Behauptung auf, daß die Wirkungen von Gravitationsfeldern und von Beschleunigungen des

Bezugssystems nicht nur bei mechanischen Vorgängen, sondern überhaupt, also auch bei elektrischen und optischen Vorgängen, grundsätzlich nicht unterscheidbar sind. Demnach müssen auch die letzteren Vorgänge in einem Gravitationsfelde ebenso ablaufen, wie in einem gravitationsfreien, beschleunigten Bezugssystem.

Auf die Einzelheiten der Theorie können wir hier nicht eingehen, sondern nur auf ihre bisherige Bewährung. Leider gibt es bis heute keinen Versuch, der ihre Prüfung im Laboratorium zuließe. Hingegen macht sie einige nachprüfbare Voraussagen auf dem Gebiet der Astronomie, wie überhaupt ihre Bedeutung zunächst durchaus auf dem Gebiet der kosmischen Physik liegt.

Eine Folgerung aus der Äquivalenzhypothese ist ganz elementar verständlich. Wir denken uns einen Kasten mit einem seitlichen Loch versehen, durch den senkrecht zur Wand ein Lichtstrahl falle, und zwar so, daß er den Kasten, wenn er ruht, horizontal durchläuft (Abb. 564 a). Bewegt sich aber der Kasten gleichförmig nach oben, so ist der gleiche Lichtstrahl *relativ zum Kasten* nach unten geneigt, und zwar um so mehr, je größer die Geschwindigkeit des Kastens ist (Abb. 564 b), die in der Abbildung der Deutlichkeit halber als mit der Lichtgeschwindigkeit vergleichbar angenommen ist. Wird der Kasten aber nach oben *beschleunigt*, so ändert sich seine Geschwindigkeit, während der Lichtstrahl ihn durchläuft, und infolgedessen ändert sich auch die Neigung des Licht-

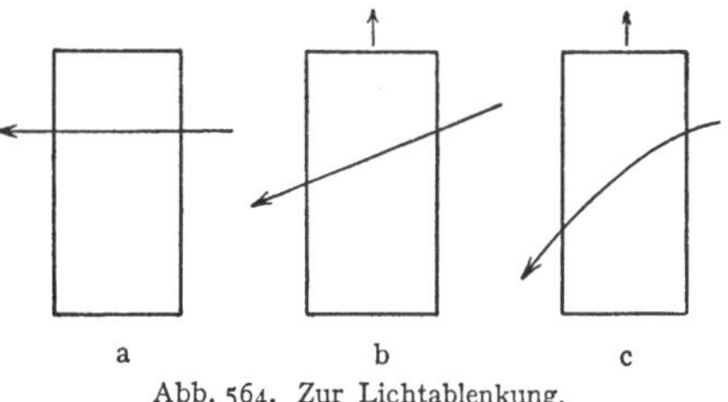

a   b   c
Abb. 564. Zur Lichtablenkung.

strahles (Abb. 564 c). Der Lichtstrahl ist im beschleunigten Kasten gekrümmt. Nun ist eine Beschleunigung nach oben einer nach unten wirkenden Schwerkraft äquivalent. Bewirkt jene eine Krümmung des Lichtstrahles, so muß im ruhenden Kasten eine nach unten wirkende Schwerkraft das gleiche tun. Lichtstrahlen müssen also in Schwerefeldern gekrümmt sein.

Die Schwerkraft an der Erdoberfläche und die auf der Erde zur Verfügung stehenden Lichtwege genügen nicht, um meßbare Wirkungen hervorzurufen, wohl aber die 28mal größere Schwerkraft in der Nähe der Sonnenoberfläche und die Wege, die das Licht von Sternen im Anziehungsbereich der Sonne zurücklegt, wenn ein Stern am Himmel dicht neben der Sonne steht. Verläuft das Licht eines Sternes dicht an der Sonnenoberfläche vorbei, so wird es der Sonne ein wenig zugekrümmt, aus seiner geraden Bahn abgelenkt. Fällt der Strahl in das Auge eines irdischen Beobachters, so erscheint ihm der Stern infolgedessen ein wenig in Richtung von der Sonne weg aus seiner wahren Stellung verschoben. Die Theorie ergibt für einen unmittelbar an der Sonnenoberfläche vorbeistreichenden Strahl eine Ablenkung um 1,75″, eine Größe, die der astronomischen Messung noch durchaus zugänglich ist. Solche Beobachtungen sind vorerst nur bei totalen Sonnenfinsternissen möglich, da sonst das Sternlicht vollkommen überstrahlt wird. Während die ersten Beobachtungen die Theorie sehr gut zu bestätigen schienen, haben neuere Messungen sowie eine Nachprüfung der älteren Messungen für die Lichtablenkung am Sonnenrande den höheren Wert von 2,2″ ergeben. Während also die Tatsache der Lichtablenkung feststeht, ist die Übereinstimmung ihrer Größe mit der Theorie noch zweifelhaft.

Die Äquivalenz von Trägheit und Schwere bezieht sich natürlich nicht nur auf Körper, sondern auch auf die Energie. Da Energie träge ist, so ist sie auch schwer, und als eine solche Wirkung der Schwere der Energie können wir auch die Lichtablenkung auffassen. Das Licht wird in der Nähe der Sonne von ihr angezogen, seine Bahn ist gekrümmt wie die eines an der Sonne vorbei bewegten Körpers. Die Lichtenergie führt im Schwerefelde eine Fallbewegung aus.

Die allgemeine Relativitätstheorie führt ferner zu einem Gesetz für die zwischen zwei Massen wirkende anziehende Kraft, d. h. zu einem *Gravitationsgesetz* (vgl. § 45). Dieses läßt sich nicht, wie das NEWTONsche, in geschlossener Form angeben, sondern nur als eine nach Potenzen von $1/r$ (r = Abstand der beiden Körper) schnell fallende Reihe. Das erste und in allen Fällen überwiegend größte Glied dieser Reihe ist mit dem NEWTONschen Gravitationsgesetz identisch, das sich also als einen Grenzfall bildet. Der Einfluß des im günstigsten Fall allein noch in Betracht kommenden zweiten Gliedes auf die Planetenbewegung ist nur dann merkbar, wenn die Schwerkraft am Ort des Planeten und die Exzentrizität seiner Bahn nicht zu klein sind. Unter allen Planeten

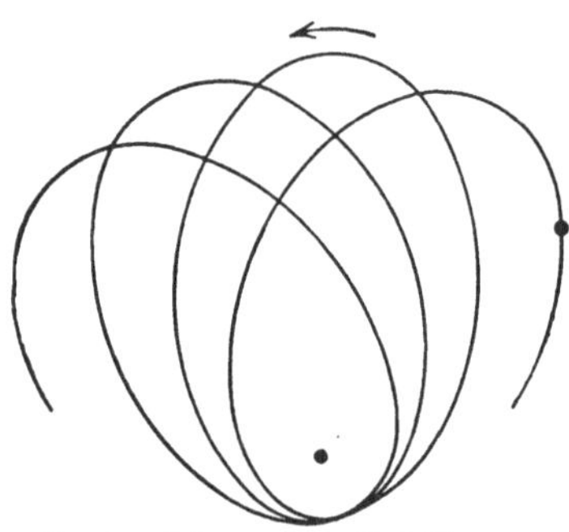

Abb. 565. Schema einer Perihelbewegung.

des Sonnensystems treffen wir diese Bedingungen nur beim sonnennächsten, dem Merkur, an. Die Wirkung des zweiten Gliedes besteht in dem Auftreten einer *Perihelbewegung*, d. h. einer langsamen Drehung der Bahnellipse (Abb. 565). Tatsächlich zeigt der Merkur eine solche. Die Theorie ergibt für sie einen Wert von 43″ in 100 Jahren. Es scheint, daß dies mit der Erfahrung übereinstimmt. Doch ist diese Frage noch nicht endgültig entschieden. (Es handelt sich nämlich nur um den kleinen Rest von Perihelbewegung, der noch übrigbleibt, wenn man die von den gegenseitigen Störungen der Planeten herrührenden Wirkungen, die ebenfalls eine Perihelbewegung hervorrufen, durch Rechnung beseitigt hat.)

Die dritte an der Erfahrung prüfbare Voraussage der allgemeinen Relativitätstheorie ist, daß die Spektrallinien eines Stoffes um so mehr nach Rot verschoben sein müssen, je größer die Schwerkraft am Ort der Lichtaussendung ist. Die Schwerkraft auf der Erde ist so klein, daß wir die im Laboratorium gemessenen Wellenlängen der Spektrallinien (von Einflüssen des Druckes usw. abgesehen) als normal betrachten können. Im Spektrum der Elemente an der Sonnenoberfläche sind jedoch meßbare Verschiebungen gegen diese normale Lage zu erwarten. Die Untersuchungen sind außerordentlich schwierig, weil es auf der Sonne noch andere Einflüsse gibt, die die Lage der Linien verändern. Nachdem es eine Zeitlang geschienen hatte, als sei die Rotverschiebung auf der Sonne einwandfrei nachgewiesen, ist die Beweiskraft der betreffenden Untersuchung neuerdings wieder angezweifelt worden. Die Frage des experimentellen Nachweises der Rotverschiebung ist daher zur Zeit noch als offen anzusehen.

Man kann die Rotverschiebung auf folgende Weise verstehen. Die von der Sonne wegfliegenden Lichtquanten (§ 331) unterliegen der Gravitation der Sonne, müssen also gegen diese Hebungsarbeit leisten. Das kann nur auf Kosten ihrer Energie $h\nu$ gehen, die sich also bei der Entfernung von der Sonne verkleinern muß. Sie erreichen daher die Erde nur mit einer Energie $h\nu' < h\nu$, d. h. ihre Schwingungszahl ist kleiner als an ihrem Ursprungsort.

Damit sind die derzeitigen Prüfungsmöglichkeiten der allgemeinen Relativitätstheorie erschöpft.

Die allgemeine Relativitätstheorie in ihrer präzisen mathematischen Gestalt ist ein erster Versuch zu einer *Physik des Weltalls*. Sie führt zu dem Ergebnis, daß die Geometrie des Weltalls *nichteuklidisch*, daß der Weltraum nicht „eben", sondern „gekrümmt" ist. Einer anschaulichen Vorstellung ist das natürlich nicht zugänglich. Es bedeutet, daß die Geometrie des Weltraumes sich zu derjenigen eines euklidischen Raumes so verhält, wie diejenige einer gekrümmten Fläche zur Geometrie der Ebene. In sehr kleinen Bereichen einer gekrümmten Fläche kann man ohne ins Gewicht fallenden Fehler die Geometrie der Ebene anwenden, wie wir das z. B. in kleinen Bereichen der Erdoberfläche tun. Entsprechend gilt in kleinen Bereichen des Weltraumes — die für unsere gewöhnlichen Begriffe noch ungeheuer groß sein können — mit praktisch vollkommener Genauigkeit die euklidische Geometrie, wie es unserer Erfahrung entspricht. In die geometrischen Beziehungen auf einer gekrümmten Fläche geht das Krümmungsmaß der Fläche in ihren einzelnen Punkten ein, das bei einer Kugel durch ihren Radius bestimmt wird. Entsprechend tritt in den geometrischen Beziehungen im nichteuklidischen Weltraum eine der euklidischen Geometrie fremde Größe auf, die man als das Krümmungsmaß des Weltraumes zu bezeichnen hat, und der ein *Radius der Welt* entspricht.

Neuntes Kapitel

Quantentheorie. Atome und Moleküle. Kristalle.

I. Quantentheorie des Lichtes.

330. Der lichtelektrische Effekt. Im Jahre 1887 beobachtete H. HERTZ, daß eine Funkenentladung zwischen Metallelektroden bereits bei einer kleineren Spannung einsetzt, wenn man sie mit ultraviolettem Licht bestrahlt. Hieran anknüpfend stellte HALLWACHS fest, daß sich eine negativ geladene Metallplatte bei ultravioletter Bestrahlung entlädt, eine positiv geladene aber nicht. Etwas später schließlich klärte LENARD diese Tatsachen auf, indem er entdeckte, daß *ultraviolettes Licht an Metallflächen Elektronen freimacht*. Bei den Alkalimetallen tritt dieser *lichtelektrische Effekt (Photoeffekt)* auch schon im kurzwelligen sichtbaren Licht auf. Die Wellenlänge des Lichtes, bei der der Effekt einsetzt *(Grenzwellenlänge)*, ist von der Beschaffenheit der Metalloberfläche (Reinheitsgrad, Gasbeladung usw.) stark abhängig. Ein Metall zeigt den lichtelektrischen Effekt bei allen Wellenlängen, die kleiner als die Grenzwellenlänge sind, also auch bei Bestrahlung mit Röntgen- und Gammastrahlen.

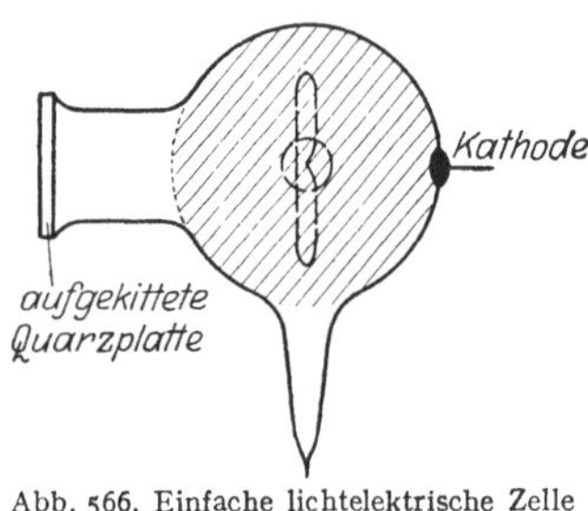

Abb. 566. Einfache lichtelektrische Zelle nach ELSTER und GEITEL.

Abb. 566 zeigt eine einfache *lichtelektrische Zelle*. Sie besteht aus einem möglichst gut evakuierten Glas- oder Quarzkolben ·mit einem Quarzfenster, das auch im Ultraviolett durchlässig ist. Die Innenwand des Kolbens trägt einen Belag aus einem Alkalimetall mit einer Zuleitung nach außen (Kathode); außerdem ist eine ringförmige Anode vorhanden. Der Metallbelag erhält eine negative Spannung gegen die Anode. Fällt Licht durch das Quarzfenster auf den Belag, so fließt durch die Zelle ein Strom, der zur Messung des auf den Belag fallenden Lichtstromes, also zur Photometrie, dienen kann. Die lichtelektrischen Zellen spielen heute nicht nur im Laboratorium, sondern auch in der Technik, so namentlich beim Tonfilm, beim Fernsehen und bei der Bildtelegraphie, eine wichtige Rolle. Bei gegebener Zusammensetzung des Lichtes ist der lichtelektrische Strom der Lichtintensität streng proportional.

Neben diesem *äußeren lichtelektrischen Effekt* gibt es bei gewissen durchsichtigen, nichtleitenden Kristallen — unter Umständen nach einer bestimmten Vorbehandlung — einen *inneren lichtelektrischen Effekt*. Er beruht darauf, daß das Licht Elektronen an den Atomen im Kristall freimacht, die sich alsdann in ihm bewegen können, so daß der Kristall leitend wird. Eine besonders starke Wirkung zeigt das Selen (HITTORFF 1852). *Selenzellen* können in der gleichen Weise verwendet werden, wie die oben erwähnten Zellen.

Auch an den Atomen oder Molekülen eines Gases kann ein lichtelektrischer Effekt eintreten. Indem von ihnen Elektronen durch Licht abgetrennt werden, wird das Gas ionisiert (§ 343).

Eine lichtelektrische Erscheinung ist auch der *Sperrschichtphotoeffekt*. Abb. 567 zeigt eine der mannigfachen Ausführungsformen einer Sperrschichtphotozelle. Auf einer Kupferplatte befindet sich eine Schicht von Kupferoxydul (Cu_2O), auf die bei hoher Temperatur eine sehr dünne, noch durchsichtige Kupferhaut aufgedampft ist. Auf dieser befindet sich als Zuleitung ein Metallring. [Eine solche Vorrichtung wirkt als *Gleichrichter* (Trockengleichrichter). Ihr Widerstand ist außerordentlich viel kleiner, wenn die Kupferplatte negative Spannung hat, als wenn sie positive Spannung hat. Bei positiver Spannung der Platte sperrt sie, ähnlich wie ein Detektor.] Bei der Verwendung als lichtelektrische Zelle wird die Kupferplatte mit dem Metallring, ohne Einschaltung einer Stromquelle, über ein Galvanometer verbunden. Fällt jetzt Licht durch die Kupferhaut auf das Kupferoxydul, so macht es dort Elektronen frei, die aber nur an die Kupferhaut, nicht durch das Kupferoxydul an die Kupferplatte gelangen können. Die Kupferhaut lädt sich also gegen die Kupferplatte negativ auf, das Galvanometer zeigt einen Strom an.

331. Die Lichtquantentheorie. Im Jahre 1902 machte LENARD eine grundlegende Entdeckung:

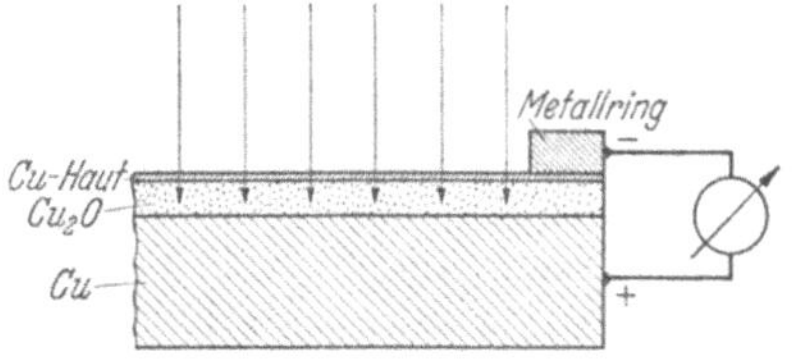

Abb. 567. Sperrschichtphotozelle (Vorderwandzelle).

1. Die *kinetische Energie* der an einer Metalloberfläche ausgelösten Elektronen ist *von der Lichtintensität unabhängig* und hängt *nur von der Wellenlänge* des Lichts ab.

2. Die kinetische Energie der Elektronen *wächst streng linear* mit der Schwingungszahl v des Lichts. Die lichtelektrische Wirkung beginnt erst unterhalb einer Grenzwellenlänge λ_g (§ 330), der eine Schwingungszahl $v_g = c/\lambda_g$ entspricht (c = Lichtgeschwindigkeit), und bei der Schwingungszahl v des Lichts beträgt die kinetische Energie der ausgelösten Elektronen

$$E = \text{const} \, (v - v_g) \, . \tag{1}$$

Ferner zeigte es sich später, daß

3. der lichtelektrische Effekt auch bei außerordentlich schwacher Lichtintensität stets *innerhalb einer unmeßbar kurzen Zeit* nach Beginn der Bestrahlung einsetzt und sofort der Gl. (1) gehorcht.

Diese Entdeckungen wurden die Grundlagen zu einer völlig neuartigen Auffassung vom Wesen des Lichts. Allerdings hatte sich diese Entwicklung bereits im PLANCKschen Strahlungsgesetz (1900, § 318) angekündigt. Seine Ableitung enthält noch einen von uns bisher nicht erwähnten, der klassischen Theorie völlig fremden Zug. Es ist ein grundlegendes Merkmal der klassischen Mechanik, daß sich die Energie eines Gebildes nur stetig ändern kann. Die PLANCKschen Oszillatoren, also die elementaren Gebilde, welche Strahlung aussenden oder absorbieren, verhalten sich vollkommen anders. Sie können sich nach PLANCKs Theorie nicht in allen nach der klassischen Theorie möglichen, stetig ineinander überführbaren Schwingungszuständen befinden, sondern nur in einer Reihe von ausgezeichneten Zuständen, in denen ihnen ganz bestimmte Energiebeträge zukommen. Bei der Ausstrahlung von Licht gehen sie unstetig, sprunghaft von einem dieser Zustände in einen anderen über und geben dabei die der Differenz dieser *Energiestufen* entsprechende Energie als Licht ab (§ 337). Ebenso vermögen sie Licht auch nur in *Energiequanten* zu absorbieren, die der Differenz zweier Energiestufen entsprechen. Zwischen der ausgestrahlten oder absorbierten Lichtenergie E und der Schwingungszahl v des Lichts besteht bei einem solchen Elementarakt immer die Beziehung

$$E = h v . \tag{2}$$

Dabei ist h das PLANCKsche *Wirkungsquantum*, $h = 6,626 \cdot 10^{-27}$ erg·sec. In dieser Theorie tritt also das Licht in *Lichtquanten* auf, deren Energie E der Schwingungszahl ν proportional ist.

Im Jahre 1905 erkannte EINSTEIN, daß die Anwendung dieser *Lichtquanten-hypothese* auf den lichtelektrischen Effekt die drei oben genannten Erscheinungen vollkommen erklärt. Auf Grund der Wellentheorie des Lichts sind sie durchaus unverständlich. Nach dieser Theorie müßte man erwarten, daß die kinetische Energie der Elektronen von der Lichtintensität abhängt. Auch müßte bei sehr geringer Lichtintensität eine durchaus meßbare Zeit verstreichen, bis die Licht-wellen eine zur Auslösung eines Elektrons ausreichende Energie auf ein Elektron übertragen hätten. Schließlich führt die Wellentheorie auch zu keinem Ver-ständnis der Grenzwellenlänge. EINSTEIN behauptete nun, daß Licht von der Schwingungszahl ν *unter keinen Umständen* anders als in Gestalt von Energie-quanten $E = h\nu$ gemäß Gl. (2) auftritt, und daß sich diese *Lichtquanten* oder *Photonen*, in vollkommenem Gegensatz zur Wellentheorie, *wie kleine körper-liche Teilchen* mit Lichtgeschwindigkeit durch den Raum bewegen. Auf diese Weise können in der Tat sofort nach Beginn einer sehr schwachen Bestrah-lung einzelne Lichtquanten mit der Energie $h\nu$ mit einzelnen Elektronen in Wechselwirkung treten und ihre Loslösung aus dem Metall bewirken. Dazu ist aber, wie wir schon bei den Glühelektronen gesehen haben (§ 179), die Leistung von Arbeit *(Austrittsarbeit)* gegen eine Kraft erforderlich, die die Elektronen im Metall zurückzuhalten sucht und für gewöhnlich ihren Austritt verhindert. Die Elektronen können also nicht mit der vollen Energie $h\nu$ aus dem Metall aus-treten, sondern nur mit der Energie

$$E' = E - A = h\nu - A, \tag{3}$$

wobei A die Austrittsarbeit bedeutet. Gl. (3) aber ist mit dem LENARDschen Gesetz, Gl. (1), identisch, wenn man const $= h$ und $h\nu_g = A$ setzt. Die Grenzwellenlänge ist also von der Austrittsarbeit abhängig, die demnach bei den Alkalimetallen besonders klein ist. Daß die Konstante des LENARDschen Gesetzes wirklich mit dem Wirkungsquantum h identisch ist, hat zuerst MILLIKAN am Natrium nachgewiesen. Genauer sind später ausgeführte Messungen mit Röntgenstrahlen. Diese haben eine sehr große Schwingungszahl, und daher ist dann $h\nu \gg A$, so daß A vernachlässigt werden kann. Diese Versuche erlaubten eine sehr genaue Messung des Wirkungquantums aus der kinetischen Energie der ausgelösten Elektronen.

Aus Gl. (1) folgt, daß zur Erzeugung einer Röntgenstrahlung von der Schwingungszahl ν die Energie der die Röntgenstrahlung erzeugenden Elektronen (Kathodenstrahlen) mindestens gleich $h\nu$ sein muß. Da die kinetische Energie eines Elektrons (Ladung ε), das eine Spannung U durchlaufen hat, gleich εU ist, so muß für die Erzeugung einer Röntgenstrahlung von der Schwingungszahl ν die Bedingung $U \geq h\nu/\varepsilon$ erfüllt sein. Je größer die Betriebsspannung des Röntgenrohres, um so kurzwelliger (härter) ist die erzeugte Röntgenstrahlung.

Aus der an PLANCKs und LENARDs grundlegende Untersuchungen an-knüpfenden Lichtquantenhypothese ist die *Quantentheorie* erwachsen, die der Physik unserer Tage ihren Stempel aufgedrückt und ein neues Zeitalter der Naturerkenntnis überhaupt herbeigeführt hat.

332. Masse und Bewegungsgröße der Lichtquanten. Nach § 328 besitzt jede Energie E eine Masse E/c^2 ($c =$ Lichtgeschwindigkeit). Demnach besitzt ein Lichtquant die Masse

$$m = \frac{h\nu}{c^2}. \tag{4}$$

Wenn aber Lichtenergie eine Masse besitzt, so hat sie auch eine Bewegungs-größe (Impuls, § 22). Aus § 328, Gl. (18) und (22), leitet man die allgemeine

Beziehung $G = Ev/c^2$ ab. Da die Lichtquanten die Geschwindigkeit $v = c$ haben, so folgt für sie $G = E/c$ oder

$$G = \frac{h\,v}{c} = \frac{h}{\lambda}\,, \qquad (5)$$

wenn $\lambda = c/v$ die Wellenlänge des Lichtes ist. (Es hat einen Sinn, von der Wellenlänge eines Lichtquants zu sprechen. Denn es kommt nur auf die Art der von uns angestellten Beobachtung an, ob wir die betreffende Lichtenergie als Quant oder als Welle beobachten. Vgl. § 334). Die allgemeine Tatsache, daß eine Lichtenergie E die Masse E/c^2 und eine Bewegungsgröße E/c hat, gilt übrigens auch in der Wellentheorie und folgt bereits aus der MAXWELLschen elektromagnetischen Lichttheorie.

Mit einem Lichtquant wird also nicht nur Energie, sondern auch Bewegungsgröße durch den Raum übertragen, genau wie mit einem bewegten Körper. Nach dem Impulssatz (§ 22) muß die Bewegungsgröße auf einen vom Licht getroffenen Körper übergehen, wenn es in ihm absorbiert wird, so wie eine Platte, in die ein Geschoß eindringt, eine Bewegungsgröße erhält. Ein Körper, der Licht absorbiert, erfährt also eine Kraft, einen *Strahlungsdruck (Lichtdruck)*. Umgekehrt muß ein Körper, der Licht ausstrahlt, einen Rückstoß erfahren, wie ein Geschütz beim Abschuß. Werden Lichtquanten an einem Körper reflektiert, so ist die Kraftwirkung die gleiche, als wenn sie zunächst absorbiert und sofort wieder ausgestrahlt würden. Der Strahlungsdruck ist dann doppelt so groß wie bei einfacher Absorption oder Ausstrahlung. Jede Richtungsänderung

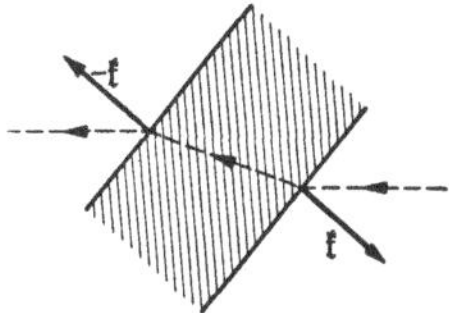

Abb. 568. Durch Strahlungsdruck bei der Brechung erzeugtes Drehmoment.

eines Lichtquants bedeutet eine Impulsänderung und ist ohne Wirkung einer Kraft nicht möglich. So tritt auch bei der Brechung von Licht eine, wenn auch sehr schwache, aber nachweisbare Kraft zwischen dem Licht und dem brechenden Körper auf. Tritt Licht unter zweimaliger Brechung schräge durch eine planparallele Platte (Abb. 568), so erfährt sie ein Drehmoment. Der Strahlungsdruck ist durch viele Versuche nachgewiesen worden (NICHOLS, HULL, POYNTING u. a.). Auch der Strahlungsdruck auf die einzelnen Moleküle eines lichtabsorbierenden Gases ist von LEBEDEW bestätigt worden. Hier handelt es sich immer um sehr schwache Wirkungen. Stärkere Druckwirkungen treten in den starken Strahlungsfeldern in der Nähe der Sonne und der Fixsterne auf. Die gekrümmte Gestalt der Kometenschweife rührt davon her, daß der Druck der Sonnenstrahlung die Moleküle des äußerst verdünnten Stoffes, aus dem der Schweif besteht, von der Sonne wegtreibt. Die auffallende Tatsache, daß gewisse schwere Elemente, so vor allem das einfach ionisierte Kalzium, noch in den größten Höhen der Sonnenatmosphäre vorkommen, wird dadurch erklärt, daß diese Atome bzw. Ionen gerade im Energiemaximum der Sonnenstrahlung absorbieren, so daß sie einen besonders starken, von der Sonne weg gerichteten Strahlungsdruck erfahren. Innerhalb der Fixsterne spielt der Strahlungsdruck, wie zuerst EDDINGTON erkannte, eine ganz ausschlaggebende Rolle für das *Gleichgewicht der Sternmaterie* (§ 371).

333. Der COMPTON-Effekt. Beim lichtelektrischen Effekt verwandelt sich die Energie eines Lichtquants restlos in kinetische Energie eines Elektrons und Austrittsarbeit. Es gibt aber Wechselwirkungen zwischen Lichtquanten und Elektronen, bei denen das Lichtquant nur einen Teil seiner Energie an ein Elektron abgibt. Beträgt sie anfänglich $h\,v_0$, der Energieverlust ΔE, so hat das Lichtquant nach dem Vorgang nur noch die Energie $h\,v_0 - \Delta E$ und eine entsprechend kleinere Schwingungszahl v gemäß der Gleichung

$$h\,v_0 = h\,v + \Delta E\,. \qquad (6)$$

Außerdem muß nach dem Impulssatz die Summe der Bewegungsgrößen von Lichtquant und Elektron vor und nach der Wechselwirkung die gleiche sein.

Ein solcher Vorgang ist die *Streuung des Lichts an freien Elektronen.* Man kann ihn durchaus wie einen elastischen Stoß zwischen zwei Körpern (§ 25), dem Lichtquant und dem Elektron, behandeln. Eine deutliche Wirkung auf *beide* wird man nur dann erhalten, wenn beide Massen von gleicher Größenordnung sind. Da die Elektronenmasse $\mu = 0{,}91076 \cdot 10^{-27}$ g ist, so folgt aus Gl. (4), daß ein Lichtquant mit der gleichen Masse die Schwingungszahl $\mu c^2/h = \nu_k = 1{,}2326 \cdot 10^{20}$ sec^{-1} und die Wellenlänge $\lambda_k = c/\nu_k = h/\mu c = 0{,}24321 \cdot 10^{-9}$ cm hat (Compton-*Wellenlänge*). Das entspricht einer harten Gammastrahlung. Zum Nachweis muß man also kurzwellige Röntgenstrahlen oder Gammastrahlen verwenden. Es ist dann zu erwarten, daß sich das Lichtquant und das Elektron nach dem „Stoß" nach verschiedenen Richtungen auseinanderbewegen werden, und daß das Lichtquant außerdem eine Änderung seiner Wellenlänge erfährt.

Diesen Nachweis hat A. H. Compton (1922) mit Röntgenstrahlen geführt. Später ist die Theorie auch bei der Streuung von Gammastrahlen bestätigt worden. Man läßt die Strahlen durch Paraffin, Graphit u. dgl. fallen, wo sie mit Elektronen in Wechselwirkung treten, und mißt die Wellenlängenänderung der in den verschiedenen Richtungen aus dem Stoff austretenden Röntgen- oder Gammastrahlen.

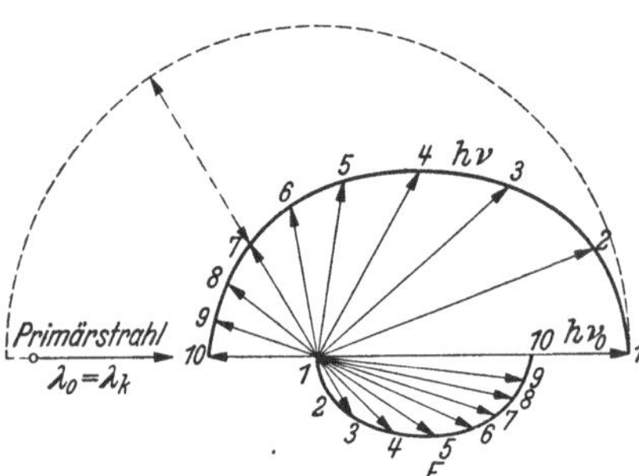

Abb. 569. Zum Compton-Effekt.

Diese streuen über einen Winkel von 180° gegen die Richtung der stoßenden Lichtquanten, die in Bewegung gesetzten Elektronen über einen Winkel von 90°. Abb. 569 zeigt die Energieverteilung der Lichtquanten ($h\nu$, obere Hälfte) und der Elektronen (kinetische Energie E, untere Hälfte) in Abhängigkeit vom Streuwinkel. Die Wellenlänge der primären Strahlung ist dabei gleich der Compton-Wellenlänge angenommen. Gleichbezifferte Pfeile gehören zusammen.

Da die Elektronen hohe Geschwindigkeiten erlangen, so ist es nötig, für Energie und Impuls die relativistischen Gleichungen anzusetzen (§ 328). Die Ruhenergie des Elektrons vor dem Stoß beträgt μc^2; nach dem Stoß beträgt sie $E_e = \mu c^2/\sqrt{1 - v^2/c^2}$. Die Bewegungsgröße des Elektrons beträgt dann $\mathfrak{G}_e = \mu \mathfrak{v}/\sqrt{1 - v^2/c^2}$. $\mathfrak{v}$ (Betrag v) ist die Geschwindigkeit, die das Elektron erlangt. Da das Lichtquant die Energie $h(\nu_0 - \nu)$ verliert, so fordert das Energieprinzip

$$E_e = h(\nu_0 - \nu) + \mu c^2. \tag{7}$$

Ist ferner $\mathfrak{G}_1 = h\nu_0/c$ die Bewegungsgröße des Lichtquants vor dem Stoß, $\mathfrak{G}_2 = h\nu/c$ diejenige nach dem Stoß, so fordert der Impulssatz

$$\mathfrak{G} = \mathfrak{G}_1 - \mathfrak{G}_2, \quad \text{so daß} \quad \mathfrak{G}^2 = \mathfrak{G}_1^2 - 2\,\mathfrak{G}_1\,\mathfrak{G}_2 + \mathfrak{G}_2^2. \tag{8}$$

$\mathfrak{G}_1\,\mathfrak{G}_2$ ist das skalare Produkt der Vektoren $\mathfrak{G}_1$ und $\mathfrak{G}_2$, so daß $\mathfrak{G}_1\,\mathfrak{G}_2 = |\mathfrak{G}_1|\,|\mathfrak{G}_2|\cos\vartheta$, wenn ϑ der Winkel ist, den sie miteinander bilden, also der Winkel, um den das Lichtquant gestreut wird. Es ist also

$$\mathfrak{G}^2 = \frac{h^2}{c^2}\left(\nu_0^2 - 2\,\nu_0\,\nu\cos\vartheta + \nu^2\right). \tag{9}$$

Wie man aus § 328, Gl. (18) und (22), leicht ableitet, gilt allgemein $E_e^2/c^2 - \mathfrak{G}^2 = \mu^2 c^2$. Führt man dies mit Hilfe der Gl. (7) und (9) aus, so ergibt sich

$$\frac{\nu_0 - \nu}{\nu_0\,\nu} = \frac{1}{\nu} - \frac{1}{\nu_0} = \frac{h}{\mu c^2}\left(1 - \cos\vartheta\right). \tag{10}$$

Nun ist aber $1/\nu - 1/\nu_0 = \lambda/c - \lambda_0/c = \varDelta\lambda/c$, wenn $\varDelta\lambda$ die Wellenlängenänderung des Lichtquants bedeutet. Ferner ist $h/\mu c^2 = \lambda_k/c$, wenn λ_k wieder die COMPTON-Wellenlänge bedeutet. Es folgt

$$\varDelta\lambda = \lambda_k\,(1 - \cos\vartheta) = 2\,\lambda_k \sin^2\frac{\vartheta}{2}. \tag{11}$$

Die Wellenlängenänderung ist also bemerkenswerterweise von der primären Wellenlänge λ unabhängig und hängt nur vom Streuwinkel ϑ des Lichtquants ab. Das erleichtert die Prüfung der Theorie sehr.

Später ist nachgewiesen worden, daß die Theorie sich auch bei der Untersuchung *einzelner* Elementarakte bestätigt. Jedem in einer bestimmten Richtung gestreuten Lichtquant entspricht auch ein *gleichzeitig* in der von der Theorie vorausgesagten Richtung gestreutes Elektron. Diese Tatsache ist deshalb wichtig, weil sie beweist, daß auch bei Elementarakten der *Energie- und Impulssatz* nicht, wie das gelegentlich vermutet wurde, nur statistisch, also für die Mittelwerte über eine größere Zahl von Elementarakten, sondern *für jeden einzelnen Elementarakt streng* gilt.

334. Wellenoptik und Quantenoptik. Es ist wohl deutlich, daß sich die Physik vor eine drastische Schwierigkeit gestellt sah, nachdem sich zwingend gezeigt hatte, daß gewisse Erscheinungen nur durch eine Korpuskulartheorie des Lichts beschrieben werden können. Denn auch die Wellentheorie des Lichts ist durch die auf keine andere Weise beschreibbaren Interferenzerscheinungen auf das festeste verankert. Eine Beschreibung durch die Lichtquantentheorie ist bei ihnen vollkommen ausgeschlossen. *Das Licht verhält sich einmal wie ein Wellenvorgang, ein anderes Mal wie ein Quantenvorgang.*

Um zu verstehen, daß diese scheinbar unüberwindliche Schwierigkeit doch nicht zu einer dauernden Verwirrung der Physik führen mußte, und daß heute beide Vorstellungen *nebeneinander*, jede an ihrem klar erkannten Platze, ihr Recht behaupten können, müssen wir hier ein Wort über das Wesen physikalischer Erkenntnis überhaupt sagen. Wir wissen heute, daß die Welt nicht, wie man früher glaubte, rein mechanisch-anschaulich vollkommen verstanden werden kann. Die elektrischen und optischen Erscheinungen sind nicht mechanischer Art. Es liegt aber in der Natur des menschlichen Geistes, daß er, um sich forschend und erkennend zu betätigen, nicht ohne eine innere Anschauung der Dinge auskommt. Er braucht ein vorstellbares, mechanisches *Modell* der nichtmechanischen Vorgänge. Dieses Modell hat mit den in Frage stehenden Erscheinungen im Grunde sehr wenig zu tun. Es hat — im Gegensatz zur älteren Einschätzung solcher Vorstellungen — *keinerlei Erklärungswert*, es sagt über ein „wahres Wesen" der Erscheinungen überhaupt nichts aus. Es ist nur ein unentbehrliches gedankliches Hilfsmittel und erfüllt seinen Zweck nur in dem Sinne, daß sein Verhalten durch dieselben Gleichungen beschrieben wird, wie sie mit dem nichtmechanischen Vorgang verknüpft werden müssen, damit seine Wirkungen auf unsere mechanisch-anschaulichen Beobachtungsmittel — unsere Meßgeräte und letzten Endes auf unsere menschlichen Sinne — richtig beschrieben werden und richtig vorhergesagt werden können. Nur in diesem Sinne ist eine Modellvorstellung „richtig" oder „falsch".

Beim Licht ist nun die Physik zum ersten — und nicht zum letzten — Male vor die Tatsache gestellt worden, daß ein einziges Modell auf keine Weise zur Deutung eines Erscheinungsbereiches genügt, sondern daß man dazu zweier völlig verschiedener Modelle bedarf. Es bedeutet einen außerordentlichen erkenntnistheoretischen Fortschritt, daß man schließlich die völlige Unbedenklichkeit dieses *Dualismus von Wellen und Korpuskeln* einsah. Er ist deshalb völlig unbedenklich, weil ja die Modellvorstellungen nichts „erklären", weil das Licht ja *weder* eine Welle *noch* ein Teilchen „ist", sondern etwas, das einer anschaulichen Beschreibung unzugänglich ist. Es gibt daher nur insofern zwei Lichttheorien, als die Gestalt der Gesetze der Wellentheorie und der Quantentheorie und ihre Methoden durchaus verschieden sind. *Die* heutige Lichttheorie besteht aus der Wellentheorie *und* der Quantentheorie.

Die *Wellenoptik* ist immer dann zuständig, wenn es sich um die Frage der *Ausbreitung des Lichts im Raum* handelt. Die *Quantenoptik* hingegen gibt uns Auskunft über die *Entstehung des Lichts* und *seine. Wechselwirkungen mit den Atomen und Molekülen*, überhaupt über *optische Elementarvorgänge*, und die dabei auftretenden *Umsetzungen von Energie und Impuls*. Die *geometrische Optik* (§ 264) ist ein unter besonderen Bedingungen gültiger *Grenzfall beider Theorien*, da sie sowohl Ausbreitungsvorgänge wie Wechselwirkungen (z. B. die Brechung) umfaßt.

II. Quantentheorie der Atome und Moleküle. Quantenmechanik.

335. Das elektrische Elementarquantum. Das Elektron und das Proton. Das elektrische Elementarquantum, das *Atom der Elektrizität*, ist uns bereits als negative Ladung des Elektrons und in der positiven und negativen Ein- und Mehrzahl als Ladung der Ionen häufig begegnet. Sein Betrag ε kann auf verschiedene Weisen gemessen oder berechnet werden. Er kann z. B. aus der sehr genau meßbaren FARADAYschen Konstanten $C = N\varepsilon$ (§ 169) berechnet werden, da die LOSCHMIDTsche Zahl N z. B. aus der BROWNschen Bewegung (§ 101) unabhängig von ε bestimmt werden kann. Er kann ferner aus der spezifischen Ladung ε/m_H der Wasserstoffionen (Wasserstoffkanalstrahlen, § 183) berechnet werden, wenn die Masse m_H des Wasserstoffions bekannt ist. Eine andere Gruppe von Messungen beruht darauf, daß man die Gesamtladung mißt, die eine gemessene Zahl von Alphateilchen — deren jedes zwei Elementarquanten trägt (§ 355) — mit sich führt (RUTHERFORD und GEIGER, REGENER, E. MEYER).

Genauer aber sind Messungen, bei denen unmittelbar die Ladung *einzelner* Teilchen bestimmt wird, die nur ein einziges oder wenige Elementarquanten tragen. Nach diesem Verfahren hat MILLIKAN die zur Zeit wohl zuverlässigste unmittelbare Messung des Elementarquantums ausgeführt. In einen mit Luft gefüllten Kondensator mit horizontalen Platten werden kleine, schwebende Tröpfchen gebracht (zerstäubtes Öl, Quecksilber u. dgl.), die mit einem Mikroskop beobachtet werden, dessen Achse parallel zu den Kondensatorplatten steht. Herrscht im Kondensator kein elektrisches Feld, so fallen die Tröpfchen ganz langsam mit konstanter Geschwindigkeit. An ihnen wirken drei Kräfte: die Schwerkraft, der Auftrieb in der Luft und der Reibungswiderstand der Luft. Die beiden letzteren halten der Schwerkraft das Gleichgewicht. Es sei ϱ die Dichte eines Tröpfchens, ϱ' die Dichte der Luft. Dann beträgt die Masse des Tröpfchens $m = \varrho \cdot 4\pi r^3/3$ und die an ihm angreifende Schwerkraft $mg = \varrho g 4\pi r^3/3$, der Auftrieb $\varrho' g \cdot 4\pi r^3/3$. Der Reibungswiderstand beträgt nach § 76, Gl. (11), $6\pi\eta r v$. (Hieran ist bei sehr kleinen Tröpfchen noch eine Korrektur anzubringen.) Demnach ist

$$\frac{4\pi}{3} r^3 (\varrho - \varrho') g = 6\pi\eta\, r v.$$

Hieraus kann nach Messung von v und der übrigen vorkommenden Größen der Radius r des Teilchens bestimmt werden.

Nunmehr erteilt man dem Tröpfchen eine Ladung, indem man die Luft im Kondensator z. B. mit Röntgenstrahlen ionisiert. Dann lagern sich stets ein oder mehrere Gasionen an das Tröpfchen an. Alsdann erzeugt man im Kondensator durch Anlegen einer Spannung ein Feld E, das so gerichtet ist, daß es das

Tröpfchen gegen die Schwerkraft langsam hebt, so daß es mit der Geschwindigkeit v' steigt. Trägt das Tröpfchen z Elementarquanten ε, also die Ladung $z\varepsilon$, so tritt an die Stelle der obigen Gleichung die folgende,

$$z \varepsilon E - \frac{4\pi}{3} r^3 (\varrho - \varrho') g = 6 \pi \eta\, rv'\,.$$

Hieraus kann die Ladung $z\varepsilon$ berechnet werden. Da es sich stets nur um ein oder wenige Elementarquanten handelt, so daß sich die gemessenen Ladungen stets innerhalb der Meßfehler deutlich um einige äquidistante Ladungswerte $z\varepsilon$ häufen, so kann man in jedem Einzelfall die Ladungszahl z ohne weiteres erkennen und ε selbst berechnen. Als zuverlässigster Wert gilt heute

$$\varepsilon = 4{,}8025 \cdot 10^{-10}\,\text{e.s.E.} = 1{,}6020 \cdot 10^{-19}\ \text{Coulomb.}$$

Das Verhältnis ε/μ, die *spezifische Ladung des Elektrons* ($\mu = $ Elektronenmasse) kann durch elektrische und magnetische Ablenkung von Kathodenstrahlen (oder Betastrahlen) gemessen werden (§ 194). Es beträgt $\varepsilon/\mu = 5{,}2731 \cdot 10^{17}\,\text{e.s.E.} \cdot g^{-1} = 1{,}7591 \cdot 10^{8}\,\text{Coul.} \cdot g^{-1}$. Daraus ergibt sich die *Masse des Elektrons*, $\mu = 0{,}91076 \cdot 10^{-27}$ g.

Von den *Positronen*, Teilchen von gleicher Masse wie das Elektron, aber mit einem *positiven* Elementarquantum, wird in § 359 die Rede sein. Sie sind sehr kurzlebige Gebilde. Das leichteste *beständige* Gebilde mit einem positiven Elementarquantum ist das positive Wasserstoffion *(Wasserstoffkern, Proton)*. Seine Masse beträgt $m_\mathrm{H} = 1{,}6736 \cdot 10^{-24}$ g; also ist das Verhältnis $\mu/m_\mathrm{H} = 1/1837{,}3$. Diese Zahl hat sicher eine tiefe, aber heute noch nicht geklärte Bedeutung. Man könnte sie als das *Atomgewicht des Elektrons* bezeichnen, wenn das Atomgewicht des Protons genau gleich 1 wäre. Es ist aber, bezogen auf Sauerstoff $= 16{,}00000$ ein wenig größer (genau $1{,}00731$), so daß das Atomgewicht des Elektrons den Wert $1/1823{,}0 = 5{,}4855 \cdot 10^{-4}$ hat. [Man muß zwischen dem Atomgewicht des Protons und dem des Wasserstoffatoms ($1{,}00785$) unterscheiden, da letzteres gleich Proton + Elektron ist.] *Für diese und die im folgenden vorkommenden atomaren Konstanten vgl. die Tabelle vor dem Vorwort.*

336. Das Atommodell von Rutherford. Daß die Atome nicht unteilbar sind, folgt schon daraus, daß man sie ionisieren, also Elektronen von ihnen abspalten kann. Es müssen demnach Elektronen Bausteine der Atome sein. Es läßt sich aber beweisen, daß ein statisches Modell des Atoms, d. h. ein solches, bei dem die Elektronen feste Gleichgewichtslagen im Atom haben, nicht möglich ist.

Auf Grund von Beobachtungen beim Durchgang von Elektronenstrahlen durch Materie kam als erster Lenard zu der Vorstellung der Atome als *Kraftzentren* (Dynamiden). Einen weiteren Fortschritt brachten Versuche von Geiger und Marsden (1913). Sie untersuchten die Streuung von Alphastrahlen (§ 355), d. h. die Ablenkungen, die diese Strahlen beim Durchgang durch dünne Metallfolien erleiden. Die Verteilung der gestreuten Alphateilchen über die verschiedenen Streuwinkel ergab sich dabei so, wie sie sein muß, wenn diese (positiv geladenen) Teilchen bis in große Nähe eines sie abstoßenden Zentrums K gelangen und infolge der Abstoßung eine hyperbolische Bahn beschreiben. In Abb. 570 bezeichnen die den einzelnen Bahnen beigefügten Zahlen den Abstand, auf den sich das unabgelenkte Teilchen dem Zentrum genähert haben würde, in der Einheit 10^{-12} cm. Die tatsächliche Annäherung an das Zentrum läßt sich aus dem Streuwinkel berechnen, und sie geht bis zu Abständen von der Größenordnung 10^{-12} cm. Dieser Abstand ist aber viel geringer als der z. B. aus der kinetischen Gastheorie berechenbare Radius der Atome, der von der Größenordnung 10^{-8} cm, also rund 10000mal größer ist. Die Versuche bewiesen ferner, daß die vom Zentrum ausgehende abstoßende Kraft bis auf einen Abstand von mindestens 10^{-12} cm dem COULOMBschen Gesetz gehorcht. Hiernach muß man schließen, daß das Innere des Atoms weitgehend leer ist.

Diese Erkenntnisse führten RUTHERFORD zu einem großen Fortschritt in der modellmäßigen Vorstellung vom Bau der Atome *(Kernmodell)*. Die Atome müssen aus einem positiv geladenen Kern bestehen, in dem der ganz überwiegende Anteil der Masse des Atoms vereinigt ist. Seine Abmessungen können auf keinen Fall größer als 10^{-12} cm sein, und er trägt eine positive Ladung. Dieser positive Kern wird nach RUTHERFORD in einem Abstande von der Größenordnung 10^{-8} cm von Elektronen umkreist, wie die Sonne von ihren Planeten. Die elektrische Anziehung wirkt hier wie bei der Sonne die Gravitation und ist wie diese dem Quadrat des Abstandes vom Kern umgekehrt proportional. Die Elektronenbewegung muß daher (von gegenseitigen Störungen abgesehen) nach den KEPLERschen Gesetzen (§ 46) verlaufen. Die Elektronen bewegen sich auf Kreisen oder Ellipsen, in deren einem Brennpunkt der Kern steht. Bei einem

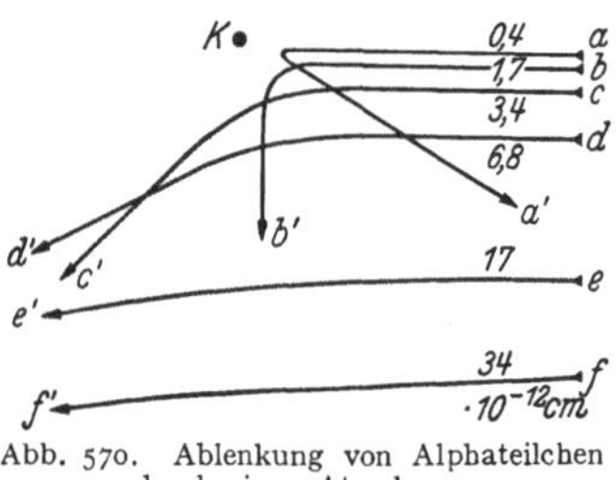

Abb. 570. Ablenkung von Alphateilchen durch einen Atomkern.

elektrisch neutralen Atom ist die Zahl der kreisenden Elektronen so groß, daß die Summe ihrer negativen Ladungen der positiven Kernladung gleich ist. Diese muß also aus einer ganzen Zahl von positiven Elementarquanten *(Kernladungszahl)* bestehen. Wie VAN DEN BROEK zuerst vermutete, ist diese Kernladungszahl mit der *Ordnungszahl* des betreffenden Elements im periodischen System identisch (§ 340).

Dieses Modell aber widerspricht in einem wesentlichen Punkt der klassischen Elektrodynamik. Ein Elektron, das einen Kern umkreist, ist nach den Gesetzen der Elektrodynamik ein elektrischer Oszillator; es sollte von einem ständig wechselnden elektromagnetischen Felde umgeben sein und ständig Energie — in diesem Falle Licht — in den Raum ausstrahlen. Dadurch aber muß es selbst Energie verlieren, und es kann dem Schicksal nicht entgehen, schließlich in den Kern zu fallen, was offensichtlich nicht das wirkliche Schicksal der Elektronen ist. Man kann ferner die Wellenlänge des ausgestrahlten Lichts berechnen, und es ergibt sich, daß die Atome kontinuierliche Spektren aussenden müßten. Tatsächlich aber senden die Atome Spektren aus, die aus einzelnen, scharfen Spektrallinien bestehen. Es war noch ein ganz grundlegender Schritt nötig, um den Grundgedanken RUTHERFORDs mit der Erfahrung in Übereinstimmung zu bringen.

337. Das Atommodell von BOHR. Dieser Schritt gelang NIELS BOHR (1913), indem er — unter radikaler Abkehr von den Vorstellungen der klassischen Physik — das Gedankengut der seit 1900 entwickelten Quantentheorie auf das RUTHERFORDsche Atommodell anwandte. So wie schon PLANCK annehmen mußte, daß seine Oszillatoren sich nur auf ganz bestimmten, verschiedenen *Energiestufen* befinden können und nur sprunghaft von einer Energiestufe auf eine andere übergehen können, so nahm BOHR an, daß es auch bei den kreisenden Elektronen nur bestimmte Energiestufen gibt. Ein solches Elektron kann sich nur auf ganz bestimmten *stationären Bahnen* aufhalten, — statt auf jeder der unendlich vielen Bahnen, die die klassische Mechanik zuläßt —, und während es in einer solchen Bahn verweilt, soll es, — im Gegensatz zur klassischen Elektrodynamik —, keine Energie, *kein Licht ausstrahlen*. Eine Ausstrahlung erfolgt nur in den Augenblicken, in denen das Elektrom *sprunghaft* von einer Bahn (Energiestufe) auf eine andere Bahn übergeht, in der es eine kleinere Energie hat, wenn es also einen *Quantensprung* ausführt. Besitzt es in der ersten

Bahn die Energie E_n, in der zweiten die Energie $E_m < E_n$, so wird die Energiedifferenz in Gestalt eines Lichtquantes $h\nu$ (§ 331) frei. Es ist also

$$h\nu = E_n - E_m. \tag{1}$$

Somit ist die Schwingungszahl ν des ausgestrahlten Lichts durch die Differenz der Energien in zwei stationären Bahnen bestimmt. Damit aber das Elektron umgekehrt von einer Bahn kleinerer Energie auf eine Bahn größerer Energie gehoben wird, muß ihm die Energie $E_n - E_m$ von außen zugeführt werden.

Zur Berechnung der stationären oder *Quantenbahnen* führt nun, wie Bohr und in erweiterter Form Sommerfeld bewiesen, der folgende Ansatz, in den wiederum das Wirkungsquantum, aber in ganz anderer Weise, eingeht. Es sei φ das Azimut des Elektrons, q der Drehimpuls des Atoms (§ 35) bezüglich des Atomschwerpunktes. Dann sind die Quantenbahnen dadurch gekennzeichnet, daß bei ihnen das über einen vollen Umlauf des Elektrons genommene Integral

$$\int_0^{2\pi} q\, d\varphi = n_\varphi h, \tag{2a}$$

d. h. gleich einem ganzzahligen Vielfachen des Wirkungsquantums h ist. Die ganze Zahl n_φ kann jeden Wert von 1 aufwärts annehmen. Ist ferner r der Abstand des Elektrons vom Atomschwerpunkt, G_r die Komponente des Impulses des Atoms (§ 20) in der Richtung von r, so gilt entsprechend

$$\oint G_r\, d r = n_r h, \tag{2b}$$

wobei das Integral über einen vollen Umlauf zu erstrecken ist. n_r ist wieder eine ganze Zahl, die auch gleich Null sein kann. Man bezeichnet n_φ als die *azimutale Quantenzahl*, n_r als die *radiale Quantenzahl*. Ist $n_r = 0$, besitzt das Elektron also keine radiale Impulskomponente, so beschreibt das Elektron eine Kreisbahn, andernfalls eine elliptische Bahn.

Da das Elektron nur bestimmte, durch die Größe der einzelnen Quantenzahlen gekennzeichnete Bahnen beschreiben und die diesen entsprechenden Energiestufen einnehmen kann, so kann es bei seinen Quantensprüngen auch nur die den Differenzen dieser Energiestufen entsprechenden Energiebeträge in Gestalt von Lichtquanten $h\nu$ aussenden oder aufnehmen, nur Licht von den dadurch gegebenen Schwingungszahlen aussenden oder absorbieren. Die bei den Atomen in Emission und Absorption auftretenden scharfen Spektrallinien sind damit grundsätzlich gedeutet.

Wir wollen hier sogleich bemerken, daß dieses mechanisch-anschauliche Bild der Atome, namentlich die Vorstellung von Elektronenbahnen, nicht als ein eigentliches Abbild einer Wirklichkeit zu werten ist, sondern als ein *Modell* (§ 334). Das bedeutet nicht mehr, als daß ein Gebilde, das diesem Modell wirklich entsprechen und den genannten quantentheoretischen Gesetzen gehorchen würde, sich sehr weitgehend — aber innerhalb heute angebbarer Grenzen — nach außen hin so verhalten, ebenso auf unsere Meßgeräte einwirken würde, wie es die Atome tatsächlich tun. Wir wissen heute, daß eine „das Wesen der Atome erklärende" mechanisch-anschauliche Vorstellung von den Atomen grundsätzlich nicht möglich ist. Aber, wie beim Licht, so bildet auch bei den Atomen ein solches Modell — sofern wir die Grenzen kennen, innerhalb derer es zutrifft und in diesem Sinne „richtig" ist — ein unentbehrliches gedankliches Hilfsmittel. Um dem Atommodell nicht mehr als nötig den Anschein der Wirklichkeit zu verleihen, werden wir künftig in der Regel nicht von Elektronenbahnen reden, sondern von den Zuständen (Quantenzuständen) oder den Energiestufen der Atome. Denn die letzteren gibt es, unabhängig von jeder Modellvorstellung, wirklich.

338. Das Wasserstoffatom. Das einfachste aller Atome ist das des Wasserstoffes. Es hat die Kernladungszahl 1 und besitzt daher nur ein Elektron. Wir beschränken uns in unserer Modellvorstellung zunächst auf Kreisbahnen und haben es daher nur mit einer einzigen veränderlichen Koordinate, dem Azimut φ, und dem mit seiner zeitlichen Änderung verknüpften Drehimpuls zu tun. Es

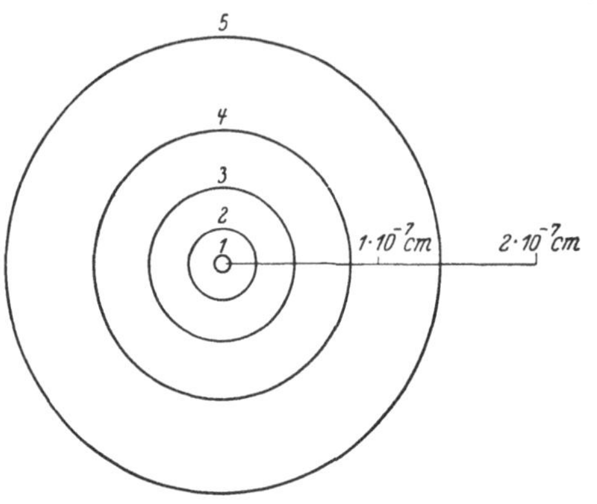

Abb. 571. Die innersten kreisförmigen Quantenbahnen des Wasserstoffatoms.

ist also nur die azimutale Quantenzahl n_φ im Spiel, die wir deshalb einfach mit n bezeichnen. Wie SOMMERFELD gezeigt hat, ist es nötig, zu berücksichtigen, daß auch der Kern nicht ruht, sondern daß Elektron *und* Kern sich um ihren ruhenden gemeinsamen Schwerpunkt bewegen. Es sei r der Abstand Kern-Elektron, μ die Masse des Elektrons, M die des Kerns. Dann beträgt der Schwerpunktsabstand des Elektrons $r_e = r M/(\mu + M)$, der des Kerns $r_k = r \mu/(\mu + M)$ (§ 19). Die nach dem COULOMBschen Gesetz zwischen Kern und Elektron wirkende Kraft ε^2/r^2 liefert die für die Kreisbewegungen von Elektron und Kern nötige Zentripetalkraft $\mu r_e u^2$ bzw. $M r_k u^2$ (u = Winkelgeschwindigkeit). Es folgt

$$\mu\, r_e\, u^2 = M r_k\, u^2 = \frac{\mu M}{\mu + M}\, r u^2 = \frac{\varepsilon^2}{r^2}. \tag{3}$$

Das Trägheitsmoment des Atoms (Elektron + Kern) beträgt $J = \mu r_e^2 + M r_k^2 = r^2 \mu M/(\mu + M)$ (§ 36), sein Drehimpuls um die zur Bahnebene senkrechte Schwerpunktsachse ist konstant und beträgt $q = J u$ (§ 37). Nach Gl. (2a) haben wir nunmehr das Integral $\int_0^{2\pi} q\, d\varphi = nh$ zu setzen und erhalten dann

$$2\,\pi\,\frac{\mu M}{\mu + M}\, r^2 u = 2\,\pi\,\frac{\mu}{1 + \dfrac{\mu}{M}}\, r^2 u = n h. \tag{4}$$

Aus Gl. (3) und (4) folgt

$$r = \frac{n^2 h^2}{4\,\pi^2 \mu \varepsilon^2}\left(1 + \frac{\mu}{M}\right) \quad \text{und} \quad u = \frac{8\,\pi^3 \mu \varepsilon^4}{n^3 h^3}\,\frac{1}{1 + \dfrac{\mu}{M}}. \tag{5a u. b}$$

Da $\mu/M = 1/1837{,}3$ (§ 335), so ist $r_k \ll r_e$ und r_e von r nur sehr wenig (aber doch nachweisbar) verschieden. Der Radius der innersten Bahn (*Grundzustand*, $n = 1$), welche als Zustand kleinster Energie dem normalen Zustand des Atoms entspricht, ergibt sich unter Einsetzung der Werte von μ, ε, h und μ/M (§ 331 und 335) zu $r_1 = 0{,}5296 \cdot 10^{-8}$ cm. Das ist, wie früher erwähnt, die richtige Größenordnung der Atomdurchmesser. Abb. 571 zeigt die innersten kreisförmigen Quantenbahnen des Wasserstoffatoms.

Die Rotationsenergie des Atoms (Elektron + Kern) beträgt $J u^2/2 = \mu r_e^2 u^2/2 + M r_k^2 u^2/2$, seine durch die Coulombkraft bedingte potentielle Energie $-\varepsilon^2/r$ (§ 137). Die Gesamtenergie E_n des Atoms im n-ten Quantenzustand ergibt sich unter Einsetzung der Werte von r_e, r_k, r und u als die Summe dieser Energieanteile,

$$E_n = \frac{1}{2}\,J u^2 - \frac{\varepsilon^2}{r} = -\frac{2\,\pi^2 \mu \varepsilon^4}{n^2 h^2}\,\frac{1}{1 + \dfrac{\mu}{M}}. \tag{6}$$

Wir wollen die Größe

$$R = \frac{2\,\pi^2\,\mu\,\varepsilon^4}{c\,h^3},\tag{7}$$

die RYDBERG-*Konstante*, einführen ($c =$ Lichtgeschwindigkeit). Sie beträgt in ausgezeichneter Übereinstimmung des spektrometrisch ermittelten Wertes mit dem aus Gl. (7) berechneten Wert $109\,737$ cm^{-1}. Dann können wir für Gl. (6) schreiben

$$E_n = -\frac{R\,c\,h}{1+\dfrac{\mu}{M}}\,\frac{1}{n^2}.\tag{8}$$

Springt nun das Atom aus dem n-ten in den m-ten Quantenzustand mit der Energie E_m ($m < n$), so wird die Energie $E_n - E_m$ frei und als Lichtquant $h\nu$ ausgestrahlt,

$$h\nu = E_n - E_m = \frac{R\,c\,h}{1+\dfrac{\mu}{M}}\left(\frac{1}{m^2}-\frac{1}{n^2}\right).\tag{9a}$$

Die Frequenz des Lichtquants beträgt also

$$\nu = \frac{E_n}{h} - \frac{E_m}{h} = \frac{R\,c}{1+\dfrac{\mu}{M}}\left(\frac{1}{m^2}-\frac{1}{n^2}\right).\tag{9b}$$

In der Spektrometrie gibt man statt der Schwingungszahl meist die Wellenzahl $N = 1/\lambda = \nu/c$ an (§ 262, $\lambda =$ Wellenlänge des Lichtquantes). Dann folgt aus Gl. (9b)

$$N = \frac{E_n}{c\,h} - \frac{E_m}{c\,h} = \frac{R}{1+\dfrac{\mu}{M}}\left(\frac{1}{m^2}-\frac{1}{n^2}\right).\tag{10}$$

Man erhält also die einzelnen Wellenzahlen im Spektrum des Wasserstoffatoms, indem man in Gl. (10) für m und n beliebige ganze Zahlen ($n > m$) einsetzt. Diese Wellenzahlen ordnet man nach *Serien*, derart, daß sämtliche Quantensprünge, die zu dem gleichen Endzustand führen, für die also m den gleichen

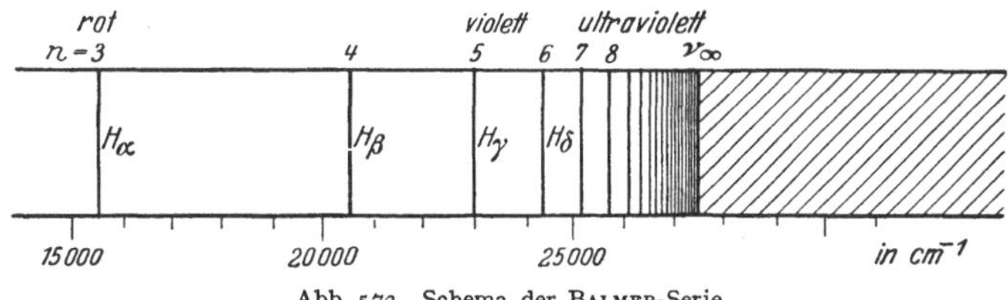

Abb. 572. Schema der BALMER-Serie.

Wert hat, eine Serie bilden. Die Quantenzahl n läuft dann von $m + 1$ bis ∞. Die einzelnen Serien liegen voneinander getrennt in verschiedenen Spektralbereichen.

Gl. (9b) bzw. (10) stellt nun in der Tat alle bekannten Serien des Wasserstoffatoms vollkommen richtig dar. Schon 1885 hatte BALMER empirisch die im Sichtbaren liegende Wasserstoffserie (BALMER-*Serie*) durch die Gleichung $N = \text{const}\,(1/4 - 1/n^2)$ dargestellt. Das ist nach Gl. (10) die Serie mit $m = 2$ und $n = 3, 4, \ldots$, bei der alle Quantensprünge im 2. Quantenzustand enden. Später wurden auch die im Ultraviolett liegende LYMAN-Serie mit $m = 1$ und weitere Serien mit $m = 3$ (PASCHEN-Serie), $m = 4$ (BRACKETT-Serie) usw.

entdeckt. Abb. 572 zeigt das Wellenzahlschema der BALMER-Serie, Abb. 573 eine Aufnahme derselben. Man bezeichnet ihre Linien mit H_α, H_β, H_γ usw.

Da n von $m + 1$ bis ∞ läuft, so besteht jede Serie aus unendlich vielen Linien. Diese häufen sich mit wachsendem n unter stetiger Abnahme ihrer Intensität mehr und mehr, und für $n = \infty$ ergibt sich nach Gl. (9b) an der *Seriengrenze* eine endliche Schwingungszahl ν_∞ (Abb. 572),

$$\nu_\infty = \frac{R\,c}{1 + \dfrac{\mu}{M}}\,\frac{1}{m^2} \quad \text{bzw. die Wellenzahl} \quad N_\infty = \frac{R}{1 + \dfrac{\mu}{M}}\,\frac{1}{m^2} = -\frac{E_m}{c\,h}. \quad (11\text{a u. b})$$

Die Anordnung der Spektrallinien in Serien war — nicht nur beim Wasserstoff — bereits vor der BOHRschen Theorie bekannt (RYDBERG, RITZ, KAYSER

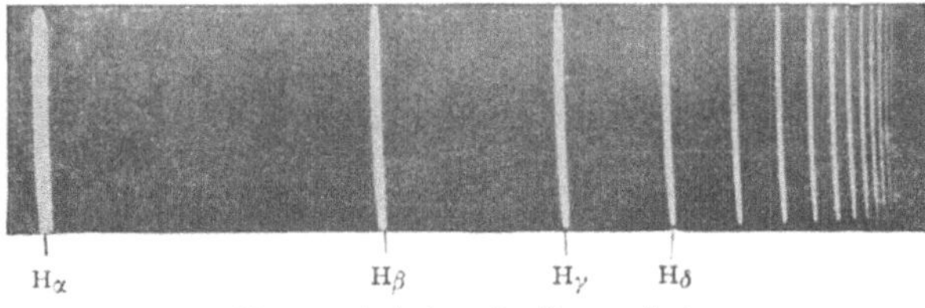

Abb. 573. Aufnahme der BALMER-Serie.

und RUNGE). Man hatte auch bereits bemerkt, daß sich die Wellenzahlen einer Serie als Differenzen zweier Größen, die man *Terme* nennt, darstellen lassen. Diese haben beim Wasserstoff die Gestalt

$$T_n = \frac{R}{1 + \dfrac{\mu}{M}}\,\frac{1}{n^2} = -\frac{E_n}{c\,h}, \quad (12)$$

und die Wellenzahlen werden durch die Termdifferenzen $T_m - T_n$ gebildet. Dabei ist T_m innerhalb jeder Serie konstant, und die Terme T_n werden mit der laufenden Quantenzahl n gebildet.

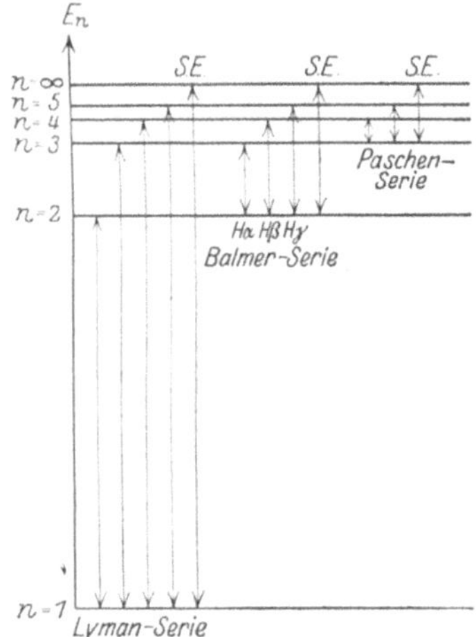

Abb. 574. Energie- (Term-) Schema des Wasserstoffatoms.

Abb. 574 zeigt ein für viele Überlegungen nützliches Schema der Energiestufen des Wasserstoffatoms für $n = 1$ bis 5 und $n = \infty$. Die Pfeile deuten die Quantensprünge an, die das Elektron zwischen den einzelnen Energiestufen ausführen kann, bei Lichtaussendung in der Richtung nach unten, bei Lichtabsorption oder sonstiger Energiezufuhr in der Richtung nach oben. Die Länge der Pfeile ist ein Maß für die bei einem Quantensprung freiwerdende Energie bzw. für die Wellenzahl der entsprechenden Spektrallinie. *S.E.* bedeutet das kurzwellige Serienende. (Sämtliche Quantenzahlen sind hier mit n bezeichnet.)

Dem oberen Zustand entspricht am Serienende $n = \infty$, also nach Gl. (5a) und (5b) der Abstand $r = \infty$ des Elektrons vom Kern — praktisch gesprochen ein gegen den Radius der Grundbahn sehr großer Abstand —, die Winkelgeschwindigkeit $u = 0$ und nach Gl. (6) die Energie $E = 0$. Das Elektron befindet sich also in diesem oberen Zustand in sehr großer Entfernung vom

Kern in Ruhe und gehört dem Atomverband gar nicht an. Seine Energie ist in diesem Zustand $E_\infty = 0$ und um den Betrag

$$A_\infty = E_\infty - E_1 = - E_1 = \frac{R\,c\,h}{1 + \dfrac{\mu}{M}} \tag{13}$$

größer als im Grundzustand [Gl. (8), $n = 1$]. Daher muß dem Atom, wenn es sich im Grundzustand befindet, mindestens diese Energie zugeführt werden, um das Elektron vom Atom abzureißen, das Atom zu ionisieren (§ 343).

Der Quantenzustand mit der Quantenzahl $n = \infty$ entspricht also einem in sehr großer Entfernung vom Kern ruhenden Elektron. Fällt es von dort auf die m-te Quantenbahn, so wird, analog zu Gl. (13), die Energie $- E_m$ frei. Im allgemeinen wird ein solches freies Elektron aber irgendeine kinetische Energie $\mu v^2/2$ haben. Wird es vom Kern eingefangen, so wird auch diese Energie frei und trägt zur Energie des Lichtquants bei. Dieses hat also die Energie $h\nu = - E_m + \mu v^2/2 = h\nu_\infty + \mu v^2/2$. Die Schwingungszahl ist also größer als diejenige der Seriengrenze. Da die kinetische Energie eines freien Elektrons die stetige Folge aller nach der klassischen Mechanik möglichen Werte von Null an aufwärts haben kann, so liefern diese Quantensprünge ein *kontinuierliches Spektrum*, das sich an die Seriengrenzen anschließt (in Abb. 572 durch Schraffierung angedeutet). Das ist beim Wasserstoff und bei anderen Atomen auch beobachtet worden.

Nach der klassischen Elektrodynamik sollte die Umlaufsfrequenz $\nu_u = u/2\pi$ des Elektrons mit der Frequenz ν des ausgesandten Lichtes übereinstimmen. Nach der Quantentheorie ist das keineswegs der Fall. Wir betrachten jetzt einen Quantensprung, der von der Quantenzahl n zur Quantenzahl $m = n - 1$ führt. Der Faktor $1/m^2 - 1/n^2$ der Gl. (9b) wird dann gleich $(2n - 1)/n^2(n - 1)^2$. Ist nun $n \gg 1$, so nähert sich dies dem Wert $2/n^3$, und es wird $\nu = 4\pi\mu\,\varepsilon^4/n^3 h^3\,(1 + \mu/M)$ [Gl. (7) und (9b)]. Das aber ist, wie man aus Gl. (5b) entnimmt, identisch mit der Umlaufsfrequenz $\nu_u = u/2\pi$ auf der n-ten Quantenbahn. Für sehr große Quantenzahlen nähert sich also die Frequenz des ausgesandten Lichts mehr und mehr dem der klassischen Elektrodynamik entsprechenden Wert. Dies ist ein Beispiel für ein grundlegendes Prinzip der Quantentheorie, das BOHRsche *Korrespondenzprinzip*. Es sagt aus, daß die Gesetze der Quantentheorie sich mit wachsenden Quantenzahlen mehr und mehr den Gesetzen der klassischen Physik annähern und schließlich in sie übergehen. Man kann das so verstehen. Je größer n ist, eine um so kleinere relative Änderung bewirkt ein Übergang von n auf $n - 1$, und mit um so kleinerem Fehler kann man diesen *sprunghaften* Übergang durch einen *stetigen* Übergang ersetzt denken. Die unstetigen Übergänge aber sind das Merkmal, das die Quantentheorie so grundsätzlich von der klassischen Theorie mit ihren stetigen Zustandsänderungen unterscheidet. Im Korrespondenzprinzip ist die grundlegend wichtige Erkenntnis verankert, *daß die Gesetze der klassischen Physik tatsächlich Grenzgesetze sind, in die die Quantengesetze für den Fall sehr großer Quantenzahlen übergehen.*

Wir wollen schließlich auch noch die stationären Ellipsenbahnen kurz besprechen. Da bei diesen auch der Abstand r des Elektrons vom Kern periodisch veränderlich ist, so kommt eine radiale Quantenzahl n_r zur azimutalen Quantenzahl, die wir jetzt wieder n_φ nennen wollen, hinzu (SOMMERFELD). Als *Hauptquantenzahl* bezeichnet man die Summe $n = n_r + n_\varphi$. Als zweite Quantenbedingung kommt nach Gl. (2b) noch $\oint G_r\,dr = n_r h$ hinzu. Die Durchführung der Rechnung ergibt Ellipsen, deren Energien denjenigen der oben berechneten Kreisbahnen mit der (Haupt-)Quantenzahl n gleich sind. Alle abgeleiteten

Beziehungen bleiben also auch bei Berücksichtigung der Ellipsenbahnen bestehen. Das ist aber nur dann genau der Fall, wenn man, wie oben, nach der klassischen Mechanik rechnet. Benutzt man, wie das tatsächlich nötig ist, wenn man den feineren Einzelheiten der Spektren Rechnung tragen will, die Gleichungen der relativistischen Mechanik, so ergeben sich kleine Unterschiede in den Energien der Bahnen verschiedener Exzentrizität. Bei der gleichen Hauptquantenzahl $n = n_r + n_\varphi$ sind also die den verschiedenen Bahnen entsprechenden Spektralterme einander nicht völlig gleich. Sie spalten in zwei oder mehr nahe benachbarte Terme auf, je nach dem Anteil der azimutalen Quantenzahl an der Hauptquantenzahl n. Daher entstehen auch bei Quantensprüngen, die der gleichen Änderung der Hauptquantenzahl entsprechen, zwei oder mehr nahe benachbarte Linien. Die Spektrallinien zeigen eine *Feinstruktur*. An die Stelle einfacher Linien treten Dubletts, Tripletts usw. (allgemein Multipletts) aus zwei, drei usw. sehr nahe benachbarten Linien. Hierbei spielt die *Feinstrukturkonstante* $\alpha = 2\pi\varepsilon^2/hc$, die eine reine Zahl vom Betrage $1/137{,}06$ ist, eine wichtige Rolle. Sie ist gleich dem Verhältnis v/c der Geschwindigkeit des Elektrons in der Grundbahn des Wasserstoffatoms zur Lichtgeschwindigkeit. Auch die Zahl $137{,}06$ hat sicher eine tiefe, bisher nicht geklärte Bedeutung (vgl. § 335). Die azimutale Quantenzahl kann nie den Wert Null haben. Das bedeutet im Sinne unseres Modells, daß es keine zu einer Geraden ausgearteten Ellipsenbahnen gibt. Ihr kleinster Wert ist also $n_\varphi = 1$. Man bezeichnet die azimutale Quantenzahl meist als die *Nebenquantenzahl*.

339. Wasserstoffähnliche Spektren. Spektren, die denen des Wasserstoffs in ihrem allgemeinen Bau ähneln, treten bei anderen — insbesondere ionisierten — Atomen dann auf, wenn ein einzelnes Elektron einen sehr viel größeren Kernabstand hat, als alle übrigen. Die letzteren wirken, wenn ihre Anzahl Z' ist, zusammen mit dem Kern (Kernladungszahl Z) näherungsweise wie ein Kern von der Kernladung $Z - Z'$. In den Gleichungen (5b), (6) und (7) (§ 338) tritt dann, wie man durch Nachrechnen leicht feststellen kann, $(Z - Z')^2\varepsilon^4$ an die Stelle von ε^4. Da $Z - Z' > 1$, ist das Spektrum gegenüber dem des Wasserstoffs nach höheren Wellenzahlen (Frequenzen), also kleineren Wellenlängen verschoben. Strenge Wasserstoffähnlichkeit liegt dann vor, wenn ein Kern seine sämtlichen Elektronen bis auf eines verloren hat ($Z' = 0$). Der Fall unterscheidet sich von dem des Wasserstoffatoms dann nur durch die Z-fache Kernladung. Dann lauten die den Gl. (8) und (10) entsprechenden Gleichungen

$$E_n = -\frac{R\,c\,h\,Z^2}{1 + \dfrac{\mu}{M}}\,\frac{1}{n^2} \quad \text{und} \quad N = \frac{R\,Z^2}{1 + \dfrac{\mu}{M}}\left(\frac{1}{m^2} - \frac{1}{n^2}\right). \tag{14}$$

Dabei ist für M die Masse des betreffenden Kerns einzusetzen.

Dieser Fall ist beim einfach ionisierten Helium (Ordnungszahl 2) verwirklicht, das eines seiner beiden Elektronen verloren hat. Dann gelten die Gl. (14) mit $Z = 2$, d. h. die Wellenzahlen sind um den Faktor 4 größer als in den entsprechenden Serien des Wasserstoffs, die Wellenlängen viermal kleiner. Solche Spektren des Heliums werden sowohl in Entladungsröhren, wie auch bei zahlreichen Fixsternen beobachtet. Gewisse Linien des Heliumspektrums fallen, wie man leicht nachrechnen kann, mit Linien des Wasserstoffspektrums fast genau zusammen. Der sehr kleine Unterschied rührt nur von dem Unterschied der Kernmassen M her.

340. Das periodische System der Elemente. Im Jahre 1869 stellten gleichzeitig und unabhängig voneinander MENDELEJEFF und LOTHAR MEYER das periodische System der Elemente auf, das diese in so wunderbarer Weise nach ihren chemischen Grundeigenschaften, insbesondere nach ihrer Wertigkeit, ordnet (Tabelle 34). Die Reihen der nach steigendem Atomgewicht geordneten Elemente werden derart übereinandergestellt, daß die in der gleichen Vertikalreihe *(Gruppe)* stehenden Elemente ähnliche chemische Eigenschaften und gleiche Wertigkeit haben. Die Länge der einzelnen Horizontalreihen *(Perioden)* — mit 2, 8, 8, 18, 18, 32, 32 und einer unvollständigen 7. Periode, was offensichtlich als $2 \cdot 1^2$, $2 \cdot 2^2$, $2 \cdot 3^2$ und $2 \cdot 4^2$ zu verstehen ist —, schien früher ein seltsames Zahlenspiel, das nun aber auf Grund der Quantentheorie seine Deutung findet.

Tabelle 34. Das periodische System der Elemente. (Internat. Atomgew. 1941.)

	I	II	III	IV	V	VI	VII	VIII
1	1 H 1,00785							2 He 4,003
2	3 Li 6,940	4 Be 9,02	5 B 10,82	6 C 12,010	7 N 14,008	8 O 16,0000	9 F 19,00	10 Ne 20,183
3	11 Na 22,997	12 Mg 24,32	13 Al 26,97	14 Si 28,06	15 P 30,98	16 S 32,06	17 Cl 35,457	18 A 39,944
4	19 K 39,096	20 Ca 40,08	21 Sc 45,10	22 Ti 47,90	23 V 50,95	24 Cr 52,01	25 Mn 54,93	26 Fe 55,85 27 Co 58,94 28 Ni 58,69
	29 Cu 63,57	30 Zn 65,38	31 Ga 69,72	32 Ge 72,60	33 As 74,91	34 Se 78,96	35 Br 79,916	36 Kr 83,7
5	37 Rb 85,48	38 Sr 87,63	39 Y 88,92	40 Zr 91,22	41 Nb 92,91	42 Mo 95,95	43 Ma —	44 Ru 101,7 45 Rh 102,91 46 Pd 106,7
	47 Ag 107,880	48 Cd 112,41	49 In 114,76	50 Sn 118,70	51 Sb 121,76	52 Te 127,61	53 J 126,92	54 X 131,3
6	55 Cs 132,81	56 Ba 137,36	57 La 58—71 138,92 s. u.	72 Hf 178,6	73 Ta 180,89	74 W 183,92	75 Re 186,31	76 Os 190,2 77 Ir 193,1 78 Pt 195,23
	79 Au 197,2	80 Hg 200,61	81 Tl 204,39	82 Pb 207,21	83 Bi 209,00	84 Po 210,0	85 —	86 Em 222,04
7	87,— —	88 Ra 226,05	89 Ac —	90 Th 232,12	91 Pa 231,06	92 U 238,07		

	58 Ce 140,13	59 Pr 140,92	60 Nd 144,27	61 — —	62 Sm 150,43	63 Eu 152,0	64 Gd 156,9	65 Tb 159,2	66 Dy 162,46	67 Ho 164,94	68 Er 167,2	69 Tu 169,4	70 Yb 173,04	71 Cp 174,99

Seltene Erden.

Der wesentliche Gedanke ist zunächst, daß gar nicht eigentlich das Atomgewicht die Stellung eines Elements im periodischen System bestimmt, sondern seine *Kernladungszahl Z* und die dadurch gegebene *Zahl seiner Elektronen*, die allerdings mit dem Atomgewicht im allgemeinen zunimmt. Sie ist identisch mit der *Ordnungszahl* des Elements, also der „Hausnummer", die man dem Element im periodischen System anweisen muß. Auf die allgemeine Erklärung der Periodizität führt ein von Kossel und Lewis ausgesprochener Gedanke. Die Elektronen sind um den Atomkern in Gruppen angeordnet, sie bilden einzelne, getrennte *Elektronenschalen*. Nach dem Bohrschen *Aufbauprinzip* muß man sich die Bildung eines Atoms aus dem Kern und den Elektronen so vorstellen, daß ein Elektron nach dem anderen in ganz bestimmter Reihenfolge angelagert wird, und daß sich dabei von innen heraus eine Schale nach der anderen bildet. Diese werden — von innen nach außen gezählt — als *K*-, *L*-, *M*-Schale usw. bezeichnet.

Zum Verständnis des folgenden müssen wir zunächst ein grundlegendes, von Pauli entdecktes Gesetz der Quantentheorie anführen (Pauli-*Prinzip*). Es besagt, daß niemals zwei Elektronen an einem Atom in sämtlichen Quantenzahlen übereinstimmen können. Wir kennen bereits die azimutale und die radiale Quantenzahl und ihre Summe, die Hauptquantenzahl. Tatsächlich kommen noch zwei weitere Quantenzahlen hinzu, über deren Bedeutung wir im Rahmen dieses Buches nichts weiter sagen können. Das PAULI-Prinzip führt nun zunächst zu dem Schluß, daß die Elektronen in der K-Schale die Hauptquantenzahl $n = 1$, in der L-Schale die Hauptquantenzahl $n = 2$ usw. haben. Innerhalb der einzelnen Schalen teilen sich die Elektronen nach ihrer (azimutalen) Nebenquantenzahl, die wir hier, wie üblich, mit k bezeichnen wollen, in *Untergruppen*. Die einzelnen Elektronen einer Untergruppe wieder unterscheiden sich voneinander in den beiden noch hinzukommenden Quantenzahlen. Wir wollen einen Elektronenzustand, der durch die Hauptquantenzahl n und die Nebenquantenzahl k bestimmt ist, durch das Symbol n_k bezeichnen. k kann alle Werte zwischen $k = 1$ und $k = n$ annehmen. Das PAULI-Prinzip bewirkt weiter, daß eine durch das Symbol n_k gekennzeichnete Untergruppe nicht mehr als $2(2k-1)$ Elektronen aufnehmen kann. Das entspricht den Zahlen 2, 6,

10, 14 usw. Deshalb kann eine Schale nicht mehr als $2 \sum\limits_{k=1}^{n} (2k-1) = 2n^2$

Elektronen aufnehmen, wobei n die der Schale entsprechende Hauptquantenzahl ist. Es ergeben sich also für die einzelnen Schalen die Höchstbesetzungsziffern 2, 8, 18, 32, 50, 72 usw.

Je kleiner k ist, um so kleiner ist bei gegebener Hauptquantenzahl n der Drehimpuls, und um so größer der radiale Impuls des Elektrons, und um so größer ist die Exzentrizität der Elektronenbahn. In den höheren Schalen sind also die Bahnen mit $k = 1$ solche von besonders großer Exzentrizität, die zum größten Teil sehr weit entfernt vom Kern verlaufen, auf einem kleineren Teil aber auch tief in die inneren Schalen hineintauchen *(Tauchbahnen)*.

Wir werden im folgenden einen bestimmten, beim schrittweisen Aufbau eines Atoms erreichten Zustand jeweils durch dasjenige Element charakterisieren, dessen Aufbau mit der Erreichung dieses Zustandes beendet wäre. Es ist nämlich ein wesentlicher Grundgedanke des Aufbauprinzips, daß sich der schrittweise Aufbau aller Elemente — unabhängig von der schließlich erreichten Elektronenzahl — in gleicher Weise abspielt, so daß sämtliche Atome, deren Aufbau bis zur gleichen Elektronenzahl fortgeschritten ist, eine zum mindesten sehr ähnliche Struktur haben.

Beim schrittweisen Aufbau eines Atoms bildet sich zuerst die K-Schale mit 2 Elektronen ($n = 1$, $k = 1$, $2n^2 = 2$, Zustand des He), dann die L-Schale mit 8 Elektronen in zwei Untergruppen 2_1, 2_2 mit 2 bzw. 6 Elektronen ($n = 2$, $k = 1, 2$, $2n^2 = 8$, Zustand des Ne). Die vollständige M-Schale ($n = 3$, $k = 1$, 2, 3, $2n^2 = 18$) enthält 18 Elektronen in drei Untergruppen 3_1, 3_2, 3_3 mit 2, 6, 10 Elektronen. Sie wird aber zunächst nur bis zum Abschluß der Untergruppe 3_2, also mit insgesamt 8 Elektronen aufgebaut (Zustand des A, daher nur 8 Elemente in der 3. Periode). Dann erfolgt zunächst der Aufbau der Untergruppe 4_1 der N-Schale mit 2 Elektronen (Zustand des Ca), und erst dann wird der Aufbau der M-Schale mit der Untergruppe 3_3 vollendet (Zustand des Zn). Ähnliches ereignet sich beim Aufbau der weiteren Schalen in noch verwickelterer Weise, wie Abb. 575 zeigt, in der die Pfeilfolge den schrittweisen Aufbau andeutet. Man erkennt aus diesem Schema, daß eine O-Schale, die an sich 50 Elektronen enthalten könnte, bei keinem Element weiter als bis zur Ausbildung der Untergruppe 5_3 gelangt (18 Elektronen, Zustand des Hg) und die P-Schale nur bis zur Ausbildung einer unvollständigen Untergruppe 6_3 beim Uran. Eine Q-Schale besitzt nur das Ra und das noch nicht beobachtete Element 87 (Ekacaesium). Die scheinbar so seltsame Einschaltung der Gruppe der seltenen Erden in die 6. Reihe des periodischen Systems erklärt sich nun recht einfach so, daß nach Vollendung der Untergruppe 6_1 der P-Schale und nach Einbau des ersten Elektrons in die Untergruppe 5_3 der O-Schale (Zustand des La) zunächst die noch fehlende letzte Untergruppe 4_4 der N-Schale fertig aufgebaut wird (Zustand des Cp). Diese ist die einzige Untergruppe mit $k = 4$, die überhaupt zur Ausbildung gelangt.

Wir stellen den Tatbestand der Abb. 575 in der Tabelle 35 noch einmal in anderer Form zusammen, indem wir bei den einzelnen Elementgruppen erstens die höchste Untergruppe der äußersten Schale angeben und dabei vermerken, ob sie im Aufbau begriffen ist oder — falls sie abgeschlossen ist —, bei welchem vorhergehenden Element sie abgeschlossen wurde. Zweitens geben wir die höchste Untergruppe der nächstinneren Schale an und dazu — falls sie bereits abgeschlossen ist — dasjenige Element, dessen Zustand mit dem Abschluß dieser Schale erreicht wurde.

Dieses Schema läßt plötzlich die scheinbar so verzwickten Verhältnisse der Abb. 575 in einem viel einfacheren Lichte erscheinen. Die Elemente der drei

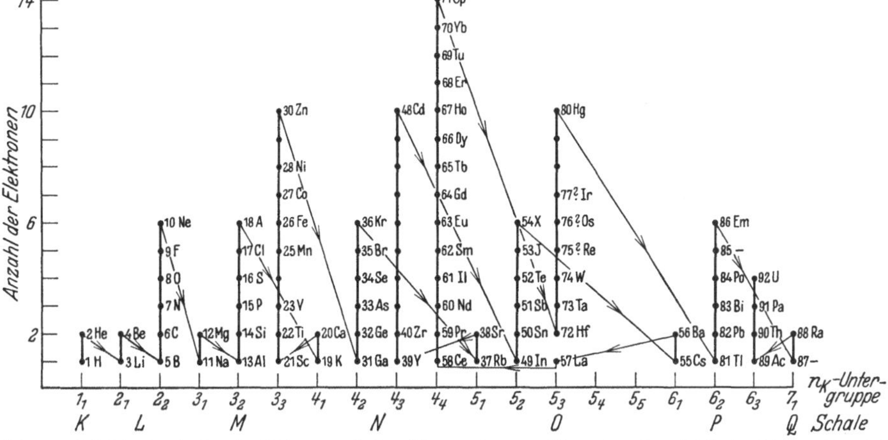

Abb. 575. Schrittweiser Aufbau der Elektronenschalen. (Die ausgelassenen Elemente ordnen sich in das Schema nicht ein.) (Aus Handbuch der Physik, Bd. 24, 1.)

ersten Perioden werden ganz stetig von innen nach außen aufgebaut, die dritte aber nur bis zur Untergruppe 3_2, von der vierten Periode auch noch die beiden ersten Elemente. Dann aber beginnt mit der vierten Periode, in der zum erstenmal eine 3. Untergruppe in einer inneren Schale auftreten kann, etwas ganz neues, die *Nachholung des Aufbaus* einer vorher zurückgestellten Untergruppe einer inneren Schale (3_3) vom Sc (21) ab. In der 4. bis 6. (7.) Periode zeigen stets die beiden ersten und die sechs letzten Elemente das gleiche Bild wie die entsprechenden Elemente der 2. und 3. Periode. Die zwischen ihnen liegenden Elemente, für die es in der 2. und 3. Periode kein Gegenstück gibt, sind durch eine gleichbleibende äußere Schale (1. Untergruppe) und den bei ihnen erfolgenden schrittweisen Aufbau vorher zurückgestellter 3. und höherer Untergruppen gekennzeichnet.

Wenn man sich merkt, daß eine bestimmte Schale es als *äußere* Schale nie weiter als bis zu einer vollständigen 2. Untergruppe bringt, als *innere* Schale mit Ausnahme der Untergruppe 4_4 nie weiter als bis zur 3. Untergruppe, so läßt sich auf Grund des einfachen Schemas der Tabelle 35 der gesamte Aufbau der Elemente sehr leicht behalten. Besonders deutlich wird aus der Tabelle 35, daß von der 4. Periode ab der Bestand der äußersten Schale vom dritten bis zum siebtvorletzten Element jeder Periode unverändert bleibt, und zwar entsprechend dem Zustand des der betreffenden Periode angehörenden Erdalkalimetalls. In der nächstinneren Schale herrscht bis zum Ca (20) der

Zustand des nächstvorhergehenden Edelgases, und weiterhin auch dann, wenn die 1. Untergruppe der äußersten Schale im Aufbau begriffen ist. Wenn aber die 2. Untergruppe der äußersten Schale im Aufbau begriffen ist, befindet sich die nächstinnere Schale im Zustande des der 2. Gruppe der betreffenden Periode angehörenden Metalles.

Wenn wir oben gesagt haben, daß das chemische Verhalten eines Elements durch die Zahl seiner Elektronen (Kernladungszahl) bestimmt wird, so ist das jetzt genauer so zu verstehen, daß in der Hauptsache die Zahl der Elektronen in seiner äußersten Schale hierfür verantwortlich ist, die allerdings durch die Gesamtzahl der Elektronen gegeben ist. Denn die Atome treten bei chemischen Verbindungen nur mit ihren äußeren Schalen in Wechselwirkung. Elemente, die in der gleichen Gruppe des periodischen Systems untereinander stehen, haben in ihrer äußersten Elektronenschale gleich viele Elektronen, die zwar nicht genau gleich, aber doch ähnlich angeordnet sind.

Hiernach ist es verständlich, daß in den höheren Perioden oft mehrere aufeinanderfolgende Elemente chemisch sehr nahe verwandt sind. Solche Fälle sind die „Triaden" Eisen — Nickel — Kobalt, Ruthenium — Rhodium —

Tabelle 35. Zum Schalenaufbau der Elemente.

Elemente		Höchste Untergruppe der äußersten Schale	Höchste Untergruppe der nächstinneren Schale
I	1 H, 2 He	1_1 im Aufbau	—
II	3 Li, 4 Be	2_1 im Aufbau	1_1 He
	5 B — 10 Ne	2_2 im Aufbau	1_1 He
III	11 Na, 12 Mg	3_1 im Aufbau	2_2 Ne
	13 Al — 18 A	3_2 im Aufbau	2_2 Ne
IV	19 K, 20 Ca	4_1 im Aufbau	3_2 A
	21 Sc — 30 Zn	4_1 Ca	3_3 im Aufbau
	31 Ga — 36 Kr	4_2 im Aufbau	3_3 Zn
V	37 Rb, 38 Sr	5_1 im Aufbau	4_2 Kr
	39 Y — 48 Cd	5_1 Sr	4_3 im Aufbau
	49 In — 54 X	5_2 im Aufbau	4_3 Cd
VI	55 Cs, 56 Ba	6_1 im Aufbau	5_2 X
	57 La — 80 Hg	6_1 Ba	5_3 (und 4_4) im Aufbau
	81 Tl — 86 Em	6_2 im Aufbau	5_3 Hg
VII	87 —, 88 Ra	7_1 im Aufbau	6_2 Em
	88 Ac — 92 U	7_1 Ra	6_3 im Aufbau

Palladium und Osmium—Iridium—Platin und vor allem die 13 seltenen Erden. Die Zustände solcher Elemente sind stets derart, daß die letzten in ihre Atome eingebauten Elektronen in eine vorher zurückgestellte Untergruppe eintreten, nachdem bereits der Aufbau einer oder zweier weiterer äußerer Schalen begonnen hat. Bei den seltenen Erden (Ce-Cp) wird die äußerste Schale von der Untergruppe 6_1 der P-Schale gebildet, die die Untergruppen 5_1 und 5_2 und ein Elektron der Untergruppe 5_3 (Zustand des La) der O-Schale umhüllt. Durch den sich tief im Innern der Elektronenhülle abspielenden nachträglichen Aufbau der Untergruppe 4_4 ändert sich im äußeren Zustand der Atome nur wenig. So kommt es, daß die seltenen Erden sich chemisch nur so sehr wenig unterscheiden.

Die einzelnen Perioden des periodischen Systems — außer der ersten und zweiten — entsprechen also nicht etwa unmittelbar den einzelnen Elektronenschalen, obgleich in ihren Besetzungszahlen auch die Besetzungszahlen $2n^2$ der Schalen auftreten. Wie man jedoch aus der Tabelle 35 erkennt, entspricht der Anfang jeder Periode dem Einbau des ersten Elektrons in eine noch ganz unbesetzte Schale (1. Untergruppe, Zustand der Alkalimetalle), ihr Ende dem Zustand eines Edelgases, mit dem von der 3. Periode ab der weitere Aufbau dieser Schale nach Vollendung ihrer 2. Untergruppe vorläufig zurückgestellt und zunächst der Aufbau der 1. Untergruppe einer neuen Schale begonnen wird.

Man kann das so deuten, daß eine bis zum Zustand eines Edelgases aufgebaute Schale einen besonderen Grad von Stabilität oder Sättigung besitzt und nicht ohne weiteres noch mehr Elektronen aufnimmt. Damit hängt es auch zusammen, daß die Edelgase chemisch träge sind und keine gewöhnlichen chemischen Verbindungen eingehen, da diese stets mit Änderungen in der äußeren Elektronenschale einhergehen. Ein chemisch geschulter Leser wird beim aufmerksamen Studium der Abb. 575 und der Tabelle 35 noch zahlreiche Fälle entdecken, in denen sich ein besonderes chemisches Verhalten eines Elements oder aufeinanderfolgender Elemente aus dem Aufbauprinzip verstehen läßt.

341. Molekülbildung. Die vorstehend gegebene Deutung des periodischen Systems führt ohne weiteres zu einem Verständnis für die Kräfte, die die Atome in einer gewissen Klasse von Verbindungen, den *heteropolaren* oder *Ionenmolekülen*, aneinander binden. Wir haben gesehen, daß der edelgasähnliche Zustand der Elektronenhülle ein von der Natur bevorzugter Zustand ist. Es ist daher verständlich, wenn ein Atom unter geeigneten Bedingungen die Neigung zeigt, in diesen Zustand überzugehen. Das kann auf zwei Weisen geschehen. Entweder gibt das Atom unter Verwandlung in ein positives Ion sämtliche Elektronen seiner äußeren Schale ab, so daß der Zustand des vorhergehenden Edelgases erreicht wird. Oder das Atom nimmt unter Verwandlung in ein negatives Ion so viele Elektronen in seine äußere Schale auf, daß der Zustand des nächstfolgenden Edelgases erreicht wird. Verliert z. B. das Magnesium (12) seine zwei äußeren Elektronen, so entspricht sein Zustand dem des Neons (10). Nimmt aber z. B. das Chlor (17) ein weiteres Elektron in seine aus 7 Elektronen bestehende äußere Elektronenschale auf, so entspricht es dem Edelgas Argon (18). Eine solche Änderung der Elektronenzahl wird sich aber dann am leichtesten vollziehen, wenn zwei oder mehrere Atome zusammentreffen, die einander derart „aushelfen" können, daß die beteiligten Atome lediglich durch Austausch von Elektronen untereinander sämtlich in den edelgasähnlichen Zustand gelangen, und wenn die Zahl der Elektronen, die ein Atom zur Erreichung des edelgasähnlichen Zustandes abgeben oder aufnehmen muß, nicht zu groß ist. Da sich dabei aber die Atome teils in positive, teils in negative Ionen verwandeln, so besteht zwischen den entgegengesetzt geladenen Ionen eine elektrostatische Anziehung, die ihre Bindung zu einem Molekül bewirkt. Ein einfaches Beispiel ist das Kochsalz NaCl. Das Na-Atom gibt sein einziges äußeres Elektron an das Cl-Atom ab, wobei jenes dem Ne, dieses dem A ähnlich wird. Beim Wassermolekül H_2O gehen die beiden Elektronen der beiden H-Atome in die an sich aus sechs Elektronen bestehende äußere Schale des O-Atoms über, das sich dadurch in ein doppelt geladenes, dem Ne ähnliches negatives Ion verwandelt, das die zwei einfach geladenen positiven H-Ionen (nackte H-Kerne) elektrostatisch zu binden vermag. Verbindungen dieser Art werden sich also besonders leicht zwischen solchen Elementen bilden, die im periodischen System einem Edelgas nahe sind. Das trifft vor allem für alle Elemente der drei ersten Perioden, sowie für alle Alkali- und Erdalkalimetalle zu, sowie für die Elemente am Schluß der Perioden. Das sind im wesentlichen die Elemente, bei denen die äußere Schale im Aufbau begriffen ist. Das chemische Verhalten der Elemente, bei denen zurückgestellte Untergruppen aufgebaut werden, ist verwickelter.

Es gibt demnach in diesen Verbindungen *zwei Arten von Wertigkeit*, die man als *positiv und negativ* bezeichnet. Ein Atom ist in einer Verbindung positiv k-wertig, wenn es k Elektronen seiner äußeren Schale abgegeben hat. Es ist negativ k-wertig, wenn es zur Erreichung des edelgasähnlichen Zustandes k Elektronen aufgenommen hat. So ist im NaCl-Molekül das Na positiv, das Cl negativ einwertig, im H_2O-Molekül sind die beiden H-Atome positiv einwertig, das O-Atom negativ zweiwertig. Im allgemeinen entscheidet sich die Frage, ob ein Atom mit positiver oder negativer Wertigkeit in Verbindungen eingeht, danach, ob es leichter durch Abgabe oder durch Aufnahme von Elektronen in den nächstbenachbarten edelgasähnlichen Zustand übergehen kann. So haben die ersten Elemente jeder Periode in der Regel positive, die letzten meist negative Wertigkeit; bei den Elementen der mittleren Vertikalreihen können oft beide Arten von Wertigkeit vorkommen. Aber es kommt auch vor, daß z. B. das Chlor positiv siebenwertig auftritt, indem es seine sämtlichen sieben äußeren Elektronen abgibt; der Sauerstoff kann auch positiv sechswertig auftreten usw. Atome, die vorzugsweise Elektronen *abgeben* und so positive Ionen bilden, nennt man *elektropositiv*, solche, die bevorzugt Elektronen *aufnehmen* und negative Ionen bilden, *elektronegativ*.

Da die Ionenmoleküle aus positiven und negativen Ionen bestehen, die einen gewissen Abstand voneinander haben, so bilden sie elektrische Dipole und haben von Natur ein *elektrisches Moment*. Ausnahmen bilden Moleküle von besonderer Atomanordnung, wie z.B. das gestreckte Molekül CO_2 (O—C—O auf einer Geraden).

Ein durch Elektronenverlust oder Elektronengewinn in den edelgasähnlichen Zustand versetztes Atom (Ion) verhält sich gegenüber elektrisch neutralen Molekülen chemisch ähnlich träge, wie ein Edelgas selbst. Es wird erst wieder reaktionsfähig, wenn es durch Aufnahme oder Abgabe von Elektronen elektrisch neutral geworden ist. Daher reagieren auch die Ionen in einem Elektrolyten, z. B. die Na-Ionen in einer NaCl-Lösung, erst dann mit dem Wasser, wenn sie an der Elektrode durch Aufnahme eines Elektrons elektrisch neutralisiert worden sind. Das Natrium, das im metallischen Zustand so heftig mit Wasser reagiert, reagiert im Ionenzustand mit dem Wasser nicht.

Die vorstehend gegebene Deutung der Molekülbildung trifft aber nur für eine ziemlich beschränkte Gruppe von Verbindungen zu. Die übrigen Verbindungen, insbesondere die in ihnen wirksamen Kräfte, lassen sich nur auf Grund der neueren Quantenmechanik verstehen, so daß wir hier nicht näher darauf eingehen können und uns auf wenige Andeutungen beschränken müssen. Bei den *homöopolaren* oder *Atommolekülen*, zu denen auch die elementaren Gase H_2, N_2, O_2 usw. gehören, bilden die beteiligten Atome aus ihren äußeren Elektronenschalen eine gemeinsame, beide Atomrümpfe umhüllende Elektronenhülle. So haben z. B. die beiden Atome des Kohlenoxyds CO zusammen zehn äußere Elektronen. Von diesen bilden wahrscheinlich acht eine innere, zwei eine äußere Elektronenschale um die beiden Atomrümpfe. So entsteht ein Molekül, das in seinem äußeren Aufbau den Atomen der Erdalkalien (II. Gruppe des periodischen Systems) ähnlich ist. Dafür sprechen auch spektroskopische Gründe. Weil die positiven Ladungen der beiden Atomrümpfe im allgemeinen nicht gleich groß sind, und daher der positive und der negative Ladungsschwerpunkt des Moleküls meist nicht zusammenfällt, so haben die Atommoleküle meist auch ein natürliches elektrisches Moment. So trägt z. B. beim CO-Molekül der C-Rest vier, der O-Rest sechs positive Elementarquanten im Überschuß. Bei den Molekülen der elementaren Gase aber sind die Atomrümpfe gleich; sie haben also kein natürliches elektrisches Moment. Die Art ihrer Bildung ist aber die gleiche, wie die der anderen Atommoleküle. So hat das Stickstoffmolekül N_2, wie das CO-Molekül, 10 den beiden Atomen gemeinsame Elektronen, und es ist wahrscheinlich, daß diese eine gemeinsame Elektronenhülle bilden, die derjenigen des CO-Moleküls recht ähnlich ist. Dafür spricht unter anderem, daß die Spektren des CO- und des N_2-Moleküls einander stark ähneln.

Auf die gleiche Weise wie die Bindung im Molekül auf die oben geschilderten Weisen erfolgen kann, können auch die Atome in den Kristallen aneinander gebunden sein. Zwar besteht dann keine individuelle Zuordnung bestimmter Atome zueinander, wie im Molekül, doch rührt z. B. die Bindung

des Na und des Cl im Steinsalzkristall grundsätzlich von den gleichen Ursachen
her, die die Bindung im NaCl-Molekül bewirken (§ 312 und 369). Es ist daher
berechtigt, wenn man einen einheitlichen Kristall sozusagen als ein einziges
großes Molekül ansieht.

342. Allgemeines über Linienspektren. Die im kurzwelligen Ultrarot, im
Sichtbaren und im Ultraviolett liegenden Linienspektren entstehen ausschließlich
durch Quantensprünge in der äußersten Elektronenschale eines Atoms. Man
nennt sie *optische Spektren*. Entsprechend einer zuerst von BOHR geäußerten
Vermutung spielt bei der Entstehung der Linienspektren ein bestimmtes Elektron,
das man als das *Leuchtelektron* des Atoms bezeichnet, die maßgebende Rolle.
Im Sinne der BOHRschen Modellvorstellung ist das ein Elektron der äußeren
Schale, dessen Bahn eine besonders ausgeprägte Tauchbahn ist (§ 340).

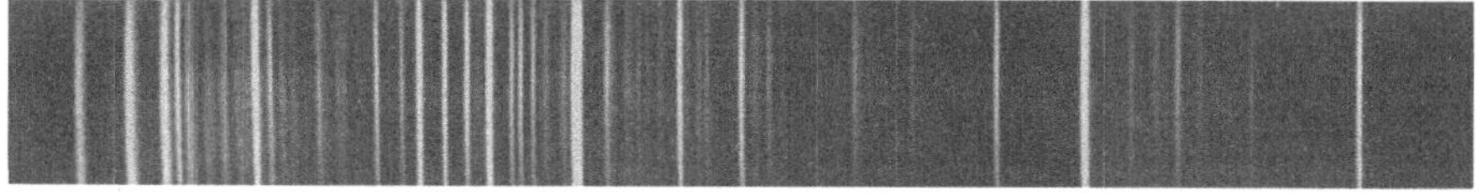

Abb. 576. Emissionsspektrum des Kaliums zwischen 3000 und 5000 Å. Aufnahme von FOOTE und MOHLER.

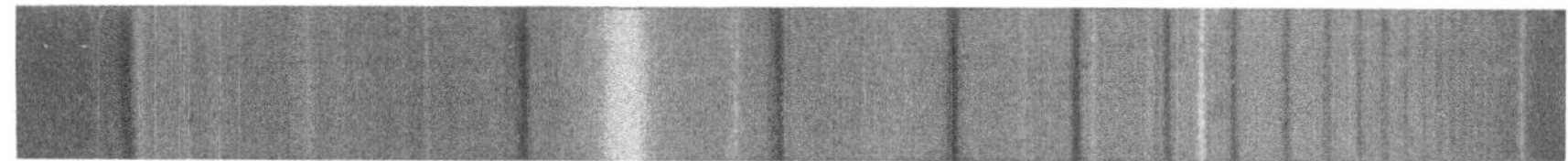

Abb. 577. Absorptionsspektrum des Natriums. Hauptserie zwischen 2400 und 2860 Å. Aufnahme von FOOTE und
MOHLER.

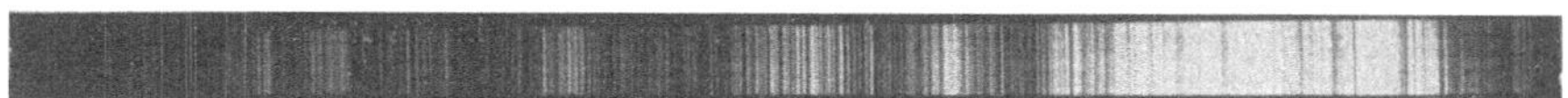

Abb. 578. Emissionsspektrum des Eisens zwischen 2200 und 5000 Å. Aufnahme von W. GROTRIAN.

Die Atome der Alkalimetalle, deren Leuchtelektron das einzige Elektron
ihrer äußeren Schale ist, sind daher noch bis zu einem gewissen Grade *wasser-
stoffähnlich* (§ 339), da das Leuchtelektron keiner Beeinflussung durch Elektronen
der eigenen Schale unterliegt. Die gemeinsame Wirkung des Kerns mit der
Ladung $Z\varepsilon$ und der inneren Elektronenschalen mit der Ladung $-(Z-1)\varepsilon$ ist
in roher Näherung der Wirkung eines Wasserstoffkerns mit der Ladung ε
ähnlich. Daher sind auch die Spektren der Alkalimetalle verhältnismäßig einfach und linienarm (Abb. 576 u. 577). Je größer die Zahl der äußeren Elektronen
ist, um so verwickelter und linienreicher werden die Spektren. Die linien-
reichsten Spektren haben die Elemente der VIII. Gruppe des periodischen
Systems, also die Edelgase — mit Ausnahme des einfach gebauten Heliums —
und die Elemente der „Triaden", z. B. das Eisen (Abb. 578).

Die Berechnung der Energiestufen des Leuchtelektrons und damit der Spektralterme und der Spektrallinien aus einer Vorstellung im Sinne des BOHRschen
Modells, wie beim Wasserstoff, ist bei Atomen mit mehr als einem Elektron
nicht möglich. Hier liegt eine der Grenzen des Modells. Aber umgekehrt ist
es möglich, auf Grund einer Analyse der Spektren die einzelnen Spektralserien
empirisch durch Terme T_n darzustellen, aus denen dann mittels der stets gültigen
Beziehung $E_n = -T_n h c$ [Gl. (12)] die Energiestufen des Leuchtelektrons
berechnet werden können. So liefern die Linienspektren ein unentbehrliches
Mittel zur Vertiefung unserer Kenntnis vom Bau und Verhalten der Atome.

Die Terme der Atome mit mehr als einem Elektron sind nicht so einfach
wie die des Wasserstoffs. Jedoch kann man die Energie des Leuchtelektrons

und die Terme formal, wie in Gl. (14) (unter Vernachlässigung der Massen-
korrektion), durch die Gleichungen

$$E_n = -\frac{R\,c\,h\,Z^{*2}}{n^{*2}}, \qquad T_n = \frac{R\,Z^{*2}}{n^{*2}}$$

darstellen. n^* ist eine mehr oder weniger komplizierte Funktion der Hauptquantenzahl n, die effektive Hauptquantenzahl. Z^* ist die effektive Kernladungszahl, d. h. die Ladung, die das gleiche Feld erzeugen würde, wie es in Wirklichkeit
der Kern und die ihn umgebenden Elektronen (außer dem Leuchtelektron)
erzeugen. Die einfachsten Terme besitzen die Alkalimetalle, weil ihr Leuchtelektron ihr einziges äußeres Elektron ist. Ihre effektive Kernladungszahl ist
$Z^* = 1$. Man unterscheidet bei ihnen nach KAYSER und RUNGE und nach
RYDBERG (1889) die Hauptserie, die 1. und 2. Nebenserie, die BERGMANN-
Serie und weitere Serien. Ihre Terme haben die Gestalt $R/(n+s)^2$, $R/(n+p)^2$,

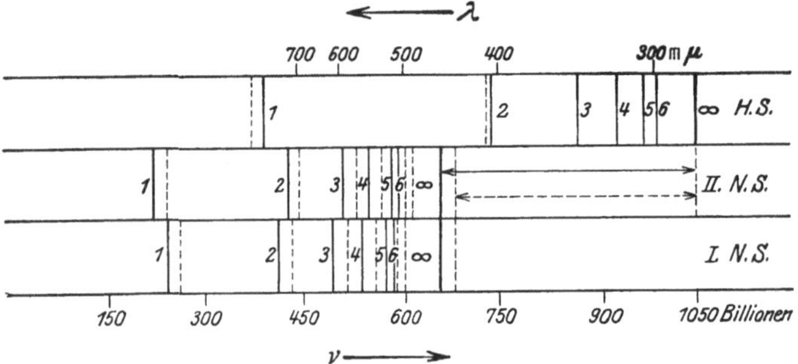

Abb. 579. Schema der Hauptserie und der beiden Nebenserien des Kaliums.

$R/(n+d)^2$, $R/(n+f)^2$ usw. Die Zahlen s, p, d, f usw. (RYDBERG-Korrektionen)
sind bei den einzelnen Alkalimetallen verschieden und liegen zwischen -1
und $+1$. Die Formeln der ersten Serien lauten:

$$\text{Hauptserie:} \qquad N = \frac{R}{(1+s)^2} - \frac{R}{(n+p)^2}, \qquad n = 2,\ 3,\ 4,\ \ldots$$

$$\text{1. Nebenserie:} \qquad N = \frac{R}{(2+p)^2} - \frac{R}{(n+d)^2}, \qquad n = 3,\ 4,\ 5,\ \ldots$$

$$\text{2. Nebenserie:} \qquad N = \frac{R}{(2+p)^2} - \frac{R}{(n+s)^2}, \qquad n = 2,\ 3,\ 4,\ \ldots$$

$$\text{BERGMANN-Serie:} \quad N = \frac{R}{(3+d)^2} - \frac{R}{(n+f)^2}, \qquad n = 4,\ 5,\ 6,\ \ldots$$

Wieder ist der erste Term jeder Serie konstant, der zweite enthält die
laufende Quantenzahl n. Der konstante Term der Hauptserie liefert die Energie
des Leuchtelektrons im Grundzustand, $E_1 = -Rhc/(1+s)^2$. Alle Serien haben
bei $n = \infty$ eine endliche Seriengrenze, deren Wellenzahl gleich dem ersten,
konstanten Term der Serienformel ist. Abb. 579 zeigt das Schema der Haupt-
und der Nebenserie des Kaliums. Die Linien sind sämtlich doppelt (Feinstruktur).
Wegen der Gleichheit der konstanten ersten Terme fallen die Seriengrenzen
($n = \infty$) der beiden Nebenserien zusammen.

Da sich die Atome für gewöhnlich in ihrem Grundzustand befinden, so
kann das Leuchtelektron bei unangeregten Atomen nur Quantensprünge ausführen, die im Grundzustand beginnen. Daher absorbieren die Atome in ihrem
gewöhnlichen Zustand auch nicht etwa alle Spektrallinien, die sie *überhaupt*
aussenden können, sondern nur diejenigen ihrer Hauptserie, bei deren Emission

ja die Quantensprünge im Grundzustand enden. Das ist kein Widerspruch gegen das KIRCHHOFFsche Gesetz (§ 317). Denn angeregte Atome können auch Linien höherer Serien absorbieren, die sie ja ebenfalls emittieren können.

Wir haben bisher nur von den Spektren der normalen, elektrisch neutralen, Atome gesprochen, die man *Bogenspektren* nennt, weil sie auch im Lichtbogen entstehen. (Man erzeugt sie heute meist in der Glimmentladung.) GOLDSTEIN hat entdeckt, daß es noch andere Spektren gibt (von ihm Grundspektren genannt), die unter anderem im elektrischen Funken erzeugt werden können und daher *Funkenspektren* heißen. Sie rühren von einfach oder mehrfach ionisierten Atomen her (1., 2. Funkenspektrum usw.), die also ein oder mehrere Elektronen verloren haben, sind also Ionenspektren. Hat ein Atom ein Elektron seiner äußeren Schale verloren, so ist es nach dem Aufbauprinzip in vielen Fällen seinem Vorgänger im periodischen System im Bau seiner äußeren Schale ähnlich, hat es zwei Elektronen verloren, so ähnelt es in vielen Fällen dem um zwei Stellen vorhergehenden Atom. So ist z. B. das zweifach ionisierte Ca^{++} (20) dem einfach ionisierten K^+ (19) und dieses wieder dem normalen Ne (18) ähnlich. Insbesondere ist auch das einfach ionisierte Heliumatom He^+ dem Wasserstoffatom H ähnlich. Diese Ähnlichkeit bewirkt, daß in vielen Fällen das 1. Funkenspektrum eines Elements dem Bogenspektrum seines Vorgängers, das 2. Funkenspektrum eines Elements dem 1. Funkenspektrum seines Vorgängers usw. ähnlich ist, zwar nicht in allen Einzelheiten, vor allem nicht in den absoluten Wellenzahlen, wohl aber in seiner allgemeinen Struktur und in der Feinstruktur usw. seiner Linien *(spektroskopischer Verschiebungssatz)*. Man sieht leicht ein, daß dieses Gesetz nur deshalb nicht allgemein gilt, weil in vielen Fällen wegen der Auffüllung zurückgestellter Untergruppen innerer Schalen zwei oder mehrere aufeinander folgende Elemente gleich viele Elektronen in ihrer äußeren Schale haben, so daß dann z. B. das einfach ionisierte Atom seinem neutralen Vorgänger im periodischen System nicht ähnlich ist.

An den Oberflächen der Fixsterne sind die Atome durch die hohe Temperatur zu einem großen Teil ionisiert (§ 343). Daher spielen z. B. gewisse Linien des 1. Funkenspektrums des Kaliums (*H*- und *K*-Linie) eine wichtige Rolle in der Astrophysik. Zahlreiche Fixsterne zeigen das wasserstoffähnliche Funkenspektrum des Heliums (PICKERING-Serie). Das Wasserstoffatom hat natürlich kein Funkenspektrum, da es nach Verlust seines einen Elektrons jeder Strahlungsmöglichkeit beraubt ist. Daher ist in den Spektren der heißesten Fixsterne, in denen Wasserstoff zwar sicher in großen Mengen vorhanden, aber vollkommen ionisiert ist, kein Wasserstoff erkennbar.

Schon vor der BOHRschen Atomtheorie hat RITZ entdeckt, daß in sehr zahlreichen Fällen die Wellenzahl einer Spektrallinie gleich der Differenz der Wellenzahlen zweier Linien einer anderen Serie des gleichen Elements ist *(RITZsches Kombinationsprinzip)*. Das wird jetzt ohne weiteres verständlich. Es seien $E_a > E_b > E_c$ drei verschiedene Energiestufen eines Atoms. Dann liefern die drei möglichen Übergänge zwischen ihnen die drei Wellenzahlen $N_1 = E_a/hc - E_b/hc$, $N_2 = E_a/hc - E_c/hc$ und $N_3 = E_b/hc - E_c/hc = N_2 - N_1$. Dabei gehören N_1 und N_2 der gleichen Serie an. Tatsächlich treten nicht alle hiernach zu erwartenden Kombinationen wirklich als Spektrallinien auf. Gewisse von ihnen sind auf Grund von *Auswahlregeln* ausgeschlossen („verbotene" Linien); jedenfalls kommen die ihnen entsprechenden Übergänge unter gewöhnlichen Umständen nicht vor. Durch äußere Felder können auch sie herbeigeführt werden. Sie können ferner unter den besonderen Bedingungen auftreten, unter denen sich die äußerst verdünnte Materie im Weltraum (§ 371) befindet. Auch das Spektrum des Nordlichts besteht aus verbotenen Linien des Stickstoffs und des Sauerstoffs.

Bei den Atomen mit mehr als einem äußeren Elektron treten mehrere Term-systeme auf, welche für gewöhnlich nicht miteinander kombinieren (bei Atomen mit zwei äußeren Elektronen Ortho- und Paraterme genannt).

343. Anregung und Ionisierung von Atomen. Der normale Zustand eines Atoms ist, als Quantenzustand kleinster Energie, sein Grundzustand. Denn es kann durch Energieabgabe (Lichtaussendung) von selbst aus jedem höheren Quantenzustand dorthin gelangen. Es kann aber nur durch Energiezufuhr von außen aus ihm entfernt werden. Ein nicht im Grundzustande befindliches Atom nennt man ein *angeregtes Atom*. Die zu einer Anregung erforderliche Energie kann einem Atom auf verschiedene Weise zugeführt werden. Es kann durch *Absorption eines Lichtquants* angeregt werden, dessen Energie genau der Energiedifferenz einer seiner Energiestufen gegen den Grundzustand entspricht, also durch Einstrahlung einer Linie seiner Hauptserie. Es kann aber auch mechanisch angeregt werden. Bei genügend hoher Temperatur kann bei den Zusammenstößen der Moleküle soviel Energie auf ein Atom übertragen werden,

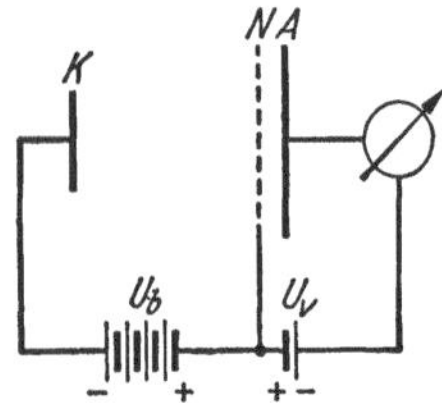

Abb. 580. Schema der Elektronenstoßversuche von FRANCK und HERTZ.

daß eine Anregung erfolgt. Darauf beruht das *thermische Leuchten* heißer fester, flüssiger und sehr dichter gas-förmiger Körper. Dabei wird aber kein Linienspektrum ausgesandt, sondern ein kontinuierliches Spektrum (§ 313). Das kommt daher, daß die Energiestufen der einzelnen Elektronen durch die enge Nachbarschaft der Atome in diesen Stoffen auf alle möglichen Weisen verändert sind, so daß auch die Differenzen der Energiestufen und damit die Energie $h\nu$ der Lichtquanten alle möglichen Werte in stetiger Folge annehmen können. Aus diesem Grunde zeigt ein kontinuierliches Spektrum auch keinerlei Züge, die für den leuchtenden Stoff charakteristisch wären.

Eine Anregung der Atome kann ferner durch Zusammenstoß eines schnellen Elektrons mit dem Atom, durch *Elektronenstoß*, erfolgen. Ist E_g die Energie des Atoms im Grundzustand, E_n diejenige in einem angeregten Zustand, so wird die Anregung dieses Zustandes dann erfolgen können, wenn das stoßende Elektron mindestens die Energie $E_n - E_g$ besitzt. Die Mindestenergie, die zur Anregung eines Atoms erforderlich ist, ist gleich der Energiedifferenz zwischen dem Grundzustand und der zweiten Energiestufe des Atoms. Ist die dem Atom zugeführte Energie mindestens so groß wie die Energie, die dem mit hc multi-plizierten konstanten Term seiner Hauptserie entspricht (§ 342), so wird das Atom aus dem Grundzustand bis auf den Quantenzustand mit $n = \infty$ gehoben. Das Leuchtelektron wird vom Atom abgetrennt, das Atom *ionisiert*. Das ist, sofern die Ionisierung durch Absorption eines Lichtquants erfolgt, ein *licht-elektrischer Effekt* in seiner einfachsten Form. Ist das Termschema des Atoms bekannt, so kann man seine Energiestufen und die zur Anregung und Ioni-sierung erforderlichen Energien berechnen.

Die Anregung von Atomen durch Elektronenstoß ist von J. FRANCK und G. HERTZ (1913) in einer für die Entwicklung der Atomtheorie grundlegenden Arbeit — noch unabhängig von der BOHRschen Theorie — zuerst beim Queck-silberdampf nachgewiesen worden. Ein Elektron hat nach Durchlaufen einer Spannung U die Energie $U\varepsilon$. Es kommt also darauf an, festzustellen, bei welchen Spannungen eine Anregung bzw. eine Ionisierung der Atome einsetzt. Abb. 580 zeigt schematisch die Versuchsanordnung von FRANCK und HERTZ, wie sie ähnlich schon LENARD beim lichtelektrischen Effekt verwendete. Von einer Glühkathode K gehen Elektronen aus, die durch eine veränderliche Span-nung U_b in Richtung auf ein Drahtnetz N beschleunigt werden. Hinter diesem liegt eine Auffangelektrode A, die mit einem Galvanometer verbunden ist.

Zwischen N und A liegt eine Spannung U_v von etwa 0,5 Volt, die die durch das Netz hindurchgegangenen Elektronen verzögert. U_b ist stets größer als U_v. Daher können die durch das Netz hindurchtretenden Elektronen gegen die Spannung U_v an die Elektrode A gelangen, sofern sie auf ihrem Wege bis zum Netz in dem den Raum zwischen K und N erfüllenden Quecksilberdampf keine Energieverluste erleiden. Das Galvanometer zeigt dann einen Strom an, der mit der Spannung U_b wächst, weil um so mehr Elektronen durch das Netz (wie durch das Gitter einer Verstärkerröhre) hindurchtreten, je schneller sie sind.

Es erwies sich nun, daß die Zusammenstöße der Elektronen mit den Quecksilberatomen bei kleiner Spannung U_b, also kleiner Elektronengeschwindigkeit, zunächst *vollkommen elastisch*, ohne jeden Energieverlust, verlaufen. Der Galvanometerstrom steigt mit wachsendem U_b zunächst an. Bei einer bestimmten Spannung U_b aber wird er plötzlich sehr viel kleiner. Diese Spannung beträgt beim Quecksilber nahezu 5 Volt (Abb. 581). Die Elektronen müssen nunmehr einen Energieverlust erlitten haben, da sie zum großen Teil die verzögernde Spannung U_v nicht mehr überwinden können. Ihre Zusammenstöße mit den Quecksilberatomen sind plötzlich *vollkommen unelastisch* geworden. Mit weiter wachsender Spannung U_b wächst auch der Strom wieder, um bei der doppelten Spannung, also bei nahezu 10 Volt, wieder plötzlich abzufallen, und das gleiche wiederholt sich bei weiteren gleichen Spannungsschritten von nahezu 5 Volt. Diese Spannung von etwa 5 Volt ist die *Anregungsspannung* des Quecksilberatoms. Sie erteilt den stoßenden

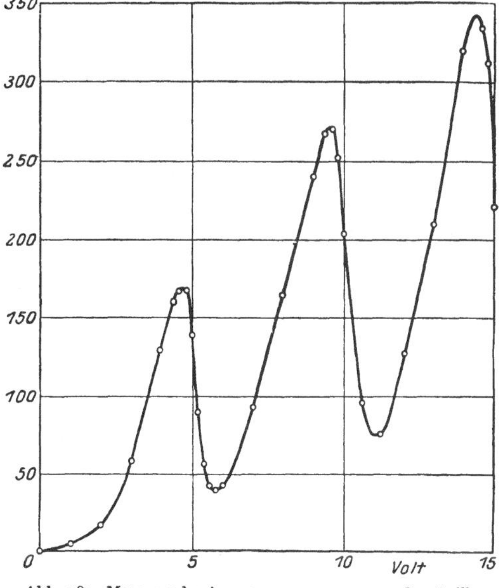

Abb. 581. Messung der Anregungsspannung von Quecksilber. (Nach Franck und Hertz.)

Elektronen die nötige Energie, um das Atom aus seinem Grundzustand auf die nächsthöhere Energiestufe zu heben. (Der Rückkehr in den Grundzustand entspricht dann die Ausstrahlung der ersten Linie der Hauptserie.) Dabei verliert das stoßende Elektron seine Energie vollständig. Damit es bei einem weiteren Stoß erneut anregen kann, muß ihm wiederum die gleiche Energie zugeführt werden. Das wird in dem Augenblick möglich, wo die Spannung U_b gleich der doppelten Anregungsspannung geworden ist, so daß die Elektronen die Anregungsspannung auf ihrem Wege zum Netz zweimal durchlaufen. Daher rührt das plötzliche erneute Absinken der Stromstärke bei der doppelten Anregungsspannung. Das gleiche wiederholt sich entsprechend jedesmal, wenn die Spannung U_b ein ganzzahliges Vielfaches der Anregungsspannung geworden ist. Auf die gleiche Weise können auch die zur Anregung höherer Quantenzustände nötigen Energien gemessen werden. Die so ermittelten Anregungsspannungen des Quecksilbers stimmen mit den aus dem Termschema berechneten Werten sehr gut überein.

Bei ausreichender Steigerung der Spannung U_b gelangt man zu der Elektronenenergie, die zur Ionisation des Atoms ausreicht. Diese Spannung heißt die *Ionisierungsspannung*. Sie beträgt beim Quecksilber 10,39 Volt. Zu einer Ionisation kommt es aber nur dann, wenn die freie Weglänge im Gase so groß ist, daß die Elektronen die zur Ionisation nötige Energie längs einer freien Weglänge erlangen können. Andernfalls verlieren sie ihre Energie vorzeitig durch Anregungsvorgänge. Tabelle 36 gibt die Zahlenwerte einiger Anregungs- und Ionisierungsspannungen.

Die Elektronenstoßversuche liefern also ein Mittel, um die Energiestufen der Atome und damit ihr Termschema — wenigstens die tiefsten Terme — zu be-

Tabelle 36. Anregungsspannungen U_a und Ionisierungsspannungen U_i.

	U_a Volt	U_i Volt		U_a Volt	U_i Volt
Wasserstoff .	10,15	13,5	Kalium . . .	1,6	4,3
Helium . . .	19,8	24,6	Magnesium .	2,7	7,6
Natrium . . .	2,1	5,1	Thallium . .	0,9	6,0

stimmen. Ihre Ergebnisse sind in bester Übereinstimmung mit den spektrometrisch ermittelten Werten. Das liefert der BOHRschen Theorie eine außerordentliche Stütze. Die Existenz einer Ionisierungsspannung, also einer bestimmten, zur Abtrennung eines Elektrons vom Atom nötigen Arbeit (LENARDs sog. 11-Volt-Grenze), ist natürlich auch nach der klassischen Theorie zu erwarten. Hingegen ist die Existenz bestimmter Anregungsspannungen und der Zusammenhang der Ionisierungs- und Anregungsspannungen mit den Spektraltermen eine Tatsache, die nur auf Grund der der klassischen Theorie völlig fremden quantenhaften Energiestufen, eines charakteristischen Zuges der Quantentheorie, verständlich wird.

Im Anschluß an die Elektronenstoßversuche hat sich in der Atomphysik die Gewohnheit eingebürgert, atomare Energien E durch die entsprechende, in Volt gemessene Spannung U auszudrücken. Zwischen diesen Größen besteht die Beziehung $E = U\varepsilon$ (ε = Elementarquantum). Man rechnet also in der Energieeinheit „1 Elektronenvolt" (eV). Das ist die Energie, die ein Elektron beim freien Durchlaufen einer Spannung von 1 Volt gewinnt. So beträgt z. B. die Ionisationsarbeit des Quecksilberatoms 10,39 eV. Da $\varepsilon = 1{,}602 \cdot 10^{-19}$ Coulomb, so ist

$$1\,\mathrm{eV} = 1{,}602 \cdot 10^{-19}\ \mathrm{Wattsec} = 1{,}602 \cdot 10^{-12}\ \mathrm{erg}.$$

Etwas nachlässig sagt man manchmal auch, daß ein Elektron eine „Geschwindigkeit von U Volt" hat, wenn es die Spannung U frei durchlaufen, also die kinetische Energie $\mu v^2/2 = U\varepsilon$ hat. Tatsächlich beträgt seine Geschwindigkeit dann $\sqrt{2U\varepsilon/\mu}$ cm · sec^{-1}. (Vgl. die Energieumrechnungstabelle vor dem Vorwort.)

Die für die Abtrennung eines zweiten Elektrons nötige Arbeit ist natürlich erheblich größer als die zur ersten Ionisation erforderliche, und sie steigt mit jeder weiteren Ionisierungsstufe. Bei den Temperaturen im Innern der Fixsterne (bis zu 20 000 000°) ist aber die thermische Molekularenergie und auch die Strahlungsdichte so groß, daß durch die Zusammenstöße und die Einwirkung der Strahlung nicht nur die Moleküle sämtlich zu Atomen dissoziiert sind (§ 346), sondern auch die Atome zu einem sehr hohen Grade ionisiert sind. Die leichteren Atome bestehen nur noch aus nackten Kernen. Man kann berechnen, daß die Eisenatome im Innern der Sonne von ihren 26 Elektronen bereits 22 verloren haben müssen.

344. Röntgenspektren. Im Gegensatz zu den optischen Spektren entstehen die Röntgenspektren durch Quantensprünge zwischen den inneren Elektronenschalen. Zu ihrer Entstehung ist es nötig, daß ein Elektron einer inneren Schale z. B. durch Elektronenstoß aus der Schale entfernt wird. Da alle anderen Schalen des Atoms mit soviel Elektronen besetzt sind, wie es die Art des Atoms gemäß Tabelle 35 zuläßt, so muß es ganz aus dem Atom hinausbefördert werden. (Die Besetzung eines Platzes in einer noch unvollständigen oder ganz unbesetzten Untergruppe einer *inneren* Schale durch das Elektron ist auch nicht möglich.) Das auf diese Weise gestörte Gleichgewicht des Atoms kann sich dann auf verschiedene Weise wieder herstellen. Entweder fällt ein Elektron von außen her wieder unmittelbar in die frei gewordene Stelle zurück, oder ein Elektron einer weiter außen liegenden Schale fällt dorthin und wird seinerseits durch ein aus einer noch weiter außen liegenden Schale oder ganz von außen kommendes Elektron ersetzt. Je mehr Elektronenschalen das Atom besitzt, um so mannigfaltiger sind die Möglichkeiten, das Gleichgewicht wieder herzustellen. Jeder Quantensprung eines Elektrons von außen auf eine unvollständig gewordene Schale oder von einer Schale in eine andere führt zur Aussendung eines Lichtquants $h\nu$, das die bei dem Quantensprung freiwerdende Energie mit sich führt. Da die inneren Elektronen durch den Kern weit stärker

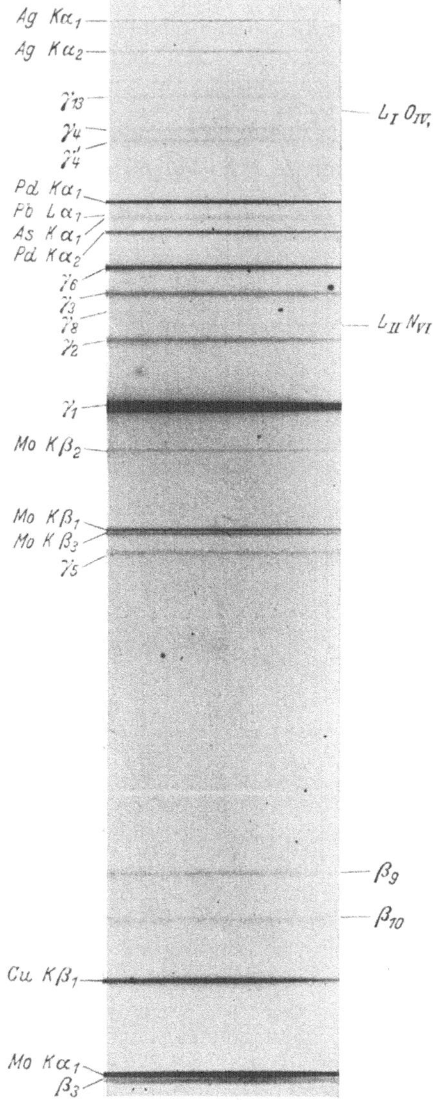

Abb. 582. *L*-Spektrum des Urans. Nach CLAËSSON. (Die mit Elementsymbolen bezeichneten Linien gehören anderen Elementen an.)

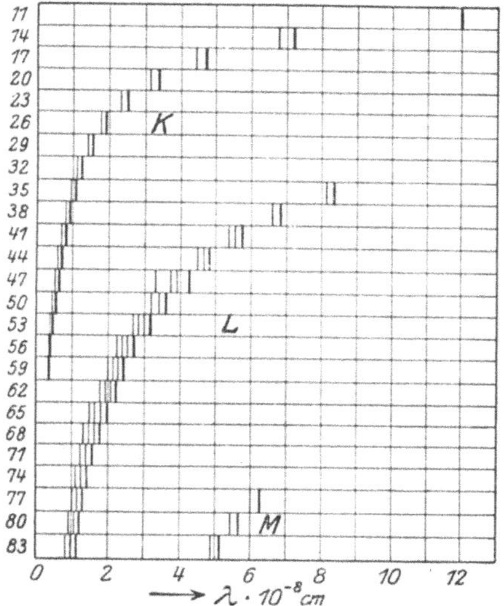

Abb. 583. Schema der *K*-, *L*- und *M*-Serie in Abhängigkeit von der Ordnungszahl.

gebunden sind, als die äußeren, so sind die Energieunterschiede der Elektronen im Anfangs- und Endzustand viel größer, als bei den Quantensprüngen der äußeren Elektronen. Daher sind auch die Lichtquanten $h\nu$ viel größer als bei den optischen Spektren; die Röntgenstrahlen haben eine sehr große Schwingungszahl, eine sehr kleine Wellenlänge (vgl. § 306, Tabelle 31).

Man ordnet die Röntgenspektren nach dem gleichen Gesichtspunkt wie die optischen Spektren in Serien. Die Quantensprünge, die auf der gleichen Schale enden, bilden eine Serie. So liefern die auf der K-Schale endenden Sprünge die *K-Serie*, die auf der L-Schale endenden die *L-Serie* usw. Die Elektronen der K-Schale sind am stärksten gebunden. Die Linien der K-Serie entsprechen daher den größten Energiedifferenzen, haben also die kleinsten Wellenlängen. Die K-Strahlung ist die kurzwelligste (durchdringendste, härteste) Röntgenstrahlung eines Atoms. Die Bindungsenergie der Elektronen nimmt von innen nach außen ab und damit die Wellenlänge der betreffenden Serien zu. Natürlich kann eine bestimmte Röntgenserie nur dann auftreten, wenn bei dem betreffenden Atom die entsprechende Schale bereits als eine innere Schale zum mindesten

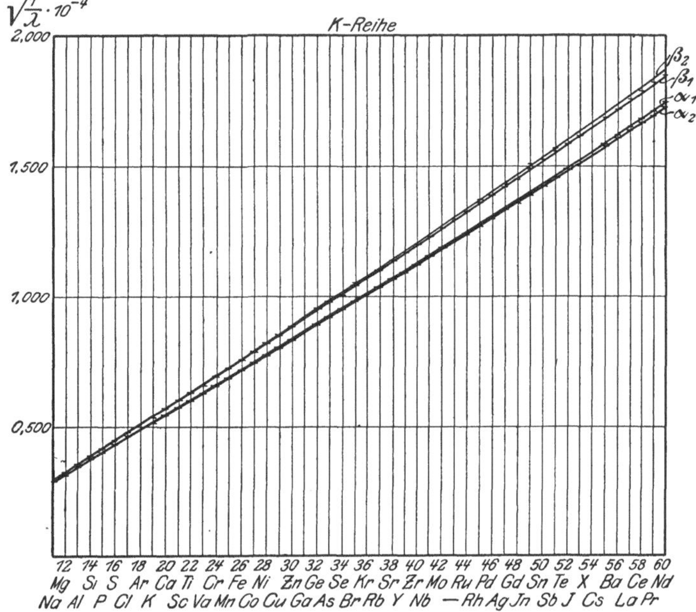

Abb. 584. $\sqrt{1/\lambda}$ in der K-Serie als Funktion der Ordnungszahl (MOSELEYsches Gesetz).

begonnen ist. Die Zahl der Röntgenserien ist daher um so größer, je mehr innere Schalen ein Atom besitzt. So haben die Elemente der 1. Periode überhaupt kein Röntgenspektrum, bzw. es ist identisch mit ihrem optischen Spektrum, die der 2. Horizontalreihe haben nur eine K-Serie. Die L-Serie beginnt mit der 3. Horizontalreihe usw. Abb. 582 zeigt die L-Serie des Urans. Man erkennt aus ihr, auf welch hoher Stufe die Spektrometrie der Röntgenstrahlen steht.

Wie MOSELEY (1913) entdeckt hat, zeigen die Röntgenspektren durchaus nicht die ausgesprochene Periodizität der Elemente, die sich in den optischen Spektren so deutlich bemerkbar macht. Vielmehr verschieben sich die Linien entsprechender Serien mit steigender Ordnungszahl weitgehend regelmäßig nach kleineren Wellenlängen, also nach größeren Wellenzahlen (Schwingungszahlen, Abb. 583). MOSELEY fand, daß die Wurzeln der Wellenzahlen $N = 1/\lambda$ homologer Serienlinien der Ordnungszahl Z der Atome annähernd proportional sind. Besonders genau gilt dies in der K-Serie. Abb. 584 zeigt das Ergebnis von Messungen an vier mit α_1, α_2, β_1, β_2 bezeichneten Linien der K-Serie. Dort ist das MOSELEY*sche Gesetz* in der Tat vortrefflich erfüllt. Abb. 585 zeigt

Aufnahmen der *K*-Serie einiger aufeinander folgender Elemente, die die allgemeine regelmäßige Verschiebung der Wellenlängen deutlich erkennen lassen.

Das — kurz vor der BOHRschen Theorie entdeckte — MOSELEYsche Gesetz läßt sich aus dieser Theorie sehr einfach begründen. Die beiden Elektronen der *K*-Schale unterliegen ganz überwiegend der Wirkung der Kernladung $Z\varepsilon$. Doch ist auch ein kleiner Einfluß des zweiten Elektrons der *K*-Schale vorhanden, der dem Einfluß des Kerns entgegenwirkt. Es verhält sich etwa so, als betrage die Kernladung nicht $Z\varepsilon$, sondern $(Z-s)\varepsilon$, wobei die Zahl s, die *Abschirmungszahl*, nahe an 1 liegt, so daß bei den höheren Elementen der relative Unterschied zwischen $Z\varepsilon$ und $(Z-s)\varepsilon$ recht klein ist. Die Energie der Elektronen und die Röntgenterme der *K*-Schale sind daher, da es sich um einen Fall von Wasserstoffähnlichkeit handelt, nach Gl. (14) $(Z-s)^2$ proportional. Der zweite Term jeder Linie ist, wegen der sehr viel kleineren Bindungsenergie in den äußeren Schalen, sehr viel kleiner als der erste, so daß die Wellenzahl ganz überwiegend durch den ersten konstanten *K*-Term bestimmt wird. Daher ist auch mit sehr großer Näherung $\sqrt{N} = \sqrt{1/\lambda} \sim Z - s$, steigt also, wenn $s \ll Z$, praktisch linear mit Z an. Bei den übrigen Serien liegen die Verhältnisse zwar nicht ganz so einfach, aber doch ähnlich.

Auf Grund des MOSELEYschen Gesetzes lassen sich die Röntgenspektren noch unbekannter Elemente berechnen, was bei den optischen Spektren bisher nicht möglich ist. Auf diese Weise konnten durch planmäßige Untersuchung der in Frage kommenden Mineralien die bis dahin unbekannten Elemente Hafnium (72) und Rhenium (75) entdeckt und dargestellt werden. Überhaupt ist eine *Spektralanalyse mit Röntgenstrahlen* ebenso möglich, wie mit Hilfe der optischen Spektren.

Abb. 585. *K*-Serien zwischen As (33) und Rh (45).

Auch die Röntgenspektren können durch Terme dargestellt werden, und diese liefern uns, genau wie die Terme der optischen Spektren die Energiestufen in der äußersten Schale enthüllen, eine Kenntnis von den Energiestufen der inneren Elektronen. Feinere Einzelheiten ergeben sich aus der Multiplettstruktur der Röntgenlinien, die auf einer Aufspaltung der einzelnen Terme beruht.

345. Rotationsschwingungsspektren. Auch die *Rotationen der Moleküle* um ihren Schwerpunkt (§ 101) gehorchen, wie hier nicht näher ausgeführt werden soll, Quantengesetzen. Ein Molekül hat nur bestimmte Energiestufen der

Rotationsenergie, und es kann nur durch einen quantenhaften Sprung von einer Stufe auf eine andere übergehen. Bei den Ionenmolekülen, also denjenigen, die ein elektrisches Moment haben (§ 341), erfolgt der Sprung von höherer zu niedrigerer Energie unter Aussendung von Strahlung. Der Sprung von niedrigerer zu höherer Energie kann bei ihnen durch Absorption von Strahlung bewirkt

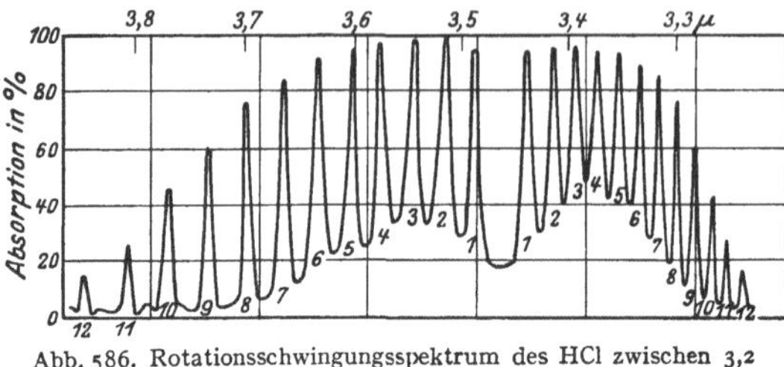

Abb. 586. Rotationsschwingungsspektrum des HCl zwischen 3,2 und 3,9 μ. (Nach Imes.)

werden. Die Differenzen der einzelnen Energiestufen sind sehr klein, und da auch hier $h\nu = E_n - E_m$, so liegen die hier in Frage kommenden Schwingungszahlen ν im äußersten Ultrarot. Wegen ihrer geringen Intensität kann eine Strahlung in diesem Bereich nicht nachgewiesen werden. Hingegen kann die den Hebungen auf gewiesen werden. Hingegen eine höhere Energiestufe entsprechende Absorption von Strahlung in einigen wenigen Fällen, z. B. beim Wasserdampf, beobachtet werden.

Ferner regeln sich auch die *Atomschwingungen*, d. h. die Schwingungen der Atome eines Moleküls um ihre Gleichgewichtslagen im Molekül, nach Quantengesetzen. Ein Molekül besitzt also nur bestimmte Energiestufen der Schwingungsenergie. Bei den Ionenmolekülen führt ein Sprung von einer höheren auf eine niedrigere Energiestufe zur Aussendung von Strahlung. Die Hebung auf eine

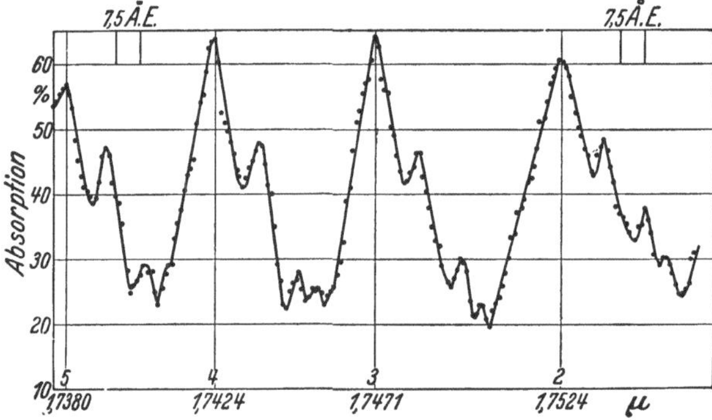

Abb. 587. Rotationsschwingungsspektrum des HCl zwischen 1,738 und 1,755 μ. (Nach Hettner und Böhme.)

höhere Energiestufe kann bei ihnen durch Absorption von Strahlung bewirkt werden. Die Energiedifferenzen sind größer als bei der Rotation. Die Schwingungszahlen liegen zwar auch noch im langwelligen Ultrarot, aber in vielen Fällen in einem der Beobachtung der Absorption bereits recht gut zugänglichen Bereich.

Ein Quantensprung der Atomschwingung ist stets mit einem Quantensprung der Rotation verbunden. Die bei einem solchen doppelten Quantensprung freiwerdende Energie, oder die Energie, die dem Molekül zur Erzwingung des umgekehrten Sprunges zugeführt werden muß (z. B. durch Absorption eines Lichtquants), ist gleich der Summe der diesen beiden Sprüngen entsprechenden Energien. Daher kommt die Quantenhaftigkeit eines solchen Vorganges bei den *Rotationsschwingungsspektren* in doppelter Weise ins Spiel. Die möglichen Quantensprünge bilden eine doppelte Mannigfaltigkeit, so daß die Spektren äußerst linienreich sind. Der gleiche Quantensprung der Atomschwingung kann mit vielen verschiedenen Sprüngen der Rotation gekoppelt sein und umgekehrt.

Abb. 586 zeigt ein mit Reflexionsgitter und Thermosäule aufgenommenes Rotationsschwingungsspektrum des Chlorwasserstoffes in Absorption. Jedes Maximum entspricht einer Absorptionslinie des HCl. Bei jeder Linie handelt es sich um den gleichen Sprung der Atomschwingung, der aber jedesmal mit einem anderen Sprung der Rotation gekoppelt ist. Auffallend ist die Lücke zwischen den beiden mit 1 bezeichneten Linien. Sie rührt daher, daß ein Zustand, bei dem das Molekül nicht rotiert, nicht vorkommt. Abb. 587 zeigt einen anderen Teil des HCl-Spektrums in viel stärkerer Auflösung. Auf Einzelheiten dieser Abbildung kommen wir zurück (§ 357).

Die Analyse der Rotationsschwingungsspektren liefert die Energiestufen des Moleküls in seinen verschiedenen Rotations- und Schwingungszuständen und erlaubt, was besonders wichtig ist, das Trägheitsmoment des Moleküls und daraus — wenigstens bei den zweiatomigen Molekülen — den Abstand der Atome zu berechnen.

346. Bandenspektren. An die Stelle der Linienspektren der einzelnen Atome und der einatomigen Moleküle treten bei den mehratomigen Molekülen die Bandenspektren. Auch sie entstehen durch Quantensprünge eines Leuchtelektrons (§ 347) in der äußeren Elektronenschale des Moleküls. Bei den Ionenmolekülen kann eine mit Lichtemission oder -absorption verbundene Änderung des Schwingungs- und Rotationszustandes *allein* erfolgen; das liefert die Rotationsschwingungsspektren. Bei den Atommolekülen hingegen gibt es keine mit Lichtemission oder -absorption verknüpfte Änderung dieser Zustände allein. Die Quantensprünge der Atomschwingung und der Rotation sind bei ihnen nur dann an der Lichtemission oder -absorption beteiligt, wenn sie gleichzeitig mit einem Quantensprung des Leuchtelektrons erfolgen. Ein Quantensprung des Leuchtelektrons ist aber bei allen Molekülen mit einem Quantensprung der Atomschwingung und der Rotation verbunden. Für die Energie und daher auch die Wellenlänge des ausgesandten oder absorbierten Lichts ist stets die *gesamte* Energieänderung des Moleküls bei einem solchen dreifachen Quantensprung maßgebend. Die in Frage kommenden Energiestufen und die zugehörigen Terme bilden also eine dreifache Mannigfaltigkeit, während die Energiestufen einzelner Atome nur eine einfache Mannigfaltigkeit bilden. Daher ist der Linienreichtum der Bandenspektren außerordentlich viel größer als der der Linienspektren. Den weitaus größten Anteil der Energie liefert der Quantensprung des Leuchtelektrons, den weitaus geringsten der Quantensprung der Rotation. Daher liegen die Bandenspektren im gleichen Wellenlängenbereich wie die optischen Linienspektren, also im kurzwelligen Ultrarot, im Sichtbaren und im Ultraviolett.

Es seien E_e und $E_e' < E_e$ zwei Energiestufen des Leuchtelektrons, E_s und E_s' zwei Energiestufen der Atomschwingung, E_r und E_r' zwei Energiestufen der Rotation, wobei E_s' bzw. E_r' größer oder kleiner als E_s bzw. E_r sein kann. Auf alle Fälle aber ist $E_e \gg E_s \gg E_r$. Dann ist die Schwingungszahl der bei dem entsprechenden Quantensprung ausgesandte Strahlung durch die Gleichung

$$h\nu = (E_e - E_e') + (E_s - E_s') + (E_r - E_r') \tag{15}$$

gegeben. Der Quantensprung des Elektrons allein würde eine einzige Spektrallinie ergeben, deren Schwingungszahl durch das erste Glied von Gl. (15) gegeben ist. Gleichzeitig mit diesem Quantensprung kommen aber noch viele verschiedene, durch die verschiedenen möglichen Beträge des zweiten Gliedes bedingte Quantensprünge der Atomschwingung vor. Die eine Linie spaltet also in viele Einzellinien auf. Da nun aber noch die vielen durch das dritte Glied bedingten Quantensprünge der Rotation hinzukommen, so spaltet jede dieser Einzellinien noch einmal in sehr viele Linien auf. Auf diese Weise entspricht einem und demselben Elektronensprung eine überaus linienreiche *Bande*, die auf Grund der Atomschwingungssprünge aus vielen *Teilbanden* besteht, die ihrerseits wieder auf Grund der Rotationssprünge aus sehr vielen, sehr nahe benachbarten Linien bestehen. Abb. 588 zeigt einen kleinen Ausschnitt aus dem Bandenspektrum des Stickstoffmoleküls N_2, nämlich sechs Teilbanden einer viel längeren Bande. Die Linien häufen sich an dem einen Ende der Teilbanden. (Das hat einen ganz anderen Grund als die sehr ähnlich aussehende Häufung an den Seriengrenzen der Linienspektren.)

Eine zur Kenntnis der Energiestufen (Terme) eines Moleküls führende Analyse der Bandenspektren ist für die Erforschung des Molekülbaues ebenso wichtig,

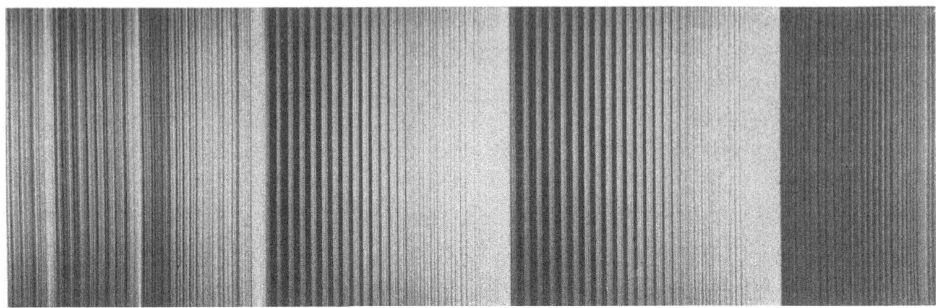

Abb. 588. Ausschnitt aus einer Bande des Stickstoffs.

wie die Analyse der Linienspektren für die Atome. Man kann aus ihnen weit leichter als aus den nur in seltenen Fällen experimentell zugänglichen Rotationsschwingungsspektren die Energiestufen E_r der Rotation ermitteln, die wiederum das Trägheitsmoment des betreffenden Moleküls zu berechnen gestatten. Bei

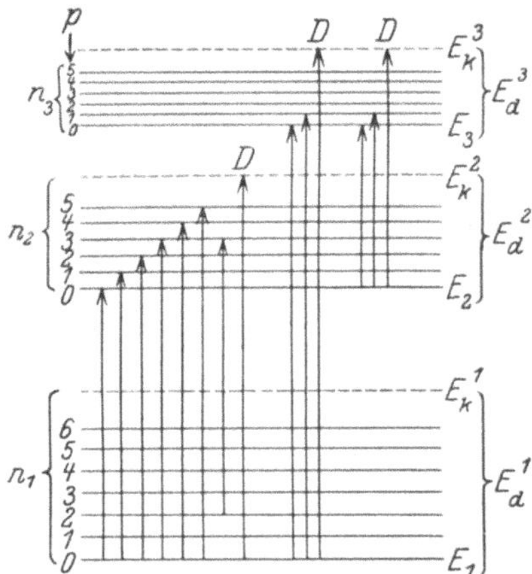

Abb. 589. Termschema eines Moleküls unter Vernachlässigung der Rotation. n_1, n_2, ... Quantenzahlen des Leuchtelektrons, $p = 1, 2, ...$ Quantenzahlen der Atomschwingung.

den zweiatomigen Molekülen kann man daraus weiterhin — da die Atommassen m_1 und m_2 bekannt sind — den Atomabstand a berechnen. Nach § 19 und 36 ist das Trägheitsmoment des Moleküls bezüglich einer zur Verbindungslinie der beiden Atome senkrechten Schwerpunktsachse $J = m_1 m_2\, a^2/(m_1 + m_2)$.

Besonders wichtig ist aber das folgende. Abb. 589 gibt, analog zu Abb. 574, ein Termschema eines Moleküls, bei dem von der feineren Aufspaltung durch die Rotation abgesehen ist. E_1 ist der Grundzustand des Moleküls, E_2, E_3 ... sind angeregte Zustände des Moleküls mit der Schwingungsquantenzahl $p = 0$. Ihnen überlagern sich weitere, durch die steigenden Werte von p bedingte Energiestufen, die von den verschiedenen Schwingungszuständen herrühren. Die Atomschwingungen können aber nicht beliebig heftig werden, ohne daß der Zusammenhang des Moleküls zerstört, das Molekül in seine Atome gespalten, *dissoziiert* wird. (Das entspricht der Ionisation eines Atoms durch Abtrennung eines Elektrons.) Für eine solche Dissoziation ist (analog zur Ionisationsarbeit eines Atoms) eine bestimmte *Dissoziationsarbeit* notwendig. Wie sich aus der Konvergenzstelle der Linien der Hauptserie eines Atoms (der Seriengrenze) die Ionisationsarbeit eines Atoms berechnen läßt, so kann man nach FRANCK die Dissoziationsarbeit eines Moleküls aus der Energie E_k^1 berechnen, auf die hin die sich an den Grundzustand E_1 anschließende Energiestufenfolge mit wachsender Schwingungsquantenzahl p konvergiert. Ebenso konvergieren die sich an die angeregten Zustände E_2, E_3, ... anschließenden Energiestufenfolgen auf Konvergenzstellen E_k^2, E_k^3, ... (Abb. 589). Jeder Quantensprung eines Moleküls, der auf ein solches E_k führt (in Abb. 589 durch D gekennzeichnet), hat eine Dissoziation des Moleküls zur Folge.

$E_k^1 - E_1$ ist die Dissoziationsarbeit des im Grundzustand befindlichen Moleküls. Sie läßt sich ohne weiteres berechnen, wenn die Aufstellung eines Energiestufenschemas (Termschemas) entsprechend Abb. 589 gelungen ist.

Die Dissoziationsarbeit ist gleich der Energie, die bei dem umgekehrten Vorgang, der *Molekülbildung*, frei wird. Durch Multiplikation der Dissoziationsarbeit eines Moleküls mit der LOSCHMIDTschen Zahl N (§ 63) erhält man somit aus dem Bandenspektrum die Wärmetönung bei der Bildung von 1 Mol der betreffenden Moleküle *(Bildungswärme)*.

Tabelle 37. Bildungswärmen, spektrometrisch und kalorimetrisch bestimmt.

	Bildungswärme	
	spektrometrisch kcal	kalorimetrisch kcal
H_2	100,5	70—100
S_2	113	90
Cl_2	57,0	57
Br_2	45,2	46
J_2	35,2	34,5
NO	182	191
CO	254	250
KCl	105	103

Sie läßt sich spektrometrisch oft viel genauer bestimmen, als kalorimetrisch. In Tabelle 37 sind einige Beispiele zusammengestellt.

347. Fluoreszenz. Wir haben bereits erwähnt (§ 343), daß ein Atom dadurch angeregt, auf einen höheren Quantenzustand gehoben werden kann, daß es ein Lichtquant hv absorbiert, dessen Energie hierfür ausreicht. Das gleiche gilt für Moleküle. Bei der Rückkehr in den Grundzustand, gegebenenfalls auf dem Wege über einen oder mehrere dazwischenliegende Quantenzustände des Atoms oder Moleküls, strahlt dieses dann die aufgenommene Energie in Lichtquanten wieder aus. Das ist die von uns bereits erwähnte *Fluoreszenz* (§ 321). Entspricht das eingestrahlte Licht bei einem Atom genau der ersten Linie seiner Hauptserie, so wird das Atom aus dem Grundzustand in den ersten angeregten Zustand gehoben. In diesem Fall gibt es nur die *eine* Möglichkeit der unmittelbaren Rückkehr in den Grundzustand, und dabei wird die gleiche Spektrallinie wieder ausgestrahlt. Da dieser Vorgang eine äußerliche Ähnlichkeit mit einem Resonanzvorgang hat, so bezeichnet man diesen Sonderfall von Fluoreszenz als *Resonanzstrahlung*.

Wird aber ein Quantensprung zu höherer Energie durch ein Lichtquant hervorgerufen, dessen Energie hv größer ist als die für den Sprung nötige Energie, so ist das Fluoreszenzlicht langwelliger als das erregende Licht. Auf Grund der Quantentheorie entpuppt sich daher das STOKESsche *Gesetz* (§ 321), nach dem die Fluoreszenzstrahlung in der überwiegenden Mehrzahl der Fälle keine kleinere Wellenlänge hat als das erregende Licht, als einfache Folge aus dem Energieprinzip. Die Energie hv' des ausgesandten Lichtquants kann, sofern sie nur aus der Energie hv des erregenden Lichtquants stammt, nicht größer als diese sein, so daß $v' \leqq v$ und $\lambda' \geqq \lambda$.

Aber auch die Ausnahmen *(antistokessche Linien)* sind verständlich. Ist $hv' > hv$, so muß die Energiedifferenz $hv' - hv$ aus einem anderen Energievorrat stammen, und ein solcher findet sich bei den zwei- und mehratomigen Molekülen in Gestalt ihrer Atomschwingungsenergie, sofern diese angeregt ist. Erfolgt gleichzeitig mit einer unmittelbaren Rückkehr des Leuchtelektrons in den Grundzustand ein Quantensprung der Atomschwingung von höherer zu geringerer Energie, so liefert dieser zusätzliche Energie. Abb. 590 zeigt das gleiche Termschema wie Abb. 589. Das Molekül befinde sich z. B. ursprünglich in dem Zustande, der durch die Quantenzahl n_1 des Leuchtelektrons

(Grundzustand) und die Quantenzahl $p = 2$ der Atomschwingung gekennzeichnet ist. Durch Absorption eines Lichtquants von genau ausreichender Energie gelange es in den durch die Quantenzahlen n_2 und $p = 4$ gekennzeichneten Zustand. Von dort aus kann es in jeden zum Grundzustand des Leuchtelektrons gehörenden Zustand zurückfallen. Ist $p > 2$, so ist die Energie des Fluoreszenzlichtquants kleiner als die des erregenden Lichtquants. Ist aber $p < 2$, so ist sie größer.

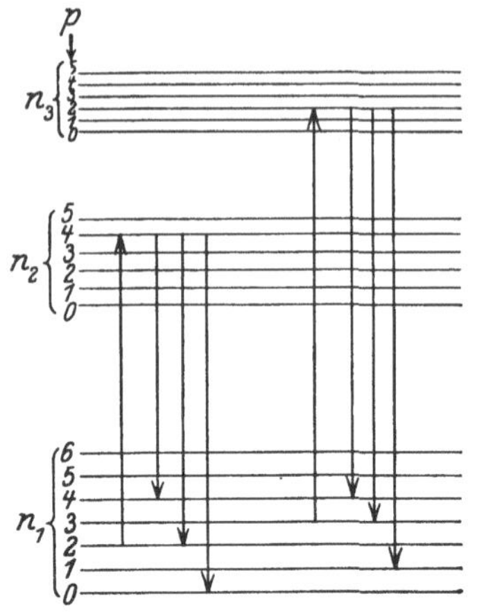

Abb. 590. Zur Theorie der Fluoreszenz.

Damit Lichtquanten von einer zur Erregung der Fluoreszenz eines Atoms oder Moleküls wirksamen Energie $h\nu$ sicher zur Verfügung stehen, ist in der Regel die Verwendung einer Lichtquelle, die ein kontinuierliches Spektrum besitzt, erforderlich. Im Ultraviolett kann hierzu unter anderem das kontinuierliche Spektrum des Wasserstoffs dienen (§ 338). Auch die Erregung mit der eigenen Hauptserie des zu erregenden Stoffs führt zum Ziel. In vielen Fällen sind auch einzelne Spektrallinien verschiedener Elemente so nahe benachbart, daß sie sich, da sie von Natur eine gewisse Breite haben, zum Teil überdecken, so daß die Fluoreszenz des einen Stoffs durch eine Spektrallinie des anderen erregt werden kann.

348. Der Smekal-Raman-Effekt. Fällt Licht durch einen durchsichtigen Stoff, so wird stets ein Teil des Lichts an den Molekülen des Stoffs gestreut, d. h. aus seiner Richtung abgelenkt (§ 293). Smekal hat zuerst die Vermutung ausgesprochen, daß hierbei kleine Wellenlängenänderungen des Lichts eintreten

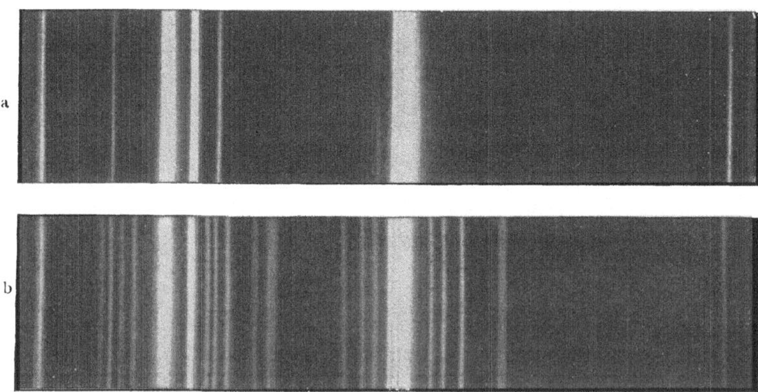

Abb. 591. Smekal-Raman-Effekt an Tetrachlorkohlenstoff. a Spektrum des einfallenden Lichts (Quecksilberdampflampe), b Spektrum des Streulichts. Nach Raman und Krishnan.

könnten. Das ist von Raman (1928) nachgewiesen worden. Bestrahlt man einen durchsichtigen Stoff mit monochromatischem Licht, so treten im Streulicht neben der eingestrahlten Spektrallinie weitere, ihr nahe benachbarte Linien auf (Abb. 591). Das erklärt sich auf folgende Weise. Bei der Wechselwirkung eines eingestrahlten Lichtquants mit einem zwei- oder mehratomigen Molekül kann ein Teil seiner Energie $h\nu$ an das Molekül übergehen und an ihm einen Quantensprung der Atomschwingung und der Rotation erzwingen. Die dazu nötige Energie $\varDelta E$ geht dem Lichtquant verloren, das dann nur noch die Energie $h\nu' = h\nu - \varDelta E$ besitzt, so daß $\nu' < \nu$. Es kann aber, wenn auch seltener, vorkommen, daß bei der Wechselwirkung zwischen Lichtquant und Molekül ein Quantensprung der Atomschwingung und der Rotation von höherer zu kleinerer Energie erfolgt, bei dem ein Energiebetrag $\varDelta E$ frei wird, der dem gestreuten Lichtquant zugute kommt. Dann ist $h\nu' = h\nu + \varDelta E$ und $\nu' > \nu$.

Während also bei der Fluoreszenz Quantensprünge der Atomschwingung und der Rotation nur als Begleiterscheinung eines Quantensprunges des Leuchtelektrons eintreten, erfolgen diese Quantensprünge beim SMEKAL-RAMAN-*Effekt* ohne Beteiligung des Leuchtelektrons.

Da aus der Gleichung $h\nu - h\nu' = \pm \varDelta E$ die den Quantensprüngen der Atomschwingung und der Rotation entsprechenden Energien $\varDelta E$ unmittelbar berechnet werden können, so liefert der SMEKAL-RAMAN-Effekt ein ausgezeichnetes Mittel, um diese Quantenzustände zu erkennen. Es sind das die gleichen, die für das Rotationsschwingungsspektrum (§ 345) verantwortlich sind und auch aus diesem ermittelt werden könnten. Mit Hilfe des SMEKAL-RAMAN-Effektes aber können diese Untersuchungen aus dem experimentell schwer zugänglichen Ultrarot in das einer sehr genauen und bequemen Untersuchung zugängliche sichtbare und ultraviolette Gebiet verlegt werden.

349. Chemische Wirkungen des Lichts. Die Einwirkung von Licht hat häufig einen wesentlichen Einfluß auf das Zustandekommen von chemischen Wirkungen, indem absorbierte Lichtquanten die zur Auslösung eines chemischen Vorganges nötige Energie liefern. So reagiert z. B. ein Gemisch von gleichen Teilen Chlorgas und Wasserstoffgas (Chlorknallgas) im Dunkeln nicht. Bei Zutritt von Tageslicht bildet sich unter heftiger Explosion Chlorwasserstoff (HCl). Kurzwelliges Licht bewirkt in Sauerstoff (O_2) die Bildung von Ozon (O_3). Die Ozonbildung in der Atmosphäre durch das Sonnenlicht — die mit einer Absorption kurzwelligen Sonnenlichts verbunden ist — spielt in der Erdatmosphäre eine wichtige Rolle.

Die Anwendung der chemischen Wirkung des Lichts in der Photographie ist allgemein bekannt. Die lichtempfindlichen Schichten der Platten, Filme und Bromsilberpapiere enthalten in Gelatine eingebettete Bromsilberkörner (AgBr). Von diesen dissoziiert ein um so größerer Bruchteil in Ag und Br, je mehr Licht in der Schicht absorbiert wird. Doch ist die dissoziierte Menge zunächst noch so gering, daß eine Veränderung nicht sichtbar ist. Im Entwickler erst setzt sich der Vorgang an den belichteten Stellen fort und führt zur Ausfällung größerer Silbermengen, die wegen ihrer feinen Verteilung in Gestalt kleiner Körner schwarz erscheinen. Das nicht dissoziierte AgBr wird im Fixierbad entfernt. So entsteht das Negativ, das Bild mit umgekehrten Helligkeitswerten, das in bekannter Weise durch Kopieren in ein Positiv verwandelt wird.

Bei den photochemischen Vorgängen werden also Lichtquanten $h\nu$ absorbiert und liefern die Wärmetönung für chemische Umwandlungen. Das *photochemische Grundgesetz* besagt, daß die Absorption stets *in einzelnen Lichtquanten durch einzelne Moleküle* erfolgt. So erfolgt die Dissoziation eines AgBr-Moleküls bei der Photographie jeweils durch ein und nur durch ein Lichtquant. Nach dem Energieprinzip kann deshalb eine photochemische Wirkung nur dann eintreten, wenn die Energie $h\nu$ des Lichtquants mindestens so groß ist, wie die Wärmetönung, die bei dem betreffenden Vorgang auf je ein Molekül entfällt, also beim photographischen Prozeß die Dissoziationsarbeit des AgBr-Moleküls. So wird es verständlich, daß die photochemischen Wirkungen des Lichts mit fallender Wellenlänge stärker werden, so daß ultraviolettes Licht und Röntgenstrahlen weit stärker wirken als sichtbares Licht. Gewöhnliche photographische Platten können bei rotem Licht entwickelt werden, weil dessen Lichtquanten zu energiearm sind, um die AgBr-Moleküle zu dissoziieren.

Die oben erwähnte Chlorknallgasreaktion ist übrigens nicht auf diese einfache Weise zu verstehen. Vielmehr schließt sich an die Absorption eines Lichtquants durch ein Cl_2-Molekül und dessen dadurch bewirkte Dissoziation eine Kette von Folgereaktionen, — wahrscheinlich unter notwendiger Beteiligung von Spuren von Wasserdampf —, und die Ausbeute wird sehr viel größer, als sie nach dem Grundgesetz sein sollte *(Kettenreaktion)*.

Der wichtigste photochemische Vorgang in der Natur ist die *Kohlensäureassimilation* in den Pflanzen, die — von wenigen niederen Organismen abgesehen — alle Lebewesen mit der zur Aufrechterhaltung ihrer Lebensvorgänge nötigen Energie versorgt. (Auch die Fleischfresser auf dem Wege über ihre pflanzenfressenden Beutetiere.) Das Blattgrün (Chlorophyll) absorbiert Sonnenlicht, und dieses bewirkt die Verwandlung von Kohlensäure und Wasser in Zucker und Sauerstoff, indem es die für diesen Vorgang nötige Energie von etwa 600 cal für je 1 Mol Zucker liefert. In den Organismen findet eine Rückverwandlung in Kohlensäure und Wasser statt. Die hierbei wieder freiwerdende Energie wird für die Lebensvorgänge verfügbar.

350. Elementare magnetische Momente. Im Jahre 1911 glaubte WEISS gefunden zu haben, daß die magnetischen Momente der Atome ganzzahlige Vielfache einer bestimmten Einheit seien, die man als *WEISSsches Magneton* bezeichnet. Überdies ist aber das Auftreten atomarer magnetischer Momente auch nach der BOHRschen Atomtheorie zu erwarten. Benutzt man das Modell der um den Atomkern kreisenden Elektronen, so stellt jedes Elektron einen Kreisstrom dar, der ein magnetisches Moment besitzt. Nach § 197 beträgt es $M = \varepsilon u r^2/2$. Wir betrachten jetzt ein Wasserstoffatom in seinem Grundzustand ($n = 1$). Dann ist nach § 338, Gl. (5a) und (5b), $u r^2 = h/2\pi\mu$, so daß

$$M = \frac{\varepsilon h}{4\pi\mu} = 0{,}9275 \cdot 10^{-20} \text{ Gauß} \cdot \text{cm}^3. \tag{16}$$

Dieses *BOHRsche Magneton* ist etwa fünfmal größer als das WEISSsche und hat sich tatsächlich als eine elementare Einheit des magnetischen Moments erwiesen.

Wir haben aber bereits in § 209 darauf hingewiesen, daß das Verhältnis zwischen dem magnetischen Moment und dem Drehimpuls der Elektronen bei den rotationsmagnetischen Effekten und dem Effekt von EINSTEIN und DE HAAS der Modellvorstellung der elementaren Kreisströme nicht entspricht. Es hat sich später herausgestellt, daß das bei diesen Versuchen auftretende magnetische Moment gar nicht von kreisenden Elektronen im Sinne der AMPÈREschen Theorie des Magnetismus herrührt, sondern eine ganz andere Ursache hat. Wie zuerst UHLENBECK und GOUDSMIT (Vorläufer O. W. RICHARDSON 1921) auf Grund spektroskopischer Tatsachen erkannten, kommt den Elektronen ein magnetisches Moment von der Größe des BOHRschen Magnetons und ein Drehimpuls zu, die aber nicht erst durch eine kreisende Bewegung entstehen, sondern die *den Elektronen selbst* eigentümlich sind und die in gleicher Weise wie ihre Masse und ihre Ladung eine Grundeigenschaft der Elektronen bilden. Der Drehimpuls ist — in Übereinstimmung mit dem Ergebnis der rotationsmagnetischen Effekte und des EINSTETN-DE HAAS-Effekts — genau halb so groß wie derjenige, der sich, wie oben ausgeführt, im BOHRschen Modell für das Elektron des Wasserstoffs in seiner Grundbahn ergibt. Man kann das magnetische Moment und den Drehimpuls modellmäßig als Folge einer Rotation des Elektrons um seine eigene Achse beschreiben *(Elektronendrall, Elektronenspin, Kreiselelektron)*. Später hat sich gezeigt, daß auch diejenigen Atomkerne, deren Masse (Massenzahl, § 362) ungerade ist, ein magnetisches

Moment haben *(Kernmagneton)*, das aber, wie auch theoretisch zu erwarten ist, sehr viel kleiner ist als das BOHRsche Magneton. Das magnetische Moment eines Atoms wird also ganz überwiegend durch die Vektorsumme (Resultierende) der magnetischen Momente seiner Elektronen bestimmt. Ein Atom besitzt ein magnetisches Moment, sofern sich die magnetischen Momente seiner Elektronen nicht gegenseitig aufheben.

Das Auftreten eines magnetischen Moments an den Atomen bewirkt Paramagnetismus des betreffenden Stoffes (§ 228). Je vollständiger die Untergruppen der einzelnen Elektronenschalen eines Atoms ausgebildet sind (§ 340), um so weitergehend heben sich die magnetischen Momente seiner Elektronen gegenseitig auf. In diesem Fall ist der betreffende Stoff diamagnetisch. Paramagnetismus zeigen daher namentlich die Elemente mit unvollkommen ausgebildeten Untergruppen.

Die Quantentheorie ergibt, daß sich das magnetische Moment eines Atoms nur in ganz bestimmte Richtungen zu einem magnetischen Felde einstellen kann *(Richtungsquantelung)*. Im einfachsten Fall kann sich das magnetische Moment nur in die Feldrichtung oder gegen die Feldrichtung einstellen. Dies ist durch einen grundlegenden Versuch von STERN und GERLACH nachgewiesen worden. Sie ließen Silber im Vakuum verdampfen und erzeugten, indem sie den Dampf durch enge Schlitze treten ließen, einen schmalen Strahl von Silberatomen *(Atomstrahl*, Abb. 592). Diesen ließen sie durch ein starkes, sehr inhomogenes magnetisches Feld laufen. In diesem werden die dem Felde gleichgerichteten Atome in Richtung wachsender Feldstärke getrieben (§ 201, Abb. 357), die entgegengesetzt gerichteten in Richtung abnehmender Feldstärke. Der Atomstrahl wird also in zwei Strahlen aufgespalten, die in entgegengesetzte Richtungen abgelenkt sind. Man kann dies an dem Silberniederschlag erkennen, der auf einer in den

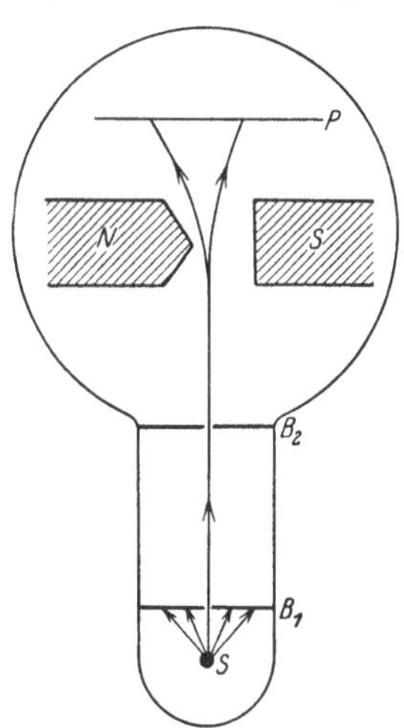

Abb. 592. Zum Versuch von STERN und GERLACH. *S* erhitzte Silberkugel, B_1. B_2 Schlitzblenden, *N S* Magnetpole, *P* Platte zum Auffangen des Silberniederschlages.

Weg der Strahlen aufgestellten Platte auftritt. Das magnetische Moment der Silberatome ergab sich, wie in diesem Fall zu erwarten war, gleich einem BOHRschen Magneton. Bei anderen Metallen ergeben sich andere, aber auch der Theorie entsprechende magnetische Momente.

351. Die Quantentheorie der spezifischen Wärme. Nach dem Gleichverteilungssatz (§ 101) sollte die Molwärme (Atomwärme) der festen Stoffe allgemein $3R$ betragen ($R =$ universelle Gaskonstante, § 106). Bei den meisten Metallen trifft dies recht gut zu (Gesetz von DULONG-PETIT). Die meisten festen Stoffe jedoch zeigen ein hiervon stark abweichendes Verhalten. Ihre Molwärmen bzw. ihre spezifischen Wärmen, die gleich Molwärme/Molekulargewicht sind, sind kleiner, als es nach dem Gleichverteilungssatz zu erwarten ist, und je tiefer die Temperatur ist, um so allgemeiner ist das — auch bei den Metallen — der Fall. Mit sinkender Temperatur beginnt die spezifische Wärme aller Stoffe zu fallen, bei den einen früher, bei den anderen später.

Zur Erklärung hat — an einen Gedanken von MADELUNG anknüpfend — zuerst EINSTEIN (1907) die Quantentheorie herangezogen. Wir haben bereits gesehen (§ 318), daß der Gleichverteilungssatz nur der klassische Grenzfall eines strengeren quantentheoretischen Gesetzes für den Fall $h\nu/kT \ll 1$ ist. Da es sich bei der spezifischen Wärme der festen Stoffe um die Schwingungsenergie der Moleküle bzw. Atome um ihre Gleichgewichtslagen im Körper handelt, so ist ν in unserem Fall die Schwingungsfrequenz der Moleküle (Atome). Das genaue Gesetz für die auf jeden Freiheitsgrad entfallende Energie lautet nicht $\varepsilon = kT$, sondern

$$\varepsilon = \frac{h\nu}{e^{\frac{h\nu}{kT}} - 1}. \tag{17}$$

Für $T \gg h\nu/k$ geht es in den Gleichverteilungssatz $\varepsilon = kT$ über, für $T \ll h\nu/k$ aber hat es die Gestalt $\varepsilon = h\nu e^{-\frac{h\nu}{kT}}$. Bei ausreichend tiefer Temperatur — bei vielen Stoffen genügt, weil bei ihnen ν groß ist, schon die gewöhnliche Temperatur — sinkt also die mittlere Schwingungsenergie mit fallender Temperatur recht schnell asymptotisch auf Null. Das gleiche gilt dann, wie die — später erweiterte und verbesserte — Theorie zeigt, auch für die spezifische und die Molwärme. DEBYE bewies, daß diese in einem von der Stoffart abhängigen Temperaturbereich der 3. Potenz der absoluten Temperatur proportional sind (*T³-Gesetz*).

Man kann dieses allgemeine Verhalten auf folgende Weise verstehen. Auch die Molekülschwingungen in den festen Stoffen gehorchen Quantengesetzen. Es gibt bei ihnen einen Grundzustand und angeregte Zustände. Um den tiefsten *angeregten* Zustand eines Moleküls anzuregen, bedarf es einer *endlichen Mindestenergie*, während nach der klassischen Theorie ein Molekül auch schon beliebig wenig angeregt sein könnte. Wird einem Körper durch Abkühlung mehr und mehr Wärmeenergie entzogen, so wird schließlich ein Zustand erreicht, bei dem die in ihm noch vorhandene Energie nicht mehr genügt, um sämtliche Moleküle mit derjenigen Energie zu versorgen, die zur Anregung ihres tiefsten angeregten Zustandes nötig ist, und erst recht nicht ihrer höheren Quantenzustände. Während ein Teil von ihnen die volle Energie des ersten angeregten Zustandes behält, sinkt mit fallender Temperatur eine immer größere Zahl von Molekülen in den Grundzustand zurück. Die Molekülschwingungen „frieren ein"; die eingefrorenen Moleküle spielen nicht mehr mit und haben keinen Einfluß mehr auf die spezifische Wärme.

Wir können nunmehr auch verstehen, weshalb bei der Berechnung der spezifischen Wärme der Gase gewisse Freiheitsgrade der Rotation ausfallen, nämlich diejenigen, die einem extrem kleinen Trägheitsmoment entsprechen (§ 101). Aus § 338 berechnet man leicht, daß beim Wasserstoff zwischen der Rotationsenergie $E_r = Ju^2/2$ des Atoms und seinem Trägheitsmoment $J = \mu M r^2/(\mu + M)$ die Beziehung $E_r = n^2 h^2/8\pi^2 J$ besteht, die Energiequanten also dem Trägheitsmoment umgekehrt proportional sind, $E_r \sim n^2/J$. Das letztere gilt auch für ein rotierendes Molekül, und daher ergeben sich für sehr kleine Trägheitsmomente sehr große Energiequanten. Das Trägheitsmoment eines einatomigen Moleküls ist nun bezüglich jeder Schwerpunktsachse extrem klein, und das gleiche ist bei den zweiatomigen Molekülen bezüglich derjenigen Achse der Fall, die durch die beiden Atome des Moleküls hindurchgeht. Rotationen um diese Achsen haben daher einen so überaus großen Energiebedarf, daß er bei keiner überhaupt denkbaren Temperatur gedeckt werden kann. Er beträgt für ein einatomiges Molekül von mittlerem Atomgewicht mindestens etwa 10^{-6} erg, während selbst bei einer Temperatur von $10000°$ der Gleichverteilungssatz jedem Freiheitsgrad nur eine Energie von der Größenordnung 10^{-12} erg bewilligt. Diese Freiheitsgrade der Rotation sind daher auch bei den höchsten denkbaren Temperaturen vollkommen eingefroren.

Das Trägheitsmoment der zweiatomigen Moleküle bezüglich ihrer anderen Schwerpunktsachsen und das der drei- und mehratomigen Moleküle überhaupt ist um viele Zehnerpotenzen größer, und daher kann der Energiebedarf der

Rotationen um diese Achsen bei nicht allzu tiefer Temperatur durchaus gedeckt werden. Bei ausreichend tiefer Temperatur frieren aber auch diese Freiheitsgrade ein und tragen zur spezifischen Wärme immer weniger bei, so daß sich mit sinkender Temperatur dann auch die zwei- und mehratomigen Moleküle bezüglich ihrer spezifischen Wärme mehr und mehr wie einatomige Moleküle verhalten müssen. Ihre Molwärme sinkt vom klassischen Wert $C_v = 5R/2$ auf den Wert $3R/2$ der einatomigen Gase. Beim Wasserstoffmolekül ist das wegen seines kleinen Trägheitsmoments am leichtesten möglich, und bei ihm ist der letztere Wert auch schon erreicht worden.

Die klassische Theorie der spezifischen Wärmen gilt also nur bei ausreichend hoher Temperatur, d. h. wenn die Rotationen stark angeregt sind, was hohen Quantenzahlen der Rotation entspricht. Die Lage ist dann ähnlich, wie wir sie im gleichen Fall beim Wasserstoffatom besprochen haben (§ 338). Die Unstetigkeit der Quantenvorgänge verwischt sich um so mehr, je höher die Quantenzahlen sind, und die unstetige Folge der Energiestufen kann dann mit einem um so kleineren relativen Fehler durch eine stetige Energieskala ersetzt gedacht werden. Damit gehen die Gesetze der Quantentheorie, wie es das *Korrespondenzprinzip* verlangt, für große Quantenzahlen asymptotisch in die der klassischen Theorie über.

Auch der Energiebedarf der Atomschwingungen (§ 345) ist so groß, daß sie bei gewöhnlicher Temperatur vollkommen eingefroren sind und zur spezifischen Wärme nichts beitragen. Das gleiche gilt in noch höherem Grade für die Anregungsenergie der Elektronen an den Molekülen. Daher senden die Körper bei gewöhnlicher Temperatur auch kein sichtbares Licht aus. Erst bei höherer Temperatur wird die thermische Energie der Moleküle groß genug, um bei Zusammenstößen eine Anregung der Atomschwingungen und der Elektronensprünge zu bewirken, die zur Aussendung sichtbaren Lichts führt.

352. Die Wellentheorie der Materie. Wir haben in § 334 auseinandergesetzt, daß man beim Licht nicht mit einer einzigen Modellvorstellung auskommt, sondern außer dem Wellenmodell auch das Quantenmodell braucht, in dem das Licht wie aus bewegten Teilchen bestehend erscheint. Im Jahre 1924 kam Louis de Broglie auf den Gedanken, daß es umgekehrt auch nötig sein könne, für die Materie, also für die Atome und Elektronen, zwei verschiedene Modellvorstellungen zu benutzen und neben das altvertraute Teilchenbild *ein Wellenbild der Atome und Elektronen* zu setzen. Diese Voraussage hat sich bestätigt, und sie hat zu ganz überraschenden Entdeckungen geführt. *Bewegte Atome und Elektronen verhalten sich wirklich unter bestimmten Versuchsbedingungen nicht wie Teilchen, sondern wie Wellen.*

Nach § 328 besitzt jede mit der Geschwindigkeit v bewegte Masse m die Energie $E = m\,c^2/\sqrt{1 - v^2/c^2}$ und die Bewegungsgröße $G = m\,v/\sqrt{1 - v^2/c^2}$. de Broglie verknüpfte nunmehr, genau wie bei den Lichtwellen, mit der Energie eine Schwingungszahl ν durch die Gleichung $E = h\nu$ [§ 331, Gl. (2)] und mit der Bewegungsgröße eine Wellenlänge λ durch die Gleichung $G = h/\lambda$ [§ 332, Gl. (5)]. Demnach ist

$$ E = h\nu = \frac{m\,c^2}{\sqrt{1 - \dfrac{v^2}{c^2}}} \quad \text{und} \quad G = \frac{h}{\lambda} = \frac{m\,v}{\sqrt{1 - \dfrac{v^2}{c^2}}}. \tag{18} $$

Wie bei jedem Wellenvorgang, muß zwischen Schwingungszahl, Wellenlänge und Wellengeschwindigkeit, die wir hier u nennen wollen, die Beziehung $u = \lambda\nu$ bestehen. Aus Gl. (18) folgt dann

$$ u = \frac{E}{G} = \frac{c^2}{v}. \tag{19} $$

Die Geschwindigkeit (Phasengeschwindigkeit, § 307) dieser *Materiewellen* oder DE BROGLIE-*Wellen* ist also zur Teilchengeschwindigkeit v umgekehrt proportional, und sie ist, da stets $v < c$, stets größer als die Lichtgeschwindigkeit.

Man kann die Materiewellen als ein sog. *Wellenpaket* beschreiben, d. h. als eine Überlagerung mehrerer Wellen von nur sehr wenig verschiedener Wellenlänge, deren Schwingungen sich infolge ihrer Phasenbeziehungen an einer bestimmten Stelle im Raum, dem Ort des bewegten Teilchens, maximal verstärken. Wir wollen jetzt zeigen, daß die Teilchengeschwindigkeit v identisch ist mit der *Gruppengeschwindigkeit* der zugehörigen Materiewellen, deren *Phasengeschwindigkeit* gleich u ist. Nach § 307, Gl. (2) muß dann die Beziehung

$$\frac{1}{v} = \frac{d}{dv}\left(\frac{v}{u}\right) \tag{20}$$

erfüllt sein. (Wir bezeichnen hier die Phasengeschwindigkeit mit u statt mit c, die Vakuumlichtgeschwindigkeit mit c statt mit c_0.) Wenn wir die Materiewellenfrequenz des ruhenden Teilchen mit v_0 bezeichnen, so folgt aus Gl. (18), daß $v = v_0/\sqrt{1 - v^2/c^2}$. Da $v = c^2/u$, also $v^2/c^2 = c^2/u^2$ ist, so ist damit u als Funktion von v, also das Dispersionsgesetz der Materiewellen, gegeben. Es ist $u = c^2/v$, und nach vorstehender Gleichung für v ist $v = c\sqrt{1 - v_0^2/v^2}$. Wir erhalten also

$$\frac{d}{dv}\left(\frac{v}{u}\right) = \frac{d}{dv}\left(\frac{v\,v}{c^2}\right) = \frac{1}{c}\frac{d}{dv}\sqrt{v^2 - v_0^2} = \frac{1}{c}\frac{v}{\sqrt{v^2 - v_0^2}} = \frac{1}{c\sqrt{1 - \dfrac{v_0^2}{v^2}}} = \frac{1}{v}. \tag{21}$$

Damit ist unsere vorstehende Behauptung bewiesen. Ferner folgt, daß die Überlichtgeschwindigkeit der Materiewellen ebensowenig einen Widerspruch gegen die Relativitätstheorie bedeutet, wie diejenige der Phasengeschwindigkeit des Lichtes bei anomaler Dispersion (§ 307). Denn die Energie der Materiewellen ist auf das Teilchen konzentriert und pflanzt sich stets nur mit der Geschwindigkeit $v < c$ fort.

Bei den Wechselwirkungen zwischen dem Licht und irgendwelchen Körpern macht sich die Wellennatur des Lichts um so deutlicher bemerkbar, je größer seine Wellenlänge im Vergleich zu den Abmessungen dieser Körper ist. Entsprechend macht sich auch die Wellennatur der Materie um so stärker bemerkbar, je größer die Wellenlänge der Materiewellen ist. Nach Gl. (18) ist diese für $v \ll c$

$$\lambda \approx \frac{h}{m\,v}. \tag{22}$$

Diese Wellenlänge ist bei den gewöhnlichen groben Körpern ganz außerordentlich klein, z. B. bei einem Körper von der Masse 1 g bei einer Geschwindigkeit von 1 cm · sec^{-1} von der Größenordnung 10^{-26} cm. Daher ist bei solchen Körpern von einer Wellennatur nichts zu bemerken. Anders aber bei den winzigen Elementarteilchen, vor allem den Elektronen. Es war daher zu vermuten, daß man bei bewegten Elektronen ganz entsprechende Interferenz- und Beugungserscheinungen beobachten müsse, wie beim Licht. Für langsame Elektronen ist $h/m = 7{,}28$ cm^2 · sec^{-1}. Werden Elektronen durch eine Spannung von 1 Volt beschleunigt, so beträgt ihre Geschwindigkeit $5{,}93 \cdot 10^7$ cm · sec^{-1}. In diesem Geschwindigkeitsbereich sind sie also mit Materiewellen verknüpft, die von der Größenordnung $\lambda \approx 10^{-7}$ cm sind. Das ist die gleiche Größenordnung, wie die der Röntgenwellenlängen. Es war daher zu erwarten, daß Elektronenstrahlen in diesem Geschwindigkeitsbereich an Kristallen die gleichen Beugungserscheinungen zeigen würden, wie die Röntgenstrahlen (§ 311). Das hat sich, zuerst durch Versuche von DAVISSON und GERMER an einem Zink-Einkristall, vollkommen bestätigt. Die bei der Interferenz und Beugung von Röntgenstrahlen bewährten Verfahren lassen sich im Grundsatz auf die Materiewellen übertragen. Bei der Durchstrahlung von Kristallen mit Elektronenstrahlen erhält man „LAUE - Diagramme" (vgl. Abb. 552), und auch die Analogie zum DEBYE-SCHERRER-Verfahren ist vorhanden. Bei der Durchstrahlung dünner Metallfolien mit Elektronen einheitlicher Geschwindigkeit erhält man Beugungsringe, wie sie mit Röntgenstrahlen an Kristallpulvern erhalten werden (Abb. 593, vgl. Abb. 555). Denn wie diese, bestehen auch die Metallfolien aus sehr kleinen, ganz regellos angeordneten Kriställchen. Die auf diese Weisen gewonnenen Beugungsbilder liefern genau wie die entsprechenden Bilder mit Röntgenstrahlen, Aufschluß über den Kristallbau.

STERN ist es gelungen, Beugungserscheinungen auch bei Strahlen aus H_2- und He-Molekülen nachzuweisen, die an Kristallflächen reflektiert werden.

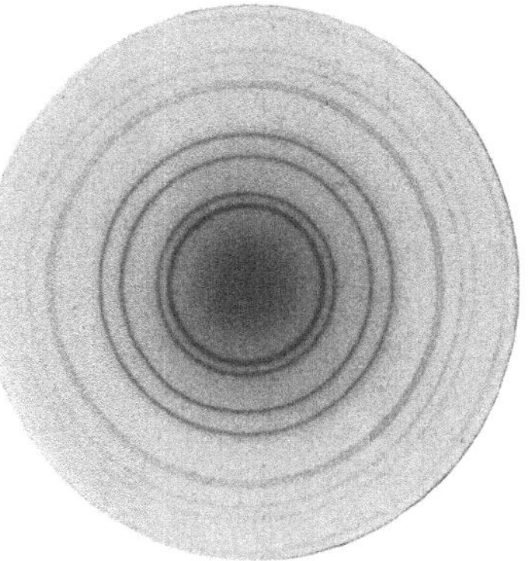

Abb. 593. Elektronenbeugung in einer Metallfolie. (Aufnahme von H. MARK.)

Bereits vor der Wellentheorie der Materie hat RAMSAUER die auffällige Tatsache entdeckt, daß in einem bestimmten Geschwindigkeitsbereich der Elektronen, die durch einen Stoff hindurchtreten, der Wirkungsquerschnitt der Moleküle — der aus der Absorption der Elektronen ermittelt werden kann — mit abnehmender Geschwindigkeit der Elektronen abnimmt (RAMSAUER-*Effekt*). Nach der klassischen Theorie wäre zu erwarten, daß er mit abnehmender Geschwindigkeit stets zunehmen sollte, weil dann die Elektronen der Beeinflussung durch die Moleküle stärker unterworfen sind. Nach der Wellentheorie handelt es sich um einen Beugungseffekt der mit den bewegten Elektronen verknüpften Materiewellen an den Atomen. Er tritt bei einer Materiewellenlänge von der Größenordnung 10^{-8} cm ein, und das ist auch die Größenordnung der Atomabmessungen. Bei gleicher Größenordnung von Wellenlänge und Hindernis treten aber bei allen Arten von Wellen besonders augenfällige Beugungserscheinungen auf.

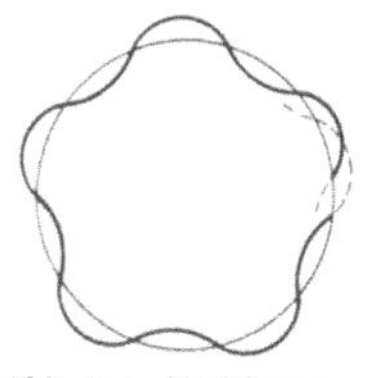

Abb. 594. Kreisbewegung einer Welle. (Nichtstationärer Zustand.) (Nach BORN.)

Durch die hier erwähnten und zahlreiche weitere Versuche ist das Wellenmodell der Materie auf genau der gleichen Grundlage und ebenso zwingend begründet, wie das Wellenmodell des Lichts. In beiden Fällen sind es beobachtete Interferenz- und Beugungserscheinungen, die sich einer anderen Beschreibung als durch ein Wellenmodell entziehen. Andererseits bleibt für andere Erfahrungsbereiche, wie beim Licht die Lichtquantentheorie, so auch bei der Materie die altgewohnte, anschauliche Korpuskulartheorie durchaus erhalten. Ein Widerspruch besteht aber hier ebensowenig wie beim Licht, sondern wieder nur ein *Dualismus* (§ 334). Es handelt sich auch hier wieder nur um die für uns unentbehrlichen *Modellvorstellungen*, nicht um Aussagen über einen Sachverhalt, den man als das „wahre Wesen" der Materie bezeichnen könnte. Wie beim Licht kommen wir auch bei der Materie nicht mit einer einzigen Modellvorstellung aus, sondern müssen je nach dem Erfahrungsbereich, um den es sich handelt, die eine oder die andere wählen.

Die Wellentheorie der Materie liefert eine sehr einfache Begründung für die stationären Elektronenbahnen und für die Quantenbedingung Gl. (2a) (§ 337), wie wir am Beispiel der Kreisbahnen am Wasserstoffatom zeigen wollen. Einem

39*

Elektron, das einen Atomkern umkreist, entspricht im Bilde der Wellentheorie eine den Kern umlaufende Welle (Abb. 594). Ein stationärer Zustand kann sich aber nur dann einstellen, wenn der Kreisumfang $2\pi r$ ein ganzzahliges Vielfaches (n-faches) der Wellenlänge λ ist, wenn sich also eine Art von stehender Welle bildet. Es muß also $2\pi r = n\lambda$ sein. Nun ist $\lambda = h/\mu v = hr/\mu r^2 u = hr/Ju = hr/q$ (u Winkelgeschwindigkeit, J Trägheitsmoment des Elektrons, $q = Ju$ Drehimpuls des Elektrons). Es folgt $2\pi r = n\lambda = nhr/q$ oder $2\pi q = nh$. Genau das gleiche folgt aber für Kreisbahnen auch aus Gl. (2a). Denn es ist,

$$\text{da } q = \text{const}, \int_0^{2\pi} q\,d\varphi = nh = 2\pi q.$$

353. Grundlagen der Quantenmechanik. Der Gedanke DE BROGLIEs ist in der Folge namentlich von SCHRÖDINGER, HEISENBERG, BORN, JORDAN, FERMI und DIRAC zu einer mathematischen Theorie, der *Quantenmechanik* oder *Wellenmechanik*, ausgebaut worden, die in ihrer inneren Geschlossenheit der klassischen Mechanik in nichts nachsteht, sie aber in der Fülle der von ihr gedeuteten Tatsachen außerordentlich übertrifft. SCHRÖDINGER stellte in engerer Anknüpfung an DE BROGLIE eine bestimmte Gleichung, die *Wellengleichung*, als Grundlage der Theorie auf, während HEISENBERG, BORN und JORDAN die Theorie mit gleichem Ergebnis auf der äußerlich völlig anderen Grundlage der *Matrizenrechnung* aufbauten. DIRAC verknüpfte die Quantentheorie mit der Relativitätstheorie. Das Ziel der Quantenmechanik wird darin gesehen, die Gesamtheit aller *beobachtbaren* Erscheinungen — als der einzig zuverlässigen Wissensgrundlage der Physik —, aber auch *nur diese*, richtig und vollständig zu beschreiben, so wie dies schon viel früher KIRCHHOFF als das einzige vernünftige Ziel der Physik hingestellt hat. Die dabei benutzten *Modellvorstellungen*, in denen eine frühere Zeit das wesentliche, nämlich eine „Erklärung" der Naturerscheinungen sah, bilden nur ein zwar unentbehrliches, aber durch keinerlei eigentlichen Erklärungswert ausgezeichnetes Hilfsmittel zur Erreichung dieses Ziels.

Durch die Quantenmechanik wurde nicht nur der theoretischen, sondern auch der experimentellen Physik ein neuer, außerordentlicher Auftrieb gegeben, indem sie zu einer sehr großen Zahl von Fragestellungen führte, die der experimentellen Prüfung zugänglich sind. Die durch die ältere Quantentheorie gewonnenen Erkenntnisse stellte sie auf eine neue, feste Grundlage und befreite sie von den ihr noch anhaftenden Schlacken der klassischen Theorie. Erst durch die Quantenmechanik gelang ein wirklich erfolgreicher Angriff auf das Molekülproblem. Bei dem einfachsten Molekül, dem Wasserstoffmolekül, gelang bereits eine mit der Erfahrung übereinstimmende Berechnung seines Baues. Auch das von der älteren Quantentheorie nicht gelöste Problem des neutralen Heliumatoms konnte sie meistern. So besteht heute die grundsätzliche, wenn auch erst mit kleinen Ansätzen hoffnungsvoll eröffnete Möglichkeit, durch Aufklärung des Baues der Moleküle *die gesamte Chemie künftig einmal durch einen quantenmechanischen Unterbau zu unterfangen* und ihr eine quantitative physikalische Grundlage zu geben.

Einer der wichtigsten und wahrscheinlich auch für die Erkenntnistheorie bedeutsamsten Gedanken der Quantenmechanik ist die von BOHR zuerst erkannte *Komplementarität* gewisser physikalischer Größen. Sie besteht darin, daß es *grundsätzlich* unmöglich ist, mehr als die Hälfte der Zustandsgrößen eines Gebildes *gleichzeitig* vollkommen scharf zu bestimmen. Je zwei Zustandsgrößen sind in einer eigentümlichen Weise so miteinander gekoppelt, daß die Messung der einen eine gleichzeitige Messung der anderen stört, derart, daß, je genauer man die eine mißt, die zweite um so weniger genau meßbar wird.

Komplementäre Größen sind stets solche, deren Produkt die Dimension einer Wirkung hat, ebenso wie das Wirkungsquantum h. Beispiele sind der Ort und der Impuls, die Zeit und die Energie, der Drehwinkel und der Drehimpuls.

Diesem Zusammenhang hat HEISENBERG in seiner *Unschärferelation* die genaue mathematische Gestalt gegeben. Es sei z. B. x die Ortskoordinate, G der Impuls eines Körpers, etwa eines Elektrons. Dann sind diese Größen *gleichzeitig* nur mit einer gewissen Unschärfe meßbar, die wir mit Δx und ΔG bezeichnen wollen. Für diese Unschärfen besteht nach HEISENBERG die Beziehung

$$\Delta x \cdot \Delta G \approx h, \tag{23}$$

das Produkt der Unschärfen ist von der Größenordnung des Wirkungsquantums. Man *kann* zwar grundsätzlich *entweder x oder G* mit beliebiger Genauigkeit messen, so daß $\Delta x = 0$ oder $\Delta G = 0$. Dann aber wird nach Gl. (23) entweder $\Delta G = \infty$ oder $\Delta x = \infty$. Bei einer vollkommen scharfen Ortsbestimmung wird der Impuls vollkommen unbestimmt und umgekehrt.

Dies kann anschaulich verstanden werden. Eine Messung an einem Elementarteilchen, z. B. einem Elektron, ist *grundsätzlich* nicht möglich ohne einen Eingriff, der den jeweiligen Zustand des Elektrons in irgendeiner Weise stört. Man denke sich, es sei möglich, ein Elektron mit einem Mikroskop zu betrachten. Zu diesem Zweck muß es beleuchtet werden. Um seinen *Ort* scharf zu erkennen, muß man äußerst kurzwelliges Licht, nämlich sehr harte Gammastrahlen, verwenden. Denn bei Verwendung langwelligeren Lichts entsteht rings um das Elektron ein ausgedehntes, verwaschenes Beugungsscheibchen (§ 293), so daß der Ort des Elektrons innerhalb dieses Scheibchens unbestimmt ist. Sehr kurzwellige Lichtquanten erzeugen aber an dem Elektron einen sehr starken COMPTON-Effekt (§ 333), durch den die Geschwindigkeit und damit der Impuls des Elektrons in einer ganz unkontrollierbaren Weise verändert wird. Will man also den *Impuls* nicht beeinflussen, muß man sehr langwelliges Licht verwenden, wodurch wiederum der Ort völlig unbestimmt wird. Eine genaue Messung des Impulses setzt aber voraus, daß man die Geschwindigkeit durch Messung einer Strecke, also zweier Elektronenorte, und der zu ihrer Zurücklegung nötigen Zeit bestimmt. Selbst wenn dieses gelänge, wüßte man doch weder über den Impuls des Elektrons vor der ersten noch nach der zweiten Ortsmessung etwas, da diese Messungen ja den Impuls in unkontrollierbarer Weise geändert haben. Bei den groben Körpern ist die Beeinflussung durch Meßvorgänge so überaus gering, daß die klassische Physik mit vollem Recht von derartigen Beeinflussungen absieht und eine scharfe Trennung zwischen beobachtetem Objekt und Beobachtungsmittel macht. Natürlich gilt Gl. (23) auch für die groben Körper. Aber bei ihnen ist das Produkt der *relativen* Unschärfen $\Delta x/x \cdot \Delta G/G \approx h/xG$ wegen der Größe des Impulses G so außerordentlich klein, daß sie gegenüber den durch unvermeidliche Meßfehler bedingten Unschärfen überhaupt nicht ins Gewicht fällt.

In der klassischen Mechanik schließt man auf Grund ihrer Gesetze aus dem Ort und der Geschwindigkeit eines Körpers in einem bestimmten Zeitpunkt und den auf ihn wirkenden Kräften auf seinen Ort und seine Geschwindigkeit in irgendeinem späteren Zeitpunkt, stellt also eine *kausale Verknüpfung* zwischen den aufeinanderfolgenden Zuständen her. Bei Elementarteilchen ist aber die Herstellung einer kausalen Verknüpfung schon deshalb unmöglich — selbst wenn sie bestehen sollte —, weil sie durch die unkontrollierbare Störung während des Meßvorganges vollkommen verwischt wird. Hat man den Ort eines Elektrons sehr scharf bestimmt, so weiß man überhaupt nicht, wo man es zum

Zwecke einer zweiten Messung suchen soll, ja man kann, wenn man an einem aus irgendeinem Grunde vermuteten Ort tatsächlich ein Elektron antrifft, nicht einmal entscheiden, ob es sich um das gleiche Elektron handelt. *Elektronen und andere unter sich gleiche Elementarteilchen, z. B. Protonen, sind nicht unterscheidbar, sie haben keine Identität.* Das gleiche gilt für Lichtquanten. Aus diesem Grund verliert das Kausalitätsprinzip im Bereiche der Quantenmechanik jegliche Anwendungsmöglichkeit, und falls es überhaupt gelten sollte, wäre sein Walten *grundsätzlich* nicht nachzuweisen.

Die Tatsache, daß gleiche Elementarteilchen grundsätzlich nicht unterscheidbar sind, führt, wie hier nicht näher ausgeführt werden kann, zu einer neuen Art von Kräften zwischen solchen Teilchen, die man *Austauschkräfte* nennt, weil sie damit zusammenhängen, daß man eine Vertauschung zweier solcher Teilchen grundsätzlich nicht nachweisen kann. Solche Austauschkräfte sind für die Bindung der Atommoleküle mit verantwortlich und spielen überhaupt bei denjenigen chemischen Bindungen, die nicht durch elektrische Kräfte nach dem COULOMBschen Gesetz zu erklären sind, eine wichtige Rolle.

Den Platz der kausalen Aussagen der klassischen Theorie nehmen in der Quantenmechanik *Wahrscheinlichkeitsaussagen* ein. Für ein Elektron gibt es eine *genau* angebbare Wahrscheinlichkeit, daß man es bei einem in bestimmter Weise mit dem Ziel scharfer Ortsbestimmung angestellten Versuch innerhalb eines bestimmten Raumelements antrifft, und ebenso gibt es eine *genau* angebbare Wahrscheinlichkeit, daß man es bei einem auf scharfe Messung des Impulses abgestellten Versuch mit einem bestimmten Impuls behaftet findet. Jedes Elektron hat also eine ganz bestimmte *Wahrscheinlichkeitsverteilung.* Die Wahrscheinlichkeit, es anzutreffen, wechselt von Ort zu Ort stetig. Man kann sich diesen Sachverhalt veranschaulichen, wenn man jedem Elektron eine Art von symbolischem Nebel zugeordnet denkt, dessen Dichte proportional zu dieser Wahrscheinlichkeit ist und sich von Ort zu Ort — und mit der Bewegung des Elektrons auch mit der Zeit — ändert. Die Dichte dieses gedachten Nebels gibt an, wie groß die Wahrscheinlichkeit ist, daß wir das Elektron in dem betreffenden Raumelement tatsächlich antreffen. In diesem Sinne sind die Materiewellen sozusagen als Wellen in diesem Nebel anzusehen, durch deren Ausbreitung die Wahrscheinlichkeitsverteilung des betreffenden Teilchens sich zeitlich ändert. Es sei jedoch ausdrücklich betont, daß der „Nebel" *nicht etwa das Elektron selbst* ist, sondern eine symbolisch-anschauliche Darstellung der Wahrscheinlichkeit, es an einer bestimmten Stelle des Raums anzutreffen.

Das betrifft auch die Elektronen an den Atomen. *Die Quantenmechanik kennt keine Elektronenbahnen.* Denn zu ihrer Erkennung ist die Möglichkeit einer gleichzeitigen genauen Orts- und Geschwindigkeits- (Impuls-) Messung Voraussetzung. Der Quantenzustand der einzelnen Elektronen an einem Atom ist vielmehr durch die Art ihrer Wahrscheinlichkeitsverteilungen bestimmt, und die Elektronenbahnen der ursprünglichen BOHRschen Theorie sind nichts anderes als Kurven, längs derer der „Nebel" besonders dicht ist (vgl. Abb. 594).

Obgleich also die Quantenmechanik nur Wahrscheinlichkeitsaussagen kennt, liefert sie trotzdem vollkommen genaue Aussagen über das Ergebnis von Messungen, die in einer genau bestimmten Weise angestellt werden. Sie erfüllt daher ihren Zweck, die *tatsächlich beobachtbaren* Erscheinungen exakt zu beschreiben, in sehr vollkommener Weise.

Die große erkenntnistheoretische Bedeutung der Quantenmechanik, die unter anderem in der Abkehr von der apriorischen Geltung des Kausalitätsprinzips und in dem grundsätzlichen Verzicht auf eine Erkenntnis von einem

„wahren Wesen der Dinge", einer „objektiven Wirklichkeit hinter den Erscheinungen", liegt, ist offensichtlich.

354. Physik und Biologie. Es ist schon ein altes Problem, ob die Organismen grundsätzlich als — allerdings überaus verwickelte — „Maschinen" im Sinne der klassischen Physik verstanden werden können, oder ob das Geheimnis des Lebens letzten Endes auf ganz anderen, außerphysikalischen Grundlagen ruht. Der Kampf um diese Frage greift tief in den Bereich der Weltanschauung ein und ist deshalb von großer allgemeiner Bedeutung. Durch die Entwicklung der Atomphysik sind nun zu diesem Problem ganz neue Gesichtspunkte beigebracht worden (BOHR, JORDAN). Es hat sich nämlich einwandfrei herausgestellt, daß gewisse für den Organismus entscheidend wichtige Erscheinungen sich an *Gebilden von atomarer oder molekularer Feinheit* abspielen müssen. Ein Beispiel hierfür ist die Tötung von Bakterien durch ultraviolettes Licht. Ausgedehnte Versuche haben ergeben, daß der Bakterienleib von sehr zahlreichen ultravioletten Lichtquanten getroffen werden kann, ohne daß ihm das im geringsten schadet. Schließlich führt aber *ein einzelnes Quant* spontan den Tod des Organismus herbei. Ein einzelnes Quant kann aber primär nur auf *ein einzelnes Molekül* einwirken. Die von ihm an einem solchen hervorgerufene Veränderung hat also den spontanen Tod des ganzen Organismus zur Folge. JORDAN hat auf diese und andere, ähnliche Erfahrungen die Theorie gegründet, daß der Organismus in einem gewissen Sinne wie ein „*Verstärker*" wirken könne, der eine Veränderung an einem einzigen Molekül sozusagen lawinenartig in eine grobe, makroskopische Wirkung zu verwandeln vermag.

Diese Erkenntnis von der atomphysikalischen Feinheit gewisser biologischer Vorgänge ist von ganz grundlegender Bedeutung für die Biologie. Sie beweist, daß die Organismen *nicht* als eine Art von Maschinen im Sinne der klassischen Physik verstanden werden können, denn das würde das Walten einer uneingeschränkten Kausalität voraussetzen. Eine solche ist aber, wie wir gesehen haben (§ 353), im atomphysikalischen Geschehen nicht wirksam; an ihre Stelle tritt ein durch Wahrscheinlichkeitsgesetze geregeltes, statistisches Geschehen. Damit verliert die scheinbare Willkür, die wir im organischen Geschehen so vielfach beobachten, viel von ihrer Rätselhaftigkeit. Man begreift jetzt, daß sich die statistische Natur der atomaren Vorgänge durch jene Verstärkerwirkung auch auf das makroskopische organische Geschehen zu übertragen vermag.

Besonders interessant ist es, daß auch die *Gene*, die Träger des Erbgutes in den Zellen, Gebilde von molekularer Feinheit sind. Das hat sich aus ausgedehnten Untersuchungen über die künstliche Auslösung von Mutationen, — also Erbgutänderungen — durch Röntgenstrahlen ergeben (TIMOFÉEFF-RESSOVSKY, DELBRÜCK und ZIMMER).

Die hier andeutungsweise geschilderten Vorstellungen liefern natürlich keine physikalische Deutung für das eigentliche Wesen des Lebens, das wohl sicher außerhalb des Bereichs der Physik liegt. Wohl aber liefert sie eine Erklärung für einen der wesentlichsten Züge, durch die sich ein lebender Organismus von einer Maschine unterscheidet. Die Ausschaltung der Kausalität bei fundamentalen biologischen Vorgängen bedeutet nicht weniger, als daß das künftige Schicksal eines Organismus nicht, wie das eines klassisch-physikalischen Systems, durch seinen und seiner Umwelt jeweiligen Zustand eindeutig vorausbestimmt und grundsätzlich vorausberechenbar ist. Vielmehr besteht immer nur eine mehr oder minder große Wahrscheinlichkeit für sein künftiges Verhalten.

III. Atomkerne. Kernumwandlungen. Ultrastrahlung.

355. Die natürliche Radioaktivität. Im Jahre 1896 entdeckte A. H. BEC-QUEREL, daß Uranmineralien eine äußerst durchdringende Strahlung aussenden, welche — ähnlich den Röntgenstrahlen — die photographische Platte noch durch ziemlich dicke Schichten hindurch schwärzt. 1898 konnte das Ehepaar CURIE aus einer großen Menge Uranerz (Joachimstaler Pechblende) eine sehr kleine Menge eines Elements abtrennen, das sie *Radium* (Ra) nannten. (In alten Uranerzen entfällt etwa auf je $3 \cdot 10^6$ Uranatome nur je ein Radiumatom.)

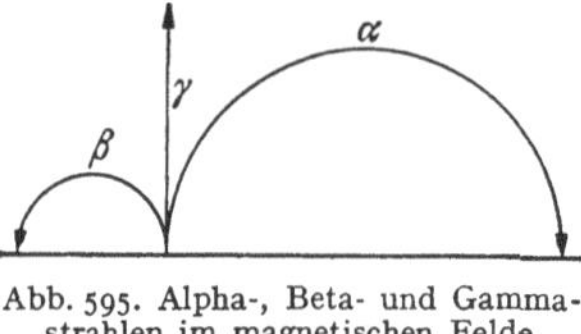

Abb. 595. Alpha-, Beta- und Gammastrahlen im magnetischen Felde (schematisch).

Heute kennt man rund 40 verschiedene Stoffe, die die Eigenschaft der *natürlichen Radioaktivität* besitzen.

Die Untersuchung der neuen Strahlen durch ihre Ablenkung im elektrischen und magnetischen Felde hatte folgendes Ergebnis. Von den radioaktiven Stoffen können drei verschiedene Strahlenarten ausgehen. Zwei von ihnen, die Alpha- und Betastrahlen, werden im elektrischen und im magnetischen Felde nach entgegengesetzten Seiten abgelenkt, müssen also aus bewegten positiven bzw. negativen Teilchen bestehen; die dritte Strahlenart, die Gammastrahlen, wird durch die Felder nicht beeinflußt (Abb. 595).

Die *Alphastrahlen* bestehen aus nackten, also doppelt positiv geladenen *Heliumkernen (Alphateilchen)*, deren Geschwindigkeiten zwischen etwa $1,5 \cdot 10^9$ und $2,25 \cdot 10^9$ cm·sec^{-1} liegen können. Bei einer Masse von rund $6,6 \cdot 10^{-24}$ g entspricht dem eine kinetische Energie von $0,74 \cdot 10^{-5}$ bis $1,67 \cdot 10^{-5}$ erg oder 4,62 bis 10,4 MeV. (1 MeV $= 10^6$ eV $= 1,602 \cdot 10^{-6}$ erg; vgl. § 343. In der Kernphysik ist es üblich und bequem, Energien in der Einheit 1 MeV anzugeben).

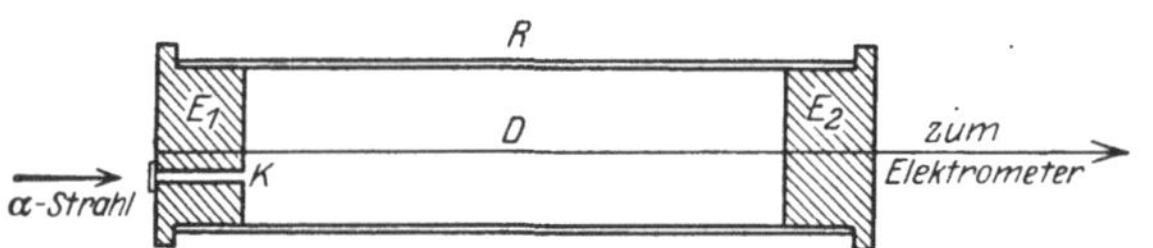

Abb. 596. GEIGERsches Zählrohr für Alphastrahlen.

Die allmähliche Bildung von Heliumgas aus radioaktiven Stoffen kann auch spektroskopisch nachgewiesen werden. Die Ladung der einzelnen Alphateilchen ist aus der Ladungssumme einer gemessenen Zahl von Alphateilchen ermittelt worden. Zur *Zählung von Alphateilchen* benutzte man anfangs die Tatsache, daß jedes Alphateilchen, das auf einen Zinksulfidkristall oder einen Diamant trifft, einen Lichtblitz *(Szintillation)* hervorruft. Wesentlich genauere Messungen liefert das *Zählrohr* von GEIGER (Abb. 596). Es besteht aus einem mit einem geeigneten Gase gefüllten Metallrohr R, in dem isoliert ein Draht D ausgespannt ist. Zwischen R und D wird eine Spannung gelegt, welche dicht unter derjenigen liegt, die eine selbständige Entladung im Gase aufrechtzuerhalten vermag. Dann löst bereits die geringe Ionisation, die ein einzelnes in das Rohr tretendes Alphateilchen im Gase erzeugt, eine stoßweise selbständige Entladung aus, die bei geeigneter Schaltung sofort wieder erlischt und mit einem Elektrometer registriert werden kann. So können die eintretenden Alphateilchen gezählt werden. Mit gewissen Abänderungen kann das Zählrohr auch für andere ionisierende Teilchen und für ionisierende Lichtquanten benutzt werden. Es bildet heute eines der wichtigsten Hilfsmittel zur Erforschung der Atomkerne und der durchdringenden Strahlungen.

Die *Betastrahlen* bestehen aus schnell bewegten *Elektronen*, sind also wesensgleich mit dem Kathodenstrahlen. Ihre Geschwindigkeiten sind äußerst verschieden und können bis 99% der Lichtgeschwindigkeit betragen. Ihre kinetischen Energien liegen zwischen etwa 0,01 und 12 MeV, sind also im Maximum von der gleichen Größenordnung wie die der Alphastrahlen. Wegen ihrer viel kleineren Masse werden sie aber im magnetischen Felde stärker abgelenkt als diese. (Bei gegebener kinetischer Energie und Ladung ist der Radius ihrer Bahn der Wurzel aus der Masse proportional.) Man muß unterscheiden zwischen den *Kernbetastrahlen* (§ 361) und den *sekundären Betastrahlen* (§ 360).

Die nicht ablenkbaren *Gammastrahlen* sind eine sehr kurzwellige und daher äußerst durchdringende (harte) *elektromagnetische Wellenstrahlung*, also äußerst kurzwelliges *Licht* (§ 306, Abb. 542 und Tabelle 31). Die kleinste Wellenlänge ist bisher in der Gammastrahlung des Thoriums C″ gemessen worden und beträgt $4{,}66 \cdot 10^{-11}$ cm. Dem entspricht eine Frequenz $\nu = 0{,}643 \cdot 10^{21}$ sec^{-1} und

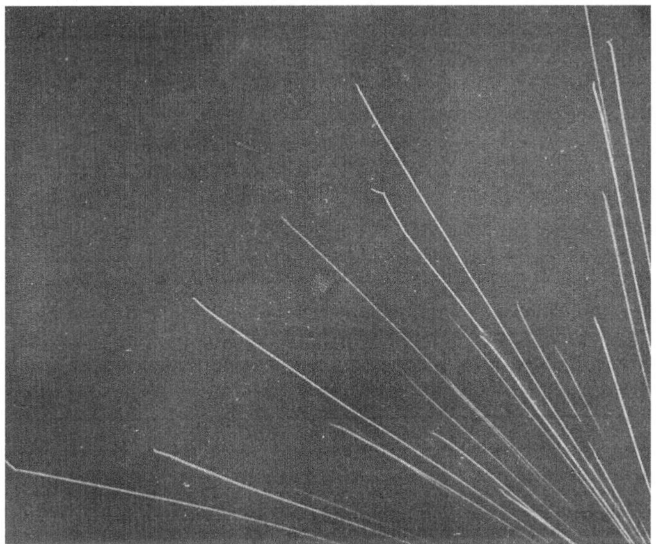

Abb. 597. Bahnen von Alphastrahlen in der WILSON-Kammer.

eine Energie der einzelnen Quanten $h\nu = 4{,}26 \cdot 10^{-6}$ erg $= 2{,}66$ MeV. Im allgemeinen sind aber die Wellenlängen sehr viel größer — bis zum 100fachen — und die Energien entsprechend kleiner. Die Wellenlängen können nur bei den weichsten Gammastrahlen durch Beugung an Kristallgittern gemessen werden. Es gibt aber andere Mittel zu ihrer Messung (§ 359). Die Gammastrahlen sind eine Begleiterscheinung der Alpha- und Betastrahlen. Doch ist eine Alpha- oder Betastrahlung keineswegs immer mit einer Gammastrahlung verbunden.

Ein einheitlicher radioaktiver Stoff sendet — von ganz wenigen Ausnahmen (RaC, AcC, ThC) abgesehen — entweder *nur* Alphastrahlen oder *nur* Betastrahlen aus, zu denen in manchen Fällen Gammastrahlen hinzukommen.

Ein ungemein sinnreiches und wichtiges Gerät zur Untersuchung von Alpha- und Betastrahlen, sowie aller durchdringenden Teilchenstrahlungen überhaupt ist die *Nebelkammer* von H. A. WILSON, mit der die *Bahnen einzelner Teilchen unmittelbar sichtbar* gemacht werden können. Sie beruht darauf, daß schnelle Teilchen längs ihres Weges in der Luft Ionen bilden, und daß diese Ionen kondensationsfördernd auf Wasserdampf wirken. Die WILSON-Kammer enthält Luft, die mit Wasserdampf nahezu gesättigt ist. Die Luft wird schnell adiabatisch expandiert, wobei sie sich abkühlt, aber nur soweit, daß noch keine allgemeine

Nebelbildung eintritt, sondern nur längs der ionenbeladenen Teilchenbahnen. Man kann diese dann unmittelbar sehen und photographieren. Abb. 597 und 598 zeigen Aufnahmen von Alphastrahlen, Abb. 599 eine solche von Betastrahlen. Die Bahnen sind charakteristisch verschieden. Die Alphastrahlen verlaufen

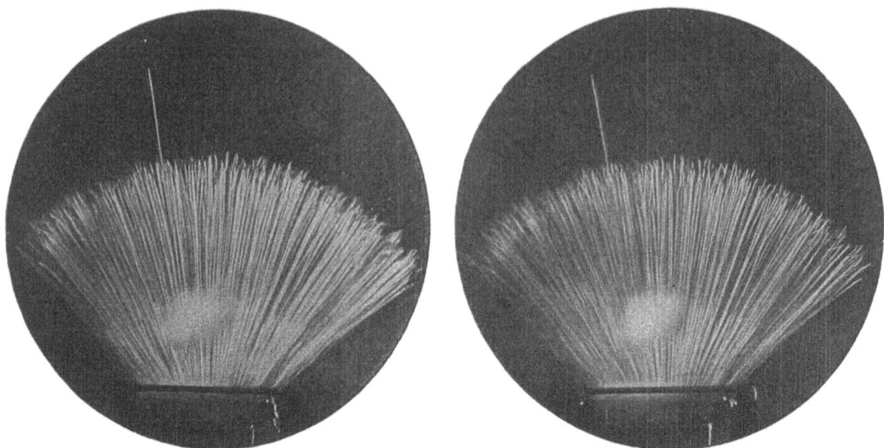

Abb. 598. Alphastrahlen von Thorium C (stereoskopisch), darunter ein Strahl mit anomaler Reichweite.

bis zu ihrem plötzlichen Ende geradlinig und haben, wenn sie einem einheitlichen Stoff entstammen — von sehr seltenen Ausnahmen abgesehen — im gleichen durchstrahlten Stoff sämtlich fast genau die gleiche *Reichweite* (Abb. 598). Hingegen unterliegen die Betastrahlen starken Einwirkungen der Gasmoleküle und beschreiben unregelmäßig gekrümmte Bahnen.

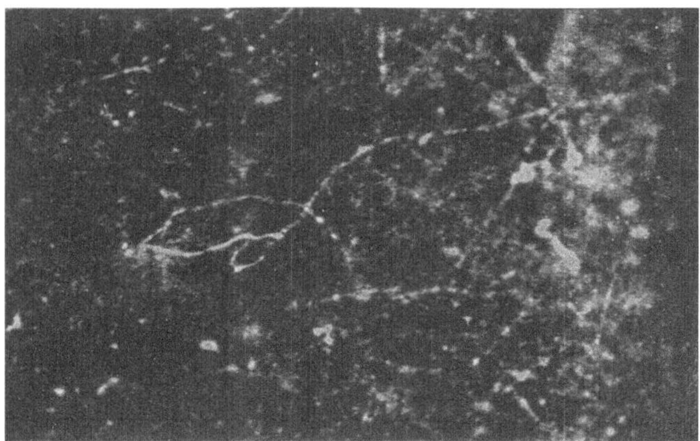

Abb. 599. Betastrahlen in der Wilson-Kammer.

356. Die Zerfallsreihen. Als erster hat Rutherford (1903, Vorläufer Elster und Geitel) klar ausgesprochen, daß die Radioaktivität auf einem *spontanen, explosionsartigen Zerfall* der Atome der radioaktiven Stoffe beruht. Diese Atome sind *instabil* und neigen zu spontanen, durch keine äußere Ursache ausgelösten inneren Umwandlungen ihrer Kerne, bei denen Kernbestandteile ausgeschleudert werden können. Eine Beeinflussung des Ablaufs dieser Vorgänge, z. B. durch hohe Temperaturen, erwies sich als unmöglich.

Mit wenigen Ausnahmen zeigen nur Elemente mit den höchsten Atomgewichten eine natürliche Radioaktivität. Diese Elemente gehören drei *Zerfallsreihen* an, deren Glieder miteinander in genetischem Zusammenhang stehen, indem innerhalb einer Zerfallsreihe jeweils ein Glied aus dem andern durch schrittweisen Zerfall entsteht.

Die Muttersubstanz der *Uranreihe* ist das Uran I (U I), das sich unter Aussendung von Alphastrahlen sehr langsam in das Uran X_1 umwandelt. Dieses verwandelt sich unter zweimaliger Aussendung von Betastrahlen auf zwei verschiedenen Wegen *(Verzweigung)* — über das UX_2 oder das UZ — in das Uran II (U II). Es folgt eine fünfmalige Aussendung von Alphastrahlen, wobei sich nacheinander das Ionium (Io), das Radium (Ra), die Radiumemanation

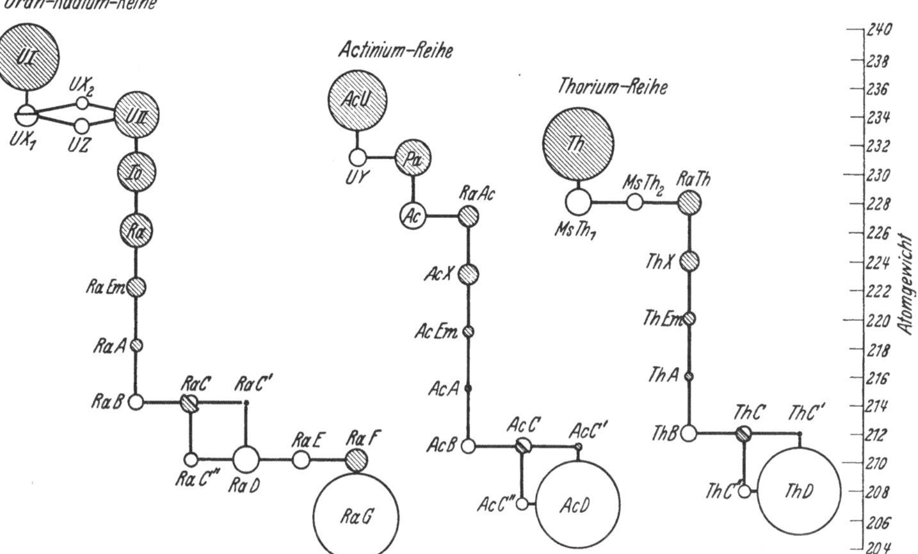

Abb. 600. Die drei Zerfallsreihen.

(RaEm), das RaA und das RaB bilden. Die Radiumemanation ist ein Edelgas. Das RaB verwandelt sich unter Betastrahlung in das RaC, welches wieder auf zwei Weisen zerfallen kann, entweder unter Betastrahlung in das RaC' oder unter Alphastrahlung in das RaC''. Diese beide verwandeln sich — ersteres unter Alphastrahlung, letzteres unter Betastrahlung — in das RaD, welches sich weiter unter Betastrahlung in das RaE verwandelt. Aus diesem entsteht durch erneute Betastrahlung das RaF oder Polonium (Po), welches sich schließlich unter Alphastrahlung in das stabile Endprodukt der Reihe, das RaG, verwandelt. Dieses ist chemisch identisch mit dem gewöhnlichen *Blei*; es ist ein Bleiisotop (§ 357) In Abb. 600 sind Alphastrahler schwarz, Betastrahler und das stabile Endprodukt weiß gezeichnet.

Die Muttersubstanz der *Actiniumreihe* ist das Actinium-Uran (AcU). In ihrem allgemeinen Verlauf zeigt diese Reihe eine gewisse Verwandtschaft mit der Uranreihe (Abb. 600). Das gleiche gilt für die *Thoriumreihe*, deren Muttersubstanz das Thorium (Th) ist. Auch diese beiden Reihen enthalten je eine Emanation (AcEm, ThEm), welche ein Edelgas ist. Wie die Uranreihe beim RaC, so verzweigen sich diese Reihen beim AcC bzw. ThC, und beide Reihen enden ebenfalls in einem mit dem gewöhnlichen Blei chemisch identischen stabilen Endprodukt (AcD, ThD). Ein praktisch wichtiges Glied der Thoriumreihe ist das Mesothorium 1 (MsThI), welches neben dem Radium in der medizinischen Praxis benutzt wird und auch zur Herstellung von Leuchtfarben und dgl. dient.

Außer den durchweg schweren Atomarten, welche den drei Zerfallsreihen angehören, gibt es noch einige alleinstehende Fälle von ganz schwacher natürlicher Radioaktivität bei leichteren Elementen. Kalium, Rubidium und Cassiopeium sind Betastrahler, Samarium ist ein Alphastrahler.

Die einzelnen radioaktiven Stoffe können (soweit sie nicht isotop sind, § 356, oder allzu kurzlebig sind) chemisch voneinander getrennt werden. Doch reichert sich natürlich ein anfänglich einheitlicher Stoff durch Nachbildung seiner Folgeprodukte allmählich bis zu einer Gleichgewichtskonzentration wieder mit diesen an.

Es ist eine für die Kernphysik grundlegende Tatsache, daß sich von einem einheitlichen radioaktiven Stoff in *gleichen Zeiten* stets der *gleiche Bruchteil* seiner noch unzerfallenen Atome in sein Folgeprodukt umwandelt. Zur Zeit $t = 0$ seien n_0 unzerfallene Atome vorhanden; zur Zeit t betrage ihre Zahl noch n. In gleichen Zeitelementen dt zerfalle jeweils der gleiche Bruchteil $\lambda\,dt$ der noch nicht zerfallenen Atome. Dann ändert sich deren Anzahl in der Zeit dt um den Bruchteil $dn/n = -\lambda\,dt$. Die Lösung dieser Gleichung lautet

$$\ln\frac{n}{n_0} = -\lambda t \quad \text{bzw.} \quad \frac{n}{n_0} = e^{-\lambda t}. \tag{1}$$

Die Größe λ ist für den betreffenden radioaktiven Stoff charakteristisch und heißt die *Zerfallskonstante* des Stoffes; die Zeit $\tau = 1/\lambda$, nach deren Ablauf $n/n_0 = 1/e$ geworden ist, ist die durchschnittliche oder *mittlere Lebensdauer* der einzelnen Atome des Stoffes, d. h. der Mittelwert der Zeit, während derer sie als Atome dieses Stoffes unverwandelt bestehen. Statt dessen gibt man aber meist die *Halbwertzeit* T des Stoffes an, die Zeit, in der die Hälfte der Atome zerfällt, in der also $n/n_0 = 1/2$ wird. Nach Gl. (1) ist $T = (\ln 2)/\lambda = \tau \ln 2 = 0,6931\,\tau$. Die Halbwertzeiten der einzelnen radioaktiven Stoffe sind äußerst verschieden. Sie sind am größten bei den Muttersubstanzen der drei Zerfallsreihen (U I $4,524 \cdot 10^9$ Jahre, Th $1,8 \cdot 10^{10}$ Jahre; die des AcU ist noch nicht zuverlässig bekannt). Die Halbwertzeit des Ra beträgt 1590 Jahre, die des ThC' aber nur ungefähr 10^{-9} sec. In Abb. 600 sind die Kreise um so größer (aber nicht maßstäblich) gezeichnet, je größer die Halbwertzeit des betreffenden Stoffes ist.

Die Größe $\lambda\,dt$ ist nichts anderes als die *Wahrscheinlichkeit* dafür, daß ein bestimmtes Atom innerhalb der Zeit dt zerfällt. Sind n Atome unzerfallen vorhanden, so ist die Wahrscheinlichkeit für einen Zerfall in der Zeit dt n-mal so groß, und daraus folgt unmittelbar $dn = -n\,\lambda\,dt$ und damit Gl. (1). Die Konstanz von λ, also die Unabhängigkeit der Zerfallswahrscheinlichkeit des einzelnen Atoms von der Zeit, insbesondere von der Vorgeschichte des Atoms und der Länge der Zeit, während derer es bereits unzerfallen existiert hat, beweist, daß der Zerfall ein reines Zufallsergebnis ist, das lediglich den Gesetzen der Statistik gehorcht. In jedem Augenblick — bis zum schließlich wirklich eintretenden Zerfall — besteht immer genau die gleiche Wahrscheinlichkeit dafür, daß das Atom im unmittelbar folgenden oder auch in irgendeinem andern, späteren Zeitelement dt zerfallen wird. Die Wahrscheinlichkeit, daß es alsbald zerfällt, ist um nichts größer oder kleiner als die Wahrscheinlichkeit, daß es etwa in 100 oder 1000 Jahren zerfallen wird. Der radioaktive Zerfall wird also *nicht von Kausalgesetzen, sondern von Wahrscheinlichkeitsgesetzen* beherrscht. (Man vergleiche mit den vorstehend geschilderten Verhältnissen z. B. die Wahrscheinlichkeit, daß ich rein zufällig irgendwann in den Besitz eines Geldscheines mit einer bestimmten vorgegebenen Nummer komme. Die Wahrscheinlichkeit, daß das z. B. im Laufe des morgigen Tages geschehen wird, ist genau so groß wie die, daß das an irgend einem bestimmten späteren Tage geschehen wird, und sie ist ganz unabhängig davon, wie lange ich schon auf dieses Ereignis gewartet habe.)

Nach GEIGER und NUTTALL besteht ein wichtiger Zusammenhang zwischen der Zerfallskonstanten λ von Alphastrahlern und der Geschwindigkeit v (bzw. der Energie $mv^2/2$) und der Reichweite R ihrer Alphastrahlen. Erstens gilt

$$\ln \lambda = A + B \ln v, \qquad (2)$$

wobei A und B innerhalb der gleichen Zerfallsreihe ungefähr konstant sind. (Kleine Abweichungen können gedeutet werden.) Ferner besteht in einem großen Geschwindigkeitsbereich zwischen der Reichweite R und der Geschwindigkeit v die Beziehung

$$R = \text{const } v^3, \qquad (3)$$

wobei die Konstante von der Art des durchstrahlten Stoffes abhängt. (Im allgemeinen gibt man die Reichweite in Luft bei 15^0 C und 76 cm Hg an.) In Verbindung mit Gl. (2) ergibt sich

$$\ln \lambda = a + b \ln R. \qquad (4)$$

Dabei sind a und b wiederum innerhalb der gleichen Zerfallsreihe recht genau konstant, und a hängt im übrigen nur von der Art des durchstrahlten Stoffes ab. Das vorstehende GEIGER-NUTTALLsche Gesetz ist von GAMOW theoretisch gedeutet worden (§ 361) und bildet eine der wichtigsten Grundtatsachen der Kernphysik. Allgemein sagt es aus, daß ein alphastrahlender Stoff um so kurzlebiger ist, je größer die kinetische Energie (Geschwindigkeit) bzw. die Reichweite seiner Alphastrahlen ist. Sie ermöglicht die Berechnung der Zerfallskonstante bzw. der Halbwertzeit aus der Reichweite auch bei solchen Alphastrahlern, deren Halbwertzeit viel zu klein ist, als daß man das zeitliche Abklingen der Radioaktivität unmittelbar beobachten könnte.

Die Alphastrahlen eines einheitlichen radioaktiven Stoffes haben also im gleichen durchstrahlten Stoff im allgemeinen eine einheitliche Reichweite. Doch werden ganz selten Strahlen von anomal großer Reichweite beobachtet (Abb. 598). Das wird dahin gedeutet, daß sich der betreffende Kern im Augenblick seines Zerfalls zufällig in einem angeregten Zustand (höherer Quantenzustand) befunden hat, und daß seine Anregungsenergie als zusätzliche kinetische Energie auf das Alphateilchen übergegangen ist.

Im Gegensatz zu den Alphastrahlen haben die Kernbetastrahlen einheitlicher Stoffe keine einheitlichen Geschwindigkeiten, sondern streuen kontinuierlich über einen großen Geschwindigkeitsbereich bis zu einer scharfen oberen Grenze. Die sekundären Betastrahlen hingegen zeigen ein aus bestimmten, diskreten Geschwindigkeiten bestehendes Geschwindigkeitsspektrum (§ 365).

Bei der Aussendung eines Alphateilchens (Heliumkern, Atomgewicht 4, Kernladungszahl 2) verliert ein Atomkern 4 atomare Masseneinheiten und 2 positive Elementarquanten. Demnach sinkt sein Atomgewicht um 4 Einheiten, seine Ordnungszahl um 2 Einheiten, welch letzteres eine entsprechende Umbildung seiner Elektronenhülle unter Abgabe von 2 Elektronen zur Folge hat. Infolgedessen rückt ein Alphastrahler beim Zerfall um zwei Stellen im periodischen System rückwärts und nimmt die seinem neuen Platz entsprechenden chemischen Eigenschaften an. So verwandelt sich z. B. das Radium — das Erdalkalimetall der 7. Periode vom Atomgewicht $A = 226$ und der Ordnungszahl $Z = 88$ —, in das Edelgas Radiumemenation der 6. Periode mit dem Atomgewicht 222 und der Ordnungszahl 86. Bei der Aussendung eines Betastrahls hingegen bleibt die Kernmasse fast völlig unverändert, aber die positive Kernladung nimmt um eine Einheit zu, was eine entsprechende Umbildung der Elektronenhülle unter Aufnahme eines Elektrons zur Folge hat. Bei einer Betaumwandlung rückt daher das Atom bei fast genau konstant bleibendem Atomgewicht im periodischen System um eine Stelle vor; seine Ordnungszahl wächst um eine Einheit, und seine chemischen Eigenschaften ändern sich entsprechend. So geht z. B. das RaD, ein Bleiisotop ($A = 210$, $Z = 82$), durch Betazerfall in RaE, ein Wismutisotop ($A = 210$, $Z = 83$), über und rückt dadurch aus der IV. Gruppe in die V. Gruppe der 7. Periode. Dieser *radioaktive Verschiebungssatz* ist eine einfache Folge aus den Erhaltungssätzen der Masse und der Ladung und bildet durch seine allgemeine Gültigkeit eine wichtige Stütze unseres Wissens über den Zusammenhang zwischen Kernladung und chemischen Eigenschaften.

Da sich die Masse eines radioaktiven Atoms beim Zerfall nur um 0 oder 4 Einheiten ändern kann, so sind die Atomgewichte innerhalb einer Zerfallsreihe stets durch einen Ausdruck von der Form $A = 4\,n + k$ darstellbar, wobei k innerhalb der Reihe konstant und n eine Folge ganzer Zahlen ist, die mit jedem Alphazerfall um eine Einheit kleiner werden. Es ist in der

Thoriumreihe: $\quad A = 4\,n \qquad k = 0, \quad 58 \geqq n \geqq 52;$
Uranreihe: $\qquad A = 4\,n + 2, \quad k = 2, \quad 59 \geqq n \geqq 51;$
Actiniumreihe: $\quad A = 4\,n + 3, \quad k = 3, \quad 58 \geqq n \geqq 51.$

Eine Zerfallsreihe mit $A = 4\,n + 1$ gibt es in der Natur nicht.

Uranmineralien müssen die stabilen Produkte der radioaktiven Umwandlung, also das Endprodukt RaG (Blei) und das durch Ansammlung der Alphateilchen gebildete Heliumgas, in um so größerer Menge enthalten, je länger die seit der Bildung des Minerals — seiner Erstarrung aus der Schmelze — verflossene Zeit ist. Aus der Zerfallskonstante des Urans und den im Mineral enthaltenen Mengen an RaG und Helium kann man daher diese Zeit berechnen. (Die Lebensdauern der zwischen dem Uran und dem RaG eingeschalteten Zwischenprodukte spielen wegen ihrer Kürze bei dieser Berechnung wenigstens bei sehr alten Mineralien keine Rolle.) Da die Erdkruste sicher verhältnismäßig bald nach der Abtrennung der Erde von der Sonne erstarrt ist, so ist diese Zeit bei alten Uranmineralien recht genau identisch mit dem *Alter der Erde* selbst. Sie ergibt sich in sehr guter Übereinstimmung mit anderweitigen Schätzungen in der Größenordnung von 1500 Millionen Jahren. Für den verhältnismäßig sehr jungen Trachyt des Drachenfels am Rhein ergibt sich ein Alter von nur etwa 25 Millionen Jahren.

Auf eine analoge Weise hat St. Meyer das *Alter der Sonne* aus dem Verhältnis des auf der Erde vorhandenen Urans zur Gesamtmenge des auf ihr vorhandenen und bereits vor der Entstehung der Erde gebildeten (also nicht in Uranmineralien als Produkt eines späteren Zerfalls enthaltenen) RaG abgeschätzt. Dieses Verhältnis ist von der Größenordnung $1:1$. Es gibt gute Gründe für die Annahme, daß dieses RaG durchweg auf der Sonne durch Zerfall von Uran entstanden ist. Demnach wäre dieser Zerfall bei der Bildung der Erde etwa zur Hälfte vollzogen gewesen, was dem Ablauf einer Halbwertzeit des Urans entspricht. Da diese rund 4500 Millionen Jahre beträgt, so ergibt sich — unter Hinzurechnung der seit der Bildung der Erde verflossenen 1500 Millionen Jahre — ein Alter der Sonne von der Größenordnung 6000 Millionen Jahre. (Die Zeit, die von der Bildung des Sonnenkörpers bis zum Beginn des Uranzerfalls verstrichen ist, ist nach vernünftigen Schätzungen kurz gegenüber dieser Zeit, so daß sie an der Größenordnung nichts ändert.) Das ist in guter Übereinstimmung mit anderen Schätzungen, welche für das Alter des Weltalls in seiner jetzigen Entwicklungsphase größenordnungsmäßig 10000 Millionen Jahre — keinesfalls mehr — ergeben.

357. Isotopie. Jedem Glied der drei Zerfallsreihen kommt auf Grund seiner chemischen Eigenschaften ein ganz bestimmter Platz im periodischen System, also auch eine bestimmte Ordnungszahl zu. Dabei zeigt sich, daß die einzelnen Plätze durchweg mehrfach besetzt sind. *Es gibt also Atomarten, die sich chemisch völlig identisch verhalten, also die gleiche Ordnungszahl (Kernladungszahl) haben, die aber durch eine Verschiedenheit sowohl ihrer Massen wie ihrer Radioaktivitäten eindeutig als verschieden gekennzeichnet sind.* Da der Begriff des Elementes durch das identische chemische Verhalten seiner Atome definiert ist, so kann man auch sagen: *Es gibt* — zunächst im Bereich der Zerfallsreihen — *Elemente, deren Atome in mehreren Massenwertgrößen auftreten.* (Wir geben die Massen hier immer in ganzzahlig abgerundeten Zahlen in Atomgewichtseinheiten, den sog. *Massenzahlen,* an).

In Abb. 601 sind sämtliche Glieder der drei Zerfallsreihen nach ihren Ordnungszahlen und Massen eingetragen. Man sieht, daß bis zu 7 Atomarten von verschiedener Masse gleiche Ordnungszahlen haben. So haben die Atomarten Ra B, Ra D, Ra G, Th B, Th D, Ac B und Ac D sämtlich die Ordnungszahl 82, während ihre Massen zwischen 206 und 214 liegen. Überdies sind sie chemisch identisch mit dem gewöhnlichen Blei. Sie *sind* sämtlich im chemischen Sinne Blei. So sind, außer den ganz ausfallenden Ordnungszahlen 85 und 87, sämtliche Ordnungszahlen mit mehreren Atomarten besetzt. Zu den Ordnungszahlen 81 und 83 gehören überdies auch noch die stabilen Elemente Thallium bzw. Wismut.

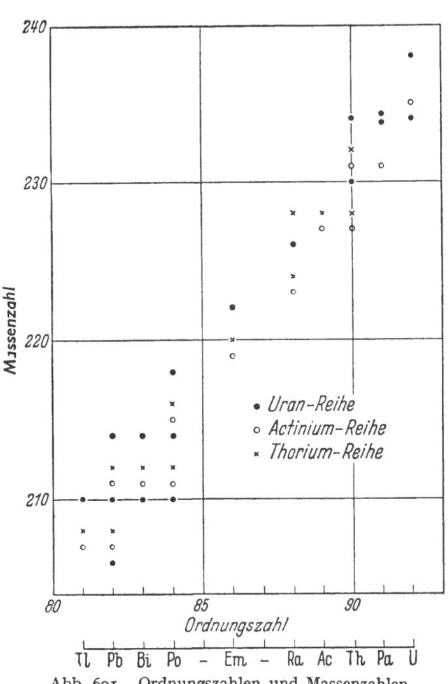

Abb. 601. Ordnungszahlen und Massenzahlen der natürlichen radioaktiven Atomarten.

Atomarten von gleicher Ordnungszahl, die also dem *gleichen Element* angehören, die aber *verschiedene Masse* haben, nennt man *Isotope* (SODDY 1910). Die oben genannten 7 Atomarten sind also Isotope des Elements 82, d. h. Bleiisotope.

Die Abb. 601 zeigt ferner, daß mehrfach die *gleiche Massenzahl* mit mehreren Atomarten *verschiedener Ordnungszahl* besetzt ist. So haben die Atomarten Ra C′ (81, Thalliumisotop), Ra D (82 Bleiisotop), Ra E (83, Wismutisotop) und Ra F (84, Polonium) sämtlich die Masse 210. Solche Atomarten heißen *Isobare.* Während Isotope auf chemischem Wege nicht voneinander getrennt werden können, ist das bei Isobaren natürlich ohne weiteres möglich. Schließlich kommt in der Abb. 601 auch einmal der Fall vor, daß zwei Atomarten, nämlich UX_1 und UZ, *gleiche Ordnungszahl* (91) *und gleiche Masse* (234) haben, sich aber in ihrer Radioaktivität durch verschiedene Halbwertzeiten unterscheiden. Solche Atomarten heißen *Isomere* (§ 365).

Die bei den radioaktiven Stoffen gewonnene Erkenntnis, daß das gleiche Element durch verschiedene Atomarten repräsentiert werden kann, legte die Vermutung nahe, daß auch die bis dahin nur mit chemischen Verfahren rein dargestellten *stabilen Elemente wenigstens in vielen Fällen auch Isotopengemische sein könnten.* Dieser Nachweis ist zuerst J. J. THOMSON (1910) beim Neon gelungen. Abb. 602 zeigt das Schema der von ihm benutzten, zuerst von W. WIEN entwickelten *Parabelmethode* in einer ihrer neueren Formen. Ein feines Bündel von Kanalstrahlen (§ 183) aus Ionen des zu untersuchenden Elementes tritt durch den Raum zwischen den Polschuhen eines starken Elektromagneten, auf denen gleichzeitig isoliert die Platten eines geladenen Kondensators angebracht sind. Zwischen den Polschuhen herrscht also ein elektrisches

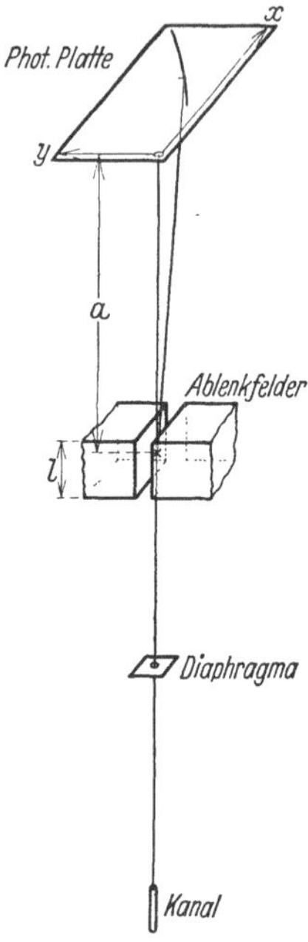

Abb. 602. Schema der Parabelmethode.(Nach LUKANOW und SCHÜTZE.)

und ein magnetisches Feld, welche in Abb. 602 beide parallel zur Zeichnungsebene liegen. Das elektrische Feld lenkt die Ionen in der Zeichnungsebene ab, das magnetische Feld senkrecht zur Zeichnungsebene. Daher werden die Ionen im Fall der Abb. 602 nach links und hinten abgelenkt, und zwar bei gegebener Masse und Ladung um so stärker, je kleiner ihre Geschwindigkeit ist. Bilden die Geschwindigkeiten der Ionen, wie es meist der Fall ist, eine kontinuierliche Folge, so erzeugen die Ionen auf einer senkrecht zum unabgelenkten Bündel gestellten photographischen Platte das Bild einer Parabel, deren Scheitel im Durchstoßpunkt des unabgelenkten Bündels liegt. Enthalten aber die Strahlen Ionen verschiedener Masse μ oder Ladung ε, so entstehen mehrere getrennte Parabeln, da die Ablenkung außer von der Geschwindigkeit auch von der spezifischen Ladung ε/μ der Ionen abhängt (§ 194). Isotope Atomarten erzeugen also wegen ihrer verschiedenen Massen getrennte Parabeln. Man bezeichnet eine solche Aufnahme als ein *Massenspektrum*, das Verfahren als *Massenspektrometrie*. Es ist seit 1919 besonders von ASTON, später auch von DEMPSTER, MATTAUCH, BAINBRIDGE und anderen, außerordentlich verfeinert worden und erlaubt heute bei den leichteren Elementen eine Genauigkeit der relativen Massenmessung bis etwa 0,001%.

Mittels der Parabelmethode konnte J. J. THOMSON beim Neon zwei Isotope mit den Massen 20 und 22 nachweisen. Wir unterscheiden künftig die einzelnen Isotope durch einen links oben gesetzten Index, der ihre Massenzahl angibt. Wenn nötig, geben wir ferner die Ordnungszahl durch einen links unten gesetzten Index an. Die beiden Neonisotope sind also mit den Symbolen ^{20}Ne und ^{22}Ne zu bezeichnen, oder noch genauer mit den Symbolen $^{20}_{10}$Ne und $^{22}_{10}$Ne. Das gewöhnliche Neongas hat, wie sich aus seiner Dichte ergibt, das Atomgewicht 20,183. Da die wahren Massen der Isotope fast genau ganzzahlig sind (s. unten), so berechnet man leicht, daß in ihm die beiden Isotope ungefähr im Mischungsverhältnis ^{20}Ne : ^{22}Ne = 9:1 enthalten sein müssen. Die später erfolgte Entdeckung eines weiteren, sehr seltenen Isotops ^{21}Ne ändert daran nichts Wesentliches. Abb. 603 zeigt eine Aufnahme des Neonmassenspektrums. Die mit 20, 21, 22 bezeichneten Parabeln rühren vom ^{20}Ne, ^{21}Ne und ^{22}Ne her. Letztere waren in der benutzten Neonfüllung nach einem Verfahren von G. HERTZ (§ 358) stark angereichert. Die übrigen Parabeln gehören verschiedenen Kohlenwasserstoffen an, die zum Teil zu Vergleichszwecken beigemischt waren.

Heute wissen wir, vor allem durch die klassischen Untersuchungen ASTONs, daß *ein sehr großer Bruchteil der natürlichen Elemente keine Reinelemente, sondern Isotopengemische darstellt*. Dabei ist sehr wichtig, daß das natürliche Mischungsverhältnis der Isotope in den einzelnen Elementen sehr genau konstant und unabhängig von ihrer Herkunft ist, sogar bei den aus dem Weltraum kommenden

Meteoren. Nach VON WEIZSÄCKER ist das so zu deuten, daß es sich um ein erstarrtes Gleichgewicht der einzelnen Atomarten handelt, dessen Ursprung in einer frühen Entwicklungsphase der Materie in den Fixsternen bei hohen Temperaturen zu suchen ist. Ausnahmen von der Konstanz finden sich nur bei denjenigen Elementen, in denen sich das Gleichgewicht noch heute durch radioaktive Umwandlungen verschiebt.

Nur dieser Konstanz ist es zu verdanken, daß den Elementen überhaupt ein von ihrer Herkunft unabhängiges *Atomgewicht* zukommt. Wir wissen ja jetzt,

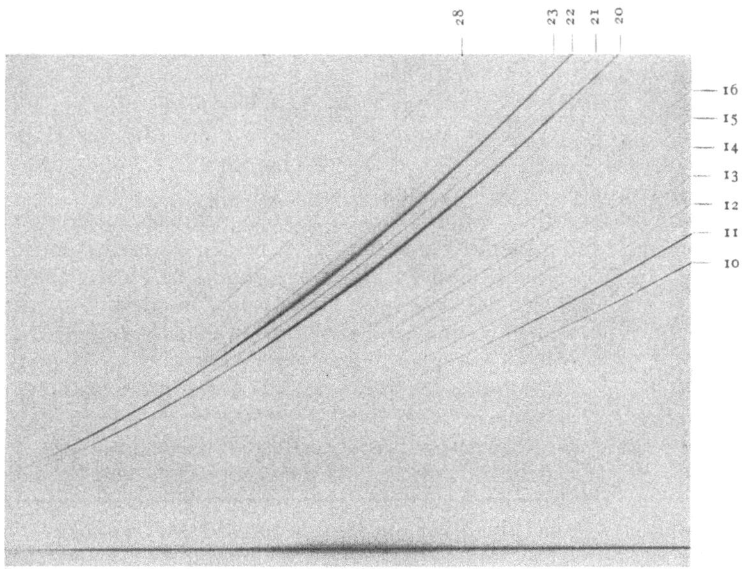

Abb. 603. Massenspektrum des Neon. (Nach LUKANOW und SCHÜTZE.)

daß dieses tatsächlich gar kein eigentliches Maß für die Massen einzelner Atome ist, wenigstens nicht, sofern das betreffende Element Isotope besitzt, sondern nur für die *Durchschnittsmasse der Isotope des Elements*, die von deren Mischungsverhältnis abhängt. Nunmehr erlauben die Verfahren der Massenspektrographie aber eine Messung der *wahren Atommassen*. Von ganz grundlegender Bedeutung ist ASTONs Entdeckung geworden, daß *die wahren Atommassen — gemessen in Atomgewichtseinheiten — ausnahmslos mit sehr großer Näherung ganzzahlig sind.*

Die Zahl der Isotope ist bei den einzelnen Elementen verschieden (§ 363). Im großen und ganzen steigt sie mit wachsender Ordnungszahl. Als Beispiel nennen wir das Zinn (Ordnungszahl 50). Es hat mindestens 9 stabile Isotope mit Massen zwischen 112 und 124, dazu noch mindestens 4 oder 5 instabile Isotope. Am häufigsten sind die Isotope $^{118}_{50}$Sn und $^{120}_{50}$Sn, die daher überwiegend das Atomgewicht (118,70) des natürlichen Zinns bestimmen. Zur Zeit kennt man etwa 270 stabile Atomarten, ferner rund 350 instabile Atomarten, darunter rund 45 natürliche radioaktive. Doch sind diese Zahlen immer noch im Wachsen.

Von besonderer Bedeutung ist die 1932 von UREY entdeckte *Isotopie beim Wasserstoff*. Der natürliche Wasserstoff enthält neben dem gewöhnlichen Wasserstoff $^1_1$H in geringer Menge (etwa 0,02 %) ein Isotop von der doppelten Masse, den *schweren Wasserstoff*, auch *Deuterium* genannt. Ihm käme an sich das Symbol $^2_1$H zu. Doch wird für ihn meist das Symbol $^2_1$D benutzt. Sein Kern wird, zum Unterschied vom Proton, als *Deuteron* bezeichnet. Später entdeckte man in winzigsten Spuren noch ein drittes Wasserstoffisotop mit der Masse 3, das *Triterium* (Symbol $^3_1$H bzw. $^3_1$T). Es ist mit dem ebenfalls sehr seltenen Heliumisotop $^3_2$He isobar und, wie man heute weiß, instabil.

Tabelle 38. Gewöhnliches und schweres Wasser.

	H$_2$O	D$_2$O
Dichte bei 20° C . . .	0,9982	1,1056 g · cm^{-3}
Größte Dichte bei . . .	+4,0	+11,6° C
Schmelzpunkt	0,00	+ 3,82° C
Normaler Siedepunkt .	100,00	101,42° C
Zähigkeit bei 18° C . . .	1,05 · 10^{-2}	1,3 · 10^{-2} Poise
Oberflächenspannung . .	72,8	67,7 dyn · cm^{-1}

Die Wasserstoffisotope H und D haben Massen, die sich wie 1:2 verhalten. Ein so extremer Massenunterschied kommt bei den Isotopen keines anderen Elements vor. Er bewirkt, daß diese beiden Isotope trotz ihrer allgemeinen chemischen Gleichwertigkeit doch gewisse deutliche Unterschiede in ihrem chemischen Verhalten zeigen, z. B. in ihren Reaktionsgeschwindigkeiten.

Schwerer Wasserstoff ist — in Form schweren Wassers (s. unten) gebunden — heute schon im Handel käuflich und findet wichtige Anwendungen in Physik, Chemie und Biologie. So kann man z. B. die Schnelligkeit des Wasserstoffumsatzes in den Organismen ermitteln, indem man den in der Nahrung enthaltenen Wasserstoff an schwerem Wasserstoff anreichert und die Zeit feststellt, nach der er in den Ausscheidungen wieder erscheint.

Schweres Wasser, D$_2$O, also solches, das statt der leichten H-Atome die schweren D-Atome enthält, unterscheidet sich in seinen physikalischen Eigenschaften merklich vom gewöhnlichen Wasser (Tabelle 38). Auch die biologische Wirkung schweren Wassers scheint in vielen Fällen von der des gewöhnlichen Wassers verschieden zu sein. Man beachte übrigens, daß es — vom Triterium abgesehen — drei Arten von Wassermolekülen gibt: H$_2$O, HDO und D$_2$O.

Von besonderer Wichtigkeit ist ferner die Entdeckung von *Isotopen des Sauerstoffs*. Außer dem weitaus überwiegenden $^{16}_8$O enthält natürlicher Sauerstoff noch 0,04% $^{17}_8$O und 0,20% $^{18}_8$O. Die in der Chemie benutzte Atomgewichtseinheit ($^1/_{16}$ des Atomgewichtes des Sauerstoffs) bezieht sich also gar nicht auf ein wirklich existierendes Sauerstoffatom, sondern auf die Durchschnittsmasse der drei Sauerstoffisotope, entsprechend ihrem Mischungsverhältnis im natürlichen Sauerstoff (§ 362).

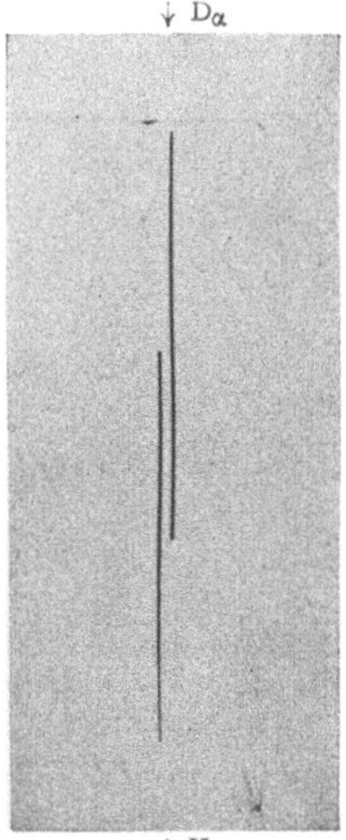

Abb. 604.
H$_\alpha$-Linie des leichten und D$_\alpha$-Linie des schweren Wasserstoffs. (Nach HARMSEN, HERTZ und SCHÜTZE.)

Unter gewissen Umständen zeigen die Isotope eines Elements kleine Unterschiede in ihren Spektren *(Isotopieeffekte)*. Die Masse des Atomkerns hat einen kleinen Einfluß auf die Wellenzahl N [§ 339, Gl. (14)]. Daher sind die Spektrallinien von Isotopen grundsätzlich ein wenig gegeneinander verschoben. Der Einfluß der Masse des Kerns ist aber um so geringer, je größer sie im Verhältnis zur Masse des Elektrons ist. Daher ist er nur bei den leichtesten Elementen so groß, daß man die beiden Linien noch spektroskopisch auflösen kann. Am stärksten ist dieser Isotopieeffekt beim Wasserstoff, und er war es auch, der UREY zur Entdeckung des schweren Wasserstoffs führte. Abb. 604 zeigt nebeneinander (nur aus experimentellen Gründen in der Vertikalen gegeneinander verschoben) die H$_\alpha$-Linie des leichten und die D$_\alpha$-Linie des schweren Wasserstoffs.

Auch auf die Wellenzahlen in den Bandenspektren haben die Kernmassen einen kleinen Einfluß und führen bei den leichteren Elementen zu kleinen Linienverschiebungen. Abb. 605 zeigt dies am Spektrum des Wasserstoffmoleküls (meist Viellinienspektrum genannt), oben im H_2, in der Mitte im Gemisch der drei möglichen Wasserstoffmoleküle H_2, HD und D_2, unten im reinen D_2.

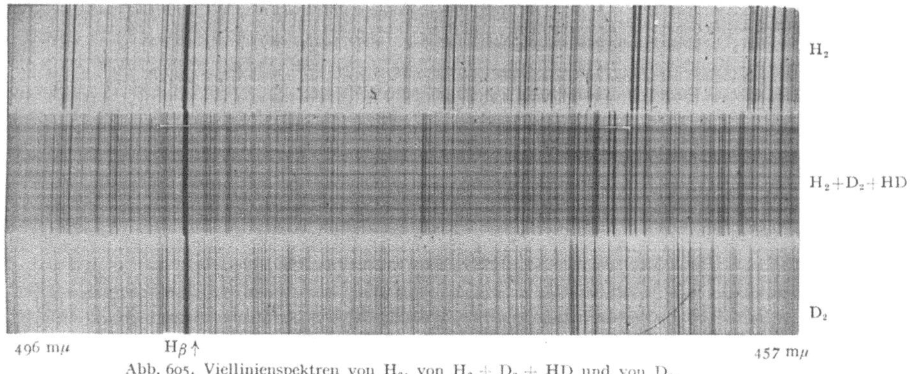

Abb. 605. Viellinienspektren von H_2, von H_2 + D_2 + HD und von D_2.

Während diese Isotopieeffekte praktisch auf die leichtesten Elemente beschränkt sind, gibt es einen weiteren optischen Isotopieeffekt wiederum nur bei den schwereren Elementen. Er beruht darauf, daß die Kernvolumina der Isotope und daher auch die Feldstärken in nächster Nähe ihrer Kerne ein wenig verschieden sind.

358. Isotopentrennung. Zur Trennung von Isotopen kann grundsätzlich jeder Vorgang ausgenutzt werden, bei dem die Isotope wegen ihrer Massenverschiedenheit ein verschiedenes Verhalten zeigen. Ein solcher Vorgang ist die Diffusion. Ein leichteres Isotop diffundiert schneller als ein schwereres. G. HERTZ ließ gasförmige Isotopengemische durch eine große Zahl von Trenngliedern strömen, welche bei seinem ersten Verfahren aus porösen Zylindern, beim zweiten aus Gefäßen, bei denen die Diffusion durch eine Schicht von Quecksilberdampf erfolgte, bestanden. Auf diese Weise reicherte sich innerhalb der Zylinder bzw. der Dampfschichten das schwere, außerhalb derselben das leichte Isotop an. Durch sinnreiches Hintereinanderschalten der Trennglieder führte HERTZ die schwere Fraktion jedes Gliedes dem rechten, die leichte dem linken Nachbarn zu. Auf diese Weise konnte er am rechten bzw. linken Ende der Vorrichtung die weitgehend reinen Isotope entnehmen.

CLUSIUS und DICKEL entwickelten ein Verfahren, das auf der Thermodiffusion und Konvektion beruht. Sie spannten in einem langen (bis 30 m und mehr) senkrechten Rohr einen elektrisch geheizten Draht aus. Dann reichert sich infolge von Thermodiffusion das leichtere Isotop am Draht, das schwerere an der Wand an. Gleichzeitig tritt aber eine Konvektion des Rohrinhalts auf, indem er am erhitzten Draht auf-, an der kalten Wand absteigt. Infolgedessen wird das leichte Isotop nach oben, das schwere nach unten geführt, und es tritt bei genügender Rohrlänge eine sehr weitgehende Trennung der Isotope ein. Das Verfahren ist auf Gase und Flüssigkeiten anwendbar.

Eine vollständige Trennung von Isotopen läßt sich mit dem Massenspektrographen erreichen (§ 357). Ein Massenspektrograph zur Gewinnung größerer Mengen, der mit einer geschickten Anwendung von magnetischen und elektrischen Linsen arbeitet (§ 195), ist von WALCHER entwickelt worden.

Für Flüssigkeiten, die einen merklichen Dampfdruck besitzen, ist von BEAMS eine sehr schnell laufende Zentrifuge zur Isotopentrennung benutzt worden. Der

Dampf dieser Flüssigkeit ist in der Nähe der Achse am leichteren Isotop angereichert und wird dort abgesaugt.

UREY hat ein sehr wirksames Verfahren entwickelt, welches darauf beruht,
daß die Lage der Gleichgewichte chemischer Reaktionen für isotope Atomarten
ein wenig verschieden ist. Dieses Verfahren ist imstande, verhältnismäßig große
Mengen stark angereicherter Isotope zu liefern. Vor allem ist aber WASHBURN
und UREY ein Verfahren zur Herstellung von schwerem Wasserstoff in technischen
Mengen zu verdanken. Es gründet sich darauf, daß bei der Elektrolyse des
Wassers der schwere Wasserstoff erheblich langsamer abgeschieden wird als der
gewöhnliche, leichte Wasserstoff. Infolgedessen reichert sich das Wasser mehr
und mehr an schwerem Wasserstoff an. Auf diese Weise wird heute schweres
Wasser bereits technisch hergestellt und ist käuflich. Sein Preis entspricht etwa
dem des Platins. Als Ausgangsmaterial benutzt man Wasser, das bereits in
irgendwelchen technischen Prozessen längere Zeit einer Elektrolyse unterworfen
war und daher bereits angereichert ist.

359. Das Neutron und das Positron. Bevor wir in der Besprechung der
Atomkerne fortfahren, müssen wir uns mit zwei weiteren Elementarteilchen
bekannt machen. 1930 bemerkten BOTHE und BECKER, daß einige leichtere
Elemente, besonders stark das Beryllium, bei Beschießung mit Alphastrahlen
eine sehr durchdringende Strahlung aussenden, die sie zunächst für eine sehr kurzwellige Gammastrahlung hielten. CHADWICK konnte aber nachweisen, daß ein
Teil dieser Strahlung aus ungeladenen Teilchen besteht, deren Masse derjenigen
des Wasserstoffkerns (Protons) nahezu gleich ist. Sie beträgt 1,00866 Atomgewichtseinheiten. Man nennt diese Teilchen *Neutronen*. Ihre große Durchdringungsfähigkeit rührt daher, daß sie wegen des Fehlens einer eigenen Ladung
durch die elektrischen Felder der Atomkerne der von ihnen durchdrungenen
Stoffe nicht beeinflußt werden. Sie treten also nur in den sehr seltenen Fällen
mit ihnen in Wechselwirkung, in denen sie einen Kern unmittelbar treffen. Die
Neutronen sind Kerne mit der Ladung 0, also auch der Ordnungszahl 0. Wir
bezeichnen sie mit dem Symbol $^1_0 n$ oder einfach mit n. Man könnte das Neutron
als ein neues Element an den Anfang des periodischen Systems stellen. Allerdings
ist es ein Element, das aller chemischen Eigenschaften entbehrt. Überdies steht
heute fest, daß man das

Abb. 606. Bahn eines Positrons. (Nach ANDERSON.)

Proton und das Neutron tatsächlich nicht als individuell verschiedene Elementarteilchen zu betrachten hat, sondern nur als zwei verschiedene Zustände des
gleichen Elementarteilchens. Denn wir wissen, daß sich ein Proton in ein
Neutron verwandeln kann und umgekehrt ein Neutron in ein Proton.

Im Jahre 1932 entdeckte ANDERSON, daß sich in der von der Ultrastrahlung
(§ 367) ausgelösten Sekundärstrahlung Teilchen befinden, die die gleiche Masse
wie die Elektronen, aber eine positive Ladung von 1 Elementarquantum haben.
Es handelt sich also um *positive Elektronen*, denen man den Namen *Positronen*
gegeben hat. Wir bezeichnen sie mit dem Symbol $^0_1 e$, die negativen Elektronen

mit dem Symbol $_{-1}^{0}e$. Abb. 606 zeigt die WILSON-Aufnahme (§ 355), auf der das erste Positron entdeckt wurde. Es ist an der oberen Wand der Nebelkammer, in der ein zur Bildebene senkrechtes magnetisches Feld herrscht, ausgelöst. Seine durch das Feld bewirkte Ablenkung ist diejenige eines positiven Teilchens. Es tritt in der Mitte der Kammer durch eine Bleiplatte, wodurch seine Geschwindigkeit vermindert und seine Bahnkrümmung verstärkt wird. Die Existenz von Positronen hat DIRAC bereits vorausgesagt. Während in der klassischen Mechanik die kinetische Energie eines Körpers ihrer Definition nach immer nur positiv sein kann, läßt die DIRACsche Theorie auch den Begriff der negativen kinetischen Energie zu. Nach dieser Theorie gibt es außer den quantenhaften Zuständen mit positiver kinetischer Energie, die die Elektronen in den Elektronenschalen der Atome einnehmen, auch quantenhafte Zustände negativer kinetischer Energie. Da nun die Elektronen stets den Zustand kleinster Energie einzunehmen streben, so sind die letzteren Zustände in der Regel sämtlich besetzt. Die Elektronen sind dann aber der Wahrnehmung nicht zugänglich. Ist μ die Masse eines Elektrons, c die Lichtgeschwindigkeit, so ist der größte mögliche Wert der negativen kinetischen Energie $-\mu c^2$ erg. Ein ruhendes Elektron aber besitzt die Energie $+\mu c^2$ erg (§ 328). Demnach ist mindestens die Arbeit $2\mu c^2$ erg $= 1{,}637 \cdot 10^{-6}$ erg $= 1{,}022$ MeV erforderlich, um ein nicht beobachtbares Elektron mit negativer kinetischer Energie in ein ruhendes Elektron zu verwandeln, und noch mehr, wenn es in ein beobachtbares, bewegtes Elektron verwandelt wird. Geschieht dies aber, so entsteht ein unbesetzter Quantenzustand negativer kinetischer Energie. Wie DIRAC nun weiter gezeigt hat, muß sich die Stelle, an der sich vorher das Elektron mit negativer kinetischer Energie befunden hat, genau so verhalten, wie ein positives Elektron, ein Positron *(Löchertheorie)*. Hieraus folgt, daß das Auftreten eines Positrons mit dem Auftreten eines vorher unbeobachtbaren Elektrons gekoppelt sein muß. Tatsächlich wird ein solches paarweises Auftreten von Elektronen und Positronen *(Paarerzeugung)* auch in sehr vielen Fällen beobachtet. Sobald der Zustand negativer kinetischer Energie wieder von einem Elektron besetzt wird, muß das Positron wieder verschwinden. Da dies immer sehr schnell geschieht, sind Positronen nur sehr kurzlebig, und es wird verständlich, weshalb sie erst so spät entdeckt wurden. In der Folge konnten Positronen auch mit anderen Strahlen erzeugt werden (ANDERSON, MEITNER und PHILIPP, JOLIOT), deren Energie genau bekannt ist. Dabei hat es sich bestätigt, daß diese Energie mindestens den obigen Betrag von rund 1 MeV erreichen muß, damit Positronen auftreten. Besonders interessant ist die paarweise Erzeugung von Elektronen und Positronen aus Gammastrahlen, da es sich hier um eine *Erzeugung von Materie* auf Kosten von Lichtenergie handelt.

Wenn bei der Wiederbesetzung eines freien Zustandes negativer kinetischer Energie gleichzeitig ein Elektron und ein Positron verschwinden, so verschwinden damit gleichzeitig ihre Massen. Das Energieäquivalent dieser Massen, das $2\mu c^2$ beträgt, verwandelt sich dabei in eine Gammastrahlung. Man nennt diesen Vorgang deshalb *Zerstrahlung*. Nun hat jedes Gammaquant einen Impuls, während die zerstrahlten Teilchen meist keinen oder höchstens einen kleinen Impuls besaßen. Nach dem Impulssatz darf daher die entstehende Gammastrahlung ebenfalls keinen Impuls besitzen. Das kann nur dadurch geschehen, daß gleichzeitig zwei Gammaquanten von entgegengesetzter Richtung entstehen, deren jedes das halbe Energieäquivalent mit sich führt, das also $h\nu = \mu c^2 = 0{,}511$ MeV beträgt, und deren Impulssumme daher Null ist. Eine solche Gammastrahlung mit der genannten Quantenenergie $h\nu$ wird tatsächlich beobachtet.

360. Künstliche Kernumwandlungen. Bei der Radioaktivität handelt es sich um Kernumwandlungen (Kernreaktionen), welche ohne äußere Einwirkungen spontan vor sich gehen. Im Jahre 1919 gelang RUTHERFORD die erste Beobachtung einer *künstlich* hervorgerufenen Kernreaktion, bei der *ein Atom eines Elements in dasjenige eines anderen verwandelt* wird, und zwar durch Beschießung mit Alphastrahlen. Dabei bleibt, wie man bald erkannte, das Alphateilchen im getroffenen Kern stecken, und dafür schleudert dieser ein sehr schnelles Proton aus. In der WILSON-Kammer erkennt man einen solchen Vorgang an einer scheinbaren Gabelung oder Knickung der Bahn des Alphateilchens (Abb. 607). Tatsächlich sind die beiden Zweige der Bahn die Bahnen des getroffenen Kerns und des ausgeschleuderten Protons. Die kinetische Energie des ausgeschleuderten Teilchens ist erheblich größer als die ursprüngliche Energie des steckengebliebenen Alphateilchens. Bei einer solchen Kernreaktion wird also *inneratomare Energie frei*. Natürlich ist die Ausbeute bei solchen Versuchen

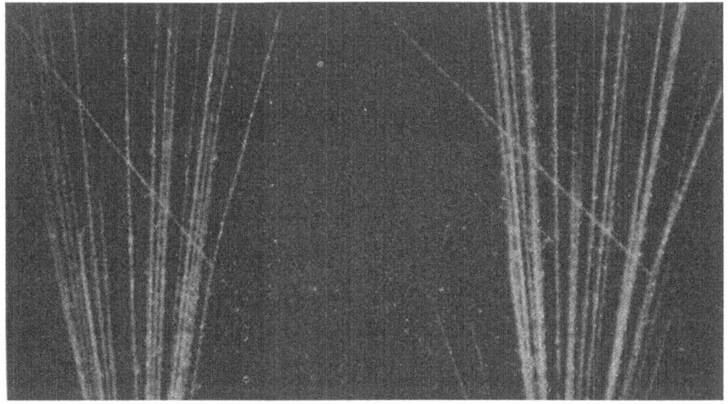

Abb. 607. Umwandlung von $^{14}_{7}$N in $^{17}_{8}$O; stereoskopisch.

nur sehr gering; denn es kommt verhältnismäßig sehr selten vor, daß ein Alphateilchen in den sehr kleinen Wirkungsquerschnitt eines Kerns gelangt und von diesem eingefangen wird.

Auf Grund der Sätze von der Erhaltung der Masse und der Ladung kann man aus der Art des steckenbleibenden und der Art des ausgeschleuderten Teilchens — die sich stets ermitteln läßt — berechnen, in was für ein Atom sich das getroffene Atom verwandelt hat (vgl. den Verschiebungssatz, § 356). Wenn z. B. ein Stickstoffkern $^{14}_{7}$N ein Alphateilchen $^{4}_{2}$He aufnimmt und ein Proton $^{1}_{1}$H abgibt, so wächst seine Masse um 3 Einheiten von 14 auf 17, und seine Kernladung (Ordnungszahl) um 1 Einheit von 7 auf 8. Es entsteht also das seltene Sauerstoffisotop $^{17}_{8}$O. Analog zu den Reaktionsgleichungen der Chemie kann man dafür das folgende Schema anwenden:

$$^{14}_{7}\text{N} + {}^{4}_{2}\text{He} \rightarrow {}^{17}_{8}\text{O} + {}^{1}_{1}\text{H}.$$

In einem solchen Schema muß stets die Summe der oberen Indizes (Erhaltung der Masse) und der unteren Indizes (Erhaltung der Ladung) rechts und links gleich groß sein. Oft beschreibt man eine solche Reaktion auch durch das einfache Schema

$$^{14}_{7}\text{N}\,(\alpha, p)\,{}^{17}_{8}\text{O},$$

welches aussagt, daß sich der Stickstoffkern unter Aufnahme eines Alphateilchens (α) und Abgabe eines Protons (p) in einen Sauerstoffkern verwandelt hat.

Erhebliche Fortschritte auf diesem Gebiet begannen aber erst, als es 1932 COCKCROFT und WALTON gelungen war, Kernreaktionen auch mit schnellen Protonen (Wasserstoff-Kanalstrahlen) auszulösen. Eine interessante Reaktion dieser Art ist die Umwandlung des Lithiums $^7_3$Li nach dem Schema

$$^7_3\text{Li} + {}^1_1\text{H} \to {}^4_2\text{He} + {}^4_2\text{He}.$$

Hier entstehen also zwei Heliumkerne, *künstliche Alphastrahlen*, die mit großen, gleichen Geschwindigkeiten nach entgegengesetzten Richtungen auseinanderfliegen.

Heute vermag man Kernreaktionen auch mit anderen Arten von energiereichen Strahlen auszulösen, und zwar außer mit Alpha- und Protonenstrahlen auch mit Deuteronenstrahlen (schwerer Wasserstoff, § 357), Neutronenstrahlen und Gammastrahlen, jedoch nicht mit Elektronen- und Positronenstrahlen. Andererseits können aber alle jene Strahlenarten bei künstlichen Kernumwandlungen auch ausgelöst werden. Wir bezeichnen die einzelnen, eine Kernumwandlung auslösenden bzw. bei ihr ausgelösten Strahlungen mit α (Alphateilchen), p (Proton), d (Deuteron), n (Neutron), γ (Gammaquant) und beschreiben die betreffende Umwandlung wie oben durch die Symbole (α, p), (α, n), ..., (p, n) usw. Von allen hiernach denkbaren Kombinationen sind bisher die folgenden beobachtet worden:

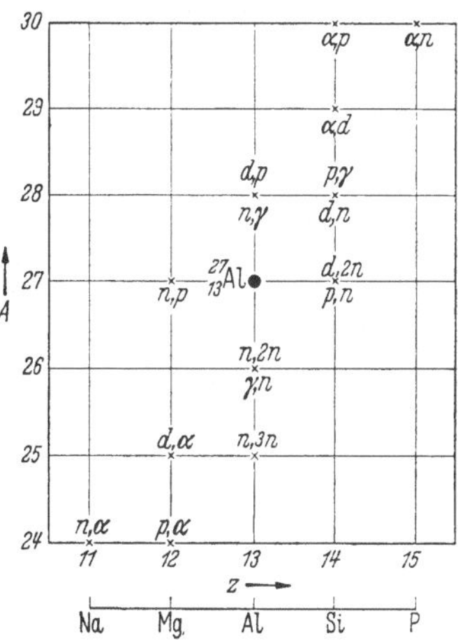

$$(\alpha, p), (\alpha, d), (\alpha, n); \; (p, \alpha), (p, n), (p, \gamma);$$
$$(d, \alpha), (d, p), (d, n), (d, 2n);$$
$$(n, \alpha), (n, p), (n, \gamma), (n, 2n), (n, 3n); \; (\gamma, n).$$

Die Reaktion (γ, n), bei der ein Gammaquant ein Neutron aus dem Kern freimacht, wird in Analogie zum lichtelektrischen Effekt als *Kernphotoeffekt* bezeichnet. Ein Beispiel ist die Reaktion $^2_1\text{D} + \gamma \to {}^1_1\text{H} + {}^1_0 n$, die Zerlegung des Deuterons durch Gammastrahlen. Abb. 608 zeigt das Schema aller nach dem vorstehenden denkbaren Kernreaktionen am Beispiel des $^{27}_{13}\text{Al}$. Abszisse ist die Kernladungszahl (Protonen- bzw. Ordnungszahl) Z, Ordinate die Massenzahl A.

Die Neutronenstrahlen selbst werden auch durch künstliche Kernreaktionen erzeugt, z. B. aus Beryllium mit Alphastrahlen. Dabei spielt sich die Reaktion $^9_4\text{Be} + {}^4_2\text{He} \to {}^{12}_6\text{C} + {}^1_0 n$ bzw. ^9_4Be (α, n) $^{12}_6\text{C}$ ab, bei der ein Kohlenstoffisotop entsteht. Oft wird auch die sog. D—D-Reaktion benutzt, bei der schwerer Wasserstoff mit seinen eigenen Kanalstrahlen beschossen wird. Dabei spielt sich die Reaktion $^2_1\text{D} + {}^2_1\text{D} \to {}^3_2\text{He} + {}^1_0 n$ bzw. ^2_1D (d, n) ^3_2He ab, bei der das seltene leichte Heliumisotop entsteht. Das dabei ausgeschleuderte Neutron hat eine Energie von 2,4 MeV.

Zur Erzeugung sehr schneller Protonen- und Deuteronenstrahlen mittels hoher Spannungen sind außer besonderen Transformatoranlagen verschiedene Einrichtungen entwickelt worden, so auch der Hochspannungsgenerator von VAN DE GRAAFF (§ 139). Ein besonders sinnreiches Gerät ist das *Zyklotron*. Seine Wirkungsweise wird aus Abb. 609 verständlich. Der Grundgedanke ist, daß man die zu beschleunigenden geladenen Teilchen, statt daß sie einmal eine sehr hohe Spannung durchlaufen, *sehr oft nacheinander durch eine sehr viel kleinere Spannung* gleichsinnig beschleunigt. Das Gefäß, in dem die Beschleunigung erfolgt, besteht aus zwei halbkreisförmigen Metallschachteln (Duanten A, B) im Hochvakuum, die durch einen Schlitz getrennt und voneinander isoliert sind.

Im Punkte P werden auf irgendeine Weise die zu beschleunigenden Ionen erzeugt. An den Duanten liegt eine hochfrequente Wechselspannung mit einem Scheitelwert von rund 10000 V, so daß im Schlitz ein elektrisches Wechselfeld herrscht. Senkrecht zur Zeichnungsebene herrscht ein über die ganze Fläche der Duanten sehr homogenes magnetisches Feld.

Ein in P auftretendes Ion erlangt durch das elektrische Feld eine gewisse Geschwindigkeit, die es in den feldfreien Raum innerhalb des einen Duanten treibt, und seine Bahn ist dort durch das magnetische Feld zu einer Kreisbahn gekrümmt, die es schließlich wieder in den Schlitz zurückführt. Der springende Punkt ist nun, daß die Winkelgeschwindigkeit (Kreisfrequenz) u eines geladenen Teilchens im magnetischen Felde nach § 193, Gl. (33), lediglich von seiner spezifischen Ladung ε/μ und der Feldstärke B abhängt,

$$u = \frac{\varepsilon}{\mu} B . \qquad (5)$$

Sie ist also unabhängig von seiner Bahngeschwindigkeit und seinem Bahnradius. Bemißt man nun die magnetische Feldstärke B so, daß das elektrische Feld im Schlitz bei der ersten Wiederkehr des Ions genau eine halbe Schwingung vollführt, also seine Richtung umgekehrt hat, wenn also die Winkelgeschwindigkeit u des Ions genau gleich der Kreisfrequenz $2\pi\nu$ der elektrischen Wechselspannung ist, so wird das Ion jetzt erneut beschleunigt, und das gleiche wiederholt sich dann bei jedem neuen Durchgang durch den Schlitz. Die einzuhaltende Beziehung zwischen der elektrischen Frequenz ν und der magnetischen Feldstärke B lautet also

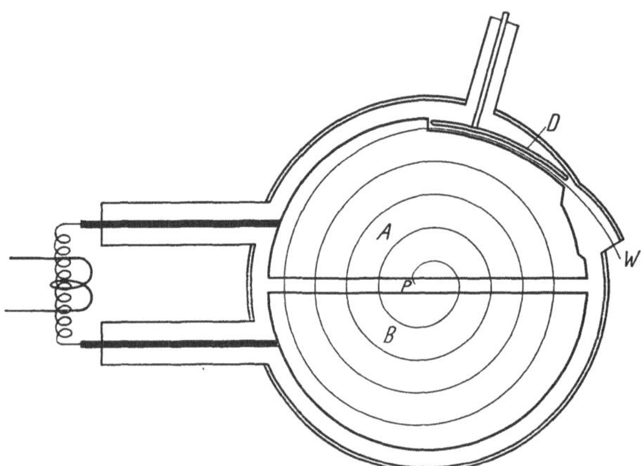
Abb. 609. Schema des Zyklotrons. (Nach GENTNER.)

$$\nu = \frac{1}{2\pi} \frac{\varepsilon}{\mu} B . \qquad (6)$$

Unter dieser Voraussetzung erreicht das Ion den Schlitz stets wieder genau in der richtigen Phase des elektrischen Wechselfeldes und erlangt jedesmal wieder den gleichen Zuwachs an Energie. Seine Bahnkrümmung wird dabei jedesmal geringer. Nach mehr oder weniger zahlreichen Umläufen nähert es sich so mit ständig wachsender Geschwindigkeit mehr und mehr dem Rande der Duanten, wobei es eine aus Halbkreisen zusammengesetzte, einer Spirale ähnliche Bahn beschreibt. In der Nähe des Randes gelangt es schließlich in einen Ablenkkondensator D, in dem es durch ein elektrisches Feld einer Öffnung W und damit seiner weiteren Verwendung zugeführt wird.

Nach § 193, Gl. (32), berechnet man leicht, daß die kinetische Energie, die das Ion besitzt, wenn es auf einem Kreise vom Radius r umläuft, gleich

$$\frac{1}{2}\mu v^2 = \frac{1}{2}\frac{\varepsilon^2}{\mu} r^2 B^2 \qquad (7)$$

ist. Diese Energie ist von der Höhe der beschleunigenden Spannung ganz unabhängig. Von dieser hängt nur die Zahl der Umläufe bis zur Erreichung der Höchstenergie ab. Diese Zahl ist um so größer, je kleiner die Spannung ist. Die erlangte kinetische Energie ist um so größer, je größer die Ladung ε des Ions, der Radius r der Duanten und die magnetische Feldstärke B sind. Eine grundsätzliche Grenze der erreichbaren Energie ist nur durch die Tatsache gegeben, daß die obigen Gleichungen und damit das ganze Verfahren Konstanz der Ionenmasse μ voraussetzen. Deshalb darf die Ionengeschwindigkeit v die Grenze nicht überschreiten, oberhalb derer die Abhängigkeit der Masse von der Geschwindigkeit praktisch merkbar wird (§ 327).

Nach Gl. (7) bedarf es zur Erreichung hoher Teilchenenergien großer Duantenradien und eines starken magnetischen Feldes, das zudem im ganzen Bereich der Duanten sehr genau homogen sein muß. Ein Zyklotron ist daher eine sehr umfangreiche und überaus kostspielige Maschine (Abb. 610). Bei einem der größten beträgt der Durchmesser der Duanten und des homogenen magnetischen Feldes 152 cm. Mit ihm hat man bereits einen Strom künstlicher Alphateilchen aus $^4_2$He mit einer Stromstärke von etwa 100 mA erzeugen können, deren Energie 17 MeV beträgt. Das ist mehr als die doppelte Energie der energiereichsten natürlichen Alphastrahlen. Man beachte, daß dies einer Leistung von $1{,}7 \cdot 10^6$ W oder 1700 kW entspricht oder rund der Leistung von 40000 gewöhnlichen Zimmerglühlampen, und daß diese enorme Leistung natürlich von dem Schwingungskreis aufgebracht

Abb. 610. Zyklotron von LAWRENCE. (Nach GENTNER.)

werden muß, der das elektrische Feld im Schlitz liefert. Mit dem seltenen Heliumisotop $^3_2$He hat man sogar eine Teilchenenergie von 24 MeV erreicht. Ein in den USA in Bau befindliches neues Zyklotron soll einen Durchmesser von 470 cm erhalten; sein Magnet soll 4900 Tonnen wiegen. Die mit ihm erzielbare Teilchenenergie soll etwa 100 MeV betragen.

Anfangs konnte man mit geladenen Teilchen (Protonen-, Deuteronen- und Alphastrahlen) nur die leichteren Elemente künstlich umwandeln. Bei den schwereren Kernen ist die positive Kernladung und daher die Abstoßung der ebenfalls positiven Teilchen so groß, daß diese nicht über die Potentialschwelle in das Kerninnere gelangen konnten, da ihre Energie dazu nicht ausreichte. Diese Schwierigkeit entfällt bei den ungeladenen Neutronen. Mit ihnen ist zuerst FERMI die Umwandlung der meisten Elemente gelungen. Heute aber kann man mit dem Zyklotron auch geladene Teilchen so stark beschleunigen, daß sie auch bei schweren Kernen Umwandlungen hervorrufen.

In vielen Fällen ist es wirksamer, wenn man für Kernumwandlungen nicht Neutronen mit ihrer ursprünglichen, hohen Geschwindigkeit benutzt, sondern langsame Neutronen. Um sie zu verlangsamen, läßt man sie durch dicke Schichten von Paraffin treten, in denen sie — vor allem durch Zusammenstöße mit Wasserstoffatomen — ihre Energie allmählich verlieren. Sie haben dann beim Austritt schließlich nur noch etwa diejenige Energie, die der mittleren Molekularenergie bei der Temperatur des Paraffins nach dem Gleichverteilungssatz entspricht (§ 101). Man spricht dann von *Neutronen mit thermischen Geschwindigkeiten*.

361. Künstliche Radioaktivität. Im Jahre 1934 machte das Ehepaar JOLIOT die Entdeckung, daß bei künstlichen Kernumwandlungen sehr oft neue Atomarten mit deutlicher Radioaktivität entstehen. Ebenso wie die natürlichen, so haben auch diese künstlichen radioaktiven Atomarten eine für sie charakteristische Zerfallskonstante bzw. Halbwertzeit. Jedoch senden sie niemals Alphastrahlen aus, sondern stets entweder Elektronen ($_{-1}^{0}e$) oder Positronen ($_{1}^{0}e$). *Eine künstliche radioaktive Atomart verwandelt sich also immer in eine isobare Atomart, deren Ordnungszahl um 1 Einheit größer oder kleiner ist als die der ursprünglichen Atomart.* So liefert z. B. die auch in Abb. 608 auftretende Reaktion $_{13}^{27}$Al (α, n) $_{15}^{30}$P ein in der Natur nicht vorkommendes Phosphorisotop, das sich alsdann mit einer Halbwertzeit von etwa 3 Minuten nach dem Schema

$$_{15}^{30}\text{P} \rightarrow {}_{14}^{30}\text{Si} + {}_{1}^{0}e$$

unter Aussendung eines Positrons in ein isobares, stabiles Siliziumisotop verwandelt. Ein anderes Beispiel ist die ebenfalls in Abb. 608 auftretende Reaktion $_{13}^{27}$Al (n, α) $_{11}^{24}$Na. Das hierbei gebildete, in der Natur nicht vorkommende, instabile Natriumisotop verwandelt sich unter Aussendung eines Elektrons mit einer Halbwertzeit von etwa 15 Stunden nach dem Schema

$$_{11}^{24}\text{Na} \rightarrow {}_{12}^{24}\text{Mg} + {}_{-1}^{0}e$$

in ein isobares, stabiles Magnesiumisotop. Neben der vorstehenden Reaktion kann durch ein Neutron aber auch die Reaktion $_{13}^{27}$Al (n, p) $_{12}^{27}$Mg ausgelöst werden. Das entstehende, instabile Magnesiumisotop verwandelt sich unter Aussendung eines Elektrons mit einer Halbwertzeit von etwa 10 min nach dem Schema

$$_{12}^{27}\text{Mg} \rightarrow {}_{13}^{27}\text{Al} + {}_{-1}^{0}e$$

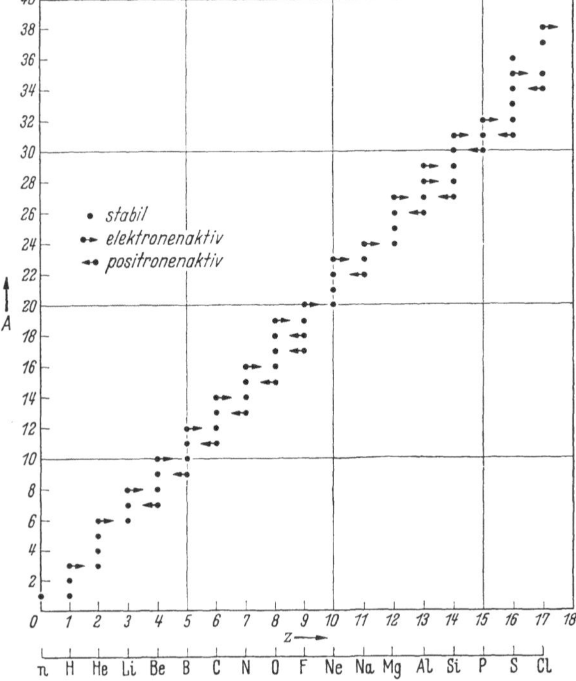

Abb. 611. Zur künstlichen Radioaktivität.

wieder in das Ausgangsatom $_{13}^{27}$Al zurück. Dies sind nur wenige Beispiele für sehr viele andere, die an sämtlichen Atomarten des periodischen Systems beobachtet worden sind, und deren Zahl noch ständig wächst. Die neu entstandenen Atomarten konnten durchweg auch chemisch nachgewiesen werden.

Bei denjenigen Atomarten, welche Positronenstrahler sind, wird stets auch eine Gammastrahlung mit einer Quantenenergie von 0,511 MeV beobachtet. Diese ist das Energieäquivalent der Positronen- bzw. Elektronenmasse und eine Folge der alsbald erfolgenden Zerstrahlung des Positrons mit einem Elektron (§ 359).

Es gilt die Regel, daß eine künstliche radioaktive Atomart, die schwerer ist als der Durchschnitt ihrer Isotope, sich unter Aussendung eines Elektrons umwandelt, eine, die leichter ist als dieser Durchschnitt, unter Aussendung eines Positrons (Abb. 611). Beispiele sind die Umwandlungen zweier radioaktiver Stickstoffisotope,

$$^{16}_{7}N \rightarrow {}^{16}_{8}O + {}_{-1}^{0}e \quad \text{und} \quad {}^{13}_{7}N \rightarrow {}^{13}_{6}C + {}_{1}^{0}e.$$

Man erkennt aus Abb. 611, daß auf Grund der vorstehenden Regel der Zerfall stets derart erfolgt, daß ein stabiles Isotop des rechten oder linken Nachbarelementes entsteht.

Außer der Umwandlung einer instabilen Atomart in eine stabilere durch Aussendung eines Elektrons oder eines Positrons gibt es noch eine dritte Möglichkeit einer solchen Umwandlung. Es kann nämlich vorkommen, daß ein Atomkern ein Elektron seiner eignen K-Schale verschluckt *(Einfangprozeß)*. Dabei sinkt die Kernladung um eine Einheit, und das Ergebnis einer solchen Umwandlung ist das gleiche wie bei Aussendung eines Positrons. Die Zahl der Hüllenelektronen vermindert sich durch den Prozeß von selbst um ein Elektron, wie das der um eine Einheit kleiner gewordenen Kernladung entspricht. Nur ist eine Neuordnung der Elektronen erforderlich, da ja zunächst die K-Schale ein Elektron zu wenig, eine der äußeren Schalen aber eines zu viel hat. Dieses fällt daher in die K-Schale. Dabei aber wird die K-Serie des neuen Atoms angeregt (§ 344). Dies ist die einzige äußere Wirkung eines Einfangprozesses, und mit ihrer Hilfe hat man diese Umwandlungsart auch entdeckt.

362. Der Bau der Atomkerne. Grundlegend für die gesamte Theorie der Atomkerne ist Astons bereits erwähnte Entdeckung: *Die wahren Massen der einzelnen Atome sind — in Atomgewichtseinheiten ausgedrückt — ausnahmslos ganzen Zahlen sehr nahe.* Die weitaus größten Abweichungen — rund 0,8% — finden sich beim leichten und schweren Wasserstoff und beim Neutron. Diese Tatsache weist zwingend auf einen Aufbau der Kerne aus gleichartigen Bausteinen hin. Damit gewinnt ein Gedanke wieder Leben, den bereits im Jahre 1815 Prout ausgesprochen hatte, daß nämlich alle Atome aus Wasserstoff aufgebaut seien, ein Gedanke, der dann ganz in Vergessenheit geriet, nachdem man die Unganzzahligkeit der höheren Atomgewichte entdeckt hatte, ohne die Gemischnatur dieser Elemente zu kennen. Heute wissen wir, daß *alle Kerne lediglich aus Protonen und Neutronen bestehen*, deren Massen ja fast genau gleich groß sind (Heisenberg).

Daraus folgt: 1. Die *Kernladungszahl Z* ist identisch mit der *Zahl der Protonen* im Kern. 2. Ist N die *Zahl der Neutronen* im Kern, so ist $A = Z + N$ die *Gesamtzahl der Kernbausteine* und identisch mit der *Massenzahl* des Kernes. Durch die Angabe von Z und N ist jeder Kern vollständig gekennzeichnet.

Die in der Chemie gebräuchliche Atomgewichtseinheit ist definiert als $^1/_{16}$ des Atomgewichts des *natürlichen* Sauerstoffs *(chemische Massenskala)*. Dieser ist aber ein Gemisch aus $^{16}_{8}O$, 0,04% $^{17}_{8}O$ und 0,2% $^{18}_{8}O$. Vom physikalischen Standpunkt ist es aber natürlicher, die Masse des weitaus häufigsten Isotops $^{16}_{8}O$ zugrunde zu legen, also diesem die Masse 16,0000 beizulegen, während seine Masse in der chemischen Skala im Verhältnis 1 : 1,00275 kleiner ist *(physikalische Massenskala)*. Überdies liegen die einzelnen Atommassen in dieser Skala der Ganzzahligkeit noch näher als in der chemischen Skala. Es ist 1 physikalische Massenwerteinheit $= 1,6600 \cdot 10^{-24}$ g, 1 chemische Atomgewichtseinheit $= 1,6606 \cdot 10^{-24}$ g. (Vgl. die Tabelle vor dem Vorwort.)

Man ist nun übereingekommen, die Bezeichnung *Atomgewicht* in ihrer alten Bedeutung als durchschnittliche Atommasse des natürlichen Isotopengemisches, eines Elementes, gemessen in der *chemischen* Skala, beizubehalten. Der Begriff des Atomgewichtes bleibt auch heute noch sinnvoll, da ja die natürlichen Mischungsverhältnisse der einzelnen Isotope eines Elementes — von vereinzelten

Ausnahmen abgesehen — streng konstant sind. Dagegen bezeichnet man die in der *physikalischen Massenskala* gemessene Masse eines *individuellen Atoms* als dessen *Massenwert*. Den auf die benachbarte ganze Zahl abgerundeten Massenwert eines Atoms, der identisch ist mit der Zahl A seiner Kernbausteine, bezeichnet man, wie wir schon wissen, als die *Massenzahl* des betreffenden Atoms. Nur beim Sauerstoffatom $^{16}_{8}O$ ist die Massenzahl definitionsgemäß gleich dem Massenwert. Proton und Neutron haben die Massenzahl 1. Besonders betont werden muß, daß die Einheit der physikalischen Massenskala sich auf das neutrale $^{16}_{8}O$ (Kern + Elektronenhülle), nicht etwa auf dessen Kern allein, bezieht, und daß sich entsprechend auch alle Massenwertangaben auf die neutralen Atome beziehen.

Einen ersten Überblick über den Aufbau der Atomkerne erhält man, indem man statt mit den genauen Massenwerten M mit den Massenzahlen A rechnet. Da ein Kern mit Z Protonen und N Neutronen die Massenzahl

$$A = Z + N \tag{8}$$

hat, und da man für jede Atomart die Massenzahl A (z. B. mit dem Massenspektrographen) und die Protonenzahl Z = Kernladungszahl = Ordnungszahl (aus den chemischen Eigenschaften) ermitteln kann, so ist auch die Neutronenzahl

$$N = A - Z \tag{9}$$

ohne weiteres bekannt und damit die ganze Zusammensetzung des Kerns. Die Neutronenzahl N ist also einfach die Differenz des oberen Index (Massenzahl) und des unteren Index (Ordnungszahl) in unsern Atomsymbolen. So enthält z. B. der Kern des $^{16}_{8}O$ 8 Protonen und $16 - 8 = 8$ Neutronen, der Kern des schwersten stabilen Kerns $^{209}_{83}Bi$ 83 Protonen und $209 - 83 = 126$ Neutronen.

Bei den leichteren Atomen, etwa bis zur Ordnungszahl 20, ist die Zahl der Neutronen gleich der Protonenzahl oder nur wenig größer, nur beim $^{1}_{1}H$ und $^{3}_{2}He$ kleiner. Bei den schwereren Atomen wächst die Neutronenzahl schneller als die Protonenzahl; daher wachsen auch die Massenzahlen (und daher auch die Atomgewichte) schneller als die Ordnungszahlen. Nur in vier Ausnahmefällen sinkt das Atomgewicht mit wachsender Ordnungszahl (Ar—K, Co—Ni, Te—J, Th—Pa) Das erklärt sich sehr einfach durch ein Überwiegen der schwereren Isotopen im ersten, der leichteren Isotopen im zweiten der beiden Elemente der Folge.

Wir wollen die Massenwerte des Wasserstoffatoms (Proton + Elektron) und des Neutrons mit M_p und M_n bezeichnen ($M_p = 1,00813$, $M_n = 1,00895$). Man sollte dann zunächst erwarten, daß der Massenwert eines aus Z Protonen und N Neutronen bestehenden Atoms $M = Z \cdot M_p + N \cdot M_n$ betragen sollte. Tatsächlich trifft das nicht zu, andernfalls müßte auch schon bei kleinen Massenzahlen eine große Abweichung des Massenwertes von der Ganzzahligkeit auftreten. In Wirklichkeit ist stets $M < Z \cdot M_p + N \cdot M_n$. Schon beim Heliumatom $^{4}_{2}He$, das aus 2 Protonen und 2 Neutronen besteht, zeigt sich eine deutliche Abweichung. Sein Massenwert beträgt $M = 4,00384$, die Massensumme seiner Bausteine aber $2 \cdot 1,008131 + 2 \cdot 1,00895 = 4,03416$. Der Massenwert eines Heliumatoms ist also um rund 0,03 Einheiten kleiner als die Massenwertsumme seiner freien Bausteine. Dies ist die zweite grundlegend wichtige Tatsache. Die berechnete Massendifferenz bezeichnet man als den *Massendefekt* des betreffenden Atoms. Entsprechendes gilt für alle übrigen Atome. *Protonen und Neutronen verlieren also beim Einbau in einen Kern an Masse.*

Gemäß seiner Definition berechnet sich der Massendefekt δM eines Atoms mit den Protonen- und Neutronenzahlen Z und N und dem Massenwert M aus der Gleichung

$$\delta M = Z M_p + N M_n - M. \tag{10}$$

Die Deutung des Massendefektes liefert uns nun zugleich den Schlüssel zum Verständnis der in einem Atomkern aufgespeicherten Bindungsenergien und der Kräfte, von denen diese Energien herrühren. Der Massendefekt beruht auf folgender Tatsache: Solange die Bausteine eines Kerns noch frei, in großen Abständen voneinander existieren, besitzen sie gegeneinander eine verhältnismäßig große potentielle Energie, die auf den zwischen ihnen wirkenden Kräften beruht. Die gleichen Kräfte sind es, die dann die Bausteine im Kern aneinander binden. In diesem gebundenen Zustand ist ihre gegenseitige potentielle Energie merklich kleiner. Sie haben also durch ihre Bindung im Kern an potentieller Energie verloren. Den gleichen Energiebetrag müßte man aufwenden, wenn man die Bindung im Kern — entgegen den bindenden Kräften — wieder lösen und die Bausteine wieder auseinanderführen wollte. Man bezeichnet ihn deshalb als *Bindungsenergie.* Nun kennen wir bereits die Äquivalenz von Energie und Masse (§ 328); jeder Energiebetrag E ist einer Masse $m = E/c^2$ äquivalent. (E in erg, m in g gemessen, $c = 3 \cdot 10^{10}$ cm $\cdot$ sec^{-1} = Lichtgeschwindigkeit.) Dem Verlust an potentieller Energie der Kernbausteine entspricht also ein gleichzeitiger Verlust an Masse, und der Massendefekt ist ein unmittelbares Maß für diesen Energieverlust, also für die Bindungsenergie. Sie beträgt $E = \delta M c^2$ erg, wenn wir δM in g ausdrücken.

Da man in der Kernphysik Massen in Massenwerteinheiten und Energien in MeV auszudrücken pflegt, so wollen wir die Äquivalenzbeziehung zwischen Energie und Masse in diese Einheiten umrechnen. Es ist 1 Massenwerteinheit = $1{,}660 \cdot 10^{-24}$ g, 1 MeV = $1{,}601 \cdot 10^{-6}$ erg, $c = 3 \cdot 10^{10}$ cm $\cdot$ sec^{-1}. Damit erhalten wir durch einfache Umrechnung

$$E = \delta M \cdot 0{,}931 \cdot 10^3 \text{ MeV.} \tag{11}$$

Es ist also in runder Zahl $^1/_{1000}$ Massenwerteinheit äquivalent mit 1 MeV. Mittels der Gl. (11) können wir jeden Massendefekt leicht in die entsprechende Energie umrechnen.

So beträgt der Massendefekt beim Heliumatom $^4_2$He rund $\delta M = 0{,}03$ Massenwerteinheiten. Nach Gl. (11) beträgt daher die Bindungsenergie je Heliumkern $E = 0{,}03 \cdot 0{,}931 \cdot 10^3 = 27{,}9$ MeV, also rund 7 MeV je Kernbaustein. Rechnet man die Bindungsenergie eines Heliumkerns in die Einheit 1 cal um, so erhält man $E = 1{,}069 \cdot 10^{-12}$ cal. Demnach beträgt die Bindungsenergie (oder, was das gleiche ist, die bei der Bindung freiwerdende Energie, die Bildungswärme) eines Mols Helium ($6{,}022 \cdot 10^{23}$ Heliumatome) $1{,}069 \cdot 10^{-12} \cdot 6{,}022 \cdot 10^{23} \approx 0{,}64 \cdot 10^{12}$ cal, während die Bildungswärmen (Wärmetönungen) der Moleküle nur von der Größenordnung 10^4 cal je Mol sind. (Vgl. § 371.)

Beispiele für die Äquivalenz von Energie und Masse finden sich auch bei den künstlichen Kernumwandlungen, so bei dem schon in § 361 erwähnten Prozeß

$$^7_3\text{Li} + \,^1_1\text{H} \rightarrow \,^4_2\text{He} + \,^4_2\text{He.}$$

Die beiden neu entstandenen Heliumkerne fliegen, wie man aus ihrer Reichweite berechnen kann, mit einer Energie von je $1{,}35 \cdot 10^{-5}$ erg nach entgegengesetzten Richtungen auseinander, besitzen also zusammen die Energie $2{,}7 \cdot 10^{-5}$ erg = $16{,}85$ MeV, die nur auf Kosten der Masse der beteiligten Atome gehen kann. Tatsächlich beträgt die Massensumme von $^7_3$Li und $^1_1$H $8{,}0262$ Einheiten, die Massensumme von $2 \cdot {}^4_2$He aber nur $8{,}0077$ Einheiten. Es tritt also ein Massenschwund von $0{,}0185$ Einheiten auf, dem nach Gl. (11) ein Energieäquivalent $E = 0{,}0185 \cdot 0{,}931 \cdot 10^3 = 17{,}22$ MeV entspricht, was mit der aus der Reichweite berechneten Energie sehr gut übereinstimmt.

Man kennt heute die Massendefekte und damit die Bindungsenergien der meisten Atomarten. Dabei hat sich als dritte fundamentale Tatsache ergeben: *Die Massendefekte, also auch die Bindungsenergien der verschiedenen Atomarten, sind ihren Massenzahlen, also den Anzahlen ihrer Bausteine — wenigstens ungefähr — proportional.* Daraus folgt weiter: *Jeder Kernbaustein ist — unabhängig von der Zahl der übrigen Bausteine — etwa mit der gleichen Energie im Kern gebunden.* Wir haben beim Heliumkern diesen Anteil der einzelnen Bausteine bereits mit rund 7 MeV berechnet. In der gleichen Größenordnung, nämlich etwa bei 8 MeV, liegt er bei allen übrigen Atomarten auch.

Diese Erkenntnis liefert uns nun einen sehr wesentlichen Aufschluß bezüglich der Natur der *in den Kernen obwaltenden Kräfte.* Sie können nur von *sehr kurzer Reichweite* sein und im wesentlichen nur zwischen unmittelbar benachbarten Kernbausteinen wirken. Würden sie weiter reichen, würde jeder Baustein etwa gar an sämtliche anderen Kernbausteine gebunden sein, so müßte die Bindungsenergie mit der Zahl der übrigen Kernbausteine wachsen, also für die schweren Kerne verhältnismäßig größer sein als für die leichten, was nicht zutrifft. Der experimentelle Befund läßt sich also nur durch Kräfte von äußerst geringer Reichweite deuten. Es würde den Rahmen dieses Buches überschreiten, wenn wir auf das Wesen dieser, der klassischen Physik fremden und nur quantenmechanisch verständlichen Kräfte näher eingehen wollten. Es muß der Hinweis genügen, daß diese sog. *Austauschkräfte* eng mit der Tatsache zusammenhängen, daß Protonen und Neutronen nur verschiedene Erscheinungsformen des gleichen Dinges sind und sich ineinander verwandeln können, was man als den Austausch eines Elementarquantums zwischen ihnen beschreiben kann. Die Austauschkräfte hängen damit zusammen, daß man einen solchen periodischen Austausch oder Zustandswechsel zwischen je zwei benachbarten Protonen und Neutronen in den Kernen annehmen muß.

Bei dieser Art der Kräfte liegt nun aber eine enge Analogie eines Kerns mit einem Flüssigkeitströpfchen vor, in dem die Moleküle ebenfalls durch Kräfte geringer Reichweite (VAN DER WAALSsche Kräfte) wesentlich nur an ihre unmittelbaren Nachbarn gebunden sind. Das hierauf gegründete *Tröpfchenmodell* der Kerne (GAMOW) hat sich bereits als ein sehr gutes heuristisches Hilfsmittel erwiesen. Vor allem hat sich weiter auch eine Analogie mit der bei den Tröpfchen so wirksamen *Oberflächenspannung* ergeben. Ebenso wie die Oberflächenmoleküle eines Tröpfchens, so sind auch die Oberflächenbausteine eines Kerns nur einseitigen Kräften unterworfen, und ihre Bindungsenergie ist deshalb geringer als die der im Innern eingebauten Bausteine. Das muß zu einer Verkleinerung der durchschnittlichen Bindungsenergie je Teilchen führen, die um so mehr ausmacht, je kleiner das Volumen relativ zur Oberfläche ist, aus je weniger Bausteinen also der Kern besteht. Dieser den Massendefekt verkleinernde Effekt muß also mit wachsender Kernmasse abnehmen.

Es ist aber noch eine dritte Kraft im Spiel, nämlich die COULOMB-*Kraft,* die gegenseitige Abstoßung der Protonen im Kern. Diese muß mit der Zahl der Protonen wachsen, da es sich hier um eine Kraft von großer Reichweite handelt. Dieser den Massendefekt verkleinernde Effekt muß also mit wachsender Kernmasse zunehmen. Eine theoretische Überlegung ergibt, daß der Massendefekt je Kernbaustein $\delta M/A$ durch die Gleichung

$$\frac{\delta M}{A} = 6U_0 - C_1 A^{-\frac{1}{3}} - C_2 A^{\frac{2}{3}} \tag{12}$$

gegeben sein sollte. Dabei ist U_0 eine Konstante, die der Energie entspricht, mit der je zwei Kernbausteine aneinander gebunden sind, C_1 und C_2 sind weitere Konstante, die den Einflüssen der Oberflächenspannung bzw. der COULOMB-Kraft Rechnung tragen. Man hat diese drei Konstanten auf Grund der Massendefekte dreier besonders genau untersuchter Atomarten bestimmt und gefunden, daß die Gl. (12) mit diesen Konstanten auch sämtliche übrigen Massendefekte mit Ausnahme derjenigen einiger leichter Atomarten ganz ausgezeichnet darstellt.

Neben dem Tröpfchenmodell hat man ferner versucht, die Kerne nach dem Bilde eines Kristalls zu beschreiben (*Kristallmodell*, WEFELMEIER). Auch ein Modell, das die Kernbausteine ähnlich den Elektronen in der Atomhülle in Schalen ordnet (*Schalenmodell*, HARTREE) ist vorgeschlagen worden. Auch diese Modelle haben Leistungen zu verzeichnen. Natürlich sind aber alle derartigen anschaulichen Bilder der Kerne eben nur *Modelle*, und man kann von keinem von ihnen verlangen, daß es für alle Eigenschaften eines Kernes ein zutreffendes Bild liefert.

Soweit Aussagen über die Volumina der Kerne möglich sind, ergibt sich, daß sie ungefähr proportional ihren Massen sind. Das bedeutet, daß die Massendichte der Kerne ungefähr unabhängig von ihren Massen und für alle Kerne ungefähr gleich groß ist. Der Radius der schwersten Kerne beträgt rund $8 \cdot 10^{-13}$ cm, ihr Volumen also rund $2 \cdot 10^{-36}$ cm³. Die Masse eines Kerns vom Atomgewicht 200 beträgt rund $3 \cdot 10^{-22}$ g. Daraus ergibt sich die Dichte des Kerns zu rund $\varrho = 1,5 \cdot 10^{14}$ g·cm⁻³. Könnte man die nötige Zahl von Kernen zu einem homogenen Stoff zusammenpacken, so würde 1 cm³ dieses Stoffes $150 \cdot 10^{12}$ g oder 150 Millionen Tonnen wiegen. Das entspricht ganz rund einem Eisenwürfel mit einer Kantenlänge von 250 m, der auf den Raum von 1 cm³ zusammengedrückt wäre. Wir stellen diese kleine Rechnung hier deshalb an, um damit noch einmal zu zeigen, wie überaus gering die Raumerfüllung in den Stoffen tatsächlich ist.

Eine offene Frage ist es heute noch, ob man in der Kernphysik mit der bisherigen Quantenmechanik auskommen wird, oder ob sich hier noch einmal ein neues Reich der Physik mit neuen Gesetzen auftun wird. Im allgemeinen wird letzteres angenommen.

§ 363. Systematik der stabilen Atomkerne. Die Zusammenfassung bestimmter Atomarten als Isotope eines Elements, also auf Grund gleicher Kernladungszahl (Protonenzahl) Z, hat nur solange ihre Berechtigung, als es sich um diejenigen Atomeigenschaften handelt, die durch die Kernladungszahl allein, ohne Rücksicht auf die Neutronenzahl N, bestimmt werden. Das sind also wesentlich diejenigen Eigenschaften, die von der Beschaffenheit der Elektronenhülle abhängen. Für die Chemie, für die Optik und darüber hinaus für alle makrophysikalischen Erscheinungen an den Stoffen bilden diese Eigenschaften in der Tat das allein wesentliche Unterscheidungsmerkmal der Atomarten. Für eine Systematik der Atomkerne erweist sich aber ein anderes Ordnungsprinzip als viel natürlicher und einfacher: die Ordnung nach der Gesamtzahl der Kernbausteine, also nach der Massenzahl A. Dieses Ordnungsprinzip faßt also alle *Kerne gleicher Masse*, alle *isobaren Atome*, ebenso zusammen, wie das nach der Isotopie ausgerichtete Ordnungsprinzip alle Kerne mit gleicher Protonenzahl zusammenfaßt. Das neue Ordnungsprinzip empfiehlt sich schon deshalb, weil — vom reinen Kernstandpunkt aus betrachtet — zwischen Kernen mit gleicher Zahl der Bausteine zweifellos eine größere Ähnlichkeit besteht als zwischen solchen mit gleicher Protonenzahl, aber verschieden großer Neutronenzahl, um so mehr, als wir wissen, daß Protonen und Neutronen ohnehin nur verschiedene Erscheinungsformen des gleichen Dinges sind und spontan ineinander übergehen können, wie das bei jeder Kernumwandlung geschieht, bei der ein Elektron oder ein Positron ausgesandt wird. Wir stellen nunmehr die Frage nach der *Möglichkeit der Existenz stabiler isobarer Atomarten*.

Isobare Atome stimmen zwar in ihrer Massenzahl A überein, hingegen sind ihre Massenwerte M, also auch ihre Massendefekte δM, nicht genau gleich. Sie unterscheiden sich also durch die Größe ihrer Bindungsenergie, wenngleich auch die Unterschiede gering sind. Das beweist, daß es für die Bindungsenergie nicht ganz gleichgültig ist, ob die gleiche Massenzahl $A = Z + N$ durch den Zusammentritt von Z Protonen und N Neutronen oder von $Z \pm k$ Protonen und $N \mp k$ Neutronen zustande kommt. Je größer die Bindungsenergie und damit der Massendefekt ist, je kleiner also der Massenwert M ist, um so mehr Energie ist nötig, um die Kernbausteine aus dem Kernverband wieder zu entfernen, und um so stabiler ist der betreffende Kern. Unter allen möglichen Kernen mit der gleichen Massenzahl Z ist also derjenige der stabilste, der den kleinsten Massenwert, den größten Massendefekt hat. Diesen stabilsten Zustand strebt jeder Kern einzunehmen, indem sich in ihm Protonen in Neutronen oder Neutronen in Protonen solange verwandeln, bis dieser stabilste Zustand — wenn möglich — erreicht ist. Daher ist jeder Kern, der nicht den höchsten für ihn zugänglichen Grad von Stabilität — den größten erreichbaren Massendefekt — erlangt hat, instabil. Er wandelt sich stets mit einer von dem Grade der Instabilität abhängigen Halbwertzeit um. Ist dazu die Umwandlung eines Protons in ein Neutron nötig, so geschieht das unter Aussendung eines Positrons oder durch einen Einfangprozeß. Ist die Umwandlung eines Neutrons in ein Proton nötig, so geschieht

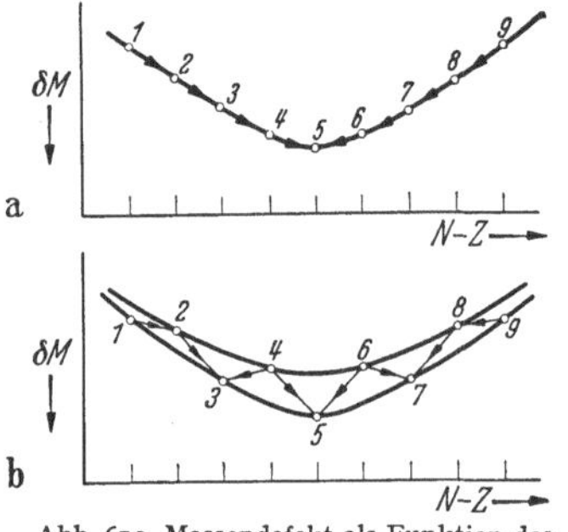

Abb. 612. Massendefekt als Funktion des Neutronenüberschusses.
a ungerade Kerne, b gerade Kerne.

es unter Aussendung eines Elektrons. Im ersten Fall sinkt, im zweiten steigt die Ordnungszahl um eine Einheit (§ 361). Wie eine nähere Betrachtung zeigt, ist ein solcher Übergang in einen benachbarten Zustand höherer Stabilität auch energetisch immer möglich.

Nach HEISENBERG ist es zweckmäßig, eine Einteilung der Kerne nach folgendem Schema vorzunehmen:

I. *Gerade Kerne* sind Kerne mit gerader Massenzahl A. Man teilt sie weiter ein in
1. *doppelt gerade Kerne* (Z und N beide gerade),
2. *doppelt ungerade Kerne* (Z und N beide ungerade).

II. *Ungerade Kerne* sind Kerne mit ungerader Massenzahl A (Z gerade und N ungerade oder Z ungerade und N gerade).

Wir beginnen mit den *ungeraden Kernen*. Wenn wir die (stabilen und instabilen) Isobaren, die einer bestimmten Massenzahl A angehören, in ein Diagramm eintragen, dessen Ordinate ihr Massendefekt δM und dessen Abszisse — zur Kennzeichnung ihrer Zusammensetzung aus Protonen und Neutronen — ihr Neutronenüberschuß $N{-}Z$ ist (Abb. 612 a), so erhalten wir bei den ungeraden Kernen eine einzige, parabelähnliche Kurve. Das auf dieser Kurve dem Minimum nächstliegende Atom ist dasjenige mit der kleinsten Masse, also das stabilste. Für keinen der eingezeichneten Kerne besteht ein Hindernis, sich auf dem Wege über die etwa noch zwischen ihm und dem stabilsten Kern liegenden Kerne schrittweise in den stabilsten Kern zu verwandeln, da jeder solche Schritt unter Verminderung der Masse, also unter Energieabgabe erfolgt. Diese Kerne sind also, außer dem einen stabilsten, nicht dauernd existenzfähig. In der Abb. 612 nimmt die Protonenzahl Z von links nach rechts ab. Die links vom Minimum liegenden Kerne müssen also zur Erreichung der Stabilität ihre Kernladung vermindern, sich also unter Aussendung eines Positrons oder durch einen Einfangprozeß umwandeln, die rechts vom Minimum liegenden aber müssen ihre Kernladung vergrößern, sich also unter Aussendung eines Elektrons umwandeln. Da dies stets geschehen kann und geschieht, *so gibt es bei ungerader Massenzahl A stets nur eine einzige stabile Kernart; es gibt keine stabilen Isobaren mit ungerader Massenzahl* (MATTAUCH).

Nunmehr wenden wir uns zu den *geraden Kernen*. Zeichnet man für sie ein entsprechendes Diagramm wie für die ungeraden Kerne, so zeigt sich, daß sie nicht auf einer einzigen Kurve liegen, sondern auf zwei deutlich verschiedenen Kurven (Abb. 612b). Und zwar entspricht die untere den doppelt geraden, die obere den doppelt ungeraden Kernen. Erstere sind also im Durchschnitt fester gebunden als letztere und daher weniger instabil. Die einzelnen Kerne auf jeder der beiden Kurven unterscheiden sich in ihrer Protonenzahl Z jeweils um zwei Einheiten. Daher kann sich ein der einen Kurve angehörender Kern niemals in einem einzigen Schritt in einen stabileren Kern der gleichen Kurve verwandeln. Denn dazu wäre die gleichzeitige Aussendung von zwei Positronen oder Elektronen erforderlich, und derartiges kommt nicht vor. Eine Umwandlung kann daher nur durch Sprünge von einer Kurve zur andern, also auf einem Zickzackweg erfolgen, aber auch nur dann, wenn ein solcher Sprung unter Energieabgabe, d. h. unter Verminderung der Masse, erfolgt, also in Richtung von oben nach unten, niemals umgekehrt. Man erkennt nun, daß wohl die Sprünge 4—5, 6—5, 1—2—3 und 9—8—7 möglich sind, aber nicht die aufwärts führenden Sprünge 3—4 und 7—6, obgleich sie bei weiterer Fortsetzung zum stabilsten Kern 5 führen würden. Zwischen 3 und 5 und zwischen 7 und 5 liegt eine nicht überschreitbare Energieschwelle; die Kerne 3 und 7 können sich nicht umwandeln, und daher ist nicht nur der Kern 5, sondern sind auch die Kerne 3 und 7 stabil, während die Kerne 1 und 9 und sämtliche doppelt ungeraden Kerne instabil sind. Dabei können die Kerne 4 und 6 sich auf zweierlei Weise umwandeln, entweder in Richtung 4—3 bzw. 6—5 unter Elektronenaussendung oder in Richtung 4—5 bzw. 6—7 unter Positronenaussendung oder durch einen Einfangprozeß. Entsprechend können die Kerne 3, 5 und 7 auf zweierlei Weise entstehen. Es folgt: *Bei gerader Massenzahl kann es stabile Isobare geben. Sie sind stets doppelt gerade Kerne, haben gerade Ordnungszahl* (HARKINSsche *Regel*).

Die einzigen Ausnahmen bilden die vier Atomarten ^2_1D, ^6_3Li, $^{10}_5B$ und $^{14}_7N$, welche stabil sind, obgleich sie zwar gerade Massenzahl haben, aber doppelt ungerade Kerne sind. In diesen Fällen gibt es trotz gerader Massenzahl keine weiteren stabilen Isobaren. Die genannten Ausnahmen lassen sich durch energetische Überlegungen erklären, auf die wir aber hier nicht eingehen können.

Nunmehr wenden wir uns zu der Frage nach der Existenz *stabiler Isotope* bei den verschiedenen Elementen und beginnen mit den Atomarten *ungerader Massenzahl*. Es gibt drei Möglichkeiten des Überganges von einer Atomart ungerader Massenzahl zur nächsthöheren Atomart ungerader Massenzahl: 1. Durch Einbau zweier Neutronen; dabei entsteht ein Isotop der ersten Atomart. 2. Durch Einbau eines Protons und eines Neutrons; dabei entsteht ein Isotop des nächsthöheren Elements. 3. Durch Einbau zweier Protonen; dabei entsteht unter Überspringung des nächsten Elements ein Isotop des Elements mit einer um 2 höheren Ordnungszahl. Bei den leichteren Elementen bis zum Cl erfolgt der Schritt stets durch den Einbau eines Protons und eines Neutrons. In diesem Bereich gibt es also keine Isotope ungerader Massenzahl. Beim $^{35}_{17}Cl$ erfolgt — offenbar weil jetzt etwas gegen die steigende Wirkung der COULOMB-Kraft geschehen muß — zum erstenmal der Einbau zweier Neutronen, der zur Bildung des Chlorisotops $^{37}_{17}Cl$ führt. Das gleiche wiederholt sich bei den schwereren Elementen noch mehrmals, aber niemals zweimal nacheinander. Der Einbau von 2 Protonen erfolgt nur an 4 Stellen. Dabei werden die Elemente $_{18}A$ und $_{58}Ce$, sowie die in der Natur nicht vorkommenden Elemente mit den Ordnungszahlen 43 und 61 übersprungen. Daraus folgt: *Ein Element hat meist nur 1, in einigen Fällen 2 stabile Isotope mit ungerader Massenzahl*; 4 Elemente haben überhaupt kein stabiles Isotop mit ungerader Massenzahl. Nun können aber Elemente mit ungerader Ordnungszahl — mit den obigen 4 Ausnahmen bei den leichtesten ungeraden Elementen — nur ungerade Massenzahlen haben. Daraus folgt ferner: *Elemente mit ungerader Ordnungszahl haben in der Regel nur 1, in einigen Fällen 2, aber nie mehr als 2 stabile Isotope.* Besitzt ein Element 2 Isotope ungerader Massenzahl, so sind deren relative Häufigkeiten durchweg von gleicher Größenordnung.

Bei den Elementen mit *gerader* Ordnungszahl stehen außer 1 oder 2 stabilen Isotopen mit ungerader Massenzahl die viel zahlreicheren stabilen Atomarten mit gerader Massenzahl zur Verfügung. *Sie besitzen daher meist erheblich mehr Isotope als die Elemente mit ungerader Ordnungszahl,* und zwar wächst die Zahl der Isotope mit wachsender Massenzahl.

Diese Tatsachen machen es verständlich, daß *in der Natur die Elemente mit gerader Ordnungszahl durchweg außerordentlich viel häufiger sind als diejenigen mit ungerader Ordnungszahl und bei ihnen wiederum die Isotope mit gerader Massenzahl häufiger als diejenigen mit ungerader Massenzahl.* Denn für gerade Ordnungs- und Massenzahlen gibt es viel mehr stabile Möglichkeiten als für ungerade Ordnungs- und Massenzahlen. Das — in Atomanzahlen — absolut häufigste Element ist der Sauerstoff.

Von der Regel, daß es bei ungerader Massenzahl immer nur eine einzige stabile Atomart, also keine stabilen Isobaren gibt, existieren vier — aber wohl nur scheinbare — Ausnahmen, die Paare $^{113}_{49}\text{In}$—$^{113}_{48}\text{Cd}$, $^{115}_{50}\text{Sn}$—$^{115}_{49}\text{In}$, $^{123}_{52}\text{Te}$—$^{123}_{51}\text{Sb}$, $^{187}_{76}\text{Os}$—$^{187}_{75}\text{Re}$. Von ihnen sollte je eines instabil sein. Doch hat man bei ihnen vergeblich nach einer Elektronen- oder Positronenstrahlung gesucht, die allerdings auch nur sehr schwach sein könnte, da der instabile Partner in jedem Fall sehr langlebig sein müßte. Man vermutet heute, daß tatsächlich jeweils der erste Partner tatsächlich instabil, aber überaus langlebig ist, und daß er sich durch einen Einfangprozeß in den andern umwandelt. Hierfür spricht, daß diese vier Atomarten — entgegen der obigen Häufigkeitsregel — sehr viel seltener sind als ihr ungerades Isotop, was für ihre allmähliche Umwandlung, wenn auch in Zeiten von geologischen Ausmaßen, spricht.

Unter den stabilen Atomarten sind alle Protonenzahlen Z von 0 (Neutronen) bis 83 (Bi) außer 43 und 61 vertreten, ferner alle Neutronenzahlen von 0 (H) bis 126 (Bi) außer 19, 21, 35, 39, 45, 61, 71, 89, 111, 115, 123.

Unsre obige Kernsystematik findet eine interessante Nutzanwendung bei der Frage nach der Existenz der Elemente mit den Ordnungszahlen 43 und 61, die trotz größter Bemühungen niemals als stabile Elemente haben entdeckt werden können. Als Elemente ungerader Ordnungszahl können sie nur ein oder zwei stabile Isotope — und diese mit ungerader Massenzahl — haben. Eine Durchsicht der ungeraden stabilen Isotope der jeweiligen Nachbarelemente zeigt nun, daß sämtliche Massenzahlen, die für die beiden Elemente irgend in Frage kommen könnten, bereits durch stabile Isotope der Nachbarelemente mit Beschlag belegt sind. Da nun Atome mit ungerader Massenzahl keine stabilen Isobaren haben, so sind für jene beiden Elemente stabile Isotope überhaupt nicht mehr verfügbar (MATTAUCH). Man kann also gar nicht erwarten, sie in der Natur überhaupt vorzufinden. Man hat aber durch künstliche Kernumwandlungen instabile Isotope von ihnen erzeugen und mit ihrer Hilfe die chemischen Eigenschaften dieser Elemente ermitteln können. Bei dieser Gelegenheit sei erwähnt, daß der chemische Nachweis und die chemische Untersuchung instabiler, also meist sehr kurzlebiger und daher fast nie in wägbaren Mengen vorhandener Atomarten ungeheuer schwierig ist und die Chemie vor ganz neue Aufgaben stellte. Unter den auf diesem Gebiet bahnbrechenden Forschern ist in erster Linie O. HAHN zu nennen.

364. Theorie der Radioaktivität. Eine abgeschlossene Theorie der Radioaktivität liegt bisher hauptsächlich für die *Alphastrahlung* vor (CONDON, GAMOW). Sie liefert auch eine energetische Begründung dafür, daß bei der natürlichen Radioaktivität niemals Protonen oder Neutronen ausgeschleudert werden. Aus den Versuchen über die Streuung von Alphateilchen an den Kernen (§ 336) hat sich ergeben, daß das COULOMBsche Gesetz zwar bis in einen sehr geringen Abstand vom Kern gilt, daß sich aber schließlich doch bereits Abweichungen bemerkbar zu machen beginnen, die von denjenigen Kräften herrühren, welche die Kernbausteine aneinander binden. Diese Kräfte haben aber eine viel kleinere Reichweite als die von den Ladungen der Kernprotonen ausgehende COULOMB-Kraft (§ 362). Das Feld in der Umgebung eines Kerns ergibt sich daher aus der Überlagerung eines von den Kernkräften und eines von der COULOMB-Kraft herrührenden Anteils, und zwar derart, daß unmittelbar am Kern die anziehenden Kernkräfte, in größerer Entfernung die abstoßende COULOMB-Kraft praktisch allein wirksam sind. Demnach nimmt bei Annäherung an den Kern das Potential im Kernfelde zunächst proportional zu $1/r$ zu [§ 137, Gl. (14); r Abstand vom Kernmittelpunkt], überschreitet an der Stelle, wo die COULOMB-Kraft und die Kernkräfte einander genau das Gleichgewicht halten, ein Maximum, um dann sehr steil in das Kerninnere abzufallen (Abb. 613). Das Kerninnere bildet einen sog. *Potentialtopf*, der durch eine *Potentialschwelle* vom Außenraum getrennt ist. In diesem Potentialtopf sitzen die

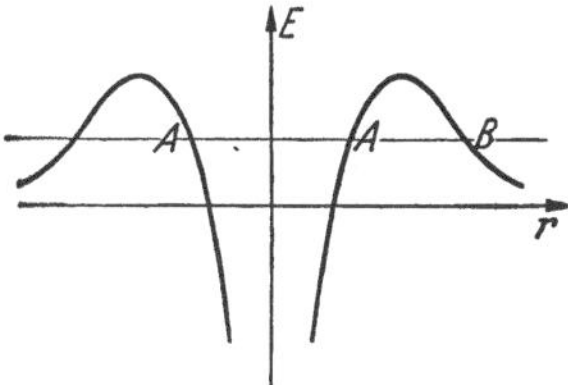

Abb. 613. Potentialverlauf im Felde eines Atomkerns (Potentialtopf).

Kernbausteine in der Regel gefangen, da sie die Potentialschwelle nicht zu überschreiten vermögen. Sie befinden sich auf Energieniveaus AA, welche niedriger liegen als die Potentialschwelle. So ist es — wenigstens nach den Gesetzen der klassischen Mechanik — unmöglich, daß sie aus dem Kern entweichen können.

Nun zeigen aber die Erscheinungen der Radioaktivität, daß es in gewissen Fällen doch vorkommen kann, daß Kernbausteine, nämlich Alphateilchen, den Kern verlassen und sogar eine sehr' große kinetische Energie mit sich führen. Das läßt sich auf Grund der Wellenmechanik nicht nur verstehen, sondern es ist sogar möglich geworden, die bei der Alphastrahlung bekannten Gesetze, insbesondere das wichtige GEIGER-NUTTALLsche Gesetz (§ 356), aus der Wellenmechanik abzuleiten. Wir wollen das im folgenden wenigstens verständlich zu machen suchen.

Wir haben gesehen (§ 352), daß man ein Teilchen, also auch einen Heliumkern, ein Alphateilchen, im Innern eines größeren Atomkerns, nicht nur im Korpuskelbild, sondern auch im Bilde der Materiewellen beschreiben kann. Wie das Teilchen, so sind auch seine Materiewellen im Potentialtopf gefangen, indem sie an der Potentialschwelle eine Art von Totalreflexion erfahren. Nun ergibt aber die Theorie, daß bei dieser Totalreflexion — genau wie im analogen optischen Fall — stets ein kleiner Bruchteil der totalreflektierten Welle in das zweite Medium hinübersickert. Doch klingt die Intensität dieses Wellenanteils dort sehr schnell exponentiel nach außen hin ab, so daß bei genügender Dicke des zweiten Mediums praktisch nichts mehr von der Welle nach außen gelangt. Ist aber das zweite Medium hinreichend dünn, so daß dieser Wellenanteil an seiner äußeren Begrenzung noch nicht restlos abgeklungen ist, so tritt ihr Rest dort als fortschreitende Welle in den Außenraum. In diesem Fall ist also die Totalreflexion nicht im strengen Sinne total, sondern es findet ein ständiger Durchgang von Wellen auch durch das zweite Medium hindurch statt, wenn auch nur in einem sehr geringen und von der Dicke des Mediums abhängigen Maße. Dieses zweite Medium ist in unserm Fall die Potentialschwelle.

Nun haben wir bereits gesagt (§ 353), daß die örtliche Dichte der Materiewellen ein Maß für die Wahrscheinlichkeit ist, das betreffende Teilchen an einem bestimmten Ort vorzufinden. Befindet sich das Teilchen momentan im Kerninnern, so ist diese Dichte dort außerordentlich viel größer als im Außenraum. Ist aber die Dicke der Potentialschwelle (die Strecke AB in Abb. 613) nicht sehr groß, so ist die Dichte auch im Außenraum nicht verschwindend klein, und es besteht eine bestimmte, vom Verhältnis der Außendichte zur Innendichte abhängige Wahrscheinlichkeit dafür, das Teilchen auch einmal im Außenraum anzutreffen. Demnach wird ein Alphazerfall, die Ausschleuderung eines Heliumkerns, in denjenigen Fällen möglich sein, in denen das Energieniveau AA eines Alphateilchens im Kern genügend hoch, seine Energie genügend groß ist, so daß die Strecke AB nur verhältnismäßig kurz ist.

Den Übergang des Teilchens von innen nach außen bezeichnet man als *Tunneleffekt*, weil das Teilchen, ohne je die Energie zu besitzen, die nach der klassischen Mechanik zum eigentlichen *Über*schreiten der Potentialschwelle nötig wäre, bildlich gesprochen sozusagen wie durch einen Tunnel die Schwelle *durch*schreitet und von A nach B gelangt (Abb. 613). Im Punkte B besitzt es die gleiche Energie wie im Niveau AA im Kerninnern. Es befindet sich nunmehr im Abstoßungsbereich der COULOMB-Kraft und kann sich von hier ab ungehindert vom Kern entfernen.

Das GEIGER-NUTTALLsche Gesetz kann nunmehr wenigstens qualitativ leicht verstanden werden. Je höher die Energie des Teilchens im Kern, das Niveau AA ist, um so kürzer ist die Strecke AB, um so größer also die Wahrscheinlichkeit für einen Austritt des Teilchens, für einen Alphazerfall. Da nun die Zerfallskonstante λ ein Maß für die Wahrscheinlichkeit des Zerfalls ist, so muß λ um so größer ,die mittlere Lebensdauer $\tau = 1/\lambda$ bzw. die Halbwertzeit T um so kleiner sein, je größer die Energie des Alphateilchens ist. Setzen wir sie gleich $E = mv^2/2$, so können wir das GEIGER-NUTTALLsche Gesetz auch in der Form $\ln \lambda = A + B \ln v = A + (B/2) \ln (2\,E/m) = A' + B' \ln E$ schreiben, welche aussagt, daß die Zerfallskonstante λ mit der Energie der Alphateilchen wächst. Die Theorie ist auch quantitativ in guter Übereinstimmung mit der Erfahrung und bestätigt die ungefähre Konstanz der Größen A und B innerhalb der einzelnen Zerfallsreihen.

Bei den *Betastrahlen* muß zwischen den *Kernbetastrahlen* und den *sekundären Betastrahlen* (§ 365) unterschieden werden. Nur erstere sind eine *unmittelbare* Folge einer Kernumwandlung. Ihre Entstehung ist ebenso zu verstehen wie die Aussendung eines Elektrons bei den übrigen (künstlichen) instabilen Atomarten (§ 363). Sie beruht also darauf, daß der Ausgangskern durch Verwandlung eines Neutrons in ein Proton in einen Zustand höherer Stabilität (aber noch keineswegs in denjenigen höchster Stabilität, der erst beim Blei erreicht ist) übergeht. Das als Kernbetastrahl fortfliegende Elektron wird erst im Augenblick dieser Umwandlung geschaffen, sorgt für die Erhöhung der Kernladung um 1 Einheit (Verschiebungssatz) und führt gleichzeitig Energie mit sich fort.

Es kann nun nicht bezweifelt werden, daß bei einem solchen Vorgang stets eine ganz bestimmte, von der Art des Atomkerns abhängige Energie frei wird. Man sollte daher erwarten, daß die Kernbetastrahlen, ebenso wie die Alphastrahlen, bei einer einheitlichen Atomart auch eine einheitliche Energie oder zum mindesten nur bestimmte, quantenhafte Energiestufen (§ 365) besitzen. Das ist aber nicht der Fall; vielmehr zeigen die Kernbetastrahlen ein durchaus *kontinuierliches Geschwindigkeitsspektrum*, das sich von einer scharfen oberen Geschwindigkeitsgrenze bis zu sehr viel kleineren Geschwindigkeiten erstreckt. Im Zusammenhang mit anderen Erfahrungstatsachen muß geschlossen werden, daß die obere Geschwindigkeitsgrenze der bei der betreffenden Kernumwandlung tatsächlich freiwerdenden Energie entspricht. Es erhebt sich daher die Frage nach dem Verbleib derjenigen Energie, die denjenigen Betateilchen fehlt, welche nicht jene maximale Geschwindigkeit besitzen. Eine Gammastrahlung, die sie mit sich führen könnte, tritt nicht auf. Da sonst keinerlei Veranlassung besteht, an der strengen Gültigkeit des Energieprinzips zu zweifeln, so bleibt nur die

Deutung möglich, daß gleichzeitig mit jedem Betateilchen ein weiteres Teilchen entsteht, das die fehlende Energie mit sich führt, das aber mit unseren derzeitigen Mitteln nicht beobachtet und nachgewiesen werden kann. Man bezeichnet dieses hypothetische Teilchen als *Neutrino*. Da es in keine erkennbaren Wechselwirkungen mit den Atomen der Materie tritt — denn dann wäre es beobachtbar —, so muß es ein ungeladenes Teilchen sein. Aus der Verteilung der Geschwindigkeiten im Geschwindigkeitsspektrum der Betastrahlen kann man ferner schließen, daß seine Masse erheblich kleiner als die des Elektrons ist. Wahrscheinlich ist seine Ruhmasse, wie die eines Lichtquants, Null.

365. Angeregte Kerne. Man weiß heute, daß es in den Kernen, ebenso wie in den Elektronenhüllen, nur *quantenhafte energetische Zustände* gibt, daß also jeder Kern einen normalen *Grundzustand* kleinster Energie besitzt, sich aber für kurze Zeiten auch in höheren, *angeregten Zuständen* befinden kann. So deutet man das Auftreten von ·Alphastrahlen von anomal großer Reichweite (Abb. 598) dahin, daß sie von Kernen stammen, die soeben erst eine Umwandlung erfahren haben, bei der eine Anregung erfolgt ist, und die sich unmittelbar danach aus dem angeregten Zustande heraus erneut umwandeln. Dabei nimmt das ausgeschleuderte Alphateilchen die Anregungsenergie als zusätzliche kinetische Energie mit, während sie als Gammastrahl ausgesandt wird, wenn nicht alsbald eine neue Umwandlung erfolgt. Aber auch die normalen Alphastrahlen besitzen in vielen Fällen nicht genau die gleiche Reichweite, sondern zeigen eine sog. Feinstruktur ihrer Reichweite (Energie), und zwar immer dann, wenn gleichzeitig mit ihnen Gammastrahlen auftreten. Das erklärt sich so, daß die Alphateilchen bei ihrer Ausschleuderung den Kern auf Kosten ihrer eigenen Energie in einem angeregten Zustande zurücklassen können. Bei der Rückkehr des Kerns in den Grundzustand wird diese Anregungsenergie dann in Form eines Gammastrahlquants frei (ELLIS, MEITNER).

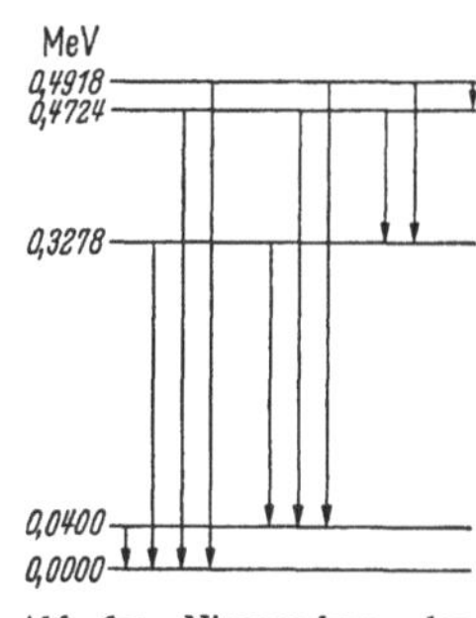

Abb. 614. Niveauschema des Kerns des Thorium C''. (Nach PHILIPP.)

Demnach muß das Energiedefizit eines Alphateilchens gegenüber seiner normalen maximalen Energie gleich der Energie $h\nu$ des zugehörigen Gammaquants sein, und daher liefert sowohl die Untersuchung der Feinstruktur, als auch diejenige der Gammaquanten — des Gammaspektrums — ein Mittel, um die Energiestufen im Kern zu bestimmen, genau wie die Energiestufen in der Elektronenhülle aus den Anregungsenergien und aus den optischen und Röntgenspektren ermittelt werden können. Die Größe der Energiequanten $h\nu$ der Gammastrahlen bestimmt man am besten aus der Energie von Elektronen, die sie durch lichtelektrischen Effekt auslösen [§ 330, Gl. (3)]. Ein solcher lichtelektrischer Effekt tritt nun oft schon beim Durchgang der Gammaquanten in der Elektronenhülle des betreffenden Atoms selbst auf und führt zur Aussendung der *sekundären Betastrahlen*. Da sowohl die Energie $h\nu$ der Gammaquanten, als auch die Abtrennungsarbeiten A der Elektronen in der Hülle quantenhaft sind, so muß auch die Energie E der ausgelösten Elektronen quantenhaft sein, d. h. die sekundären Betastrahlen müssen — im Gegensatz zu den Kernbetastrahlen — bestimmte diskrete Energiestufen zeigen. Das ist auch der Fall. Die Abtrennungsarbeiten A sind aus den optischen und Röntgentermen des betreffenden Atoms bekannt, so daß $h\nu = E + A$ berechnet werden kann. Dabei gelten für A nicht mehr die Terme des zerfallenden, sondern die des neu entstehenden Atoms. Auf die geschilderte Weise ist es bereits in einigen Fällen gelungen, Termschemata von Kernen zu berechnen, genau nach dem Muster der Termschemata der Elektronenhüllen (Abb. 614). Ist die Größe des Energiequants hv bekannt, so kann man auch die Schwingungszahl v und die Wellenlänge λ der Gammastrahlen berechnen.

Bei den *isomeren Atomarten*, wie Uran Z und Uran X_2 (§ 356) handelt es sich nach VON WEIZSÄCKER um ganz gleiche Atome, die sich nur durch den Anregungszustand ihrer Kerne im Augenblick des Zerfalls unterscheiden. Wahrscheinlich entsteht beim Zerfall des UX_1 zunächst immer das angeregte UX_2. Lebt dieses lange genug, um zunächst — und zwar unter Aussendung einer Gammastrahlung — in seinen Grundzustand UZ überzugehen, so sendet es eine energieärmere Betastrahlung aus, als wenn es bereits aus dem angeregten Zustand heraus zerfällt und die Anregungsenergie der Energie des Betateilchens zusätzlich zugute kommt.

366. Die Spaltung der schwersten Kerne. Zu den interessantesten Entdeckungen der jüngsten Physik gehören die Kernreaktionen mit Neutronen an den schwersten Atomen. FERMI sowie HAHN, MEITNER und STRASSMANN hatten beobachtet, daß bei der Beschießung von Uran mit Neutronen eine Anzahl von kurzlebigen, betastrahlenden, durch ihre Halbwertzeiten unterschiedenen Atomarten entsteht. In Analogie zu den bis dahin bekannten Kernreaktionen nahmen sie an, daß durch den Einbau des Neutrons ein neues, sehr instabiles Uranisotop gebildet werde, das die Muttersubstanz einer aus mehreren Betastrahlern bestehenden Zerfallsreihe bilde. Da jeder einzelne Betazerfall die Ordnungszahl um 1 Einheit hebt (§ 356), so hätten diesen Betastrahlern die in der Natur nicht vorkommenden Ordnungszahlen 93, 94, 95 usw. zukommen müssen. Man bezeichnete sie daher als *Transurane*.

Im Jahre 1939 entdeckten aber HAHN und seine Mitarbeiter auf Grund sehr sorgfältiger und mühevoller chemischer Analysen, daß hier tatsächlich etwas ganz anderes, *völlig Neues und Unerwartetes* vorliegt. Durch die Beschießung mit einem Neutron wird eine *Spaltung des Urankerns in zwei Kerne* ausgelöst, deren Massen — ganz anders als beim gewöhnlichen radioaktiven Zerfall — von gleicher Größenordnung sind. Gleichzeitig werden einige Neutronen frei; eine Elektronen- oder Positronenstrahlung tritt bei der Spaltung nicht auf. Die Kernladung des Urans (92) bleibt also erhalten. Demnach muß die Summe der Kernladungen (Ordnungszahlen) der beiden Bruchstücke ebenfalls 92 sein, während ihre Massensumme geringer ist. Bisher sind die folgenden Bruchstücke nachgewiesen worden:

—	—	$_{35}$Br	$_{36}$Kr	$_{37}$Rb	$_{38}$Sr	$_{39}$Y	$_{40}$Zr	$_{41}$Nb	$_{42}$Mo	($_{43}$Ma)
($_{59}$Pr)	$_{58}$Ce	$_{57}$La	$_{56}$Ba	$_{55}$Cs	$_{54}$Xe	$_{53}$J	$_{52}$Te	$_{51}$Sb	—	—

Es sind diejenigen Elemente übereinander gesetzt, deren Ordnungszahlsumme 92 ergibt, die also als zusammengehörige Bruchstücke anzusehen sind. (Die eingeklammerten Elemente sind nicht unmittelbar nachgewiesen, sondern nur als Zerfallsprodukte ihrer Nachbarn erschlossen.) Der Urankern kann also auf zahlreiche verschiedene Weisen gespalten werden. Die Bruchstücke der oberen Reihe sind sämtlich elektronenaktiv, das Mo auch positronenaktiv, die der unteren Reihe sämtlich positronenaktiv. Überdies treten zahlreiche Isotope auf. Bei der Spaltung wird eine sehr große Energie frei. Die Spaltstücke fliegen mit großen Geschwindigkeiten auseinander. Die Summe ihrer Energien beträgt rund 150 MeV, also etwa das 20fache der Energie der schnellsten Alphateilchen. Die gleichzeitig freiwerdenden Neutronen haben eine Energie von einigen MeV.

Von den vermeintlichen Transuranen ist lediglich ein kurzlebiger Kern der Ordnungszahl 93, ein Eka-Rhenium, übriggeblieben. Dieser aber ist auch chemisch einwandfrei nachgewiesen.

Die Spaltung wird beim Uran sowohl durch schnelle als auch durch langsame Neutronen herbeigeführt. Auch bei den nächstschweren Kernen, dem Thorium und dem Protaktinium, sowie beim Ionium ist die Spaltung durch Neutronen nachgewiesen worden, erfolgt bei ihnen aber nur unter der Einwirkung schneller Neutronen.

Neuerdings haben KRISHNAN und BANKS eine Spaltung von Uran und Thorium auch mit Deuteronen von einer Energie bis zu 9 MeV zu bewirken vermocht und als Trümmer instabile Platin-, Barium- und Lanthanisotope ermittelt.

Diese Erscheinungen beweisen, daß die Atome bei Überschreitung der natürlichen Grenzen des periodischen Systems außerordentlich labile Gebilde werden. Es ist daher äußerst wahrscheinlich, daß das langlebige Uranatom $^{238}_{92}U$ mit seinen 92 Protonen und 146 Neutronen die obere Grenze für eine wenigstens noch halbwegs stabile Zusammenballung von Protonen und Neutronen in einen einzigen Kern darstellt. Wahrscheinlich ist es die mit steigender Protonenzahl ständig wachsende gegenseitige Abstoßung der Protonen, die diese obere Grenze der Stabilität bestimmt. Man vermutet, daß die schwersten natürlichen Kerne nicht mehr, wie die leichteren, ungefähr Kugelgestalt haben (vgl. das Tröpfchenmodell, § 362), sondern eine längliche Gestalt. Es ist denkbar, daß sich bei dem künstlichen $^{239}_{92}U$ alsbald eine Einschnürung bildet, der dann der Zerfall in die genannten Teile folgt.

367. Ultrastrahlung. Die Luft in der Nähe des Erdbodens ist stets merklich ionisiert. Diese Ionisation rührt in der Hauptsache von den radioaktiven Stoffen im Erdboden und der aus ihm entweichenden Emanation her. Schirmt man eine Ionisationskammer (etwa von der Art der Abb. 314) mit einem Bleipanzer ab, so kann man diese Ionisation bis auf einen sehr kleinen Bruchteil beseitigen, aber nie vollständig. Es bleibt immer noch eine ionisierende Strahlung übrig, die auch noch durch sehr dicke Bleipanzer hindurchgeht und demnach viel durchdringender ist als irgendeine radioaktive Strahlung.

Während nun natürlich die vom Erdboden herrührende Ionisation mit der Höhe über dem Erdboden ziemlich schnell abnimmt, beobachtete HESS 1912 bei Ballonaufstiegen, daß der nicht abschirmbare Anteil *mit der Höhe stetig und beträchtlich zunimmt.* Er erkannte sofort, daß es sich um die Wirkung einer Strahlung handeln müsse, welche von außen her, aus dem Weltraum, in die Atmosphäre einfällt. Man bezeichnete sie früher als *Höhenstrahlung,* heute meist als *kosmische Ultrastrahlung.* Um ihre weitere Erforschung haben sich unter anderem vor allem REGENER, MILLIKAN, BLACKETT, GEIGER, BOTHE und KOLHÖRSTER verdient gemacht. REGENER ließ als erster Pilotballone mit schreibenden Meßgeräten bis in Höhen über 30 km aufsteigen und fand eine stetige Zunahme der Ultrastrahlung bis in eine Höhe nahe an 30 km (Luftdruck rund 2 cm Hg). Andererseits haben REGENER und andere die Ultrastrahlung noch in mehreren 100 m Wassertiefe und in sehr tiefen Bergwerken nachweisen können. Es handelt sich also um eine außerordentlich durchdringende Strahlung.

Die wichtigsten Hilfsmittel zur Erforschung der Ultrastrahlung sind das GEIGERsche Zählrohr und die WILSON-Kammer (§ 355). Die Anschauungen über das Wesen der Ultrastrahlung sind mit dem Fortschritt der Forschung einem häufigen Wechsel unterworfen gewesen. Der heutige Stand ist etwa der folgende. Es steht fest, daß die aus dem Weltraum kommende primäre Strahlung ganz oder zum großen Teil aus geladenen Teilchen besteht. Das folgt aus dem sog. *Breiteneffekt,* der Tatsache, daß die Ultrastrahlung in den äquatorialen Breiten ein deutliches Minimum zeigt. Da die primäre Ultrastrahlung zweifellos von allen Richtungen her gleichmäßig in die Atmosphäre einfällt, so kann der Breiteneffekt nur durch eine Ablenkung der Strahlen nach den Polen hin gedeutet werden. Eine solche ist bei geladenen

Teilchen auch zu erwarten, und zwar als eine Wirkung des erdmagnetischen Feldes. Dieses lenkt ja auch die von der Sonne herkommenden Elektronenstrahlen nach den Polen ab und bewirkt das Auftreten der Polarlichter (§ 195). Nur ist die Wirkung bei der ungeheuer energiereichen Ultrastrahlung sehr viel schwächer als bei diesen verhältnismäßig langsamen Elektronenstrahlen. Man weiß ferner, daß die primäre Ultrastrahlung nicht aus schweren Teilchen (Protonen, Alphateilchen) bestehen kann. Man kann berechnen, daß schwere Teilchen von so großer Energie, wie sie der Ultrastrahlung zukommt, mit beträchtlicher Intensität bis zum Erdboden gelangen müßten. Tatsächlich werden aber solche schweren Teilchen in der Ultrastrahlung nie beobachtet. Die primären Ultrastrahlteilchen müssen demnach wohl Elektronen oder Positronen oder beides sein.

Nun können aber wiederum diese leichten Teilchen nicht die ganze Atmosphäre durchdringen. Man kann berechnen, daß sie bereits in den oberen Atmosphärenschichten vollständig absorbiert werden müssen. Von dem Mechanismus, der die Wirkungen der Ultrastrahlung wenigstens noch zu einem kleinen Teil bis zur Erdoberfläche und sogar noch tief in die Erde hineinträgt, macht man sich heute folgendes Bild. Man nimmt an, daß die primäre Ultrastrahlung in den oberen Atmosphärenschichten bei Wechselwirkungen mit den Atomkernen zahlreiche, sehr kurzwellige, also sehr energiereiche Lichtquanten — eine Art von Ultra-Gammastrahlung — erzeugt und dadurch allmählich an Energie verliert. Diese Quanten wiederum erzeugen bei Wechselwirkungen mit den Atomkernen sehr energiereiche Paare von Elektronen und Positronen (§ 359). Die Energie dieser Paare ist größenordnungsmäßig nicht viel kleiner als die der primären Ultrastrahlung. Sie wirken daher ähnlich wie diese, erzeugen wiederum energiereiche Quanten, diese erzeugen wiederum Paare usw. (Abb. 615). Die Bewegungsrichtung der Paare und der Quanten ist von derjenigen der sie erzeugenden Strahlen nur äußerst wenig verschieden, so daß sich die Gesamtheit der von einem primären Ultrastrahlteilchen erzeugten Paare und Quanten als eine sehr eng gebündelte Garbe durch die Atmosphäre bewegt. Daher nimmt die Zahl der ionisierenden Teilchen und Quanten von der Grenze der Atmosphäre her in Richtung nach unten zunächst beträchtlich zu, und mit ihr auch die Ionisation. Das wird in den höchsten erforschten Schichten in einer Höhe um 30 km auch wirklich beobachtet. Weiter nach unten hin nimmt dann die Ionisation allmählich wieder ab. Wäre kein weiterer Mechanismus im Spiel, so kann man berechnen, daß in einer Höhe von etwa 22 km (Luftdruck rund 5 cm Hg) die primäre Ultrastrahlung und ihre Folgestrahlungen restlos absorbiert sein müßten.

Wäre also kein weiterer Mechanismus am Werke, so müßte die Ultrastrahlung auf die obersten Atmosphärenschichten beschränkt sein und wäre heute wahrscheinlich noch überhaupt nicht entdeckt. Denn es steht außer Zweifel, daß die leichten Teilchen der primären Ultrastrahlung die Atmosphäre nicht durchdringen können, und daß schwerere Teilchen einer uns bisher unbekannten Art, die dazu imstande wären, in der primären Ultrastrahlung nicht enthalten sind.

Nun hat man aber mit der WILSON-Kammer in der Ultrastrahlung am Erdboden mehrfach geladene Teilchen beobachtet, deren ionisierende Wirkung zwischen derjenigen der Elektronen und Positronen und derjenigen schwerer Teilchen liegt, und deren Ablenkbarkeit im magnetischen Felde auf eine Masse hinweist, die etwa 150mal größer ist als diejenige der Elektronen und Positronen. Man nennt sie *schwere Elektronen* oder heute meist *Mesotronen*, und man muß annehmen, daß es positive und negative Mesotronen gibt. Sie haben eine ausreichend große Masse, um bei der ihnen innewohnenden Energie die ganze Atmosphäre und noch weit größere Schichtdicken zu durchdringen. Zufällig hat etwa um die gleiche Zeit mit dieser Entdeckung YUKAWA aus Gründen der Kerntheorie auf die Existenz von Teilchen ähnlicher Masse geschlossen, und zwar müssen diese Teilchen äußerst kurzlebig sein. Sie müssen spontan entstehen und nach einer Halbwertzeit von der Größenordnung 10^{-6} sec in ein gewöhnliches Elektron oder Positron und ein Neutrino (§ 364) zerfallen. Das überschießende Energieäquivalent mc^2 ihrer Masse, das von der Größenordnung von 75 MeV ist, geht dabei als kinetische Energie an diese Teilchen über, die also außerordentlich energiereich sind.

Es wird nun heute angenommen, daß die primäre Ultrastrahlung in den oberen Atmosphärenschichten gelegentlich unmittelbar oder mittelbar ein solches Mesotron erzeugt. Dieses kann bei seiner hohen Geschwindigkeit, die jedenfalls der Lichtgeschwindigkeit nahekommt, trotz seiner kleinen Lebensdauer die Atmosphäre und noch dickere Schichten durchdringen, also bis zum Erdboden und noch tiefer gelangen. Wo es zerfällt, da wirken die von ihm erzeugten Elektronen und Positronen wieder ganz ähnlich wie die primäre Ultrastrahlung selbst, erzeugen also auch in den unteren Atmosphärenschichten die gleichen enggebündelten Garben von Paaren und Quanten, wie die primäre Ultrastrahlung in den oberen Schichten. Durch Vermittlung der Mesotronen wird also die Ultrastrahlung sozusagen über das Hindernis der Atmosphäre hinweggetragen und kann auch am Erdboden und noch tiefer zur Wirkung gelangen. Die allmähliche Abnahme der Ultrastrahlung, wenn man sich der Erde in Richtung von oben her nähert, rührt jedenfalls in der Hauptsache davon her, daß die Mesotronen zum Teil auch schon längs ihres Weges durch die Atmosphäre zerfallen und an Zahl stetig abnehmen.

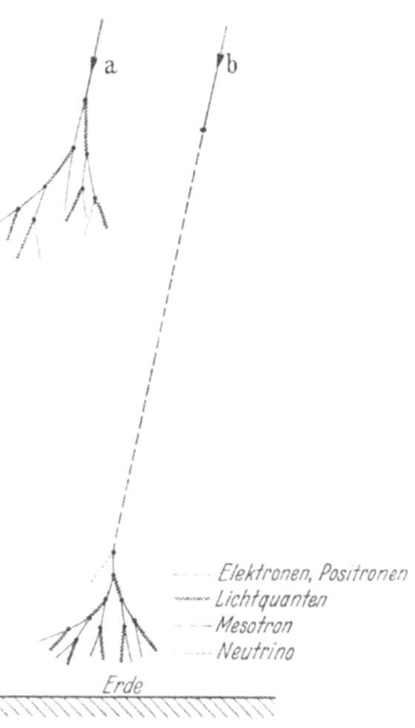

Abb. 615. Schema der Ultrastrahlung.

Die erwähnten Garben können leicht beobachtet werden. Sie äußern sich in dem Auftreten von sog. *Schauern*. Ein solcher besteht in dem gleichzeitigen Auftreten von sehr vielen, oft mehreren hundert, Elektronen und Positronen, wie man es z. B. in der WILSON-Kammer beobachten kann.

Der Ursprung der Ultrastrahlung ist noch ganz unbekannt. Am nächsten würde die Annahme liegen, daß sie ihre außerordentliche Energie einzelnen Elementarakten verdankt. Wir kennen aber keinen einzigen Elementarakt, vermögen auch keinen solchen zu ersinnen, der auch nur annähernd die nötige Energie lieferte. Die gelegentlich ausgesprochene Vermutung, daß die Ultrastrahlung von den Supernovae, einer äußerst selten auftretenden Art von neuen Sternen (§ 371) ausgehen könnte, entbehrt ausreichender Beweise. Es ist auch vermutet worden, daß die Ultrastrahlung ein überlebendes, im Weltraum vagabundierendes Überbleibsel aus einer längst vergangenen Entwicklungsphase des Weltalls sein könne. Schließlich hat man auch in Erwägung gezogen, daß es zwischen den Himmelskörpern sehr große Potentialdifferenzen und sehr ausgedehnte elektrische Felder im Weltraum geben könnte, und daß die primäre Ultrastrahlung ihre außerordentliche Energie, die sicher mindestens hunderte von MeV, wenn nicht gar sehr viel mehr, beträgt, einer Beschleunigung in solchen Feldern verdanke. Die Ultrastrahlung ist also eines der rätselvollsten, gerade darum aber auch reizvollsten Probleme der heutigen Physik.

IV. Kristalle.

368. Grundtatsachen des Kristallbaus. Wir haben bereits erwähnt, daß die eigentlichen festen Körper, die Kristalle, sich von den amorphen festen Körpern durch die regelmäßige Anordnung ihrer elementaren Bausteine, ihre *Raumgitterstruktur,* unterscheiden, und daß diese durch die *Strukturanalyse mit Röntgenstrahlen* (VON LAUE 1912) ermittelt werden kann (§ 312). Der regelmäßige Bau der einzelnen Elementarbereiche eines Kristalls, der sich von einem Elementarbereich zum andern stets in genau gleicher Weise wiederholt, bewirkt, daß die Kristalle auch in ihrem äußeren Bau die bekannte Regelmäßigkeit zeigen. Sie sind konvexe Polyeder, die von ebenen Flächen begrenzt sind und daher auch stets gerade Kanten haben.

Die *Kristallsystematik* ordnet die Vielfalt der Kristalle ursprünglich nach ihrer äußeren Gestalt (BRAVAIS 1848, SOHNCKE 1879, SCHÖNFLIESS 1891). Sie beruht auf einigen grundlegenden Gesetzen und gewissen Symmetrieeigenschaften der Kristalle. Die auf dieser Grundlage entwickelte Systematik ist mit derjenigen identisch, die sich später folgerichtig auch aus der Raumgittertheorie ergeben hat. Wir erwähnen hier nur die allerwichtigsten, zum allgemeinen Verständnis der Systematik nötigen Tatsachen.

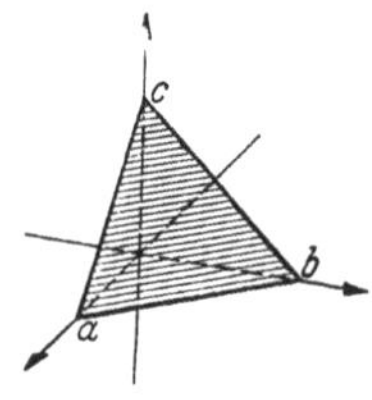
Abb. 616. Zum Gesetz der einfachen, rationalen Indizes.

1. Das Gesetz der konstanten Neigungswinkel (STÉNO 1669, ROMÉ DE L'ISLE 1772): Zwei gleiche Kanten der Kristalle des gleichen Stoffs bilden — sofern die Kristalle unter gleichen Bedingungen gewachsen sind — miteinander stets gleiche Winkel. Beim Wachsen eines Kristalls verschieben sich seine Flächen parallel zu sich selbst, so daß diese Winkel erhalten bleiben. Das ist auf Grund der Raumgittertheorie leichtverständlich.

2. Das Gesetz der einfachen, rationalen Indizes (HAÜY). Man wählt einen Punkt im Innern eines Kristalls als Ursprung eines Koordinatensystems, dessen Achsen (a, b, c) parallel zu drei in einer Ecke zusammenstoßenden Kanten des Kristalls sind. Das Koordinatensystem ist also sehr oft schiefwinkelig. Die Wahl eines bestimmten Koordinatensystems unter den verschiedenen möglichen ist eine Frage der Zweckmäßigkeit. Ferner wählt man unter den Flächen des Kristalls — wieder nach Gründen der Zweckmäßigkeit — eine bestimmte Fläche aus. Sie schneidet die drei Achsen in drei Punkten, die die Abstände a, b, c vom Koordinatenursprung haben (Abb. 616). Dabei kommt es nur auf das Verhältnis $a:b:c$ an, das sich nicht ändert, wenn die Fläche parallel zu sich selbst verschoben wird, z. B. wenn der Kristall wächst. Wesentlich ist also nur die Richtung der Flächennormalen. Diese Fläche nebst dem genannten Verhältnis bildet die sog. *Grundform* des Kristalls. Entsprechend schneidet jede andere Fläche des Kristalls die drei Achsen in drei Punkten (von denen einer oder zwei auch im unendlichen liegen können), deren Abstände vom Ursprung wir allgemein mit a_i, b_i, c_i bezeichnen wollen. Dann kann die Lage dieser Fläche — genauer gesagt die Richtung ihrer Flächennormalen — wieder durch das Verhältnis $a_i:b_i:c_i$ gekennzeichnet werden. Diese Abstände können auch negative Werte annehmen, wenn der betreffende Schnittpunkt auf der negativen Seite der Achse liegt. Man bezieht nun das vorstehende Verhältnis auf die Grundform, indem man setzt

$$a_i : b_i : c_i = \frac{a}{h} : \frac{b}{k} : \frac{c}{l}. \tag{1}$$

Die Zahlen h, k, l heißen die *Indizes* der betreffenden Fläche. Durch ihre Angabe ist die Lage der Fläche vollkommen bestimmt.

Das Gesetz der einfachen, rationalen Indizes sagt aus, daß die Indizes h, k, l sich stets durch einfache, rationale Zahlen darstellen lassen, von denen eine oder zwei auch gleich Null sein können. Ist z. B. $h = 0$, so ist nach Gl. (1) $a_i = \infty$, d. h. die Fläche schneidet die a-Achse überhaupt nicht, ist also zu ihr parallel (Abb. 617a). Ist $h = k = 0$, so ist $a_i = \infty$ und $b_i = \infty$, die Fläche also parallel zur (ab)-Ebene (Abb. 617b). Besonders häufig kommen Flächen mit ganz einfachen Indizes (hkl) wie (001), (010), (100), (110), (101), (011), (211), (121) usw. vor.

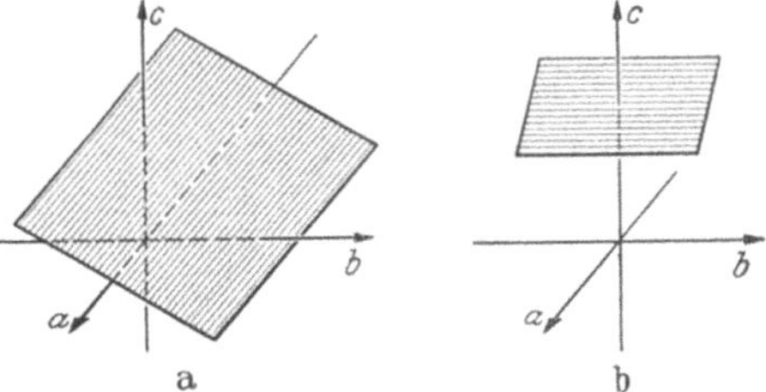

Abb. 617. a Fläche parallel zur a-Achse (okl), b Fläche parallel zur (ab)-Ebene (ool).

3. Kristallsymmetrien. Ist die Raumgitterstruktur eines Kristalls in mehreren Richtungen die gleiche *(gleichwertige Richtungen),* so müssen auch die in solchen Richtungen gewachsenen Flächen als *gleichwertige Flächen* angesehen werden. Unter *Symmetrie* versteht man an einem Kristall alle Regelmäßigkeiten, die ihre Ursache darin haben, daß er gleichwertige Flächen, also auch gleichwertige Richtungen besitzt. Man erkennt die Symmetrien durch gedachte Vornahme gewisser *Deckoperationen.* Darunter versteht man solche Operationen, durch die ein normal gewachsener, einheitlicher Kristall in sich selbst übergeht, genauer gesagt durch die alle gleichwertigen Richtungen des Kristalls in sich selbst übergehen, so daß sich die Indizes aller am Kristall vorhandenen Flächen paarweise in diejenigen einer anderen gleichwertigen Fläche des Kristalls verwandeln.

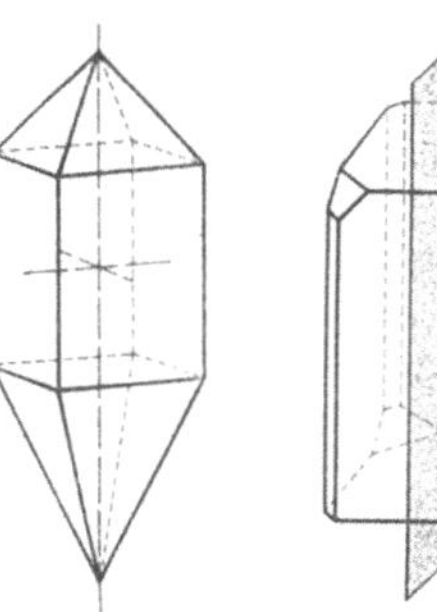

Abb. 618. Kristall mit vierzähliger Drehachse. (Nach NIGGLI.)

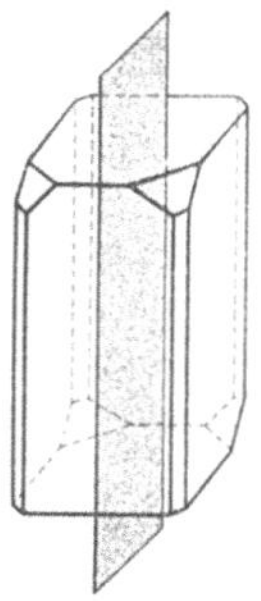

Abb. 619. Kristall mit Spiegelebene. (Nach NIGGLI.)

Das kann erstens durch eine Drehung des Kristalls um eine *Drehachse* erfolgen. Abb. 618 zeigt einen Kristall, der durch eine Drehung um 90° um die c-Achse in sich selbst übergeht. Man kann diese Deckoperation viermal im gleichen Sinne wiederholen, bis der Kristall wieder identisch in seine Anfangslage zurückkehrt. Deshalb wird die Drehachse in diesem Fall als vierzählig bezeichnet. Allgemein heißt eine Achse *n-zählig,* wenn die kleinste für eine Deckoperation nötige Drehung 360°/n beträgt. Aus dem Gesetz der einfachen, rationalen Indizes läßt sich ebenso wie aus der Raumgittertheorie *beweisen,* daß es nur *zweizählige* (digonale), *dreizählige* (trigonale), *vierzählige* (tetragonale) und *sechszählige* (hexagonale) *Drehachsen* geben kann. Dem entspricht, daß die Drehwinkel nur 180°, 120°, 90° oder 60° betragen können. Auf Grund der Raumgittertheorie hängt dies damit zusammen, daß eine Zerlegung einer Ebene in lauter gleiche gleichseitige, regelmäßige Polygone nur mit Drei-, Vier- und Sechsecken möglich ist.

Zweitens kann eine Deckoperation durch Spiegelung an einer im Kristall gedachten Ebene *(Spiegelebene)* erfolgen. Bei dem in Abb. 619 dargestellten Kristall geht durch Spiegelung an der gezeichneten Ebene die rechte Kristallhälfte in die linke, die linke in die rechte über.

Drittens gibt es Deckoperationen durch *gleichzeitige* Vornahme einer Drehung *und* einer Spiegelung. Bei einer solchen *Drehspiegelung* wird also der Kristall um eine bestimmte Achse *(Drehspiegelachse)* gedreht und an einer zu dieser Achse senkrechten Ebene *(Drehspiegelebene)* gespiegelt. Ebenso wie die Drehachsen können auch die Drehspiegelachsen nur zwei-, drei-, vier- oder sechszählig sein. Abb. 620 zeigt das Schema einer zweizähligen Drehspiegelachse. Durch Drehung um 180° um die Achse und gleichzeitige Spiegelung an der zur Achse senkrechten Ebene geht Punkt 1 in Punkt 2 über und Punkt 2 in Punkt 1. In diesem Fall kommt es aber auf die räumliche Lage der Ebene nur insofern an, als sie durch den Punkt Z gehen muß, der die Strecke 1—2 halbiert. Jede der unend-

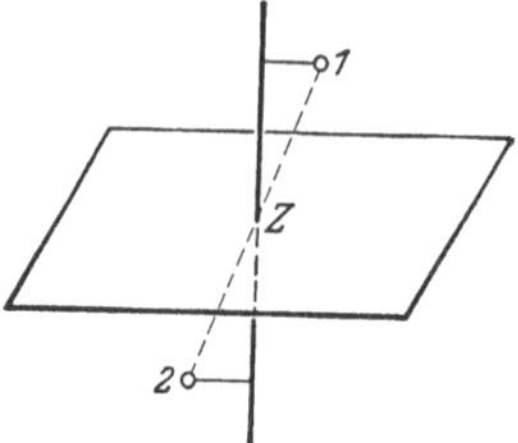
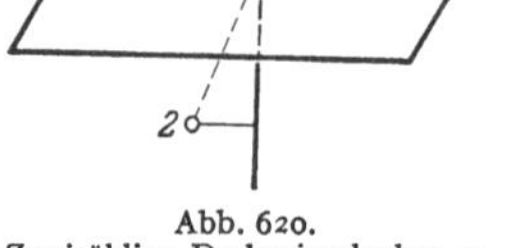

Abb. 620.
Zweizählige Drehspiegelachse =
Symmetriezentrum.

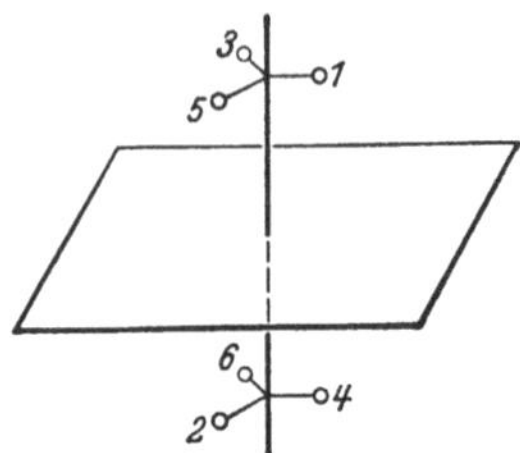

Abb. 621.
Dreizählige Drehspiegelachse = dreizählige Drehachse + Spiegelebene.

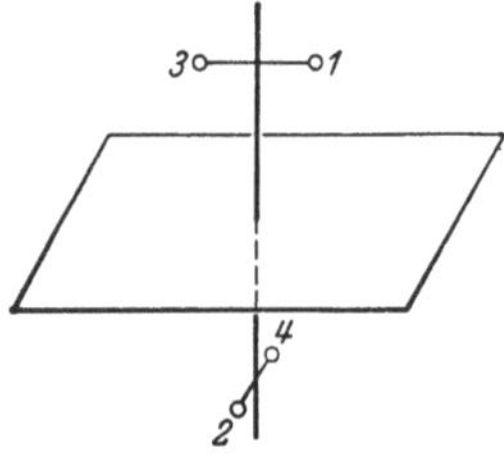

Abb. 622.
Vierzählige Drehspiegelachse.

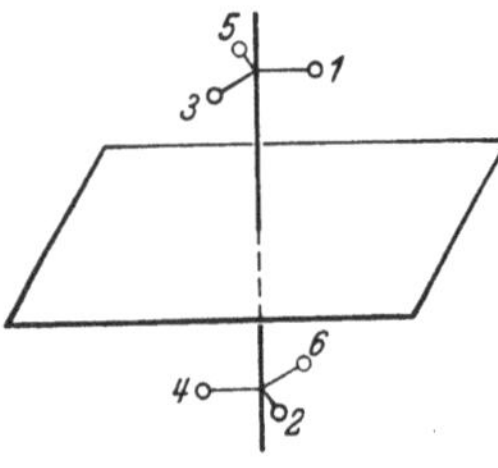

Abb. 623.
Sechszählige Drehspiegelachse.

lich vielen Ebenen, die dieser Bedingung genügen, nebst der zu ihr senkrechten Achse, erfüllt den gleichen Zweck. Daher ist die Existenz eines *Symmetriezentrums Z* bereits eine ausreichende Bedingung für diese Art von Symmetrie. Man spricht daher meist nicht von zweizähligen Drehspiegelachsen, sondern von Symmetriezentren. Eine dreizählige Drehspiegelachse entspricht einer dreizähligen wirklichen Drehachse nebst einer wirklichen Spiegelebene (Abb. 621). Sie wird deshalb nicht als besondere Deckoperation gewertet.

Es bleiben also nur die *vier-* und die *sechszähligen Drehspiegelachsen* übrig. Aus den

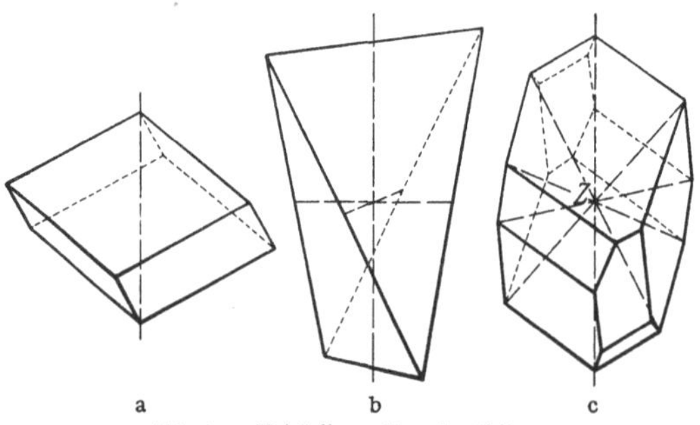

a   b   c
Abb. 624. Kristall a mit sechszähliger,
b mit vierzähliger Drehspiegelachse, c mit Symmetriezentrum.

Abb. 622 und 623 erkennt man ohne weiteres, daß eine vierzählige Drehspiegelachse stets auch eine zweizählige Drehachse, eine sechszählige Drehspiegelachse auch eine dreizählige Drehachse ist. Abb. 624 zeigt Beispiele von Kristallen mit sechs- und vierzähliger Drehspiegelachse, sowie mit Symmetriezentrum.

Beim Raumgitter kommen aber noch weitere Symmetrieelemente hinzu, da bei ihm noch weitere Deckoperationen möglich sind. Eine solche ist erstens die *Translation,* die Verschiebung des Raumgitters derart, daß homologe Gitterbausteine miteinander zur Deckung kommen. Es sind immer drei Translationen nach drei Richtungen möglich, die nicht in der gleichen Ebene liegen. Zweitens kann eine Deckoperation darin bestehen, daß das Raumgitter um eine bestimmte Richtung als Achse gedreht und gleichzeitig in dieser Richtung verschoben wird *(Schraubung)*. Drittens kann sie bestehen in einer Spiegelung an einer Ebene mit gleichzeitiger Verschiebung längs dieser Ebene *(Gleitspiegelebene)*. Wie die Drehachsen, so können auch die *Schraubachsen* nur zwei-, drei-, vier- oder sechszählig sein. Zwei gleichzählige und gleichgerichtete Schraubenachsen können sich noch durch ihren Drehsinn unterscheiden (vgl. Rechts- und Linksschrauben). Man bezeichnet daher eine Schraubenachse als rechts- oder links-*n*-zählig.

369. Kristallsysteme. Kristallklassen. Raumgruppen. Man ordnet die Kristalle nach ihren Symmetrieelementen. Nicht alle in § 368 genannten Symmetrieelemente können an einem Kristall gleichzeitig auftreten, da manche von ihnen nicht miteinander vereinbar sind. Andere wiederum bedingen sich gegenseitig. Mit Hilfe der mathematischen Gruppentheorie läßt sich berechnen, welche und wieviele Symmetrieelemente gleichzeitig an einem Kristall auftreten können. Ohne Berücksichtigung derjenigen Symmetrieelemente, die nur der Raumgitterstruktur eigentümlich sind, ergeben sich dann 32 verschiedene Möglichkeiten, nach denen man die Kristalle in 32 *Kristallklassen* einteilt. Nach dem Grade der Symmetrie — der Art und Zahl der Symmetrieelemente —, ordnet man die 32 Kristallklassen in 7 *Kristallsysteme,* die wir hier in der Reihenfolge zunehmender Symmetrie anführen.

Triklines System. Es hat von allen Systemen die geringste Symmetrie und umfaßt 2 Klassen, eine ohne Symmetrieebene und eine mit nur einem Symmetriezentrum.

Monoklines System. Es umfaßt 3 Klassen. Diese Kristalle haben eine zweizählige Drehachse oder eine Spiegelebene oder beides zugleich.

Rhombisches System. Es umfaßt 4 Klassen. Diese Kristalle sind durch drei aufeinander senkrechte, nicht gleichwertige Drehachsen ausgezeichnet. Außerdem können Symmetrieebenen auftreten.

Hexagonales (7 Klassen), *trigonales* (5 Klassen) und *tetragonales System* (7 Klassen). Diese Kristalle haben eine ausgezeichnete Drehachse *(Hauptachse),* welche — je nach der Bezeichnung des Systems — sechs-, drei- oder vierzählig ist. Sie kann auch eine Drehspiegelachse sein. Senkrecht zu ihr können zweizählige Achsen stehen, die im hexagonalen und im trigonalen System Winkel von 120° oder 60°, im tetragonalen System Winkel von 90° miteinander bilden. Sofern Symmetrieebenen vorkommen, liegen sie parallel oder senkrecht zur Hauptachse.

Kubisches (reguläres) System. Es umfaßt 5 Klassen. Diese Kristalle haben mindestens vier dreizählige Achsen, welche zueinander wie die Raumdiagonalen eines Würfels liegen, und drei zweizählige Achsen, deren Richtungen denen der Würfelkanten des gleichen Würfels entsprechen. In den höher symmetrischen Klassen dieses Systems werden letztere vierzählig, und es kommen zweizählige Achsen in Richtung der Flächendiagonalen des Würfels hinzu. In manchen Klassen treten auch Symmetrieebenen auf. In der höchstsymmetrischen Klasse, der kubisch-holoedrischen Klasse, gibt es 48 Deckoperationen.

Abb. 625a—g zeigen je ein Beispiel eines Kristalles, die stereoskopischen[1] Abb. 626—632 je ein Raumgitter (nach VON LAUE und VON MISES) für jedes der 7 Kristallsysteme davon 5 für die gleichen Kristalle wie in Abb. 625.

---

[1] Einen richtigen Eindruck von den Raumgittern erhält man nur bei stereoskopischer Betrachtung. Diese gelingt bei einiger Übung auch schon mit bloßen Augen. Kurzsichtige tun gut, die Brille abzusetzen!

Um die Gleichwertigkeit der drei zur Hauptachse senkrechten Achsen beim trigonalen System zu kennzeichnen, benutzt man hier vier Indizes, von denen die ersten drei diesen drei Achsen entsprechen, aber nicht voneinander unabhängig sind. (Die dritte dieser Achsen ist durch die beiden anderen gegeben.) Die Summe dieser drei Indizes ist immer Null. Beim hexagonalen System verfährt man entsprechend.

Nimmt man nun noch die der Gitterstruktur eigentümlichen Symmetrieelemente hinzu, so ergibt sich eine weitere Einteilung innerhalb der einzelnen

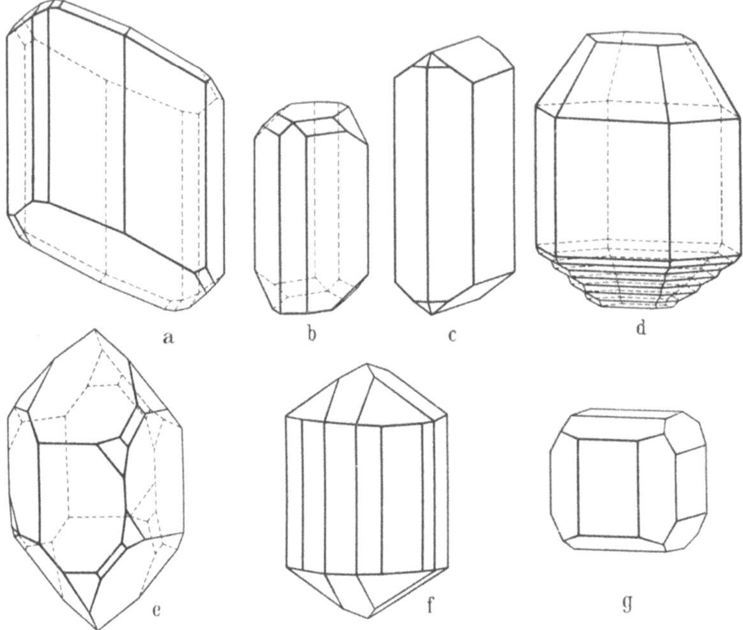

Abb. 625. a Kupfersulfat CuSO$_4$ (triklin), b Schwefel (monoklin), c Aragonit CaCO$_3$ (rhombisch), d Zinksulfid ZnS (Wurtzit, hexagonal), e Quarz SiO$_2$ (trigonal), f Titandioxyd TiO$_2$ (Rutil, tetragonal), g Eisenkies FeSO$_2$ (Pyrit, kubisch). (Nach Groth.)

Kristallklassen. Die Gruppentheorie lehrt, daß es insgesamt 230 Möglichkeiten der Kombination von Symmetrieelementen gibt (Fedorow, Schönfliess). Hiernach teilt man die Kristalle in 230 *Raumgruppen* ein, die sich in unregelmäßiger Weise auf die Kristallklassen verteilen. Mit wenigen Ausnahmen gibt es für sämtliche Raumgruppen natürliche oder künstliche Beispiele. Eine Raumgruppe mit einer n-zähligen Schraubenachse kann nur einer Klasse mit n-zähliger Drehachse angehören. Jedoch kommt die Existenz von Schraubenachsen in den Symmetrieelementen einer Klasse dann nicht zum Vorschein, wenn gleich viele parallele, gleichzählige Schraubenachsen von entgegengesetztem Drehsinn vorhanden sind. Eine Gleitspiegelebene hat das Auftreten einer Spiegelebene unter den Symmetrieelementen der Klasse zur Folge.

Denkt man sich durch das Innere eines Kristalls eine beliebige Gerade gelegt, so hängt die Anordnung der Bausteine des Kristalls, insbesondere ihr Abstand, von der Richtung der Geraden relativ zu den Vorzugsrichtungen des Kristalls (des Raumgitters) ab. Ein normal gewachsener, ideal ausgebildeter Kristall ist zwar stets *homogen,* aber er ist *anisotrop.* Sein Verhalten gegenüber äußeren Einwirkungen hängt im allgemeinen von der Richtung dieser Einwirkungen

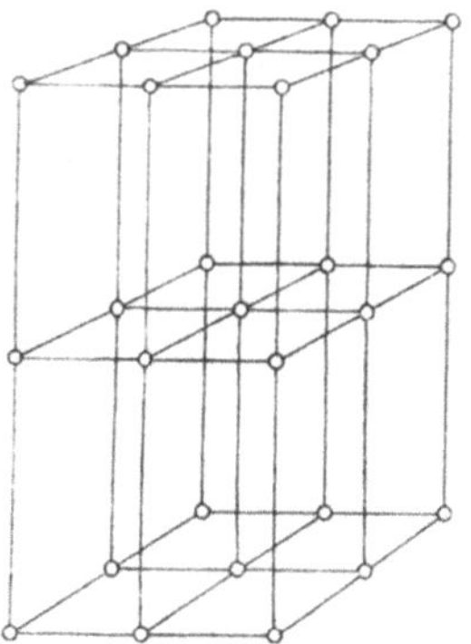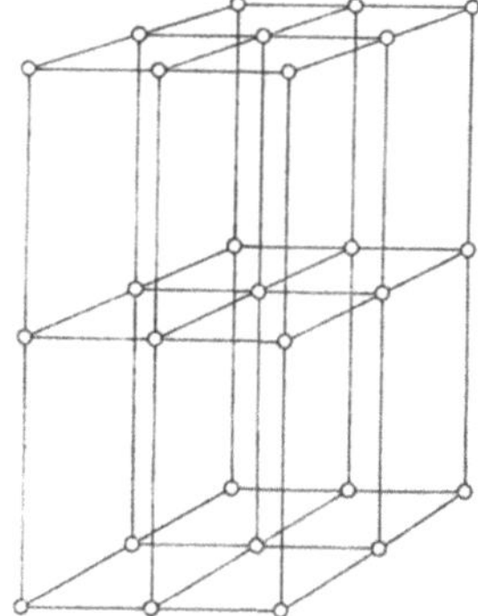

Abb. 626. Einfaches triklines Gitter. Nach von Laue und von Mises.

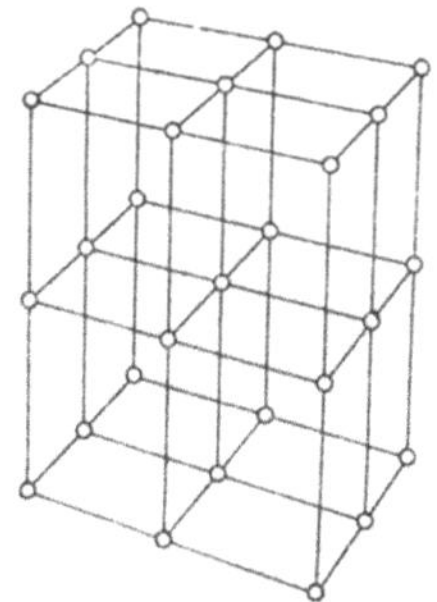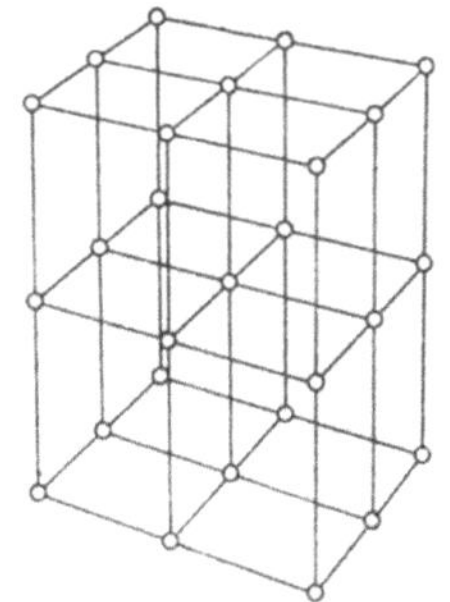

Abb. 627. Einfaches monoklines Gitter. Nach von Laue und von Mises.

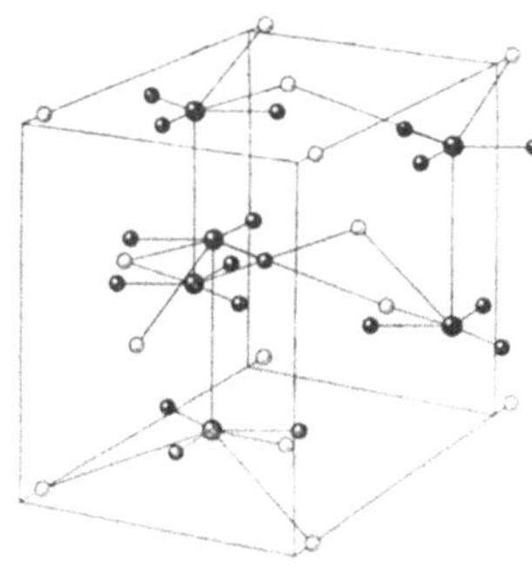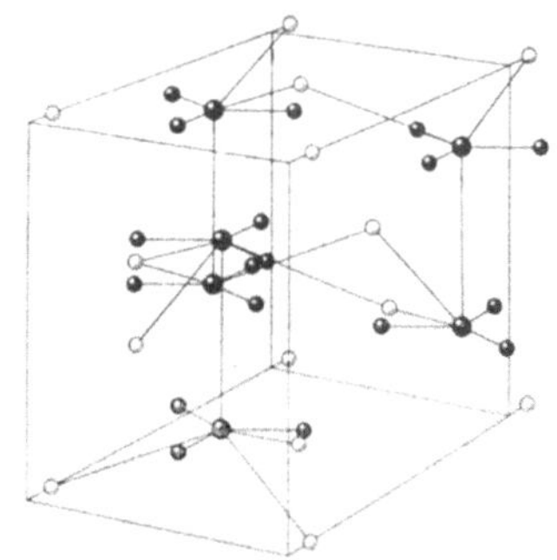

Abb. 628. Gitter des Aragonits (rhombisch). Nach von Laue und von Mises.

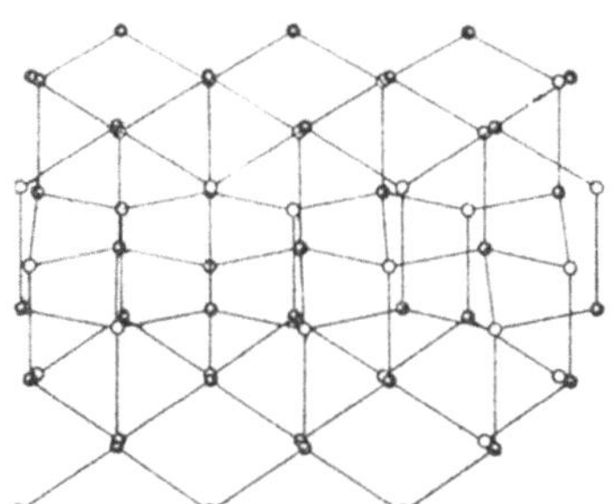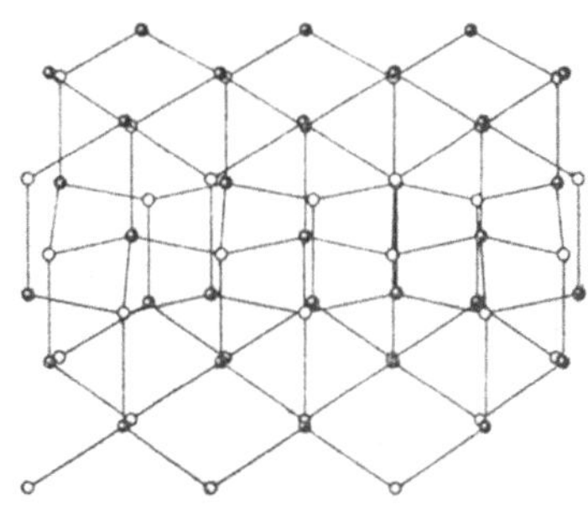

Abb. 629. Gitter des Zinksulfids (hexagonal). Nach von Laue und von Mises.

ab. So spiegeln sich die Symmetrien eines Kristalls in vielen seiner physikalischen Eigenschaften wieder, wenn auch nicht in allen. So kann man z. B. auf optischem Wege zwischen einem Kristall mit und ohne Symmetriezentrum nicht unterscheiden. Das gleiche gilt für die elektrische und die Wärmeleitung.

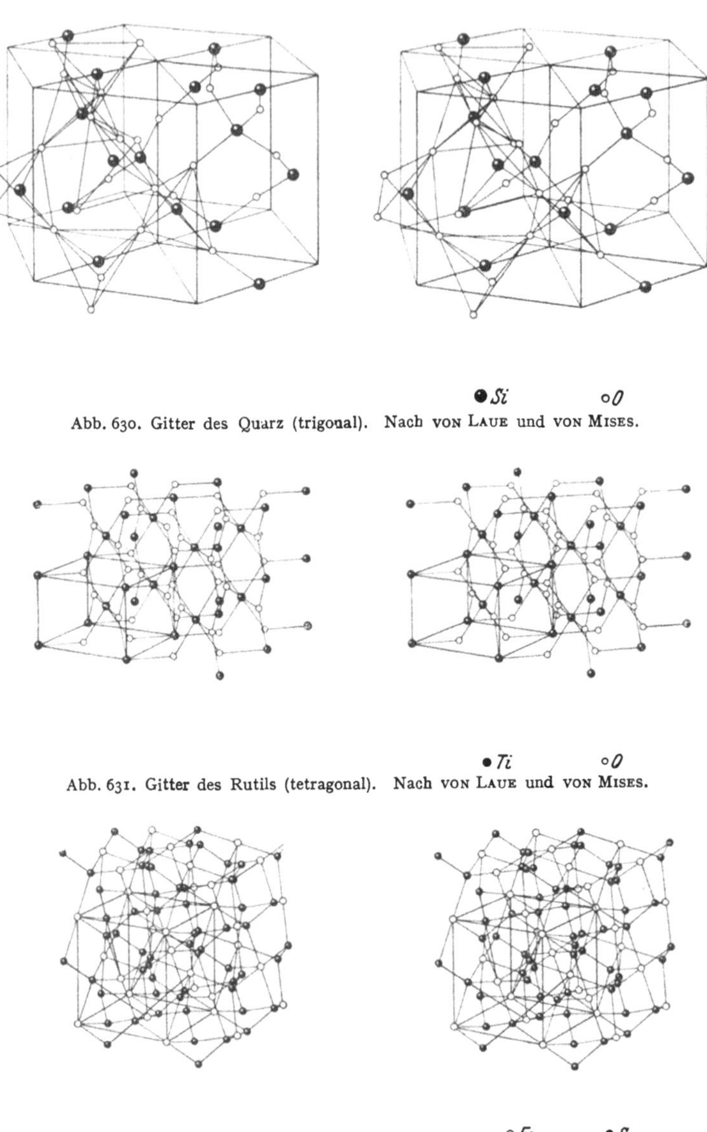

Abb. 630. Gitter des Quarz (trigonal). Nach VON LAUE und VON MISES.

Abb. 631. Gitter des Rutils (tetragonal). Nach VON LAUE und VON MISES.

Abb. 632. Gitter des Pyrits (kubisch). Nach VON LAUE und VON MISES.

In bezug auf diese und auf die optischen Erscheinungen verhalten sich alle kubischen Kristalle wie isotrope Körper. Sie zeigen z. B. keine Doppelbrechung. Jedoch kommt die physikalische Verschiedenheit der Richtungen in ihnen z. B. in ihrem elastischen Verhalten zum Ausdruck. Während dieses bei den isotropen Stoffen durch zwei Konstanten, den Elastizitätsmodul und den Schubmodul, bestimmt wird, besitzen die kubischen Kristalle drei Konstanten.

Kristalle die eine Hauptachse haben, sind notwendig optisch einachsig (§ 300). Doch kann Einachsigkeit auch bei anderen Systemen vorkommen. Kristalle mit einer Spiegelebene oder einem Symmetriezentrum können keine Drehung der Polarisationsebene (§ 303) bewirken, weil sich andernfalls bei Ausführung der betreffenden Deckoperation der Drehsinn umkehren würde.

Tatsächlich sind Kristalle, welche überall den gleichen regelmäßigen Bau besäßen, wie wir ihn hier beschrieben haben, *Idealkristalle,* die es in der Natur in solcher Vollkommenheit nicht gibt. Die *wirklichen Kristalle* enthalten stets hier und da Fehlordnungen, Lücken im Gitter und Einschaltungen von fremden Bausteinen, die die ideale Anordnung stören. Diese stets vorhandenen Störungen des idealen Gefüges haben sogar einen wesentlichen Einfluß auf die Eigenschaften der wirklichen Kristalle.

Läßt man die Schmelze eines kristallisierenden Stoffes erstarren, so bilden sich häufig keine großen, mit dem Auge deutlich sichtbaren Kristalle, sondern es entsteht ein *mikrokristallinisches Gefüge.* Der Stoff erstarrt zu einer sehr großen Zahl winziger Kriställchen in dichter Packung, deren kristallographische Achsenrichtungen gleichmäßig über alle räumlichen Richtungen verteilt sind. Während die einzelnen Mikrokristalle natürlich anisotrop sind, verhält sich der Stoff als ganzes wie ein isotroper Stoff, weil sich die Anisotropien der Mikrokristalle in ihm im Durchschnitt ausgleichen. In diesem Zustande befinden sich z. B. die Metalle (die zum größten Teil kubisch oder hexagonal kristallisieren), wenn sie in der technisch üblichen Weise aus ihrer Schmelze gewonnen werden. Es gibt jedoch Verfahren zur „Züchtung" großer einheitlicher Kristalle *(Einkristalle)* aus der Schmelze von Stoffen, die für gewöhnlich mikrokristallinisch erstarren. Die Einkristalle der reinen Metalle sind fast immer so weich und verletzbar, daß man sie nur mit Vorsicht handhaben darf, so daß sie technisch unbrauchbar sind. Nur durch Zerstörung ihrer Regelmäßigkeit — durch mechanischen Zwang oder durch chemische Verunreinigung (Legierungsbildung) —, gelangt man zu technisch brauchbaren metallischen Werkstoffen.

Zehntes Kapitel

Einiges aus der Physik des Weltalls.

Die Physik des Weltalls, also insbesondere der Himmelskörper im weitesten Sinne, bezeichnet man als *Astrophysik*. Wir wollen im folgenden eine kurze Übersicht über einen Teil ihrer wichtigsten Ergebnisse geben.

370. Die Sonne. Die Sonne ist ein Fixstern und bietet wegen ihrer Nähe eine einzigartige Gelegenheit, die allgemeinen Eigenschaften eines Fixsterns zu erforschen. Ihre Masse läßt sich aus der Umlaufszeit bzw. der Winkelgeschwindigkeit der Erde, $u = 2\pi$ Jahr$^{-1} \approx 2 \cdot 10^{-7}$ sec^{-1}, und dem Radius der Erdbahn, $r = 1,5 \cdot 10^{13}$ cm, leicht berechnen. Es sei M die Sonnenmasse, m die Erdmasse, $G = 6,685 \cdot 10^{-8}$ dyn·cm^2·g^{-2} die allgemeine Gravitationskonstante. Dann erfordert das Gleichgewicht zwischen Gravitation und Zentrifugalkraft, daß

$$G\,\frac{Mm}{r^2} = m\,r\,u^2, \quad \text{so daß} \quad M = \frac{r^3\,u^2}{G} \tag{1}$$

(§ 46). Daraus ergibt sich $M = 1,97 \cdot 10^{33}$ g $= 1,97 \cdot 10^{27}$ t. Der Radius der Sonne beträgt $0,696 \cdot 10^{11}$ cm, also ihr Volumen $1,41 \cdot 10^{33}$ cm^3. Ihre mittlere Dichte beträgt daher $\varrho \approx 1,4$ g·cm^{-3}; sie ist also ein wenig größer als die des Wassers. (In den äußeren Schichten ist $\varrho \ll 1$ g·cm^{-3}; im Innern erreicht die Dichte Werte von der Größenordnung $\varrho \approx 80$ g·cm^{-3}). Trotzdem ist die Sonnenmaterie nach ihren übrigen physikalischen Eigenschaften als ein — äußerst stark verdichtetes — Gas zu betrachten, das wegen seiner hohen Temperatur sogar noch weitgehend der Zustandsgleichung der idealen Gase gehorcht. Die große Dichte ist eine Folge der hohen Gravitation, die an der Sonnenoberfläche rund 28mal größer ist als an der Erdoberfläche. Wegen ihrer großen Dichte sendet die Sonnenmaterie ein kontinuierliches Spektrum aus, nicht etwa ein Linien- oder Bandenspektrum, wie die Gase in ihrem gewöhnlichen, irdischen Zustand (§ 313).

Aus der Intensität der Sonnenstrahlung und den Strahlungsgesetzen (§ 318, 319) ergibt sich, daß die Sonne dort, wo die aus ihrem Innern hervorbrechende Strahlung sie verläßt, eine schwarze Temperatur von etwa 5600° hat. Ihre Gesamtstrahlung beträgt etwa 10^{26} cal·sec^{-1}. Ihre Farbentemperatur (§ 319) ist im Bereich 3000—7000 Å zu 5900—6200° gemessen worden. Nach dem Innern hin nimmt die Temperatur sehr stark zu. Man kann berechnen, daß sie im Mittelpunkt von der Größenordnung 10 bis $20 \cdot 10^6$ Grad sein muß, etwa ebenso groß übrigens bei allen Fixsternen (EDDINGTON). Der Bereich, aus dem die Sonnenstrahlung nach außen hervorbricht, heißt die *Photosphäre*. In ihr vollzieht sich ein stetiger Übergang von dem dichten, eigentlichen Sonnenkörper zu der ihn umgebenden, sehr viel weniger dichten Sonnenatmosphäre, der *Chromosphäre*.

Da das Spektrum des von der Photosphäre ausgehenden Lichtes kontinuierlich ist, so sagt es über die Zusammensetzung des Sonnenkörpers nichts aus. Nach dem Durchgang durch die Chromosphäre zeigt es aber das Absorptionsspektrum der letzteren in Gestalt einer sehr großen Zahl feiner, dunkler Absorptionslinien, der FRAUNHOFER*schen Linien* (§ 313, Abb. 558). Aus ihren

Lagen im Spektrum kann man entnehmen, daß die Chromosphäre zahlreiche, sämtlich auch auf der Erde vorkommende Elemente in atomarer, gasförmiger Gestalt enthält, so Wasserstoff, Helium, Calcium, Eisen usw. Es sei schon hier erwähnt, daß das Spektrum keines einzigen Sterns im Weltall Spektrallinien zeigt, die nicht einem im periodischen System (§ 340) enthaltenen Element zugeordnet werden könnten. Die Bausteine des Weltalls sind also überall die gleichen.

371. Die Fixsterne. Bei der Betrachtung des gestirnten Himmels fällt zunächst die sehr verschiedene Helligkeit der einzelnen Fixsterne auf. Sie beruht natürlich nicht nur auf einer sehr verschiedenen Lichtstärke (Leuchtkraft) der einzelnen Sterne, sondern auch auf ihren sehr verschiedenen Entfernungen. Man mißt die Helligkeiten, in denen uns die Sterne erscheinen, nicht in einer absoluten, sondern in einer logarithmischen Skala, in sog. *Sterngrößen* m, und teilt danach die Sterne nach ihrer Helligkeit in *Größenklassen* ein. Es sei L die Helligkeit, in der uns ein Stern erscheint, bezogen auf eine bestimmte Helligkeitseinheit L_0, der die Größe $m = 0$ zukommt. Dann ist man übereingekommen, die Sterngröße m durch die Gleichung

$$m = 2,5 \log \frac{L_0}{L} \quad \text{bzw.} \quad L = L_0 \, 10^{-0,4\,m} \tag{2}$$

zu definieren. Demnach ist m um so *größer*, je *kleiner* L/L_0 ist, je *schwächer* uns also ein Stern erscheint. Die allerhellsten Sterne haben negative Sterngrößen. Sie beträgt beim Sirius $-1,6$, beim Canopus $-0,9$, bei der Wega $+0,1$. Ein Unterschied von 1 Größenklasse entspricht einem Helligkeitsverhältnis $1 : 10^{0,4} = 1 : 2,512$.

Um den Einfluß der sehr verschiedenen Abstände zu eliminieren und ein Urteil über die wahre Lichtstärke oder *Leuchtkraft* eines Sterns zu gewinnen, gibt man verabredungsgemäß die Helligkeit an, in der uns der Stern erscheinen würde, wenn er sich in einer Normalentfernung von 10 parsec = 32,6 Lichtjahren befinden würde, und bezeichnet diese Helligkeit, die man ebenfalls in Größenklassen ausdrückt, als die *absolute Leuchtkraft* des Sterns. Sie läßt sich — vorausgesetzt, daß die wirkliche Entfernung des Sterns bekannt ist — nach dem Gesetz berechnen, daß die Helligkeit einer Lichtquelle ihrer Entfernung umgekehrt proportional ist (§ 263). Nach ihrer absoluten Leuchtkraft teilt man die Sterne in *absolute Größenklassen* ein.

Eine unmittelbare Messung der *Entfernung* ist nur bei denjenigen Sternen möglich, welche uns so nahe sind, daß sie (zusätzlich zu der allen Sternen gemeinsamen Aberration, § 262) wegen des Umlaufs der Erde um die Sonne eine scheinbare jährliche Bewegung gegenüber dem Hintergrund der weit entfernten Sterne ausführen. Es gibt aber verschiedene andere Verfahren, um auch größere Sternentfernungen auf eine mehr mittelbare Weise zu bestimmen.

Auch die *Massen* von Fixsternen können in vielen Fällen wenigstens genähert berechnet oder geschätzt werden. Dabei ergibt sich, daß die ganz überwiegende Mehrzahl der Fixsternmassen zwischen $^1/_5$ und dem 10fachen der Sonnenmasse liegt, wobei die äußeren Werte schon ziemlich selten sind. Auch die *Sternvolumina* sind in vielen Fällen ungefähr bekannt, und daher auch die *Sterndichten*. Diese sind außerordentlich verschieden. Es gibt *Riesensterne*, deren Dichten vergleichbar sind mit dem extremsten Vakuum, das wir im Laboratorium herzustellen vermögen, die aber wegen ihrer ungeheuren Größe und hohen Temperatur hell leuchten. Auf der andern Seite gibt es eine Art von Zwergsternen (weiße Zwerge) von ungeheuer großer Dichte. So beträgt die Dichte des Siriusbegleiters etwa 60 000 g·cm^{-3}. 2 t (2000 kg) eines solchen Stoffes nehmen ungefähr den Raum einer Zündholzschachtel ein.

Eine auffallend große Zahl von Fixsternen ist zu *Doppelsternen* vereinigt. Das sind Systeme aus zwei dicht benachbarten Sternen, welche infolge ihrer gegenseitigen Anziehung um einander rotieren. Manche dieser Doppelsterne erkennt man daran, daß sie eine periodische Änderung ihrer Helligkeit zeigen, die davon herrührt, daß der eine Partner in regelmäßigen Zeitabständen in der Sichtlinie vor den andern tritt (Bedeckungsveränderliche). In der Regel aber erkennt man Doppelsterne an einer periodischen Hin- und Herverschiebung ihrer Spektrallinien nach Rot und Violett (spektroskopische Doppelsterne). Das rührt davon her, daß sich bei der Rotation der beiden Komponenten ihre Geschwindigkeiten in der Sichtlinie periodisch ändern, so daß ein periodischer optischer DOPPLER-*Effekt* eintritt (§ 297). In einzelnen Fällen kann man aus solchen Daten die Bahnelemente der beiden Komponenten und ihre Massen berechnen.

Die Untersuchung von DOPPLER-Effekten in den Sternspektren ist überhaupt ein sehr wichtiges Hilfsmittel, um die Geschwindigkeit von Sternen relativ zur Erde zu messen und daraus Schlüsse auf die Dynamik des Sternsystems zu ziehen.

Eine wichtige astrophysikalische Tatsache ist die zuerst von EDDINGTON vorhergesagte Proportionalität zwischen der Masse und der absoluten Leucht-kraft der Fixsterne *(Masse-Leuchtkraft-Beziehung)*. Sie liefert ein Mittel, um die Massen von Sternen aus ihrer Leuchtkraft zu berechnen, sofern letztere bekannt ist.

Abgesehen von den schon erwähnten Doppelsternen, gibt es eine große Zahl von *veränderlichen Sternen*, welche einen *Lichtwechsel*, d. h. eine periodische Änderung ihrer Helligkeit, zeigen. Unter ihnen ist die Klasse der sog. *Cepheiden* besonders interessant und wichtig. Ihr Lichtwechsel hat eine ganz konstante Periode, die bei den einzelnen Cepheiden etwa zwischen 1 und 100 Tagen liegt Der Helligkeitsanstieg ist viel steiler als der Helligkeitsabfall. Die Helligkeits-schwankungen betragen zwischen 0,8 und 2 Größenklassen. Bei den Cepheiden handelt es sich aller Wahrscheinlichkeit nach um pulsierende Sterne. Man hat Cepheiden in beträchtlicher Zahl auch in den der Milchstraße nächstbenach-barten Nebeln, den MAGELLAN-Wolken, entdeckt (§ 372). An diesen hat man die sehr wichtige Feststellung gemacht, daß zwischen der Helligkeit und der Periode der einzelnen Cepheiden eine lineare Beziehung besteht. Da diese Cepheiden alle etwa gleich weit (rund 90000 Lichtjahre) von uns entfernt sind, so rechnen sich ihre Helligkeiten sämtlich mit dem gleichen Faktor in Leucht-kräfte um, so daß auch zwischen den Perioden und den Leuchtkräften eine lineare Beziehung besteht *(Periode-Leuchtkraft-Beziehung)*. Um diese Beziehung zahlen-mäßig festzulegen, wurden (da damals die Entfernung der MAGELLAN-Wolken noch nicht bekannt war) die Leuchtkräfte einiger Cepheiden der Milchstraße, deren Perioden und Entfernungen man kannte, berechnet. Man ist daher jetzt in der Lage, aus der leicht meßbaren Periode einer Cepheide ihre Leuchtkraft und aus dieser und ihrer Helligkeit ihre Entfernung zu berechnen. Die Cepheiden bilden daher heute eine Art von Meilensteinen im Weltall.

Die *Spektren* der Fixsterne zeigen sehr große Verschiedenheiten. Manche Fixsterne haben ein dem Sonnenspektrum ähnliches kontinuierliches Spektrum mit Absorptionslinien. Bei den kältesten Sternen treten bereits Absorptions-spektren von Molekülen (Bandenspektren) auf, während sonst nur Atomspektren (Linienspektren) beobachtet werden. Denn im allgemeinen sind die Tempe-raturen der Sternoberflächen so hoch, daß Moleküle nicht mehr bestehen können. Andere Spektren wieder zeigen Emissionslinien des Wasserstoffs oder des Heliums usw. Man teilt die Fixsterne nach ihren Spektren in eine Folge von *Spektralklassen* (O, B, A, F, G, K, M) ein. Auch die *Oberflächentemperaturen* der

Sterne sind sehr verschieden und können zwischen etwa 2500° und 20000° oder mehr liegen. Man kann sie auf verschiedene Weise ermitteln, z. B. nach dem WIENschen Verschiebungsgesetz (§ 319) oder aus der Farbe der Sterne. Je nach der Temperatur ist der Spektraltypus ein anderer.

Eine noch sehr rätselhafte Erscheinung sind die *neuen Sterne* oder *Novae*. Das sind Sterne, die, nachdem sie bis dahin schwach und unscheinbar gewesen waren, innerhalb weniger Tage zu außerordentlich großer Helligkeit anwachsen, um dann in einer viel längeren Zeit allmählich wieder abzunehmen. Mit diesem Vorgang ist eine bleibende Veränderung des Spektrums verbunden. Offenbar deutet das Aufleuchten eines neuen Sterns auf eine außerordentliche Katastrophe hin, die sich an ihm abspielt. Von noch ganz anderer Größenordnung ist der Helligkeitsanstieg bei den sog. *Supernovae*, bei denen es sich wahrscheinlich um eine von den gewöhnlichen Novae ganz verschiedene Erscheinung handelt. Novae werden — auch in den Nebeln (§ 372) — ziemlich häufig beobachtet. Dagegen sind Supernovae eine überaus seltene Erscheinung. Innerhalb unserer Milchstraße sind nur zwei Fälle — in den Jahren 1054 und 1572 — bekannt, die höchstwahrscheinlich als Supernovae anzusprechen sind. Hingegen werden innerhalb der Milchstraße jährlich rund 30 gewöhnliche Novae beobachtet.

Die großen Unterschiede, die zwischen den einzelnen Spektralklassen bestehen, sind sicher nicht so zu deuten, daß es viele Sternarten gibt, die von Anfang an grundsätzlich verschieden gewesen sind. Es ist vielmehr nicht zu bezweifeln, daß die Spektralklassen in der Hauptsache nur *verschiedenen Entwicklungsstadien der Sterne* entsprechen, und daß das räumliche Nebeneinander der Typen bis zu einem hohen Grade ein Abbild des zeitlichen Nacheinander in der Entwicklung jedes einzelnen Sterns ist. Von dieser Entwicklung kann man sich etwa folgende Vorstellung machen. Wahrscheinlich ist der Raum, in dem sich heute die Sterne befinden, früher einmal sehr dünn und ziemlich gleichmäßig mit Materie erfüllt gewesen. Wenn sich aber in dieser Materie zufällig einmal eine örtliche Verdichtung bildete, so begann die Gravitation in Richtung auf den Schwerpunkt dieser Verdichtung zu wirken. Die Materie verdichtete sich weiter und zog immer weitere Teile der umgebenden Materie an sich heran. So entstand die Keimzelle eines Fixsterns. Nunmehr schreitet die Verdichtung immer weiter fort; die gasförmige Materie wird adiabatisch mehr und mehr zusammengedrückt und erwärmt sich dabei zu immer höherer Temperatur (§ 108). Die potentielle Energie, die die sich zusammenballende Materie ursprünglich gegenüber ihrem Schwerpunkt hatte (§ 48) verwandelt sich zunächst in kinetische Energie der Fallbewegung der Atome in Richtung auf den Schwerpunkt und schließlich infolge von Zusammenstößen mehr und mehr in ungeordnete Bewegung, also in Wärme. So erhitzt sich der Stern immer höher und beginnt erst schwach rot, dann immer heller und weißer zu leuchten. Anfänglich ist die Dichte immer noch gering, das Volumen groß. Der Stern ist erst ein roter, dann ein weißer Riesenstern. Je dichter aber die Sternmaterie wird, einen um so größeren Widerstand setzt sie einer weiteren Verdichtung entgegen. Schließlich verfällt der Stern, nachdem sein Volumen schon sehr viel kleiner geworden ist, in einen nahezu stationären Zustand, in dem er nunmehr außerordentlich lange unter ganz allmählicher Erkaltung verharrt, wie z. B. die Sonne. Dieses Bild läßt sich aus der Art der Verteilung der Sterne auf die verschiedenen Spektralklassen (RUSSEL-*Diagramm*) mit beträchtlicher Sicherheit ablesen.

Wir haben soeben die *Energiequelle*, auf deren Kosten sich ein Stern aufheizt, in seiner potentiellen Gravitationsenergie gesehen. Man kann aber leicht berechnen, daß bei ihrem alleinigen Vorhandensein die *Lebensdauer eines Sterns* bis zur Erschöpfung dieser Quelle, also bis zum völligen Erkalten eines Sterns, einen mit der Erfahrung völlig unvereinbar kleinen Wert haben würde. Die Sonne könnte dann in ihrem heutigen Zustand nicht älter als 15 bis 25 Millionen Jahre sein, während schon das Alter der Erde etwa 1500 Millionen Jahre beträgt (§ 356). Das wirkliche Alter der Sonne und der Fixsterne überhaupt muß sehr viel größer als 15 bis 25 Millionen Jahre sein. Daher muß ohne Zweifel im Laufe der Sternentwicklung eine andere Energiequelle wirksam werden, die dem Stern die Möglichkeit gibt, seine Temperatur trotz seiner ständigen Ausstrahlung über sehr lange Zeiten wenigstens annähernd beizubehalten. Zur Zeit gilt als wahrscheinlichste Energiequelle eine Folge von Kernumwandlungsvorgängen, die sich unter der Einwirkung der bei den hohen Sterntemperaturen sehr schnellen Protonen ($^1_1$H) abspielen (BETHE). Ausgangsatome sind danach Kohlenstoffatome $^{12}_6$C, die sich durch schrittweises Einfangen von 4 Protonen über $^{13}_7$N, $^{13}_6$C, $^{14}_7$N, $^{15}_8$O unter Einschaltung von radioaktiven Umwandlungen (Aussendung von Positronen ^0_1e) in $^{15}_7$N verwandeln, welches schließlich unter Aufnahme eines Protons $^1_1$H und Aussendung eines Alphastrahls $^4_2$He wieder in das Ausgangsatom $^{12}_6$C übergeht. Der gleiche Prozeß kann sich also an jedem $^{12}_6$C-Atom beliebig oft wiederholen. Das Schema des Prozesses ist das folgende (vgl. § 360, 361):

$$^{12}_6\text{C} + {}^1_1\text{H} \rightarrow {}^{13}_7\text{N}$$
$$^{13}_7\text{N} \rightarrow {}^{13}_6\text{C} + {}^0_1e$$
$$^{13}_6\text{C} + {}^1_1\text{H} \rightarrow {}^{14}_7\text{N}$$
$$^{14}_7\text{N} + {}^1_1\text{H} \rightarrow {}^{15}_8\text{O}$$
$$^{15}_8\text{O} \rightarrow {}^{15}_7\text{N} + {}^0_1e$$
$$^{15}_7\text{N} + {}^1_1\text{H} \rightarrow {}^{12}_6\text{C} + {}^4_2\text{He} \,.$$

Die Schlußbilanz läßt sich also in der Form $4 \cdot {}^1_1\text{H} \rightarrow {}^4_2\text{He} + 2 \cdot {}^0_1e$ schreiben. Im Endeffekt ist nichts anderes erfolgt, als daß sich 4 Protonen in 1 Heliumkern und 2 Positronen verwandelt haben. Letztere haben nichts getan, als daß sie die beiden überschüssigen positiven Kernladungseinheiten fortgeschafft haben. Bei diesem Prozeß ist wegen der Umwandlung von 4 Protonen in 1 Heliumkern ein Massendefekt aufgetreten, dem eine freigewordene Energie von rund $28\ \text{MeV} = 4{,}5 \cdot 10^{-5}\ \text{erg} = 1{,}075 \cdot 10^{-12}\ \text{cal}$ je Prozeß entspricht (§ 368).

Die Sonne straht, wie man aus der Solarkonstante (§ 129) und dem Abstand Sonne—Erde ($150 \cdot 10^6$ km) leicht berechnen kann, je Sekunde $1{,}75 \cdot 10^{22}$ cal aus. Zur Deckung dieses Energiebedarfs sind also $1{,}75 \cdot 10^{22}/(1{,}075 \cdot 10^{-12}) = 1{,}63 \cdot 10^{34}$ derartige Prozesse nötig. Die Masse der Sonne beträgt $1{,}97 \cdot 10^{33}$ g. Demnach brauchen sich in jedem Gramm der Sonnenmaterie durchschnittlich nur etwa je 10 solche Prozesse abzuspielen, um die Sonne trotz ihrer Ausstrahlung auf konstanter Temperatur zu halten. Man kann berechnen, daß die durchschnittliche Lebensdauer der Sterne unter dieser Annahme von der Größenordnung von 10 000—100 000 Millionen Jahren sein könnte. Diese Zahl entspricht auch anderweitigen Schätzungen über das Alter des Weltalls überhaupt, d. h. über die Zeit, die verflossen ist, seitdem sich das Weltall zu seinem heutigen Zustand zu entwickeln begann.

Die Theorie des *Sterninnern* ist zuerst von LANE, dann vor allem von EDDINGTON entwickelt worden. Wegen der sehr großen Dauer der Sternentwicklung darf man dabei die Sterne als in stationärem Zustande bezüglich ihres Volumens und ihrer Temperatur betrachten. Das innere Gleichgewicht eines Sterns wird hergestellt durch die an seiner Materie wirkende Gravitation einerseits, die ihn zusammenzudrücken sucht, und durch seinen inneren Druck andererseits, der der Gravitation das Gleichgewicht hält. Bei der sehr hohen

Temperatur des Sterninnern besteht dieser Druck nicht nur aus dem Gasdruck der Sternmaterie. Das Sterninnere ist von einer ungeheuer intensiven Strahlung erfüllt, die aus dem sehr heißen Innern nach außen bricht und einen sehr starken, vom Gasdruck nicht sehr verschiedenen Strahlungsdruck hervorruft (§ 332). Je größer die Masse eines Sterns ist, um so größer ist der Anteil des Strahlungsdrucks am Gesamtdruck. Bei Überschreitung einer bestimmten Massengrenze würde er so groß werden, daß er den Stern auseinandersprengen würde. Dadurch ist den Massen der Sterne eine obere Grenze gesetzt, die auch erfahrungsgemäß von keiner bekannten Sternmasse überschritten wird.

Bei der hohen Temperatur des Sterninnern ist die mit der Sternmaterie in Strahlungsgleichgewicht befindliche Strahlung äußerst kurzwellig. Bei 10 Millionen Grad beträgt ihre Wellenlänge im Energiemaximum nach dem WIEN-schen Verschiebungsgesetz nur etwa 3 Å, was im Bereich der Röntgenstrahlen liegt. Erst bei der Annäherung an die sehr viel kältere Oberfläche wird die Strahlung durch Wechselwirkungen mit der Sternmaterie (Absorption und Emission) allmählich langwelliger und tritt schließlich zu einem je nach der Oberflächentemperatur mehr oder weniger großen Teil als sichtbares Licht aus dem Stern aus.

Der Raum zwischen den Fixsternen ist nicht völlig leer, sondern von einer atomaren, sehr fein verteilten *interstellaren Materie* erfüllt, deren Dichte schätzungsweise 10^{-24} g·cm^{-3} beträgt. Ihr Dasein wird unter anderem durch das Auftreten bestimmter Absorptionslinien (von Ca$^+$, Na und Ti$^+$) in dem durch den Raum zu uns gelangenden Sternenlicht angezeigt. An manchen Stellen ist sie dichter, und sie kann so dicht werden, daß sie als dunkle Wolke zwischen den Sternen erscheint und die Sicht auf die hinter ihr liegenden Sterne verhüllt. Die Dunkelwolken bestehen wahrscheinlich aus metallischen Teilchen. Ihre Dichte ist von der Größenordnung 10^{-25} bis 10^{-26} g·cm^{-3}, die Masse der einzelnen Dunkelwolken von der Größenordnung 100 Sonnenmassen. Stehen in der Nähe oder innerhalb einer solchen Wolke genügend helle Sterne, so erregen diese die Wolke zum Leuchten. Ein Beispiel ist der Orionnebel. Eine Schätzung ergibt, daß sich die innerhalb unserer Milchstraße insgesamt vorhandene Materie zu etwa $^2/_3$ auf die Fixsterne, zu etwa $^1/_3$ auf die interstellare Materie verteilen dürfte.

372. Die Milchstraße und die Nebel. Unsere *Milchstraße* besteht schätzungsweise aus einigen 10000 Millionen Sternen und bildet im großen und ganzen eine flache Linse mit einem Durchmesser von 80000 bis 100000 Lichtjahren und einer größten Dicke von etwa 10000 Lichtjahren. Die Sonne befindet sich weit außerhalb des Zentrums, etwa 30000 Lichtjahre von ihm entfernt. Die zentralen Bezirke sind unserer Sicht durch Wolken interstellarer Materie entzogen. Unter der Wirkung der Gravitation führen die Sterne der Milchstraße um deren Schwerpunkt eine Rotation aus, wie die Planeten um die Sonne. Sie haben also, wie diese, eine um so größere Umlaufszeit, je weiter sie vom Schwerpunkt entfernt sind (OORT-*Effekt*). Die äußeren Sterne bleiben also hinter den inneren zurück, und die gegenseitigen Lagen der Sterne innerhalb der Milchstraße sind langsam Änderungen unterworfen. Diese Änderungen selbst sind zwar zu langsam, um unmittelbar beobachtet werden zu können. Sie folgen aber aus den mit Hilfe des DOPPLER-Effekts beobachteten allgemeinen Sternbewegungen. Man schätzt die Umlaufszeit der Sonne auf etwa 220 Millionen Jahre, so daß seit der Bildung der Erde (vor rund 1500 Millionen Jahren) bereits etwa 7 Umläufe erfolgt sein müssen.

Außer den Sternen und anderen Gebilden, die unzweifelhaft unserer Milchstraße angehören, zeigen starke Fernrohre aber noch eine ungeheuer große Zahl von Gebilden, von denen wir heute wissen, daß sie ihr nicht angehören.

Man bezeichnet sie als *Nebel*, zur Unterscheidung von den der Milchstraße (Galaxis) angehörenden galaktischen Nebeln auch als außergalaktische Nebel. Als erster hat IMMANUEL KANT (1755) klar die Ansicht ausgesprochen, daß die Nebel *ferne Milchstraßen*, ähnlich der unsrigen, seien. Diese Ansicht hat sich

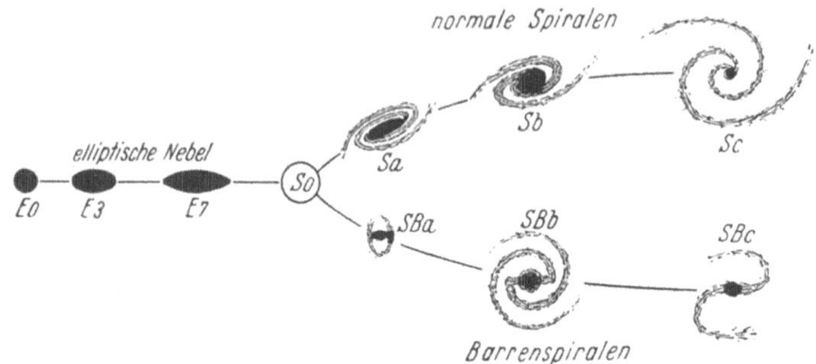

Abb. 633. Die Folge der Nebeltypen. (Nach HUBBLE: „Das Reich der Nebel".)

in den letzten Jahrzehnten bestätigt. Auf 1 Quadratgrad des Himmelsgewölbes entfallen bei Beobachtung mit den stärksten heutigen Fernrohren durchschnittlich je rund 2400 Nebel, und man schätzt, daß sich innerhalb der Reichweite

Abb. 634. Spiralnebel im Sternbild der Jagdhunde (mit einem kleinen Begleiter). (Nach H. D. CURTIS: Handbuch der Astrophysik, Bd. V.)

dieser Fernrohre (etwa 500 Millionen Lichtjahre) rund 100 Millionen Nebel befinden. Einige von ihnen sind auch mit dem bloßen Auge sichtbar, so der Andromeda-Nebel, der etwa die Größe des Vollmondes hat.

Die Gestalten der Nebel sind sehr mannigfaltig. Zum Teil haben sie die Gestalt von mehr oder weniger flachen Ellipsen *(elliptische Nebel)*, zum Teil etwa die Gestalt eines Feuerrades *(Spiralnebel)*. Bei den letzteren entspringen aus entgegengesetzten Seiten eines mehr oder weniger ausgeprägten Kerns zwei lange Ausläufer (Arme), die sich gleichsinnig in mehr oder minder offenem Bogen spiralig um den Kern nach außen winden. Es gibt aber zwischen diesen Formen alle möglichen Übergänge, so daß man die Nebel zwanglos in eine — allerdings gegabelte — Folge ordnen kann (Abb. 633). Am Anfang der Folge stehen die *kugelförmigen Nebel*. Im weiteren Verlauf der Folge wird die Gestalt der Nebel immer flacher. An diese *elliptischen Nebel* reihen sich dann (in einem etwas hypothetischen Übergang) die Spiralnebel, die sich in den Ast der *offenen Spiralen* und den Ast der *Barrenspiralen* gabeln. Zwischen diesen beiden Formen bestehen charakteristische Unterschiede, besonders in der Art des Ansatzes der Arme an den Kern. Gegen Ende der Folge werden die Arme immer ausgeprägter, die Kerne immer unscheinbarer, und es werden immer deutlicher sternartige Verdichtungen — vor allem in den Armen — sichtbar. Abb. 634 zeigt ein schönes Beispiel einer offenen Spirale. Unsere Milchstraße ist wahrscheinlich ziemlich weit am Ende der Folge (Sc) einzuordnen.

Die Betrachtung des Schemas der Abb. 633 führt ohne weiteres zu der Vermutung, daß die Folge der Nebeltypen einer zeitlichen Folge von Entwicklungsstufen der einzelnen Nebel entspricht — ähnlich wie die Folge der Spektralklassen bei den Fixsternen. Vor allem gilt dies für die beiden Äste der Spiralen, in denen sich längs der Folge eine ständig zunehmende Auflösung der Nebel als Ganzes, verbunden mit einer Zunahme der örtlichen Verdichtungen in ihnen, deutlich zu erkennen gibt. Ferner weist die Gestalt der Nebel eindringlich auf eine Rotation ihrer Bestandteile um den Schwerpunkt des Nebels hin, wie sie ja auch in unserer Milchstraße besteht. Tatsächlich hat man eine solche Rotation auch mit Hilfe des DOPPLER-Effekts nachweisen und aus ihr eine ungefähre Schätzung der Gesamtmasse einzelner Nebel ableiten können.

373. Die Entfernungen der Nebel. Die Expansion des Weltalls. Die Entscheidung der Frage, ob die Nebel wirklich ferne Milchstraßen sind, konnte nur durch *Messung ihrer Entfernungen* geliefert werden. Der endgültige Beweis ist erst in den letzten Jahrzehnten möglich geworden, nachdem ausreichend starke Fernrohre gebaut und eine leistungsfähige astronomische Meßtechnik auf diesem Gebiet entwickelt worden waren. Der überwiegende Teil der Forschungsarbeit ist an den besonders günstig gelegenen amerikanischen Sternwarten, besonders auf dem Mt. Wilson in Kalifornien, geleistet worden. Unter den führenden Forschern sind besonders HUMASON und HUBBLE, ferner SHAPLEY, SLIPHER und andere zu nennen.

Die ersten Entfernungsmessungen wurden an den am größten erscheinenden und uns daher wahrscheinlich nächsten Nebeln angestellt. Wir wissen heute, daß unsere Milchstraße ein Mitglied einer aus 7 bis 10 Mitgliedern bestehenden Nebelgruppe ist, wie man sie auch sonst vielfach antrifft, und die man das *lokale System* nennt. Ihm gehören unter anderem die beiden Magellanwolken und der Andromedanebel an. In allen Nebeln der lokalen Gruppe kann man sehr zahlreiche Sterne unterscheiden, die dem Sterngehalt der Milchstraße durchaus gleichen, darunter auch zahlreiche Cepheiden (§ 371). Auf Grund der schon erwähnten Periode-Leuchtkraft-Beziehung gelang mit Hilfe der Cepheiden die erste Entfernungsmessung von Nebeln. (Aus der Periode ergibt sich die Leuchtkraft, aus dieser und der Helligkeit die Entfernung.) Die Entfernung der beiden Magellanwolken ergab sich zu 85000 bzw. 95000 Lichtjahren. Die Entfernungen der übrigen Nebel des lokalen Systems liegen zwischen 530000 und 900000 Lichtjahren. Die Magellanwolken sind sehr kleine Nebel. Ihr Durchmesser beträgt nur 6000 bzw. 12000 Lichtjahre, während der Durchmesser des Andromedanebels 40000 Lichtjahre beträgt. Es ist auffällig, daß man bisher nie einen Nebel gefunden hat, dessen Durchmesser größer ist als derjenige unserer Milchstraße. Diese ist also offenbar ein besonders großer Nebel.

Die Cepheiden sind keineswegs besonders helle Sterne, und so versagt dieses Entfernungsmerkmal bei weiter entfernten Nebeln. Es ist nun charakteristisch für die Nebelforschung, daß man, um zu größeren Entfernungen vorzudringen, bei Nebeln von bekannten Entfernungen nach einem neuen und auf weiter entfernte Nebel anwendbaren Entfernungsmerkmal suchte. Dieses wurde dann an den bereits bekannten kleineren Entfernungen geeicht und auf entferntere Nebel extrapoliert. So drang man Schritt für Schritt weiter in den Weltraum vor. Wir können dieses Vorgehen hier nur in seinen allgemeinen Zügen beschreiben.

Als nächstes Merkmal dienten die *hellsten Sterne in den Nebeln.* An den Nebeln des lokalen Systems konnte man nachweisen, daß die hellsten Sterne in jedem Nebel (der Mittelwert einiger hellster Sterne oder ähnlich, um Zufälle auszuschließen) recht ähnliche Leuchtkräfte haben. Es liegt nahe, anzunehmen, daß es sich dabei um Sterne handelt, die der oberen Grenze der stabilen Sternmassen und daher — gemäß der Masse-Leuchtkraft-Beziehung — auch der oberen Leuchtkraftgrenze nahe kommen. Ihre Leuchtkraft wurde an den Mitgliedern des lokalen Systems bestimmt, und es wurde die einleuchtende Voraussetzung gemacht, daß die Leuchtkraft der hellsten Sterne in *allen Nebeln* durchschnittlich die gleiche ist. Dieses Merkmal kann also dazu dienen, die Entfernungen aller Nebel zu messen, in denen überhaupt noch Sterne erkennbar sind. Auf diese Weise wurde zunächst die Entfernung von weit über 100 Nebeln bestimmt, bis zu Entfernungen von der Größenordnung von 10 Millionen Lichtjahren. Außerdem wurde — zur Gewinnung eines neuen Entfernungsmerkmals — die Entfernung des Nebelhaufens in der Virgo mit besonderer Sorgfalt bestimmt. Sie beträgt etwa 7 Millionen Lichtjahre. Derartige Nebelhaufen, die bis zu 500 Nebel enthalten können, und die offenbar — ähnlich wie unser lokales System — enger zusammenhängende Nebelsysteme bilden, gibt es in ziemlich großer Zahl.

Die Nebel, deren Entfernungen auf diese Weise bestimmt waren, dienten nun zur Gewinnung von noch weiter reichenden Entfernungsmerkmalen. Es hatte sich ergeben, daß die Nebel, je nach ihrer Größe, zwar im allgemeinen eine verschiedene Gesamtleuchtkraft haben, sich aber größenordnungsmäßig nicht allzu sehr unterscheiden. Schreibt man allen Nebeln die gleiche *durchschnittliche Gesamtleuchtkraft* zu, so wie man sie aus den in ihrer Entfernung bereits bekannten Nebeln ermittelt hat, so ergibt sich aus der Gesamthelligkeit, in der uns ein Nebel erscheint, sofort die Größenordnung seiner Entfernung. (Der durchschnittliche Fehler ist schon deshalb nicht allzu groß, weil die Entfernung der Wurzel aus der Helligkeit proportional ist, § 263). Ein weiteres neues Entfernungsmerkmal ergibt sich aus der naheliegenden Voraussetzung, daß — analog zum Merkmal der hellsten Sterne — die *hellsten Nebel in den großen Nebelhaufen* durchschnittlich gleich hell sein werden. Zur Eichung dieses Merkmals dienten die hellsten Nebel des Haufens in der Virgo (s. oben). Mittels dieses Merkmals wurde z. B. die Entfernung des Nebelhaufens in der Corona Borealis zu 125 Millionen Lichtjahren berechnet.

Von besonderer Bedeutung ist aber schließlich ein weiteres Entfernungsmerkmal, welches bereits an denjenigen Nebeln geeicht werden konnte, deren Entfernungen man nach dem Merkmal der hellsten Sterne noch recht zuverlässig hatte bestimmen können. Man konnte nämlich nachweisen, daß in allen Nebeln eine *Rotverschiebung der Spektrallinien* besteht, d. h. eine Verlagerung aller Wellenlängen im Spektrum nach Rot, also nach längeren Wellen. Und zwar ist diese *Rotverschiebung proportional der Entfernung.*

Diese Entdeckung kam nicht unerwartet. Im Gegenteil; die Frage nach der Existenz einer solchen Rotverschiebung hatte der Nebelforschung geradezu ihren stärksten Antrieb gegeben. Bereits im Jahre 1917, zu einer Zeit, wo man von den Nebeln noch so gut wie nichts wußte, hatte DE SITTER aus der allgemeinen Relativitätstheorie den Schluß gezogen, daß das Weltall nicht statisch sei, sondern daß es sich entweder beständig ausdehnen oder beständig zusammenziehen müsse. Im ersten Fall mußten alle Nebel für jeden Beobachter eine allgemeine Fluchtbewegung zeigen, im andern eine Annäherungsbewegung, und die Geschwindigkeiten mußten der Entfernung proportional sein. Das Kennzeichen einer solchen Bewegung aber mußte ein der Entfernung proportionaler DOPPLER-Effekt an den Spektrallinien der Nebel sein, im ersten Fall eine Rotverschiebung, im zweiten eine Violettverschiebung. Die tatsächlich beobachtete Rotverschiebung weist also auf eine *allgemeine Fluchtbewegung der Nebel* hin, bei der sich die Abstände aller Nebel in gleichen Zeiten um gleiche Bruchteile vergrößern. Man bezeichnet das als die *Expansion des Weltalls*.

Man kann diese Erscheinung durch das Wirken einer kosmischen Abstoßungskraft beschreiben, welche — zusätzlich zur allgemeinen Gravitation — zwischen den Massen im Weltall herrscht, und die den Abständen zwischen den einzelnen Massen proportional ist, also mit dem Abstande zunimmt, während die Gravitation mit dem Quadrat des Abstandes abnimmt. Bei kleinen Abständen — und als klein müssen in kosmischem Maßstab noch die Abstände innerhalb der einzelnen Nebel gelten — überwiegt daher die Gravitation die kosmische Abstoßungskraft, so daß eine Anziehung resultiert, welche die Nebel zusammenhält. Bei großen Abständen dagegen überwiegt die kosmische Abstoßungskraft und ruft eine allgemeine Fluchtbewegung der Nebel hervor.

Ganz unabhängig von der Deutung der Rotverschiebung steht nun auf Grund der Messungen fest, daß sie den Nebelentfernungen proportional ist. Sie liefert also ein neues Entfernungsmerkmal. Da sie mit der Entfernung zunimmt, so sind die mit ihrer Hilfe berechneten Entfernungen relativ um so genauer, je größer sie sind. Dieses Merkmal ist heute bis zur derzeitigen größten Reichweite der Fernrohre ausgenutzt worden und hat Nebelentfernungen bis zur Größenordnung von 500 Millionen Lichtjahren ergeben. Es wird sich aber erst voll auswirken, wenn das seiner Vollendung entgegengehende neue amerikanische Fernrohr mit einem Spiegel von 500 cm Durchmesser die Reichweite der Beobachtungen etwa verdoppelt haben wird.

Es ist heute noch nicht endgültig entschieden, ob die Rotverschiebungen wirklich echte DOPPLER-Effekte sind, ob also eine allgemeine Fluchtbewegung der Nebel, eine Expansion des Weltalls, wirklich stattfindet. Es besteht aber — vor allem nach Vollendung des neuen Fernrohrs — die Möglichkeit, dies zu entscheiden. Sollten diese Untersuchungen nicht zugunsten des DOPPLER-Effekts ausfallen, so würde uns die allgemeine Rotverschiebung vor eine Tatsache stellen, die wir auf Grund unseres heutigen physikalischen Wissens noch nicht zu deuten vermöchten.

Nimmt man die Deutung der Rotverschiebungen als echte DOPPLER-Effekte an, sind diese also Wirkungen einer allgemeinen Fluchtbewegung, so ergeben die Messungen an den Nebeln, deren Entfernungen nach dem Merkmal der hellsten Sterne bestimmt sind, daß ein Nebel, dessen Entfernung von uns r Millionen Lichtjahre beträgt, mit einer Geschwindigkeit von $165 \cdot r$ km·sec^{-1} von uns forteilt. In einer Entfernung von 500 Millionen Lichtjahren ergibt sich daraus eine Fluchtgeschwindigkeit von rund 80 000 km·sec^{-1}, also schon mehr als $^1/_4$ der Lichtgeschwindigkeit.

Was werden wir zu erwarten haben, wenn dereinst unsere Fernrohre bis in die Entfernungen reichen werden, in denen die Fluchtgeschwindigkeit sich der Grenze der Lichtgeschwindigkeit nähert, bzw. in denen die Rotverschiebung — unabhängig von ihrer Deutung — dieser Grenze entspricht? Für diesen Fall ergibt Gl. (13) in § 325 für die Schwingungszahl eines mit der Geschwindigkeit $v \to c$ von uns entfliehenden Nebels den Wert $v \to 0$, also für die Energie der zu uns gelangenden Lichtquanten den Wert $h\nu \to 0$. Das bedeutet, daß mit der Annäherung an die Lichtgeschwindigkeit bzw. an eine ihr entsprechende Rotverschiebung schließlich überhaupt keine Lichtenergie von jenen Nebeln mehr zu uns gelangt, die uns von ihnen Kunde bringen könnte. An dieser Grenze würden die Nebel unserer Beobachtung vollkommen entschwinden, und wir wären dort an eine äußerste und unüberschreitbare Grenze der menschlichen Erkenntnis gelangt.

Schlußwort.

Wenn der Leser abschließend das Bild der Physik überblickt, soweit wir es im Rahmen dieses Buches und nach dem heutigen Stande unseres Wissens zeichnen konnten, so wird er sich dem Eindruck der großartigen Leistung des menschlichen Geistes nicht entziehen können, die in der durch die Physik geschaffenen *Ordnung des physikalischen Erkenntnisgutes* liegt. Wenn es dem Leser gelungen ist, wirklich auf den Grund der Dinge zu gelangen, so wird er erkannt haben, daß es sich tatsächlich immer nur um das Walten *einiger weniger ganz grundlegender, sehr allgemeiner Gesetze* handelt, durch die *eine nicht sehr große Zahl von zweckmäßig definierten Größen* (Länge, Masse, Zeit, elektrische Ladung, Kraft, Energie, Bewegungsgröße usw.) in einen gesetzmäßigen Zusammenhang gebracht werden. Die Einzelerscheinungen in ihrer verwirrenden Fülle sind durchweg nur Sonderfälle, die sich aus diesen grundlegenden Gesetzen ableiten lassen, oder die — sofern das heute noch nicht gelungen ist — sicher eines Tages aus solchen ableitbar sein werden.

Erst durch die so geschaffene Ordnung ist die Möglichkeit gegeben, dieses Gut einerseits überhaupt geistig zu bewältigen und es andererseits durch *vernünftige Fragestellungen* und dadurch angeregte *zweckdienliche Versuche zu ihrer Beantwortung* zu mehren.

Der Lernende möge daher von vornherein den Versuch aufgeben, ein physikalisches Scheinwissen durch Auswendiglernen zahlreicher Einzeltatsachen zu erwerben. Ein solches Wissen wäre toter Besitz. Erst als ein Bestandteil des großen und einfachen physikalischen Ordnungsschemas haben die Einzeltatsachen einen wirklichen Erkenntniswert, und erst durch ihre Einordnung in den ganzen, großen Zusammenhang werden sie überhaupt erlernbar und behaltbar. Hat aber der Lernende einmal die ganz allgemeinen Gesetze und natürlich auch die Denkweisen der Physik erfaßt, so hat er damit das Handwerkzeug erworben, das ihn befähigt, die Einzeltatsachen als ihre Folgen zu verstehen, sie auf eine vernünftige Weise im Gedächtnis zu behalten und sich in ihrer Buntheit und Fülle zurechtzufinden. Möge dieses Buch ihm den Weg dazu gewiesen haben.

Sachverzeichnis.